Klaus Engmann (Hrsg.)
Technologie des Flugzeuges

Vorwort

Dem an luftfahrttechnischer Literatur interessierten Leser ist hinlänglich bekannt, dass für die Bereiche Flugzeugtypenkunde oder Fliegerei zahlreiche Veröffentlichungen vorliegen. Über zeitgemäßen Flugzeugbau dagegen, unter dem Gesichtspunkt moderner industrieller Fertigungs-, Reparatur- und Wartungsmethoden, versucht man häufig vergeblich etwas zu finden. Neue Methoden in der Entwicklung und Konstruktion von Flugzeugen, moderne Fertigungstechnologien, die Entwicklung neuer metallischer und nichtmetallischer Werkstoffe bzw. neuer Verbundstoffe, neue Sicherheitsphilosophien und durchdachte Wartungskonzeptionen lassen aber eine gründliche Bearbeitung dieses Bereichs für dringend erforderlich erscheinen.

Angeregt durch Informationsgespräche zur kooperativen Berufsausbildung zwischen Vertretern der Hamburger Luftwerft der Deutschen Lufthansa AG, des Hamburger Unternehmensbereichs der Deutschen Aerospace Airbus sowie der Hamburger Gewerbeschule für Fertigungs- und Flugzeugtechnik entschloss man sich, diesem Mangel abzuhelfen. Die im Raum Hamburg in der betrieblichen und schulischen Aus- und Weiterbildung tätigen Diplomingenieure, Meister und Gewerbelehrer beschlossen, diese Aufgabe gemeinsam anzupacken.

Das vorliegende Buch ist als Ergänzung zu bereits erschienenen Werken gedacht, die die Grundbildung im metallverarbeitenden Gewerbe zum Gegenstand haben. Es ist den besonderen Lernzielen im Bereich der flugzeugtechnischen Ausbildungsberufe Fluggerätebauer/in, Fluggerätmechaniker/in und Flugtriebwerkmechaniker/in verpflichtet und wendet sich daher besonders an alle Auszubildenden der genannten Berufe. Darüber hinaus will es jedoch auch ein Lehrbuch sein für Kursusteilnehmer betrieblicher und überbetrieblicher Umschulungs- und Weiterbildungsmaßnahmen.

Dass nach längerer Pause nun für die bereits genannte Zielgruppe dieses Lehrbuch erscheinen kann, ist insbesondere der Initiative und unermüdlichen Einsatzbereitschaft meines ehemaligen Schülers und heutigen Kollegen Klaus Engmann zu danken. Dem Buch wünsche ich einen guten Start und eine dem anspruchsvollen Unternehmen entsprechende Aufnahme durch ein fachkundiges bzw. zum Fachmann auszubildendes Publikum.

Peter Meier †

Anmerkung des Herausgebers:
Ich bin sehr betroffen, dass Peter Meier, der in besonderem Maße sowohl die Vorbereitung als auch die Erstellung des Manuskriptes mit seinem fachkundigen Rat begleitete und unterstützte, das Erscheinen dieses Lehrbuches nicht mehr erleben konnte.

Bedingt durch die Neuordnung der flugzeugtechnischen Berufe haben sich die Berufsbezeichnungen geändert. Es sind die Berufe Fluggerätmechaniker/Fachrichtung Fertigungstechnik, Fluggerätmechaniker/Fachrichtung Instandhaltungstechnik, Fluggerätmechaniker/Fachrichtung Triebwerkstechnik und Elektroniker für luftfahrttechnische Systeme.

Unser Onlineservice «InfoClick» (Zugang siehe Buchanfang) bietet ein Glossar mit Begriffserklärungen und Abkürzungen sowie zusätzliche Informationen und Aktualisierungen zum Buch. Außerdem finden sich hier sämtliche Lösungen zu den Übungsaufgaben der jeweiligen Kapitel.

Betzendorf   Klaus Engmann

Autoren-Übersicht

Herausgeber:
Klaus Engmann Gewerbeschule Fertigungs- und Flugzeugtechnik Hamburg

Autoren:
Detlef von Ahlen	ehem. Gewerbeschule Fertigungs- und Flugzeugtechnik Hamburg
Peter Brüchmann	ehem. Lufthansa Technical Training Hamburg
Klaus Engmann	Gewerbeschule Fertigungs- und Flugzeugtechnik Hamburg
Willy Fahje	Gewerbeschule Fertigungs- und Flugzeugtechnik Hamburg
Bernhard Fleischer	Berufskolleg für Technik und Medien Mönchengladbach
Gernot Fries	Gewerbeschule Fertigungs- und Flugzeugtechnik Hamburg
Arne Göpelt	Gewerbeschule Fertigungs- und Flugzeugtechnik Hamburg
Dr. Rüdiger Grube	Deutsche Bahn AG, Berlin
Rainer Hinz-Raulfs	Gewerbeschule Fertigungs- und Flugzeugtechnik Hamburg
Matthias Jürgens	Gewerbeschule Fertigungs- und Flugzeugtechnik Hamburg
Heiner Krämer	Lufthansa Technical Training Hamburg
Horst Mentzel †	ehem. Airbus Operations GmbH Hamburg
Manfred Porath	ehem. Gewerbeschule Fertigungs- und Flugzeugtechnik Hamburg
Dirk Ritter	Gewerbeschule Fertigungs- und Flugzeugtechnik Hamburg
Torge Voss	Gewerbeschule Fertigungs- und Flugzeugtechnik Hamburg
Carsten-Michael Waschk	Berufliche Schule des Kreises Ostholstein
Andreas Wichtrup-Ovie	Gewerbeschule Fertigungs- und Flugzeugtechnik Hamburg
Bernd Zessin	ehem. Gewerbeschule Fertigungs- und Flugzeugtechnik Hamburg

Bei der Erstellung der Beiträge war es uns möglich, Schulungsunterlagen sowie Ausbildungsmittel der Airbus Deutschland GmbH und der Lufthansa Technical Training zu benutzen. Außerdem wurden wir durch zahlreiche Informationen und Anregungen zu didaktisch aufbereiteten flugzeugtechnischen Themen von Kollegen der Gewerbeschule Fertigungs- und Flugzeugtechnik unterstützt. Hierfür danken wir. Wir bedanken uns auch bei *Oskar Thomas* (Lufthansa Technical Training) und

Erwin Hein (Airbus Operations GmbH), die uns bei der Realisierung dieses Buches in besonderem Maße halfen.

Der gleiche Dank geht an **Rudolf Jany** (Airbus Operations GmbH) und **Franz Skibowski** (Lufthansa Technical Training) sowie **Michael Paarman** (Lufthansa Technical Training), der uns bei der jüngsten Auflage seine Unterstützung gab.

Klaus Engmann

Inhaltsverzeichnis

Vorwort 5

1 Einführung in die Flugzeugtechnik 17
   1.1 Zum Begriff Flugzeug (KLAUS ENGMANN) 17
   1.2 Historische Flugzeuge (KLAUS ENGMANN) 19
   1.3 Einfluss internationaler und nationaler Organisationen der Luftfahrt (WILLY FAHJE) 22
      1.3.1 International Air Transport Association (IATA) 23
      1.3.2 International Civil Aviation Organisation (ICAO) 24
      1.3.3 European Civil Aviation Conference (ECAC) 25
      1.3.4 Eurocontrol 26
      1.3.5 European Aviation Safety Agency (EASA) 27
      1.3.6 Bundesministerium für Verkehr, Bau und Stadtentwicklung (BMVBS) ... 29
      1.3.7 Luftfahrt-Bundesamt (LBA) 30
      1.3.8 Bundesstelle für Flugunfalluntersuchung (BFU) 32
      1.3.9 Deutsche Flugsicherung GmbH (DFS) 34
      1.3.10 Bundesaufsichtsamt für Flugsicherung (BAF) 36
      1.3.11 Luftfahrtbehörden der Bundesländer 38
   1.4 Freigabeberechtigtes Personal im Instandhaltungsbetrieb (ANDREAS WICHTRUP-OVIE) 39
      1.4.1 Beteiligte Unternehmen 39
      1.4.2 Das freigabeberechtigte Personal 40
      1.4.3 Freigabeumfänge innerhalb der Aircraft Maintenance Licence 42
   1.5 Entwicklungsphasen (RÜDIGER GRUBE) 44
   1.6 Betriebskosten (RÜDIGER GRUBE) 47
   1.7 Menschliche Faktoren – Human Factors (BERNHARD FLEISCHER) 50
      1.7.1 Unsicherheitsfaktor Mensch 50
      1.7.2 Fehlerquelle Wartung 51
      1.7.3 Einordnung des Fachgebietes Human Factors 52
      1.7.4 Informationsaufnahme des Menschen 54
      1.7.5 Informationsverarbeitung 58
      1.7.6 Informationsspeicherung 60
      1.7.7 Wahrnehmungsverzerrungen 61
      1.7.8 Leistungsbeeinflussende Faktoren 63
      1.7.9 Erhalt der Leistungsfähigkeit/Stressabbau 75

2 Werkstoffe (KLAUS ENGMANN) 83
   2.1 Aufbau der Werkstoffe 84
      2.1.1 Metalle 84
      2.1.2 Nichtmetalle 90
   2.2 Werkstoffnormung 104
   2.3 Werkstoffeigenschaften 110

		2.3.1	Elastizität	111
		2.3.2	Plastizität	112
		2.3.3	Festigkeit	113
		2.3.4	Härte	115
		2.3.5	Zähigkeit	116
		2.3.6	Spezifische Zugfestigkeit	118
		2.3.7	Dehngrenzenverhältnis	118
		2.3.8	Dauerfestigkeit	119
		2.3.9	Warmfestigkeit	120
		2.3.10	Tiefziehfähigkeit	122
	2.4		Werkstoffprüfung	124
		2.4.1	Werkstattproben	125
		2.4.2	Mechanisch-technologische Prüfverfahren	125
		2.4.3	Untersuchung des mikroskopischen Aufbaus	125
		2.4.4	Zerstörungsfreie Prüfverfahren	125
	2.5		Ausgewählte Werkstoffe	128
		2.5.1	Aluminiumlegierungen	128
		2.5.2	Stahllegierungen	140
		2.5.3	Titan und Titanlegierungen	147
		2.5.4	Faserverbundwerkstoffe	150
		2.5.5	GLARE®	155
3	**Korrosion und Oberflächenschutz** (PETER BRÜCHMANN)			**159**
	3.1		Korrosion	159
		3.1.1	Korrosionsarten	162
		3.1.2	Korrosionsentfernung	170
	3.2		Oberflächenschutz	171
4	**Umformen** (KLAUS ENGMANN)			**179**
	4.1		Kantbiegen	180
		4.1.1	Kantbiegemaschine	182
		4.1.2	Kantpresse	185
	4.2		Verdrängen	187
	4.3		Gummipressen	188
	4.4		Streckziehen	189
	4.5		Tiefziehen	190
	4.6		Superplastisches Formen	191
	4.7		CIAM-Forming	192
	4.8		Warmumformen durch Schmieden	193
5	**Fügen**			**195**
	5.1		Nietverbindungen	196
		5.1.1	Vollniete (HORST MENTZEL)	201
		5.1.2	Hi-Lok-Passniete (HORST MENTZEL)	215
		5.1.3	Hi-Lite-Passniete (KLAUS ENGMANN)	221
		5.1.4	Lockbolt-Passniete (HORST MENTZEL)	222
		5.1.5	Taper-Lok-Passniete (KLAUS ENGMANN)	224
		5.1.6	Schraubniete (HORST MENTZEL)	227
		5.1.7	Blindniete (HORST MENTZEL)	230
	5.2		Schweißen (KLAUS ENGMANN)	236
		5.2.1	Gasschmelzschweißen	236
		5.2.2	Metall-Lichtbogen-Schweißen	240

		5.2.3	Wolfram-Inert-Gas-Schweißen	241
		5.2.4	Elektronenstrahlschweißen	246
		5.2.5	Punktschweißen	247
		5.2.6	Laserstrahlschweißen	247
	5.3	Kleben (KLAUS ENGMANN)		249
		5.3.1	Physikalisch abbindende Klebstoffe	249
		5.3.2	Chemisch reagierende Klebstoffe	249
		5.3.3	Gestaltung von Klebeverbindungen	251
		5.3.4	Vorbereitung von Klebeflächen	253
	5.4	Schrauben und Bolzen (PETER BRÜCHMANN)		254
		5.4.1	Ausführungsarten	254
		5.4.2	Schraubenwerkstoffe	255
		5.4.3	Beanspruchungen und Festigkeiten	257
		5.4.4	Gewindeausführungen	257
		5.4.5	Schrauben und Bolzen im amerikanischen Flugzeugbau	261
6	Spanen mit Werkzeugmaschinen und Automation in der Fertigung (WILLY FAHJE)			265
	6.1	Spanen mit Werkzeugmaschinen		265
		6.1.1	Die Werkzeugmaschine	268
		6.1.2	Antriebs- und Übertragungselemente	269
		6.1.3	Arbeitsbewegungen an Werkzeugmaschinen	269
		6.1.4	Trennen durch Spanen mit geometrisch bestimmten Schneiden	271
		6.1.5	Schneidengeometrie	273
		6.1.6	Winkelbenennung	274
		6.1.7	Spanbildung	274
		6.1.8	Beitrag der Zerspanungstechnologie zur Bearbeitung moderner Werkstoffe im Flugzeugbau	276
	6.2	Automation in der Fertigung		277
		6.2.1	Das Koordinatensystem an Werkzeugmaschinen	277
		6.2.2	Steuerungsarten	278
		6.2.3	Bezugspunkte im Arbeitsraum der Werkzeugmaschine	279
		6.2.4	Programmierung von NC-Werkzeugmaschinen	281
		6.2.5	Steuern und Regeln	281
		6.2.6	Bewegungseinrichtungen, Bewegungsautomaten, Industrieroboter	284
		6.2.7	Computerintegrierte Fertigung (CIM)	287
		6.2.8	Automatisierung im Flugzeugbau am Beispiel der Montage des Airbus-Seitenleitwerkmittelkastens	288
7	Konstruktiver Aufbau			293
	7.1	Konstruktionsgruppen		293
		7.1.1	Rumpfwerk (RÜDIGER GRUBE)	294
		7.1.2	Tragwerk (RÜDIGER GRUBE)	298
		7.1.3	Tankanlage (DETLEF VON AHLEN)	299
		7.1.4	Leitwerk (RÜDIGER GRUBE)	311
		7.1.5	Steuerwerk (RÜDIGER GRUBE)	312
		7.1.6	Fahrwerk (BERND ZESSIN)	314
		7.1.7	Gliederung und Kennzeichnung der Baugruppen (RÜDIGER GRUBE)	356
		7.1.8	Massehauptgruppen und Massebegriffe (RÜDIGER GRUBE)	357
	7.2	Lokalisierungsverfahren (RÜDIGER GRUBE)		359
		7.2.1	Koordinatensystem	359
		7.2.2	Stationspläne	360
		7.2.3	Zoning-System	361

7.3		Bauweisen (RÜDIGER GRUBE)	362
	7.3.2	Holm- bzw. Gurtbauweise	363
	7.3.3	Schalenbauweise	364
	7.3.4	Differentialbauweise	369
	7.3.5	Integralbauweise	369
7.4		Bauarten (RÜDIGER GRUBE)	371
	7.4.1	Fail-Safe-Methode	371
	7.4.2	Safe-Life-Methode	372
7.5		Beanspruchungen von Bauteilen (RÜDIGER GRUBE)	372
	7.5.1	Sicherheitsfaktoren	374
	7.5.2	Statische und dynamische Ermüdungsversuche	374
	7.5.3	Drucksimulation an der Rumpfstruktur	376
7.6		Wartung der Struktur (KLAUS ENGMANN)	376

8 Aerodynamik und Flugmechanik (MANFRED PORATH) 383

8.1		Aerodynamische Gesetze und Vorgänge	384
	8.1.1	Kontinuitätsgesetz	384
	8.1.2	Bernoulligesetz	387
	8.1.3	Widerstandsgesetz	391
	8.1.4	Ähnlichkeitsgesetze	396
8.2		Strömungsvorgänge am Profil	400
	8.2.1	Grenzschicht und Reibungswiderstand	400
	8.2.2	Auftrieb	405
	8.2.3	Auftrieb und Widerstand	410
	8.2.4	Aerodynamische Forderungen an die Profilform	412
	8.2.5	Geometrische Bezeichnungen am Profil	413
	8.2.6	Leistungsparameter des Profils	414
	8.2.7	Profile für Unterschallgeschwindigkeiten	415
	8.2.8	Profile für Überschallgeschwindigkeiten	425
8.3		Strömungsvorgänge am Tragflügel	429
	8.3.1	Tragflügelgeometrie	430
	8.3.2	Tragflügelumströmung und Strömungsbeeinflussung	431
	8.3.3	Konstruktive Maßnahmen zur Verringerung der Strömungsablösung	438
	8.3.4	Auftriebserhöhende Hilfen	442
8.4		Strömungsvorgänge am Flugzeug	448
	8.4.1	Schädlicher Widerstand	448
	8.4.2	Interferenzwiderstand	449
	8.4.3	Gesamtpolare und Gleitzahl	450
	8.4.4	Widerstandserhöhende Hilfen	452
	8.4.5	Der Propeller	454
8.5		Flugzustände und Flugleistungen	459
	8.5.1	Horizontalflug	459
	8.5.2	Gleitflug	462
	8.5.3	Steigflug	464
	8.5.4	Ungleichförmige Flugzeugbewegungen	466
8.6		Flugstabilität und Steuerung	470
	8.6.1	Stabilitätsgrade	470
	8.6.2	Stabilität in der Bewegungsrichtung	472
	8.6.3	Steuerwerk	475
	8.6.4	Steuerorgane (Steuerflächen)	477
	8.6.5	Die Fly-by-wire-Steuerung (DETLEF VON AHLEN)	483

9	Triebwerke		489
	9.1	Prinzipien der Vortriebserzeugung (RAINER HINZ-RAULFS)	489
		9.1.1 Umwandlung der Motorkraft in Vortrieb	489
		9.1.2 Die Schubgleichung	492
		9.1.3 Der Vortriebswirkungsgrad η_V	494
		9.1.4 Das Nebenstromverhältnis μ	497
		9.1.5 Der Propfan	499
	9.2	Vom Kolbenmotor zum Gasturbinentriebwerk (ARNE GÖPELT)	502
		9.2.1 Entwicklung und Grenzen des Kolbenflugmotors	502
		9.2.2 Aufbau und Wirkungsweise von Kolbenflugmotoren	504
	9.3	Bauarten von Strahltriebwerken (RAINER HINZ-RAULFS)	543
	9.4	Aufbau und Arbeitsweise der Triebwerkssektionen (DETLEF VON AHLEN)	556
		9.4.1 Stationen des Gasturbinentriebwerks	556
		9.4.2 Der modulare Aufbau der Gasturbinentriebwerke	557
		9.4.3 Triebwerkseinlauf	559
		9.4.4 Arbeitsweisen von Verdichtern	565
		9.4.5 Antriebsleistung des Verdichters	579
		9.4.6 Wirkungsgradverbesserungen von Gasturbinen	581
		9.4.7 Brennkammer	593
		9.4.8 Turbine	606
		9.4.9 Schubdüse	624
		9.4.10 Der Betrieb eines Strahltriebwerks	632
	9.5	Triebwerkssysteme (DIRK RITTER)	644
		9.5.1 Schmierstoffsystem	644
		9.5.2 Kraftstoffsystem	655
		9.5.3 Regelung der Betriebszustände	661
		9.5.4 Hydromechanische Regler	663
		9.5.5 Volldigitales Regelungssystem	667
		9.5.6 Flugkraftstoffe	669
		9.5.7 Zündsystem	672
	9.6	Wartung von Triebwerken (PETER BRÜCHMANN)	674
		9.6.1 Typische Wartungsvorgänge am Triebwerk	679
	9.7	Emissionen (DIRK RITTER)	680
		9.7.1 Lärmemission	680
		9.7.2 Schadstoffemission	692
10	Hydraulikanlagen (HEINER KRÄMER)		699
	10.1	Physikalische Grundbegriffe	699
		10.1.1 Hydrodynamischer Druck	699
		10.1.2 Hydrostatischer Druck	700
		10.1.3 Hydraulische Kraftübertragung	702
		10.1.4 Hydraulische Leistung	703
	10.2	Energieträger im hydraulischen System	704
		10.2.1 Hydraulikflüssigkeit	704
	10.3	Bauelemente der Hydraulik	706
		10.3.1 Tanks zur Flüssigkeitsbevorratung	706
		10.3.2 Pumpen	708
		10.3.3 Hydraulikmotoren	711
		10.3.4 Selbsttätige Ventile	711
		10.3.5 Schalt- und Regelventile	715
		10.3.6 Leitungen und Verbindungen	717
		10.3.7 Dichtungen	718

		10.3.8 Filter	720
		10.3.9 Arbeitszylinder	722
		10.3.10 Akkumulatoren	723
	10.4	Aufbau hydraulischer Systeme und Anlagen	724
		10.4.1 Hydrauliksysteme des Flugzeuges	724
		10.4.2 Spülen und Entlüften	727
		10.4.3 Funktionsprüfung	728

11 Druck-/Klimaanlage (DETLEF VON AHLEN) ... 731
- 11.1 Pneumatikanlage ... 731
- 11.2 Funktionsweisen von Klimaanlagen ... 733
- 11.3 Struktur der Klimaanlage ... 735
- 11.4 Weiterleitung der Luft in die Kabine ... 739
- 11.5 Regelung der Klimapacks ... 741
- 11.6 Ventilation und Klimatisierung von Elektronik- und Frachträumen ... 743
- 11.7 Druckanlage ... 745
  - 11.7.1 Sauerstoffanlage ... 748
  - 11.7.2 Sauerstoffanlage des Cockpits ... 748
  - 11.7.3 Sauerstoffanlage der Passagierkabine ... 749
- 11.8 Regelung des Kabinendrucks ... 749

12 Helikopter (BERND ZESSIN) ... 753
- 12.1 Zum Begriff Helikopter ... 753
  - 12.1.1 Bauarten der Drehflügler ... 753
  - 12.1.2 Antriebsarten des Helikopterrotors ... 755
  - 12.1.3 Anordnung der Rotoren ... 757
- 12.2 Grundlagen der Helikoptersteuerung ... 758
- 12.3 Aerodynamik des Helikopters ... 760
  - 12.3.1 Rotorströmung im Vertikalflug ... 760
  - 12.3.2 Rotorströmung im Horizontalflug ... 765
  - 12.3.3 Steuerung des Helikopters mit dem Rotor ... 771
  - 12.3.4 Geschwindigkeitsbegrenzung des Helikopters ... 777
  - 12.3.5 Unterschied zwischen Hubschrauber- und Tragschrauberzustand (Autorotation) ... 779
  - 12.3.6 Roll- und Nickmoment zwischen Rotor und Rumpf ... 781
- 12.4 Mechanik des Helikopters ... 782
  - 12.4.1 Mechanik des Rotorkopfes ... 782
  - 12.4.2 Aufbau und Wirkungsweise der kardanisch gelagerten Taumelscheibe ... 786
  - 12.4.3 Aufbau und Wirkungsweise des Mischhebelgetriebes ... 787
  - 12.4.4 Drehmomentenausgleich und Richtungssteuerung ... 788
  - 12.4.5 Aufbau des Heckrotors ... 789
  - 12.4.6 Planetengetriebe ... 791
- 12.5 Bauweisen der Rotorblätter ... 793

13 Instrumente (BERND ZESSIN) ... 795
- 13.1 Einordnung der Instrumente ... 795
- 13.2 Herkömmliche Instrumente ... 796
  - 13.2.1 Barometrische Instrumente ... 796
  - 13.2.2 Kreiselgeräte ... 810
  - 13.2.3 Magnetkompass (Magnetic Compass) ... 821
  - 13.2.4 Instrumenten-Landesystem ... 825
  - 13.2.5 Anstellwinkelgeber ... 827

13.3	Instrumente neuerer Technologie	828
	13.3.1 Elektronisches Instrumentensystem	828
	13.3.2 Laserkreisel	834
13.4	Grundlagen der Navigation	837

14 Elektrische Energieversorgung ... 841

14.1	Spannungsversorgung in Bordnetzen (TORGE VOSS)	843
	14.1.1 Spannungsversorgung in Bordnetzen mit primärer Gleichspannungsversorgung	843
	14.1.2 Spannungsversorgung in Bordnetzen mit primärer Wechselspannungsversorgung	855
	14.1.3 Notstromversorgung in DC- und AC-Bordnetzen	862
14.2	Elektrische Energieverteilung (CARSTEN-MICHAEL WASCHK)	864
	14.2.1 Struktur des Netzes	865
	14.2.2 Leitungen und Kabel	868
14.3	Elektrische Verbraucher (GERNOT FRIES)	878
	14.3.1 Beleuchtung	879
	14.3.2 Wärmeerzeuger	885
	13.3.3 Elektrische Maschinen	888
	13.3.4 Elektronische Systeme und weitere Verbraucher	892
14.4	Überwachung und Steuerung von Bordnetzen (MATTHIAS JÜRGENS)	894
	14.4.1 Anzeige- und Bedienelemente im Cockpit A 320	897
	14.4.2 Komponenten zur Steuerung des Bordnetzes	904

Quellenverzeichnis ... 911

Stichwortverzeichnis ... 913

1 Einführung in die Flugzeugtechnik

1.1 Zum Begriff Flugzeug

ⓘ *Ein Luftfahrzeug, das leichter als Luft ist, fährt.*

Ein Flugzeug (im weiteren Sinne) ist ein Luftfahrzeug, das aufgrund des dynamischen Auftriebs fliegt. Man unterscheidet Drehflügel- (vgl. Hubschrauber) und Starrflügelflugzeuge. Zu den **Drehflügelflugzeugen** (die DIN 9020 kennt nur den Begriff «Drehflügler»), bei denen der Auftrieb durch rotierende Tragflächen erzeugt wird, gehören Hubschrauber, Tragschrauber und Flugschrauber. Zu den **Starrflügelflugzeugen**, bei denen die auftriebserzeugenden Tragflächen fest mit dem Rumpf verbunden sind, gehören Flugzeuge (im engeren Sinne), die durch eigenen Antrieb Schub erzeugen, Motorsegler, die mit einem Hilfsantrieb versehen sind, und Segelflugzeuge, die keinen eigenen Antrieb haben (*Bild 1.1.1*).

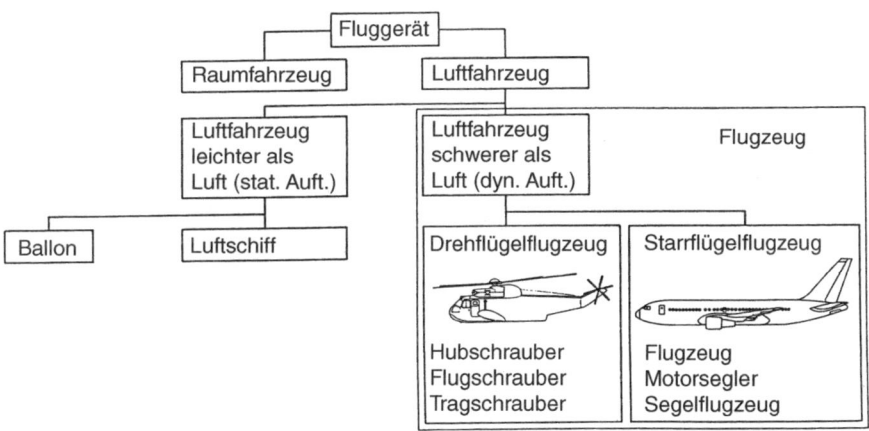

Bild 1.1.1   Übersicht der Fluggeräte

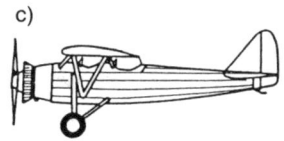

Bild 1.1.2 Einteilung nach dem Verwendungszweck
a) Geschäftsflugzeug,
b) Militärflugzeug,
c) Sportflugzeug

Die Einteilung der Flugzeuge erfolgt nach unterschiedlichen Kriterien:

- Verwendungszweck (*Bild 1.1.2*): z.B. Verkehrs-, Reise- und Geschäftsflugzeuge; Militärflugzeuge; Schul-, Sport- und Kunstflugzeuge;
- Masseklasse (vgl. Einfluss internationaler und nationaler Organisationen der Luftfahrt);
- Start- und Landeeinrichtung (*Bild 1.1.3*): Land-, Wasser- und Amphibienflugzeuge;
- Tragwerksanordnung (*Bild 1.1.4*): Hoch-, Schulter-, Mittel- und Tiefdecker;
- Tragwerksanzahl: z.B. Ein-, Anderthalb-, Doppel-, Drei- und Mehrdecker;
- Flugbereich: Kurz- (1000 km), Mittel- (1000 bis 3000 km) und Langstreckenflugzeuge (ab 3000 km);
- Antriebsart (vgl. Kapitel 9);
- Triebwerksanzahl: z.B. ein-, zwei-, drei-, vier- und mehrmotorige Flugzeuge.

 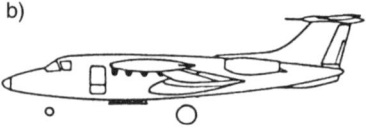

Bild 1.1.3 Einteilung nach Start- und Landeeinrichtung
a) Wasserflugzeug,
b) Landflugzeug

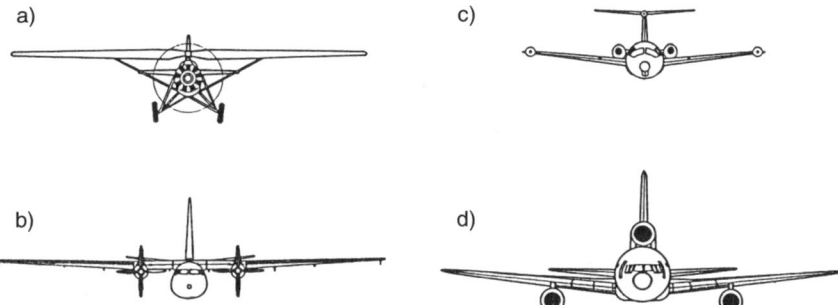

Bild 1.1.4 Einteilung nach der Tragwerksanordnung
a) Hochdecker
b) Schulterdecker
c) Mitteldecker
d) Tiefdecker

1.2 Historische Flugzeuge

Lilienthals Gleitflugzeug, 1891
OTTO LILIENTHAL flog 1891 als erster Mensch mit einem Luftfahrzeug, das schwerer als Luft war. Während langjähriger Vorarbeit untersuchte er die Grundlagen des Vogelfluges und erkannte die Wirksamkeit gewölbter Flügelflächen. Er entwickelte mit Hilfe wissenschaftlicher Methoden Polardiagramme (vgl. Kapitel 8), die auch heute noch zur Profil-Festlegung angewendet werden.

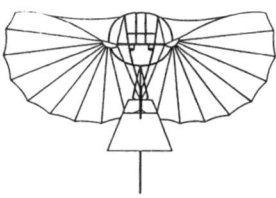

The Flyer, 1903
Die amerikanischen Gebrüder WILBUR und ORVILLE WRIGHT gelten allgemein als Erbauer des ersten Motorflugzeuges, mit dem ORVILLE WRIGHT am 17. Dezember 1903 der erste Motorflug gelang. Sie verwendeten bei der Konstruktion des Flugzeuges die Erkenntnisse Lilienthals. Das Triebwerk, ein Vierzylinder-Reihenmotor, und die Propeller bauten sie selbst. Das Höhenleitwerk war vor den Tragflächen angebracht. GUSTAV WHITEHEAD behauptete, bereits im Jahre 1901 den ersten Motorflug durchgeführt zu haben. Es gibt darüber jedoch nur unzureichende Nachweise.

Blériot XI «La Manche», 1909
LOUIS BLÉRIOT schuf mit dem Blériot XI den ersten modernen Eindecker. Ihm gelang damit 1909 als Erstem die Überquerung des Ärmelkanals. Außerdem überquerte OTTO BINDER 1913 mit diesem Flugzeug als Erster die Alpen.

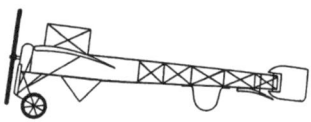

Junkers F-13, 1919
Die Junkers F-13 gilt als das erste Verkehrsflugzeug der Welt. Dieser Tiefdecker mit geschlossener Kabine wurde in Ganzmetallbauweise ausgeführt. Für den Rumpf wurden Dural-Profile (vgl. in Kapitel 2 «Wärmebehandlung») mit tragender Wellblechbeplankung benutzt. Das Holmgerüst der Tragwerke bestand aus neun Dural-Rohrholmen.

Focke-Wulf F-19 «Ente», 1927
Einige der von Focke-Wulf gebauten Flugzeuge erhielten Werkszusatzbezeichnungen verschiedener Vogelarten. Dieses Flugzeug, bei dem das Höhenleitwerk wie auch beim Flyer vor der Tragfläche angeordnet war, bekam die Zusatzbezeichnung «Ente». Flugzeuge, die in gleicher Anordnung gebaut werden, bezeichnet man deshalb als Entenflugzeuge. Moderne Flugzeugkonstruktionen (Speed Canard, Beech Starship, Saab Viggen) greifen dieses Prinzip wieder auf, da das Höhenleitwerk nach dieser Bauart zusätzlich Auftrieb erzeugen kann (vgl. Kapitel 8).

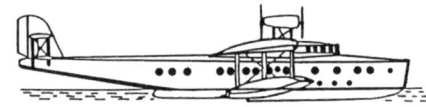

Dornier Do X, 1929
Mit einer Spannweite von 48 m und einer Länge von 40 m war die Do X das zu ihrer Zeit größte Flugzeug der Welt. Mit diesem Flugzeug wurde das Problem Großflugzeug technisch gelöst.

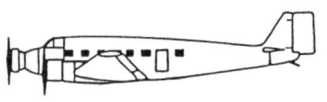

Junkers Ju 52/3, 1931
Das Standardflugzeug fast aller Luftverkehrsgesellschaften wurde mit dem so genannten Junkers-Doppelflügel versehen, der über die gesamte Spannweite innen als Landehilfe und außen als Querruder ausgelegt war. Nach Kriegsende wurde der Bau in Spanien unter der Bezeichnung CASA 352-1 fortgesetzt. Noch 1965 waren einige Ju 52/3 im Dienst. 1984 erwarb die Deutsche Lufthansa eine 48 Jahre alte «Tante Ju», wie das Flugzeug gerne genannt wurde. Völlig restauriert, wurde dieses Flugzeug zum 60-jährigen Bestehen der Verkehrsgesellschaft 1986 der Öffentlichkeit vorgestellt.

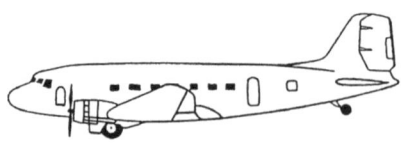

Douglas DC-3, 1936
Zu den wohl bekanntesten Verkehrsflugzeugen zählt die amerikanische DC-3 (Douglas Commercial). Es ist eines der meistgebauten Flugzeuge. Die DC-3, die bis in die 70er Jahre ihren Dienst versah, wurde auch unter der Bezeichnung Li-2 in der Sowjetunion in Lizenz produziert.

Fieseler «Storch» Fi 156, 1937
Das erste Kurzstart- und Langsamflugzeug der Welt ist die Fi 156 (STOL = *short take-off and landing*). Dieser dreisitzige STOL-Schulterdecker benötigte eine Landegeschwindigkeit von nur 38 km/h und kam mit einer Rollstrecke von 50 m aus. Die Abkürzung VTOL steht für *vertical take-off and landing*. Das wohl bekannteste VTOL-Flugzeug (Senkrechtstarter) ist die militärische Hawker-Siddeley «Harrier» aus England.

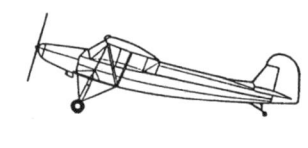

Heinkel He-176, 1939
Mit der Heinkel He-176 wurde 1939 das erste eigenstartfähige Raketenflugzeug der Welt gebaut (vgl. Kapitel 9). Dieses sehr kleine Flugzeug mit einer Spannweite von 5 m und einer Länge von 5,20 m erreichte eine Höchstgeschwindigkeit von 750 km/h.

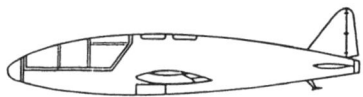

Heinkel He-178, 1939
Die Heinkel He-178 gilt als das erste Turbinen-Luftstrahl(TL)-Flugzeug der Welt. Das Heinkel-Hierth-Triebwerk leistete 5000 N Standschub und besaß eine Axialstufe sowie eine Radialstufe im Verdichter und eine Radialstufe in der Turbine.

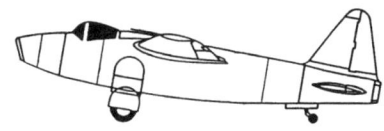

Messerschmitt Me 163 «Komet», 1940
Die Me 163 war das erste in Serie gebaute Raketenflugzeug und gleichzeitig das erste Flugzeug, das eine Geschwindigkeit von mehr als 1000 km/h erreichte. Es hatte kein Höhenleitwerk. Klappen an den Tragflächen dienten als Querruder und gemeinsam betätigt als Höhenruder.

Messerschmitt Me 262, 1942
Dieses erste in Serie gebaute Flugzeug mit Turbinen-Luftstrahltriebwerk hatte 1942 seinen Erstflug. Es besaß zwei Jumo-Triebwerke mit jeweils 9000 N Schub. Die Erprobung der Zelle begann bereits 1941, allerdings mit Kolbentriebwerken.

Bell X-1, 1946
Mit der Bell X-1 gelang 1947 der erste Flug mit Überschallgeschwindigkeit. Das Flugzeug konnte nicht selbst starten. Es wurde mit einer B-29 auf Höhe gebracht. Nach dem Abwurf wurde das Raketentriebwerk gezündet. Die Landung erfolgte im Gleitflug.

Boeing 707, 1954
Mit dem ersten Linienflug einer Boeing 707 begann für die Deutsche Lufthansa 1960 der Düsenluftverkehr. Als Langstreckenflugzeug (Intercontinental-Jet) ist dieses Flugzeug bis 1984 bei der Lufthansa im Einsatz gewesen.

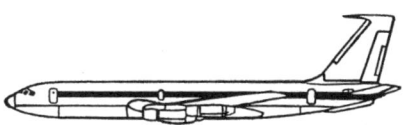

Tupolew Tu-144, 1968
Die Tu-144 war das erste Überschallverkehrsflugzeug der Welt. Aufgrund des sehr hohen Treibstoffverbrauchs und wohl auch wegen Problemen mit den Triebwerken stellte die Sowjetunion 1978 den Liniendienst mit diesem Flugzeug wieder ein.

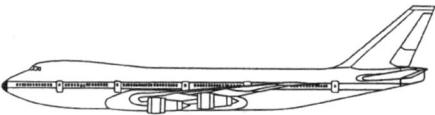

Boeing 747 «Jumbo», 1969
Das zu seiner Zeit größte Verkehrsflugzeug der Welt mit einer Spannweite von 59,64 m, einer Länge von 70,51 m und einer Höhe von 19,33 m ist die Boeing 747. Die maximale Startmasse beträgt 362 900 kg.

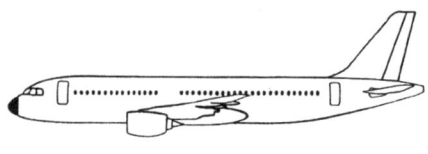

Airbus A 320, 1987
Der A 320 ist ein modernes Kurz- und Mittelstrecken-Verkehrsflugzeug. CFK (kohlefaserverstärkte Kunststoffe), transsonischer Flügel, Zwei-Mann-Cockpit mit den fortschrittlichsten Systemen der Digitaltechnik, Fly-by-wire (Steuerbewegungen werden durch Signale übertragen) und Sidestick (verkleinerte Steuerknüppel seitlich des Piloten) sind Technologien, die beim A 320 angewendet worden sind.

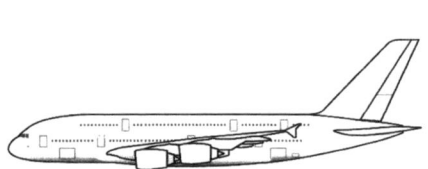

Airbus A 380, 2006
Der A 380 ist mit einer Länge von 73,0 m, einer Spannweite von 79,8 m und einer Höhe von 24,1 m das größte Verkehrsflugzeug der Welt. Die maximale Startmasse liegt bei 560 000 kg. Für das A380-Programm werden verschiedene innovative Fertigungstechniken, wie z.B. das Laserstrahl-Schweißverfahren, eingesetzt. Der A 380 besteht zu rund 25 % aus Verbundwerkstoffen, zu 22 % aus CFK und zu 3 % aus GLARE®, einem Laminat aus Aluminiumlagen im Wechsel mit GFK (glasfaserverstärkter Kunststoff), das zum ersten Mal im zivilen Flugzeugbau zum Einsatz kommt.

1.3 Einfluss internationaler und nationaler Organisationen der Luftfahrt (Legislation)

In allen Teilbereichen des Luftverkehrs begegnet man internationalen und nationalen Bindungen, Vorschriften und Vereinbarungen. Zu den internationalen Organisationen gehören auf der Ebene der Luftverkehrsgesellschaften (Halter) die IATA und auf Regierungsebene die ICAO.

Zu den nationalen Organisationen der Luftfahrt gehören u.a. das Bundesministerium für Verkehr, Bau und Stadtentwicklung, das Luftfahrtbundesamt, die Bundesstelle für Flugunfalluntersuchung, die Deutsche Flugsicherung und die Luftfahrtbehörden der Bundesländer.

1.3.1 International Air Transport Association (IATA)

Die International Air Transport Association (engl. für Internationale Flug-Transport-Vereinigung, IATA), wurde am 28. August 1919 in Den Haag als ein Dachverband der Fluggesellschaften unter dem Namen **International Air Traffic Association** gegründet. Die Gründung ein Jahr nach dem Ende des Ersten Weltkrieges gilt als Zeichen, dass die aufgrund der im Krieg erzielten technischen Fortschritte gesteigerten wirtschaftlichen Möglichkeiten des Flugverkehrs früh erkannt wurden.

Nach dem Zweiten Weltkrieg wird die IATA im April 1945 in Havanna neu gegründet. Zum Zeitpunkt ihrer Neugründung gehörten ihr 57 Mitglieder aus 31 überwiegend europäischen und nordamerikanischen Nationen an.

Ihr Sitz ist in Montreal, Kanada. Das Ziel der IATA ist die Förderung des sicheren, planmäßigen und wirtschaftlichen Transportes von Menschen und Gütern in der Luft sowie die Förderung der Zusammenarbeit aller an internationalen Lufttransportdiensten beteiligten Unternehmen. Ihr gehören heute weltweit ungefähr 240 Fluggesellschaften an, die rund 94% aller internationalen Flüge durchführen. Mitglieder der IATA sind große oder nationale Airlines, die internationale, wenn nicht interkontinentale Flüge durchführen. Aber auch Flughäfen, Flugbehörden, Reisebüros, Zulieferbetriebe und Bodenabfertigungsfirmen und Firmen aus der Industrie gehören dazu. Billigflug-, reine Charterfluggesellschaften sowie Gesellschaften, die nur Inlandsflüge durchführen, sind häufig nicht Mitglieder der IATA.

In Deutschland hat die IATA ihren Sitz in Frankfurt am Main, in der Schweiz in Genf, für Österreich ist das Büro in Prag zuständig. Die IATA versucht, die Prozesse im Luftfahrtgeschäft zu vereinfachen. Dies betrifft z.B. die Vereinheitlichung der Tickets und der Gepäckbeförderung. So kann der Passagier mit einer einzigen Buchung problemlos mit mehreren Fluggesellschaften reisen und muss sich dabei auch nicht um das Gepäck kümmern. Ähnliches gilt auch für die Frachtabfertigung.

Die IATA organisiert (mit Ausnahme der USA) weltweit die Abrechnung der Flugtickets, die von Reisebüros mit IATA-Lizenz ausgestellt werden. Für die Airlines erstellt sie anonymisierte Statistiken, damit sie sich mit anderen Marktteilnehmern messen können. IATA-Codes sorgen für die eindeutige Identifizierbarkeit von Flughäfen, Fluggesellschaften und Flugzeugtypen. Außerdem werden Sicherheitsstandards definiert und auch kontrolliert, die für alle Mitglieder bindend sind. Die IATA bietet aber auch alles Mögliche an Unterstützung für Startup-Airlines, Behörden, Flughäfen usw. an.

Die IATA finanziert sich nicht nur durch Mitgliederbeiträge (mind. 15 000 Dollar pro Jahr), sondern auch durch den Verkauf von Dienstleistungen, Handbüchern, Statistiken und anderen elektronischen Dokumenten.

1.3.2 International Civil Aviation Organisation (ICAO)

Die International Civil Aviation Organization (ICAO) ist eine Sonderorganisation der Vereinten Nationen, die die Planung des zivilen Luftverkehrs durchführt. Sie wurde 1944 durch das Übereinkommen über die internationale Zivilluftfahrt (Chicagoer Abkommen) gegründet und hat ihren Sitz in Montréal (Kanada). Ihr gehören 191 Vertragsstaaten an. Deutschland wird durch eine ständige Delegation des **B**undes**m**inisteriums für **V**erkehr, **B**au und **S**tadtentwicklung (BMVBS) vertreten.

Die wichtigsten Aufgaben sind:

❏ Standardisierung und Sicherheit des Flugverkehrs,
❏ Regelung der internationalen Verkehrsrechte, der so genannten «Freiheiten der Luft»,
❏ Entwicklung von Infrastrukturen,
❏ Erarbeitung von Empfehlungen und Richtlinien,
❏ Zuteilung der sog. **ICAO-Codes** für Flughäfen und Flugzeugtypen,
❏ Entwicklung eines Standards für maschinenlesbare Reisedokumente,
❏ Definition der Grenzwerte für Fluglärmemissionen (Klasse-I/II/III-Flugzeuge nach Annex 16).

Die **ICAO-Codes** dienen zur eindeutigen Identifizierung von Flugplätzen und Heliports einerseits und Fluglinien andererseits. Die ICAO-Codes werden in erster Linie von Flugkontrollen und zum Planen der Flugroute benutzt und sind nicht zu verwechseln mit den aus nur drei Buchstaben bestehenden IATA-Codes für Flughäfen, mit denen Privatpersonen sehr viel häufiger konfrontiert werden, weil sie auf Reservierungen, Tickets, Zeittafeln am Flughafen usw. benutzt werden.

Aufbau des ersten Teils des Codes
Der erste Buchstabe gibt die Region/den Kontinent bzw. in manchen Fällen das Land an, in dem sich der Flugplatz befindet. Der zweite Buchstabe bezeichnet meist das Land (z.B. ED = Deutschland, LO = Österreich, LS = Schweiz). Deutschland hat als eines der wenigen Länder zwei erste Kombinationen, wobei ED für zivile und ET für militärische Flughäfen steht. Dies beruht darauf, dass ET früher für die Deutsche Demokratische Republik stand.

Aufbau des zweiten Teils des Codes
Die beiden letzten Zeichen dienen zur Zuordnung der Flughäfen innerhalb der jeweiligen Länder. Deren Bedeutungen sind je nach Land unterschiedlich geregelt.

Steht bei zivilen Plätzen in Deutschland an dritter Stelle auch ein D, so handelt es sich um einen internationalen Verkehrsflughafen. Beispiel: EDDF – Frankfurt, EDDH – Hamburg, EDDP – Leipzig. Ansonsten steht der dritte Buchstabe für das AIS (*Airport*

Identification System) des internationalen Verkehrsflughafens, in dessen Zuständigkeitsbereich der Platz liegt. Der vierte Buchstabe entspricht – soweit verfügbar – dem Anfangsbuchstaben des Ortes.

Bei militärischen Flughäfen gibt der dritte Buchstabe an, welche Teilstreitkraft den Platz nutzt:

N für Luftwaffe Norddeutschland	(ETNJ – Jever, ETNT – Wittmund, ETNW – Wunstorf, ETNU – Neubrandenburg)
S für Luftwaffe Süddeutschland	(ETSE – Erding, ETSH – Holzdorf, ETSN – Neuburg, ETSA – Landsberg, ETSL – Lechfeld)
M für Marine	(ETMN – Nordholz, ETMK – Kiel, ETME – Eggebek)
H für Heeresflieger	(ETHB – Bückeburg)
A für US Air Force	(ETAR – Ramstein)
E, I, O für US Army	(ETEU – Giebelstadt, ETIE – Heidelberg)
U für Royal Air Force	(ETUO – Gütersloh)

1.3.3 European Civil Aviation Conference (ECAC)

Als regionaler Zusammenschluss staatlicher Luftfahrtbehörden wurde 1955 mit großer Unterstützung der ICAO mit Sitz in Straßburg die Europäische Zivilluftfahrtkonferenz (European Civil Aviation Conference) gegründet. Ihr Hauptsitz liegt in Neuilly/Seine (Frankreich). Das Ziel ist die Überwachung und Koordination des innereuropäischen Luftverkehrs. Die von der ECAC erarbeiteten Beschlüsse sind nicht bindend und müssen von den jeweiligen Regierungen beschlossen werden. Die ECAC hat 38 Mitgliedstaaten, darunter alle Staaten der EU. Insbesondere die Erweiterung der EU hat zu einem beachtlichen Anstieg der Mitgliedsländer geführt.

Die ECAC verfolgt, in Anlehnung an die ICAO, für Europa das Ziel, einen sicheren und wirtschaftlichen Luftverkehr, der auch der Umwelt gerecht wird, sicherzustellen.

Sie arbeitet eng mit der Europäischen Union (EU) und der ICAO zusammen. Die ECAC beschließt jedoch ihr eigenes Arbeitsprogramm und führt selbstständig Konferenzen und Sitzungen durch. Dabei werden insbesondere Beschlüsse, Empfehlungen und politische Erklärungen verfasst.

Treten bei den Untersuchungen gravierende Sicherheitsmängel zutage, wird die betreffende Luftfahrtverwaltung des Staates aufgefordert, Maßnahmen zur Abstellung dieser Mängel vorzuschlagen. Daneben sind die Arbeitsprogramme eng mit dem ICAO Safety Oversight Program verbunden, wonach der betreffende Staat eine Überprüfung seiner Luftfahrtverwaltung auf die Einhaltung der internationalen Sicherheitsstandards bei der ICAO beantragen kann. Für derartige Überprüfungen im Rahmen der ICAO stellt die ECAC entsprechend qualifiziertes Personal zur Verfügung.

Während sich die ICAO darauf beschränkt, auf Antrag der Mitgliedstaaten Prüfungen der staatlichen Luftfahrtverwaltungen auf die Einhaltung der international geltenden ICAO-Standards vorzunehmen, haben insbesondere die rasanten Zuwachsraten im Luftverkehr und die große Zunahme des Charterverkehrs die Notwendigkeit deutlich gemacht, die Luftfahrzeuge selbst auf die Einhaltung der internationalen Standards zu untersuchen.

Die ECAC hat sich dieser Aufgabe im Jahre 1995 zugewandt und hierzu ein Programm (**SAFA** – Safety Assessment of Foreign Aircraft) entwickelt.

1.3.4 Eurocontrol

Eurocontrol ist die «Europäische Organisation zur Sicherung der Luftfahrt». Sitz der Organisation ist Brüssel. Dieser Zusammenschluss Europas im Sinne der Flugsicherung ist mit den Jahren unumgänglich geworden. In Maastricht befindet sich außerdem das so genannte «Maastricht Upper Area Control Centre (Maastricht UAC)», ein Area Control Center, in dem Eurocontrol den oberen Luftraum der Benelux-Länder sowie von Nordwest-Deutschland überwacht. Am 13. Dezember 1960 unterzeichnen in Brüssel Belgien, die Niederlande, Luxemburg, Frankreich, das Vereinigte Königreich und die Bundesrepublik Deutschland die «Eurocontrol International Convention» als Kooperation für die Sicherheit der Luftfahrt – am 1. März 1963 traten die Verträge in Kraft. Heute zählt Eurocontrol folgende Mitglieder: Neben 23 Ländern der Europäischen Union (Estland gehört (noch) nicht dazu) zählen dazu auch Albanien, Armenien, Bosnien und Herzegowina, Bulgarien, Kroatien, Lettland, Mazedonien, Moldawien, Monaco, Rumänien, die Schweiz, die Ukraine, Serbien, Montenegro und die Türkei. Seit Herbst 2002 ist auch die Europäische Gemeinschaft selbst Mitglied von Eurocontrol. Erhöhtes Flugaufkommen und die Schaffung internationaler Standards von einheitlichen Verfahren zur Flugsicherung ließen den Staaten Europas keine andere Wahl, als sich miteinander zu vereinigen. Auf dieser Ebene werden jetzt also alle wichtigen Entscheidungen für die Flugsicherheit in Europa getroffen. Diese Entscheidungen werden durch die ständigen Mitglieder bei Eurocontrol herbeigeführt und getragen. Auch die Bundeswehr ist bei Eurocontrol ständiges Mitglied und achtet als solches darauf, dass die militärischen Interessen in Europa nicht übergangen werden, da die militärische Fliegerei nicht kommerziell ist und sich in ihrer eigentlichen Durchführung auch deutlich von der zivilen unterscheidet.

Das Ziel von Eurocontrol ist die Sicherung des oberen Luftraumes in Europa. Eurocontrol übernimmt folgende Aufgaben:

- ❑ Fortbildung des Sicherungspersonals,
- ❑ Zusammenarbeit mit nationalen Flugsicherungsdiensten für die Überwachung des unteren Luftraumes,
- ❑ Standardisierung zur Luftraumüberwachung und
- ❑ Vereinheitlichung von verschiedenen Flugsicherungssystemen.

1.3.5 European Aviation Safety Agency (EASA)

Die Europäische Agentur für Flugsicherheit steht im Mittelpunkt der Luftverkehrspolitik der Europäischen Union (EU). Mit Wirkung vom 28.9.2003 hat die Europäische Agentur für Flugsicherheit (EASA) ihren Betrieb aufgenommen. Hauptauftrag der EASA ist nach der «Verordnung (EG) des Europäischen Parlaments und des Rates vom 15. Juli 2002 zur Festlegung gemeinsamer Vorschriften für die Zivilluftfahrt und zur Errichtung einer Europäischen Agentur für Flugsicherheit» die Gewährleistung eines hohen Sicherheits- und Umweltschutzniveaus im Bereich der Zivilluftfahrt. Insbesondere wird sie den Gemeinschaftsgesetzgeber bei der Ausarbeitung gemeinsamer Vorschriften für die Zulassung von Erzeugnissen, Ersatzteilen und Luftfahrtgerät sowie für die Zulassung von Organisationen und Personen, die im Bereich der Entwicklung, Herstellung und Instandhaltung dieser Erzeugnisse tätig sind, unterstützen und über die Musterzulassung von Luftfahrterzeugnissen entscheiden. Die Agentur hat ihren Sitz in Köln. Auch die Aufgaben und Zuständigkeiten der nationalen Luftfahrtbehörden sind in der EU-VO 1592/2002 festgelegt worden. Insgesamt gilt: Ihre bisherigen Rechte gelten nach dem 28.9.2003 zunächst weiter.

Bild 1.3.1   Aufgaben der EASA

Übersicht der neuen Vorschriften auf der Basis der EU-VO 1592/2002
- *Verordnung (EG) Nr. 1592/2002 des Europäischen Parlaments und des Rates vom 15. Juli 2002* zur «Festlegung gemeinsamer Vorschriften für die Zivilluftfahrt und zur Errichtung einer Europäischen Agentur für Flugsicherheit».

- *Verordnung (EG) Nr. 1702/2003 der Kommission vom 24. September 2003* zur «Festlegung der Durchführungsbestimmungen für die Erteilung von Lufttüchtigkeits- und Umweltzeugnissen für Luftfahrzeuge und zugehörige Erzeugnisse, Teile und Ausrüstungen sowie für die Zulassung von Entwicklungs- und Herstellungsbetrieben» und mit dieser Verordnung als
  – Anhang (Part 21) «Zertifizierung von Luftfahrzeugen und zugehörigen Produkten, Bau- und Ausrüstungsteilen von Entwicklungs- und Herstellungsbetrieben».
- *Verordnung (EG) Nr. 2042/2003 der Kommission vom 20. November 2003* über die «Aufrechterhaltung der Lufttüchtigkeit von Luftfahrzeugen, Teilen und Ausrüstungen und die Erteilung von Genehmigungen für Organisationen und Personen, die diese Tätigkeiten ausführen» und mit dieser Verordnung als Anhänge
  – Anhang I   Continuing airworthiness requirements,
  – Anhang II Maintenance organization approvals,
  – Anhang III Certifying staff,
  – Anhang IV Training organization requirements.

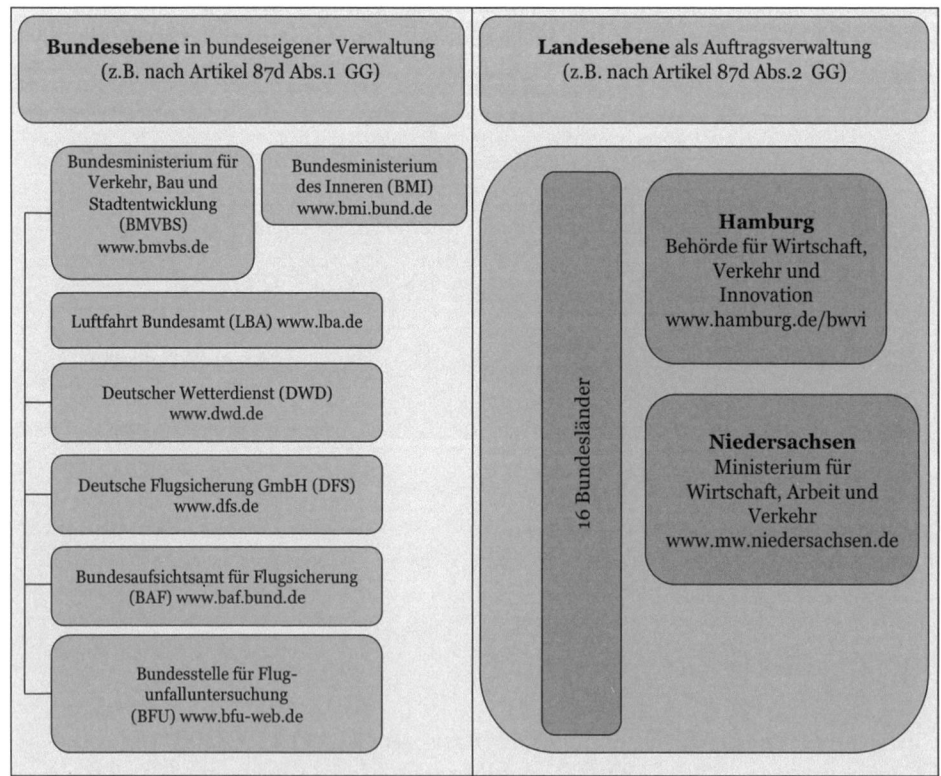

Bild 1.3.2   Nationale Luftfahrtorganisationen

1.3.6 Bundesministerium für Verkehr, Bau und Stadtentwicklung (BMVBS)

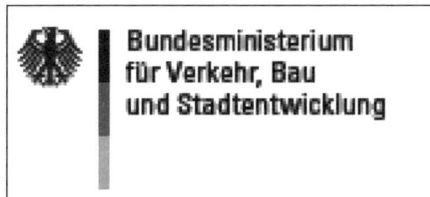

Das Bundesministerium für Verkehr, Bau und Stadtentwicklung (BMVBS) ist die oberste Behörde zur Wahrnehmung der Aufgaben der Luftfahrt.

Die Zuständigkeiten des Bundes für den Luftverkehr ergeben sich einmal aus dem Artikel 73 des Grundgesetzes (GG), der dem Bund die ausschließliche Gesetzgebung über dem Luftverkehr zuweist, zum anderen aus Artikel 87d des Grundgesetzes, wonach der Bund die Luftverkehrsverwaltung in eigener Verwaltung führt – und zwar so, dass durch Bundesgesetz Aufgaben der Luftverkehrsverwaltung übertragen werden können.

Die Bundesrepublik Deutschland hat somit keine zentrale Luftfahrtverwaltung. Stattdessen sind die Verwaltungsaufgaben auf das BMVBS, das ihm unterstehende Luftfahrt-Bundesamt (Aufgabenbeschreibung im «Gesetz über das Luftfahrt-Bundesamt»), die in den Bundesländern für die Luftfahrt zuständigen Behörden (§ 31 Luftverkehrsgesetz, LuftVG), die **Deutsche Flugsicherung GmbH, DFS** (§§ 27c ff, LuftVG), und der **Bundesstelle für Flugunfalluntersuchung, BFU**, aufgeteilt. Das BMVBS hat Weisungsbefugnis gegenüber der DFS, der BFU, dem LBA und den Luftfahrtbehörden der Bundesländer.

Da dem Bund die ausschließliche Gesetzgebung über den Luftverkehr zugewiesen ist und unsere Gesetze und die sich daraus ergebenden Rechtsverordnungen und Vorschriften nicht für alle Zeiten festgelegt sind, sondern mit dem Fortschritt der Technik und aus Gründen der Wirtschaftlichkeit ständigen Änderungen unterworfen sind, bedarf es anerkannter Veröffentlichungsorgane, die das Schrifttum jedem Bürger zur Kenntnis geben.

Diese anerkannten Organe sind:

- das **Bundesgesetzblatt** (BGBl) und
- der **Bundesanzeiger** (BAnz) für das Parlament und die Ministerien.

Ein amtliches Veröffentlichungsmittel für die Gesetze, Verordnungen und Bekanntmachungen in der Luftfahrt sind die **Nachrichten für Luftfahrer Teil I und Teil II (NfL I, Durchführung des Flugbetriebes, und NfL II, Tauglichkeit des Luftfahrtpersonals)**. Sie werden von der Deutschen Flugsicherung GmbH, kurz DFS, herausgegeben. Die Kenntnis der Gesetze, Rechtsverordnungen und Vorschriften ist eine vom Gesetzgeber jedem Bürger auferlegte Holschuld. Weder der Staat noch eine Behörde sind verpflichtet, jedem Einzelnen die Vorschriften zur Kenntnis zuzuleiten.

1.3.7 Luftfahrt-Bundesamt (LBA)

Das LBA in Braunschweig ist Bundesoberbehörde für die Aufgaben der zivilen Luftfahrt in Deutschland. Es untersteht dem Bundesministerium für Verkehr, Bau und Stadtentwicklung (BMVBS). Der Bundestag beschloss mit Zustimmung des Bundesrates am 30. November 1954 ein Gesetz, durch das das LBA als Bundesoberbehörde geschaffen wurde: das «Gesetz über das Luftfahrt-Bundesamt». Um den Auflagen aus dem Deutschlandvertrag nachzukommen, musste bereits im Jahre 1955, bei der Wiedererlangung der Lufthoheit, diese Institution voll arbeitsfähig sein. Das LBA hat mittlerweile 6 Außenstellen in Berlin, Hamburg, Düsseldorf, Frankfurt, Stuttgart und München.

Als Gründungsmitglied der Joint Aviation Authorities (JAA) ist das LBA unter anderem zuständig für (Auszug aus dem Aufgabenkatalog)

- die Durchführung in eigener Verantwortung oder Unterstützung der EASA bei der Überwachung von Musterprüfungen und Musterzulassungen,
- die Lärmzulassungen,
- die Genehmigung und Überwachung von Entwicklungs- und Herstellungsbetrieben und deren Personal,
- die Zulassung von Luftfahrzeugen und die Erteilung von Luftfahrzeug-Kennungen,
- die Genehmigung und Überwachung von Luftfahrtunternehmen, d.h. Fluggesellschaften und deren Personal,
- die Ausgabe von Lufttüchtigkeitsanweisungen (LTA),
- die Ausbildung, Prüfung und Lizenzierung des Luftfahrtpersonals wie Piloten, Dispatchern (Flugdienstberatern), Fliegerärzten oder Fluglotsen,
- den Erlass von Rechtsverordnungen und Verfahren arbeitsteilig mit der Deutschen Flugsicherung.

Zulassungspflichtige Luftfahrtgeräte sind:

- Flugzeuge,
- Drehflügelflugzeuge,
- Luftschiffe,
- Motorsegler,
- Segelflugzeuge,
- bemannte Ballone,
- Flugmodelle mit mehr als 20 kg Flugmasse,
- Personenfallschirme,
- Startgeräte,
- Flugmotoren,
- Propeller,

- Funkgeräte, soweit sie zum Einbau in Luftfahrzeuge nach 1 bis 6 bestimmt sind,
- sonstiges Luftfahrtgerät, soweit es nach der Prüfordnung für Luftfahrtgerät prüfungspflichtig ist.

Ein Luftfahrzeug wird zum Verkehr nur zugelassen, wenn:

a) das Muster des Luftfahrzeuges zugelassen ist.
Voraussetzung für die Musterzulassung ist die **Musterprüfung**, bei der geprüft wird, ob die anzuwendenden Bauvorschriften (Lufttüchtigkeitsforderungen) erfüllt werden. Die Musterprüfung von zivilen Luftfahrzeugen erfolgt durch das LBA, kann jedoch auch an anerkannte Entwicklungsbetriebe (EASA-Part 21) delegiert werden. Die Musterprüfung wird im militärischen Bereich durch das Bundesamt für Wehrtechnik und Beschaffung, Beauftragter der Bundeswehr für Luftfahrtgerät (BWB-ML) durchgeführt.

Zivile Bauvorschriften (Auswahl)
 – Verkehrsflugzeuge nach JAR–25
JAR(*joint aviation requirement*)-Vorschriften werden von den Mitgliedern der JAA (*joint aviation authorities*) herausgegeben. Alle EU-Staaten übernehmen die JAR als alleinige verbindliche Vorschriften. Die Vorschriften enthalten Forderungen an das Betriebsverhalten, die Festigkeit, Gestaltung und Bauausführung, den Triebwerkseinbau, die Ausrüstung und die Betriebsgrenzen;
 – Segelflugzeuge und Motorsegler nach JAR–22,
 – Flugmotoren JAR–E,
 – Propeller JAR–P;

b) der Nachweis der Lufttüchtigkeit geführt ist.
Die Lufttüchtigkeit des Luftfahrzeuges, das in Übereinstimmung mit einem von der Zulassungsbehörde zugelassenem Muster hergestellt wird, ist in der Stückprüfung festzustellen. Die Stückprüfung wird vom Hersteller durchgeführt. Er bedarf hierzu der Anerkennung durch die Zulassungsbehörde;

c) der Halter versichert ist.
Haftpflichtversicherung für Personen und Sachen, die nicht im Luftfahrzeug befördert werden;

d) die maximal zulässigen Lärmgrenzwerte nicht überschritten werden.
Die maximal zulässige Lärmentwicklung für Luftfahrzeuge ist in der JAR festgelegt;

e) es in das Verzeichnis deutscher Luftfahrzeuge eingetragen ist (Luftfahrzeugrolle).
Luftfahrzeuge führen als Staatszugehörigkeitszeichen die Bundesflagge und den Buchstaben D sowie als besondere Kennzeichnung (Eintragungszeichen) vier weitere Buchstaben (vgl. «Kennung von Luftfahrzeugen»).

Die Aufrechterhaltung der Lufttüchtigkeit des Luftfahrzeuges wird in der Nachprüfung festgestellt. Die Nachprüfungen werden von luftfahrttechnischen Betrieben in Zeitabständen oder fortlaufend auf Anordnung der Zulassungsbehörde sowie bei der Instandhaltung und der Änderung des Luftfahrzeuges durchgeführt.

Die Entwicklung eines Instandhaltungsprogramms für ein neu entwickeltes Verkehrsflugzeug beginnt ca. zwei Jahre vor seiner Inbetriebnahme. Wichtig für die Festlegung eines Instandhaltungsprogramms ist die enge Zusammenarbeit zwischen Flugzeughersteller und Flugzeughalter. Sie erfolgt nach international vereinbarten Richtlinien und trägt die Bezeichnung MSG (*maintenance system guide*).

Instandhaltungsprogramme werden den Luftfahrtbehörden vorgelegt und müssen von diesen genehmigt werden. Die verschiedenen Einzelmaßnahmen sind zu so genannten Paketen (Instandhaltungsereignisse) zusammengefasst (*Tabelle 1.1*).

Tabelle 1.1 Instandhaltungs-Ereignisse

Ereignis	Intervall	Bodenzeit	Arbeitszeit
Trip Check	vor jedem Flug	35 min	0,5 h
Service Check	wöchentlich	4 h	20 h
A-Check	250 Flug-h (4 Wochen)	6 h	40 h
B-Check	900 Flug-h (3 Monate)	12 h	150 h
C-Check	3000 Flug-h (12 Monate)	30 h	700 h
IL-Check	Erstintervall 12500 Flug-h (5 Jahre) Folgeintervall 6500 Flug-h (3 Jahre)	2 Wochen	12000 h
D-Check	Erstintervall 25000 Flug-h (9 Jahre) Folgeintervall 12500 Flug-h (5 Jahre)	4 Wochen	30000 h

Die Zwischenliegezeit (IL) und der D-Check dienen vor allem der Instandhaltung der Struktur.

1.3.8 Bundesstelle für Flugunfalluntersuchung (BFU)

Die BFU ist eine Bundesoberbehörde im Geschäftsbereich des Bundesministeriums für Verkehr, Bau und Stadtentwicklung (BMVBS). Die BFU hat die Aufgabe, Unfälle und schwere Störungen beim Betrieb von Luftfahrzeugen in Deutschland zu untersuchen und deren Ursachen zu ermitteln. Zur Annahme von Meldungen über Flugunfälle oder Störungen ist sie daher rund um die Uhr erreichbar.

Am 01.09.1998 ist die BFU als eigenständige Bundesoberbehörde (dem Bundesministerium für Verkehr, Bau und Stadtentwicklung unmittelbar nachgeordnet) errichtet worden (vgl. Bundesgesetzblatt 1998 Teil I vom 28.08.98).

```
┌─────────────────┐
│  Direktor der   │
│  Bundesstelle   │
└─────────────────┘
```

Untersuchungs-einheit	Fachbereich 1	Fachbereich 2	Fachbereich 3
Untersuchung von Unfällen und Störungen	Flugschreiberlabor, Avioniklabor, Halle, Werkstatt	Grundsatzangelegenheiten, Flugsicherheitsarbeit, IT-Angelegenheiten	Verwaltung

Bild 1.3.3   Struktur der BFU

In der Richtlinie 94/56/EG des Rates vom 21. November 1994 über die Grundsätze für die Untersuchung von Unfällen und Störungen in der Zivilluftfahrt wurde festgelegt, dass jeder EU-Mitgliedstaat eine nationale Untersuchungsstelle einzurichten hat. Allerdings besteht die Möglichkeit, im Einzelfall eine bi- und multilaterale Zusammenarbeit zu vereinbaren.

Die Richtlinie beruht materiell auf den Grundsätzen des Anhang 13 (Stand 8. Ausgabe – Juli 1994) zu dem Abkommen über die Internationale Zivilluftfahrt (ICAO-Abkommen) vom 7. Dezember 1944. Der Anhang 13 gibt Hinweise für das Verfahren zur Untersuchung und Auswertung von Flugunfällen und Störungen ziviler Luftfahrzeuge und legt die Pflichten und Rechte der Vertragsstaaten bei der Zusammenarbeit fest. Nach den Artikeln 37 und 38 des ICAO-Abkommens, dem die Bundesrepublik Deutschland mit Gesetz vom 7. April 1956 (BGBl. II 1956 S.411) beigetreten ist, haben sich die Vertragsstaaten verpflichtet, die von der Internationalen Zivilluftfahrt-Organisation angenommenen Vorschriften, Richtlinien und Verfahren zur Erreichung eines höchstmöglichen Grades an Einheitlichkeit möglichst unverändert in nationales Recht zu überführen.

Um die Richtlinie in deutsches Recht umzusetzen, wurde das Gesetz über die Untersuchung von Unfällen und Störungen bei dem Betrieb von zivilen Luftfahrzeugen (FlUUG), am 01. September 1998 in Kraft gesetzt. Dieses Gesetz ersetzt die «Allgemeine Verwaltungsvorschrift für die fachliche Untersuchung von Flugunfällen bei dem Betrieb von Luftfahrzeugen» und regelt nunmehr die Voraussetzungen für die Arbeit der Bundesstelle sowohl auf nationaler als auch auf internationaler Ebene. Im Zuge der Neuregelung wurde auch der § 5 Luftverkehrsordnung (LuftVO) «Anzeige von Flugunfällen und Störungen» neu gefasst.

Die Aufgaben der Bundesstelle für Flugunfalluntersuchung ergeben sich aus dem Gesetz über die Untersuchung von Unfällen und Störungen bei dem Betrieb von zivilen Luftfahrzeugen (FlUUG), vom 01. September 1998. Das Gesetz sieht eine völlig eigenständige Untersuchung von Flugunfällen und schweren Störungen durch die Bundesstelle vor, insbesondere ohne eine Einflussnahme von Dritten.

Die Untersuchung wird nach den Richtlinien und Empfehlungen des Anhangs 13 zum Abkommen über die Internationale Zivilluftfahrt und der Richtlinie 94/56 EG der Europäischen Union über die Grundsätze für die Untersuchung von Unfällen und Störungen in der Zivilluftfahrt durchgeführt. Danach hat die technische Untersuchung ausschließlich zum Ziel, Erkenntnisse zu gewinnen, mit denen künftige Unfälle und

Störungen verhütet werden können; die Auswertung des Vorkommnisses sowie die Schlussfolgerungen und Sicherheitsempfehlungen sollen nicht der Klärung der Schuld- bzw. Haftungsfrage dienen.

1.3.9 Deutsche Flugsicherung GmbH (DFS)

Die DFS ist ein privatrechtlich organisiertes Unternehmen im Eigentum der Bundesrepublik Deutschland. Als Vertreter der Eigentümerin tritt das BMVBS in Erscheinung. Die DFS ging aus der Bundesanstalt für Flugsicherung (BFS) hervor, die 1953 gegründet und 1992 in eine GmbH umgewandelt wurde. Zum 1. Januar 1993 nahm die DFS die Arbeit auf. Die Privatisierung gilt als die erfolgreichste Privatisierung einstiger Bundesbehörden; die laufenden Kosten werden zu 90% über Gebühren gedeckt.

Die Aufgaben der DFS gemäß **Luft**verkehrsgesetz (LuftVG) sind:

- ❑ die Flugverkehrskontrolle des Luftverkehrs in Deutschland,
- ❑ die Bearbeitung von Flugplänen,
- ❑ die Errichtung und Inbetriebhaltung von technischen Einrichtungen und Funknavigationsanlagen,
- ❑ die überregionale militärische Flugsicherung in Deutschland.

Der Hauptsitz des Unternehmens befindet sich in Langen (Hessen) und damit ganz in der Nähe des größten deutschen Flughafens, des Rhein-Main-Flughafens. Die DFS betreibt hier zur Ausbildung von Fluglotsen und verwandten Berufen eine eigene Flugsicherungsakademie. Außerdem ist hier eine Außenstelle des Amtes für Flugsicherung der Bundeswehr vertreten, mit dem die DFS eng zusammenarbeitet.

Kontrollzentralen der DFS befinden sich in:

- Berlin-Tempelhof (EDBB) (Schließung und Verlagerung der Dienste auf die Standorte Karlsruhe, München und Bremen bis Ende 2006)
- Bremen (EDWW)
- Langen (EDFF) und (EDLL) (Frankfurt u. Düsseldorf)
- Karlsruhe (EDUU) (oberer Luftraum, UIR)
- München (EDMM).

Die DFS betreibt die Flugsicherungsdienste an folgenden Flughäfen:

Altenburg-Nobitz – EDAC
Berlin-Tempelhof – EDDI
Berlin-Schönefeld – EDDB

Berlin-Tegel – EDDT
Bremen – EDDW
Dresden – EDDC
Düsseldorf – EDDL
Erfurt – EDDE
Frankfurt – EDDF
Hamburg – EDDH
Hannover – EDDV
Köln/Bonn – EDDK
Leipzig – EDDP
München – EDDM
Münster/Osnabrück – EDDG
Niederrhein/Laarbruch – EDLV
Nürnberg – EDDN
Saarbrücken – EDDR
Stuttgart – EDDS

Luftfahrzeug-Kennung
Eine Luftfahrzeug-Kennung ist ein alphanumerischer Code, der dazu dient, jedes Flugzeug eindeutig identifizieren zu können. Insofern entspricht er dem Kfz-Kennzeichen bei Kraftfahrzeugen.

Grundlage der Luftfahrzeug-Kennzeichnung ist das Chicagoer Abkommen über die internationale Zivilluftfahrt von 1944. Danach vergibt die Weltluftfahrtorganisation ICAO die Länderkennzeichnung. Der weitere Aufbau der Kennzeichnung wird durch nationale Vorschriften geregelt. In Deutschland ist dies die **Luft**verkehrs-**Z**ulassungs-**O**rdnung (LuftVZO). Das LBA vergibt die Kennzeichen und kontrolliert jährlich, ob diese vorschriftsmäßig angebracht sind. Die Kennzeichnung muss auf beiden Seiten des Flugzeuges am Heck angebracht sein, bei Flugzeugen bis 5,7 t zusätzlich auf der Unterseite der linken Tragfläche. Die Schrift muss kontrastreich und mindestens 30 cm hoch sein. Das Hoheitszeichen (Bundesflagge) hat eine Mindesthöhe von 15 cm.

Zivile, nationale Kennzeichen von Luftfahrzeugen in Deutschland bestehen jeweils aus dem Buchstaben «D» für Deutschland und vier Ziffern für Segelflugzeuge bzw. vier Buchstaben für alle anderen Luftfahrzeuge. Der auf das «D» folgende Buchstabe kategorisiert die Art bzw. die Masse des Luftfahrzeuges:

D-A für Luftfahrzeuge >20 t Höchstabflugmasse
D-B für Luftfahrzeuge von 14...20 t Höchstabflugmasse
D-C für Luftfahrzeuge 5,7...14 t Höchstabflugmasse
D-E für einmotorige Flugzeuge bis 2 t Höchstabflugmasse
D-F für einmotorige Flugzeuge von 2 bis 5,7 t Höchstabflugmasse
D-G für mehrmotorige Flugzeuge bis 2 t Höchstabflugmasse
D-H für Hubschrauber
D-I für mehrmotorige Flugzeuge von 2 bis 5,7 t Höchstabflugmasse
D-K für Motorsegler

D-L für Luftschiffe
D-M für Ultraleichtflugzeuge bis 472,5 kg Höchstabflugmasse
D-N für ultraleichte Segelflugzeuge
D-O für Gas- und Heißluftballone

Beispiel
D-MABC (im Flugfunk nach dem ICAO-Alphabet *Delta Mike Alpha Bravo Charly* gesprochen) ist ein Ultraleichtflugzeug.

Deutsche militärische Luftfahrzeuge werden mit Nummern gekennzeichnet, die einen Rückschluss auf Typ und Seriennummer zulassen (z. B. 35+01). Eine genaue Zuordnung wird bei der Bundeswehr registriert, ist jedoch nicht öffentlich zugänglich.

Liste deutscher Gesetze und EU-Verordungen zum Luftverkehr
In Deutschland sind unter anderem die folgenden Gesetze und Verordnungen für den Luftverkehr von Bedeutung:
- **LuftVG** – Luftverkehrsgesetz. Das Luftverkehrsgesetz ist das Basisgesetz für die Luftfahrtgesetzgebung in Deutschland.
- **FlUUG** – Flugunfall-Untersuchungs-Gesetz. Vorschriften für die Untersuchung von Unfällen und Störungen beim Betrieb ziviler Luftfahrzeuge.
- **LuftBO** – Betriebsordnung für Luftfahrtgerät. Regelungen, die Halter beim Betrieb von Luftfahrzeugen einzuhalten haben (Wartung, Ausrüstung, Betriebsstoffe, Checklisten).
- **LuftGerPO** – Prüfordnung für Luftfahrtgerät. Luftfahrtgerät wird in Deutschland gemäß der LuftGerPO regelmäßig auf Lufttüchtigkeit untersucht
- **LuftPersV** – Verordnung über Luftfahrtpersonal. Die LuftPersV regelt die Ausbildung und Lizenzierung von Luftfahrtpersonal (Piloten, Flugbegleiter usw.).
- **LuftSiG** – Luftsicherheitsgesetz. Das LuftSiG regelt die Sicherheit des Luftverkehrs und gibt die Möglichkeit zum Abschuss entführter Flugzeuge.
- **LuftVO** – Luftverkehrs-Ordnung. Die LuftVO enthält die Regeln, nach denen Luft-verkehr in Deutschland abgewickelt wird (z.B. Ausweichregeln usw.).
- **LuftVZO** – Luftverkehrs-Zulassungsordnung. Luftfahrzeuge werden in Deutschland nach der LuftVZO zugelassen.
- **EU-OPS 1 bzw. 3** – Verordnung (EG) Nr. 859/2008. Bezug auf gemeinsame technische Vorschriften und Verwaltungsverfahren für den gewerblichen Luftverkehr mit Flächenflugzeugen (OPS 1) und Hubschraubern (OPS 3).

1.3.10 Bundesaufsichtsamt für Flugsicherung (BAF)

Mit Wirkung vom 1. August 2009 wurde der Art. 87d GG geändert und in Folge konnten nun Flugsicherungsdienste durch ausländische, nach europäischem Recht zugelassene Flugsicherungsorganisationen angeboten werden. Drei Tage später trat das Gesetz zur Errichtung eines Bundesaufsichtsamtes für Flugsicherung und zur Änderung und Anpassung weiterer Vorschriften in Kraft. Damit wurde die vom Gesetzgeber gewünschte Trennung von Aufsichts- und Durchführungsaufgaben in der Flugsicherung ermöglicht. Nach der Privatisierung der Deutschen Flugsicherung (DFS) am 4. August 2009 trat das Gesetz zur Errichtung eines Bundesaufsichtsamtes für Flugsicherung in Kraft. Mit Inkrafttreten des Gesetzes wurde das BAF als Bundesoberbehörde im Geschäftsbereich des Bundesministeriums formell errichtet.

Das Bundesaufsichtsamt für Flugsicherung (BAF) zertifiziert und überwacht als nationale Aufsichtsbehörde den Bereich der zivilen Flugsicherung. Das Bundesamt arbeitet auf der Basis europäischer und deutscher Verordnungen und Gesetze zur Schaffung eines einheitlichen europäischen Luftraumes (SES, *Single European Sky*) und gewährleistet die gesetzlich vorgeschriebene funktionale Trennung von regulativen und operativen Aufgaben im Bereich der Flugsicherung. Es untersteht der Dienst- und Fachaufsicht des Bundesministeriums für Verkehr, Bau und Stadtentwicklung (BMVBS).

Die Organisation des Bundesaufsichtsamtes für Flugsicherung besteht aus 5 Referaten, einem zivil-militärischem Verbindungsbüro und einer Stabsstelle für Öffentlichkeitsarbeit. Das zivil-militärische Verbindungsbüro (VBB) steht allen BAF-Referaten und der Bundeswehr als zentraler Ansprechpartner für Themen rund um die zivil-militärische Zusammenarbeit zur Verfügung. Die Aufgaben der Referate im Einzelnen:

Sicherheitsaufsicht über Flugsicherungsorganisationen und Flugsicherungspersonal (SOP)
- Zertifizierung von Flugsicherungsorganisationen
- Zertifizierung und Beauftragung von «Qualifizierten Stellen»
- Durchführung von Audits und Inspektionen
- Melde- und Berichtswesen für sicherheitsrelevante Vorfälle
- Registrierung und Genehmigung von Änderungen an funktionalen Systemen
- Aufsicht über Ausbildungsanbieter von Fluglotsen
- Lizenzierung von Flugsicherungspersonal
- Anerkennung von flugmedizinischen Zentren und Flugmedizinern

Leistungsplanung, Wirtschaft, Internationales (LWI)
- Ausarbeitung des FABEC-Leistungsplans in Zusammenarbeit mit den fünf weiteren Mitgliedstaaten (*Functional Airspace Block*: Ein FAB ist ein Segment des Luftraums, das sich über mehrere Länder erstreckt, wobei die Staaten ihre jeweilige nationale Hoheit behalten. Die Größe dieses Blocks orientiert sich nicht wie bisher an den Landesgrenzen, sondern an den Hauptverkehrsströmen, hier EC: *Europe Central*, d.h. Belgien, Deutschland, Luxemburg, Niederlande, Schweiz).
- Leistungsaufsicht und Überwachung der Leistungsziele Sicherheit, Kapazität, Umwelt, Kosteneffizienz und zivil-militärische Zusammenarbeit auf nationaler Ebene

Sicherheitsaufsicht Technik (ST)
- Prüfen und Bekanntgabe von Anlagenschutzbereichen für flugsicherungstechnische Einrichtungen nach § 18a LuftVG
- Prüfen und Erstellung von Bescheiden für Bauvorhaben nach § 18b LuftVG
- Prüfung von EG-Prüferklärungen nach Verordnung (EG) Nr. 552/2004

- Überwachung der Einhaltung von EU-Verordnungen (Compliance Monitoring)
- Mitwirkung bei Konsultationsprozessen europäischer Verordnungen und Richtlinien
- Erlass von Rechtsverordnungen zur Überwachung von Flugvermessungsanbietern
- Überprüfung von Flugvermessungsunternehmen
- Aeronautisches Frequenzmanagement, Festlegung der Frequenzen und
- Nutzungsbestimmungen für alle deutschen Bodenfunkstellen
- Vertretung der deutschen Interessen in nationalen und internationalen Gremien für aeronautisches Frequenzmanagement
- Musterzulassungen nach der Flugsicherungs-Anlagen und Geräte-Musterzulassungs-Verordnung (FSMusterzulV)

Luftraum, Flugverfahren und Recht (LFR)
- Festlegung von Flugverfahren und Genehmigung temporärer Flugverfahren
- Verfolgung von Ordnungswidrigkeiten bei Regelverstößen im Luftverkehr
- Rechtliche Vertretung des BAF und Justiziariat
- Erteilung von Durchfluggenehmigungen für Flugbeschränkungsgebiete

Zentrale Verwaltung (ZV) mit den Aufgaben Organisation, Personal, Haushalt und innerer Dienst

1.3.11 Luftfahrtbehörden der Bundesländer

Die Aufgaben, die die Länder im Auftrag des Bundes auszuführen haben, ergeben sich aus dem Luftverkehrsgesetz (LuftVG) § 31 (Auszug):

- die Erteilung der Erlaubnis für Privatflugzeugführer, nichtberufsmäßige Führer von Drehflüglern, Motorseglerführer, Segelflugzeugführer, Freiballonführer, Steuerer von verkehrszulassungspflichtigen Flugmodellen,
- die Einrichtung und Untersuchung von fliegerärztlichen Untersuchungsstellen und die Kontrolle von fliegerärztlichen Untersuchungen für jeden Piloten und Luftfahrer,
- die Erteilung der Erlaubnis für die Ausbildung von Piloten und Luftfahrern,
- die Genehmigung von Flugplätzen, Flugplatzentgelte und der Flugplatzbenutzungsordnung,
- die im Zusammenhang mit der Regelung der Bodenabfertigungsdienste auf Flugplätzen erforderlichen Maßnahmen und Verwaltungsentscheidungen,
- die Erteilung der Erlaubnis für Vorbereitungsarbeiten zur Anlegung von Flugplätzen,
- die Genehmigung von Luftfahrtveranstaltungen,
- die Erteilung der Erlaubnis zu besonderen Benutzung des Luftraumes für Kunstflüge, Schleppflüge, Reklameflüge, Abwerfen von Gegenständen aus Luftfahrzeugen, Aufstieg von Frei- und Fesselballonen, Drachen-Flugmodellen und anderen Flugkörpern mit Eigenantrieb,
- die Ausübung der Luftaufsicht,
- Schutz vor Angriffen auf die Sicherheit des Luftverkehrs.

1.4 Freigabeberechtigtes Personal im Instandhaltungsbetrieb

1.4.1 Beteiligte Unternehmen

Der vorangestellte Abschnitt 1.3 setzt sich detailliert mit den nationalen- und internationalen Institutionen und Behörden auseinander. Diese werden im Allgemeinen als Entscheidungsträger in der Wirtschafts- und Verkehrspolitik bezeichnet. Darüber hinaus sind ebenfalls private Organisationen im Bereich der Luftfahrt tätig, um ihre Interessen in den Prozess der Entscheidungsfindung einzubinden.

Die Vorgaben, die seitens der Behörden gemacht werden, sind von verschiedenen Unternehmen umzusetzen bzw. zu beachten. Die beteiligten Unternehmen, sowohl in der Entwicklung, Herstellung als auch in der Instandhaltung, tragen durch ihre beträchtlichen Erfahrungen und Kenntnisse, die in der überdurchschnittlichen Prozesskomplexität bei dem Umgang mit luftfahrttechnischen Produkten vorherrscht, einen entscheidenden Beitrag dazu bei, um den Luftverkehr sowohl sicher als auch wirtschaftlich durchzuführen.

Hierbei ist ein wesentlicher Baustein die fortwährende Qualifizierung der Mitarbeiter, die in den entsprechenden Unternehmen beschäftig werden. Ein Schwerpunkt liegt auf der Qualifizierung der Mitarbeiter, die direkt am Luftfahrzeug oder -gerät tätig sind. Eine erlangte Qualifikation setzt sich hierbei immer aus theoretischem Wissen und praktischer Erfahrung zusammen.

Im Folgenden steht der *Instandhaltungsbetrieb* und die Ausbildung des Wartungspersonals im Fokus. Die zu erlangenden Qualifikationen werden in verschiedene Kategorien (siehe Abschnitt 1.4.3) eingeteilt. In diesem Zusammenhang ist von *freigabeberechtigtem Personal* zu sprechen, dass eine Lizenz durch eine Qualifizierung in einem hierfür geeigneten Ausbildungsbetrieb erwirbt.

Die Verordnung (EG) Nr. 2042/2003 der Europäischen Kommission vom 20. November 2003 (bzw. 216/2008 sowie 1149/2011) ist hierfür eine wesentliche Grundlage des gesetzlichen Rahmens. Kernaussage dieser Verordnung ist die verbindliche Organisation der für die Aufrechterhaltung der Lufttüchtigkeit beteiligten Organisationen und Personen.

Neben dem Umgang mit dem Luftfahrzeug als Ganzes, ist auch das Handling mit luftfahrttechnischen Erzeugnissen, Teilen und der Ausrüstung sowie der Dokumentation bei dem Erwerb der Lizenzen bedeutend. Ein weitere Organisation, die im Fokus des Interesses steht, ist der *Ausbildungsbetrieb*, der für die kontinuierliche Schulung bzw. Qualifizierung des Personals zuständig ist.

Die Anforderungen an die Mitarbeiter, die im Rahmen der Qualifizierung zur Erteilung einer Lizenz erbracht werden müssen, sind in dieser Verordnung in Anhang III, Teil-66, beschrieben. Eine andere, übliche Bezeichnung ist EASA Part-66. Die Abkürzung EASA steht für die schon im vorangegangenen Kapitel dargestellte europäische Agentur *European Aviation Safety Agency* mit ihrem Sitz in Köln. Somit wird ebenfalls unmittelbar deutlich, dass die Europäische Luftsicherheitsagentur in Europa für die Überwachung und Erteilung der Lizenzen zuständig ist.

Die einzelnen Mitgliedstaaten haben eigene nationale Behörden, die für Gleiches in ihrem Hoheitsgebiet zuständig sind. In Deutschland ist dies das Luftfahrt-Bundesamt (LBA) und in Großbritannien z.B. die *Civil Aviation Authority* (CAA). Somit haben alle europäischen Staaten ihre eigene Luftfahrtbehörde, die entsprechende Organisationen überwacht und für die Lizenzierung von Personal zuständig ist.

1.4.2 Das freigabeberechtigte Personal

Bild 1.4.1 veranschaulicht die zwei Wege der Qualifizierung von Mitarbeitern in einem Herstellungs- und Instandhaltungsbetrieb. Der Herstellungsbetrieb, auch als EASA Part 21/G bezeichnet, führt die Qualifizierung der eigenen Mitarbeiter überwiegend durch ein betriebsinternes Ausbildungsprogramm durch.

Die erreichten Qualifikationen werden anschließend vom Betrieb selbst auf Basis der EASA-Part 21/G erworbenen Berechtigung an die einzelnen Mitarbeiter ausgesprochen. Dies impliziert ein geeignetes Qualifizierungskonzept bzw. *betriebliches Ausbildungsprogramm*, das üblicherweise in ein betriebsinternes QM-System integriert ist.

Die Bezeichnung Part-21, ein Synonym für Teil-21, steht in diesem Zusammenhang laut der entsprechenden europäischen Verordnung, für die Anforderungen und Verfahren zur Zertifizierung von in der Entwicklung oder Herstellung befindlichen Luftfahrzeugen. Dieses schließt insbesondere die Produktion sowie den Bau- und die Ausrüstungsstellen innerhalb von Entwicklungs- und Herstellungsbetrieben mit ein.

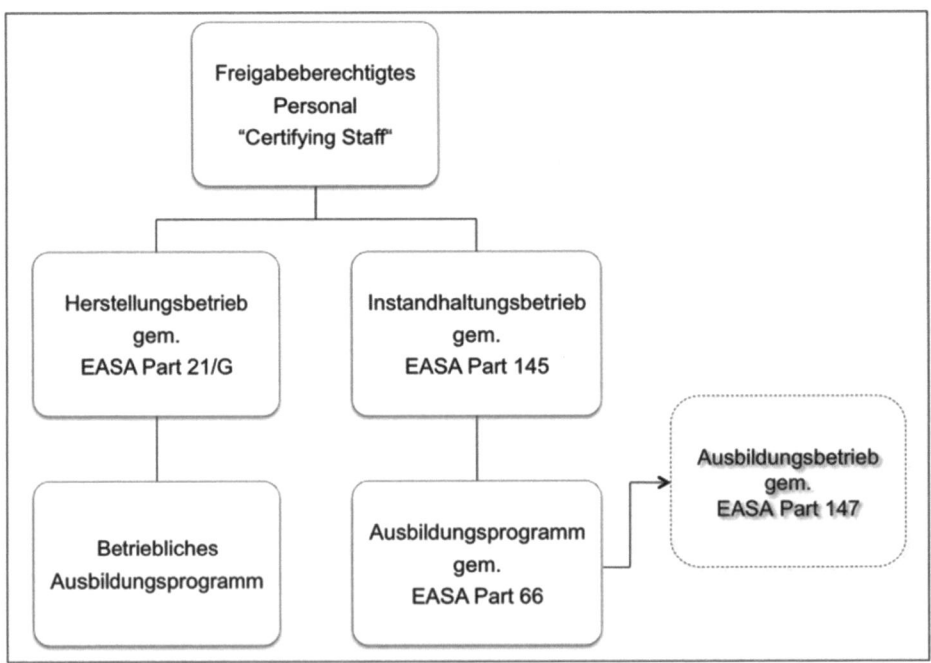

Bild 1.4.1 Freigabeberechtigtes Personal

Ein wesentlicher Unterschied bei der Qualifizierung der Mitarbeiter im Vergleich zum Herstellungsbetrieb ist die Detaillierungstiefe durch die behördlichen Vorgaben an das freigabeberechtigte Personal, das in einem Instandhaltungsbetrieb arbeitet.

Das betriebliche Ausbildungsprogramm wird in diesem Fall durch ein gesondertes Ausbildungsprogramm gemäß EASA Part-66 ersetzt. Der EASA Part schreibt den Umfang und den Inhalt der einzelnen Lehrgänge vor. Nur Organisationen bzw. Institutionen, die eine Anerkennung als EASA-Part-147-Betrieb haben, dürfen diese Schulungen durchführen.

Zwei Beispiele für einen solchen Betrieb sind zum einen die Lufthansa Technical Training mit der Genehmigung DE.147.0001 für Grundlagen- und Musterlehrgänge als auch die Staatliche Gewerbeschule -G15- mit der Genehmigung DE.147.S-002 für Grundlagenlehrgänge (siehe lba.de, 2012).

Somit werden Ausbildungsbetriebe durch die behördliche Genehmigung berechtigt, anerkannte Grundlagenausbildungen, anerkannte typenspezifische Ausbildungen sowie die geforderten Prüfungen durchzuführen als auch die entsprechenden Zeugnisse auszustellen.

Ziel der Ausbildung nach EASA Part-66 ist die behördliche Anerkennung als freigabeberechtigtes Personal und enthält als Ziel die *Aircraft Maintenance Licence* (AML).

Diese umfassende Qualifizierung der Mitarbeiter in einem Instandhaltungsbetrieb dient der Sicherstellung der Aufrechterhaltung der *Lufttüchtigkeit eines Luftfahrzeuges* (Continuing Airworthiness). Diese stellt eine luftrechtliche Notwendigkeit dar. Die Aufrechterhaltung der Lufttüchtigkeit ist somit eine Schnittstelle zwischen dem In-

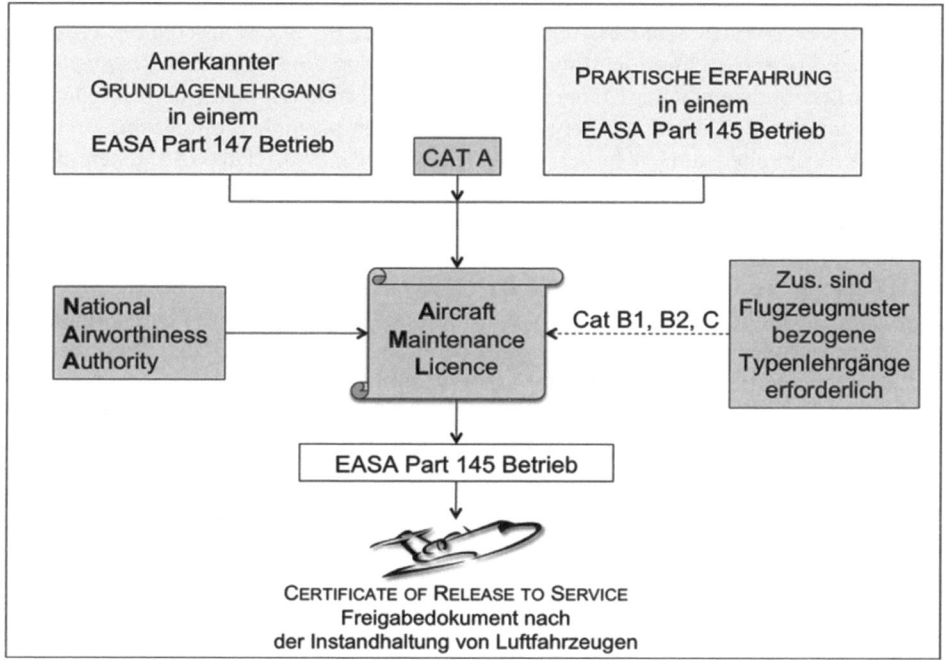

Bild 1.4.2   Aircraft Maintenance Licence

standhaltungsbetrieb und dem Betreiber (Operator) des Luftfahrzeuges. Die gesetzliche Grundlage hierfür bildet der EASA Part-M. Der Umfang der einzelnen AMLs und die einzelnen Freigaben werden im folgenden Abschnitt dargestellt.

1.4.3 Freigabeumfänge innerhalb der Aircraft Maintenance Licence

Ausgangslage für eine erste Zuordnung der Freigabeumfänge ist die Unterscheidung des Instandhaltungsereignisses nach Line oder Base Maintenance (Bild 1.4.3). Während sich in der *Line Maintenance* die Wartungsaktivitäten auf die Prüfung oder den Wechsel von Bauteilen sowie die Durchführung von kleinen Reparaturen mit einfachen Mitteln beschränkt, kommt es in der *Base Maintenance* (o.a. *Heavy Maintenance*) zu einer wesentlich tieferen technischen Eindringtiefe, die sich insbesondere durch ein höheres Stundenvolumen (zeitlicher Umfang des Instandhaltungsereignisses) auszeichnet. Hinzu kommt die Häufigkeit der einzelnen Checks.

Die *Wartung* bzw. die Line Maintenance eines Luftfahrzeuges, die auch als eine Bewahrung des Sollzustandes eines Luftfahrzeuges angesehen wird, wird u.a. wöchentlich durchgeführt. Die eigentliche *Instandhaltung* bzw. Base Maintenance ist dagegen dafür vorgesehen, den Sollzustand eines Luftfahrzeuges wiederherzustellen. Diese Arbeiten finden mindestens alle 18 Monate statt. Eine gängige Bezeichnung hierfür ist z.B. der C-Check.

Darüber hinaus gibt es noch eine Vielzahl von anderen Instandhaltungsereignissen, die sowohl in der Wartung als auch in der Instandhaltung durchgeführt werden, um einen möglichst langen Lebenszyklus eines Luftfahrzeuges zu ermöglichen.

Die erste Lizenz in diesem Zusammenhang ist die **CAT A** (*Line Maintenance Certifying Mechanic*). Diese berechtigt den Inhaber zur Ausstellung von *Freigabebescheinigungen* nach der Behebung einfacher Mängel. Ein wichtiger Bestandteil dieser Berechtigung ist, dass der Inhaber der Lizenz die Arbeiten ausschließlich persönlich durchführt.

Diese Tätigkeiten dürfen ferner nur in einem nach EASA Part-145 genehmigten Betrieb ausgeführt werden. Hinzu kommt, dass diese Berechtigungen aufgabenorientiert nach einer so genannten Task-List vergeben werden. Diese beziehen sich jeweils explizit auf ein ganz bestimmtes Flugzeugmuster.

Die nächste Kategorie ist die **CAT B1** (*Maintenance Certifying Technician – mechanical*). Dieses beinhaltet alle die an die Unterkategorie A gestellten Berechtigungen und Anforderungen. Hinzu kommt, dass der Inhaber der Lizenz den Wechsel von austauschbaren Avionikeinheiten (*Replaceable Units*) vornehmen darf.

Eine weitere B-Kategorie ist die **CAT B2** (*Maintenance Certifying Technician – Avionic*). Sie berechtigt den Inhaber der Lizenz zur Ausstellung von Freigabebescheinigungen nach Instandhaltungsarbeiten an elektrischen Systemen und an der Avionik (z.B. Fluginstrumente).

Laut dieser Lizenz können die Arbeiten durch einen anderen Berechtigten durchgeführt werden. Auch in dieser Kategorie werden die Arbeiten ebenfalls nur musterbezogen vergeben.

Neu hinzugekommen ist durch die EU VO 1149/2011 die **CAT B3**, die für nicht druckbelüftete Flugzeuge mit Kolbentriebwerk mit einer Höchststartmasse bis 2 t gilt. Diese Qualifikation berechtigt zu Instandhaltungsarbeiten an mechanischen und elektrischen Systemen an Triebwerken sowie an der Flugzeugstruktur.

Die umfangreichste Lizenzstufe ist die **CAT C** (*Base Maintenance Certifying Engineer*). Diese Lizenz gilt für Arbeiten am Luftfahrzeug in seiner Gesamtheit und wird daher für den Bereich der Base Maintenance ausgesprochen. Der Berechtigte überwacht die Instandhaltungsarbeiten am Luftfahrzeug und stellt abschließend das *Certificate of Release to Service* (CRS) aus. Dies impliziert, dass an dieser Stelle das CAT-C-Personal sicherstellen muss, dass nur Personal die anfallenden Arbeiten am Luftfahrzeug durchführt, das für die entsprechenden Tätigkeiten die erforderliche Lizenz besitzt. Des Weiteren wird für den Erwerb der Lizenz ein technisches Hochschulstudium vorausgesetzt.

Für die Beantragung der Lizenzen bei der zuständigen Behörde müssen bestimmte Voraussetzungen erfüllt werden, um sicherzustellen, dass zu dem theoretischen Wissen aus den Grundlagenlehrgängen ausreichend praktische Erfahrungen bei den entsprechenden Mitarbeitern vorhanden sind. Für die Cat A ist es z.B. üblich, dass ein Teil der Ausbildung, die in einem EASA-Part-145-Betrieb durchgeführt wurde, anerkannt wird und nur noch ein Jahr im unmittelbaren Anschluss an die Ausbildung im **D**ualen **S**ystem (DS) nachgewiesen werden muss.

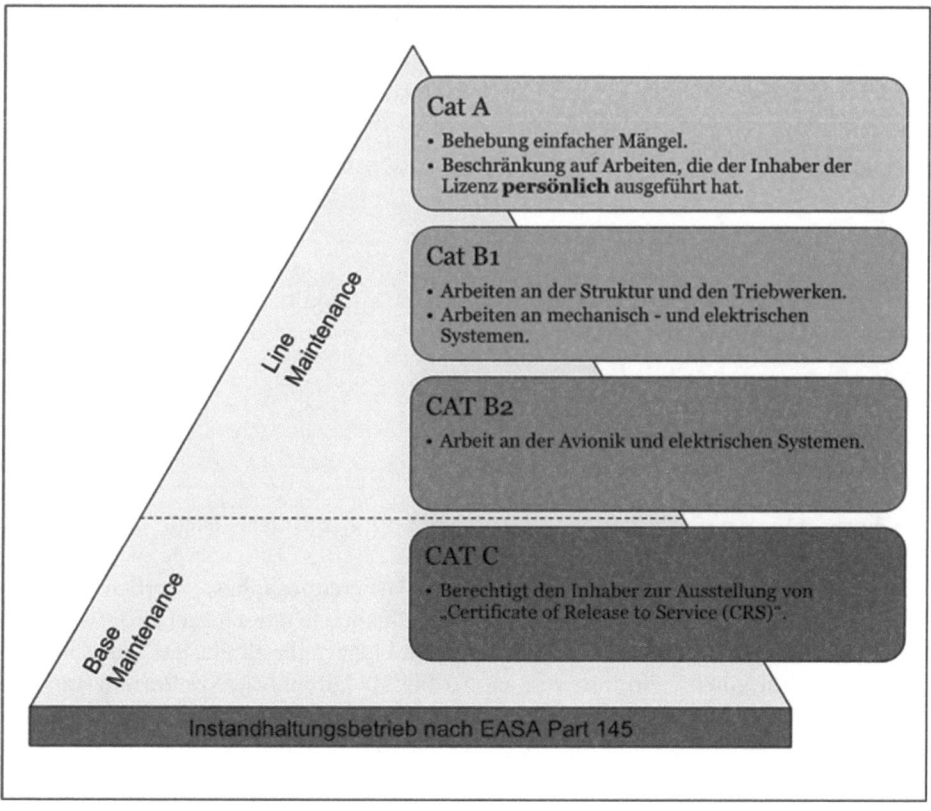

Bild 1.4.3 Kategorien (CAT) der Freigabeumfänge innerhalb der Qualifizierung

Dies bedeutet für das Personal, das einen Lehrgang nach Pat-66 in einem Part-147-Betrieb erfolgreich abgeschlossen hat, dass sie einen repräsentativen Querschnitt der Instandhaltungsarbeiten an einem Luftfahrzeug als einen wesentlichen Teil der Qualifikation durchgeführt haben müssen.

Zusammenfassend veranschaulicht Bild 1.4.3 die unterschiedlichen qualifikatorischen Bausteine, um in einem Instandhaltungsbetrieb an einem Luftfahrzeug arbeiten zu dürfen. Im Anschluss kann das Luftfahrzeug mit einem entsprechenden Freigabedokument dem Betreiber wieder übergeben werden.

Der Anteil an freigabeberechtigtem Personal sowie unterstützendem Personal (*Support Staff*) richtet sich immer nach dem benötigten Genehmigungsumfang, der u.a. durch einen verantwortlichen Betriebsleiter (*Accountable Manager*) und die hierfür zuständigen Führungskräfte kontinuierlich zu überwachen ist.

Übung

1. Welche Institutionen werden als Entscheidungsträger im Bereich der nationalen und internationalen Luftfahrt genannt?
2. Aus welchen zwei qualifikatorischen Bausteinen setzt sich die Qualifikation zum Certifying Staff immer zusammen?
3. Welche wesentlichen Unterschiede lassen sich in der Ausbildung zum freigabeberechtigten Personal in einem Herstellungs- und Instandhaltungsbetrieb aufzählen?
4. Was wird als Schnittstelle zwischen dem Instandhaltungsbetrieb und dem Betreiber (Operator) eines Luftfahrzeuges bezeichnet?

1.5 Entwicklungsphasen

Der Gesamtablauf von der Idee bis zur stabilen Produktion für Flugzeuge lässt sich formal in drei Entwicklungsphasen gliedern:

1. Entwicklung,
2. Serienvorbereitung,
3. Serienfertigung.

Die Entwicklungsphase des Flugzeugbaus wird in vier Unterbereiche unterteilt, die zeitlich nacheinander durchlaufen werden *(Bild 1.5.1)*.

Im ersten Unterbereich, der so genannten **Vorbereitungsphase**, werden zunächst Marktanalysen und Marktvoraussagen für die entsprechende Flugzeugkonfiguration erstellt. Dabei werden die weltweit existierenden Flugzeugbestände, das Luftverkehrsaufkommen für einen Zeitraum von ca. 10 bis 20 Jahren, die Konkurrenzsituation (z.B. Airbus/Boeing) und Kundenbefragungen analysiert.

Erst wenn die Vorbereitungsphase abgeschlossen ist und positive Planungsgrundlagen vorliegen, beginnt die eigentliche **Konzeptphase** des Flugzeugprogramms. Hier wird eine Auswahl der vorliegenden und angedachten Flugzeugkonzepte vorgenommen, indem parametrische Entwurfsrechnungen für verschiedene Konzepte sowie Wirtschaftlichkeitsberechnungen durchgeführt werden. Als weitere Phase folgt die

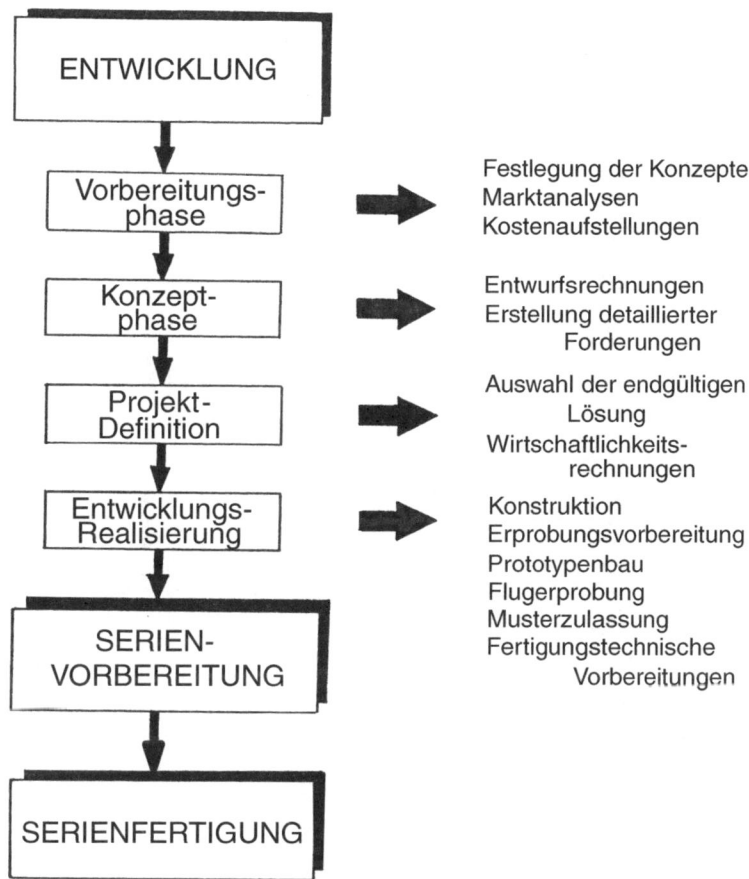

Bild 1.5.1 Die Entwicklungsphasen eines Fluggerätes

Projekt-Definitionsphase, in der der technische und organisatorische Ablauf sowie die Planung der Gesamtfinanzierung vorgenommen wird. In diesen Bereich fällt auch die Erstellung von Arbeits- und Zeitplänen, Kosten- und Anlagenplänen sowie Investitions-, Produktions- und Verkaufsplänen höherer Genauigkeit.

Nach Abschluss dieser Arbeiten folgt die **Entwicklungs-Realisierungsphase**, die die Konstruktion, die Versuchs- und Erprobungsvorbereitung, den Prototypenbau sowie die gesamte Flugerprobung bis hin zur Musterzulassung umfasst.

Die Entwicklung des Fluggerätes durchläuft vom Projektauftrag bis zur Zulassung 12 Schritte mit 13 Meilensteinen, die auch Qualitätshürden (Quality Gates) genannt werden *(Bild 1.5.2)*.

Mit dem Prototypenbau, der Flugerprobung und der behördlichen Zulassung ist die Entwicklung abgeschlossen, und es folgt die Serienvorbereitung, in der alle fertigungstechnischen Vorbereitungen für die Aufnahme der Serienfertigung getroffen werden.

In der Serienvorbereitung werden Werkzeuge und Vorrichtungen für die Produktionsphase erstellt. Weiterhin müssen Änderungen aus der Erprobungsphase in die

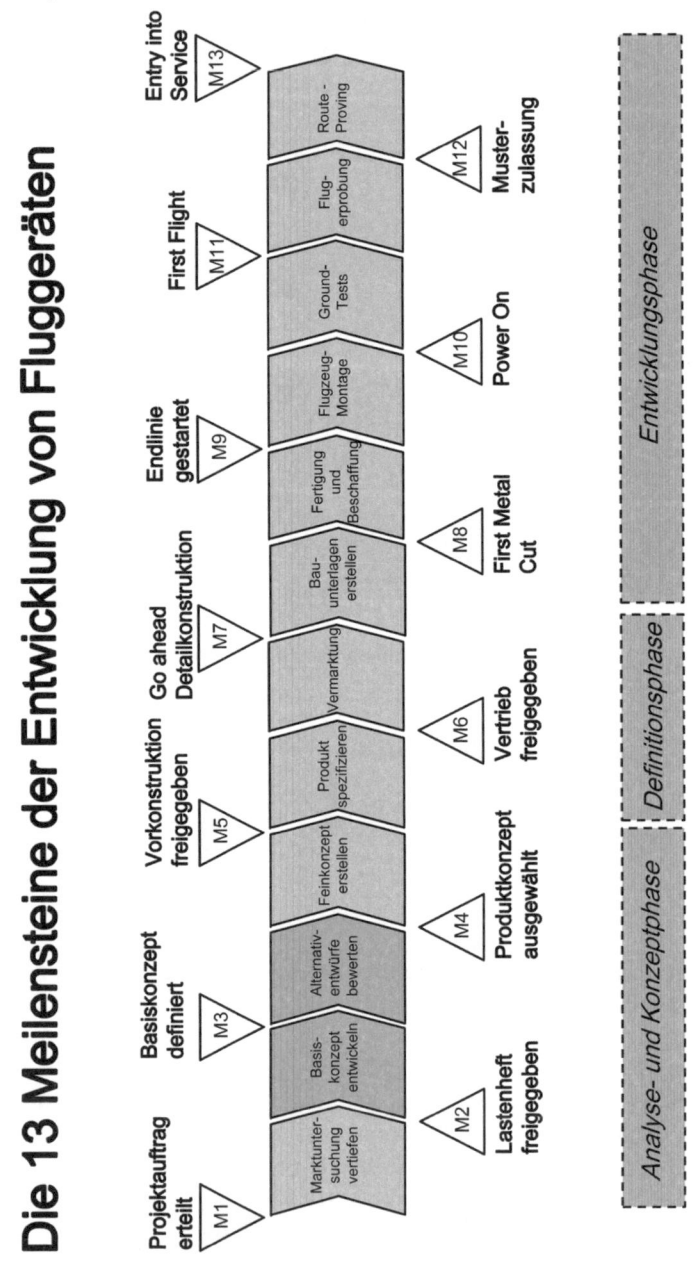

Bild 1.5.2   13 Meilensteine der Entwicklung von Fluggeräten

Fertigungsunterlagen eingearbeitet werden. In dieser Phase werden auch erste Ideen zur Serienkostenreduzierung («Design-to-cost») eingearbeitet.

Auf die früher übliche Herstellung von Attrappen (Mock-ups) kann heute verzichtet werden, da das gesamte Flugzeug als digitales Modell vorliegt. Dieses nennt man elektronisches oder digitales Mock-up (DMU). In der DMU werden alle Änderungen auf Einbaufähigkeit geprüft.

Um der hohen Bedeutung des Passagierkomforts Rechnung zu tragen, werden teilweise Original-Kabinenattrappen gebaut. Hier werden die Funktionalität und Dauerbelastung von Kabinenelektronik und Klimatisierung getestet.

Nach der Fertigstellung der Bauvorrichtungen und der Kabinentests folgt dann die Serienfertigung, bei der nach gleichen Fertigungsunterlagen und den gleichen Herstellungsverfahren unter gleichen Fertigungsbedingungen Flugzeuge hergestellt werden. Da moderne Verkehrsflugzeuge heute für eine Lebensdauer von rund 20 Jahren bzw. 60 000 bis 100 000 Flugstunden konstruktiv dimensioniert und ausgelegt werden, ergeben sich für die Gesamtlaufzeit eines Flugzeugprogramms umfangreiche Aufgaben.

1.6 Betriebskosten

Die Wirtschaftlichkeit entscheidet heute neben Sicherheit, Umweltfreundlichkeit, Komfort und Geschwindigkeit über die Leistungsfähigkeit eines Flugzeuges, und sie zählt im Flugzeugbau zum entscheidenden Verkaufsargument. Bei Wirtschaftlichkeitsberechnungen einer Flugzeugkonfiguration unterscheidet man grundsätzlich zwischen direkten, indirekten und totalen Betriebskosten *(Bild 1.6.1)*.

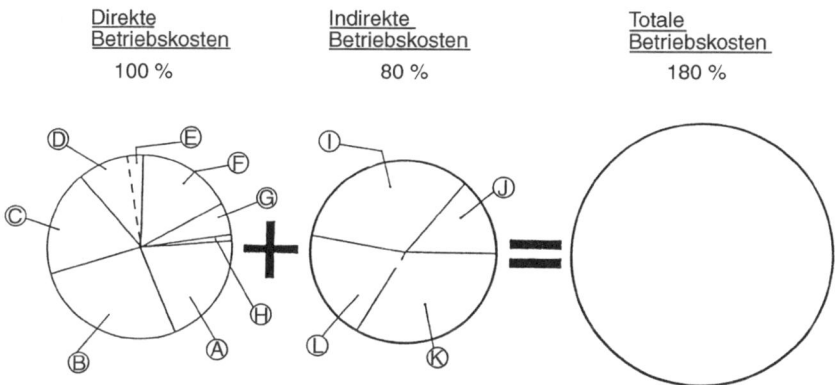

Bild 1.6.1   Betriebskosten am Beispiel eines Kurzstreckenflugzeuges Airbus A 320 bei einer Flugstrecke von 1000 nM.
Direkte Betriebskosten: (A) 19,8% für Crew (Cockpit und Kabine); (B) 28,4% für Treibstoff; (C) 15,6% für Landegebühren und Flugsicherung; (D) 8,8% für Zellenwartung; (E) 2,7% für Triebwerkswartung; (F) 16,7% für Abschreibung; (G) 7,0% für Zinsen; (H) 1,0% für Versicherung.
Indirekte Betriebskosten: (I) 34% für Buchung, Verkauf und Werbung; (J) 14% für Verwaltung und Schulung; (K) 35% für Stationskosten; (L) 17% für Abfertigung.
Totale Betriebskosten: Die totalen Betriebskosten ergeben sich durch die Addition von direkten und indirekten Betriebskosten, die sich im Verhältnis von 100 : 80 befinden.

Direkte Betriebskosten

Die direkten Betriebskosten, auch DOC (*direct operating costs*) genannt, werden im Wesentlichen durch die technischen Daten eines Flugzeuges bestimmt. Sie umfassen die Treibstoffkosten, die Kosten für die Besatzung (Cockpit und Kabine), Abschreibung, Finanzierungskosten und Versicherung (diese Kosten sind direkt vom Flugzeugpreis abhängig), Wartung (Zelle und Triebwerk) sowie Lande- und Navigationsgebühren (diese hängen direkt von der Masse ab).

Die **Treibstoffkosten**, die neben den Abschreibungen den größten Anteil an den direkten Betriebskosten darstellen, werden im Wesentlichen durch folgende Kriterien beeinflusst:

❑ spezifischer Kraftstoffverbrauch der Triebwerke,
❑ aerodynamische Güte bzw. Formgebung des Flugzeuges,
❑ Flugmasse (Gewicht).

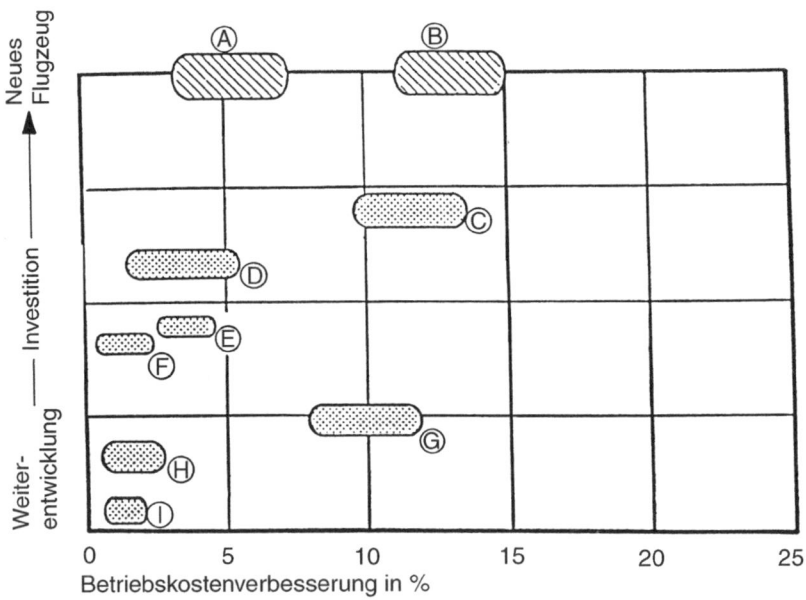

Bild 1.6.2 Effizienzbeiträge verschiedener Technologien
Die Flugzeughersteller haben Effizienzbeiträge verschiedener Technologien im Verhältnis zu Technologiekosten und Verbesserung der direkten Betriebskosten erarbeitet. Am Beispiel eines Verkehrsflugzeuges führen folgende technische Erneuerungen zu einer Betriebskostenverbesserung: A neues Flugzeug mit einem Zweikreis-Triebwerk; B neues Flugzeug mit einem Propfan-Triebwerk; C superkritischer Flügel + Verbundwerkstoffe + Propfan; D superkritischer Flügel + Verbundwerkstoffe + Zweikreiser; E superkritischer Flügel + Verbundwerkstoffe; F superkritischer Flügel; G Remotorisierung mit Propfan; H Remotorisierung mit Zweikreiser; I fortschrittliche Legierungen (Aluminium-Lithium-Legierungen)

Alle neuen Technologien im Verkehrsflugzeugbau zielen vorwiegend auf die Verringerung der direkten Betriebskosten ab. Am Beispiel eines Mittelstreckenflugzeuges lassen sich folgende Trends aufzeigen:

- 1% Widerstandsreduktion spart 0,3% DOC,
- 1% Massenreduktion spart 0,2% DOC,
- 1% Preisreduktion spart 0,25% DOC.

Weitere Reduktionsmöglichkeiten der direkten Betriebskosten bestehen in der Realisierung von technischen Erneuerungen *(Bild 1.6.2)*. Die Zusammenhänge zwischen Bauart, Masse, Kraftstoffverbrauch und den direkten Betriebskosten lassen sich an folgendem Beispiel verdeutlichen: Je schlanker eine Tragfläche (A = konst.) ist, desto größer ist die Spannweite und desto geringer ist der induzierte Widerstand.

ⓘ *Der induzierte Widerstand wird durch den Druckausgleich zwischen Tragflügelunter- und -Oberseite an den Flügelenden hervorgerufen. Der bestehende Druckunterschied gleicht sich am Tragflächenende aus, indem Luft von unten nach oben strömt.*

Je schlanker aber eine Tragfläche gebaut wird, desto größer ist auch die Masse. Ab einer bestimmten Streckung wird die Masse so übermäßig zunehmen, dass eine noch größere Streckung der Tragfläche sinnlos wird, da sich eine Kraftstoffeinsparung nicht mehr realisieren lässt. Mit zunehmender Masse der Tragfläche verteuert sich aber auch das Flugzeug, und der höhere Preis schlägt über Zinsen, Abschreibung sowie Versicherung auf die direkten Betriebskosten durch. Hinzu kommen masseabhängige Start-

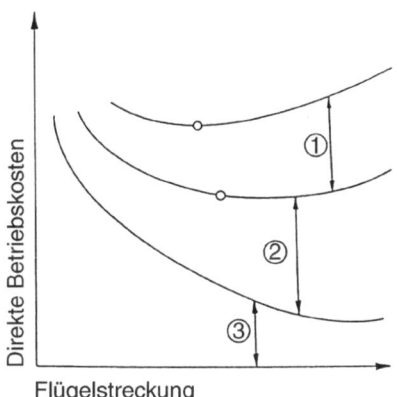

Bild 1.6.3 Einfluss des Treibstoffpreises auf die optimale Flügelstreckung eines Verkehrsflugzeuges
1 Betriebskosten aus Preis (Abschreibung, Versicherung, Zinsen) und Gebühren; 2 Treibstoffkosten infolge Masse; 3 Treibstoffkosten aus induziertem Widerstand bei konstanter Masse.

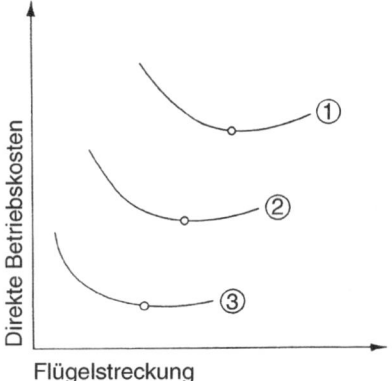

Bild 1.6.4 Einfluss des Treibstoffpreises auf die optimale Flügelstreckung eines Verkehrsflugzeuges
1 Treibstoffkosten hoch; 2 Treibstoffkosten mittel; 3 Treibstoffkosten niedrig

und Landegebühren. Daher erreichen die direkten Betriebskosten ihr Minimum bereits bei kleinerer Streckung *(Bild 1.6.3)*.

Ist der Kraftstoff billig, dann wirkt sich der Preis des Flugzeuges relativ stark aus, und eine relativ kleine Streckung ist optimal. Wird der Kraftstoff teurer, dann rentieren sich auch kleine Kraftstoffeinsparungen. In diesem Fall ergibt sich eine größere Streckung als optimal *(Bild 1.6.4)*.

ⓘ *Die Streckung drückt das Verhältnis von Spannweite zu Flügeltiefe aus. Je schlanker eine Tragfläche, desto größer ist die Streckung.*

Diese Entwicklung lässt sich an konkreten Flugzeugkonfigurationen nachvollziehen. Während der Airbus A 300 noch eine Streckung von 7,73 hat, ist sie beim Airbus A 310 bereits 8,8 und beim Airbus A 320 9,3.

✎ Übung

1. Unterscheiden Sie die Begriffe Fluggerät, Luftfahrzeug, Flugzeug und Luftfahrtgerät.
2. Nennen Sie die Bedeutung der Arbeit Lilienthals für die Luftfahrt.
3. Erklären Sie die Abkürzungen STOL und VTOLI.
4. Was ist der entscheidende Vorteil eines Entenflugzeuges?
5. Welche Aufgaben hat das LBA, wenn ein Flugzeug zum Verkehr zugelassen werden soll?
6. Wodurch unterscheiden sich IATA und ICAO?
7. Wofür stehen die Abkürzungen JAA, FAA und EASA?
8. Was ist die Voraussetzung, um eine EASA-Part-66-CAT-Lizenz zu erwerben?
9. Nennen Sie Aufgaben der BFU und der DFS.
10. Welche Aufgaben erfüllt ein Mock-Up?
11. Nennen Sie vier wesentliche direkte und vier indirekte Betriebskosten.

1.7 Menschliche Faktoren – Human Factors

1.7.1 Unsicherheitsfaktor Mensch

«Alles, was schief gehen kann, wird auch schief gehen.» Erweitern kann man diesen als Murphys Gesetz bekannten Ausspruch um «es ist nur eine Frage der Zeit.» Dies beschreibt auch als Leitgedanke die Philosophie in der Fliegerei in ihrer dauerhaften Bemühung um die Erhöhung der Sicherheit. Durch die eigene Mentalität und durch die Ausbildung werden Konstrukteure, Piloten, Fluglotsen, Mechaniker, Prüfer und weitere Menschen im Umfeld der Luftfahrt gerade dazu «dressiert», sich immer wieder dieselben Fragen zu stellen: Was könnte schief gehen? Welche Irrtümer, Pannen, Fehler, Verwechslungen usw. sind denkbar? Welche unglücklichen Zufälle könnten zusammentreffen? Wohl nirgends herrscht eine Denkweise in diesem Maße vor, die so stark durch den Faktor Sicherheit geprägt ist wie in der Luftfahrt.

Aber kein System ist perfekt – auch die Luftfahrt nicht. Vollkommene Sicherheit ist das Ziel aller Bemühungen. Erreicht werden wird sie jedoch nie, denn bei aller Technisierung

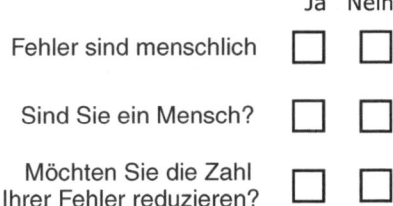

Bild 1.7.1
Rhetorische Fragen

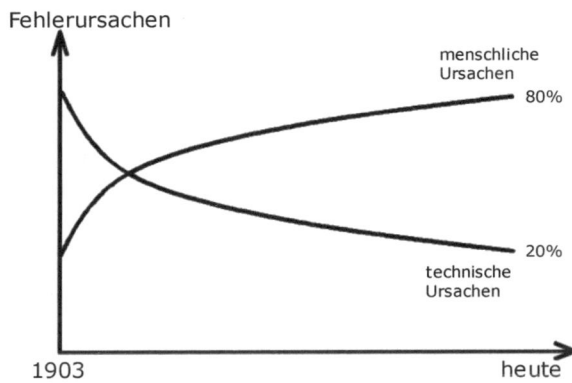

Bild 1.7.2
Fehlerursachen in der
Luftfahrt

wird ein Faktor nie vollständig in den Griff zu bekommen sein: der Mensch *(Bild 1.7.1)*. Während die Technik immer zuverlässiger wird, rückt das «Restrisiko Mensch» zunehmend in den Fokus von Unglücksursachen *(Bild 1.7.2)*. Trotz aller Sicherheitsphilosophie geschehen immer wieder Unfälle, die vordergründig nicht nachvollziehbar sind: Da vergessen Mechaniker den Einbau wichtiger Dichtungen, starten erfahrene Piloten entgegen den elementarsten Regeln mit Eis auf den Flügeln oder mit gesetzten Fahrwerksstiften.

Ausgiebige Untersuchungen nach Zwischenfällen belegen immer wieder, dass eine Verkettung von Fehlern und Irrtümern zum Unfall führten. Aber es gibt keine unglücklichen Zufälle – es gibt nur Ursachen und Wirkungen. So bleibt nur der Weg, mit der potenziellen Fehlerquelle Mensch zu leben. Ihn/sich zu analysieren und als solche zu akzeptieren muss daher permanenter Hintergrundgedanke in der täglichen Arbeit in der Luftfahrt sein. Ziel dieses Abschnittes ist die Untersuchung dieser «Schwachstelle» und das Aufzeigen präventiver Verhaltensweisen, um mögliche Fehlerketten zu durchbrechen.

1.7.2 Fehlerquelle Wartung

Eine Untersuchung bestimmter Fehler nach Häufigkeiten überrascht zunächst hinsichtlich der gefundenen Ursachen. Es sind die Vorgänge der täglichen Arbeit, die schief laufen – gerade die, von denen man denken müsste, dass sie routiniert erledigt werden.

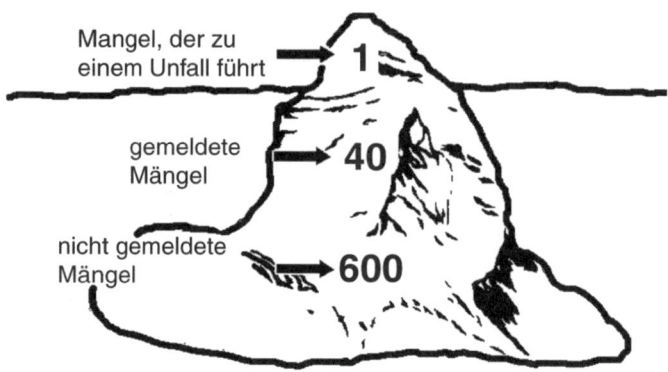

Bild 1.7.3
Eisbergtheorie

«Top 8» der Wartungsfehler:

❑ fehlerhafter Einbau von Komponenten,
❑ Zusammenschließen/-stecken falscher Bauteile,
❑ falsche elektrische Verdrahtung (einschließlich Überkreuzanschluss),
❑ lose Objekte im Flugzeug hinterlassen (zum Beispiel Werkzeuge),
❑ falsche Schmierung/Schmierstoffe,
❑ Zugangsklappen nicht gesichert,
❑ Kraftstoff-, Ölverschlüsse und Betankungsklappen nicht gesichert,
❑ Fahrwerkssicherungsstifte vor Abflug nicht entfernt.

Die in einer solchen Statistik aufgenommenen Fehler stellen in ihrer Häufigkeit aber nur die «Spitze des Eisbergs» dar *(Bild 1.7.3)*. Der Großteil der Fehler bleibt in der Regel unentdeckt, weil er nicht erkannt oder grob fahrlässig vertuscht wird. Im schlimmsten Fall kann ein vermeintlich kleiner Fehler im Sinne einer Fehlerkette zu einem entscheidenden Bindeglied einer Flugkatastrophe heranwachsen. Entsprechende Schulungen und Programme zur Aufdeckung der Fehlerquellen auf den unteren Ebenen des Eisbergs sind in der Regel nur bedingt erfolgreich, weil dies einen ehrlichen und angstfreien Umgang mit Fehlern (Fehlerkultur) voraussetzt. So sind die Mitarbeiter einer Airline häufig auf sich allein gestellt und eigenverantwortlich im Vermeiden von Fehlern.

1.7.3 Einordnung des Fachgebietes Human Factors

Die Ergonomie als übergeordnete Wissenschaft beschäftigt sich mit der Leistungsfähigkeit und den Leistungsgrenzen des Menschen im Arbeitsprozess und ist eine interdisziplinäre Wissenschaft *(Bild 1.7.4)*. Vordergründiges Ziel ist es, eine Technik zu schaffen, die vom Menschen ausgeht und für ihn gemacht ist. Durch die Anwendung ergonomischer Erkenntnisse und Methoden soll das Gesamtsystem Mensch–Maschine–Umwelt bezüglich Leistung und Zuverlässigkeit einen optimalen Wirkungsgrad erreichen.

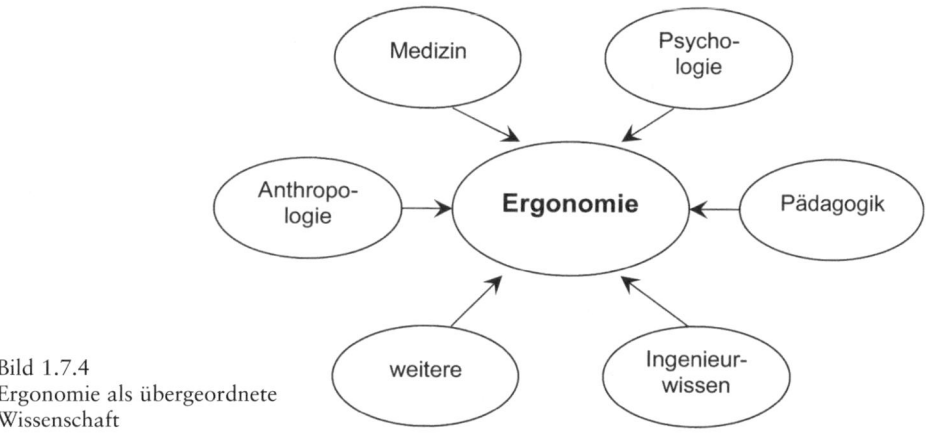

Bild 1.7.4
Ergonomie als übergeordnete Wissenschaft

Die Unterdisziplin **Anthropotechnik** beschäftigt sich mit der Anpassung der Arbeit, Technik und Umwelt an den Menschen *(Bild 1.7.5)*. Hierzu gehören beispielsweise: konstruktive Maßnahmen, Gestaltung von Arbeitsplätzen, betriebstechnische Maßnahmen. Die Unterdisziplin **Human Factors** verfolgt den umgekehrten Weg und hat die Anpassung des Menschen an die Arbeit, Technik und Umwelt zum Inhalt. Die Umsetzung erfolgt beispielsweise durch: Auswahl, Ausbildung und Training des Menschen, organisatorische Maßnahmen (Arbeitszeit, Arbeitsrhythmus usw.), Kommunikation, Fehlerquellen im Handeln, Motivation usw.

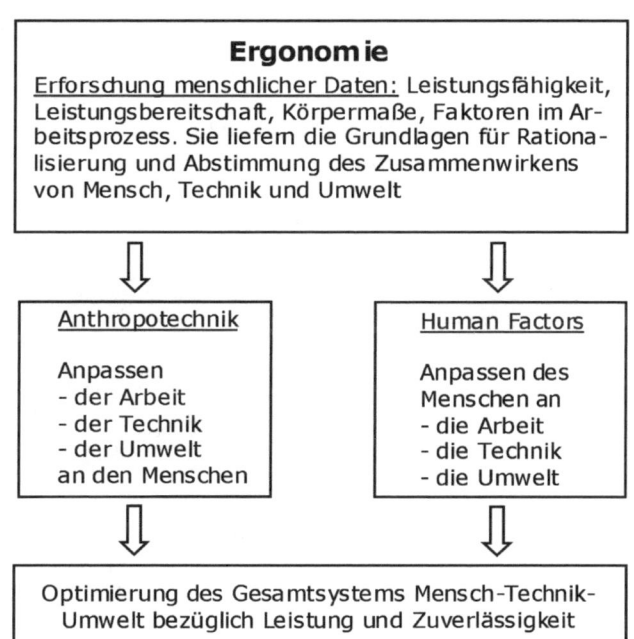

Bild 1.7.5
Einordnung des Fachgebietes Human Factors

Ziel der Teildisziplin Human Factors ist das Bestreben, den «Risikofaktor Mensch» weitgehend in den Griff zu bekommen. Dafür muss ein Bewusstsein für menschliches (Fehl-)Verhalten und Schwächen entwickelt werden. Ergebnis soll eine Minimierung von Fehlern und damit eine Minimierung von Zwischenfällen/Unfällen sein. Die Sicherheit in der Arbeitsdurchführung und auch die persönliche Sicherheit am eigenen Arbeitsplatz sollen erhöht werden.

Wichtige Eigenschaften und Einsichten, die hierzu gefördert werden müssen:

- akzeptieren, dass man als Mensch Fehler begeht;
- sich mit den eigenen Fehlern erkennen und annehmen können;
- sich selbst und andere besser einschätzen können;
- äußere und innere Faktoren erkennen, die die Arbeit beeinflussen (Human Factors);
- Techniken kennen lernen und anwenden, mit denen Risiken minimiert werden;
- Feedback geben und annehmen können.

Um menschliches (Fehl-)Verhalten nachvollziehen zu können, muss man die «Funktionsweise» des Menschen verstehen. Dies beginnt bei der Informationsaufnahme und endet in seinem Handeln. Die Analyse aller damit verbundenen Prozesse einschließlich der Human Factors im engeren Sinne ist der inhaltliche Leitfaden der nachfolgenden Ausführungen innerhalb dieses Kapitels.

1.7.4 Informationsaufnahme des Menschen

Zur Informationsaufnahme stehen dem Menschen fünf Sinne zur Verfügung: Sehen, Hören, Riechen, Schmecken, Tasten *(Bild 1.7.6)*. Grundsätzlich werden von den Sinnesorganen physikalische Reize, z.B. Licht einer bestimmten Wellenlänge, in eine entsprechende elektronische Form codiert und zum Gehirn geleitet. Das Gehirn generiert aus diesen Signalen eine bestimmte Vorstellung – unsere Wahrnehmung. Diese ist aber nicht zwangsläufig deckungsgleich mit der tatsächlichen Umwelt. Sehen, Hören

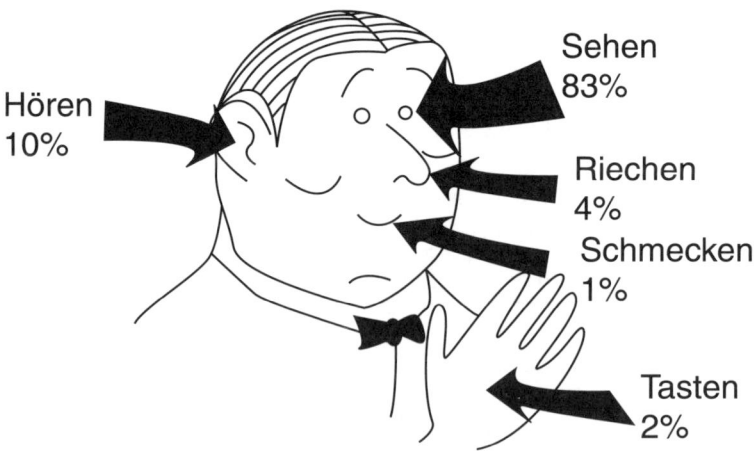

Bild 1.7.6   Informationsaufnahme

usw. vollziehen sich nicht in den Sinnesorganen, sondern sind lediglich Interpretationen des Gehirns aufgrund bestimmter elektrischer Signale. Dies erklärt im Ansatz Sinnestäuschungen wie beispielsweise Phantomschmerzen. Der Mensch ist ein ausgesprochenes «Seh-Lebewesen». Weiter wichtig und diesen Sinn ergänzend wirkt das Hören. Die anderen Sinne sind von untergeordneter Bedeutung und werden daher im Folgenden nicht besprochen.

Sinn Sehen
Unsere Augen nehmen optische Signale auf über Helligkeit, Farbe, Form, Größe und Bewegungen der Umwelt. Der Aufbau des Auges *(Bild 1.7.7)* ist mit seinen optischen Teilen mit einem Fotoapparat vergleichbar. Pupille, Linse und Netzhaut im Auge entsprechen Blende, Objektiv und Film im Fotoapparat.

Die «Einstellung der Blende» (Größe der Pupille) erfolgt über die Iris, die über einen Ringmuskel verändert wird und somit die Menge des Lichteinfalls steuert. Die Einstellung der Schärfe erfolgt über die Linse. Sie besteht aus einer lichtbrechenden, glasklaren, elastischen Masse und ist über Bänder an einem Muskel aufgehängt (Ziliarmuskel). Durch Anspannung des Muskels lockern sich die Bänder; die Linse wird durch die eigene Elastizität dicker und ihre Brechkraft nimmt zu (Nahsicht). Ein Entspannen strafft die Bänder, und die Linse flacht ab (Fernsicht). Diese Veränderung der Brechkraft wird Akkomodation genannt. Der Bereich des scharfen Sehens beträgt 8 cm bis Unendlich (theoretisch).

Konsequenzen:
Da der Ziliarmuskel nur bei Fernsicht entspannt ist, bedeutet Nahsehen immer eine Muskelanspannung – verbunden mit einer Ermüdung.

Fixieren eines Punktes führt ebenso zu einer Muskelüberanstrengung, verbunden mit Ermüdung.

Durch Abnahme des Wassergehaltes der Linsenmasse als Alterungsprozess wird die Linse weniger flexibel. Der Nahpunkt rückt weiter ab, die so genannte Altersweitsichtigkeit stellt sich ein *(Bild 1.7.8)*.

Das eigentliche Bild wird verkehrt herum auf der Netzhaut zur Ablage gebracht (vgl. Bild 1.7.7). Aufgrund der konkurrierenden Information des Gleichgewichtsorgans wird dem jungen Baby klar, dass das im Gehirn wahrgenommene Bild auf dem Kopf stehen muss und dreht es um. Räumliches Sehen entsteht durch die geringfügig unterschiedli-

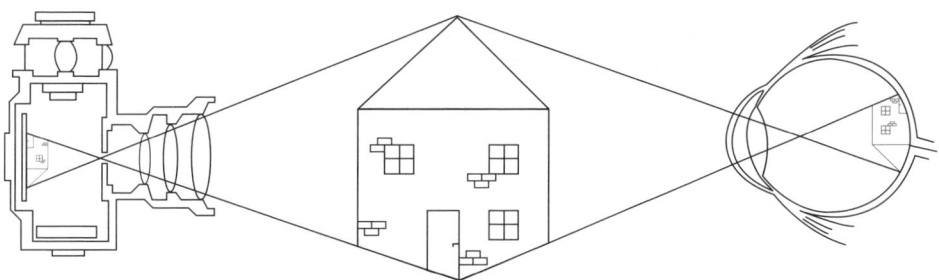

Bild 1.7.7   Aufbau des Auges

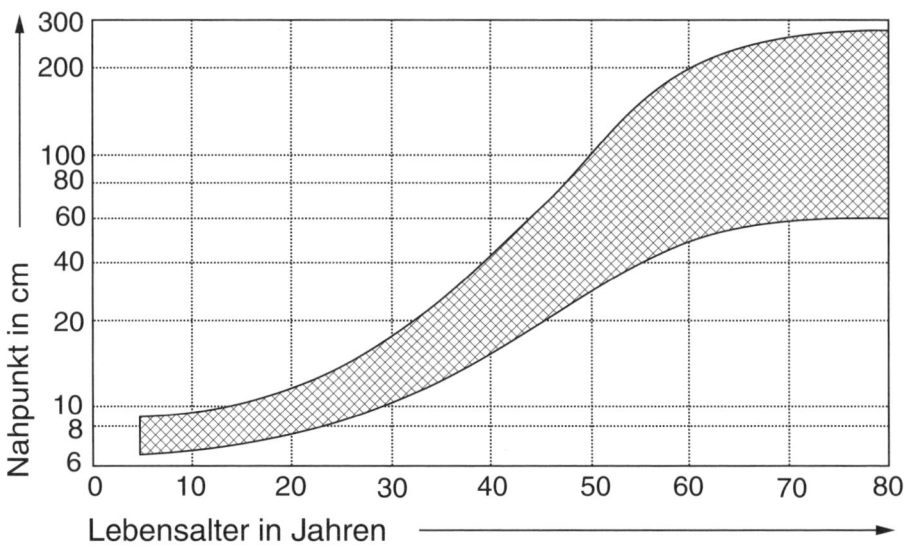

Bild 1.7.8   Alterweitsichtigkeit

chen Abbildungen auf der Netzhaut, die sich durch die unterschiedlichen Winkel der Augen zum betrachteten Gegenstand ergeben. Durch die «Verrechnung» der beiden Bilder im Sehzentrum des Gehirns zu einem Bild entsteht der Tiefeneindruck, der mit wachsender Entfernung und enger werdendem Augenabstand abnimmt. Jedoch ist auch mit einem Auge eine Tiefenwahrnehmung möglich, da die vom Auge eingehenden Signale im Zusammenhang mit Erfahrungen (Licht, Schattenwurf usw.) im Gehirn erst zur eigentlichen Information werden. Eingehende Informationen müssen also vom Gehirn erst interpretiert werden. Deshalb ist es auch so leicht, das Gehirn mit optischen Täuschungen zu überlisten (vgl. in *Bild 1.7.9* die «schwimmenden Linien»).

Bild 1.7.9   Optische Täuschung

Sinn Hören

Das Ohr wandelt Schallwellen in Abhängigkeit von Tonhöhe (Frequenz) und Intensität (Schalldruck) in elektrische Signale. Die ankommenden Schallwellen gelangen zunächst in den Gehörgang *(Bild 1.7.10)*. Den Schmalzdrüsen im Gehörgang kommt die Funktion des Schmutzfangs zu. Außerdem sorgen sie für eine gleich bleibende Geschmeidigkeit. Diese natürliche Funktion sollte deshalb auch nicht durch das Beseitigen des Ohrschmalzes gestört werden.

Die Aufnahme der Schallwellen geschieht am Ende des Gehörgangs durch das Trommelfell. Die hier erzeugten Schwingungen werden auf Hammer, Amboss und Steigbügel umgelenkt. Durch die Hebelwirkung kommt es zu einer Verstärkung um das 20-fache in Bezug auf die Schwingungsintensität des Trommelfells. Der Steigbügel gibt die Schwingungen an die Schnecke weiter. Die sie umgebende Flüssigkeit läuft den Schneckengang entlang. Er wird von den erzeugten Wanderwellen zusammengedrückt. Die feinen Sinneshärchen in der Schnecke werden dabei gereizt und geben diese Information als elektrischen Impuls weiter. Sie reagieren auf unterschiedliche Frequenzbereiche und sind entsprechend auf dem Schneckengang verteilt. Eine Schädigung dieser Sinneshärchen ist irreversibel und führt somit zu dauerhaftem Hörverlust.

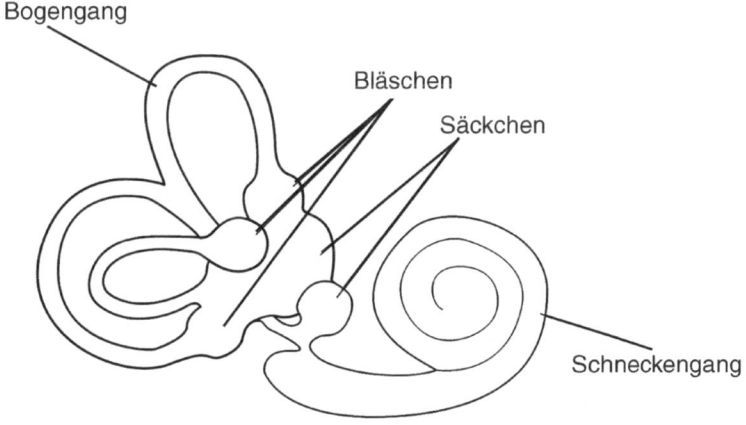

Bild 1.7.11
Ohrorgane

In den drei Bogengängen *(Bild 1.7.11)* befinden sich 3 Bläschen und 2 Säckchen. Die Bläschen geben Informationen über die Bewegung des Kopfes in den Raumachsen X, Y und Z. Die Säckchen ermitteln die Information über die Lage im Raum. Sie sind um 90° versetzt zueinander angeordnet. Eine Schädigung des Gehörs kann neben der Zerstörung der Sinneshärchen und damit der Fähigkeit der Aufnahme bestimmter Frequenzbereiche auch die Beeinträchtigung des Gleichgewichtssinnes und des Lagesinnes mit den entsprechenden Konsequenzen nach sich ziehen.

1.7.5   Informationsverarbeitung

Der Adler fliegt hoch und sieht sehr weit. Ein Gepard ist schnell. Eine Fledermaus sieht auch bei Nacht, und ein Fisch kann unter Wasser atmen. Jedes Tier ist spezialisiert und dadurch seinem Lebensraum optimal angepasst. Und der Mensch? Er ist nicht besonders schnell, nicht sehr stark und was seine Sinnesorgane betrifft, ist jede Hauskatze besser ausgestattet. In der freien Natur ist der Mensch ohne Hilfsmittel kaum überlebensfähig. Worin liegt aber die Spezialisierung des Menschen? – Er ist äußerst lernfähig.

Noch längst nicht alles, was uns an Reizen umgibt, nehmen unsere Sinnesorgane auf *(Bild 1.7.12)*. Und noch längst nicht alles, was wir aufnehmen, nehmen wir bewusst wahr. Das Gehirn filtert viele Reize für das Bewusstsein aus, so dass wir nur die wichtigsten realisieren. Es wäre auch fatal, wenn alle Reize unser Bewusstsein erreichen würden – unser Gehirn wäre damit schlicht überfordert. Wie ein Reiz interpretiert wird und in welche Handlungsentscheidung er schließlich mündet, hängt von einigen weiteren Faktoren ab: Erfahrungen, momentane psychische Konstitution, Situation usw. Aus diesem Zusammenhang lässt sich klar erkennen, dass ein und derselbe äußere Reiz bei zwei Menschen fast zwangsläufig nicht zur identischen Reaktion führen kann.

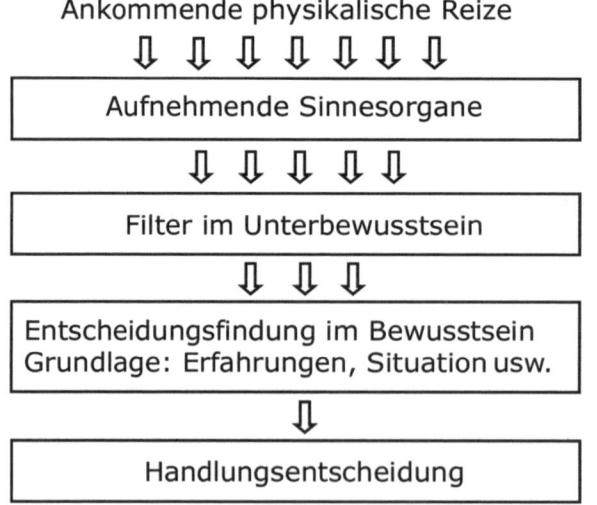

Bild 1.7.12
Informationsverarbeitung

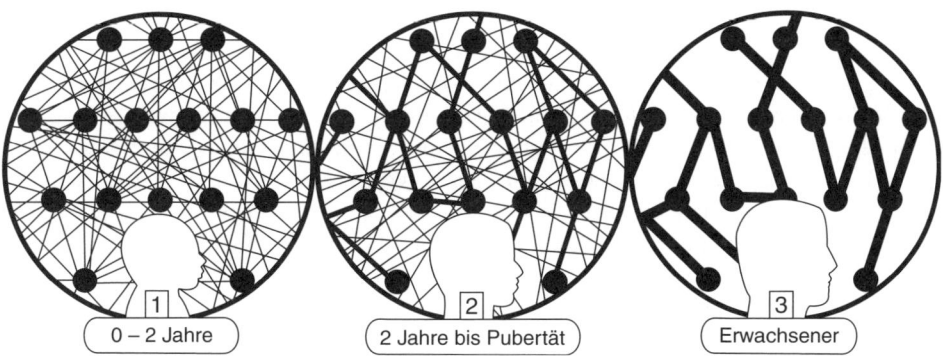

Bild 1.7.13   Lernen

Kinder lernen in wenigen Monaten mehr als jeder Studierende in mehreren Jahren. Babys und Kleinkinder lernen nicht nur Dinge innerhalb kürzester Zeit, sie können vieles auch besser als jeder Erwachsene. Neugeborene sind zum Beispiel sprachliche Universalgenies. Sie können die Lautstruktur jeder Sprache erkennen. Ein japanisches Baby kann beispielsweise die Laute «R» und «L» voneinander unterscheiden. Einem erwachsenen Japaner gelingt dies nicht mehr, weil die Unterscheidung für seine Sprache unwichtig ist. Zweisprachige Erziehung sollte deshalb schon in den ersten Lebensmonaten beginnen. Der Lernerfolg, der in den ersten Lebensjahren erzielt wird, kann später nur annähernd von jemandem erreicht werden, der viele Jahre in einem fremden Land lebt. Wie verankert das Gehirn Informationen, um sie bei Bedarf zur Entscheidungsfindung heranziehen zu können?

Damit Babys so viel in kurzer Zeit lernen können, muss das Gehirn besonders viel leisten. Diese Annahme wird durch Untersuchungen des Energieverbrauchs bestätigt, der ein Maß für die Gehirnaktivität ist. Das Gehirn eines Dreijährigen verbraucht doppelt so viel Energie wie das eines Erwachsenen. Das erklärt sich durch die Vorgänge im Gehirn. Bei der Geburt verfügt der Mensch über ca. 100 Milliarden Nervenzellen im Gehirn. Im Gegensatz zu allen anderen Körperzellen nimmt die Zahl der Nervenzellen im Laufe des Lebens nur geringfügig zu oder ab. Bei einem Neugeborenen hat jede Nervenzelle im Gehirn ca. 2500 Kontaktstellen mit anderen Nervenzellen *(Bild 1.7.13)*. Im Alter von 3 Jahren sind es schon 15 000. Danach bilden sich durch Erfahrungen und Lernen überflüssige Zellkontakte wieder zurück, bis nur noch die Verbindungen übrig bleiben, die auch tatsächlich benötigt werden.

Ob eine Verbindung bestehen bleibt und in welcher Intensität sie funktioniert, hängt also davon ab, wie oft sie benutzt wird. Das ist wie bei einem Trampelpfad: Je mehr Leute ihn benutzen, desto breiter wird er. Wird er nicht mehr genutzt, wuchert er wieder zu, als wäre er nie da gewesen. Durch den Verlust von Verbindungen verlieren wir an geistiger Flexibilität. Das Gehirn eines Vorschulkindes ist daher in jeder Hinsicht aktiver, vernetzter und flexibler als das Gehirn eines Erwachsenen. Aus neurologischer Sicht sind Kinder also Genies.

1.7.6 Informationsspeicherung

Ohne ein Speichern der aufgenommenen Informationen ist ein einwandfreies Wieder- und Weiterverwerten von Informationen nicht möglich. Es werden verschiedene Stufen je nach Langlebigkeit der Informationen unterschieden: **U**ltrakurzzeit**g**edächtnis (UZG), **K**urzzeit**g**edächtnis (KZG) und **L**angzeit**g**edächtnis (LZG). Alle Informationen der Sinnesorgane gelangen unmittelbar in das UKG und verweilen dort ca. 20 Sekunden in Form elektrischer Schwingungen. Ohne UKG könnten wir beispielsweise gelesene oder gesprochene Wörter nicht zu einem sinnvollen Satz zusammenfügen. Es ermöglicht uns, aufeinander folgende Dinge in Beziehung zu setzen und sie als zusammengehörige Einheit zu erleben.

Im KZG werden die elektronischen Informationen in chemische umcodiert und haben eine Verweildauer bis zu 20 Minuten. Das KZG ist zeitstabiler als das UZG. Nur ein Elektroschock oder ein starker Sinneseindruck kann die Informationen löschen. Nach einem derartigen Schock haben wir dann vergessen, was sich innerhalb der letzten 20 Minuten ereignete – was davor lag, wissen wir noch, sofern es das Langzeitgedächtnis erreicht hat. Das LZG ist Träger aller Informationen, die für unser Verhalten maßgeblich sind. Es ermöglicht zum Beispiel durch die Speicherung

❑ von Gesichtern Verwandte, Freunde und Bekannte wieder zu erkennen,
❑ von Adressen und räumlichen Gegebenheiten bestimmte Plätze gezielt aufzusuchen,
❑ der Bedeutung aller Worte sich der Sprache als Verständigungsmittel zu bedienen,
❑ ganzer Denkstrategien das Lösen von Problemen zu beherrschen,
❑ von Wissen neu Gelerntes mit bereits Gewusstem zu kombinieren.

Ob eine Information von einer Gedächtnisstufe in die nächste übertritt, hängt wesentlich davon ab, wie sie bewertet wird. Entscheidend ist die Wichtigkeit der Information. Ob etwas als wichtig erachtet wird, ist aber bei jedem Menschen individuell ausgeprägt. Zu den Faktoren zählen Erfahrungen, Lebensalter, kultureller Hintergrund und vieles mehr. Emotionen haben einen gewichtigen unterstützenden Faktor hinsichtlich des Behaltens. Alles, was als unwichtig identifiziert wird, geht verloren.

Wie aus Bild 1.7.6 zu entnehmen ist, liefert der optische Kanal ca. 83% aller Sinnesinformationen. Man könnte deshalb annehmen, dass sich z.B. zusätzliche akustische Informationen oder das Anfassen eines Gegenstandes erübrigen, wenn man ihn denn nun schon gesehen hat. Dies ist aber ein Trugschluss. Denn erst das Zusammenwirken mehrerer Eingangskanäle führt zu einer deutlichen Verbesserung der Lernens und Behaltens *(Bild 1.7.14)*. Von der Anzahl der Sinnesinformationen her gesehen sind wir «Augenlebewesen». Was die Gründlichkeit und Zuverlässigkeit unseres Gedächtnisses betrifft, sind wir ohne Zweifel «Handlebewesen». Hieraus ergeben sich zwangsläufig Forderungen für Ihr Lernen:

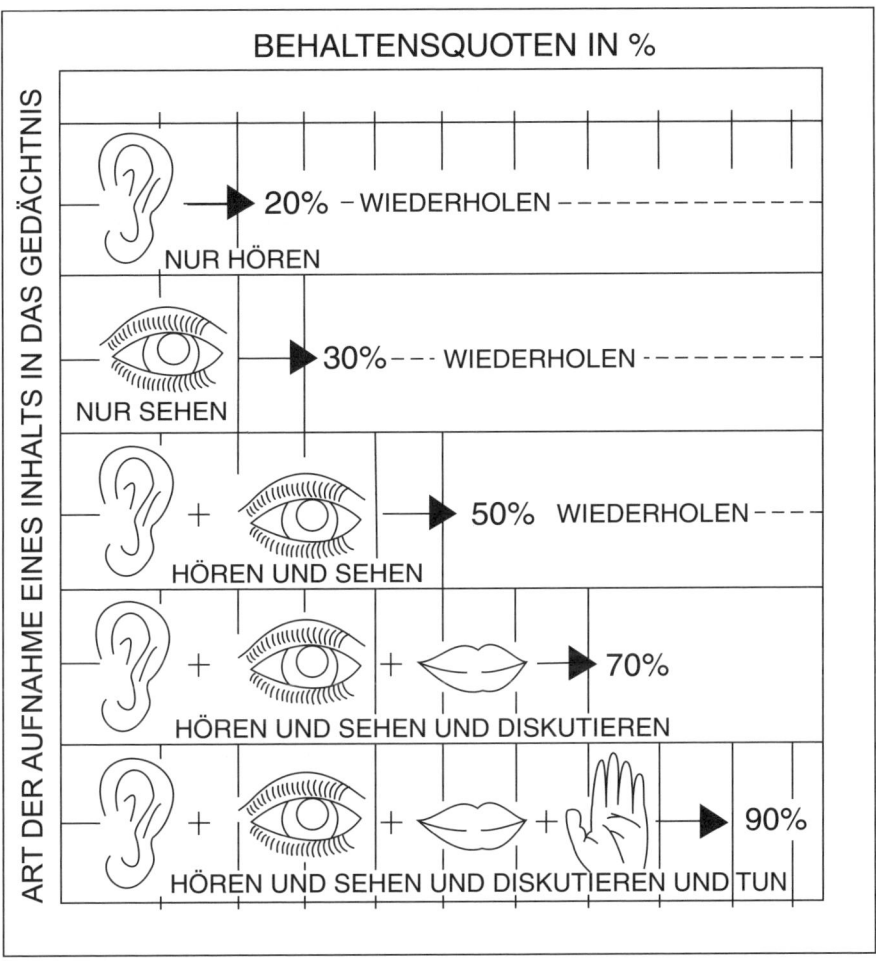

Bild 1.7.14   Behaltensleistung

Gewöhnen Sie sich daran, so viele Eingangskanäle wie möglich zu nutzen. Versuchen Sie, geschriebene oder akustische Informationen durch optische zu unterstützen (visualisieren).

1.7.7   Wahrnehmungsverzerrungen

Der Mensch bzw. das Gehirn strebt nach Ordnung und Berechenbarkeit. Das vermittelt ihm Sicherheit als ein Grundbedürfnis. Neue Informationen, Sachverhalte und Erlebnisse werden mit vorhandenen Denkmustern und -strukturen abgeglichen und

A B C D E
16 15 14 B 12

Bild 1.7.15   Erwartungshaltung I

Nein, ich bin nicht besoffen ... Gmäeß eneir Sutide eneir elgnihcesn Uvinisterät ist es nchit witihcg, in wlecehr Rneflogheie die Bstachuebn in eneim Wrot snid, das Ezniige, was wcthiig ist, ist, dass der estre und der leztte Bstabchue an der ritihcegn Pstoiion snid. Der Rset knan ein ttoaelr Bsinöldn sien, tedztorm knan man ihn onhe Pemoblre lseen. Das ist so, wiel wir nciht jeedn Bstachuebn enzelin leesn, snderon das Wrot als gseatems.

Bild 1.7.16   Erwartungshaltung II

innerhalb dieser Muster einsortiert und gespeichert. Dies bringt große Vorteile hinsichtlich der Effizienz des Denkens und Reagierens auf die Umwelt. So muss beispielsweise nicht stetig neu analysiert werden, dass ein rotes Licht in der Regel für eine Gefahr steht. Mit zunehmendem Lebensalter werden die Muster entsprechend verstärkt und neue Informationen auf diesem Hintergrund interpretiert und leider auch fehlinterpretiert. Informationen, die den ausgeprägten Denkmustern widersprechen, werden zunehmend ignoriert. Ein einfaches Beispiel hierzu liefert *Bild 1.7.15*. Die optische Information von «B» und «13» ist in beiden Zeilen identisch. Die Interpretation als Buchstabe oder Zahl hängt aber vom jeweiligen Kontext ab. Ein weiteres selbsterläuterndes Beispiel gibt *Bild 1.7.16*.

Bei jedem Menschen sind Denkmuster individuell ausgeprägt. Sie hängen von vielfältigen Faktoren ab wie Lebensalter, Wertvorstellungen, Erfahrungen, Erziehung, kultureller Hintergrund usw. So kann dieselbe äußere Situation bei unterschiedlichen Menschen zu höchst unterschiedlichen Reaktionen führen. Die entwickelten starken Denkfilter sorgen dafür, dass wir verstärkt das sehen und wahrnehmen, was wir erwarten. Da diese Prozesse im Unterbewusstsein ablaufen, sind wir in der Regel nicht einmal in der Lage, die eigenen Filter überhaupt zu erkennen. Sobald Sie das Gefühl bekommen, nicht mit Ihrem eigentlichen Gegenüber, sondern mit Ihrer Vorstellung von ihm zu kommunizieren, sollten Sie daher bewusst innehalten und sich kritisch hinterfragen, durch welche Denkmuster Sie gerade beeinflusst werden.

1.7.8 Leistungsbeeinflussende Faktoren

Arbeitsumgebung
Lärm
Lärm kann Ärger bereiten, aber auch Freude; einen anderen lässt er gleichgültig. Die Musik der eigenen Lieblingsgruppe kann gar nicht laut genug abgespielt werden, während sich die Eltern fragen, ob das Radio vielleicht defekt ist. Lärm wird daher auch definiert als Schall, der jemanden stört. Lärmerkrankungen gehören heute zu den bedeutendsten Berufskrankheiten.

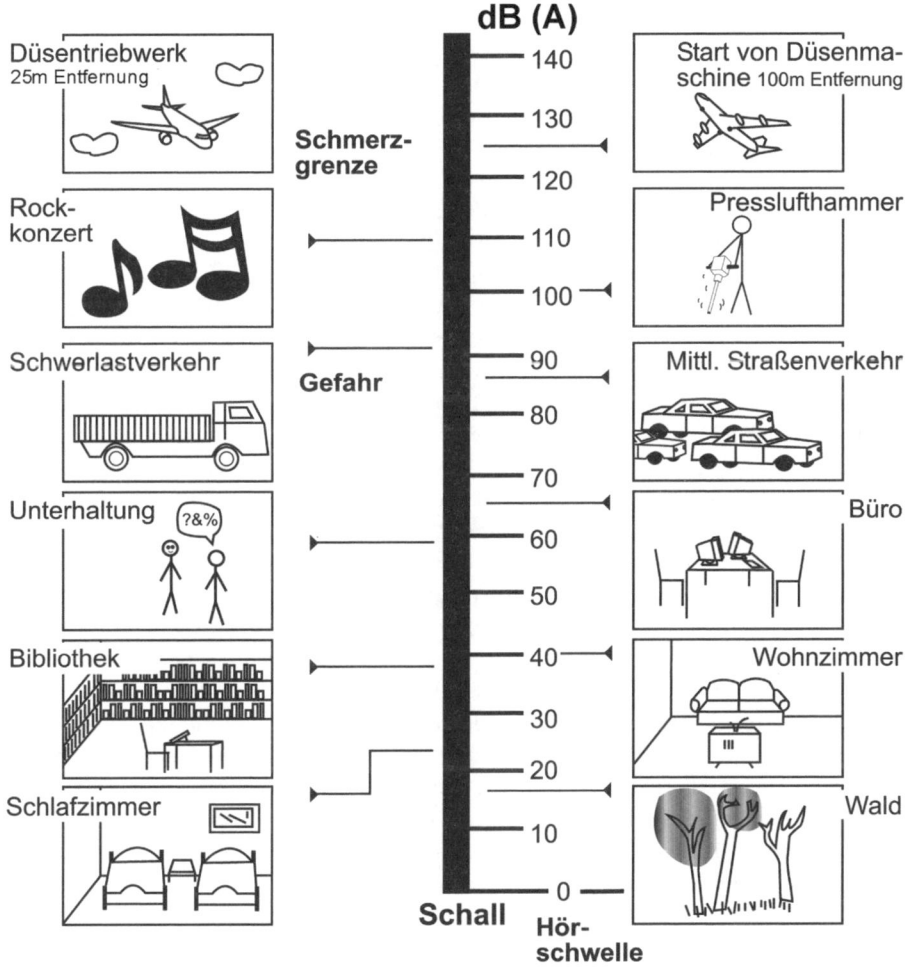

Bild 1.7.17 Vergleich von Schallquellen

Technisch gesehen besteht Lärm aus übereinander gelagerten Schallwellen (Luftdruckschwankungen um 1013 mbar) verschiedener Frequenzen (Schwingungen pro Sekunde). Man unterscheidet die Frequenzbereiche Infraschall (0...16 Hz), Hörschall (16...16 000 Hz) und Ultraschall (ab 16 000 Hz). Bei hohen Lärmeinwirkungen tritt eine Ermüdung in der Reizaufnahme des Ohres ein, die zunächst zu einer vorübergehenden Hörschwellenverschiebung führt. Nach einer längeren Erholung über mehrere Stunden ist das Gehör dann aber wieder vollständig hergestellt. Folgen der Lärmeinwirkung:

- erschwerte Wahrnehmung von Sprache,
- eingeschränkte Wahrnehmung akustischer Signale; Folge: erhöhtes Unfallrisiko,
- als Langzeitfolge: dauerhafter Hörverlust (Schädigung der Haarzellen),
- indirekte Folgen: erhöhte Herztätigkeit, Adrenalinausschüttung (Stress), Nervosität, Aggressivität, eingeschränkte Konzentrationsfähigkeit, schlechter Schlaf, geringere Produktivität, mehr Fehler.

Bild 1.7.17 gibt eine Orientierung in der Vergleichbarkeit von Schallemissionen. Eine Erhöhung des Schalldruckpegels um 10 dB(A) entspricht einer empfundenen Verdopplung der Lautstärke. Die Verdopplung der Gehörgefährdung ergibt sich hingegen bei einer Zunahme von 3 dB(A). Der Mensch hat also kein natürliches Empfinden für eine beginnende Gehörgefährdung. Dies erklärt sich aus der Tatsache, dass es in der Natur in der Regel keine derart hohen Lärmpegel gibt, die die Hörfähigkeit beeinträchtigen können. Einen Schutzmechanismus ähnlich dem Lidschlussreflex gibt es nicht. Der Mensch muss sich selbst bewusst schützen.

Der Gesetzgeber gibt den Arbeitgebern zulässige Höchstpegel vor. Überwiegend geistige Tätigkeiten sind bei 55 dB(A) begrenzt. Für einfache mechanisierte Bürotätigkeiten sind 70 dB(A) erlaubt. Alle weiteren Tätigkeiten dürfen eine Emission von 85 dB(A) haben, wobei der Arbeitgeber zur Bereitstellung von Gehörschutz verpflichtet ist. Ab 90 dB(A) ist der Arbeitnehmer zum Tragen von Gehörschutz gesetzlich verpflichtet.

Beleuchtung
Grundsätzlich hat das Auge die Fähigkeit, sich auf unterschiedliche Lichtstärken einzustellen (Adaption). Eine unzureichende oder falsche Beleuchtung führt aber zu einer erhöhten Belastung der Augen. Folgen sind ein Absinken der Arbeitsleistung und eine Erhöhung des Unfallrisikos. Umgekehrt führt eine gute Beleuchtung zu erhöhter Aufmerksamkeit. Die Sehschärfe ist direkt abhängig von der Beleuchtungsstärke. Bedingt durch Alterungsprozesse benötigen ältere Menschen mehr Licht, um visuelle Aufgaben präzise und schnell ausführen zu können *(Bild 1.7.18)*.

Schwingungen
Schwingungen wirken vorwiegend über Transportmittel und Maschinen, teilweise auch über Gebäude auf den Menschen ein. Umgangssprachlich werden sie als Vibrationen bezeichnet und meinen eine regelmäßige Bewegung eines Körpers um seine Ruhelage. Physikalisch betrachtet hat jede Masse einen Frequenzbereich, in dem er mit der äu-

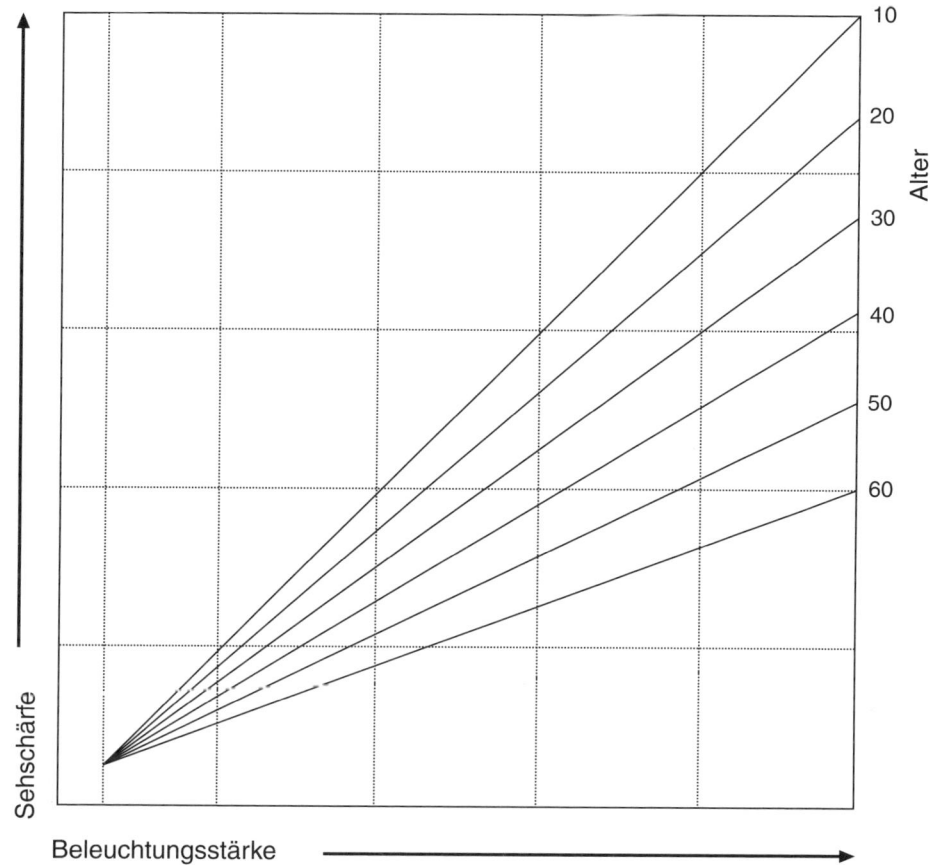

Bild 1.7.18 Beleuchtung

ßeren Schwingung einschwingt und sich kontinuierlich aufschaukelt (Resonanzfrequenz). Körperliche Auswirkungen können sein: Atemnot, Schmerzen im Brustkorb, willkürliche Muskelkontraktion, Rückenschmerzen, Kopfschmerzen u.v.m. Als Folgeschäden der Schwingungseinwirkung werden mittlerweile als Berufskrankheit beispielsweise anerkannt: Muskel- und Gelenkschmerzen, Knochenwucherungen, Knorpelzerstörung, Muskelschwund. Piloten sind dieser Beeinträchtigung stärker ausgesetzt. Für die Mitarbeiter der Maintenance kann dies bei Wartungsarbeiten an bestimmten Triebwerkstypen von Bedeutung sein. Hier müssen entsprechende Anzüge bei bestimmten Tätigkeiten getragen werden.

Klima

Um gesundheitliche Schäden zu vermeiden, sollte die Temperatur des Menschen im Körperkern, darunter versteht man das Gehirn und die inneren Bereiche des Brust- und Bauchraumes, ständig um 37 °C betragen. Ist der Körper bei zunehmender

Abkühlung nicht mehr in der Lage, die Innentemperatur in der Behaglichkeitszone zu halten, so entsteht die Gefahr von Erfrierungen. Erhitzt sich das Körperinnere durch eine zu hohe Umgebungstemperatur, hat dies einen Hitzeschlag zur Folge, der zum Tod führen kann. Der Anstieg der Umgebungstemperatur hat grundsätzlich eine erhebliche Leistungsminderung zur Folge, die jedoch individuell sehr verschieden ausfallen kann.

Der Blutkreislauf fungiert als Wärmetransportsystem und hält die Körpertemperatur in einer Art Regelkreis konstant. Wärmemangel begegnet der Körper mit einem Absenken der Herzfrequenz, um weiteren Wärmeverlust zu verhindern. Entsprechend führt eine hohe Umgebungstemperatur zu einer erhöhten Herzfrequenz. Die Wärme wird als Strahlung und Verdampfung (Schweißbildung) an die Umgebung abgegeben. Den Außenverhältnissen als auch der Belastung bei der Arbeitsaufgabe (schwere körperliche Arbeit, Schreibtischarbeit) ist durch geeignete Wahl der Kleidung Rechnung zu tragen.

Schichtarbeit
In den meisten Unternehmen des produzierenden Gewerbes, dem Dienstleistungssektor als auch Unternehmen der Luftfahrt hat der Einsatz der Schichtarbeit stark zugenommen oder ist schon immer weit verbreitet gewesen. Im Vordergrund stehen hierbei die Bemühungen um uneingeschränkte Produktionsbereitschaft bzw. Gewährleistung der angebotenen Dienstleistungen. Diese Anstrengungen stehen in einem unmittelbaren Zusam-

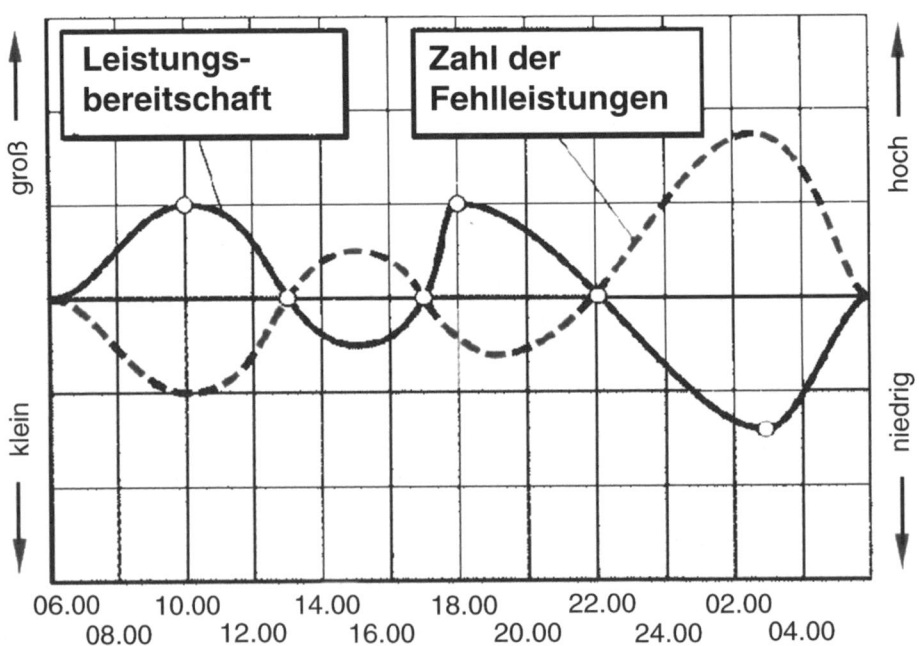

Bild 1.7.19   Schichtarbeit

menhang mit einer Kostenreduzierung in einem immer härter werdenden internationalen Wettbewerb. In der Luftfahrt ist die Nachtschicht von besonderer Bedeutung, da in dieser Zeit verstärkt die intensivsten Arbeiten erledigt werden können. Am Tag werden kleinere Wartungsarbeiten, die nicht eine sofortige Erledigung bedingen, zugunsten der Aufrechterhaltung und Einhaltung eines reibungslosen Flugplans in die Nacht verschoben, was zu einem entsprechenden Arbeitsaufkommen führen kann.

Die besondere Situation in der Luftfahrt verlangt vom Arbeitnehmer gerade in der Nachtschicht ein besonderes Maß an Aufmerksamkeit. Gleichzeitig ist der Mensch aufgrund seiner psychischen und physischen Konstitution nicht dafür geschaffen, in der Nacht Höchstleistungen zu vollbringen *(Bild 1.7.19)*. Er muss also gegen seinen natürlichen Rhythmus (an-)arbeiten. Als unmittelbare Folge stellt sich ein, dass der Tagesschlaf nach einer Nachtschicht meist durch den üblicherweise höheren Umgebungslärm beeinträchtigt wird – es kann zu einem Schlafdefizit kommen, das sich mit zunehmender Dauer der Nachtschichtphase weiter aufbaut. Auch können zahlreiche Körperfunktionen, die dem periodischen Hell-Dunkel-Wechsel unterliegen, empfindlich gestört werden (Hormonhaushalt usw.). Zahlreiche körperliche Folgeerscheinungen stellen sich ein. Auch die Teilnahme am sozialen Leben wird stark beschnitten. Beobachtet werden entsprechende Symptome bzw. Krankheitsbilder verstärkt bei älteren Mitarbeitern. Bei Menschen, die dauerhaft in Schichtsystemen arbeiten, muss von einer verkürzten Lebenserwartung ausgegangen werden.

In der Arbeitswissenschaft sind zahlreiche Ansätze entwickelt worden, die zu einer körperlich wie psychisch verträglichen Umsetzung beitragen. Zu nennen sind hier Maßnahmen wie die Reduzierung der Nachtarbeitszeit auf 6 bis 7 Stunden oder die Verlegung des Schichtbeginns von 22.00 Uhr auf 24.00 Uhr, um mehr Raum für soziale Kontakte zu ermöglichen. Der Arbeitgeber trägt wegen der erhöhten Belastung der Mitarbeiter eine besondere Fürsorgepflicht.

Physis, Psyche
Leistungsfähigkeit im Tagesverlauf
Die physiologische Leistungsfähigkeit variiert im Tagesverlauf *(Bild 1.7.20)*. In diesem Bereich liegen normalerweise Arbeitsanforderungen. Die Leistungsreserven sollen nicht genutzt werden. Dies würde zur Ermüdung führen und sich negativ auf die Motivation auswirken. Sie werden als Reserve für kurzfristige Höchstleistungen bereitgehalten. Die Abhängigkeit von Fehlerraten in Relation zur Leistungsfähigkeit wurde bereits in Bild 1.7.19 dargestellt.

Unwillkürliche, automatisierte Leistungen umfassen die Grundlebensfunktionen Atmung, Kreislauf, Verdauung sowie automatisierte Aktionen wie Laufen, Sprechen, Lesen. Jenseits der Mobilitätsschwelle verfügt der Körper über geschützte Leistungsreserven, die nicht über den Willen aktiviert werden können. Sie sind vorbehalten für kurzfristige Gefahrensituationen. Durch Doping oder Drogen kann diese Grenze überwunden werden und den Selbstschutz-Regelkreis des Körpers durchbrechen. Lebensbedrohliche Zustände können die Folge sein (Sportlertod, Austrocknung nach Ecstasy-Einnahme).

Im Tagesverlauf zeigt sich das Maximum der physiologischen Leistungsbereitschaft gegen 10.00 Uhr. Am frühen Nachmittag gegen 15.00 Uhr befindet sich eine Senke,

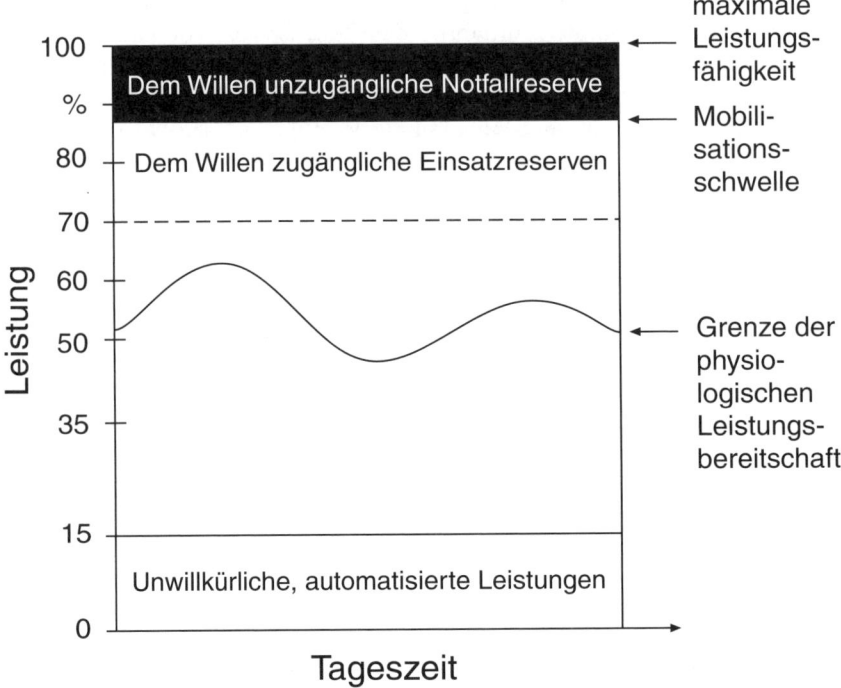

Bild 1.7.20 Leistungsbereiche im Tagesverlauf

anschließend ein deutlicher Anstieg zum Nachmittag. Ab 18.00 Uhr fällt die durchschnittliche Leistungsfähigkeit gleichmäßig ab und erreicht gegen 3.00 Uhr ihr Minimum. Auf die Woche gesehen liegen die Leistungen in der Wochenmitte am höchsten. Im Arbeitnehmer- und nicht zuletzt im Arbeitgeberinteresse müssen Arbeitszeiten, besonders bei Schichtarbeit, diesen Schwankungen Rechnung tragen. Auch über das Jahr verteilt ergeben sich Schwankungen. In den Sommermonaten liegt das Maximum der psychischen (geistigen) und das Minimum der physischen (körperlichen) Leistungsfähigkeit.

Motivation
Von Motivierung wird gesprochen, wenn es zur Aktivierung von Verhaltensweisen kommt, mit denen ein bestimmtes Ziel erreicht werden soll. Verantwortlich dafür können eine Vielzahl von Motiven sein. Sie sind für Außenstehende zunächst schwer erkennbar und lassen sich allenfalls aus dem beobachteten Verhalten ableiten. Diese Motive sind auf Bedürfnisse zurückführbar, die so lange motivierend wirken, bis sie befriedigt sind.

Welche Motivation hat der Mensch, arbeiten zu gehen, und wie kann sie gesteigert werden?

❑ Erfüllung gesellschaftlicher Normen («Jeder muss arbeiten»),
❑ gesellschaftliche Anerkennung über Gehaltshöhe, Position,

Bild 1.7.21 Bedürfnispyramide

- äußere materielle Anreize: Lohn, Werkswohnung, Firmenwagen, Personalrabatt,
- äußere immaterielle Anreize: Betriebsklima, Freizeit- und Weiterbildungsmöglichkeiten, Arbeitsorganisation,
- innerer Anreiz: Die Tätigkeit als solche bereitet Spaß und interessiert.

Die innere Motivation ist die dauerhaftere, denn der so Motivierte erbringt die Leistung um ihrer selbst Willen. Ein Teil seiner Motive wird durch die Arbeit an sich erfüllt. Bei von außen motivierten Menschen hängt die Arbeitsleistung eng mit den gegebenen Anreizen zusammen. Die Bedürfnisse des Menschen lassen sich nach dem Modell der Bedürfnispyramide in 5 Kategorien einteilen, die aufeinander aufbauen *(Bild 1.7.21)*. Die einzelnen Ebenen lassen sich betrieblich motivieren:

- physiologische und Sicherheitsbedürfnisse: Gehaltshöhe, Arbeitsplatzgestaltung, Absicherung gegen Unfallgefahren, betriebliche Rentenversicherung;
- soziale Bedürfnisse: Kritikrunden, Mitarbeiterorientierung;
- Wertschätzung: Ansehen in der Firma, Statussymbole (Firmenwagen), Beförderung;
- Selbstverwirklichung: Umsetzen eigener Ideen, kooperativer Führungsstil (Demokratie).

Äußere Anzeichen mangelnder Motivation sind: hoher Krankenstand, Ausdehnung der Pausen, hohe Fluktuationsrate, «innere Kündigung». Dies kann mittel- und langfristig nicht mit dem Erzeugen von Druck kompensiert werden und führt zu Produktivitätsverlusten.

Durchsetzungsfähigkeit ... das Vermögen, sich selbst zu behaupten
Dies kann für einen geregelten Arbeitsablauf durchaus hinderlich sein. So müssen rigide getroffene Entscheidungen keineswegs immer auch die richtigen sein. Alternativen werden möglicherweise gar nicht erst zugelassen. Anders sieht es aber beispielsweise bei prüfenden Tätigkeiten aus, für die dann die Verantwortung zu übernehmen ist. Es kann Ihnen jemand fünfmal sagen, dass eine bestimmte Arbeit erledigt wurde. Wenn Sie die letzte Verantwortung dafür zu tragen haben, bestehen Sie in Ihrem eigenen Interesse darauf, den Arbeitsgang notfalls selbst zu wiederholen. Mit solch einem Verhalten gewinnt man vielleicht nicht unbedingt Freunde – aber Sicherheit, und an der werden Sie später gemessen.

(Zeit-)Druck ... künstliches Schaffen eines Klimas von Eile und Dringlichkeit
Ein bestimmter Arbeitsdruck herrscht in der Regel immer: Eine Arbeitsaufgabe muss in einer vorgegebenen Zeit erledigt sein. Ist die vorgegebene Zeit zu knapp, häufen sich zwangsläufig Fehler. Wichtige Punkte verlieren an Bedeutung, spezielle Arbeiten werden nicht mehr mit der sonst üblichen Sorgfalt ausgeführt. Einige Menschen neigen auch dazu, immer «auf den letzten Drücker» zu arbeiten, und bringen sich selbst unnötigerweise unter Druck.
   Was kann ich tun?

- Wenn Sie merken, das Sie unter Druck geraten: STOPP! Überprüfen Sie die Situation: Wie sieht die Lage tatsächlich aus? Kann ich meine Arbeit mit der gebotenen Sicherheit fortführen und abschließen?

Wenn nicht, dann fragen Sie:

- Habe ich meine Bedenken den zuständigen Leuten rational vorgebracht?
- Wie kann ich weiter vorgehen? Was ist das Schlimmste, was passieren kann?
- Überwinden Sie sich, und bitten Sie um mehr Zeit oder/und Hilfe.

Nachlässigkeit ... mangelnde Arbeitssorgfalt in Verbindung mit vermindertem Gefahrenbewusstsein
Wegen der Häufigkeit der wiederkehrenden Tätigkeiten in der Instandhaltung ist die Gefahr der Gewöhnung außerordentlich groß. Wenn Sie beispielsweise immer gewohnt sind, bei bestimmten Routinekontrollen (z.B. Daily Check) nie etwas gefunden zu haben, sind Sie für mögliche Abweichungen auch nicht mehr so sensibel. Sie erwarten regelrecht, nichts zu finden, weil Sie noch nie etwas gefunden haben. Und diese Erwartungshaltung kann in eine selbsterfüllende Prophezeiung übergehen, so dass sie einen augenscheinlichen Fehler gar nicht mehr als solchen wahrnehmen.
   Was kann ich tun?

- Versuchen Sie stets unvoreingenommen an die Aufgabe heranzugehen, und machen Sie sich bewusst, was Sie gerade tun.
- Überprüfen Sie jedes Mal von Neuem die Gegebenheiten.

❑ Benutzen Sie die Unterlagen, auch wenn Sie diese Tätigkeit schon tausendmal durchgeführt haben.

Ablenkung ... die Verminderung der Aufmerksamkeit aufgrund äußerer Einflüsse
Sie werden abgelenkt, während Sie eine Schraube mit einem vorgeschriebenen Drehmoment anziehen. Diesen Arbeitsschritt führen Sie hundertmal im Jahr aus. Irgendein Drehmoment wird schließlich nicht erreicht, weil Sie dachten, die Arbeit hätten Sie doch schon erledigt.
Was kann ich tun?

❑ Wenn Sie in einer kritischen Arbeitsphase sind, führen Sie diese unbedingt zu Ende.
❑ Möchte jemand etwas von Ihnen wissen oder haben, dann bitten Sie ihn um Geduld, bis Sie diesen Arbeitsschritt abgeschlossen haben.
❑ Bevor Sie Ihre Arbeit abschreiben, lesen Sie noch einmal Ihre Unterlagen durch.
❑ Wenn Sie sich unsicher sind oder nicht erinnern: Überprüfen Sie Ihre Arbeit erneut.
❑ Sagen Sie sich nicht: «Ich werde das wohl richtig gemacht haben; schließlich mache ich das immer richtig».

Hilfsmittel ... Werkzeuge, die zur Arbeitsdurchführung zur Verfügung stehen und zum Teil auch vorgeschrieben sind. Dazu gehören auch Informationen und Verfahren.
Menschen in der Technik werden ungeheuer erfindungsreich, wenn es darum geht, Arbeiten mit unzureichenden Hilfsmitteln zu erledigen – sei es, weil diese gerade nicht verfügbar sind, oder weil der Weg ins Lager vielleicht zu weit erscheint. Wenn Spezialwerkzeuge zur Arbeitsdurchführung vorgeschrieben sind, dann müssen Sie diese auch benutzen.
Was kann ich tun?

❑ Benutzen Sie die für Ihre Arbeitsdurchführung vorgeschriebenen Hilfsmittel.
❑ Versuchen Sie nicht, mit aller Gewalt allein mit einem Job fertig zu werden; Sie müssen niemandem etwas beweisen.
❑ Scheuen Sie sich nicht, andere um Hilfe zu bitten; das Problem ist oft nicht, dass andere nicht helfen wollen oder können, sondern dass Sie sich nicht überwinden können zu fragen.
❑ Greifen Sie auf alle verfügbaren Ressourcen, mit denen Sie Ihre Arbeit erleichtern können.

Ein besonders drastisches Beispiel des Einsatzes unzureichender Hilfsmittel gibt der Comic in *Bild 1.7.22*, das sich so tatsächlich abgespielt hat. Die Konsequenzen des unsachgemäßen Anbaus von Turbinen waren verheerend. Bei einer DC-10-10 der American Airlines wurden beim Triebwerkswechsel Gabelstapler eingesetzt. Dies führte vereinzelt zu zunächst unentdeckten Rissen in der Verbindung von Triebwerk und Flügel. Im Jahr 1979 kam es beim Start zu einem Abreißen eines Triebwerks, in dessen Folge ein Teil der Flaps weggerissen wurde. Weiter wurden unverzichtbare Hydraulik- und Stromleitungen stark beschädigt. 20 Sekunden nach dem Start riss die Strömung ab, und die Maschine stürzte auf einen Campingplatz. 273 Menschen verloren ihr Leben.

Bild 1.7.22
Hilfsmittel

Wissen ... durch Schulung und Erfahrung bedingte fachliche Kompetenz in der Arbeitsdurchführung

In Zeiten zunehmend schneller wachsender Technologien werden Flugzeugsysteme immer komplexer. Man versucht daher, die Arbeitsunterlagen so detailliert wie möglich zu gestalten, um die korrekte Arbeitsdurchführung zu gewährleisten. Wenn Sie allerdings die Zusammenhänge eines Systems nicht verstehen, birgt dies die Gefahr der Sorglosigkeit: «Wozu soll ich das verstehen, da steht doch, was ich tun muss.»

Was kann ich tun?

- ❑ Stellen Sie sicher, dass Sie verstehen, was Sie tun sollen.
- ❑ Wenn Sie etwas nicht verstehen, besorgen Sie sich die Information durch Fragen oder Nachsehen.
- ❑ Seien Sie auf dem Stand der Technik.

Aufmerksamkeit ... Vergegenwärtigung der Umstände

Die Vorschriften sind eingehalten, die Arbeitsdurchführung perfekt und trotzdem ist das Arbeitsergebnis fehlerhaft – denn auch die Vorschriften und gegebenenfalls Änderungen sind von Menschen gemacht. Es sind nicht immer Wissenslücken, die zu unerwünschten Ergebnissen führen, sondern die mangelnde Weitsicht und Auseinandersetzung mit den Konsequenzen der eigenen Tätigkeit.

Was kann ich tun?

- ❑ Überlegen Sie, was im Falle eines Fehlers passieren kann.
- ❑ Könnte es einen Konflikt mit einer bereits durchgeführten Reparatur oder Modifikation geben?

Normen ... ungeschriebene und meist auch unausgesprochene Regeln (Verhaltenskodex)
In jeder Firma, oft auch schon in verschiedenen Arbeitsbereichen, gibt es Normen und Regeln, die niemals formuliert wurden – aber jeder kennt sie. Sie erkennen Sie daran, dass sie anonym sind: «Das tut man nicht.» «Das machen wir schon immer so.» Dieser Verhaltenskodex kann gut oder schlecht für Sie sein. Wenn es sich eingebürgert hat, im Flugzeug bei geöffneten Türen ohne Sicherheitsnetz zu arbeiten, könnten Sie in einem Moment der Unachtsamkeit herausfallen. Wenn es dagegen Norm in Ihrer Firma ist, die Kollegen in die Sicherheitsüberlegungen einzubeziehen, ist das gut. Welche Normen haben sich in Ihrer Firma eingeschlichen? Sind diese gefährlich?

Ermüdung ... allgemeiner Zustand herabgesetzter Leistungsfähigkeit
Sie steigt exponentiell mit Schwere und Dauer der Beanspruchung. Durch Erholung klingt die Ermüdung ab. Steht dem menschlichen Organismus eine zu kurze Erholungsphase zur Verfügung, so dass keine vollständige Beseitigung der Ermüdung eintritt, gelangt er bei erneuter Belastung schnell an die Grenzen seiner Leistungsfähigkeit. Der Zustand geht dann von einer akuten Ermüdung allmählich in eine chronische über. Anzeichen der Ermüdung sind: verminderte Aufmerksamkeit, vermindertes Erinnerungsvermögen, depressive Stimmungslage.
Was kann ich tun?

❑ Ausreichende Erholung nehmen, um die dauerhafte Leistungsfähigkeit zu sichern.
❑ Besser viele kurze Pausen als eine lange.
❑ Alle Sinne entspannen, und nicht die eine Belastung durch eine andere ersetzen.

Stress ... angespannte Reaktionslage des Körpers bei Einwirkung verschiedener Reize
Evolutionsgeschichtlich ist Stress die Antwort auf Gefahr und wurde mit dem Fluchtreflex beantwortet *(Bild 1.7.23)*. Die dem Willen unzugänglichen Notfallreserven werden aktiviert; der Mensch rannte im wahrsten Sinne um sein Leben. Heute entsteht Stress vielfach als Konsequenz des Arbeitsdruckes und hat zahlreiche körperliche Auswirkungen: Adrenalinausstoß, beschleunigter Herzschlag, steigender Blutdruck, Schärfung der Sinne, Muskelspannung. Als Folge stellt sich eine erhöhte geistige Leistungsfähigkeit ein: Beschleunigung der Hirnaktivität, Verbesserung der kurzfristigen Aufmerksamkeit und Urteilsfähigkeit usw.
Stress ist also durchaus nützlich, weil er unsere Leistungsfähigkeit steigert. Wichtig ist, die freigestellten Energien in Handlung umzusetzen, um sie im Wortsinn abzureagieren. Gelingt dies nicht, so stellen sich mittel- und langfristig schwere körperliche Schäden ein. Genau wie ein Motor kann auch der menschliche Körper nicht ständig unter Volllast arbeiten. Folgen sind: Herz-, Gefäß-, Hauterkrankungen, Allergien, Magengeschwüre, Tinnitus, verminderte Konzentrationsfähigkeit, Mattheit, Depressionen, Schlafstörungen, verstärkter Alkohol- und Nikotingenuss, Neigung zu Fehlern usw.
Was kann ich tun?
Hier gibt der Abschnitt «Erhalt der Leistungsfähigkeit/Stressabbau» Anregungen.

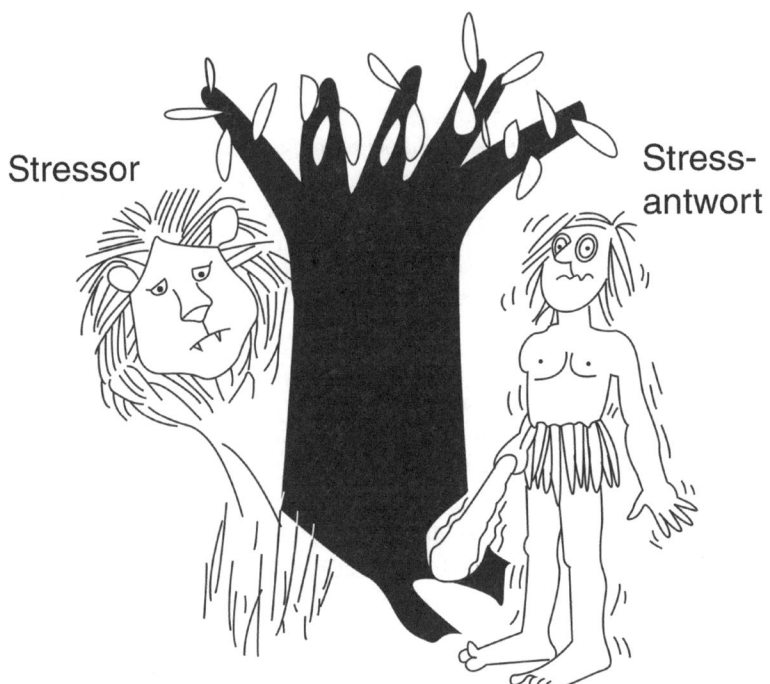

Bild 1.7.23
Stress

Mitarbeiterführung ... gezielte Beeinflussung von Mitarbeitern auf ein bestimmtes Ziel hin

Beförderungen zum Vorgesetzten werden oft nur nach fachlichen Qualifikationen wahrgenommen. Fachliches Wissen hat jedoch in Führungspositionen eine geringere Bedeutung, es müssen noch andere Qualifikationen dazukommen. Entsprechend sind Führungstätigkeiten z.B.: Planung, Organisation, Koordination, Entscheidungsfindung. Der Vorgesetzte ist nicht nur für seine Arbeit zuständig, sondern im Wesentlichen auch für die Arbeit der ihm unterstellten Mitarbeiter. Er ist andererseits auf die Fachkenntnisse und Erfahrungen seiner Mitarbeiter angewiesen.

Es lassen sich zwei Gegenpole von Führungsverhalten unterscheiden *(Bild 1.7.24)*. In der Praxis kommen sie jedoch nie in Reinform, sondern immer in einer Mischform vor. Es hat sich weitgehend die Auffassung durchgesetzt, dass der kooperative Führungsstil am produktivsten ist. Er entspricht am ehesten dem Streben nach Selbstentfaltung, Mitentscheidung, Mitverantwortung und Anerkennung (siehe auch Abschnitt «Motivation»).

Teamfähigkeit ... die Fähigkeit, mit anderen ein gemeinsames Ziel zu verfolgen

Aufgrund der ungeheuren Dynamik der Wissenszunahme und Komplexität in den Fachgebieten kann heute kein Arbeitnehmer mehr ausschließlich für sich arbeiten. Zur Zeit geht man von einer Verdoppelung des Fachwissens in einem Zeitraum von 3 Jahren aus – Tendenz fallend. Teamfähigkeit ist daher zu einem wichtigen Kriterium in Personalbüros geworden.

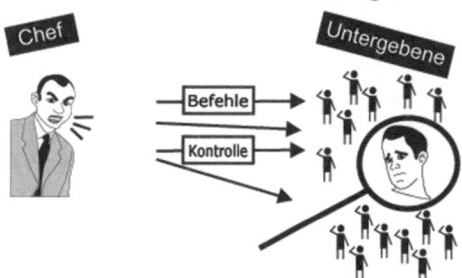

Bild 1.7.24
Mitarbeiterführung

1.7.9 Erhalt der Leistungsfähigkeit/Stressabbau

Die wichtigste Form der Erholung ist zweifellos der Schlaf. Bei besonders anstrengenden geistigen Tätigkeiten verlängert sich im Besonderen die Phase des Tiefschlafes. Hier ein paar Tipps für gute Schlafbedingungen:

- ❑ Vermeiden Sie Koffein kurz vor dem Schlafengehen.
- ❑ Richten Sie sich Ihr Schlafzimmer gemütlich ein.
- ❑ Sorgen Sie für eine hinreichende Belüftung bei ca. 18 °C Zimmertemperatur.
- ❑ Achten Sie auf eine gute Ausstattung (Bett, Matratze, Bettzeug).
- ❑ Vermeiden Sie körperliche Höchstleistungen vor dem Schlafengehen (z.B. Sport).
- ❑ Vermeiden Sie aufrüttelnde emotionale Eindrücke vor dem Schlafengehen.
- ❑ Benutzen Sie Ihren Schlafraum nur zum Schlafen und nicht z.B. als Arbeitszimmer.

Ernährung und körperliche Fitness
Essen kann zu mehr Energie verhelfen, aber auch müde machen (Salat – Schweinebraten). Für die Nachtschicht werden folgende Nahrungsmittel empfohlen: Naturreis, Vollkornnudeln, Getreideprodukte, Birnen, Bohnen, Äpfel, Orangen, Joghurt, Orangensaft, Grapefruitsaft. Auch die Essensmenge ist entscheidend: Je größer die zu verdauende Menge ist, desto mehr Blut wird dem Kreislauf für die Bewältigung entzogen und fehlt schließlich auch im Gehirn. Die aufputschende Wirkung von Kaffee und Cola hält nur kurzzeitig vor. Medikamente haben neben ihrer heilenden Wirkung auch immer

Nebenwirkungen wie Beeinträchtigung der Aufmerksamkeit. Drogen (auch Alkohol) beeinträchtigen unser Bewusstsein und verleiten zu irrationalen Verhaltensweisen.

Sport dient dem Abbau der Stresshormone und fördert somit eine körperliche als auch geistige Entspannung. Von der genetischen Konstitution her ist der Mensch ein «Lauflebewesen». Die meisten Arbeitsplätze wie viele Bürotätigkeiten sind aber von statischen körperlichen Tätigkeiten geprägt, verbunden mit falschen Sitz- bzw. Arbeitspositionen. Dreimal in der Woche sollte der Körper zum Schwitzen gebracht werden. Dies beugt zahlreichen so genannten Zivilisationskrankheiten wie Kreuzschmerzen und Zuckerkrankheit vor. Auch werden der allgemeine biologische Alterungsprozess verlangsamt und die Lebenserwartung gesteigert.

Verbesserte Selbstorganisation
Wer im alltäglichen Termin- und Aufgabenchaos versinkt, muss lernen, mit der eigenen Zeit besser zu wirtschaften. Konsequentes Selbstmanagement hilft, mit sich und seinen Aufgaben besser fertig zu werden. Dadurch kann man seinen Stress reduzieren und wieder Spaß an der Arbeit gewinnen. Die Zauberformel heißt «effektiv und effizient arbeiten». Um das zu erreichen, muss man aus der verfügbaren Zeit das Maximum herausholen. Neben einigen bekannten Methoden (ALPEN-Methode, Pareto-Prinzip) sei an dieser Stelle auf entsprechende einschlägige Literatur verwiesen.

Entspannungstechniken
Der Arbeitsdruck nimmt stetig zu – Stress mit all seinen genannten schweren körperlichen Folgeschäden hat sich zur Zivilisationskrankheit Nummer eins entwickelt. Die Zahl der Frührentner aufgrund einer stressbedingten Berufsunfähigkeit wächst stetig; dies alles ist leider ein Teil des «Preises», der für den industriellen Fortschritt zu bezahlen ist. Um seine Arbeitskraft zu erhalten und nicht ins finanzielle und soziale Abseits abzugleiten, ist heute und in Zukunft wichtig, dem Arbeitsstress und -druck aktiv zu begegnen.

Neben den eingangs beschriebenen Verhaltenstipps zu Schlaf, Ernährung, körperlicher Fitness und Selbstorganisation sind von der Medizin und Psychologie zahlreiche aktive Entspannungsübungen und -techniken entwickelt worden. Hierzu zählen die Phantasiereise, progressive Muskelentspannung, Autogenes Training, Yoga und viele mehr. Alle Methoden zielen auf eine bewusste Konzentration auf die Entspannung, wodurch das vegetative Nervensystem wieder harmonisiert wird und entsprechende Stresszustände abgebaut bzw. abgemildert werden. In manchen Berufsgruppen werden diese Techniken sogar speziell geschult. So unterweist die Polizei beispielsweise ihre Mitarbeiter in die Technik Autogenes Training. Zahlreiche Maßnahmen werden auch von den Krankenkassen als Serviceangebot kostenlos unterstützt oder für ein geringes Entgelt von den örtlichen Volkshochschulen. Mittlerweile gibt es eine große Auswahl an Kaufkassetten und Büchern auf diesem Gebiet und Kurse an Volkshochschulen.

Kommunikationsprobleme
Das, was wir jemandem sagen, ist noch lange nicht das, was der andere versteht – eine Erfahrung, die wir alle schon einmal gemacht haben *(Bild 1.7.25)*. Und auch

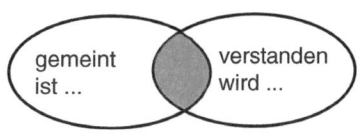

Bild 1.7.25
Schnittmenge der Nachrichten

wir können für uns nicht in Anspruch nehmen, immer das verstanden zu haben, was der andere eigentlich gemeint hat. Warum ist das so? Mit diesem Problem des «Missverstehens» im Wortsinn hat sich die Wissenschaft auseinandergesetzt und das Vier-Ohren-Kommunikationsmodell entwickelt. In dem dargestellten Beispiel in *Bild 1.7.26* könnten die vier Ebenen zur Aussage des Mannes wie folgt belegt sein:

- *Sachinhalt* (Worüber ich dich informiere): «Die Ampel ist grün».
- *Selbstoffenbarung* (Was ich von mir selbst kund gebe): «Ich würde fahren».
- *Beziehung* (Was ich von dir halte und wie wir zueinander stehen): «Du bist eine schlechte Fahrerin.»
- *Appell* (Wozu ich dich veranlassen möchte): «Jetzt fahr' doch endlich los.»

Bild 1.7.26   Kommunikationsmodell

✎ Übung

Benennen Sie mögliche Antwortebenen zur Aussage der Frau.

Der Sender kann dieselbe Information auf vier unterschiedlichen Ebenen gemeint haben. Der Empfänger kann diese Information auf vier verschiedenen Ebenen verstehen. Die Ebene des Senders ist aber nicht zwangsläufig auch die Ebene, auf der der Empfänger versteht. Dies führt dann zum klassischen Missverständnis, weil der eine etwas anderes versteht als der andere eigentlich gemeint hat. Neben der eigentlichen Information können auch noch weitere mehr oder weniger versteckte Nachrichten («Unterton») gesendet oder empfangen werden. Dies hängt sehr stark von weiteren Faktoren ab: Persönlichkeit, Erziehung, Lebenserfahrung, augenblickliche Verfassung, Verhältnis der Gesprächspartner. Nichtsprachliche Signale verstärken die Nachricht: Mimik, Tonfall, Gestik.

Um Missverständnisse im Arbeitsprozess möglichst zu vermeiden, sollte unbedingt immer auf der Sachebene kommuniziert werden. Dies muss zu einer Art Umgangskultur werden. Bei Unklarheiten oder Unsicherheit bezüglich der genutzten Ebene Ihres Gegenübers sollten Sie auf der Sachebene rückfragen. Dies zwingt Ihr Gegenüber zu klaren Aussagen. Wesentliche Informationen sollten Sie darüber hinaus grundsätzlich schriftlich festhalten, z.B. als Telefonnotiz oder Übergabeprotokoll bei Schichtwechsel. Übungen wie «Stille Post» unterstreichen sehr eindrucksvoll das menschliche Unvermögen, detaillierte Informationen exakt zu behalten und wiederzugeben. Als Grundsatz der Informationsweiterleitung gilt: «Wer so redet oder schreibt, dass man ihn nicht gut verstehen kann, ist nicht besonders klug, sondern besonders unfähig, sich verständlich auszudrücken.» Schriftliches sollte lesbar sein, alle nötigen Infos enthalten, präzise sein, verständlich sein und frei von Emotionen.

Konfliktbewältigung
Konflikte gehören zum alltäglichen Leben und entstehen durch unterschiedliche Ziele und Bedürfnisse, die nicht miteinander in Einklang gebracht werden können. Das kann sich auf Gedanken, Ideen, Überzeugungen u.v.m. beziehen. Konflikte wirken leistungshemmend, da sie das Arbeitsklima und die Motivation belasten. Einige Menschen neigen dazu, die Frustrationen nach außen zu tragen, andere «fressen» den Ärger in sich rein.

Beispielhafte Konfliktgründe:

- Entscheidungen werden über den Kopf der Mitarbeiter hinweg getroffen.
- Kontrollen erfolgen aufgrund von (offensichtlichem) Misstrauen.
- Mitarbeiter werden ungerecht und/oder unbeherrscht behandelt.
- Mitarbeiter werden für Fehler anderer verantwortlich gemacht.
- Privilegien werden offensichtlich missbraucht.
- Betriebskonstellationen: Generationskonflikt, falscher Mitarbeitereinsatz, Alkoholmissbrauch, unterschiedliche Bezahlung bei gleicher Tätigkeit, Führungsfehler.

Ist es erst zum Konflikt gekommen, muss schnell nach Lösungen gesucht werden. Gehen Sie strukturiert an einen Konflikt heran:

- Tief Luft holen, Zeit gewinnen.
- Ermittlung des Sachverhalts: Was ist passiert? Welche Tatsachen liegen vor?
- Klärung von Ursache und Zusammenhängen: Wie konnte es zum Konflikt kommen?
- Überlegen von Lösungsmöglichkeiten: Welche Maßnahmen sind möglich und sinnvoll?
- Wahl des besten Lösungsweges: Wie lässt sich die gewählte Maßnahme am besten umsetzen?
- Kontrolle der Maßnahme: Führt diese Maßnahme zum Erfolg? Müssen neue Schritte erwogen werden?

Wichtig ist bei allen Versuchen der Konfliktbewältigung, dass sich nachher keiner als großer Verlierer fühlen darf. Das beschwört mittelfristig einen neuen Konflikt hervor. Konflikte bieten aber auch die Chance, Veränderungen herbeizuführen. Regeln für wirksame Kritik sind:

- Kritik stets anlassbezogen vorbringen,
- immer sachlich bleiben,
- Gründe offenlegen,
- den Betreffenden nicht bloßstellen,
- keine Beschönigungen vornehmen,
- Möglichkeit zur Stellungnahme geben,
- deutliche und klare Äußerungen tätigen,
- Vereinbarungen über Vorgehen treffen,
- Lösungen vorschlagen.

Unglücksfall: Verlust einer Cockpitscheibe
Der nachfolgend beschriebene Unglücksfall ereignete sich bei einer großen Luftfahrtgesellschaft. Die analysierten Fehler, die hierzu geführt haben, können allerdings in jeder Firma der Welt in ähnlicher Art und Weise vorgefunden werden und zeigen eine klassische Fehlerkette auf.

Aufgaben zur nachfolgenden Unfallbeschreibung:

- Identifizieren Sie die einzelnen Unfallursachen.
- Entwickeln Sie zu den ermittelten Unfallursachen entsprechende Präventivmaßnahmen.
- Identifizieren Sie in Ihrer eigenen Firma potenzielle Unfallquellen und denken Sie adäquate Gegenmaßnahmen an.

Der Unfall passierte 1990 während eines planmäßigen Fluges einer BAC 1-11 von Birmingham (England) nach Malaga (Spanien). An Bord befanden sich 84 Passagiere. Im sicheren Steigflug öffneten bzw. lockerten beide Piloten ihre Gurte. Nach etwa 13 Minuten riss in 5500 m Höhe die Cockpitscheibe auf der Seite des Kapitäns unter einem lauten Knall aus der Zelle. Sofort erfüllte sich die Kabine mit Nebel, die Cockpittür wurde ins Cockpit geschleudert. Der Kapitän wurde mit dem Oberkörper aus der Fensteröffnung gesogen *(Bild 1.7.27)*. Seine Beine verklemmten sich an der Steuersäule, wodurch der Autopilot deaktiviert wurde. Durch das Drücken auf die Steuersäule wurde die Maschine in einen starken Sinkflug übergeleitet. Weiter waren die Schubregler verklemmt, wodurch die Maschine stark an Geschwindigkeit zunahm. Der Copilot erkannte die dramatische Lageveränderung des Flugzeuges und kämpfte um eine stabile Fluglage, während der Kapitän neben ihm zunehmend aus der Öffnung herausgesogen wurde.

Ein Flugbegleiter, der zufällig vor der Tür gearbeitet hatte, eilte ins Cockpit. Geistesgegenwärtig packte er den Kapitän um die Taille und hielt ihn fest. Ein weiteres Besatzungsmitglied kam bis zur Landung zur Hilfe. Dass es hierzu überhaupt noch

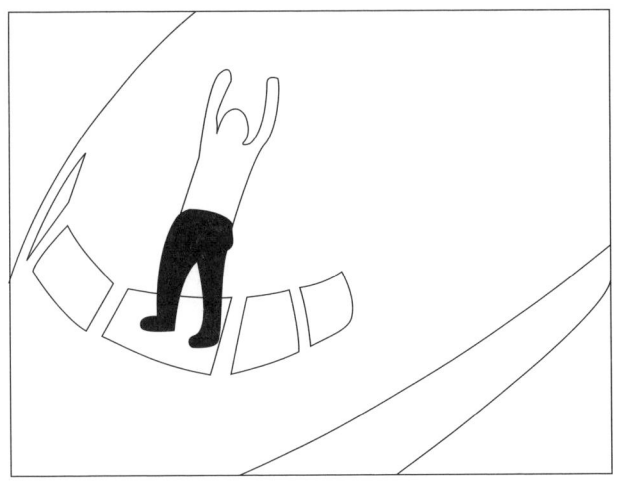

Bild 1.7.27
Verlust der Cockpitscheibe

gekommen ist, grenzt angesichts der zusätzlichen widrigen Umstände an ein Wunder: Der Funkkontakt mit dem Tower war wegen des enormen Geräuschpegels stark beeinträchtigt. Wichtige Papiere waren aus der Maschine geflogen oder unauffindbar. Die Sicht wurde wegen des vor den Scheiben liegenden Kapitäns und Blutverschmierungen erheblich erschwert. Das Flugzeug befand sich in einem der meistfrequentierten Lufträume und musste wegen des Sauerstoffmangels in dieser Höhe schnell tiefer gehen. Wegen der hohen Spritlast war die Maschine für die vorgesehene Landebahn eigentlich zu schwer. Nicht zuletzt befand sich der Copilot in einer emotional extrem angespannten Situation bei zeitweiser Beeinträchtigung seiner Wahrnehmung durch Sauerstoffmangel.

Nach der Landung wurde der Kapitän mit zahlreichen Knochenbrüchen, Quetschungen, Erfrierungen und Schock ins Krankenhaus geliefert – er überlebte. Ein Loslassen des Kapitäns wäre nie in Frage gekommen – neben dem Leben des Piloten hätte dies zu einer Beschädigung der Flügelkante verbunden mit Folgen für die Strömung führen können. Auch ein Einsaugen in eine Turbine wäre denkbar gewesen. Dass dieser Vorfall nur als kleiner Unfall in die Statistiken Eingang gefunden hat, ist vor allem dem vorbildlichen Verhalten des Copiloten zu verdanken, aber noch mehr dem Glück!

Hintergrundinformationen
Schnell konnten äußere Ursachen wie Vogelschlag ausgeschlossen werden. Aus den Wartungsunterlagen ging hervor, dass erst am Vortag die betroffene Scheibe ausgetauscht wurde. Diese Spur führte schließlich zur eigentlichen Unfallursache. Zuständig für den Scheibenwechsel war Schichtleiter Tony. Er galt im Unternehmen als erfahrener Mitarbeiter, der sich mit seiner Firma im höchsten Maß identifizierte und stets sehr gewissenhaft arbeitete. Er kam fast eine Stunde früher zur Arbeit, um Papiere aufzuarbeiten und die Schicht vorzubereiten. Es war seine erste Nachtschicht nach 5 Wochen.

Die BAC 1-11 kam um Mitternacht in den Hangar. Die dieser Schicht zugeordneten Engineers hatten keine Erfahrung mit diesem Flugzeugtyp. Auch standen ein Supervisory Aircraft Engineer und ein Licenced Aircraft Engineer nicht zur Verfügung. Tony übernahm die Pre-Flight Inspection und die Betankung neben seiner Tätigkeit als Schichtleiter selbst. Die Pausen verbrachte er mit der Erledigung administrativer Arbeiten.

Für den nächsten Tag war kein Einsatz der Maschine geplant, aber sie war um 6.30 Uhr zur Wäsche gebucht. Die Morgenschicht war mit einer geringen Besetzung geplant. Der vorgesehene Cockpit-Fensterwechsel sollte in dieser Nacht durchgeführt werden. Damit der Wechsel überhaupt durchgeführt werden konnte und um das Flugzeug für die Wäsche bereit zu haben, begann Tony um 4.00 Uhr selbst mit dieser Arbeit. Er überflog das Maintenance Manual, da sein letzter Fensterwechsel ungefähr 2 Jahre zurücklag. Er bewertete diese Tätigkeit als Routinejob, bei dem erfahrungsgemäß keine Komplikationen zu erwarten sind. Das Manual weist einen Fensterwechsel nicht als Vital Point aus. Aufgrund seiner Position durfte er diese Arbeit ohne Nachkontrolle eines Supervisors selbst abschreiben.

Als gewissenhafter Mitarbeiter wollte er die vorhandenen Bolzen der Scheibenbefestigung im Zuge seiner Arbeit direkt gegen neue tauschen. Der IPC zur Bestimmung der Partnummer lag zwar als Microfiche vor, Tony nutzte ihn jedoch nicht. Er wollte durch Vergleich der ausgebauten Bolzen entsprechende neue aus dem Lager holen. Dass die verbauten Bolzen richtig waren, setzte er entsprechend voraus. Die späteren Untersuchungen ergaben, dass die ausgebauten Bolzen zwar den richtigen Durchmesser hatten, jedoch tatsächlich 0,1" kürzer waren als die im IPC spezifizierten. Der Mitarbeiter im Shop, der über 16 Jahre Berufserfahrung verfügte, verwies Tony darauf, dass im Scheibenbereich die Bolzen A211-8D eingesetzt werden. Tony hatte aber A211-7D ausgebaut und wollte die gleichen Bolzen zum Einbau benutzen.

Da die vermeintlich richtigen Bolzen im Zentrallager nicht vorrätig waren, fuhr Tony zu einer Außenstelle. Die Fächer des Lagerkarussels waren mit den Partnummern gekennzeichnet. Sie waren jedoch wegen ihres Alters ausgeblichen und zusätzlich wegen der unzureichenden Beleuchtung schwer zu lesen. Tony identifizierte die gesuchten Bolzen rein durch optischen Vergleich mit den ausgebauten im Vertrauen auf sein sehr gutes Augenmaß, das er sich im Laufe der Jahre erworben hatte. Durch die ungeplante Fahrt zur Außenstelle war er bereits in zeitlichen Verzug gekommen. Gegen 5.15 Uhr setzte er seine eigentliche Arbeit an der Maschine fort. Er hievte die knapp 30 kg schwere Scheibe in die Einbauposition, um die elektrischen Verbindungen herzustellen. Der vorgeschriebene Torque-limiting-Schraubendreher hatte ein abgelaufenes Kalibrierdatum. Als Behelfslösung stellte ihm ein Shopmitarbeiter einen Torque-Schlüssel auf das geforderte Anzugsmoment ein, das Tony unter Zuhilfenahme zweier Torque Checking Gauges prüfte.

Konstruktionsbedingt muss die Scheibe von außen aufgesetzt werden. Neuere Flugzeugmodelle geben den Einbau aus der Kabine heraus vor, so dass die Scheibe im Falle eines schwerwiegenden Montagefehlers durch den Kabinendruck in den Rahmen gedrückt wird. Die Park- und damit auch die Arbeitsposition waren ungünstig, da in dieser Nacht ungewöhnlich viele Maschinen in der Halle waren. Zum Aus- und

Einbau der meisten Bolzen musste sich Tony von seiner Plattform aus über die Flugzeugnase strecken. Die Situation wurde noch dadurch verschlechtert, dass der Safety Riser unkorrekt am Flugzeug angebracht war. Durch das umständliche Handling behinderte er sich selbst die Sicht auf seine Tätigkeit. Die Plattform in eine günstigere Position zu bewegen hätte bedeutet, die Hallentüren zu öffnen. Wegen des Regens in der Nacht ließ er davon ab. Auf das Tragen seiner Lesebrille verzichtete er wegen der übergebeugten Arbeitsposition.

Er hatte beim Einschrauben der 84 neuen und 6 alten Bolzen einen gleichen Eindruck beim Anziehen, was seinen Erfahrungen entsprach. Die späteren Untersuchungen ergaben, dass die neuen Bolzen im Durchmesser eine Nummer zu klein waren. Unwissentlich hatte er die Bolzen A211-8C verbaut. Sie haben die gleiche Steigung wie die geforderten, waren aber 0,05 inch länger als die ausgebauten Bolzen A211-7D. Die Schraubensicherung ergibt sich durch die ovale Form der Muttern (UNF Kaylock floating anchor nut). Wegen seiner ungünstigen Arbeitsposition bemerkte er nicht, dass er die Bolzen in der anchor nut überdrehte und interpretierte das gefühlte Anzugsmoment falsch. Um 6.00 Uhr beendete Tony seine Arbeit, so dass die Maschine pünktlich für das nachfolgende Waschen übergeben werden konnte.

Der Unfallbericht sagt aus, dass das Fenster wegen der falschen verbauten Bolzen verloren ging. Der gesamte Arbeitsprozess war gekennzeichnet durch eine Serie von schlechten Abläufen, fragwürdigen Entscheidungen, gefährlicher Routine und falscher Wahrnehmungen. Die Untersuchungen der Unglücksursache ergaben, dass es zu ungefähr einem Dutzend mehr oder minder schweren Unregelmäßigkeiten im Arbeitsablauf kam. Die Korrektur auch nur einer dieser fehlerhaften Maßnahmen hätte den Unfall verhindert, der nur durch Glück ein kleiner geblieben ist.

✎ Übung

1. Analysieren Sie, welche klassischen Wartungsfehler der «Top 8» in Ihrem beruflichen Umfeld bereits aufgetreten sind. Benennen Sie jeweilige mögliche Ursachen.
2. Erläutern Sie die Kette der menschlichen Informationsverarbeitung von der Sinnesaufnahme bis zur Informationsspeicherung.
3. Erklären Sie den Begriff Wahrnehmungsverzerrung an Beispielen.
4. Erläutern Sie die leistungsbeeinflussenden Faktoren der Arbeitsumgebung.
5. Erläutern Sie die leistungsbeeinflussenden Faktoren hinsichtlich Physis und Psyche.
6. Definieren Sie für das Vier-Ohren-Kommunikationsmodell die Aussageebenen für ein selbst gewähltes Beispiel.

2 Werkstoffe

Die im Flugzeugbau verwendeten Werkstoffe lassen sich in Metalle und Nichtmetalle unterteilen *(Bild 2.1)*. Die Metalle werden aufgrund der wirtschaftlichen Bedeutung in Eisenmetalle und Nichteisen(NE)-Metalle eingeordnet. Zu den Eisenmetallen gehören Stähle und Gusseisen. Stähle sind umformbare Eisenwerkstoffe, die weniger als 2,06% Kohlenstoff enthalten. Bei Kohlenstoffanteilen von 2,06% bis ca. 4% spricht man von Gusseisen. Die Formgebung erfolgt hier durch Gießen. Die NE-Metalle werden in Leicht- und Schwermetalle unterteilt. Eine Grenze ist in der Norm nicht festgelegt. Im Flugzeugbau werden Titan und Titanlegierungen (ca. 4,5 kg/dm^3) als schwerste Leichtmetalle bezeichnet. Zu den Nichtmetallen gehören u.a. Kunststoffe, keramische Stoffe, Schmier- und Kühlmittel, Kautschuk und Holz. Verbindungen aus mehreren Werkstoffen mit unterschiedlichen Eigenschaften werden unter dem Begriff Verbundstoffe zusammengefasst.

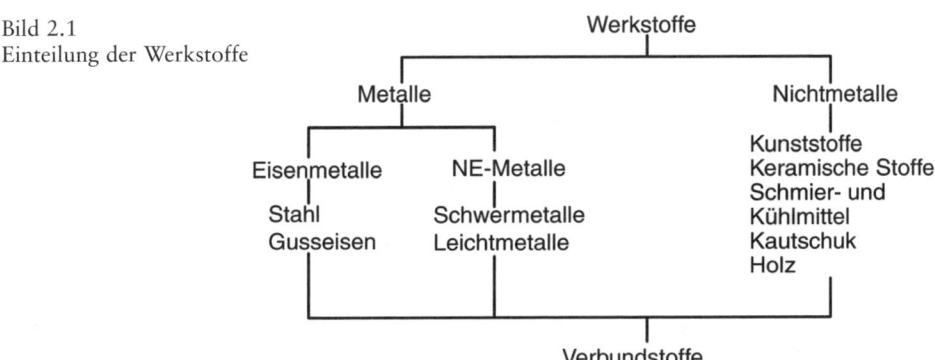

Bild 2.1
Einteilung der Werkstoffe

Die Vielzahl der angebotenen Werkstoffe muss beurteilt werden, um für einen bestimmten Verwendungszweck einen geeigneten Werkstoff auszuwählen.

Dazu sind Kenntnisse

- vom Aufbau der Werkstoffe,
- der Kennzeichnung von Werkstoffen (Normung) und
- der Werkstoffeigenschaften

notwendig.

2.1 Aufbau der Werkstoffe

Werkstoffe besitzen eine Art «innere Architektur». Kenntnisse dieser Struktur sind die Voraussetzung, um die großen Unterschiede im Verhalten der verschiedenen Werkstoffe zu erklären. Es zeigt sich immer mehr, wie der innere Aufbau eines Werkstoffes und seine Verarbeitung seine Qualität beeinflusst und wie sich durch eine gezielte Veränderung des Aufbaus spezielle Eigenschaften erreichen lassen.

2.1.1 Metalle

Metalle lassen sich durch bestimmte Eigenschaften definieren. Zu diesen Eigenschaften zählen u.a.:

- umformbar, elastisch,
- elektrische und thermische Leitfähigkeit,
- lichtundurchlässig, flüssigkeits- und gasdicht,
- reflektierend (Metallglanz),
- fest bei Raumtemperatur.

Erfüllt ein Element alle Eigenschaften, so nennt man es Metall (80% aller Elemente sind Metalle). Ermöglicht werden diese Eigenschaften durch die Art des Aufbaus der Metalle und durch die spezielle Bindung der Metallatome.

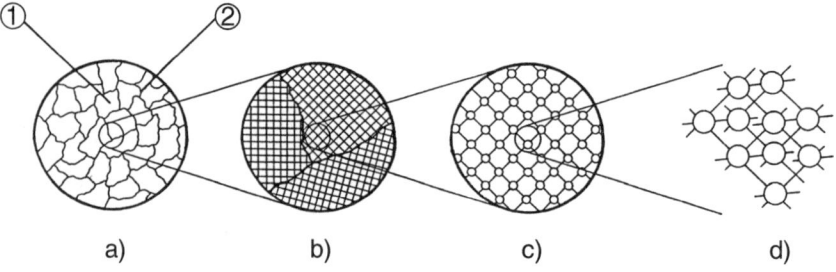

Bild 2.1.1 Modellvorstellung der Aufbaustufen von Metallen
Die Bilder b, c und d stellen jeweils eine Vergrößerung des vorangezeichneten Bildes dar.
a) Gefüge – es besteht aus den Körnern bzw. Kristalliten (1) und den Korngrenzen (2).
b) Körner mit gleich orientierten Netzebenen
c) Raumgitter
d) Räumliche Darstellung des Raumgitters. Die räumliche Ordnung ist in diesem Fall eine kubische (Elementarzelle).

Bezeichnend für Metalle ist eine regelmäßige (kristalline) Anordnung der Atome *(Bild 2.1.1)* (eine regellose Anordnung nennt man amorph = gestaltlos). Man unterscheidet nach der geometrischen Form u.a. folgende Ordnungen *(Bild 2.1.2)*:

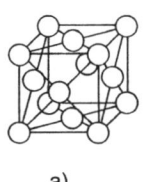 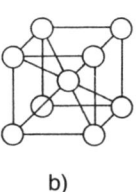 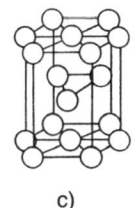

a)   b)   c)

Bild 2.1.2 Elementarzellen
Um Elementarzellen darzustellen, sind nur die Atomkerne gezeichnet, die durch Linien verbunden werden. Diese Linien dienen nur zur Darstellung der Atompositionen.
a) kubisch flächenzentriert
b) kubisch raumzentriert
c) hexagonal
Von a nach c wird die Umformbarkeit der Metalle schwieriger.

- ❏ **kubisch flächenzentriert (kfz)**,
  z.B. Al, Fe oberhalb 911 °C, Ni, Cu, Pb, Ag, Ti oberhalb 882 °C,
- ❏ **kubisch raumzentriert (krz)**,
  z.B. Fe unterhalb 911 °C, V, Cr, Mo, Ta, W, Be oberhalb 1260 °C,
- ❏ **hexagonal (hex)**,
  z.B. Ti unterhalb 882 °C, Be unterhalb 1260 °C, Mg, Zn, Cd.

Der Gitteraufbau ermöglicht und beeinflusst durch Verschieben der Gitterebenen zueinander die Umformbarkeit der Metalle.

Metalle unterscheiden sich von anderen Werkstoffen außer durch die Gitterstruktur auch durch die Art der Bindung ihrer Atome. Bei der metallischen Bindung sind die Elektronen auf der äußeren Schale nicht an bestimmte Atome gebunden. Die Atome werden dadurch zu positiv geladenen Metallionen. Zwischen diesen positiv geladenen Metallatomen («Atomrümpfe») und den negativ geladenen freien Elektronen («Elektronengas») wirken die Bindungskräfte *(Bild 2.1.3)*. Die elektrische und thermische Leitfähigkeit sowie das Reflexionsvermögen der Metalle sind z.B. eine Folge der Metallbindung.

ⓘ *Positiv geladene Ionen werden Kationen genannt. Da sich der Begriff Kation in der Metalltechnik nicht durchgesetzt hat, wird auch im Folgenden der Begriff Atom benutzt.*

Bild 2.1.3
Metallbindung

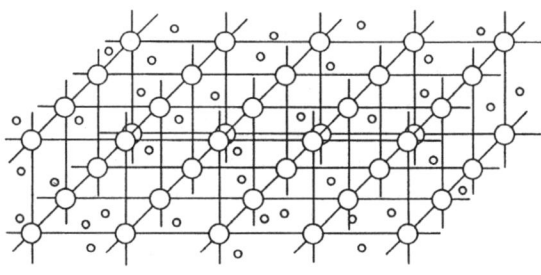

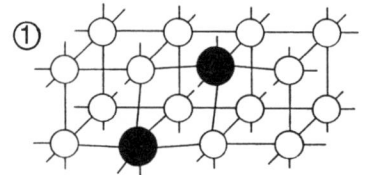
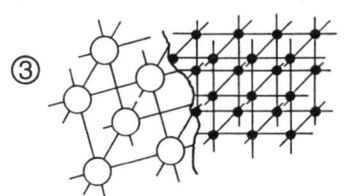
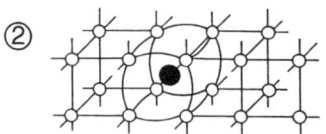

Bild 2.1.4   Anordnungsmöglichkeiten bei Legierungen
Wegen der Übersichtlichkeit sind die Anordnungsmöglichkeiten bei kubischen Ordnungen, die weder flächen- noch raumzentriert sind, dargestellt. In dieses einfachste Gitter, in dem nur die Ecken besetzt sind, kristallisiert kein Metall.
1 Mischkristall (Austauschmischkristall); 2 Mischkristall (Einlagerungsmischkristall); 3 Kristallgemisch

Legierungen

Fast alle Metalle werden nicht rein, sondern legiert verwendet, da durch ein Legieren Eigenschaften gezielt beeinflussbar sind. Legierungen sind Metalle, die durch Mischungen von zwei oder mehreren Metallen sowie von Metallen und Nichtmetallen im flüssigen Zustand entstehen.

ⓘ *Die hier behandelten Arten beziehen sich auf Mischungen zweier Legierungselemente.*

Man unterscheidet zwei Arten von Legierungen. Je nach Verträglichkeit (z.B. Größe der Atome) der Legierungselemente entstehen entweder Mischkristalle oder Kristallgemische (*Bild 2.1.4*). Bei Mischkristallen wird das Gitter von beiden Legierungsbestandteilen gemeinsam aufgebaut. Sowohl durch den Austausch von Atomen im Gitter als auch durch die Einlagerung erfolgt eine Unregelmäßigkeit bzw. Verspannung, die eine Festigkeitssteigerung bewirkt. Ein getrennter Gitteraufbau kennzeichnet Kristallgemische. Um die Legierungsart festzustellen, verwendet man ein Zustandsschaubild. Zustandsschaubilder geben an, welchen Zustand ein Legierungssystem bei bestimmter Zusammensetzung und Temperatur annimmt. Für die Erstellung eines Zustandsschaubildes benötigt man Abkühlungskurven (*Bild 2.1.5*). Aus den Abkühlungskurven, die man für die beiden reinen Metalle und für einige Legierungszusammensetzungen erhält, werden die Zustandsschaubilder gezeichnet (*Bild 2.1.7*). Ergibt sich ein Bild wie bei der Legierungsart I, so liegen bei Raumtemperatur Mischkristalle vor. Man spricht dann auch von einer homogenen Zusammensetzung oder von Löslichkeit. Ergibt sich ein Bild wie bei der Legierungsart II, so liegt bei Raumtemperatur ein Kristallgemisch (Unlöslichkeit, heterogen) vor. Zustandsschaubilder sind eine

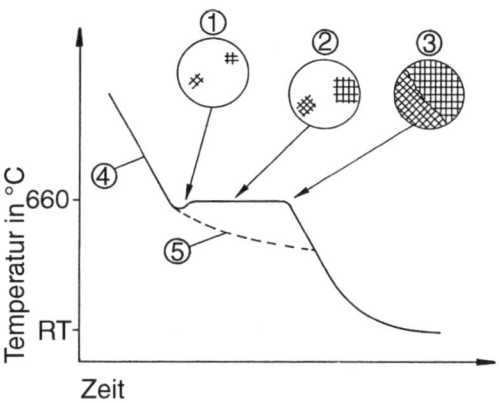

Bild 2.1.5 Abkühlungskurve von Aluminium
Misst man während eines Abkühlungsversuchs bei einer Al-Schmelze die Temperatur in gleichen Zeitabständen, so ist festzustellen, dass während der Erstarrung die Temperatur über eine gewisse Zeit konstant bleibt (Haltepunkt), da bei der Anordnung der Atome (Kristallwachstum) Energie frei wird. (1) Die ersten Atome ordnen sich im Raumgitter an (Keimbildung). Während einer bestimmten Zeit lagern sich ständig neue Atome an (2). Dies geschieht so lange, bis die Kristalle auf benachbarte Kristalle treffen (3). Das Kristallwachstum ist beendet. Man spricht jetzt von Kristalliten (im Wachstum behinderte Kristalle) und Korngrenzen (Übergänge der Kristallite); das Metall ist fest. Dieser für ein reines Metall typische Kurvenverlauf (4) wird durch Legierungsbestandteile verändert (5). Abkühlungskurven für Legierungen zeichnen sich durch einen Haltebereich aus. Es sind zwei Haltepunkte vorhanden.

wesentliche Grundlage, um die Legierungseigenschaften, z.B. durch eine Wärmebehandlung, gezielt zu beeinflussen.

ⓘ *Ein Legierungssystem umfasst alle möglichen Mischungsverhältnisse der Legierungselemente.*

Die Gefügebilder von Legierungen geben weiteren Aufschluss über Abkühlungsverhalten und Zusammensetzung. Ein Gefügebild einer Legierung mit vollständiger Mischkristallbildung ist mit dem eines reinen Metalls vergleichbar.
Bei der Legierungszusammensetzung 20% C und 80% D (untereutektisch) werden unterhalb der Liquiduslinie nur Kristallite des Metalls D fest, entsprechend bei der Legierung 80% C und 20% D (übereutektisch) nur Kristallite des Metalls C. An der Soliduslinie erstarrt der Rest der Schmelze eutektisch, d.h. als gleichmäßiges Gemisch aus Metall C und D. Ein reines Eutektikum ergibt die Zusammensetzung 60% C und 40% D. Diese Legierung ist durch eine niedrige Erstarrungstemperatur bzw. einen niedrigen Schmelzpunkt gekennzeichnet. Rein eutektische Legierungen eignen sich meist gut als Lote.
Viele Legierungssysteme, z.B. Al-Cu oder Fe-C, bilden sowohl Mischkristalle als auch Kristallgemische. Welche Legierungsart bei welcher Temperatur und Zusammensetzung vorliegt, lässt sich direkt aus dem Schaubild des Systems erkennen *(Bild 2.1.8)*.

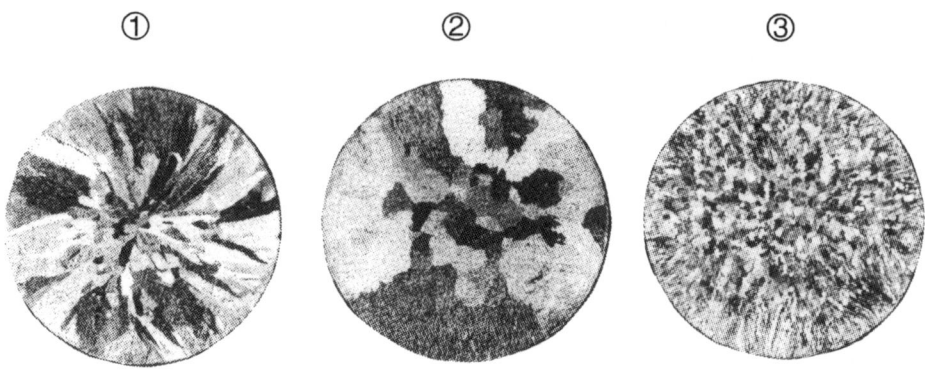

Bei normaler Abkühlung (Kokille –20 °C / Schmelze – Schmelztemperatur) beginnt die Erstarrung an der kalten Innenwandung der Kokille. Die Kristalle wachsen dann in Richtung der sich kontinuierlich abkühlenden Kokillenmitte (1). Durch eine gesteuerte Abkühlung ist es möglich, das Gefüge zu beeinflussen. Bei erwärmter Kokille beginnt die Erstarrung gleichmäßig über den Querschnitt verteilt. Es entsteht ein grobkörniges Gefüge (2). Kühlt man unmittelbar nach dem Gießen bis zum Abschluss der Erstarrung die Kokille, entsteht ein feinkörniges Gefüge (3). Verstärkt wird die Bildung eines feinen Kornes zusätzlich durch das so genannte «Impfen» (Metallpulver in die Schmelze streuen). Mit zunehmender Feinheit des Kornes steigen die mechanischen Eigenschaften. Um die Festigkeit, speziell die Warmfestigkeit von Turbinen-Werkstoffen (Schaufeln) zu erhöhen, werden besondere Abkühlverfahren angewendet. Bei diesen Verfahren lässt man die Kristallite in der Hauptbeanspruchungsrichtung wachsen. Man spricht dann von gerichtet erstarrten Schaufeln (4) (DS = *directional solidified*). Eine Weiterentwicklung der DS-Schaufel ist die Einkristallschaufel (Single Crystal). Diese Schaufel weist keinerlei Korngrenzen mehr auf. Sie besteht durch und durch aus einem einzigen Kristall (5).

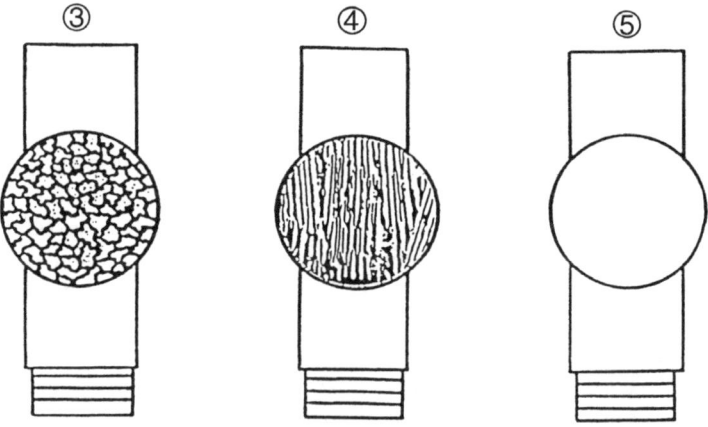

Bild 2.1.6   Beeinflussung des Gefüges

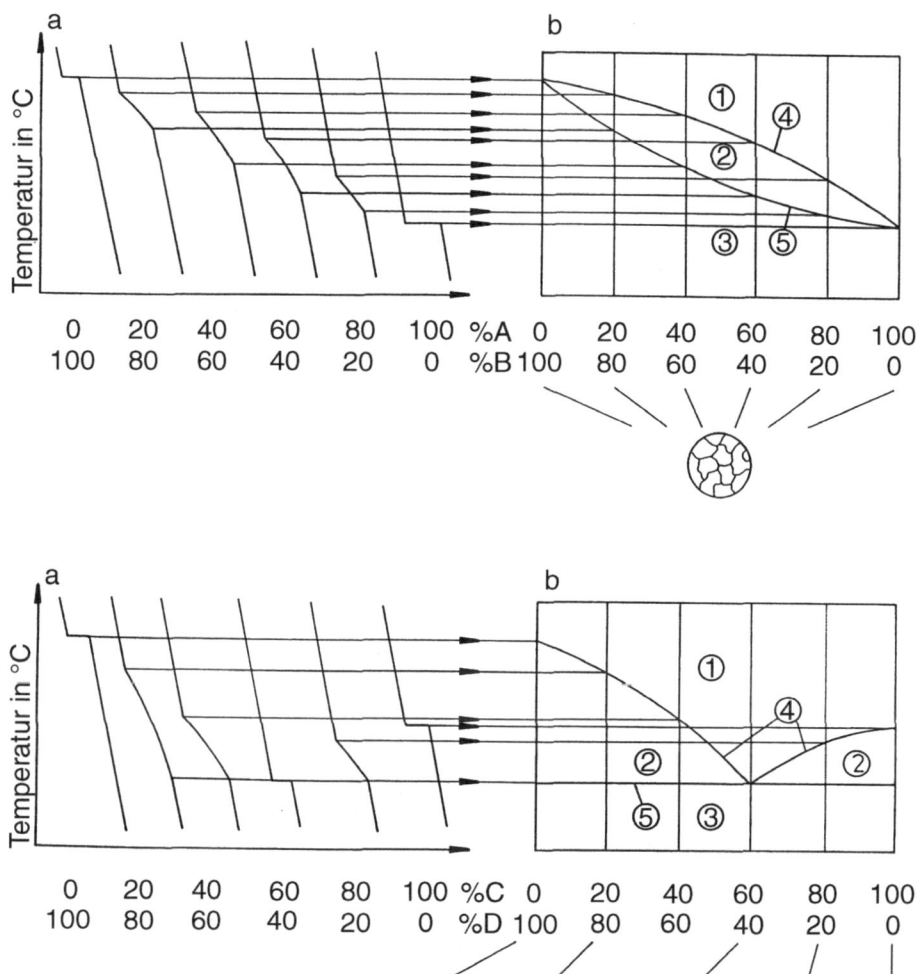

Bild 2.1.7 Mischkristalle und Kristallgemisch
Legierungssystem mit vollständiger Mischkristallbildung – Legierungsart I – (oben) und eutektisches
Legierungssystem – Legierungsart II – (unten)
a) Abkühlungskurven
b) Zustandsschaubild
1 In diesem Bereich befindet sich jede Legierungszusammensetzung im flüssigen Zustand; 2 Bereich, in dem flüssige und feste Bestandteile vorkommen; 3 In diesem Bereich befindet sich jede Legierungszusammensetzung im festen Zustand; 4 Liquiduslinie (*liquidus* = flüssig), Übergang in den flüssigen Zustand; 5 Soliduslinie (*solidus* = fest), Übergang in den festen Zustand

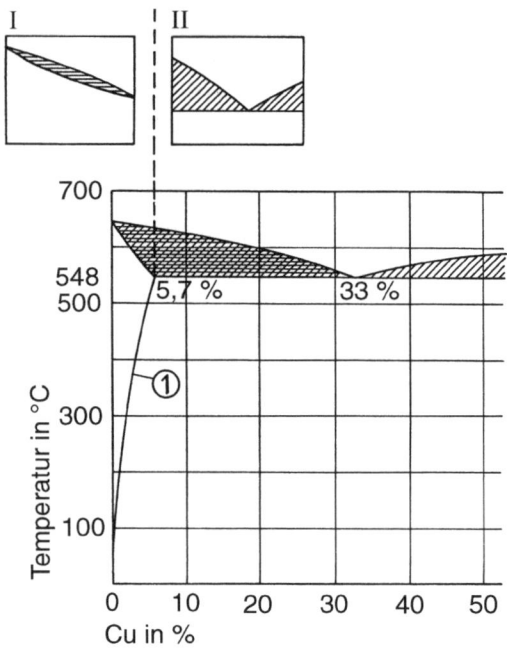

Bild 2.1.8
Zustandsschaubild – Ausschnitt des Legierungssystems Al-Cu
Al-Legierungen mit bis zu 5,7% Cu bilden Mischkristalle. Über 5,7% Cu ergibt sich ein eutektisches System, d.h., es werden Kristallgemische gebildet. Das Eutektikum liegt bei 33% Cu. Die Linie (1) wird Löslichkeitslinie genannt. Unterhalb dieser Linie bilden sich aus den Mischkristallen Kristallgemische. Dies geschieht im festen Zustand durch Diffusion (Wandern von Atomen).

Reine Metalle

Bedingt durch die technischen Herstellungsprozesse der Metalle lassen sich geringe Verunreinigungen nur unter erheblichem Aufwand vermeiden. Da diese geringen Verunreinigungen für den technischen Anwendungsbereich unerheblich sind, werden so genannte «technisch reine Metalle» erzeugt.

Technisch reine Metalle sind z.B.:

- Hüttenaluminium («Reinaluminium») mit einem Gehalt von 99,0% bis 99,9% Al,
- Reinstaluminium mit einem Gehalt von mindestens 99,98% Al,
- Reintitan mit einem Gehalt von 99,2 % bis 99,5 %.

2.1.2 Nichtmetalle

Nichtmetalle sind dadurch gekennzeichnet, dass sie charakteristische Metalleigenschaften nicht als gemeinsames Merkmal besitzen. Nichtmetalle sind u.a.:

- Kunststoffe (künstliche organische Stoffe),
- Keramiken (anorganische Stoffe wie z.B. Oxide, Carbide, Boride und Nitride),
- Naturstoffe (organische Stoffe wie z.B. Holz und Leder).

Für den Flugzeugbau sind die Kunststoffe sowie immer mehr Keramiken von besonderer Bedeutung.

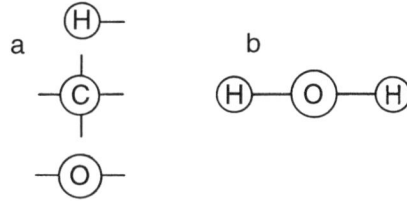

Bild 2.1.9   Vereinfachte Atom- und Moleküldarstellung
a) Einige wichtige Atome für die Kunststoffherstellung und ihre Wertigkeit
b) Die Verbindung aus zwei einwertigen Wasserstoffatomen und einem zweiwertigen Sauerstoffatom ergibt ein Wassermolekül (H_2O)

Kunststoffe
Kunststoffe sind organische Werkstoffe, die als Makromoleküle (*makro* = griech.: groß) aufgebaut sind und die durch Umwandlung von Naturprodukten oder durch Synthese (= griech.: Zusammenstellung) von Primärstoffen aus Erdöl, Erdgas oder Kohle entstehen. Sie bestehen im Wesentlichen aus den Grundstoffen Kohlenstoff (C), Wasserstoff (H_2) und auch Sauerstoff (O_2), Stickstoff (N_2) und Schwefel (S) *(Bild 2.1.9)*. Um den Aufbau der Kunststoffe zu verdeutlichen, soll im Folgenden die Erzeugung durch Polymerisation (griech.: aus vielen Teilen bestehend), Polykondensation und Polyaddition beschrieben werden.

❏ *Polymerisation*
Ein Ausgangsprodukt für die Polymerisation ist z.B. Ethylen, eine gasförmige Kohlenwasserstoffverbindung. Grundvoraussetzung für die Kunststoffherstellung ist das Vorhandensein von Doppel- bzw. Mehrfachbindungen. Ethylen erfüllt diese Voraussetzung. Die einzelnen Ethylen-Moleküle nennt man Monomere (*monomer* = griech.: Einzelteil). Die Doppelbindungen lassen sich durch Wärme sowie Druck in einem Autoklav (luft-, dampfdicht verschließbares Gefäß) aufklappen, dadurch entstehen so genannte Ethylen-Radikale, die sich zu Molekülketten (Makromoleküle) verbinden können. Dabei werden alle Doppelbindungen verbraucht. Diese Kettenbildung von Monomeren zu Makromolekülen nennt man Polymerisation. Es ist ein Polymerisat namens Polyethylen entstanden *(Bild 2.1.10)*.

❏ *Polykondensation* (Kondensieren = Verdichten, Dampfniederschlag)
Polykondensation ist die Kettenbildung verschiedener, selten aber auch gleichartiger Monomere zu Makromolekülen unter Abspaltung eines Nebenproduktes. Das bei dieser chemischen Reaktion abgespaltene Nebenprodukt ist meistens Wasser, das als Dampf austritt und dann kondensiert. Es werden nicht alle Doppelbindungen verbraucht *(Bilder 2.1.11 und 2.1.12)*.

❏ *Polyaddition*
Bei der Polyaddition lagern sich zwei verschiedenartige Komponenten zu einem Makromolekül aneinander, und zwar im Gegensatz zur Polymerisation ohne Absättigung der Doppelbindungen und im Gegensatz zur Polykondensation ohne Abspaltung eines Nebenproduktes *(Bild 2.1.13)*.

a)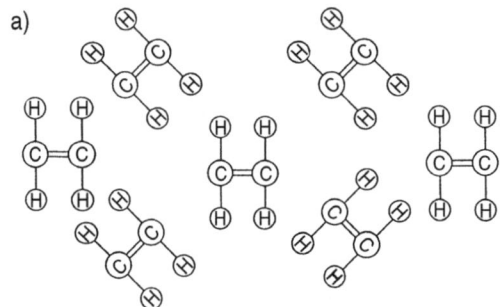

Bild 2.1.10
Polymerisation von Ethylen zu Polyethylen
a) Ethylenmonomere C_2H_4
b) Ethylenradikale
c) Makromolekülketten des Polyethylens

b)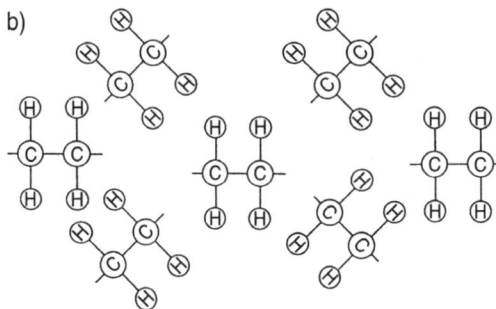

c)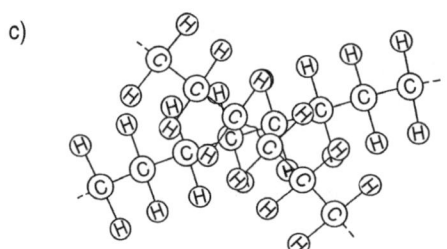

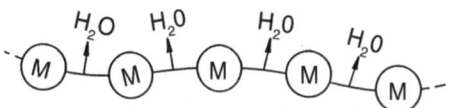

Bild 2.1.11 Vereinfachte Darstellung eines Polykondensats
M kennzeichnet die Molekülanteile der Kette

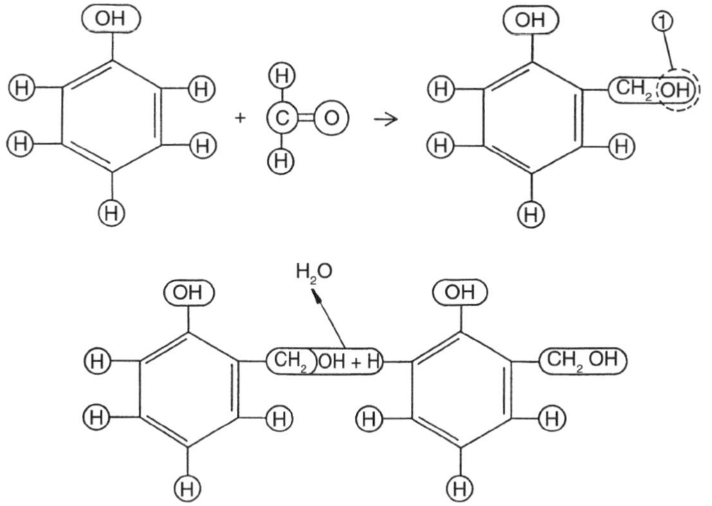

Bild 2.1.12 Polykondensation von Phenol mit Formaldehyd zu Phenolharz
Ein Phenolmolekül C_6H_5OH verbindet sich mit einem Formaldehydmolekül HCHO zu Phenylalkohol. Dabei entsteht eine OH-Gruppe (1). Das Phenolmolekül ist als Ringmolekül dargestellt. Die Kohlenstoffatome sind ringförmig auf den Ecken des Sechseckes angeordnet, aber nicht mitgezeichnet. Die entstandene OH-Gruppe des Phenylalkohols reagiert während der Polykondensation mit einem H-Atom des Nachbarmoleküls, wodurch an jedem Phenylalkohol-Molekül Bindungen frei werden. Die Moleküle können sich so zu Ketten aneinanderreihen und praktisch beliebig lang werden. Es ist Phenolharz entstanden.

Eine vielfach benutzte Unterteilung der Kunststoffe in Thermoplaste, Duromere und Elastomere soll im Folgenden mit den Kenntnissen der Entstehungsarten verknüpft und zu einer Gesamtübersicht zusammengefaßt werden.

Thermoplaste (thermos = griech.: Wärme)
Thermoplaste sind Kunststoffe, die bei Erwärmung ohne wesentliche chemische Veränderung plastisch umformbar sind. Sie entstehen durch Polymerisation, Polykondensation und Polyaddition.

Duromere und Elastomere (durus = lat.: hart; die drei Hauptgruppen polymerer Werkstoffe sind nach DIN 7724/150/R472 in Thermoplaste, Elastomere und Duroplaste geordnet. Da jedoch ein duroplastischer Kunststoff nicht plastifizierbar ist, wird der Begriff Duromere benutzt.)
Duromere sind hart, da ihre Makromolekülketten in allen Raumrichtungen eng vernetzt sind. Sie sind temperaturbeständig, nicht plastisch nachformbar, nicht schmelzbar, unlöslich und werden hauptsächlich durch Polyaddition oder Polykondensation hergestellt. Die Vernetzungen sind chemische Verbindungen, die durch die nicht abgesättigten Doppelbindungen ermöglicht werden, z.B. Aushärten von Harzen (ein noch nicht ausgehärtetes Harz nennt man Duroplast). Der Vernetzungsprozess ist nicht umkehrbar. Ein Vernetzen bei der Polymerisation ist nicht möglich, wenn nach der

a) Molekül A und Molekül B mit vorhandenen Doppelbindungen

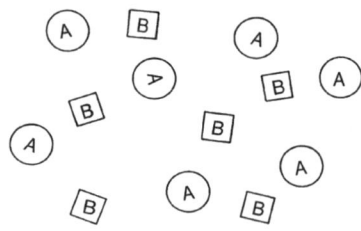

b) Aktivierte Moleküle A und B, bei denen eine Doppelbindung aufgeklappt wurde. Dies kann durch einen Katalysatorstoff erfolgen, der Prozesse anregt, aber chemisch unbeteiligt bleibt.

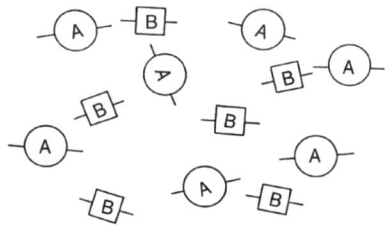

c) Chemisch zu Molekülketten verbundene Moleküle

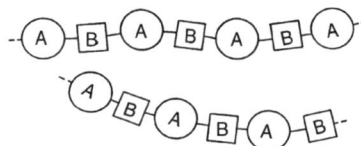

Bild 2.1.13   Polyaddition
a) Molekül A und Molekül B mit vorhandenen Doppelbindungen
b) Aktivierte Moleküle A und B, bei
denen eine Doppelbindung aufgeklappt wurde. Dies kann durch einen Katalysatorstoff erfolgen, der Prozesse anregt, aber chemisch unbeteiligt bleibt.
c) Chemisch zu Molekülketten verbundene Moleküle

a 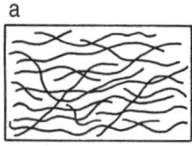 b 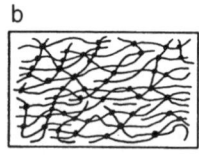 c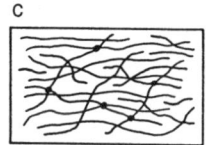

Bild 2.1.14   Makromoleküldarstellung
a) Thermoplast
b) Duromere
c) Elastomere

Polymerisation alle Doppelbindungen verbraucht sind. Weitmaschig vernetzte Kunststoffe, die Elastomere, sind dehnbar (gummielastisch) *(Bild 2.1.14)*.

94

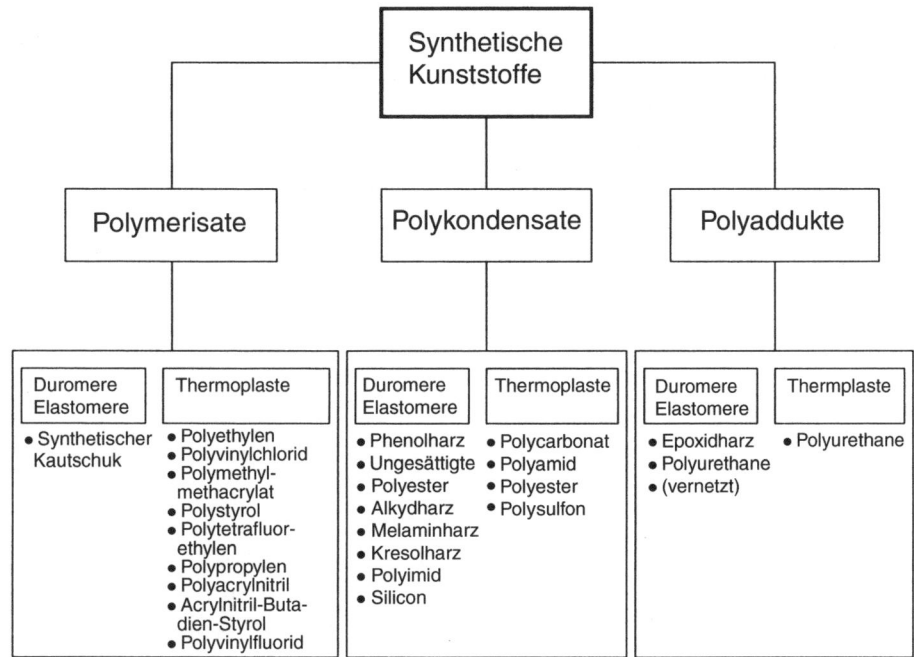

Bild 2.1.15   Übersicht der Kunststoffe
Die in der Übersicht mit • gekennzeichneten Kunststoffe sind Elastomere.

Die Vielzahl der angebotenen Kunststoffe *(Bild 2.1.15)* ist möglich, weil die Polymerchemie den spezifischen Anforderungen der Anwender gerecht werden kann. Nicht nur fertige Formteile, sondern auch die Grundbausteine, die Moleküle, lassen sich maßschneidern. Dies erfolgt durch den Zusatz spezieller Elemente und durch gezielte Beeinflussung während der Herstellung. **Schwefel** z.B. verstärkt bei einigen Kunststoffen die Vernetzungsmöglichkeit. Je mehr Schwefel beigemengt wird, desto mehr Vernetzungen sind vorhanden und umso härter wird der Werkstoff.
Veränderung des Polymerisationsgrades: Durch beschleunigte Wärmeabfuhr beginnt die Kettenbildung an vielen Punkten. Es entstehen kurze Ketten, und der entstandene Kunststoff ist relativ weich (geringer Polymerisationsgrad). Durch einen hohen Polymerisationsgrad (Verlängerung der Ketten) wird der Werkstoff spröde und hart.
Im Flugzeugbau werden hauptsächlich folgende Kunststoffe angewendet:

Epoxidharz dient als Matrix (Bettungsmasse) der Faserverbundwerkstoffe und wird in der Primär- (z.B. Seiten- und Höhenleitwerk) und Sekundärstruktur angewendet.
Phenolharz (Bakelite) dient als Ersatz für Epoxidharz zur Kabinenausstattung, um die FAR-Rauchgasvorschriften zu erfüllen.
Polyvinylchlorid (PVC) wurde in älteren Flugzeugen im Kabinenbereich verwendet. Da bei der Verbrennung giftiges Chlorgas entsteht, wurde PVC durch Polycarbonat ersetzt.

Polycarbonat (z.B. Lexan) wird zur Kabinenauskleidung benutzt.
Polyamid (aromatische Polyamide; Aramid, Kevlar) ist ein Faserwerkstoff und wird im Verbund mit Epoxidharz in der Sekundärstruktur eingesetzt.
Silikon ist überwiegend Dichtungsmittel (engl.: *sealant*).
Polymethylmethacrylat (Plexiglas) kommt als Fensterwerkstoff zur Anwendung.
Polysulfon löst Kunststoffe ab, die nicht den FAR-Rauchgasvorschriften entsprechen, z.B. Acrylnitril-Butadien-Styrol (ABS), Polyvinylchlorid (PVC) und Polyvinylfluorid (PVF, Tedlar).
Polyvinylfluorid (PVF, Tedlar) wurde im Kabinenbereich älterer Flugzeuge eingesetzt (vgl. Polysulfon). Tedlar-Folie wird als Oberflächenschutz auf Verbund- und Metallbauteilen verwendet.

ⓘ *Alle chemischen Verbindungen, die sich aus Benzolringen aufbauen, bezeichnet man als Aromaten, weil die zuerst bekannt gewordenen Produkte dieser Art einen aromatischen Geruch hatten.*

Keramiken

Keramische Stoffe besitzen hohe chemische Beständigkeit und Schmelztemperaturen bis zu 4000 °C. Diese Vorzüge beruhen auf starken Bindungen (kovalente Bindung und Ionenbindung), die die Atome auf ihren Plätzen halten *(Bild 2.1.16)*. Die Art

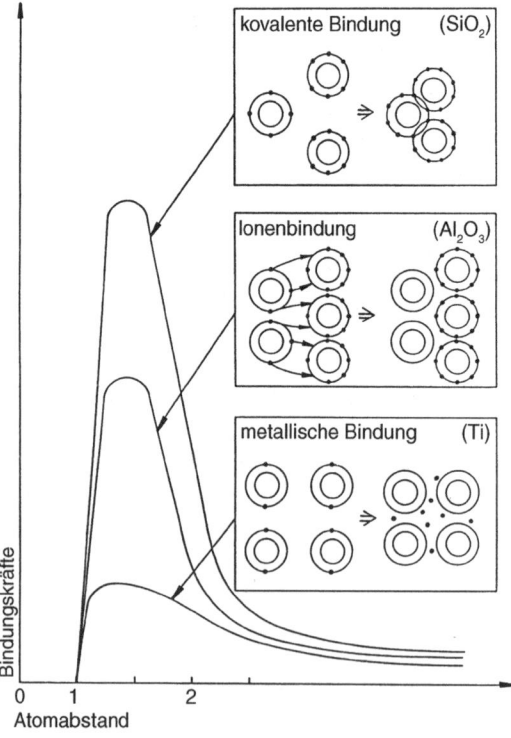

Bild 2.1.16
Zusammenhang von Bindungsart und Bindungsstärke
In Keramiken gibt es sowohl kovalente Bindungen als auch Ionenbindungen. Bei der kovalenten Bindung haben benachbarte Atome gemeinsame Elektronen. Bei der Ionenbindung werden Elektronen von einem Atom auf ein benachbartes übertragen. Das Spenderatom wird positiv, das Empfängeratom negativ geladen. Die elektrostatischen Kräfte zwischen den Atomen halten sie an ihren Orten. In dieser Darstellung sind nur die Elektronen der äußeren Schale dargestellt. Bei einem Atomabstand 1 sind die anziehenden und abstoßenden Bindungskräfte im Gleichgewicht.

dieser Bindungen hat jedoch auch einen entscheidenden Nachteil: Keramische Stoffe sind spröde. Aus diesem Grund werden sie überwiegend im Verbund mit anderen Werkstoffen eingesetzt. Bekannte Keramiken sind z.B.:

Aluminiumoxid bildet eine Korrosionsschutzschicht auf Aluminium (vgl. Plattieren) und wird zur Herstellung von Schleifmitteln sowie hochtemperaturbeständigen Werkstücken und Schneidstoffen benutzt.
Siliziumdioxid (Glas) dient als Faserwerkstoff.
Graphit (Kohle) dient als Faserwerkstoff.
Titancarbid und **Titannitrid** wird zur Beschichtung von Hartmetall-Wendeschneidplatten verwendet.
Siliziumcarbid und **Siliziumnitrid** werden in Verbrennungsmotoren, als Gasturbinen- und Brennkammerwerkstoffe erprobt; außerdem werden sie zur Herstellung von Schleifmitteln angewendet.

Verbundstoffe
Verbundstoffe sind Verbindungen von zwei oder mehr Werkstoffen mit unterschiedlichen Eigenschaften. Verbundstoffe werden dann eingesetzt, wenn die Eigenschaften der Einzelkomponenten gemeinsam erforderlich sind.
Aus der Vielzahl möglicher Werkstoffverknüpfungen (z.B. Bimetall, Gürtelreifen) sind für den Flugzeugbau Sandwichbauteile, Plattierungen, Faserverbundwerkstoffe, Hybridverbundwerkstoffe und Sinterwerkstoffe besonders hervorzuheben.

Sandwichbauteile
Ein Sandwichbauteil setzt sich aus mehreren fest miteinander verbundenen Schichten zusammen. Die Häute (Deckbleche oder Beplankung) sind aus Metall, faserverstärktem Kunststoff oder Hartpapier. Der Kern eines Sandwichbauteiles nimmt Querkräfte auf und verbindet die Deckbleche schubsteif miteinander. Als Kernwerkstoffe werden Papier,

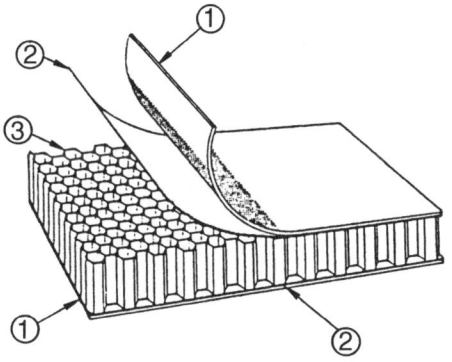
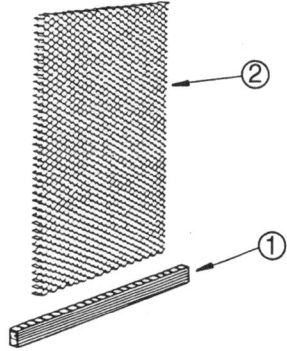

Bild 2.1.17 Sandwichbauteil
1 Deckschicht; 2 Kleber; 3 Wabenkern

Bild 2.1.18 Wabenkernherstellung
1 Scheibe eines Hobe-Blockes
2 expandierter Wabenkern

Balsaholz, faserverstärkte Kunststoffe, Kunststoffschäume, Aluminium, Stahl und Titan in Form von Platten, Profilen oder Waben verwendet *(Bild 2.1.17)*. Die Herstellung von Wabenkernen erfolgt durch streifenförmiges Zusammenkleben von Bändern der Kernwerkstoffe. Auf diese Weise erhält man den so genannten **Hobe-Block** (*Honeycomb before expansion* = Honigwaben vor dem Auseinanderziehen, der in Sondervorrichtungen zu Wabenmatten auseinandergezogen wird *(Bild 2.1.18)*. Formkerne werden z.T. schon vor dem Auseinanderziehen durch Bearbeiten des Hobe-Blockes erstellt. Bei hohen Genauigkeitsanforderungen werden die expandierten Kerne vereist oder mit Hartparaffin ausgegossen und dann mechanisch bearbeitet. Eine Bearbeitung nicht ausgegossener Kerne erfordert schnell drehende Fräsmaschinen mit scharfen Schneidwerkzeugen.

Plattierungen
Kupferlegiertes Aluminium ist wegen der erheblichen Unterschiede der Legierungsbestandteile in der elektrochemischen Spannungsreihe (vgl. Korrosion) korrosionsgefährdet. Eine solche Legierung wird deshalb oft mit einem Reinaluminiumblech, das eine korrosionsbeständige Al_2O_3-Schicht bildet, beidseitig beschichtet *(Bild 2.1.19)*. Die Dicke der Plattierschicht beträgt etwa 3% bis 5% der Gesamtblechdicke (Alclad = plattierter Werkstoff). Diese Bleche dürfen nur zweimal wärmebehandelt werden. Das Schweißen dieser Bleche ist nicht gestattet.

Faserverbundwerkstoffe
Werkstoffe, die durch eingelagerte Fasern verstärkt sind, bezeichnet man als Faserverbundwerkstoffe *(Bild 2.1.20)*. Am häufigsten werden glasfaserverstärkter Kunststoff (GFK), kohlenstofffaserverstärkter Kunststoff (CFK) und aramidfaserverstärkter Kunststoff (AFK) eingesetzt. Eine Verstärkung im Sinne besserer Eigenschaften wird dadurch erreicht, dass z.B. hochfeste Fasern den Verbundwerkstoff insgesamt verfestigen. Würde man den Faserwerkstoff für sich einsetzen wollen, dann wäre dies in Bezug auf spezielle Bauteile nicht möglich. Das Gleiche gilt für den Matrixwerkstoff (Bild 2.1.20). Für einen typischen Faserverbundwerkstoff mit Kunststoffmatrix werden die Fasern mit dem Harz (Duromere) imprägniert. Entweder geschieht dies lagenweise,

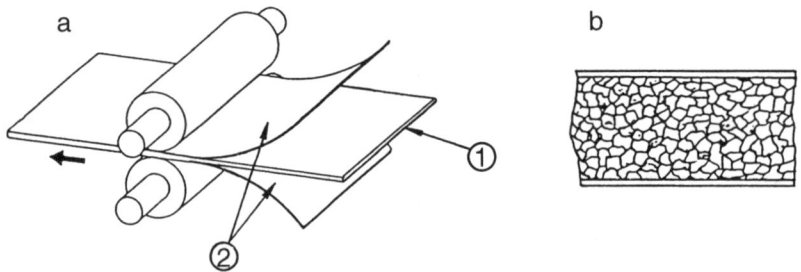

Bild 2.1.19   Plattieren von Aluminiumblech
a) Aufwalzen der Plattierschicht (2) aus Reinaluminium auf ein korrosionsgefährdetes Blech (1) einer Aluminiumlegierung
b) Gefügedarstellung eines plattierten Werkstoffes

Matrix- werkstoffe	Faser- werkstoffe	Orientierung der Fasern	
Polyester Epoxid Phenol Silikon Metall Keramik	Glas Aramid Kohlenstoff Keramik	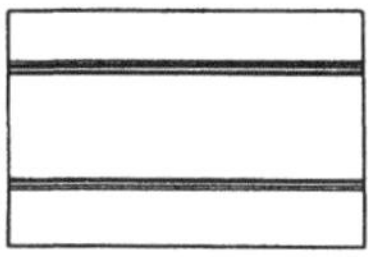 Roving (Faserbündel)	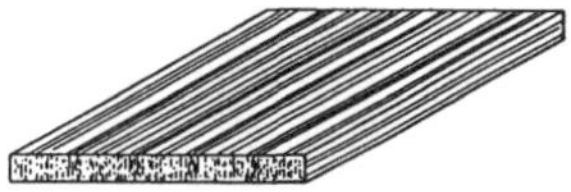 Unidirektionales Laminat
		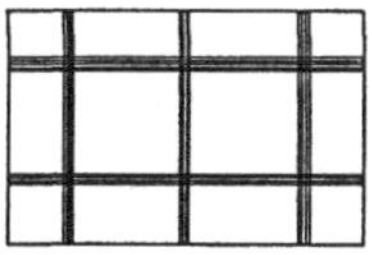 Gewebe. Prepreg (vorimprägniertes Gewebe)	 Wickellaminat
		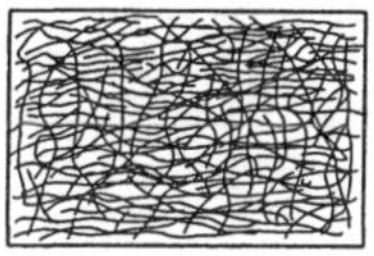 Matte	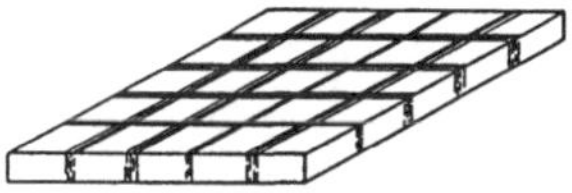 bi-/pluri-/multidirek- tionales Laminat
			pluri-/multidirektiona- les Laminat

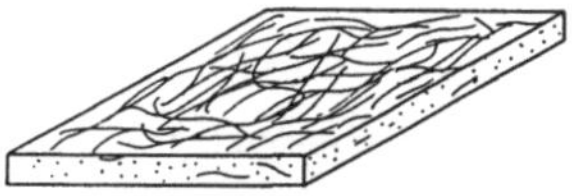

Bild 2.1.20 Übersicht verschiedener Matrix- und Faserwerkstoffe
(Matrix = Bettungsmasse)

abwechselnd Harz und Fasermatte, zu einem laminierten Verbund oder durch zugeschnittene Vorimprägnate, die bei erhöhter Temperatur und erhöhtem Druck in Formen zu Bauteilen aushärten. Die Qualität von Laminaten (= Schichtstoff) ist demzufolge nicht nur von der Qualität der Werkstoffe, sondern in erster Linie vom Können des Herstellers abhängig. Gekühlte Vorimprägnate sind über längere Zeit lagerungsfähig. Weitere Möglichkeiten der Herstellung von Faserverbundwerkstoffen erfolgen durch so genannte Nasstechnologien (vgl. in Abschnitt 2.5.4 «RTM- und RFI-Verfahren»).

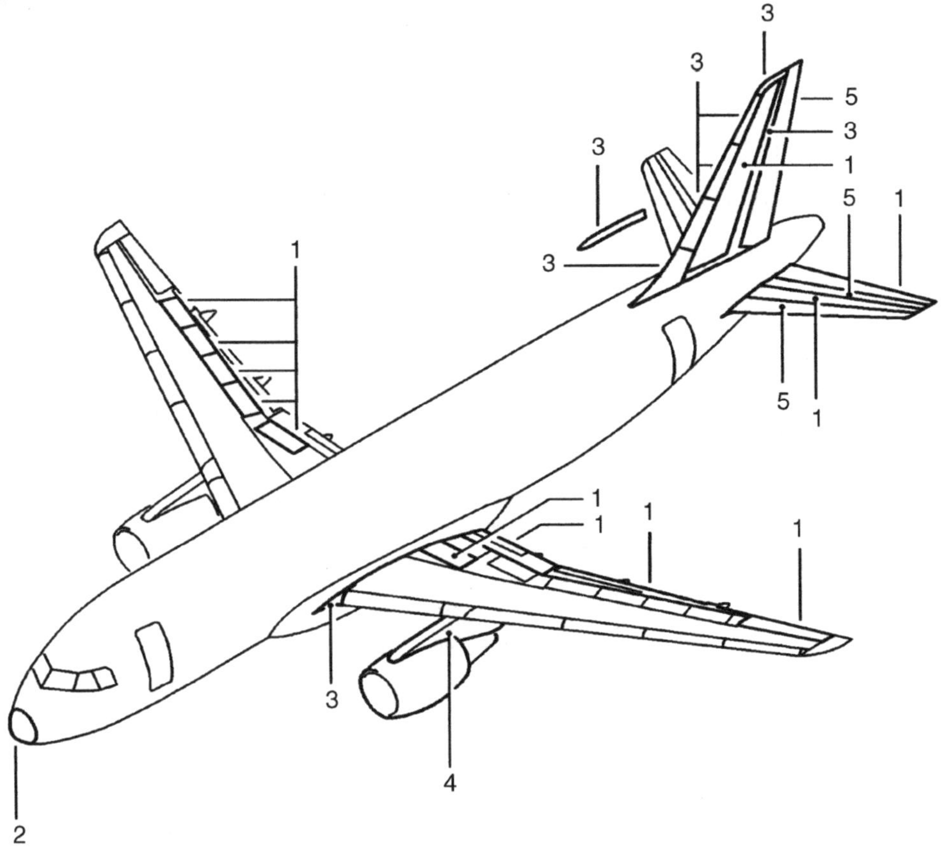

Bild 2.1.21   Beispiele der im Airbus A 320 verwendeten Faserverbundwerkstoffe
1   CFK (CFRP Composites = carbon fibre reinforced plastics); (composites = Verbund)
2   AFK (AFRP Composites = aramid fibre reinforced plastics)
3   GFK (GFRP Composites = glas fibre reinforced plastics)
4   Hybridverbundwerkstoff CFK und AFK
5   Hybridverbundwerkstoff CFK und GFK

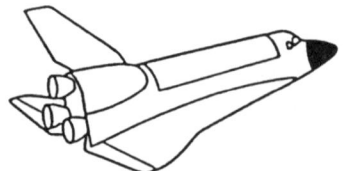

Der Werkstoff kohlenstofffaserverstärker Kohlenstoff wird, um Oxidation zu vermeiden, mit Siliziumcarbid überzogen.

Bild 2.1.22   Bugspitze eines Space Shuttle aus CFC

Hierbei werden trockene Faserhalbzeuge mit Matrixharz injiziert. Durch eine mögliche unterschiedliche Orientierung der Fasern werden die Eigenschaften stark beeinflussbar. Die Nutzung der Anisotropie (im Sinne von ungleichen Werkstoff-Richtungen) erfordert deshalb eine der Beanspruchung entsprechende Anordnung der Fasern im Bauteil.

Temperaturen, bei denen sich Kunststoffe zersetzen, erfordern einen anderen Werkstoff als Matrix. Ein mit Kohlenstofffasern verstärkter Kohlenstoffverbund bleibt bis zu 2500 °C noch weitgehend fest. Dieser Verbundstoff wird z.B. für die Nasen von Raumfähren *(Bild 2.1.22)* oder als Formwerkzeug für Umformverfahren bei hohen Temperaturen (superplastisches Formen von Titan) eingesetzt. Um CFC herzustellen, werden Kohlenstofffasern mit Phenolharz imprägniert und in inerter Atmosphäre aufgeheizt. Dadurch pyrolisiert (Pyrolyse = Kohlungsprozess) Phenolharz, so dass ein Rückstand aus Kohlenstoff verbleibt.

In der Erprobung befinden sich Faserverbundwerkstoffe mit Metallmatrix (z.B. Aluminiumoxidfasern in Aluminium) und Keramikmatrix. Wegen ihrer Sprödigkeit verhalten sich keramische Werkstoffe anders als andere Matrixwerkstoffe. Im Faserverbund sorgen die Fasern weitgehend für die Festigkeit und die Matrix für die Dehnbarkeit. Dagegen ist eine Matrix aus Keramik bereits selbst fest. Hier werden die Fasern deshalb für die Dehnbarkeit eingesetzt.

Hybridverbundwerkstoffe

Der Begriff Hybridverbundwerkstoff (*hybrid* = lat.: gemischt) findet bei der Verbindung verschiedener Verbundstoffe oder bei der Verbindung von Verbundstoffen mit anderen Komponenten (Metall, Nichtmetall) Verwendung.

Ein Grund z.B. für Kombinationen von Kohlenstoff- und Glasfaserlaminaten ist das inerte Verhalten der Kohlenstofffaser gegenüber der Matrix (Wasseraufnahme). Durch Glasfaserlaminate als Deckschichten ist dieser Nachteil aufzuheben *(Bild 2.1.23)*.

Eine Verbindung von AFK und Aluminium ist der Hybridverbundwerkstoff ARALL (**A**ramid **R**einforced **Al**uminium **L**aminates). Dieser Werkstoff besteht aus dünnen, etwa 0,3 mm bis 0,5 mm dicken Aluminiumblechen, die in den Aramidfasern eingebettet mit einem Metallkleber flächig verbunden sind.

Mit dem Bau der A 380 ist ein Hybridverbundwerkstoff zum Einsatz gekommen, der unter dem registrierten Markennamen GLARE® (**gla**ssfiber **re**inforced = glasfaserverstärkt) an der TU Delft speziell für den Flugzeugbau entwickelt wurde. Dieser Werkstoff besteht aus dünn gewalzten Aluminiumlagen, die abwechselnd mit GFK verklebt sind *(Bild 2.1.24)*. Unterschiedliche GLARE®-Sorten entstehen durch die Variation von Anzahl und Dicke der Aluminiumlagen sowie der unterschiedlichen Ausrichtung und Dicke der GFK-Laminate. Für die Herstellung von GLARE® verwendet man

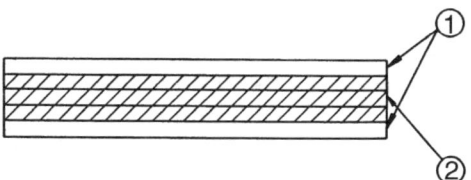

Bild 2.1.23
Hybridverbundwerkstoff
1 GFK-Laminate; 2 CFK-Laminate
Hybridverbundwerkstoffe werden auch als Schichtwerkstoffe für Wabenkerne verwendet.

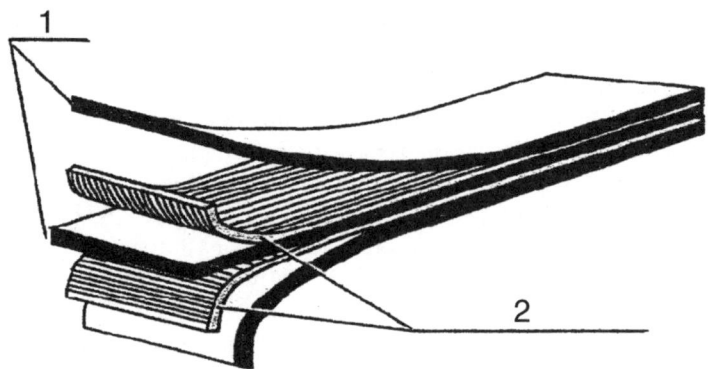

Bild 2.1.24 Aufbau des Hybridverbundwerkstoffes GLARE®
1 Aluminiumlegierung AlCuMg2; 2 GFK glasfaserverstärkter Kunststoff mit dem Matrixwerkstoff Epoxidharz

AlCuMg2 (beim GLARE®-Typ 1 verwendet man eine AlZn-Legierung; vgl. Abschnitt 2.2) mit Materialstärken von 0,2 bis 0,5 mm und glasfaserverstärkten Prepregs mit einer Dicke von 0,125 mm.

Der Werkstoff zeichnet sich vor allem durch hervorragende Ermüdungseigenschaften aus. Der Grund dafür liegt in der Überbrückung von Spannungen durch die verstärkenden Glasfasern, die bei einer Bildung von Ermüdungsrissen im Aluminium die auftretende Spannungsüberhöhung begrenzen. Weitere Vorteile gegenüber Aluminiumblechen sind geringere Korrosion (Korrosion dringt nur bis zur GFK-Schicht durch) und geringerer Durchbrand bei Blitzschlag (GFK-Schicht hemmt die Durchbrandgefahr).

Sinterwerkstoffe
Sinterwerkstoffe werden im festen Zustand durch Pulvermetallurgie hergestellt. Die Verfahrensschritte der Pulvermetallurgie sind:

❏ Pulverherstellung,
❏ Pressen,
❏ Sintern,
❏ gegebenenfalls Nachpressen.

Die Pulverherstellung erfolgt überwiegend durch mechanische Zerkleinerung oder durch schnelles Erstarren von Tröpfchen einer Schmelze (*Bild 2.1.25*). Das Pulver wird danach durch äußeren Druck in eine Pressform gepresst. Das sich anschließende Sintern ist eine Wärmebehandlung des Pressteiles bei Temperaturen unterhalb des Schmelzpunktes. Die Verbindung der Pulverteilchen erfolgt durch Diffusion. Ein Nachpressen wird gegebenenfalls für Werkstücke, die eine höhere Maßgenauigkeit und Oberflächengüte erfordern, durchgeführt.

Die Pulvermetallurgie hat sich aufgrund folgender Erkenntnisse durchgesetzt. Je feinkörniger ein Gefüge und je größer die Menge an Legierungszusätzen ist, umso

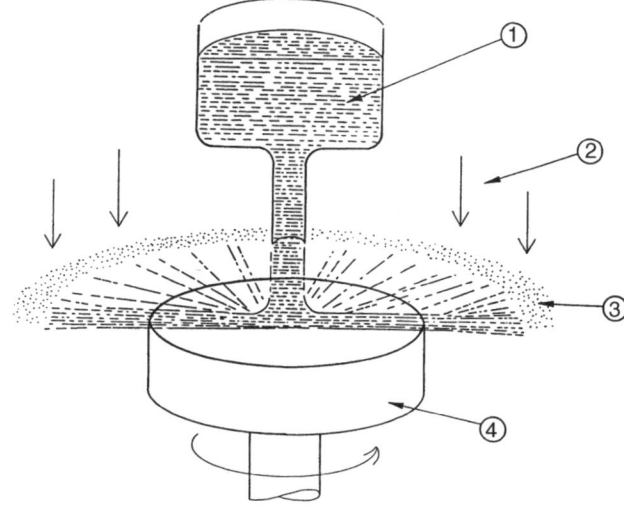

Bild 2.1.25
Zentrifugalzerstäubung zur Pulverherstellung
1 Schmelze
2 Kühlgas
3 Feinstpulver
4 rotierende Zerstäuberscheibe

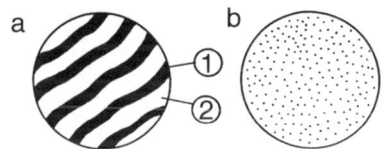

Bild 2.1.26
Gefügedarstellung verschiedener Phasen
a) Dieses Gefüge stellt eine Verbindung aus einer intermetallischen Phase (Anteil) mit Metallkristallen dar. Ein solches Gefüge entsteht bei langsamer Abkühlung von Stahl mit 0,8% Kohlenstoffanteil. Da Kohlenstoff im Metallgitter nicht aufgenommen wird, bildet er mit Eisen die intermetallische Phase Fe_3C (1), die im Eisen (2) schichtweise angeordnet ist.
b) Feinverteilte intermetallische Phase in einem Sinterwerkstoff

fester ist ein Werkstoff. Anders ausgedrückt: Hochfeste Werkstoffe sind hochlegiert und haben ein feinkörniges Gefüge. Diese vereinfacht ausgedrückte Regel stößt bei der Entwicklung hochfester Werkstoffe auf Grenzen, weil die Aufnahmefähigkeit der Metalle für Legierungsbestandteile begrenzt ist. Wird eine solche Grenze überschritten, bilden sich neben Metallkristalliten so genannte intermetallische Phasen *(Bild 2.1.26)*. Diese verspröden den Werkstoff z.T. so stark, dass ein Umformen nicht mehr möglich ist. Die Größe der Phasen hängt aber in erster Linie von der Erstarrungstemperatur ab. Je rascher die Erstarrung, desto feiner und gleichmäßiger das Gefüge.

Wird nun eine Schmelze zu Feinstpulver ($d \approx 50$ µm) zerstäubt, dann erfolgt die Erstarrung so schnell, dass die intermetallischen Phasen fein und gleichmäßig verteilt kaum mehr versprödend wirken. Durch Pressen und Sintern dieser Pulver werden somit Werkstoffe hoher Festigkeit und Zähigkeit erzeugt. Darüber hinaus ist es möglich, Werkstoffkomponenten zu verbinden, die in Schmelzen nicht mischbar sind. Die Pulvermetallurgie wird sowohl für Metalle als auch für Keramiken und Cermets (**ce**ramic + **met**al) verwendet.

Einige Beispiele

❑ Pulvermetallurgische Aluminiumlegierungen
Diese Legierungen bestehen z.B. aus Al, Mg, Co, Zn sowie Cu und werden für Fahrwerksteile (Stützstreben) der Boeing B 757 eingesetzt.
❑ Hartmetallschneidstoffe
Hartmetalle sind Sinterwerkstoffe, die aus Hartstoffen und Bindemitteln bestehen. Hartstoffe wie z.B. Wolfram- oder Titancarbide sorgen für die hohe Härte, Cobalt oder Nickel als Bindemittel für die Zähigkeit.

Schneidkeramik
Schneidkeramiken sind Sinterhartkeramiken, die aus Aluminiumoxid und z.B. Chromoxid oder Titancarbid bestehen.

✎ Übung

1. Wodurch unterscheiden sich Metalle von Nichtmetallen?
2. Erklären Sie den Begriff *Metallbindung*.
3. Erklären Sie den Unterschied zwischen *Haltepunkt* und *Haltebereich*.
4. Welcher Gitteraufbau kann bei der Erstarrung von Legierungen entstehen?
5. Beschreiben Sie das Abkühlungsverhalten einer Al-Cu-Legierung mit ca. 2% Cu.
6. Erklären Sie die Herstellung von Kunststoffen.
7. Nennen Sie fünf Kunststoffe und geben Sie an, nach welcher Herstellungsart sie erzeugt werden, in welche Eigenschaftsgruppe sie einzuordnen sind und wo sie eingesetzt werden.
8. Erklären Sie den Begriff *Hobe-Block*.
9. Nennen Sie je drei Anwendungsbeispiele für CFK, AFK, GFK und Hybridverbundwerkstoffe.
10. Welche Vorteile bietet die Pulvermetallurgie im Vergleich zur Legierungsmetallurgie?

2.2 Werkstoffnormung

Die Kennzeichnung der im Flugzeugbau verwendeten Werkstoffe erfolgt nach unterschiedlichen Normsystemen:

❑ Kurzzeichen der Nichteisenmetalle nach DIN EN,
❑ Werkstoffnummern nach DIN EN,
❑ Bezeichnung der Stahlsorten nach DIN EN,
❑ System der American Aluminium Association (AAA),
❑ American Iron and Steel Institute (AISI),
❑ Society of Automotive Engineers (SAE),
❑ Aerospace Material Specification (AMS)
(Die AMS-Bezeichnungen geben keine Auskunft über die Werkstoffzusammensetzung. Da jedoch sehr viele Werkstoffe erfasst sind, werden sie oft als Ordnungssystem verwendet.),
❑ Association Française de Normalisation (AFNOR-Air),
❑ British Standards (BS),
❑ GLARE®-Kennzeichnung.

Neben den Werkstoffnormbezeichnungen findet man eine Reihe von Bezeichnungen, die vom Werkstoffhersteller festgelegt worden sind (vgl. Werkstoffübersicht). Im Folgenden werden einige Normsysteme vorgestellt *(Bilder 2.2.1, 2.2.2 und 2.2.3).*

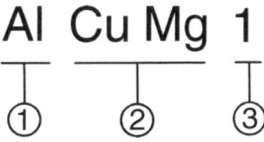

Bild 2.2.1   Kurzzeichen der Nichteisenmetalle nach DIN EN
Die Kurzzeichen werden aus den international einheitlichen chemischen Symbolen gebildet:

Ag – Silber (Argentum)	Al – Aluminium	B – Bor
Be – Beryllium	Bi – Wismut (Bismutum)	Cr – Chrom
Cu – Kupfer (Cuprum)	Fe – Eisen (Ferrum)	Mg – Magnesium
Mn – Mangan	Ni – Nickel	Pb – Blei (Plumbum)
Si – Silizium	Sn – Zinn (Stannum)	Ti – Titan
V – Vanadium	Zn – Zink	Zr – Zirkon

1 **Grundstoff**: Aluminium; 2 **Legierungszusätze**: Kupfer und Magnesium; 3 **prozentuale Anteile** des Legierungselementes, das direkt vor der Zahl steht: 1% Mg; der Cu-Anteil ist aus diesem Kurzzeichen nicht zu ersehen.
In den Kurzzeichen werden Gusszustand oder Verwendung durch vorgesetzte Buchstaben gekennzeichnet; z.B.: G – Guss, GD – Druckguss, GK – Kokillenguss, L – Lot, Lg – Lagermetall (G-AlSi 12). Knetlegierungen werden nicht gekennzeichnet. Kennzeichen für den Behandlungszustand oder die Oberflächenbeschaffenheit werden angehängt; z.B.: ka – kaltausgehärtet, wa – warmausgehärtet, pl – plattiert, wh – gewalzt, zh – gezogen (G-AlSi 12 ka).

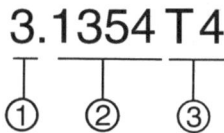

Bild 2.2.2   Aufbau der Werkstoffnummern für Leichtmetalle
1 **Werkstoffhauptgruppe**: 0 – Roheisen und Ferrolegierungen; 1 – Stahl; 2 – Nichteisenschwermetalle; 3 – *Leichtmetalle*; 4 – Sinterwerkstoffe; 5 – Kunststoffe, Gummi, Anstriche; 6 – Holz, Papier; 7 – Spezialwerkstoffe; 8 – Glas, Glasseidengewebe; 9 – frei für interne Benutzung.
2 **Sortennummer**: Die 1. Stelle der Sortennummer kennzeichnet von *0 bis 4 Reinaluminium und Aluminiumlegierungen*; mit 5 und 6 Magnesiumwerkstoffe; mit 7 Titanwerkstoffe (.70 Reintitan, .71 Titanlegierungen). Für die Aluminiumwerkstoffe haben die 1. und die 2. Stelle der Sortennummer zusätzliche Bedeutung. Die 1. Stelle kennzeichnet den mengenmäßig größten Legierungszusatz: *1 – Cu, 2 – Si, 3 – Mg, 4 – Zn, 0 – andere oder keiner* (.00 bis .04 Reinaluminium). Die 2. Stelle gibt den nächstgrößeren Zusatz an. Es gilt der gleiche Schlüssel wie bei der 1. Stelle, ergänzt durch: 5 – Mn, Cr; 6 – Pb, Bi, Sn; 7 – Ni; 8 – Ti, B, Be, Zr; 9 – Fe und 0 – Sonstige.
Die 3. Stelle der Sortennummer gibt mit zunehmender Höhe etwa im Sinne von Prozentzahlen die Legierungszusätze des mengenmäßig größten Legierungselements an. Ausnahme: Die 5 beim Werkstoff 3.1354 und die 6 beim Werkstoff 3.4364 stehen für *unplattiert*. Die 6 beim Werkstoff 3.1364 und die 7 beim Werkstoff 3.4374 stehen für plattiert. Die 4. Stelle der Sortennummer ist für *Luftfahrtwerkstoffe*, die von der Luftfahrtindustrie ausgewählt und vom Luftfahrtbundesamt zugelassen sind, immer mit einer 4 belegt. Für jeden Luftfahrtwerkstoff gibt es ein so genanntes Werkstoffleistungsblatt, das außer der Zusammensetzung auch Angaben über die Eigenschaften des Werkstoffes enthält und einen geeigneten Auswahlwerkstoff eines anderen Normensystems benennt.
3 **Behandlungszustand**: vgl. in Abschnitten 2.5.1 und 2.5.2 «Wärmebehandlung der Al- bzw. Ti-Legierungen»

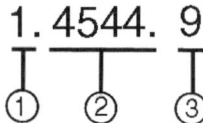

Bild 2.2.3 Aufbau der Werkstoffnummern für Stähle
1 **Werkstoffhauptgruppe**
2 **Sortennummer:** Die ersten beiden Stellen geben eine bestimmte Sortenklasse an. Einige Beispiele: 00–09 Massen- und Qualitätsstähle, 10–18 unlegierte Edelstähle, 20–28 Werkzeugstähle, 32–33 Schnellarbeitsstähle, 40–45 *nicht rostende Stähle*, 47–48 hitzebeständige Stähle, 49 Hochtemperaturstähle, 66 + 77 niedrig legierte Vergütungsstähle. Die 3. Stelle ist eine Zählnummer, und die 4 an der 4. Stelle der Sortennummer steht für einen *Luftfahrtwerkstoff*.
3 Behandlungszustand: 0 keine oder beliebige Behandlung, 1 normalgeglüht, 2 weichgeglüht, 3 behandelt auf gute Zerspanbarkeit, 4–6 vergütet, 7–8 kaltverformt, 9 sonderbehandelt
Nach dem Punkt und vor der Ziffer für den Behandlungszustand steht im Bedarfsfall eine Ziffer, die das Gewinnungsverfahren angibt.

Bezeichnung der Stahlsorten nach DIN EN
Bei der Bezeichnung der Stähle unterscheidet man 2 Hauptgruppen. Die Hauptgruppe 1 gibt Hinweise für die Verwendung und die Eigenschaften von Stählen. Die Hauptgruppe 2 gibt Hinweise auf die chemische Zusammensetzung.

Bezeichnungsbeispiele der Hauptgruppe 1

E360C   S295JRN

Der grundsätzliche Aufbau erfolgt in Hauptsymbole und Zusatzsymbole (Gruppe 1 und 2).

Kennbuchstaben für Hauptsymbole sind u.a.

B Betonstahl   E Maschinenbaustahl
L Stähle für Leitungsrohre   P Stähle für Druckbehälter
S Stähle für Stahlbau   Y Spannstähle

Nach den Kennbuchstaben für die Hauptsymbole erfolgt die Angabe der Streckgrenze R_e in N/mm^2.

Zusatzsymbole der Gruppe 1 sind u.a. (wiederholen sich teilweise in Gruppe 2):
JR Kerbschlagarbeit 27J (Prüftemperatur 20 °C)   N Normalgeglüht
KR Kerbschlagarbeit 40J (Prüftemperatur 20 °C)   Q Vergütet
JO Kerbschlagarbeit 27J (Prüftemperatur 0 °C)

Zusatzsymbole der Gruppe 2 sind u.a.:
C mit besonderer Kaltumformbarkeit
N Normalgeglüht
H Hohlprofile
Q Vergütet

Beispiel E360C: Maschinenbaustahl, R_e = 360 N/mm², mit besonderer Kaltumformbarkeit.
Beispiel S295JRN: Stahl für den Stahlbau, R_e = 295 N/mm², mit einer Kerbschlagarbeit von 27J, normalgeglüht.

Bezeichnungsbeispiele der Hauptgruppe 2

C35E   25CrMo5-6   X10CrNi18-8

Bei der Hauptgruppe 2 unterscheidet man 3 Untergruppen:

- unlegierte Stähle mit einem mittleren Mn-Gehalt <1% (Beispiel C35E),
- legierte Stähle mit weniger als 5% Legierungsanteilen (Beispiel 25CrMo5-6),
- legierte Stähle mit mehr als 5% Legierungsanteilen (Beispiel X10CrNi18-8).

Unlegierte Stähle der Hauptgruppe 2 werden mit dem Kennbuchstaben C für Kohlenstoff, die dem 100-fachen Gehalt des Kohlenstoffes entspricht, und einem Zusatzsymbol gekennzeichnet.
Zusatzsymbole sind u.a.:

E max. vorgeschriebener S-Gehalt
S für Federn
U für Werkzeuge
W für Schweißdraht

Beispiel C35E: unlegierter Stahl mit einem mittleren Mn-Gehalt <1%, 0,35% Kohlenstoff und einem max. vorgeschriebenen S-Gehalt.
Beispiel 25CrMo5-6 (*Bild 2.2.4*).
Beispiel X10CrNi18-8 (*Bild 2.2.5*).

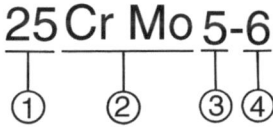

Bild 2.2.4   Werkstoffbezeichnung für niedrig legierte Stähle
1 **Kohlenstoffanteil**: Die Kennzahl dividiert durch 100 ergibt 0,25% C; 2 **Legierungszusätze**: Chrom und Molybdän; 3 **Angabe über den Prozentgehalt** des zuerst aufgeführten Legierungselementes. Diese Kennzahl muss durch einen Multiplikator dividiert werden, um den Gehalt des Legierungselementes zu bestimmen. Im Beispiel: (5/4)% Cr; 4 **Angabe über den Prozentgehalt** des zweiten Legierungselementes (wird nicht immer aufgeführt). Im Beispiel: (6/10)% Mo. *Multiplikatoren*: 4 (Cr, Co, Mn, Ni, Si, W), 10 (Al, Be, Pb, B, Cu, Mo, Nb, Ta, Ti, V, Zr), 100 (C, P, S, N)

X10 CrNi18-8

Bild 2.2.5   Werkstoffbezeichnung für hoch legierte Stähle
Hoch legierte Stähle erhalten am Anfang der Werkstoffbezeichnung ein X. Für alle Legierungsbestandteile werden die Prozentgehalte ohne Umrechnung, mit Ausnahme des Multiplikators für Kohlenstoff, angegeben. Im Beispiel handelt es sich um einen hoch legierten Stahl mit 0,10% C, 18% Cr und 8% Ni.

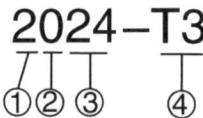

Bild 2.2.6   AAA-System, auch Alcoa-Nummer – Aluminium Company of America
1 **Hauptlegierungselement:** 1 Al 99%, 2 Cu, 3 Mn, 4 Si, 5 Mg, 6 Mg + Si, 7 Zn, 8 Sonderlegierungen
2 **Originallegierung:** Abgeleitete Legierungen erhalten laufende Nummern, z.B. 2124, 2524. Ein Vergleich der Legierung 2024 mit der neu im A 380 verwendeten Legierung 2524 macht deutlich, dass die Unterschiede z.T. sehr gering sind.
Bestandteile in Prozent sind folgende:
2024   Si <0,5, Fe <0,5, Cu 3,8 bis 4,9, Mn 0,3 bis 0,9, Mg 1,2 bis 1,8, Zn <0,25, Ti <0,15, Cr <0,05
2524   Si <0,1, Fe <0,12, Cu 3,8 bis 4,4, Mn 0,3 bis 0,6, Mg 1,2 bis 1,6, Zn <0,2, Ti <0,1, Cr <0,05
3 **Ordnungszahl:** Die Ziffern des AAA-Systems sind aus der früheren Werkstoffbezeichnung übernommen worden. Die frühere Bezeichnung des Werkstoffes 2024 war 24 S.
4 **Zustandsbezeichnung:** vgl. in Abschnitt 2.5 «Wärmebehandlung der Al-Legierungen». Vor der Werkstoffbezeichnung ist ein plattierter Werkstoff durch Alclad, Alc oder Clad gekennzeichnet.

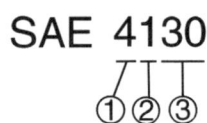

Bild 2.2.7   Werkstoffbezeichnung nach AISI und SAE
1 **Kennziffer der wichtigsten Legierungsbestandteile:**
    1 nur Kohlenstoff; 2 Ni, 3 Ni + Cr, 4 Mo, 5 Cr, 6 Cr + V, 7 W + Cr, 8 Ni + Cr + Mo, 9 Si + Mn
2 **Prozentgehalt des wichtigsten Legierungszusatzes**
3 **Kohlenstoff in** ($1/_{100}$)%. Beispiel: SAE 4130 ist ein Molybdän-Stahl mit ca. 1% Mo und 0,3% C.

GLARE®-Kennzeichnung

Die Kennzeichnung von GLARE® orientiert sich am Aufbau des Werkstoffes *(Bild 2.2.8)*.

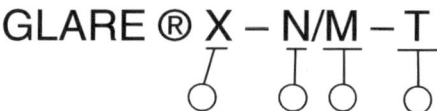

Bild 2.2.8 GLARE®-Kennzeichnung
1 X kennzeichnet den jeweiligen GLARE®-Typ/Sorte
2 N steht für die Anzahl der AlCuMg2-Bleche
3 M steht für die Anzahl GFK-Schichten
4 T steht für Dicke der AlCuMg2-Bleche

Beispiel: GLARE® 4B-4/3-0,4: GLARE®-Typ 4B; 4 AlCuMg2-Bleche, 3 Lagen GFK; 0,4 mm Blechstärke (*Tabelle 2.1*).

Tabelle 2.1   GLARE®-Kennzeichnungen

Typ	Sorte	Blechdicke (mm) und Al-Legierung	Faserorientierung zur Walzrichtung des Al-Bleches	Klebeschichtstärke des GFKs
GLARE® 1		0,3...0,4 AlZn-Leg.	0/0	0,25
GLARE® 2	2 A	0,2...0,5 AlCuMg2	0/0	0,25
GLARE® 2	2 B	0,2...0,5 AlCuMg2	90/90	0,25
GLARE® 3		0,2...0,5 AlCuMg2	0/90	0,25
GLARE® 4	4 A	0,2...0,5 AlCuMg2	0/90/0	0,375
GLARE® 4	4 B	0,2...0,5 AlCuMg2	90/0/90	0,375
GLARE® 5		0,2...0,5 AlCuMg2	0/90/90/0	0,5
GLARE® 6	6 A	0,2...0,5 AlCuMg2	+45/−45	0,25
GLARE® 6	6 B	0,2...0,5 AlCuMg2	−45/+45	0,25

○ Übung

Entschlüsseln Sie folgende Normbezeichnungen:
- AlCuMg0,5
- 3.4374T6
- 1.7734.9
- E295
- C60E
- 30CrMoV9
- X10CrNiTi18-9
- 7075T6
- AISI 4340
- GLARE® 2-6/5-0,3

2.3 Werkstoffeigenschaften

Aus der Vielzahl der verfügbaren Werkstoffe muss der für den jeweiligen Verwendungszweck geeignete Werkstoff ausgewählt werden. Es ist deshalb notwendig, die Eigenschaften der Werkstoffe zu kennen. Werkstoffeigenschaften sind Kenndaten, die einen Werkstoff charakterisieren. Sie lassen sich in physikalische, chemische und technische Eigenschaften unterteilen.

- Physikalische Eigenschaften werden immer durch eine physikalische Größe (Zahlenwert mal Einheit) ausgedrückt; z.B. beträgt die Dichte von Al 2,7 kg/dm^3.
- Chemische Eigenschaften kennzeichnen die Werkstoffe im Verhalten mit anderen Stoffen; z.B. ist Aluminiumoxid korrosionsbeständig.
- Technische Eigenschaften kennzeichnen das Verhalten der Werkstoffe während der Verarbeitung; z.B. sind Titanlegierungen schwierig umzuformen.

Je nach Verwendungszweck müssen Werkstoffe in erster Linie mechanischen Beanspruchungsarten *(Bild 2.3.1)* widerstehen. Diese Widerstandsfähigkeit wird durch mechanische Eigenschaften (Untergruppe der physikalischen Eigenschaften) ausgedrückt. Erst wenn die mechanischen Eigenschaften einem Verwendungszweck entsprechen, ist zu klären, inwieweit andere Eigenschaften, z.B. spanend bearbeitbar, korrosionsbeständig o.a. ausreichend sind.

Die mechanischen Eigenschaften ergeben sich aus der Struktur, d.h. dem inneren Aufbau der Werkstoffe. Zwei grundlegende Eigenschaften, die Elastizität und die Plastizität, beeinflussen die wesentlichen mechanischen Eigenschaften Festigkeit, Härte und Zähigkeit. Aus diesen ergeben sich spezielle, für den Flugzeugbau wichtige Eigenschaften: spezifische Zugfestigkeit, Dehngrenzenverhältnis, Dauerfestigkeit, Warmfestigkeit und Tiefziehfähigkeit *(Bild 2.3.2)*.

Bild 2.3.1 Beanspruchungsarten

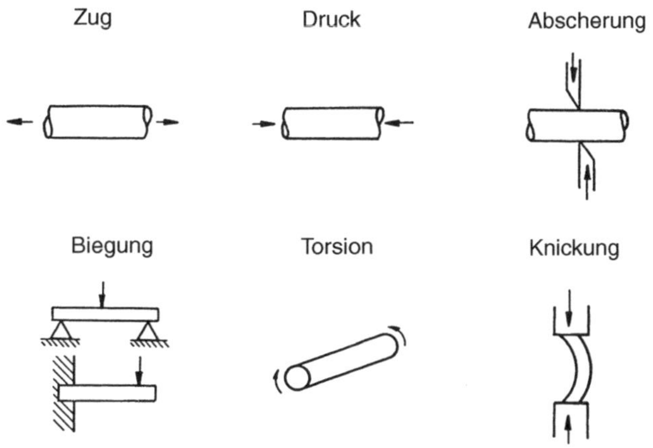

Zug Druck Abscherung

Biegung Torsion Knickung

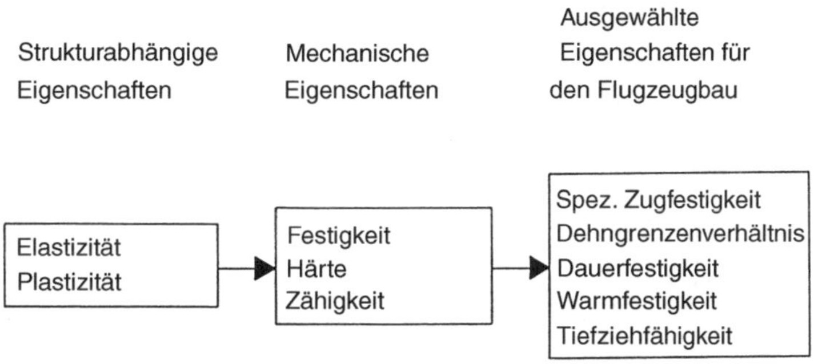

Strukturabhängige Eigenschaften	Mechanische Eigenschaften	Ausgewählte Eigenschaften für den Flugzeugbau
Elastizität Plastizität	Festigkeit Härte Zähigkeit	Spez. Zugfestigkeit Dehngrenzenverhältnis Dauerfestigkeit Warmfestigkeit Tiefziehfähigkeit

Bild 2.3.2 Übersicht der wichtigsten Werkstoffeigenschaften

2.3.1 Elastizität

Wirkt auf einen Gitterverband eine geringe äußere Kraft ein, so wird die Lage der Atome zueinander geringfügig verändert. Wenn bei Aufhebung der äußeren Belastung die Gitteratome wieder ihren alten Platz einnehmen *(Bild 2.3.3)*, nennt man das Elastizität. Der Elastizitätsmodul ist praktisch ein Maß für die Elastizität eines Werkstoffes. Dehnt man einen Werkstoffprobestab um 100% gegenüber seiner Ausgangslänge, so ist dafür eine bestimmte Kraft notwendig. Diese Kraft, bezogen auf einen mm^2,

Bild 2.3.3
Vereinfachte Darstellung der Elastizität

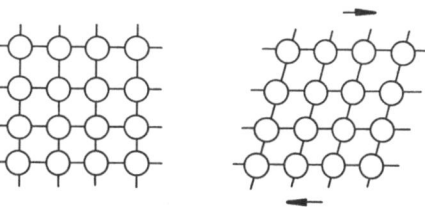

gibt den *E*-Modul an. Für Metalle erhält man sehr große Zahlen, da diese nur theoretisch um 100% elastisch dehnbar sind (vgl. Spannungs-Dehnungs-Diagramm); sie würden vorher reißen. Der E-Modul ist eine wichtige konstruktive Ausgangsgröße für leichtbauspezifische Berechnungen zu Steifigkeits- und Knickproblemen.

Einige E-Modul-Beispiele
Aluminium   70 000 N/mm^2
Titan   110 000 N/mm^2
Stahl   210 000 N/mm^2
AFK   80 000 N/mm^2
GLARE®   57 000 N/mm^2
Siliziumnitrid   310 000 N/mm^2

2.3.2 Plastizität

Wirkt auf einen Gitterverband eine starke äußere Kraft ein, so beginnen die Atomverbände auf bestimmten Gitterebenen, den Gleitebenen, abzugleiten. Wenn bei Aufhebung der äußeren Belastung eine bleibende Formung ohne Bruch aufgetreten ist, nennt man das Plastizität *(Bild 2.3.4)*. Die Plastizität eines Werkstoffes (Duktilität) ist

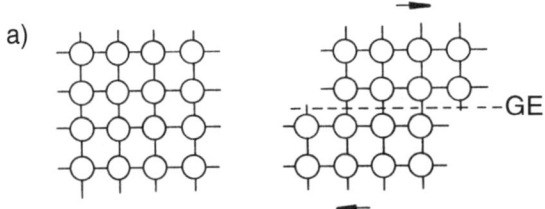

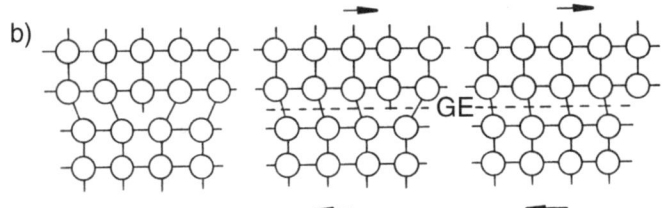

Bild 2.3.4 Vereinfachte Darstellung der Plastizität
a) Idealkristallit
Bei einem Gleitvorgang müssten gleichzeitig alle Atome einer Gleitebene (GE) verschoben werden. Solche Idealkristallite gibt es praktisch nicht. Die Kräfte zur Umformung eines Idealkristallites wären außerordentlich groß.
b) Realkristallit
Realkristallite sind Kristallite mit Gitterfehlern. Ein Gitterfehler ist in diesem Fall eine Versetzung, bei der eine Atomschicht weniger Atome hat als die benachbarte. Der Gleitvorgang erfolgt hier schrittweise und erfordert wesentlich geringere Kräfte.

von den Gleitmöglichkeiten im Gitteraufbau abhängig. Ein kfz-Gitter lässt sich in der Regel besser umformen als ein krz-Gitter und dieses wiederum besser als ein hex-Gitter. Das Umformen von Magnesium ist z.B. nur durch mehrmaliges Zwischenglühen möglich.

Bei mehrfachem plastischen Umformen stellt sich bei allen Metallen eine Verfestigung ein. Diese so genannte Kaltverfestigung lässt sich durch die Abnahme der Versetzungen erklären. Versetzungen, die ein Umformen erst ermöglichen, werden während des Umformens an den Rand des Werkstückes gedrängt und sind für weitere Umformvorgänge nicht mehr verfügbar. Das Dehngrenzenverhältnis und die Bruchdehnung sind Maße für die Umformbarkeit von Werkstoffen (vgl. Dehngrenzenverhältnis und Spannungs-Dehnungs-Diagramm). Wenn ein Werkstoff bei hohen Spannungen und/ oder bei hohen Temperaturen über längere Zeit beansprucht wird, kann es zum Kriechen des Werkstoffes kommen. Das Kriechen ist eine langsam fortschreitende plastische Umformung, die nach längerer Zeit zum Bruch führen kann.

Superplastizität
Unter Superplastizität versteht man die Fähigkeit metallischer Werkstoffe, bei Zugbeanspruchung außerordentlich hohe plastische Dehnungen zu ertragen, ohne zu brechen. Gelingt es, Legierungen so herzustellen, dass ihre Korngröße unter 5 µm liegt, dann gleiten diese bei entsprechender Temperatur und Umformgeschwindigkeit aneinander ab. Bruchdehnungen von bis zu 1000% sind möglich. Die zur superplastischen Formung benötigten Spannungen sind dabei deutlich niedriger als bei der normalen Umformung. TiAl6V4 verhält sich bei 925 °C, einem Gasdruck von 3 bis 4 bar und einer Umformgeschwindigkeit von 1% je Minute superplastisch. Superplastisch umgeformt sind z.B. die Einbuchtungen im Kraftstoffbehälter der A 310, die Platz für Steuerzylinder schaffen.

2.3.3 Festigkeit

Als Festigkeit eines Werkstoffes bezeichnet man dessen Widerstand gegen Umformung durch äußere Krafteinwirkung. Je nach Belastungsart nennt man ihn z.B.:

❑ Zugfestigkeit bei Zugbeanspruchung,
❑ Druckfestigkeit bei Druckbeanspruchung,
❑ Scherfestigkeit bei Scherbeanspruchung,
❑ Biegefestigkeit bei Biegebeanspruchung.

Die Zugfestigkeit ist der wichtigste Widerstandswert zur Beurteilung von Werkstoffen. Sie wird im Zugversuch nach DIN EN 10 002-1 ermittelt. Dabei wird ein genormter Zugstab in einer Prüfmaschine an beiden Enden eingespannt und danach gleichmäßig bis zum Bruch gedehnt *(Bild 2.3.5)*.

Während des Zugversuches wird auf einer mitlaufenden Schreibeinrichtung die Verlängerung L in Abhängigkeit zur Prüfkraft F mitgeschrieben. Durch Umrechnen

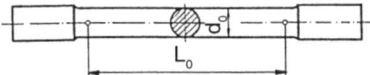

Bild 2.3.5   Genormter Zugstab
Bas Verhältnis L_o/d_o ist entweder 5 oder 10. Beim Vergleich von Bruchdehnungen ist das Verhältnis anzugeben; z.B. A_5.

der Verlängerungen in Dehnungen und der Prüfkräfte in Spannungen entsteht das Spannungs-Dehnungs-Diagramm als Ergebnis des Zugversuches *(Bild 2.3.6)*.

Spannung = Prüfkraft/Ausgangsquerschnitt $\sigma = F/S_0$ in N/mm^2
Dehnung   = Verlängerung/Ausgangslänge $\varepsilon = \Delta L \cdot 100/L_0$ in %

Aus dem Spannungs-Dehnungs-Diagramm lassen sich folgende Werkstoffkennwerte ermitteln:

❑ Zugfestigkeit: Die Zugfestigkeit R_m ergibt sich aus der größten Zugkraft F_m, bezogen auf den Ausgangsquerschnitt S_0.
   $R_m = F_m/S_0$ in N/mm^2
❑ Dehngrenze: Die Dehngrenze R_p ist die Spannung bei einer bestimmten nichtproportionalen Dehnung ε_p und kennzeichnet annähernd den Übergang vom elastischen in den plastischen Bereich. Meistens wird bei 0,2% bleibender Dehnung die Dehngrenze festgelegt und mit $R_{p0,2}$ bezeichnet. Bei $R_{p0,01}$, d.h. bei 0,01% bleibender Dehnung, spricht man von der technischen Elastizitätsgrenze.

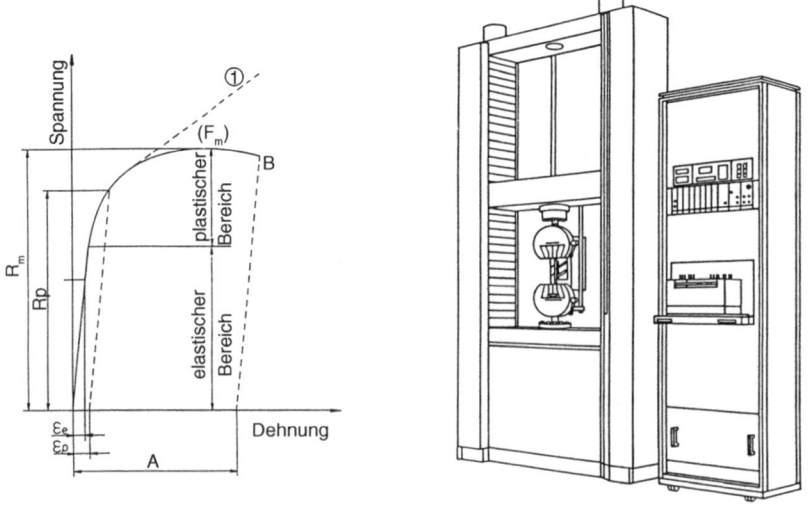

Bild 2.3.6   Spannungs-Dehnungs-Diagramm und Zugprüfmaschine
1 auf den tatsächlichen Querschnitt bezogener Spannungs-Dehnungs-Verlauf

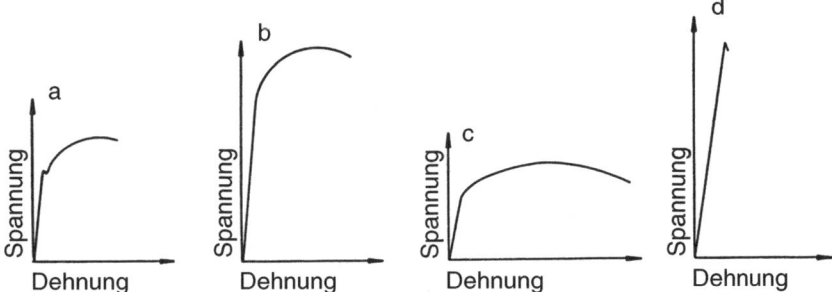

Bild 2.3.7 Spannungs-Dehnungs-Diagramme verschiedener Werkstoffe
a) Unstetiger Übergang in den plastischen Bereich (z.B. S 275). Bei einem unstetigen Übergang spricht man von der Streckgrenze und unterscheidet zwischen einer oberen Streckgrenze R_{eH} und einer unteren R_{eL}.
b) Hochfester Werkstoff (z.B. Vergütungsstahl)
c) Weicher Werkstoff (z.B. Kupfer)
d) Werkstoff, der sich nicht plastisch formen lässt (z.B. Kohlefaser)

❑ Bruchdehnung: Die Bruchdehnung A ist die auf die Ausgangslänge L_0 bezogene bleibende Längenänderung ΔL_r nach dem Bruch der Zugprobe.
$A = \Delta L_r \cdot 100/L_0$ in %
❑ Elastizitätsmodul: Im Bereich der elastischen Dehnung steigt die Spannung im gleichen Verhälnis (proportional) wie die Dehnung. Der Proportionalitätsfaktor E heißt Elastizitätsmodul *(Bild 2.3.7)*.

$$E = \frac{\sigma \cdot 100\%}{\varepsilon_e}$$

2.3.4 Härte

Als Härte bezeichnet man den Widerstand eines Werkstoffes gegen das Eindringen eines anderen Werkstoffes. Den Widerstand ermittelt man, indem man Prüfkörper in den zu prüfenden Werkstoff eindringen lässt. Die Eindringoberfläche oder die Eindringtiefe ergibt ein Maß für die Härte. Die gebräuchlichsten Härteverfahren für Metalle sind die Verfahren nach A. BRINELL (schwedischer Ingenieur), VICKERS (Prüfgerätehersteller) und S. ROCKWELL (amerikanischer Metallurg) *(Bild 2.3.8)*.

Neben den vorgenannten statischen Prüfverfahren werden auch dynamische Härteprüfungen durchgeführt. Zu den bekanntesten zählt die **Shore-Härteprüfung**. Bei der Shore-Härteprüfung fällt ein kleiner Hammer aus einer bestimmten Höhe auf den zu prüfenden Werkstoff. Die Rückprallhöhe ergibt das Maß für die Härte. Die verschiedenen Härtewerte lassen sich mit Hilfe von Umwertungstabellen bereichsweise umrechnen *(Tabelle 2.2)*.

Schema-Abbildung	Verfahren (Kurzzeichen)	Prüfkörper	Definition	Anmerkungen
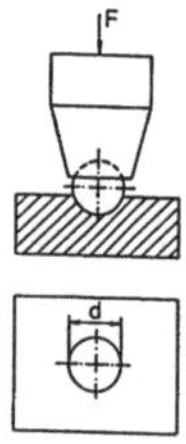	Brinell (HB)	Kugel aus gehärtetem Stahl oder Hartmetall	HB = F/A Prüfkraft ist abhängig vom Werkstoff Oberfläche des Eindruckes ist eine Kalotte z.B. : 350 HB	Geeignet bis 450 HB; bei großem Kugeldurchmesser vor allem für Werkstoffe mit uneinheitlichem Gefüge; weiche Werkstoffe
	\multicolumn{4}{l}{Die Prüfkraft wird in kp eingesetzt (F· 0,102), damit die bereits vor der Einführung des SI-Systems aufgestellten Tabellen für die Härteprüfung weiterverwendet werden können.}
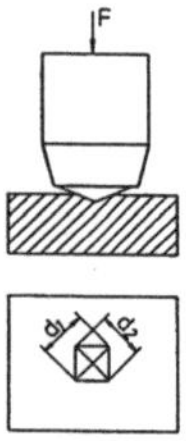	Vickers (HV)	Diamantpyramide mit 136° Öffnungswinkel	HV = F/A Prüfkraft ist werkstoffunabhängig. Oberfläche der Eindruckpyramide (z.B.: 610 HV 30) (30 s Einwirkdauer)	Kleiner Prüfkörpereindruck. Geeignet für alle Metalle. Bevorzugt für kleine und dünnwandige Werkstücke
			Die Prüfkraft wird in kp eingesetzt (vgl. Brinell-Verfahren).	
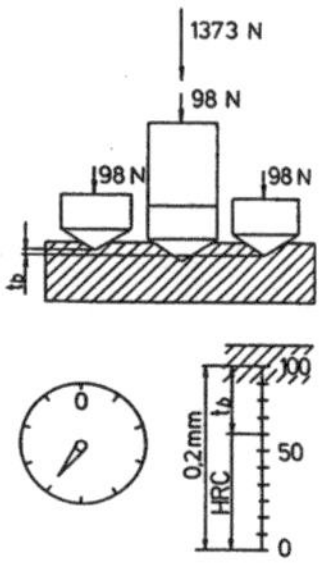	Rockwell (HRC) C = cone, engl. Kegel	Diamantkegel mit 120° Öffnungswinkel	HRC = 100 - (t_b/0,002mm) direkte Anzeige an einer Messuhr z.B.: 50 HRC	Kleiner Prüfkörpereindruck. Geeignet ab 20 HRC; harte Werkstoffe; Serienprüfung
	\multicolumn{4}{l}{Prüfverfahren erfolgt in drei Schritten automatisch durch das Prüfgerät: 1) Belastung durch Prüfvorkraft, 2) Belastung zusätzlich durch Prüfkraft, 3) Wegnahme der Prüfkraft}

Bild 2.3.8 Die Härteprüfverfahren nach BRINELL, VICKERS und ROCKWELL

2.3.5 Zähigkeit

Als Zähigkeit bezeichnet man die Eigenschaft eines Werkstoffes, nach mehrmaligem Umformen nicht zu brechen. Das Gegenteil von Zähigkeit ist **Sprödigkeit**.

Kerbschlagbiegeversuche werden nach DIN EN 10 045 für die Beurteilung der Zähigkeit auf Pendelschlagwerken *(Bild 2.3.9)* durchgeführt. Es wird dabei eine eingekerbte Probe durchbrochen. Die zur Trennung erforderliche Arbeit, bezogen auf den Sollbruchquerschnitt, ergibt ein Maß für die Werkstoffzähigkeit in J/cm^2 *(Bild 2.3.10)*.

Bei der Bezeichnung der Stahlsorten wird die Kerbschlagarbeit als Maß der Werkstoffzähigkeit (vgl. Werkstoffnormung) angegeben.

Tabelle 2.2 Umwertungstabelle für Härtewerte

HB	HV	HRC	Werkstoffe, die etwa die angegebenen Härten erreichen mit ihren R_m-Werten in N/mm²	
64	67	–	Al 99,5	110
105	110	–	G-35	350
133	140	–	AlCuMg2	440
143	150	–	S 355	420
190	200	–		
238	250	22,2	TiAl5Sn2	814
285	300	29,8		
342	360	36,6	Waspaloy	1120
361	380	38,8	Incoloy 901	1050
437	460	46,1		
–	550	52,3		
–	650	57,8	30CrNiMo8	1450
–	800	64		
–	940	68		
	1500	ca. 80	Schneidkeramik	
	10000	ca. 100	Diamant	

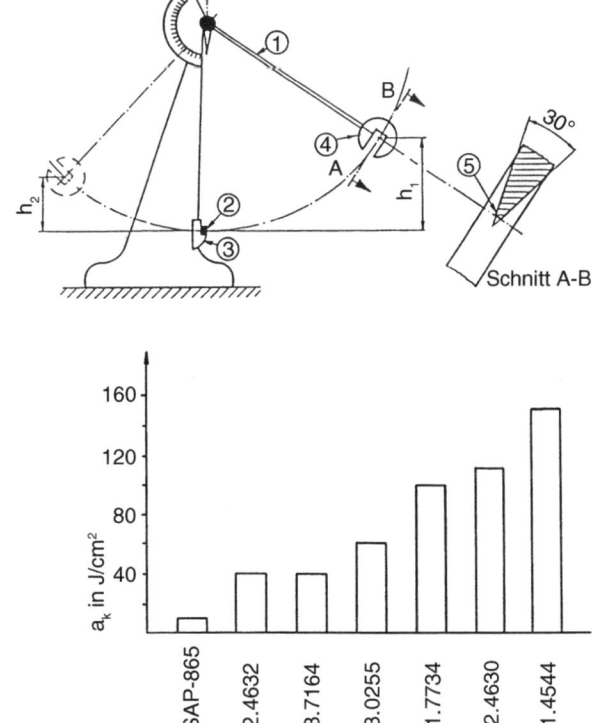

Bild 2.3.9
Pendelschlagwerk
1 Pendelstange
2 Probe
3 Probenauflage
4 Hammer
5 Schnitt des Hammers

Bild 2.3.10 Kerbschlagzähigkeiten verschiedener Flugzeugbau-Werkstoffe

117

$KV = F(h_1 - h_2)$
$a_k = KV/S$

KV Kerbschlagarbeit in J (V-Kerbe)
a_k Kerbschlagzähigkeit J/cm²
S Sollbruchquerschnitt in cm²
F Pendelhammergewichtskraft in N

2.3.6 Spezifische Zugfestigkeit

Werkstoffe für den Flugzeugbau müssen bei einer möglichst hohen Zugfestigkeit gleichzeitig leicht sein. Zur Beurteilung solcher Werkstoffe ist deshalb eine Wertung der mechanischen Eigenschaften in Bezug auf die Dichte unerlässlich.

Teilt man die Zugfestigkeit durch die Dichte und die Fallbeschleunigung, so ergibt sich die spezifische Zugfestigkeit, die auch als Reißlänge bezeichnet wird.

Reißlänge $L_R = R_m / g \cdot \rho$

Beispiel
Die Reißlänge L_R einer Titanlegierung mit einer Zugfestigkeit von 1070 N/mm² und einer Dichte von 4,54 kg/dm³ ermittelt sich zu

$L_R = 1070 \text{ N/mm}^2 / (4{,}54 \text{ kg/dm}^3 \cdot 9{,}81 \text{ m/s}^2)$
$L_R = (1070 \text{ N} \cdot \text{dm}^3 \cdot \text{s}^2) / (\text{mm}^2 \cdot 4{,}54 \text{ kg} \cdot 9{,}81 \text{ m})$
$L_R = (1070 \cdot 10^6 \text{ mm}) / (4{,}54 \cdot 9{,}81)$
$L_R = 24 \text{ km}$

Die Reißlänge ist somit die Länge, bei der ein Werkstoff aufgrund seines Eigengewichtes reißen würde.

Ähnlich wie bei der spezifischen Zugfestigkeit ist auch die Beurteilung der Dehngrenze bezogen auf die Dichte von Bedeutung. Dieser rechnerische Wert wird als **spezifische Dehngrenze** oder **Gütewert** bezeichnet.

Gütewert $L_D = R_{p0,2} / g \cdot \rho$ oder $R_{eH} / g \cdot \rho$

Der Gütewert entspricht somit der Länge, auf die sich ein Werkstoff aufgrund seines Eigengewichtes plastisch ausdehnen würde.

2.3.7 Dehngrenzenverhältnis

Die Umformbarkeit eines Werkstoffes ist abhängig vom Verhältnis der Dehngrenze zur Zugfestigkeit, das als Dehn-(Streck-)grenzenverhältnis bezeichnet wird.

Dehngrenzenverhältnis $D_v = R_{p0,2} / R_m$ oder R_{eH} / R_m

Ist das Dehngrenzenverhältnis *(Bild 2.3.11)* kleiner als 0,6, so lässt sich der Werkstoff gut umformen. Bei einem Dehngrenzenverhältnis, das größer ist als 0,6, lässt sich der Werkstoff schwer bis gar nicht umformen.

Bild 2.3.11 Dehngrenzenverhältnisse
a) Werkstoff mit geringem Dehngrenzenverhältnis
b) Werkstoff mit hohem Dehngrenzenverhältnis. Mit zunehmendem Dehngrenzenverhältnis wird der Bereich zwischen R_{p02} und R_m kleiner, so dass die Umformbarkeit schwieriger wird.

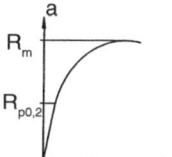

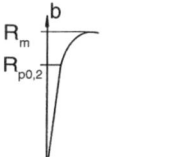

Bild 2.3.12
Wöhlerkurve
1 Zugfestigkeit
2 Zeitfestigkeit
3 Dauerfestigkeit

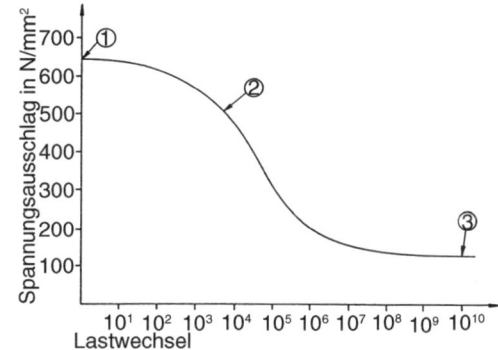

2.3.8 Dauerfestigkeit

Die aus dem Zugversuch ermittelten Werkstoffkenndaten gestatten nur Aussagen über das Verhalten der Werkstoffe bei statischen Belastungen. Da jedoch fast alle Bauteile im Betrieb wechselnden Belastungen ausgesetzt sind, untersucht man Werkstoffe im Dauerschwingversuch. Bei diesem Versuch werden werkstofftypische Lastwechsel vorgegeben. Für die Auslegung von Flugzeugbauteilen werden 10^8 Lastwechsel (Belastungsschwingungen zwischen Ober- und Unterspannung) vorgesehen. Als Ergebnis erhält man eine so genannte **Wöhlerkurve** *(Bild 2.3.12)*. Die Wöhlerkurve ergibt zwei wesentliche Aussagen:

❑ Die **Dauerfestigkeit** gibt an, bei welcher Last das Bauteil theoretisch eine unendliche Zahl von Lastwechseln aushält. Bei Erhöhung der Last versagt dann das Bauteil.

❑ Die **Zeitfestigkeit** gibt an, bei welcher Last das Bauteil eine bestimmte Anzahl von Lastwechseln erträgt. Wird die Lastwechselzahl erhöht, dann versagt das Bauteil.

2.3.9 Warmfestigkeit

Da die Werkstoffe bei höheren Temperaturen bereits bei geringen Spannungen plastisch werden können, müssen die entsprechenden Werkstoffkennwerte auch bei verschiedenen Temperaturen beurteilt werden *(Bild 2.3.13)*.

Trägt man die Zugfestigkeit in Abhängigkeit von der Temperatur in ein Diagramm ein, erhält man so genannte Warmfestigkeitswerte; entsprechend Warmdehngrenzwerte bei Dehngrenzen in Abhängigkeit von der Temperatur *(Bild 2.3.14)*.

Für die Werkstoffauswahl sind die Warmdehngrenzwerte wichtiger als Warmfestigkeitswerte. Warmfeste Werkstoffe sind solche, die bis etwa 600 °C keinen nennenswerten Festigkeitsverlust aufweisen.

Die wichtigsten warmfesten Werkstoffe sind Cr-Ni-Stähle (1.49..), die so genannten Superlegierungen, sowie Keramiken. Die warmfesten metallischen Werkstoffe sind ausscheidungshärtende Legierungen (vgl. Wärmebehandlung der Al-Legierungen).

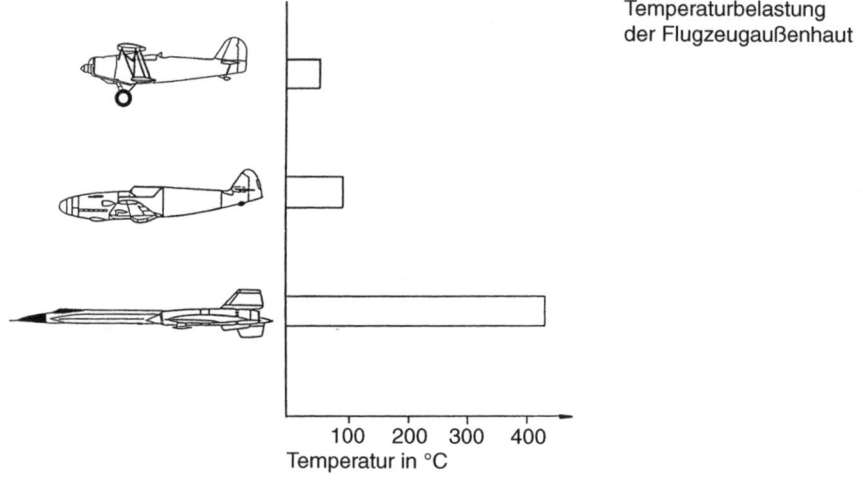

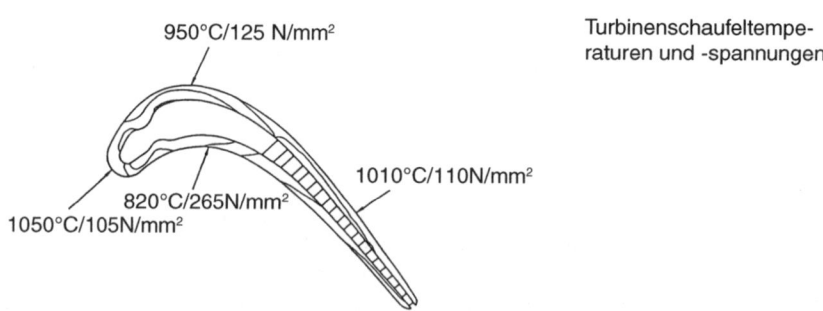

Bild 2.3.13   Beispiele für besondere Anforderungen an die Warmfestigkeit

Bild 2.3.14
Warmfestigkeiten verschiedener
Flugzeugbau-Werkstoffe

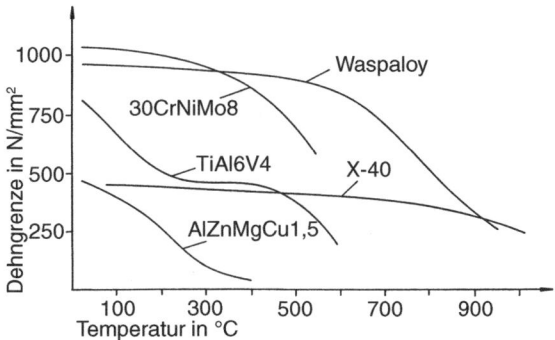

Von den Superlegierungen, die eine Weiterentwicklung der warmfesten Stähle darstellen, haben sich zwei Gruppen durchgesetzt:

❑ Nickelbasislegierungen,
❑ Kobaltbasislegierungen.

Normalerweise ist in einer Legierung die Gitterstruktur in jedem Kristallit gleich. Im Gegensatz zu solchen einphasigen Legierungen weisen feste und warmfeste Legierungen zwei oder mehr Phasen auf. Die Festigkeit von Ni-Basislegierungen beruht auf Kristalliten (1. Phase), die in einer Matrix (2. Phase) eingebettet sind. Die annähernd würfelförmigen Kristallite (Nickelaluminid) sind dank sehr starker Bindungskräfte sehr widerstandsfähig gegen Umformung und verleihen somit einer Ni-Basislegierung ihre Festigkeit *(Bild 2.3.15)*. Da die Widerstandsfähigkeit mit zunehmender Temperatur steigt, sind solche Superlegierungen *(Tabelle 2.3)* warmfest. Die hohe Widerstandsfähigkeit bedeutet aber zugleich auch eine Erhöhung der Sprödigkeit. Zwar behalten die Nickelaluminidkristallite ihre Festigkeit, der Werkstoff insgesamt bricht jedoch entlang der Korngrenzen. Durch Hinzulegieren geringer Anteile (0,05% bis 0,2%) Bor wird dieses Problem gemindert, da sich Bor an den Korngrenzen anlagert und das Abgleiten der Kristallite aneinander bewirkt, ohne zu brechen.

Ni-Basislegierungen erfüllen bis annähernd 1000 °C die an sie gestellten Anforderungen. Bei diesen und noch darüber liegenden Temperaturen werden Kobaltbasislegierungen verwendet. Diese Legierungen besitzen zwar bei Raumtemperatur nicht die Festigkeiten von Ni-Basislegierungen, erreichen jedoch sehr viel höhere Bruchdehnungswerte und behalten die Festigkeitseigenschaften bei hohen Temperaturen bei.

Bild 2.3.15
Modell der Versetzungsbewegung
in einer Ni-Basislegierung
a) Versetzung in der weicheren
Matrix
b) Versetzungsbehinderung durch
Nickelaluminidkristallite

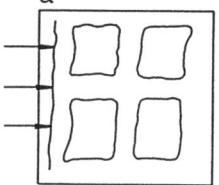
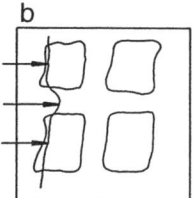

Tabelle 2.3 Superlegierungen

AMS	Zusammensetzung oder Norm	Werkstoffnummer (Herstellerangaben)	R_m in N/mm^2	$R_{po,z}$ in N/mm^2	Dehngrenzenverhältnis	Bruchdehnung in %	Verwendung
5382	54%Co;25,5%Cr; 3%Mo;5,1%Cb+Ta; 0,9%Ti;0,6%Al	(Stellite 31)	385			10	Turbine
	1,5%Co;9%Mo; 0,6%W; 18,5%Fe						Brennkammer
5540	74%Ni;15,5%Cr; 8%Fe	(Inconel 600)	560	245	0,44	30	Turbine
5597	42,5%Ni;19%Cr; 9% Mo;5%Cb+Ta; 0,9%Ti; 18%Fe;0f5%Al	(Inconel 718)	1260	1050	0,83	15	Wellen, Gehäuse, Verdichter
5599	62%Ni;21,5%Cr; 9%Mo;3,7%Cb+Ta	(Inconel 625)	840	420	0,50	30	Abgasanlage
5660	42,5%Ni;12,5%Cr; 6%Mo;2,7%Ti; 34%Fe	(Incoloy 901)	1050	712	0,68	12	Turbinengehäuse, Scheiben
5709	58%Ni;19,5%Cr; 3%Ti;13,5%Co; 4,3%Mo; 1,4%Al	(Waspaloy)	1120	770	0,68		Verdichter- und Turbinenscheiben
5772	40%Co;22%Cr; 22%Ni; 14,5%W; 0,07%La	(X-40)	875	385	0,44	45	Turbinenschaufeln
5829	NiCr20Co18Ti	2.4632 (Nimonic 90)	1100	800	0,73		Verdichter/Turbine: Scheiben, Schaufeln, Gehäuse

Diese Fähigkeit beruht auf der Verteilung schwer schmelzbarer Metallcarbide, die sich an Korngrenzen ablagern und somit den Werkstoff insgesamt bei höheren Temperaturen verfestigen. Um die Warmfestigkeit von Titan zu steigern, befinden sich Titanbasislegierungen, bestehend aus den Phasen TiAl und Ti_3Al, in der Erprobung.

2.3.10 Tiefziehfähigkeit

Die Tiefziehfähigkeit von Blechen wird durch Tiefungsversuche nach ERICHSEN, DIN 50 101 (Bild 2.3.16), ermittelt. Eine Probe wird zwischen Blechhalter und Matrize gespannt. Dann wird ein Stempel gegen die Probe gedrückt, bis ein durchgehender Riss auftritt. Die im Augenblick des Einreißens ermittelte Eindringtiefe des Stempels ist die Erichsen-Tiefung IE in mm *(Bild 2.3.17)*.

Wichtig ist bei Aluminium die Verwendung des Erichsen-Versuchs zum Nachweis der Kornausbildung am umgeformten Werkstoff: Die auf der Einbeulkuppe erscheinende Narbigkeit gestattet mit Hilfe von Richtreihen die vergleichsweise Einstufung nach Korngrößen. Zahlreiche Untersuchungen zeigten, dass die Erichsentiefung jedoch keinen eindeutigen Schluss auf die Eignung eines Werkstoffes zum Tiefziehen zulässt. Hierzu ist die Bestimmung des Tiefziehverhältnisses mit näpfchenähnlichen Prüfkörpern *(Bild 2.3.18)* geeignet. Das Tiefziehverhältnis β ist das Verhältnis vom Rondendurchmesser zum Stempeldurchmesser, der sich gerade noch ziehen lässt, ohne dass das Näpfchen reißt. Die Neigung zur Zipfelbildung ergibt sich aus der Textur (Ausrichtung des Gefüges nach der Walzrichtung) der Bleche.

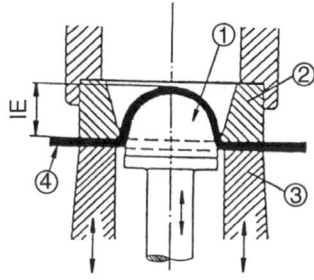

Bild 2.3.16
Tiefungsversuch nach ERICHSEN
1 Druckstempel
2 Matrize
3 Blechhalter
4 Blechprobe

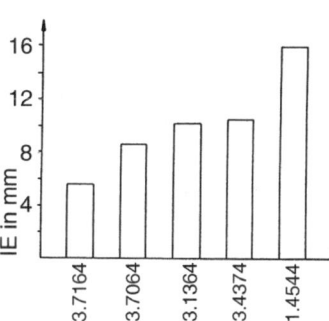

Bild 2.3.17
Erichsen-Tiefungen verschiedener Werkstoffe

 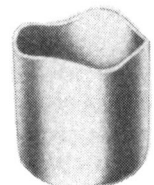

Bild 2.3.18
Erichsen-Tiefungsprobe (a) und
Tiefzieh-Näpfchen-Probe (b)

Übung

1. Beschreiben Sie stichwortartig die Vorgänge im Metall während einer *elastischen* und einer *plastischen Formung*.
2. Nennen Sie für die Eigenschaften *Festigkeit, Härte und Zähigkeit* vier Beispiele, indem Sie Werkstoffe und Werkstoffkenndaten angeben.
3. Beschreiben Sie das Verhalten eines Metalls während des Zugversuches.
4. Welche Arten von *Superlegierungen* gibt es, und wodurch unterscheiden sie sich hinsichtlich der Zusammensetzung und der Eigenschaften?
5. Was verstehen Sie unter *Dauerfestigkeit*?
6. Welche *Eigenschaft eines Werkstoffes* ist für den Flugzeugbau von besonderer Bedeutung?

2.4 Werkstoffprüfung

Werkstoffprüfverfahren sollen über Eigenschaften, Art und Fehler von Werkstoffen Aufschluss geben. Man unterscheidet die in *Tabelle 2.4* aufgezählten vier Gruppierungen der Werkstoffprüfungen.

Tabelle 2.4 Werkstoffprüfverfahren

Werkstoffproben	Mechanisch-technologische Prüfverfahren	Prüfverfahren zur Untersuchung des mikroskopischen Aufbaus	Zerstörungsfreie Prüfverfahren
Klangprobe	**Statische Prüfverfahren**	Lichtmikroskopie	Farbeindringprüfung
Sichtprobe	Zugversuch	Elektronenmikroskopie	Ultraschallprüfung
Funkenprobe	Härteprüfung (HB, HV, HRC)	Chemische Analyse	Magnetpulverprüfung
Feilprobe	Kerbschlagbiegeversuch	Beugung von Röntgenstrahlen	Strahlenprüfung
Biegeprobe			Wirbelstromverfahren
	Tiefungsversuch		
	Dynamische Prüfverfahren		
	Dauerschwingversuch		
	Härteprüfung (Shore)		

2.4.1 Werkstattproben

Werkstattproben dienen der Grobeinschätzung von Werkstoffen. Sie erfordern fachmännische Erfahrung. Es lassen sich Risse, Fehler (Klangprobe) und Werkstoffarten (Sicht-, Funken-, Feil- und Biegeprobe) feststellen. An Flugzeugteilen wird die Klangprobe zur Erkennung von Hautablösungen an Sandwichbauteilen benutzt.

2.4.2 Mechanisch-technologische Prüfverfahren

Durch mechanisch-technologische Prüfverfahren werden Werkstoffeigenschaften (vgl. Abschnitt 2.3) ermittelt. Sie ergeben immer einen genauen Zahlenwert.

2.4.3 Untersuchung des mikroskopischen Aufbaus

Um die Art und den Aufbau der Werkstoffe präzise zu bestimmen, bedient man sich

- der Lichtmikroskopie zur Gefügeuntersuchung,
- der Elektronenmikroskopie zur Untersuchung verschiedener Phasen und Kristallstrukturen,
- der chemischen Analyse zur Bestimmung von Legierungsbestandteilen und
- der Beugung von Röntgenstrahlen zur Untersuchung der Atomanordnung im Gitter.

2.4.4 Zerstörungsfreie Prüfverfahren

Die zerstörungsfreien Prüfverfahren dienen der Fehlersuche. Man unterscheidet dabei Farbeindringverfahren, Ultraschallprüfung, Magnetpulverprüfung, Strahlenprüfung und Wirbelstromverfahren.

Mit Hilfe der **Farbeindringverfahren** werden Risse festgestellt, die mit bloßem Auge nicht mehr zu erkennen sind. Beim **Dye-Check(Farbprüfung)-Verfahren** arbeitet man mit Farbstoffen, beim **Apenol-Verfahren** mit Fluoreszenzmitteln. Bei beiden Verfahren wird auf die gereinigten Stellen das Eindringmittel (Penetrant) aufgetragen. Dieses dringt aufgrund der Kapillarwirkung in den Riss ein, so dass hierbei auch über Kopf gearbeitet werden kann. Bei der anschließenden Reinigung (Remover) wird der Farbstoff auf der Oberfläche entfernt. Der nachfolgend aufgetragene Entwickler (Developer) zieht die Farbpigmente aus dem Riss und ermöglicht durch Ausbreitung des Farbstoffes (Löschpapiereffekt) im Entwickler die Risserkennung. Bei der Verwendung von Fluoreszenzmitteln wird das Werkstück unter UV-Licht betrachtet *(Bild 2.4.1)*.

Das Ultraschall-Impuls-Echo-Verfahren ist das am häufigsten angewendete **Ultraschallverfahren**. Bei diesem Verfahren wird die Laufzeit des Impulses, der in das zu prüfende Bauteil gesendet wird, bis zu der Rückwand oder bis zu einer Fehlstelle gemessen und im Gerät über die Justierung in Weglänge umgesetzt. Die Eingabe des Schallimpulses erfolgt durch einen an der Bauteiloberfläche über ein Kopplungsmittel (Wasser, Öl usw.) angelegten Schallkopf *(Bild 2.4.2)*. Die Ultraschallprüfung dient auch der Wanddickenmessung bei unzugänglichen Stellen.

Geprüfte Schweißnaht   Arbeitsschritte der Farbeindringprüfung

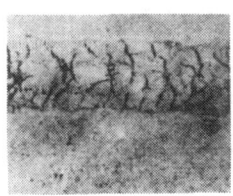 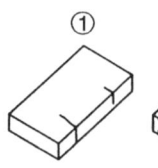 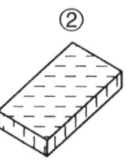 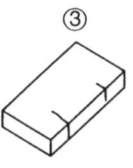 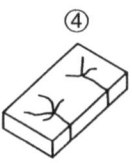

Bild 2.4.1 Farbeindringverfahren
1 reinigen; 2 Eindringmittel auftragen; 3 reinigen; 4 Entwickler auftragen; Risse werden sichtbar

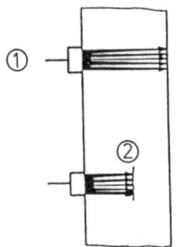 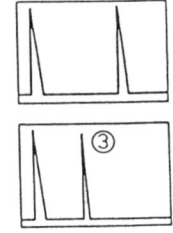

Bild 2.4.2
Ultraschallprüfung
1 Schallkopf
2 Fehler
3 Bildschirmanzeige des Fehlers

Bei der **Magnetpulverprüfung** ist zunächst eine Magnetisierung des zu prüfenden Bereichs nötig. Die erzeugte Feldstärke an der Oberfläche wird dort größer, wo ein Riss senkrecht zur Oberfläche vorliegt. Vermischt man fluoreszierende Magnetpulverteilchen mit einer Flüssigkeit und überspült den magnetischen Bereich, so sammeln sich die Pulverteilchen im Rissbereich. Bei einer Betrachtung unter UV-Licht sind Risse gut erkennbar *(Bild 2.4.3)*. Die Prüflinge müssen nach erfolgter Rissprüfung entmagnetisiert werden.

Bei der **Strahlenprüfung** verwendet man als Strahlungsquelle entweder eine Röntgenröhre oder radioaktive Präparate. Die Strahlung durchdringt das zu untersuchende Bauteil und belichtet einen rückseitig am Bauteil angebrachten Film *(Bild 2.4.4)*. Im Umgang mit Durchstrahlungsgeräten muss dem Strahlenschutz besondere Aufmerksamkeit gewidmet werden (Strahlenschutzverordnung).

Zur Feststellung feinster Werkstoffrisse, die optisch nicht erfassbar sind, wird das **Wirbelstromverfahren** angewendet. Hierbei wird die physikalische Tatsache ausgenutzt, dass sich der Wechselstromwiderstand einer elektrischen Spule durch äußere Annäherung eines Metalls verändert (Leitfähigkeit steigt). Eine weitere Veränderung tritt ein, wenn die Metalloberfläche durchbrochen oder angerissen ist (Leitfähigkeit sinkt). Durch sehr feine Spulen können auch kleine Messbereiche (Nietbohrungen) lokalisiert werden *(Bild 2.4.5)*.

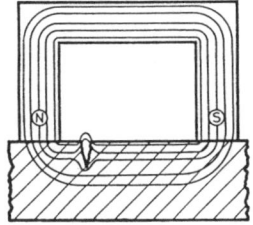
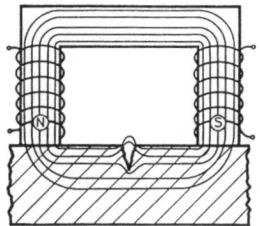
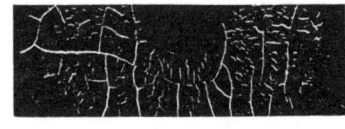

Bild 2.4.3   Magnetpulverprüfung
a) Dauermagnet
b) Elektromagnet
c) geprüftes Bauteil

Bild 2.4.4
Strahlenprüfung
1 Film
2 Bauteil
3 Strahlenquelle

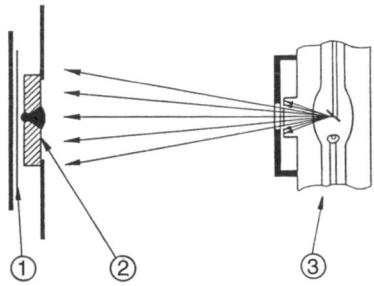

Bild 2.4.5
Wirbelstromverfahren
a) ohne Fehler
b) mit Fehler

Übung

1. Wodurch unterscheiden sich *Werkstattproben* von den *mechanisch-technologischen Prüfverfahren*?
2. Welche zerstörungsfreien Prüfverfahren eignen sich zur *Oberflächenprüfung*?
3. Beschreiben Sie stichwortartig das *Dye-Check-Verfahren*.
4. Welche Werkstoffkenndaten erhält man beim *Zugversuch*?
5. Welches *Härteprüfverfahren* würden Sie anwenden, um folgende Werkstücke zu prüfen: a) Blech 3.1354T6; b) C110; c) S235?
6. Wodurch unterscheiden sich die *Werkstoffkenndaten* IE und β?

2.5 Ausgewählte Werkstoffe

Von den im Bereich Flugzeugbau verwendeten Werkstoffen *(Bild 2.5.1)* werden Aluminium-, Stahl-, Titan- und Faserverbundstoffe mengenmäßig am meisten eingesetzt.

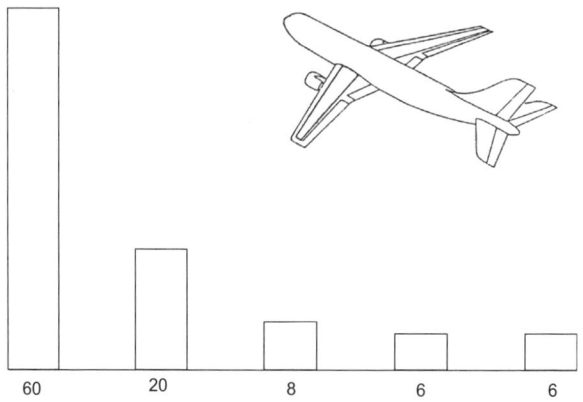

Bild 2.5.1
Werkstoffanteile im zivilen Flugzeugbau

2.5.1 Aluminiumlegierungen

Aluminiumlegierungen bilden den überwiegenden Anteil der Struktur eines Flugzeuges *(Bild 2.5.2)*. Sie haben durch eine Reihe vorteilhafter Eigenschaften eine besondere Bedeutung für den Flugzeugbau. Zu diesen Eigenschaften (abhängig von der Legierungsart und dem Legierungszustand) zählen:

- günstige mechanische Eigenschaften,
- chemische Beständigkeit, Witterungs- und Seewasserbeständigkeit,
- kalt- und warmumformbar nach fast allen üblichen Verfahren,
- gute Gießbarkeit,
- gut spanbar,
- gute Wärme- und elektrische Leitfähigkeit.

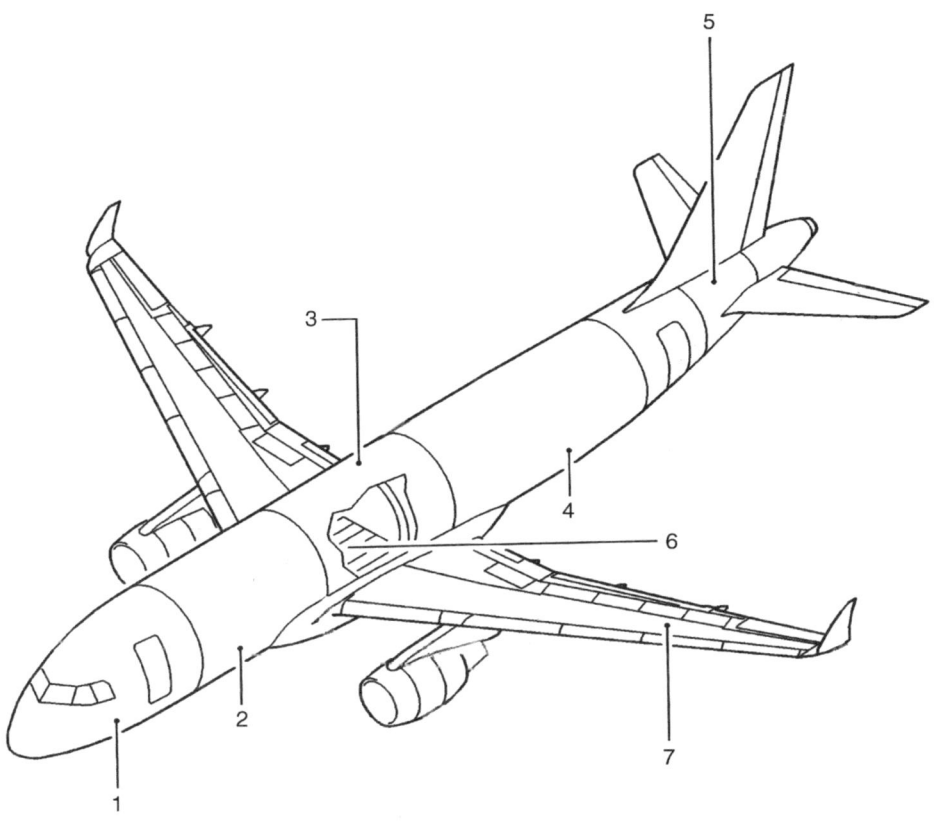

Bild 2.5.2 Aluminiumlegierungen in der Struktur des Flugzeuges am Beispiel der A 320
1 Rumpfnase; 2 vordere Rumpfsektionen; 3 mittlere Rumpfsektionen; 4 und 5 hintere Rumpfsektionen; 6 mittlerer Flügelkasten; 7 Tragflügel
Rumpfsektionen: Beplankung, Stringer und Spante:
AlCu-Leg.: Blechbauteile, spanlos geformt
AlZn-Leg.: spanend bearbeitete Bauteile
Tragflügel: Beplankung und Stringer der Tragflächenoberseite: AlZn-Leg.
Beplankung und Stringer der Tragflächenunterseite: AlCu-Leg.
Rippen und Holme: AlZn-Leg.
Bei den AlCu-Leg. handelt es sich überwiegend um die Legierung 2024 (3.1364) und deren Abwandlungen wie z.B. 2124 oder 2524, vgl. Abschnitt 2.2.
Bei den AlZn-Leg. handelt es sich überwiegend um die Legierung 7075 (3.4364) und deren Abwandlungen wie z.B. 7010, 7175, 7475, 7150 oder 7349.

Herstellung von Aluminium

Die Herstellung von Aluminium gliedert sich in zwei Vorgänge:

1. Gewinnung von Aluminiumoxid (Bayer-Verfahren),
2. Aluminium-Elektrolyse.

Zur Gewinnung von Aluminium wird fast ausschließlich Bauxit (benannt nach dem Erst-Fundort Le Baux in Frankreich), bestehend aus 40...60% Al_2O_3, 12...30% H_2O, 7...30% Fe_2O_3, 1...15% SiO_2 und 3...4% TiO_2, verwendet.

Aluminiumoxidgewinnung
Bauxit wird zunächst zerkleinert, gemahlen und im Mischer mit Natronlauge (NaOH) vermischt *(Bild 2.5.3)*. In einem Autoklaven bei Temperaturen von 250 °C und

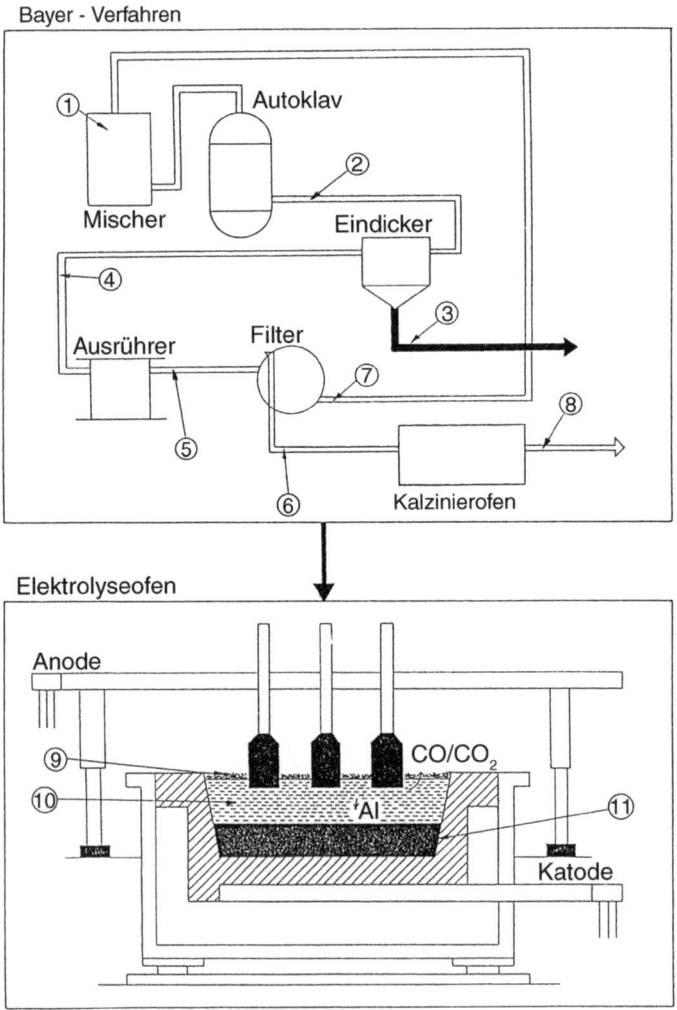

Bild 2.5.3   Herstellung von Aluminium
1 Bauxit und Natronlauge; 2 Natriumaluminatlauge und Rotschlamm; 3 Rotschlamm; 4 Natriumaluminatlauge; 5 Aluminiumhydroxid und Natronlauge; 6 Aluminiumhydroxid; 7 Natronlauge; 8 Aluminiumoxid; 9 vorgewärmtes Aluminiumoxid; 10 Schmelze; 11 Reinaluminium

einem Druck von 40 bar kommt es zum Aufschluss des Bauxits. Das im Bauxit enthaltene Aluminiumoxid (Al_2O_3) geht dabei als Natriumaluminatlauge in Lösung ($Na[Al(OH)_4]$). Die übrigen Bestandteile bilden den unlöslichen Rotschlamm, der in Eindickern von der Natriumaluminatlauge getrennt wird und z.T. von der chemischen Industrie weiterverwendet oder auf Halde gegeben wird. Die Natriumaluminatlauge gelangt nach dem Durchlaufen eines Filters und Kühlers in den Ausrührer. Darin scheidet sich beim Abkühlen unter ständigem Rühren Aluminiumhydroxid ($Al(OH)_3$) aus. Der Vorgang wird durch Zugabe kleiner Mengen fertigen Aluminiumhydroxids begünstigt. Man spricht vom «Impfen» der Lösung. Auf Trommelfiltern sondert man das Aluminiumhydroxid ab, das schließlich bei 1300 °C kalziniert (geglüht) wird. Die Natronlauge wird dem Prozess wieder zugeführt. Das Endprodukt des Bayer-Verfahrens ist Aluminiumoxid, das auch Tonerde genannt wird. Um 1 t Al_2O_3 herzustellen, sind 2 t Bauxit nötig.

Aluminiumelektrolyse
Aluminiumoxid wird anteilig in einer Schmelze aus Kryolith (Natrium-Aluminium-Fluorid Na_3AlF_6) gelöst und durch Gleichstrom bei ca. 960 °C (Schmelztemperaturerniedrigung durch die Verbindung beider Komponenten) in seine Bestandteile Aluminium und Sauerstoff zerlegt. Der Schmelzpunkt von Aluminiumoxid liegt bei 2060 °C, der von Kryolith bei 1010 °C.

Ein Elektrolyseofen besteht aus einer mit Kohlenstoffsteinen ausgekleideten Wanne, in deren Boden die Katodenzuleitung eingebettet ist. Das katodisch ausgeschiedene Aluminium, das schwerer ist als die Schmelze, sammelt sich am Boden, von wo es periodisch abgesaugt wird. Von oben werden Kohleanoden eingebracht, die den frei werdenden Sauerstoff zu CO oder CO_2 verbrennen. Die Elektrolyseöfen werden mit bis zu 150 000 Ampere und 4 Volt betrieben. Um 1 t Reinaluminium bei der Elektrolyse zu erzeugen, werden 2 t Aluminiumoxid, 0,05 t Kryolith, 0,5 t Elektroden sowie 13 500 kWh Energie verbraucht.

Einfluss der Legierungsbestandteile
Aluminiumlegierungen enthalten einen oder auch mehrere der folgenden sechs Hauptlegierungsbestandteile:
Cu, Si, Mg, Zn, Mn und Li
In kleineren Mengen sind häufig vorhanden Ti, Fe und Cr. Für Sonderlegierungen verwendet man Zr, Ni, Co, Ag, Pb und andere.

Die Legierungsbestandteile sind im flüssigen Zustand in Aluminium löslich. Die Löslichkeit im festen Zustand (vgl. Abschnitt 2.1) ist beschränkt. Nicht gelöste Anteile bilden mit Aluminium intermetallische Verbindungen (z.B. Al_2Cu, Al_3Mg_2), so dass ein heterogener Aufbau des Gefüges entsteht. Die Mischkristallbildung (homogener Aufbau) und die Bildung des heterogenen Gefüges bestimmen die physikalischen, chemischen und technologischen Eigenschaften einer Legierung.

Aluminiumlegierungen werden in Knet- und Gusslegierungen *(Tabelle 2.5)* unterteilt.

Tabelle 2.5 Aluminiumlegierungen

Knetlegierungen	Legierungsbestandteil	Einfluss
AlMn	Mn	erhöht Festigkeit, verbessert geringfügig die Korrosionsbeständigkeit, nicht aushärtbar
AlMg	Mg	erhöht Festigkeit, geringe Korrosionsanfälligkeit, nicht aushärtbar
AlMgMn	Mg Mg, Mn	Festigkeitssteigerung deutlich höher als bei AlMn, Bruchdehnung nimmt bis 3% Mg ab nicht aushärtbar
AlMgSi	Mg, Si	aushärtbar
AlCuMg	Cu Cu, Mg	erhöht Festigkeit, senkt die Korrosionsbeständigkeit aushärtbar
AlLi	Li	erhöht Festigkeit und E-Modul, empfindlich gegen interkristalline Korrosion, Dichte geringer als bei Rein-Al
AlZnMgCu	Zn Zn, Mg Cu Zn, Mg, Cu	geringe Festigkeitssteigerung erhöhen Festigkeit, empfindlich gegen Spannungsrisskorrosion, aushärtbar mindert Spannungsrisskorrosion aushärtbar, max. erreichbare Festigkeitswerte für Al-Legierungen
Gusslegierungen		
G-AlSi	Si	erhöht Gießbarkeit
G-AlSiMg	Si, Mg	erhöhen Festigkeit, aushärtbar
G-AlSiCu	Si, Cu	erhöhen Festigkeit
G-AlMg	Mg	erhöht Festigkeit, geringe Korrosionsanfälligkeit, senkt Gießbarkeit, nicht aushärtbar
G-AlCuTi	Ti Cu, Ti	bewirkt Kornverfeinerung erhöhen Festigkeit, senken Gießbarkeit, aushärtbar

Wärmebehandlung von Aluminiumlegierungen

Durch Wärmebehandlungsverfahren *(Bild 2.5.4)* lassen sich die Eigenschaften von Aluminiumlegierungen gezielt beeinflussen. Von den nachfolgend aufgeführten Verfahren sind das Aushärten und das Weichglühen von besonderer Bedeutung.

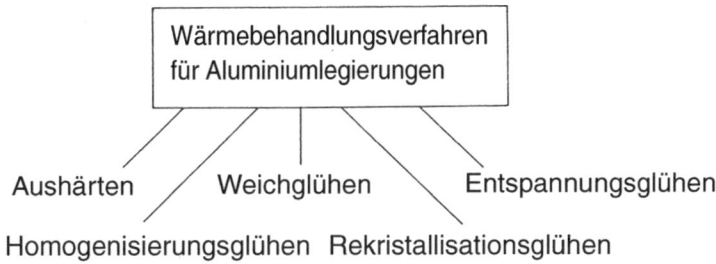

Bild 2.5.4 Wärmebehandlungsverfahren für Aluminiumlegierungen

Aushärten

Ziel des Aushärtens ist eine Festigkeitssteigerung. Die erste «aushärtbare» Aluminiumlegierung (Duralumin®) wurde 1906 von ALFRED WILM entdeckt.

Voraussetzung für die Aushärtbarkeit einer Legierung ist das Vorhandensein von Legierungsbestandteilen, deren Löslichkeit *(Bilder 2.5.5 und 2.5.6)* im festen Aluminium mit steigender Temperatur zunimmt.

Die Legierungen vom Typ AlCu, AlCuMg, AlCuNi, AlLi, AlMgSi, AlZnMg, AlZnMgCu erfüllen bei entsprechender prozentualer Zusammensetzung diese Voraussetzung. Sie heißen deshalb auch aushärtbare Legierungen. Als nicht aushärtbar bezeichnet man die Legierungstypen AlSi, AlMn, AlMg, AlMgMn. Eine Festigkeitssteigerung ist bei diesen Legierungstypen nur durch Kaltverfestigung erreichbar. Weichglühen, Entspannungsglühen, Homogenisierungsglühen und Rekristallisationsglühen sind möglich.

Bild 2.5.5
Löslichkeit von Borax in Wasser, ähnlich wie von Cu in Al
1 Lösung von Wasser und Borax
2 Löslichkeitskurve
3 Lösung von Wasser und Borax sowie kristalliner Borax

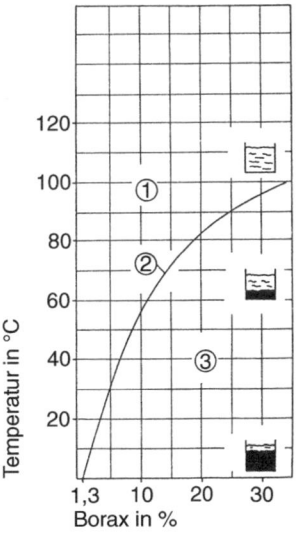

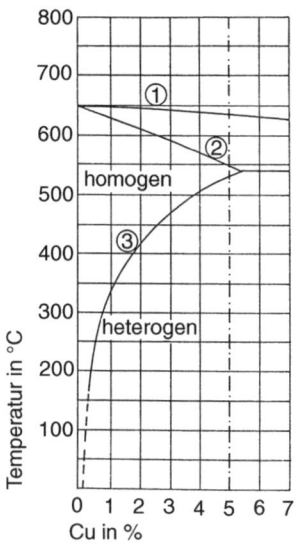

Bild 2.5.6
Löslichkeit von Kupfer in Aluminium (Ausschnitt aus dem Zustandsdiagramm Al – Cu)
1 Liquiduslinie
2 Soliduslinie
3 Löslichkeitskurve
Eine AlCu-Legierung mit z.B. 5% Cu ist oberhalb der Liquiduslinie flüssig. In dem Bereich zwischen Liquidus- und Soliduslinie ist die Legierung flüssig und z.T. fest; unterhalb der Soliduslinie ist sie fest. Es bilden sich beim Unterschreiten dieser Linie Mischkristalle (Lösung zweier Metalle). Ein solches Gefüge wird homogen genannt. Beim Unterschreiten der Löslichkeitskurve sind Mischkristalle nicht beständig. Es entsteht ein heterogenes Gefüge aus Mischkristallen und der intermetallischen Verbindung Al$_2$Cu.

Das Aushärten wird in drei Arbeitsschritte unterteilt:

1. Lösungsglühen bei einer Temperatur oberhalb (5 °C) der Löslichkeitskurve im Luftumwälzofen oder im Salzbadofen;
2. Abschrecken, meistens in Wasser;
3. Auslagern.

Die Auslagerungstemperatur kann Raumtemperatur sein (Kaltauslagerung, *Bild 2.5.7*), sie kann aber auch, je nach Legierung, bei Temperaturen bis zu 170 °C gleichmäßig (Warmauslagerung) oder stufenmäßig (Stufenauslagerung, *Bild 2.5.8*) gewählt werden. Die Warm- oder Stufenauslagerung ergibt höhere Festigkeitswerte als die Kaltauslagerung.

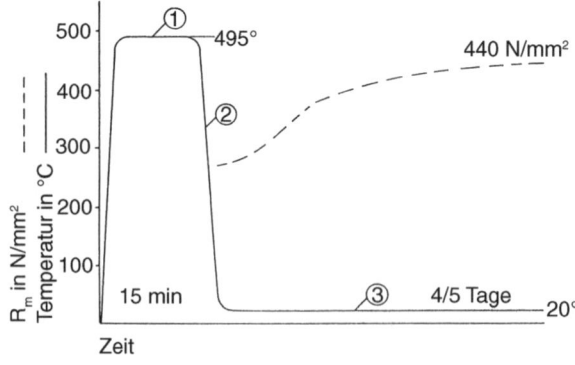

Bild 2.5.7
Kaltaushärten eines 1-mm-Bleches 3.1354 (AlCuMg2)
1 Lösungsglühen
2 Abschrecken max. 10 s
3 Kaltauslagern bei Raumtemperatur
Zustandsbeschreibung nach der Aushärtung ist T4.

Bild 2.5.8
(Stufen-)Warmaushärten eines
1-mm-Bleches 3.4364 (AlZn-MgCu1,5)
1 Lösungsglühen
2 Abschrecken max. 10 s
3 Stufenauslagerung
4 Festigkeitsverlauf ohne Stufenauslagerung
Zustandsbeschreibung nach der Aushärtung ist T6.

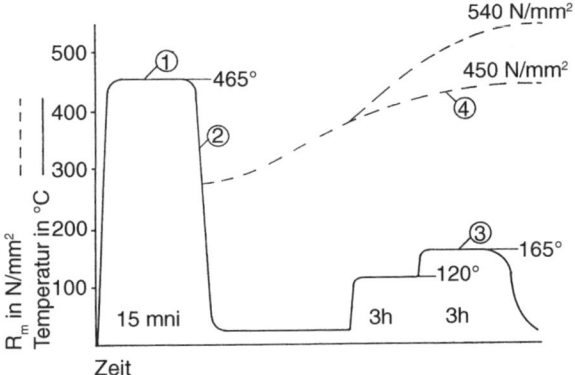

Ursachen der Festigkeitssteigerung beim Aushärten

Kaltaushärten: Durch das Lösungsglühen wird dafür gesorgt, dass die für die Aushärtung vorgesehenen Fremdatome zunächst in Lösung gebracht werden. Die Lösungsglühtemperatur ist abhängig von der Legierungszusammensetzung. Die Fremdatome sind dann einzeln und regellos im Aluminiumgitter verteilt. Nach dem Lösungsglühen wird die Legierung in Wasser abgeschreckt. Dabei werden die einzelnen Fremdatome zunächst an ihren Lageorten «eingefroren». Man spricht nunmehr von übersättigter Lösung. Die abgeschreckte Legierung wird nun bei Raumtemperatur ausgelagert. Die Fremdatome beginnen zu wandern (Diffusion) und bilden so genannte Ausscheidungen innerhalb des Al-Gitters, die eine Festigkeitssteigerung durch das Verzerren der Gleitebenen bewirken. Die Ausscheidungsgröße beträgt ca. 0,01 µm.

Durch das Lagern bei tiefen Temperaturen (Behinderung der Diffusion) kann der Aushärtungsprozess, d.h. die Festigkeitssteigerung, verzögert werden. *Bild 2.5.9* zeigt die Veränderung der Atomanordnung während des Prozesses der Kaltaushärtung.

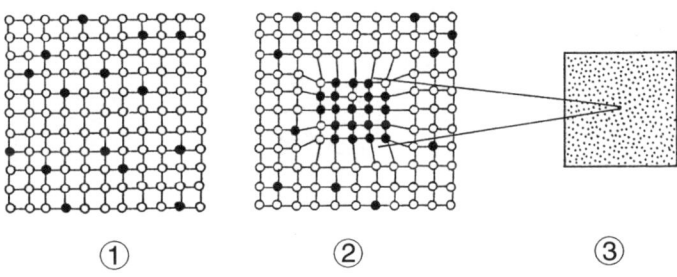

Bild 2.5.9 Veränderung der Atomanordnung während der Kaltaushärtung
1 Cu-Atome (dunkel), im Al-Gitter gelöst (Mischkristall) – Atomanordnung während des Lösungsglühens und Abschreckens
2 Ansammlung von Fremdatomen zu einer Ausscheidung. Ausscheidungen sind verschiedenartige Ansammlungen von Fremdatomen in unterschiedlichsten Zusammensetzungen, die teilweise auch Al-Atome, z.B. in Al_2Cu, enthalten. Atomanordnung nach dem Auslagern
3 Gefügedarstellung: Ausscheidungen im Aluminium (3.4364T4)

Warmaushärten: Durch das Erwärmen während der Warmauslagerung wird das Wandern der Atome begünstigt. Dieses Wandern bewirkt eine Anreicherung der Ausscheidungen bis zu einer Größe von etwa 1 µm und führt zu einer Härte- bzw. Festigkeitssteigerung.

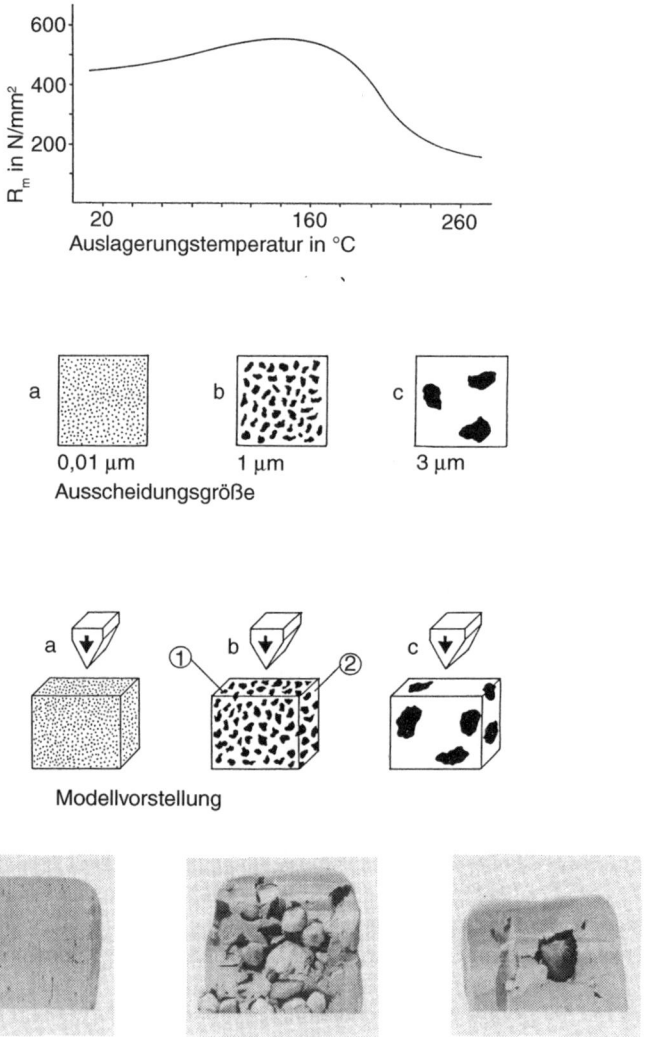

Bild 2.5.10 Auslagerungstemperatur, Ausscheidungsgröße und Festigkeit
Das obere Diagramm zeigt für den Werkstoff 3.4364 die erreichbaren R_m-Werte in Abhängigkeit von der Auslagerungstemperatur. Entsprechend den Auslagerungstemperaturen 20 °C, 160 °C und 260 °C entstehen Ausscheidungsgrößen, wie sie die Gefügebilddarstellungen a, b und c zeigen. Stellt man sich das weiche Aluminium als einen Plastilinquader (2) und die harten Ausscheidungen als Steine (1) in einer solchen Grundmasse vor, so wird deutlich, dass ein Eindringen in einen solchen Verbund mit zunehmender Steingröße erschwert, ab einer bestimmten Steingröße dann jedoch wieder erleichtert wird. Dieses Modellverhalten wird durch die untere Fotoreihe verdeutlicht.

Wird die Auslagerung bei Temperaturen oberhalb von 170 °C durchgeführt, kommt es zu relativ groben Ausscheidungen, die bis zu einer Größe von 3 µm anwachsen können und eine Festigkeitsminderung (Überhärtung) zur Folge haben. Die Zusammenhänge zwischen Auslagerungstemperatur, Ausscheidungsgröße und Festigkeit sowie die dazugehörige Modellvorstellung zeigt *Bild 2.5.10*.

Stufenaushärten: Das Erwärmen in mehreren Temperaturstufen wird zur Verminderung der Empfindlichkeit gegen Spannungsrisskorrosion eingesetzt.

Weichglühen
Das Weichglühen dient dazu, die Festigkeit zu mindern und die Dehnung z.B. für Umformarbeiten zu erhöhen. Die Vorgänge im Inneren des Metalls beim Weichglühen sind vergleichbar mit denen einer Überhärtung. Die bei Temperaturen zwischen 350 °C und 400 °C entstehenden Ausscheidungen haben kaum verfestigende Wirkung. Nach dem Weichglühen wird langsam abgekühlt, um mögliche Aushärtungseffekte zu vermeiden.

Eine Übersicht der Zustandsbezeichnungen gibt *Tabelle 2.6*.

Tabelle 2.6   Zustandsbezeichnungen (Auszug aus LN 29850)

	Zustand
0	Weichgeglüht
F	Unbehandelt, Herstellzustand (Walz-, Press-, Gusszustand)
U	Lösungsgeglüht, abgeschreckt (unstabiler Zustand, kein Einbauzustand)
T1	Abgeschreckt aus der Warmformgebungstemperatur und kaltausgelagert auf einen stabilen Zustand
T3	Lösungsgeglüht, abgeschreckt und kaltverfestigt durch Richten oder Recken
T4	Lösungsgeglüht, abgeschreckt und kaltausgelagert
T5	Abgeschreckt aus der Warmformgebungstemperatur und warmausgelagert zur Verbesserung der mechanischen Werte und/oder der maßlichen Stabilität
T6	Lösungsgeglüht, abgeschreckt und (stufen-)warmausgelagert
T7	Lösungsgeglüht, abgeschreckt und überhärtet, warmausgelagert
T8	Lösungsgeglüht, abgeschreckt, kaltverfestigt und warmausgelagert
(T9)	Lösungsgeglüht, abgeschreckt, warmausgelagert, dann kaltverfestigt
(T10)	Abgeschreckt von hoher Temperatur eines Herstellverfahrens, warmausgelagert und kaltverfestigt
H1xy	Kaltverfestigt
H2xy	Kaltverfestigt und teilweise entfestigt (rückgeglüht)
H3xy	Kaltverfestigt und stabilisiert
	x = 1 ... 9 Grad der Kaltverfestigung y = 1 ... 3 besondere Behandlungsangabe

Allgemeine Bearbeitungshinweise:

- Aluminiumwerkstoffe sind stets mit einem weichen Bleistift anzureißen. Jede Markierung durch eine Reißnadel hat eine unzulässige Kerbe zur Folge (Kerbwirkung, Beschädigung der Plattierschicht).
  Ausnahme: Anreißen von Bohrungen, Schnittkanten und Schweißnähten.
- Wegen der Rissgefahr durch scharfe Kanten und Riefen müssen alle Bauteile, besonders Blechbauteile, sorgfältig entgratet werden.
- Bleche dürfen nicht scharfkantig gebogen werden.
- Bei jeder Aluminium-Knetlegierung entsteht beim Walzen der so genannte Faserverlauf durch die in Walzrichtung mechanisch beanspruchten Gefügekörner.
  Die Walzfaserrichtung muss beim Umformen unbedingt beachtet werden. Kantbiegearbeiten sollten stets quer zur Walzrichtung durchgeführt werden. Falsche Abkantungen dürfen nicht zurückgeschlagen werden.
- Jede Kaltumformung bewirkt eine Verfestigung. Wenn diese unerwünscht ist, kann durch Entspannungsglühen (kurzzeitig auf max. 200 °C) bei nicht aushärtbaren Legierungen die Umformbarkeit wieder ermöglicht werden.
- Das Auspolieren von Kratzern ist nur nach speziellen Vorschriften erlaubt.
- Das Aushärten wird in der Regel am Ende der Fertigung durchgeführt. Die Bauteile können jedoch auch im Anschluss an das Abschrecken gerichtet oder umgeformt werden. Bleche, die im Anlieferungszustand ausgehärtet sind, können bei der spanlosen Weiterverarbeitung nochmals ausgehärtet werden.
- Ausgehärtete Bauteile dürfen weder gelötet noch geschweißt werden, da ein Erwärmen die Ausscheidungshärte beseitigt. Dies gilt auch für Schweiß- und Lötarbeiten in der Nähe von Aluminiumbauteilen.
- Das Schweißen von Aluminium sollte unter Schutzgas erfolgen.
- Aluminium kann mit hohen Schnittgeschwindigkeiten und großem Vorschub spanend bearbeitet werden.
- Aluminiumsplitter und -späne können nach Eindringen in die Haut schwere Infektionen hervorrufen. Eingedrungene Metallpartikel müssen entfernt werden!

✍ Übung

1. Beschreiben Sie stichwortartig das *Bayer-Verfahren*.
2. Wodurch werden die Eigenschaften von *Aluminiumlegierungen* bestimmt?
3. Nennen Sie *drei aushärtbare Aluminiumlegierungen* und geben Sie die für diese Legierungen wesentlichen mechanischen Eigenschaften an.
4. Geben Sie die *Voraussetzung für die Aushärtbarkeit* einer Aluminiumlegierung an (Begründung!).
5. Erklären Sie anhand der Arbeitsschritte einer *Kaltaushärtung* die inneren Vorgänge im Metall und die Ursache für die Festigkeitssteigerung.
6. Warum wird durch das *Warmaushärten* eine höhere Festigkeit erreicht als beim Kaltaushärten? (Begründung!)
7. Erklären Sie den Begriff *Stufenaushärten*.
8. Was erfolgt während des *Weichglühens* im Inneren des Metalls?

Aluminiumwerkstoffe sind in einer Übersicht in *Tabelle 2.7* dargestellt.

Tabelle 2.7 Übersicht der Aluminiumwerkstoffe

AMS	Zusammensetzung oder Norm (AA)	Werkstoffnummer	Dichte in kg/dm³	R_m in N/mm²	$R_{p0,2}$ in N/mm²	L_R in km	L_D in km	Dehngrenzvh.	E-Modul in N/mm²	Bruchdehnung in %	Verwendung
4180	Al 99,5 (1100)	3.0255 - H18	2,7	110	80	4,15	3,02	0,73	70000		Leitungsrohre, Niete für untergeordnete Zwecke
	AlCuMg0,5 (2117)	3.1124 -	2,75	Scherfestigkeit 180 N/mm² (T4)							Nietwerkstoff
4118	AlCuMg1 (2017)	3.1324 -	2,79	Scherfestigkeit 260 N/mm² (T4)							gebräuchlichster Nietwerkstoff
4165	AlCuMg2 (2024)	3.1354 - T4	2,77	460	340	16,9	12,5	0,74	68600	10	Spante, Rippen, Gurte, Stringer, Zerspanungsteile
4034	AlCuMg2 (Alc 2024)	3.1364 - T3	2,77	425	275	15,6	13,8	0,65	68600	15	Rippen, Spante, Beplankung
4132	AlCuMgNi (2618)	3.1924 - T6	2,77	400	330	14,7	12,1	0,83	73800	6	Gesenkschmiede-, Fräsbauteile
4230	G-AlCu4TiMg	3.1854 - T4	2,75	300	200	11,1	7,41	-	70600	6	Gussstücke
4218	AlSi7 (Alcoa A356)	3.2374 - T61	2,68	270	200	10,3	7,6		71500	4	hochbeanspruchte Gussteile, WIG-schweißbar, witterungsbeständig
4135	AlCuSiMn (2014)	3.1254 - T6	2,8	450	385	16,4	14,0	0,85	72400	7	Gesenkschmiedestücke
4027	AlMgSiCu (6061)	3.3214 - T6	2,71	290	240	10,9	9,02	0,83	68300	10	witterungsbeständig, Schweißteile
	AlMg5 (5056)	3.3354 - H32	2,64	Scherfestigkeit 170 N/mm²							Nietwerkstoff
4017	AlMg2,5 (5052)	3.3524 - H34	2,68	280		10,6			69600	4	seewasserbeständig, Behälter, Honeycomb, Leitungsrohre
4108	AlZn6Mg2Cu2Zr (7050)	3.4144 - T736	2,82	495	435	17,9	15,7	0,88	71000	9	Integralteile, Beschläge, Schweißen bedingt möglich
	AlZnMgCuAg	3.4354 - T736	2,8	510	450	18,6	16,4	0,88	71000	7	Anschlussstücke, Trag- und Leitwerksbeschläge
4147	AlZnMgCu1,5 (7075)	3.4364 - T6	2,8	530	450	19,3	16,4	0,85	71000	8	Dreh- und Frästeile, Holme, Gurte
	AlZnMgCu1,5 (Alc 7075)	3.4374 - T6	2,8	515	440	18,7	16,0	0,85	71000	7	Beplankung, Schweißen nicht erlaubt
	AlMgLi (8090)		2,53	450	350	17,8	13,8	0,78	79000	8	als Ersatz für 2024 und 2014

2.5.2 Stahllegierungen

Für besonders hoch belastete Bauteile im Flugzeug, die gleichzeitig relativ klein sein müssen, werden Stahllegierungen verwendet. Diese weisen, je nach Legierung, bis zu 2000 N/mm^2 Zugfestigkeit auf. Das Fahrwerk besteht zum Beispiel in seinen tragenden Teilen aus einer hochfesten Stahllegierung. Außerdem werden hochfeste Verbindungselemente und spezielle Triebwerksteile aus Stahllegierungen gefertigt.

Stahlherstellung
Die Herstellung von Stahl *(Bild 2.5.11)* erfolgt durch die Reduktion der Eisenerze (Hochofen) sowie die Verarbeitung des flüssigen Roheisens durch Frischen (meist LD-Verfahren). Wird die Reduktion im festen Zustand durchgeführt, so spricht man von Direktreduktion (Schachtofen).

Ausgangsstoff für die Herstellung von Stahllegierungen sind **Eisenerze** – chemische Verbindungen aus Eisen, Sauerstoff (z.B. Fe_3O_4), Eisenbegleitern (z.B. S, P, Si, Mn) und erdigen Bestandteilen.

Im Hochofen werden die zerkleinerten und gereinigten Erze mit Kohlenstoff (Koks) vom Sauerstoff befreit und durch Schmelzen von der Gangart (störende Beimengungen) befreit. Der Hochofen wird abwechselnd mit einer Mischung aus Erz, Kalk sowie Kies, die man Möller nennt, und Koks beschickt. Koks dient als Reduziermittel und Brennstoff. Die für die Verbrennung notwendige Luft wird erwärmt und in den Hochofen eingeblasen. Die Reduktion erfolgt durch Kohlenmonoxid und Kohlendioxid. Gleichzeitig nimmt das Eisen Kohlenstoff auf. Dadurch enthält Roheisen ca. 3,5% bis 4,5% C. Die Beimengungen bilden mit Kalk und Kies die Schlacke. Das flüssige Roheisen wird periodisch aus dem Hochofen entnommen (Abstich) und zu Masseln vergossen. Man unterscheidet nach der Farbe des Bruchgefüges weißes (Si-armes) und graues (Si-reiches) Roheisen. Da Roheisen hohe Beimengungen an Kohlenstoff, Silizium, Mangan, Phosphor und Schwefel enthält, ist es hart, spröde und für eine Weiterverarbeitung ungeeignet.

Die Umwandlung von Roheisen in Stahl besteht im Wesentlichen darin, die Anteile des Kohlenstoffes und der Eisenbegleiter herabzusetzen. Beim LD-Verfahren (die großtechnische Anwendung wurde erstmals in Linz und Donawitz, Österreich, durchgeführt), das man auch **Sauerstoff-Aufblasverfahren** nennt, wird reiner Sauerstoff durch ein gekühltes Kupferrohr auf die Roheisenschmelze, die sich in einem Konverter befindet, aufgeblasen. Dabei verbrennt der Kohlenstoff. Die ebenfalls oxidierten Eisenbegleiter werden durch Kalkbeigaben als Schlacke gebunden. Um diese bereits hochwertigen Stähle weiter zu verbessern, werden Elektroverfahren und eventuell Vakuumbehandlung angewendet.

Im Lichtbogenofen nutzt man den elektrischen Lichtbogen als Wärmequelle. Für den Ofeneinsatz werden nur vorgefrischte Schmelzen verwendet. Im Schachtofen werden Eisenpellets hochwertiger Erzsorten von unten her mit einem Reduktionsgas (z.B. CO) durchströmt. Das Produkt dieses Prozesses nennt man Eisenschwamm. Dieser wird im Lichtbogen zu Stahl weiterverarbeitet.

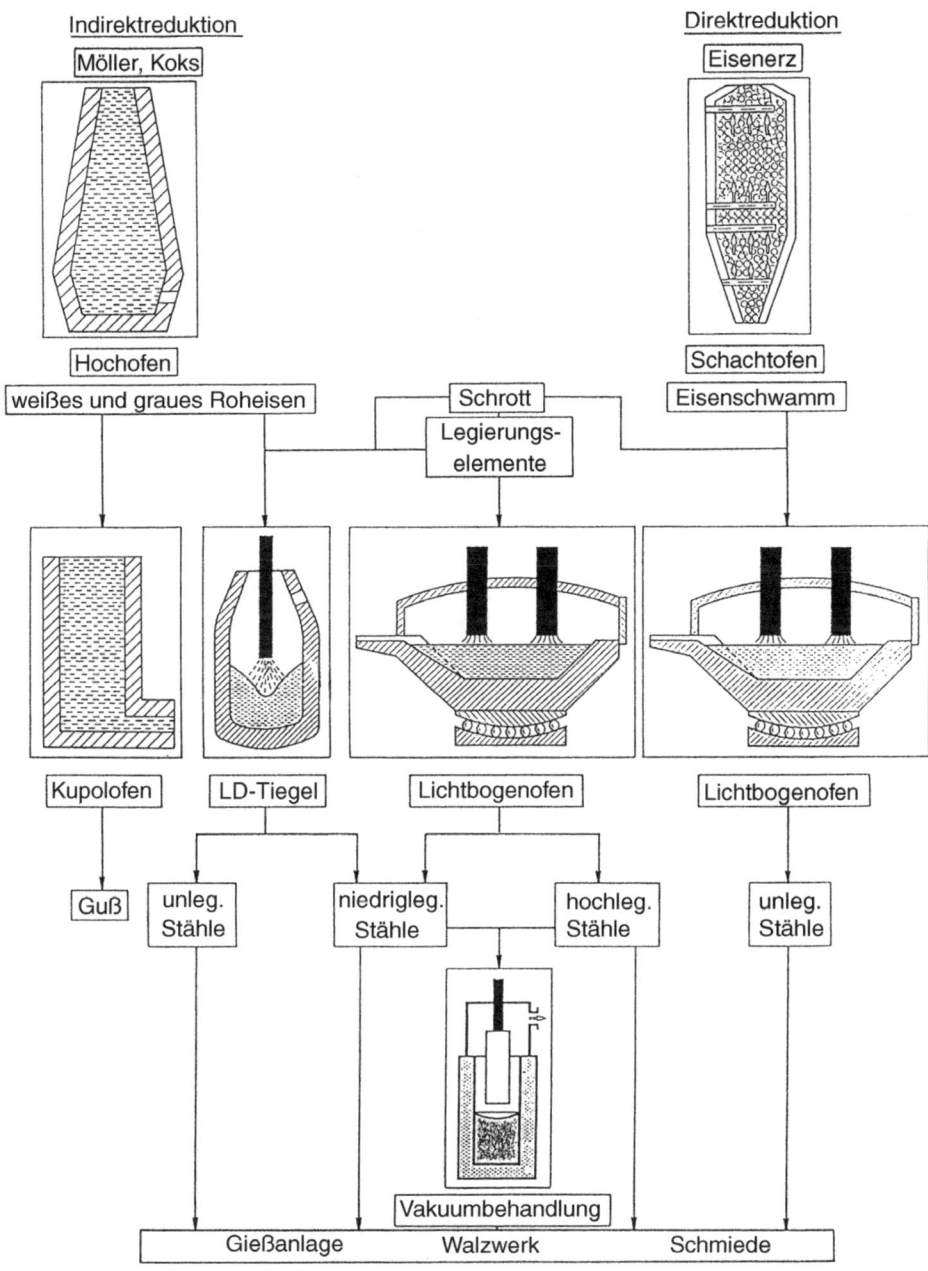

Bild 2.5.11   Übersicht der Herstellungsverfahren von Stahl

Einfluss der Legierungsbestandteile

Kohlenstoff erhöht die Festigkeit und Härte, mindert die Zähigkeit, Umformbarkeit und Schweißbarkeit. (Kohlenstoff gilt nicht als Legierungsbestandteil von Stahl!)

Aluminium mindert die Alterungsempfindlichkeit. Alterung ist die im Laufe der Zeit zunehmende Versprödung, bedingt durch Stick- bzw. Kohlenstoffausscheidungen. Aluminium erhöht die Zunderbeständigkeit.

Cobalt erhöht die Festigkeit, Warmfestigkeit und Korrosionsbeständigkeit. Mindert die Zähigkeit, Umformbarkeit und Schweißbarkeit.

Chrom erhöht als Carbidbildner die Festigkeit sehr stark. Ein Cr-Gehalt von über 12% bewirkt Korrosionsbeständigkeit. Diese Stähle werden in der AISI-Norm als CRES-Stähle (**C**orrosion **R**esistant **S**teel) bezeichnet.

Kupfer erhöht das Dehngrenzenverhältnis.

Mangan erhöht die Festigkeit und Korrosionsbeständigkeit, mindert die Schweißbarkeit.

Molybdän erhöht die Festigkeit, Warm- und Dauerfestigkeit, Korrosionsbeständigkeit sowie die Bildung eines feinen Gefüges. Mindert die Schweiß- und Umformbarkeit.

Nickel erhöht die Festigkeit, Zähigkeit, Korrosions- und Zunderbeständigkeit, mindert die Wärmeleitfähigkeit. Hohe Nickel-Gehalte beeinflussen das Fe-Fe$_3$C-Diagramm (vgl. Wärmebehandlung) derart stark, dass vom Schmelzpunkt bis zur Raumtemperatur Stahl austenitisch vorliegt.

Schwefel erhöht die Sprödigkeit; Anwendung bei Automatenstählen.

Silizium erhöht die Dehngrenze und ist deshalb für Federstähle geeignet. Si-Gehalte über 12% bewirken Säurebeständigkeit.

Vanadium ist ein starker Carbidbildner, erhöht die Festigkeit und Warmfestigkeit, mindert die Schweißbarkeit.

Wolfram erhöht die Festigkeit und Warmfestigkeit sehr stark (Carbidbildner).

Wärmebehandlung von Stählen

Die wichtigsten Stahl-Wärmebehandlungsverfahren sind Härten, Spannungsarmglühen, Weichglühen, Normalglühen, Anlassen und Vergüten sowie das Ausscheidungshärten.

Eine Voraussetzung für das Verständnis der Wärmebehandlungsverfahren ist die Kenntnis der Zusammensetzung der Stähle in Abhängigkeit vom C-Gehalt und der Temperatur. Auskunft darüber gibt das in *Bild 2.5.12* dargestellte Zustandsschaubild Eisen-Eisencarbid (Fe-Fe$_3$C; C kommt im Stahl als chemische Verbindung Fe$_3$C vor).

In einzelnen Bereichen ist das Verhalten der Eisen-Kohlenstoff-Legierungen mit dem eines eutektischen Systems und dem System vollständiger Mischkristallbildung *(Bild 2.5.13)* vergleichbar.

Eisencarbid ist je nach vorhandenem Anteil in unterschiedlichen Formen vorhanden. Das Zustandekommen soll im Folgenden durch reines Eisen und drei Legierungen beim Verhalten während der Abkühlung beschrieben werden (vgl. Abschnitt 2.1).

Bild 2.5.12
Zustandsschaubild Fe-Fe$_3$C
1 Schmelze
2 Schmelze und Austenit
3 Austenit
4 Austenit und Ferrit
5 Austenit und Zementit
6 Ferrit und Perlit
7 Perlit und Zementit
Das Zustandsschaubild Fe-Fe$_3$C gilt bei langsamer Abkühlung.

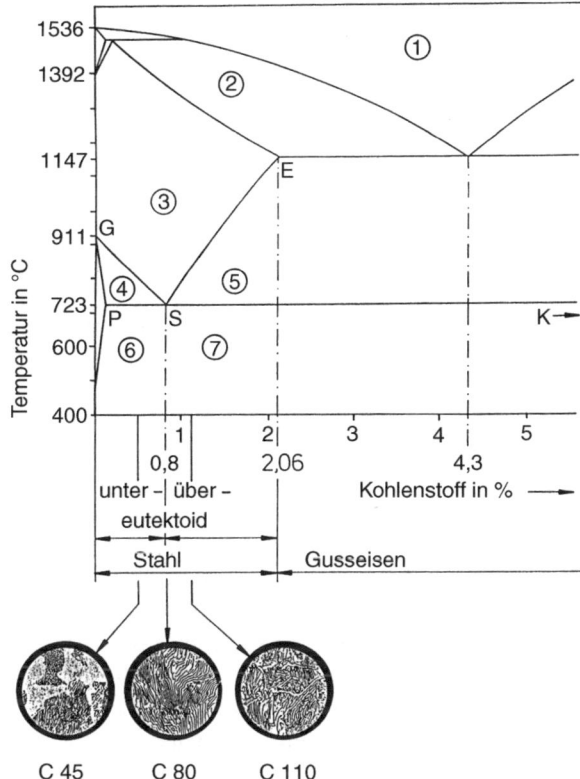

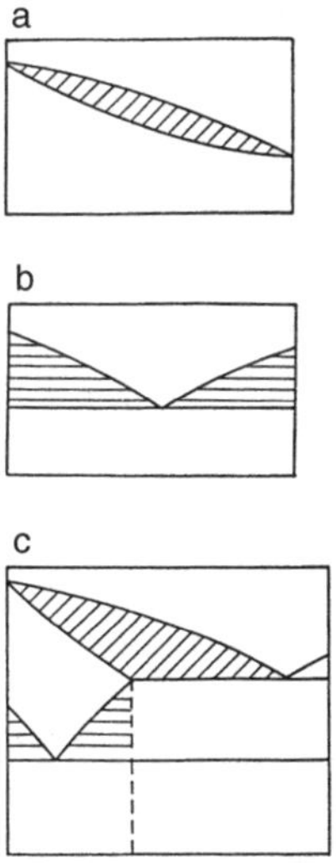

Bild 2.5.13
Legierungssysteme
a) Legierungssystem mit vollständiger Mischkristallbildung
b) Eutektisches Legierungssystem
c) Vereinfachtes Fe-Fe$_3$C-Zustandsschaubild

143

Fe. Ermittelt man die Abkühlungskurve für reines Eisen, so stellt man vier Haltepunkte fest:
1536 °C: Erstarrungspunkt; Fe erstarrt krz (δ-Eisen)
1392 °C: Umwandlung von krz in kfz (γ-Eisen)
911 °C: Umwandlung von kfz in krz (α-Eisen)
769 °C: Eisen wird magnetisch

C 45. Oberhalb der Liquiduslinie befindet sich die Legierung im flüssigen Zustand. Im Bereich zwischen Liquidus- und Soliduslinie wird die Legierung fest. Unterhalb der Soliduslinie liegen Mischkristalle vor. Der Kohlenstoff ist im kfz-Gitter eingelagert. Diese γ-Mischkristalle werden Austenit (benannt nach AUSTEN, englischer Metallurg) genannt. Durch das Bestreben des Eisens, sich bei tieferen Temperaturen krz anzuordnen, scheidet – bedingt durch den Kohlenstoff – Eisen (Ferrit) nicht bei 911 °C, sondern erst bei ca. 820 °C aus. Die Legierung verhält sich eutektoidisch, d.h. ähnlich einem eutektischen System.

Man sagt eutektoidisch, da alle Umwandlungen im festen Zustand erfolgen. Bei 723 °C ist die Ausscheidungsfähigkeit reinen Eisens erschöpft. Die verbleibenden Kohlenstoff- und Eisenanteile bilden ein Gemisch aus den lamellaren Phasen Eisen und Eisencarbid *(Bild 2.5.14, oben)*. Da dieses Gemisch unter dem Mikroskop perlmuttartig aussieht, wird es Perlit genannt. Bei Raumtemperatur liegt also ein Gemisch aus Ferrit und Perlit vor (untereutektoider Stahl).

C 80. Bis in den Austenitbereich verhält sich die Legierung analog der Legierung C 45. Durch den höheren C-Anteil wird die Umwandlung in das krz-Gitter noch stärker behindert. Erst bei 723 °C erfolgt die Umwandlung. Bei dieser Legierung wird kein Ferrit ausgeschieden. Sie wandelt sich insgesamt in Perlit um. Es ist also in diesem Teilsystem das «Eutektikum». Da es sich hier um ein eutektoidisches System handelt, nennt man diesen Stahl Eutektoid.

C 110. Bei mehr als 0,8% C (übereutektoide Stähle) kommt es zunächst zur Ausscheidung von reinem Fe_3C (Zementit; *Bild 2.5.14, unten*). Für den Werkstoff C 110 erfolgt dieser Vorgang zwischen 850 °C und 723 °C. Bei 723 °C wandelt sich dann der Restaustenitanteil in Perlit um. Ein C 110 besteht demnach bei Raumtemperatur aus Perlit und Zementit.

Entscheidend für die Wärmebehandlung ist nun das gezielte Ausnutzen der beschriebenen Gefügeumwandlungen *(Bild 2.5.15)*.

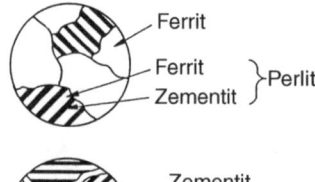

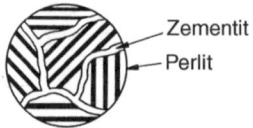

Bild 2.5.14
Verdeutlichung der Gefügebestandteile. Oben: C 45; Ferrit ist das relativ weiche Eisen, Zementit das harte Fe_3C. Unten: C 110; Schalenzementit ist im Gefügebild weiß.

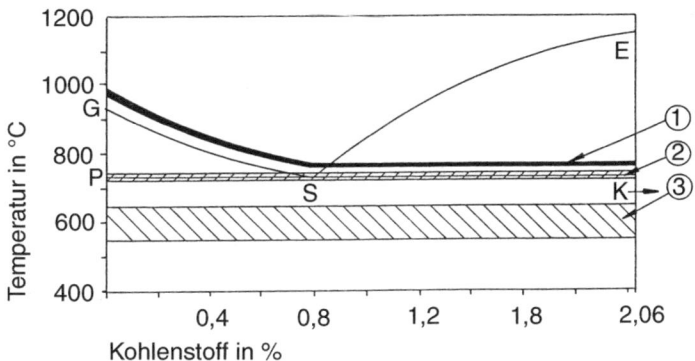

Bild 2.5.15 Wärmebehandlungstemperaturen für Stahl
Wärmebehandlungstemperaturen in dem für Stahl wichtigen Ausschnitt des Fe-Fe$_3$C-Diagramms
1 Härten und Normalglühen; 2 Weichglühen; 3 Spannungsarmglühen

Härten
Beim Härten erwärmt man Stähle auf eine Temperatur, die ca. 50 °C oberhalb der GSK-Linie liegt, hält sie und schreckt sie dann entweder in Öl oder in Wasser ab. Das Halten dient der Durchwärmung und ist abhängig von der Dicke des Bauteils. Durch das schnelle Abkühlen hat der Kohlenstoff nicht die Zeit, Fe$_3$C zu bilden. Die γ-Mischkristalle bleiben noch weit unterhalb der PSK-Linie erhalten. Bei ca. 350 °C klappt das kfz-Gitter des Eisens in das kleinere krz-Gitter um. Der Kohlenstoff, der eigentlich nicht in dieses Gitter passt, verspannt und verzerrt es. Diese Spannungen machen den Stahl hart. Die so entstandenen Kristallite nennt man Martensit. Die Martensitbildung erfolgt ohne Diffusion mit Schallgeschwindigkeit. Das Härten ist nur mit mindestens 0,2% C möglich. Stähle, die weniger als 0,2% C enthalten, müssen eingesetzt werden. **Einsetzen** ist das Einbringen von Kohlenstoff in die Randschichten durch Diffusion. Gehärtete Einsatzstähle sind deshalb in den Randschichten hart und im Kern meistens zäh (z.B. Zahnräder). Übereutektoide Stähle werden nicht bis in den Austenitbereich erwärmt, da der Zementitanteil bereits hart ist und nicht mehr umgewandelt werden muss.

Spannungsarmglühen
Durch Umformen oder Schweißen entstehen Spannungen im Gitteraufbau, die durch ein Glühen unterhalb der PSK-Linie gemindert werden. Die eingebrachte Wärme ermöglicht Diffusion und somit den Abbau von Spannungen, ohne Gitterbauveränderungen herbeizuführen.

Weichglühen
Das Perlitgefüge ist im Allgemeinen lamellar. Durch die unterschiedliche Härte des Gefüges (weiches Ferrit, hartes Zementit) wird die spanende Bearbeitung erschwert. Durch ein pendelndes Glühen um 723 °C wird lamellarer Perlit in kugelförmigen Perlit umgewandelt. Der jetzt kugelförmige Zementit beansprucht Werkzeugschneiden weniger und erleichtert auch das Umformen.

Normalglühen
Normalglühen wendet man an, wenn z.B. beim Gießen, Walzen oder Schmieden grobe oder ungleichmäßige Körner entstanden sind. Durch Glühen bei einer Temperatur 50 °C über der GSK-Linie und ein langsames Abkühlen erfolgt annähernd neuer, normaler Gefügeaufbau. Um den Schalenzementit aufzulösen, muss oberhalb GSE geglüht werden.

Anlassen und Vergüten
Anlassen nennt man das Erwärmen eines gehärteten Werkstückes auf eine Temperatur bis zu 300 °C und Halten dieser Temperatur mit nachfolgendem Abkühlen, um die «Glashärte» in eine «Gebrauchshärte» umzuwandeln. Mit zunehmender Anlasstemperatur nehmen Zugfestigkeit und Härte ab, während Dehnung und Zähigkeit zunehmen.

Vergüten ist Härten mit nachfolgendem Anlassen im möglichst oberen Temperaturbereich (500 °C bis 600 °C), um eine optimale Zähigkeit bei ausreichender Zugfestigkeit zu erzielen. Vergütungsstähle haben von 0,2% bis 0,6% C.

Tabelle 2.8 Übersicht der Stahlwerkstoffe

AMS	Zusammensetzung oder Norm	Werkstoffnummer	Dichte in kg/dm^3	R_m in N/mm^2	$R_{p0,2}$ in N/mm^2	L_R in km	L_D in km	Dehngrenzenvh.	E-Modul in N/mm^2	Bruchdehnung in %	Verwendung
5557	X10CrNiTi18 9	1.4544 (30321)	7,9	735	210	9,48	2,70	0,29	200000	40	WIG-schweißbar, Rohre, Sicherungsdraht, Splinte, Abgasanlage
	X10CrNiNb18 9	(30347)	7,9	750	250	9,67	3,2	0,33	200000	40	
5643	16%Cr; 4%Ni; Cu; Cb; Ta	1.4548 (PH17-4)	ca. 7,9	1330	1190	17,2	15,4	0,89	207000	10	gut spanbar, Bolzen, Buchsen
5657	0,07%C; 15%Cr; 7%Ni; 2,5%Mo; 1%Al	1.4974 (PH15-7)	7,8	1550	1170	20,2	15,2	0,75	199000	5	schwierig WIG-schweißbar, Schmiedestücke, Zwischenlagen
5768	0,1%C; 21%Cr; 20%Ni; 19%Co	1.4974	8,25	960	345	11,9	4,26	0,36	201000	30	Bolzen, Schrauben
6514	18%Ni; 9%Co; 5%Mo; 0,7%Ti	1.6354 Maraging 280	ca. 7,9	1960	1910	25,3	24,6	0,97	197000	4	Schweißteile, Stangen, Bleche
	30CrNiMo8	1.6604 o.AISI 4340	7,85	1450	1050	18,8	13,6	0,72	199000	9	gut spanbar, Schmiedestücke, Rohre
	30CrMoV9	1.7734	7,85	1250	1050	16,2	13,6	0,84	206000	9	Gut WIG-schweißbar, Triebwerkträger, Beschläge, Streben
5330	0,8%Cr; 1,8%Ni; 0,35%Mo; 0,38-0,46%C	(4340M)	ca. 7,9	1400	1260	18,1	16,3	0,9		5	Fahrwerk
5517	18%Cr; 8%Ni	(30301)	ca. 7,9	1050	525	13,5	6,8	0,5		25	Zwischenlagen, Bleche, Distanzstücke
5561	9%Mn; 20%Cr; 6,5%Ni; 0,28%N	21-6-9	ca. 7,9	1134	840	14,6	10,8	0,74		20	Hydraulikleitungen
5566	19%Cr; 10%Ni	(30304)	ca. 7,9	910	630	11,7	8,2	0,69		20	Hydraulik-Hochdruckleitungen

Ausscheidungshärten
Hochlegierte Stähle mit hohen Anteilen an Ni, Cr und Co sowie Ti- und Al-Zusätzen bilden Ausscheidungen, die die Wanderung von Versetzungen erschweren und somit verfestigend wirken. Bei amerikanischen Werkstoffangaben führen diese Stähle oft die Zusatzbezeichnung PH (Precipitation Hardening).

Stahlwerkstoffe sind in einer Übersicht in *Tabelle 2.8* dargestellt.

> ### ✎ Übung
> 1. Warum muss dem *Roheisen* Kohlenstoff entzogen werden?
> 2. Durch welche Verfahren erhält man den qualitativ besten Stahl?
> 3. Erklären Sie den Begriff *Altern*.
> 4. Erklären Sie die Gefügearten *Ferrit, Perlit, Zementit, Austenit sowie Martensit* und nennen Sie deren Eigenschaften.
> 5. Beschreiben Sie das *Abkühlungsverhalten* eines C 150 von 1600 °C bis Raumtemperatur.
> 6. Worin besteht der Unterschied zwischen *Härten und Aushärten*?

2.5.3 Titan und Titanlegierungen

Titanwerkstoffe zeichnen sich durch Eigenschaften aus, die speziell für den Flugzeugbau von besonderer Bedeutung sind. Zu diesen Eigenschaften zählen:

- die hohe spezifische Zugfestigkeit (auch bei erhöhten Temperaturen),
- die sehr gute Korrosionsbeständigkeit,
- die Umformmöglichkeit durch SPF (superplastisches Formen, vgl. Kapitel 4) in Verbindung mit Diffusionsschweißen.

Herstellung von Titan
Die Herstellung von Titan erfolgt in zwei Vorgängen:

1. Titanschwammerzeugung (Kroll-Prozess; KROLL entwickelte 1940 dieses Verfahren; 1948 wurde es erstmals großtechnisch angewendet),
2. Schmelzen von Titanschwamm.

Kroll-Prozess
Ausgangsprodukt für die Herstellung von Titan ist das Titanerz (Rutil = TiO_2; Ilmenit = $FeTiO_3$). Zunächst wird Titanerz von der Gangart befreit, mit Koks vermischt und bei ca. 800 °C mit Chlorgas versetzt. Hierbei entsteht gasförmiges Titantetrachlorid ($TiCl_4$), das kondensiert und gereinigt eine farblose Flüssigkeit ist. Unter Argon als Schutzgas wird Titantetrachlorid durch geschmolzenes Magnesium reduziert. Durch diese Reduktion bilden sich Titanschwamm und Magnesiumchlorid. Das Magnesiumchlorid wird mittels Elektrolyse in Chlorgas und Magnesium gespalten und dem

Prozess wieder zugeführt. Titanschwamm wird dann gegebenenfalls unter Zusatz von Legierungselementen gepresst. Der gepresste Titanschwamm wird anschließend geschmolzen.

Schmelzen von Titanschwamm
Das Schmelzen von Titanschwamm zu Blöcken oder Halbzeugen ist besonders problematisch. Das liegt nicht nur an seinem hohen Schmelzpunkt (er liegt bei etwa 1700 °C), sondern auch daran, dass Titan im schmelzflüssigen Zustand Verbindungen mit den meisten Elementen eingeht. Dies gilt besonders für Sauerstoff und Stick-stoff, die eine erhebliche Härtesteigerung und Versprödung des Titans bewirken. Aus diesem Grund wird Titan im Hochvakuum mit einem elektrischen Lichtbogen erschmolzen. Hierbei dient wegen der möglichen Verunreinigung als Elektrode das zu erschmelzende Titan selbst. Um ein Höchstmaß an Reinheit und Gleichmäßigkeit zu erzielen, werden die Blöcke ein zweites Mal geschmolzen. Das Abkühlen der Blöcke erfolgt auch im Vakuum.

Wärmebehandlung von Titanlegierungen
Wegen der großen Affinität von Titan zu den Gasen Sauerstoff, Stickstoff und Wasserstoff sind spezielle Erwärmungsvorschriften zu beachten (z.B. durch Widerstandserwärmung). Man unterscheidet im Wesentlichen zwei Wärmebehandlungsverfahren:

Glühen. Durch Glühen bei Temperaturen zwischen 550 °C (z.B. bei Reintitan) und 750 °C (z.B. bei 3.7164) erhält man ein normales entspanntes Gitter. Die Glühtemperaturen entsprechen annähernd den Warmformungstemperaturen. Nach dem Glühen erfolgt das Abkühlen in Luft.

Aushärten. Titanlegierungen werden praktisch nur warmausgehärtet. Wie einige Aluminiumlegierungen (vgl. Wärmebehandlung von Aluminiumlegierungen), so erfüllen auch einige Titanlegierungen die Voraussetzungen zur Aushärtbarkeit. Zu diesen Legierungen zählen insbesondere: 3.7124, 3.7144, 3.7164 und 3.7174. Nicht aushärtbar sind Reintitan und die Legierung 3.7114.

Das Aushärten erfolgt durch die Arbeitsschritte Lösungsglühen, Abschrecken und Auslagern. Für die am häufigsten verwendete Titanlegierung 3.7164 (TiAl6V4) liegt die Lösungsglühtemperatur bei 930 °C. Das Abschrecken erfolgt in Wasser. Die Warmauslagerungstemperatur liegt bei 500 °C. Diese Legierung erreicht durch die Warmaushärtung eine Zugfestigkeit von 1140 N/mm^2.

Zustandsbezeichnungen für Titanwerkstoffe (Auswahl):
.0 unbehandelt
.1 geglüht
.7 warmausgehärtet
.9 behandelt nach besonderen Angaben

Tabelle 2.9 Übersicht der Titanwerkstoffe

AMS	Zusammensetzung oder Norm	Werkstoffnummer	Dichte in kg/dm³	R_m in N/mm²	$R_{p0,2}$ in N/mm²	L_R in km	L_D in km	Dehngrenzenvh.	E-Modul in N/mm²	Bruchdehnung in %	Verwendung
	Ti 99,5	3.7024.0	4,51	410	195	9,3	4,4	0,48	108000	30	Nasen, Triebwerksverkleidung, Brandschott
4902	Ti 99,4	3.7034.0	4,51	530	265	11,9	5,9	0,5	108000	22	Schweißteile, Niete
4900	Ti 99,3	3.7054.0	4,51	570	314	12,9	7,1	0,55	108000	17	Schweißteile
4901	Ti 99,2	3.7064.0	4,51	716	432	16,2	9,8	0,6	108000	16	Beplankung schnellfliegender Flugzeuge
4910	TiAl5Sn2,5	3.7114.1	ca. 4,5	814	765	18,4	17,3	0,94	ca. 105000	10	Nasen, Behälter, Abgasanlagen, Verdichter
	TiCu2	3.7124.1	ca. 4,5	540	460	12,2	10,4	0,85	ca. 105000	15	Brandschott, Beplankung
	TiAl6Sn2Zr4Mo2	3.7144.7	ca. 4,5	900	830	20,4	18,8	0,92	ca. 105000	8	Verdichter, Triebwerksaufhängung
	TiAl6Zr5	3.7154.7	ca. 4,5	900	850	20,4	19,2	0,86	ca. 105000	6	Verdichter
4911	TiAl6V4	3.7164.1	4,4	920	870	21,3	20,2	0,95	110000	8	Verdichterschaufeln, Bolzen, Schrauben
4918	TiAl6V6Sn2	3.7174.1	4,54	1070	1000	24,0	22,5	0,93	118000	10	Holme, Spante, Schrauben, Rotorkopf
	TiAl8V1Mo1		4,37	930	690	21,7	16,1	0,74	120000	18	Verwendung Verdichter

ⓘ *In der ASM(Aerospace Specification Metals)-Bezeichung steht der prozentuale Anteil mit einem Bindestrich vor dem Legienungselement.*
   z.B.:   *NE-Norm*   *TiAl8V1Mo1*
         ASM-Bez.   *Ti-8Al-V1-Mo1*
         oder auch   *Ti-8Al-Mo1-V1*

Allgemeine Bearbeitungshinweise:

- ❏ Das hohe Dehngrenzenverhältnis, insbesondere von legiertem Titan, lässt eine Kaltumformung nur bedingt zu. Aus diesem Grund werden Titanlegierungen in der Regel warm umgeformt (Warmumformung bedeutet gleichzeitig eine Wärmebehandlung.)
- ❏ Die große Affinität des Titans zu den atmosphärischen Gasen im hochwarmen Zustand erfordert einen Oberflächenschutz beim Warmumformen. Die Oberflächenschutzmittel sollten Graphit- und Molybdänsulfitstaub enthalten, der gleichzeitig als Gleitmittel zwischen dem Werkzeug und dem Bauteil dient und die Reibung im warmen Zustand günstig beeinflusst.
- ❏ Titan ist besonders gegen schwer entflammbare Hydraulikflüssigkeiten auf Phosphat-Ester-Basis (vgl. Kapitel 10) zu schützen.

❏ Verbindungselemente aus Titan werden oft eloxiert (blaue Färbung) oder kadmiert geliefert. Kadmierte Verbindungselemente dürfen nicht in Warmbereichen eingesetzt werden.
❏ Titanteile dürfen nicht mit wasserstoffabgebenden Mitteln behandelt werden, da der Wasserstoff vom Titan aufgenommen wird und so genannte Hydridplättchen im Gefüge ausscheidet. Diese können zur Rissbildung führen.
❏ Das Schleifen sollte stets mit aluminiumoxid-, siliziumcarbid- oder titanoxidbeschichteten Schleifwerkzeugen erfolgen. (Jede Schnittkante muss beim Kantbiegen geschliffen werden.)
❏ Die spanende Bearbeitung wird mit niedrigen Schnittgeschwindigkeiten durchgeführt.
❏ Für das Schweißen von Titan ist eine Schutzgasatmosphäre erforderlich.

Titanwerkstoffe sind in einer Übersicht in *Tabelle 2.9* dargestellt.

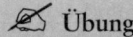

Übung

1. Beschreiben Sie die *Herstellung von Titan* stichwortartig, und geben Sie dabei auftretende Schwierigkeiten an.
2. Bei bis zu wie viel %-Anteilen an Beimengungen in Titan spricht man von Reintitan?
3. TiAl6V4 zählt zu den meistbenutzten Titanlegierungen. Welche maximale spezifische Zugfestigkeit erreicht dieser Werkstoff?
4. Nennen Sie drei Bearbeitungshinweise, die im Umgang mit Titan beim Umformen zu beachten sind.

2.5.4 Faserverbundwerkstoffe

Die Möglichkeiten, bei Verwendung herkömmlicher Aluminiumlegierungen im Zellenbau größere Massenreduzierungen zu erreichen, sind heute praktisch erschöpft. Aus diesem Grund werden in zunehmendem Maße die Faserverbundwerkstoffe CFK, AFK und GFK (vgl. Abschnitt 2.1) eingesetzt.

Mechanische Eigenschaften
Das Verhalten der Faserverbundwerkstoffe weicht stark von dem der Legierungen ab. Die Eigenschaften sind vom Matrix- und Faserwerkstoff, vom Anteil und von der Richtung der Fasern sowie von der Herstellungsart abhängig.

Die Werkstoffauswahl für Bauteile erfolgt in erster Linie aufgrund der mechanischen Eigenschaften (*Tabelle 2.10*).

CFK und GFK weisen im Gegensatz zu AFK in ihrem Bruchverhalten keinen plastischen Bereich auf. Der Übergang vom elastischen Bereich zum Bruch erfolgt schlagartig, ähnlich dem Verhalten von Holz.

Für stark zug- und druckbeanspruchte Bauteile, die gleichzeitig eine hohe Steifigkeit aufweisen müssen, wird meist CFK verwendet. AFK (geringere Dichte) ergibt einen Werkstoff, der weniger druckbelastbar ist. GFK (höhere Dichte) kommt nur dort als Ersatz für AFK zur Anwendung, wo deren Druckfestigkeit nicht ausreicht.

Tabelle 2.10 Mechanische Eigenschaften von CFK, AFK, GFK

Mechanische Eigenschaften	Werkstoffe		
unidirektionaler Faserverlauf *	CFK	AFK	GFK
Zugfestigkeit (0°) in N/mm^2	2000	2200	1000
Zugfestigkeit (90°) in N/mm^2	45	30	35
Druckfestigkeit (0°) in N/mm^2	1100	270	580
Druckfestigkeit (90°) in N/mm^2	140	140	140
Scherfestigkeit in N/mm^2	100	55	80
E-Modul (0°) in N/mm^2	150000	80000	45000
Dichte in kg/dm^3	ca. 1,7	ca. 1,4	ca. 2,4

*) Die Richtung der Fasern wird in Grad zur Beanspruchungsrichtung angegeben.

Insbesondere bei der Kohlenstofffaser kann aufgrund der Vielzahl der angebotenen Faserarten, die durch unterschiedliche Herstellungsarten und spezielle Wärmebehandlungsverfahren erzeugt werden, für jeden Anspruch die geeignete Faser gewählt werden.

Kohlenstofffaserarten werden nach ihrer Steifigkeit (die Angabe der E-Modul-Werte gelten für den Faserwerkstoff und nicht für den Faserverbundwerkstoff) E-Modul in N/mm^2 unterteilt in:

HT	high tenacity	hochfest	ca. 220 000
IM	intermediate modulus	mittelsteif	ca. 300 000
HM	high modulus	hochsteif	ca. 380 000
UHM	ultra high modulus	ultrasteif	ca. 520 000

Neben den mechanischen müssen spezielle chemische Eigenschaften und weitere Kriterien wie z.B. Werkstoff- und Fertigungskosten sowie Wartungs- und Reparaturmöglichkeiten berücksichtigt werden *(Bild 2.5.16)*.

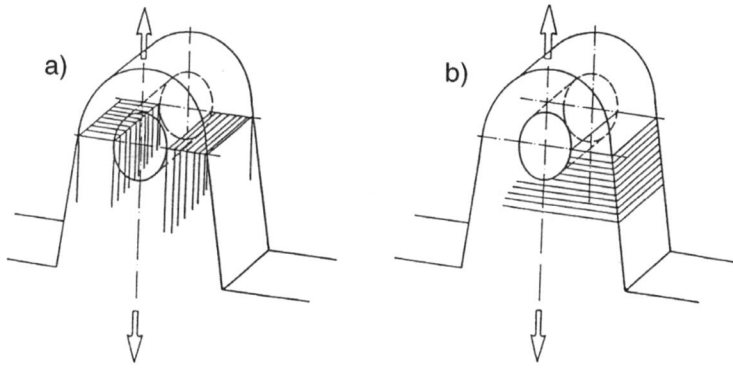

Bild 2.5.16 Faserorientierung im Bauteil
a) Mögliche *richtige Orientierung* der Fasern, da die Einzellaminate in Richtung des Kraftflusses angeordnet sind
b) *Falsche Orientierung* der Fasern, da die Einzellaminate quer zum Kraftfluss liegen

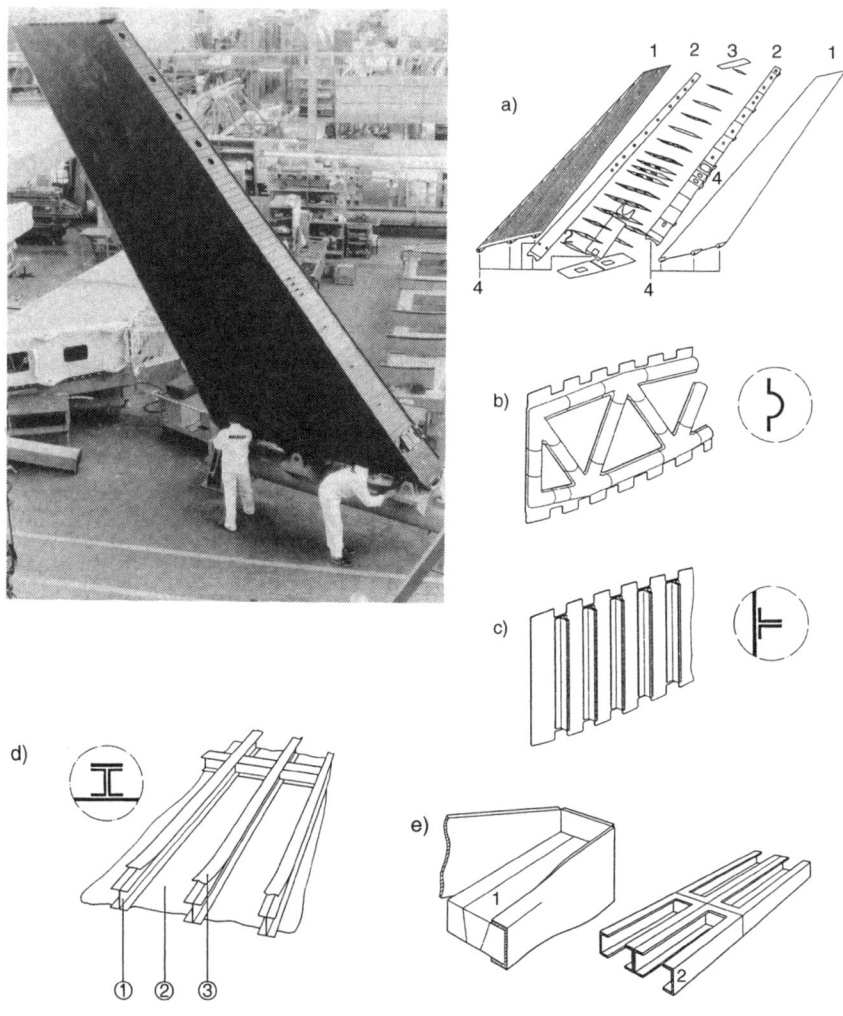

Bild 2.5.17 Seitenleitwerksholmkasten des A 310 aus CFK
Für den Seitenleitwerksholmkasten wurde Kohlefaser (Typ KC 20 nach LN 29964) im Verbund mit Epoxidharz, das bei 120 °C aushärtet, verwendet. Der Werkstoffaufbau der Schale besteht aus ±45°-Lagen mit örtlichen Verstärkungen aus 0°-unidirektionalen Tapes (Gewebestreifen). Der Strukturaufbau in Faserverbundbauweise:
a) Hauptbauelement des SLW-Mittelkastens
    1 versteifte Schalen; 2 Holmstege; 3 Rippen; 4 integrierte Beschläge
b) Fachwerkrippe, hergestellt in einer Formmulde
c) Vollwandrippe, hergestellt in Modultechnik
d) Hauptbestandteile einer Schale
    1 Modulgitter; 2 Haut; 3 Stringerinnengurt
e) Herstellen eines Modulgitters
    1 dreiteiliger Aluminiumkern, um diesen wird ein Prepreg gelegt; 2 Aus einer Vielzahl von Modulen entsteht das Gitter. Es wird zusammen mit der Haut sowie den Stringergurten ausgehärtet. Beim Entformen wird zuerst das Mittelstück des Kerns entnommen, dann die Seitenteile.

Bild 2.5.18
Faserverbundbauteile
a) Monolithische Wandung (aus mehreren Laminaten hergestellt)
b) Wabe-Laminat-Verbund
 1 Standardprepreg
 2 Klebeprepreg
 3 Wabe

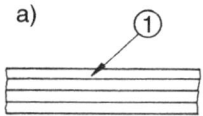
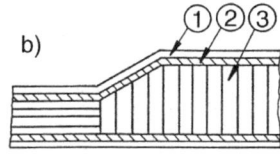

Herstellung von Faserverbundbauteilen
Laminieren
Durch das Laminieren von Hand (Handauflegeverfahren) werden Einzelstücke hergestellt. Dabei werden auf eine Form abwechselnd dünne Harzschichten mit einem Pinsel oder Roller auf Fasermatten aufgetragen.

Prepreg-Verfahren
Bei diesem Verfahren erfolgt der Aushärtungsprozess der durch Harz imprägnierten Matten (Prepregs) im Autoklav. Die Aushärtungstemperaturen von duromeren Matrixsystemen liegen bei etwa 180 °C. Standardprepregs haben einen Harzanteil von ca. 40%. Bei der Verwendung von Waben werden so genannte Klebeprepregs (erhöhter Harzanteil) als direkte Verbindung zur Wabe benutzt, um die Benetzung der Wabe ohne Ausmagerung des Laminates sicherzustellen.

Kalt- oder Warmpressen
Beim Kalt- oder Warmpressen werden Prepregs oder faserverstärkte Harzpressmassen entweder kalt oder bei erhöhter Temperatur zu Bauteilen gepresst.

Wickelverfahren
Beim Wickelverfahren werden Fasern, die durch ein Harzbad gezogen werden, auf einen rotierenden Körper gewickelt. Es entstehen so Behälter, Rohre usw.

RTM-Verfahren
Das RTM-Verfahren (Resin-Transfer-Moulding) ist ein Harzinjektionsverfahren, das technologisch die Verfahren des Pressens und des Spritzgießens verbindet. Bei diesem Verfahren werden trockene Faserhalbzeuge (mehrere vernähte multidirektionale Gewebe) in ein Werkzeug, bestehend aus zwei Metallhälften, gelegt. Das Matrixharz wird dann unter Druck in die geschlossene Werkzeugform injiziert und härtet unter Wärme aus. Ein Vorteil dieses Verfahrens ist u.a. die längere Lagerzeit des Fasermaterials gegenüber den Prepregs. Mit diesem Verfahren werden die Spoilerbeschläge für die A 340 gefertigt.

RFI-Verfahren
Bei dem RFI-Verfahren (Resin-Film-Infusion) wird ein Heiß-Flüssigharz-System verwendet. Der Harzfilm wird auf eine aus nickellegiertem Stahl bestehende Form, die mit

Bild 2.5.19
Druckschott der A 380

einem Trennfilm versehen ist, aufgeklebt. Auf diesen Harzfilm werden dann so genannte Faserteppiche (vernähte Gelege) aufgebracht. Der Lagenaufbau wird erweitert durch Entlüftungsvliese und eine weitere Folie, die mit Löchern versehen ist, um während des Autoklavvorgangs ein Austreten des Harzüberschusses zu gewährleisten. Mit dem RFI-Verfahren wird das Druckschott der A 380 hergestellt (*Bild 2.5.19*).

Allgemeine Bearbeitungshinweise
Der Einsatz faserverstärkter Werkstoffe, insbesondere CFK, erfordert die Beachtung einiger Besonderheiten.

Beeinflussung der Festigkeit durch Feuchte und Temperatur
CFK nimmt Wasser aus der Umgebung auf, d.h. auch aus der normalen Luftfeuchtigkeit. Der Feuchtegehalt richtet sich nach den klimatischen Umgebungsbedingungen und beeinflusst in der Hauptsache die mechanischen Eigenschaften quer zur Faserrichtung. Die Druckfestigkeit wird auch in Faserrichtung beeinflusst.

Eine gleichmäßige Wassersättigung tritt nach ca. 3 Jahren Flugbetrieb ein, mit einem geschlossenen Oberflächenschutz (Primer, Decklack) nach 5 Jahren. Die Wassereindringgeschwindigkeit wird durch zunehmende Oberflächengüte verringert, so dass nach dem Aushärten eine Porensuche und gegebenenfalls ein Nachheizen notwendig ist.

Elektrische Leitfähigkeit
Im Gegensatz zu GFK und AFK besitzt CFK eine elektrische Leitfähigkeit, die allerdings nicht ausreicht, bei Blitzeinschlägen den Strom ohne Laminatbeschädigung abzuleiten. Aus diesem Grund sind CFK-Teile z.B. durch Aluminium-Blitzableiter oder eingelegtes Stahldrahtgewebe (*wire mash*) zu schützen. Die Bearbeitungsmaschinen müssen wegen der Kurzschlussgefahr, die der CFK-Staub bewirkt, staubgeschützt sein.

Bearbeitbarkeit
Die spanende Bearbeitung der ausgehärteten Bauteile erfolgt mit Spezialwerkzeugen. Das Sägen wird mit diamantbeschichteten Blättern, Fräsen, Bohren (Anschliff ähnlich einem Holzbohrer) sowie Senken mit Hartmetallwerkzeugen trocken durchgeführt. Das Schleifen ist z.T. auch nass möglich, erfordert jedoch immer eine bestimmte Ablüftungszeit. Für das Zuschneiden werden derzeit neue Schneidtechnologien, wie z.B. das Wasserstrahlschneiden, entwickelt.

Korrosion
Wegen der unterschiedlichen Wertigkeit in der Spannungsreihe (vgl. Kapitel 3) kommt es bei der Paarung Metall–CFK zur Korrosion. Ein entsprechender Korrosionsschutz ist unumgänglich. Beim Fügen mit Metallen muss am Faserbauteil als äußerste Schicht ein nicht leitender Werkstoff (GFK, AFK, Tedlarfolie) vorhanden sein. Zusätzlich muss beim Fügen der Zusammenbau mit Dichtmitteln erfolgen.

Lagerfähigkeit
Prepregs haben im Allgemeinen eine auf 6 Monate begrenzte Lagerfähigkeit und müssen in Kühltruhen aufbewahrt werden. Zu beachten sind die Verarbeitungsfristen nach erfolgter Entnahme der Prepregs aus der Kühlkammer.

Arbeitssicherheit
Der Umgang mit Kunststoffen, Fasern und Prepregs erfordert im besonderen Maße die Einhaltung der Arbeitssicherheitsvorschriften.

> **✎ Übung**
>
> 1. Was bedeuten die Abkürzungen *CFK, AFK und GFK*?
> 2. Vergleichen Sie CFK, AFK und GFK in Bezug auf die *Werkstoffeigenschaften*.
> 3. Welche Probleme bestehen beim Umgang mit CFK und welche technischen Lösungsmöglichkeiten gibt es hierfür?

2.5.5 GLARE®

Der Werkstoff GLARE® (**gla**ssfiber **re**inforced = glasfaserverstärkt) zeichnet sich u.a. dadurch aus, dass ähnlich wie bei Faserverbundwerkstoffen die Werkstoffeigenschaften gezielt eingestellt werden können. Dies ist durch das Variieren von Anzahl und Dicke der Aluminiumlagen wie auch der GFK-Lagen möglich.
Der Werkstoff kommt erstmalig in großem Umfang bei der A 380 zum Einsatz (*Bild 2.5.20*).

Herstellung von GLARE®
GLARE® wird in einer Klebevorrichtung laminiert und anschließend in einem Autoklaven ausgehärtet. Im Gegensatz zur Flugzeugaußenhaut aus einer Al-Legierung, die

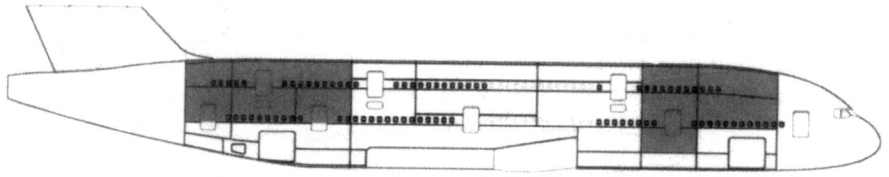

Bild 2.5.20   Einsatz von GLARE® in der Rumpfstruktur des Airbus A 380

z.B. durch chemisches Abtragen oder Streckziehen ihre endgültige Form erhält, wird das GLARE®-Hautfeld in einem Arbeitsgang, ähnlich wie bei der Herstellung von Faserverbundbauteilen, gefertigt. Der wechselnde Aufbau von Al-Blech und GFK-Prepregs erfolgt nach so genannten Legeplänen.

Mechanische Eigenschaften (*Tabelle 2.11*)
Im Vergleich zur konventionellen Al-Legierung 2024 übertrifft der Werkstoff GLARE® die mechanischen Eigenschaften R_m und $R_{p0,2}$ bei einer Dichte von ca. 2,5 kg/dm³.

Tabelle 2.11   Mechanische Eigenschaften von GLARE®

Werkstoff	Zugfestigkeit in N/mm²	Dehngrenze in N/mm²	Dichte in kg/dm³
GLARE®-Typ 1	1280	540	2,5
GLARE®-Typ 2	550	360	2,48
GLARE®-Typ 3	720	300	2,52
GLARE®-Typ 4	930	350	2,4

Allgemeine Bearbeitungshinweise
Beim Bohren von GLARE® besteht das Risiko der Delamination. Deshalb sollte der Vorschub maschinell ausgeführt werden. Sollte dies nicht möglich sein, müssen Vorkehrungen gegen Delamination (z.B. mit einem Holzklotz gegenhalten) getroffen werden. Das Bohren erfolgt mit speziellen Spiralbohrern, die Holzbohrern ähneln.
   Beim Senken von GLARE® ist darauf zu achten, dass der restzylindrische Anteil der Bohrung die Dicke der Aluminiumlage mit umfasst.
   Bei der spanenden Bearbeitung ist immer eine Absaugung erforderlich.
   Während der Bearbeitung kommt es zu einer Erwärmung des Bauteils. Insbesondere zunehmender Werkzeugverschleiß führt zu einem Anstieg der Temperatur, die im Extremfall zu einer Zerstörung der Harzmatrix führen kann. Schnell laufende Werkzeuge mit mehr als 4500 min⁻¹ dürfen nicht verwendet werden. 80 bis 90 °C sind als kritischer Temperaturbereich anzusehen.
   Beim Nieten von GLARE® (vgl. Abschnitt 5.1) werden Vollniete nach EN 6069 (vorher LN 9198), EN 6101 oder EN 6080 verwendet. Sie sind aus dem Werkstoff

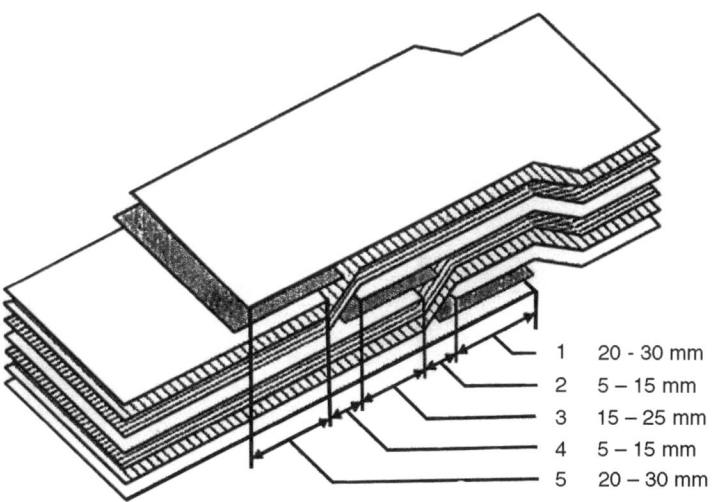

Bild 2.5.21 Splicen von GLARE®-Blechen
1 und 5 außenseitige Überlappung im Laminat 20...30 mm
2 und 4 Splice-Lücken zwischen verschiedenen Aluminiumblechüberlappungen 5...15 mm
3 Aluminiumblechüberlappungen innerhalb des Laminats 15...25 mm

2017A T4 und werden als D-Niete bezeichnet. Bis zu einem Durchmesser von $^4/_{32}$ Zoll können diese Niete kaltgeschlagen werden. Ab $^4/_{32}$ Zoll müssen die Niete vor der Verarbeitung lösungsgeglüht werden.

Bleche in den Stärken 0,3 und 0,4 mm sind nur in den Breiten 1320 mm bzw. 1520 mm vorrätig. Breitere Bauteile können durch Splicen hergestellt werden *(Bild 2.5.21)*.

✎ Übung

1. Was bedeutet die Abkürzung GLARE®?
2. Vergleichen Sie GLARE® und die Al-Legierung 2024 in Bezug auf die *Werkstoffeigenschaften*.
3. Welche Probleme bestehen beim Umgang mit GLARE®?

3 Korrosion und Oberflächenschutz

3.1 Korrosion

Man unterscheidet bei der Korrosion zwischen chemischer und elektrochemischer Korrosion. Fast alle Metalle neigen dazu, sich im Laufe der Zeit mit dem Luftsauerstoff zu verbinden. Dabei bilden sich mineralische Metalloxide. Man spricht deshalb auch von **Oxidation**. Die Metalloxide sind stofflich eng verwandt mit den Erzen oder Erden (z.B. Bauxit), aus denen man zuvor die Metalle gewonnen hat.

Die Oxidation ist ein chemischer Angriff auf ein Metall. Besonders die technischen Säuren wie Schwefelsäure, schweflige Säure und andere aggressive Industrieerzeugnisse, die oft in der Atmosphäre auftreten, sind Ursache für eine chemische Korrosion im Bereich der Flugzelle. Die chemischen Korrosionsprodukte bilden sich vorwiegend auf den metallischen Oberflächen von Strukturblechen und Bauteilen.

Bei rein chemischer Korrosion laufen die Vorgänge im atomaren Bereich in Abwesenheit eines Elektrolyten ab. Ein messbarer Elektronenfluss unterbleibt, da der Elektronenaustausch zwischen den beteiligten Reaktionspartnern direkt erfolgt. Die chemische Korrosion tritt gegenüber der elektrochemischen Korrosion wesentlich seltener auf.

Bereits bei Normaltemperaturen überziehen sich die meisten Metalle mit einer Oxidschicht. Selbst bei Edelmetallen findet zumindest noch eine Sauerstoffabsorption an der Oberfläche statt. Bei einigen Metallen (z.B. Kupfer, Chrom, Nickel sowie Aluminium) wirkt die gebildete dünne Oxidschicht als Schutz vor einem weiteren Angriff des darunter liegenden Metalls. Die Witterungsbeständigkeit derartiger Metalle wird häufig technisch genutzt.

Da bei Korrosionsvorgängen in der Atmosphäre und im Erdboden in der Regel Luft- und Bodenfeuchtigkeit einwirken, geht die chemische Korrosion oft unter Elektrolytbildung in die elektrochemische Korrosion über.

Bild 3.1.1 zeigt Europa mit drei Korrosionsempfindlichkeitsbereichen. Im waagerecht gestrichelten Bereich ist die Kombination von Luftfeuchtigkeit und Salzgehalt gering, so dass eine geringe Korrosionsbildung zu erwarten ist. Im senkrecht gewellten Bereich ist eine mittlere Korrosionsbildung zu erwarten. Die punktierten Küstenbereiche weisen hohe Luftfeuchtigkeit und hohen Salzgehalt auf. Die Korrosionsentwicklung schreitet hier besonders rasant fort.

Bild 3.1.1 Die europäischen Korrosionsempfindlichkeitszonen

Die zweite Ursache für alle möglichen, z.T. starken Korrosionserscheinungen am Flugzeug ist folglich die elektrochemische Korrosion, die als galvanische Zersetzung zu verstehen ist. Am häufigsten tritt sie zwischen benachbarten Bauteilen auf, deren Metalle unterschiedliche elektrochemische Potentiale *(Bild 3.1.2)* aufweisen, unter gleichzeitiger Einwirkung einer elektrisch leitenden Flüssigkeit oder Feuchtigkeit, d.h. eines Elektrolyten.

Von gefährlicher Auswirkung kann auch eine elektrochemische Korrosion zwischen zusammenlegierten Leicht- und Schwermetallen zum Zweck der Wärmebehandelbarkeit (Festigkeitssteigerung!) sein. Die im Flugzeugbau seit Jahrzehnten bekannten Dural-Sorten AlCuMg (2024 und moderne Varianten wie z.B. das im Airbus A 380 eingesetzte 2524) sowie AlZnMgCu (7075, 7150, 7055 und 7349 im A380) neigen grundsätzlich zu einer interkristallinen Korrosion.

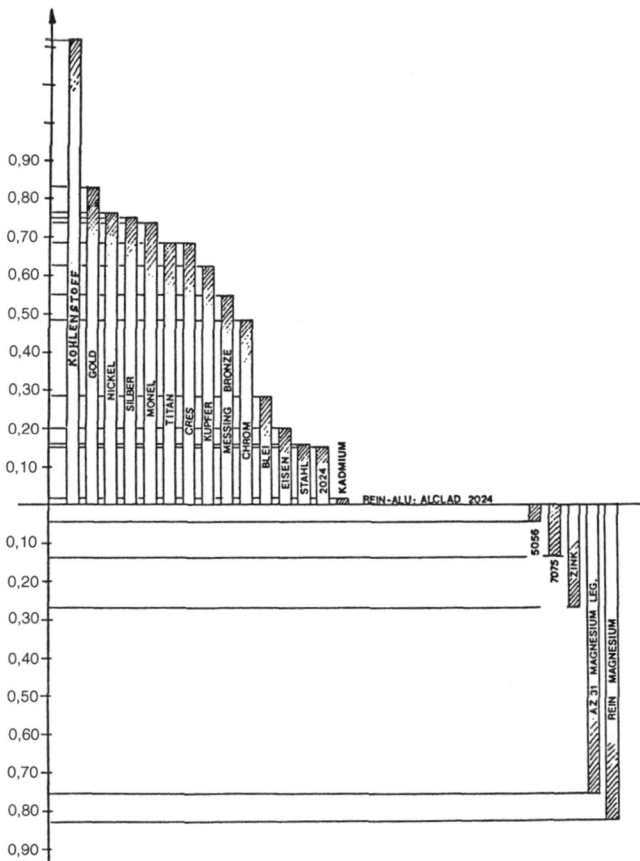

Bild 3.1.2 Das Diagramm zeigt die so genannte «galvanische Spannungsreihe», hier bezogen auf den Standardwerkstoff Dural 3.1364 bzw. plattiertes AlCuMg (amerikanische Bezeichnung: ALCLAD 2024). Der jeweils unten liegende Werkstoff bildet den unedleren Partner gegenüber einem (beliebigen) höher angesiedelten Werkstoff. Bemerkenswert ist die Position des Kohlenstoffes, der z.B. in Composite-Verbundbauteilen oder in Reifengummi vorkommt. Eine Magnesiumfelge bildet mit dem elektrisch leitenden Reifenmaterial ein starkes galvanisches Element, in dem sich das Magnesium zersetzt, wenn man es zur Korrosionsentstehung kommen lässt.

An dieser Stelle sei darauf hingewiesen, dass die vermeintlich veraltete Bezeichnung Dural *oder* Duraluminium (*durus* = griech.: hart) lediglich auf die Aushärtbarkeit einer so bezeichneten Aluminiumqualität hinweist (vgl. Abschnitt 2.5). Wird die Härte durch Lösungsglühen, Abschrecken und Auslagern gesteigert, dann erhöht sich gleichzeitig auch die Festigkeit. Dural ist weder eine Handelsbezeichnung noch ein veralteter Werkstoff. Die Namensgebung durch ALFRED WILM, der 1906 die von ihm entwickelte Legierung Duralumin nannte, dürfte zu diesem Missverständnis beigetragen haben.

Besonders häufig im Flugbetrieb sind die

- ❏ Filiform-Korrosion,
- ❏ Korrosion in Verbundbauteilen,
- ❏ Kontaktkorrosion,
- ❏ Spaltkorrosion.

Untersuchungen haben ergeben, dass selbst plattierte und darüber schutzlackierte Al-Oberflächen durch Filiform-Korrosion gefährdet sind, und zwar bei einer (alltäglich vorkommenden) Luftfeuchtigkeit von 65 bis 90%.

Sehr gefährliche Folgen (mit Querschnittsverminderungen) können außerdem die Spannungsrisskorrosion und alle Arten der elektrochemischen Korrosion haben.

3.1.1 Korrosionsarten

Zu unterscheiden sind: chemische Korrosion, Filiform-Korrosion, Korrosion in Verbundbauteilen, Spannungsrisskorrosion, Kontaktkorrosion, interkristalline Korrosion, Lochfraß, Spaltkorrosion, Reibkorrosion, Schicht- und Mikrobenkorrosion.

Chemische Korrosion

Bestimmte Metalle können durch Sauerstoffaufnahme (Oxidation) eine Metalloxidschicht auf ihrer Oberfläche bilden, die so dicht ist, dass eine weitergehende Oxidation zum Stillstand kommt; man spricht von einer **Oxidhaut** *(Bild 3.1.3)*.

Metalle oder Metalllegierungen, die eine amorphe oder unzusammenhängende Oxidschicht erzeugen, sind einer fortwährenden Umwandlung ausgesetzt, da ständig Sauerstoff durch diese poröse Metalloxidschicht nachdringt und sich mit diesem Stoff verbindet *(Bild 3.1.4)*.

Filiform-Korrosion

Filiform- oder Fadenformkorrosion ist eine Korrosionsform, die sich unter Schutz- oder Deckschichten filigranartig ausbreitet. Der deshalb auch Filigran-Korrosion genannte Vorgang ist am besten mit verzweigten Wühlmaus- oder Borkenkäfer-Gängen vergleichbar.

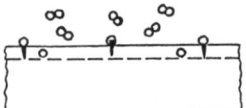

Bild 3.1.3
Durch das Anlegen von molekularem Sauerstoff (O_2) bildet sich an der Aluminiumoberfläche ein Aluminiumoxid (Al_2O_3), das so dicht ist, dass eine Sperrwirkung entsteht.

Bild 3.1.4
Die Oxidation kann in bestimmte Metalloberflächen eindringen, ohne dass sich eine zusammenhängende Schutzschicht bildet. Das ist z.B. beim einfachen, unlegierten oder niedrig legierten Stahl der Fall. Karosseriebleche rosten regelrecht «durch». Der Vorgang stellt eine rein chemische Umwandlung dar.

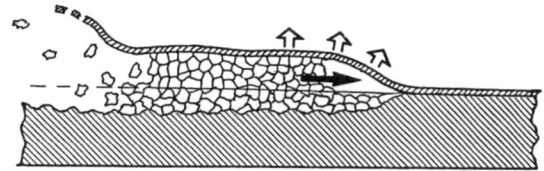

Bild 3.1.5   Zwischen der Schutzschicht, z.B. der Lackierung, und der metallischen Oberfläche kann eine so genannte Filiform- oder Filigran-Korrosion entstehen. Durch Lackschäden oder in Nietlöcher eingedrungene Feuchtigkeit löst auf der Metalloberfläche Korrosion aus. Das sich aus dem Metall und dem korrosiven Medium bildende Korrosionsprodukt benötigt ein größeres Volumen und keilt den Lackfilm schlauchartig hoch. Dabei bleibt der Lackfilm zunächst unbeschädigt, reißt aber später ein und blättert ab. Die Korrosionsspur kennzeichnet den auf der Metalloberfläche hinterlassenen Schaden.

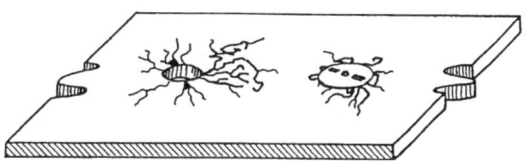

Bild 3.1.6   Nach den Abbeizen der Lackierung treten die Filigranmuster, die sich an der Metalloberfläche ausgebreitet haben, deutlich zutage. Korrosionsspuren innerhalb der Plattierschichtdicke erscheinen weißgrau. Wenn das Kernmaterial des Durals mit seinen Schwermetall-Anteilen bereits erfasst wurde, erscheinen die Korrosionsspuren dunkel-blaugrau bis schwarz-braun. Eine Beseitigung ist häufig durch Sandstrahlen möglich. Auf die Ergänzung des Oberflächenschutzes ist zu achten!

Filigrankorrosion geht in den meisten Fällen von Lackporen oder sonstigen Beschädigungen des Anstrich- oder Schutzfilmes aus, z.B. auch von überlackierten Senknieten, die infolge eines alternden und versprödenden Decklackes rings um den Nietkopf-Rand sichtbar platzen und beispielsweise einem Sauren Regen Eintritt in die entstandenen Kapillaren bieten *(Bilder 3.1.5 und 3.1.6)*.

Durch die Lackporen dringt Luftfeuchtigkeit ein und bildet dort mit anhaftenden Salzen oder Schmutzteilchen eine Korrosion. Die aufquellenden Korrosionsprodukte treiben dann den Lackfilm in fortschreitender Weise hoch, so dass diese typische, meist nur auf die Metalloberfläche beschränkte Korrosionsart entsteht.

Filigrankorrosion kann auch an blanken Metalloberflächen entstehen, sofern diese eine dünne Deckschicht (Oxidschicht, Wachs-Fettschicht) besitzen, unter der sich die erläuterten «Gänge» ebenfalls ausbreiten können.

Korrosion in Verbundbauteilen
Die zur Verklebung der Wabenkernteile verwendeten Klebstoffe können unter Umständen durch Freisetzung chemischer Mittel eine Korrosionsentwicklung begünstigen. Eine besondere Korrosionsgefährdung besteht bei Wabenkern-Bauteilen wie z.B. in Flugzeug-Bordküchen sowie an Fußbodenplatten im Eingangs- und Toilettenbereich, da hier Verunreinigungskonzentrationen aus Wasser, Salzen, Säuren und anderen Stoffen entstehen, die einen korrosiven Metallangriff sehr begünstigen können.

Bild 3.1.7 Verbundbauteile mit Wabenkernen sind bei hoch fliegenden Verkehrsflugzeugen durch extreme Druck- sowie Temperaturschwankungen gefährdet. Die am Boden aus der ambienten Atmosphäre aufgenommene Luftfeuchtigkeit kondensiert bei jedem Reiseflug erneut aus, gefriert und drängt in die Wabenröhrchen, wobei sie sich im Laufe der Zeit regelrecht anreichert («Einwegventil-Effekt», ähnlich Osmose).

Der bei einem Flugzeug stets stark schwankende Kabinendruck fördert die vorgenannten Angriffsmittel (Elektrolyte) an undichten Stellen oder auch im Sinne einer so genannten **Osmose** in die Wabenplatten hinein *(Bild 3.1.7)*, wo sie dann insbesondere in den Kaltbereichen (Kühlbox-Einschub, Kühlschrank) kondensieren können und eine rasche Zerstörung der Wabenkernplatten von innen her auslösen. Eine Osmose ist eine Diffusion in einer Richtung, d.h., die Feuchtigkeit dringt ein, kann aber nicht wieder herausdunsten. Die Zerstörung entsteht meist durch eine Klebeschichtunterwanderung oder Klebstoffzersetzung, einhergehend mit einem rapiden Festigkeitsverlust der Platten durch Hautablösung. Die jahrelange Reparaturpraxis hat beispielsweise gezeigt, dass bestimmte Waben-Bauteile wie etwa dementsprechend aufgebaute Radome («Radarnasen») regelrecht entwässert werden müssen, weil das Wetterradar infolge des aufgenommenen Wassers Falschinformationen ins Cockpit übermittelt.

Natürlich haben nicht alle Wabenröhren eine unmittelbare Verbindung untereinander, es sei denn, es handelt sich um einen perforierten Wabentyp. Es sind naturgemäß jedoch zahlreiche Poren sowie Undichtigkeiten in den Klebstoffen und dem Bindegewebe vorhanden, so dass zumindest eine teilweise Feuchtigkeitsausbreitung – und damit Korrosion – stattfinden kann.

Spannungsrisskorrosion
Die Ursachen der Spannungsrisskorrosion sind mechanische Zugspannung und gleichzeitiger Angriff eines korrosiven Mediums. Spannungsrisskorrosion tritt oftmals ohne Bildung sichtbarer Korrosionsprodukte auf! Der Verlauf der Spannungsrisskorrosion erfolgt in den meisten Fällen entlang der Korngrenzen, also interkristallin. Die Risse entwickeln sich grundsätzlich quer zur Spannungsrichtung *(Bild 3.1.11)*. Derartige Korrosionserscheinungen sind oftmals mit bloßem Auge nicht erkennbar. Bei Verdacht auf eine Spannungsrisskorrosion werden diese Bauteile entweder im ein- oder im ausgebauten Zustand mit Eindringmitteln und Entwicklern untersucht, die auf Schwarzlicht (UV = Ultraviolett) reagieren und derartige Risse sichtbar machen. Als praxisnahes Anwendungsgebiet sei hier die Kontrolle von bestimmten Triebwerksbauteilen, zumeist aus hochfesten Stählen, genannt (vgl. Abschnitt 2.4).

Dieser Korrosionsart unterliegen insbesondere solche Werkstoffe, die eine hohe mechanische Eigenspannung durch Umformung, Wärmebehandlung oder auch durch eine Abschreckung aufweisen und zur interkristallinen Korrosion oder zur Kerbempfindlichkeit

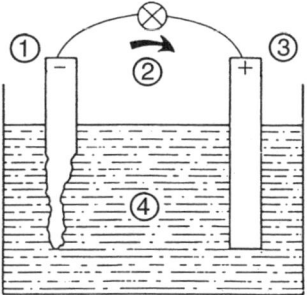

Bild 3.1.8
Prinzip eines galvanischen Elementes. Das unedlere Metall löst sich unter Abgabe von Elektronen (Strom!) gegen das edlere auf. Bei der Paarung verschiedener Legierungen löst sich ebenfalls die unedlere auf, z.b. eine Magnesiumlegierung gegen eine Aluminiumlegierung. Innerhalb einer Legierung können sich die Metalle ebenfalls gegenseitig beeinflussen, es kommt zur «interkristallinen» Korrosion. Gegen moderne Kohlefaserbauteile lösen sich die metallischen Bauteile auf, wenn es zur Bildung galvanischer «Brücken» kommt.
1 unedleres Metall; 2 Elektronenrichtung; 3 edleres Metall; 4 Elektrolyt.

neigen (AlZnMgCu, AlCuMg sowie Stähle). Auch Kunststoffe wie beispielsweise Acrylglas (Plexiglas) und Styrolprodukte können zur Spannungsrisskorrosion neigen. Wird z.B. gerecktes oder vorgerecktes Plexiglas, das unter Zugspannung steht, Perchlorethylen oder einem anderen, aggressiven Lösungs- oder Reinigungsmittel ausgesetzt, kommt es meistens in Sekundenschnelle zu Spannungskorrosionsrissen. So kann es z.B. in der Praxis passieren, dass ein nicht instruierter Wartungstechniker beim Reinigen die durch den Umformungsprozess biaxial gereckte («geblasene») Vollsichtkanzel eines Hubschraubers durch die Erzeugung eines intensiven «Silberschimmers» unbrauchbar macht. Der Silberschimmer besteht aus unzähligen, dicht beieinander liegenden mikroskopischen Spannungsrissen. Eine Reparatur ist zumeist nicht möglich. Häufig wird dennoch (im militärischen Bereich) versucht, das betroffene Fluggerät durch mechanisches Abschleifen und Wiederaufpolieren der Acrylglas-Oberfläche betriebsfähig zu halten.

Die folgenden sechs Korrosionsarten setzen in der Regel das Vorhandensein eines elektrisch leitenden Mediums, eines «Elektrolyten» voraus. Es handelt sich dabei um die Kontaktkorrosion, die interkristalline Korrosion, den Lochfraß, die Spaltkorrosion, die Reibkorrosion und die Schichtkorrosion. Besonders gefährlich ist hier die interkristalline Korrosion, weil sie erst sehr spät an der Oberfläche sichtbar wird und dadurch spät entdeckt wird, obwohl das «Kernmaterial» bereits zerstört ist.

Aus *Bild 3.1.8* lässt sich erkennen, auf welche Weise die elektrochemische Korrosion zustande kommt. Der jeweils unedlere Partner zersetzt sich.

Kontaktkorrosion
Eine der im Flugzeug häufig auftretenden Korrosionsarten ist die Kontaktkorrosion. Ihre Ursache ist der konstruktionsbedingte Zusammenbau von metallischen Strukturelementen mit jeweils unterschiedlichem Spannungspotential, die sich gegenseitig berühren und mit einem Elektrolyten benetzt werden *(Bild 3.1.9)*. Das unedlere Material wird in Elektronen und Metallionen aufgespalten, es zerfällt. Bei dieser Korrosionsart können beide Werkstoffe separat zwar korrosionsbeständig sein, unter Einwirkung des Elektrolyten wird das ggf. nur wenig unedlere Material aber doch zersetzt. Der Zerfall des Materials wird umso heftiger, je größer der Spannungsunterschied zwischen Minuspol (unedlerem Element) und Pluspol (edlerem Element) ist. Die Leitfähigkeit ist hierbei von größtem Einfluss auf die Zerstörungsgeschwindigkeit.

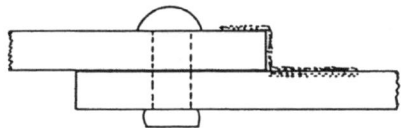

Bild 3.1.9
Kontaktkorrosion; zu ihr kommt es, wenn sich zwei unterschiedliche galvanische Partner blank berühren. Da sich im praktischen Flugbetrieb elektrolytische Medien nicht vermeiden lassen, ist stets auf eine geeignete Trennung (Sperrschicht) und auf einen funktionsfähigen Oberflächenschutz zu achten.

Interkristalline Korrosion

Die interkristalline Korrosion kann entstehen, wenn in Legierungen die Kristalle und ihre Korngrenzen unterschiedlich edel sind, d.h. ein unterschiedliches Potential aufweisen; desgleichen bei verschiedenen Metallen in einer Legierung, die ebenfalls an unterschiedlicher Stelle in der elektrolytischen Spannungsreihe stehen können *(Bild 3.1.10)*. Dadurch kann es zu einer Lokalelementbildung kommen, sobald ein Elektrolyt vorhanden ist. Nicht nur beim Hersteller, sondern auch beim Verbraucher kann ein normalerweise gegenüber interkristalliner Korrosion beständiger Werkstoff darüber hinaus durch falsche Wärmebehandlung empfindlich gegen diese Art der Korrosion werden. In der Praxis haben sich seit Einführung der Zerspanungstechnik sämtliche nicht oder nur mangelhaft oberflächengeschützte Bauteile als besonders korrosionskritisch erwiesen (vgl. Abschnitt 3.2).

Bild 3.1.10
Vergrößertes Schliffbild einer interkristallinen Korrosion der Dural-Legierung AlCuMg (3.1354) bzw. 2024. Am oberen Bildrand ist zu erkennen, dass bereits Kristalle aus der Oberfläche herausgefallen sind. Die übrigen Al-Kristalle haben sich voneinander getrennt. Das Material beginnt hochzukommen. Der Korrosionsverlauf folgt stets den Korngrenzen bzw. den Kupferausscheidungen.

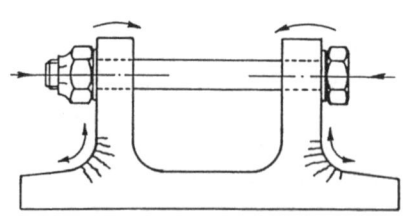

Bild 3.1.11
Spannungsrisse entstehen nur, wenn an der Oberfläche eines belasteten Bauteils große Einbau-Vorspannungen vorhanden sind oder durch statische Lasten oder Flugbetriebskräfte oberflächliche, große Zugspannungen entstehen. Wenn unter diesen Bedingungen gleichzeitig ein korrosives Medium, wie z.B. eine elektrolytische Flüssigkeit, an die unter Spannung stehende Oberfläche gelangt, können die Bindungen zwischen den Kristallen gelöst werden. Es entsteht ein Spannungsriss, der bei anhaltender Einwirkung des Elektrolyten und bei sich wiederholenden Lastspitzen allmählich durch alle Kristallschichten hindurchläuft. Spannungsrisse verlaufen quer zur Spannungsrichtung.

Bild 3.1.12
Lochfraß. Wenn Späne oder «Flitter» eines edleren Metalls oder Kohlefaserpartikel auf die Oberfläche eines unedleren Metalls fallen und dort haften bleiben, kann es durch Bildung von lokaler galvanischer Zersetzung zum Lochfraß kommen.

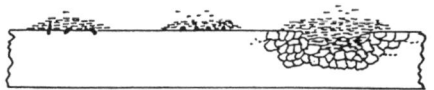

Lochfraß

Lochfraß *(Bild 3.1.12)* kann rein chemische oder elektrochemische Ursachen haben. Das Erscheinungsbild ist begleitet von punktförmigen kleinen Oberflächenangriffen, die im späteren Stadium in tiefgehende lokale Zerstörungen übergehen. Lochfraß kann zum Beispiel durch Verunreinigungen in der Legierung (Metallflitter) oder durch aufliegende Schmutzpartikel wie etwa nicht entfernte Bohrspäne und Schleifmittelreste verursacht werden. Infolge einfacher Kapillarwirkung können alle im Flugbetrieb auftretenden elektrolytischen Flüssigkeiten von diesen Schmutzpartikeln «festgehalten» werden. Lochfraß kann aber auch durch direkten chemischen Angriff von Laugen oder Säuren ausgehen, wobei oftmals auch korrosionsbeständige Materialien von dieser Korrosionsart betroffen werden. Der erstmals punktförmige Angriff wird durch vorgenannte Gründe gestartet und wandelt sich später in tiefer in die Materialdicke einsinkende und kontinuierlich fortschreitende interkristalline Korrosion um *(Bild 3.1.13)*.

Bild 3.1.13
Schnittdarstellung eines fortgeschrittenen Lochfraßes. Bei genügend langer Einwirkung kann sich der edlere Partner vollständig durch die Materialstärke hindurcharbeiten, z.B. ein Quecksilbertropfen durch Duralblech. 1 Elektrolyt, 2 Korn [+]-Pol; 3 Korngrenze [–]-Pol

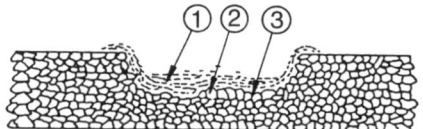

Spaltkorrosion

Der am meisten vorkommende Fall von Korrosion im Flugzeugbau ist die Kontaktkorrosion, die durch Zusammenbau verschiedener Metalle und Anwesenheit eines Elektrolyten entsteht. Eine ähnliche Art elektrolytischer Korrosion kann jedoch auch auftreten, wenn zwei gleiche Metalle einem stillstehenden, nicht gleichmäßig

Bild 3.1.14
Spaltkorrosion. Die Wirkungsweise der Spaltkorrosion beruht darauf, dass infolge Kapillarwirkung und Benetzungskräften zwischen zwei galvanisch gleichen Partnern eingeschlossene Feuchtigkeit durch unterschiedliche Sauerstoffkonzentration im Randbereich edler als im Zentrum wird.

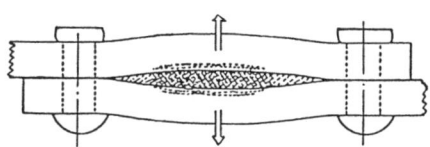

belüfteten Elektrolyten ausgesetzt sind *(Bild 3.1.14)*. Schmale Spalte, Zwischenräume, wie zum Beispiel bei punktgeschweißten Blechen, aufgenieteten Profilen usw., die nicht abgedichtet sind, nehmen in Form von feuchter Luft oder Kondenswasser leicht einen Elektrolyten auf. Dabei ist die Kapillarwirkung umso stärker, je enger die Bauteile aneinander liegen. Dadurch, dass der Elektrolyt am Spaltrand belüftet ist und innen nicht, bildet sich eine unterschiedliche Sauerstoffkonzentration aus. Die Metalloberflächen, die der niedrigeren Konzentration ausgesetzt sind, werden **anodisch** (unedler), die der höheren Konzentration ausgesetzt sind, **katodisch** (edler). Bei der Spaltkorrosion geht die Korrosion von der Mitte der Berührungsfläche aus und wandert in Richtung der Kanten, so dass diese Art der Korrosion meist erst dann entdeckt wird, wenn das Bauteil schon fast ganz zerstört ist. Aus diesem Grund muss Spaltkorrosion von vornherein durch Abdichtung von Spalten und Zwischenräumen sowie durch Trennung der Teile so weit wie möglich mit Hilfe von Schutzschichten verhindert werden. Besonders häufig tritt Spaltkorrosion bei der Verbindung von Metallen mit Nichtmetallen auf, z.B. bei Gummidichtungen, losgelösten Klebungen usw. Hier ist die Verhütung schwierig; deshalb muss vor allen Dingen auf einwandfreie Abdichtung geachtet werden. Selbst Klebstoffe können in Verbindung mit eindringendem Wasser die elektrolytische Wirkung verstärken.

Reibkorrosion
Reibkorrosion ist eine Korrosionsart, die an metallischen Berührungspunkten von Bauteilen unter dem Einfluss von Mikroreibung (Vibrationen) und dem Einfluss eines flüssigen Elektrolyten entsteht. Verschmutztes Regenwasser genügt bereits als Auslöser. Die Bewegungen zwischen den Bauteilen betragen oft nur den Bruchteil eines Millimeters, sie können auch zwischen vernieteten und verschraubten Bauteilen auftreten. An den Berührungsstellen entsteht infolge sehr feiner Bewegungen eine Zerstörung der Schutzschicht mit nachfolgender Bildung von sehr feinen metallischen Abriebpartikeln, die sich unter Einwirkung eines Elektrolyten in ein Metalloxidpulver von sehr großer Härte umwandeln. Das Metalloxidpulver, das bei Aluminium im Prinzip identisch ist mit dem als Schleifmittel hergestellten «Korund», führt mit seinem verstärkten Abriebeffekt zur weiteren Freilegung und korrosiven Zerstörung der Werkstoffe an den Berührungsflächen und kann später in andere Korrosionsarten, wie z.B. Lochfraß, übergehen. Reibkorrosion tritt besonders an den Berührungsflä-

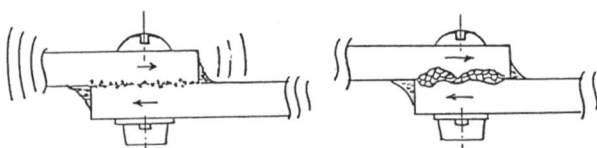

Bild 3.1.15 Reibkorrosion. Bei der Reibkorrosion entsteht körniger, harter Abrieb der oberflächlichen Metalloxidschichten zwischen zwei Bauteilen, die durch Verschleiß oder Montagefehler aufeinander schieben oder «schütteln» (vibrieren) können. Je mehr Abrieb entsteht, umso intensiver wird die Zerstörung.

chen von Türen, Klappen, Deckelflanschen sowie an den Berührungsflächen und Lagerstellen von Gabelfittings und ähnlichen gelenkigen oder festen Bauelementen auf *(Bild 3.1.15)*.

Schichtkorrosion
Die Schichtkorrosion ist eine Form der Korrosion, deren Erscheinungsbild an blätterteigähnliche Strukturen erinnert. Das Material wird hierbei in Schichten aufgespalten, die planparallel angeordnet sind. Hierbei handelt es sich um eine interkristalline Korrosionsart, die sich insbesondere entlang der durch die ursprüngliche Walz-Verformung flachgestreckten Korngrenzen ausbreitet. Die durch die Korrosion entstehenden Metalloxide üben hierbei einen sehr starken vertikalen Druck auf die Kristallschichten aus, so dass diese infolge der Keilwirkung in horizontaler Richtung weiter aufgespalten werden, wodurch das Angriffsmittel (Elektrolyt) fortlaufend vordringt, bis das Material total zerstört ist. Der Beginn der oben genannten Korrosionsart geht meistens von einem örtlichen Angriff (Lochfraß) aus oder von Spannungsrissen, die das Eindringen des Elektrolyts ermöglichen *(Bild 3.1.16)*.

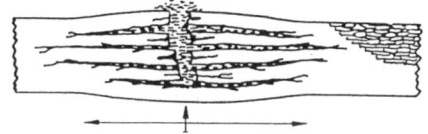

Bild 3.1.16
Schichtkorrosion. Walzbleche besitzen im Allgemeinen einen faserähnlichen Kristallaufbau. Die flachgewalzten und gedehnten Kristalle bilden Walzschichten, in deren Korngrenzen z.B. die Kupfer- oder Zink-Kupfer-Bestandteile ausgeschieden sind. Im Schadensfalle, z.B. ausgehend von Rissen, Blitzschlaglöchern, aber auch von Bohrungen, arbeitet sich die Korrosion infolgedessen schichtartig voran. Das betroffene Blech bläht sich dabei auf.

Mikroben(Bakterien)-Korrosion
Mikrobenkorrosion wird im Wesentlichen durch die Ausscheidung (Stoffwechselprodukte) der Mikroorganismen erzeugt. Mikroorganismen sind in der Luft, in ungechlortem Wasser sowie in Schmutz enthalten. Sie entwickeln sich besonders stark dort, wo günstige Lebensbedingungen für sie gegeben sind, wie Wasser, Wärme und Nahrungs- oder Energiestoffe. Der Korrosionsvorgang wird durch die Stoffwechselprodukte der Mikroben in Gang gesetzt. Die durch die Korrosion freigesetzten Stoffe (Ionen und Elektronen) stellen wiederum eine wichtige Energiequelle für Mikroben dar. Mikrobenkorrosion tritt an Flugzeugen besonders in den Treibstofftanks in Erscheinung. Die Kleinlebewesen (es wurden über 300 verschiedene Arten festgestellt) ernähren sich im Wesentlichen von den im Kerosin enthaltenen zahlreichen Kohlenwasserstoffverbindungen. Mikrobenkorrosion ist aber auch in anderen Bereichen denkbar, in denen die Voraussetzungen für bakterielle Entwicklung gegeben sind (Bordküchen, Toiletten usw.).

3.1.2 Korrosionsentfernung

Nasse Korrosionsentfernung
Bei leichter Korrosion auf Aluminium-Oberflächen genügt vielfach eine Anwendung von Poliermitteln wie Turco 1494, um die Verblindung der Oberfläche zu entfernen. Handelt es sich jedoch um stärkere Korrosion mit sichtbaren Vertiefungen im Material, so muss die zuständige, autorisierte Fachabteilung entscheiden, welche Art der Korrosionsbehandlung vorzunehmen ist. Vor der trockenen Entfernung von Korrosion wurde früher mit flüssigen chemischen Mitteln gearbeitet, um die Korrosionsprodukte vom Metall abzulösen und abzuspülen, damit während der trockenen oder mechanischen Korrosionsentfernung keinerlei Korrosionsprodukte in die Metalloberfläche eingeschmiert werden. Heute wird am Flugzeug auf die nasse Korrosionsentfernung, z.B. Turco 3002 verzichtet, weil die Gefahr zu groß ist, dass Reste der Chemikalien, die hierzu verwendet werden, durch Kapillarwirkung in den betroffenen Bauteil-Berührungsflächen verbleiben und neue Korrosionen verursachen.

> Besondere Vorsicht ist bei Turco 3002 geboten, wenn Kontaktmöglichkeit mit hochfesten Stählen oder Titan besteht. Dieses Mittel kann bei hochfesten Stählen und Titan Wasserstoffversprödung erzeugen. Die speziellen Anwendungsvorschriften und die Unfallverhütungsvorschriften sind bei den chemischen Korrosionsentfernungsmitteln genauestens einzuhalten! Vor allen Dingen ist auf ausreichende Schutzkleidung zu achten.

Generell gilt heute, dass nasse Korrosionsentfernungsverfahren nur an ausgebauten und völlig zerlegten Strukturteilen angewendet werden dürfen.

Trockene Korrosionsentfernung
Bei der mechanischen Entfernung von Korrosion werden hauptsächlich Schleifwerkzeuge bzw. Schmirgelscheiben, Schmirgelleinen oder Schaber benutzt. Das siliziumcarbidhaltige Gitterschleifleinen (grau) darf für Aluminiumflächen nur verwendet werden, wenn anschließend mit aluminiumoxidhaltigem Schleifmittel (rötlich) nachgearbeitet wird, so dass kein Siliziumcarbid auf der Aluminiumoberfläche zurückbleibt. Von diesen Hilfsmitteln ist auch das Anwendungsgebiet abzuleiten, d.h., bedingt durch die stärkere Materialabtragung sollte man mechanische Werkzeuge nur bei starker Korrosion auf unplattierten Aluminiumlegierungen anwenden. Bei schwacher Korrosion auf plattierten Al-Legierungen genügt oft ein Poliermittel, um die Korrosion zu entfernen. Während des Schleifens muss immer wieder kontrolliert werden, wann die korrodierten Flächen genügend abgeschliffen sind, um nicht zu viel von dem nicht angegriffenen Material abzutragen. Auf jeden Fall muss sichergestellt sein, dass am Schluss keinerlei Korrosion mehr vorhanden ist. Eine metallkundliche Begutachtung ist vom autorisierten Personal durchzuführen.

3.2 Oberflächenschutz

Der allgemeine Fortschritt führte vor und innerhalb der ersten Jahren nach der Jahrtausendwende besonders in der europäischen Luftfahrtindustrie unter anderem zur Nutzung neuer Technologien in den Fertigungsmethoden. Diese Entwicklung ist noch nicht abgeschlossen. So hat die Zerspanungstechnik, bei der tragende Bauteile «aus dem Vollen» gefräst werden, inzwischen weltweite Verbreitung gefunden. Die Primärzelle eines modernen Verkehrsflugzeuges enthält z.B. integralgefräste Rumpfspante, Flügelanschlussbeschläge, Flügelholme und Rippen wie auch Holme und Rippen im Leitwerksbereich, ferner Triebwerksträger-Baugruppen, Tür-Innenstrukturteile und Fußboden-Querträger. Schon mit dem Einbau dieser Integralbauteile war die Schaffung neuartiger Oberflächenschutzsysteme verbunden. Eine weitere Steigerung der Anforderungen an den Oberflächenschutz ergab sich durch die Einführung der Kohlefaser-Verbundbauteile CFK und die Entwicklung des Beplankungswerkstoffes GLARE® (vgl. Abschnitt 2.1), dessen Duralblech-Schichten wegen der geringen Dicke nicht mehr plattiert werden können, an dessen äußerer Aluminiumschicht durch die folgende GFK-Lage aber jede etwaige Korrosion gestoppt wird *(Bild 3.2.1)*. Schließlich haben sich unvermeidliche «Paarungen» von eigentlich galvanisch unverträglichen Metallbauteilen oder Metall-CFK-Bauteilen ergeben, deren direkter Berührungskontakt mit entsprechenden Methoden unterbunden werden muss.

Historisch gesehen gibt es den seit Mitte des vorigen Jahrhunderts bis zur Jahrtausendwende im Großflugzeugbau und z.Tl. noch heute im Kleinflugzeugbau praktizierten «trockenen» Metallflugzeugbau nicht mehr. Die in jenen Tagen übliche Bauweise basierte auf dem Zusammenfügen plattierter Duralbleche mit Dural-Stauchnieten. Die Zellen derartig gefertigter Flugzeuge konnten über viele Jahre bzw. Jahrzehnte unter

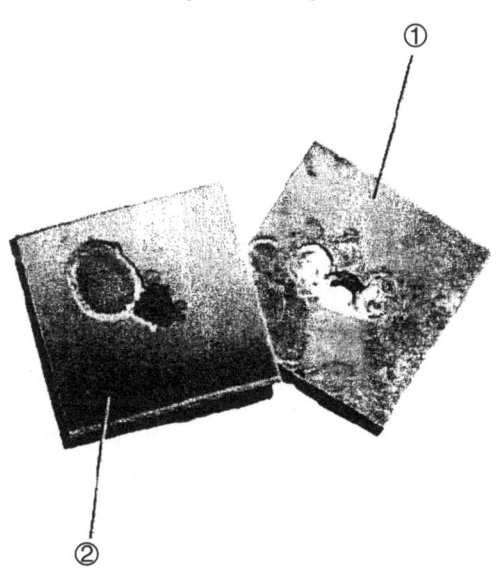

Bild 3.2.1
Korrosion an einem GLARE®-Werkstoff (1)
und einem Aluminiumblech (2)

allen nur möglichen Bedingungen blank, d.h. ohne einen besonderen Oberflächenschutz oder Farbauftrag, betrieben werden (Beispiel: der amerikanische Airliner AA, dessen Logo das polierte Aluminium-Flugzeug war). Der Zeitsprung zum modernen Groß-Passagierflugzeug Airbus A 380 konfrontiert uns mit veränderten Philosophien. So werden beispielsweise Stringer direkt mit der Rumpfbeplankung im Laser-Verfahren verschweißt oder direkt mit der Außenhaut zusammen extrudiert. Extrudierte oder gefräste Teile dieser Art können nicht mehr plattiert werden. Stringer werden in bestimmten Bauabschnitten auch mit Faserverbundwerkstoffen (CFK) zusammengebaut, die galvanisch nicht zusammenpassen. Das Beplankungsmaterial GLARE® verträgt keine Lochleibung, die beim Stauchnieten auftritt und normalerweise auch erwünscht ist. Die Glasfasern sind, physikalisch bedingt, absolut spröde und können sich nicht dehnen. Die Montage kann deshalb nicht mehr mit Stauchnieten erfolgen, sondern muss unter Verwendung von Lockbolts, Hi-Loks oder Hi-Lites (vgl. Abschnitt 5.1) erfolgen, die ausschließlich senkrechte Zugkräfte erzeugen und die Bauteile gegeneinanderziehen. Sowohl die Verbindungselemente als auch die miteinander verbundenen Fügeteil-Oberflächen werden grundsätzlich «nass» verarbeitet. Alle Teile werden mit einem frisch angerührten Sealing Compound benetzt, das erst nach Abschluss des Arbeitsprozesses abbindet. Neu ist bei dieser Methode, dass auf die Schaffung eines kraftübertragenden, trockenen Reibschlusses zwischen den Bauteilen verzichtet wird, durch den die Niete freigehalten werden von flugbetriebsbedingten Scherbeanspruchungen. Unter den geänderten Bedingungen, dass selbst die altbekannten Aluminiumlegierungen 2024 und deren Weiterentwicklung 2524 (vgl. Abschnitt 2.2) teilweise unplattiert eingesetzt werden, ist die gesamte Zelle heute nur noch mit dem Einsatz z.T. recht komplizierter Oberflächenschutzsysteme montierbar. Auf die Evolution der Zerspanungswerkstoffe 7075, 7150, 7055 und 7349 soll nur insoweit eingegangen werden, dass auf die immerhin 9 in den Aluminium-Basiswerkstoff hineinlegierten Schwer- und Leichtmetalle verwiesen wird. Es sollen damit das Verständnis und die Verantwortungsbereitschaft erweckt werden, die dem vom Flugzeughersteller geforderten (vorgeschriebenen) Oberflächenschutz entgegengebracht werden muss. Die *Bilder 3.2.2 bis 3.2.8* geben eine Übersicht über die im Airbus A 380 zur Anwendung gelangenden Oberflächenschutz-Varianten im Rumpfbau.

Folgende Oberflächenschutz-Verfahren sind im Flugzeugbau gebräuchlich:

- ❏ Plattieren von schwermetalllegierten Aluminiumblechen, im Wesentlichen Beplankungsblechen mit technisch reinem Aluminium von ca. 0,05 mm Dicke;
- ❏ chemische Umwandlung der Alu-Oberfläche, z.B. bei beschädigter oder fehlender Plattierung: Chromatieren mit Iridite- oder Alodine-Beizflüssigkeit. Diese erzeugt auf Aluminium korrosionshemmende Chromate an der Oberfläche. Im gesamten Anwendungsbereich des speziellen Rumpf-Beplankungsmaterials GLARE® werden die Panels nach dem Zuschnitt, aber vor der Aufbringung der Primer und Anstrichstoffe an sämtlichen Schnittkanten mit einem CCC-Verfahren (Chemical Conversion Coating) behandelt;

- Lack- bzw. Farbsysteme (meist in drei Schichten) und Sealing Compounds (Sealants)
  1. Schicht: Primer (Dicke 8...10 µm): z.B. Wash Primer
  2. Schicht (Dicke 15...30 µm): Aerodur S15/90, Zinkchromat-Zwischenprimer
  3. Schicht (Dicke 40...60 µm): PU- bzw. DD-Lack (Decklack auf Polyurethan-Basis)
  4. Die Sealing Compounds sind gummiartige Zweikomponenten-Abdichtmittel oder Silikone, die an der Luft «aushärten»;
- Eloxieren: Ein anderer Name für das Eloxieren ist Anodizing (Gleichstrom-Anodisation). Beim Eloxieren wird die natürliche Oxidhaut auf elektrochemischem Wege verdickt. Während früher mit einem Schwefelsäurebad gearbeitet wurde, ist heute die Chromsäure-Anodisation CAA (Chromic Acid Anodizing) gebräuchlich. Das CAA-Verfahren ist als Basic Treatment für Aluminiumlegierungen im gesamten Airbus-A380-Programm eingeführt.
  Nachteil: Eloxalschichten besitzen keramische Eigenschaften, d.h., sie sind nicht dehnbar. Bei Biegung oder anderweitiger Umformung eloxierter Bauteile können sich die Platzrisse in der Eloxal- bzw. Anodisationsschicht in die Oberfläche und in die Tiefe des tragenden Kernmaterials fortpflanzen und das Bauteil zerstören. Zu beachten ist eine Anweisung im Airbus-A380-Fertigungs-Handbuch. Nach der Anweisung 80-T-34-5812 Beiblatt 4 (Ausgabe 06/03) dürfen in GLARE®-Strukturen keine anodisierten Lockbolts eingebaut werden;
- galvanische Überzüge, besonders auf solchen Stahlteilen, die korrosionsempfindlich sind.
  Grundsätzlich ist zu unterscheiden, dass bei den galvanischen Überzügen eine metallische Beschichtung erfolgt, während beim Anodisieren eine Oxidhaut aufgebracht wird. Zweck des Galvanisierens ist die Beschichtung eines korrosionsempfindlichen Bauteils mit einem korrosionsbeständigen oder innerhalb einer Baugruppe galvanisch besser passenden Metalls;
- Kadmieren von Schrauben und Bolzen (Achtung: Kadmium nur bis 200 °C einsetzbar). Neuerdings werden sogar Titanbolzen kadmiert, um galvanische Spannungsunterschiede zur Aluminiumstruktur zu reduzieren bzw. zu vermeiden;
- Versilbern von Verbindungselementen (bis ca. 1000 °C belastbar);
- Verchromen von Gleit- sowie Lagerflächen. Von der (mikroskopisch) netzartig strukturierten Oberfläche der Chromschicht reißt das Schmiermittel nicht so leicht ab (Beispiel: hartverchromte Zylinderbohrungen in Verbrennungsmotoren). Bei galvanisch aufgebrachten Dekorations-Überzügen, z.B. Verchromen von Stahlteilen, ist zu bedenken, dass Chrom galvanisch edler als Stahl/Eisen ist. Bei einer Langzeitverwendung eines tragenden, verchromten Bauteils kann es zu einer zunächst unbemerkten Zerstörung des tragenden Stahlbauteils unter der äußerlich noch unbeschädigten Chrombeschichtung kommen (verchromte Auto-Stoßstangen o.dgl.).

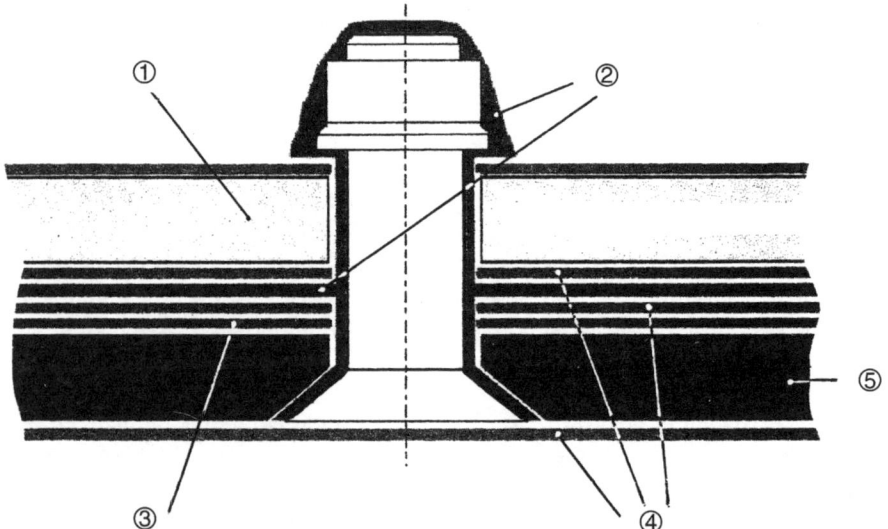

Bild 3.2.2 Oberflächenschutzprinzip für miteinander verbundene Bauteile aus einer Al-Legierung und GLARE® oder CFK. Das zweiteilige Verbindungselement wird «nass» (*wet installation*) eingebaut. Auch die Bauteil-Berührungsflächen sind gegeneinander abgedichtet. Die Al-Legierung ist mit dem CAA-Verfahren behandelt.
1 Al-Legierung; 2 Sealant; 3 Glasfaserlage; 4 Lack; 5 GLARE® bzw. CFK

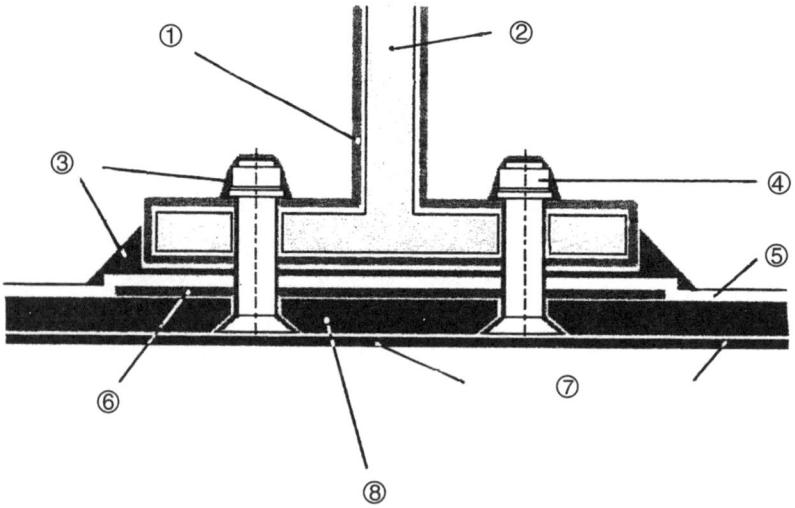

Bild 3.2.3 Typischer Zusammenbau von GLARE®- oder CFK-Haut und Stringer aus einer Al-Legierung. Die Verbindungselemente und die Bauteilberührungsflächen werden «nass» eingebaut. Die Stringer sind mit dem CAA-Verfahren behandelt.
1 Primer + Top Coat; 2 Al-Stringer; 3 Sealant; 4 Ti-Verbindungselement; 5 Primer; 6 Glasfaserlage; 7 Lack; 8 GLARE® bzw. CFK

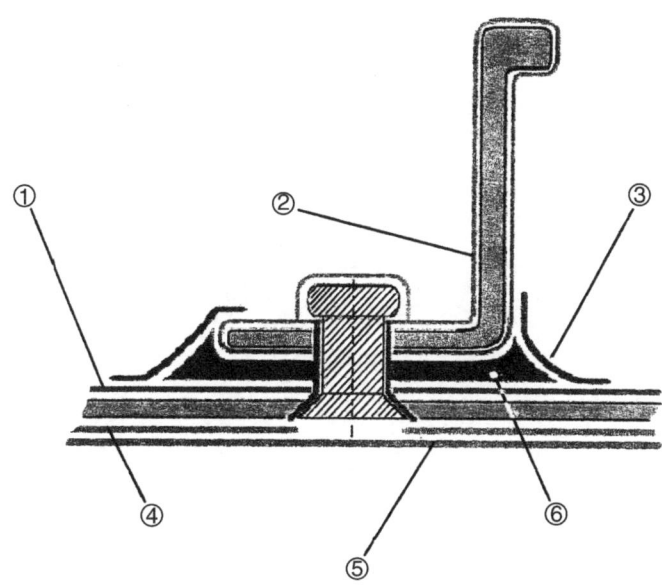

Bild 3.2.4 Oberflächengeschützte Metallbauteile. Haut und Stringer werden mit Nieten verbunden. Die Berührungsflächen und die Niete werden mit Sealing Compound vorbehandelt.
1 Lack (Internal Paint System); 2 Primer + Top Coat;
3 Soft varnish in Hydraulikflüssigkeitsbereichen; 4 Primer;
5 Lack (External Paint System); 6 Sealant

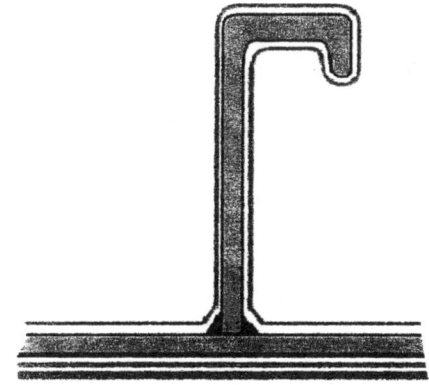

Bild 3.2.5
Geschweißte Haut-Stringer-Verbindungen werden mit dem Internal Paint System versehen. Die Beplankungsaußenseite erhält den External Basic Primer und darüber das External Paint System.

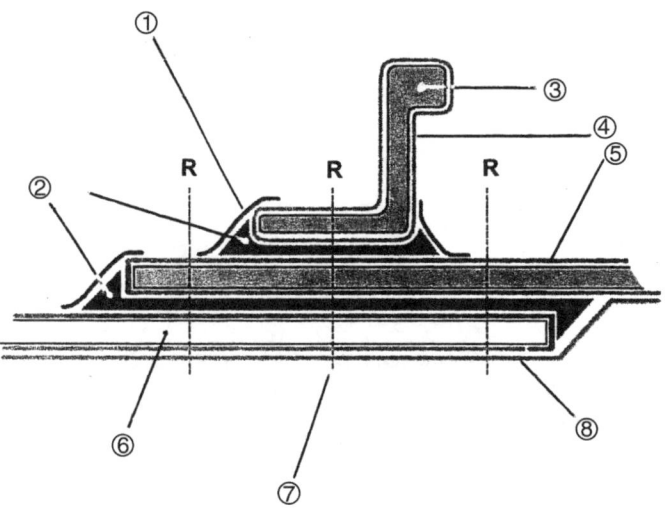

Bild 3.2.6   Beispiel für den Aufbau des Oberflächenschutzes vernieteter Bauteile. Vorsicht im Reparaturfall, wenn nicht auf die Verwendung von Lockbolts hingewiesen wird. Hier steht das R lediglich für Rivet (Niet) nass eingebaut.
1 Soft varnish in Hydraulikflüssigkeitsbereichen; 2 Sealant; 3 Al-Legierung; 4 Lack (Internal Paint System); 5 Primer + Top Coat; 6 GLARE®, 7 Niet, nass eingebaut; 8 Lack (External Paint System)

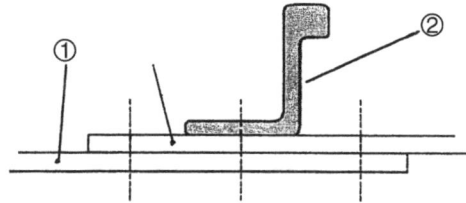

Bild 3.2.7   Ein wichtiger Hinweis auf die Vorbehandlung sämtlicher GLARE®-Zuschnittkanten mit dem CCC-Verfahren (*chemical conversion coating*), bevor der eigentliche Oberflächenschutz aufgebracht wird

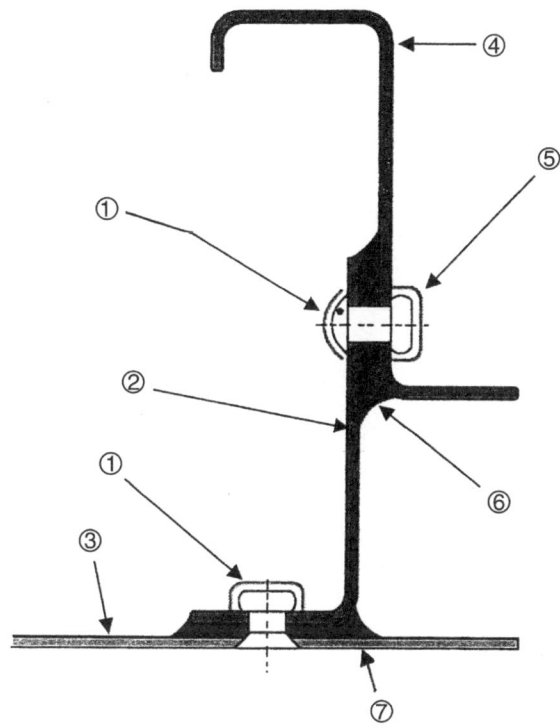

Bild 3.2.8 Zusammenbau von Haut, Scherblech (*cleat*) und Spant. Alle Fügeteile sind hier aus Aluminium-Basislegierungen, die mit dem CAA-Verfahren behandelt sind und mit Stauchnieten verbunden wurden. Der Kraftschluss ist durch den Nasseinbau unterbrochen.
1 Niet, nass eingebaut; 2 Scherblech; 3 Hautblech; 4 Spant; 5 Lack; 6 Sealant; 7 Lack (External Paint System)

✎ Übung

1. Erklären Sie den Unterschied zwischen der *chemischen* und der *elektrochemischen* Korrosion.
2. Ordnen Sie die Korrosionsarten nach *Korrosionsursachen* (chemisch, elektrochemisch).
3. Skizzieren Sie ein *galvanisches* Element und beschreiben Sie die Vorgänge während der Korrosion, indem Sie typische Flugzeugwerkstoffe auswählen.
4. Nennen Sie die *häufigsten Korrosionsarten* im Flugzeugbau und beschreiben Sie diese stichwortartig.
5. Was bedeuten die Begriffe *Chromatieren* und *Eloxieren*?

4 Umformen

Beim Umformen wird die Form eines festen Körpers durch eine plastische Formänderung geschaffen.

Die Formbarkeit eines Werkstoffes hängt vom Dehngrenzenverhältnis (vgl. Abschnitt 2.3) und vom Formungsgrad ab. Das **Dehngrenzenverhältnis** ist ein werkstoffspezifischer Kennwert, während der **Formungsgrad** eine Aussage über die Eignung eines Werkstoffes, bezogen auf den Grad seiner Umformung, ergibt. Das Dehngrenzenverhältnis ist werkstoffabhängig, der Formungsgrad ist verfahrensabhängig *(Bilder 4.1 und 4.2)*.

Im Flugzeugbau werden hauptsächlich folgende Umformverfahren angewendet:

- ❏ Kantbiegen,
- ❏ Verdrängen,
- ❏ Gummipressen,
- ❏ Streckziehen,
- ❏ Tiefziehen,
- ❏ Superplastisches Formen.

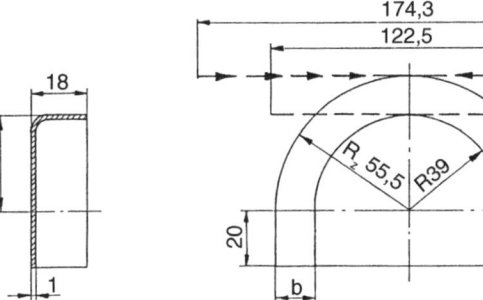

Bild 4.1 Ermittlung des Formungsgrades am Beispiel Einbördeln. Die gestreckte Länge des Innenradius beträgt 122,5 mm, die des Außenradius 174,3 mm (vgl. Abschnitt 4.1). Die Differenz von 51,8 mm ist die Länge, die durch Einbördeln eingezogen wird. Der Formungsgrad beträgt $F = 100 \cdot 51,8$ mm $/ 174,3$ mm $= 29,7\%$; bezogen auf die Radien $F = 100 \cdot b/R_Z = 100 \cdot 16,5$ mm $/ 55,5$ mm $= 29,7\%$.

Die Berechnung des Formungsgrades wird in der Werkstatt vereinfacht mit Hilfe der Fertigmaße durchgeführt: $F = 100 \cdot b/R_Z = 100 \cdot 18$ mm $/ 58$ mm $= 31\%$. R_Z = Zuschnittradius; b = Schenkelmaß des Bördels

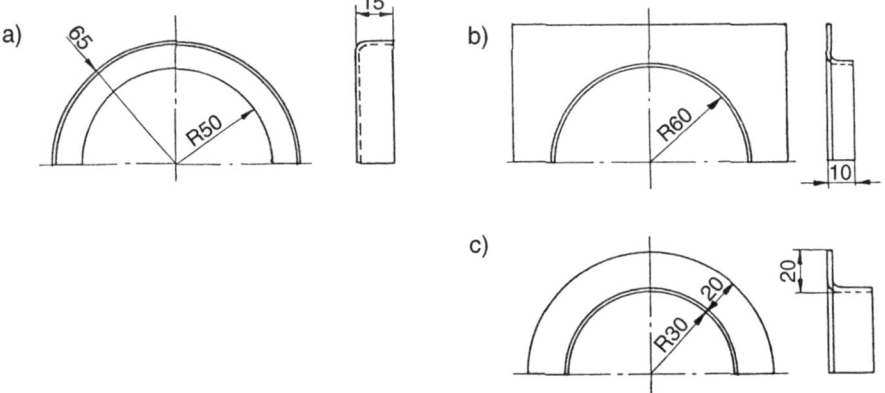

Bild 4.2 Berechnungsbeispiele zum Formungsgrad
a) Stauchen: $F = 100 \cdot 15$ mm $/ 65$ mm $= 23\%$; R_Z = Außenradius
b) Ausbördeln: $F = 100 \cdot 10$ mm $/ 50$ mm $= 20\%$; $R_Z = 60$ mm $- 10$ mm
c) Strecken: $F = 100 \cdot 20$ mm $/ 30$ mm $= 67\%$
Im frisch abgeschreckten Zustand (nicht genormt; vgl. Wärmebehandlung) ist bei AlCuMg-Legierungen ein Formungsgrad von 22% möglich. Liegt der Formungsgrad höher, muss ein weiteres Mal wärmebehandelt werden.

4.1 Kantbiegen

Kantbiegen ist ein Umformverfahren, das zur Herstellung geradlinig gebogener Blechprofile und Bauteile dient. Es erfolgt auf Kantbiegemaschinen oder Kantpressen.

Abwicklungslänge
Beim Kantbiegen ist zunächst die Abwicklungslänge zu berechnen. Diese ergibt sich aus der Länge der neutralen Faser (Zone im Werkstoff, die beim Biegen weder gestaucht noch gestreckt wird; *Bild 4.1.1*). Bei der Abwicklung verkürzt sich die Gesamtlänge

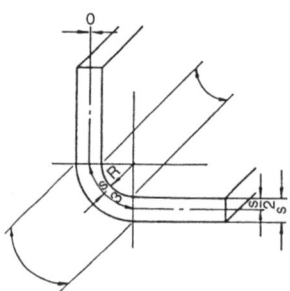

Bild 4.1.1 Neutrale Faser
Beim Biegen von rechtwinkligen Profilen mit Biegeradien 5s verschiebt sich die neutrale Faser 0 im Biegebereich von $s/2$ auf $s/3$. Der Werkstoff wird dann an der Innenseite weniger gestaucht als an der Außenseite gestreckt.

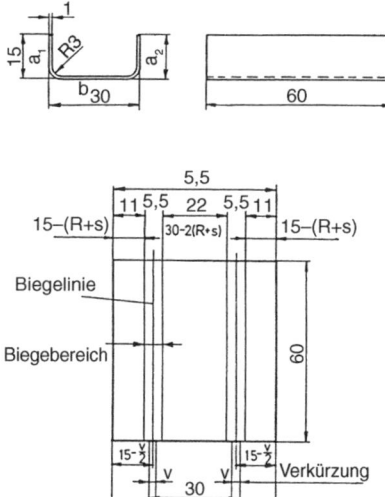

Bild 4.1.2 Abwicklung für ein U-Profil
$v = R/2 + s = 1{,}5$ mm $+ 1$ mm $= 2{,}5$ mm
(für jede Biegung)
$L = a_1 + a_2 + b - 2v = 15$ mm $+ 15$ mm $+ 30$ mm $- 5$ mm $= 55$ mm
$b = 2(R + s) - v = 2\,(3$ mm $+ 1$ mm$) - 2{,}5$ mm $= 5{,}5$ mm

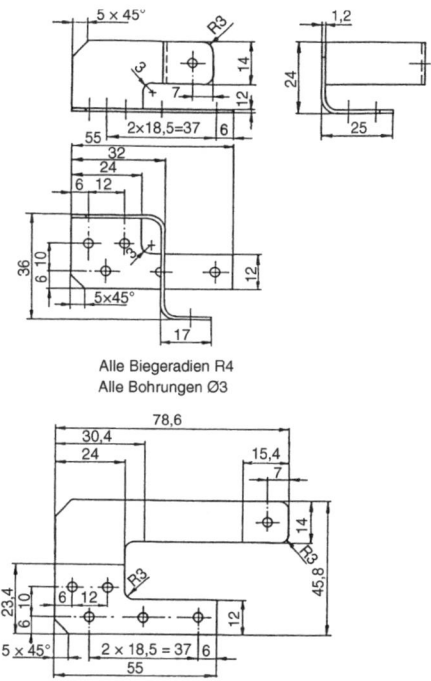

Bild 4.1.3 Blechkörper mit Abwicklung

der scharfkantig bemaßten Schenkel um die Summe der durch den Biegeradius auftretenden Verkürzung. Diese Verkürzung wird Ausgleichswert v genannt.

In der Praxis werden die Schenkelaußenmaße mit a und b, der Biegeradius mit R sowie die Blechstärke mit s bezeichnet. Die Abwicklungslänge L ergibt sich dann aus

$$L = a + b - v$$

Bei einfachen Winkel- und U-Profilen gilt: $\quad v = (R/2) + s$
Bei mehr als 3 Biegungen gilt: $\quad v = 0{,}43\,R + 1{,}48\,s$
Bei weichgeglühten oder frisch lösungsgeglühten Blechen gilt: $v = 0{,}43\,R + 1{,}37\,s$
Bei $R > 5\,s$ gilt: $\quad v = 0{,}43\,R + 1{,}22\,s$

Für die weitere Fertigung sind oft auch die Maße für die Lage der Biegelinie Bi (Kantpressen) und des Biegebereiches b (Abbohrlöcher) wichtig *(Bilder 4.1.2 und 4.1.3)*.

Der Biegebereich b errechnet sich mit: $b = 2\,(R + s) - v$

Abbohrlöcher
Wenn bei Kantbiegeteilen mehrere Biegelinien in einem Punkt zusammenlaufen oder sich gegenseitig berühren, so besteht die Gefahr, dass an diesen Stellen der Werkstoff

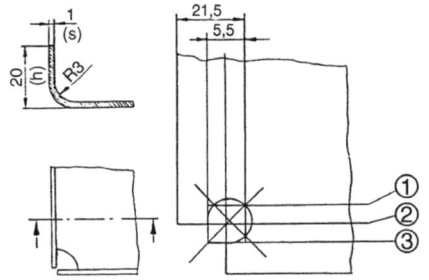

Bild 4.1.4
Abbohrloch
1 innere Biegebegrenzung; 2 Biegelinie;
3 äußere Biegebegrenzung
Der Kreuzungspunkt der Biegelinien ist nicht der Mittelpunkt der Bohrung!
$Bg = h - v + R + s$
$Bg = 20$ mm $- 2,5$ mm $+ 3$ mm $+ 1$ mm
$Bg = 21,5$ mm
$d = 2 (R + s) - v$
$d = 2 (3$ mm $+ 1$ mm$) - 2,5$ mm
$d = 5,5$ mm (aufgerundet auf 6 mm)

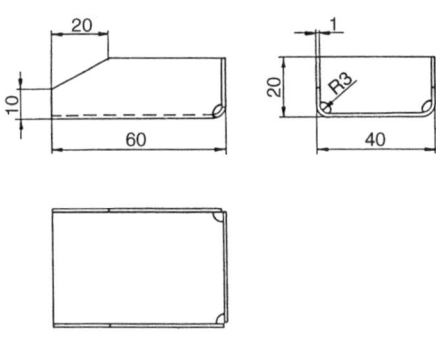
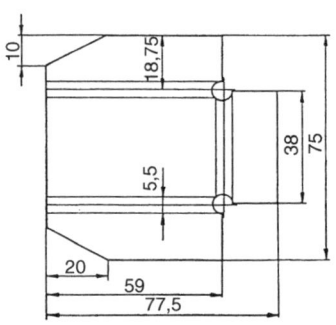

Bild 4.1.5 Blechkörper mit Abwicklung

einreißt und somit unbrauchbar wird. Um das Einreißen zu verhindern, müssen diese Bereiche abgebohrt werden. Das Abbohrloch soll so groß sein, wie der Biegebereich breit ist, und soll die innere Biegebegrenzung berühren *(Bilder 4.1.4 und 4.1.5)*.

Für den Abbohrlochdurchmesser gilt die Formel:

$$d = 2 (R + s) - v$$

Bei beliebigen Winkeln wird folgende Formel angewendet:

$$d = 2 (R + s/3) \, \Pi \cdot \alpha / 360°$$

Innere Biegebegrenzung:

$$Bg = h - v + R + s$$

4.1.1 Kantbiegemaschine

Die Kantbiegemaschine dient zur Herstellung von geradlinig gebogenen Blechprofilen und Bauteilen. Die auf Abwicklungslänge gefertigten Bleche müssen sorgfältig entgratet

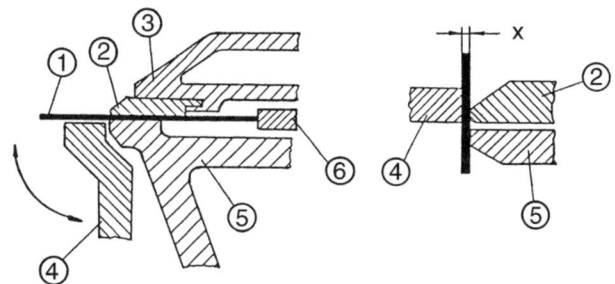

Bild 4.1.6 Kantbiegemaschine
1 Blech; 2 auswechselbare Biegeschiene mit entsprechendem Biegeradius; 3 Oberwange;
4 Biegewange; 5 Unterwange; 6 verstellbarer Anschlag
Durch Verstellen der Biegewange wird der Abstand s eingestellt.

Tabelle 4.1   Biegeradien für Werkstoffe (Auszug aus LN 9003)

Werkstoffe	s																	
	0,4	0,5	0,6	0,8	1	1,2	1,4	1,5	1,6	1,8	2	2,5	3	3,2	3,5	4	5	6
	R mindestens																	
3.0255H14	0,6	0,6	0,6	0,6	0,8	1	-	1,2	-	1,6	1,6	2	2,5	-	3	4	5	6
3.1354T3	-	-	-	-	-	-	-	-	-	-	-	-	-	16	-	20	25	32
3.13640	0,6	0,6	0,6	1	1,2	1,6	2	2	2	3	3	4	5	5	-	8	10	12
3.1364T4[1]	0,6	0,8	1	1,6	2	2,5	3	3	3	4	4	5	6	6	-	8	10	12
3.1364T3	1	1,6	2	2,5	3	4	5	5	5	6	8	10	12	12	-	-	-	-
3.32140	0,6	0,6	0,6	0,8	1	1,6	2	2	2	2,5	2,5	3	4	4	-	6	8	10
3.3214T3	0,6	1	1	1,6	2	2,5	3	3	3	4	4	5	6	6	-	8	10	12
3.3214T6	0,6	1	1,2	2	2	3	4	4	4	5	5	6	8	8	-	10	16	20
3.35240	0,6	0,6	0,6	0,8	1	1,2	1,6	1,6	1,6	2	2	2,5	3	3	-	6	8	10
3.3524H24	0,8	0,8	1	1	1,2	1,6	2	2	2	2,5	2,5	3	4	4	-	6	8	10
3.4364T6	-	-	-	-	-	-	-	-	-	-	-	-	-	20	-	25	32	40
3.43740	0,6	0,6	0,6	0,8	1	1,2	1,6	1,6	1,6	2	2	2,5	4	4	-	6	8	12
3.4374T6	1,6	2	2,5	4	5	6	8	8	8	10	10	12	16	20	-	25	32	40
3.7024.1[2]	1	-	1,6	2	2,5	3	-	-	5	-	6	8	-	10	-	12	-	-
3.7034.1[2]	1,2	-	2	2,5	4	4	-	-	6	-	8	10	-	12	-	16	-	-
3.7064.1[2]	2	-	3	4	5	6	-	-	8	-	10	16	-	20	-	25	-	-
3.7164.1[2]	-	-	5	6	8	10	-	-	12	-	16	20	-	25	-	32	-	-

[1] Das Kantbiegen mit den angegebenen Biegehalbmessern ist bis längstens 30 min nach dem Lösungsglühen durchzuführen (T42).
[2] Beim Kantbiegen dieser Bleche ist auf die Rückfederung zu achten.
  (vgl. auch Werkstoff-Leistungsblätter)

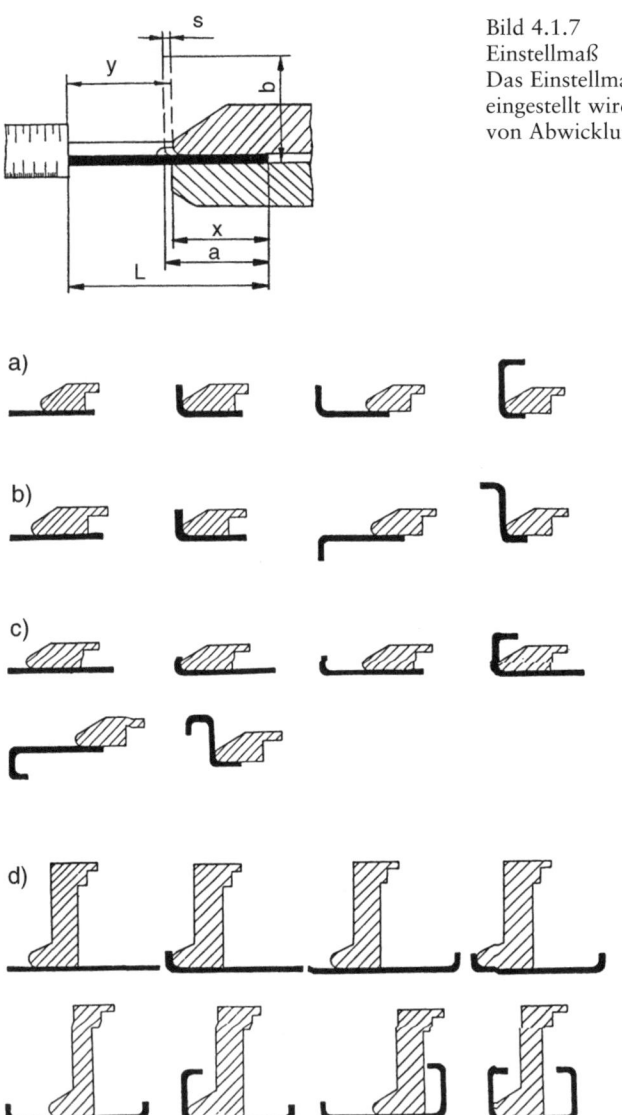

Bild 4.1.7
Einstellmaß
Das Einstellmaß y, das mit dem Tiefenmaß eingestellt wird, ergibt sich aus der Differenz von Abwicklungslänge L und Einspannmaß x.

Bild 4.1.8 Arbeitsgänge beim Kantbiegen
a) U-Profil; b) Z-Profil; c) Z-Profil mit Bördel; d) U-Profil mit Bördel

sein, da sonst beim Kantbiegen Risse entstehen könnten. Zum Biegen muss die Biegemaschine für eine entsprechende Blechdicke eingestellt werden. Beim Einstellen wird die Biegewaage um 90° geschwenkt und so weit zugestellt, dass das Blech noch leicht in den Spalt zwischen Biegeschiene und Biegewangen schiebbar ist. Die Einstellung muss über die gesamte Länge der Maschine erfolgen *(Bilder 4.1.6 bis 4.1.8 und Tabelle 4.1)*.

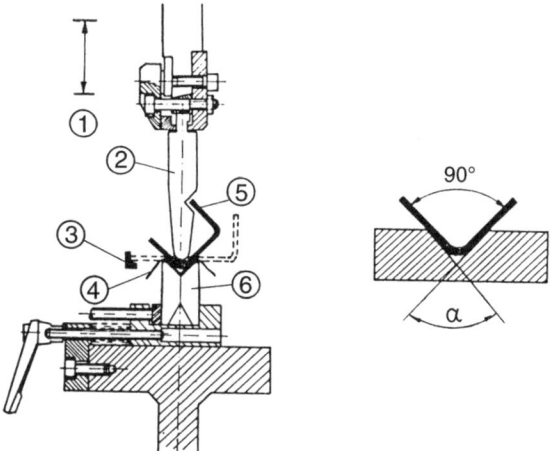

Bild 4.1.9 Kantpresse
1 Tiefenanschlag; 2 Biegestempel (Oberwerkzeug); 3 Anschlag; 4 Folie; 5 Blechprofil;
6 Prisma (Oberwerkzeug)
Wegen der Rückfederung des Bleches ist auf die richtige Wahl des Öffnungswinkels für das Prisma zu achten.

4.1.2 Kantpresse

Zur rationellen Herstellung verschiedener Profilformen wird die Kantpresse eingesetzt. Ihr Werkzeug besteht aus einer Matrize (Prisma) als Unterwerkzeug und einem Biegestempel als Oberwerkzeug. Zum Biegen wird das Blech auf das Unterwerkzeug gelegt und gegen den Anschlag geschoben. Zur Vermeidung von Oberflächenbeschädigungen dient eine Folie zwischen Blech und Prisma. Das Oberwerkzeug wird dann so weit heruntergefahren, bis der Biegewinkel erreicht ist *(Bild 4.1.9)*.

Beim Kantpressen unterscheidet man zwischen dem freien Biegen, bei dem der Tiefenanschlag der Maschine die Tauchtiefe des Oberwerkzeuges und damit den Biegewinkel des Profils bestimmt, und dem zwangsläufigen Biegen (Prägen), bei dem das Oberwerkzeug das Blech durch Anpressen an die Seitenwände des Prismas formt. Das freie Biegen wird überwiegend angewendet, da mit gleichem Werkzeug mehr Biegemöglichkeiten gegeben sind *(Bild 4.1.10)*.

Beim Kantpressen ist besonders auf die Prismenweite w und eine ausreichende Auflage zu achten. Für die Mindestprismenweite empfiehlt sich für Bleche bis zu 2 mm

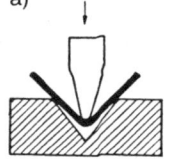 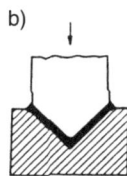

Bild 4.1.10 Biegen und Prägen
a) Freies Biegen; b) Prägen

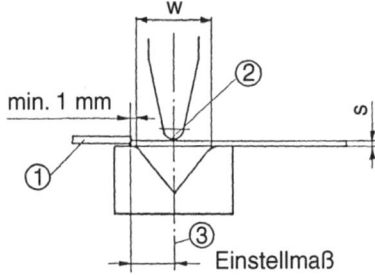

Bild 4.1.11 Maße beim Kantpressen
1 Anschlag; 2 Biegeradius;
3 Biegelinie = Einstellmaß min. 1 mm

Dicke die Formel:

$$w = 2\,R + 2\,s$$

Damit das Blech nicht wegrutscht, muss es mindestens 1 mm auf dem Prisma aufliegen *(Bild 4.1.11)*. Beim Einrichten der Kantpresse ist darauf zu achten, dass das Oberwerkzeug genau mittig und parallel zum Unterwerkzeug steht *(Bild 4.1.12)*.

Die Biegefolge des Profils ist vorher festzulegen, damit das richtige Werkzeug eingerichtet wird. Eine Probebiegung mit der ermittelten Abwicklungslänge sollte immer durchgeführt werden *(Bild 4.1.13)*.

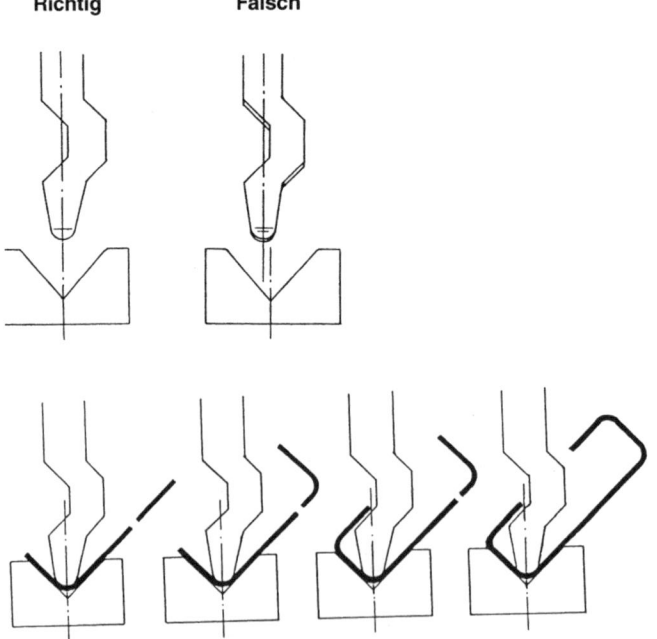

Bild 4.1.12 Kantpressen-Einrichtung

Bild 4.1.13 Verstellwege

Bild 4.1.14
Biegefolge beim Kantpressen
für ein U-Profil mit Bördel

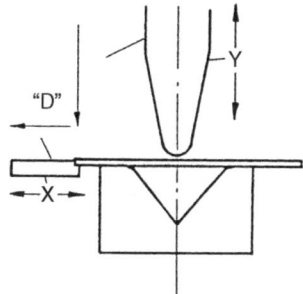

Zur Bestimmung des Biegewinkels beim freien Biegen muss außerdem der Hub des Oberwerkzeuges eingestellt werden. Bei hydraulischen Kantpressen mit elektronischer Steuerung ist für den senkrechten Verstellweg die y-Achse vorgesehen, für den waagerechten Verstellweg die x-Achse. Mit einer Hilfsfunktion wird der Anschlagrückzug während des Biegens ausgelöst, wenn der Stempel so weit heruntergefahren ist, dass er auf dem Blech aufsitzt und es nicht mehr verrutschen kann. Dies ist notwendig, wenn der Anschlag beim Biegen im Weg ist *(Bild 4.1.14)*.

4.2 Verdrängen

Beim Verdrängen werden Bauteile zwischen einem Ober- und Unterwerkzeug, die gegenläufige Hubbewegungen durchführen, gehalten und umgeformt. Der Werkstoff wird entweder gestreckt oder gestaucht *(Bilder 4.2.1 und 4.2.2)*.

Ober- und Unterwerkzeug dürfen nie ohne Blechzwischenlage bzw. Werkstück gegeneinander laufen, da ihre Arbeitsflächen dadurch zerstört werden. Für die Leichtmetallbearbeitung sind kunststoffbelegte Arbeitsflächen erforderlich. Entsprechende Umformer ermöglichen durch den Austausch von Ober- und Unterwerkzeug ebenfalls die Fertigungstechniken des Schweifens, Ausschneidens und Lochstanzens.

Bild 4.2.1
Umformer

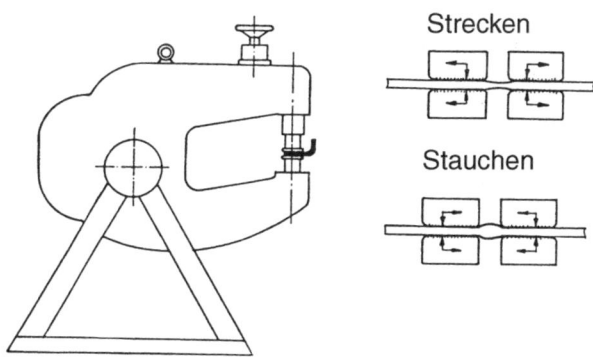

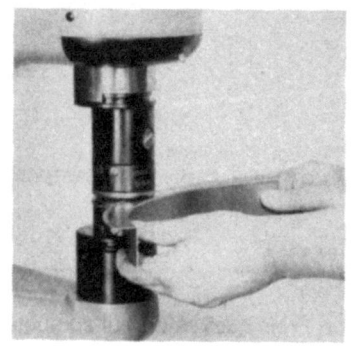 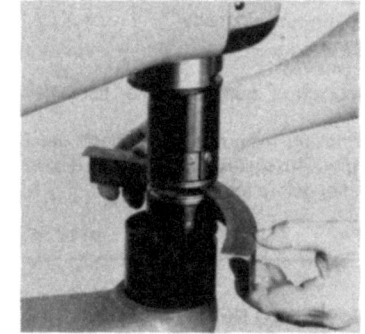

Bild 4.2.2 Umformen durch Verdrängen
a) Strecken; b) Stauchen

4.3 Gummipressen

Beim Gummipressen wird eine Gummiblase mittels Druckflüssigkeit über einen Formklotz mit aufgelegtem Blech gedrückt, und so formt sich das Blech nach der Kontur

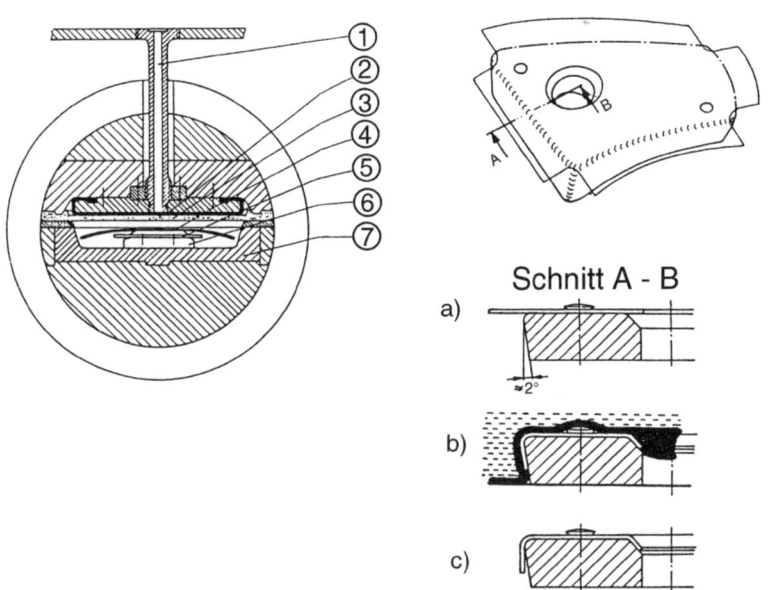

Bild 4.3.1 Gummipresse
1 Druckflüssigkeit; 2 Gummidruckblase; 3 Gummipressmatte; 4 Gummischmutzmatte; 5 Blech; 6 Formklotz; 7 Doppeltrog, zum Beschicken herausfahrbar
a) Formklotz mit aufgelegtem Blech, das Blech wird mit Pilzkopfstiften fixiert
b) Durch Flüssigkeitsdruck werden die Gummimatten mit dem Blech um den Formklotz gedrückt
c) Fertig geformtes Blechteil

des Formklotzes. Die Blechabwicklung wird wie beim Biegen ermittelt. Schwierige Formen erfordern Probezüge und gegebenenfalls ein Nacharbeiten *(Bild 4.3.1)*.

Beim Beschicken der Presse ist aufgrund des hohen Pressdruckes darauf zu achten, dass die Formwerkzeuge keine scharfen Kanten aufweisen, da sonst die Gummiblase beschädigt werden würde. Für einfache, flache Bauteile wird ein Formwerkzeug aus Oboholz verwendet. Für komplizierte Formen kann es aus Kunststoff bestehen, da die Herstellung einer Kunststoffform kostengünstiger ist. Für Blechteile, bei denen ein hoher Pressdruck benötigt wird, finden Formwerkzeuge aus Stahl Verwendung.

4.4 Streckziehen

Blechteile und Profile, die eine bestimmte Kontur *(strak)* aufweisen müssen, beispielsweise Beplankungsbleche oder Spanten, werden streckgezogen. Die Bleche oder Profile werden mit Hilfe hydraulischer Kraft über eine Streckziehform, die die geforderte Kontur besitzt, gezogen *(Bild 4.4.1)*.

Die wärmebehandelten Bleche werden in die Spannbacken gespannt und durch Streck- und Druckzylinder in die gewünschte Form gebracht. Mit der Streckziehpresse

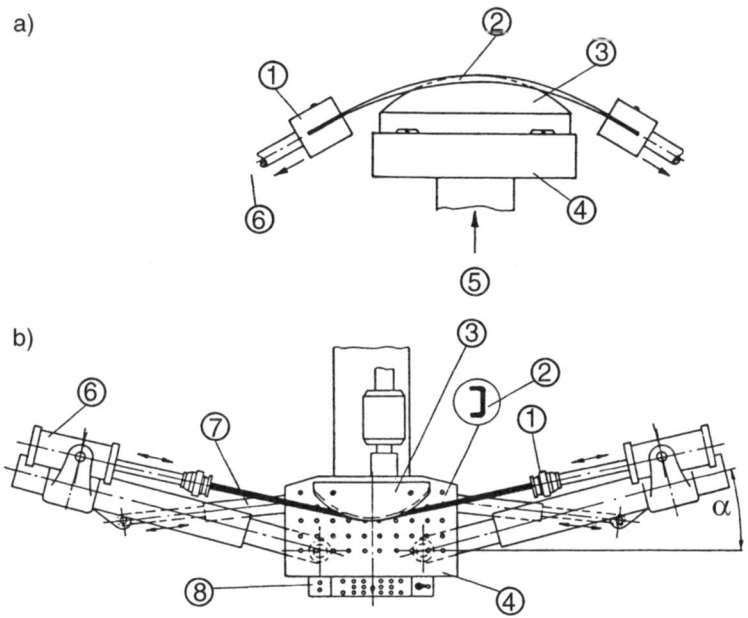

Bild 4.4.1   Streck- und Profilstreckziehpresse
a) Streckziehpresse Typ Loire
b) Profilstreckziehpresse Typ Hufford
1 Spannbacke; 2 Blech bzw. Blechprofil; 3 Streckziehform; 4 Maschinentisch; 5 Druckzylinder; 6 Streckzylinder; 7 Zylinder für Schwenkarm; 8 Bedienpult

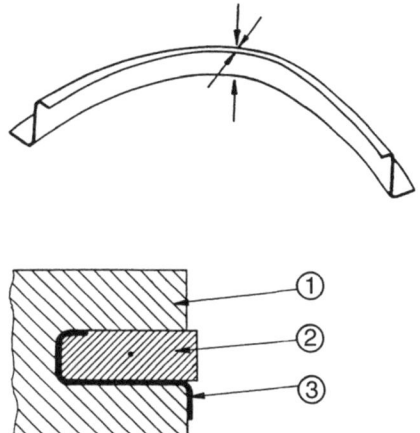

Bild 4.4.2
Profilquerschnittsveränderungen beim Profilstreckziehen

Bild 4.4.3
Profilstreckziehform
1 Werkzeug
2 Gliederkette
3 Blechprofil

Typ Hufford ist aufgrund der verschiedenen schwenkbaren Zylinder das Formen unterschiedlichster Kurven möglich. Während des Streckziehvorganges ist durch Abklopfen des Bleches mit einem Kunststoffhammer zu prüfen, ob das Blech gut an der Form anliegt. Liegt das Blech nicht an, kommt es zur Faltenbildung und zum Einreißen des Bleches. Zur Verminderung der Reibung zwischen Blech und Streckziehform wird Gleitfett aufgetragen. Bleche dürfen nur so weit umgeformt werden, bis die so genannten Fließfiguren entstehen. Fließfiguren sind dünne gerade Linien, die unter einem bestimmten Winkel zueinander laufen und deutlich auf der Oberfläche sichtbar sind (Gleitebenen). Es ist zum Teil möglich, durch eine erneute Wärmebehandlung den Streckziehvorgang fortzusetzen. Beim Streckziehen von Profilen verändert sich der Profilquerschnitt durch Einschnürungen im Formungsbereich mit zunehmendem Formungsgrad *(Bild 4.4.2)*.

Diese Querschnittsveränderungen können bei Blechprofilen schon beim Kanten berücksichtigt werden, indem die Profile mit Aufmaß oder entsprechend konisch gekantet werden, so dass ihre Maße nach dem Streckziehen in der Toleranz liegen. Eine weitere Möglichkeit zur Verminderung von Einschnürungen bietet das Einlegen von Ketten, deren Glieder aus Hartholzklötzen bestehen, flexiblen Leisten oder Klötzen in das Profil *(Bild 4.4.3)*.

4.5 Tiefziehen

Das Tiefziehen ist ein Umformverfahren, bei dem ein Blech unter Einhaltung annähernd gleicher Wanddicke zu einem Hohlkörper gezogen wird *(Bild 4.5.1)*. Maßgebend für die Tiefziehfähigkeit von Werkstoffen ist u.a. die Feinheit des Kornes. Zur Beurteilung dieser Feinheit dient der Tiefungsversuch nach ERICHSEN (vgl. Werkstoffeigenschaften).

Ausgangsform für ein Tiefziehteil ist eine so genannte Ronde bzw. Platine. Eine Platine ist auch für unrunde Ziehteile meistens kreisförmig, seltener werden andere Formate verwendet. Die Größe muss genau ermittelt werden. Ein Übermaß würde z.B. ein ungüns-

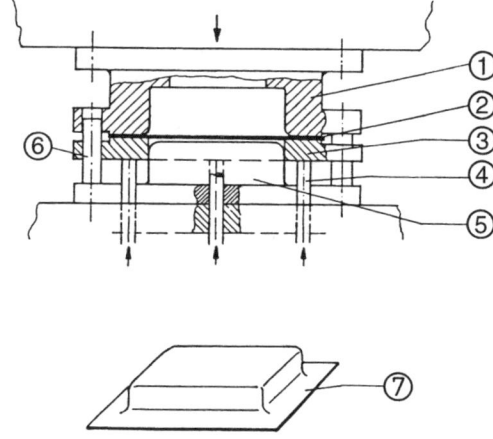

Bild 4.5.1
Tiefziehwerkzeug
1 Oberwerkzeug
2 Platine
3 Niederhalter
4 Stempel
5 Unterwerkzeug
6 Säulenführung

tiges Tiefziehverhältnis ergeben (vgl. Abschnitt 2.3). Die Platine wird auf den Niederhalter (Blechhalter) gelegt und das Oberwerkzeug heruntergefahren. Der dadurch entstehende Niederhaltedruck ist in Abhängigkeit vom Werkstoff und von der Umformung genau einzuhalten. Bei einem zu großen Niederhaltedruck wird die Wand des Ziehteils gestreckt und übermäßig verfestigt. Bei einem zu kleinen Niederhaltedruck würde das Blech nicht ausreichend gehalten werden. Der Tiefziehvorgang wird ausgeführt, indem das Oberwerkzeug auf Tiefe gefahren wird. Wenn das Tiefziehverhältnis für die vorgesehene Umformung nicht ausreicht, muss in mehreren Zügen umgeformt werden. Zwischenglühen kann erforderlich sein. Weiteren Einfluss auf den Tiefziehvorgang haben der Ziehspalt (Übermaß des Oberwerkzeuges gegenüber dem Unterwerkzeug) und die Stempelrundungen.

4.6 Superplastisches Formen

Das superplastische Formen (SPF) nutzt die Werkstoffeigenschaft der Superplastizität (vgl. Abschnitt 2.3) zur Umformung von Blechen aus. Bei der superplastischen Blechumformung wendet man die aus der Kunststofftechnik her bekannten Blas- bzw. Vakuumverfahren an. Dabei wird das Blech zwischen Ober- und Unterwerkzeug einer beheizten Hohlform eingebracht und durch Druck bzw. Unterdruck gegen die Innenfläche der Form gedrückt *(Bild 4.6.1)*.

Die Anwendung dieses Umformverfahrens auf Titan ist besonders interessant, da während des Umformens gleichzeitig ein Diffusionsschweißen möglich ist (= ein Warmpressschweißen, bei dem im festen Zustand die metallische Bindung durch Atomtausch erfolgt. Die Atomdiffusion wird ermöglicht durch Temperaturen, die bei 80% der Solidustemperatur liegen). Das liegt daran, dass sowohl das superplastische Formen als auch das Diffusionsschweißen von Titan zwischen 900 °C und 950 °C durchgeführt werden. Durch die superplastische Formung ergeben sich gerade für Titanwerkstoffe Variationsmöglichkeiten, die weder durch Kalt- noch durch Warmumformen erreich-

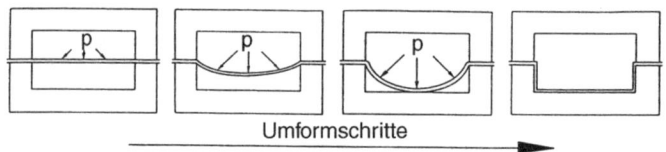

Bild 4.6.1 Superplastisches Formen

bar sind. Es lassen sich Hohlkörper, Blechumformungen und in Verbindung mit dem Diffusionsschweißen örtlich versteifte Bleche, integral versteifte Bleche sowie Sandwichstrukturen herstellen.

4.7 CIAM-Forming

CIAM-Forming (*computerized integrated and automated manufacturing*) ist ein rechnerunterstütztes Fertigungssystem zur Herstellung von unterschiedlichen Blechbauteilen. Dieses Fertigungssystem verkürzt im Vergleich zur konventionellen Blechteilherstellung Produktionsvorlaufzeiten sowie Bearbeitungszeiten, erhöht den Maschinennutzungsgrad und senkt die Stückkosten.

Bild 4.7.1 zeigt die Teilkomponenten einer CIAM-Forming-Anlage. Im **Blechlager** (Materialeingang) werden Normtafelgrößen der Abmessung 1,25 m × 2,5 m nach Aluminiumlegierungen und Blechstärken sortiert. Alle in ein Flugzeug einzubauenden Teile müssen eine bleibende Kennzeichnung erhalten, die auch auf dem Weg der Bearbeitung und bei der Montage zur Identifizierung dient. Die aus dem Blechlager angelieferten Bleche werden auf einer **NC-Kennzeichnungsanlage** einzeln mit einem Typenradprägewerk gekennzeichnet, und zwar so verschachtelt, wie anschließend die Umrisskontur erzeugt wird. Im **CNC-Bohr- und Fräszentrum** werden aus den paketierten Normtafeln dann die Blechteilzuschnitte (Platinen) herausgefräst. Das **Entgraten** erfolgt durch eine Bürstwalzen-Entgratanlage, die die Bleche in einem Durchlauf entfettet und beidseitig entgratet. Zwischen dem Herstellen der Blechplatinen und der Weiterverarbeitung ist ein **Pufferlager** eingerichtet, um die Ausnutzung und Belegung

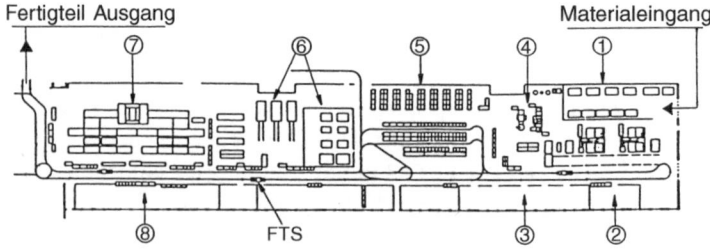

Bild 4.7.1 CIAM-Forming im Airbus-Werk Bremen
1 Blechlager; 2 NC-Kennzeichnungsanlage; 3 CNC-Bohr- und Fräszentrum; 4 Entgratanlage; 5 Pufferlager; 6 Wärmebehandlung; 7 Hochdruckgummipresse; 8 Handbearbeitung, Kontrolle und Oberflächenschutz

der Anlagen vor und nach dem Puffer jeweils nach den dortigen besonderen Bedingungen durchführen zu können. Die **Wärmebehandlung** erfolgt im Luftumwälzofen mit anschließendem Abschrecken in einem Glykol-Wasser-Gemisch. Dieses Gemisch verringert im Vergleich zum Abschreckmedium Wasser Blechverzüge und hat zu einer erheblichen Einsparung von manueller Nacharbeit geführt. Die **Hochdruckgummipresse** hat eine Presskraft von 260 MN und erzeugt einen Umformdruck von 700 bis 2500 bar. Die Pressenhydraulik ermöglicht eine Taktzeit von 90 s. Verwendet wird ein 400 mm dickes geschichtetes Gummikissen mit einer Shorehärte (vgl. Abschnitt 2.4) von 90. Nach dem Umformvorgang werden die Blechteile kontrolliert, eventuell nachgearbeitet und zum Oberflächenschutz transportiert.

Durch den Einsatz der Hochdruckpresse konnte ebenfalls die Nacharbeit erheblich eingeschränkt werden.

Wesentliches Kriterium für ein optimales Funktionieren des CIAM-Forming ist die Verknüpfung der einzelnen Fertigungsinseln. Diese Verbindung erfolgt über ein induktiv geführtes und rechnergesteuertes fahrerloses Transportsystem (FTS).

4.8   Warmumformen durch Schmieden

Das Massivumformen bei erhöhten Temperaturen nennt man Schmieden. Die Warmumformtemperaturen für Aluminiumlegierungen liegen zwischen der Rekristallisierungstemperatur sowie der Lösungsglühtemperatur bei ca. 450 °C. Entscheidender Vorteil des Schmiedens im Vergleich zum Gießen (Gussstücke haben keinen Faserverlauf) ist der Faserverlauf des fertigen Schmiedestückes, der die Dauerfestigkeit des Werkstoffes erhöht. Der Faserverlauf soll der Hauptbeanspruchungsrichtung weitgehend entsprechen *(Bild 4.8.1)*. Im Vergleich zu spanend bearbeiteten Werkstücken wird der Faserverlauf beim Schmieden nicht unterbrochen.

Das Schmieden für Flugzeugbauteile aus Aluminiumlegierungen erfolgt fast ausschließlich unter langsam wirkenden, hydraulisch angetriebenen Schmiedepressen im Gesenk. Der Werkstoff wird dabei auf Schmiedetemperatur erwärmt und in eine Negativform (Gesenk) gepresst, die von dem Material voll ausgefüllt wird. Schmiedestücke mit ungleichmäßiger Massenverteilung sowie komplizierte Gesenkschmiedestücke erfordern ein Vorformen durch Freiformschmieden und ein Vorgesenkschmieden *(Bild 4.8.2)*.

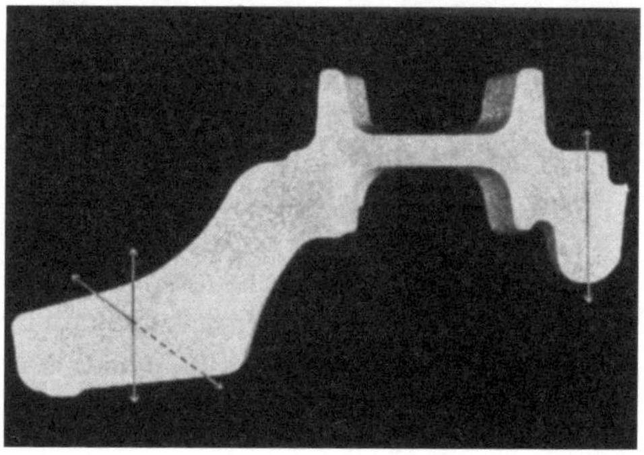

Bild 4.8.1
Faserverlauf in einem Gesenkschmiedestück.
Die Beanspruchungsrichtungen sind durch
Pfeile gekennzeichnet.

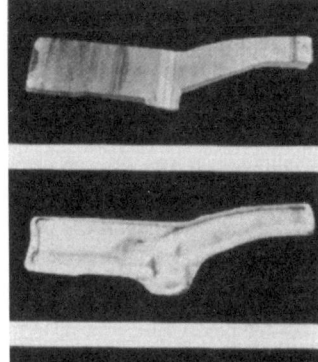

Bild 4.8.2
Fertigungsfolge eines Trägers für den Flugzeugbau (3.4364; $l = 1500$ mm; $m = 64$ kg): Freiformschmieden, Vorgesenkschmieden und Fertiggesenkschmieden

Tabelle 4.2 zeigt die mechanischen Eigenschaften der im Bereich Flugzeugbau wichtigen Schmiedewerkstoffe 3.1924 und 3.1254 in Abhängigkeit vom Faserverlauf.

Tabelle 4.2 Werkstoffeigenschaften

Werkstoff	R_m in N/mm²		$R_{p0,2}$ in N/mm²		A in %	
	L*	T*	L	T	L	T
3.1924T6	410	390	340	330	6	3
3.1254T6	450	430	385	370	7	3

*) L ≙ Beanspruchung parallel zur Faserrichtung; T ≙ Beanspruchung nicht parallel zur Faserrichtung

✎ Übung

1. Nennen Sie drei Werkstoffe aus der Werkstoffübersicht, die *ohne Wärmebehandlung* umgeformt werden können (Formungsgrad vernachlässigen).
2. Überprüfen Sie die Abwicklungen von *Bild 4.1.3* und *Bild 4.1.5*.
3. Warum ist der *Kreuzungspunkt von Biegelinien* nicht der Mittelpunkt des Abbohrloches?
4. Bestimmen Sie das *Einstellmaß* für das nebenstehend abgebildete Winkelprofil.
5. Worauf ist beim *Kantpressen* zu achten?
6. Was sind *Fließfiguren* und wodurch entstehen sie?
7. Wodurch lassen sich Einschnürungen beim *Profilstreckziehen* vermeiden?
8. Wie kann man die *Tiefziehfähigkeit* eines Werkstoffes beurteilen?
9. Warum ist das SPF für Titanwerkstoffe besonders interessant?
10. Beschreiben Sie kurz die *Vorteile*, und benennen Sie die *Teilkomponenten* des CIAM-Forming.
11. Nennen Sie Vorteile des *Warmumformens durch Schmieden* im Vergleich zu anderen Fertigungsverfahren.

5 Fügen

Durch Fügen werden zwei oder mehrere Werkstücke in bestimmter Art miteinander verbunden. Die Fügeverfahren bzw. Verbindungstechniken werden nach unterschiedlichen physikalischen Wirkprinzipien in Verbindungen durch Formschluss, Stoffschluss und Kraftschluss unterteilt *(Tabelle 5.1)*. Eine weitere Unterteilung in lösbare und unlösbare Verbindungen ist ebenfalls möglich.

Lösbare Verbindungen können ohne Zerstörung des Verbindungselementes und der verbundenen Bauteile zerlegt werden. Unlösbare Verbindungen können nur durch eine Zerstörung des Verbindungselementes oder der verbundenen Bauteile zerlegt werden.

Wird mit häufigem Lösen oder Auswechseln der Bauteile gerechnet, benutzt man lösbare Verbindungen. Der Fertigungsaufwand ist in der Regel höher als bei unlösbaren Verbindungen. Diese bieten jedoch größere Sicherheit gegen unbeabsichtigtes Lösen.

Tabelle 5.1   Physikalische Wirkprinzipien der Verbindungsarten

Wirkprinzip	Darstellung	Verfahren
Formschluss durch mechanisches Ineinandergreifen geometrischer Formen an den zu verbindenden Teilen. Sowohl der Lochleibungswiderstand als auch der Scherwiderstand müssen größer sein als die von außen wirkende Beanspruchung.	Lochleibung / Scherwiderstand / Scherfläche	Kaltnieten Verstiften Passfedern Falzen
Stoffschluss durch Molekularkräfte zwischen den zu verbindenden Teilen. Sowohl die Eigenfestigkeit (Kohäsion) des Verbindungselementes als auch die Anhangskraft (Adhäsion) müssen größer sein als die von außen wirkende Beanspruchung.	Kohäsion / Adhäsion	Schweißen Kleben Löten
Kraftschluss durch Reibungskräfte zwischen den zu verbindenden Teilen. Die Reibungskräfte müssen größer sein als die von außen wirkende Beanspruchung.	Reibung	Schrauben Warmnieten Keilen

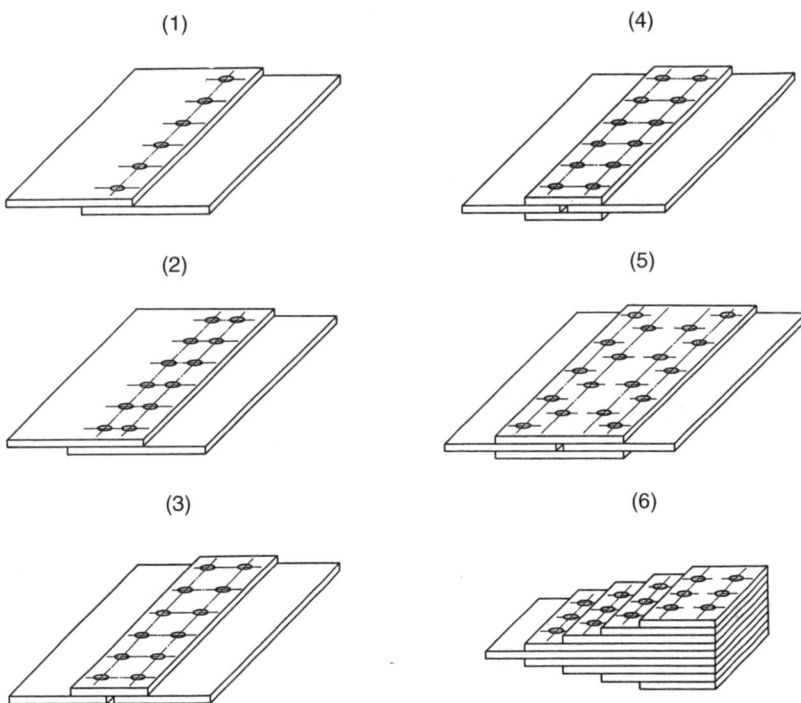

Bild 5.1.1   Arten von Nietverbindungen
1 einschnittige Nietverbindung als einseitige Überlappung
2 einschnittige Nietverbindung als zweireihige Überlappung
3 einschnittige Nietverbindung als einreihige, einseitige Laschenverbindung
4 zweischnittige Nietverbindung als einreihige Doppellaschenverbindung
5 zweireihige, versetzt genietete Doppellaschenverbindung
6 Mehrfachlaschenverbindung

5.1   Nietverbindungen

Das Nieten ist im Flugzeugbau die wichtigste Verbindungsart, um Blechteile aus Leichtmetalllegierungen oder anderen Werkstoffen miteinander zu verbinden. Das Metallkleben und das Laserstrahlschweißen werden auch in absehbarer Zeit die Nietverbindung nicht verdrängen. Zu bemerken ist allerdings ein Ansteigen der Verwendung von Sondernieten, wie z.B. Hi-Lok, Schraubniete usw. In der Luftfahrtindustrie unterscheidet man bei den Nieten Voll-, Pass-, Schraub- und Blindniete *(Tabelle 5.2)*.

Um jene Kräfte aufzunehmen, die bei der Verbindung zweier oder mehrerer Bleche (Bauteile) am Flugzeug im Belastungsfall auftreten, können die Bleche – wie in *Bild 5.1.1* gezeigt – durch Niete miteinander verbunden werden.

Tabelle 5.2 Übersicht einiger Nietarten im Flugzeugbau

Vollniete			
Nietart / Norm	**Werkstoff**	**Kennz.**	**Form**
Universalniet LN9198 und EN 6081	3.1324 T4[1)]	(-o-)	
	3.1124 T4[2)]	(o)	
Senkniet 100° LN9199 und EN 6101 für Ø ≤ 4/32 Zoll und EN 6080 für Ø ≤ 5/32 Zoll	3.0255 H14[3)]	( )	
	3.3354 H32[3)]	(+)	
Universalniet MS 20470	7050 T73[2)] (3.4144 T73)	(O)	
Senkniet MS 20426			
Flachsenkniet 100° für Dünnblechnietung NAS 1097	2117 T4 (3.1124 T4)[2)]	(o)	
	2024 T4 (3.1354 T4)[1)]	(--)	
	7050T73[2)] (E) (3.4144 T73) KE	(O)	
Universalniet NSA 5411	3.7034.1[3)] (Ti 99,4)	(V)	
Senkniet NSA 5410			
Universalniet (Flachrundkopf) NSA 5415 (D)	2.4360.1[3)] (Monel)	(r)	
Senkniet 100° (kleiner Kopf) NSA 5414 (D)			
Passniete			
Hi-Lok-Niet für Scherbeanspruchung DAN 5	3.7164.7 Ti	(HL-70)	
Hi-Lok-Senkniet für Scherbeanspruchung DAN 6	3.7164.7 Ti	(HL-71)	
Hi-Lok-Niet mit flachem Kopf für Scher- und Zugbeanspruchung DAN 7	3.7164.7 Ti	(HL-73)	

Nietart / Norm	Werkstoff	Kennz.	Form
Hi-Lok-Senkniet für Scher- und Zugbeanspruchung DAN 8	3.7164.7 Ti	HL 13	
Hi-Lok-Niet für Scherbeanspruchung DAN 9	Leg. St	HL 20	
Hi-Lok-Senkniet für Scherbeanspruchung DAN 10	Leg. St	HL 20	
Hi-Lok-Niet für Scher- und Zugbeanspruchung DAN 15	Leg. St	HL 20	
Hi-Lok-Senkniet für Scher- und Zugbeanspruchung DAN 16	Leg. St	HL 21	
Hi-Lok-Mutter NSA 5075 -mit Scheibe	Al-Leg. 2024 T4 (3.1354 T4)	HL 70 / HL 70 TW	
Hi-Lok-Mutter DAN 12	Nichtrostender Stahl	HL 86	
Hi-Lok-Mutter mit Kugelscheibe DAN 14	Nichtrostender Stahl	HL 75	
Lockbolt-Senkniet für Scherbeanspruchung NAS 1436 bis 1442	Leg. St	H	
Lockbolt-Zylinderkopfniet für Scherbeanspruchung NAS 1446 bis 1452	Leg. St	H	
Lockbolt-Senkniet für Zugbeanspruchung NAS 1456 bis 1462/75	Leg. St	auf Kopf	
Lockbolt-Zylinderkopfniet für Zugbeanspruchung NAS 1465 bis 1472	Leg. St	auf Kopf	
Lockbolt-Senkniet für Zugbeanspruchung NAS 1516 bis 1522	7075 T6 (3.4364 T6)	auf Kopf	
Lockbolt-Zylinderkopfniet für Zugbeanspruchung NAS 1525 bis 1532	7075 T6 (3.4364 T6)	auf Kopf	
Lockbolt-Senkniet für Scherbeanspruchung NAS 1436 bis 1442	Leg. St	auf Kopf	
Lockbolt-Zylinderkopfniet für Scherbeanspruchung NAS 1446 bis 1452	Leg. St	auf Kopf	

Nietart / Norm	Werkstoff	Kennz.	Form
Lockbolt-Schließring für Scherbeanspruchung NAS 1080 C05	2024 H13	Fig. 1	gelb 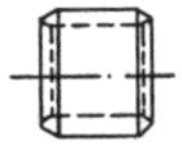
Lockbolt-Schließring für Zugbeanspruchung NAS 1080-06-12	2024 H13	Fig. 5	grün 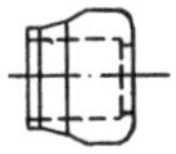
Lockbolt-Schließring für Scherbeanspruchung NAS1080C06-12	2024 H13	Fig. 2/3	gelb 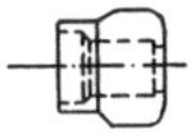
Lockbolt-Schließring für Scherbeanspruchung NAS1080E06-12	St C1006 C1008	Fig. 4	silber 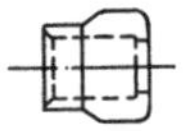
Lockbolt-Schließring für Zugbeanspruchung NAS 1080 R05-R08	St C1006 C1008	Fig. 5	gold 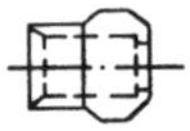
Lockbolt-Schließring für Zugbeanspruchung NAS 1080 R10-R12 für Lockbolt mit 5 Rillen	St C1006 C1008	Fig. 6	gold 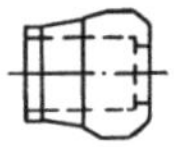
Schraubniete			
Schraubniet (Jo-Bolt) Sechskantkopf ASN-A0082	Leg. St / Nichtrostender Stahl	Typ Jo-Bolt und V-Bolt	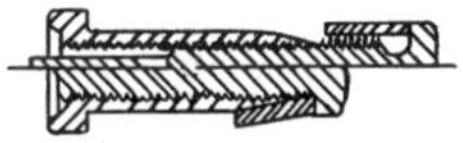
Schraubniet (Jo-Bolt) Senkkopf 100° ASN-A0081	Leg. St / Nichtrostender Stahl	Typ Jo-Bolt und V-Bolt	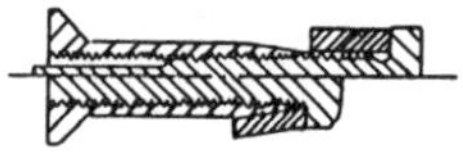
Blindniete			
Blindniet mit Rundkopf NAS1919	Leg. St «C» Al-Leg. «B» Monel «M»	MLSP	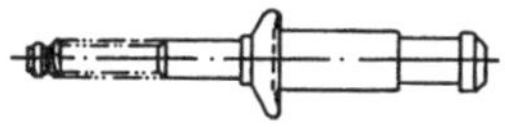
Huck-Blindniet mit Rundkopf NSA 542.17	Al-Leg.	CKL-XP	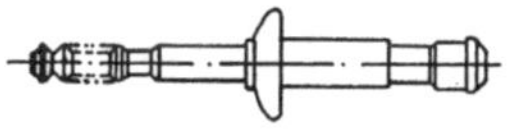
Huck-Blindniet mit Senkkopf 100° NSA 542.16	Al-Leg.	CKL-X100V	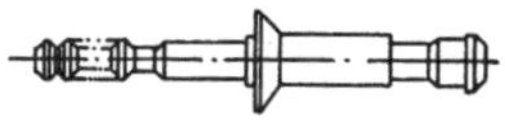
Blindniet mit Senkkopf 100° NAS 1921	Leg. St «C» Al-Leg. «B» Monel «M»	MLS 100	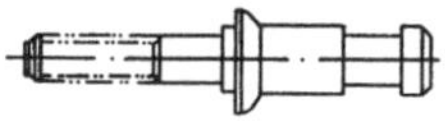
Blindniet mit Universalkopf MS 20600	Al-Leg.	Olympic Typ1	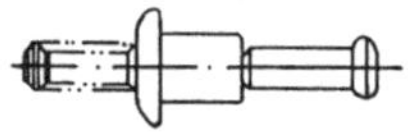

Nietart / Norm	Werkstoff	Kennz.	Form
Blindniet mit Senkkopf 100° MS 20601	Al-Leg. Monel	Olympic Typ 2	
Blindniet mit Universalkopf NAS 1398	Al-Leg. Monel	Cherry-Lock	
Blindniet mit Senkkopf 100° NAS 1399	Al-Leg. Monel	Cherry-Lock	
Blindniet mit Universalkopf NAS 1738	Al-Leg. Monel	Bulbed Cherry-Lock	
Blindniet mit Senkkopf 100° NAS 1739	Al-Leg. Monel	Bulbed Cherry-Lock	
Pop-Niet mit Zylinderkopf NSA 5420	Al-Leg.	IMEX	
Pop-Niet mit Senkkopf 100° NSA 5421	Al-Leg.	IMEX	

Anmerkungen zu Tabelle 5.2:
1) 3.1324 T4 – AlCuMg1; $\tau = 260$ N/mm^2. Vor Gebrauch lösungsglühen!
   3.1354 T4 – AlCuMg2; $\tau = 270$ N/mm^2. Vor Gebrauch lösungsglühen!
2) 3.1124 T4 – AlCuMg0,5; $\tau = 180$ N/mm^2. Dauerschlagbar (kalt).
   7050 T73(3.4144 T73) – AlZn6Mg2Cu2Zr
3) 3.0255.26 H14 – Al 99,5; $\tau = 60$ N/mm^2. Keine Wärmebehandlung durchführen!
   3.3354 H32 – AlMg5; $\tau = 170$ N/mm^2. Keine Wärmebehandlung durchführen!
   3.7034.1 – Ti99,4; $\tau = 400$ N/mm^2. Keine Wärmebehandlung durchführen!
   2.4360.1 – NiCu30Fe; $\tau = 350$ N/mm^2. Keine Wärmebehandlung durchführen!
   Beim Nieten von GLARE® werden Vollniete nach EN 6081, EN 6101 oder EN 6080 verwendet. Sie sind aus dem Werkstoff 2017A T4 (AlCuMg1), werden in der EN-Norm als D-Niete bezeichnet und sind dem Niet aus 3.1324 T4 vergleichbar. Bis zu einem Durchmesser von $^4/_{32}$ Zoll können diese Niete kaltgeschlagen werden. Ab $^4/_{32}$ Zoll müssen die Niete vor der Verarbeitung lösungsgeglüht werden. D-Niete haben folgende Kopfkennzeichnung .

✎ Übung

1. Erklären Sie den Unterschied zwischen den Fügeverfahren *Warm- und Kaltnieten* hinsichtlich der physikalischen Wirkprinzipien.
2. Nennen Sie Vor- und Nachteile *lösbarer und unlösbarer* Verbindungen.
3. Welche *Verbindungstechnik* wird überwiegend im Flugzeugbau angewendet?
4. Welche Verbindungstechnik *ohne metallische Verbindungselemente* wird im Flugzeugbau angewendet?
5. Welches sind die vorherrschenden *Nietarten* im Flugzeugbau?
6. Wodurch unterscheiden sich die Köpfe der Hi-Lok-Passniete für *Scher- bzw. Zugbeanspruchung*?
7. An welchem Zeichen ist der *Werkstoff* eines Vollnietes zu erkennen?

5.1.1 Vollniete

Al-legierte Vollniete
Der Vollniet ist ein Metallbolzen mit einem angestauchten Kopf (Setzkopf). Die Setzkopfform (Universal- oder Senkniet) wird dem Verwendungszweck entsprechend ausgewählt. Der Niet dient als Verbindungselement für Bauteile (Bleche). Durch Stauchen des überstehenden Nietschaftes entsteht der Schließkopf *(Bild 5.1.2)*.

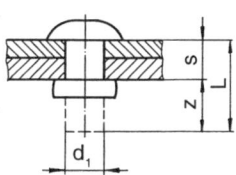

Bild 5.1.2
Vollniete
1 Setzkopf; 2 Nietschaft; 3 Schließkopf
d_1 Nietschaftdurchmesser (Nennmaß); d_2 Schließkopfdurchmesser; L Nietlänge (beim Senkniet wird Senkkopf mitgemessen); s Klemmlänge (Gesamtdicke der zu nietenden Teile); z Zugabe für den zu stauchenden Schließkopf; k Schließkopfhöhe

Bild 5.1.3
Flacher Schließkopf

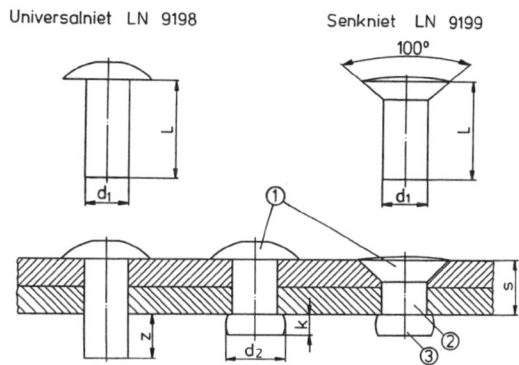

Nietschaftlänge (bei Senknieten Gesamtnietlänge)
Die Nietschaftlänge wird nach der Klemmlänge s sowie einer Zugabe, die von der Form und Größe des Schließkopfes abhängt, berechnet. Für die Berechnung der Nietschaftlänge L (Nennmaß der Nietlänge) gelten für den flachen Schließkopf *(Bild 5.1.3)* folgende Formeln:

$$L = s + 1{,}3 \cdot d_1 \quad \text{für } d_1 > 4 \text{ mm}$$
$$L = s + 1{,}5 \cdot d_1 \quad \text{für } d_1 \leq 4 \text{ mm}$$

Für Vollniete mit flachem Schließkopf aus 3.1324 und 3.4144 T73 gilt für die Berechnung der Nietschaftlänge L für alle Durchmesser d_1 die Formel

$$L = s + 1{,}3 \cdot d_1$$

Prüfen der Schließkopfabmessungen (flacher Schließkopf)
Die Maße der Flachschließköpfe können mit einer Schließkopflehre geprüft werden *(Bild 5.1.4)*.

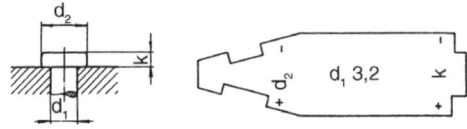

Bild 5.1.4
Schließkopflehre

Die Schließkopfgröße lässt sich mit folgenden Faustformeln berechnen:

$$d_2 = 1{,}6 \cdot d_1$$
$$h = 0{,}5 \cdot d_1$$

In der Luftfahrt-Norm gibt es Tabellen, aus denen die Schließkopfgrößen entnommen werden können.

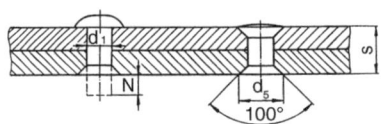

Bild 5.1.5
Senkschließkopf

Senkschließkopf
Der Senkschließkopf bei Vollnieten kann auch ein Senkkopf sein, wenn eine glatte Oberfläche gefordert wird. Er darf nach dem Stauchen mit der Oberfläche des Werkstückes bündig gefräst werden, wenn es erforderlich ist. Der Senkschließkopf ist kleiner als der Setzkopf des Nietes *(Bild 5.1.5)*.

Für die Berechnung der Nietschaftlänge L (Nennmaß der Nietlänge – bei Senkniete einschließlich Setzkopf) gelten die folgenden Formeln:

$$L = s + 0{,}9 \cdot d_1 \quad \text{für } d_1 > 4 \text{ mm}$$
$$L = s + 1{,}3 \cdot d_1 \quad \text{für } d_1 \leq 4 \text{ mm}$$
$$z = d_1$$

z Zugabe (Faustformel)

Die Maße der Senkungen für Senkschließköpfe sind ebenfalls in Tabellen der Luftfahrt-Norm festgelegt.

Nietlochbohrungen (Vollniete)
In *Tabelle 5.3* sind die Hauptabmessungen von Vor- und Heftlochbohrungen sowie Nietbohrungen aufgeführt. Die Werte der Vor- und Heftlochbohrungen gelten für alle Vollniete. Bedarf es in Sonderfällen anderer Bohrungsdurchmesser, sind diese auf der Zeichnung anzugeben.

Die Mindestwerte für s_i sind hier so festgelegt, dass die Spitze des Fertigbohrers im unteren Blech aufsitzt, wenn die Schneiden den Lochrand berühren. *Bild 5.1.6* zeigt als Gegenüberstellung Senkungen für Senkniete mit richtiger und unzulässiger Senktiefe.

Tabelle 5.3 Vor- und Heftloch- sowie Nietlochbohrungen

	VOR- und HEFTLOCHBOHRUNGEN								
	Nietnenn Ø	1,6	2,4	3,2	4	4,8	5,6	6,4	8
	d_1	–	2	2,8		3,2			
	$s_{1\text{min}}$	0,4	0,5	0,6	0,8	1	1,2	1,6	1,8
	NIETLOCHBOHRUNGEN								
	Nietnenn Ø	1,6	2,4	3,2	4	4,8	5,6	6,4	8
	$d_{2\text{max}}$	1,7	2,5	3,3	4,1	4,9	5,7	6,5	8,1
	NIETLOCHBOHRUNGEN für SENKNIETE								
	Nietnenn Ø	2,4	3,2	4	4,8	5,6	6,4	8	
	$d_{2\text{max}}$	2,5	3,3	4,1	4,9	5,7	6,5	8,1	
	$d_{3\text{max}}$	4,5	5,7	7,2	8,9	10,5	12,1	14,3	
	$s_{2\text{min}}$[1]	1	1,2	1,6	2	2,5	3,2	3,2	

[1] Bei ermüdungsgefährdeten Teilen ist $s_{2\text{min}}$ zu erhöhen; bei mechanisch bearbeiteten Teilen kann $s_{2\text{min}} = k + 0{,}1$ sein, wobei k die Kopfhöhe des Senkniets ist.

Bild 5.1.6
Senkung für Senkniete

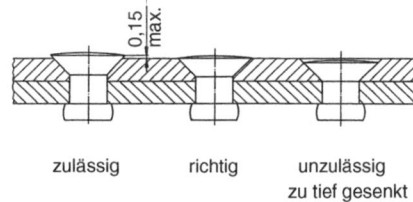

zulässig   richtig   unzulässig
                         zu tief gesenkt

Titan-Vollniete

Aufgrund ihrer hohen Scherfestigkeit eignen sich diese Niete zum Vernieten von Stahl- und Titanlegierungen. Die Niete können ohne vorherige Wärmebehandlung geschlagen werden.

Auch das Nieten von Al-Legierungen ist möglich. Das Stauchen des verhältnismäßig harten Nietes führt aber zu Bohrungsaufweitungen des Nietloches. Es besteht die Gefahr, dass das Blech an der Nietlochbohrung einreißt – besonders an der Schließkopfseite. Um

Bild 5.1.7
Titanniet
1 konische Verdickung

Universalkopf   Senkkopf 100°
(NSA 5411)   (NSA 5410)

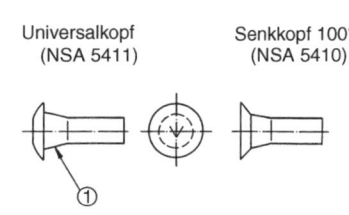

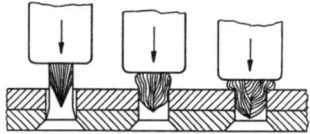

Bild 5.1.8
Stauchvorgang im Titanniet

diese Aufweitung zu reduzieren, ist der Nietschaft am Setzkopf konisch ausgeführt, um einen gleichmäßigen Lochleibungsdruck zu erhalten, weil beim Schlagen des Schließkopfes überwiegend der untere Nietschaftbereich gestaucht wird *(Bild 5.1.7)*.

Titanniete werden oft direkt geschlagen (größere Durchmesser, *Bild 5.1.8)*. Das Nietwerkzeug entspricht dem zum Schlagen der Vollniete aus Al-Legierungen. Das Ausbohren der Titanniete erfolgt in der gleichen Weise wie bei den Vollnieten aus Al-Legierungen. Das Nieten der Titanniete wird wie in *Bild 5.1.9* dargestellt durchgeführt.

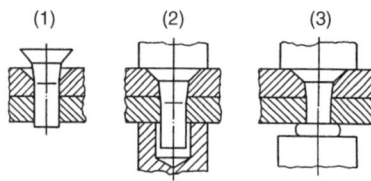

Bild 5.1.9
Nietvorgang der Titanniete
1 Einführen des Titannietes
2 Einziehen des Titannietes bei Bohrung nach DA 4-655-9
3 Schlagen des Schließkopfes (Kopfgröße nach NSA 5428)

Nietlochbohrungen für Titanniete
Bei den Bohrungsdurchmessern nach DA 4 *(Bild 5.1.10)* müssen die Niete in die Bohrung eingepresst werden, weil sich der Schaft zum Setzkopf hin konisch verdickt und die Bohrung auf den kleinsten Nietschaftdurchmesser abgestimmt ist. Der so erzielte große Lochleibungsdruck des geschlagenen Nietes kann im ungünstigen Fall zum Einreißen des Nietbleches am Bohrungsrand führen. Bei Bohrungsdurchmessern nach CM 043 A entsprechen die Nietlochbohrungen dem größten Durchmesser des Nietschaftes.

 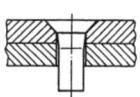

Bild 5.1.10
Bohrung nach DA 4-655-9 (links) und Bohrung nach CM 043 A (rechts)

Nietschaftlänge für Titanniete (Bild 5.1.11)
Die Länge der Niete lässt sich mit folgender Formel ermitteln:

$$L = s + 0{,}8 \cdot d$$

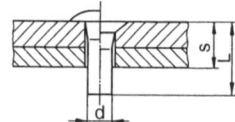

Bild 5.1.11
L erforderliche Nietschaftlänge
s Gesamtdicke der zu verbindenden Bleche
d Niet-Nenndurchmesser

Die so errechnete Nietschaftlänge L wird immer auf die nächsten 0,5 mm aufgerundet, z.B. im Fall von 11,7 mm auf 12,0 mm.

Nietabstand (Nietteilung)
Es ist darauf zu achten, dass der günstigste Abstand zwischen den Nieten eingehalten wird. Bei Nietverbindungen, bei denen es nicht nur auf die Scherfestigkeit, sondern auch auf die Dichtigkeit ankommt, ist der Nietabstand enger zu wählen.

Tabelle 5.4   Nietteilungen / Randabstände

		Nietdurchmesser d	2,4	3,2	3,6	4	4,8	5,6	6,4	Toleranz
Nietteilung t	Vernietung von 2 Blechen bei Blechdicken = 0,5 d		$3,5\,d - 4,5\,d$ (für DA: $4\,d - 5\,d$)							
Dichtnietung	Vernietung von 2 Blechen bei Blechdicken = 0,5 d		$4\,d - 5\,d$							
Randabstand	Monel-Niete	C_1	7	8	8,5	9	11	13		+1 0
		C	5,5	7	7,5	8	10	12		
	Leichtmetall-Niete	$C + C_1$	5,5	7	7,5	8	10	12	13	
	Taper-Lok	C_1						10	11	
	Hi-Lok, Lockbolt	C					9	10		

Der Abstand t_{min} von Niet zu Niet beträgt 4- bis 5-mal Nietschaftdurchmesser d. Der Abstand t_{max} soll 10-mal Nietschaftdurchmesser d nicht überschreiten *(Tabelle 5.4)*.
  Bei Ausschnitten (Türen, Klappen usw.) ist der Randabstand C oder C_1 jeweils um 1 mm zu vergrößern.

Randabstände bei Nietungen (Profilsteg)
Fertigungstechnisch und aus Festigkeitsgründen ist es notwendig, den Randabstand e so groß sowie den Abstand a vom Profilsteg so klein wie möglich zu halten, um ein Ausreißen der Nietlöcher zu verhindern *(Bild 5.1.12)*.
  Die Abstände e_{min} und a_{min} lassen sich mit Hilfe folgender Faustformeln berechnen:

$e_{min} = 2 \cdot d$
$a_{min} = R + d + 1$ mm

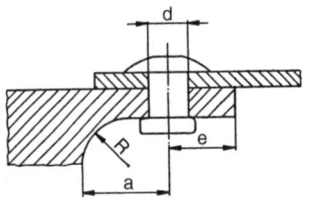

Bild 5.1.12
Abstand a

Tabelle 5.5 Randabstände

Nietnenndurch-messer d	BLECHPROFILE					
	Blechdicke $s_{1,0}$					
	0,6	0,8	1	1,2	1,5 und 1,6	2
	Radius R					
	1,5	2,5	2,5	4	4	6
	$f_1 \approx a + s_1$					
2,4	6	7	7	9	9	12
3,2	7	8	8	10	10	13
4	–	9	9	10	11	14
4,8	–	–	10	12	12	15
5,6	–	–	–	13	13	15
6,4	–	–	–	13	13	15
8	–	–	–	–	15	15

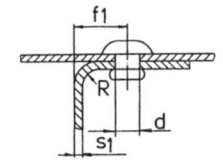 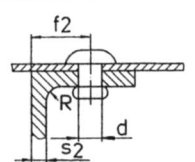

Nietnenndurch-messer d	PRESSPROFILE								
	Profildicke s_2								
	1,2	1,6	2	2,5	3,2	4	5	6,3	8	10
	Radius R								
	1,2	1,6	2	2,5	3,2	4	5	6,3	8	10
	$f_1 \approx a + s_1$								
3,2	7	8	9	10	11	13	15	–	–	–
4	8	9	9	10	12	13	15	18	–	–
4,8	9	9	10	11	13	14	16	19	22	–
5,6	10	10	11	12	14	15	17	20	23	27
6,4	11	11	12	13	15	16	18	21	24	28
8	–	13	13	14	16	17	19	22	25	29

Das Maß *a* ist für Bemaßungen nicht anzuwenden. Die Maßeintragung soll vom Steg aus vorgenommen werden. *Tabelle 5.5* enthält die Werte für f_1 und f_2 bei genormten Blech- und Pressprofilen.

Nietlöcher bohren (von Hand)
Nietlöcher müssen rechtwinklig zur Werkstückebene gebohrt werden. Für das genaue Bohren gibt es so genannte **Führungsböcke** *(Bild 5.1.13)*. Beim Bohren mit verlängertem Bohrer sollte man stets eine Bohrerführungshülse benutzen. Um Augenverletzungen zu vermeiden, ist eine Schutzbrille zu tragen! Weil Nietlöcher in der Regel nicht angekörnt werden, wird der Bohrer im Stillstand der Handbohrmaschine auf das Blech gedrückt und die Maschine von Hand gedreht (Zentrieren), bis eine Zentrierung entsteht, die das Verlaufen des Bohrers beim Einschalten der Maschine verhindert.

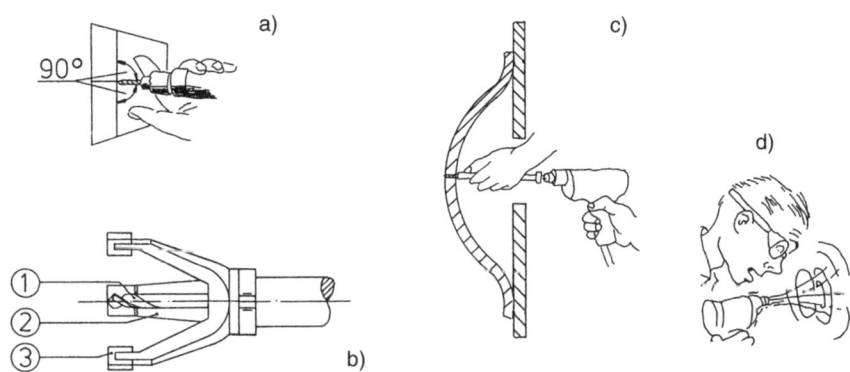

Bild 5.1.13   Das Nietloch-Bohren von Hand
a) Rechtwinklig zur Werkstückebene bohren!
b) Führungsbock (Dreibein) – auch als Kreis- und Vierpunktauflage der Oberfläche des Werkstückes angepasst
   1 Bohrer; 2 Dreibein; 3 Kunststoffschutz
c) Bohrerführungshülse
d) Und nie vergessen: Immer Schutzbrille tragen!

Nieten der Vollniete
Nach der Schlagrichtung unterscheidet man zwischen der direkten Nietung (der Schlag erfolgt auf das Schaftende) und der indirekten Nietung (der Schlag erfolgt auf den Setzkopf). Hinsichtlich der verwendeten Nietwerkzeuge wird unterschieden zwischen

❑ Handnietung (Schlagen mit dem Handniethammer),
❑ Druckluftnietung (Schlagen mit dem Druckluft-Niethammer) und
❑ Pressennietung (Nieten mit Nietpresse, Nietautomaten).

Direkte Nietung (Bild 5.1.14)
Die direkte Nietung ist das Herstellen des Schließkopfes durch Schlagen mit dem Nietwerkzeug auf das Schaftende. Das Nieten von Hand und das Nieten mit dem Einschlag-

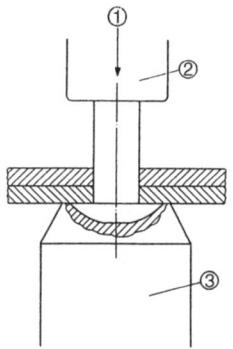

Bild 5.1.14
Direkte Nietung
1 Schlagrichtung
2 Hammer oder Döpper
3 Vorhaltmasse oder Nietuntersatz

hammer sind direkte Nietverfahren. An starren Bauteilen, die nicht gut schwingen, sollte man die direkte Nietung anwenden. Titanniete werden aufgrund ihrer hohen Festigkeit teilweise direkt genietet. Bei der direkten Nietung wird weniger Schlagkraft gebraucht als bei der indirekten Nietung. Auch erzeugen diese Nietungen weniger Lärm.

Indirekte Nietung (Bild 5.1.15)
Die indirekte Nietung ist das Herstellen des Schließkopfes durch Schlagen mit dem Nietwerkzeug auf den Setzkopf. Als indirekte Nietung wird hauptsächlich die Druckluftnietung angewendet. Diese Nietung kann nur an solchen Bauteilen zur Anwendung kommen, die durch ihre elastische Bauart mit dem Schlag schwingen können. Bei zunehmender Starrheit des Bauteils nimmt die Schlagleistung zum Bilden des Schließkopfes ab, da ein großer Teil der Schlagkraft zum Durchfedern des Bauteils gebraucht wird.

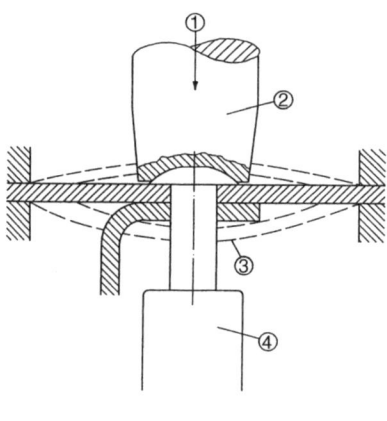

Bild 5.1.15
Indirekte Nietung
1 Schlagrichtung
2 Döpper
3 Blech schwingt
4 Vorhaltmasse

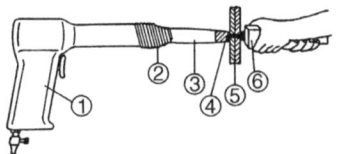

Bild 5.1.16
Druckluftniethammer im Einsatz
1 Hammerkörper; 2 Fangfeder; 3 Döpper (auswechselbar); 4 Niet (Setzkopf); 5 Bleche; 6 Vorhaltmasse

Druckluftnietung mit Druckluftniethammer
Das Nieten mit dem Druckluftniethammer *(Bild 5.1.16)* wird im Neubau und besonders im Reparaturbereich angewendet. Um jedoch auch in ungünstigen Bereichen nieten zu können, gibt es verschiedene Döpper und Vorhaltmassen (häufig auch Vorhalteisen genannt, *Bild 5.1.17).* In *Bild 5.1.18* sind Beispiele für das Nieten der Vollniete mit einem Druckluftniethammer aufgeführt.

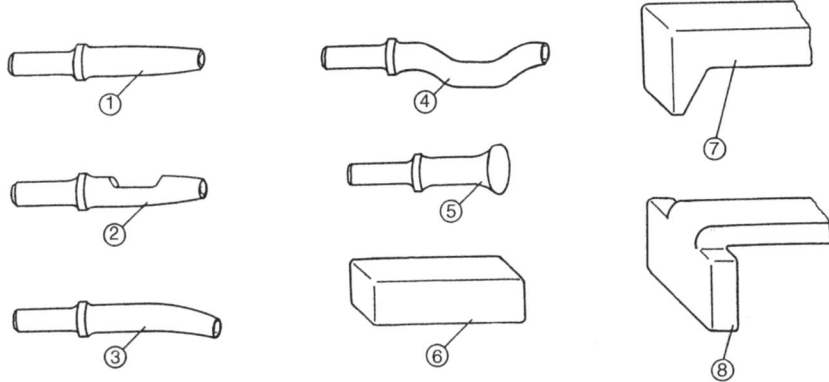

Bild 5.1.17 Verschiedene Döpper und Vorhaltmassen
1 gerader Döpper; 2 ausgearbeiteter Döpper; 3 gekrümmter Döpper; 4 durchgesetzter Döpper; 5 Flach-Döpper; 6 glatte Vorhaltmasse; 7 Fuß-Vorhaltmasse; 8 T-Vorhaltmasse

Druckluftniethammer

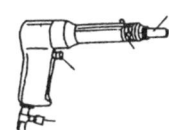

Die Wahl des Nietdöppers richtet sich nach Form und Größe des Nietes.

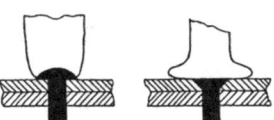

Das Einstellen der Schlagstärke durch den Druckluftregler auf einer Holzplatte vornehmen.

Döpper zu klein! Nietkopf wird beschädigt.

Döpper mit Niet fest gegen die Vorhaltmasse drücken. Blech gegen den Nietkopf drücken.

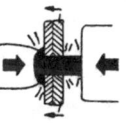

Döpper nicht gerade aufgesetzt, es entstehen Halbmonde (halbmondförmige Oberflächenbeschädigungen).

Bild 5.1.18 a)

Döpper zu groß! Blech wird beschädigt.

Indirektes Nieten – Hammer schlägt auf den Setzkopf.

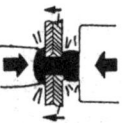

Abgerutscht! Döpper nicht fest gegen Niet gedrückt. Niet und Oberfläche werden beschädigt.

Wenn Niet geschlagen, erst Döpper, dann Vorhaltmasse wegnehmen – sonst Nachschlagen ohne Vorhalten und Fehlnietung möglich.

Vorhaltmasse muss fest und gerade gegen Niet gedrückt werden – sonst Oberflächenbeschädigung und Fehlnietung.

Bild 5.1.18 b)   Nieten der Vollniete mit Druckluftniethammer

Pressnietung und Nietautomaten
Bauteile bestimmter Größe können auch an Druckluft- und Hydrauliknietpressen genietet werden.

Der Einsatz von NC-gesteuerten Nietautomaten ermöglicht auch das automatische Nieten an Großbauteilen, z.B. Nieten der Längsstöße (Aras). Hier wird ein Werkzeugschlitten mit den benötigten Werkzeugen (Bohrer, Senker, Döpper und Nietmagazin)

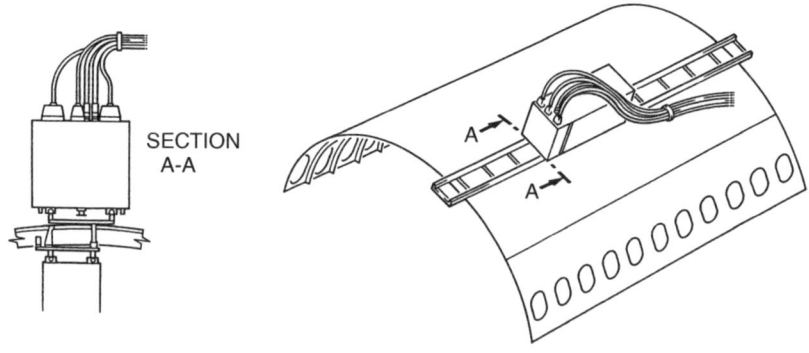

Bild 5.1.19   Nietautomat (Nieten eines Längsnahtstoßes am Airbus)

am Bauteil entlang geführt (auf Schienen, Gegenhalter innen). Die Arbeitsfolge wird durch ein Rechnerprogramm bestimmt (beispielsweise der Nietabstand), das der Nietautomat ausführt *(Bild 5.1.19)*.

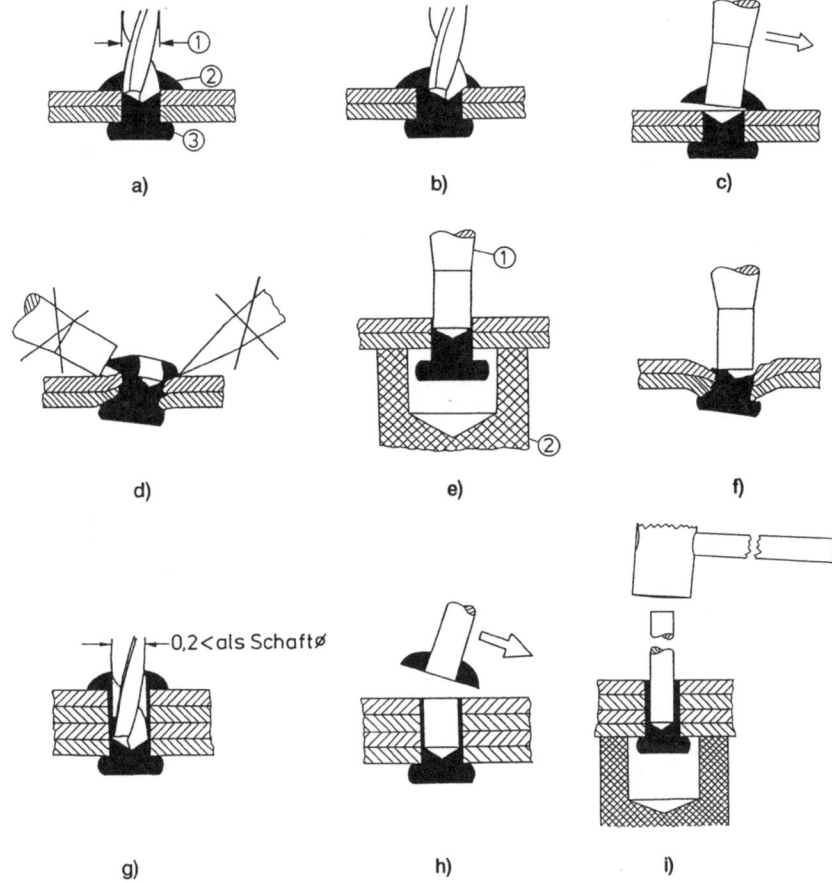

Bild 5.1.20 Niete ausbohren (Vollniete)
a) In den Setzkopf wird ein Loch gebohrt, das dem Nietschaftdurchmesser entspricht. Nur bis Oberkante Blech (Setzkopfhöhe) bohren! Bei Senkniete wird ebenfalls nur der Setzkopf abgebohrt.
   1 Nietschaftdurchmesser; 2 Setzkopf; 3 Schließkopf
b) Falsch! Der Bohrer ist verlaufen, das Blech wird beschädigt.
c) Setzkopf lässt sich mit dem passenden Dorn leicht abbrechen, wenn genau auf Mitte gebohrt ist.
d) Falsch! Bei zu klein oder schief gebohrtem Loch lässt sich der Setzkopf nicht sauber abbrechen.
e) Nietschaft mit dem Dorn herausschlagen. Eventuell Hülse zum Gegenhalten benutzen, damit das Blech nicht durchbeult.
   1 Dorn; 2 Kunststoffhülse
f) Falsch! Angestauchter Grat verhindert das saubere Herausschlagen des Nietes.
g) Bei mehr als zwei Lagen Blech wird ein Loch ca. 0,2 mm kleiner als der Nietschaftdurchmesser durch den Setzkopf bis auf die letzte Blechlage gebohrt.
h) Setzkopf mit passendem Dorn abbrechen.
i) Nietschaft mit dem Dorn herausschlagen. Gegenseite bei Bedarf mit einer Kunststoffhülse abstützen.

211

Niete ausbohren (Vollniete)
Eine Nietverbindung kann nur durch Zerstörung des Verbindungselementes (Nietes) gelöst werden. Wenn die Nietlochbohrung nach dem Ausbohren des Nietes nicht mehr den Anforderungen entspricht, werden so genannte «Oversizes» (Übermaßniete) oder der nächstgrößere Nietdurchmesser gewählt. Die Nietlochbohrung muss dann entsprechend aufgebohrt werden. Diese Bauabweichung muss vorschriftsmäßig beachtet werden. Wie solch ein Vollniet ausgebohrt wird, zeigt *Bild 5.1.20*.

Nietfehler – Vollniete (Bild 5.1.21)
a) Die Aufwölbung der Bleche zwischen den einzelnen Nietabständen darf eine Spaltweite von 0,3 mm nicht übersteigen. Ein Spalt zwischen den Bauteilen darf am Nietschaft 0,05 mm nicht überschreiten.
b) Bei nicht anliegendem Setzkopf darf ein Spalt von max. 0,05 mm vorhanden sein, sofern die Spaltlänge nicht mehr als $1/3$ des Kopfumfanges beträgt. Dieser Nietfehler ist bei 10% der Niete zulässig, wenn keine zwei Niete mit gleichem Fehler nebeneinander liegen. Die Überprüfung der Spalte ist mit einer Fühlerlehre vorzunehmen. Allerdings sind bei Kraftstoffbehältern und Druckzellen Spalten nicht zulässig.
c) Längsrisse in Schließköpfen entstehen in der Regel durch eine falsche Wärmebehandlung des Nietwerkstoffes, wobei der Niet zu hart wird. Auch können diese Risse durch Oberflächenfehler der Nietwerkzeuge oder Fehler im Niet entstehen. Niete mit solchen Fehlern sind nicht zulässig.
d) Spiralförmige Risse im Schließkopf dürfen nicht bei mehr als 10% der Niete einer Nietreihe vorhanden sein. Dieser Fehler darf nicht am Anfang und nicht am Ende

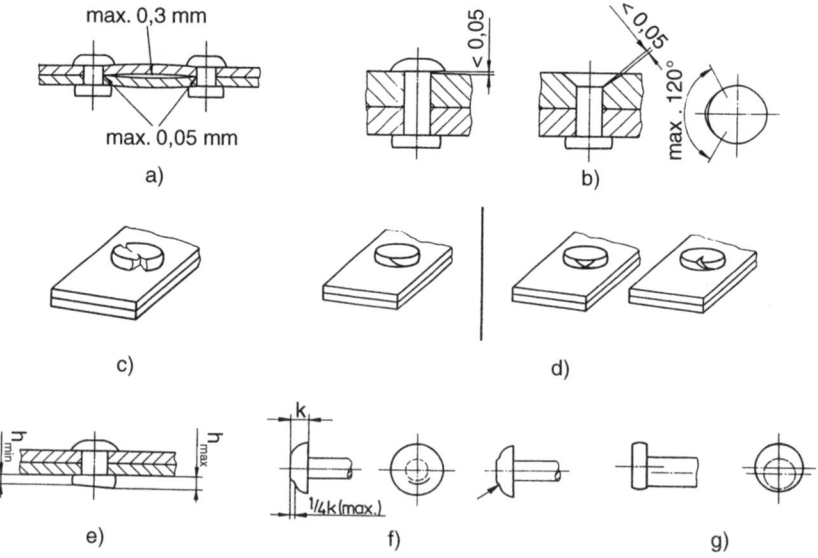

Bild 5.1.21   Nietfehler (Vollniete)

einer Nietreihe auftreten. Innerhalb der Nietreihe dürfen nicht mehr als zwei gerissene Niete nebeneinander liegen. Ausschlaggebend bei der Prüfung ist nicht nur die Anzahl der Risse, sondern ihre Lage sowie Tiefe. Die Risse dürfen nicht in den Schaftbereich übergehen. Zwei oder mehrere Risse dürfen sich nicht überschneiden bzw. eine Lage haben, die zu einem späteren Überschneiden und dadurch zu einem Bruch des Schließkopfes führt.

e) Einseitig geschlagene Schließköpfe müssen innerhalb festgelegter Grenzwerte (Tabellen) für h_{max} und h_{min} liegen.

f) Setzkopffehler durch falsche Döpperhaltung sind nur bis zu einer Kerbtiefe von maximal $^1/_4$ der Setzkopfhöhe zulässig. Sie sind zu vermeiden.

g) Der versetzte Schließkopf ist zulässig, wenn sein Versatz nicht den Schaftdurchmesser bzw. den Rand des Nietloches erreicht. Bei Kraftstoffbehältern ist dieser Versatz unzulässig.

✍ Übung

1. Wovon sind *Form und Größe* des Schließkopfes abhängig?
2. Wie lauten die Formeln zur Berechnung der Nietschaftlängen bei *Flachschließköpfen*?
3. Wie lauten die Formeln zur Berechnung der Nietschaftlängen bei *Senkschließköpfen*?
4. Warum darf bei Nietverbindungen der *Randabstand* der Niete nicht zu klein werden?
5. An welchen Bauteilen wird das *direkte* Nieten angewendet?
6. Was muss getan werden, wenn eine Nietlochbohrung, z.B. durch unsachgemäßes Ausbohren eines Nietes, nicht mehr der Fertigungstoleranz entspricht?
7. Mit welchem *Hilfsmittel* lassen sich Nietlochbohrungen auch in gekrümmten Flächen zentrisch und winklig von Hand bohren?
8. Wodurch können *Längsrisse* in Schließköpfen der Vollniete beim Nieten entstehen?
9. Sind *Setzkopffehler beim indirekten Nieten* der Vollniete, die ringförmig den Setzkopf eingekerbt haben, zulässig, und wodurch entstehen sie?

Warzen von Nietlöchern

Bauteile, die nach dem Nieten eine glatte Oberfläche aufweisen sollen, aber so dünn sind (Bleche), dass gespante Senkungen für Senkniete nicht möglich sind, werden gewarzt (vgl. LN 9118). Es wird zwischen gezogenen und geprägten Warzen unterschieden, wobei das Prägewarzen überwiegend angewendet wird *(Bild 5.1.22)*.

Gezogene Warzungen haben auf beiden Blechseiten verhältnismäßig große Übergangsradien. Die Bleche werden vorgebohrt und beim Verbinden zweier gewarzter Bleche zusammen aufgebohrt. Ober- und Unterblech müssen mit verschiedenen Warzwerkzeugen gewarzt sein (Übergangsradien). Beim Ziehen der Warzen tritt eine größere Rückfederung auf.

Geprägte Warzungen haben kleine Übergangsradien. Zwei zu verbindende Bleche können mit demselben Warzwerkzeug hergestellt werden. Löcher werden entsprechend aufgebohrt. Um Rissbildungen zu vermeiden, wird oft warm gewarzt, d.h., das Blech wird vom Warzwerkzeug durch Heizringe angewärmt. Hierbei entsteht kaum Rückfederung, was zu genaueren Warzungen (Winkel, Radien) führt.

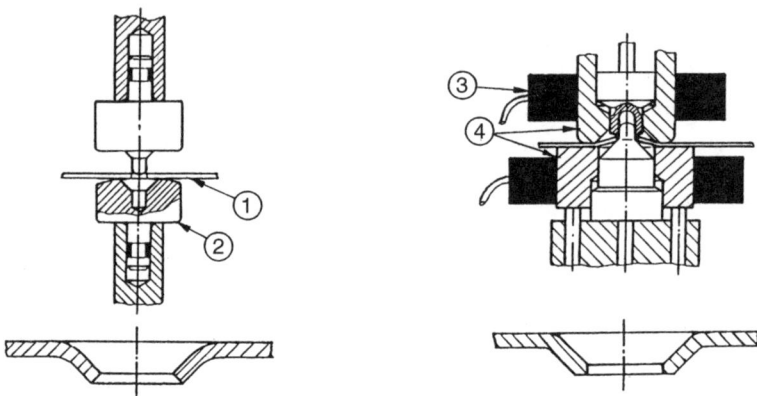

Bild 5.1.22   Ziehen (links) und Prägen (rechts) von Warzen
1 Blech; 2 Einsatz für Handzange; 3 Heizring; 4 Spannringe

Warzen (zulässige Warzen, Warzfehler, Ursachen)

❑ *Vorschriftsmäßige Warzung*

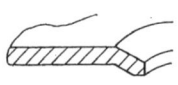

Zulässig: Guter Prägestempeldruck. Keine Kratzer oder Eindrücke auf der Oberfläche der Warzung. Keine Risse. Gute Abgrenzung. Für das Warzen von Einzelblechen soll die Prägestempelanflächung dem Durchmesser des Prägestempels selbst entsprechen.

❑ *Umfangsspannungsriss*

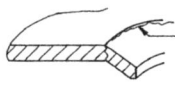

Nicht zulässig: Ungenügend angewärmtes Blech. Blech nachgewarzt (Warze zurückgedrückt). Diese Art von Riss tritt eher in dünnem Blech auf, das für große Befestigungsteile gewarzt wird.

❑ *Risse in der Warzenkelchung*

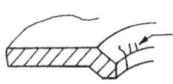

Nicht zulässig: Blech nicht vorschriftsmäßig erwärmt. Prägestempel gerissen. Führungslöcher zu klein. Diese Art von Riss entsteht eher bei dünnem Blech, das für große Befestigungsteile gewarzt wird.

❑ *Prägestempelanflächung zu klein*

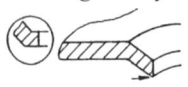

Nicht zulässig: Zu kleiner Prägestempeldruck. Dieser trägt zur Bildung von Radialrissen, Umfangsspannungsrissen und anderer Innenfehler bei. Ein Nachprägen der Warzung ist unzulässig.

❑ *Ringförmige Prägestempelanflächung*

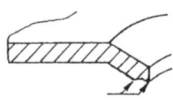

Zulässig: Übermäßiger Prägestempeldruck. Innerer Prägestempel abgenutzt.

❑ *Blechverzug durch falsche Druckeinstellung*

   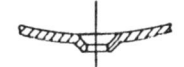   

Warzdruck zu hoch   Warzdruck zu klein   Warzdruck richtig

5.1.2 Hi-Lok-Passniete

Hi-Lok-Verbindungselemente werden zum Übertragen hoher statischer sowie dynamischer Lasten verwendet. Sie finden auch dort Anwendung, wo wegen zu großer Klemmlänge oder zu großer Bauteilumformung kein Vollniet geschlagen werden kann.

Hi-Lok-Passniete verbinden die Eigenschaften von Nieten und Schrauben. Am Ende des Nietes befindet sich ein Gewindeteil, versehen mit einem Innensechskant. In dieses Sechskant greift während des Aufschraubens des Schließringes (Hi-Lok-Collar) ein Innensechskantschlüssel, der ein Mitdrehen des Nietbolzens verhindert. Die Sechskantmutter des selbstsichernden Schließringes bricht beim Erreichen des vorgegebenen Anzugmomentes an der Sollbruchstelle ab.

Die Größe der Anzugsmomente bestimmen die Abmessungen der Sollbruchstelle und die Materialfestigkeit der Schließringe. Es gibt Hi-Lok-Passniete für überwiegend Scherbeanspruchung (kleiner Setzkopf und niedrige Vorspannkraft – Schließring Al oder St) sowie für Scher- und Zugbeanspruchung (größerer Setzkopf und höheres Anzugsmoment – Schließringe überwiegend aus Stahl).

Hi-Lok-Passniete können mit Press- sowie auch mit Spielsitz eingebaut werden. Zwecks Erhöhung der Bauteil-Ermüdungsfestigkeit werden Hi-Lok-Passniete mit Presssitz eingebaut *(Bild 5.1.23)*.

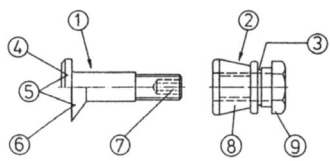

Bild 5.1.23
Hi-Lok-Niet
1 Bolzen; 2 Hi-Lok Collar; 3 Sollbruchstelle; 4 Universalkopf; 5 kleiner Kopf für Scherbeanspruchung / großer Kopf für Scher- und Zugbeanspruchung; 6 Senkkopf; 7 Innensechskant; 8 Schließring; 9 Mutter

❑ *Auflageflächen*
Der Einbau von Hi-Loks mit normalen Muttern (DAN 12, NSA 5075) ist zulässig bis zu einer Abweichung von 3° zur Senkrechten (93°). Im Fall einer Abweichung von 7° können selbsteinrichtende Muttern (DAN 14 und NSA 5076) mit Kugelscheiben Anwendung finden *(Bild 5.1.24)*.

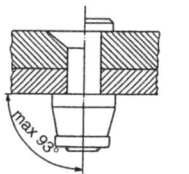 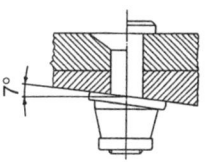

Bild 5.1.24
Auflageflächen. Hi-Lok mit normalen Muttern sind zulässig bis zu einer Abweichung von 3°. Bei Abweichungen bis 7° finden selbsteinrichtende Muttern mit Kugelscheiben Anwendung.

❏ *Verbinden der Teile*
Es sind genügend Heftbohrungen in den Bauteilen anzubringen, so dass die zu verbindenden Teile satt aufliegen. Ein Spalt ist bei gesetztem Niet zwischen den verbundenen Teilen im Nietbereich nicht zulässig.

❏ *Schmiermittel*
Die Hi-Lok und die Muttern werden vor ihrem Einbau nicht gereinigt, damit das vom Hersteller gemäß Normblatt aufgetragene Schmiermittel nicht entfernt wird. Der Einbau von Schrauben muss ohne Auftragen eines neuen Schmiermittels erfolgen.

Einbau der Passniete (Hi-Loks)
Der Einbau der Passniete und das Aufschrauben der Muttern mit entsprechendem Spezialwerkzeug werden in den *Bildern 5.1.25* und *5.1.26* erläutert.

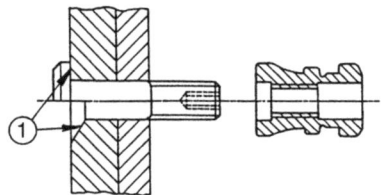

Bild 5.1.25
Einbau der Passniete. Unmittelbar vor dem Setzen der Passniete ist unter dem Kopf bzw. in die Ansenkung 1 Dichtmittel PR 1431 oder alternativ PR 1436 aufzutragen. Wo es möglich ist, sollen die Nieten eingepresst werden. Müssen die Nieten eingeschlagen werden, ist auf Gegenhaltung zu achten. Das Einsetzen der Passbolzen in dünne Bauteile muss mit ringförmigem Gegenhalter erfolgen, um eine Blechverformung zu vermeiden. Die Muttern dürfen nicht zum Einziehen der Niete in die Bohrung dienen.

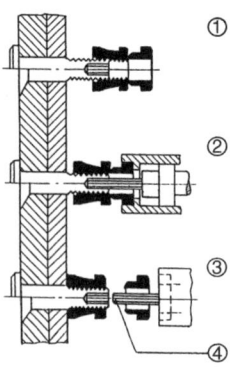

Bild 5.1.26
Das Aufschrauben der Muttern
1 erfolgt mit entsprechendem Spezialwerkzeug (wenn ohne Magazin, Mutter mindestens 2 Gänge von Hand aufschrauben).
2 Mit dem Spezialwerkzeug erfolgt das Aufschrauben der Mutter, bis diese an der Sollbruchstelle bricht, entsprechend dem vorberechneten Momentwert.
3 Mit dem Zurückziehen des Spezialwerkzeuges wird das Bruchstück frei.
4 Der Innensechskantschlüssel des Mutterndrehers verhindert das Mitdrehen des Nietes beim Aufschrauben der Mutter.

❏ *Oberflächenschutz*
Die Bruchstellen der Muttern sind mit einem Oberflächenschutz zu versehen (Lack).
❏ *Wiederverwendung*
Die Niete dürfen nicht wiederverwendet werden, wenn Schaft oder Gewinde Beschädigungen durch den Ausbau aufweisen.

Nietwerkzeuge für Hi-Lok-Passniete
Zum Setzen der Passniete werden Spezialwerkzeuge benötigt, die auf den jeweiligen

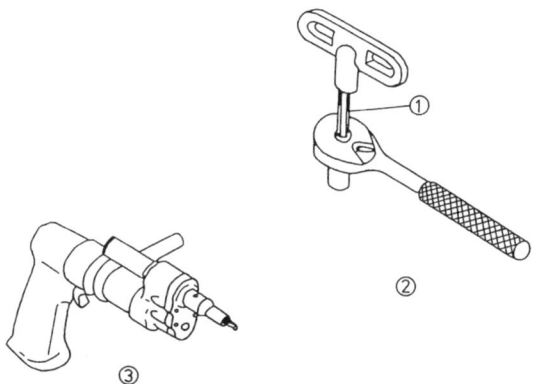
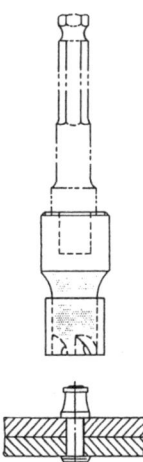

Bild 5.1.27
Nietwerkzeuge für Hi-Lok-Passniete
1 Innensechskantschlüssel
2 Handratsche
3 pneumatischer Mutterndreher

Bild 5.1.28   Mutterabbauwerkzeug

Niettyp zugeschnitten sind. Es werden Werkzeuge mit verschiedenen Automatisierungsgraden angeboten *(Bild 5.1.27)*, nämlich

❑ einfache manuell zu betätigende Werkzeuge sowie
❑ Setzautomaten (pneumatisch), auch mit Magazin.

Ausbau der Hi-Lok-Passniete
Soll ein Hi-Lok-Passniet wieder ausgebaut werden, so muss man die Mutter mit Hilfe von Spezialwerkzeugen (Mutterabbauwerkzeug, Collarzange) entfernen. *Bild 5.1.28* zeigt ein solches Mutterabbauwerkzeug.

Bohrungen für Passniete (Hi-Loks)
Der Einbau von Passnieten (Hi-Loks) erfordert genaue Bohrungsdurchmesser und Toleranzen *(Tabelle 5.6)*.

Wird in der Fertigung eine Bohrungsdurchmessertoleranz von H8 gefordert, so sollte die Bohrung mittels Reibahle gefertigt werden (teilweise werden auch Stufenbohrer eingesetzt).

Um einen einwandfreien Sitz der Niete zu gewährleisten (d.h., der Übergangsradius vom Schaft zum Kopf darf nicht auf dem Rand der Bohrung aufsitzen), ist die Bohrung entsprechend anzusenken *(Bild 5.1.29)*.

Um die Bohrungen genau winklig zu fertigen, werden diese mit einem Spezialwerkzeug (z.B. der Firma Rec) hergestellt, in das Senker und Stufenbohrer oder Senker und Reibahle eingespannt werden können *(Bild 5.1.30)*.

Tabelle 5.6 Bohrungsdurchmesser und Toleranzen für Hi-Lok-Passniete

Bohrungen in Aluminiumstruktur Klemmlänge ≤ 3 d								
Ø 1. Kennzahl	Nenndurchmesser Niet	max. Klemmlänge in mm 2. Kennzahl		Bohrungsdurchmesser H10		Zul. Abweichung (Häufigkeit 15%) H11	
				max	min[1]	max	min[1]
– 5	4 (5/32")	– 8	12,6	4,128	4,080	4,155	4,080
– 6	4,8 (3/16")	–10	15,8	4,788	4,740	4,815	4,740
– 8	6,4 (1/4")	–13	20,5	6,318	6,260	6,350	6,260
–10	8 (5/16")	–15	23,7	7,908	7,850	7,940	7,850
–12	9,5 (3/8")	–18	28,5	9,498	9,440	9,530	9,440

Bohrungen in Aluminiumstruktur Klemmlänge > 3 d					
Ø 1. Kennzahl	Nenndurchmesser Niet	max. Klemmlänge in mm 2. Kennzahl		Bohrungsdurchmesser H8	
				max	min[1]
– 5	4 (5/32")	– 9	12,7	4,148	4,130
– 6	4,8 (3/16")	–11	15,9	4,808	4,790
– 8	6,4 (1/4")	–14	20,6	6,342	6,320
–10	8 (5/16")	–16	23,8	7,932	7,910
–12	9,5 (3/8")	–19	28,6	9,522	9,440

Bohrungen in Aluminiumstruktur Klemmlänge > 3 d			
Ø 1. Kennzahl	Nenndurchmesser Niet	Bohrungsdurchmesser H8	
		max	min[1]
– 5	4 (5/32")	4,168	4,150
– 6	4,8 (3/16")	4,828	4,810
– 8	6,4 (1/4")	6,362	6,340
–10	8 (5/16")	7,952	7,930
–12	9,5 (3/8")	9,532	9,510

[1] Bohrungsnenndurchmesser; diese Bohrungen sind mit einem Zwei-Phasen-Bohrer herzustellen.
[2] Bohrungsnenndurchmesser; diese Bohrungen sind mit einer Reibahle herzustellen.

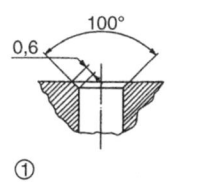 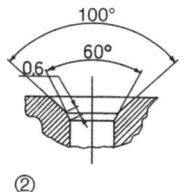 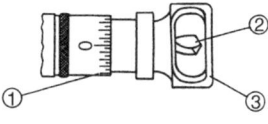

Bild 5.1.29 Nietloch-Senkungen
1 Bohrung für Universalkopf
2 Bohrung für Senkkopf

Bild 5.1.30 Senker
1 einstellbarer Anschlag
2 Stufenbohrer und Senker
3 Ringoberfläche poliert und hartverchromt

Bohrungsdurchmesser
Die in Tabelle 5.6 (oben) angegebenen Werte gelten für Hi-Loks aus Stahl und Titan, sofern in den Zeichnungen keine besonderen Angaben für die Bohrungsdurchmesser erfolgen. Für Blechpakete aus Aluminium- und Stahl- oder Titanstruktur gelten die Bohrungswerte der unteren Teiltabelle. Die in der letzten Spalte der oberen Teiltabelle für die Klemmlänge ≤3 d angegebenen Werte dürfen bei nicht mehr als 15% der Niete (Nietgruppe) auftreten.

Senkungen für Senkköpfe
Die Senkungen sind mittels Anschlagsenker nach den in den jeweiligen Nietnormen angegebenen Senkkopfabmessungen herzustellen.

In der Fertigungspraxis wird die Senkungstiefe nach dem Senkkopf des Nietes (Senkkopf 100°) eingestellt.

Klemmlänge
Die Materialdicke kann um $1/16''$ (1,59 mm) zwischen Minimum und Maximum variieren, und zwar ohne eine Veränderung der Bolzenlänge. Diese Toleranz wird von der Innensenkung (Gewindefreisenkung) der Mutter (Schließring) ausgeglichen.

Es finden auch Hi-Lok-Elemente Anwendung, die mit Klemmlängen *(Bild 5.1.31)* in Abständen von $1/32''$ oder $3/32''$ (0,79 mm oder 2,38 mm) ausgestattet sind – angepasst zu $1/32''$- oder $3/32''$-Veränderungen in der zu klemmenden Materialdicke.

Die Klemmlängen der Niete *(Bild 5.1.32)* sind in den Normblättern der Niete aufgeführt. Die Klemmlänge wird gemessen, indem man, wie in *Bild 5.1.33* gezeigt, den Niet auf den Maßstab setzt und die Zahl abliest, die am Ende des Schaftes auf der Skala steht.

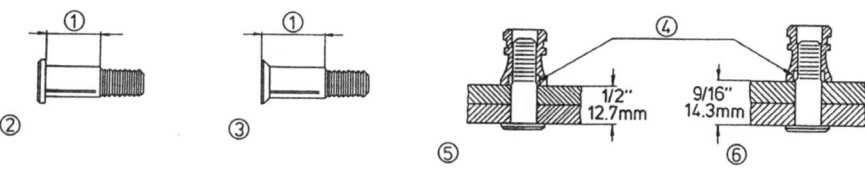

Bild 5.1.31 Klemmlänge
1 maximale Klemmlänge; 2 überstehender Kopf; 3 versenkbarer Kopf; 4 zylindrische Innensenkung der Mutter; 5 minimale Klemmlänge; 6 maximale Klemmlänge

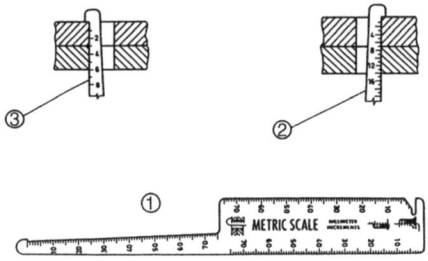

Bild 5.1.32 Griffmaßstab
Zum Messen der Klemmlänge des Loches und zur Bestimmung der Klemmlänge des Bolzens gibt es Griffmaßstäbe 1. Die Lochtiefe wird gemessen, indem man den Maßstab in die Unterfläche des Loches einhakt und diejenige Zahl abliest, die am gegenseitigen Ende mit der Oberfläche übereinstimmt. 2 Messeinteilung $^1/_{32}$" (0,79 mm); 3 Messeinteilung $^1/_{16}$" (1,59 mm)

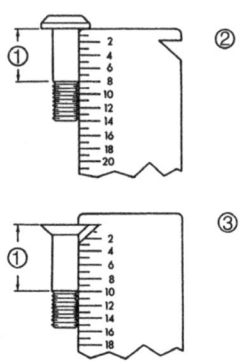

Bild 5.1.33 Klemmlängenmessung
1 Klemmlänge; 2 Messung der Klemmlänge eines -7-Bolzens mit überstehendem Kopf ($7/_{16}$" = 11,1 mm); 3 Messung der Klemmlänge eines -6-Bolzens mit versenkbarem Kopf ($^6/_{16}$" oder $^3/_8$" = 9,48 mm)

Anhand der Kennzahlen lassen sich der Durchmesser und die Klemmlänge des Nietbolzens erkennen, zum Beispiel ein Hi-Lok-Niet:

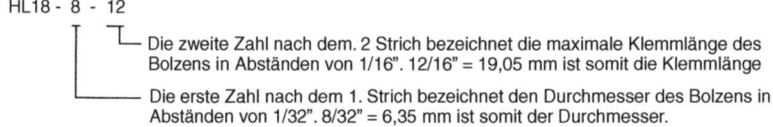

Prüfung des Nietüberstandes (Schließkopfseite)
Die Prüfung des Nietüberstandes erfolgt mittels einer Mini-Maxi-Lehre. Diese Lehren gibt es für jeden Nietnenndurchmesser *(Bild 5.1.34)*.

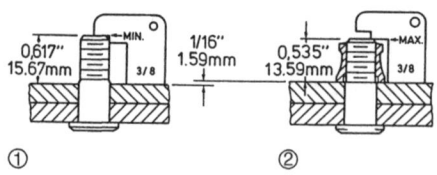

Bild 5.1.34
Prüfung des Nietüberstandes mit Mini-Maxi-Lehre
1 kleinste Klemmlänge; 2 größte Klemmlänge

Überstand (Setzkopfseite)
Die Bündigkeit des Hi-Loks mit Senkkopf muss innerhalb einer Toleranz liegen, wie z.B. in NT 00 // A 007 10020 beschrieben. Das Abarbeiten des Senkkopfes ist nicht zulässig.

Übung

1. Warum werden Nietlöcher *gewarzt*?
2. Wodurch unterscheidet sich die *gezogene* von der *geprägten* Warzung?
3. Warum wird bei geprägten Warzungen oft *warmgewarzt*?
4. Worauf ist ein *Verzug* der Bleche beim Warzen zurückzuführen?
5. Sind Risse im Bereich der Warzung zulässig?
6. Wann werden anstatt Vollnieten *Hi-Lok-Passniete* verwendet?
7. Aus welchen *Teilen* besteht ein Hi-Lok-Passniet?
8. Warum werden Hi-Lok-Passniete auch mit *Presssitz* eingebaut?
9. Welchen Wert gibt die erste Zahl nach dem ersten Strich (-8-) bei der Bezeichnung *HL 18-8-12* eines Hi-Lok-Passnietes an?
10. Wie wird ein *Mitdrehen des Nietbolzens* beim Collar-Aufschrauben verhindert?

5.1.3 Hi-Lite-Passniete

Hi-Lite-Passniete (*Bild 5.1.35*) stellen eine Weiterentwicklung der Hi-Loks dar. Die Schraubpassbolzen haben einen zylindrischen Schaft mit einem Gewindeende. Sie unterscheiden sich nach Werkstoff, Oberflächenschutz, Kopfform und Gewinde. Am Ende des Bolzenschaftes ist wie beim Hi-Lok ein Innensechskant vorhanden. Beim Aufschrauben des Schließringes wird der Bolzen über diesen Sechskant mit einem Inbusschlüssel gegen Mitdrehen gesichert. Es gibt Schließringe mit und ohne Neigungsausgleich. Eine besondere Ausführung ist der Schließring mit Doppelsechskant. Beim erstmaligen Aufschrauben muss das Werkzeug am Abschersechskant angreifen. Beim Erreichen des Anzugsmomentes schert dieser Sechskant ab, kann aber an den verbleibenden Schlüsselflächen gelöst bzw. nach Fertigungsvorschriften weiter angezogen werden.

Es gibt Hi-Lite-Passniete nach ASNA, ABS, EN, HST und VL. Bei ASNA (**A**ssigned **N**umbers **A**uthority), ABS und EN (**E**uropa-**N**orm) handelt es sich um Normen, während HST und VL Herstellerbezeichnungen sind. Es gibt Hi-Lites mit der Oberflächenbehandlung **T** (anodisiert) und **K** (Hi-Kote-Beschichtung).

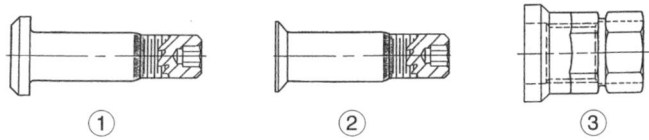

Bild 5.1.35   Hi-Lite-Passniet
1 Passbolzen mit Universalkopf; 2 Passbolzen mit Senkkopf; 3 Schließring mit Doppelsechskant

Hi-Lite-Passniete werden z.B. folgendermaßen bezeichnet:

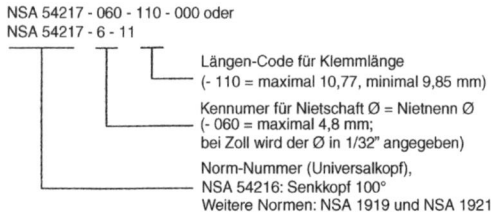

5.1.4 Lockbolt-Passniete

Lockbolt-Passniete (ähnlich SL-Passniete) werden dort eingesetzt, wo hohe statische bzw. dynamische Kräfte auftreten. Es handelt sich hierbei um zweiteilige Verbindungselemente (Bolzen und Schließring), die mit Press- wie auch mit Spielsitz eingebaut werden können. Die Niete unterscheiden sich nach Werkstoff und Form.

Niete für eine *Scherbeanspruchung* haben einen kleineren Bolzenkopf und zwei Rillen im Schaftteil zum Einpressen des Schließringes. Niete für überwiegend *Zugbeanspruchung* haben einen größeren Bolzenkopf und vier (fünf) Rillen im Schaftteil zum Einpressen des Schließringes. Der Schließring (Collar) ist entsprechend ausgelegt *(Bild 5.1.36)*.

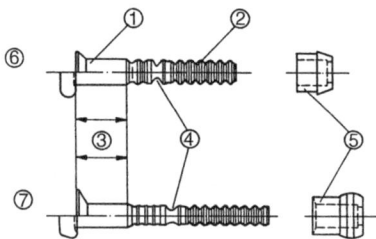

Bild 5.1.36
Lockbolt-Passniet
1 Bolzen
2 Zugteil
3 Klemmlänge
4 Sollbruchstelle
5 Schließring (Collar)
6 für Scherbeanspruchung
7 für Zugbeanspruchung

Bezeichnungsbeispiel
NAS 1525-08 für Zugbeanspruchung, Passniete mit Zylinderkopf aus Al-Legierung, Nenndurchmesser 0,164" (4,2 mm), Klemmlänge 0,500" (12,7 mm).

Einbau der Passniete
Vor dem Einsetzen des Bolzens ist bei Senkbohrungen die Ansenkung mittels Grundlack zu schützen. Zum Nasseinsetzen der Stahlniete wird Grundlack oder Dichtpaste verwendet *(Bild 5.1.37)*.

Bohrungen für Passniete
Der Einbau von Passnieten erfordert genaue Bohrungsdurchmesser. Bohrungen der Qualität H10 sind mit Mehrfasenbohrer zu fertigen. Der Bohrerdurchmesser soll

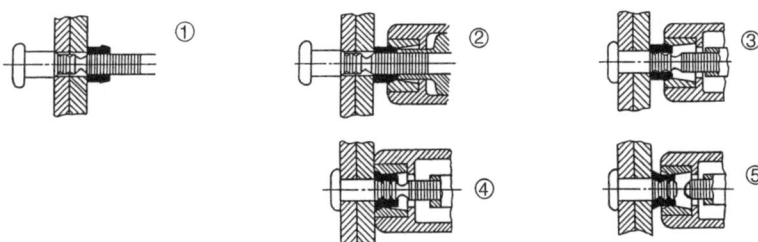

Bild 5.1.37 Einbau der Passniete
1 Passbolzen von Hand einsetzen. Bei engem Presssitz Bolzen mit Kunststoffhammer bis zur Kopfanlage in die Bohrung eintreiben (Gegenhalter) und den Schließring aufschieben. Schließringkennzeichnung soll sichtbar sein.
2 Aufsetzen der Einziehpistole. Darauf achten, dass das richtige Werkzeug eingesetzt und die Pistole zurückgestellt ist!
3 Einziehen des Bolzens mit dem Werkzeug. Das gilt allerdings nicht für engen Presssitz (siehe oben), Sollbruchstelle könnte vorher reißen.
4 Formen des Schließringes
5 Abreißen des Zugteils an der Sollbruchstelle und Auswerfen des Zugteils

dem minimalen Bohrungsdurchmesser der in Tabelle 5.6 angegebenen Werte entsprechen.

Bei Bohrungen der Qualität H8 (nur bei Klemmlängen >3 d und bei Stahl sowie Titan) wird die Bohrungsqualität durch Aufreiben bzw. Räumen erzielt. Um einen einwandfreien Sitz des Setzkopfes zu gewährleisten (Übergangsradius des Nietes vom Schaft zum Kopf darf nicht auf dem Bohrungsrand aufsitzen), ist die Bohrung entsprechend anzusenken / zu entgraten *(Bild 5.1.38)*.

Um die Bohrungen genau winklig zu fertigen, werden diese mit einem Spezialwerkzeug hergestellt, in das Senker und Zwei-Fasen-Bohrer oder Senker sowie Schälreibahle oder ein Bohrreibsenker eingespannt werden können *(Bild 5.1.39)*.

Bild 5.1.38
Bohrungen für Passniete
1 nur bei Titan und Stahl
2 Bohrung für Universalkopf
3 Bohrung für Senkkopf

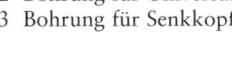

Bild 5.1.39
Spezialwerkzeug
1 Dreibein (als Ringauflage bei sphärischen Teilen günstiger)
2 Senker
3 Schälreibahle oder Bohrer
4 einstellbarer Anschlag

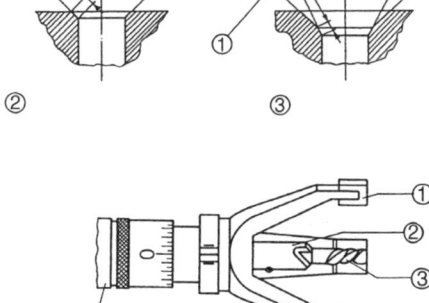

Senkungen für Senkköpfe
Die Werte für die Senkungen sind der entsprechenden Norm für Lockbolt-Passniete zu entnehmen. In der Praxis wird die Senktiefe nach dem Senkkopf des Nietes eingestellt (Senkkopf 100°).

Klemmlänge
Die Klemmlänge der Bolzen variiert um $^1/_{16}$". Die zweite Kennzahl der Bolzenbezeichnung gibt die Klemmlänge in $^1/_{16}$" an (ähnlich Hi-Lok).

Prüfung der Klemmlänge und der Schließringstauchung
Für das Prüfen der Klemmlänge und der Schließringstauchung sind Prüflehren der Herstellerfirma zu verwenden. Diese Prüflehren werden auf den Schließring aufgesetzt; dadurch ist ein Vergleich der Klemmlänge und der Schließringverformung möglich. In *Bild 5.1.40* ist eine Prüflehre für Nietüberstand und Schließringstauchung dargestellt.

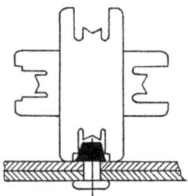

Bild 5.1.40
Prüflehre

Ausbau der Lockbolt-Passniete
Muss ein Niet ausgebaut werden, so wird zunächst der Schließring mit einer Collar-Zange entfernt und danach der Bolzen herausgedrückt.

5.1.5 Taper-Lok-Passniete

Taper-Lok-Passniete werden zur Übertragung hoher Zug- und Scherkräfte z.B. beim Flügelanschluss der Airbus-Flugzeuge, verwendet. Durch die konische Passung (*Bild 5.1.41*) mit Übermaß wird eine Druckspannung um die Bohrung erzeugt, die die Ermüdungsfestigkeit der Verbindung erhöht.
Im Folgenden ist ein Bezeichnungsbeispiel für ein Taper-Lok-Passniet angegeben.

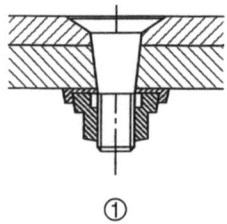 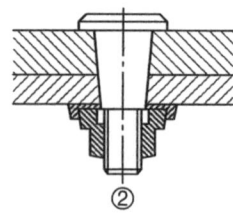

Bild 5.1.41
Taper-Lok-Passniet
1 Senkkopf
2 Universalkopf

Bezeichnungsbeispiel:

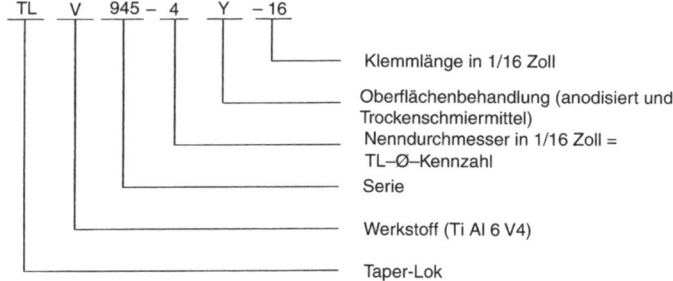

Beim Setzen eines Taper-Loks sind die nachfolgend beschriebenen Arbeitsschritte nötig:
Vorbohren, Aufbohren, Senken, Reinigen, Prüfen der Senktiefe, Prüfen des Traganteils, Reinigen, Prüfen der Klemmlänge, Prüfen des Nietüberstandes, Setzen, Festziehen der Mutter.

Das Vorbohren erfolgt mit ca. 0,4 mm geringerem Durchmesser als dem Nenndurchmesser. Das Aufbohren und Senken wird mit Taper-Lok-Spezialbohrreibahlen (*Bild 5.1.42*) durchgeführt. Nach Abschluss der Bohr- und Senkungsarbeiten werden die Bohrungen mit einem lösungsmittelgetränkten Tuch gereinigt. Die Senktiefe wird mit einer Senkprüflehre überprüft. Jeder Taper-Lok-Serie ist eine spezielle Lehre zugeordnet. Danach erfolgt die Überprüfung des Traganteiles mit einem Schlaggerät mit Prüfdorn (*Bild 5.1.43*). Auf den Prüfdorn wird ein dünner Film Tuschierfarbe aufgebracht. Mit dem Schlaggerät wird dann der Prüfdorn in die Bohrung getrieben. Das Tragbild auf dem Prüfdorn zeigt zulässige bzw. nicht zulässige Tragbilder (*Bild 5.1.44*). Der Traganteil muss mindestens 60% betragen. Bohrungen mit zu geringem Traganteil müssen mit konischen Handreibahlen nachgearbeitet werden oder durch die Montage eines Übermaß-Taper-Loks ersetzt werden. Nach dem Bestimmen des Traganteils sind die Bohrungen zu reinigen. Danach werden die Klemmlänge und der Nietüberstand überprüft. Das Setzen der Taper-Loks erfolgt durch Einschlagen des Bolzens mit einer Nietpistole. Die Taper-Loks können auch durch Anziehen der Mutter in die konische Bohrung eingezogen werden. Das Anziehen der Muttern erfolgt nach definierten Anzugsmomenten.

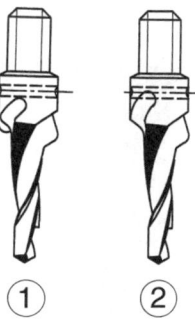

Bild 5.1.42
Taper-Lok-Spezialbohrreibahlen
1 Bohrreibahle für Universalkopf
2 Bohrreibahle für Senkkopf

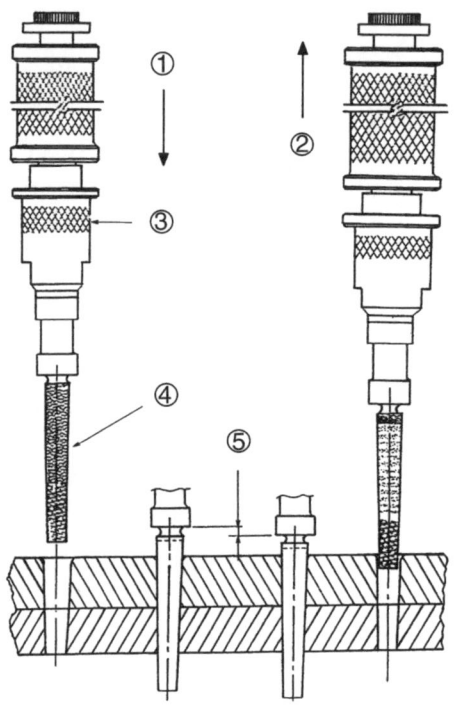

Bild 5.1.43
Schlaggerät zur Überprüfung des Traganteils
1 Schlagrichtung zum Eintreiben
2 Austreiben
3 Schlaggerät
4 Prüfdorn
5 Einschlagtiefe

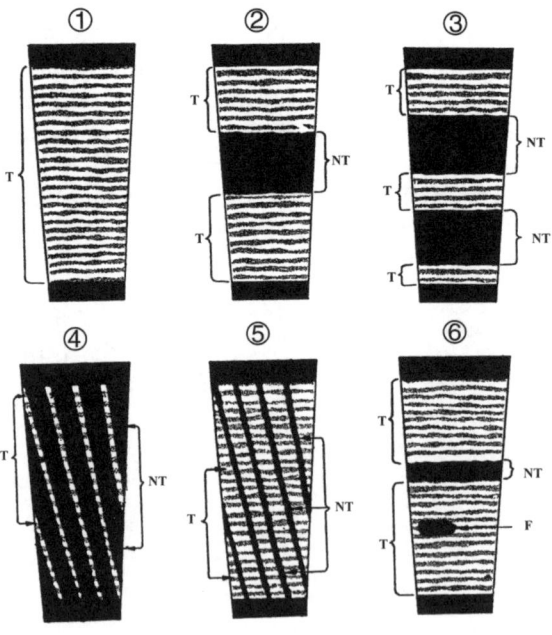

Bild 5.1.44
Tragbilder
1 100% Traganteil
2 70% zulässig
3 55% nicht zulässig
4 20% nicht zulässig
5 90% zulässig
6 85% zulässig
T tragend; NT nichttragend
F Fehlstelle, z.B. Riefen

5.1.6 Schraubniete

Der Schraubniet (Jo-Bolt, Blindniet) ist ein dreiteiliges Befestigungselement, das dort verwendet wird, wo nur eine Seite des Bauteils zugänglich ist (Blindniet). Der Einbau erfolgt mit hand- oder druckluftbetätigten Setzwerkzeugen.

Die Schraubniete *(Bild 5.1.45)*, bestehend aus Nietkörper (Mutter), Gewindebolzen mit Sollbruchstelle und Ring, werden als vormontiertes Teil (zusammengeschraubt) angeliefert. *Bild 5.1.46* zeigt den Einbauvorgang der Schraubniete. Die hierfür erforderlichen Nietwerkzeuge sind in *Bild 5.1.47* dargestellt.

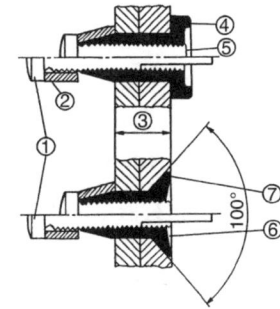

Bild 5.1.45
Schraubniet nach NAS 542.07 und NAS 542.04
1 Gewindebolzen (Linksgewinde)
2 Ring
3 Klemmlänge
4 Nietkörper (Sechskantmutter)
5 Sollbruchstelle
6 Kreuzschlitz
7 Nietkörper

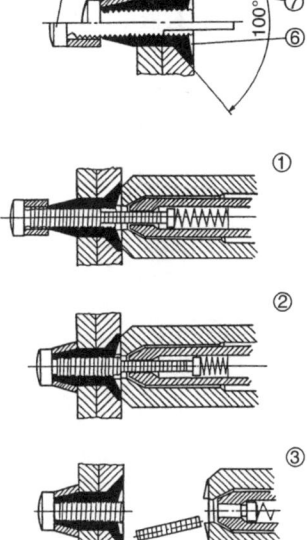

Bild 5.1.46
Einbau der Schraubniete
1 Der Niet wird in die Bohrung eingesetzt, und das Werkzeug wird rechtwinklig über das abgeflachte Ende des Gewindebolzens gesteckt und greift mit seinen beiden Haltelappen in den Schlitz des Nietkopfes ein (bei Sechskantmutter Steckschlüssel als Halter gegen Mitdrehen des Nietkörpers).
2 Das Werkzeug wird fest gegen den Nietkopf (Setzkopf) gedrückt. Bei Betätigung des Werkzeuges wird der Gewindebolzen durch den Mitnehmer des Werkzeuges in den Nietkörper (Mutter) geschraubt. Gleichzeitig wird der Ring auf den Konus gezogen.
3 Beim Erreichen des Anpressdruckes bricht der Gewindebolzen an der Sollbruchstelle ab. Beim Zurückziehen des Werkzeuges wird das abgeflachte Teil des Gewindebolzens aus dem Werkzeug ausgeworfen, und der Nietvorgang ist beendet.

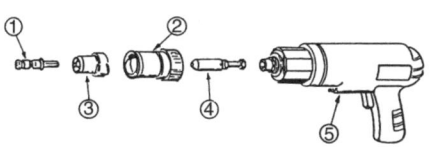 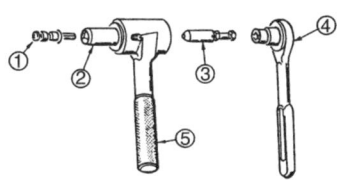

Bild 5.1.47   links: druckluftbetätigtes Setzwerkzeug
1 Schraubniet; 2 Sicherungshülse; 3 Mundstück; 4 Klemmfutter; 5 Druckluftwerkzeug
rechts: handbetätigtes Setzwerkzeug
1 Schraubniet; 2 Mundstück; 3 Klemmfutter; 4 Ratsche mit 6,35-mm-Antrieb und Schlüssel;
5 handbetätigtes Werkzeug

Bohrungsdurchmesser – Nietnenndurchmesser – Klemmlängen
Als Auszug aus NSA 542.04 und 542.07 (vgl. auch ASN-A0081...82, *Bild 5.1.50*) sei ein Bezeichnungsbeispiel «Schraubniet (Sechskantkopf)» angegeben.

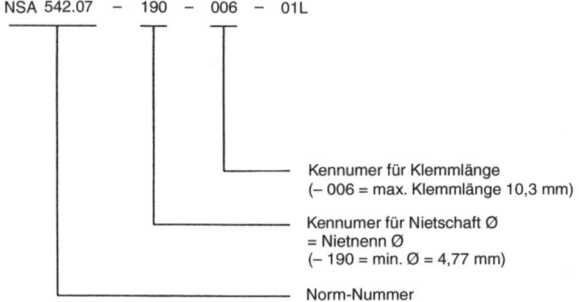

Prüfen der Schraubniete

Nach dem Einziehen ist jeder Niet auf seinen Sitz zu prüfen. Beim Aufbringen eines bestimmten Drehmomentes am Kopf (Setzkopf) darf sich der Niet nicht mitdrehen. Wird der Niet mit Dichtmasse eingesetzt, ist das Drehmoment innerhalb der erweiterten Verarbeitungszeit der Dichtmasse zu prüfen. Die Lage der Bolzenabbruchstelle und

Tabelle 5.7   Prüfen der Sollbruchstelle

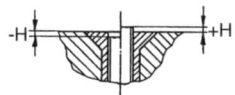 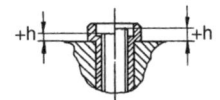

Kopf	Durch-messer	H in mm		Kopf	Durch-messer	H in mm
Senkkopf	5/32"	+0,50 -1,7		Überstehender Kopf	5/32"	+2,24 0
	3/16"	+0,38 -1,85			3/16"	+2,5 +0,25
	1/4"	+0,25 -1,98			1/4"	+3,43 +1,20
	5/16"	+0,3 -2,1			5/16"	+3,7 +1,1

die Anlage des Ringes an der Werkstückfläche werden mittels Sichtkontrolle geprüft.

Prüfen der Sollbruchstelle
Die Prüfung der Sollbruchstelle soll gemäß *Tabelle 5.7* durchgeführt werden.

Ausbau der Schraubniete (Jo-Bolt)
Die Verfahren für den Ausbau sind für fest bzw. lose (sich beim Ausbohren mitdrehende Niete) sitzende Schraubniete unterschiedlich. *Bild 5.1.48* zeigt den Ausbauvorgang fest sitzender Schraubniete, *Bild 5.1.49* den Ausbau sich beim Ausbohren mitdrehender Niete.

 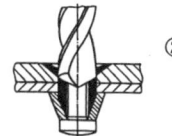 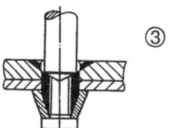 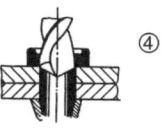

Bild 5.1.48 Ausbau der Schraubniete
1 Nietkopf tiefer als Schaftansatz vorbohren. Bohrer-$\varnothing$ = Gewindeschaft-$\varnothing$
2 Nietkopf bis Schaftansatz aufbohren. Bohrer-$\varnothing$ = mindestens Nietschaft-$\varnothing$
3 Nietschaft mittels Hammer und Durchschlag herausschlagen. Falls Kopf noch nicht herausgefallen ist, mittels Durchschlag herausdrücken.
4 Bei Sechskantkopf wie vorher beschrieben vorgehen. Nietkopf bis Oberkante Blech (Schaftansatz) aufbohren und Nietschaft herausschlagen.

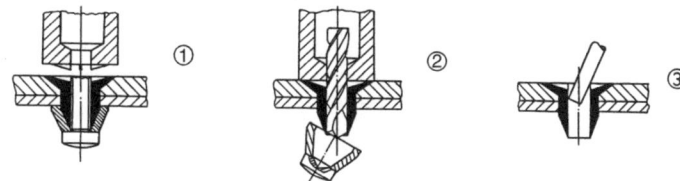

Bild 5.1.49 Ausbau eines mitdrehenden Schraubnietes
1 Nietkörper (Mutter) mit Hilfe des Mundstückes vom Setzwerkzeug gegen Mitdrehen sichern (eventuell ein Sonderwerkzeug benutzen).
2 Gewindebolzen ausbohren, so dass der Bolzenkopf mit Ring entfernt wird.
3 Nietkörper mittels Durchschlag aus der Bohrung herausdrücken.

Bild 5.1.50
1 Klemmlänge; 2 Sechskantkopf

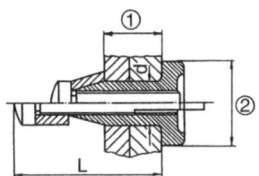

Übung

1. Wodurch unterscheiden sich Hi-Lok- und Hi-Lite-Passniete?
2. Aus wie vielen Teilen besteht ein *Lockbolt-Passniet*?
3. Wodurch unterscheidet sich ein Lockbolt-Passniet für Scherbeanspruchung von einem für Zugbeanspruchung?
4. Welche Werte eines Lockbolt-Passnietes werden nach dem Setzen mit einer *Prüflehre* geprüft?
5. Wie viel Grad Kegelwinkel hat der Senkkopf eines Lockbolt-Passnietes?
6. In welcher *Maßeinheit und Größe* wird die Klemmlänge eines Lockbolt-Passnietes angegeben?
7. Nennen Sie die Arbeitsschritte beim Einbau eines Taper-Loks.
8. Wie hoch muss der Traganteil beim Setzen eines Taper-Loks sein?
9. Aus wie vielen Teilen besteht ein *Jo-Bolt-Schraubniet*?
10. Wie wird der Jo-Bolt-Schraubniet nach dem Setzen auf *richtigen Sitz* geprüft?
11. Wodurch wird der *Anpresspunkt* beim Aufziehen des Ringes auf den Konus begrenzt?
12. Welchen *Drehsinn* hat das Gewinde auf dem Gewindebolzen?

5.1.7 Blindniete

Bei dem Huck-Blindniet handelt es sich um ein dreiteiliges Befestigungselement. Er besteht aus Nietdorn, Nietschaft und Schließring. Der Einbau der Niete erfolgt unter Verwendung pneumatischer, hydropneumatischer oder hydraulischer Nietwerkzeuge. Der Niet wird überwiegend dort verwendet, wo nur von einer Seite genietet werden kann. Er ist selbstdichtend. Die Hauptmaße für Leichtmetallniete sind in *Tabelle 5.8* aufgelistet. Ein derartiger Niet mit Universalkopf wird z.b. folgendermaßen bezeichnet:

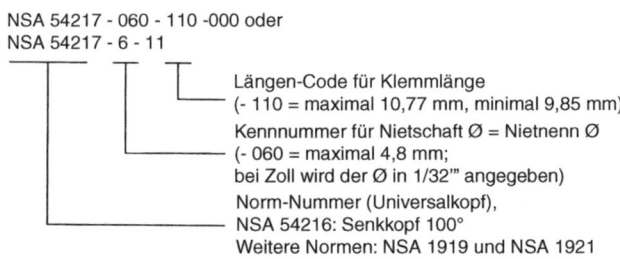

```
NSA 54217 - 060 - 110 -000 oder
NSA 54217 - 6 - 11
```

Längen-Code für Klemmlänge
(- 110 = maximal 10,77 mm, minimal 9,85 mm)
Kennnummer für Nietschaft Ø = Nietnenn Ø
(- 060 = maximal 4,8 mm;
bei Zoll wird der Ø in 1/32''' angegeben)
Norm-Nummer (Universalkopf),
NSA 54216: Senkkopf 100°
Weitere Normen: NSA 1919 und NSA 1921

Tabelle 5.8 Hauptmaße für Leichtmetall-Blindniete

Nenn-Ø D	3,2		4,0		4,8		
maximal	3,28		4,06		4,86		
minimal	3,20		3,96		4,76		
Symbol	–54217–040		–54217–050		–54217–060		
Hersteller Bezeichnung	XP4		XP5		XP6		
Längen-Code (SA)	Gesamtklemmlänge min.	max.	Gesamtklemmlänge min.	max.	Gesamtklemmlänge min.	max.	Längen-Code des Herstellers
–010	0,51	0,91	0,63	1,14	0,76	1,37	A
–020	0,94	1,55	1,17	1,93	1,40	2,31	B
–030	1,57	2,18	1,96	2,72	2,34	3,25	C
–040	2,21	2,82	2,74	3,50	3,28	4,19	D
–050	2,84	3,45	3,53	4,29	4,22	5,13	E
–060	3,48	4,09	4,32	5,08	5,16	6,07	F
–070	4,11	4,72	5,10	5,87	6,10	7,01	G
–080	4,75	5,36	5,89	6,65	7,04	7,95	H
–090	5,38	5,99	6,68	7,44	7,98	8,89	J
–100			7,47	8,23	8,91	9,83	K
–110			8,25	9,02	9,85	10,77	L
–120			9,04	9,80	10,79	11,71	M
–130			9,83	10,59	11,73	12,65	N
–140					12,67	13,59	P

Bild 5.1.51
Blindniet-Einbau
1 Nietwerkzeug (Ziehwerkzeug)
2 Schließring
3 Sollbruchstelle am Nietdorn

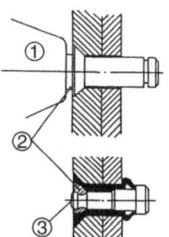

Einbau der Blindniete (Huck-Blindniete)
Nach dem Einstellen des Umschaltdruckes vom Nietwerkzeug und dem Einsetzen des Nietes wird durch Betätigung des Nietwerkzeuges der Nietdorn (Zugteil) vom Nietwerkzeug erfasst und in den Nietschaft gezogen *(Bild 5.1.51)*. Dabei wird der Schließring vom Mundstück des Werkzeuges in die Nut des Nietdorns gepresst. Beim Erreichen der maximalen Zugkraft reißt der Nietdorn an der Sollbruchstelle ab. Die Nietung ist fertig.

Prüfen der Schließringe und Nietdornabrisse
Die Lage der Schließringe (Sicherungsringe) sowie die Nietdornabrisse (Bolzenabrisse) sind, wie in *Tabelle 5.9* angegeben, zu prüfen. *Bild 5.1.52* verdeutlicht die Vorgehensweise beim Ausbau der Huck-Blindniete.

Tabelle 5.9 Prüfen der Schließringe und Nietdornabrisse

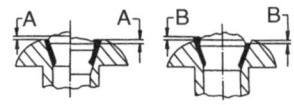
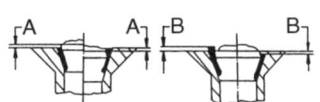

Blindniet NennØ in mm	A Nietdorn in mm	B Schließring in mm
4,0	0,25	0,43
4,8	0,30	0,56
6,4	0,38	0,74
8,0	0,48	0,94

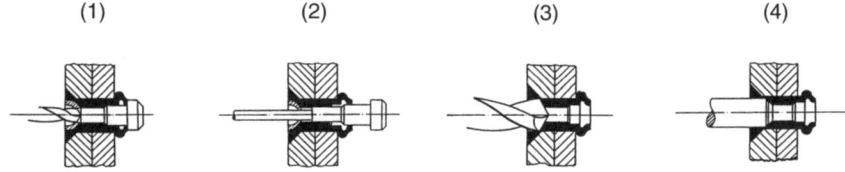

Bild 5.1.52   Der Ausbau der Huck-Blindniete
1 Nietdorn so weit anbohren, dass er nicht mehr vom Schließring in Nut gehalten wird; Bohrer-Ø = Nut-Ø.
2 Nietdorn mittels Durchschlag herausschlagen und Schließring entfernen.
3 Nietkopf bis zum Schaft aufbohren (Bohrer-Ø = Nietschaft-Ø).
4 Niethülse (Nietschaft) mittels Durchschlag herausschlagen. Nietkopf (Senkkopf) entfernen – falls noch nicht herausgefallen.

Blindniet (Pop-Niet)

Zum Heften von Blechen sowie für untergeordnete Nietverbindungen werden Pop-Niete verwendet. Pop-Niete werden von einer Seite und von einer Person mit einem Spezialnietwerkzeug (Druckluftwerkzeug) gezogen.

Bleche, die mit einer Dichtmasse zusammengenietet werden sollen, werden nach dem Auftragen der Dichtmasse mit Pop-Nieten geheftet. Nach dem Ausvulkanisieren (Aushärten) der Dichtmasse werden die Pop-Niete ausgebohrt und durch die vorgesehenen Niete ersetzt. Würden diese Niete vor dem Ausvulkanisieren der Dichtmasse geschlagen werden, würde durch die Vibration des Nietens die Dichtmasse an der Nietstelle herausgedrückt.

Bezeichnungsbeispiel

DAN 257 – 3283 = Blindniet nach DAN 257 mit einem Nenn-Ø von d_1 = 3,2 mm (Kennnummer -32) und einem Klemmbereich von 3,2 bis 4,8 mm; Länge l = 8,3 mm (Längen-Kennnummer 83); vgl. *Tabelle 5.10*.

Tabelle 5.10 Hauptabmessungen der Blindniete nach DAN 257

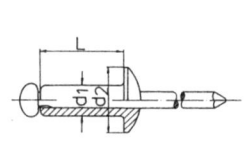

Kenn-Nr. NietØ	Niet-NennØ $d1$	Bohr-lochØ max.	KopfØ $d2$	Klemmbereich	Nietlänge l	Längen-Kenn-Nr.
				0,8 – 1,6	5,2	52
–32	3,2	3,3	6,4	1,6 – 3,2	6,7	67
				3,2 – 4,8	8,3	83

Der Einbau der Blindniete *(Bild 5.1.53)* geschieht wie folgt:

Den Niet mit dem Nietdorn in das Mundstück des Nietwerkzeuges und dann den Niet in das vorgesehene Bohrloch stecken.

Bei der Betätigung des Nietwerkzeuges wird der Nietdorn von den Klemmbacken des Greifmechanismus im Werkzeug erfasst und zurückgezogen. Der Nietkörper wird auf der Setzkopfseite durch das Mundstück des Werkzeuges gegengehalten. Blindseitig formt der Nietdornkopf den Schließkopf aus, und die Bleche werden fest zusammengepresst. Nachdem dann der entsprechende Anpressdruck erreicht ist, reißt der Nietdorn an der Sollbruchstelle ab. Die Nietung ist fertig.

Nach dem Öffnen des Greifmechanismus fällt der abgerissene Nietdorn aus dem Werkzeug.

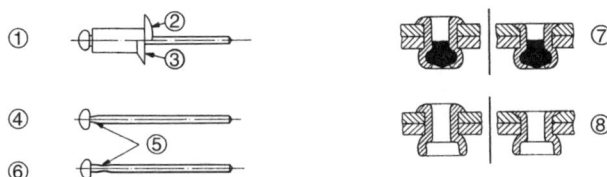

Bild 5.1.53   Einbau der Blindniete
1 Pop-Niet mit Nietdorn; 2 Flachrundkopf; 3 Senkkopf 120°; 4 Nietdorn für Kopfbruch; 5 Sollbruchstelle; 6 Nietdorn für Schaftbruch; 7 Schaftbruchausführung: Abgerissener Nietdorn bleibt nach der Vernietung im Niet als eine Art Dichtstopfen sitzen; 8 Kopfbruchausführung: Abgerissener Nietdornkopf fällt nach der Vernietung auf der Schließkopfseite heraus.

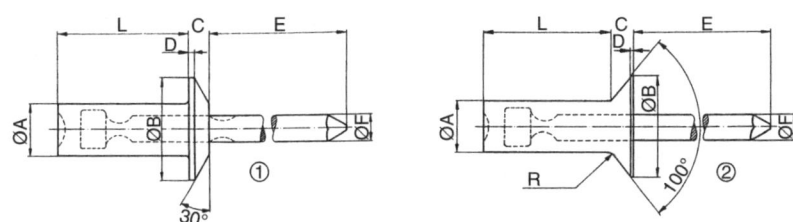

Bild 5.1.54   Blindniete; 1 NSA 5420, 2 NSA 5421

Blindniet (Pop-Niet mit Zylinderkopf oder Senkkopf 100°)
Diese Blindniete werden nur für die handelsübliche Ausstattung des Flugzeuges verwendet *(Bild 5.1.54)*. Bezeichnet werden sie z.B. folgendermaßen:

Nasseinsetzen von Nieten (Dichtnieten)
Das Dichten von Flugzeugteilen erfolgt im Allgemeinen in Tank- und Strukturbereichen. Es ist erforderlich, wenn der Zutritt von Kraftstoff oder der Atmosphäre zu bestimmten Bereichen nicht zulässig ist. Außerdem wird es eingesetzt, wenn flächige Verbindungen der Reib- und Kontaktkorrosion ausgesetzt sind.
   Zum Einsatz kommen für die Flächendichtung *(Bild 5.1.55)* u.a. Dichtmassen auf Polysulfid- oder Viton-Basis. Sie bestehen aus Grundmasse und Härter. Die Polymerisation (Aushärteprozess) erfolgt durch chemische Reaktion sowie durch Lösungsmittelverdunstung in Abhängigkeit von Temperatur und Luftfeuchtigkeit. Je höher die Temperatur und die relative Luftfeuchtigkeit sind, desto schneller verläuft die Reaktion beider Komponenten der Dichtmasse miteinander – d.h., die Verarbeitungszeit

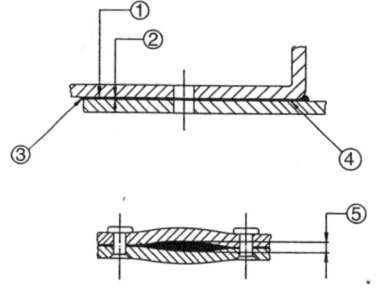

Bild 5.1.55
1 Flächendichtung
2 0,2 mm ± 0,1 mm beim Auftrag, 0,05 mm nach dem Heften und Nieten
3 Dichtmassenaustritt geglättet
4 gut sichtbarer und durchgehender Dichtmassenaustritt
5 Welligkeit = 0,2 mm zugelassen

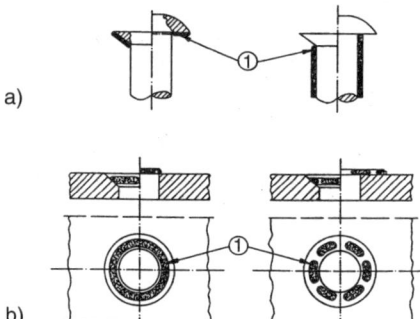

Bild 5.1.56
Anwendungsverfahren für die Dichtmasse (1)
a) Auftrag auf Verbindungselement
b) Auftrag links mit Pinsel oder Tupfer, rechts mit Druckpistole (Handgerät) – auf Bauteil

wird kürzer. Dichtmassen werden entweder als Dichtmassebänder oder mit Pinsel, Streichkamm, Spachtel oder Druckpistole aufgetragen.

Die Kontaktflächen müssen vor dem Auftragen der Dichtmasse gereinigt werden. Eine Abdunstzeit des verwendeten Reinigungsmittels ist zu beachten. Die Dichtmasse kann nach folgenden Verfahren *(Bild 5.1.56)* angewendet werden:

1. Auftrag der Dichtmasse auf das Verbindungselement,
2. Auftrag der Dichtmasse auf das Bauteil.

Bei Vollnieten muss die Dichtmasse unter dem Setzkopf oder auf das Bauteil aufgetragen werden. Bei Verwendung von CFK-Bauteilen wird die Dichtmasse zusätzlich auf den Nietschaft aufgetragen. Die vorgeschriebenen Verarbeitungszeiten der Dichtmasse sind genau einzuhalten.

Die Stirnfläche des Nietschaftes soll nach dem Einführen des Nietes in die Bohrung frei von Dichtmassenresten sein. Die Fläche muss sonst mit einem sauberen Lappen gereinigt werden. Döpper, Nieteinsätze und Vorhaltmassen müssen ebenfalls sauber gehalten werden. Die Arbeitssicherheitsbestimmungen für den Umgang mit Lösungsmitteln und Dichtmassen sind unbedingt zu beachten!

Nietangaben in Zeichnungen

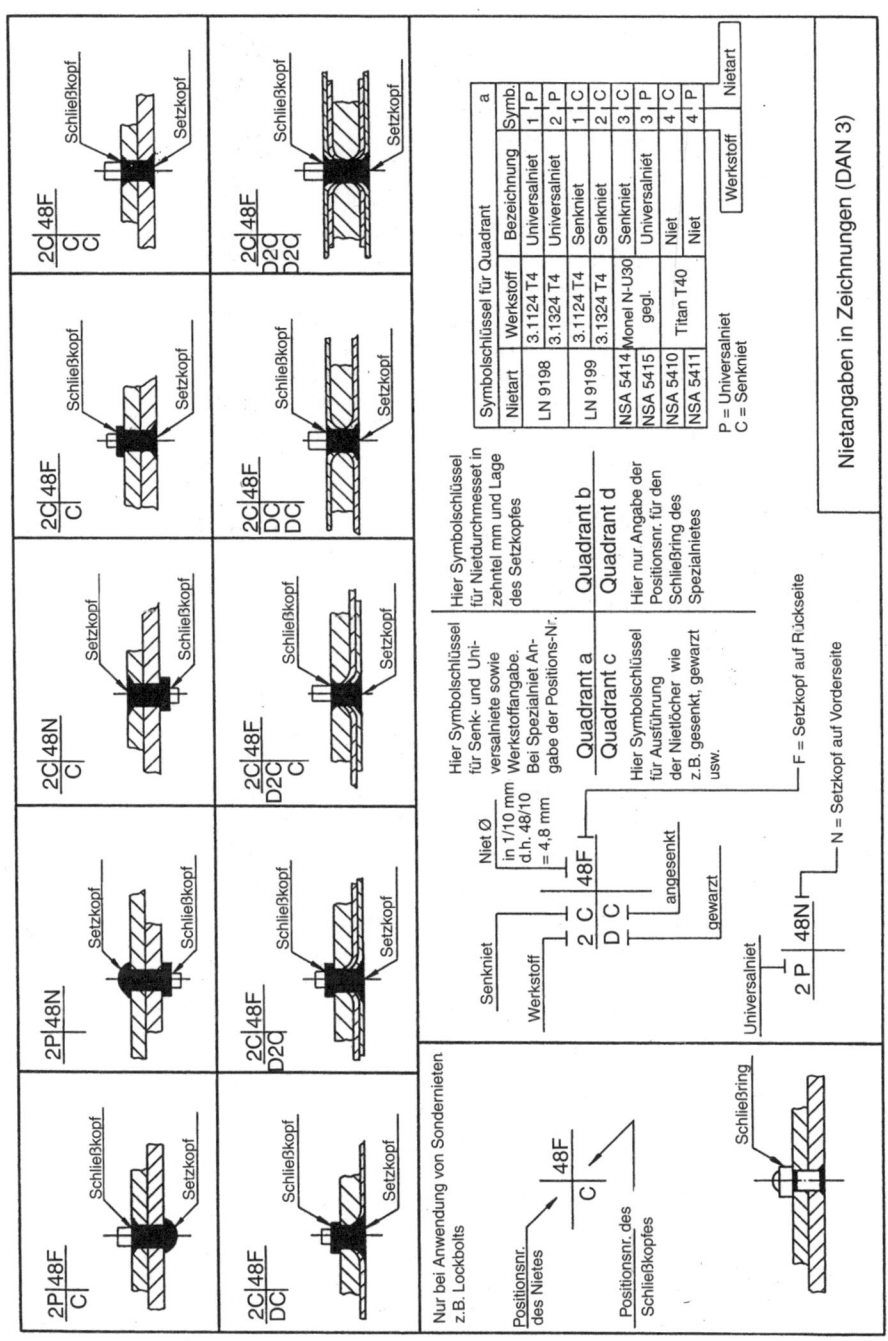

✎ Übung

1. Aus welchen Teilen besteht ein *Huck-Blindniet*?
2. Wodurch wird die Zugkraft beim Setzen eines *Huck-Blindnietes* begrenzt?
3. Welche Kriterien werden nach dem Setzen eines *Huck-Blindnietes* geprüft?
4. Für welche Nietverbindungen werden *Pop-Niete* verwendet?
5. Wann erst dürfen beim Dichtnieten die *Pop-Niete* (Heftniete) durch die vorgesehenen Niete ersetzt werden?
6. Welche Typen von *Pop-Nieten* werden in Bezug auf den Nietdornabriss unterschieden?
7. Welche Gründe hat die Anwendung des *Dichtnietens* im Flugzeugbau?
8. Welche Folge hat eine Temperaturerhöhung auf die nötige Verarbeitungszeit der *Dichtmasse*?
9. Aus wie vielen Komponenten besteht eine *Dichtmasse*?
10. An welcher Stelle des Vollnietes muss zum *Dichtnieten* von Faserverbundwerkstoffen zusätzlich Dichtmasse aufgetragen werden?
11. Welche Arbeitssicherheitsbestimmungen muss man bei der Verarbeitung von *Dichtmasse* beachten?
    Zu Nietangaben in Zeichnungen:
12. Welche Größe gibt die Zahl im *Quadranten b* (rechts oben) an?
13. Was bedeutet jeweils der Buchstabe F oder N im *Quadranten b*?
14. Welche Bedeutung hat die Zahl im *Quadranten a* (links oben)?
15. Welche Bedeutung hat der Buchstabe P im *Quadranten a* für Vollniete?
16. Welche Bedeutung hat der Buchstabe C im *Quadranten a*?

5.2 Schweißen

Durch das Schweißen werden stoffschlüssige, unlösbare Verbindungen hergestellt. Es handelt sich hierbei um das Vereinigen von Werkstoffen in der Schweißzone unter Anwendung von Wärme und/oder Kraft ohne oder mit einem Schweißzusatz. Unterschieden werden die in *Bild 5.2.1* gezeigten Schweißverfahren, von denen man im Flugzeugbau hauptsächlich die folgenden anwendet:

- Gasschmelzschweißen,
- Metall-Lichtbogen-Schweißen,
- Wolfram-Inert-Gas-Schweißen,
- Elektronenstrahlschweißen,
- Punktschweißen,
- Laserstrahlschweißen.

5.2.1 Gasschmelzschweißen

Die bei der Verbrennung von Brenngasen mit Sauerstoff frei werdende Wärme dient beim Gasschmelzschweißen (Autogenschweißen; *auto* = selbst, *genesis* = entstehen) für das Aufschmelzen von Schweißzone und Zusatzwerkstoff. Als Brenngas wird überwie-

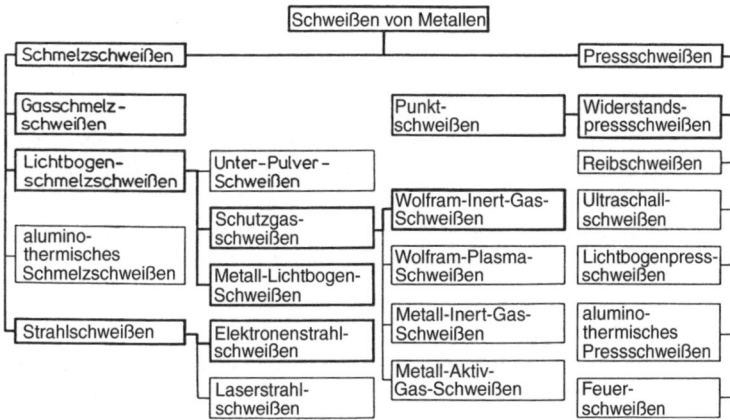

Bild 5.2.1 Übersicht ausgewählter Schweißverfahren

gend Acetylen (C_2H_2) verwendet, seltener Propan, da eine Acetylen-Sauerstoff-Flamme die größte Verbrennungstemperatur und Flammenleistung ergibt. Speicherung und Handhabung der Schweißgase (Brenngas und Sauerstoff) bedürfen größter Sorgfalt.

Speicherung von Sauerstoff
Sauerstoff wird in Flaschen aus nahtlos gezogenem Stahlrohr gespeichert. Bei einem Flaschenvolumen von 50 l und einem Flaschendruck von 200 bar lassen sich 10 000 l Sauerstoff speichern. Sauerstoff-Flaschen sind blau. Sie haben ein R3/4-Anschlussgewinde für das Druckminderventil und ein rundes Handrad zum Öffnen der Flasche. Sauerstoff-Flaschen und -Ventile sind unbedingt fettfrei zu halten!

Speicherung von Acetylen
Acetylen wird ebenfalls in Flaschen aus nahtlos gezogenem Stahlrohr gespeichert. Acetylen ist jedoch eine instabile chemische Verbindung, die bereits bei einem Druck von nur 2 bar explosionsartig zerfallen kann. Acetylen kann deshalb nicht wie Sauer-

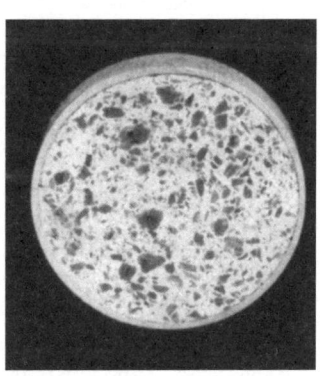

Bild 5.2.2 Schnitt einer Acetylenflasche

stoff hoch verdichtet werden. Ohne Explosionsgefahr lassen sich größere Mengen Acetylen unter Druck in Aceton lösen.

Um ein Zerfallen des Gases zu vermeiden, sind Acetylenflaschen *(Bild 5.2.2)* vollständig mit einer porösen Calcium-Silikat-Verbindung gefüllt, die nun das flüssige Aceton aufsaugt. Die Calcium-Silikat-Verbindung in einer 40-l-Acetylenflasche nimmt 16 l Aceton auf. Da 1 l Aceton bei 1 bar 25 l Acetylen löst, können in 16 l Aceton bei einem maximalen Druck von 15 bar 6000 l Acetylen gelöst werden.

Acetylenflaschen sind gelb. Sie haben ein R3/4-Links-Außengewinde oder einen Bügelverschluss für das Druckminderventil.

Druckminderventile
Um den hohen, ständig abnehmenden Flaschendruck der Gase auf den niedrigen, gleichmäßigen Arbeitsdruck herabzusetzen, sind Druckminderventile nötig *(Bild 5.2.3)*.

Der Arbeitsdruck ist abhängig von der zu schweißenden Blechstärke und liegt für Sauerstoff zwischen 0,5 bar und 3 bar, für Acetylen zwischen 0,03 bar und 0,7 bar. Der Acetylendruck sollte etwa $^1/_{10}$ des Sauerstoffdruckes betragen. Vom Druckminderventil werden die Gase dem Brenner durch Schläuche zugeführt. Sauerstoffschläuche sind blau und Brenngasschläuche rot.

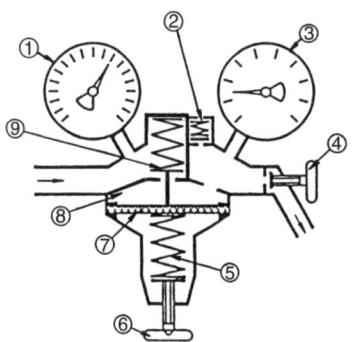

Bild 5.2.3
Druckminderventil in schematischer Darstellung
1 Inhaltsmanometer
2 Sicherheitsventil
3 Arbeitsmanometer
4 Absperrventil
5 Einstellfeder
6 Einstellschraube
7 Membran
8 Zwischenkammer
9 Ventil

Schweißbrenner
Die Schweißgase werden im Schweißbrenner getrennt voneinander zugeführt. Sie können durch Ventile unabhängig voneinander reguliert werden. Ein Schweißbrenner arbeitet nach dem Injektorprinzip. Ein Injektor ist eine Kombination aus Saug- und Druckdüse. Die Saugdüse ist ringförmig um die Druckdüse angeordnet. Durch die Verengung der Druckdüse, durch die der Sauerstoff gelangt, wird die Strömungsgeschwindigkeit erhöht, so dass sich der Gasdruck verringert (vgl. Kapitel 8). Der Druck fällt so weit ab, dass das Acetylen angesaugt wird und sich in der Mischdüse mit dem Sauerstoff vermischen kann *(Bild 5.2.4)*.

Beim Gebrauch des Schweißbrenners ist auf folgende Reihenfolge zu achten:

1. Sauerstoffventil öffnen,
2. Brenngasventil öffnen,
3. Gemisch entzünden,
4. Schweißflamme einstellen.

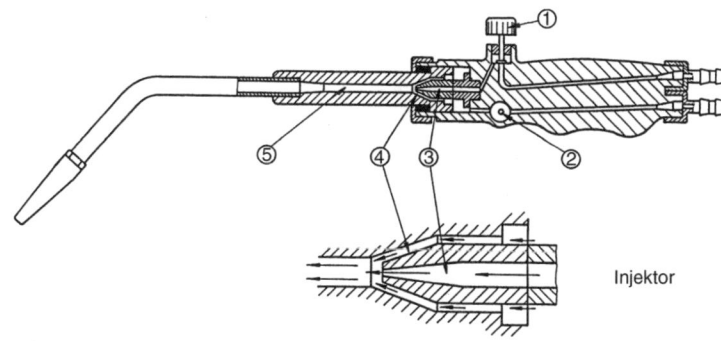

Bild 5.2.4   Schweißbrenner
1 Sauerstoffventil; 2 Brenngasventil; 3 Druckdüse; 4 Saugdüse; 5 Mischrohr

Nach dem Schweißen ist zuerst das Brenngas- und danach das Sauerstoffventil zu schließen.

Schweißflamme
Das richtige Einstellen der Schweißflamme ist für die Güte der Schweißverbindung ausschlaggebend. Bei neutraler Flamme beträgt das Mischungsverhältnis $O_2/C_2H_2 = 1/1$.

Bei diesem Mischungsverhältnis kommt es im Flammenkern nur zu einer unvollständigen Verbrennung (1. Verbrennungsstufe), weil der zugeführte Sauerstoff für eine vollständige Verbrennung nicht ausreicht. Der fehlende Sauerstoff wird in der Schweißzone der Umgebungsluft entnommen und führt hier zu einer vollständigen Verbrennung (2. Verbrennungsstufe; *Bild 5.2.5*).

1. Verbrennungsstufe: $2\ C_2H_2 + 2\ O_2 \rightarrow 4\ CO + 2\ H_2$
2. Verbrennungsstufe: $4\ CO + 2\ H_2 + 3\ O_2 \rightarrow 4\ CO_2 + 2\ H_2O$

Durch das Aufnehmen von Sauerstoff aus der Umgebungsluft kann diese nicht mit dem Schweißbad reagieren. Es werden dadurch schädliche Oxideinschlüsse in der Schweißnaht weitgehend vermieden. Auf Flussmittel kann z.B. bei Stahl verzichtet werden.

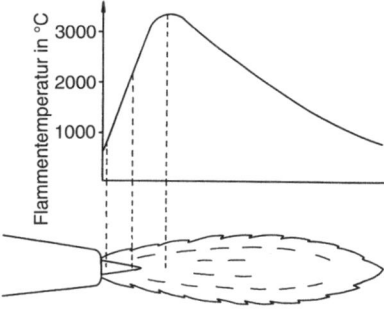

Bild 5.2.5
Temperaturverteilung in der
Acetylen-Sauerstoff-Schweißflamme

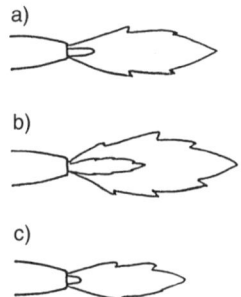

Bild 5.2.6
Möglichkeiten der Flammeneinstellung
a) neutrale Flamme; Flammenkegel hell leuchtend sowie scharf begrenzt
b) Acetylenüberschuss; Flammenkegel gelblich zerflattert
c) Sauerstoffüberschuss; Flammenkegel bläulich und nicht scharf begrenzt

Beim Schweißen mit Acetylenüberschuss wirkt die Schweißflamme reduzierend, d.h., es entsteht überschüssiger Kohlenstoff, der bei Stahl zur unerwünschten Aufkohlung des Schweißbades führt. Als oxidierend bezeichnet man eine Schweißflamme mit Sauerstoffüberschuss. Stahl darf nicht mit Sauerstoffüberschuss geschweißt werden, weil der im Schweißbad vorhandene Kohlenstoff verbrennen und zu Schlackeneinschlüssen führen würde *(Bild 5.2.6)*.

Im Vergleich zu Stahl ist beim Gasschmelzschweißen von Reinaluminium und nicht aushärtbaren Aluminiumlegierungen Folgendes zu beachten: Ein Schmelzen der Oxidschicht kann nicht erreicht werden. Auch eine Reduktion des Oxides durch Acetylenüberschuss ist nicht möglich, es muss mit geeigneten Flussmitteln geschweißt werden. Die Schweißflussmittel für Aluminium sind sorgfältig anzuwenden, da nicht beseitigtes Oxid wegen der größeren Dichte in die Schmelze absinkt und als Einschluss die Güte der Schweißverbindung mindert.

5.2.2 Metall-Lichtbogen-Schweißen

Beim Metall-Lichtbogen-Schweißen *(Bild 5.2.7)* wird ein Lichtbogen als Wärmequelle benutzt. Schweißmaschinen erzeugen je nach Bauart entweder Schweißgleichstrom oder Schweißwechselstrom. Generatoren und Gleichrichter geben Gleichstrom, Transformatoren Wechselstrom ab. Die Zündspannung beträgt 60 bis 70 V, die Schweißspannung 25 bis 30 V. Die Schweißstromstärke ist abhängig von der Werkstoffdicke sowie dem Elektrodendurchmesser. Je Millimeter Elektrodenkerndurchmesser sind 40 Ampere Schweißstrom notwendig.

Beim Auftippen der Elektrode auf das Werkstück entsteht ein geschlossener Stromkreis (hoher Kurzschlussstrom bei niedriger Spannung) und dadurch große Wärme.

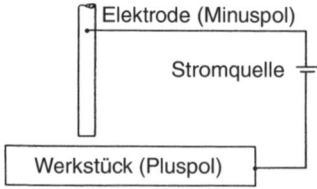

Bild 5.2.7
Schematische Darstellung des Metall-Lichtbogen-Schweißens

Bild 5.2.8
Schematische Darstellung des Ionisierungsvorgangs im Lichtbogen

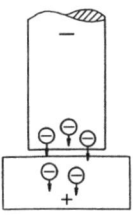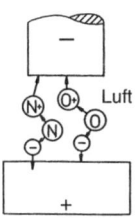

Wird die Elektrode nun abgehoben (Zünden), treten aus der Spitze Elektronen aus, die die umgebende Luft ionisieren *(Bild 5.2.8)*.

In dem elektrischen Feld zwischen Elektrode und Werkstück werden die Elektronen so stark beschleunigt, dass sie eine Temperatur von 4200 °C auf der Werkstückoberfläche erzeugen. Die zur Elektrode fließenden Ionen erzeugen eine Temperatur von 3500 °C. Durch die große Wärmeentwicklung schmilzt die Elektrode ab, und es kommt zum tropfenförmigen Werkstoffübergang von der Elektrode zum Werkstück.

Lichtbogen-Schweißelektroden (DIN 1913) werden fast ausschließlich mit einer Umhüllung angewendet. Die Umhüllung dient zur Abschirmung von Luftsauerstoff und -stickstoff, stabilisiert den Lichtbogen und begünstigt die schützende Schlackebildung auf der Schweißnaht.

5.2.3 Wolfram-Inert-Gas-Schweißen

Das Wolfram-Inert-Gas-Schweißen, abgekürzt WIG-Schweißen (TIG = Tungsten-Inert-Gas; Tungsten = Wolfram), ist in der Flugzeugproduktion ein häufig angewendetes Schweißverfahren *(Bild 5.2.9)*. WIG-Schweißen ist ein Gas-Lichtbogen-Schweißverfahren, das mit Edelgas den Einfluss der Atmosphäre auf die Schweißzone verhindert. Als Edelgas wird in der Regel Argon verwendet. Helium und Argon-Helium-Gemische bringen gegenüber Argon Vorteile hinsichtlich der Verminderung von Poren und Bindefehlern und verbessern Einbrandverhältnisse sowie Nahtkontur. Ihr Einsatz scheitert aber häufig am zu hohen Gaspreis gegenüber Argon. Eine Wirtschaftlichkeitsrechnung kann in vielen Fällen jedoch zugunsten von Helium oder Argon-Helium-Gemischen sprechen.

Bild 5.2.9
WIG-Schweißanlage

Die notwendige Schweißenergie wird von einem Lichtbogen erzeugt, der zwischen einer praktisch nicht abschmelzenden Elektrode sowie dem metallischen Werkstück erzeugt wird. Das WIG-Verfahren unterscheidet sich von den Schutzverfahren **Metall-Inert-Gas-(MIG)-** sowie **Metall-Aktiv-Gas-(MAG)-Schweißen** dadurch, dass die Elektrode nicht abschmilzt und nicht als Zusatzmaterial verwendet wird. Wenn die Nahtvorbereitung Zusatzmaterial (Schweißzusätze DIN 1732) erfordert, wird das Material in Stabform zugeführt und dann zusammen mit dem Grundwerkstoff aufgeschmolzen – ähnlich wie beim Gasschmelzschweißen *(Bild 5.2.10)*.

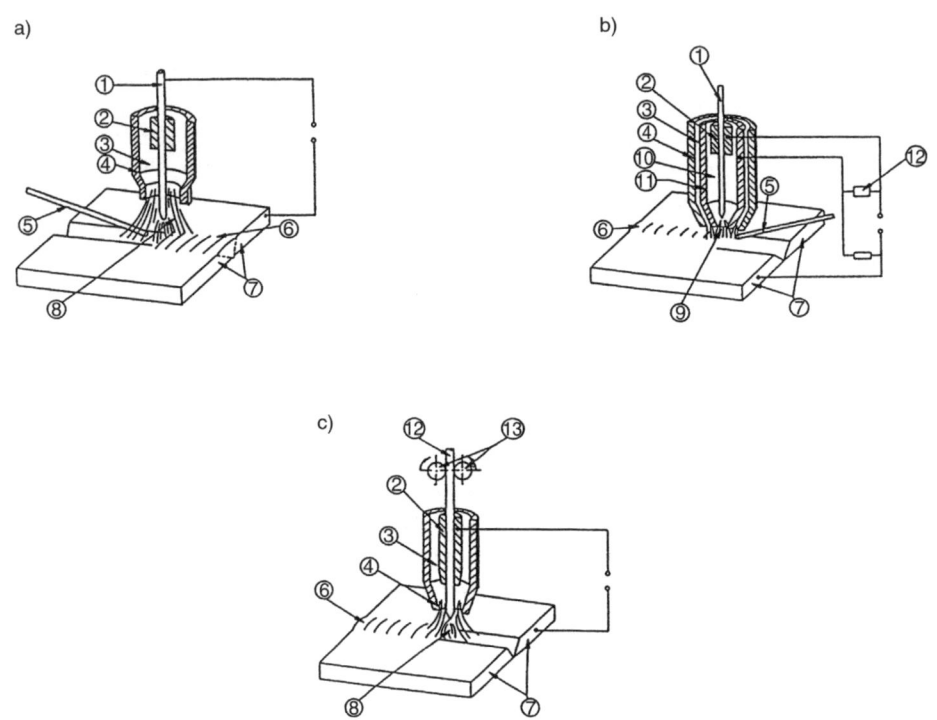

Bild 5.2.10   Verfahrensprinzipien der Schutzgasschweißverfahren WIG, WP und MIG
a) Wolfram-Inert-Gas-Schweißen WIG: Der Lichtbogen brennt frei zwischen der nichtabschmelzenden Wolframelektrode und dem Werkstück
b) Wolfram-Plasma-Schweißen WP: Der Lichtbogen ist eingeschnürt und brennt zwischen der nichtabschmelzenden Wolframelektrode und dem Werkstück. Man spricht vom übertragenen Lichtbogen.
c) Metall-Inert-Gas-Schweißen MIG: Der Lichtbogen brennt zwischen der abschmelzenden Elektrode sowie dem Werkstück.
1 Wolframelektrode; 2 Stromkontaktdüse; 3 Schutzgas; 4 Schutzgasdüse; 5 Schweißzusatz; 6 Schweißnaht; 7 Werkstück; 8 Lichtbogen; 9 übertragener Lichtbogen; 10 Plasmagas; 11 Plasmagasdüse; 12 Drahtelektrode; 13 Drahttransportrollen; 14 Zündgerät

a) 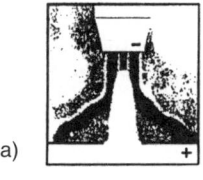 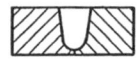   b)

Bild 5.2.11 WIG-Gleichstromverfahren
a) Normalverfahren
b) umgekehrte Polarität

Stromart

Die Wahl der Stromart ist in erster Linie werkstoffabhängig. Man unterscheidet Gleichstrom- sowie Wechselstromverfahren. Beim Gleichstromverfahren wird wiederum zwischen den beiden folgenden Methoden unterschieden *(Bild 5.2.11)*:

❑ Elektrode negativ (Normalverfahren),
❑ Elektrode positiv (umgekehrte Polarität).

Das Normalverfahren ist für alle Metalle zu empfehlen, soweit sie nicht hochschmelzende Oxide bilden. Die Elektronen verlassen die Elektrode, treffen auf das Werkstück und bringen $^2/_3$ der gesamten Energie als Wärme in das Werkstück. Dabei bildet sich unter dem Schutzgasschleier ein glockenförmiger Bogen, der einen schmalen, tiefen Einbrand bewirkt. Das Verfahren mit umgekehrter Polarität findet nur in Ausnahmefällen Anwendung. Bemerkenswert ist bei dieser Methode jedoch, dass der Einbrand äußerst flach und breit ist und ein Reinigungseffekt auftritt. Die aus dem Werkstück austretenden Elektronen brechen die Oxidhaut auf und schieben sonst unumgängliche Verunreinigungen zur Seite.

Das Wechselstromverfahren *(Bild 5.2.12)* stellt – vereinfacht gesehen – eine Kombination beider Gleichstromverfahren dar. Die negative Halbwelle bewirkt einen tiefen

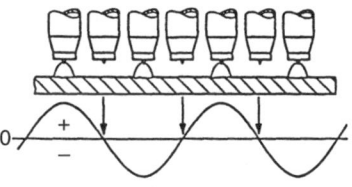

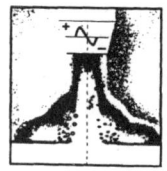 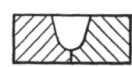

Bild 5.2.12 WIG-Wechselstromverfahren

Einbrand, die positive Halbwelle gute Reinigungswirkung. Das Wechselstromverfahren empfiehlt sich daher bei Metallen, die hochschmelzende Oxide bilden.

Tabelle 5.11 zeigt eine Übersicht der Stromarten für verschiedene Werkstoffe.

Tabelle 5.11   Stromarten beim WIG-Schweißen

Werkstoff	Normalverfahren	umgekehrte Polarität	Wechselstrom
Magnesium bis 1,5 mm		■	
Magnesium ab 1,5 mm			■
Aluminiumlegierungen			■
Titanlegierungen			■
Stähle	■		
Hastelloy	■		
Gusseisen	■		
Kupfer	■		

WIG-Schweißbrenner

WIG-Schweißbrenner werden für einen bestimmten Stromstärkenbereich hergestellt. Bis 200 A sind die Brenner meistens gasgekühlt, darüber hinaus bis 600 A wassergekühlt. Durch den auf dem Handgriff befindlichen Schaltknopf werden Strom, Schutzgas und Kühlwasser ein- bzw. abgeschaltet *(Bild 5.2.13)*.

Der Strom gelangt über die Spannhülse zur Wolframelektrode. Durch Bohrungen in der Spannhülse strömt das Schutzgas zur Gasdüse. Die Gasdüsen sind auswechselbar; sie bestehen in der Regel aus Keramik. Die Elektrode besteht aus gesintertem Wolfram, das oft mit oxidischen Zusätzen (Toriumoxid, Zirkoniumoxid, Lantanoxid) legiert ist.

Tabelle 5.12 enthält die Richtwerte für das WIG-Schweißen von Aluminiumlegierungen in Abhängigkeit von der jeweiligen Schweißnahtform *(Bild 5.2.14)*.

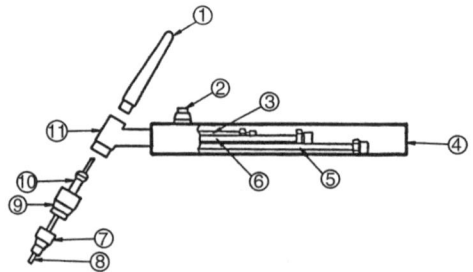

Bild 5.2.13
WIG-Schweißbrenner
1 Brennerkappe
2 Schaltknopf
3 Schweißstrom und Kühlwasserrücklauf
4 Handgriff
5 Schutzgasanschluss
6 Kühlwasserzulauf
7 Gasdüse
8 Wolframelektrode
9 Wassermantel
10 Spannhülse
11 Brennerkörper

Tabelle 5.12 WIG-Schweißen von Al-Legierungen

Blechdicke in mm	Nahtform	Schweißstrom in A			Elektroden⌀ in mm
		waagerecht	senkrecht	Überkopf	
1,5	Stumpf	70	70 ab	60	1,6
	Überlappung	80	80 auf	70	1,6
	Eckstoß	70	70 auf	60	1,6
	T-Stoß	80	80 ab	80	1,6
3,0	Stumpf	130	120 ab	120	2,4
	Überlappung	150	130 auf	130	2,4
	Eckstoß	130	120 auf	120	2,4
	T-Stoß	150	130 ab	130	2,4
5,0	Stumpf	200	200 auf	190	3,2
	Überlappung	200	200 auf	190	3,2
	Eckstoß	200	190 auf	190	3,2
	T-Stoß	240	240 auf	190	4,0
10,0	Stumpf	350	270 auf	270	6,4/4,8
	Überlappung	350	270 auf	270	6,4/4,8
	Eckstoß	360	270 auf	270	6,4/4,8
	T-Stoß	350	270 auf	270	6,4/4,8
12,0	Stumpf	400	320 auf	270	6,4
	Überlappung	400	330 auf	300	6,4
	Eckstoß	400	330 auf	300	6,4
	T-Stoß	400	330 auf	300	6,4

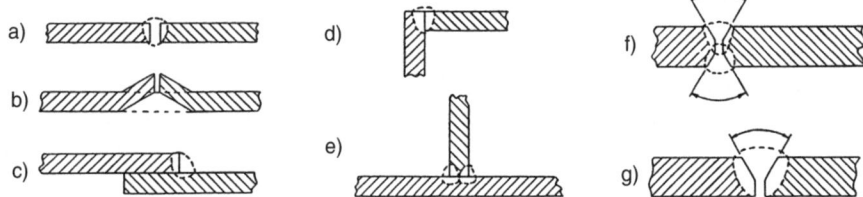

Bild 5.2.14 Schweißnahtformen
a) Stumpfstoß; b) Halbbördel; c) Überlappnaht; d) Ecknaht; e) Kehlnaht; f) X-Naht, Öffnungswinkel 60°; g) V-Naht, Öffnungswinkel 60°

Arbeitsregeln für das WIG-Schweißen von Aluminiumlegierungen
Beim Schweißen von Aluminiumlegierungen ist mehr als bei anderen Werkstoffen auf Sauberkeit zu achten. Fette, Öl- und Farbrückstände sind zu entfernen. Das Entfernen von Oxidschichten sollte mit einer Edelstahlbürste erfolgen. Häufig ist ein Beizen empfehlenswert. Am gebräuchlichsten ist eine Lösung von 20%iger heißer Natronlauge und eine anschließende Neutralisation in Salpetersäure. Der Abstand zwischen der Gasdüse und dem Schmelzbad darf maximal 10 mm betragen. Beim Schweißen von Stumpfnähten sollten die Blechkanten auf der Wurzelseite angefasst werden, was wurzelseitig Oxidkerben vermeidet und Oxide der Stirnfläche besser ausschwemmt *(Bild 5.2.15)*.

falsch	richtig
a) 	b)

Bild 5.2.15 Der Einfluss wurzelseitigen Anfasens
a) Oxide werden nicht vollständig ausgeschwemmt
b) Oxide werden ausgeschwemmt

Es sind möglichst Spannvorrichtungen zu verwenden, um Verwerfungen während des Schweißens zu vermeiden. Dabei empfehlen sich Schweißunterlagen mit einer 10 mm breiten und 1 mm tiefen Nut. Bei nicht eingespannten Teilen ist Heften unumgänglich. Heftstellen – von der Mitte ausgehend – in Abständen, die von der Blechstärke abhängig sind, vorsehen! Beim Schweißen von Werkstücken über 8 mm Dicke ist eine Vorwärmung notwendig.

5.2.4 Elektronenstrahlschweißen

Das Elektronenstrahlschweißen (EB-Verfahren; Electron Beam Welding; *Bild 5.2.16*) ermöglicht das Schweißen nahezu aller Metalle miteinander – von Mikroschweißungen bis zum Schweißen von Dicken bis zu 100 mm. Bemerkenswert sind der geringe Wärmeverzug, eine hohe Schweißgeschwindigkeit und die Reinheit der Schweißnaht. Dieses Verfahren ist z.B. für die sonst nur schwer oder nicht schweißbaren wärmebeständigen Legierungen geeignet, wie sie in Triebwerken eingesetzt werden.

Die Schweißwärme wird von einem elektronenoptisch gebündelten Elektronenstrahl im Vakuum erzeugt. Die Elektronen werden bei einer Spannung von bis zu 150 kV zwischen Katode und Anode auf etwa 150 000 bis 200 000 km/s beschleunigt, gebündelt und danach mit Hilfe einer elektromagnetischen Linse auf der Werkstückoberfläche fokussiert. Das Werkstück befindet sich in der Regel ebenfalls in einer Vakuumkammer unterhalb der Elektronenstrahl-Schweißkammer auf einem beweglichen Arbeitstisch.

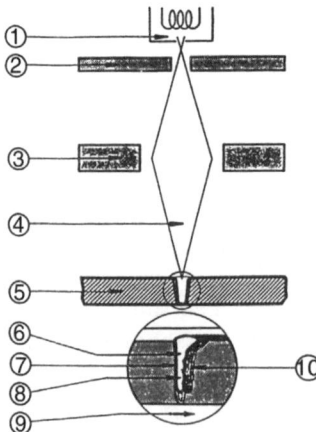

Bild 5.2.16
Schematische Darstellung des Elektronenstrahlschweißens
1 Katode; 2 Anode; 3 elektromagnetische Linse; 4 Elektronenstrahl; 5 Werkstück; 6 Dampfkaverne; 7 Schmelze; 8 Strömungsrichtung der Schmelze; 9 Bewegung des Werkstücks; 10 erstarrte Schmelze

Die Installation einer Elektronenstrahl-Schweißkammer erfordert hohe Investitionen. Die Anlage muss durch eine Bleiverkleidung sicher abgeschirmt werden, da geringe Mengen an Röntgenstrahlen entstehen.

5.2.5 Punktschweißen

Punktschweißen *(Bild 5.2.17)* dient zum Verbinden überlappter Bleche bis etwa 5 mm Dicke. Stiftförmige Kupferelektroden pressen die Bleche zusammen, und der hohe Widerstand beim Stromdurchgang bewirkt die Erwärmung. Das Metall schmilzt an dieser Stelle, und es entsteht eine so genannte Schweißlinse. Werden anstelle dieser Elektroden Rollen verwendet, die sich ständig weiterdrehen, so erhält man eine Rollennaht.

Punktschweißen hat heute im Flugzeugbau nur geringe Bedeutung. Bei älteren Flugzeugen wurde diese Schweißung im Bereich der Längsstöße angewendet. Die Caravelle hat z.B. neben ca. 300 000 Nieten 800 000 Punktschweißungen. Nachteil der Schweißpunkte ist die schwierige Lösbarkeit im Fall notwendiger Zellenreparaturen und die Erwärmung, die bei den meist wärmebehandelten Werkstoffen zu Festigkeitseinbußen führt.

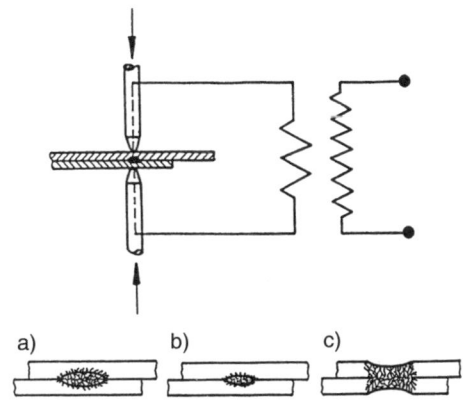

Bild 5.2.17
Schematische Darstellung des Punktschweißens
a) Schnitt durch eine korrekte Schweißlinse
b) Stromstärke zu gering bzw. Schweißzeit zu kurz
c) Stromstärke zu hoch bzw. Schweißzeit zu lang

5.2.6 Laserstrahlschweißen

Das 2001 zur Serienreife gebrachte Laserstrahlschweißen wurde erstmals für ein Hautfeld der Rumpfunterseite des A 318 eingesetzt. Beim A 380 werden acht Hautfelder mit Längen bis 10,5 m, die sich im unteren Teil des Rumpfes befinden, mit einem Laser gefügt. Dabei werden die Stringer von beiden Seiten geschweißt, um den Verzug zu reduzieren *(Bild 5.2.18)*.

Der Begriff Laser *(light amplification by stimulated emission of radiation)* steht für Lichtverstärkung durch angeregte Strahlungsemission. Im Prinzip *(Bild 5.2.19)* wandelt ein Laser eine externe Energieform in Licht einer einzigen Wellenlänge um. In einem Laser ist das Lasermedium zwischen Spiegeln platziert. Das durch externe Energiezufuhr erzeugte Laserlicht strahlt zwischen den Spiegeln hin und her und erfährt bei

247

Bild 5.2.18
Laserstrahlgeschweißte Stringer-Haut-Verbindung

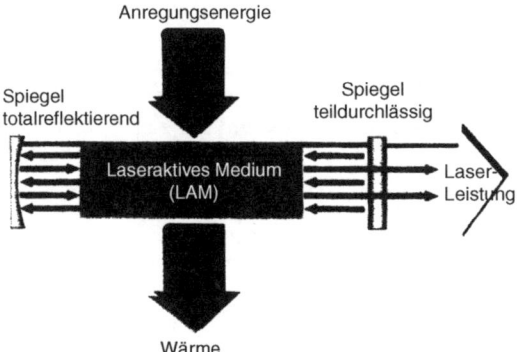

Bild 5.2.19
Prinzipieller Aufbau einer Laserstrahlquelle

diesem Prozess eine Verstärkung, während ein Teil des Strahls durch einen teilweise durchlässigen Spiegel abgegeben wird. Dieser Teil des Strahls wird für das Laserverfahren verwendet.

Durch den Einsatz des Laserstrahlschweißens im Vergleich zu differential aufgebauten Nietverbindungen können bis zu 15% Masseeinsparungen erzielt werden, da der Steg für das Nieten entfällt und sämtliche Nietschließköpfe. Außerdem verbessert sich das Korrosionsverhalten durch den Wegfall der Bohrungen, und es kann auf die Dichtung zwischen Stringer und Haut verzichtet werden. Als Werkstoff für die Stringer und die Haut wird die Legierung 6013 (AlMgSiCu) verwendet. Die Legierung wird in einem lösungsgeglühten Wärmebehandlungszustand umgeformt und geschweißt. Die anschließende Warmauslagerung entspricht dann dem Einbauzustand T6 (vgl. Wärmebehandlung von Al-Legierungen).

✎ Übung

1. Wodurch ist es möglich, eine Acetylenflasche mit 6000 l Acetylen zu füllen?
2. Erklären Sie die Wirkungsweise eines *Injektors*.
3. Warum erfolgt das Autogenschweißen in der Regel *ohne Flussmittel*?
4. Erklären Sie die Vorgänge beim *Zünden und Halten* des Lichtbogens.
5. Wodurch unterscheiden sich die Schweißverfahren *WIG und MIG*?
6. Begründen Sie die *Stromart-Wahl* beim WIG-Schweißen von Al-Legierungen.
7. Nennen Sie Vorteile des Elektronenstrahlschweißens und des Laserstrahlschweißens.

5.3 Kleben

Durch Kleben werden unlösbare, stoffschlüssige Verbindungen zwischen gleichen oder verschiedenartigen Werkstoffen hergestellt. Die Festigkeit einer Klebeverbindung ergibt sich aus der Festigkeit des Klebers (Kohäsion) sowie der Haftung zwischen Werkstück und Kleber (Adhäsion). Man unterscheidet zwei Gruppen von Klebstoffen, die physikalisch abbindenden und die chemisch reagierenden Klebstoffe *(Bild 5.3.1)*.

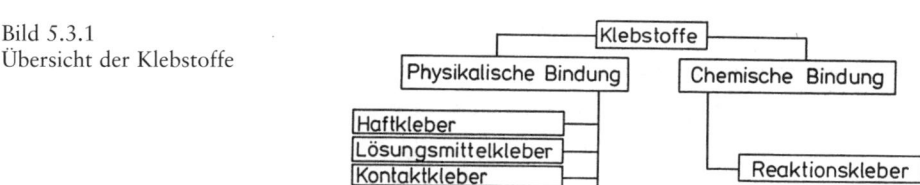

Bild 5.3.1
Übersicht der Klebstoffe

5.3.1 Physikalisch abbindende Klebstoffe

Physikalisch abbindende Klebstoffe befinden sich in der Regel bereits vor dem Kleben in ihrem Endzustand. Sie bestehen aus Makromolekülen (vgl. Abschnitt 2.1), die für einen bestimmten Einsatzzweck angepasst wurden, d.h. beweglich, verflüssigt bzw. aufgeschwemmt sind (Einkomponenten-Klebstoffe). Bei den physikalischen Bindungskräften handelt es sich um zwischenmolekulare Kräfte (van der Waals'sche Kräfte; benannt nach dem holländischen Physiker VAN DER WAALS. Bei Kunststoffen werden z.B. die Moleküle durch starke Atombindungen und die Ketten untereinander durch die schwächere van der Waals'sche Bindung zusammengehalten). Das sind elektrostatische Bindungskräfte, die im Vergleich zu den chemischen Bindungen, wie z.B. die Atombindung, gering sind.

Zu den physikalisch abbindenden Klebstoffen gehören:

❏ Haftkleber – auf Träger befindlich und meist wieder abziehbar,
❏ Lösungsmittelkleber – als Kleblösung oder als wässrige Dispersion,
❏ Kontaktkleber – gelöste Kunstkautschuke, die eine Ablüftzeit erfordern,
❏ Schmelzkleber – erfordern nach oder vor dem Auftragen Wärme.

5.3.2 Chemisch reagierende Klebstoffe

Das Kleben von Metallen, z.B. die Verklebung von Stringer und Haut *(Bild 5.3.2)*, erfolgt durch chemisch reagierende Klebstoffe, die so genannten **Reaktionskleber**. Sie härten durch chemische Umsetzung (Polymerisation, Polykondensation, Polyaddition) ihre Bestandteile aus. Man unterscheidet Ein- und Zweikomponentenkleber. Einkomponentenkleber enthalten alle zur Aushärtung erforderlichen Bestandteile. Ihre Reaktion beginnt bei der Berührung mit den Werkstoffen oder mit der Luft. Zweikomponentenkle-

Bild 5.3.2
Stringer-Außenhaut-Klebeverbindung

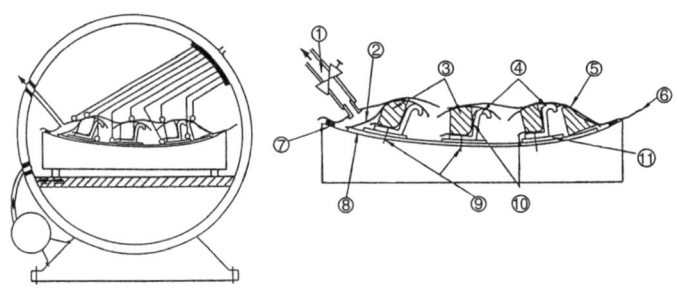

Bild 5.3.3 Warmaushärtung im Autoklaven
1 Vakuumanschluss; 2 Drahtgewebe und weiche Matte; 3 Formstücke; 4 Stringer; 5 Druckerhöhung; 6 Folie; 7 dauerelastischer Kitt; 8 Außenhaut; 9 Heftniete; 10 Trennfolie; 11 Klebefilm

Tabelle 5.13 Eigenschaften der wichtigsten Klebstoffe

Bezeichnung	Form	Gewicht in g/m²	Härtetemperatur in °C	Härtezeit	Temperaturbeständigkeit in °C	Zugscherfestigkeit b Aluminium in N/mr (Raumtemperatur)
Araldit 123 B Härter HY 956	pastös	200–400	+20 +60 +100	36 h 1 h 30 min	−60 bis +70	12 bis 15
Araldit 106 Härter 953 U	pastös	150–300	+20 +40 +160	24 h 6 h 10 h	−60 bis +60	12 bis 25
EC 2216 B/A	pastös	200–400	+20 +60 +90	36 h 2 h 1 h	−60 bis +70	22
Versamid 125 Epoxidharz BN 710	flüssig	100–500	+20	24 h	−60 bis +70	10
FM 1000	Film	250	+175	60 min	−55 bis +82	45
Metlbond Typ I	Film	450	+175	60 min	−55 bis +160	25
FM 96	Film	400	+175	60 min	−55 bis +160	25
Redux 775	Flüssigkt. und Pulver	450	+150	30 min	−55 bis +70	30
EC 2214	pastös	100–400	+120	40 min	−55 bis +82	28
FM 123-5.03	Film	150	+125	30 min	−55 bis +82	30

ber bestehen aus dem Klebstoff sowie einem Härter, der kurz vor der Verarbeitung mit dem Klebstoff vermischt wird. Härtet der Kleber bei Raumtemperatur aus, nennt man ihn **kaltaushärtend**; härtet er erst bei höheren Temperaturen aus, nennt man ihn **warmaushärtend**. Eine Warmklebung *(Bild 5.3.3)* wird mit speziellen Klebefilmen in einem Autoklaven durchgeführt; dafür müssen die Teile vormontiert werden. *Tabelle 5.13* zeigt eine Auswahl der wichtigsten Klebstoffe und ihrer Eigenschaften.

Vormontage-Ablaufbeispiel
{01} ⇒ Außenhautpanel nach Vorbereitung der Oberfläche mit der Außenseite nach unten in die Vorrichtung einlegen.
{02} ⇒ Gleichermaßen vorbereitete Stringer in Sollposition bringen und mit Außenhaut vorbohren, soweit Fixierniete vorgesehen sind.
{03} ⇒ Stringer wieder abnehmen und vom Klebefilm entsprechende Zuschnitte vorbereiten.
{04} ⇒ Zusammenbau der Außenhaut, des Klebefilms, der Stringer und der Heftniete. Wiedereinlegen des vormontierten Verbindungsbereiches in die Vorrichtung.
{05} ⇒ Formstücke, z.B. Hartgummiplatten, zwischen die Stringer legen.
{06} ⇒ Temperaturfühler einsetzen.
{07} ⇒ Drahtgewebe und weiche Matten überlegen.
{08} ⇒ Polysulfonfolie überlegen und anschließend mit einem wärmebeständigen, dauerelastischen Kitt abdichten.
{09} ⇒ Vakuumschlauch anschließen.
{10} ⇒ Gegebenenfalls mit Sandsäcken beschweren.
{11} ⇒ Vakuum anlegen.
{12} ⇒ Einfahren in den Autoklaven.

5.3.3 Gestaltung von Klebeverbindungen

Klebeverbindungen sind so zu gestalten, dass sie überwiegend auf Scherung (Schub) beansprucht werden. Auf Zug beanspruchte Verbindungen sind ungünstig, da die Zugfestigkeiten der Kleber im Vergleich zu den Metallen sehr gering sind *(Bild 5.3.4)*.

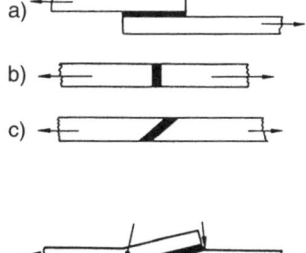

Bild 5.3.4
Beanspruchungen verschiedener Klebungen
a) einfache Überlappung (Scherbeanspruchung)
b) stumpfer Stoß (Zugbeanspruchung)
c) geschäfteter Stoß (Zugbeanspruchung)

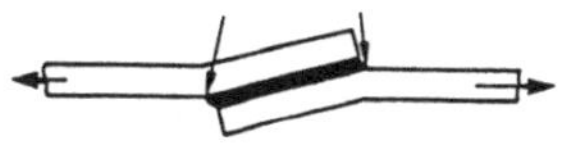

Bild 5.3.5
Prinzipdarstellung der Schälbruch-Ursache

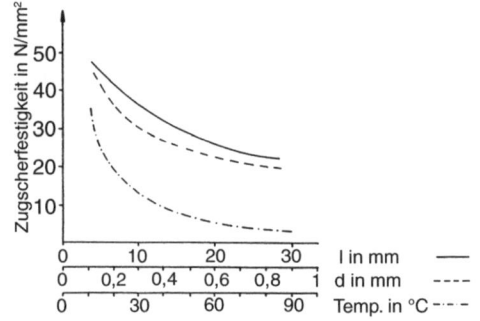

Bild 5.3.6
Verlauf der Zugscherfestigkeit bei der Verwendung von Epoxidharzklebern in Abhängigkeit der Überlappungslänge l, der Klebefugendicke d sowie der Temperatur (in °C)

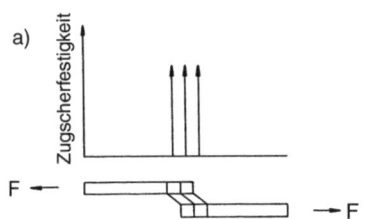
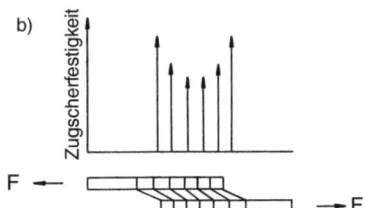

Bild 5.3.7 Ursachenklärung für die Abnahme der Zugscherfestigkeit bei zunehmender Überlappungslänge
a) Gleichmäßige Belastung
b) Aufgrund der Elastizität der Fügeteile wird mit steigender Überlappungslänge der Kleber immer ungleichmäßiger belastet. Es kommt an den Rändern zu einer Überlastung.

Da eine geklebte überwiegend auf Scherung beanspruchte Verbindung auch immer auf Zug beansprucht wird, werden im Flugzeugbau alle Klebeverbindungen auf die so genannte **Zugscherfestigkeit** in N/mm² ausgelegt. Zur Feststellung der Zugscherfestigkeit wird eine einfache Überlappung im Zugversuch geprüft. Beim Umformen einer Klebeverbindung tritt neben der Zugscherbeanspruchung die Schälbruchgefahr *(Bild 5.3.5)* auf. Für die Auslegung von Flugzeugbauteilen ist deshalb ein Sicherheitsfaktor von 2,25 zu berücksichtigen. Dieser gilt für handverarbeitete Kunstharze, und er weicht von dem sonst üblichen Sicherheitsfaktor ($\gamma = 1,5$) ab.

Die Zugscherfestigkeit einer Klebeverbindung ist von zahlreichen technisch-physikalischen Einflüssen *(Bild 5.3.6)* abhängig, beispielsweise von

❑ Werkstoff und Klebstoff,
❑ Klebefugendicke,
❑ Überlappungslänge *(Bild 5.3.7)*,
❑ Wechselbeziehung zwischen Überlappungslänge und Blechdicke,
❑ Temperatur,
❑ Kriechen unter Dauerlast und
❑ Alterserscheinungen durch UV-Einstrahlung.

Bild 5.3.8
Kohäsionsbruch (a) und Adhäsionsbruch (b). Bei einem Kohäsionsbruch ist die Festigkeit des Klebers überschritten worden, d.h., die Konstruktion war falsch angelegt. Bei einem Adhäsionsbruch war die Oberflächenbehandlung nicht sorgfältig genug.

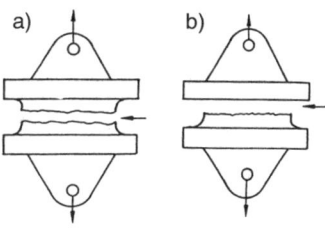

Bild 5.3.9
Die Wirkung der Oberflächenrauigkeit

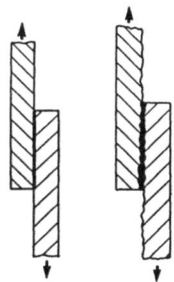

5.3.4 Vorbereitung von Klebeflächen

Die Klebeflächen sind sorgfältig zu säubern, da Art und Zahl der chemischen Bindungen von der Oberflächenbeschaffenheit abhängig sind *(Bild 5.3.8)*. Die Oberfläche muss in erster Linie gewährleisten, dass sich, beispielsweise bei bestimmten Beizbehandlungen, reaktionsfähige Deckschichten bilden. Hierbei ist der Grad der erzielten Rauheit für die Güte der Oberflächenbehandlung nicht entscheidend, wichtig allerdings für die Verwendung eines bestimmten Klebers, der in erzeugte Vertiefungen *(Bild 5.3.9)* eindringen können muss. Außerdem wird durch ein Aufrauen die reale Oberfläche etwas vergrößert.

Das mechanische Aufrauen, wie es bei den meisten Kaltklebeverbindungen ausreicht, ist für eine hochwertige Verbindung mittels Klebefilm sowie Aushärtung im Autoklaven nicht zulässig.

Die Oberflächenvorbehandlung von Blechen aus Aluminiumlegierungen wird auf der Basis einer chemischen Anätzung vorgenommen. Man nennt dieses Verfahren **Pickling-Prozess**. Das Beizbad besteht aus 27,5 Gew.-% konzentrierter Schwefelsäure, 7,3 Gew.-% Natriumdichromat und 65,2 Gew.-% destilliertem Wasser. Die Badtemperatur beträgt 60 bis 65 °C und die Behandlungsdauer ungefähr 25 min. Mit 1 l Beizbad können 4 m² Metalloberfläche gebeizt (gepickelt) werden. Nach dem Beizen werden die Bleche kalt gespült. Nach der Kaltspülung erfolgen eine Warmwasserspülung und eine Warmlufttrocknung. Der Pickling-Prozess wird von den einzelnen Flugzeugherstellern modifiziert. Das Ergebnis des Pickling-Prozesses ist eine mit Mikrovertiefungen übersäte Blechoberfläche. Der Durchmesser der Vertiefungen *(Bild 5.3.10)* soll 6 bis 7 µm betragen und die Tiefe 2 bis 4 µm.

Bild 5.3.10
Mikrovertiefungen nach Durchführung des Pickling-Prozesses

a)
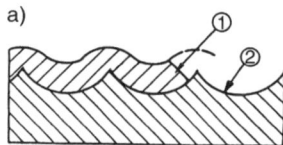

Bild 5.3.11
Einhaltung des Pickling-Prozesses
a) Richtig! – Kleber (1) tritt in die Mikrovertiefungen (2) ein.
b) Falsch!

b)
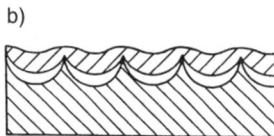

Nur bei genauer Einhaltung des Pickling-Prozesses ist das spätere Eindringen des Klebers in die Mikrovertiefungen sichergestellt *(Bild 5.3.11)*. Unmittelbar nach dem Pickling-Prozess muss man die behandelte Blechoberfläche gegen eine Neubildung der natürlichen Oxidschicht schützen. Dies wird durch eine **Gleichstromanodisation** sowie einen so genannten **Klebeprimer** (Grundierung) erreicht. Der Klebeprimer ist chemisch eng verwandt mit dem Kleber. Seine Schichtstärke muss so gering sein, dass sie den Mikrovertiefungen folgt.

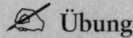 Übung

1. Wodurch unterscheiden sich *physikalisch abbindende* von *chemisch reagierenden* Klebern?
2. Nennen Sie drei Unterscheidungsmerkmale von *Reaktionsklebern*.
3. Warum sollten Klebeverbindungen so gestaltet sein, dass sie hauptsächlich *auf Scherung* beansprucht werden?
4. Warum nimmt mit zunehmender Überlappungslänge die *Zugscherfestigkeit* ab?
5. Welche Bedeutung hat der *Pickling-Prozess* für das Kleben?

5.4 Schrauben und Bolzen

5.4.1 Ausführungsarten

Bei den Schrauben- und Bolzenverbindungen handelt es sich um kraftschlüssige, lösbare Verbindungen. Schrauben sind im Allgemeinen solche Verbindungselemente, deren Gewindedurchmesser nicht mehr als 5 mm beträgt oder deren Gewinde ohne Pass-Schaft bis zum Kopf durchgeschnitten sind. Da gerollte Gewinde zwar einen besseren

Faserverlauf, jedoch eine geringere Maß-Präzision aufweisen, zählt man auch sie häufig zu den «Schrauben». Die «Bolzen» hingegen sind alle Verbindungselemente mit blankem Schaftteil (z.T. als Pass-Schaft ausgebildet) und mit Gewindedurchmessern über 5 mm.

Schrauben und Bolzen nach LN- und DIN-Normung
Die DIN-Normen für Schrauben, Muttern sowie gewindetragende Bauteile werden vom «Arbeitsausschuss Schrauben» im DNA (Deutschen Normen-Ausschuss) herausgegeben. Die «Normenstelle Luftfahrt» gibt ergänzende Normblätter heraus. Die Aufstellung in *Tabelle 5.14* umfasst all die im deutschen Luftfahrtbereich genormten Schrauben und Bolzen. Für die Festlegung von Gewindeausführungen, Durchgangslöchern, Gewindeüberständen usw. wird die Benutzung des DIN-Taschenbuches 10 (Schrauben, Muttern und Zubehör) sowie des Normblattes LN 9494 (Durchgangs- und Passlöcher für Schrauben und ähnliche Teile, *Tabelle 5.15),* empfohlen.

Tabelle 5.14 Genormte Schrauben und Bolzen für die Luftfahrt

DIN 267	–	Schrauben, Muttern und ähnliche Gewinde- und Formteile (Kennzeichnung, Festigkeiten, Werkstoffe, Schrauben- und Muttern-Ausführungsarten)
LN 9471	–	Schrauben, Übersicht (Sechskantbolzen, Senkbolzen, Stiftschrauben, Sechskant- und Zwölfkantschrauben)
LN 9355	–	Sechskantbolzen (Passschrauben) aus 1.7220.5
LN 9082	–	Sechskantbolzen mit kleinem Kopf aus 1.7214.5 oder 1.7220.5
LN 9083	–	Sechskantbolzen mit gewindeseitiger Aufnahmebohrung für Splintsicherung (Ersatz für LN 9162)
LN 9469	–	Senkbolzen mit Kreuzschlitz aus 1.7220.5
LN 9035	–	Stiftschrauben mit Bund aus 1.7214.5 oder 1.7220.5
LN 9036	–	Stiftschrauben ohne Bund aus 1.7214.5
LN 9347	–	Sechskant-Dehnschrauben aus 1.7220.5
LN 9350	–	Sechskant-Dehnschrauben aus 1.6604.5
LN 9380	–	Sechskantschrauben mit kleinem Kopf aus 1.7220.5
LN 9037	–	Sechskantschrauben mit Schaft h11 aus 1.7220.5
LN 9038	–	Sechskantschrauben mit durchgehendem Gewinde aus 1.7220.5
LN 9386	–	Sechskantschrauben mit Schaft h11 aus 3.7164.1
LN 9081	–	Zwölfkantschrauben aus 1.7220.5
LN 9438	–	Senkschrauben mit Kreuzschlitz aus 1.1174.1 oder 1.7220.5
DIN 7962	–	Kreuzschlitze und Tiefenlehren
LN 9457	–	Schlitzschrauben, Übersicht

5.4.2 Schraubenwerkstoffe

Schrauben sowie Bolzen werden nach DIN 1654 aus speziellen Schraubenwerkstoffen hergestellt. Für kalt angestauchte und kaltgepresste (reduzierte) Schraubenköpfe gilt z.B.:

❑ weicher Schraubenstahl S185, Zugfestigkeit 340 bis 420 N/mm^2, Streckgrenze 185 N/mm^2.

Tabelle 5.15 Durchgangs- und Passlöcher nach LN 9494

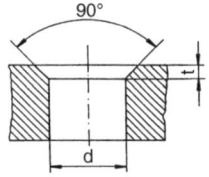

FORM A (ohne Senkung)

FORM B (mit Senkung)

[1]) Nur für Schaftdurchmesser 3 bis 7

Schaft-durch-messer	Form A[1]) und B Reihe 1			Form A und B Reihe 2		Reihe 3	
	d	zul. Abw.	t +0,1	d H12	t +0,1	d H7	t +0,1
3	3,6		–	3,2	0,2	–	–
4	4,8		–	4,2	0,2	–	–
5	5,8		–	5,2	0,3	5	0,4
6	7,0		–	6,2	0,4	6	0,5
7	8,0		–	7,2	0,4	–	–
8	9,0		0,1	8,2	0,5	8	0,6
10	11,0		0,1	10,25	0,5	10	0,6
12	13,0		0,3	12,25	0,7	12	0,8
14	15,0		0,5	14,25	0,9	14	1,0
15	–		–	–	–	15	1,0
16	17,0		0,5	16,25	0,9	16	1,0
17	–		–	–	–	17	1,0
18	19,0	+0,2	0,5	18,25	0,9	18	1,0
20	21,0		0,5	20,25	0,9	20	1,0
22	23,0		1,1	22,3	1,5	22	1,6
24	25,0		1,1	24,3	1,5	24	1,6
25	–		–	–	–	25	1,6
27	28,0		1,1	27,4	1,5	–	–
28	–		–	–	–	28	1,6
30	31,0		1,1	30,4	1,5	30	1,6
32	–		–	–	–	32	1,6
35	–		–	–	–	35	1,6
40	–		–	–	–	40	1,6
45	–		–	–	–	45	1,6
50	–		–	–	–	50	1,6

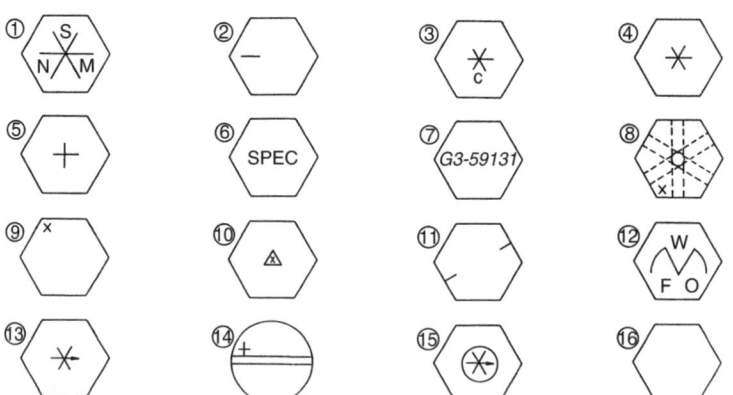

Bild 5.4.1 Auswahl verschiedener US-Schraubenkopfkennzeichen
1 bis 5 normalisierte Stahlschraubbolzen AN; 2 korrosionsbeständig; 6, 7 und 9 Spezialschraubbolzen; 8 Schraubbolzen mit durchbohrtem Kopf; 10 Präzisionsschraubbolzen NAS; 11 Schraubbolzen aus Al-Legierung; 12 magnetisch, auf Risse geprüfter Schraubbolzen; 13 orange gefärbt, antimagnetisch; 14 Schlitzschraubbolzen; 15 nachbearbeiteter Schraubbolzen; 16 Schraubbolzen mit geringer Werkstofffestigkeit

Für warmstauchbare Schraubenstähle gilt z.B.:

❑ Schraubenstahl S235, Zugfestigkeit 370 bis 450 N/mm², Streckgrenze 235 N/mm².

Hochfeste Schrauben und Bolzen bestehen aus niedrig legierten Vergütungsstählen mit Zugfestigkeiten bis zu 1600 N/mm².
  Alle genannten Werkstoffe sind nicht korrosionssicher und müssen durch Brünieren, Kadmieren, Versilbern o.Ä. oberflächengeschützt werden. Spezialwerkstoffe wie hoch legierte Stähle, Titanlegierungen oder auch Leichtmetalle werden für Verbindungselemente in wärmebeanspruchten oder unmagnetischen Bereichen eingesetzt.
  Um Flugzeughaltern eine weitgehende Sicherheit hinsichtlich der vorliegenden Werkstoffe zu bieten, wird der Werkstoff als «Kopfkennzeichen» angegeben *(Bild 5.4.1)*.

5.4.3 Beanspruchungen und Festigkeiten

Für den Flugzeugbau zugelassene Gewindeteile wie Schrauben und Bolzen müssen außer der Werkstoffangabe auch das Herstellerkurzzeichen aufweisen. Nach DIN EN 20 898 sind außerdem auch bestimmte Festigkeitsangaben vorgeschrieben. Auf dem Kopf stehen beispielsweise Zahlen wie 8.8 oder 10.9. Sie geben die Zugfestigkeit und die Streckgrenze in daN/mm² an. Die Zahl links vom Punkt ist mit der Zahl rechts vom Punkt zu multiplizieren, um die Streckgrenze zu erfahren: $8 \times 8 = 64$ daN/mm². Tabelle 5.16 zeigt als Auszug aus DIN EN 20 898 die verschiedenen Festigkeitsklassen von Stahlschrauben und Bolzen.

Tabelle 5.16   Festigkeitsklassen nach DIN EN 20 898

Kennzeichen	5.6	5.8	6.6	6.8	6.9	8.8	10.9	12.9	14.9
Mindest-Zugfestigkeit in N/mm²	500		600			800	1000	1200	1400
Mindest-Streckgrenze in N/mm²	300	400	360	480	540	640	900	1080	1260

Schrauben und Bolzen werden innerhalb der tragenden Struktur so weit angezogen, dass die erzielbaren Festigkeiten auch tatsächlich ausgenutzt werden. Die Beanspruchbarkeit soll bis dicht unterhalb der Streckgrenze «hochgeschraubt» werden. Für ein solches Ausnutzen der Werkstoffeigenschaften ist das Beachten der Anzugsdrehmomente (Torque-Werte) von besonderer Wichtigkeit. Dehnbolzen z.B. haben die Aufgabe, im elastischen Bereich unter federnde Vorspannung gesetzt zu werden, die möglichst größer ist als die auf die Schraubverbindung einwirkende Betriebslast. Beim «Überdrehen» wird die Streckgrenze erreicht und das Verbindungselement unbrauchbar.

5.4.4 Gewindeausführungen

Für Befestigungsgewinde kommen im Flugzeugbau ausschließlich so genannte **Spitzgewinde** zur Anwendung. Im amerikanisch beeinflussten europäischen Flugzeugbau (z.B. im Triebwerksbereich) sind im Wesentlichen drei Gewindesysteme im Einsatz:

- metrische Gewindesysteme nach DIN oder ISO-Norm,
- britische Gewinde nach BA und Whitworth-System,
- US-amerikanische Gewinde nach UNC und UNF.

Die metrischen Gewinde besitzen einen Flankenwinkel von 60°, die Steigung wird von Gang zu Gang gemessen und in mm angegeben. Bei einem Gewindedurchmesser von 12 mm kann die Steigung z.B. 1,5 mm betragen, es heißt dann **M 12 × 1,5**.

Maßliche Abweichungen zwischen DIN- und ISO-Gewinden sind *Bild 5.4.2* zu entnehmen. Das ISO-Profil gilt als *Regelprofil* nach DIN 13. *Tabelle 5.17* zeigt metrische ISO-Gewindeabmessungen, *Tabelle 5.18* die empfohlenen Toleranzfelder für ISO-Gewinde.

DIN   ISO

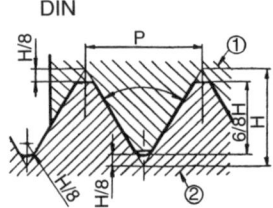   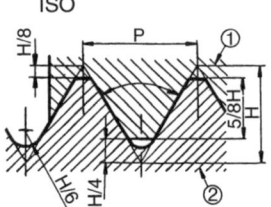

Bild 5.4.2   Gewindeprofile nach DIN und ISO
1 Mutter; 2 Bolzen; P Steigung; H Höhe

Die britischen Gewinde werden nach British Association (BA) genormt, sofern sie nicht dem US-Standard entsprechen. Im Rolls-Royce-Triebwerksbau sind vor allem folgende Gewinde im Einsatz:

- BSW   British Standard Whitworth (coarse) und
- BSF   British Standard Fine.

Tabelle 5.17   Metrische ISO-Gewindeabmessungen

Gewinde-NennØ in mm	Steigung in mm	FlankenØ in mm	KernØ in mm		Gewindetiefe in mm		Spannungs-querschnitt in mm²
3	0,50	2,675	2,387	2,459	0,307	0,271	5,03
3,5	0,60	3,110	2,764	2,850	0,368	0,325	6,78
4	0,70	3,545	3,141	3,242	0,429	0,379	8,73
5	0,80	4,480	4,019	4,134	0,491	0,433	14,20
6	1,00	5,350	4,773	4,917	0,613	0,541	20,10
8	1,25	7,188	6,466	6,647	0,767	0,677	36,60
10	1,50	9,026	8,160	8,376	0,920	0,812	58,00
12	1,75	10,863	9,853	10,106	1,074	0,947	84,30
14	2,00	12,701	11,546	11,835	1,227	1,083	115,00
16	2,00	14,701	13,546	13,835	1,227	1,083	157,00
18	2,50	16,376	14,933	15,294	1,534	1,353	192,00
20	2,50	18,376	16,933	17,294	1,534	1,353	245,00

Tabelle 5.18   Empfohlene Toleranzfelder für ISO-Gewinde

Toleranzklasse		blank oder phosphatiert[3]	blank, phosphatiert oder für dünne galvanische Schutzschicht[2]	blank (mit großem Spiel) oder für dicke galvanische Schutzschicht[2]
fein	Mutter	4 H[4] 4 H 5 H[5] oder 5 H	4 H[4] oder 5 H[3]	4 G *> oder 5 G
	Bolzen	4 h	4 g	4 e
mittel	Mutter		für Gewinde 1 bis 1,4 mm Durchmesser: 5 H[3]	für Gewinde 1 bis 1,4 mm Durchmesser: 5 G oder 5 H[3]
			für Gewinde über 1,4 mm Durchmesser: 6 H[3]	für Gewinde über 1,4 mm Durchmesser: 6 G oder 6 H[6)3]
	Bolzen		für Gewinde 1 bis 1,4 mm Durchmesser: 6 h[3]	6 e
			für Gewinde über 1,4 mm Durchmesser: 6 g	
grob	Mutter		7 H [3]	7 G
	Bolzen		8 g	8 c

[1] Gewinde mit Oberflächenschutz (einschließlich Phosphatieren) dürfen das Nullprofil erreichen, jedoch nicht überschreiten.

[2] Beim Kleinstmaß des Muttergewindes und beim Größtmaß des Bolzengewindes für den Flankendurchmesser ist die mögliche Schichtdicke gleich $1/4$ des zugehörigen Grundabmaßes.

[3] Nach der h- und H-Toleranzlage gefertigte Gewinde lassen einen Oberflächenschutz (einschließlich Phosphatieren) nur zu, wenn das Toleranzfeld nicht bis zur Nulllinie ausgenutzt wird.

[4] Nur für Sonderfälle und für Gewinde mit Steigungen bis 0,35 mm.

[5] Bisher wurden nur die Toleranzfelder 4 H / 5 H angewendet. Die ISO/R 965/I sieht das Toleranzfeld 5 H vor (siehe auch Erläuterungen).

[6] 6 H überwiegend für Gewinde unter 3 mm Durchmesser.

Bild 5.4.3
Whitworth-Gewindeprofil
1 Mutter
2 Bolzen
$H = 0{,}96049\ P;\ H_1 = 0{,}64033\ P$
$R = 0{,}13733\ P$

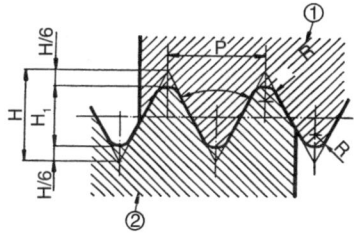

Bild 5.4.4
UST-Gewindeprofil
1 Mutter
2 Bolzen
3 wahlweise abgeflacht oder gerundet
$H = 0{,}8660\ P;\ R_1 = 0{,}1062\ P;\ R_2 = 0{,}1443\ P$

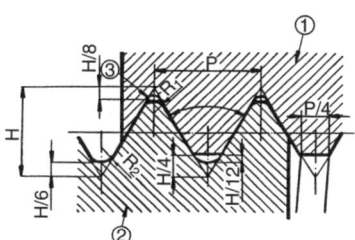

Tabelle 5.19 UST-Einheitsgewinde

UNC-Gewinde	d in mm	UNF-Gewinde
1/4 – 20	6,35	1/4 – 28
5/16 – 18	7,93	5/16 – 24
3/8 – 16	9,52	3/8 – 24
7/16 – 14	11,11	7/16 – 20
1/2 – 13	12,70	1/2 – 20
9/16 – 12	14,28	9/16 – 18
5/8 – 11	15,87	5/8 – 18
3/4 – 10	19,05	3/4 – 16
7/8 – 9	22,22	7/8 – 14

1. Wert = Ø,
2. Wert = Steigung (Gänge pro Zoll)]

Die Gewinde besitzen einen Flankenwinkel von 55°, die Steigung wird durch die Anzahl der Gänge pro Zoll Gewindelänge ausgedrückt. *Bild 5.4.3* zeigt die konstruktiven Abmessungen des Whitworth-Gewindes, d.h. das so genannte **Profil**.

Die US-amerikanischen Gewinde werden nach einer **Standard Classification** in Gruppen bzw. Series eingeteilt, und zwar wie folgt:

❑ COARSE   = Standardgewinde grob,
❑ FINE   = Standardgewinde fein,
❑ EXTRA FINE = enges Feingewinde.

Die Bezeichnung **Unified Screw Threads** bzw. UST *(Tabelle 5.19)* heißt vereinheitlichte Schraubengewinde; diese unterteilen sich weiter in die im Flugzeugbau überwiegend angewendeten Gewindesysteme

❑ UNC = Unified National Coarse und
❑ UNF = Unified National Fine.

Die Gewinde *(Bild 5.4.4)* besitzen einen Flankenwinkel von 60°, sind also nicht kombinierbar mit den britischen Systemen. Die Steigung wird, wie im britischen System, nach der Anzahl der Gewindegänge je Zoll Gewindelänge bemessen. Die *Bilder 5.4.5* sowie *5.4.6* zeigen Kennzeichnung und Toleranzfelder amerikanischer Gewindesysteme.

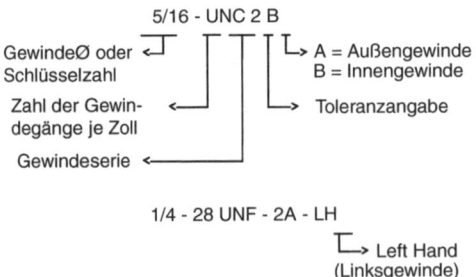

Bild 5.4.5
Kennzeichnung und Entschlüsselung amerikanischer Gewindesysteme

Bild 5.4.6
UST-Toleranzfelder (Classes)

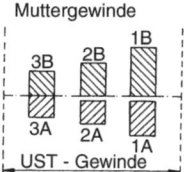

5.4.5 Schrauben und Bolzen im amerikanischen Flugzeugbau

Auch im amerikanischen Flugzeugbau sind Schrauben und Bolzen mit Sechskantkopf (*Hex Head* von Hexagonal Head) am verbreitetsten (wie im deutsch-europäischen Flugzeugbau). Vorstehende Köpfe heißen Protuding Heads, Senkköpfe werden als Flush Heads bezeichnet. Ausführungen mit 12-Kant-Kopf sind für große Schließkräfte vorgesehen. Je nach Hersteller und Ausführungsart ist die in den Bolzenkopf eingelassene Vertiefung zur Aufnahme des Drehwerkzeuges unterschiedlich gestaltet *(Bild 5.4.7)*.

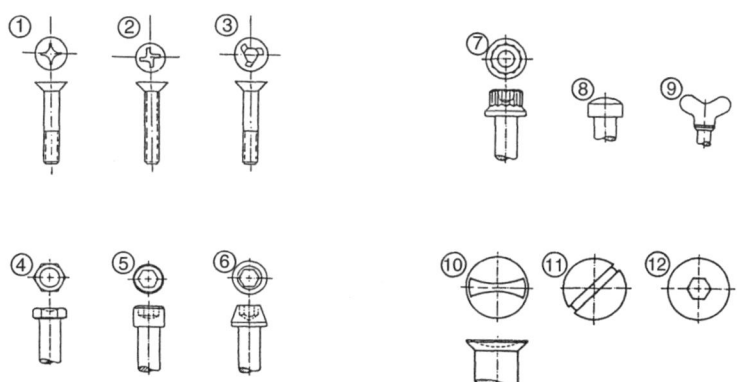

Bild 5.4.7 Kopfformen amerikanischer Schrauben und Bolzen
1 Phillips; 2 Torq Set; 3 Tri Wing; 4 Hexagon; 5 Internal Wrenck; 6 Conical Capsocket; 7 Twelvepoint; 8 Filisterhead; 9 Winghead; 10 Hi Torque; 11 Slotted Recess; 12 Hexagonal Recess

Die auf dem Kopf versenkt oder erhaben eingeprägten Kopfkennzeichen sind nicht identisch mit den DIN-Angaben. Neben dem Herstellerkennzeichen werden die Identifizierungskürzel, wie im Folgenden dargestellt, angegeben. Zunächst wird das Normungssystem vermerkt:

- ❏ NAS = **N**ational **A**ircraft **S**tandard,
- ❏ BAC = **B**oeing **A**ircraft,
- ❏ MS = **M**ilitary **S**tandard,
- ❏ AN = **A**irforce **N**avy.

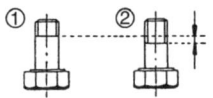 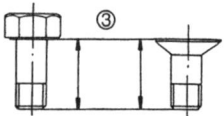

Bild 5.4.8 1 Bolzen mit kurzem Gewinde (NF); 2 Bolzen mit langem Gewinde (NE); 3 Vergleich der Klemmlängen

Auf die Angabe des Normungssystems folgt die Codierung des Verbindungselementes. Sie ist zweckmäßigerweise den **Fastener Codes** zu entnehmen, die entweder als eigenständige Broschüren oder auch als Bestandteil der Reparaturhandbücher vom jeweiligen Flugzeughersteller herausgegeben werden.

Üblicherweise werden Angaben zum Nenndurchmesser (Standard), zum ersten und zweiten Übermaß (Oversize), zur Gewindelänge sowie zur Klemmlänge gemacht *(Bild 5.4.8)*.

Die in *Bild 5.4.9* sowie in den *Tabellen 5.20* und *5.21* aufgeführten Aufschlüsselungsbeispiele vermitteln einen Einblick in die umfangreiche Problematik der amerikanischen Fastener-Codes.

Tabelle 5.20   Bolzenübersicht

Standard	1. Übermaß (1/64")	2. Übermaß (1/32")	Phillips Recess	Tri Wing Recess
BACB30LU+-*	BACB30LU+-*X	BACB30LU+-*Y	Senkkopfschraube 100° Phillips Recess legierter Stahl	
NAS4603U-* bis NAS4616U-*	NAS4603U-*X bis NAS4616U-*X	NAS4603U-*Y bis NAS4616U-*Y	Senkkopfschraube 100° Tri Wing Recess Titanlegierung	
Standard	1. Übermaß (1/64")	2. Überma/? (1/32")		
BACB30NE+-*	BACB30NE+-*X	BACB30NE+-*Y	Sechskantschraube, langes Gewinde, legierter Stahl	
BACB30NF+-*	BACB30NF+-*X	BACB30NF+-*Y	Sechskantschraube, kurzes Gewinde, legierter Stahl	
NAS6403U-* bis NAS6420U-*	NAS6403U-*X bis NAS6420U-*X	NAS6403U-*Y bis NAS6420U-*Y	Sechskantschraube, kurzes Gewinde, Titanlegierung	

NennØ (+) und Klemmlängen (*) sind in 1/16" einzusetzen

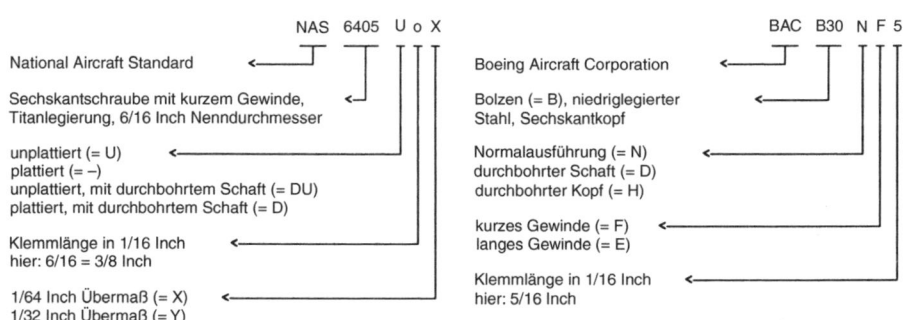

Bild 5.4.9 Entschlüsselung für Kopfkennzeichen von Bolzen nach NAS (links) und nach BAC (rechts)

Tabelle 5.21 Einbautoleranzen für amerikanische Luftfahrtbolzen

Identification of Threads	NominalØ of Screws and Bores in mm	Categories of Adjustment (Symbols)	Drilling Tolerances on NominalØ	Resultg. Clearances in microns with screws		
				Precision	Quality 11	Complt. threaded
8 – 32	UNE3A	4.166			0 – 95	
10 – 32	UNF3A	4.826			16 – 46	26 – 120
1/4 – 28	UNF3A	6.350			21 – 55	26 – 124
4/16 – 24	UNF3A	7.938	In case of very large loads not permitting free fit	H8	21 – 55	26 – 124
3/8 – 24	UNE3A	9.525			21 – 55	26 – 124
7/16 – 20	UNE3A	11.112			21 – 55	26 – 154
1/2 – 20	UNE3A	12.700			24 – 63	26 – 154
9/16 – 18	UNE3A	14.288	T		24 – 63	26 – 154
5/8 – 18	UNE3A	15.875			26 – 68	
2 – 56	UNC2A	2.184				35 – 179
4 – 40	UNC2A	2.845				41 – 210
6 – 32	UNC2A	3.505				51 – 251
8 – 32	UNC3A	4.166	L		30 – 155	53 – 254
10 – 32	UNE3A	4.826			46 – 106	56 – 180	53 – 254
1/4 – 28	UNE3A	6.350		D10	61 – 131	66 – 200	65 – 288
5/16 – 24	UNE3A	7.938			61 – 131	66 – 200	68 – 309
3/8 – 24	UNE3A	9.525	Free fit for moderately or slightly stressed assemblies not allowing large clearances		61 – 131	66 – 200	68 – 309
7/16 – 20	UNE3A	11.112			71 – 153	76 – 247	
1/2 – 20	UNE3A	12.700			74 – 156	76 – 247	
9/16 – 18	UNE3A	14.280			74 – 156	76 – 247	
5/8 – 18	UNE3A	15.875			76 – 161		

✐ **Übung**

1. Welche *Unterschiede* bestehen zwischen Schrauben und Bolzen?
2. Was bedeutet die Angabe 6.9?
3. Nennen Sie drei *Unterschiede,* die zwischen ISO- und Whitworth-Gewinden bestehen.
4. Entschlüsseln Sie die Bezeichnungen *M 12 × 1,5; 3/8 – 16 UNC; NAS 6406 – 6Y.*
5. Wann verwendet man *12-Kant-Bolzenköpfe?*

6 Spanen mit Werkzeugmaschinen und Automation in der Fertigung

6.1 Spanen mit Werkzeugmaschinen

Durch die Entwicklung und den Einsatz von Werkzeugmaschinen sind die Wirtschaftlichkeit und die Genauigkeit in der Fertigung erheblich gesteigert worden.

Die spanenden Verfahren wurden durch das Deutsche Institut für Normung nach DIN 8589 wie in *Bild 6.1.1* gezeigt unterteilt, wobei die erste grobe Gliederung nach der typischen Schneidenform des Schnittwerkzeuges wie folgt geschehen kann:

❑ Verfahren mit geometrisch bestimmten Schneiden des Werkzeuges und
❑ Verfahren mit geometrisch unbestimmten Schneiden des Werkzeuges.

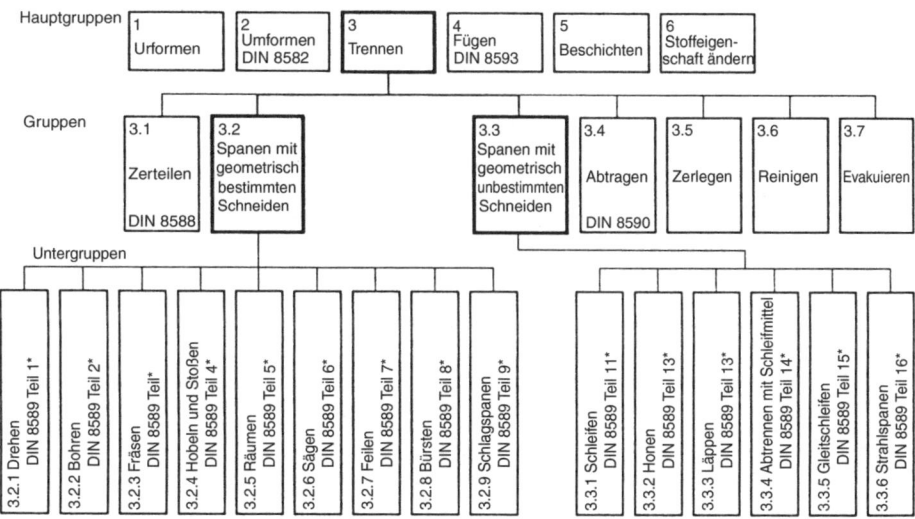

Bild 6.1.1 Untergliederung der spanenden Verfahren nach DIN 8589

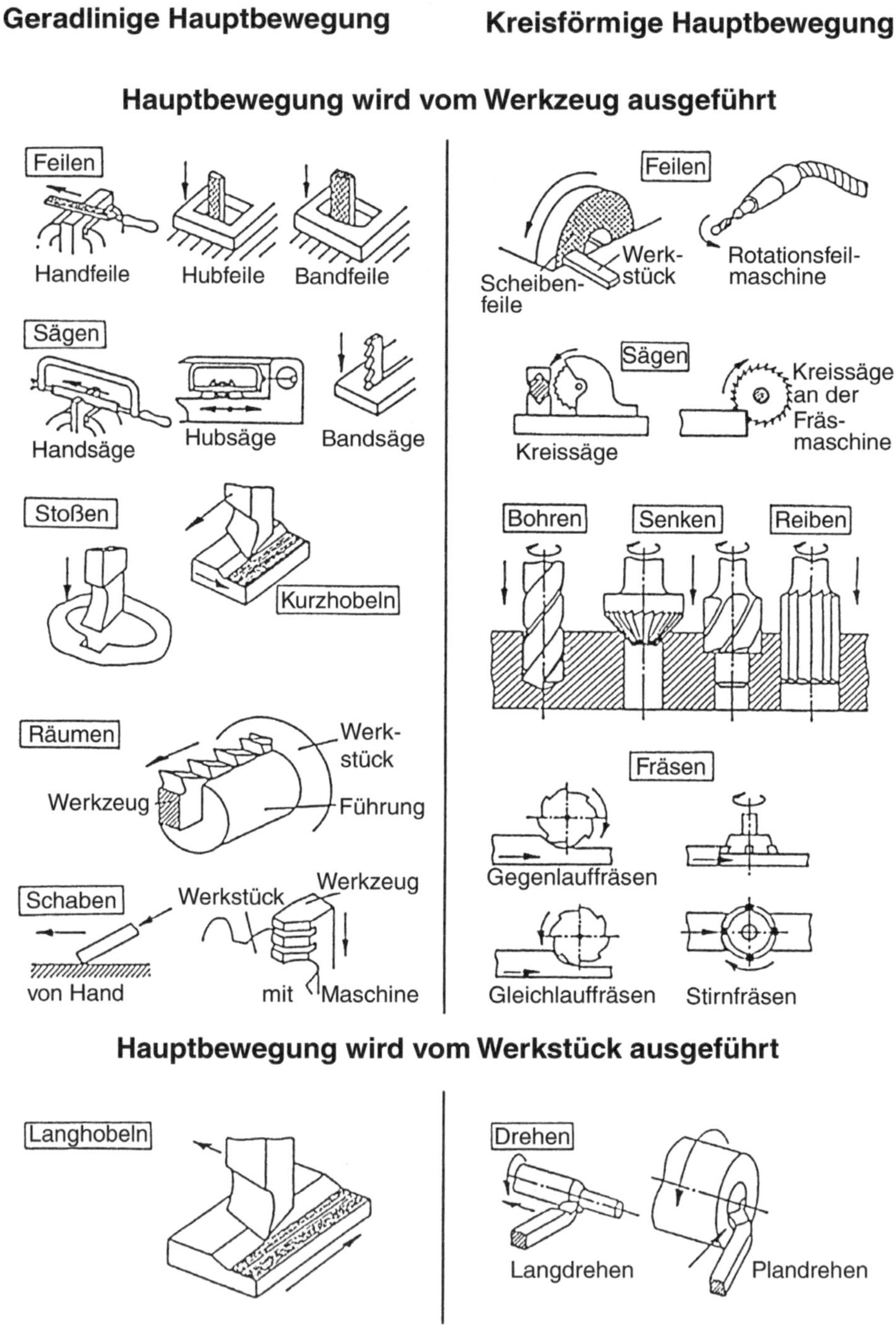

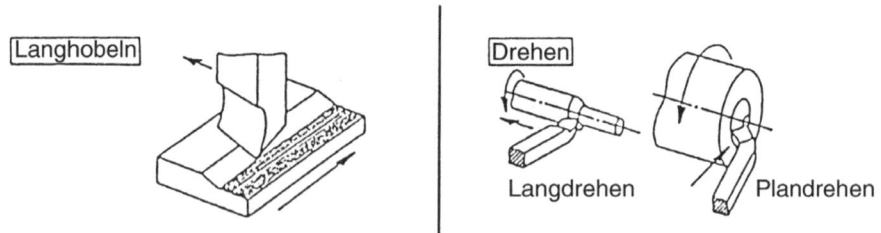

Bild 6.1.2a Spanen mit geometrisch bestimmter Schneide

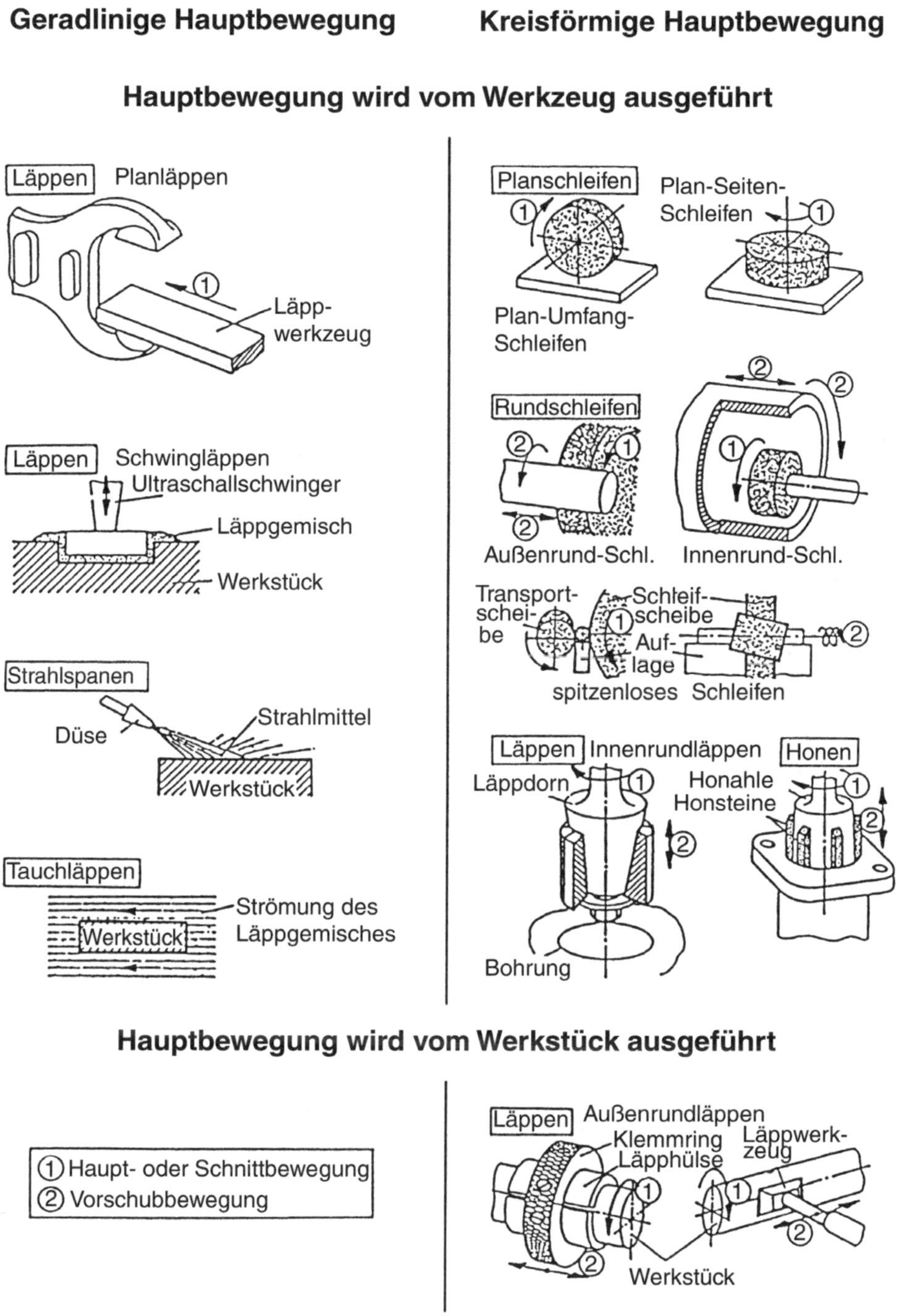

Geradlinige Hauptbewegung   **Kreisförmige Hauptbewegung**

Hauptbewegung wird vom Werkzeug ausgeführt

| Läppen | Planläppen
①
Läppwerkzeug

| Planschleifen | ①   Plan-Seiten-Schleifen ①

Plan-Umfang-Schleifen

| Läppen | Schwingläppen
Ultraschallschwinger
Läppgemisch
Werkstück

| Rundschleifen | ② ①   ② ①
② ②
Außenrund-Schl.   Innenrund-Schl.

Transportscheibe — Schleifscheibe ①
Auflage
spitzenloses Schleifen

| Strahlspanen |
Düse   Strahlmittel
Werkstück

| Läppen | Innenrundläppen | Honen |
Läppdorn   ①   Honahle ①
Honsteine ②
②

| Tauchläppen |
Strömung des
Werkstück   Läppgemisches

Bohrung

Hauptbewegung wird vom Werkstück ausgeführt

① Haupt- oder Schnittbewegung
② Vorschubbewegung

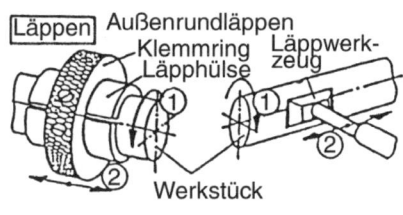

| Läppen | Außenrundläppen
Klemmring   Läppwerkzeug
Läpphülse
①   ①
②   ②
Werkstück

Bild 6.1.2b   Spanen mit geometrisch unbestimmter Schneide

Eine Einteilung der Verfahren ist außerdem nach der Haupt- oder Schnittbewegung des Werkzeuges bzw. des Werkstückes auf der Werkzeugmaschine möglich *(Bild 6.1.2)*:

❑ Verfahren mit geradliniger Hauptbewegung des Werkzeuges bzw. Werkstückes und
❑ Verfahren mit kreisförmiger Hauptbewegung des Werkzeuges bzw. Werkstückes.

Ein wirtschaftliches maschinelles Spanen wird durch folgende Einflussfaktoren bestimmt:

❑ *durch das Werkstück:* herzustellende Form, Werkstoff, geforderte Genauigkeit sowie Oberflächengüte;
❑ *durch die Maschine:* Art und Größe, Bewegungsvorgänge (Drehzahlen, Vorschübe) u.a.m.;
❑ *durch das Werkzeug:* besonders Schneidengeometrie und Schneidenwerkstoff;
❑ *durch den Menschen:* seine Kenntnisse, Fertigkeiten und Fähigkeiten.

Die spanende Formgebung erfordert ein optimales Zusammenwirken aller Faktoren, die wechselseitig das Ergebnis der Bearbeitung beeinflussen.

Die Entwicklung auf dem Gebiet der Schneidenwerkstoffe sowie dadurch bedingte Erkenntnisse der Gestaltung der Schneidengeometrie, aber auch die Weiterentwicklung der Mikroelektronik und Sensorik, haben wesentlichen Einfluss auf die konstruktive Gestaltung der Werkzeugmaschinen genommen. Einen Überblick der wichtigsten Spanungsverfahren gibt *Bild 6.1.2*, wobei das Zusammenwirken von Haupt- und Vorschubbewegung besonders herausgestellt wurde.

6.1.1 Die Werkzeugmaschine

Zur spanenden Formgebung werden Werkzeugmaschinen eingesetzt. Sie haben die Aufgabe, ein Werkzeug so auf das Werkstück einwirken zu lassen, dass durch Spanabnahme eine gewünschte Form und Oberfläche wiederholbar erzeugt wird. Zur Erfüllung dieser Aufgabe sind erforderlich:

❑ Baugruppen und Bauelemente, die die Werkzeugaufnahme und -führung gewährleisten,
❑ Antriebselemente und Übertragungselemente sowie
❑ Steuer- und Regelelemente, damit die Arbeitsbewegungen entsprechend dem Arbeitsauftrag angepasst werden können.

Die Übersicht in *Bild 6.1.3* gliedert die Werkzeugmaschine in feste und bewegliche Baugruppen, die vom Maschinengestell getragen werden.

An alle Bewegungen der Werkzeugmaschine werden Genauigkeitsanforderungen gestellt. Deshalb muss ein Maschinengestell so konstruiert sein, dass unter Einwirkung verschiedener Kräfte möglichst nur sehr geringe elastische Verformungen oder Schwingungen auftreten. Starrheit sowie Stabilität eines Maschinengestells werden beeinflusst durch:

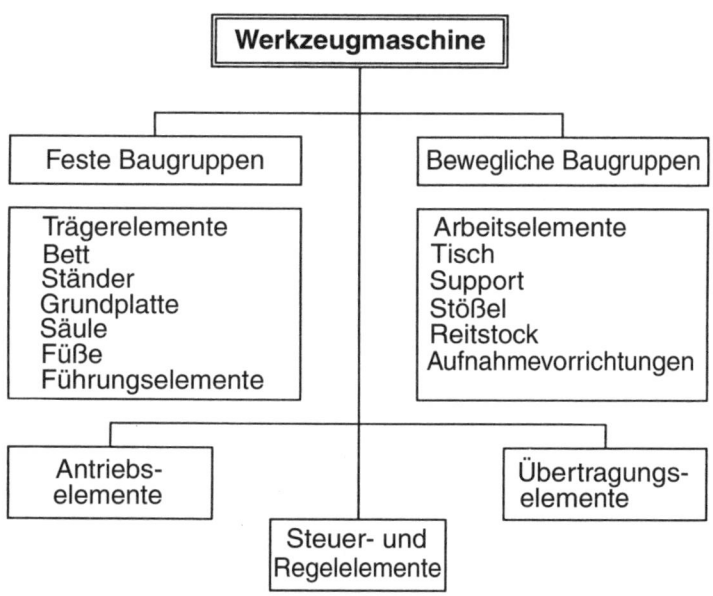

Bild 6.1.3   Baugruppen und Bauelemente einer Werkzeugmaschine

- Eigengewicht der Bauteile und Werkzeuge,
- Werkstückgewicht und Spannkräfte,
- Zerspanungskräfte,
- Wärmedehnung.

6.1.2 Antriebs- und Übertragungselemente

Bei Werkzeugmaschinen werden Schnittbewegungen über Hauptantrieb und Hauptgetriebe sowie Vorschubbewegungen entweder vom Hauptgetriebe über Nebengetriebe (herkömmliche Werkzeugmaschine) oder durch separate Nebenantriebe über Nebengetriebe (NC- oder CNC-Werkzeugmaschine) ausgeführt *(Bild 6.1.4)*.

Der Antrieb erfolgt durch einen oder mehrere Elektromotoren. Getriebe ändern Drehzahlen und Drehrichtungen. Riemen- und Reibradgetriebe arbeiten kraftschlüssig, Zahnradgetriebe hingegen formschlüssig.

6.1.3 Arbeitsbewegungen an Werkzeugmaschinen

Man unterscheidet die Bewegungen an Werkzeugmaschinen *(Bild 6.1.5)* danach, ob sie unmittelbar eine Spanabnahme bewirken oder nur indirekt am Entstehen von Spänen beteiligt sind.

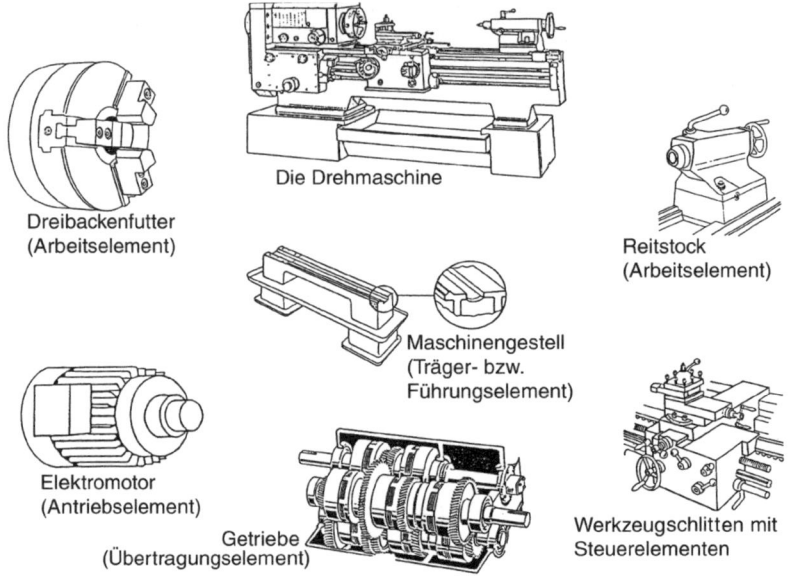

Bild 6.1.4 Beispiele des Zusammenwirkens von Drehmaschinen-Bauelementen

Haupt- oder Schnittbewegungen
Die Haupt- oder Schnittbewegung (geradlinig oder kreisförmig) bewirkt, dass bei einer Umdrehung oder einem Hub das Werkzeug am Werkstück einen Span abnimmt.

Vorschubbewegung
Die Vorschubbewegung bewirkt die mehrmalige oder laufende Spanabnahme. Sie kann schrittweise (z.B. beim Hobeln) oder stetig (z.B. beim Drehen) erfolgen.

Nicht direkt an der Spanbildung beteiligt sind folgende Bewegungen:

- Zustellbewegung: Sie bestimmt die Dicke der abzunehmenden Schicht vor der Spanabnahme;
- Nachstellbewegung: Sie gleicht Werkzeugverschleiß aus;
- Spannbewegung: Sie soll für Werkstück und Werkzeug so zeitökonomisch gestaltet werden, dass die Wirtschaftlichkeit der Produktion gewährleistet bleibt;
- Werkzeugwechselbewegung: An sie werden, um optimale Zerspanungs- und Umformbedingungen sowie kurze Haupt- und Nebenzeiten zu erhalten, wie bei anderen Arbeitsbewegungen auch, folgende Forderungen gestellt:
  - möglichst großer Stellbereich der Bewegungsgeschwindigkeit,
  - möglichst kurze Ein- und Ausschaltzeiten mit Bremsmöglichkeiten,
  - möglichst einfache Einstellbarkeit,
  - große Gleichmäßigkeit der Bewegungen auch bei wechselnden Belastungen,
  - möglichst hoher Wirkungsgrad,
  - Möglichkeit der Richtungsumkehr.

Arbeitsbewegung → Werkzeugmaschine	(1) Haupt- oder Schnittbewegung	(2) Vorschubbewegung	(3) Zustellbewegung	(4) Spannbewegung	(5) Werkzeugwechselbewegung
Drehmaschine 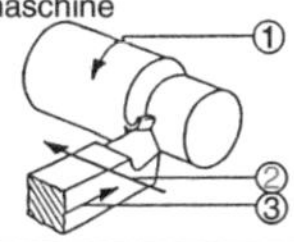	Arbeitsspindel mit Werkstück	Support, Werkzeugschlitten	Support	Werkzeughalter, Futter, Spannzange	manuell, mechanisiert, automatisiert
Fräsmaschine 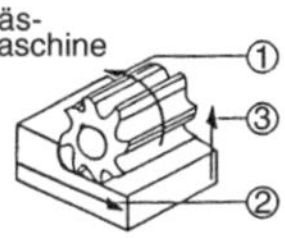	Frässpindel mit Werkzeug	Frästisch, Frässpindel	Frästisch	Werkstück, Werkzeug	manuell, automatisch
Bohrmaschine 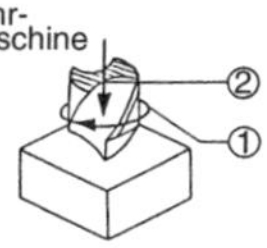	Bohrspindel mit Werkzeug	Bohrspindel	Bohrspindel	Werkzeug, Werkstück	manuell
Stoßmaschine 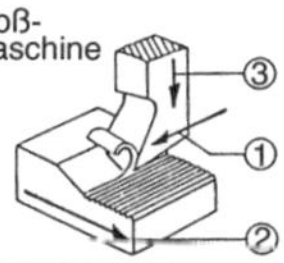	Werkzeugschlitten mit Werkzeug	Maschinentisch	Werkzeughalter	Werkzeug, Werkstück	manuell
Hobelmaschine 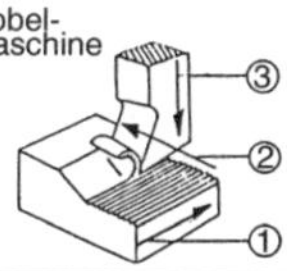	Maschinentisch mit Werkstück	Werkzeugschlitten	Werkzeughalter	Werkzeug, Werkstück	manuell, automatisch
Schleifmaschine 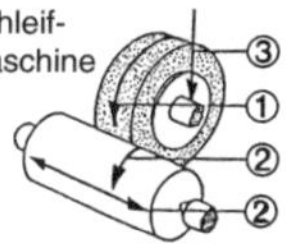	Schleifspindel mit Werkstück	Werkstück oder Schleifspindel	Werkstück oder Schleifspindel	Werkstück	manuell

Bild 6.1.5 Bewegungen an Werkzeugmaschinen

6.1.4 Trennen durch Spanen mit geometrisch bestimmten Schneiden

Die Stelle innerhalb einer Werkzeugmaschine, an der die produktionstechnischen Vorgänge ablaufen, wird als **Wirkstelle** bezeichnet. Dort wirkt das Arbeitsorgan unmittelbar auf den Stoff im Produktionsprozess ein. Beide bilden dabei das **Wirkpaar**. In einer Werkzeugmaschine sind durchaus mehrere Wirkstellen mit mehreren Wirkpaaren möglich. *Bild 6.1.6* zeigt Beispiele des Zerspanungsvorgangs beim Sägen, Hobeln und Drehen.

Die beim Zerspanungsvorgang auftretende Reibungs-, Trenn- und Verformungswärme konzentriert sich an der Werkzeugschneide; man spricht vom **Wärmezentrum**. Aus dem Wärmezentrum wird die Wärme zu ca. 10% in das Werkstück, zu ca. 10%

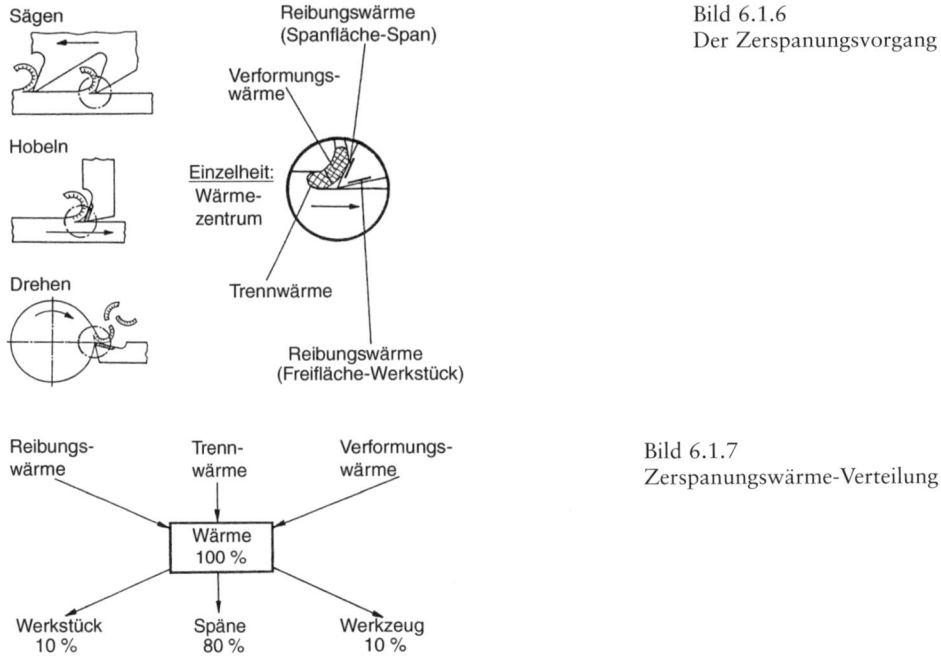

Bild 6.1.6
Der Zerspanungsvorgang

Bild 6.1.7
Zerspanungswärme-Verteilung

in das Werkzeug und zu ca. 80% in die Späne abgeleitet *(Bild 6.1.7)*. Von der Wärmewirkung wird am stärksten die Werkzeugschneide beansprucht, die meist eine doppelt so hohe Temperatur aufweist als die Späne.

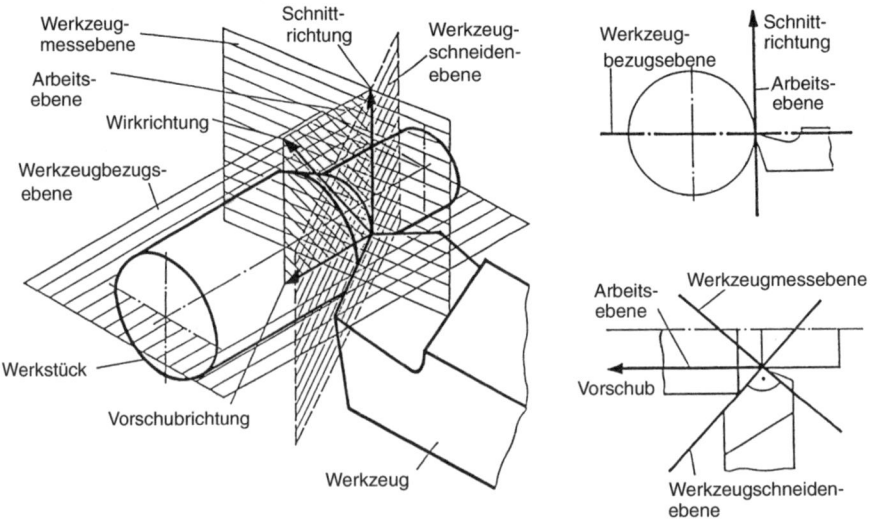

Bild 6.1.8   Werkzeugbezugssystem

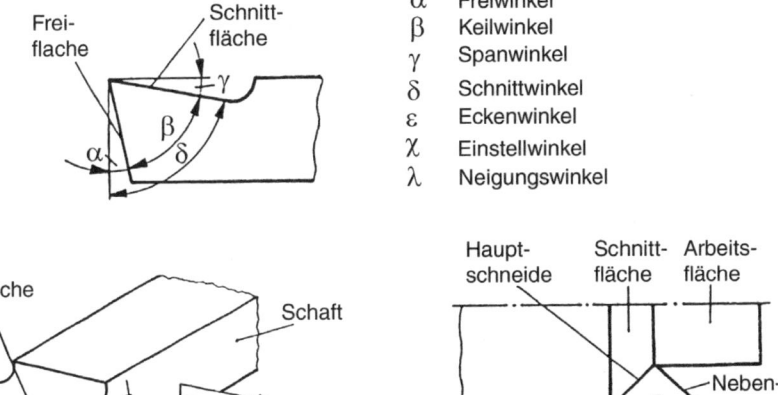

Bild 6.1.9 Schneiden, Winkel und Flächen am Schneidkeil

6.1.5 Schneidengeometrie

Unter Schneidengeometrie versteht man die Winkel an der Werkzeugschneide in ihren Wechselwirkungen untereinander und zum Werkzeugbezugssystem *(Bild 6.1.8)*. Gleichfalls stehen die Winkel in Wechselbeziehung zu den Zerspanungswerten, die wiederum abhängig von Werkstück und Werkzeug sind.

Der **Freiwinkel** α, der **Keilwinkel** β und der **Spanwinkel** γ ergeben zusammen stets 90°. Die Summe von Freiwinkel und Keilwinkel ergibt die Größe des **Schnittwinkels** δ. Ist der Schnittwinkel kleiner 90°, so spricht man von der spanabhebenden Wirkung des Keils *(Bild 6.1.9)*, ist er größer als 90° – der Spanwinkel ist dann negativ –, so spricht man von der schabenden Wirkung des Keils.

Zur Bestimmung der Winkel – also der Schneidengeometrie – wird das Werkzeugbezugssystem zu Hilfe genommen, das aus der Werkzeugbezugsebene, der Werkzeugschneidenebene und der Werkzeugmeßebene besteht.

❏ Werkzeugbezugsebene:
  Ebene am Werkzeug, die senkrecht zur Schnittrichtung liegt;
❏ Werkzeugschneidenebene:
  die Schneide enthaltende Ebene senkrecht zur Werkzeugbezugsebene;
❏ Werkzeugmeßebene:
  Ebene senkrecht zu den beiden anderen Ebenen.

6.1.6 Winkelbenennung

- Freiwinkel:
Winkel zwischen Freifläche und der Werkzeugschneidenebene, gemessen in der Werkzeugmessebene. Er verhindert die Reibung zwischen der Freifläche und der Schnittfläche und steht in Wechselbeziehung zum Keilwinkel;
- Keilwinkel:
Winkel zwischen Freifläche und Spanfläche, gemessen in der Werkzeugmessebene. Er ist von der Härte und Festigkeit des Werkstückwerkstoffes abhängig und steht in Wechselwirkung zum Frei- und Spanwinkel. Er wird auch durch die Art des Schneidenwerkstoffes beeinflusst;
- Spanwinkel:
Winkel zwischen Spanfläche und der Werkzeugbezugsebene, gemessen in der Werkzeugmessebene. Er beeinflusst die Spanabnahme und steht in Wechselbeziehung zum Keilwinkel;
- Neigungswinkel:
Winkel zwischen Schneide und Werkzeugbezugsebene, gemessen in der Werkzeugschneidenebene;
- Eckenwinkel:
Winkel zwischen Haupt- sowie Nebenschneide, gemessen in der Werkzeugbezugsebene;
- Einstellwinkel:
Winkel zwischen einer Schneide (meist Hauptschneide) und der Arbeitsebene, gemessen in der Werkzeugbezugsebene.

Die genannten Winkel kommen an jedem Werkzeug vor. Andere Winkel, die einem bestimmten Werkzeug zugeordnet sind, werden dort genannt.

6.1.7 Spanbildung

Die Spanbildung ist unter anderem abhängig von

- den Eigenschaften des Werkstückwerkstoffes (Bildung von mehr oder weniger abgescherten Spanelementen),
- Neigung und Form der Spanfläche (Spanwinkel),
- Einstellgrößen an der Werkzeugmaschine (Vorschub, Schnittgeschwindigkeit).

Während spröde, harte Werkstoffe zur Reißspanbildung neigen, zeigen zähe Werkstoffe ein Verhalten zur Fließspanbildung. Für einen störungsfreien Fertigungsablauf sind bestimmte Spanarten und -formen anzustreben. Die Abhängigkeit der Spanbildung von der unterschiedlichen Wahl des Spanwinkels zeigt *Bild 6.1.10*. In *Bild 6.1.11* ist die Abhängigkeit der Schneidengeometrie vom einzusetzenden Werkstoff dargestellt.

Spanart	Kennzeichen	Spanbildung	Bemerkung
Reißspan 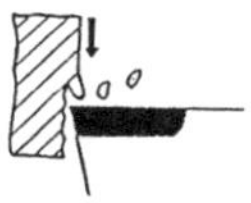	Unregelmäßig verlaufende Bruchlinie	Spanelemente reißen unregelmäßig ab, Werkstoff stark gestaucht, reißt vor der Schneide ab. Span gleitet nicht auf der Spanfläche.	Raue Oberfläche, mit zunehmender Schnittgeschwindigkeit bessere Oberfläche
Scherspan 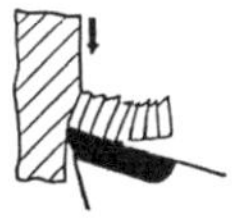	Störform des Fließspans, zusammenhängende Spanelemente, Fließen und Scheren in unregelmäßiger Reihenfolge	Gleichmäßiges Gleiten der Spanelemente gestört, Werkstoff in der Scherebene getrennt.	Oberfläche besser, Störungsursachen: Zu kleiner Spanwinkel, Unregelmäßigkeiten im Werkstoffgefüge, zu große Schnitttiefe, zu geringe Schnittgeschwindigkeit
Fließspan 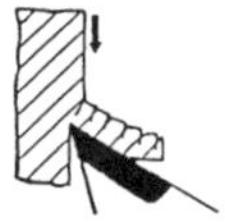	Spanelemente zusammenhängend (Locke), obere Spanseite gezackt, untere glatt	Spanelemente werden vom Schneidkeil gestaucht, Spanelemente gleiten in der Scherebene vor der Schneide.	Glatte, saubere Schnittfläche, große Schnittgeschwindigkeit, großer Spanwinkel, kleine Schnittkraft

Bild 6.1.10   Übersicht der Spanarten

Bild 6.1.11   Winkel am Schneidkeil bei unterschiedlichen Werkstoffen

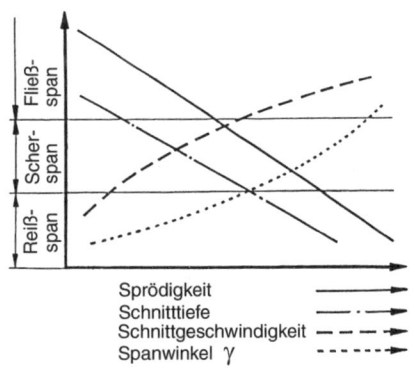

Bild 6.1.12
Einflussgrößen der Spanbildung

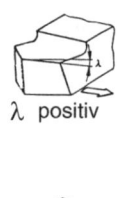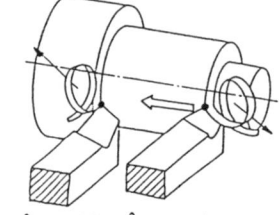

Bild 6.1.13
Neigungswinkel und Spanabfluss

λ positiv

λ negativ

λ positiv   λ negativ
• erster Berührungspunkt
→ Spanabfluss

Ist die Schneidengeometrie vorgegeben, so kann durch die Veränderung folgender Größen die Spanbildung bedingt beeinflusst werden *(Bild 6.1.12)*:

- *Schnittgeschwindigkeit:* Erhöhung wirkt in Richtung Fließspanbildung,
- *Vorschub:* Erhöhung wirkt in Richtung Reißspanbildung,
- *Zustellung (Schnitttiefe):* Erhöhung wirkt in Richtung Reißspanbildung.

Positive oder negative Neigung der Schneide erzeugt einen unterschiedlich gerichteten Spanabfluss von der Wirkstelle *(Bild 6.1.13)*.

Ein negativer Neigungswinkel ist vorteilhaft beim Anschnitt. Dabei verlagert sich der erste Berührungspunkt der Werkzeugschneide mit dem Werkstück von der Spitze des Werkzeuges weg zum stabileren Werkzeugschaft hin.

6.1.8 Beitrag der Zerspanungstechnologie zur Bearbeitung moderner Werkstoffe im Flugzeugbau

Wegen steigender Anforderungen an Wirtschaftlichkeit, Lebensdauer, Leichtbau, Komfort und Sicherheit von Produkten kommen zunehmend höherfeste Werkstoffe, metall- und kunststoffbasierte Verbundwerkstoffe sowie Verschleißschutzschichten zum Einsatz. Diese zeichnen sich durch sehr hohe, sehr niedrige oder stark variierende Härte und Zähigkeit sowie entsprechend unterschiedliche Zerspanbarkeit aus.

Angesichts steigender Variantenvielfalt von Produkten und Bauteilen gewinnt die Zerspanungstechnologie aus Gründen der Flexibilität und Wirtschaftlichkeit an Bedeutung, wobei jedoch die sichere Prozessbeherrschung unabdingbare Voraussetzung ist.

Die Gestaltung von Zerspanprozessen erfordert daher ein vertieftes Verständnis sowohl der werkstoffspezifischen Spanbildungs- und Verschleißvorgänge als auch eingehende Kenntnisse der neuen Werkstoffe, u.a. GLARE®, CFK (siehe Kapitel 2). Mit Hilfe experimenteller Methoden zur Prozessanalyse, numerischer Simulations- und Visualisierungstechniken sowie der interdisziplinären Zusammenarbeit mit den Werkstoffwissenschaften gelingt beispielsweise die Entwicklung geeigneter Schneidstoffe und Werkzeuge, mit denen sich kritische elastische Umformungsvorgänge bei der Hochhart- und der Ultraweichbearbeitung sowie Randzonenschädigungen bei Verbundwerkstoffen vermeiden lassen.

Übung

1. Nennen Sie *drei Einflussfaktoren* für wirtschaftliches maschinelles Spanen.
2. Nennen Sie je zwei *feste* und *bewegliche* Bauteile einer Werkzeugmaschine.
3. Wodurch werden *Starrheit* und *Stabilität* einer Werkzeugmaschine beeinflusst? Nennen Sie drei Faktoren.
4. Nennen Sie je zwei Beispiele für *Antriebs- und Übertragungselemente* an einer Werkzeugmaschine.
5. Welche der Arbeitsbewegungen beeinflussen die Spanbildung *unmittelbar,* und welche Arbeitsbewegungen sind *nicht direkt* an der Spanbildung beteiligt?
6. Nennen Sie *fünf Winkel der Schneidengeometrie,* und geben Sie deren Bedeutung für die Spanbildung an.
7. Was versteht man unter der «*schabenden Wirkung*» eines Schneidenkeils?
8. Geben Sie drei Ebenen des *Werkzeugbezugssystems* an.
9. Geben Sie die *drei Spanarten* an, und nennen Sie drei Möglichkeiten der *Beeinflussung* für den spanabhebenden Prozess.

6.2 Automation in der Fertigung

6.2.1 Das Koordinatensystem an Werkzeugmaschinen

Damit bei der Bearbeitung eines Werkstückes jeder Punkt am Werkstück und auch der Standort des Werkzeuges im «Bearbeitungsprogramm» genau bestimmt werden kann, beschreibt man ihn in einem rechtwinkligen Koordinatensystem *(Bilder 6.2.1 und 6.2.2).*

Die Bewegungsachsen numerisch gesteuerter Werkzeugmaschinen sind in der DIN 66 217 festgelegt. Man bedient sich hier der so genannten «**Rechte-Hand-Regel**», bei der die Z-Achse immer durch die Richtung der Arbeitsspindel festgelegt ist.

1. Der *Mittelfinger* zeigt die positive Z-Achse (parallel dazu: W, R).
2. Der *Zeigefinger* zeigt die positive Y-Achse (parallel dazu: V, Q).
3. Der *Daumen* zeigt die positive X-Achse (parallel dazu: U, P).

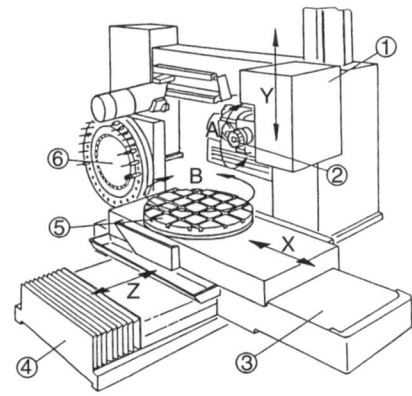

Bild 6.2.1
Bearbeitungszentrum für Großmaschinenteile über eine 5-Achsen-Steuerung mit den Bezugsrichtungen
1 Y-Schlitten
2 Teller- oder Kronenrevolver
3 X-Schlitten
4 Z-Schlitten
5 drehbarer Rundtisch
6 Werkzeugmagazin

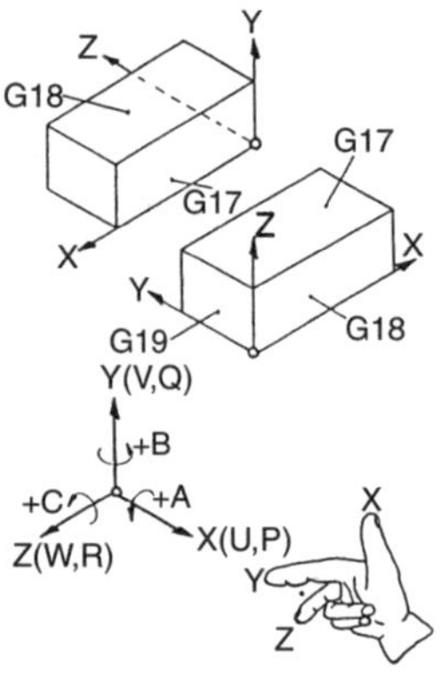

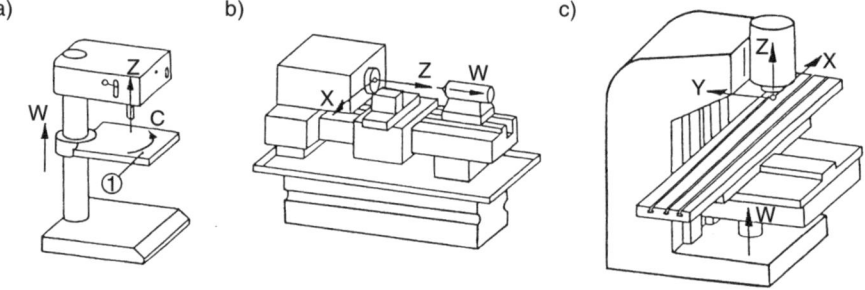

Bild 6.2.2
Koordinatensysteme

Bild 6.2.3 Achsbezeichnungen bei wichtigen Werkzeugmaschinen
a) Säulenbohrmaschine: eine gesteuerte Achse, C und W dienen lediglich zur Positionierung
   1 X-Y-Ebene
b) Drehmaschine: zwei gesteuerte Achsen, W dient nur zum Spannen
c) Senkrechtkonsolfräsmaschine: vier gesteuerte Achsen, W wird erforderlich beim Fräsen von Absätzen

Die durch die Achsen X und Y gebildete Ebene wird als G17, die durch die Achsen X und Z gebildete als G18 und die durch die Achsen Y und Z gebildete als G19 bezeichnet.

Drehungen um die Achsen X, Y und Z werden mit den Buchstaben A, B und C bezeichnet. Positiv sind diese, wenn in Achsrichtung gesehen die Drehungen im Uhrzeigersinn erfolgen. *Bild 6.2.3* zeigt die Achsbezeichnungen der wichtigsten Werkzeugmaschinen.

6.2.2 Steuerungsarten

Zur Erzeugung der Relativbewegungen von Werkzeugen und Werkstücken auf einer CNC-Werkzeugmaschine braucht man zuverlässige Vorschubantriebe. Für jede Achse ist ein gesonderter Antriebsmotor vorgesehen. Es finden hier Gleichstrom- oder Schrittmotoren Anwendung. Die Verfahrbewegungen können auf unterschiedliche Weise erfolgen. Man unterscheidet deshalb gemäß *Bild 6.2.4*:

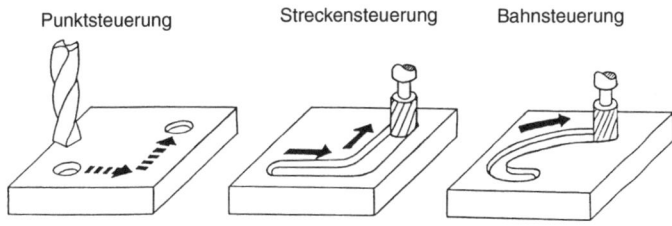

Bild 6.2.4 Verfahrbewegungen bei Punkt-, Strecken- und Bahnsteuerung

Punktsteuerung
Bei der Punktsteuerung erfolgt die Bearbeitung erst nach Erreichen des vorgegebenen Zielpunktes. Das Werkzeug ist während des Verfahrweges nicht im Eingriff. Anwendung: z.B. Punktschweißmaschinen, Bohrmaschinen, Nietmaschinen.

Streckensteuerung
Eine Streckensteuerung ist für Bearbeitungen parallel zu den Achsen vorgesehen. In Bild 6.2.4 beispielsweise arbeitet der Fräser parallel zur X- und Y-Achse. Anwendung: z.B. Fräsmaschinen und Drehmaschinen für einfache Werkstücke.

Bahnsteuerung
Zur Bewegung auf einer vorgegebenen Bahn sind aufwendigere Steuerungen notwendig. Es müssen verschiedene Achsen gleichzeitig und unabhängig voneinander gesteuert werden. Bei der Bearbeitung erfolgt die Bewegung gleichzeitig in mehreren Achsrichtungen. Dadurch kann eine beliebige Bahnkurve hergestellt werden. Eine Steuerung mit zwei gleichzeitig steuerbaren Achsen wird als 2D-Steuerung bezeichnet. Anwendung: z.B. Drehmaschinen für komplizierte Werkstücke (Kurven, Schrägen), Brennschneideanlagen.

6.2.3 Bezugspunkte im Arbeitsraum der Werkzeugmaschine

Es hat sich als zweckmäßig erwiesen, neben den Bezugspunkten des Koordinatensystems weitere Punkte im Arbeitsraum einer Werkzeugmaschine zu definieren. Die Übersicht

M	⊕	Maschinennullpunkt
W	⊕	Werkstücknullpunkt
P0	⊕	Programmnullpunkt
R	⊖	Maschinenreferenzpunkt
A	⊕	Anschlagpunkt
Ww	⊕	Werkzeugwechselpunkt
E	⊕	Werkzeugeinstellpunkt
N	⊕	Werkzeugaufnahmepunkt
P	○	Werkzeugschneidepunkt
F	⊕	Schlittenbezugspunkt
T	⊕	Werkzeugträgerbezugspunkt

Bild 6.2.5
Zur Vereinfachung der Maschinenbewegung und der NC-Programmierung gibt es außer den Nullpunkten noch verschiedene Bezugspunkte.

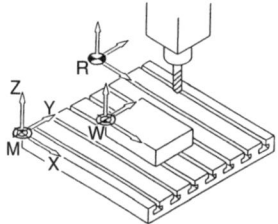

Bild 6.2.6
Maschinennullpunkt (M), Werkstücknullpunkt (W) und Maschinenreferenzpunkt (R)

in *Bild 6.2.5* zeigt mögliche Bezugspunkte im Arbeitsraum einer Werkzeugmaschine. Am Beispiel der Bohrmaschine in *Bild 6.2.6* sind einige Bezugspunkte erkennbar:

❑ *Maschinennullpunkt (M)*
  Er wird beim Zusammenbau der Maschine festgelegt und ist durch die Lage der Messsysteme fixiert. Er kann nicht verändert werden.
❑ *Werkstücknullpunkt (W)*
  Er ist vom Programmierer frei wählbar, und er wurde im Bild in die linke untere Ecke gelegt.
❑ *Referenzpunkt (R)*
  Vom Referenzpunkt aus misst das Wegmesssystem die zurückgelegten Wege.

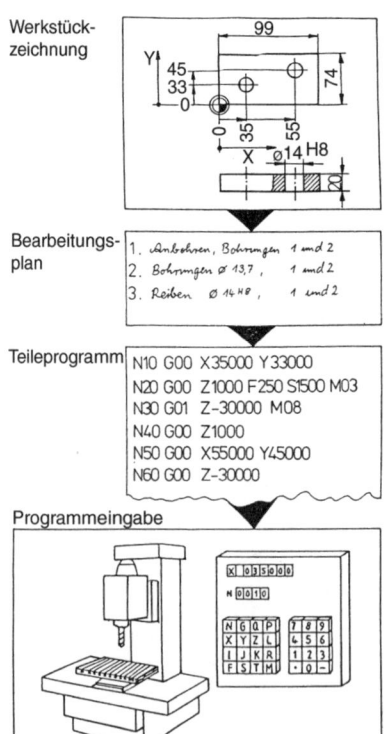

Bild 6.2.7
NC-Werkzeugmaschinen-Programmierung.
Von der Zeichnung über das Programm zum Werkstück

6.2.4 Programmierung von NC-Werkzeugmaschinen

Die Programmierung einer NC-Werkzeugmaschine für die Bearbeitung eines Werkstückes ist nach DIN 66 025 festgelegt. Die meisten Steuerungen benutzen als Befehlssprache weitgehend die Symbole nach DIN 66 025.

Eine gewisse Reihenfolge für die Erstellung eines Programms hat sich als sinnvoll erwiesen.

Die Werkstückzeichnung gibt Auskunft über sämtliche Werkstückmaße und Werkstoffe. Sie bildet die Grundlage für das zu erstellende Bearbeitungsprogramm.

Unter Berücksichtigung der vorhandenen Werkzeuge, der Schnittgeschwindigkeiten, der Abmessungen des Werkstückes usw. wird in einzelnen Teilschritten die Bearbeitung des Werkstückes festgelegt.

Das Teileprogramm setzt sich in mehreren Sätzen aus einer normierten Kombination von Zahlen und Buchstaben zusammen. Ein Satz besteht jeweils aus mehreren Wörtern. Ein Wort wird aus einem Adressbuchstaben und einer Ziffer zusammengestellt.

Das so gewonnene Teileprogramm wird zum Beispiel durch Handeingabe über eine Tastatur in die Steuerung eingegeben *(Bild 6.2.7)*. Daneben gibt es auch Eingaben über Lochstreifen, Magnetbänder oder Abruf von einem zentralen Speicher.

> **✍ Übung**
>
> 1. Nennen Sie die *parallel zu den Achsen X, Y und Z wirksamen* Koordinaten im Koordinatensystem einer Werkzeugmaschine.
> 2. Nennen Sie die Bezeichnung der *Drehungen um die X-, Y- und Z-Achse* im Koordinatensystem einer Werkzeugmaschine.
> 3. Nennen Sie drei *Ebenen,* die durch die *X-, Y-* und Z-Achse im Koordinatensystem einer Werkzeugmaschine gebildet werden.
> 4. Beschreiben Sie den *Unterschied* zwischen einer Punktsteuerung und einer Streckensteuerung.
> 5. Erklären Sie die *Bedeutung* des Maschinen- und des Werkzeugnullpunktes.
> 6. Nennen Sie die *Schritte der Programmierung* einer NC-Werkzeugmaschine.
> 7. Geben Sie die *unterschiedlichen Eingabemöglichkeiten* für NC-Maschinen an.

6.2.5 Steuern und Regeln

Grundsätzlicher Aufbau der verschiedenen Systeme
Bei der Betrachtung des Aufbaus einer Steuerung oder Regelung muss grundsätzlich zwischen einem Energieteil und einem Informationsverarbeitungsteil unterschieden werden. Im ersteren wird der Energiefluss, im zweiten der Signalfluss verarbeitet *(Bild 6.2.8)*.

Energieteil
Der Energieteil besteht aus einer Energiequelle, die die unterschiedlichen Energieformen bereitstellt; ein Energieumformer, der die unterschiedlich vorliegenden Energieformen in die gewünschte Energie umformt. Die Energieübertragungselemente

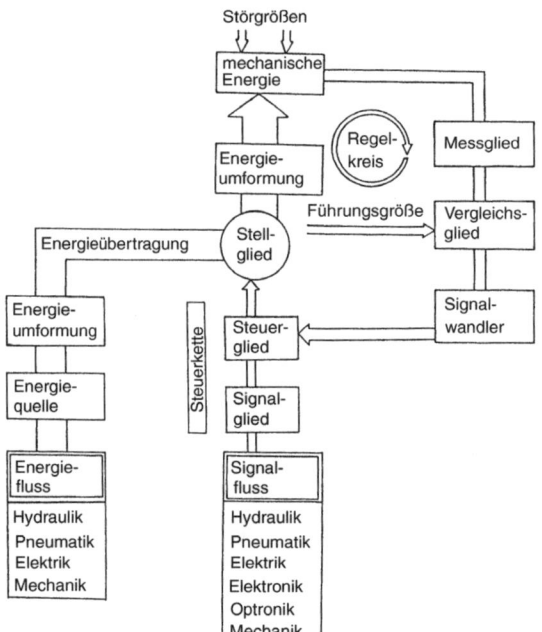

Bild 6.2.8
Schematische Darstellung der Verknüpfung von Arbeitsteil und Informationsverarbeitungsteil eines Steuerungs- bzw. Regelungssystems

führen den Energieträger einem weiteren Energieumformer zu, dem eigentlichen Arbeitsglied. Dort wird dann die gewandelte Energie zur Bewältigung der jeweiligen Aufgabe bereitgestellt.

Informationsverarbeitungsteil
Zur Steuerung des Antriebes wird unmittelbar vor das Antriebsglied ein **Stellglied** in den Energiefluss eingebaut. Das Stellglied wiederum wird durch ein Ausgangssignal des Signalgliedes betätigt.

Die Verarbeitung und Verknüpfung der von Signalgliedern abgegebenen Informationen erfolgt durch Steuerglieder. Bei umfangreichen Steuerungen ist der informationsverarbeitende Teil (Signalglieder und Steuerglieder) meist vom Arbeitsteil (Stellglied und Antriebsglied) getrennt. Beim Steuern erfolgt aufgrund eines Eingangssignals durch das Signalglied eine einmalige Änderung des Stellgliedes, das eine bestimmte Ausgangsgröße beeinflusst. Wird nun dieses Ergebnis durch Störeinflüsse verfälscht, so kann keine Korrektur mehr erfolgen.

Wird die offene Steuerkette dadurch geschlossen, dass die Veränderung, die das Stellglied hervorruft, an das Signalglied zurückgemeldet wird, so handelt es sich um einen Regelkreis. Durch Regeln soll ein bestimmter Istzustand (Regelgröße) einem gewünschten Sollzustand (Führungsgröße) angepasst werden. Hierzu braucht man Mess- und Vergleichsglieder, die den Einfluss von Störgrößen und die Regelabweichung erfassen. Danach wird ein neues Signal über einen Signalwandler in den Informationsfluss gegeben.

❑ *Kennzeichen der Steuerung*:
   keine Rückmeldung – offener Wirkungskreislauf – Steuerkette
❑ *Kennzeichen einer Regelung*:
   Rückmeldung – geschlossener Wirkungsablauf – Regelkreis

Regelkreis bei einer NC-Werkzeugmaschinensteuerung
Die in Bild 6.2.7 gezeigte Programmerstellung und Programmeingabe enthält in den einzelnen Sätzen Geometriedaten (Verfahrwege, z.B. X 35000) und technologische Daten (Vorschub, F 200, oder die Spindeldrehzahl, S 1000).
   Um das Werkzeug bzw. das Werkstück zu bewegen, gibt die Steuerung elektrische Signale über eine Verstärkereinheit an die Vorschubmotoren der NC-Werkzeugmaschine aus. Jeder Maschinenschlitten besitzt ein Wegemesssystem, das die Lage des Schlittens oder den zurückgelegten Weg an den Soll-Istwert-Vergleicher der Steuerung zurückmeldet. Unterscheidet sich der Soll- vom Istwert, wird diese Regelabweichung in eine Stellgröße umgewandelt und an die Vorschubeinheit ausgegeben. Beträgt die Regelabweichung null, ist die Sollposition erreicht, und der Vorschubmotor schaltet ab *(Bild 6.2.9)*.

Bild 6.2.9
Schematische Darstellung des Regelkreises an einer NC-Werkzeugmaschinensteuerung

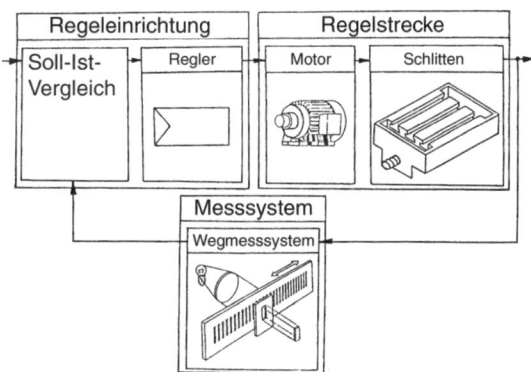

Diesem Lageregelkreis ist ein Geschwindigkeitsregelkreis unterlagert, der seine Istdrehzahlen von Tachogeneratoren erhält, die in die Vorschubmotoren und die Spindelantriebe eingebaut sind.

✍ Übung

1. Nennen Sie drei zum *Energieteil* einer Steuerung gehörende Bauteile.
2. Nennen Sie drei zum Informationsverarbeitungsteil einer *Steuerung* gehörende Bauteile.
3. Nennen Sie drei zum Informationsverarbeitungsteil einer *Regelung* gehörende Bauteile.
4. Welche sind die *Kennzeichen einer Steuerung*?
5. Nennen Sie die *Kennzeichen einer Regelung*.
6. Welche sind die wichtigsten Bauteile der *Regelung an einer NC-Werkzeugmaschine*?

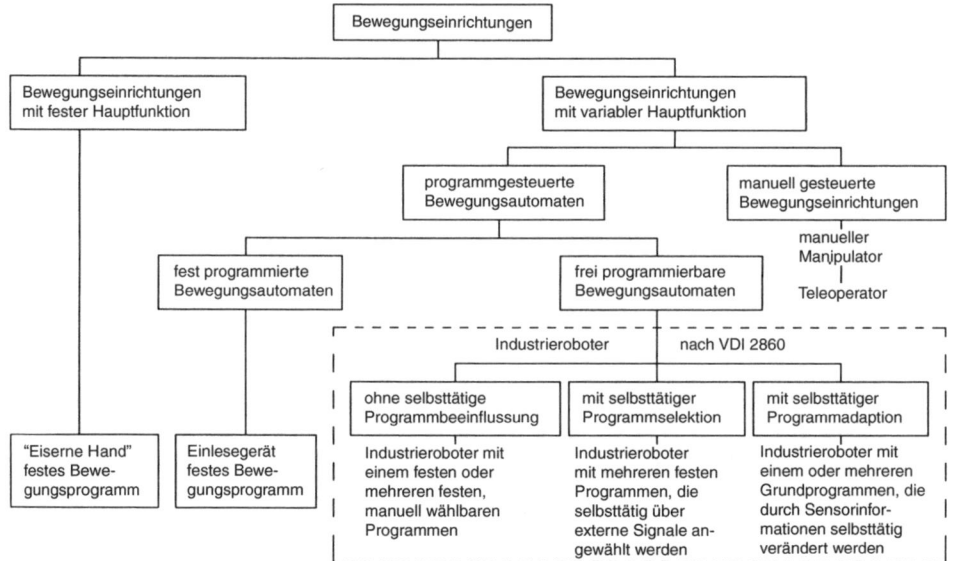

Bild 6.2.10   Übersicht über die verschiedenen Bewegungseinrichtungen

6.2.6   Bewegungseinrichtungen, Bewegungsautomaten, Industrieroboter

Mit der Bezeichnung **Bewegungsautomat** ist die Hauptfunktion des Industrieroboters stärker herausgestellt und eine gewisse Abgrenzung gegenüber der NC-Werkzeugmaschine hergestellt, deren Hauptaufgabe nicht das Bewegen, sondern das formgebende Bearbeiten ist.

Die Übersicht in *Bild 6.2.10* zeigt die Einteilung der Bewegungsautomaten. Sie sind universell einsetzbar, mit mehreren Achsen ausgestattet, hinsichtlich Bewegungsfolge und Wegen bzw. Winkeln frei programmierbar und gegebenenfalls sensorgeführt. Sie sind mit Greifern, Werkzeugen oder anderen Fertigungsmitteln ausrüstbar und können Handhabungs- oder andere Fertigungsaufgaben ausführen.

Definitionen an Bewegungseinrichtungen
Koordinatensysteme
Nach der VDI-Richtlinie 2860 versteht man unter dem Handhaben einer Bewegungseinrichtung das Schaffen, definierte Verändern oder vorübergehende Aufrechterhalten einer vorgegebenen räumlichen Anordnung von geometrisch bestimmten Körpern in einem Bezugskoordinatensystem. Das Handhaben stellt neben dem Fördern und Lagern einen elementaren Bereich des Materialflusses im Produktionsprozess dar.

Freiheitsgrade
Ein Körper verfügt in einem Bezugskoordinatensystem über sechs Freiheitsgrade. Unter Freiheitsgrad versteht man die Anzahl der möglichen unabhängigen Bewegungen

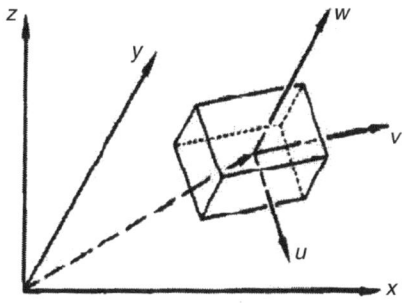 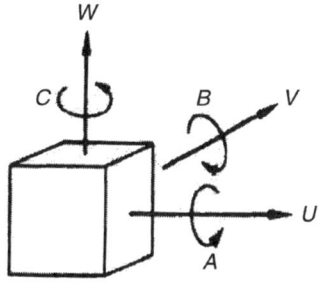

Bild 6.2.11   Koordinatensysteme; Freiheitsgrade eines Körpers im Raum
x, y, z Bezugskoordinatensystem der Bewegungseinrichtung (Industrieroboter)
u, v, w Körperkoordinatensystem
U, V, W translatorische Freiheitsgrade
A, B, C rotatorische Freiheitsgrade

(Translation, Verschiebungen und Rotation, Drehungen) eines starren Körpers (u, v, w) gegenüber einem Bezugssystem (x, y, z). Maximal sind 6 Freiheitsgrade möglich (3 Drehungen oder Rotationen A, B, C, 3 Verschiebungen oder Translationen U, V, W):

Jede Bewegungseinrichtung und jeder Bewegungsautomat (Industrieroboter), unabhängig vom Einsatzfall, muss eine eindeutige Grundstellung im Bezugskoordinatensystem x, y, z haben (Bild 6.2.11). Die Grundstellung ist dadurch gekennzeichnet, dass alle ortsfesten und ortsbeweglichen Achsen des Gerätes parallel bzw. symmetrisch zum Bezugskoordinatensystem ausgerichtet sind.

Haupt- und Nebenachse
Achsen sind geführte, unabhängig voneinander angetriebene Glieder einer kinematischen Kette. Entsprechend der Bewegung unterscheidet man rotatorische (Dreh-) und translatorische (Linear-) Achsen (Bild 6.2.12). Bei Bewegungsautomaten dienen sie zur

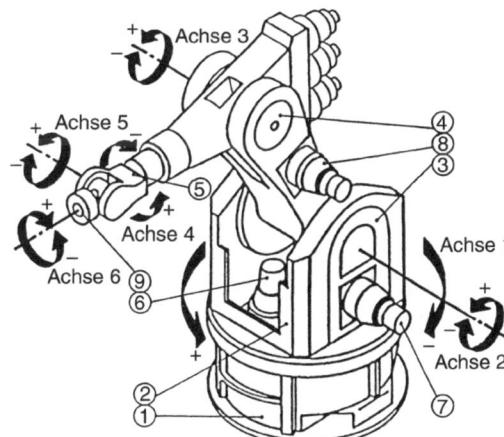

Bild 6.2.12
Achsen eines Roboters zur Einstellung
der Position und zur Orientierung
1 Gestell
2 Karussell
3 Schulter
4 Ellenbogen
5 Handgelenk
6 Spindelantrieb Achse 1
7 Spindelantrieb Achse 2
8 Spindelantrieb Achse 3
9 Wechselflansch für Greifer bzw. Werkzeuge

Robotertyp	Beschreibung	Arbeitsraum
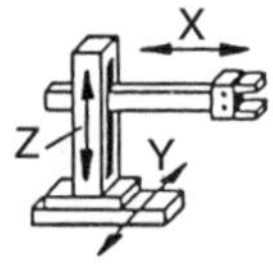 (TTT-Skizze)	TTT-Kinematik 3 Translationen	quaderförmig 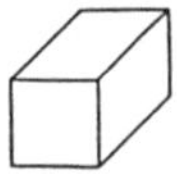
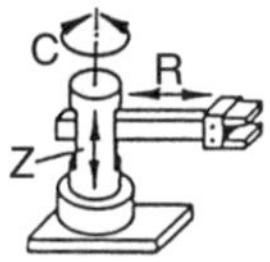 (RTT-Skizze)	RTT-Kinematik 1 Rotation 2 Translationen	zylinderförmig 
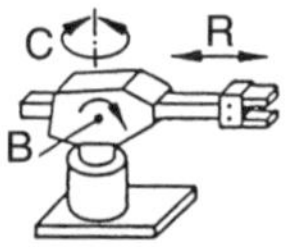 (RRT-Skizze)	RRT-Kinematik 2 Rotationen 1 Translation	sphärisch 
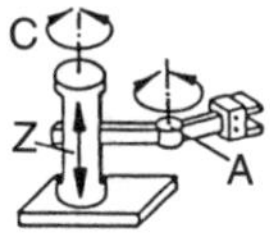 (TRR-Skizze)	TRR-Kinematik 1 Translation 2 Rotationen	zylinderförmig 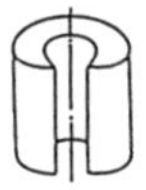
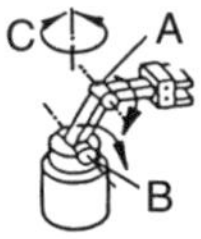 (RRR-Skizze)	RRR-Kinematik 3 Rotationen	torusähnlich 

Bild 6.2.13   Grundformen der Kinematik von Industrierobotern

Erzeugung definierter Bewegungen zum Positionieren von Körpern (Werkstücken). Hauptachsen tragen wesentlich zur Ausbildung des Arbeitsraumes eines Bewegungsautomaten bei. Nebenachsen ermöglichen Positionierungskorrekturen an handzuhabenden Werkstücken.

Arbeitsraum
Der Arbeitsraum einer Bewegungseinrichtung (Industrieroboter) wird aus der Gesamtheit der Arbeitsbereiche aller Achsen gebildet *(Bild 6.2.13)*. Entsprechend der Unterscheidung nach Haupt- und Nebenachsen unterteilt man den Arbeitsraum in Haupt- und Nebenarbeitsraum. Als Bezugssystem dienen die Schnittstellen zwischen den Haupt- und Nebenachsen sowie dem Werkzeug.

Arbeitsbereich
Der Arbeitsbereich gibt für die Achsen eines Bewegungsautomaten an, um welchen Größtbetrag ein Geräteelement in der jeweiligen Achse uneingeschränkt verfahren kann.

6.2.7 Computerintegrierte Fertigung (CIM)

Computer werden inzwischen in fast allen Bereichen der Fertigungsindustrie eingesetzt. Die Vernetzung der Einzelsysteme ist Voraussetzung, um die für eine Produktion wesentlichen Vorgänge von der Verwaltung, Qualitätssicherung bis zur Lagerung und Auslieferung zusammenzuführen.

Die Verbindung dieser einzelnen Computer miteinander und ihre Integration in den gesamten Fertigungsprozess wird CIM (Computer Integrated Manufacturing) genannt *(Bild 6.2.14)*. Die Entwicklungsrichtung ist folgendermaßen zu kennzeichnen:

- CNC-Maschinen,
- Bearbeitungszentren,
- flexible Fertigungszellen,
- flexible Fertigungssysteme.

Die Automatisierung des Transports zwischen verschiedenen Bearbeitungsstätten durch flexible Fördersysteme führt zur **flexiblen Fertigungszelle**. Der Industrieroboter ist keine isolierte Einzelkomponente mehr, sondern nur noch im Gesamtsystem der rechnergeführten Fabrik zu sehen.

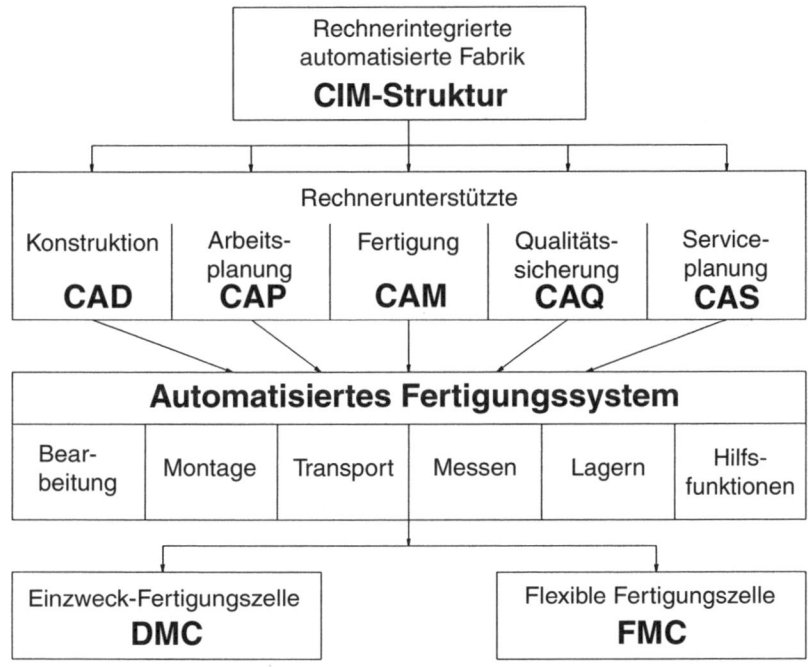

Bild 6.2.14 Struktur einer rechnergesteuerten automatisierten Fabrik

Flexible Fertigungssysteme sind aus Bearbeitungsmaschinen zusammengesetzte Fertigungssysteme mit automatischen Werkstück- und Werkzeugwechseleinrichtungen.

Bei diesen Systemen werden die einzelnen Stationen über einen zentralen Prozessrechner gesteuert. Mit Hilfe entsprechender Sensoren werden direkt physikalische Größen – wie Maße, Druck, Wärme, Strahlung, usw. – erfasst, umgewandelt, ausgewertet, gespeichert und/oder der Produktionprozess-Steuerung zugeführt.

An unterschiedlichen Fertigungsstandorten des europäischen Flugzeugherstellers Airbus ist der Automatisierungsgrad in der Komponenten-Fertigung unterschiedlich weit fortgeschritten. Beispiele für die genannten Automatisierungsgrade sind:

- automatisches Blecheinzelteil-Zerspanungszentrum (Varel),
- Stringer-Hautblech Laserstrahlschweißroboter (Nordenham),
- Ultraschall-Schneidautomat für Prepreg-Zuschnitt in der Seitenleitwerksproduktion (Stade),
- Tape-Legeautomat für die Seitenleitwerke (Stade),
- Flugzeugschalenautomat (Nordenham).

6.2.8 Automatisierung im Flugzeugbau am Beispiel der Montage des Airbus-Seitenleitwerkmittelkastens

Die Montage des Kohlefaser-Seitenleitwerkmittelkastens wird durch mehrere automatisierte Bearbeitungsprozesse realisiert. Dazu gehören die Montagezentren 1, 2, 3 und zwei Bohrzentren *(Bild 6.2.15)*.

Bezeichnung	Ort	Aufgabe	Hersteller	Robotertechnik
Montagezentrum 1	Vortakt	Bohren und Nieten der Rippenbefestigungen, Stringerenden («Angstniete»), Stringerkupplungen, Holmgurte und Rippenanschlusswinkel	Hydro-Control	2 Gelenkarm-Roboter 7-Achsen
Montagezentrum 2	Takt 2 (Single Aisle)	Bohren des Vorder- und Hinterholms, der Endrippen und des Schalenrandes	IBM	Portal-Roboter 5-Achsen
Montagezentrum 3	Takt 2 (Twin Aisle)	Bohren des Vorder- und Hinterholms und der Endrippen	IBM	Portal-Roboter 5-Achsen
Bohrzentrum 1	Takt 5 (Single Aisle)	Längskraftbeschlagsbohrungen und Längskraftbeschlagsbuchsen einbringen	Fooke	Bohrstand
Bohrzentrum 2	Takt 5 (Twin Aisle)	Längskraftbeschlagsbohrungen und Längskraftbeschlagsbuchsen einbringen	Fooke	Bohrstand

Bild 6.2.15   Automatisierung der Montage des CFK-Seitenleitwerksmittelkastens

Mit den Montagezentren 1 bis 3 werden die Bohrungen für den Zusammenbau des Seitenleitwerksmittelkastens gesetzt und die Seitenleitwerksschalen mit den Rippen und Holmen vernietet *(Bilder 6.2.16 und 6.2.17)*.

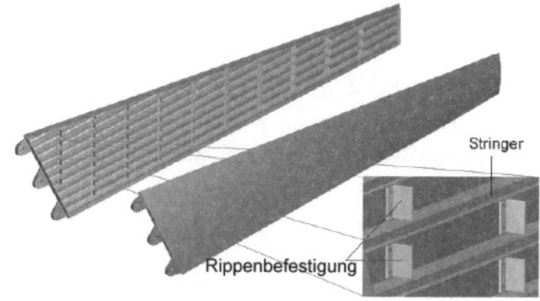

Bild 6.2.16
Rippenbefestigungen kleben und nieten

Dazu musste die gesamte Seitenleitwerkskonstruktion überarbeitet werden. Statt wie bisher in der Modulbauweise *(Bild 2.5.17)* werden die Seitenleitwerke der Single-Aisle- und Twin-Aisle-Airbusse in der Differentialbauweise hergestellt *(Bild 6.2.18)*.

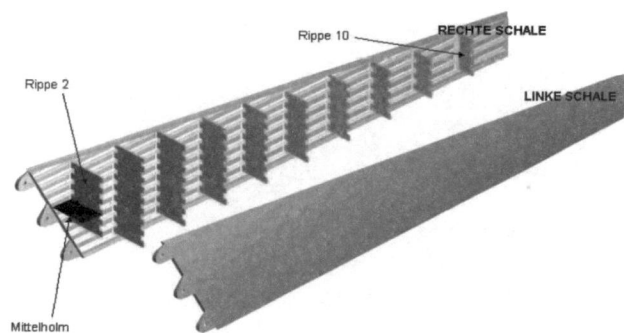

Bild 6.2.17
Rippen 2 bis 10 an linker und rechter Schale bohren und nieten

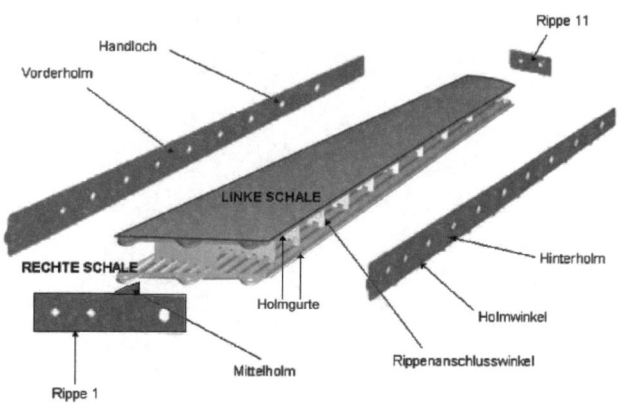

Bild 6.2.18
Holmgurte an Ober- und Unterschale nieten. Rippenanschlusswinkel vernieten. Rippen 1 und 11 sowie Vorder-, Mittel- und Hinterholm an den Holmgurten und Rippenanschlusswinkeln vernieten.

289

Das Montagezentrum 1 *(Bilder 6.2.19* und *6.2.20)* bringt im Vortakt die Bohrungen in die Rippenbefestigungen, Stringerenden («Angstniete»), Stringerkupplungen und Holmgurte ein, senkt die Bohrungen und setzt die Niete.

Die Bohrungen werden mit einem Laser positioniert. Während des Bohrprozesses ermitteln die Montagezentren die Klemmlängen über den unterschiedlichen Bohrkraftaufwand beim Ein- und Austritt des Bohrers.

Beim Verschleiß des Werkzeuges wechselt das Montagezentrum das Bohrwerkzeug automatisch. Es führt nach ca. 800 Bohrungen einen Wechsel des PKD-Bohrers (PKD = Polykristalliner Diamant) durch.

Das Montagezentrum verfügt über 20 Magazinplätze für Werkzeuge und Nieten. Es werden Lockbolts gesetzt, die sich in Dicke und Länge unterscheiden (siehe Bild 5.1.36).

Der Nietvorgang erfordert die Zusammenarbeit zweier Roboterköpfe *(Bild 6.2.19)*. Einer setzt den Lockbolt, der andere zieht den Niet auf der anderen Bauteilseite ab. Dabei wird der Schließring gequetscht und der Nietschaft abgeschert.

Bild 6.2.19
Montagezentrum 1 mit paarweise angeordneten Bohr- und Nietrobotern

Bauteilaufnahme	CFK-Seitenleitwerksschalen
	Single- und Twin-Aisle-Differentialbauweise
Robotertechnik	2 Gelenkarm-Roboter, 7-Achsen
Arbeitsbereich	1,5 m x 3,0 m
Abmaße	28,3 m x 9,3 m
Ermittlung der Bohrungsposition	Laser, Koordinaten
Bohrungen/min	~ 14/min
Niete/min	~ 12/min
Umdrehungen/min	500 – 7000 U/min
Vorschub	0 – 2500 mm/min
Leistung	30 KW

Bild 6.2.20   Kenndaten des Montagezentrums 1

✍ Übung

1. Beschreiben Sie den *Unterschied* zwischen einem Industrieroboter und einer NC-Werkzeugmaschine.
2. Wie viele und welche *Freiheitsgrade* besitzt ein Industrieroboter maximal?
3. Was versteht man unter der *Hauptachse* eines Industrieroboters?
4. Welcher Arbeitsraum entsteht für einen Industrieroboter, der mit einer *TTT-Kinematik* arbeitet?
5. Welcher Arbeitsraum entsteht für einen Industrieroboter, der mit einer *RTT-Kinematik* arbeitet?
6. Nennen Sie die sechs Bestandteile einer auf der *CIM-Struktur* basierenden Fabrik.

7 Konstruktiver Aufbau

Eine Flugzeugkonfiguration ist so auszulegen, dass das Flugzeug

❏ möglichst vielseitig verwendet werden kann und
❏ möglichst wirtschaftlich und damit konkurrenzfähig ist.

Neben der Sicherheit steht bei den Primär-Entwurfszielen die Wirtschaftlichkeit eines Flugzeuges an oberster Stelle, denn allgemein gilt: Die Leistungsfähigkeit eines Flugzeuges wird an seinen direkten Betriebskosten (vgl. Abschnitt 1.5) gemessen.

Als wichtige Nutzungskennwerte stehen die Reichweite und die Nutzlast in einem unmittelbaren Zusammenhang. Bei Verkehrsflugzeugen geht man im Allgemeinen davon aus, dass die Zulademöglichkeit bei etwa 35 bis 55 Prozent der Startmasse liegt. Bei Erhöhung der Reichweite muss die Zuladung bzw. die Nutzlast zugunsten des erhöhten Kraftstoffverbrauchs reduziert werden. Die Fluggeschwindigkeit wiederum bestimmt die Auswahl des entsprechenden Triebwerks. Da die Entwicklung eines Triebwerks zeitlich betrachtet umfangreicher ist als die Entwicklungszeit für eine Flugzeugzelle, muss für die Triebwerksentwicklung eine entsprechende Vorlaufzeit berücksichtigt werden. Triebwerke und Flugzeuge werden von verschiedenen Firmen hergestellt.

7.1 Konstruktionsgruppen

Ein Flugzeug wird übergreifend in drei Konstruktions-Hauptgruppen (vgl. auch DIN 9020) unterteilt, und zwar in

❏ die Struktur,
❏ die Triebwerksanlage und
❏ die Ausrüstung,

wobei diese insgesamt, wie *Bild 7.1.1* zeigt, nochmals in 12 Konstruktionsgruppen untergliedert werden. Die Struktur umfasst dabei Rumpfwerk, Tragwerk, Leitwerk, Steuerwerk und Fahrwerk. Die Triebwerksanlage untergliedert sich in Triebwerk, Triebwerkseinbau, Propelleranlagen und alle Funktionsanlagen. Die Ausrüstung wird

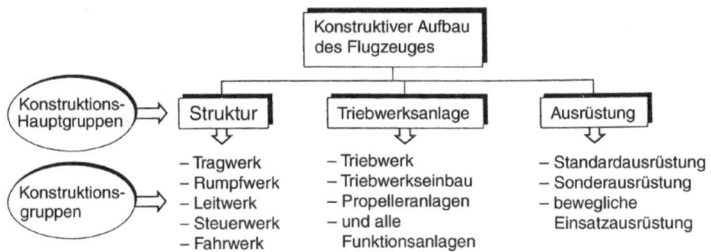

Bild 7.1.1 Ein Flugzeug unterteilt sich in drei Konstruktionshauptgruppen und zwölf Konstruktionsgruppen

in Standardausrüstung, Sonderausrüstung und in die bewegliche Einsatzausrüstung aufgeteilt. Im Folgenden werden die Konstruktionsgruppen einzeln beschrieben.

7.1.1 Rumpfwerk

Der Rumpf dient hauptsächlich

❑ zur Unterbringung von Nutzlast und Besatzung,
❑ zur Verbindung von Flügel und Leitwerk,
❑ je nach Bauweise zum Anschluss bzw. zur Unterbringung von Fahrwerk und Triebwerk,
❑ als Druckkabine für Passagiere.

Das günstigste Verhältnis von Rumpflänge zu Rumpfdurchmesser liegt bei Verkehrsflugzeugen aus Gründen der Aerodynamik und des Masseaufwandes zwischen 8 und 12. Um diese Werte einzuhalten, ist bei kleineren Flugzeugen kein Unterflurfrachtraum realisierbar. Immer wichtiger wird jedoch die Unterbringung von Luftfrachtcontainern.

Die konstruktive Auslegung des Rumpfes richtet sich nach den verschiedenen Anforderungen. Dabei muss der Rumpf aufgrund der geforderten Sicherheit eine genügende Festigkeit haben, um die Beanspruchungen durch die Luft- und Massenkräfte sowie die Starts und Landungen auszuhalten. Gleichzeitig muss der Rumpf aber auch groß genug sein, um die Nutzlasten, das Triebwerk und die Ausrüstung aufnehmen zu können. Außerdem muss die Rumpfgeometrie einen möglichst geringen Widerstand haben und damit außerordentlich gute aerodynamische Eigenschaften aufweisen. Diese Eigenschaft gewinnt mit zunehmender Fluggeschwindigkeit an Bedeutung.

Hinsichtlich der Belastungen wirken am Rumpf Kräfte, die sich aus den am Rumpf befestigten Teilen und den entsprechend eingeführten Kräften sowie der Zuladung und der im Innern des Flugzeuges angeordneten Aggregate zusammensetzen. Darüber hinaus wird der Rumpf durch Oberflächen-Luftkräfte und durch Drucksteigerung sowie -verringerung belastet, die bis zu 70 000 N/m² betragen können. Außerdem wirken noch durch den Kabinen-Differenzdruck Kräfte am Rumpf, die eine Belastung bis zu 60 000 N/m² erreichen.

Bei der konstruktiven Auslegung der Rumpfkonfiguration müssen deshalb ganz besondere Überlegungen und Anforderungen beachtet werden. Sie reichen von

❑ der Flugsicherheit bzw. der Festigkeit,
❑ der Lastaufnahme, Belastungsfälle bzw. Verwendungszweck,
❑ den Lufttüchtigkeitsanforderungen bzw. Bauvorschriften
❑ bis hin zur Aerodynamik bzw. dem Widerstandswert.

Die Rumpfquerschnittsform in der Flugzeugbau-Praxis-Anwendung ist in der Regel kreisrund, es gibt aber auch andere Formen *(Bild 7.1.2)*. Sie umfassen

2 Kreisrumpf
3 Ellipsenrumpf (z.B. A 380)
5 Doppelrumpf (z.B. B 747)

Die Rumpfstruktur des Airbus A 330/A 340 ist mit Ausnahme der ersten beiden Sektionen in einer Halbschalenbauweise (Semimonocoque-Konstruktion) gefertigt und besteht aus vier Hauptteilen:

❑ vorderer Rumpfteil,
❑ mittlerer Rumpfteil,
❑ hinterer Rumpfteil,
❑ Rumpfende.

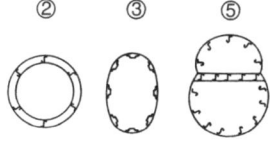

Bild 7.1.2
Beispiele für Rumpfquerschnittsformen

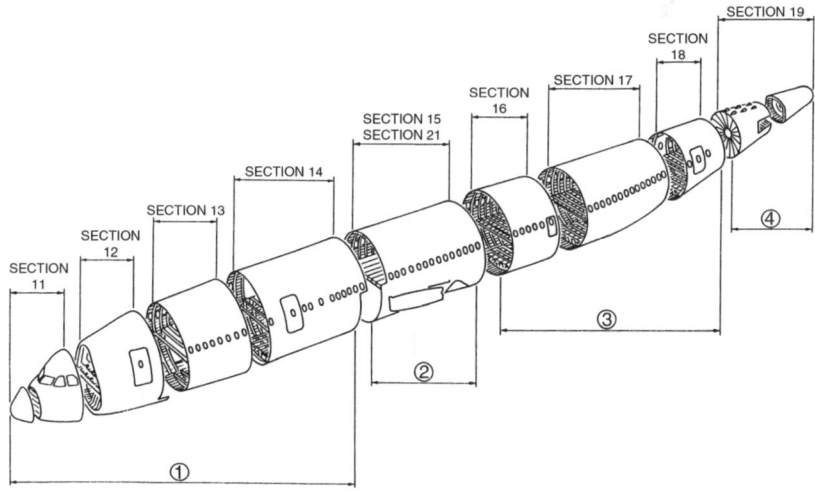

Bild 7.1.3 Rumpfstruktur am Beispiel Airbus A 300

Die jeweiligen Rumpfteile werden in Sektionen unterteilt, die von vorn nach hinten, in so genannter positiver x-Richtung, durchnummeriert sind. Dafür werden zweistellige Zahlen verwendet, z.B. 11 für den Flugzeugführerraum und 19 für das Rumpfende *(Bild 7.1.3)*.

Mit Ausnahme der Radarnase, dem Klimaanlagenraum, den Fahrwerksschächten sowie dem Rumpfende (Sektion 19) sind alle Räume im Flugzeug druckbeaufschlagt. Die Rumpfstruktur ist beim Airbus ringförmig und besitzt unterhalb des Kreismittelpunktes den Kabinenfußboden, der den Rumpf in den Passagier- und den Unterflurfrachtraum aufteilt. Die Grundstruktur der Rumpfkonstruktion wird durch Spante und Längsversteifungen, den so genannten **Stringern**, gebildet.

Im mittleren Rumpfteil befindet sich das Herzstück des Flugzeuges, der Flügel-Mittel-Kasten *(wing center box)*, der als geschlossener Kasten zur primären Struktur der Tragfläche gehört. An dem Flügelmittelkasten eines Airbus werden jeweils rechts und links drei Hauptholme der Tragflächen befestigt *(Bild 7.1.4)*.

Das hintere Rumpfteil des Airbus A 330/A 340 wird durch den Druckspant bzw. das Druckschott begrenzt, das nach hinten gewölbt ist. Es besteht aus mehreren Segmenten, die zusammengesetzt einen Kreis ergeben. Zusammengehalten werden diese Segmente durch fünf Ringe mit Z-Profilen auf der Hinterseite des Druckschotts. Auf der Vorderseite sind die Segmente zusätzlich mit Versteifungen versehen *(Bild 7.1.5)*.

Insgesamt betrachtet besteht der Rumpf des Airbus A 330/A 340 aus etwa 100 ringförmigen Spanten sowie einigen zusätzlichen Hilfsspanten. Die Abstände zwischen den einzelnen Spanten betragen 53 cm. Nur aus Gründen der Stabilität gibt es einige Strukturbereiche, in denen dieses Maß unterschritten wird.

Die Stringer der Rumpfstruktur bestehen aus Z-Profilen, die aus einer AlCuMg2-Legierung geformt sind. Sie werden in Längsrichtung an den Spanten befestigt und

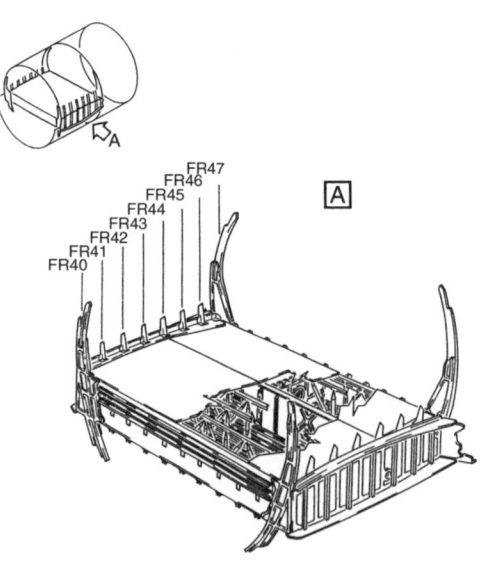

Bild 7.1.4
Flügel-Mittel-Kasten des Airbus A 300

Bild 7.1.5
Druckspant bzw. Druckschott im hinteren Rumpfteil
1 Druckschott; 2 Fußboden; 3 Spant; 4 Stringer; 5 Beplankung

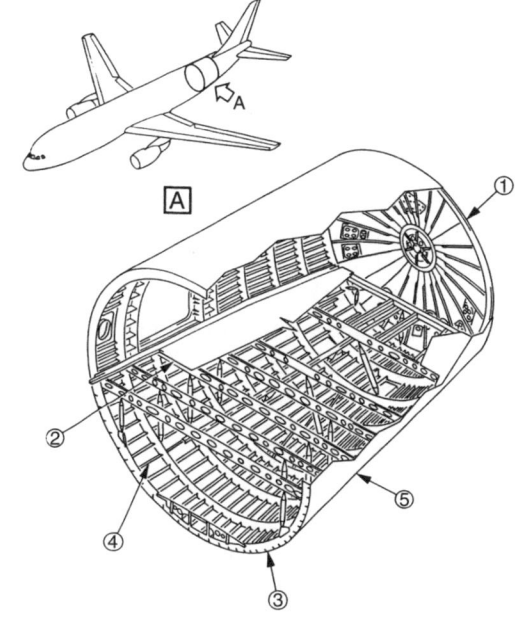

Bild 7.1.6
Anordnung der Stringer am zylindrischen Rumpfquerschnitt des Airbus
1–57 Stringer an einer Rumpfhälfte; 58 Kabinenfußboden; 59 Unterflurfrachtraum; 60 Flugzeugfenster

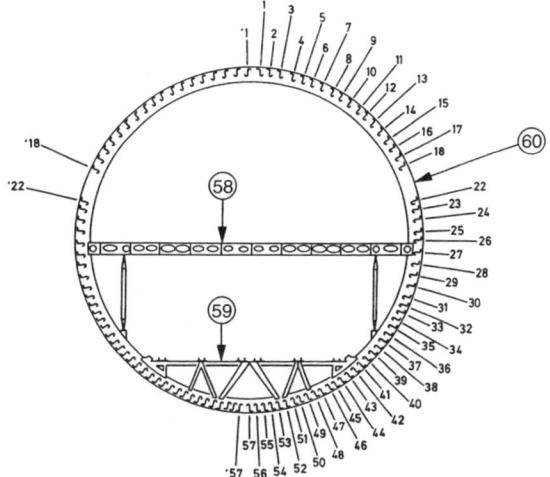

bilden zusammen mit den Spanten das Flugzeuggerippe. Der zylindrische Teil des A 330/A 340-Rumpfes enthält an seinem Umfang 113 Stringer, die gleichmäßig in Abständen von etwa 15 bis 20 cm verteilt sind *(Bild 7.1.6)*.

Der Rumpf der A 380 besteht zum Teil auch aus faserverstärkten Metallen (GLARE®). Bei den neuen Flugzeugen Airbus A 350 (vgl. Abschnitt 2.5.5) und Boeing B 787 ist der gesamte Rumpf überwiegend aus CFK.

7.1.2 Tragwerk

Das Tragwerk eines Flugzeuges dient der Auftriebserzeugung, zur Steuerung und zur Kraftstoffaufnahme sowie eventuell zur Befestigung der Triebwerke und der Unterbringung des Hauptfahrwerks. Am Tragflügel selbst wirken *(Bild 7.1.7)*

❏ Luftstreckenlasten,
❏ Massenlasten der Flügelkonstruktion und die
❏ Einzellast aus der Masse der Aggregate (Triebwerk, Kraftstoff, Fahrwerk usw.).

Bei der Tragflächengrundform unterscheidet man im Wesentlichen vier Typen:

1. Fachwerkflügel,
2. Holmflügel,
3. Schalenflügel und
4. Integralflügel.

Die Tragflächen-Beplankung dient zur Weiterleitung der Luftkräfte auf die Flügelrippen. Die Tragfläche selbst setzt sich aus den in *Bild 7.1.8* gezeigten Baugruppen zusammen, wobei man allgemein eine Haupt- bzw. Primärstruktur sowie eine Hilfs- bzw. Sekundärstruktur unterscheidet.

Die Hauptstruktur besteht in der Regel aus einem Vorderholm, dem Mittelholm und dem Hinterholm. Die Holme werden mit Rippen verbunden, und Beplankungspanels auf der Ober- und Unterseite geben der Kastenstruktur die erforderliche Festigkeit. Der Vorder- und Hinterholm sind Integralfrästeile, d.h., sie werden aus einem Stück gefräst. Der Mittelholm hingegen besitzt eine zusammengesetzte Konstruktion aus einem Ober- und Untergurt, die durch Stegbleche miteinander verbunden werden. Auch die Rippen werden beim Airbus A 330/A 340 aus einem Stück gefräst und mit Durchbrüchen und durchgesetzten Bohrungen versehen.

Die Hilfsstruktur besteht aus der festen Nasenkante, befestigt an dem Vorderholm der Auslaufkante als aerodynamischer Übergang von der Hauptstruktur zu den Steu-

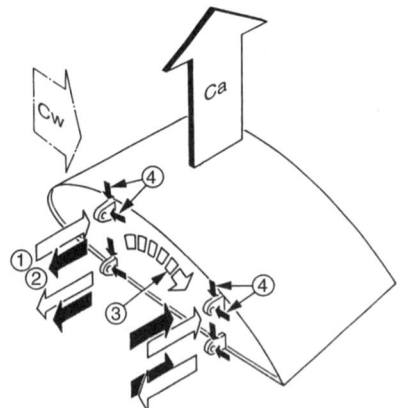

Bild 7.1.7
Belastungen an einem Tragflügel
1 Gegenkraft zum Auftrieb
2 Gegenkraft zum Widerstand
3 Torsionskraft
4 Querkraft

Bild 7.1.8
Aufbau eines Tragflügels
1 mittlerer Torsionskasten
2 vorderer Torsionskasten
3 hinterer Torsionskasten
4 innerer Vorflügel
5 mittlerer Vorflügel
6 äußerer Vorflügel
7 Querruder
8 Bremsklappen
9 innere Landeklappen
10 äußere Landeklappen
11 Grenzschichtzaun
12 Randbogen bzw. Winglets

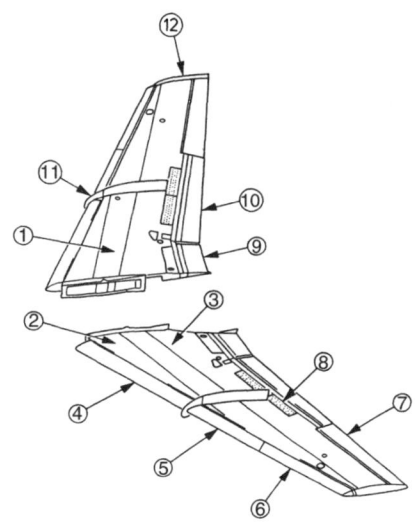

erflächen, der abnehmbaren Tragflächenspitze und den Führungsschienen, auf denen die Landeklappen ausgefahren werden.

Die Beplankung der unteren und oberen Tragflächen-Primärstruktur besteht beim Airbus jeweils aus drei gefrästen Aluminiumplatten mit von innen nach außen abnehmender Beplankungsdicke. Jede dieser Platten ist mit Profilen an der Strukturinnenseite verstärkt.

Zu den Steuerflächen zählen die Querruder, Landeklappen, Storklappen (Spoiler) und der Vorflügel. Die Landeklappen und das Innenruder, die im Aufbau identisch sind, bestehen aus zwei Trägern und einer Reihe von Querrippen. Die Vorflügel bestehen beim Airbus A 300 aus drei aluminiumlegierten Flügelteilen und sind an der Tragflächennasenkante angebracht. Die Vorflügelstruktur baut sich aus drei Rippen, an denen die Führungsschienen befestigt werden, sowie Querrippen und Holmen auf, die mit versteiften Aluminiumblechen aerodynamisch verkleidet sind. Die Führungsrollen der Vorflügel bewegen sich beim Aus- und Einfahren in titanlegierten Führungsschienen. Die Störklappen sind nebeneinander im hinteren Tragflächenbereich angeordnet und besitzen den gleichen konstruktiven Aufbau mit verlängerter End- und einer Querrippe. Sie werden entweder in Wabenbauweise oder als Massivklappen (Integralbauweise) hergestellt.

Bei neuen Flugzeugtypen, wie Airbus A 350, A 400M, Boeing B 787, sind die Flügel größtenteils aus kohlefaserverstärkten Kunststoffen (CFK) gefertigt.

7.1.3 Tankanlage

Tanks in Flugzeugen

Die Motoren von Sportflugzeugen werden entweder mit Flugbenzin 100 LL (100 Oktan, Low Lead) betrieben oder sind für die Verwendung von Kraftfahrzeugbenzin (Mogas) eingerichtet und zugelassen. Vereinzelt werden auch Dieselmotoren (z.B. Thielert) in Kleinflugzeugen verwendet. Die Tankkapazität dieser Flugzeuge beträgt ca. 200 Liter. Gasturbinen angetriebene Flugzeuge tanken Kerosin und benötigen besonders für mittlere und lange Strecken große Mengen Kraftstoff.

In der Anfangszeit der Verkehrsfliegerei wurde das Flugbenzin oder Dieselöl vorwiegend in gesonderten Metalltanks in den Hohlräumen innerhalb der Tragflächen gelagert. In der Junkers Ju 52 werden z.B. 2500 Liter Flugbenzin in mehreren, miteinander verbundenen Tonnen in der Tragfläche untergebracht. In den Verkehrsflugzeugen nach dem Zweiten Weltkrieg wurden häufig auch Tanks aus dickwandigem Gummi (z.B. Vickers «Viscount», Boeing B 727 Centertank), die in den Tragflügeln bzw. im Flügelmittelstück gelagert waren, verwendet. Derartige Kraftstoffzellen werden heute noch hauptsächlich in Militärflugzeugen und als Reichenweiten verlängernde Zusatztanks in großen Businessjets eingebaut.

Eine Boeing B 747-400 kann bis zu 171 000 kg Kerosin tanken, während der Airbus A 380-800 247 502 kg Kraftstoff in seinen Tanks unterbringen kann. Verkehrsmaschinen verfügen heute über sog. Integraltanks (Bild 7.1.9). Das bedeutet, dass der tragende Teil des Flügels, der Flügelkasten (*wing box*) flüssigkeitsdicht gearbeitet ist und so gleichzeitig als Tank dienen kann.

Auch Kleinflugzeuge haben zum Teil Integraltanks. Sonst werden hier Aluminium- oder GFK-Tanks verwendet.

Sehr große Kraftstoffmengen können in Verkehrsflugzeugen auch im Flügelmittelstück (*center tank*) gelagert werden. Diese Tanks sind meistens größer als einzelne Flügeltanks und werden grundsätzlich zuletzt befüllt und beim Start zuerst geleert. So hat der Flügelmitteltank des Airbus A320/319 z.B. ein Fassungsvermögen von 6476 kg, während der innere Flügeltank als größter Flügeltank nur 5436 kg aufnehmen kann.

Der Airbus A 380 nutzt in der Passagierversion -800 das Flügelmittelstück nicht als Tank. Bei einigen Langstreckenflugzeugen (B 747, MD11) kann auch die Höhenflosse (*stabilizer*) mit Kraftstoff befüllt werden. Da die Höhenflosse ähnlich wie der Tragflügel aufgebaut ist, kann man auch hier den tragenden Flügelkasten mit Kraftstoff befüllen. Wenn diese Tanks am Boden befüllt werden, geht ihre Masse in die Trimmberechnung mit ein. Airbus ist als erster Hersteller von Unterschall-Verkehrsflugzeugen einen Schritt weiter gegangen und nutzt die Masse des Kraftstoffs im Stabilizertank durch Umpumpen während des Fluges zur Trimmung (das Überschallflugzeug «Concorde» hatte allerdings

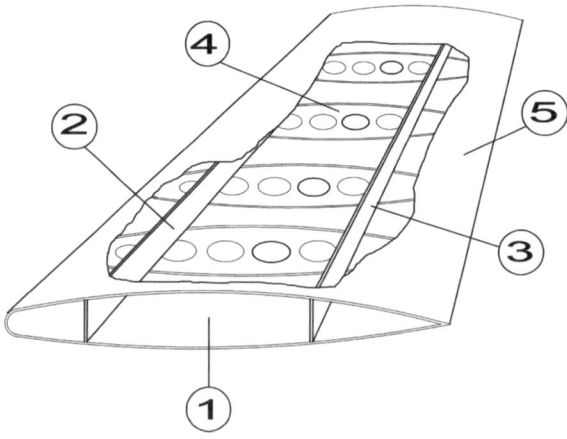

Bild 7.1.9
Integraltank
1 Integraltank
2 Vorderholm
3 Hinterholm
4 Rippen
5 Beplankung

schon viel früher einen Trimmtank, um die Druckpunktverschiebung beim Übergang zum Überschallflug zu kompensieren). Airbus nutzt die Kraftstoffmasse in der Höhenflosse zur Rückverlagerung des Schwerpunktes, um dadurch den Luftwiderstand und damit den Kraftstoffverbrauch zu reduzieren. Um das Flugzeug in den waagerechten Trimm zu bekommen, muss eine Abwärtskraft an der Höhenflosse wirken. Die aerodynamische Erzeugung dieser Kraft erhöht aber den Luftwiderstand. Deshalb transferiert Airbus bei den Langstreckenmaschinen A 330, A 340 und A 380 während des Fluges Kraftstoff aus den Flügeltanks in die Höhenflosse (der Trimmtank der A 380 fasst 18 600 kg Kerosin!) und erzeugt so die erforderliche abwärts gerichtete Trimmkraft, ohne einen zusätzlichen Widerstand zu erzeugen. Die Masse dieses Trimmkraftstoffes hätte auch dann durch eine Auftriebskraft kompensiert werden müssen, wenn er in den Flügeltanks verblieben wäre. Diese Rückverlagerung des Schwerpunktes ist nur im Reiseflug in einer Höhe über 25 000 ft zulässig.

Beim Airbus A 380 wird Kraftstoff außerdem gezielt benutzt, um die Belastung der Flügelwurzel zu minimieren. So werden die äußeren Flügeltanks nur bis max. 50% ihres Volumens am Boden befüllt. Dadurch wird verhindert, dass die Kraftstoffmasse ein starkes abwärts gerichtetes Biegemoment im Flügel erzeugt. Nach dem Start des Flugzeuges wird dann so schnell wie möglich Kraftstoff in diese äußeren Tanks gepumpt, weil man jetzt ein abwärts gerichtetes Biegemoment haben möchte, um dem aufwärts gerichteten Moment der Auftriebskraft entgegen zu wirken. Vor der Landung wird der äußere Flügeltank wieder bis max. 50% Füllung entleert. Durch diese Maßnahme konnte der Flügel leichter gebaut und damit seine Lebensdauer erhöht werden.

Um auch die kleineren Modelle von Airbus wie die A321 und besonders die A 319 als Corporate Jets mittelstrecken- bzw. sogar langstreckentauglich zu machen, können diese Flugzeuge mit bis zu vier Zusatztanks mit einem Fassungsvermögen von je ca. 2000 kg im hinteren Frachtraum ausgestattet werden. Diese so genannten Bladdertanks – bei Airbus als ACT (*additional center tank*) bezeichnet – bestehen aus dickwandigen, kraftstofffesten Gummiblasen, welche ihre Form durch leichte Käfige aus Aluminium bewahren.

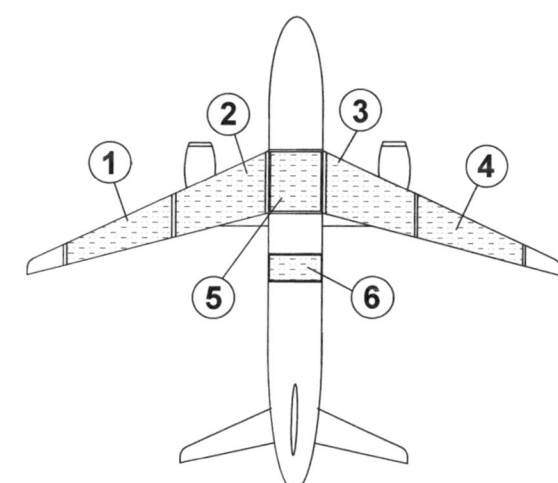

Bild 7.1.10
Tanks des Airbus A 319 / 320
1 Außentank 1
2 Innentank 2
3 Innentank 3
4 Außentank 4
5 Centertank
6 Zusatztank *(bladder tank, ACT)*

Im Folgenden wird die Anordnung der Kraftstoffbehälter von drei Verkehrsflugzeugen genauer behandelt. Wir fangen mit dem Airbus A 320 /319 an (Bild 7.1.10). Man erkennt 2 Flügeltanks auf jeder Seite, die Tanks 1 bis 4. Ein Centertank ist vorhanden und als Option ein Zusatztank mit 2277 kg Fassungsvermögen ein sog. ACT.

Bis auf kleinere Besonderheiten ist die Kraftstoffanlage anderer Verkehrsflugzeuge ähnlich aufgebaut. Wir betrachten jetzt die größere Boeing B 747-400 (Bild 7.1.11). Auch hier sind zunächst 4 Haupttanks in den Tragflügeln zu erkennen. Da dieses Flugzeug 4 Motoren hat, ist jedem dieser Triebwerke ein Tank zugeordnet. So gehört der Tank 1 z.B. zu dem Motor 1 also links außen usw. Das bedeutet aber nicht, dass in allen Flugphasen die Triebwerke nur aus ihrem zugeordneten Tank versorgt werden. Die Versorgung der Triebwerke mit Kraftstoff wird in einem späteren Kapitel noch genauer beschrieben.

Zusätzlich hat dieses Flugzeug noch im Außenflügel Kraftstoff in Reservetanks. Der wird z.B. dann gebraucht, wenn die Maschine wegen widriger Witterungsverhältnisse oder anderer Hinderungsgründe nicht am Zielort landen kann und einen weiter entfernten Ausweichflugplatz anfliegen muss. Reservekraftstoff muss jedes Flugzeug mitführen, wenn auch nicht jedes Flugzeug spezielle Tanks dafür aufweist.

In den Flügelspitzen haben Flugzeuge einen Überlauftank, der auch als Be-und Entlüftungstank *(surge vent tank)* dient. Dieser Tank ist über einen NACA-Einlass auf der Unterseite der Tragfläche mit der Atmosphäre verbunden. Hierdurch wird sichergestellt, dass beim Betanken die Luft aus den Tanks entweichen kann, und beim Verbrauch des Kraftstoffes Luft in die Tanks nach fließen kann. Ein Unter- oder Überdruck wird dadurch vermieden, denn beide Situationen könnten die Struktur des Tragflügels schädigen. Der Staudruck baut im Flug außerdem einen leichten Überdruck in den Tanks auf, der eine Gasung des Kraftstoffes erschwert und zusätzlich die Tankpumpen ein wenig unterstützt. Außerdem muss sich bei einer Erwärmung der Kraftstoff auch in einem vollen Tank ausdehnen können. Bis zu einer Ausdehnung von 2% (entsprechend

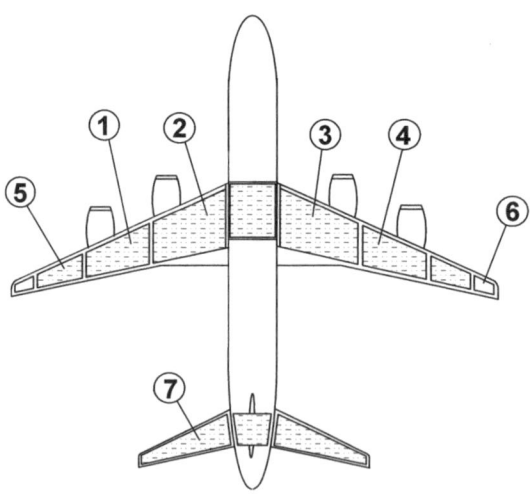

Bild 7.1.11
Tanks der Boeing
B 747-400
1 Außentank 1
2 Innentank 2
3 Innentank 3
4 Außentank 4
5 Reservetanks
6 Belüftungstanks
(surge-/ vent tanks)
7 Tank in der Höhenflosse *(stabilizer tank)*

$\Delta\vartheta = 20$ K) kann dies geschehen ohne dass Kraftstoff austritt. Der Kraftstoff, der bei Flugmanövern evtl. durch die offene Belüftung nach außen schwappen könnte, wird im Überlauftank *(surge tank)* aufgefangen und später zu den Haupttanks zurückgepumpt.

Der Center- und der Stabilizertank dieses Flugzeuges wurden schon angesprochen. Der Inhalt dieser beiden Tanks muss in einen Haupttank umgepumpt werden, damit der Kraftstoff von den Triebwerken genutzt werden kann. Dies geschieht bei Airbusflugzeugen im Fall des Centertanks aus Sicherheitsgründen mit Hilfe von Strahlpumpen *(jet pumps)*. Elektrisch betriebene Pumpen in diesem Tank stellen ein Sicherheitsrisiko dar, wenn sie bei geleertem Tank nicht abschalten, dadurch überhitzen und die Gase des verbliebenen Restkraftstoffes entzünden. Aus diesem Grunde wird zurzeit untersucht, ob es nicht möglich wäre, diesen Tank mit Stickstoff oder mit Luft mit geringerem Sauerstoffgehalt (ca. 10%) zu fluten, wenn er geleert ist. Die Klimapacks sind meistens unterhalb dieses Tanks platziert und können nach längerem Betrieb in sehr warmer Umgebung sehr warm werden. Dadurch kann durch ihre Wärmeabstrahlung eine gefährliche Gasung des Restkraftstoffes im Centertank noch unterstützt werden.

Die Befüllung dieser Tanks geschieht, wie die Befüllung der Stabilizertanks, indirekt durch die Haupttanks.

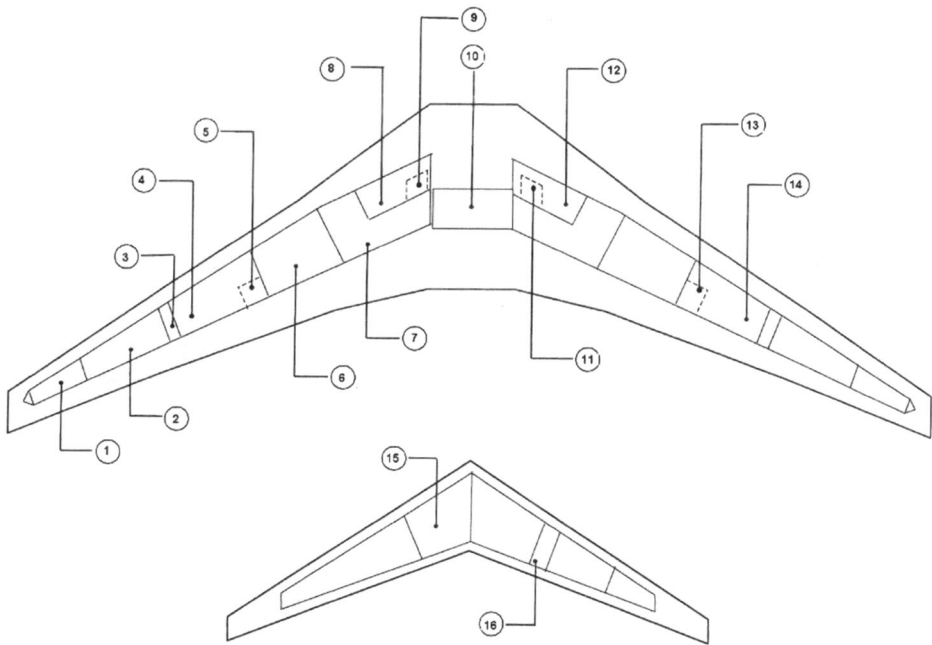

Bild 7.1.12   Tankanlage des Airbus A 380
1 Be-/Entlüftungstank *(vent tank)*; 2 Äußerer Tank; 3 Überlauftank *(surge tank)*; 4 Versorgungstank 1 *(feed tank 1)*; 5 Collector Cell 1; 6 Mittlerer Tank; 7 Innerer Tank; 8 Versorgungstank 2 *(feed tank 2)*; 9 Collector Cell 2; 10 Flügelmitteltank *(center tank, bei A 380-800 nicht vorhanden)*; 11 Collector Cell 3; 12 Versorgungstank 3 *(feed tank 3)*; 13 Collector Cell 4; 14 Versorgungstank 4 *(feed tank 4)*; 15 Trimm-Tank; 16 Trimm-Tank-Be-/Entlüftung;

Das größte zurzeit fliegende Flugzeug, der Airbus A 380-800 hat eine noch größere Kraftstoffanlage (Bild 7.1.12). Hier sind in jeder Tragfläche 3 Haupttanks untergebracht, also insgesamt 6 Tanks. Der äußere Tank wird dabei am Boden nicht über 50% befüllt. Die Triebwerke werden nicht direkt aus den Haupttanks versorgt, sondern aus speziellen Versorgungstanks *(feed tanks)*. Hiervon sind pro Tragfläche 2 Stück vorgesehen, für jedes Triebwerk ein Feedtank. Diese werden ständig aus den Haupttanks nachgefüllt. Die Kraftstoffpumpen entnehmen den Kraftstoff dann aus den Collector Cells, die sich an der jeweils tiefsten Stelle des Feedtanks befinden und etwa 1000 kg Kerosin fassen. Diese Zellen sollen ein Trockenlaufen der Pumpen verhindern.

Überlauftanks sowie Be-/Entlüftungstanks sind hier natürlich auch vorhanden.

Betanken
Auch bei modernen Flugzeugen mit großen Tanks ist es immer noch möglich, den Kraftstoff durch Tanköffnungen auf der Oberseite der Tragfläche in den Tank hineinfließen zu lassen (Oberflügelbetankung).

Das Füllen der großen Tanks einer B 747 oder A 380 würde bei diesem Verfahren Tage dauern. Deshalb ist heute allgemein die Druckbetankung *(pressure refueling)* üblich. Der Kraftstoff wird dazu entweder durch Tankwagen an das Flugzeug gebracht oder aus einer Unterflurbetankungsanlage genommen. In diesem Fall wird der sogenannte Dispenser an die Unterfluranlage angeschlossen und misst dann dem Flugzeug die richtige Menge Kraftstoff mit dem richtigen Druck zu. So dauert z.B. die Betankung einer Boeing B 747 etwas über eine Stunde! Für den Anschluss der Betankungsschläuche verfügen Passagierflugzeuge je nach Größe zwischen einem und vier Bajonettanschlüsse. Diese befinden sich meistens an der Tragflächenvorderseite, selten auch am Rumpf.

Die Betankung erfolgt stets in der Reihenfolge: Außentanks, Innentanks, Centertank. Wenn der Blockkraftstoff nicht ausreicht, um alle Tanks zu füllen, bleibt erst der Centertank leer und die großen Innentanks werden evtl. nur teilweise gefüllt. Die Entleerung der Tanks erfolgt in umgekehrter Reihenfolge. Die Gründe hierfür sollen in einem kurzen Exkurs erläutert werden:

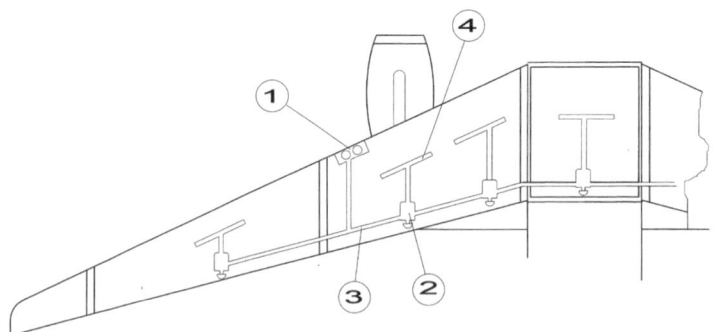

Bild 7.1.13   Betankungssystem *(refueling manifold)*
1 Betankungsanschlüsse; 2 Tankventile; 3 Kraftstofffüllleitung / Cross-Feed-Leitung; 4 Diffusoren *(verhindern zu starke Turbulenzen des einfließenden Kraftstoffes)*

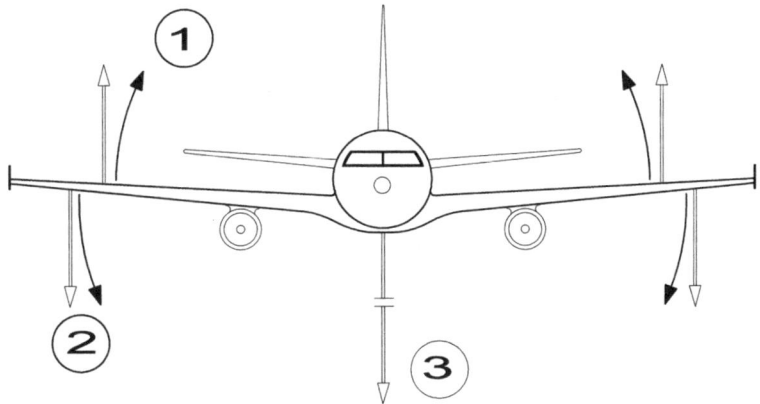

Bild 7.1.14 Kräfte am Flugzeug im Flug
1 Momente durch die Auftriebskraft; 2 Momente durch die Masse des Kraftstoffes in den Außentanks; 3 Masse des Flugzeuges

Die durch die Tragflächen erzeugte Luftkraft wirkt der Gewichtskraft des Flugzeuges entgegen. Die Resultierende dieser Auftriebskräfte greift an der MAC *(Mean Aerodynamik Chord)* an, die etwa im äußeren Drittel der Tragfläche liegt.

Dadurch wird die Struktur der Tragfläche wie ein einseitig eingespannter Hebel durch ein Drehmoment nach oben belastet. Auf die Flügelwurzel wirkt dabei die größte Biegekraft und verursacht langfristig eine Ermüdung dieses Strukturbereiches (Bild 7.1.14).

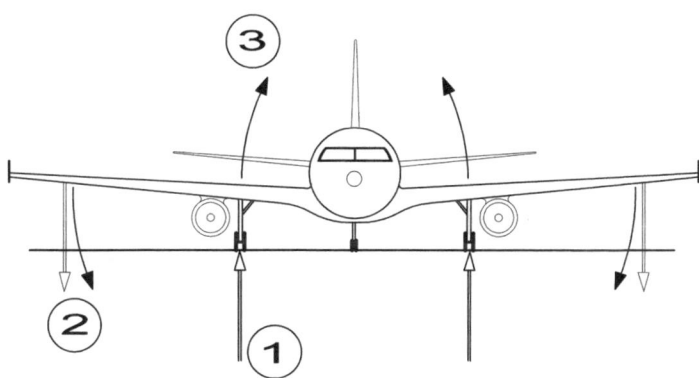

Bild 7.1.15 Belastung der Tragflügelwurzel im Moment des Landestoßes
1 Drehmomente als Folge des Landestoßes; 2 Drehmomente als Folge der Trägheitskräfte der Kraftstoffmasse in den äußeren Flächentanks

Sind die Außentanks gefüllt, so erzeugen sie eine abwärts gerichtete Kraft (wie auch die äußeren Triebwerke) und bilden zusammen mit dem längeren Hebelarm ein entgegenwirkendes Moment. Dadurch wird die Flügelwurzel entlastet. Die Massen in den Innentanks und dem Centertank würden dagegen die Biegebelastung der Flächenwurzel erhöhen!

Auch bei der Landung ist es vorteilhaft, wenn die Kraftstoffmasse möglichst am Außenflügel angreift. Bild 7.1.15 zeigt, wie die Kräfte während des Landestoßes auf das Flugzeug wirken. Man erkennt, dass die Trägheitskräfte des Kraftstoffes im Außenflügel der aufwärtsgerichteten Kraft der Fahrwerke entgegenwirken und so die Flügelwurzel entlasten.

Die Stärke des Landestoßes hängt vom Gesamtgewicht des Flugzeuges und von der Sinkrate im Moment des Aufsetzens ab. Die Drehmomente der Trägheitskräfte und des Landestoßes wirken an jedem Tragflügel gegeneinander und heben sich dadurch teilweise auf. Dies entlastet die Flügelwurzel.

Beim Betanken fließt der Kraftstoff mit einem Druck von ca. 50 PSI (3,5 bar) durch ein für diesen Zweck vorgesehenes Rohrleitungssystem *(refueling manifold)* in die Tanks. Der Betankungscomputer vergleicht ständig die eingefüllte Kraftstoffmenge mit dem Wert des vorgewählten Blockkraftstoffes und schließt die Tankventile, wenn die angeforderte Kraftstoffmenge erreicht ist. Kraftstoffmengen werden meistens in kg angegeben, weil diese Angabe unabhängig von der Temperatur ist. Im angelsächsischen Bereich ist aber auch eine Angabe in pounds anzutreffen. Spezielle Sensoren sorgen dafür, dass bei einer Störung der Messsysteme keine Überfüllung der Tanks stattfindet.

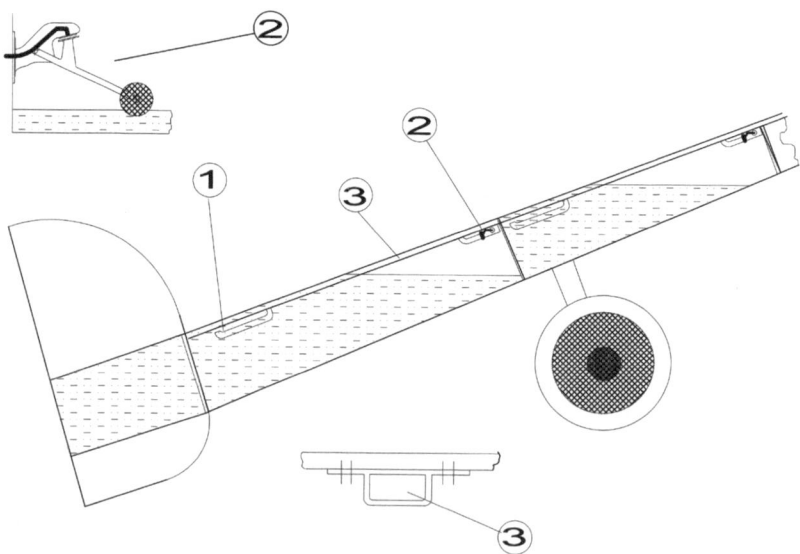

Bild 7.1.16   Tankbelüftung (vent system)
1 Ständig offene Be-/Entlüftung der Tanks *(open port)*; 2 Schwimmerventil *(float valve)*; 3 Entlüftungsleitung *(vent line)*

Tankbelüftung (Bild 7.1.16)
Wenn Kraftstoff aus den Tanks entnommen wird, muss Luft nach fließen können. Auch muss Luft entweichen, wenn die Tanks mit Kraftstoff gefüllt werden.

Hierfür ist ein System von Be- und Entlüftungsleitungen vorhanden. Diese Kanäle (*vent lines*) werden durch Stringer der Oberdecke gebildet, die ein U-förmiges Profil aufweisen. Dabei hat jeder Tank seinen eigenen Kanal, der nicht mit den anderen in Verbindung steht. Alle Kanäle haben in ihrem Tank zwei Standrohre, die bis unter die Oberdecke reichen. Das Rohr auf der Rumpfseite ist dabei offen, das zweite Rohr an der dem Rumpf entfernten Behälterwandung ist mit einem Schwimmerventil versehen.

Fliegt das Flugzeug mit einer hängenden Tragfläche oder ist in einer Kurve nicht im Scheinlot , so fließt der Kraftstoff in dem hängenden Flügel in Richtung Flügelspitze und schließt dort das Schwimmerventil. Das zweite, jetzt höher liegende Ventil bleibt offen, Luft kann in den Tank strömen. Im kurvenäußeren Flügel fließt zwar der Kraftstoff in das offene Belüftungsrohr, kommt dort aber nicht sehr weit, weil die Be-/Entlüftungsleitung zur höheren Flügelspitze hin ansteigt. Alle Lüftungsleitungen enden im Belüftungstank (*surge vent tank*). Kraftstoff, der doch seinen Weg in die Ent-/Belüftungskanäle gefunden hat, sammelt sich in diesem Überlauftank und kann von dort in einen Haupttank zurückgepumpt werden.

In die Entlüftungsleitungen sind Überdruckventile (*pressure relief valves*) eingebaut, in denen bei einer Verstopfung dieser Leitungen während des Tankens eine Membran platzt und den Überdruck entweichen lässt, bevor die Tragflächenstruktur beschädigt wird. Damit bei einem äußeren Brand eine Flamme nicht die Gase in den Entlüftungsleitungen entzünden kann, ist in dieses Rohr auch noch ein Flammenrückhalter (*flame arrester*) eingebaut.

Sicherheitsmaßnahmen beim Umgang mit Kraftstoffen
Obwohl Kerosin nur schwer entzündbar ist, müssen beim Umgang mit dem Kraftstoff, besonders beim Tanken, eine Reihe von Sicherheitsmaßnahmen eingehalten werden. Diese beziehen sich auf die Feuervermeidung, das Löschen und die persönliche Sicherheit der Mechaniker.

Die Gefahr eines Brandes besteht dann, wenn Kraftstoffdämpfe vorhanden sind, genügend Sauerstoff zur Verfügung steht und eine Entzündungsquelle wirken kann. Wenn eine dieser Bedingungen nicht erfüllt ist, entzündet sich der Kraftstoff nicht. Kerosindämpfe bilden sich erst bei einer Temperatur von ca. 38 °C. Ohne Wärmequelle ist damit eine Entzündung unwahrscheinlich. Rauchen und offenes Feuer ist deshalb im weiten Umkreis um ein Flugzeug nicht erlaubt. Auch die Triebwerke dürfen während der Betankung nicht laufen. Zusätzlich muss eine Reihe weiterer Vorsichtsmaßnahmen bei der Betankung eingehalten werden. So ist eine besondere Aufmerksamkeit der statischen Aufladung des Flugzeuges zu widmen. Diese kann durch atmosphärische Bedingungen (Gewitter), insbesondere aber durch den fließenden Kraftstoff aufgebaut werden. Um ein Potential zu vermeiden, muss deshalb beim Betanken der Tankwagen stets mit dem Flugzeug durch gut leitende Kabel verbunden und geerdet sein.

Während der Betankung ist der Verbleib von Passagieren an Bord zwar durch ein ICAO-Dokument erlaubt, wenn besondere Vorsichtsmaßnamen ergriffen werden. Dies wird aber aus Sicherheitsgründen kaum durchgeführt.

Eine Betankung innerhalb des Hangars sollte nicht durchgeführt werden, ist aber bei ganz besonderen Bedingungen auch erlaubt.

Selbstverständlich müssen bei jeder Betankung und Enttankung geeignete Feuerlöscheinrichtungen bereitgehalten werden.

Drainen

Kerosin ist hygroskopisch, das heißt, es nimmt Wasser aus der Luft auf. Dieses Wasser sammelt sich an der tiefsten Stelle der Tanks an und muss von dort regelmäßig durch Ventile in der Wartung abgelassen werden *(drainen)*. Aus größeren Tanks wird dieses Wasser durch Strahlpumpen abgepumpt und dem Kraftstoff, der zu den Triebwerken gepumpt wird, zugesetzt.

Das Ablassen des Wassers aus den Tanks ist auch deshalb wichtig, weil sich an der Grenze zwischen dem Wasser und dem Kerosin Mikroben ansiedeln, die sich sehr schnell vermehren können. Ihre Ausscheidungen wirken sehr korrosiv auf die Materialien der Tanks und außerdem kann dieser Mikrobenschleim Ventile und Filter zusetzen. Um diese Mikroben zu bekämpfen, sind die Oberflächen der Tanks und alle Dichtungsmittel in den Tanks mit Giften versetzt. Wenn trotzdem ein Mikrobenbefall auftritt, so wird dem Kraftstoff ein zusätzliches Gift (Kathon) in einer besonderen Prozedur beigemengt. Kraftstoffkontrollen werden routinemäßig ein- bis viermal im Jahr an jedem Flugzeug durchgeführt.

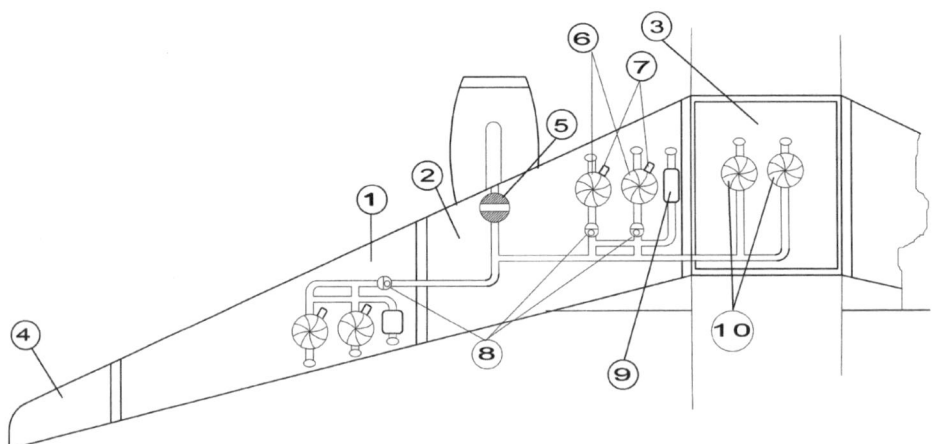

Bild 7.1.17 Kraftstoff-Versorgungssystem *(fuel feed system)*
1 Tank 1; 2 Tank 2; 3 Center Tank; 4 Be- und Entlüftungstank *(surge vent tank)*; 5 Niederdruck Absperrventil *(low pressure shut off valve)*; 6 Kraftstoffpumpen *(boost pumps)*; 7 Druckreduzierventil *(pressure relief valve, sequenz valve)*; 8 Rückschlagventil *(check valve)*; 9 Pumpenumgehungsventil *(suction bypass valve)*; 10 Center Tank Pumpen *(center tank boost pumps)*

Die Kraftstoffförderung zu den Triebwerken *(fuel feed system)*
Für die Versorgung der Triebwerke mit Kraftstoff ist ein vom Befüllungssystem unabhängiges Leitungssystem *(feed manifold)* vorhanden (Bild 7.1.17).

Die Rohrleitungen des Kraftstoffversorgungs Systems beginnen in den Tanks an den Tankpumpen *(fuel boost pumps)*. Diese Pumpen sind vorwiegend als Radialpumpen ausgeführt und aus Sicherheitsgründen immer zweifach pro Tank vorhanden. Jede der Tankpumpen ist stark genug, um das Triebwerk alleine auch bei Startleistung mit Kraftstoff zu versorgen. Sie sind entweder außerhalb des Tanks am Vorder- oder Hinterholm, bei einigen Flugzeugen auch in explosionssicheren Zellen *(dry bays)* in den Tanks so platziert, dass sie bei der Wartung ohne Leerung der Tanks gewechselt werden können. Als weitere Sicherheitsmaßnahme werden die beiden Tankpumpen grundsätzlich aus verschiedenen AC Bussen elektrisch versorgt. Dadurch ist auch die elektrische Versorgung redundant. Wenn alle Sicherheitsmaßnahmen versagen, können die Triebwerke mit Hilfe der Kraftstoffpumpen des sekundären Kraftstoffsystems sich den Kraftstoff aus den Tanks pumpen. Damit die nicht laufenden Tankpumpen den Kraftstofffluss nicht blockieren, sind Pumpenumgehungsventile *(suction bypass valves)* vorhanden.

Kraftstofftransfer
Ein Umpumpen von Kraftstoff aus einem Tank in einen anderen kann aus verschiedenen Gründen erforderlich werden. Muss zum Beispiel während des Fluges ein Triebwerk wegen eines Defektes abgeschaltet werden *(in flight shut down)*, so muss der noch arbeitende Motor oder die noch arbeitenden Motoren den Kraftstoff aus dem Tank des stillgelegten Motors mit nutzen können. Hierfür ist ein Transfer von Kraftstoff notwendig aus dem Tank des stillgelegten Motors in die anderen Tanks. Eine weitere Transfernotwendigkeit ergibt sich, wenn Mechaniker zur Wartung oder Reparatur in einem Tank arbeiten müssen. In diesem Fall muss der Tank natürlich leer sein (und gasfrei!). Wenn die Tanks nicht voll sind, ist es meistens möglich, den Kraftstoff des zu begehenden Tanks in einen anderen Tank umzupumpen. Für diesen Vorgang müssen beide Rohrleitungssysteme, das Befüllungssystem und das Kraftstoffversorgungssystem für die Triebwerke genutzt werden. Da beide Systeme voneinander isoliert sind, muss für den Transfer eine Verbindung geschaffen werden. Dies geschieht durch das oder die Kraftstofffüll- und die Transferventile *(cross feed valves)*.

Enttanken
Wenn die Möglichkeit eines Kraftstofftransfers am Boden nicht gegeben ist, weil die Tanks zu voll sind, muss für die Begehung eines Tanks der Kraftstoff in einen Tankwagen abgegeben werden. Dies kann auf zweierlei Weise geschehen: durch eine Druck- oder eine Saugenttankung *(pressure or suction defueling)*. Bei der Druckenttankung werden die Tankpumpen zum Abpumpen des Kraftstoffes genutzt. Dies geschieht mit einem Druck von 25 bis 50 psi.

Wenn dieses Verfahren aus irgendwelchen Gründen nicht angewendet werden kann, können auch die Pumpen des Tankwagens für das Absaugen des Kraftstoffes aus den Tanks herangezogen werden. Dies wird als Saugenttankung *(suction defueling)* bezeichnet.

Kraftstoffnotablass *(jettison system)*
Langstreckenflugzeuge führen so große Kraftstoffmengen mit, dass es nicht möglich ist, sie mit vollen Tanks wieder zu landen, denn die Belastung der Fahrwerke ist bei der Landung viel höher als beim Start! Bei einem Notfall, wie etwa Feuer an Bord oder ein Triebwerksausfall, muss aber auch eine Langstreckenmaschine so schnell wie möglich wieder landen können. Dafür haben diese Flugzeuge Notablasssysteme *(jettison or dumping systems)*. Um eine vollständige Entleerung der Tanks zu vermeiden, sind entweder nicht alle Tanks an das Notablasssystem angeschlossen oder es gibt besondere Vorkehrungen, die eine gefährliche, zu weitgehende Entleerung vermeiden. Bei den meisten Flugzeugen wird die zulässige Landemasse vorgewählt und der Computer errechnet, wie viel Kraftstoff abgelassen werden soll. Für das Hinausdrücken des Kraftstoffes nutzen einige Flugzeuge die normalen Tankpumpen, andere Flugzeugtypen verfügen über spezielle Pumpen mit höherer Förderkapazität. So kann der Airbus A 380 150 000 kg pro Stunde aus den Tanks hinausdrücken. Durch spezielle Leitungen, manchmal auch durch die Betankungsleitungen, wird der Kraftstoff zu den sog. Anti-Coronardüsen gepumpt. Die Konstruktion dieser Düsen verhindert ein zu frühes Zerstäuben und Vergasen des Kraftstoffs in der Atmosphäre und vermeidet dadurch die Gefahr, dass eine Entzündung an den heißen Abgasen der Triebwerke stattfindet.

Kraftstoffvorratsmessung
Der Kraftstoffvorrat wird bei allen Flugzeugen ständig im Cockpit in kg oder Tonnen, seltener in pounds auf dem ECAM oder EICAS angezeigt. Mehrere Sensoren *(fuel quantity probes or tank units)* in den Tanks liefern die notwendigen Signale mit hoher Genauigkeit. Diese Angaben sind nicht nur für die Überwachung der Kraftstoffmenge erforderlich, sondern auch für Berechnungen des *Flight Management Systems* von großer Wichtigkeit für die Trimmung und besonders für die sichere Flugdurchführung. Da die Tanks keine einfache geometrische Form haben, müssen in jedem Tank mehrere Sensoren die Flüssigkeitshöhe messen. Flügeltanks weisen bis zu 15 Sensoren auf. Die Tankcomputer berechnen aus den Signalen der *probes* die Kraftstoffmenge unter Berücksichtigung der Kraftstofftemperatur und damit der Dichte sowie der sog. dielektrischen Konstante.

Die Sensoren bestehen aus zwei dünnwandigen, koaxial angeordneten Aluminiumrohren, die senkrecht im Tank eingebaut sind und mit kleinen Abständen zur Tragflächenstruktur (statische Entladungen!) vom Boden bis an die Decke reichen. Sie werden elektrisch beaufschlagt und arbeiten als Kondensatoren. Ihre Kapazität ändert sich mit der Höhe des Kraftstoffspiegels (Bild 7.1.18).

Da sich die dielektrische Eigenschaft des Kraftstoffes auch durch Zusätze im Kraftstoff ändern kann, wird dieser Wert durch einen gesonderten Kondensator, der am Boden des Tanks eingebaut und dadurch immer vollständig im Kraftstoff einge-

Bild 7.1.18
Kapazitativer Sensor
1 Spalt zwischen Kondensator und Tragflächenstruktur
2 Innere Elektrode des Kondensators
3 Äußeres Rohr des Kondensators
4 Cadensicon

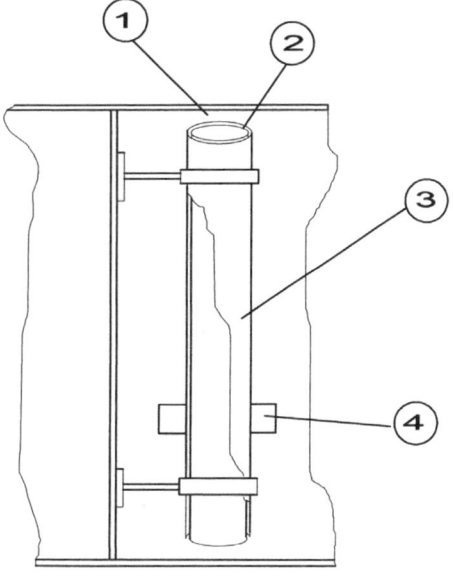

taucht ist, ständig gemessen. Hierdurch ist seine Kapazität nur von der dielektrischen Konstante und nicht von der Füllhöhe des Tanks abhängig. Die Dichte wird durch elektronische Densitometer oder Hydrometer gemessen. Die Dichte ist wichtig, weil die Messung des Kraftstoffvolumens in die Kraftstoffmasse umgerechnet werden muss. Hierfür ist die genaue Dichteangabe notwendig. In Airbusflugzeugen sind alle Sensoren, die die Kraftstoffcharakteristik messen, im sogenannten *Cadensicon* zusammengefasst.

Die Genauigkeit dieser Messeinrichtungen liegt bei ca. 99%! Sogar die Veränderung der Tankgeometrie, die zwischen dem nach unten belasteten Flügel am Boden und dem im Flug nach oben belasteten Flügel eintritt, kann in den Tankcomputern berücksichtigt werden.

Wenn die Genauigkeit durch den Ausfall eines Korrektursignals nicht mehr gegeben ist, wird dies dem Piloten durch einen amberfarbigen Strich über der Tankanzeige auf dem ECAM oder EICAS angezeigt.

7.1.4 Leitwerk

Das Leitwerk hat die Aufgabe, sowohl die Stabilität als auch Steuerbarkeit und Trimmung eines Flugzeuges sicherzustellen. Man unterscheidet beim Leitwerk zwischen Höhen- und Seitenleitwerk. Im Allgemeinen geht man davon aus, dass die Fläche des Höhenleitwerks rund 20% bis 30% der Flügelfläche und die des Seitenleitwerks rund 10% bis 20% der Flügelfläche entspricht. Lediglich Flugzeugkonfigurationen für sehr

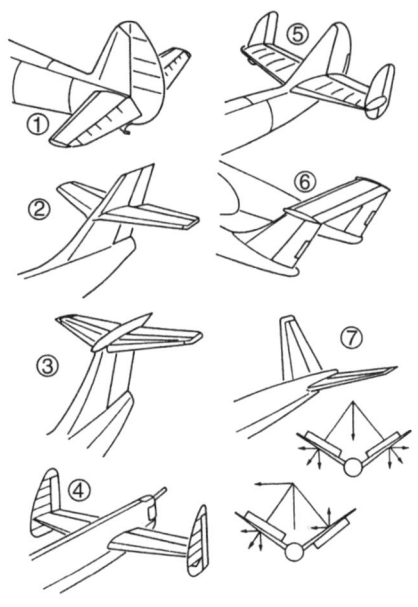

Bild 7.1.19
Leitwerksformen
1 konventionelle Form
2 Höhenleitwerk in halber Höhe des Seitenleitwerks
3 T-Leitwerk
4 Seitenleitwerk in zwei Endscheiben aufgeteilt
5 dreiteiliges Seitenleitwerk
6 zwei Seitenleitwerke auf Leitwerksträgern
7 V-Leitwerk mit Wirkung als Höhen- und Seitenruder

niedrige oder sehr hohe Fluggeschwindigkeiten weichen von diesen allgemeingültigen Größenordnungen ab. Kürzere Rümpfe benötigen großflächigere Leitwerke als lange Rümpfe (Hebelwirkung). Grundsätzlich klassifiziert man die Leitwerkskonstruktionen nach sieben unterschiedlichen Ausführungen *(Bild 7.1.19)*.

Der strukturelle Aufbau des Leitwerks entspricht unabhängig von der Leitwerksform der übrigen Zellenkonstruktion *(Bild 7.1.20)*. Die Struktur der tragenden Hauptbestandteile des Höhenleitwerks besteht jeweils aus einem Vorder- und Hinterholm, den Rippen sowie den Beplankungspanels, die zusammengefügt eine stabile Kastenform bilden.

Wie beim Höhenleitwerk besteht das Seitenleitwerk aus einem Mittelstück, der so genannten «spar box» der Nasenkante, der Auslaufkante und der Seitenleitwerksspitze. Das tragende Teil ist das Mittelstück bzw. der Mittelkasten, der aus Holmen und Rippen sowie den seitlichen Beplankungspanels besteht. Ähnlich wie beim Höhenruder bilden ein Mittelstück, eine Nasenkante, die wiederum aus mehreren Teilen besteht, und die Auslaufkante das Seitenruder. Leitwerke sind heute üblicherweise aus CFK hergestellt.

7.1.5 Steuerwerk

Das Steuerwerk bzw. die Steuerungsanlagen werden in Haupt- und Nebensteuerungsanlagen unterteilt. Als Hauptsteuerung bezeichnet man die Steuerung, die dem Flugzeug seine dreidimensionale Bewegung im Raum um die Längs-, Quer- und Hochachse ermöglicht. Dementsprechend zählen die Quersteuerung, Höhensteuerung und Seitensteuerung zur Hauptsteuerung (vgl. Abschnitt 8.6).

Bild 7.1.20
Struktureller Aufbau einer konventionellen
Leitwerksform
1 Seitenleitwerk
2 Höhenleitwerk
3 Höhenleitwerksmittelkasten
4 Seitenleitwerksmittelkasten
5 Höhenleitwerks-Nasenverkleidung
6 Seitenleitwerks-Nasenverkleidung
7 Rumpf-Leitwerksanschluss
8 Seitenleitwerksflosse
9 Höhenleitwerksflosse

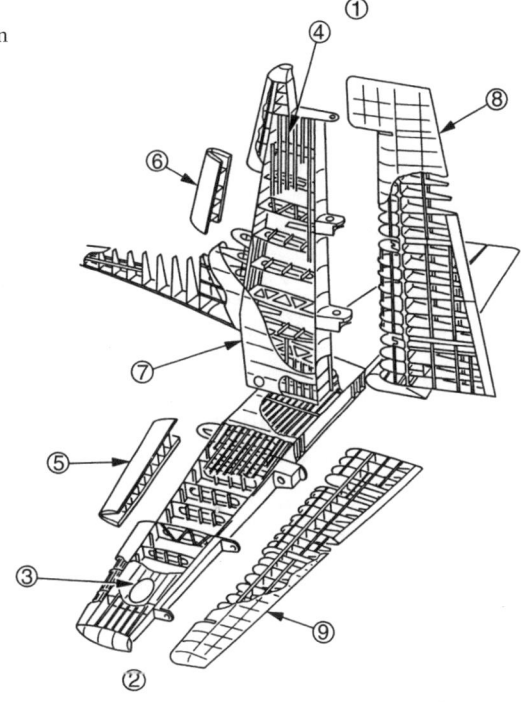

Als Nebensteuerung bezeichnet man die Landeklappen, die Nasenklappen, die Vorflügel, die Störklappen, die Trimmung, die Geschwindigkeitsbremsen und die automatischen Steuerungen.

Jede Steuerungsart umfasst im Prinzip drei Hauptgruppen:

❑ Bedienorgane,
❑ Übertragungsbauteile,
❑ Ruderflächen.

In Verkehrsflugzeugen werden die Steuerungsklappen direktmotorisch (elektrisch oder hydraulisch) über Zahnstangen oder andere Mechanismen angetrieben. Vom Cockpit aus werden diese Stellmotoren elektrisch angesteuert. Der Pilot benutzt dafür unter anderem auch einen «Joystick» (vgl. Abschnitt 8.6.5).

In kleineren und älteren Flugzeugen werden die Klappen der Nebensteuerung über Seilzüge vom Cockpit direkt mechanisch angesteuert. Auch andere mechanische Systeme sind möglich (Stoßstangen, Drehwellen oder Ketten).

In der Übergangszeit von der mechanischen zur elektrischen Signalübertragung waren auch mechanische Notfallsysteme üblich.

Allgemein gesprochen, muss eine Steuerungsanlage so ausgelegt werden, dass ein Flugzeug in allen Flugzuständen sicher steuerbar ist. Dieses ist eines der wichtigsten Elemente bei der Zulassung durch die Behörden. Dabei ist die Wirkung einer Steuerungsanlage ganz erheblich von folgenden Größen abhängig:

- Spannweite des Ruders,
- Tiefe des Ruders,
- Verhältnis Rudertiefe zur Profiltiefe,
- Ausschlagwinkel,
- Geschwindigkeit.

Die maximalen Ruderausschläge werden durch feste Anschläge begrenzt, die entweder justierbar oder fest eingebaut sind.

7.1.6 Fahrwerk

Kleinere Flugzeuge können mit Hilfe von Fahrwerken oder Landekufen landen. Räder erleichtern aber das Manövrieren am Boden, so dass schon in der Anfangszeit der Fliegerei das Fahrwerk allgemein Verwendung fand. Das Aufsetzen muss möglichst weich erfolgen, um die Flugzeugstruktur zu schonen, so dass eine Federung eingebaut wurde, die meist aus Gummisträngen bestand (*Bild 7.1.21*). Durch Reibung zwischen den Federteilen werden die Schwingungen des Flugzeuges nach dem Aufsetzen gedämpft. Federelemente aus Gummi finden noch heute Anwendung, wie z.B. in der Canadair Twin Otter (*Bild 7.1.22*).

Das starre Fahrwerk erfordert im Vergleich zum Einziehfahrwerk einen kleineren Bauaufwand und ist in der Funktion sicherer und sein Gewicht ist meistens kleiner. Die Notwendigkeit für die Verwendung von Einziehfahrwerken kam in den 20er Jahren des vorigen Jahrhunderts auf, als Rennflugzeuge in den USA (*Bild 7.1.23*)

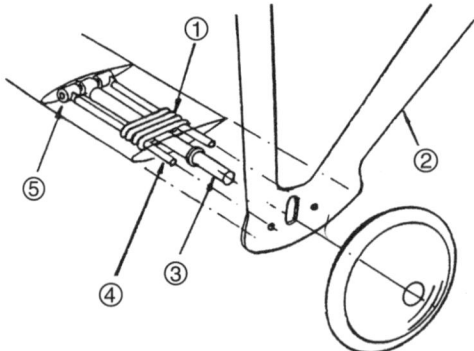

Bild 7.1.21
Fahrwerk der Sopwith Camel
1 Gummibänder
2 Fahrwerksstreben
3 Achse
4 Haltestangen
5 Lager

Starres Fahrwerk mit Gummifedern

Geschwindigkeitsvorteile durch Verkleinerung des Luftwiderstandes durch Einziehen des Fahrwerks erzielen konnten.

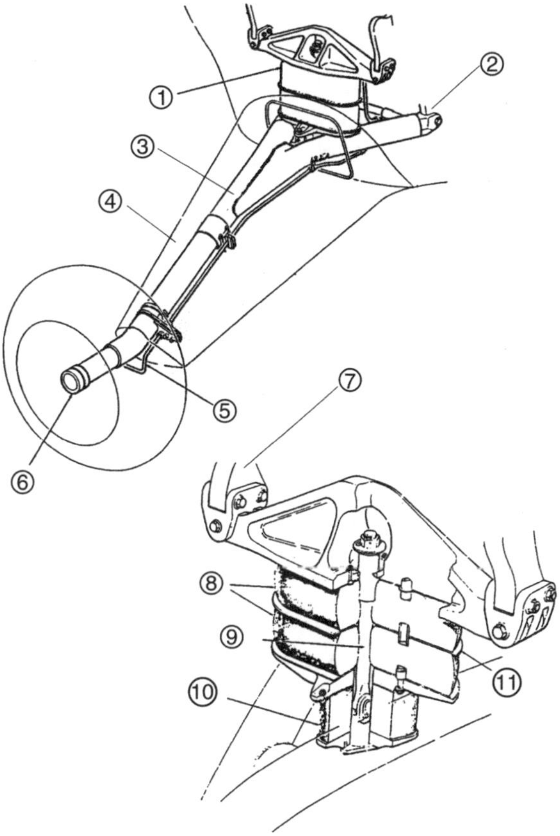

Bild 7.1.22
Fahrwerk DHC-Twin Otter
1 Stoßdämpfer
2 Fahrwerksbefestigung
3 Fahrwerksbein
4 Verkleidung
5 Bremsleitung
6 Achse
7 Fahrwerksbefestigung
8 Gummifederblöcke
9 Spannbolzen
10 Aufprallblock
11 Separatorplatte

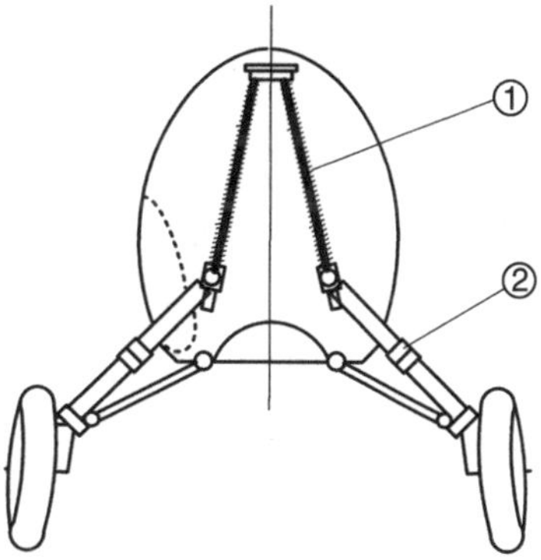

Bild 7.1.23
Fahrwerk Curtiss Hawk
1 Gewindespindel
2 Federbein

Eines der ersten Einziehfahrwerke Curtiss Hawk

315

Dreipunkt-Fahrwerk

Bei kleineren und bei älteren großen Flugzeugen sieht man manchmal starre Fahrwerke mit Spornrad. Der Vorteil dieser Fahrwerke liegt im geringen Gewicht und Bauaufwand. Bei modernen Flugzeugen hingegen werden Fahrwerke mit Bugrädern eingebaut, weil deren Vorteile insgesamt überwiegen *(Bild 7.1.24)*.

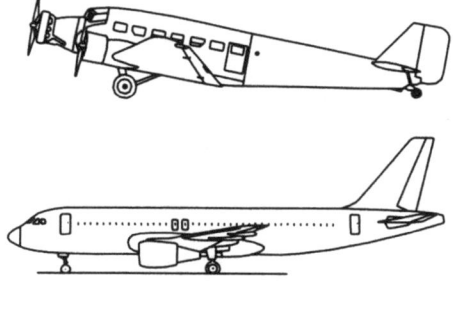

Bild 7.1.24
Dreipunktfahrwerk mit Spornrad Junkers Ju 52 und mit Bugfahrwerk Airbus A 320

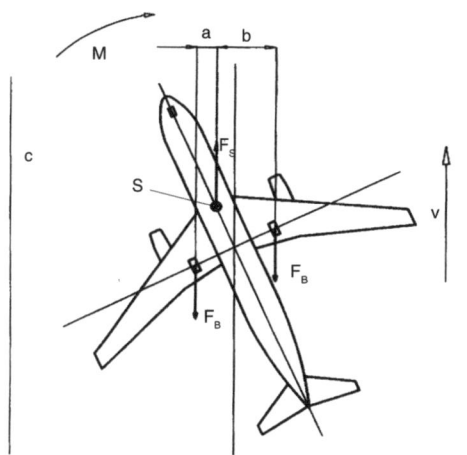

Bild 7.1.25
Rollstabilität des Flugzeuges nach dem Aufsetzen
S Schwerpunkt des Flugzeuges
v Richtung des Flugzeuges über Grund beim Aufsetzen
F_B Bremskraft des Fahrwerks
F_S Trägheitskraft des Flugzeuges
c, d Landebahnbegrenzung
M Drehmoment
a, b Hebelarme

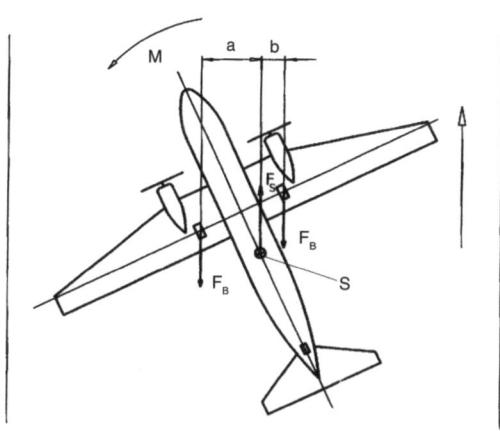

Vorteile des Fahrwerks mit Bugrad gegenüber einem Fahrwerk mit Spornrad:

- Die Piloten haben eine bessere Sicht auf das Rollfeld.
- Mit dem steuerbaren Bugrad lässt sich das Flugzeug leichter lenken.
- Der Flugzeugrumpf liegt horizontal und lässt sich leichter beladen.
- Die Passagiere bewegen sich komfortabler.
- Keine Gefahr des Überschlags bei voller Bremskraft nach der Landung.
- Nach dem Aufsetzen bei der Landung richtet sich das Flugzeug mit Bugfahrwerk selbsttätig aus, das Flugzeug mit Spornrad hingegen nicht.

Ausrichten des Flugzeuges nach dem Aufsetzen

Flugzeuge können nicht immer genau mit der Längsachse in Landebahnrichtung ausgerichtet sein, wenn sie auf die Landebahn aufsetzen, weil z.B. böiger Seitenwind herrscht. Wenn man den Rollwiderstand betrachtet, den beide Hauptfahrwerke nach dem Aufsetzen erzeugen, so kann man eine Drehwirkung der bremsenden Kräfte in Bezug auf den Flugzeugschwerpunkt erkennen. Im Flugzeugschwerpunkt greift die Massenträgheitskraft F_S des abbremsenden Flugzeuges an, die den Bremskräften an den Rädern genau entgegengesetzt wirkt. Man sieht in *Bild 7.1.25*, dass beim Flugzeug mit Bugfahrwerk der Hebelarm b größer ist als der Hebelarm a. Also wird das schief aufsetzende Flugzeug in Richtung der Landebahn ausgerichtet. Beim Flugzeug mit Spornrad ist der Hebelarm a größer als der Hebelarm b, so dass das schief aufsetzende Flugzeug weiter von der Landebahnrichtung abweichen wird. Hier muss der Pilot lenkend korrigieren.

Einbauort

Aufgrund der hohen Fluggeschwindigkeit heutiger Flugzeuge ist das Fahrwerk von Transportflugzeugen immer einziehbar. Wenn man den Tiefdecker betrachtet, der die häufigste Bauweise bei Passagierflugzeugen ist, ergibt sich für den günstigsten Einbauort der Hauptfahrwerke der hintere Flügelbereich in der Nähe der Flügelwurzel *(Bild 7.1.26)*. Hier, knapp hinter dem Flugzeugschwerpunkt, lässt sich das Fahrwerk

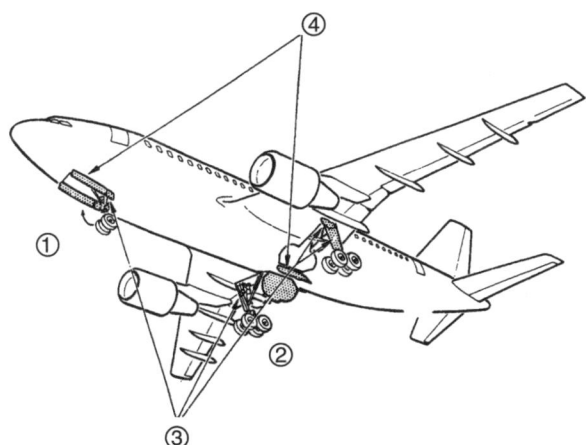

Bild 7.1.26
Einbauort von Bugfahrwerk und Hauptfahrwerk bei der A 310, einem Verkehrsflugzeug in Tiefdeckerbauweise
1 Bugfahrwerk
2 Hauptfahrwerk
3 mechanisch betätigte Fahrwerks-Schachtklappen
4 hydraulisch betätigte Fahrwerks-Schachtklappen

gut seitlich in einen Rumpfausschnitt einfahren. Das Bugfahrwerk fährt nach vorn in den Rumpfbug ein. Im Notfall, wenn kein Hydraulikdruck vorhanden ist, können die Fahrwerke mechanisch entriegelt werden und fahren dann durch das Eigengewicht aus. Beim Bugfahrwerk hilft der Staudruck.

Lage der Fahrwerke in Bezug auf den Flugzeugschwerpunkt
Ein Körper steht stabil, wenn sein Schwerpunkt innerhalb der Aufstandsfläche liegt. Die Aufstandsfläche ist im einfachsten Fall eine Dreiecksfläche, wie sie ja von einem Dreipunktfahrwerk gebildet wird. Das Flugzeug kann über die drei Kanten des Dreiecks, gebildet aus den Verbindungslinien der Fahrwerke, kippen. Daraus folgt, dass die beiden Hauptfahrwerke einen genügend großen Abstand voneinander haben müssen. Das Flugzeug kann aber auch nach hinten kippen, wenn die Hauptfahrwerke zu nahe am Schwerpunkt liegen. Beim Landen und beim Starten muss der Bug des Flugzeuges leicht angehoben werden. Dabei darf der Schwerpunkt nicht hinter die Hauptfahrwerke geraten, denn dann fällt das Flugzeug auf das Heck *(Bild 7.1.27)*.

Aufgelöste Dreipunktfahrwerke
Ein Flugzeugreifen kann bis 300 kN Gewicht tragen. Da es Flugzeuge gibt, die eine Gesamtmasse von einigen Hundert Tonnen haben, muss das Gewicht auf mehrere Räder aufgeteilt werden. Auch die Landebahnbeschaffenheit setzt dem Raddruck Grenzen. Militärtransporter müssen die Fähigkeit haben, auf unbefestigten Landebahnen zu landen, und müssen die Last entsprechend auf viele Räder aufteilen (die Lockheed C-5A hat 28 Räder). Bei Verkehrsflugzeugen können pro Einzelfahrwerk bis zu 6 Räder zu einem Wagen (Bogie) zusammengefasst werden *(Bild 7.1.28)*.

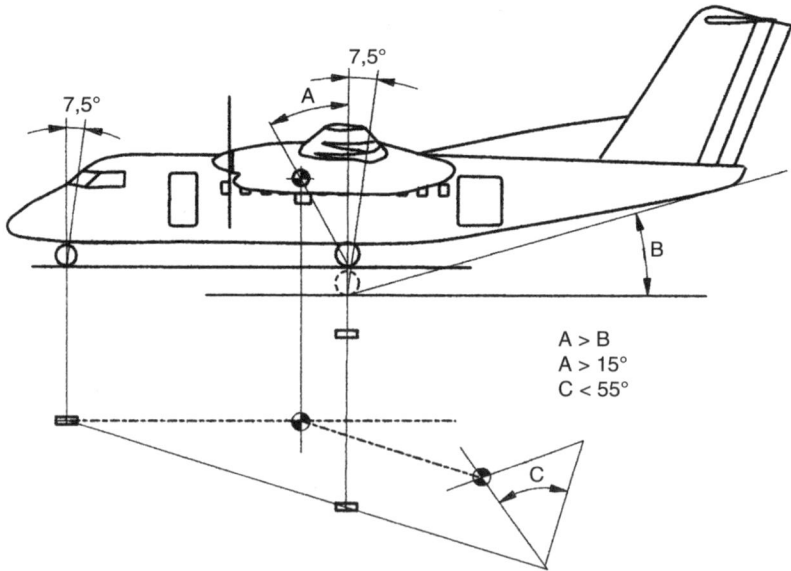

Bild 7.1.27 Standsicherheit eines Flugzeuges in Abhängigkeit von der Einbaulage des Fahrwerks

Bild 7.1.28
Zusammenfassung von Rädern zu Einzelfahrwerken

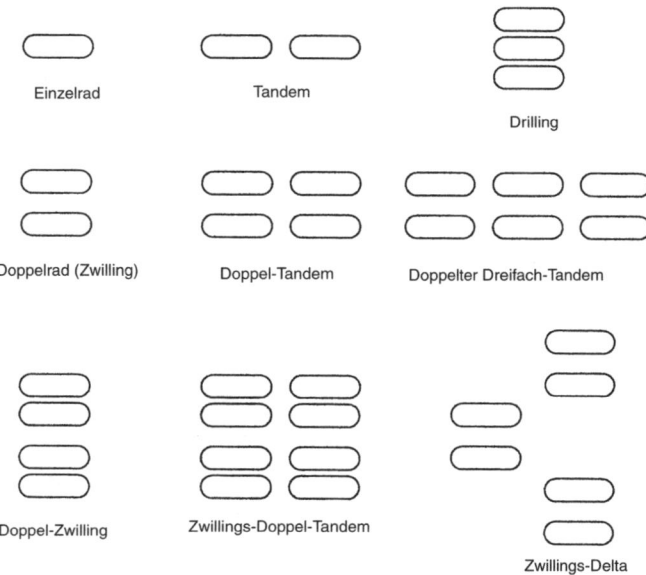

Bild 7.1.29
Aufgelöstes Dreipunktfahrwerk beim A 380 mit 20 Rädern des Hauptfahrwerks

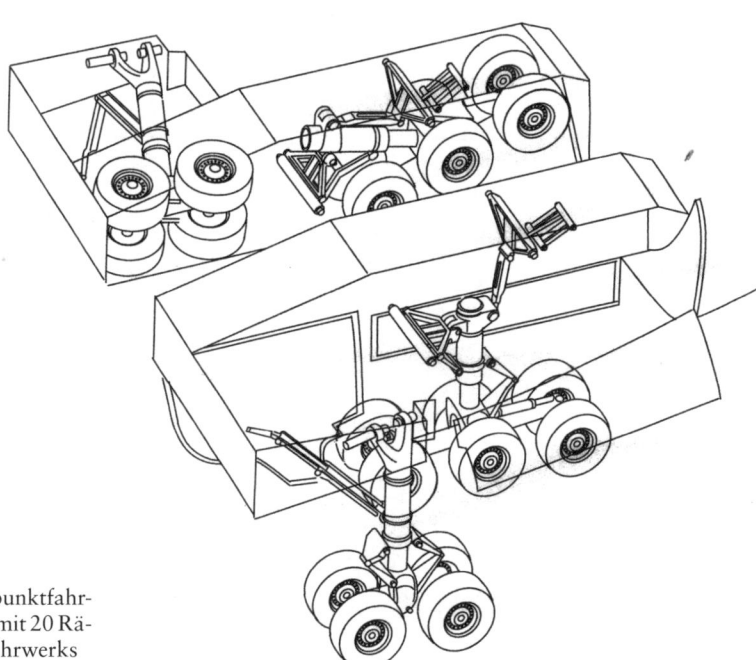

Wird diese Zahl überschritten, teilt man die notwendige Räderzahl auf mehr als zwei Hauptfahrwerke auf. Der Airbus A 340 z.B. hat drei Hauptfahrwerke zu je vier Rädern. Der Airbus A 380 *(Bild 7.1.29)* hat vier Hauptfahrwerke.

Bei großen Transportflugzeugen für das Militär, die meist als Hochdecker konzipiert sind, gibt es noch das Jockey-Fahrwerk *(Bild 7.1.30)*. Mehrere Fahrwerksbeine sind hierbei in Gondeln seitlich am Rumpf untergebracht.

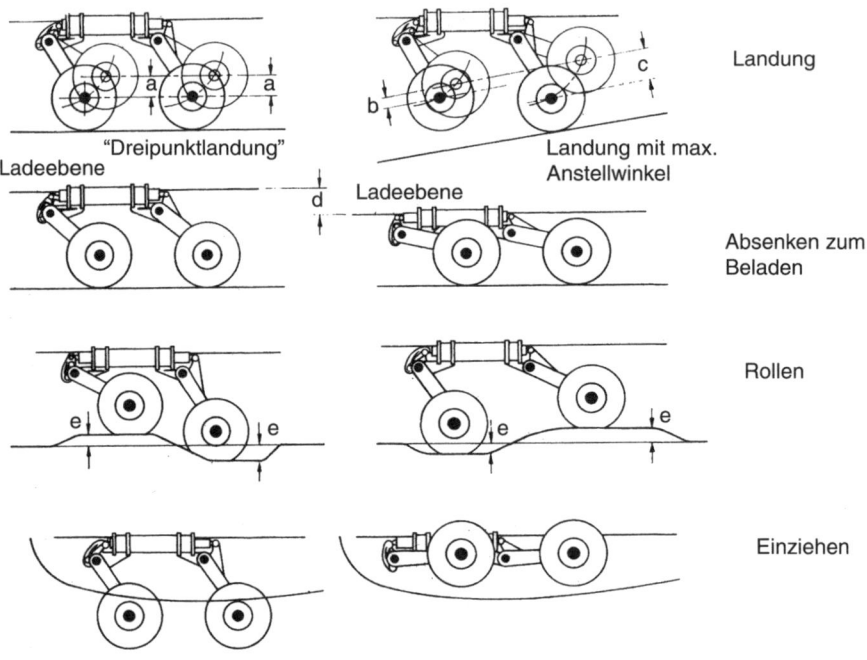

Bild 7.1.30   Fahrwerk für ein militärisches Transportflugzeug

Flugzeug mit Tandemfahrwerk

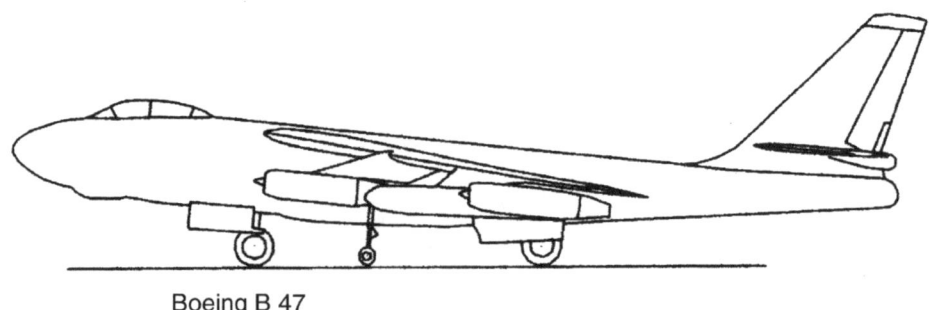

Boeing B 47

Bild 7.1.31   Tandemfahrwerk Boeing B 47

Tandemfahrwerk

Neben diesen häufig verwendeten Fahrwerksanordnungen mit drei Aufstützpunkten gibt es noch weitere Anordnungsmöglichkeiten. Das Tandemfahrwerk besteht aus zwei Hauptfahrwerken hintereinander, die sich unter dem Rumpf befinden. Diese Konstruktion ist notwendig bei Hochdeckern mit einem schmalen Rumpf, wie z.B. bei der Boeing B 47 *(Bild 7.1.31)*. Beim Dreipunktfahrwerk trägt das Hauptfahrwerk im Stand etwa 90% des Flugzeuggewichtes. Beim Tandemfahrwerk besteht eine Aufteilung der Gewichtskraft zwischen dem vorderen und dem hinteren Fahrwerk von 40% und 60%. Da Flugzeuge mit Tandemfahrwerk allein mit den beiden Hauptfahrwerken nicht stabil stehen können, brauchen sie noch Stützräder an den Flügeln.

Belastung des Fahrwerks

Die Struktur eines Fahrwerks wird mit Hilfe der Finite-Elemente-Methode analysiert. Man erkennt so die kritischen Stellen der Konstruktion. Neben den Belastungen bei der Landung muss das Fahrwerk auch hohe Belastungen beim Rollen aufnehmen, wie sie in der Kurve oder beim Überrollen einer Unebenheit auftreten. Das Bugfahrwerk wird beim Abbremsen hoch beansprucht, weil der Rumpf dabei das Federbein stark komprimiert. Die Belastung ist auch beim Schleppen sehr hoch. Um beim Prototypen die wirkenden mechanischen Spannungen zu messen, werden die Fahrwerke in Testeinrichtungen durch Hydraulikzylinder belastet. Mittels Dehnmessstreifen werden die Spannungen ermittelt und mit Spannungsoptik sichtbar gemacht. Nicht nur die statische Belastung muss ermittelt werden, sondern auch die Dauerbelastung, die zu Ermüdung des Materials führt. Ein Verkehrsflugzeug soll eine Lebensdauer von 60 000 Stunden erreichen. Das bedeutet, dass ein Fahrwerk während seiner Lebensdauer einen weiteren Weg rollt als ein Pkw. Fahrwerksbauteile werden aus hochfesten geschmiedeten Stählen und Aluminiumlegierungen hergestellt. Beim Stahl wird eine Vergütung vorgenommen. Fahrwerke werden durch Fallversuche getestet, bei denen hohe Gewichtsbelastungen und Sinkraten simuliert werden. Die Aufsetzgeschwindigkeit des Flugzeuges bei der Landung wird nachgebildet, indem man die Fahrwerksräder mit Hilfe eines Elektromotors antreibt.

Die Drehrichtung wird dabei gegenüber der wirklichen umgekehrt, um die Beschleunigung der Räder aus dem Stand zu simulieren.

Fahrwerksbefestigung

Das Fahrwerk des Airbus A 310 *(Bild 7.1.32)* ist in zwei Punkten drehbar gelagert. Das vordere Lager aus geschmiedetem Titan befindet sich an der Rückseite des Hinterholms (1) und in einem geschmiedetem Rippenteil (2). Dieser Fahrwerksträger nimmt auch noch den Fahrwerkbetätigungszylinder und die Querstrebe auf. Im hinteren Teil des Fahrwerksträgers (2) befindet sich das hintere Fahrwerkslager (6). Mit dem Fahrwerksträger ist außerdem der Hilfsholm (7) verbunden, der zusammen mit Deckplatten und dem Hinterholm einen stabilen Kasten bildet.

Berechnung zur Lage des Flugzeugschwerpunktes

Die Gesamtmasse des Flugzeuges beträgt 70 t, und auf dem Bugfahrwerk lasten F_B = 84 kN. Zwischen dem Bugfahrwerk und dem Hauptfahrwerk besteht ein Abstand von

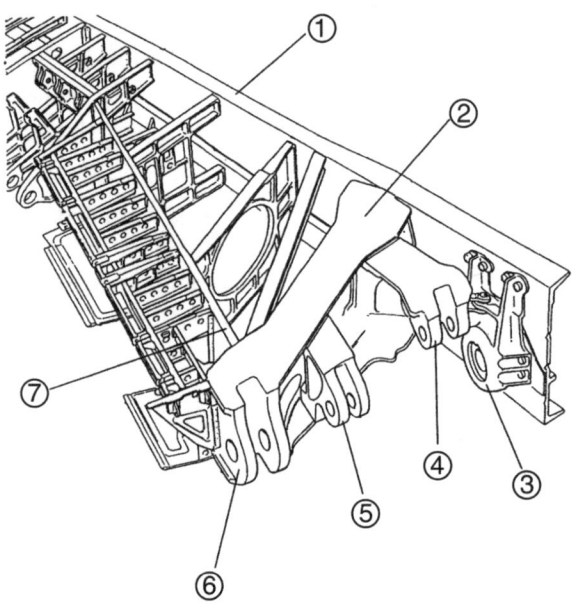

Bild 7.1.32
Befestigung des Hauptfahrwerks bei einem Verkehrsflugzeug in Tiefdeckerbauweise
1 Hinterholm
2 Fahrwerksträger
3 vorderes Fahrwerkslager
4 Befestigung für Fahrwerksaktuator
5 Lager für Querstrebe
6 hinteres Fahrwerkslager
7 Hilfsholm

$i = 15$ m. Mit welcher Gewichtskraft $F_H/2$ wird ein Federbein des Hauptfahrwerks beansprucht und in welchem Abstand vom Hauptfahrwerk l_x befindet sich der Flugzeugschwerpunkt (*Bild 7.1.33*)?

$$F_H = F_G - F_B = m\,g - F_B = 70\,000 \text{ kg } 9{,}81 \text{ m/s}^2 - 84\,000 \text{ N}$$
$$F_H = 602{,}7 \text{ kN}$$
$$F_H/2 = 30{,}14 \text{ kN}$$

Die Summe aller links drehenden Momente ist gleich der Summe aller rechts drehenden Momente.

$$F_G \cdot l_x = F_B \cdot l$$
$$l_x = F_B\,l\,/\,F_G = 84 \text{ kN} \cdot 15\text{m} \,/\, 686{,}7 \text{ kN} = 1{,}83 \text{ m}$$

Aufbau und Bewegungsablauf von Einziehfahrwerken
Neben der am häufigsten angewendeten hydraulischen Betätigungsart für Einziehfahrwerke ist bei einigen leichten Flugzeugen auch die elektrische Betätigung wie z.B. bei der Piaggio P 149 *(Bilder 7.1.34 und 7.1.35)* zu finden. Ein im unteren Bereich des Rumpfes zentral eingebauter Gleichstrommotor (8) dreht über ein Getriebe (3) Gewindespindeln, die mit Innengewinde versehene Rohre (4) in Längsrichtung bewegen können. Diese Rohre schieben oder ziehen Gestänge zum Ein- oder Ausfahren der Fahrwerke. Eine Verriegelung der Fahrwerke ist nicht vorhanden. Selbsthemmende Gewinde müssen das Fahrwerk sichern. Bei Stromausfall wird das Fahrwerk mittels einer Handkurbel ausgefahren.

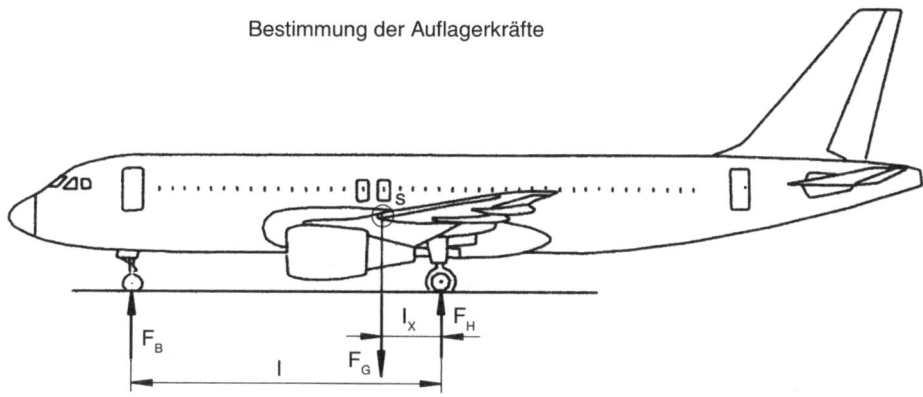

Bild 7.1.33   Fahrwerksauflagerkräfte und Flugzeugschwerpunkt

Hauptfahrwerke

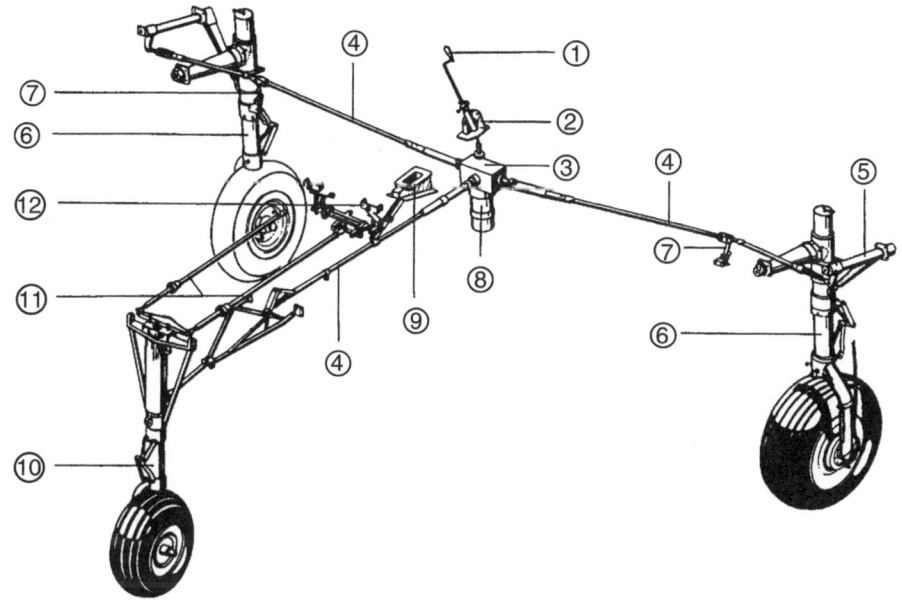

Bild 7.1.34   Elektrisch betätigtes Einziehfahrwerk Piaggio P 149
1 Notfall-Handkurbel; 2 Handkurbelgehäuse; 3 Getriebe; 4 Betätigungsgestänge; 5 Torsionswelle;
6 Federbein; 7 Zwischenhebel; 8 Fahrwerksmotor; 9 mechanische Anzeige für Fahrwerksstellung;
10 Federbein des Bugfahrwerks; 11 Lenkgestänge für Bugfahrwerk; 12 Steuerpedale

Für unterschiedliche Flugzeugkonfigurationen sind z.T. sehr komplizierte Einzieh- und Faltmechanismen für die Fahrwerke entwickelt worden *(Bild 7.1.36)*. Die Zielsetzung für das eingefahrene Fahrwerk besteht darin, möglichst keinen Luftwiderstand zu erzeugen; dazu ist es notwendig, dass es ein kleines Volumen einnimmt. Dafür sind

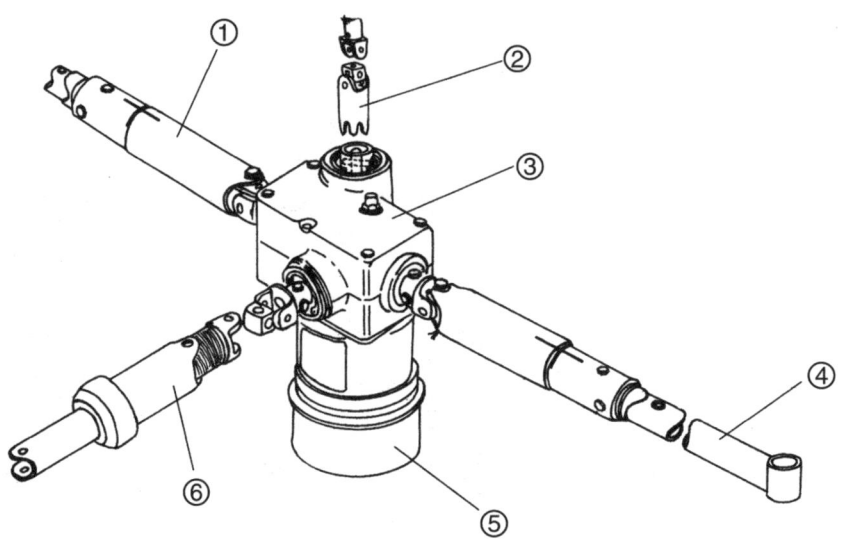

Bild 7.1.35 Elektrischer Fahrwerksantrieb der P 149
1 Spindel; 2 Antriebswelle der Handkurbel; 3 Getriebe; 4 Betätigungsgestänge; 5 Fahrwerksmotor; 6 Auflaufbremse

Hauptfahrwerk Tu 104

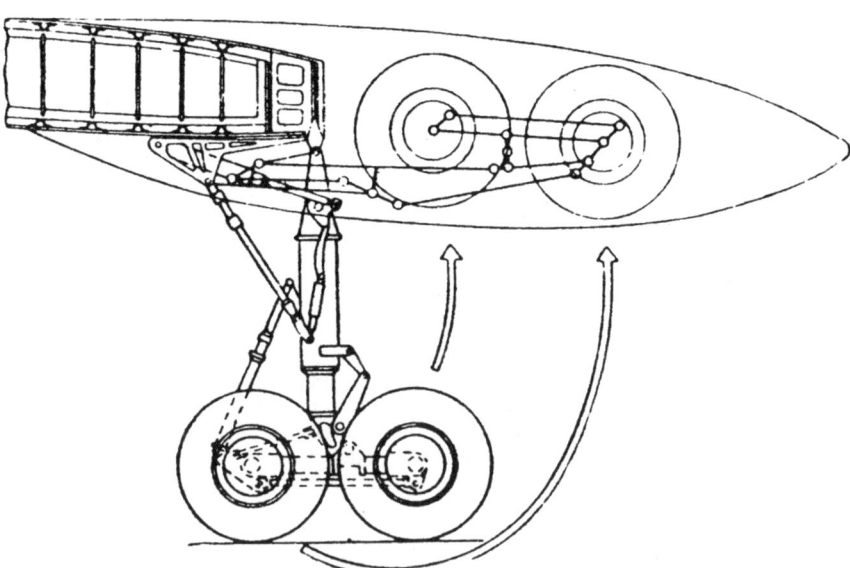

Bild 7.1.36 Bei der Tupolew 104 fahren die Hauptfahrwerke nach hinten in Fahrwerksbehälter ein.

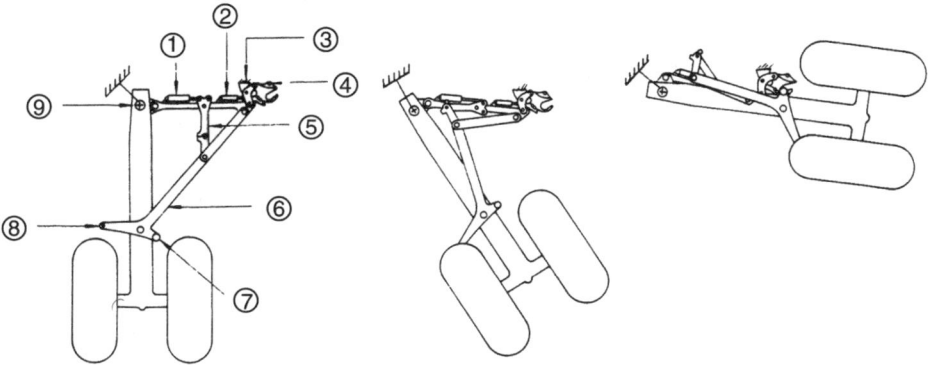

Bild 7.1.37 Das Hauptfahrwerk fährt seitlich in den Rumpf ein. Das eingefahrene Fahrwerk erzeugt keinen Luftwiderstand. Diese Konstruktionsart eignet sich gut für Tiefdecker und ermöglicht kurze Fahrwerke. Der Abstand zwischen den Fahrwerken ist ausreichend groß.
1 Betätigungszylinder für die Ausfahrverriegelung; 2 Betätigungszylinder für die Einfahrverriegelung; 3 Struktur; 4 Verriegelungshaken der Einfahrverriegelung; 5 Sicherungsstrebe; 6 Knickstrebe; 7 Rolle für die Einfahrverriegelung; 8 Betätigungsarm für Schachtklappe; 9 Fahrwerkslager

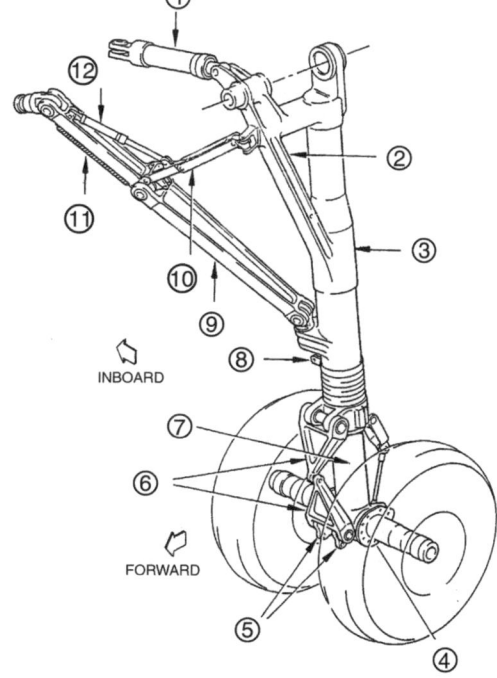

Bild 7.1.38
Standardbauweise eines Hauptfahrwerks mit zwei Rädern für mittlere Verkehrsflugzeuge. Hauptfahrwerk des A 320
1 Fahrwerkszylinder
2 Stützstrebe
3 äußeres Federbein
4 Bremsflansch
5 Schleppfitting
6 Spurgabel
7 inneres Federbein
8 Verriegelungsrolle
9 Knickstrebe
10 Sicherungsstrebe
11 Verriegelungsfeder
12 Verriegelungszylinder

Hauptfahrwerk des A 310

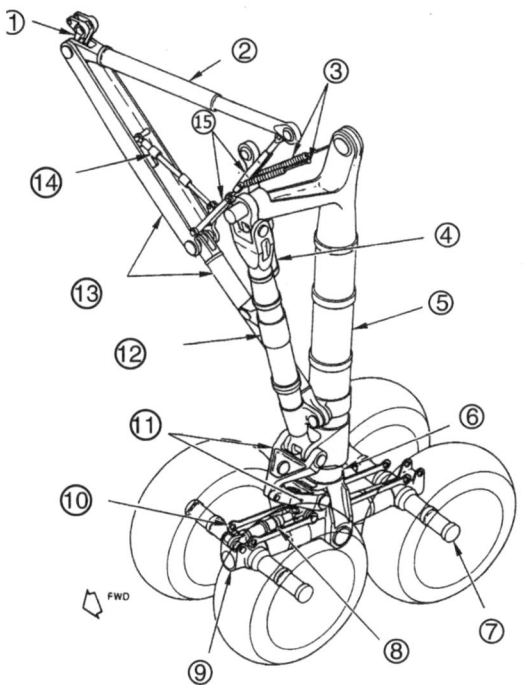

Bild 7.1.39
Standardbauweise für große Verkehrsflugzeuge mit vier Rädern pro Fahrwerksbein. Die vier Räder bilden einen Wagen (Bogie). Der Wagen wird beim Einfahren vom Nickdämpfer (8) ausgerichtet.
1 Verbindungsteil zur Struktur
2 Querstrebe
3 Verriegelungsfeder
4 Fahrwerksbetätigungszylinder
5 äußeres Federbein
6 inneres Federbein
7 Radachse
8 Nickdämpfer
9 Achsträger
10 Bremsausgleichsgestänge
11 Spurgabel
12 Stützstrebe
13 Knickstrebe
14 Verriegelungszylinder
15 Sicherungsstrebe

Konstruktionen entwickelt worden, die das Fahrwerk beim Einfahren verkürzen, zusammenfalten und auch drehen. Mit Hilfe von Stabmodellen wird im Computer untersucht, ob die Fahrwerksteile beim Einfahren miteinander kollidieren. Nicht nur die Bewegung wird analysiert, sondern auch die Art und Größe der Kräfte, die dann in Testanlagen nachgebildet werden. Unter anderem können auch Kreiselkräfte, die aus den nach dem Start noch drehenden Rädern entstehen, ein Problem darstellen *(Bilder 7.1.37 bis 7.1.39)*.

Bugfahrwerke
Aus dem Gebiet der Statik ist bekannt, dass drei Stäbe, zu einem Dreieck miteinander verbunden, ein starres Gebilde ergeben, das z.B. in der Fachwerkbauweise angewendet wird, um Flugzeugstrukturen herzustellen. Das Fahrwerk bildet, wenn es ausgefahren ist, ebenfalls eine starre Struktur, die aus Dreiecksverbänden, den Streben, erzeugt wird. Ein Viereck aus Streben ist verschiebbar und damit geeignet, das Fahrwerk einfahrbar zu machen. Dazu wird eine Strebe, die Knickstrebe, faltbar gestaltet. Das Knickgelenk muss zur Landung und zum Rollen festgesetzt und zum Einfahren gelöst werden. Dieses Lösen und Festsetzen kann durch die Sicherungsstrebe erfolgen *(Bilder 7.1.40 bis 7.1.42)*.

Bild 7.1.40
Fahrbewegung des Bugfahrwerks
a) Das Fahrwerk ist ausgefahren. Die Knickstrebe ist gestreckt und wird durch die ebenfalls gestreckte Sicherungsstrebe gehalten.
b) Die Sicherungsstrebe und die Knickstrebe sind eingeknickt, so dass eine Fahrbewegung möglich ist.
c) Das Fahrwerk ist eingefahren, und die Knickstrebe ist geknickt. Die Sicherungsstrebe ist wieder gestreckt und hält das Fahrwerk sicher im Rumpf.
1 Verriegelungsfeder
2 Verriegelungszylinder
3 Sicherungsstrebe
4 Spurgabel
5 Aufbockpunkt
6 Schleppstangen-Fitting
7 Lenkzylinder
8 Steuerventil
9 Knickstrebe
10 Schachtklappengestänge

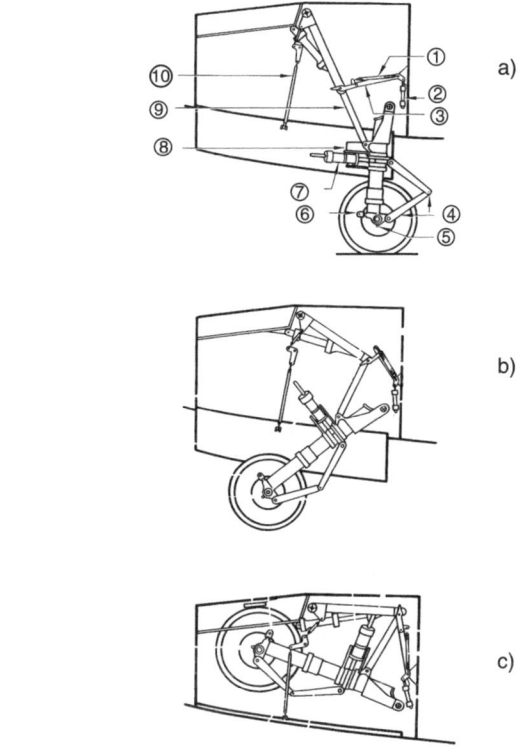

Bild 7.1.41
Endpositionen des Bugfahrwerks des A 320
a ausgefahren und verriegelt; Die Knickstrebe ist gestreckt und durch die Sicherungsstrebe gegen Einknicken gesichert.
b eingefahren und verriegelt; das Fahrwerk wird im eingefahrenen Zustand durch einen Verriegelungshaken (1), der an der Struktur befestigt ist, gehalten.
1 Einfahrverriegelung (Haken)
2 Fahrwerkszylinder
3 Verriegelungsfeder
4 Federbein-Schachtklappe
5 Lenkventil
6 Lenkzylinder
7 Spurgabel
8 Schleppfitting
9 inneres Federbein
10 Lenkring
11 Sicherungsstrebe
12 Rolle für Einfahrverriegelung

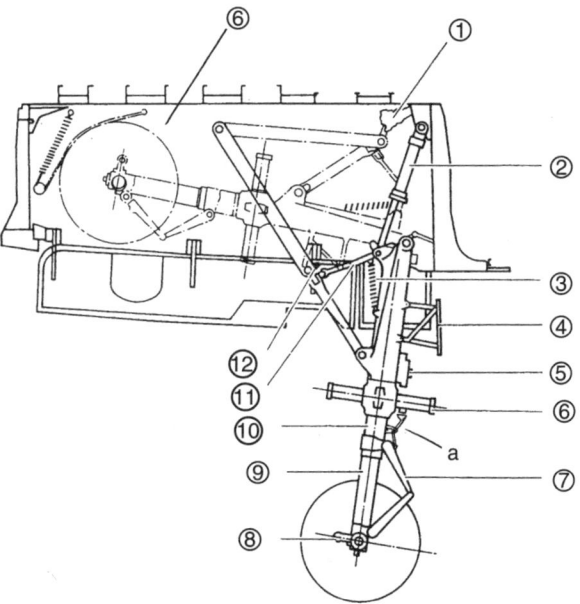

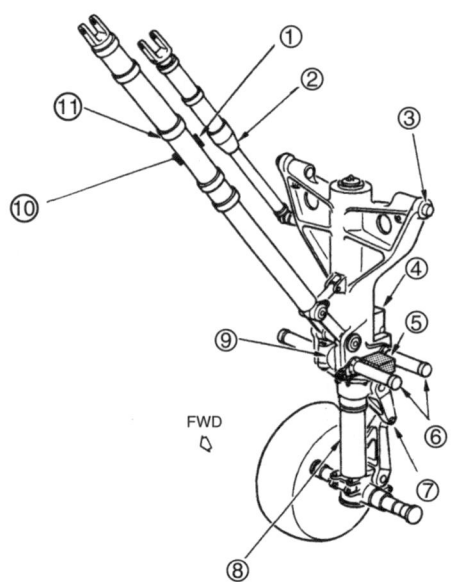

Bild 7.1.42
Statt der häufig verwendeten Knickstrebe hat das Fahrwerk eine Teleskopstrebe. Die Verriegelungselemente befinden sich in der Strebe (s. auch Bild 2.2.8)
1 Anzeige für Ausfahrverriegelung
2 Fahrwerkszylinder
3 Fahrwerkslager
4 Lenkservoventil
5 Interphonbox
6 Lenkzylinder
7 Spurgabel
8 inneres Federbein
9 Einfahr-Verriegelungsrolle
10 Boden-Sicherungsstift
11 Teleskopstrebe

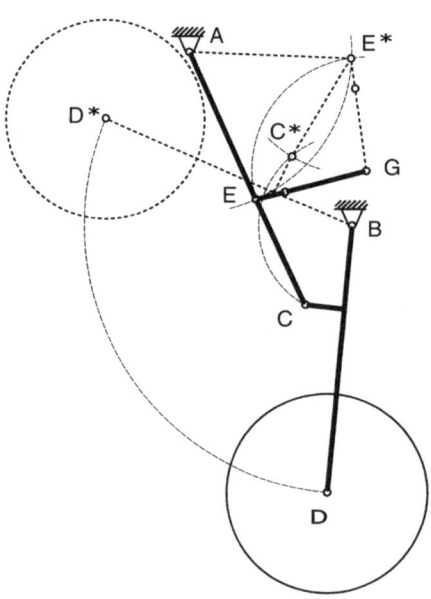

Bild 7.1.43
Die Fahrwerksteile werden als Stäbe betrachtet, die um ihre Lager schwenken. Dabei lassen sich die augenblicklichen Lagen der Stäbe mit Hilfe von Kreisbögen, die um die Lagerstellen gezeichnet werden, bestimmen.

Fahrwerkskinematik am Beispiel des Bugfahrwerks der B 737
Um den Bewegungsablauf des Einfahrvorgangs eines Einziehfahrwerks zu verstehen, kann man z.B. von der Ausfahrstellung des Fahrwerks ausgehen (s. Bild 7.1.43). Man sucht die festen Anlenkpunkte des Fahrwerks, im Beispiel die Punkte A und B. Dann

werden weitere Lagerpunkte und Knickpunkte gesucht und auf ein freies Blatt maßstäblich übertragen. Ein CAD-Programm eignet sich dafür auch. Das Fahrwerk fährt um den Punkt B nach vorne ein, wobei das Federbein ausfedert und sich um einen aus der Zeichnung zu entnehmenden Betrag verlängert. Die Sicherungsstrebe ist sowohl im ausgefahrenen als auch im eingefahrenen Zustand des Fahrwerks gestreckt. Ihre Endlage E* ist daher auf dem Kreisbogen mit dem Radius GE. Die Knickstrebe AEC mit dem Knickpunkt E knickt nach oben ein und liegt mit dem Knickpunkt in E*. E* erhalten wir, indem mit dem Radius AE um A ein Kreisbogen gezogen wird. Die Kreisbögen GE und AE bilden einen Schnitt in E*. Den Punkt C* erhält man, indem die Kreisbögen EC um E* und BC um B zum Schnitt gebracht werden. Das Federbein BCD muss dann noch entsprechend eingezeichnet werden, und man erhält den Radpunkt D* des eingefahrenen Fahrwerks im Rumpfbug *(Bild 7.1.43)*.

Lenkung
Das Lenken von Flugzeugen kann durch Schwenken des Bug- oder Spornrades oder durch differenziertes Bremsen der Hauptfahrwerke erfolgen. Das Lenken mittels Bugfahrwerk ist auch bei kleinen Flugzeugen üblich, so dass das Lenken durch asymmetrisches Bremsen der Hauptfahrwerke nur eine untergeordnete Funktion hat.

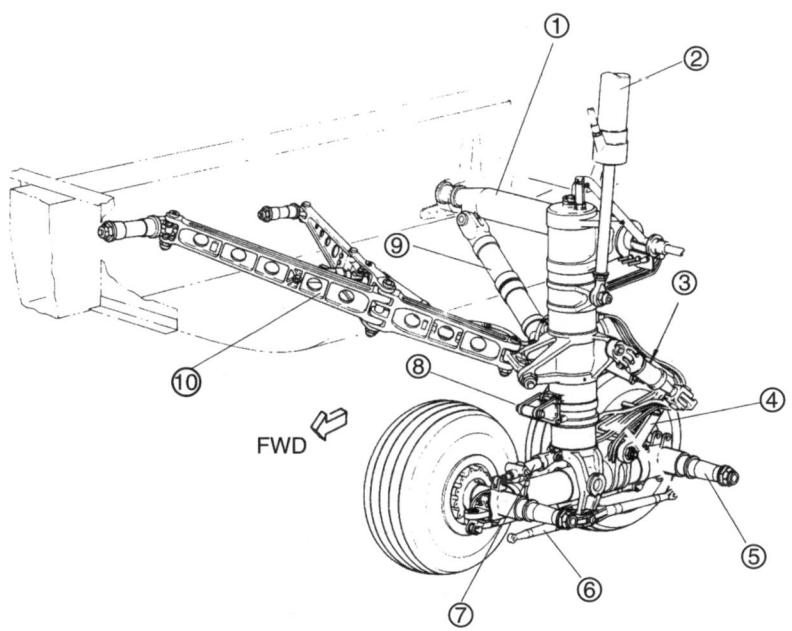

Bild 7.1.44   Flugzeuge mit Dreipunktfahrwerken werden mit dem Bugfahrwerk oder dem Spornrad gelenkt. Bei der Boeing B 747 sind vier Hauptfahrwerke vorhanden. Um das «Radieren» der Räder beim Rollen in der Kurve klein zu halten, werden zusätzlich die Rumpffahrwerke mit gesteuert. 1 Fahrwerkslagerwelle; 2 Fahrwerkszylinder; 3 Lenkzylinder; 4 Spurgabel; 5 Radachse; 6 Brems-Ausgleichsgestänge; 7 Ausrichtzylinder; 8 Verriegelungsrolle; 9 Stützstrebe; 10 Knickstrebe

329

hydraulische Lenkbetätigungen

a) Zahnstange und Ritzel   b) Betätigung mit einem Lenkhebel

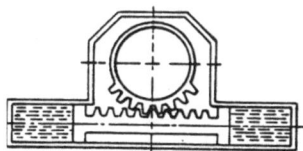   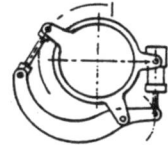

c) Hydraulikmotor   d) Betätigung mit zwei Aktuatoren

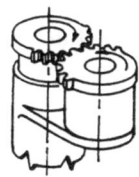   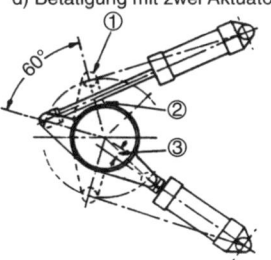

1 0° Lenkausschlag
2 vermindernder Abstand
3 kleiner Hebelarm

Bild 7.1.45 Varianten der hydraulischen Bugfahrwerkslenkung
a) Gleichmäßige Lenkkraft über den gesamten Lenkausschlag
b) Kompakte Ausführung, sich ändernde Lenkkraft durch sich ändernde Hebellängen
c) Gleichmäßige Lenkkraft, kompakte Bauweise
d) Wenig kompakt, geometrisch schwierig

Transportflugzeuge haben zwei Lenkeinrichtungen: zum einen die Steuerpedale und zum anderen das Steuerrad. Die Steuerpedale werden bei hohen Rollgeschwindigkeiten bei Start und Landung benutzt und das Steuerrad bei Rollbewegungen mit normaler Rollgeschwindigkeit. Mit dem Steuerrad sind enge Kurvenradien möglich, so dass große Verkehrsflugzeuge auf einer Start- und Landebahn von 45 m Breite wenden können. Damit die Räder in engen Kurven nicht so stark radieren, sind z.B. die Rumpfhauptfahrwerke bei der B 747 lenkbar *(Bild 7.1.44)*.

Für die hydraulischen Kraftverstärker der Lenkungen gibt es vier Konstruktionsarten *(Bild 7.1.45)*.

Prinzipielle Funktion einer Bugradlenkung mittels Folgesteuerung
Von den Steuerpedalen und vom Steuerrad gehen Steuerseile aus, die zum Steuerventil und zum Lenkring am Bugfahrwerk führen *(Bild 7.1.46)*.

Von den Steuerseilen C und D können die Lenkeingaben durch Verkürzen und Verlängern des jeweiligen Seiles für die rechte oder für die linke Kurve an das Steuerventil

Schematischer Aufbau einer Lenkung

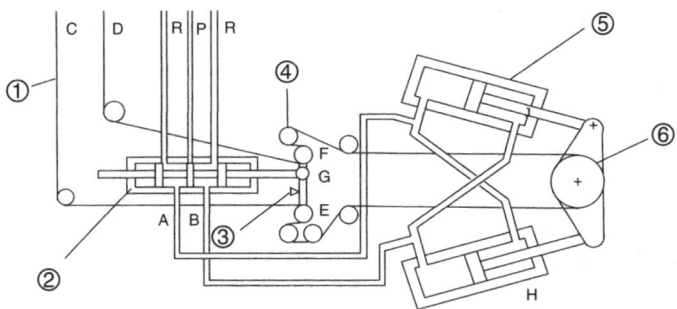

Bild 7.1.46 Hydraulische Folgesteuerung der Lenkung, bei der die Eingabe der Lenkimpulse durch Seile erfolgt
1 Steuerseile von Steuerpedalen und Lenkrad; 2 Steuerventil; 3 Lagerpunkt; 4 Seilscheibe; 5 Lenkzylinder; 6 Lenkring; P Druckleitung; R Rücklaufleitung

Lenkhydraulik

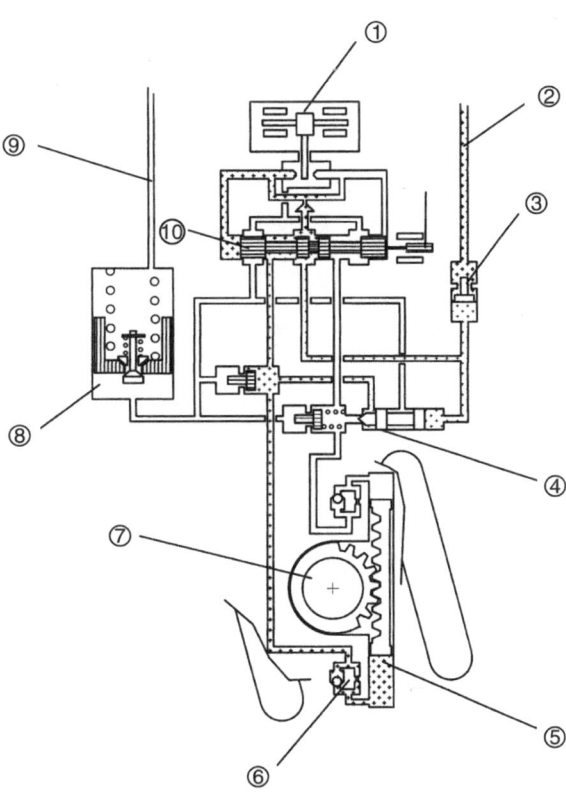

Bild 7.1.47
Lenkhydraulik des A 320
Die Eingabe des Lenksignals in die Servoeinheit (1) erfolgt elektrisch. Die Rückmeldung geschieht über den Stellungssensor (11).
1 Servoventil
2 Druckleitung
3 Rückschlagventil
4 Bypassventil
5 Lenkzylinder
6 Drosselrückschlagventil
7 Federbein
8 Akkumulator
9 Rücklauf
10 Steuerschieber
11 Stellungssensor

gegeben werden. Wird z.B. das Seil C verkürzt und damit D verlängert, so bewegt sich Punkt E des Ventilhebels nach links um den Lagerpunkt. F und G bewegen sich nach rechts. Der Hydraulikdruck wird nach A freigegeben. Der Kolben des Lenkzylinders J fährt aus und dreht den Lenkring mit den Rädern nach rechts, d.h., das Flugzeug rollt eine Rechtskurve. Die Kolbenstange des Zylinders H fährt dabei ein. Das Lenkseil D wird durch das Drehen des Lenkringes nach rechts gezogen, und bewegt den Punkt F des Steuerhebels um den Lagerpunkt nach links, bis der Steuerschieber im Ventil die Druckleitung wieder sperrt, womit die Steuerbewegung beendet ist.

Steuerventil für die Lenkung A 320 (*Bild 7.1.46*)
Von der Brems- und Lenkeinheit erhält der Elektromagnet im Servoventil einen Steuerimpuls, so dass das Strahlblech (1) nach links oder rechts bewegt wird und so die linke oder rechte Düse drosselt. Das Strahlblech wird nach links bewegt, dadurch erhöht sich der Druck in der linken Steuerleitung zum Steuerschieber (10) und er wird nach rechts bewegt; Hydraulikdruck aus der Druckleitung (2) gelangt so in die eine Kammer des Lenkzylinders (5), und die Bugräder drehen nach links. Die Hydraulikflüssigkeit der anderen Zylinderseite wird über das Steuerventil (10) zum Akkumulator (8) geleitet. Von dort gibt es einen Abfluss in den Rücklauf. Die Drosselrückschlagventile (6) dienen zur Flatterdämpfung des Bugfahrwerks. Die Rückschlagventile, die sich vor den Drosselrückschlagventilen befinden, sorgen dafür, dass der Lenkzylinder vom Akkumulator mit genügend Hydraulikflüssigkeit versorgt wird. Er versorgt die Zylinderkammern mit ausreichendem Druck, um Kavitation durch Flatterbewegung zu verhindern. Das Bypassventil (4) verbindet die beiden Kammern miteinander, falls der Hydraulikdruck ausfällt.

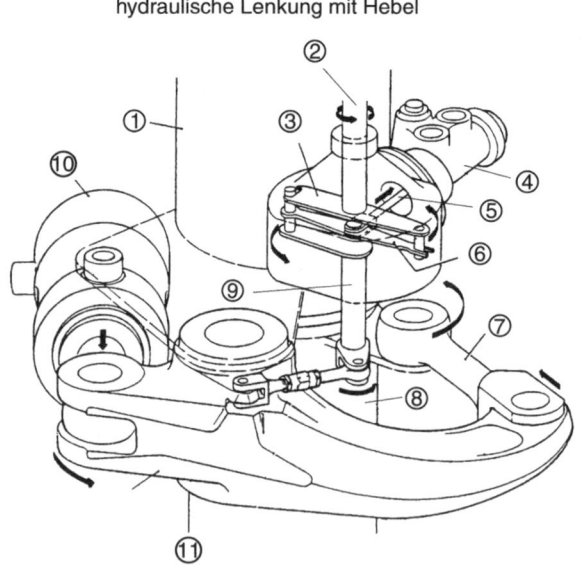

Bild 7.1.48
Lenkeingabe beim BAe 146
1 äußeres Federbein
2 Lenkeingabe
3 Eingabehebel
4 Lenkservoventil
5 Steuerschieber
6 Ventilhebel
7 Lenkverbindung
8 Lenkring
9 Lenkfolge
10 Lenkzylinder
11 Lenkhebel

Lenkung mit Hebel
Bei dieser Lenkung (*Bild 7.1.48*) wird der Lenkring am Bugfahrwerk von einem Hebel (11) betätigt. An seinem kürzeren Hebelarm greift der Lenkzylinder (10) an, der den Hydraulikdruck vom Lenkservoventil (4) erhält. Die Lenkeingabe erfolgt von den Pedalen oder vom Lenkrad über eine Welle (2), die den Eingabehebel (3) dreht. Der Punkt A ist zunächst fest und verbunden über die Welle (9) und dem Lenkhebel mit der Kolbenstange des Lenkzylinders.

Der Eingabehebel hat am Punkt A etwas Spielraum, so dass der Ventilhebel (6) den Steuerschieber (5) bewegen kann. Das Lenkservoventil leitet Hydraulikflüssigkeit in den Lenkzylinder, und der Lenkring (8) wird über den Lenkhebel und die Lenkverbindung (7) bewegt. Die Lenkfolgewelle (9) bewegt sich mit dem Lenkhebel und zieht mit dem Ventilhebel (6) den Steuerschieber wieder zurück. Die Lenkbewegung wird mit Erreichen der neuen Position beendet.

Rollstabilität
Das Bugfahrwerk muss eine Rollstabilität in Bezug auf die Richtung besitzen. Es darf weder die Tendenz haben sich beim langsamen Rollen querzustellen noch beim schnellen Rollen anzufangen seitlich um die Lenkachse zu schwingen. In einer Kurve soll das ungelenkte Rad das Bestreben haben, die Kurve zu beenden. Die Rollstabilität des Bugfahrwerks hängt vom Winkel der Lenkachse und von der Lage seines «Durch-

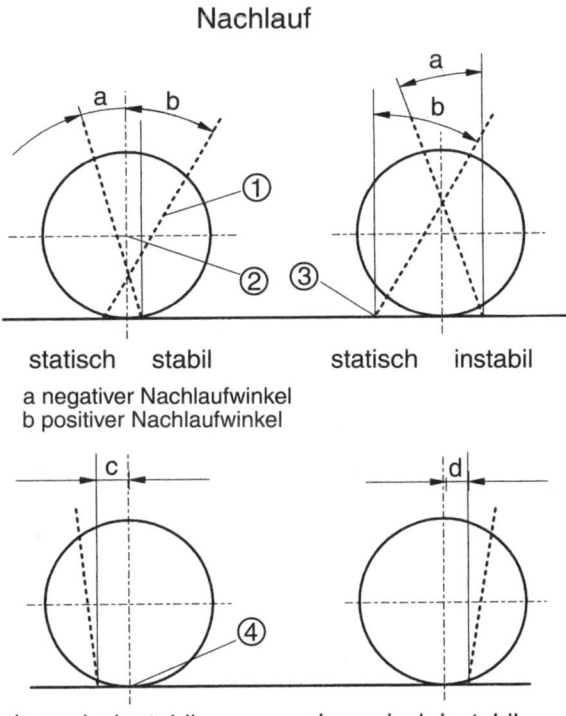

Bild 7.1.49
Die Lenkung der Räder ermöglicht ein Kurvenrollen des Flugzeuges. Ohne Lenkeingabe soll das Flugzeug aber geradeaus rollen, also eine Rollstabilität besitzen. Beide Anforderungen müssen bei der Konstruktion aufeinander abgestimmt werden.
c positiver Nachlauf
d negativer Nachlauf
1 Lenkachse
2 Radachse
3 Durchstoßpunkt der Lenkachse
4 Radaufstandspunkt

333

stoßpunktes» auf dem Boden ab. Statisch stabil rollt ein Bugrad, wenn die Lenkachse unterhalb der Drehachse des Rades hindurchläuft. Bei der Lenkbewegung des Rades aus der Mittenstellung heraus muss das Flugzeug vom Rad angehoben werden, damit eine statische Rollstabilität entsteht. Ein Bugrad muss aber auch dynamisch stabil laufen, darum ist ein positiver Nachlauf einzuhalten. Der Nachlauf ist der Abstand vom Durchstoßpunkt der Lenkachse auf dem Boden bis zum Aufstandspunkt des Rades (der Punkt senkrecht unter dem Mittelpunkt des Rades). Zwillingsräder werden in ihrer Richtung um eine möglichst senkrechte Achse gelenkt. Der Durchstoßpunkt der Lenkachse soll vor dem Aufstandspunkt liegen, damit das Rad gezogen wird, denn es wird durch die Radreibung am Boden zurückgehalten. Einzelräder erhalten eine geneigte Lenkachse *(Bild 7.1.49)*.

Zentrierung der Bugfahrwerkes
Um zu verhindern, dass das Bugfahrwerk nach dem Start mit schräg gestellten Rädern in den Fahrwerksschacht einfährt und sich dort verklemmt, wird vor dem Einziehen des Bugfahrwerks die Lenkhydraulik drucklos geschaltet und das innere Federbein mit den Rädern zentriert. Die Zentrierung geschieht durch zwei ineinander passende Kurvenscheiben im Federbein. Nach dem Abheben federt das innere Federbein aus, und die Kurvenscheibe des äußeren Federbeins und des inneren Federbeins schieben sich ineinander *(Bild 7.1.50)*.

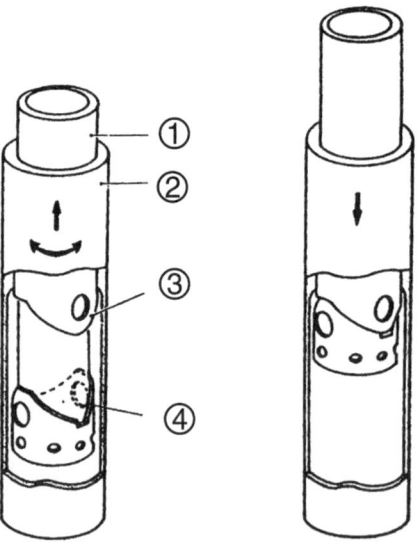

Zentrierung des Bugfahrwerkes

Federbein ist eingefedert
Bodenkontakt
Lenkung ist frei

Federbein ist ausgefedert
im Fluge
Federbein ist zentriert

Bild 7.1.50
Sobald das Bugfahrwerk bodenfrei ist, wird es durch die Zentrierung geradeaus gestellt, damit es in den Fahrwerksschacht einfahren kann. Außerdem hat es dann für die Landung schon die richtige Position.
1 festes Federbein
2 bewegliches Federbein
3 oberer Zentrierungsnocken
4 unterer Zentrierungsnocken

Verriegelung von Einziehfahrwerken

Einziehbare Fahrwerke benötigen für ihre ausgefahrene und eingefahrene Stellung eine Verriegelung, die sie gegen Einknicken am Boden oder ungewolltes Ausfahren sichern. Diese Verriegelungen müssen alle die dabei auf die Fahrwerke wirkenden Belastungen aufnehmen und übertragen können. Die Ausfahr- und Einfahrverriegelungen werden hauptsächlich durch Überzenterung vom Gestänge erzielt und durch Federdruck gesichert *(Bild 7.1.51)*.

Diese Verriegelungen werden an Flugzeugstrukturen oder an Fahrwerksteilen angebracht und können entweder innerhalb von den Fahrwerksteilen oder außerhalb davon arbeiten.

Folgende Hauptforderungen werden an Verriegelungen gestellt:

- Eine Ausfahrverriegelung muss sich nur durch ihre Verriegelungsfeder schließen lassen.
- Die Verriegelung soll so ausgebildet sein, dass das ankommende Fahrwerk den Schließvorgang einleitet.
- Die Einfahrverriegelung soll zusätzlich zur hydraulisch zu öffnenden Verriegelung eine manuelle Entriegelungsmöglichkeit haben.
- Die Ausfahrverriegelung muss sich am Boden mechanisch so sichern lassen, dass ein unbeabsichtigtes Entriegeln nicht möglich ist.

Es gibt mehrere Konstruktionen, um eine Verriegelung herbeizuführen:

- Verriegelung im Knickpunkt der Knickstrebe *(Bild 7.1.52)*,
- Verriegelung durch einen Haken *(Bilder 7.1.53, 7.1.55 bis 7.1.57)*,
- Verriegelung durch Sicherungsstrebe *(Bilder 7.1.54 bis 7.1.56)*,
- Verriegelung in einer Teleskopstrebe *(Bild 7.1.58)*.

Knickstrebenverriegelung

Die Knickstrebe (siehe Bild 7.1.52) mit ihrer Verriegelung hält das Bugfahrwerk im eingefahrenen und ausgefahrenen Zustand. In beiden Endstellungen ist sie in gestreckter Lage verriegelt. Das Gelenk der unteren (1) und oberen (3) Knickstrebe bildet das Verriegelungsgehäuse. In diesem werden durch zwei Verriegelungsfedern (7) und einer Verriegelungsstange (2) der Verriegelungshebel (6) mit Zwischenhebel (5) und

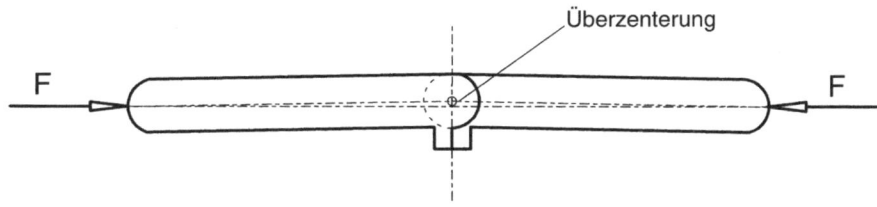

Bild 7.1.51 Ein Gelenkstab, der nicht einknicken soll, wird über die Gerade gegen einen Anschlag durchgedrückt.

335

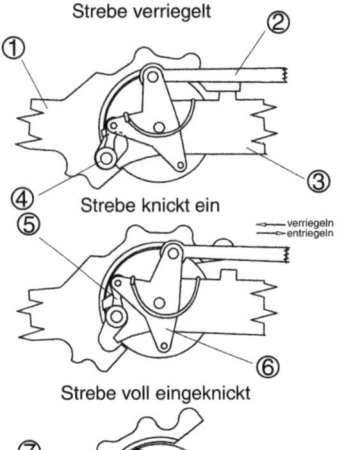

Knickstreben-Verriegelung

Bild 7.1.52
Die Verriegelungsmechanik befindet sich im Gelenk der Knickstrebe. Sowohl im eingefahrenen als auch im ausgefahrenen Zustand ist die Strebe gestreckt und verriegelt.
1 untere Knickstrebe
2 Verriegelungsstange
3 obere Knickstrebe
4 Verriegelungsrolle
5 Zwischenhebel
6 Verriegelungshebel
7 Verriegelungsfeder
8 Verriegelungsanschlag

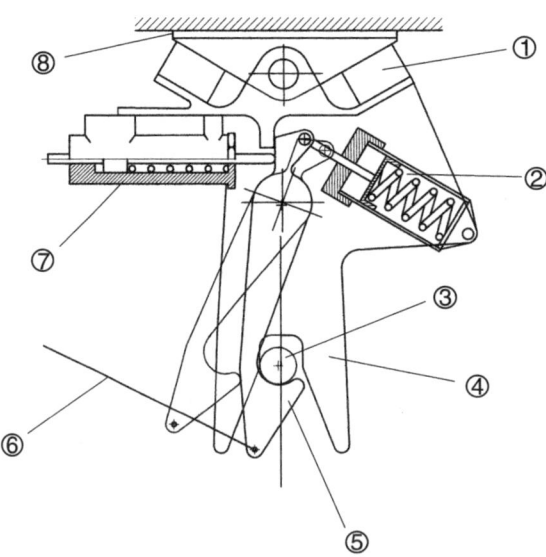

Bild 7.1.53 Für die Einfahrverriegelung wird meistens der Haken verwendet. Dabei bewirkt die in den Haken einfahrende Verriegelungsrolle am Fahrwerk mit der Verriegelungsfeder am Haken die sichere Aufnahme des Fahrwerks im Rumpf.
1 Gummiblock; 2 Verriegelungsfeder; 3 Verriegelungsrolle; 4 Führung; 5 Verriegelungshaken; 6 Notentriegelung; 7 Verriegelungszylinder; 8 Flugzeugstruktur

Bild 7.1.54
Für die Aus- und Einfahrverriegelung eines Fahrwerks werden meistens unterschiedliche Verriegelungsmechanismen verwendet.
1 Abstützung für den Fahrwerkszylinder
2 Verbindung zur Struktur
3 Fahrwerkszylinder
4 Fahrwerksträger
5 Sicherungsstrebe
6 Federbein
7 Stützstrebe
8 Verriegelungsrolle
9 Knickstrebe
10 Einfahrverriegelungshaken
11 Verriegelungsfeder
12 Betätigungszylinder der Einfahrverriegelung
13 Verriegelungsfeder für die Ausfahrverriegelung
14 Betätigungszylinder für die Ausfahrverriegelung

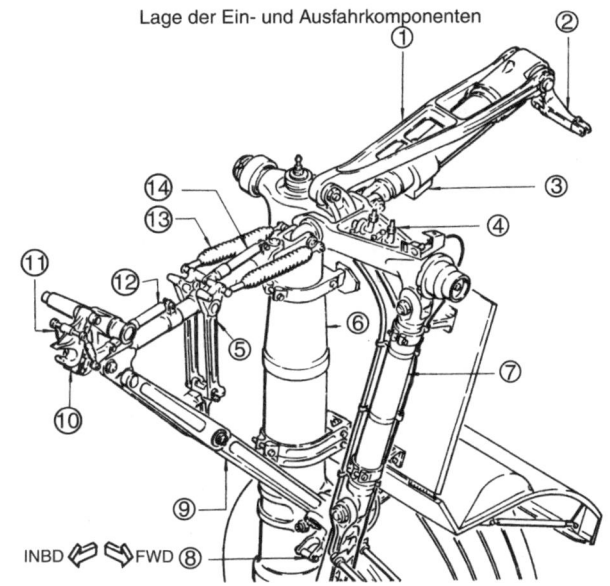

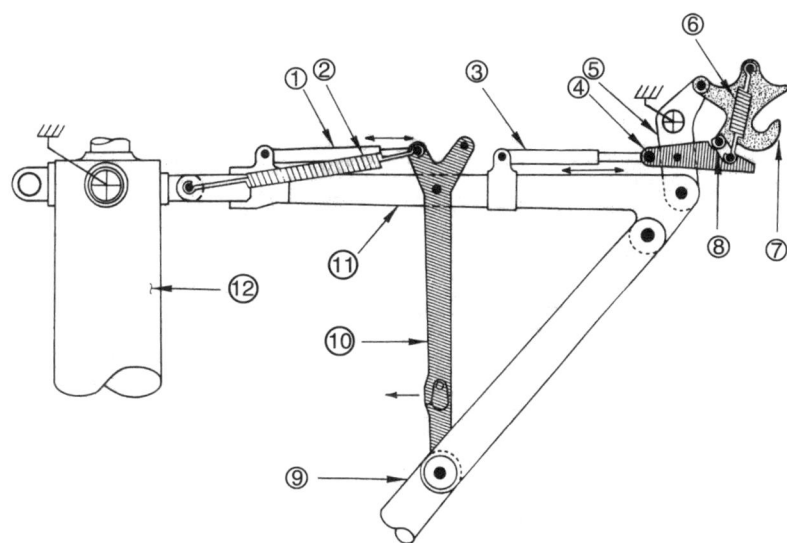

Bild 7.1.55 Funktionsschema der Fahrwerksverriegelung in Ausfahrstellung
1 Betätigung der Ausfahrverriegelung; 2 Ausfahrverriegelungsfeder; 3 Betätigungszylinder für die Einfahrverriegelung; 4 Anschlaghebel; 5 Verriegelungshebel; 6 Verriegelungsfeder; 7 Verriegelungshaken der Einfahrverriegelung; 8 Zwischenhebel; 9 Knickstrebe; 10 Sicherungsstrebe; 11 Querträger; 12 Federbein

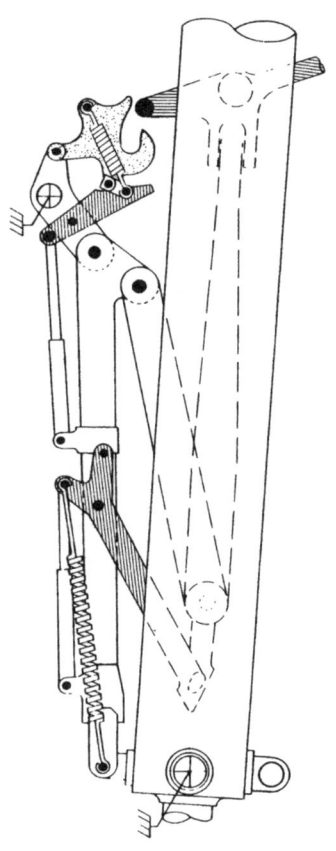
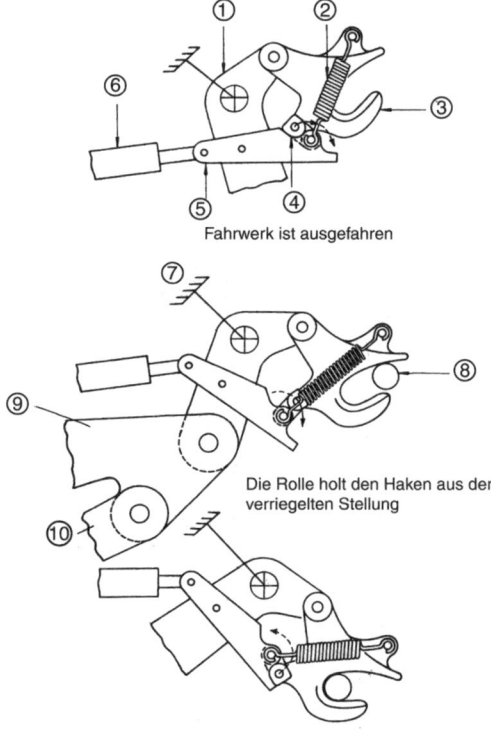

Bild 7.1.57 Funktion des Verriegelungshakens
1 Verriegelungshebel; 2 Verriegelungsfeder; 3 Verriegelungshaken; 4 Zwischenhebel; 5 Anschlaghebel; 6 Verriegelungszylinder; 7 Lagerung an der Struktur; 8 Verriegelungsrolle; 9 Querträger; 10 Knickstrebe

Bild 7.1.56 Fahrwerksverriegelung vor der Einfahrstellung

Verriegelungs-Gleitstück (4) betätigt. Diese Funktion ist in ein- und ausgefahrenem Zustand gegeben. Das Verriegelungs-Gleitstück setzt sich so zwischen die beiden Teile der Knickstrebe, dass ein Einknicken nicht erfolgen kann. Die Verriegelung wird unabhängig vom Hydraulikdruck zusätzlich durch eine Feder an der Verriegelungsstange (nicht dargestellt) gesichert. Soll entriegelt werden, muss die Verriegelungsstange erst das Verriegelungs-Gleitstück aus der Nut ziehen, damit der Verriegelungszylinder die Knickstrebe einknicken und der Fahrwerkszylinder das Fahrwerk ein- oder ausfahren kann.

Verriegelung durch einen Haken

Ein eingefahrenes Fahrwerk muss für alle Belastungsfälle im Flug sicher in der Flugzeugstruktur aufgenommen werden. Dafür am besten geeignet ist ein Haken, der im Bereich der Holme oder einem Rumpfspant gelagert ist.

Bild 7.1.58
Die Teleskopstrebe ermöglicht eine Ausfahrverriegelung des Bugfahrwerks innerhalb der Strebe
1 Befestigung an der Struktur
2 Schnappverriegelung
3 Notanzeige für Ausfahrverriegelung
4 Verriegelungshülse
5 Entriegelungshülse
6 Entriegelungsdruck
7 Verriegelungsdruck
8 Feder
9 unterer Teil der Teleskopstrebe
10 Verbindung zum Fahrwerk
11 Sicherungsstift eingesetzt

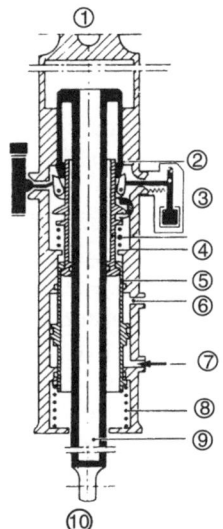
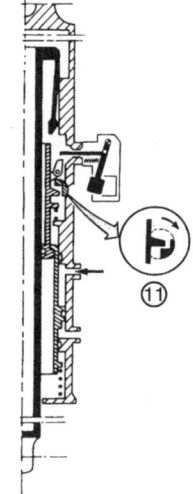

An einer einfachen Konstruktion soll die Funktion der Hakenverriegelung erläutert werden. Der Haken ist an der Struktur des Flugzeuges angehängt und zwischen Gummiblöcken etwas beweglich. Beim Einfahren des Fahrwerks drückt die am Fahrwerk angebrachte Verriegelungsrolle gegen die schräge Rampe des von der Verriegelungsfeder geschlossen gehaltenen Hakens und öffnet ihn gegen den Federdruck. In der Endstellung kann die Feder den Haken wieder schließen, und das Fahrwerk wird sicher gehalten. Zum Ausfahren des Fahrwerks drückt der Verriegelungszylinder den Haken gegen den Federdruck auf. Für den Notfall, dass z.B. der Hydraulikdruck ausgefallen ist, kann der Haken auch mechanisch über das Seil geöffnet werden, so dass das Fahrwerk durch Schwerkraft und beim Bugfahrwerk zusätzlich durch den Staudruck der Luftströmung ausgefahren wird (siehe Bild 7.1.53).

Ausfahrverriegelung durch Sicherungsstrebe (siehe Bild 7.1.55)
Im ausgefahrenen Zustand wird die Knickstrebe (9) durch die überzentrete Sicherungsstrebe (10) in der gestreckten Lage gehalten; die Knickstrebe ist dabei nicht überzentret.
Die ausgefahrene und verriegelte Stellung wird durch zwei Verriegelungsfedern (2), unabhängig vom hydraulischen Druck, gesichert. Die Entriegelung des ausgefahrenen Fahrwerks erfolgt durch die hydraulische Beaufschlagung des Ausfahrverriegelungs-Zylinders (1).
Der Verriegelungszylinder (1) für die Ausfahrverriegelung muss diese hydraulisch zum Einfahren des Fahrwerks gegen die Federkräfte öffnen. Bei normalem Fahrwerksausfahren hilft er mit, diese wieder zu schließen. Ist keine hydraulische Versorgung vorhanden, reichen zur einwandfreien Verriegelung die beiden Verriegelungsfedern (2) aus.

Einfahrverriegelung durch Haken (siehe Bild 7.1.57)
Wenn das Fahrwerk einfährt, wird die Verriegelungsrolle (8) in den Verriegelungshaken (3) gedrückt und zieht diesen damit aus der offenen und überzenterten Stellung heraus. Ist dieses geschehen, schließen die beiden Verriegelungsfedern (2) den Haken bis zur geschlossenen und überzenterten Stellung. Der Verriegelungszylinder (6) unterstützt zwar die Federn beim Schließen des Hakens, ist dabei aber für die einwandfreie Funktion nicht erforderlich.

Die normale Entriegelung erfolgt durch den hydraulischen Verriegelungszylinder (6), der den Haken gegen die Verriegelungsfedern bis in die offene und überzenterte Stellung zieht. Die Federn wirken ab der Überzenterung mit öffnend und halten den Haken in dieser Stellung bis zum nächsten Einfahren des Fahrwerks. Bei Ausfall der Hydraulik kann die Einfahrverriegelung durch die Reserveausfahranlage mit der Hand geöffnet werden.

Der Verriegelungszylinder für die Einfahrverriegelung muss diese hydraulisch zum Ausfahren des Fahrwerks gegen die Federkräfte öffnen. Beim Fahrwerkseinfahren hilft er mit, diese wieder zu schließen, ist aber von der Funktion her nicht erforderlich, weil die beiden Verriegelungsfedern dieses auch alleine durchführen würden.

Fahrwerksfederbeine
Federbeine haben sowohl die Aufgabe, den Landestoß aufzufangen, als auch beim Rollen am Boden Stöße aus Unebenheiten zu dämpfen. Der zweite Bereich entspricht der Aufgabe eines Stoßdämpfers bei Autos. Der erste Bereich stellt besondere Anfor-

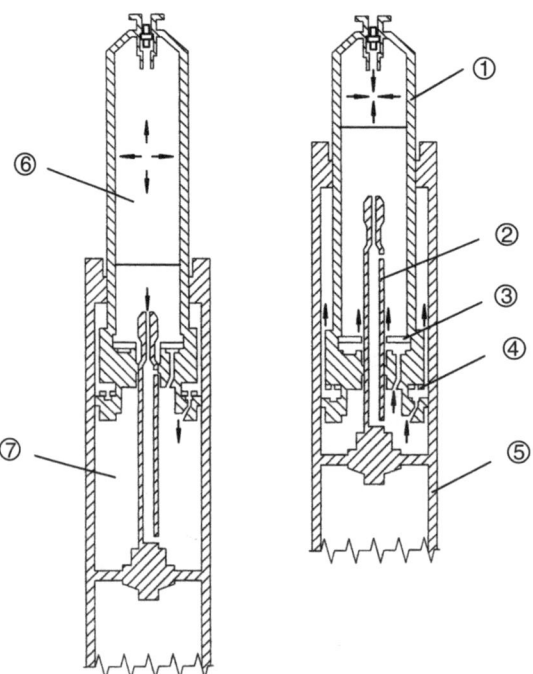

Bild 7.1.59
Federbein des Bugfahrwerks des A 310
1 inneres festes Federbein
2 Ventilrohr
3 und 4 Drosselventil
5 äußeres verschiebbares Federbein
6 Stickstofffüllung
7 Hydraulikflüssigkeit

Bild 7.1.60
Federbein des Hauptfahrwerks der B 737
1 Stickstoff-Füllventil
2 Stickstoff
3 Hydraulikflüssigkeit
4 Drosselstützrohr
5 oberes Lager
6 Zweiwegdrossel
7 Ablassrohr
8 Abstandshalter
9 unteres Lager
10 Dichtungen
11 Ringmutter
12 Achse
13 Aufbockpunkt
14 Füll- und Ablassventil für Hydraulikflüssigkeit
15 Befestigungsbohrungen für Spurgabel
16 inneres Federbein
17 äußeres Federbein
18 Ventilrohr
19 Bohrungen für Lagerwelle

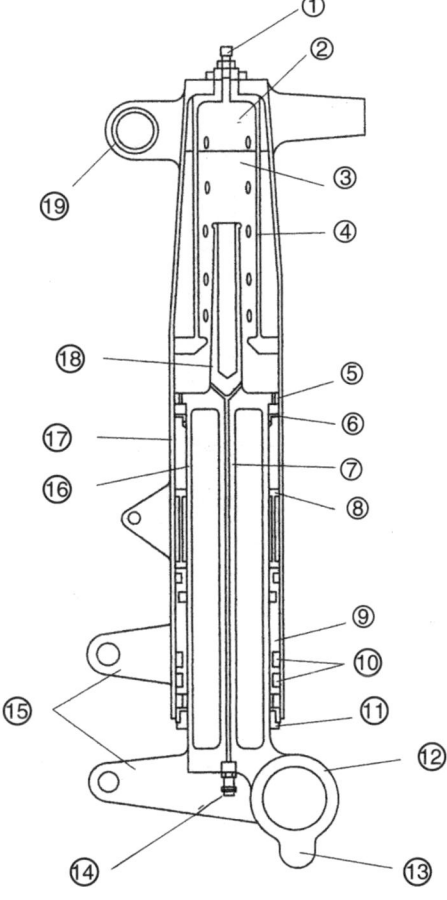

derungen an das Federbein. Die vertikale Annäherung des Flugzeuges an den Boden beim Landen beträgt maximal 3 m/s. Die daraus resultierende kinetische Energie muss vom Federbein aufgenommen und in Wärme umgewandelt werden. Die Struktur des Flugzeuges darf dabei nicht durch zu hohe Lastfaktoren gefährdet werden. Die Arbeit eines Stoßdämpfers besteht immer aus zwei Aufgaben. Zum einen muss der Landestoß federnd innerhalb des Arbeitsbereiches aufgenommen werden, um die Vertikalgeschwindigkeit auf null zu bremsen, zum anderen muss die kinetische Energie in Wärme umgewandelt werden. Am wirkungsvollsten hat sich dabei der **Gas-Öl-Stoßdämpfer** erwiesen. Das Gas, meist Stickstoff, übernimmt dabei die Aufgabe der Federung und das Öl die der Dämpfung bzw. die der Umwandlung der kinetischen Energie in Wärme *(Bilder 7.1.59 bis 7.1.61)*.

Einfache Stoßdämpfer können auch einen mechanischen Aufbau haben (vgl. *Bild 7.1.22*). Wenn zur Federung eine Schraubenfeder verwendet wird, erhält man eine lineare Federcharakteristik, d.h., die Einfederkraft und die Federverkürzung verhalten sich proportional. Dagegen verhält sich die Gasfeder nach dem Gesetz von BOYLE-MARIOTTE

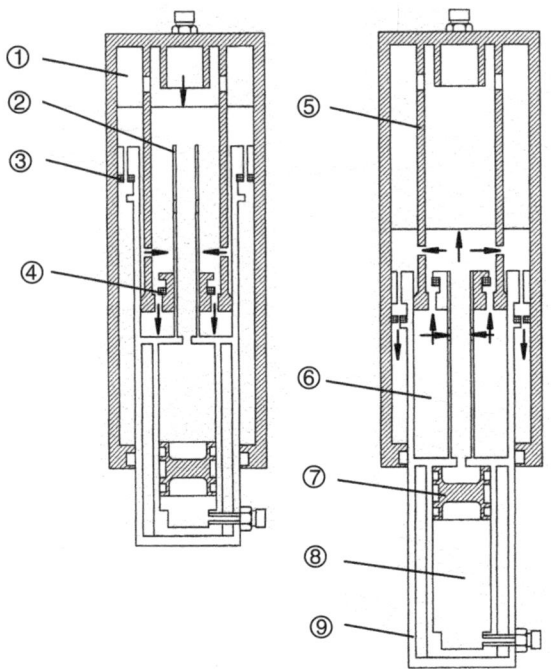

Bild 7.1.61
Federbein des Hauptfahrwerks des A 321
1 Stickstoffraum Nr. 1
2 Ventilrohr
3 und 4 Zweiwegdrossel
5 Zentralrohr
6 Hydraulikflüssigkeit
7 Trennkolben
8 Stickstoffraum Nr. 2
9 inneres Federbein

$p \cdot V$ = konst. Das Gas ist im Federbein in einem zylindrischen Raum eingeschlossen, den der Kolben des Stoßdämpfers beim Einfedern verkleinert. Der Druck des Gases nimmt dabei progressiv mit dem Einfederweg zu. Die «Gasfeder» wird also mit zunehmender Einfederung immer härter und stellt so einen gewissen Schutz gegen Durchschlagen beim Landestoß dar. Ohne Reibung wäre die Energie des Landestoßes nur im Gas gespeichert und würde wieder an den Stoßdämpferkolben abgegeben werden; der Vorgang würde dann rückwärts ablaufen, und das Flugzeug würde wieder in die Luft geschleudert werden. Die Energie des Landestoßes wird in Reibungswärme umgewandelt, indem beim Ein- und Ausfedern Öl durch Drosselbohrungen und -spalte gepresst wird. Um die Drosselwirkung zu steuern, arbeiten die Stoßdämpfer mit Mechanismen wie doppelt wirkenden Drosselventilen und Ventilstiften. Es ist wünschenswert, wenn die Drosselwirkung gegen Ende der Einfederung verstärkt wird. Durch die konische Form oder durch entsprechende Bohrungen verringert der Ventilstift bei zunehmender Einfederung den Durchfluss des Öls. Die doppelt wirkenden Drosseln haben den Sinn, den Rückfederweg nach dem Landestoß zu erschweren, um dadurch ein Springen des Flugzeuges zu verhindern. Der Landestoß besteht dadurch aus einer einmaligen stark gedämpften Schwingung.

Doppelt wirkende Federbeine werden gebraucht für rauere Landebahnen. Die Federkurve des doppelt wirkenden Federbeins ist stärker der linearen Federcharakteristik angenähert und arbeitet im mittleren Bereich günstiger als ein einfach wirkendes Federbein *(Bilder 7.1.62 bis 7.1.65)*.

Bild 7.1.62
Vergleich zwischen einfachem und doppelt wirkendem Federbein
Die Schraubenfeder hat eine lineare Federkennlinie. Das doppelt wirkende Federbein hat eine Federcharakteristik, die der Schraubenfeder ähnlich ist. Da die Federkennlinie angenähert überall die gleiche Steigung hat, federt das Federbein in allen Belastungsbereichen gleich. Das Federbein ist geeignet für rauere Rollwege.
A und B Nachdem der steigende Gasdruck beim Einfedern ein bestimmtes Maß überschritten hat, bewegt sich der Trennkolben in die zweite Kammer hinein, und der Druck steigt nicht mehr so steil.
C Federcharakteristik eines einfachen Federbeins, das im mittleren Bereich nicht hart genug federt
D Federkennlinie einer Schraubenfeder

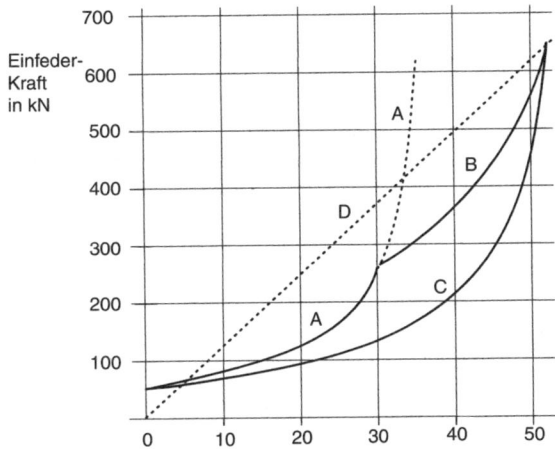

Vergleich zwischen einfachem und doppelt wirkendem Federbein

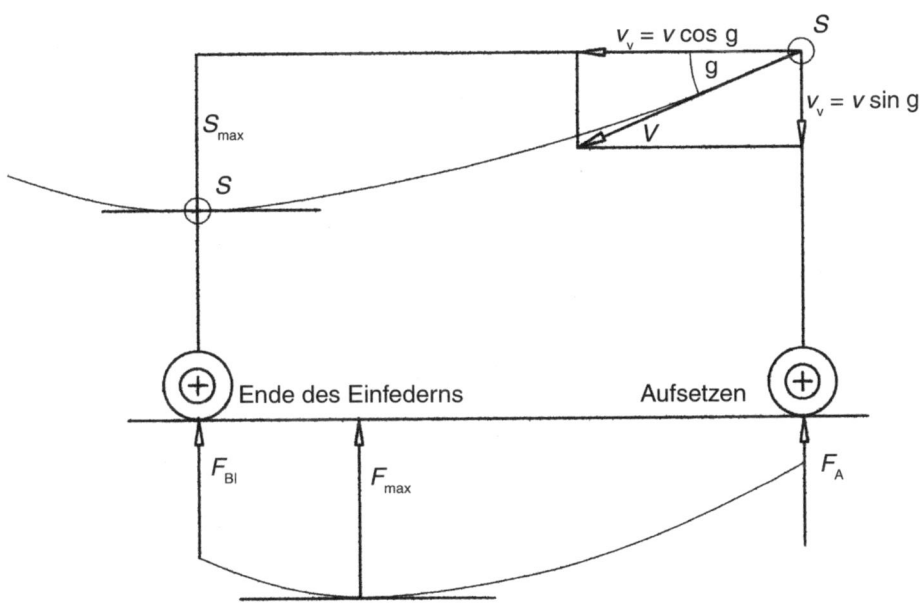

Bild 7.1.63 Dynamische Kräfte
Die vertikale Geschwindigkeitskomponente der Flugbahn beim Aufsetzen ist maßgeblich für die Größe der entstehenden Feder- und Dämpfungskraft am Federbein. Die größte Kraft am Federbein entsteht, wenn die Dämpfungskraft ihr Maximum erreicht hat. Das ist vor der maximalen Einfederung.

343

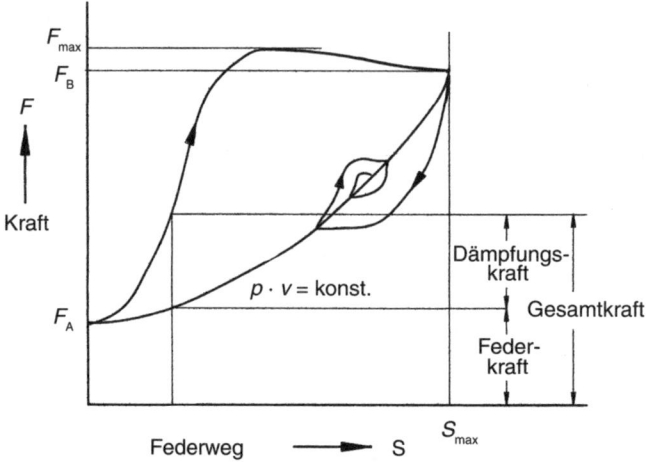

Bild 7.1.64 Dämpfungs- und Federkraft
Der Druckanstieg bei der Kompression eines Gases geschieht nach der Formel $p\,V$ = konst. Bei einer schnellen Kompression erfolgt der Druckanstieg nach der Formel $p \cdot V^n$ = konst. Nach dem maximalen Einfedern dehnt sich das Gas wieder aus und drückt das Federbein auseinander, jedoch nicht so weit wie beim Aufsetzen. Um den entsprechenden Einfederungspunkt der Gewichtskraft kommt der Vorgang zur Ruhe.

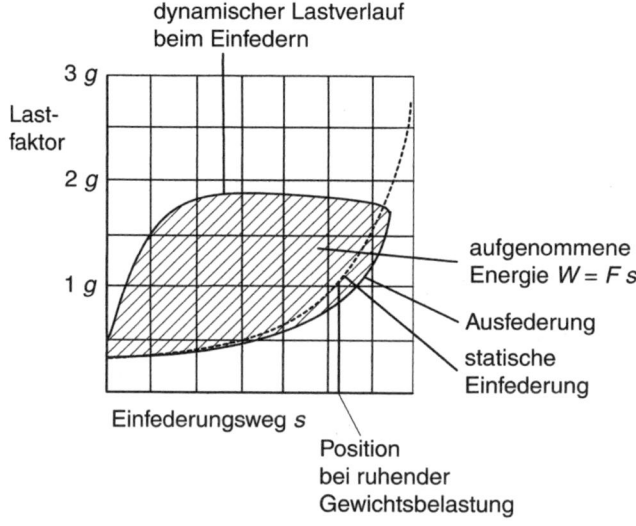

Bild 7.1.65 Umgewandelte Energie
Die schraffierte Fläche stellt die in Wärme umgewandelte Reibarbeit dar, die beim Landestoß anfällt.
$x \cdot g$ steht für den Lastfaktor des Federbeins
$F = m \cdot g \cdot x$; Kraft am Federbein
$W = F \cdot s$
W Arbeit in Joule; s Federweg in m; F Kraft in N

Bild 7.1.66
Klemmkraft des Reifenwulstes an der Schrägschulterfelge
Der Reifendruck schiebt die Reifenwand mit dem Drahtkern auf der Kegelfläche der Felge nach außen. Die dadurch entstehende Klemmkraft F_{Dr} verhindert das Rutschen des Reifens und dichtet ihn gegen die Felge ab.

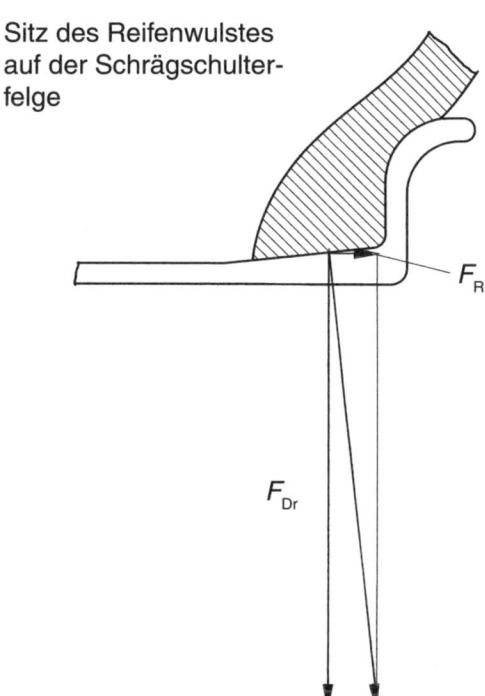

Sitz des Reifenwulstes auf der Schrägschulterfelge

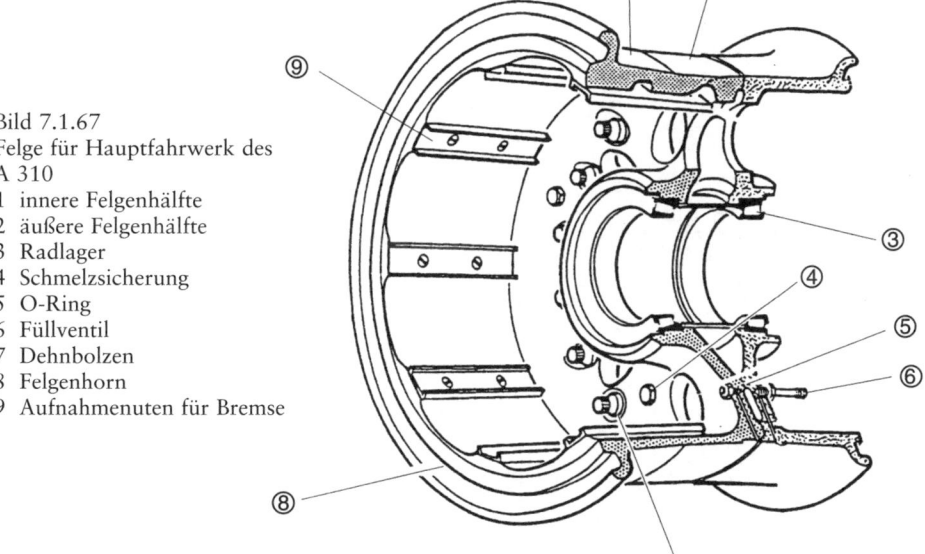

Bild 7.1.67
Felge für Hauptfahrwerk des A 310
1 innere Felgenhälfte
2 äußere Felgenhälfte
3 Radlager
4 Schmelzsicherung
5 O-Ring
6 Füllventil
7 Dehnbolzen
8 Felgenhorn
9 Aufnahmenuten für Bremse

345

Felgen
Anders als Autofelgen sind Flugzeugfelgen zweigeteilt. Sie sind aus der Aluminiumlegierung 2024 (AlCuMg2) geschmiedet und an den Fügeflächen gasdruckdicht verschraubt. Für Flugzeugräder kommen nur schlauchlose Räder in Frage, so dass die Felge die Aufgabe hat, den Reifen zum Rad hin abzudichten. Zur Demontage des Reifens wird die Felge auseinandergeschraubt. Die Felgen müssen Platz bieten zur Aufnahme der Bremsen und werden durch Hitzeschilde gegen die Strahlungswärme der Bremsen geschützt. Für einen guten Sitz der Reifen sorgen die leicht angeschrägten Betten der Felgen, so dass die Reifen mit dem Wulst unter Druck gegen einen größeren Durchmesser der Felgen an die Felgenhörner gepresst werden. Dadurch dichtet der Reifen gut ab und sitzt rutschfest. Das Füllventil sitzt im Felgenbett, ebenso die Schmelzsicherung. Die Schmelzsicherung besteht aus einem leicht schmelzenden Metall und lässt

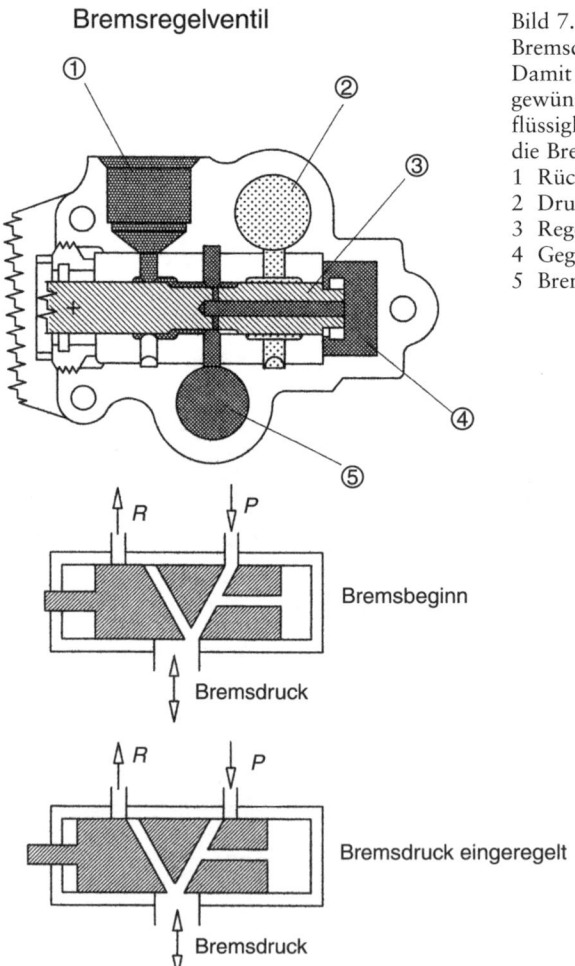

Bild 7.1.68
Bremsdruck-Regelventil der Boeing B 747
Damit die Bremswirkung nur so stark ist wie gewünscht, wird der Druck der Hydraulikflüssigkeit in Abhängigkeit von der Kraft auf die Bremspedale geregelt.
1 Rücklauf
2 Druckleitung
3 Regelkolben
4 Gegendruckkammer
5 Bremsleitung

bei Überhitzung des Reifens den Druck entweichen, so dass keine Explosionsgefahr besteht *(Bilder 7.1.66, 7.1.67)*.

Antiskidsystem
Beim nichtautomatischen Bremsen wird die Bremskraft vom Piloten vorgegeben. Die Betätigung eines Bremspedals bewirkt, dass der Regelkolben nach rechts bewegt wird *(Bild 7.1.68)*. Dadurch erhält die Versorgungsleitung zur Bremsleitung Verbindung. Da die Bremsleitung durch Bohrungen im Regelkolben mit der rechten Stirnseite des Regelkolbens verbunden ist, steigt nicht nur der Druck in der Bremsleitung und damit an der Bremse, sondern auch in der Gegendruckkammer. Dieser Druck wirkt dem Druck auf das Bremspedal entgegen. Sind beide Drücke gleich, ist der Regelkolben zur Mittelstellung zurückgewandert. In der Mittelstellung ist die Bremsleitung weder mit der Bremsversorgungsleitung noch mit der Rücklaufleitung verbunden.

Beim Airbus A 310 basiert das Antiskidsystem auf dem Vergleich der Radgeschwindigkeiten zwischen dem ungebremsten Bugrad und den gebremsten Haupträdern. Es sorgt für maximale Bremswirksamkeit und verhindert ein Blockieren der Räder und damit einer Zerstörung der Reifen. Das Antiskidsystem liefert ein Bremslösesignal, um den Schlupf der Räder bei etwa 13% (bei anderen Flugzeugen 15%) zu halten. Der Schlupf ergibt sich aus dem Vergleich der Geschwindigkeit jedes gebremsten Hauptrades mit der Flugzeuggeschwindigkeit, die von den ungebremsten Bugrädern geliefert wird. Das Geschwindigkeitssignal des Bugrades wird entsprechend der Schlupfrate mit 0,87 multipliziert. Dieser Wert wird dann mit den Geschwindigkeitssignalen der Haupträder verglichen. Unterschreitet die Hauptradgeschwindigkeit diesen Wert, entsteht ein Lösesignal. Der Bremsdruck wird entsprechend dem Lösesignal gemindert *(Bilder 7.1.69, 7.1.70)*.

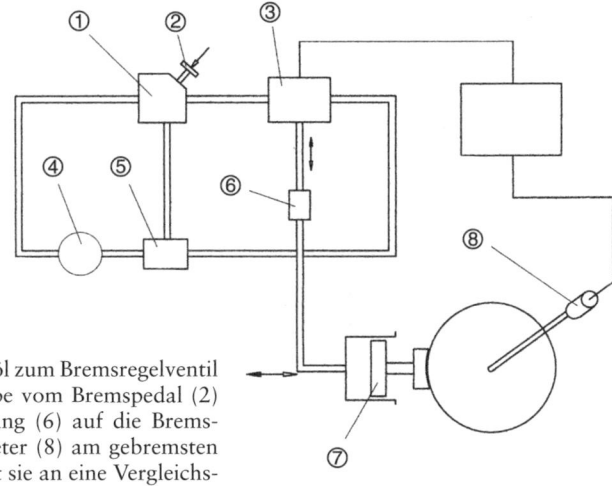

Bild 7.1.69
Schema eines Antiskidsystems
Die Pumpe (4) fördert Hydrauliköl zum Bremsregelventil (1), das entsprechend der Eingabe vom Bremspedal (2) den Druck über die Lecksicherung (6) auf die Bremskolben (7) freigbt. Ein Tachometer (8) am gebremsten Rad misst die Drehzahl und leitet sie an eine Vergleichsschaltung, die daraus ein Signal für das Antiskid-Ventil (3) errechnet. Es vermindert den Bremsdruck, wenn die Drehzahl zu stark abfällt.
5 Behälter

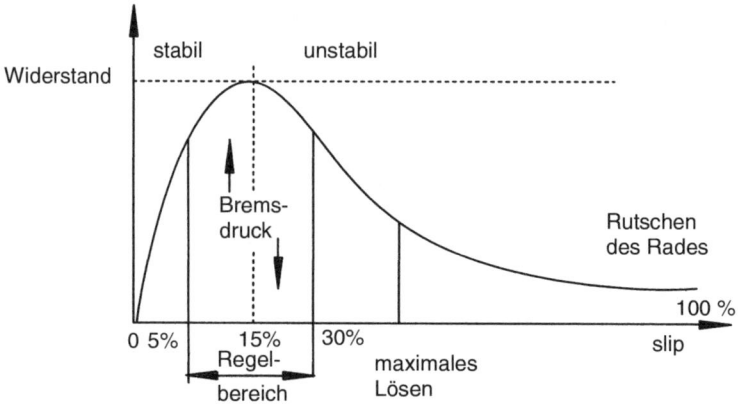

Bild 7.1.70 Zusammenhang zwischen Reibungswiderstand und Schlupf. Bei 15% Reifenschlupf auf der Landebahn ist die Reibkraft zwischen Reifen und Boden am größten. Bei kleineren oder größeren Werten fällt die Bremswirkung ab. Größerer Schlupf ist ungünstig, da ein Blockieren des Rades mit entsprechend geringer Bremswirkung eintreten kann.

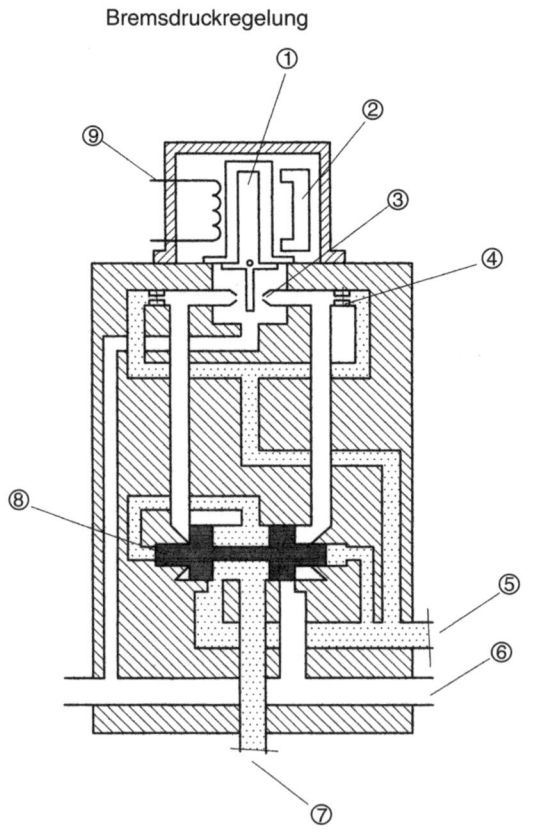

Bild 7.1.71
Antiskid-Entlastungsventil
1 Strahlblech
2 Dauermagnet
3 Düse
4 Drossel
5 Druckleitung
6 Rücklaufleitung
7 Bremsleitung
8 Regelkolben
9 Steuerspule

Antiskid-Entlastungsventil
Wird gebremst, gelangt das Hydrauliköl vom Bremsregelventil zum Antiskid-Entlastungsventil und fließt – wenn kein Lösesignal vom Antiskid-System kommt – ungehindert zur Bremse. In der Ruhestellung wird das Strahlblech durch einen Magneten so ausgelenkt, dass der Regelkolben durch einen hydraulischen Differenzdruck auf freien Durchgang gehalten wird. Kommt aus dem Antiskid-Überwachungsgerät ein elektrisches Signal, so muss das Strahlblech erst gegen die Magnetkraft auf neutral gezogen werden. Wird das elektrische Signal größer, wandert das Strahlblech weiter nach rechts, schafft hydraulischen Differenzdruck und lässt den Regelkolben den Bremsdruck mehr oder weniger stark beschneiden. Beträgt die Entlastung für eine Bremse 100%, ist ihre Bremsleitung mit der Systemrücklaufleitung verbunden *(Bild 7.1.71)*.

Reifen
An Flugzeugreifen werden bei Start, Landung und Rollen hohe Anforderungen gestellt. Die Räder erreichen bis zu 300 km/h Umfangsgeschwindigkeit und müssen dabei bis zu 25 t Last aufnehmen. Durch die Walkarbeit beim Rollen erwärmt sich der Reifen bis auf 80 °C, wobei der Reifendruck bis zu 20 bar betragen kann *(Bild 7.1.72)*.

Beim Landen wird der Reifen innerhalb von Sekunden von 0 auf 250 km/h beschleunigt, was zu einem starken Abrieb führt. Durch den Verschleiß ist die Zahl der Landungen, die ein Reifen erfährt, auf 150 bis 400 Landungen begrenzt. Er kann dann aber bis zu 10-mal runderneuert werden.

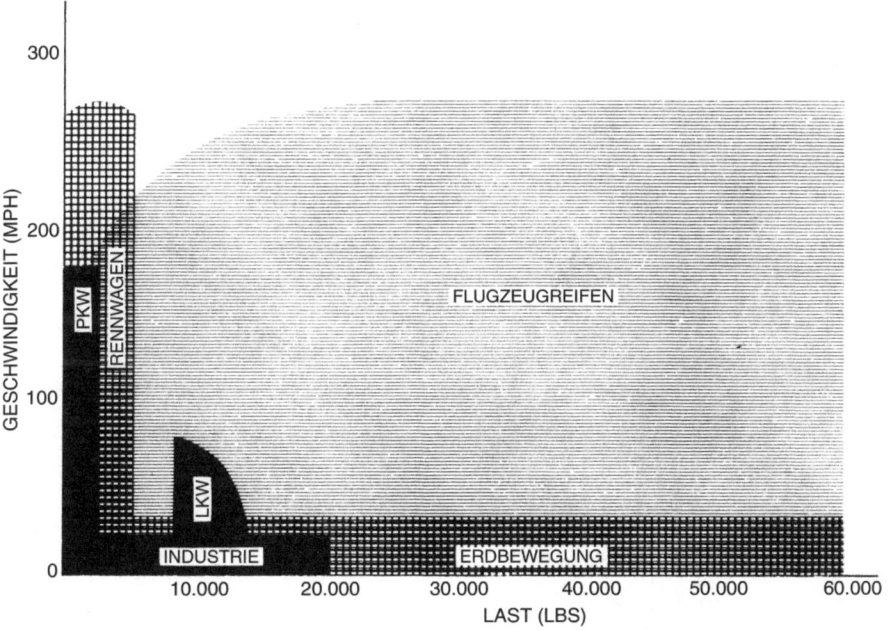

Bild 7.1.72 Ein Flugzeugreifen muss bei der Geschwindigkeit eines Rennwagens die Gewichtskraft eines Schwerlasters tragen können.

Die Karkasse (Unterbau) gibt den Reifen die Festigkeit. Sie besteht aus vielen Schichten aus Nylongewebe, die entweder quer zum Reifen orientiert sind (wie beim Radial- oder Gürtelreifen) oder im schrägen Winkel wie beim Diagonalreifen. Die Gewebelagen sind um den Drahtkern des Reifenwulstes herumgeschlagen. Der Drahtkern besteht aus einem oder auch mehreren Stahlseilen, durch den der Reifen rutschfest auf der Felge sitzt und auch die Fliehkräfte des Reifens aufnimmt. Über der Karkasse befindet sich der Zwischenbau aus mehreren Gewebelagen und darüber die Lauffläche *(Bilder 7.1.73 und 7.1.74)*.

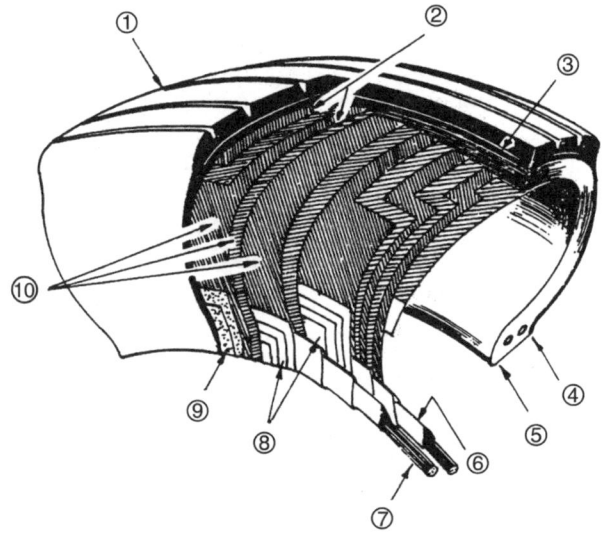

Bild 7.1.73
Diagonalreifen
1 Lauffläche
2 Zwischenbau
3 Verstärkungslage
4 Wulstferse
5 Wulstzehe
6 Kernumhüllung
7 Drahtkern
8 Lagenumschlag
9 Wulstband
10 Karkassenlagen

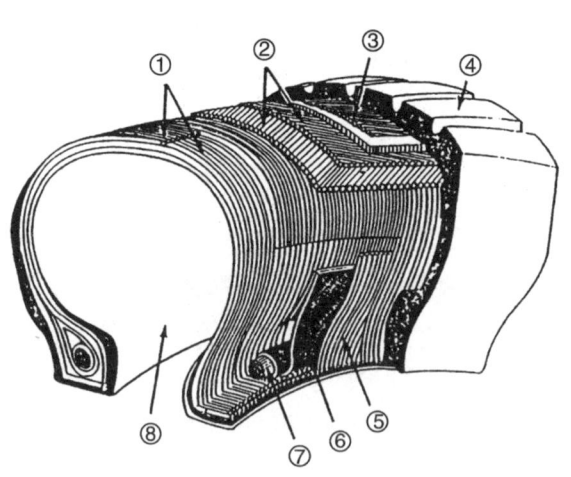

Bild 7.1.74
Gürtelreifen
1 Karkassenlagen
2 Gürtel
3 Stahlverstärkerlagen
4 Lauffläche
5 Lagenumschlag
6 Wulstband
7 Drahtkern
8 Innenschicht

Der entscheidende Prozess der Reifenherstellung geschieht in Reifenpressen, wo die Teile des Reifens mit natürlichem und synthetischem Kautschuk vulkanisiert werden. Dabei wird aus Kautschuk, der mit Schwefel vermischt wird, und durch Zugabe weiterer Stoffe unter Anwendung von Hitze und Druck Gummi.

Auch bei den Flugzeugreifen verdrängt trotz des höheren Preises der **Radialreifen** den Diagonalreifen. Die Lebensdauer ist etwa 50% größer als beim Diagonalreifen, und er erzeugt geringere Wärme beim Abrollen. Er hat nur 89% des Gewichtes von Diagonalreifen und besitzt einen geringeren Rollwiderstand. Anders als Autoreifen haben Flugzeugreifen keine Stollen, sondern nur Längsrillen. Ein Flugzeugreifen unterliegt nicht so schnell dem Hydroplaning wie ein Autoreifen, weil der hohe Reifendruck des Flugzeugreifens dem entgegenwirkt. Ein Flugzeugreifen unterliegt hohen Fliehkräften, und ein Stollenprofil wäre eine Schwächung des Reifens.

Bremsen
Radbremsen dienen dem Zweck, nach dem Aufsetzen des Flugzeuges beim Verzögern zu helfen oder es allein abzubremsen. Mit ihrer Hilfe kann beim Rollen die Geschwindigkeit kontrolliert werden, und durch asymmetrisches Bremsen können die Kurvenradien beeinflusst werden. Als Bremsen werden meist Scheibenbremsen verwendet. Bei großen und schnellen Flugzeugen kommen nur Mehrscheibenbremsen in Frage. Gebremst werden meist nur die Räder an den Hauptfahrwerken. Wie beim Federbein muss auch bei der Bremse kinetische Energie in Wärmeenergie umgewandelt werden. Man spricht dann bei der Bremse auch von einer **Wärmesenke**. Bremsen müssen daher aus Materialien hergestellt werden, die neben Temperaturbeständigkeit eine hohe Wärmekapazität besitzen. Stahl und Carbon sind gebräuchliche Materialien für Bremsscheiben (*Bild 7.1.75*).

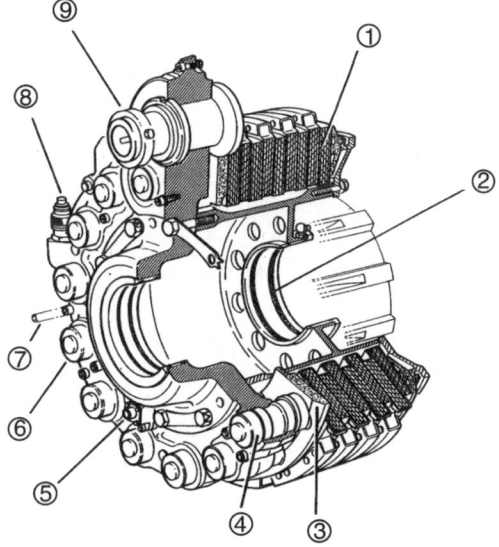

Bild 7.1.75
Carbon-Flugzeugbremse
1 Carbon-Bremsscheiben
2 Zentrierlagerung
3 Druckplatte
4 Bremszylinder mit Bremsnachstellung
5 Temperatursensor
6 Bremsgehäuse
7 Verschleißanzeige
8 Hydraulikanschluss
9 Anlenkung für Bremsmomentausgleich

Für neuere Flugzeugmodelle werden nur noch **Carbonbremsen** angeboten. Carbon ist ein Verbundwerkstoff aus zwei Kohlenstoffmaterialien. Ein Kohlenstofffasermaterial wird in einem Ofen mit Methanatmosphäre so lange geglüht, bis der Kohlenstoff aus dem Methan in das Fasermaterial hineingewandert ist. Das entstehende Material ist fest und sehr hitzebeständig und leichter als Stahl. Mit einer Carbonbremse können durchschnittlich 1500 Landungen durchgeführt werden; dagegen sind mit einer Stahlbremse nur etwa 1000 möglich. Außerdem werden bei einem großen Verkehrsflugzeug bis zu 500 kg Masse eingespart. Bei einem Startabbruchsversuch, dem Rejected Take-Off, können sich Carbonbremsen bis 3000 °C erwärmen und sind noch funktionsfähig, wogegen eine Stahlbremse schon bei 2000 °C zerstört ist. Carbonbremsscheiben können wiederaufgearbeitet werden, indem abgenutzte Bremsscheiben zusammengeklammert werden. Anders als bei Stahlbremsen, wo die Reibkombination Stahl–Keramik verwendet wird, nimmt man bei Carbonbremsen die Reibpaarung Carbon–Carbon.

Die Anzahl der Bremsscheiben ist von Bedeutung, weil dadurch die Bremskraft erhöht werden kann; außerdem steht eine größere Speichermasse für die beim Bremsen entstehende Wärme zur Verfügung.

Mehrscheibenbremsen bestehen aus Statoren und Rotoren, die einander abwechselnd zu einem Paket geschichtet sind. Die Statoren, die beidseitig mit Bremsbelägen versehen sind, haben auf der Innenkante Zapfen, die in Nuten des Bremskorbes gelagert sind. Die Rotoren haben Zapfen auf der Außenkante, die in Nuten der Felge eingreifen. Ungebremst dreht die Felge die Rotoren ständig mit. Der Bremskorb ist gegen Mitdrehen beim Betätigen der Bremse gesichert, da er an einem Achsflansch befestigt ist oder durch einen kräftigen Hebel gehalten wird (s. Bild 5.2). Die ringförmig im Bremskolbengehäuse angeordneten Bremskolben spannen beim Betätigen der Bremse die Rotoren und Statoren zusammen, so dass zwischen ihnen Reibkräfte entstehen und dadurch das Rad abbremsen. Bei der Druckentlastung bewegen Rückholfedern die Bremskolben wieder in die Ausgangsstellung zurück, wodurch die Rotoren wieder frei drehen können. Damit sich die Bremse immer um dasselbe Maß öffnet, wird die Abnutzung der Bremsscheiben durch eine Nachstelleinheit kompensiert. Das führt zu einer immer gleichen Ansprechzeit der Bremse. Ein Anzeigestift ermöglicht es, den Verschleißfortschritt zu überwachen.

Bremsnachstellung (*Bild 7.1.76*)

Auf einem Stift (5) im Bremskolben (3) sind Tellerfedern (7) zu einem Paket zusammengelegt. Der Bremsdruck gelangt über den Anschluss (1) hinter den Bremskolben und schiebt ihn gegen die Druckplatte (2), so dass die Bremsscheiben zusammengedrückt werden. Bei Druckentlastung schiebt die Rückholfeder (4) den Bremskolben wieder in die Ausgangslage zurück. Wenn die Bremsbeläge um das Maß U verschlissen sind, schiebt der Hydraulikdruck den Kolben um das Maß U weiter auf dem Stift durch Verschieben des Tellerfederpaketes (7) vor. Die Rückholfeder schiebt nach Druckentlastung den Bremskolben wieder um das Maß C zurück. Der Ausgangspunkt für die Kolbenbewegung ist nun dauerhaft um das Maß U auf dem Stift vorwärts bei gleichem Kolbenhub C verschoben.

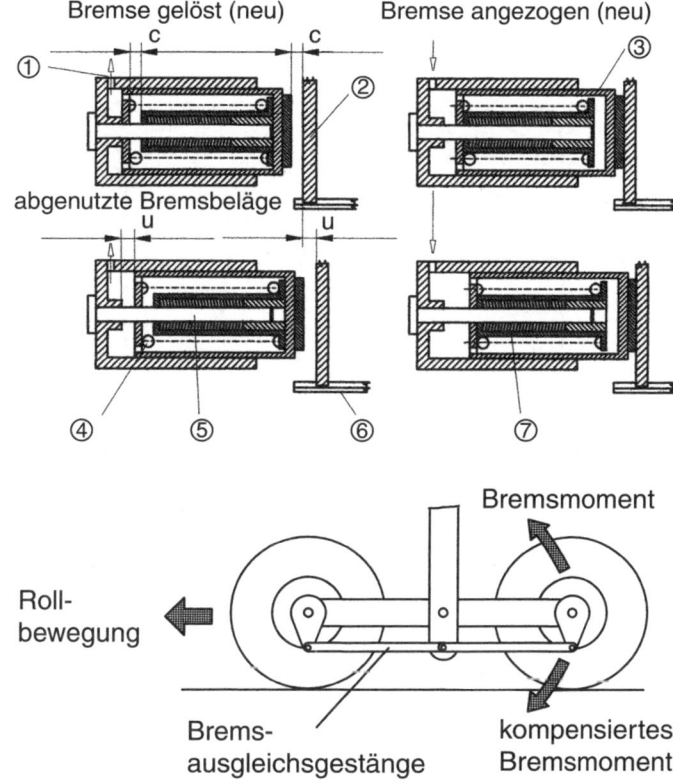

Bild 7.1.76
Brems-Nachstelleinheit
1 Druckanschluss
2 Druckplatte
3 Bremskolben
4 Rückholfeder
5 Reibstift
6 Bremskorb
7 Tellerfedern

Bild 7.1.77
Bremsausgleichsgestänge

Bremsausgleich

Das Bremsausgleichsgestänge dient dazu, die vier Räder eines Fahrwerkswagens (Bogie) beim Bremsen gleichmäßig auf den Boden zu drücken, weil so alle Räder gleich an der Bremswirkung beteiligt sind. Falls das Bremsmoment auf den Fahrwerksträger übertragen wird, würden die hinteren Räder weniger stark auf den Boden gedrückt, und die Räder könnten beim Bremsen blockieren. An den Bremshebel wird daher ein Ausgleichsgestänge angelenkt, das zum Federbein führt und so das Bremsmoment in das Federbein leitet. Beim Bremsen entsteht nun eine Kraft, die die hinteren Räder des Fahrwerkswagens stärker auf den Boden drückt und für eine stärkere Bremswirkung sorgt *(Bild 7.1.77)*.

Berechnungen zur Bremse *(Bild 7.1.78)*

Für ein Flugzeug mit einer Landemasse von 100 t soll die thermische Belastung der Bremsen ermittelt werden. Die Landegeschwindigkeit beträgt 240 km/h bei einer Bremsverzögerung von 4 m/s².

Wie groß ist die kinetische Energie des Flugzeuges beim Aufsetzen und welche Bremsleistung muss dabei von den Bremsen ufgenommen werden, wenn nur sie das Abbremsen übernehmen?

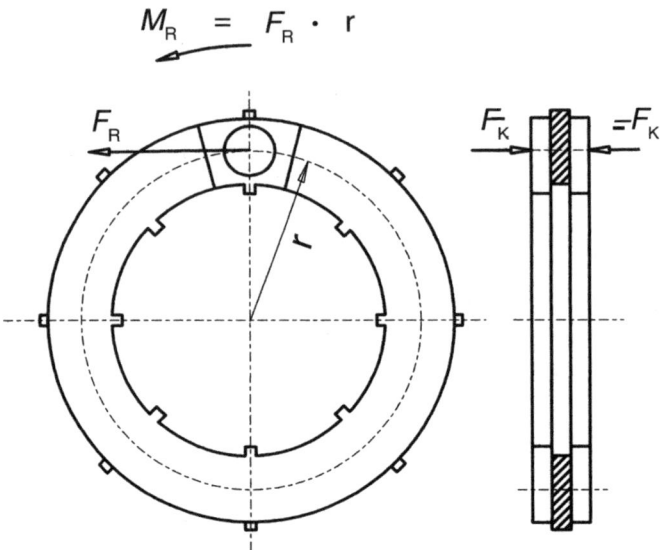

Bild 7.1.78   Kräfte an der Bremse

$$W = \frac{mv^2}{2} = \frac{100\,000 \text{ kg} \cdot 66{,}7^2 \text{ m}^2}{2 \text{ s}^2} = 222{,}2 \text{ MNm}$$

Welcher Leistung entspricht das bei einer Verzögerung von $4\frac{\text{m}}{\text{s}^2}$?

$$a = \frac{v}{t}; \quad t = \frac{v}{a} = \frac{66{,}7\,\frac{\text{m}}{\text{s}}}{4\,\frac{\text{m}}{\text{s}^2}} = 16{,}7 \text{ s}$$

$$P_{Br} = \frac{222{,}2 \text{ MJ}}{16{,}7 \text{ s}} = 13{,}3 \text{ MW}$$

Wie groß ist dabei die thermische Belastung der Bremsen?

Die 8 Bremsen haben je 4 Rotoren aus Carbon mit einem Außendurchmesser von 500 mm. Die Bremskolben sitzen auf einem Teilkreisdurchmesser von $d = 2\,r = 400$ mm. Der Bremsdruck beträgt $p = 40$ bar und wirkt auf eine Fläche von 7 cm² je Kolben. Die Reibungszahl $\mu = 0{,}4$. An einer Bremse wirken $z = 7$ Bremskolben.

Wie groß ist das Reibmoment M_R je Bremse?

Berechnung der Anpresskraft:

$$F_{An} = p \cdot A_K \cdot z = 400\,\frac{\text{N}}{\text{cm}^2} \cdot 7 \text{ cm}^2 \cdot 7 = 19{,}6 \text{ kN}$$

Wie groß ist die Reibkraft je Bremse?
Jede Bremse hat $i = 8$ Reibflächen mit der gleichen Anpresskraft von 19,6 kN.

$F_R = \mu \cdot F_A \, i = 0{,}4 \cdot 19{,}6 \text{ kN} \cdot 8 = 62{,}72 \text{ kN}$
$M_R = F_R \cdot r = 62{,}72 \text{ kN} \cdot 0{,}2 \text{ m} = 12{,}54 \text{ kNm}$

Wie groß ist die Leistungsaufnahme bei diesem Bremsmoment je Bremse, wenn der wirksame Reifendurchmesser 1,1 m beträgt?

$P_{Br} = M_R \, n \, 2 \, \pi$

$n = \dfrac{v}{d \cdot \pi} = \dfrac{66{,}7 \dfrac{\text{m}}{\text{s}}}{1{,}1 \text{ m} \cdot 3{,}14} = 19{,}3 \dfrac{1}{\text{s}}$

$P_{Br} = 12{,}54 \text{ kNm} \cdot 19{,}3 \text{ s}^{-1} \cdot 2 \cdot \pi = 1519{,}9 \text{ kW}$

Bei 8 Bremsen beträgt die Aufnahmeleistung 12,16 MW.

Um wie viel °C erwärmen sich die Bremsscheiben aus Carbon, wenn die Bremswärme von ihnen aufgenommen wird?

Die Maße des Paketes aus Bremsscheiben betragen: Außendurchmesser $d_a = 500$ mm; Innendurchmesser $d_i = 350$ mm; Bremspaketdicke $l = 200$ mm.

Dichte $\rho = 1{,}7$ kg/dm³; spezifische Wärmekapazität $c = 1{,}296$ kJ/(kg K).

Die kinetische Energie des Flugzeuges bei der Landung soll sich vollständig in Bremswärme umwandeln.

$W = Q$
$Q = c \, m \, \Delta t$
Q Wärmemenge in kJ
c spezifische Wärmekapazität in kJ/(kg K)
Δt Temperaturerhöhung in K
m wärmeaufnehmende Masse in kg

$m = V \cdot \rho = \dfrac{l \cdot \pi}{4} (d_a^2 - d_i^2) \rho$

$m = \dfrac{2 \text{ dm} \cdot 3{,}14}{4} (5^2 \text{ dm}^2 - 3{,}5^2 \text{ dm}^2) \cdot 1{,}7 \dfrac{\text{kg}}{\text{dm}^3} = 34 \text{ kg}$

$\Delta t = \dfrac{Q}{m \cdot c} = \dfrac{27975 \text{ kJ}}{34 \text{ kg} \cdot 1{,}296 \dfrac{\text{kJ}}{\text{kg} \cdot \text{K}}} = 634{,}9 \text{ K}$

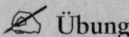 Übung

1. Nennen Sie drei *Konstruktionshauptgruppen* und die *Konstruktionsgruppen* der Struktur.
2. Welche Räume des Airbus A 300 sind *nicht druckbeaufschlagt?*
3. Auf welche Weise lassen sich Räder zu *Gruppen* für Einzelfahrwerke zusammenfassen?
4. Innerhalb welcher Fläche muss der *Flugzeugschwerpunkt* liegen, um zu verhindern, dass das Flugzeug im Stand oder beim Rollen nicht umkippt?
5. Welche *Verriegelungsarten* für Einziehfahrwerke gibt es?
6. Warum muss die *kinetische Energie* des Landestoßes nach dem Einfedern in Wärme umgewandelt sein?
7. Welche Vorteile hat der *Gürtelreifen* gegenüber dem *Diagonalreifen?*
8. Welche hydraulischen *Lenkmechanismen* für Bugfahrwerke gibt es?
9. Was versteht man unter *Nachlauf?*
10. Wozu dient die *Zentrierung* des Bugfahrwerks?

7.1.7 Gliederung und Kennzeichnung der Baugruppen

Die Konstruktionsgruppen werden im Flugzeugbau nach folgender Reihenfolge noch weiter unterteilt:

1. Großgruppe bzw. Fertigungsgruppe
2. Baugruppe
3. Untergruppe
4. Hilfsgruppe
5. Einzelteil

Beispiele sollen diese recht abstrakt gehaltene Gliederung verdeutlichen. Eine Großgruppe ist z.B. ein Rumpfvorderteil, eine Baugruppe kann eine Halbschale, des Rumpf-Vorderteils sein. Eine Untergruppe wäre ein Spant, eine Hilfsgruppe eine Spanthälfte und ein Einzelteil z.B. ein Spantprofil.

Nach DIN 9020 findet diese Ordnung auch Anwendung beim Benummern von Zeichnungen und Listen. Danach setzt sich die gesamte Bezeichnung eines Bauteils aus zwölf Ziffern zusammen, die sich wiederum in vier Dreierblocks aufgliedern. Die Zahl 15 vor den 12 Ziffern in *Bild 7.1.79* ist beispielsweise ein Hinweis für den Sammelbegriff «Fluggerät».

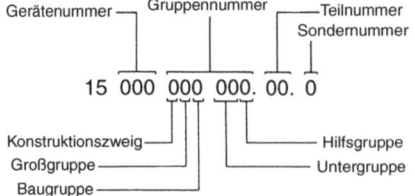

Bild 7.1.79
Benummerung von Zeichnungen und Listen bei Fluggeräten nach DIN 9020

Eine Übersicht über die Konstruktions- und Baugruppen sowie die Sektionseinteilung bei einem Verkehrsflugzeug wird in Bild 7.1.80 am Beispiel eines Airbus dargestellt, wobei die in der Bildunterschrift erläuterten Ziffern der tatsächlichen Sektionseinteilung sowie Kennzeichnung entsprechen. Sie gilt im Prinzip für alle Typen der Airbus-Familie.

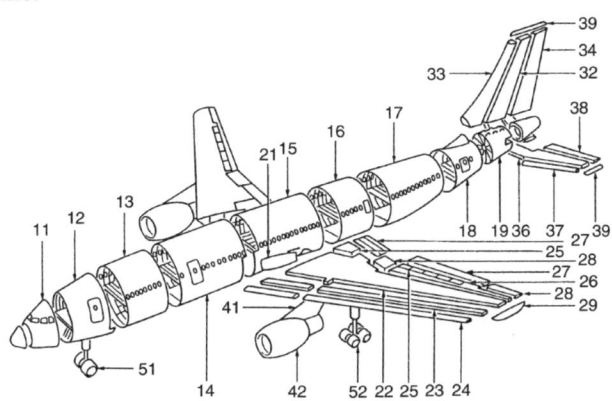

Bild 7.1.80 Übersicht der Konstruktions- und Baugruppen sowie der Sektionseinteilung des Kurz- und Mittelstrecken-Verkehrsflugzeuges Airbus A 300. Die Ziffern entsprechen der tatsächlichen Sektionseinteilung bzw. auch Kennzeichnung.
11 Rumpf-Nasensektion; 12 Rumpf-Nasensektion mit Einstieg; 13 vordere Rumpfsektion; 14 Zwischenrumpfsektion vorne; 15 Rumpf-Mittelsektion; 16 vordere Rumpfsektion hinten; 17 Zwischenrumpfsektion hinten; 18 hintere Rumpfsektion; 19 Rumpfendsektion; 21 Mittelflügel-Torsionskasten; 22 Flügel-Torsionskasten; 23 feste Flügelnase; 24 Nasenklappe; 25 Flügelendkasten; 26 Brems- oder Störklappen; 27 Klappen; 28 Querruder; 29 Flügelendkappe; 32 Seitenflossenkasten; 33 Seitenflossennase; 34 Seitenruder; 36 Höhenflossenkasten; 37 Höhenflossennase; 38 Höhenruder; 39 Höhenflossenendkappe; 41 Triebwerksträger; 42 Triebwerksgondel; 51 Bugfahrwerk; 52 Hauptfahrwerk

7.1.8 Massehauptgruppen und Massebegriffe

Nach DIN 9020 unterscheidet man bei einem Flugzeug folgende neun Massehauptgruppen:

- Struktur,
- Antriebsanlage,
- Standardausrüstung,
- Sonderausrüstung,
- Bewegliche Einsatzausrüstung,
- Besatzung und Dienstlast,
- Nutzlast,
- Betriebsstoffe,
- Rollkraftstoff.

Die allgemeinen Zusammenhänge zwischen Massehauptgruppen und Massebegriffen werden in *Bild 7.1.81* dargestellt.

Den Massehauptgruppen lassen sich entsprechende Massebegriffe zuordnen. Sie reichen von der Standardleermasse, Leermasse und Grundmasse über Betriebsleermasse, Betriebsstoff-Leermasse, Leertankmasse, Flügel-Leertankmasse sowie Startmasse bis hin zur Rollmasse (vgl. *Bild 7.1.81*). Beispielsweise zählen zur Betriebsleermasse die folgenden Massehauptgruppen:

❑ Struktur,
❑ Triebwerksanlage,
❑ Standardausrüstung,
❑ Sonderausrüstung,
❑ Bewegliche Einsatzausrüstung sowie
❑ Besatzung und Dienstlast.

Massehauptgruppen und Massebegriffe

Nr.	Massehauptgruppen		Massebegriffe – Kurzzeichen						
1	Struktur		Standard-Leerm. m_{St} (Hersteller-Leermasse)	Leermasse m_L					
2	Antriebsanlage								
3	Standardausrüstung				Grundmasse m_L^-	Betriebsleermasse m_L^-			
4	Masseabweichungen						Leertankmasse m_L^-		
5	Sonderausrüstung (feste Einsatzausrüstung)							Flügel-Leertankmasse m_{Flt}	
6	Bewegliche Einsatzausrüstung								Startmasse m_{St}
7	Besatzung und Dienstlast								Rollmasse m_{Roll}
8	Nutzlast		Zuladung L_Z	Betriebsladung L_Z	Freiladung L_V verfügbare Ladung L_V				
9	Betriebsstoffe	Einspritzflüssigkeit							
10		Kraftstoff in Innenbehältern und in Außenbehältern am Rumpf							
11		Kraftstoff in Flügelbehältern und in Außenbehältern am Flügel							
12	Rollkraftstoff								

Betriebsleermasse + Betriebsstoffe (ausschließlich Rollkraftstoff) = Betriebsmasse
Der Gesamtschmierstoff sowie die Kraftstoff- und Einspritzflüssigkeitsreste sind in der Massehauptgruppe Antriebsanlage enthalten

Bild 7.1.81 Der Zusammenhang von Massehauptgruppen und Massebegriffen im Flugzeugbau DIN 9020

7.2 Lokalisierungsverfahren

Verkehrsflugzeuge zeichnen sich durch eine hohe Komplexität aus. Um in einem solchen Fluggerät schnell bestimmte Bauteile und Baupunkte bzw. -ebenen angeben und finden zu können, hat man verschiedene Lokalisierungsverfahren entwickelt:

- Koordinatensystem,
- Stationspläne,
- Zoning-System.

7.2.1 Koordinatensystem

Beim Koordinatensystem hat man drei Achsen eingeführt *(Bild 7.2.1)*:

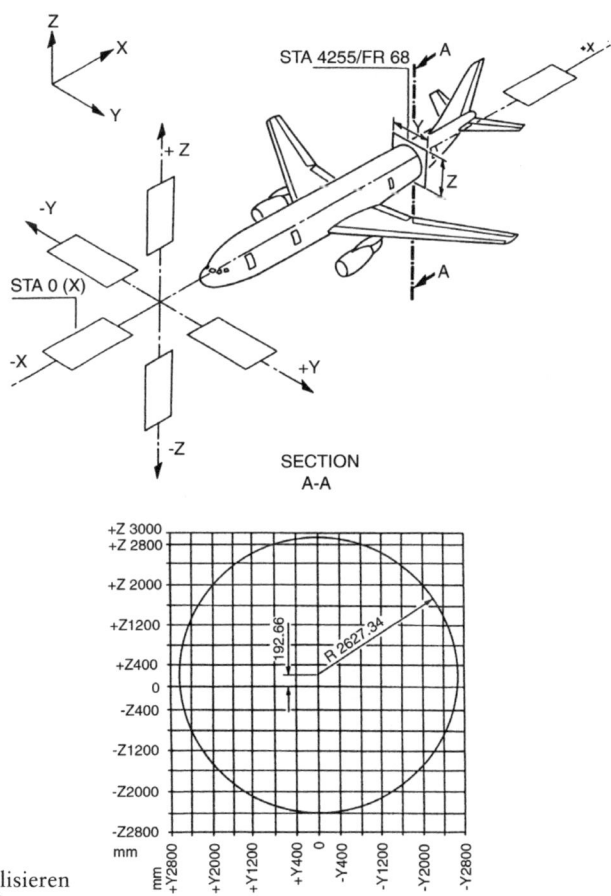

Bild 7.2.1
Koordinatensystem zum Lokalisieren und Bezeichnen der Bauteile am Flugzeug

- die *x-Achse* entspricht der Flugzeuglängsachse,
- die *y-Achse* entspricht der Flugzeugquerachse,
- die *z-Achse* entspricht der Flugzeughochachse.

Beim Airbus wurde die x-Achse zeichnerisch in die Mitte des Rumpfquerschnittes gelegt, so dass sich beim Messen und Lesen von Zeichnungen positive oder negative Werte ergeben. Lediglich die x-Achse weist am Flugzeug ausschließlich positive Werte auf, da deren Nullpunkt 638 cm vor der Flugzeugnase (Airbus) liegt und nach hinten positiv verläuft. Für die y- und die z-Achse gilt dann Folgendes: Ausgehend von der Längsachse befinden sich in Flugrichtung links die positiven und rechts die negativen y-Werte. Bei der z-Achse bezeichnet man alles nach oben hin mit positiven und nach unten mit negativen Zahlen.

Grundsätzlich werden alle Werte in mm angegeben, mit Ausnahme der x-Achse in Stationsplänen, wo Zentimeter-Angaben Verwendung finden.

7.2.2 Stationspläne

Stationspläne werden ebenfalls zur Festlegung von Flugzeugstruktur-Komponenten verwendet. Die entsprechenden Stationen werden mit Nummern bezeichnet, denen beim Rumpf Spantnummern und bei den Tragflächen sowie dem Höhen- und Seitenleitwerk Rippennummern zugeordnet sind. Die Stationen werden – im Gegensatz zum Koordinatensystem – in cm angegeben und bezeichnen die Entfernung bzw. Distanz eines Komponentenquerschnittes zum Bezugspunkt.

Stationsangaben, STA abgekürzt, werden beim Airbus durch *Frame*-Bezeichnungen (Frame = Spant) ergänzt und mit FR abgekürzt. Die nachfolgende Zahl gibt den entsprechenden Spant in der Flugzeugstruktur an. Die Bezeichnung STA 766/FR 1 heißt dann, 766 cm vom Nullpunkt der x-Achse entfernt befindet sich der erste Spant *(Bild 7.2.2)*.

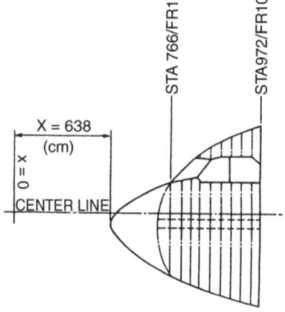

Bild 7.2.2
Stationspläne zum Lokalisieren und Bezeichnen der Bauteile am Flugzeug

7.2.3 Zoning-System

Wegen der Größe von Verkehrsflugzeugen hat man zwecks einer übersichtlicheren Bauteilgliederung ein weiteres Lokalisierungsverfahren eingeführt, und zwar das in *Bild 7.2.3* erläuterte «Zoning-System».

Dieses System bedeutet insbesondere für das Wartungswesen eine erhebliche Erleichterung. Beim Zoning-System unterscheidet man grundsätzlich drei Arten von Zonen: die Hauptzonen, Zwischenzonen bzw. Unterhauptzonen und Zonen.

Hauptzonen werden durch große Gebiete gebildet, die mit den Ziffern 100, 200, 300 bis 900 nummeriert sind. Die **Zwischenzonen** bzw. Unterhauptzonen sind Unterteilungen der Hauptzonen. Diese werden durch die zweite Ziffer der dreistelligen Zahl gekennzeichnet, wie beispielsweise 110, 120, 220 oder 350.

Zonen sind weitere Unterteilungen der Zwischenzonen. Es handelt sich hier um ganz bestimmte kleinere Gebiete. Diese werden dann z.B. mit 112, 143, 213 usw. gekennzeichnet.

Die Zonen werden dabei nach einem besonderen Schema nummeriert. Die ungeraden Zahlen geben links oder die linke Seite des Flugzeuges an. Die geraden Zahlen dagegen geben rechts bzw. die rechte Seite an, und zwar jeweils von der Rumpflängsachse oder entsprechend von der Triebwerksmittellinie ausgehend. Die Zahlenreihenfolge ergibt sich von innen nach außen bzw. von vorne nach hinten. Im Rumpf zählt man von der Oberkante des Fußbodenträgers nach oben und nach unten. In der Seitenflosse wird von der Wurzel zur Spitze nummeriert. Weitere Unterteilungen werden vorgenommen, wenn sich in einer Zone mehrere Bauteile befinden, wie z.B. Tankzu-

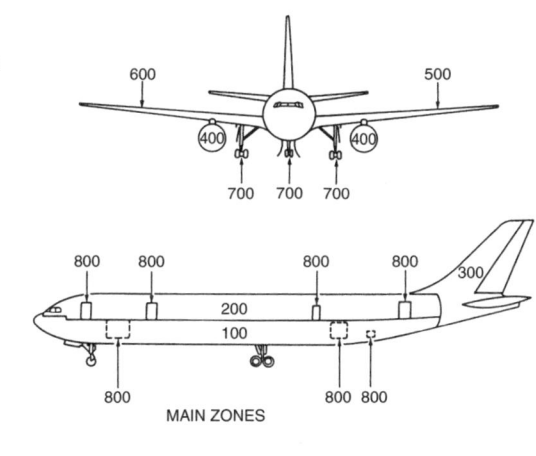

Bild 7.2.3
Zoning-System zum Lokalisieren von Flugzeug-Bauteilen

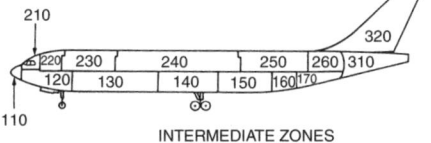
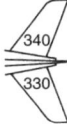

gangsöffnungen in der Tragfläche, Druckausgleichsklappen in den Frachtraumtüren usw. Solche Bauteile erhalten die Nummer der entsprechenden Zone, in der sie sich befinden, zusätzlich noch 1 oder 2 Kennbuchstaben. Wichtig dabei ist, dass beispielsweise Klappen in ein und derselben Zone zwar die gleiche Nummerierung aufweisen, aber durch einen zusätzlichen Buchstaben unterschieden werden können.

7.3 Bauweisen

Im Flugzeugbau unterscheidet man grundsätzlich drei Bauweisen: die Fachwerkbauweise, die Holm- bzw. Gurtbauweise und die Schalenbauweise. Innerhalb letzterer entstand durch Weiterentwicklung die Halbschalenbauweise (vgl. *Bild 7.3.1*).

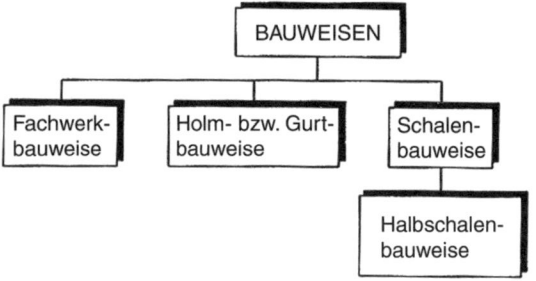

Bild 7.3.1
Übersicht und Gliederung der Bauweisen im Flugzeugbau

Die Weiterentwicklung der verwendeten Werkstoffe von Holz und Stoffplanen über verschiedene Aluminiumlegierungen zu faserverstärkten Kunststoffen ändert nicht die grundsätzlichen Bauweisen. Aus Gewichtsgründen versucht man, viele kleine Einzelteile in größere Bauteile zu integrieren. Immer aber müssen die Wirkkräfte aufgenommen und verteilt werden.

7.3.1 Fachwerkbauweise

Bei der Fachwerkbauweise nimmt ein räumlicher Fachwerkverband, bestehend aus Gurten, Streben und Diagonalen, sämtliche auftretenden Biege- und Torsionskräfte auf, während die umhüllende Beplankung aus Stoff, Kunststoff oder Sperrholz lediglich der äußeren Formgebung dient. Im Rohbau zeigt eine derartige Ausführung ein Gitter- und

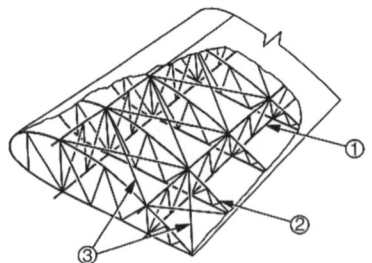

Bild 7.3.2
Tragwerk in Fachwerkbauweise
1 Fachwerkholm
2 Fachwerkrippe
3 Diagonalauskreuzung

Bild 7.3.3
Rumpfwerksektion in Fachwerkbauweise
1 Formsegmente
2 Gurtleisten
3 Beplankung
4 Fachwerkverbund
5 Querversteifungen an Krafteinleitungsstellen (z.B. Leitwerkanschlüsse)

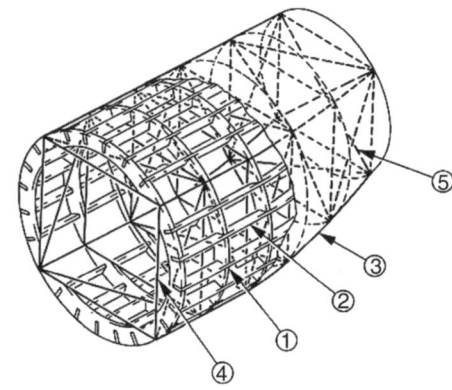

Strebenwerk, das unter Umständen noch mit Drähten verspannt ist. *Bild 7.3.2* zeigt ein Tragwerk in Fachwerkbauweise, bestehend aus Fachwerkholmen, Fachwerkrippen und Drahtverspannung. *Bild 7.3.3* zeigt eine Rumpfwerksektion in Fachwerkbauweise. Hier sind zur Formgebung auf den Querverbänden Formsegmente angebracht, die durch längs verlaufende Leisten verbunden sind, über die die Beplankung montiert ist. Die Fachwerkbauweise wird vorwiegend nur noch bei leichten Sport- und Segelflugzeugen für das Rumpfwerk angewendet, da sie den Anforderungen der Bauvorschriften genügt, die man hinsichtlich der Oberflächenbeschaffenheit bei Außenkonturen bis zu einer Fluggeschwindigkeit von 150 km/h stellt.

7.3.2 Holm- bzw. Gurtbauweise

Aus der Entwicklung zu höheren Fluggeschwindigkeiten entstand im Flugzeugbau die Holm- bzw. Gurtbauweise. Tragwerk- sowie Leitwerkbauteile bestehen bei dieser Bauweise aus Holmen, aufgebaut aus zwei Gurten und einem Steg (Biegeträger) und formgebenden Rippen. Die Bauteile sind mit relativ dünnem, durch aufgenietete Profile verstärktem Hautblech beplankt oder bei GFK/CFK-Bauweisen im Autoklaven verklebt. *Bild 7.3.4* zeigt ein Tragwerk in Holmbauweise. Hier übernehmen die Gurte sämtliche auftretenden Längskräfte, die Stege die Querkräfte aus Biegung um die Längsachse (x-Achse) und einen Anteil aus dem Torsionsschub, die Rippen Torsions-

Bild 7.3.4
Tragwerk in Holmbauweise
1 Hautversteifungen
2 Rippe
3 Steg
4 Gurte

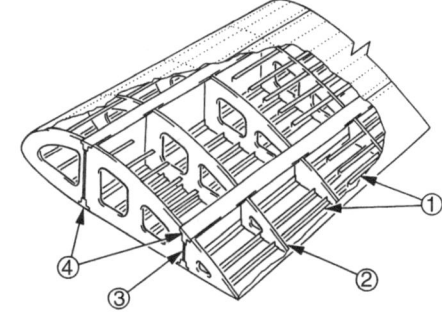

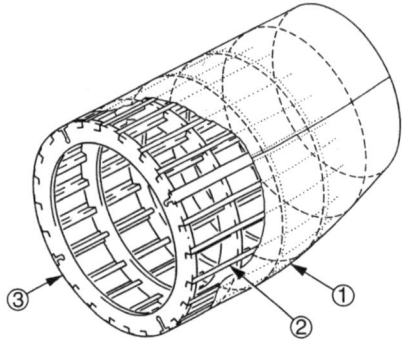

Bild 7.3.5
Rumpfwerksektion in Gurtbauweise
1 Beplankung; 2 Stringer; 3 Spante

und Querkräfte, die mit Profilen verstärkte Beplankung einen Anteil aus dem Torsionsschub und Querkräfte aus der Biegung um die Hochachse (z-Achse). Rumpfbauteile bestehen aus Gurten und formgebenden Spanten, beplankt mit relativ dünnem, durch aufgenietete oder aufgeklebte Profile verstärktem Hautfeld (Blech oder GFK/CFK). *Bild 7.3.5* zeigt eine Rumpfwerksektion in Gurtbauweise. Hier übernehmen die Gurte sämtliche Längskräfte, die Spante Querkräfte und Torsionskräfte, die mit Profilen verstärkte Beplankung den gesamten Querkraft- und Torsionsschub. Die nun mittragende Beplankung ersetzt die Diagonale im Fachwerk.

Bei Belastung durch Querkräfte und Torsion treten unter 45° – 50° schräg verlaufende, je nach Größe der Belastungen mehr oder minder tiefe Zugfalten auf. Derartig ausgelegte Hautfelder nennt man Hautzugfelder. Schräg verlaufende Zugfalten verändern das Flügelprofil und stören die Umströmung. Daher ist diese Bauweise nur bis zu Fluggeschwindigkeiten von ungefähr 350 bis 400 km/h wirtschaftlich anwendbar.

7.3.3 Schalenbauweise

Von einer Schalenbauweise spricht man, wenn alle Komponenten der Beplankung direkt miteinander verbunden sind *(Bild 7.3.6)*. Wenn die Rumpfkonstruktion eines

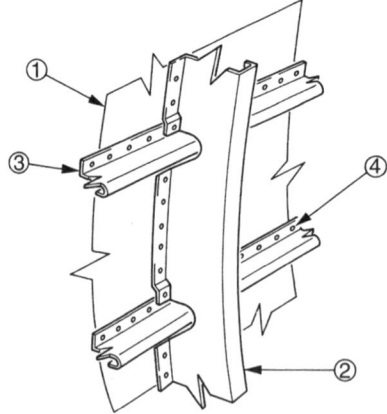

Bild 7.3.6
Schalenbauweise
1 Beplankung
2 Spant
3 Stringer
4 Verbindungselement

Bild 7.3.7
Rumpfheck des Airbus in Schalenbauweise
1 Spant
2 Beplankung
3 Stringer

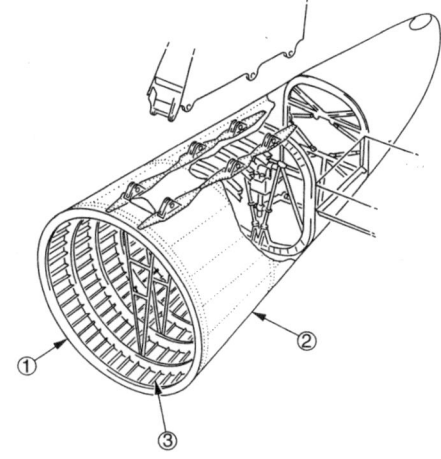

Bild 7.3.8
Querschnitt durch ein Rumpfwerk in Schalenbauweise
1 Fenster

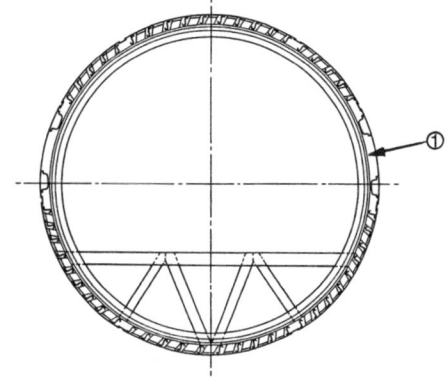

Flugzeuges aus Beplankung, direkt daran befestigten Spanten sowie versteifenden Stringern besteht *(Bild 7.3.7)*, spricht man ebenfalls von einer Schalenbauweise.

Diese Bauweise hat sich im Wesentlichen durch die steigenden Fluggeschwindigkeiten und die Anforderungen an die Oberflächenbeschaffenheit entwickelt, um eine Faltenbildung an der Beplankung eines Flugzeuges zu verhindern *(Bild 7.3.8)*. Die Besonderheit besteht darin, dass die Außenbeplankung zur Aufnahme der Kräfte mit herangezogen wird. Die Hautfelder (AlCuMg2-Blech) werden mit Längs- und Querversteifungen versehen und nehmen die Beanspruchung aus Biegung und Torsion auf. Durch Veränderung der Beplankungsdicke, der Steifengröße und der Steifenabstände können die so genannten Schalen für jede gewünschte Belastung schubsteif ausgeführt werden. Obwohl sich bei der Schalenbauweise jegliche Forderung zur Vermeidung von Konturabweichungen erfüllen lässt, führen diese entsprechend zu höheren Bauteilmassen.

Die wesentlichen Vorteile der Schalenbauweise im Vergleich beispielsweise zur Fachwerkbauweise liegen in der

- hohen Materialausnutzung,
- der extrem leichten Konstruktion und
- der optimalen Innenraumausnutzung, da dieser nicht durch Querstreben eingeschränkt wird.

Damit die Wirtschaftlichkeit zum Optimum wird, muss das Flugzeug möglichst leicht sein. Um dies zu erreichen, sind die Materialauswahl und die Materialausnutzung von größter Bedeutung. D.h., die Werkstoffe der einzelnen Baugruppen müssen nach verschiedenen Kriterien ausgewählt werden. Für das Rumpf- und Tragwerk fanden bisher vorwiegend Leichtmetall-Legierungen jetzt aber wie für das Seiten- und Höhenleitwerk beim Airbus dagegen Faserverbundwerkstoffe (CFK) Anwendung. Die Festigkeiten dieser Werkstoffe müssen ausreichen, die im Flugbetrieb auftretenden Kräfte aufzunehmen. Allerdings lassen sich im Flugzeug nicht überall Leichtmetalle oder Faserverbundwerkstoffe einsetzen. Für besonders hoch belastete Bauteile, die aber trotzdem klein dimensioniert werden müssen, werden Metalllegierungen mit wesentlich höheren Festigkeiten verwendet (Titan). Das Fahrwerk eines Verkehrsflugzeuges ist zum Beispiel in seinen tragenden Elementen aus einer hochfesten Stahllegierung hergestellt, damit es

- den hohen Belastungen standhält,
- aber gleichzeitig konstruktiv sehr klein ausfällt, damit es während des Reisefluges Platz sparend im Flugzeugrumpf eingefahren werden kann sowie
- im ausgefahrenen Zustand die Flugeigenschaften nicht wesentlich verschlechtert.

Um die einzelnen Baugruppen eines Flugzeuges aus den richtigen Werkstoffen herstellen zu können, müssen verschiedene Leichtbaukonstruktionen angewendet werden. Im Flugzeugbau unterscheidet man deshalb für den Rumpfbereich die beiden folgenden Schalenbauweisen:

- *Schalenbauweise* (Monocoque-Bauweise),
- *Halbschalenbauweise* (Semimonocoque-Bauweise).

Monocoque-Bauweise

ⓘ *monocoque = frz.: die Schale; bedeutet, dass die Beplankung die Summe aller Kräfte aufnimmt.*

Bei der Monocoque-Bauweise besteht die Rumpfstruktur eines Flugzeuges immer aus der Beplankung und den Spanten *(Bild 7.3.9)*. Das Airbus-Rumpfvorderteil ist beispielsweise in der Monocoque-Bauweise hergestellt. Der Rumpfquerschnitt ist beim Airbus-Vorderteil nicht kreisrund, sondern konstruktiv als «Birnenform» ausgelegt. Dem Bestreben des Kabinendruckes, diesen birnenförmigen Querschnitt zur Kreisform zu biegen, begegnet man mit im kurzen Abstand an die Haut genieteten Spanten. Da im Rumpfvorderteil der Abstand von Spant zu Spant sehr viel kleiner ist und die

Bild 7.3.9
Rumpfkonstruktion in Monocoque-Bauweise
1 Spant
2 Beplankung

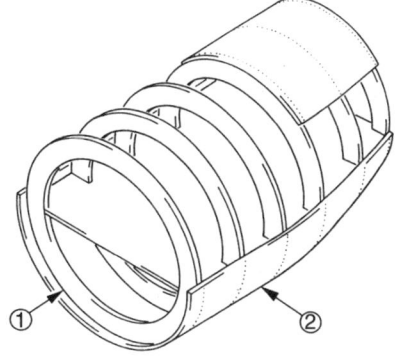

Bild 7.3.10
Airbus-Rumpfvorderteil als Monocoque-Struktur
1 Spant
2 Beplankung
3 Bugfahrwerkskasten

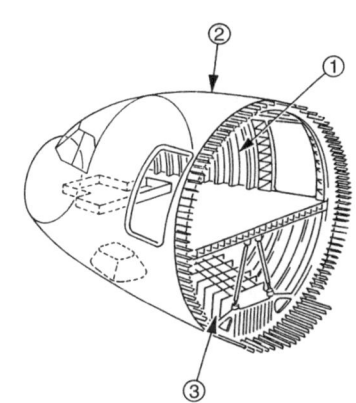

entsprechende Anzahl der Spante größer wird, kann in diesem Strukturbereich auf Stringer bzw. Gurte verzichtet werden *(Bild 7.3.10)*.

Die Monocoque-Bauweise hat sich im Flugzeugbau nicht durchsetzen können, da zum einen die Flugzeugrümpfe sehr schwer werden und zum zweiten bei einer Beschädigung der Rumpf seine Steifigkeit verliert und zum Knicken neigt.

Semimonocoque-Bauweise
Die Semimonocoque-Bauweise ist eine Weiterentwicklung der Schalenbauweise. Sie wird auch als Halbschalenbauweise bezeichnet und baut sich aus den drei Bauelementen Spante, Stringer und Beplankung auf *(Bild 7.3.11)*.

Da in der Passagierkabine, dem Flugzeugrumpf, der Kabinendruck konstant gehalten wird, bläht sich infolge größerer Flughöhen und dem damit zusammenhängenden sinkenden Luftdruck der Flugzeugrumpf auf. Es entstehen Zugspannungen, die radial über das Beplankungsblech verteilt werden. Bedingt durch die Zugspannungen wird das Beplankungsblech im Rumpfumfang im elastischen Werkstoffbereich gedehnt. Der Dehnungswert kann bei Großraumquerschnitten mehrere Zentimeter betragen. Zwangsläufig tritt durch diesen Belastungsfall eine Rumpfquerschnittsvergrößerung ein, und in den Nietverbindungen zwischen der Beplankung und den Spanten treten starke Zugkräfte auf, die sich als Kopfzugkräfte auf die Nietköpfe setzen. Um diese

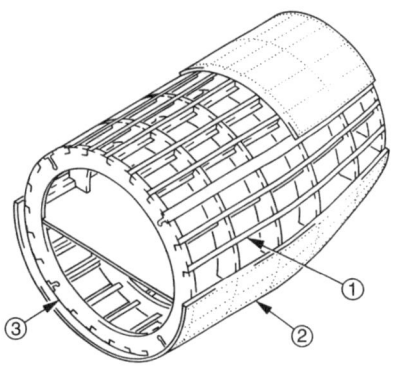

Bild 7.3.11
Rumpfkonstruktion in Semimonocoque-Art
1 Stringer
2 Beplankung
3 Spant

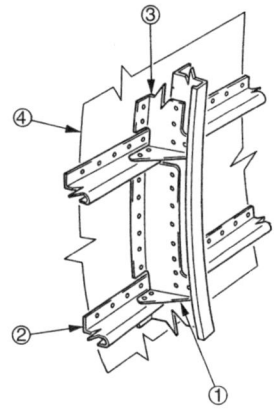

Bild 7.3.12
Semimonocoque-Bauweise beim Airbus
1 Spant
2 Stringer
3 Clip
4 Beplankung

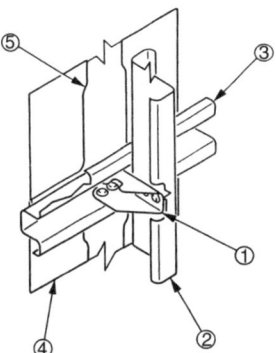

Bild 7.3.13
Semimonocoque-Bauweise (Boeing), bei der sehr schmale Clips mit zusätzlichen Rissstoppblechen verwendet werden
1 Clip
2 Spant
3 Stringer
4 Beplankung
5 Rissstoppblech

Belastungssituation zu entschärfen, wird der «Beplankungs-Stringer-Verband» von den Spanten abgekoppelt. Über so genannte «Clips», auch Schubbleche genannt, werden die Spante bei dieser Bauweise indirekt mit dem Beplankungs-Stringer-Panel vernietet. *Bild 7.3.12* zeigt das Semimonocoque-Konstruktionsprinzip im Druckrumpfbereich des Airbus. Hier wird, im Gegensatz zu den meisten amerikanischen Flugzeugrumpf-Konstruktionen, auf Rissstoppbleche verzichtet, da die sehr breiten Clips eine gewisse Rissstoppfunktion enthalten. *Bild 7.3.13* zeigt eine typische Boeing-Konstruktion in Semimonocoque-Bauweise, bei der die Clips sehr viel schmaler sind, da die Konstruktionen mit einem zusätzlichen Rissstoppblech versehen wurden.

Die fertigungstechnische Herstellung der bisher aufgeführten Bauweisen erfolgt differenziert oder integriert. Das gilt sowohl für einzelne Bauteile als auch für ganze Baugruppen. Oft setzt sich eine Baugruppe auch aus integriert gefertigten und differenziert gefertigten Bauteilen zusammen. Man unterscheidet demzufolge 2 weitere Bauweisen: die Differential- und die Integralbauweise.

7.3.4 Differentialbauweise

Bei der Differentialbauweise setzt sich ein Bauteil aus mehreren verschiedenen Einzelteilen zusammen *(Bild 7.3.14)*; sie werden vernietet bzw. verklebt und ergeben das Gesamtbauteil. Dieses Fertigungsverfahren zeichnet sich besonders aus durch

- gute *Reparaturmöglichkeiten*, da die zerstörten Teile ausgetauscht werden können,
- gute *Rissstoppmöglichkeiten*, da laufende Risse am nächsten Teilstück gut gestoppt werden können und dadurch nicht zum Gesamtausfall des Bauteils führen,
- eine *elastische Bauweise*.

Gleichzeitig zeichnet sich diese Bauweise jedoch auch durch eine Reihe an Nachteilen aus wie:

- Die Differentialbauweise ist *relativ schwer*, da bedingt durch die vielen Nietlöcher Spannungsspitzen auftreten, die nur über entsprechend höhere Dimensionierungen aufgefangen werden können;
- *hohen Montageaufwand*: Bedingt durch die vielen Einzelteile entstehen hohe Lohnkosten;
- die *Bauteile können sich*, insbesondere durch Schwingungen, voneinander *lösen*;
- die *Oberflächengüte* wird durch Verbindungselemente (z.B. Nietköpfe) und Beulen herabgesetzt.

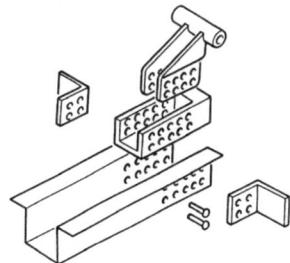

Bild 7.3.14
Differentialbauteile setzen sich aus mehreren Einzelteilen zusammen und verursachen einen sehr hohen Montageaufwand

7.3.5 Integralbauweise

Das Streben nach Reduzierung der Verbindungsstellen führte zu einer Verringerung der zusammenzufügenden Einzelteile. Bei der Integralbauweise werden nämlich größere Baueinheiten aus einem Werkstoff hergestellt. Beispielsweise wird eine Flügelbeplankung mit ihrem Unterbau aus einem Stück gefertigt.

Die Beplankung wird dabei *(Bild 7.3.15)* samt den Verstrebungen aus einem Werkstoffblock herausgefräst. Der Werkstoffblock muss dabei in der Größe den äußeren Abmaßen entsprechen. Wichtig bei der Integralbauweise ist, dass die inneren Spannungen im Werkstoffrohling über den Querschnitt möglichst gering gehalten werden, damit sich das Werkstück nicht während der Bearbeitung verzieht. Entsprechend dieser Forderung lassen sich Integralbauteile nur aus vorgereckten Werkstoffplatten fertigen. Integralbauteile lassen sich wirtschaftlich auf numerisch gesteuerten Fräsmaschinen sowie durch chemisches Fräsen produzieren.

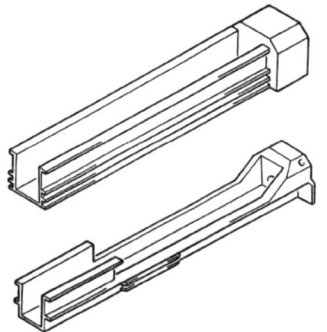

Bild 7.3.15
Integralbauteile werden aus einem Werkstoffrohling (vorgereckte Platten, um spannungsfrei zu sein) hergestellt

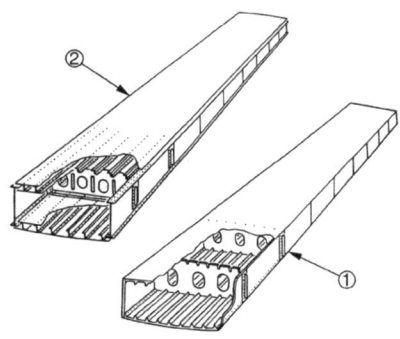

Bild 7.3.16
Wirtschaftlichkeitsvergleiche zeigen, dass die Integralbauweise kostengünstiger ist als die Differentialbauweise
1 Integral-,
2 Differentialbauweise

Die Integralbauweise hat im Vergleich zur Differentialbauweise folgende Vorteile:

- leichtere *Bauweise*, da die extremen Spannungsspitzen durch Nietlöcher entfallen und das Material gleichmäßig belastet werden kann,
- hohe *Präzision* der meist auf CNC-Maschinen gefertigten Bauteile,
- sehr gute *Oberflächen*, da die vielen Nietköpfe entfallen,
- hoher *Zusammenhalt* sowie große Dauerfestigkeit der Integralbauteile.

Obwohl die Integralbauweise sowohl im zivilen Verkehrs- als auch im Militärflugzeugbau mittlerweile das weitverbreitetste Fertigungsverfahren ist, sind dennoch einige Nachteile mit dieser Bauweise verbunden:

- Die Reparaturmöglichkeiten sind stark eingeschränkt, da bei einem Schaden immer das ganze Bauteil ausgewechselt werden muss.
- Die Herstellung von Integralbauteilen erfordert aufwendige Fertigungsmaschinen und produziert einen sehr hohen Späneanfall.
- Integralbauteile sind sehr starr.
- Die Schallleitfähigkeit ist sehr hoch.
- Bauteiländerungen sind aufwendiger in der Umsetzung.
- Es können keine plattierten Oberflächen zum Einsatz kommen.

Integral- und Differentialbauweisen unterscheidet man auch bei der Verwendung von faserverstärkten Kunststoffen (CFK). Mit hohem Werkzeug- und Maschinenaufwand lassen sich komplexe Beplankungen oder Bauteile in einem Arbeitsgang herstellen und aushärten. Dabei stehen hohe Änderungs- und Ausschusskosten einem geringeren Gewicht gegenüber. Dieses muss jeweils gegeneinander abgewägt werden (*Bild 7.3.16*).

7.4 Bauarten

Bei den Bauarten im Flugzeugbau unterscheidet man zwei Konstruktionsphilosophien bzw. -methoden:

- die Safe-Life-Methode und
- die Fail-Safe-Methode.

Gemäß den Bauvorschriften muss der tragende Befestigungsverband bei der Semimonocoque-Bauweise (Stringer, Spante, Beplankung) so ausgelegt werden, dass bei einer leichten Bruchlandung die Passagiere unter Verwendung der Anschnallgurte schweren Verletzungen entgehen. Der Befestigungsverband muss deshalb folgende Lasten sicher aufnehmen können:

Aufwärts	2,0 g
Nach vorn	9,0 g
Seitlich	1,5 g
Abwärts	4,5 g

Da es aus Gewichtsoptimierungsgründen nicht immer möglich ist, Primärbauteile absolut dauerfest zu konstruieren, entwickelte man die Safe-Life- und die Fail-Safe-Methode. Im Flugzeugbau werden alle hoch beanspruchten Bauteile in der Fail-Safe-Methode hergestellt. Bei dieser Bauart soll zwar die Konstruktion während der festgelegten Lebensdauer unbeschädigt bleiben; Risse, die innerhalb der Inspektionszeiträume aber nicht zum Versagen des Bauteils führen, werden jedoch toleriert. Darüber hinaus haben sich Begriffspaare wie «fail safe design» oder auch «fail safe structure» herausgebildet, die alle konstruktive Möglichkeiten gegen ein absolutes Bauteilversagen beschreiben.

7.4.1 Fail-Safe-Methode

Das Fail-Safe-Bauprinzip geht davon aus, dass das Entstehen gefährlicher Strukturschäden während der Lebensdauer eines Flugzeuges unmöglich ist, da diese Methode eine Ausfallsicherheit darstellt. Nach den Fail-Safe-Anforderungen muss eine Baugruppe konstruktiv so ausgelegt sein, dass bei Ausfall eines Primärbauteils sowohl die Festigkeit als auch die Steifigkeit der verbleibenden Primärstruktur ausreicht, um die Funktion des Flugzeuges über einen begrenzten Zeitraum sicherzustellen. Das grundsätzliche Konstruktionsverfahren besteht also darin, dass bei einem Strukturschaden die dann zusätzlich zu tragende Belastung auf alle anderen Bauteile mitverteilt wird. Im Flugzeugbau werden verschiedene Fail-Safe-Verfahren angewendet. Das am häufigsten anzutreffende Prinzip ist die Strukturvervielfachung (*multi-structure*) und die Kraftflussaufteilung (*multi load path*). Ein ähnliches Prinzip ist die Strukturverdoppelung (*double structure*), bei der man statt eines großen Elements zwei kleinere verwendet. Darüber hinaus gibt es die Parallelschaltung von Bauelementen (*back-up structure*). Alle Fail-Safe-Bauprinzipien werden angewendet, um mögliche Strukturausfälle bei Primärbauteilen zu verhindern bzw. Abhilfemaßnahmen zu schaffen. Dabei ist zu beachten, dass nicht die völlige Vermeidung von Anrissen angestrebt wird, sondern dass durch laufende systematische Kontrollen und Wartungsarbeiten entsprechende Risse frühzeitig erkannt werden. Sowohl bei der Auswahl des Werkstoffes (möglichst niedriges Rissgeschwindigkeitsverhalten) als auch bei der Konstruktion muss darauf geachtet werden, dass entsprechende Rissbildungen auf einen möglichst kleinen Bereich begrenzt bleiben. Diese Forderung kann u.a. durch das Anbringen eines Rissstoppbleches eingelöst werden, indem bei Versagen eines Bauteils der Kraftfluss auf die benachbarten Bauelemente umgeleitet wird.

7.4.2 Safe-Life-Methode

Bei der Safe-Life-Methode versucht man, jeglichen statischen und dynamischen Belastungsschaden über die gesamte Lebensdauer eines Flugzeuges bzw. des entsprechenden Bauteils auszuschalten. Dieses Konstruktionsprinzip geht davon aus, dass die Flugzeugstruktur frei von Ermüdungsbrüchen bleibt. Um diesen Konstruktionsanspruch sicherzustellen, sind folgende Forderungen umzusetzen:

- ❏ Es müssen dynamische und statische Lastannahmen aufgrund von Statistiken in Festigkeitsversuchen nachgewiesen werden.
- ❏ Die dynamischen Belastungen während des Flugbetriebes müssen überwacht werden.
- ❏ Die Bauteile müssen so dimensioniert werden, dass sie frei von ungünstiger Spannungsverteilung, Spannungsspitzen, ungewollten Verspannungen und allen Vibrationen sind.
- ❏ Die ausgewählten Werkstoffe müssen eine hohe Dauerfestigkeit besitzen.
- ❏ Dauerfestigkeitsversuche müssen die uneingeschränkte Bauteilfunktion im Vorweg nachweisen.

Dies ist bei heute üblicherweise last- und gewichtsoptimierten Flugzeugen nicht mehr möglich.

7.5 Beanspruchungen von Bauteilen

Ein Flugzeug wird während seiner gesamten Lebensdauer recht unterschiedlich belastet. Man unterscheidet dabei im Wesentlichen statische und dynamische Belastungsfälle.

Außerdem wird differenziert zwischen Beanspruchungen, die pro Flug ein- oder zweimal, und solchen, die pro Flug häufiger auftreten. Belastungen, die während eines Fluges ein- oder zweimal auftreten, sind beispielsweise:

- gleich bleibende Flügelauftriebskräfte,
- Leitwerkskräfte,
- Klappenkräfte,
- Druckkabinenkräfte,
- Fahrwerkskräfte infolge Landestoß sowie aufgrund des Ein- bzw. Ausfahrens.

Infolge von Böen, Flugmanövern, Trimmveränderungen und Kraftstoffverbrauch treten folgende Belastungen öfters während eines Fluges auf:

- Flügelkräfte,
- Leitwerkskräfte,
- Flossenkräfte,
- Rumpfkräfte,
- Klappen- und Zusatzklappenkräfte,
- Kräfte auf Steuerflächen und deren Befestigungen.

Darüber hinaus können Belastungen infolge von Vibrationen durch Propeller und Triebwerk, Schütteln, Kräften an Steuerflächenscharnieren, Luftwiderständen, Fahrwerksschwingungskräften, Rollbahnrauigkeit, Bremsung und Steuerung auftreten.

Die Lastbeanspruchungen sind – je nach Flugzeugtyp und Flugzustand – recht unterschiedlich. Die Dauerbeanspruchung durch die atmosphärischen Böen nehmen beispielsweise mit zunehmender Höhe ab, und die Zahl der Lastwechsel, die zum Dauerbruch führt, wird kleiner, je größer der Spannungsbereich wird.

Bei sehr komplizierten Bauteilen ist die Voraussage von zuverlässigen Dauerbetriebsspannungen sehr schwer. Hier müssen die entsprechenden Sicherheiten mit Hilfe von Dauerfestigkeitsversuchen nachgewiesen werden.

Da die Leistungsfähigkeit eines Flugzeuges an den direkten Betriebskosten gemessen wird und diese nur wirtschaftlich sind, wenn die Nutzlast gemessen am Gesamtgewicht des Flugzeuges möglichst groß ist, muss die Strukturmasse wiederum sehr klein sein. Dem Bestreben, Flugzeuge möglichst sehr leicht zu bauen, sind aber durch die Beanspruchungen Grenzen gesetzt. Um der Forderung nach möglichst geringer Masse bei hoher Flugsicherheit gerecht werden zu können, sind folgende Fragen zu beantworten:

- Welche Beanspruchungen treten am Flugzeug auf?
- Welche Eigenschaften haben die zum Bau verwendeten Werkstoffe?
- Welche Form und Abmessungen müssen die einzelnen Bauteile haben, damit sie bei geringster Masse die Beanspruchungen mit ausreichender Sicherheit aufnehmen können?

Die einzelnen Bauteile werden meistens gleichzeitig von mehreren der auf das Flugzeug einwirkenden Kräfte beansprucht. Dabei können sich die Kräfte summieren oder auch einander ganz oder teilweise aufheben. Für die Dimensionierung eines Bauteils müssen die ungünstigsten Belastungsfälle zugrunde gelegt werden. Die Kräfte, die an einem Bauteil wirken, können sechs verschiedene Belastungsarten erzeugen:

❑ Zugbelastung,
❑ Druckbelastung,
❑ Scherbelastung,
❑ Knickbelastung,
❑ Biegebelastung,
❑ Torsionsbelastung (Drehbeanspruchung).

7.5.1 Sicherheitsfaktoren

An oberster Stelle der Primär-Entwurfsziele für Flugzeugbauteile steht die Sicherheit, also eine hohe Wahrscheinlichkeit dafür, dass kein gefährliches Ereignis eintritt. Um dieses oberste Ziel zu erreichen, wird im Flugzeugbau die tatsächlich auftretende Last mit einem Sicherheitsfaktor $\gamma = 1,5$ multipliziert. Mit dem Sicherheitsfaktor sollen Ungenauigkeiten in der Materialfestigkeit erfasst und abgedeckt werden. Trotz der mit einer Sicherheitszahl berücksichtigten Dimensionierung müssen Ermüdungsversuche durchgeführt werden, um die Musterzulassung eines Flugzeuges durch die entsprechende Luftfahrtbundesbehörde zu erhalten.

7.5.2 Statische und dynamische Ermüdungsversuche

Nicht die Flugdauer allein, sondern die Art der Beanspruchung während der unterschiedlichen Flugphasen bzw. Flugzustände ist für einen Ermüdungsversuch wichtig. Bei einem derartigen Ermüdungsversuch wird ein ganzes Flugzeugleben in wenigen Monaten simuliert. Es geht dabei um die Lebensdauer der einzelnen Bauteile, die mindestens 20 Jahre ihre uneingeschränkte Funktion erfüllen müssen. Statistisch fallen bei einem Kurz- und Mittelstreckenflugzeug, wie z.B. dem Airbus A 320, in diesem Zeitraum rund 48 000 Flüge an. Mit Hilfe der Ermüdungsversuche muss der Flugzeughersteller nachweisen, dass die Bauteile diese Lebensdauer auch wirklich überstehen und ihre Struktur erhalten bleibt.

Bei den dynamischen Ermüdungsversuchen des Airbus A 320 wurden sogar 120 000 Starts und Landungen absolviert mit einem Sicherheitsfaktor von $\gamma = 2,5$. Alle zwei Minuten wird in einem solchen Ermüdungsversuch ein neuer Start, die entsprechende Beschleunigung, das Abheben, das Steigen bis auf die Reiseflughöhe, das Durchfliegen von Schlechtwetterfronten, das Aufbauen eines Druckunterschieds zwischen Kabinen- und Umgebungsdruck in 10 000 Meter Höhe, das Sinken, das Landen und dann das Rollen 24 Stunden täglich und sechs Tage in der Woche simuliert. In Wirklichkeit entsprechen diese Zwei-Minuten-Flüge einem Flug von etwa einer Stunde. Im Zeitraffer durchlebt das Flugzeug im Ermüdungsversuch das Flugzeugleben, wobei im Wesentlichen nur die ermüdungsrelevanten Belastungsfälle interessieren. Durch Statistiken ermittelt, werden die Belastungsdaten in einem Steuerungscomputer abgespeichert. Sie enthalten unterschiedliche Auftriebswerte, Böenbeeinflussung der Tragflächen, die Schubkräfte der Triebwerke, die auf die Struktur wirken und die Anströmkräfte auf Ruder und Klappen, die sich auf Tragflächen und Zelle übertragen. Bei den Ermüdungsversuchen des Airbus A 320 sind 21 verschiedene Flüge im Computer abgespeichert, und über 57 hydraulische Zylinder werden die Kräfte am Flügel, Rumpf, Fahrwerk und Triebwerkspylon in die Struktur eingebracht.

Diese Zylinder erhalten die Sollwerte durch den digitalen Rechner. An rund 1000 Stellen werden die Verformungen an der Struktur über Dehnmessstreifen ermittelt und an den Computer weitergegeben. Dort werden die Messungen mit den über die Finite-Elemente-Methode berechneten Werten verglichen. Zusätzliche Kraftmesselemente an den Hydraulikzylindern liefern zur Kontrolle die wahren Stellwerte, die, wenn sie von den Sollwerten abweichen, eine Warnung auslösen. Die Belastung wird dabei nur bis zur rechnerisch ermittelten Betriebslast vorgenommen, nur beim statischen Bruchversuch wird bis zur endgültigen Bruchkraft belastet *(Bild 7.5.1)*. Die statische Bruchuntersuchung soll Auskunft darüber geben, welche effektiven Lasten das Flugzeug maximal ertragen kann, also das Wievielfache der voraussichtlich auftretenden Belastungen noch von der Struktur ertragen werden kann, und an welcher Stelle es dann zu einem Versagen kommt.

Bei den dynamischen Ermüdungsversuchen darf ein Strukturversagen auf keinen Fall eintreten – auch nicht durch eine aufgrund eines Computerfehlers zu hohe Belastung. Darüber wachen Lastbegrenzer, die den Versuch gegebenenfalls abschalten würden.

Wie im normalen Flugbetrieb gibt es auch während dieser Ermüdungstestes Inspektionsintervalle. Die so genannte A-Inspektion besteht in einem Walk-around-Test.

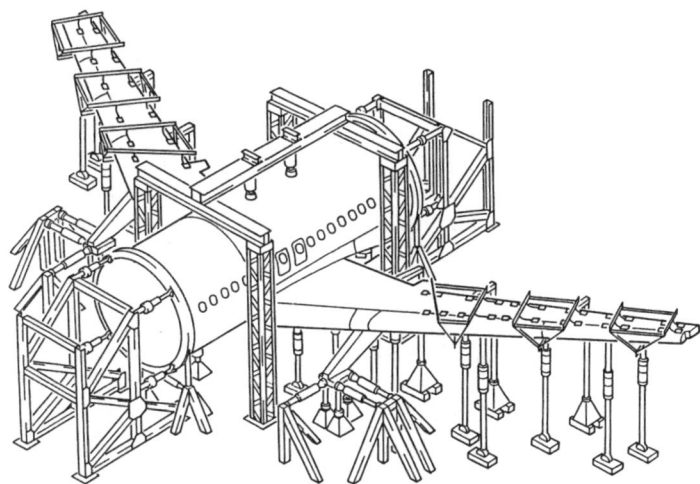

Bild 7.5.1 Prinzipdarstellung des Gesamtaufbaus der Versuchsanlage für dynamische Ermüdungsversuche. Ein Gestänge verteilt hier die Lasten der Hydraulikzylinder.

Dazu gehen sechs Prüfer während des Ermüdungsversuchs durchgehend um den Versuchsaufbau herum und kontrollieren mit den Augen oder auch mit der Lupe Zelle und Tragflächen auf Rissbildung oder Verformung.

Zur B-Inspektion wird der Test für drei Tage unterbrochen, denn nun werden Klappen abgebaut und der Innenraum untersucht. Diese Inspektion findet jeweils nach 3750 Flügen statt. Der C-Check führt zu einer zehntägigen Testunterbrechung. Dabei werden die Beplankungen entfernt, der Kabinenboden herausgenommen und auch schwer zugängliche Stellen auf Risse untersucht. Nach 60 000 simulierten Flügen, also bereits mehr als einem Leben, findet der S-Check statt. Dabei wird die Versuchsmaschine auf den zweiten Teil der Ermüdungsversuche vorbereitet, wo es um das Schadenstoleranz-Verhalten geht. Dafür werden künstliche Schäden in die Flugzeugstruktur eingebracht, wie sie z.B. durch Steinschlag, unsachgemäße Behandlung oder kleinere Reparaturen hervorgerufen werden. Mit den nun folgenden Versuchen soll bewiesen werden, dass solche kleinen Schäden die Flugsicherheit nicht gefährden, dass Risse sich nicht zu schnell ausbreiten und übersehene kleine Mängel nicht zum Strukturversagen führen. Am Ende der Testreihe von 120 000 Flügen findet der **C-Check**, die Abschlussinspektion statt.

Ermüdungstests gehören trotz verbesserter Berechnungsprogramme grundsätzlich zum Testprogramm für eine Musterzulassung.

7.5.3 Drucksimulation an der Rumpfstruktur

Für die Materialermüdung der Flugzeugzelle darf die Belastung durch die Druckdifferenz während eines Fluges nicht unterschätzt werden. Um auch dieses zu simulieren, wird das Rumpfmittelstück luftdicht durch große Druckbühnen vorne und hinten abgeschlossen. Dann blasen Kompressoren die Zelle auf einen Differenzdruck von 0,56 bar auf. Damit dieses Aufblasen nicht zu lange dauert, wird vorher die Flugzeugkabine zu 60% mit Styropor-Blöcken ausgefüllt. Nur etwa 30 s dauert nun das Aufblasen. Aber im Innern der Kabine tut sich noch mehr. So übertragen Hydraulikzylinder auch die auftretenden Kräfte auf den Kabinenboden und die integrierten Schienen zur Passagiersitz-Befestigung. Nur die Primärstruktur wird bei der Drucksimulation als Ganzes getestet. Zahlreiche Einzelteile unterliegen getrennten Versuchen und werden beim Ermüdungsversuch für die Gesamtstruktur nur in ihrer Auswirkung auf die Struktur simuliert. Dazu gehören beispielsweise das Fahrwerk und das Triebwerk, aber auch Bremsklappen und Vorflügel.

7.6 Wartung der Struktur

Alle Reparaturen an einem Flugzeug dürfen nur nach den Herstelleranweisungen sowie -unterlagen vorgenommen werden. Nur Anweisungen bzw. Angaben des Luftfahrtbundesamtes sind als höherrangig einzuordnen. Die Flugzeughersteller halten für jeden Flugzeugtyp ein entsprechendes Reparaturhandbuch, das so genannte SRM (*structural repair manual*), bereit. Nur bei kleineren Flugzeugtypen wird vom Hersteller auf das amerikanische Standard-Reparaturbuch (AC 43.13–1A) verwiesen.

Es ist beim Umgang mit dem SRM erforderlich, eine bestimmte Vorgehensweise einzuhalten. Diese Vorgehensweise umfasst das Zusammentragen von Informationen, die in der nachstehend aufgeführten Reihenfolge zu der richtigen Maßnahme führt.

1. Das richtige Kapitel (Chapter) auswählen.
2. Die genaue Festlegung des Schadensortes (*damage location*).
3. Die Identifizierung des beschädigten Bauteils, z.B. Partnummer, Material, Blechstärke (*identification*).
4. Die Schadensgröße bestimmen und mit den erlaubten Limits im Handbuch vergleichen (*allowable damage*).
5. Die richtige Reparatur (*repair*) anwenden.

Alle diese Schritte sind miteinander verknüpft und bauen aufeinander auf, so dass man jeden Schritt im SRM wiederfindet. Der Aufbau des SRM folgt der ATA (Air Transport Association of Amerika) Spec. 100 und behandelt den Strukturaufbau und die Strukturreparaturen; somit sind im SRM auch nur die dafür vorgesehenen Kapitel enthalten. Es handelt sich um die Kapitel 51 bis 57. Eine Ausnahme bildet das Kapitel 00 (Introduction). Dieses Kapitel erklärt den Umgang mit dem SRM und ist deshalb vor den Strukturkapiteln eingefügt worden.

00	Introduction	Einführung
51	Structure/General	Struktur/Allgemein
52	Doors	Türen
53	Fuselage	Rumpf
54	Nacelles/Pylons	Triebwerksverkleidung/Triebwerksaufhängung
55	Stabilizers	Leitwerk
56	Windows	Fenster
57	Wings	Tragflächen

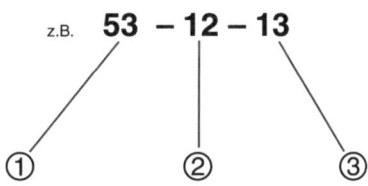

Bild 7.6.1
1 die erste Zahl gibt das Kapitel (Chapter) an
2 die zweite Zahl verweist auf einen Abschnitt (Section) des Kapitels, in dem sich das Strukturbauteil befindet (vgl. Bild 7.1.70). Ausnahme ist die Abschnitts-Nr. 00 bei Reparaturen. Hier sind Reparaturen aufgeführt, die in verschiedenen Sektionen angewendet werden können (vgl. Bild 7.6.3)
3 die dritte Zahl beschreibt das Bauteil direkt. Jeder Zahl sind bestimmte Bauteile zugeordnet, z.B. -00 Allgemein, -11 Haut/Beplankung, -12 Spante, -13 Stringer, -14 Fußbodenstruktur usw.

Aufbau der Seitennummerierung des SRM beim Airbus A 320
Zusätzlich zur Chapter-Section-Subject-Einteilung *(Bild 7.6.1)* ist jede Seite des Handbuches mit einer Seitenzahl versehen (Page). Diese Seitenzahlen sind jedoch nicht von vorn bis hinten durchnummeriert, sondern «Subject-bezogen», d.h., sie beginnen in jedem Abschnitt wieder von vorn.

z.B. 53-12-13 Page 1
      53-12-14 Page 1

Diese Seitenzahlen sind gewissen Inhalten zugeordnet, um sich noch schneller orientieren zu können. Man nennt diese Zuordnung Page Blocks.
Es gibt drei **Page Blocks**:

Page Block 1–99   befasst sich mit Identification   (Identifikation)
Page Block 101–199   befasst sich mit Allowable Damage   (erlaubte Beschädigung)
Page Block 201–999   befasst sich mit Repair   (Reparatur)

Ausnahme: Im Kapitel 51 gibt es diese Page Blocks nicht, dort ist der Page Block 1 – 199 für den Bereich Description (Beschreibungen) vorgesehen.
Bei älteren Flugzeugmustern (z.B. A 300, B 727) kann die Seitenzuordnung anders sein, bei neueren Mustern hat sich diese Page-Block-Zuordnung durchgesetzt.
Im Folgenden sind zwei Schäden beschrieben. Danach wird aufgezeigt, wie mit den Schäden zu verfahren ist.

1. Scratch (Schramme) 15 mm lang, 0,8 mm tief zwischen FR 50/51 und STRG 4/5 RH
2. Scratch (Schramme) 50 mm lang, 0,6 mm tief zwischen FR 48/49 und STRG 5/6 RH *(Bilder 7.6.2 bis 7.6.4)*

Zu 1:
a) Blechdicke bestimmen:
$t = 1,4$ mm (EXISTING SKIN 0,056 inch)
b) Tiefe der Schramme in Prozent der Blechdicke berechnen:
$t_{Schr. \text{ in } \%} = t_{Schr.} / t \cdot 100\% = 0,8 \text{ mm} / 1,4 \text{ mm} \cdot 100\% = 57,1\%$
c) Die Koordinaten aus Bild 7.6.2 ergeben die Reparaturanweisung:
Bei einer Länge der Schramme von 15 mm und einer Tiefe von 57,1% der Blechdicke ist nach SRM 53-00-11 (Bild 7.6.3) zu verfahren.
d) Schadensort entspricht der Vorschrift (Bild 7.6.4).

Zu 2:
a) Blechdicke bestimmen:
$t = 1,4$ mm (EXISTING SKIN 0,056 inch)
b) Tiefe der Schramme in Prozent der Blechdicke berechnen:
$t_{Schr. \text{ in } \%} = t_{Schr.} / t \cdot 100\% = 0,6 \text{ mm} / 1,4 \text{ mm} \cdot 100\% = 42,9\%$

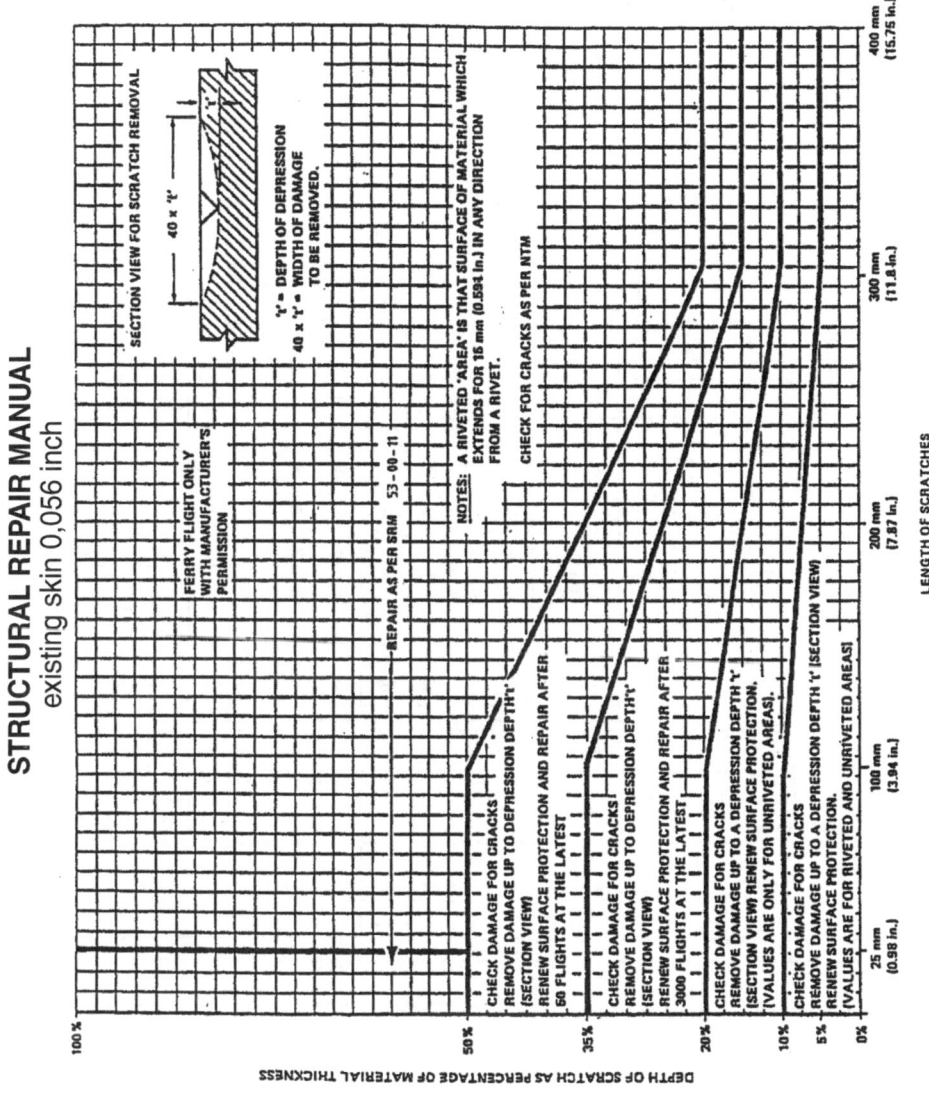

Bild 7.6.2 Diagramm zur Bestimmung von Reparaturanweisungen

c) Die Koordinaten aus Bild 7.6.2 ergeben die Reparaturanweisung:
Check damage for cracks
Remove damage up to depression depth
Renew surface protection and repair after 50 flights at the latest (Überprüfen des Schadens nach Rissen, Entfernen (Schleifen) des Schadens bis zur Schadenstiefe, Erneuern des Oberflächenschutzes und Reparieren nach 50 Flügen.
d) Schadensort entspricht der Vorschrift (Bild 7.6.4).

STRUCTURAL REPAIR MANUAL
SRM 53-00-11

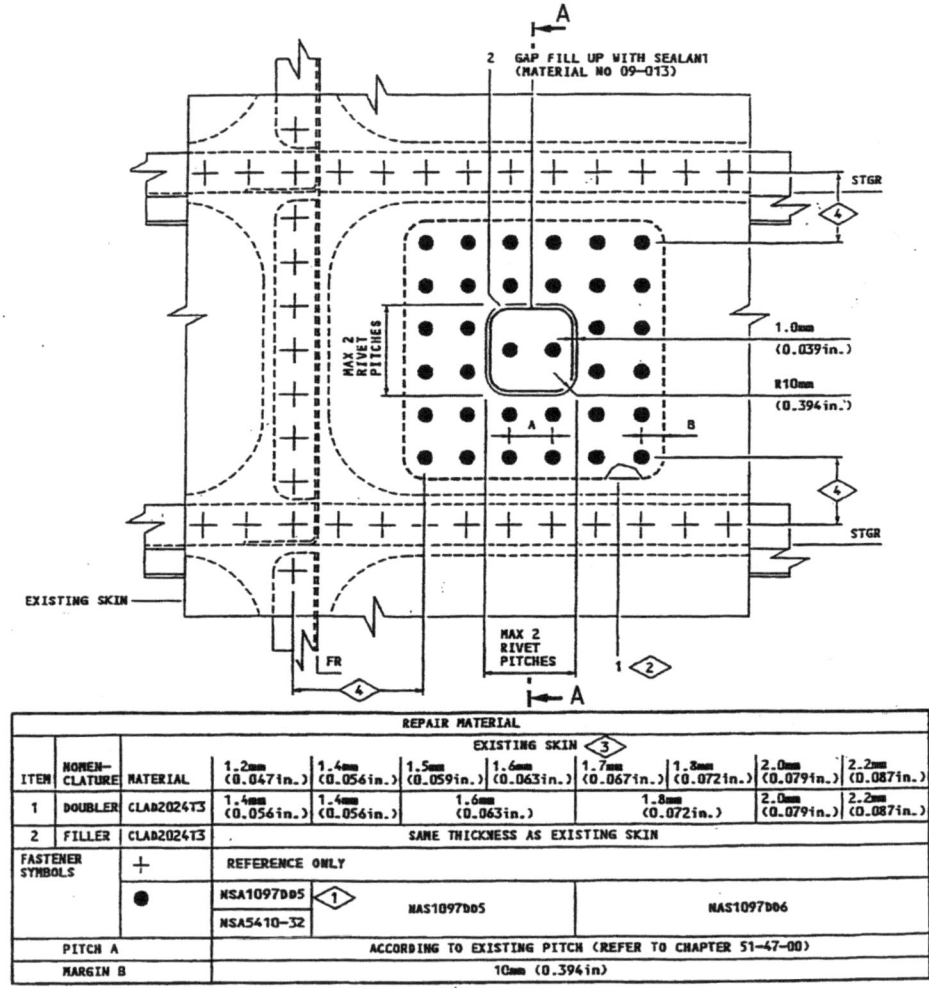

Bild 7.6.3   Reparatur nach SRM

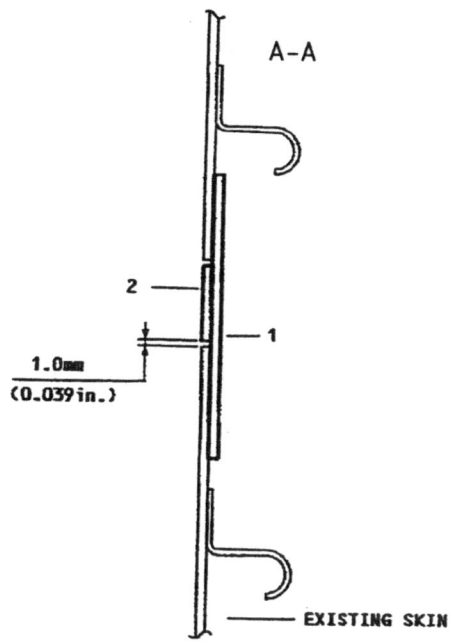

NOTE: OBEY THE INSPECTION INSTRUCTION.
APLICABLE FOR SKIN REPAIRS ABOVE STRINGER 8LH/RH, BUT NOT IN THE AREA
– FR21 THRU FR35
– FR4 THRU FR8 BETWEEN Y ± 511
– FR0 THRU FR4 BETWEEN Y ± 675

◇1▷ MILL RIVET HEAD FLUSH WITH SKIN.

◇2▷ DOUBLER PERFORMED TO SKIN RADIUS.

◇3▷ REFERENCE FOR THE SKIN THICKNESS IN THE MAX THICKNESS OF THE CHEMICALLY MILLED POCKETS AROUND THE DAMAGE.

◇4▷ MIN 30.0 mm (1.17 in.) OTHERWISE EXTEND THE DOUBLER BY ONE RIVET ROW AFTER THE FRAME OR STRINGER.

ALL PARTS AND FASTENER ARE TO BE WET INSTALLED:
– MATING SURFACE WITH SEALANT
– FASTENER AND SEAL BEADS WITH SEALANT

PROTECTION:
– ON NEW PARTS: CAA + PRIMER + TOPCOAT
– ON REWORKED AREAS: WASH PRINER + PRIMER + TOPCOAT

Bild 7.6.4 Ergänzende Hinweise zur Reparatur nach Bild 7.6.3

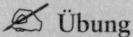 Übung

1. Wodurch *unterscheiden* sich Primär- und Sekundärstrukturbauteile?
2. Welche Massehauptgruppen bilden die *höchstzulässige Startmasse*?
3. Erklären Sie den *Unterschied* zwischen Schalen- und Halbschalenbauweise.
4. Welche *Vorteile* bietet die Integralbauweise im Vergleich zur Differentialbauweise?
5. Erklären Sie den *Unterschied* zwischen der Fail-Safe-Methode und der Safe-Life-Methode.
6. Welche Aufgaben haben statische und dynamische Ermüdungsversuche?
7. Wie ist die *Seitennummerierung* im SRM aufgebaut?
8. Was versteht man unter *Page Blocks*?

8 Aerodynamik und Flugmechanik

Flugzeuge werden durch aerodynamischen Auftrieb in der Luft gehalten. Sie haben keinen aerostatischen Auftrieb. Die relativ hohe Dichte eines jeden Fluggerätes ist allgemein bekannt. Selbst die dünne Hülle eines Ballons erzeugt mit Luft gefüllt keinen Auftrieb, wie jeder am aufgepusteten Luftballon leicht feststellen kann. Erst wenn durch Wärme oder eine Gasfüllung der Ballon leichter als die von seinem Volumen verdrängte Luft wird, entsteht nach dem archimedischen Prinzip Auftrieb.

Mittels eines sehr einfachen Experiments mit einer Waage kann dies verdeutlicht werden *(Bild 8.1)*: Eine nach unten geöffnete Papiertüte befindet sich mit einem Gewichtsstück im Gleichgewicht. Erwärmt man nun die Luft mit einer Flamme, verringert sich die Luftmasse, und es entsteht Auftrieb. Die Papiertüte lässt sich technisch optimieren, damit sie vor und während der Lufterwärmung ihre Form und Lage behält, so wie bei der **Montgolfiere** *(Bild 8.2)*. Statt erwärmter Luft mit z.B. $\rho = 0{,}09$ kg/m³ bei 100 °C lassen sich auch andere Gase für den Ballonauftrieb verwenden, wie Wasserstoff (problematisch!) sowie Helium. Rechnerisch lässt sich der Vorgang wie folgt bestimmen: Der Ballon hat z.B. ein Volumen von $V = 500$ m³; Hülle, Netz und Korb haben zusammen eine Gewichtskraft von $F_G = 3000$ N. Damit betragen:

Auftrieb	F_A = 500 m³ · 1,293 kg/m³ · 9,81 m/s² =	+6342,2 N
Füllung	$F_{Füll}$ = 500 m³ · 0,090 kg/m³ · 9,81 m/s² =	−441,5 N
Hülle, Netz, Korb	$F_{Hüll}$ =	= −3000,0 N

Die Lastaufnahme beträgt somit für ungefähr vier Personen 2900,7 N.

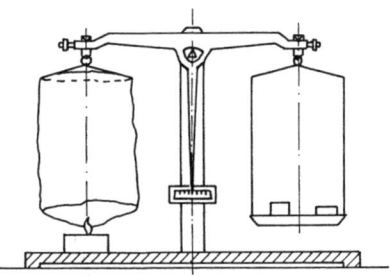

Bild 8.1
Experiment zum archimedischen Prinzip

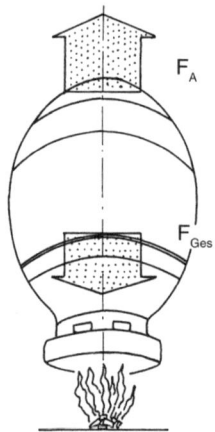

Bild 8.2
Auftriebswirkung an einem einfachen Heißluftballon

Beim **aerostatischen Auftrieb** ist also das Fluggerät leichter als Luft. Der Auftrieb ist dabei gleich der Gewichtskraft des vom Ballon oder Luftschiff verdrängten Luftvolumens $F_A = V \cdot \rho \cdot g$.

Flugzeuge hingegen bedürfen demnach in Ermangelung eines aerostatischen Auftriebs einer **aerodynamischen** Kraft.

8.1 Aerodynamische Gesetze und Vorgänge

Bei der Betrachtung von Flugzeugen erkennt man an den Tragflügelprofilen die Dickenzu- sowie Dickenabnahmen, an den Flugzeugrümpfen die Querschnittsveränderungen, am Tragflügel und Rumpf die charakteristischen Triebwerkseinlass- und Triebwerksaustrittskanäle, zwischen den Flugzeugteilen, an ihren Übergängen und Enden, Öffnungen und Spalten je unterschiedlich große Strömungsquerschnitte.

In den folgenden vier Abschnitten werden die wichtigsten Strömungsgesetze im Umfang ihrer flugzeugtechnischen Bedeutung vorgestellt und in Beispielen angewendet.

8.1.1 Kontinuitätsgesetz

Eine der grundlegenden strömungstechnischen Gesetzmäßigkeiten ist das Kontinuitätsgesetz, das am vereinfachten Bauteil einer Düse sehr leicht experimentell nachgewiesen werden kann *(Bild 8.1.1)*. Ein trichterförmiges Blech wird mit konstanter

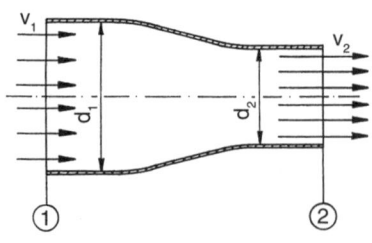

Bild 8.1.1
Nach dem Kontinuitätsgesetz wird in der Düse die Strömungsgeschwindigkeit im verengten Teil größer. Die Durchmesser der Düse werden in Strömungsrichtung indiziert ($\triangleq$ gekennzeichnet). Die Maße in der Aufgabe betragen $d_i = 0{,}500$ m, $d_2 = 0{,}316$ m. Die abgeleitete Gleichung besagt allgemein, dass sich die Geschwindigkeiten längs einer Strömungszone umgekehrt proportional zu den zugehörigen Querschnittsflächen verhalten.

Geschwindigkeit angeströmt. Die Strömungsgeschwindigkeit wird dabei an der Eintritts- und Austrittsstelle der Düse gemessen. Im vorliegenden Beispiel werden v_1 = 24 m/s und v_2 = 60 m/s ermittelt. Wenn an beiden Stellen das Produkt aus Geschwindigkeit und Querschnittsfläche gebildet wird mit

$v \cdot A = v \cdot d^2 \cdot \pi/4,$ dann erhält man
$v \cdot A = 24 \text{ m/s} \cdot 0{,}5^2 \text{ m}^2 \cdot \pi/4$ sowie
$v \cdot A = 60 \text{ m/s} \cdot 0{,}316^2 \text{ m}^2 \cdot \pi/4$

Die Rechnung ergibt, dass beide Produkte gleich groß sind. Somit gilt:

$v_1 \cdot A_1 = v_2 \cdot A_2$ (Kontinuitätsgesetz)

Die Einheiten, anders sortiert, ergeben m · m²/s = m³/s. Man spricht in diesem Fall vom Volumenstrom Q als der Strömungsmenge, die je Sekunde ohne Verdichtung eine Messstelle durchströmt. Dreht man das Bauteil im Experiment um 180°, so entsteht aus der Düse ein **Diffusor**. Bei einem erneuten Messen würde das Kontinuitätsgesetz auch bei der nun umgekehrten Durchströmrichtung bestätigt werden.

Die typische Experimentieranlage der Flugzeugtechnik in Forschung und Industrie, der **Windkanal**, besteht generell aus einer Düse, um die Strömungsgeschwindigkeit des Gebläses für den Versuch zu erhöhen, und einem Diffusor, um hinter dem Experimentierobjekt zur Reduzierung der Strömungsverluste wieder geringere Geschwindigkeiten zu erhalten (*Bild 8.1.2*). Am Beispiel des größten europäischen Windkanals, dem Deutsch-Niederländischen bei Zwolle *(Bild 8.1.3)*, ist die zeitgemäße Gestaltung einer Windkanalanlage zu erkennen. In Deutschland werden größere Windkanäle an den Standorten der Deutschen Forschungs- und Versuchsanstalt für Luft- und Raumfahrt, an Technischen Hochschulen und Universitäten sowie in den Entwicklungszentren der

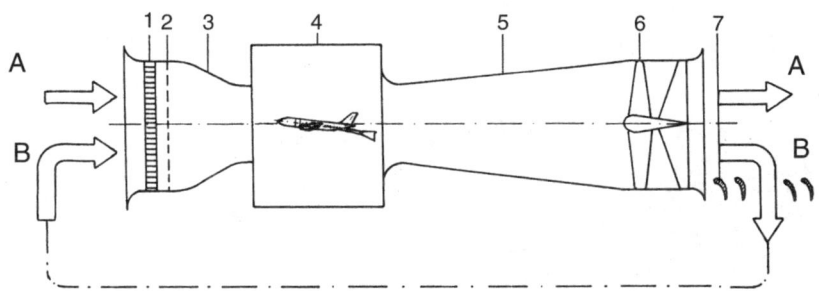

Bild 8.1.2   Unterschallwindkanal mit *offenem Luftkreislauf* (A) (sog. Eiffelkanal)
1 Gleichrichter (Beseitigung von Turbulenzen); 2 Sieb (Dämpfung von Restschwingungen); 3 Düse oder Effusor; 4 Messstrecke mit dem Kraftaufnehmer zum Modellversuch; 5 Diffusor; 6 Axialgebläse
Unterschallwindkanal mit *geschlossenem Luftkreislauf* (B) (sog. Göttinger Typ) wie A, jedoch mit geschlossener Kanalstrecke. Bei der Umlenkung müssen Umlenkschaufeln (7) einer Strömungsablösung entgegenwirken. Vorteil dieser Bauart: Die kinetische Energie der Luftströmung bleibt bis auf die Strömungsverluste erhalten.

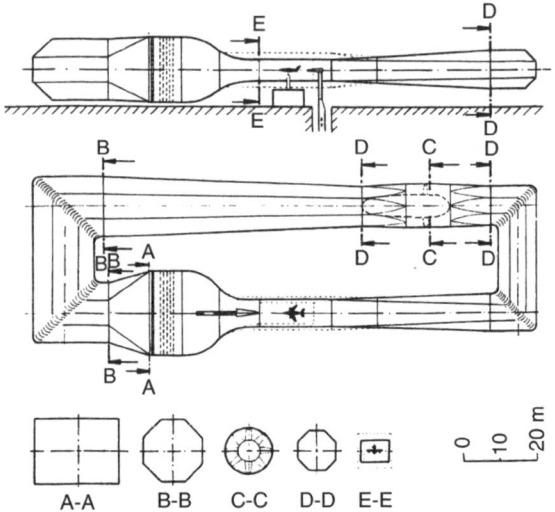

Bild 8.1.3
D-N-Windkanal: Die Achslänge der Windkanalröhre beträgt 318 m. Der Antriebsmotor des Gebläses befindet sich in der Nabe (C-C) und erzeugt Luftgeschwindigkeiten von v = 60 m/s, 110 m/s und 145 m/s, je nach installierter Messstrecke (E-E) mit Querschnitten von 9,5 m × 9,5 m, 8 m × 8 m und 6 m × 6 m. Die Standardausrüstung umfasst eine Heckstiel-Modellaufhängung, eine Sechskomponentenwaage sowie ein Rechnersystem für die Datenerfassung und Datenverarbeitung.

Bild 8.1.4a
Airbus-Vollmodell im DNW-NWB-Niedergeschwindigkeitskanal zur Ermittlung aerodynamischer Kenndaten

Bild 8.1.4b
Windkanalmodell im DNW-Braunschweig auf 6-Komponenten-Plattform zur Simulation von realistischen Flugmanövern (z.B. «dutchroll», vgl. Abschnitt 8.5)

Automobilindustrie unterhalten. *Bild 8.1.4* zeigt ein Airbus-Modell in einem Niedergeschwindigkeitskanal.

Das Kontinuitätsgesetz findet unter anderem seine Entsprechung beim Venturirohr, im Vergaser des Ottomotors, im Einlauf der Gasturbine sowie im Autogen-Schweißbrenner.

Übung

1. Die Strömungsgeschwindigkeit eines Windkanals soll in der Messstrecke verdoppelt werden. Um wie viel muss der *Austrittsdurchmesser einer neuen Düse* kleiner gewählt werden als der Durchmesser der alten Düse?
2. In einem Eisenbahntunnel mit einem annähernd halbrunden Querschnitt und einem Durchmesser von 12,5 m begegnen sich zwei Züge mit je 150 km/h Fahrgeschwindigkeit und einer Querschnittsfläche von je 20,28 m². Welche *Luftgeschwindigkeit* herrscht zwischen den Zügen und den Tunnelwänden?
3. Untersucht werden soll folgendes Strömungsproblem: Aus einem Rohr strömt die Luft in den Spaltraum zwischen zwei parallel angeordneten Platten. Die eine Platte ist mit dem Rohr fest verbunden, die andere ist frei beweglich. Im Betriebsfall strömt die Luft radial ins Freie. Berechnen Sie nun mit Hilfe der Kontinuitätsgleichung die Geschwindigkeit in Abhängigkeit von der Spalthöhe (s) und dem Radius (r).

8.1.2 Bernoulligesetz

Vom Kontinuitätsgesetz ist bekannt, dass in verengten Strömungszonen die Luftgeschwindigkeit zunimmt. Über die in Strömungen vorhandenen Drücke erhält man eine erste Auskunft durch die Verschiebearbeit *(Bild 8.1.5)*. Sie beträgt bei nicht verdichteter Luft

Arbeit (in Nm) = Kraft (in N) · Weg (in m)
$W = F \cdot s$ oder
Arbeit = Gesamtdruck · Fläche · Weg
$W = p_{ges} \cdot A \cdot s$ oder
$W = p_{ges} \cdot V$

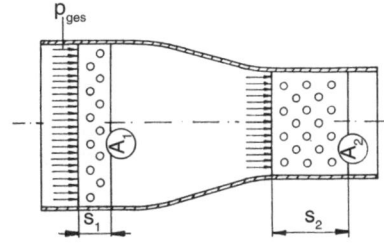

Bild 8.1.5
In den beiden Düsenabschnitten sind nach dem Energieerhaltungsgesetz die beiden Energiemengen gleich groß. Dies gilt auch für jedes andere flugzeugtechnische Bauteil in der Strömung.

Da sich der Luftdruck im Unterschallbereich gleichmäßig ausbreitet, kann er sich nicht ändern. Er bleibt insgesamt immer gleich groß.

Nach dem Energieerhaltungsgesetz von NEWTON geht außerdem keine Energie verloren, so dass W in jeder Strömungssituation gleich groß bleibt. Am äußeren Formelbild ändert sich also nichts, wohl aber am inneren: Aus den ruhenden (= statischen) Druckanteilen werden in einer Düse in Strömungsrichtung bewegte (= kinetische) Druckanteile. Wenn nach dem Energieerhaltungssatz

$W_{stat} + W_{kin}$ = konstant,
$p \cdot V + m/2 \cdot v^2$ = konstant sind,

dann werden W_{stat}-Anteile in W_{kin}-Anteile umgewandelt oder umgekehrt. Da

$p_1 \cdot V_1 + m_1/2 \cdot v_1^2 = p_2 \cdot V_2 + m_2/2 \cdot v_2^2$ und
$p_1 \cdot V_1 + \rho/2 \cdot V_1 \cdot v_1^2 = p_2 \cdot V_2 + \rho/2 \cdot V_2 \cdot v_2^2$

verbleiben *(Bild 8.1.6)* – weil V in der Unterschallströmung nicht komprimiert wird –

$p_1 + \rho/2 \cdot v_1^2 = p_2 + \rho/2 \cdot v_2^2$ und in der Einheitengleichung
$N/m^2 + kg/m^3 \cdot m^2/s^2 = N/m^2 + kg/m^3 \cdot m^2/s^2$

Die Druckunterschiede lassen sich in jeder Strömungszone experimentell überprüfen, indem quer zur Strömungsrichtung Manometer angeschlossen werden. Besonders anschaulich wirken U-Rohr-Manometer, in denen z.B. gefärbtes Wasser die Drücke in mmWS (= mm Wassersäule) anzeigt. Diese Einheit ist nicht nach SI genormt; die Werte können aber mit dem Faktor 9,81 in N/m^2 umgerechnet werden. Die in der Flugzeugtechnik gebräuchlichen federelastischen Manometer zeigen hingegen den Druck direkt in N/m^2 (= Pa) oder mbar ($Pa/10^2$) an. Bei Berechnungen wird üblicherweise für p_{stat} einfach p und für p_{kin} der Buchstabe q gesetzt, so dass für den Gesamtdruck gilt:

$P_{ges} = p + q$ = konstant

Diese Bernoulligleichung gilt nur für Strömungen, die horizontal verlaufen. Bei Ver-

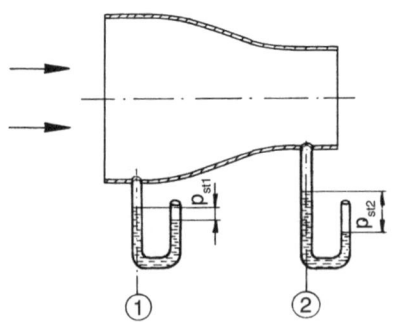

Bild 8.1.6
Im engen Teil der Düse zeigt das Manometer einen geringeren Druck an als im weiten. Man kann deutlich die Zunahme des Unterdruckes erkennen.

änderungen der Lageenergie $m \cdot g \cdot h$ müssten diese Anteile der für die flugtechnischen Belange reduzierten Formel hinzugefügt werden.

Bild 8.1.7
a) Mit dem Pitotrohr wird der Gesamtdruck aufgenommen, mit der offenen Drucksonde quer zur Strömung der statische Druck. Die Differenz aus beiden Drücken ergibt den kinetischen Druckanteil q.
b) Pitotrohr und Drucksonde sind beim Prandtl- oder Staurohr in einem Gerät zusammengefasst.

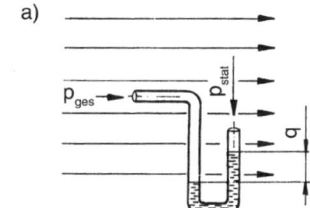

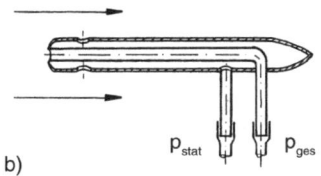

Bild 8.1.8
Der Fahrtmesser ermittelt die Geschwindigkeit des Fluggerätes gegenüber der umgebenden Luft (relative Geschwindigkeit). Das Staurohr muss für den Gesamtdruck (1) vorn offen und in Richtung der Fluglängsachse angeordnet sein, p_{ges} wird über eine Leitung im Innern einer Membrandose (3) zugeführt. Da das Gehäuse luftdicht abgeschlossen ist, kann der statische Druck (2) gegenbeaufschlagt werden. Mit zunehmender Fluggeschwindigkeit steigt der Staudruck als Differenzdruck (Ausdehnung der Membrandose durch P_{ges}-Zunahme und p-Abnahme), der auf einen Zeiger übertragen wird. Die Skala (4) zeigt v in KT, mph oder km/h an. Die Heizung (5) gewährleistet die Funktionssicherheit bei niedrigen Temperaturen. Während des Fluges ist die wahre Fluggeschwindigkeit gefragt, nämlich die Geschwindigkeit zur umgebenden Luft. Deshalb müssen Aneroid- und Temperaturdosen zur Kompensation der veränderten Druck- und Temperaturverhältnisse zusätzlich eingebaut werden (6). Die jeweilige Zusammensetzung der Luft im Abstand zur Meereshöhe wird in Bild 8.1.9 dargestellt.

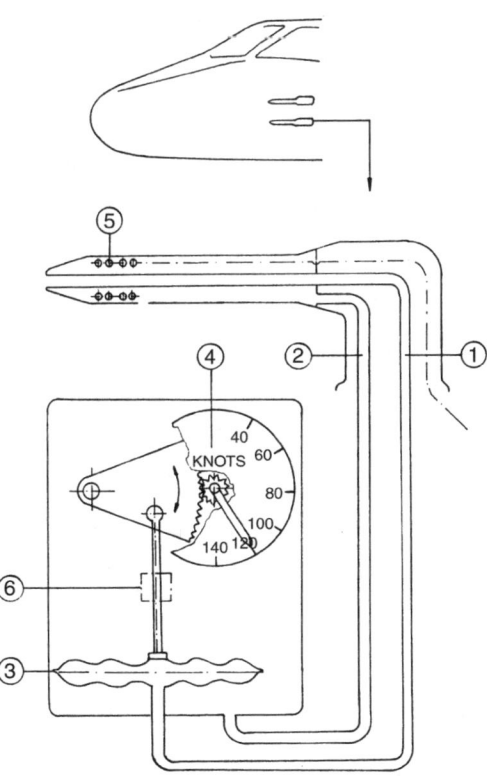

Der q-Druckanteil ist für die flugzeugtechnischen Arbeiten wichtig, weil nämlich über $\rho/2 \cdot v^2$ die Strömungsgeschwindigkeit (d.h. auch: die Fluggeschwindigkeit in nicht bewegter Luft) berechnet oder in Versuchen bestimmt werden kann. Gerätetechnisch lässt sich das einfach in der Weise lösen, dass der Gesamtdruck durch ein Pitotrohr *(Bild 8.1.7)* aufgenommen und von einem durch eine Drucksonde erfassten statischen Druck gegenbeaufschlagt wird.

Bei dem für die Praxis konzipierten Gerät spricht man vom Staurohr, weil zur Erfassung des kinetischen Anteils die Strömungsgeschwindigkeit auf $v = 0$ abgebremst werden muss. Deshalb hat es sich eingebürgert, den kinetischen Druck mit Staudruck zu bezeichnen. Im Staurohr sind praktischerweise beide Druckaufnahmerohre in einem Gerät integriert. Weil für den Flugbetrieb weniger der kinetische Druck, sondern mehr die Fluggeschwindigkeit gefragt ist, sind die entsprechenden Instrumente mit einer Geschwindigkeitsskala ausgestattet (*Bilder 8.1.8* und *8.1.9*).

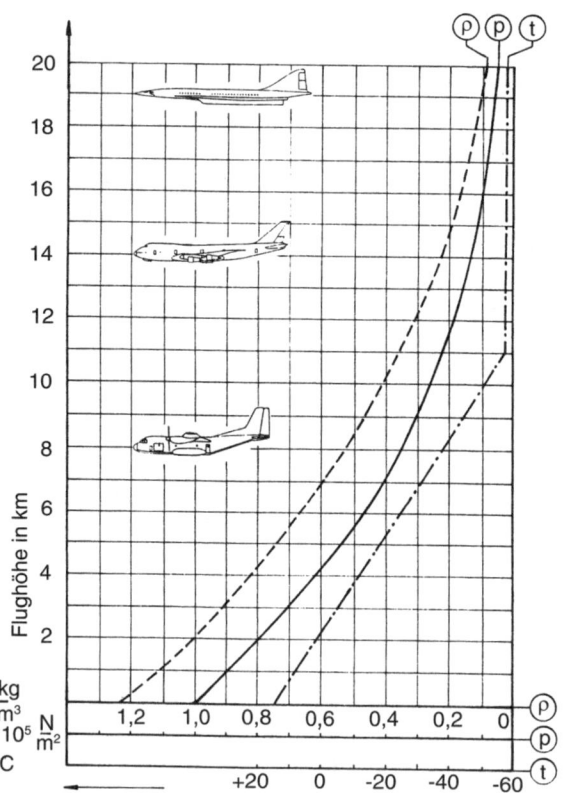

Bild 8.1.9 ICAO-Normatmosphäre mit den standardisierten Werten für die Dichte ρ, den Luftdruck p und die Lufttemperatur t

✍ Übung

1. Die Druckkabine eines Flugzeuges steht unter einem Druck, der nach internationaler Norm einer Flughöhe von 2400 m entspricht. Bestimmen Sie mit Hilfe der Grafik «Normatmosphäre» die von der Zelle aufzunehmende *Druckdifferenz* der auf Flughöhe eingezeichneten Flugzeuge.
2. Welche *Druckbedingungen* entstehen bei geöffneten Fenstern eines Motorflugzeuges, eines Eisenbahnwagens und eines Kraftwagens? Berechnen Sie die Drücke bei angenommenen Geschwindigkeiten.
3. Um die Verteilung des statischen Druckes am Tragflügel zu messen, wird dieser am Flugzeugmodell mit Bohrungen ausgestattet, an deren Öffnungen Leitungen angeschlossen und zu einem Vielfachmanometer geführt werden (Anzeige in mmWS). Bei einem Versuch im Windkanal zeigt ein Manometerrohr eine Differenz (= Verschiebung des Flüssigkeitsspiegels gegenüber dem Umgebungsdruck) auf der Oberseite des Tragflügels von 2,4 cm und auf der Unterseite von 0,8 cm an. Wie groß sind die *statischen Drücke* an diesen beiden Punkten?
4. Ein Gerät mit einer trichterförmigen Verengung wird von Luft durchströmt. An der engsten Stelle soll durch ein Rohr ($d = 5$ mm) Wasser angesaugt werden, das 30 cm tiefer in einem Speicher vorhanden ist. Berechnen Sie die erforderliche *Strömungsgeschwindigkeit*, um im engsten Teil das Wasser austreten zu lassen.
5. Berechnen Sie die *Druckverteilung* zwischen den beiden Platten aus Aufgabe 3 des Abschnitts 8.1.1 unter Zurechtlegung eigener Konstruktionsmaße. Klären Sie dabei, ob die Platten bei diesem Strömungsvorgang auseinandergedrückt oder zusammengezogen werden (aerodynamisches bzw. hydrodynamisches Paradoxon).

8.1.3 Widerstandsgesetz

Am Flugzeug entstehen während des Fluges an den einzelnen Bauteilen verschieden große Widerstandskräfte *(Bild 8.1.10)*. Aus Rechnungs- und Bewertungsgründen muss unterschieden werden zwischen Bauteilen, die ihrer Funktion nach Auftriebskörper (Tragflügel, Leitwerk) sind, und solchen, die Widerstandskörper darstellen (Rumpf, Fahrwerke, Triebwerke).

Die Auftriebskörper erfahren Widerstand in Abhängigkeit vom Auftrieb, die Widerstandskörper in Abhängigkeit vom jeweiligen Strömungsvorgang.

Widerstandswerte können nur empirisch ermittelt werden. In Strömungsexperimenten werden Modelle oder Originalteile beobachtet und miteinander verglichen *(Bild 8.1.11)*, oder die Widerstandsgrößen werden zahlenmäßig bestimmt *(Bild 8.1.12)*.

Die grundsätzlichen Zusammenhänge des Widerstandsgesetzes sollen im Folgenden am Beispiel eines Flugzeugrumpfes abgeleitet und erläutert werden. Das für den Versuch gebaute Modell habe einen Maßstab von 1 : 2,5. Die Widerstandsfläche beträgt am Originalrumpf ca. $A = 2$ m² *(Bild 8.1.13)*, am Modell den 6,25sten Teil, $A = 0,32$ m². Vom Großversuch in Originalgröße kennt man die Widerstandskraft (bei konstanter

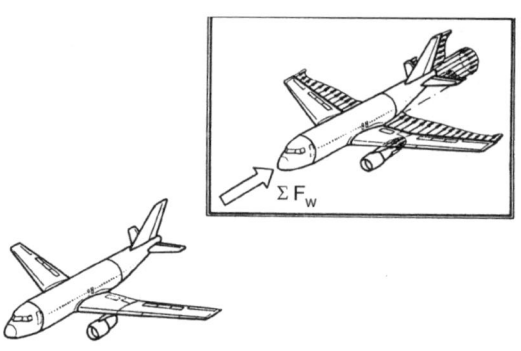

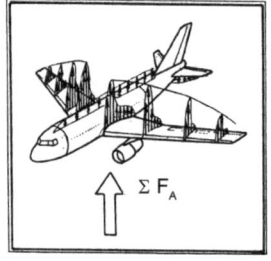

Bild 8.1.10
Widerstandskräfte treten nicht isoliert auf. Sie werden hier aus Erklärungsgründen von den Auftriebskräften getrennt dargestellt. Die Summe aller Widerstandskräfte befindet sich beim Horizontalflug im Gleichgewicht mit den nach vorn gerichteten Kräften (Triebwerksschub, Luftschraubenzug).

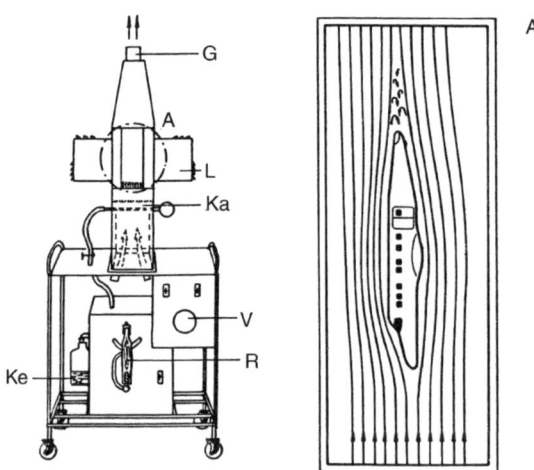

Bild 8.1.11 Der Strömungsverlauf kann im Rauchkanal sichtbar gemacht werden, der aus Teilen eines Eiffelkanals besteht und mit einem Raucherzeuger versehen ist. Durch Sieden von Kerosin entstehen in der Strömung Rauchfäden, die vor dunklem Hintergrund die wirklichen Stromlinien in Stärke und Verwirbelung zeigen. Durch Vergleichen mit Strömungsbildern ähnlicher Entwürfe kann nun der untersuchte Rumpf als aerodynamisch gelungen oder weniger gut bewertet werden. Damit wird etwas über die Qualität des Versuchsobjektes, hier der Widerstandsform, ausgesagt (qualitatives Experiment). R = Raucherzeuger, Ke = Kerosin (Bereitstellung), Ka = Kamm zur Erzeugung einzelner Rauchfäden, L = Lichtquelle zur Beleuchtung der Beobachtungszone, G = Gebläse, V = Einstellung der Strömungsgeschwindigkeit v. *Ausschnitt* A zeigt einen Flugzeugrumpf mit Rauchfäden. Die geringen Wirbel deuten auf einen niedrigen Widerstand hin.

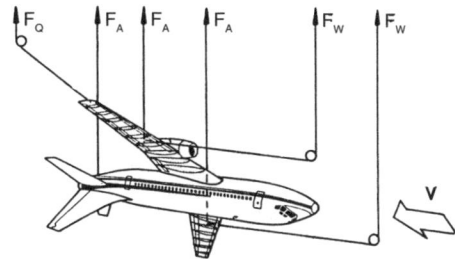

Bild 8.1.12
Widerstandskräfte (oder allgemein: Strömungskräfte) können über Drähte (so hier im Bild) oder Gestänge vom Flugzeugmodell aufgenommen und bei Bedarf nach oben zu den Kraftaufnehmern (Waagen) umgelenkt werden, die die Werte auf Anzeigegeräte und Rechner übertragen. Damit wird das Versuchsobjekt zahlenmäßig erfasst (quantitatives Experiment). F_A = Auftriebskraft, F_W = Widerstandskraft, F_Q = Querkraft. Bei dieser Außenwaage werden die Kräfte durch Gegenkräfte kompensiert, und das Modell behält seine Lage im Raum. Im Gegensatz dazu arbeiten Einbauwaagen in der Weise, dass in Reihe geschaltete Kraftaufnehmer (Dehnungsmessstreifen) – im Stielmodell untergebracht – die sich in den Messebenen ergebenden Momente erfassen.

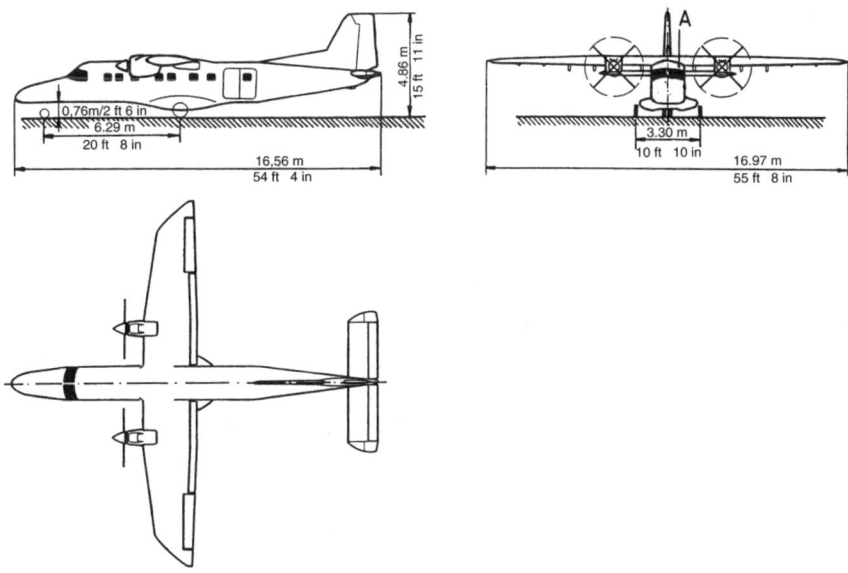

Bild 8.1.13   Dreiseitenansicht eines Zubringer- und Geschäftsreise-Flugzeuges zur Einschätzung der Widerstandsflächen. Für Widerstandskörper gilt zur Ermittlung der Widerstandsfläche die Ansicht A.

Geschwindigkeit und Höhe) mit F_W = 392 N. Im Experiment wird F_W = 62,7 N gemessen. Es lässt sich als erstes Ergebnis somit feststellen *(Bild 8.1.14, oben)*:

➤ Die Widerstandskraft F_W steigt proportional mit der Widerstandsfläche.

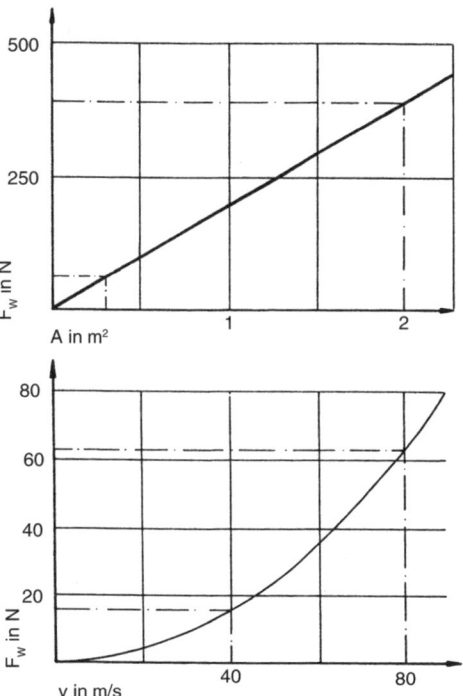

Bild 8.1.14
Oben: Die Widerstandskraft F_W wächst linear mit der Größe der angeströmten Widerstandsfläche A. *Unten*: Die Widerstandskraft F_W wächst parabelförmig mit der Strömungsgeschwindigkeit v.

Man kann einen Strömungswiderstandsversuch am Modell einmal mit der Startgeschwindigkeit durchführen (v = 40 m/s) sowie noch ein weiteres Mal mit der Reisegeschwindigkeit von v = 80 m/s. Zuerst wird abgelesen F_W = 15,68 N und dann beim zweiten Versuch F_W = 62,72 N.
Die zweite Feststellung lautet demnach:

 Die Widerstandskraft F_W wächst überproportional mit der Geschwindigkeit.

Die Ursache ist im Quadrat der Geschwindigkeit in der Formel zu sehen.
Schließlich kann man die Rumpfform variieren, oder man misst aus Vergleichsgründen einfach gegliederte Bauteile (Grundkörper). Der Widerstandskraft des Rumpfes von F_W = 62,72 N steht beispielsweise eine Widerstandskraft der Kugel von F_W = 501,76 N gegenüber.
Die Form des Bauteils hat eine eigene, in vergleichbaren Strömungsvorgängen immer wieder gleiche charakteristische Widerstandsgröße zur Folge, die durch den Beiwert c_W ausgedrückt wird. Dieser Beiwert wird rechnerisch dem Produkt aus Widerstandsfläche sowie Staudruck als Faktor beigeordnet. Durch ihn kommt die aerodynamische Form zum Ausdruck *(Bild 8.1.15)*.
Da die meisten Fluggeräteteile nicht scharfkantig sind (Ausnahmen bilden beispielsweise Bremsklappen und Fahrwerksteile), dürfen die c_W-Werte der gerundeten Teile

Bild 8.1.15
Die Widerstandskraft F_W wächst unterschiedlich stark mit dem ungünstigen Widerstandsbeiwert c_W. Zur Verdeutlichung: Die Widerstandsfläche A aller sechs Bauteile ist gleich groß (vgl. zugeordnete Seitenansicht).

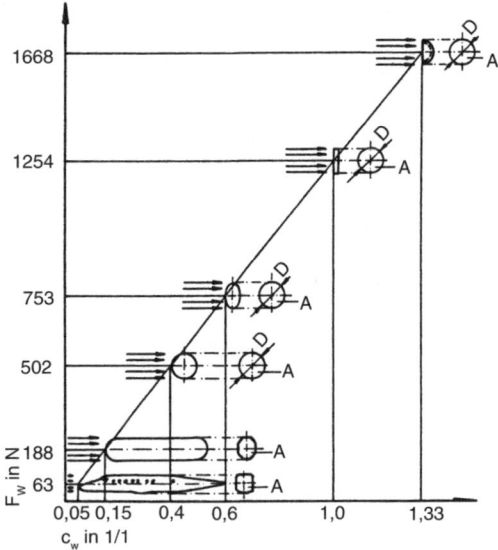

nicht absolut gesetzt werden. Sie variieren unter veränderten Bedingungen (unterkritische, überkritische Strömung) teilweise sehr stark (vgl. Abschnitt 8.2.1).

Abschließend kann festgestellt werden:

✈ Die Widerstandskraft F_W nimmt mit der strömungsungünstigen Form des Bauteils zu.

Ohne Berücksichtigung der Einflüsse durch die Oberflächenrauigkeit lässt sich die (Form-)Widerstandskraft nach den vorstehenden Überlegungen wie folgt berechnen:

$F_w = A \cdot q \cdot c_W$
$F_W = A \cdot \rho /2 \cdot v^2 \cdot c_W$
F_W Formwiderstandskraft in N
A Widerstandsfläche in m²
ρ Dichte der Luft in kg/m³
v Strömungs-/Fluggeschwindigkeit in m/s
c_W Widerstandsbeiwert in 1/1

Im eingangs beschriebenen Experiment beträgt die Widerstandsfläche $A = 0{,}32$ m², wird die Reisegeschwindigkeit gewählt mit $v = 80$ m/s, der standardisierte Bodendruck eingesetzt mit $\rho = 1{,}225$ kg/m³, und es wird im Versuch eine Kraft $F_W = 62{,}72$ N gemessen. Die Berechnung ergibt:

$c_W = 2 \cdot F_W / (A \cdot \rho \cdot v^2)$
$c_W = 2 \cdot 62{,}72$ N $/ (0{,}32$ m² $\cdot 1{,}225$ kg/m³ $\cdot 80^2$ m²/s²$) = 0{,}05$ 1/1

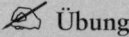 **Übung**

1. Konstruieren Sie einen *Geschwindigkeitsmesser für kleine Windgeschwindigkeiten* (z.B. $v = 2$ m/s) unter Verwendung geeigneter Widerstandskörper, und begründen Sie diese Lösung rechnerisch.
2. Stellen Sie auf der Grundlage des (Form-)Widerstandsgesetzes in einem *Graph F_W zu q* dar unter der Voraussetzung, dass v und der Flugzeugkörper unverändert groß bleiben.
3. Mit Fallschirmen sollen Versorgungsgüter mit einer Masse von $m = 100$ kg abgeworfen werden. Diese sollen nicht schneller auf den Boden auftreffen als bei einem *Abwurf ohne Fallschirm aus 3 m Höhe*. Welche Anforderungen sind an den entsprechenden Fallschirm zu stellen?
4. Ein Kfz hat seitlich einen Spiegel in Form einer elliptischen Platte ($D = 15$ cm, $d = 10$ cm). Welche *zusätzliche Leistung* muss für diesen Spiegel aufgebracht werden, wenn die Fahrgeschwindigkeiten 50 km/h bzw. 150 km/h betragen?
5. Eine Segelyacht besitze eine im Wasser eintauchende Widerstandsfläche von $A = 0,8$ m² bei $c_W = 0,11$. Ihre Segelfläche beträgt $A = 18$ m² mit angenommenem $c_W = 1,3$ im rechten Winkel zur Windrichtung. Wie groß ist die *Geschwindigkeit des Bootes*, wenn die Windgeschwindigkeit $v = 10$ m/s beträgt?

8.1.4 Ähnlichkeitsgesetze

Strömungsvorgänge an Flugzeugen oder Flugzeugmodellen können sich verändern, wenn sich die Strömungsbedingungen verändern. Ohne dass die Bauteilform geändert wird, kann sich die Strömung früher oder später vom Teil ablösen und damit mehr oder weniger stark verwirbeln.

Dabei verändern sich die Widerstandsbeiwerte. Um für die Berechnung zutreffende Werte zu erhalten, muss man sich gesetzmäßig abgeleiteter Kennzahlen bedienen, die dem Fachmann zeigen, ob strömungstechnische Ähnlichkeit vorliegt oder nicht.

Je nach Einsatzfall müssen folgende Kennzahlen berücksichtigt werden:

- die **Reynolds'sche Zahl**, um Strömungsähnlichkeit im Unterschallbereich (inkompressible Strömung) nachzuweisen,
- die **Machzahl** als Vergleichszahl im transsonischen Bereich und höher (vgl. «Mach'scher Kegel»),
- die **Froude'sche Zahl**, wenn Flugzeugkörper mit Bewegungsvorgängen in Flüssigkeiten in Berührung kommen (Wasserflugzeuge).

Wegen der besonderen Bedeutung der Reynolds'schen Zahl (*Re*-Zahl) soll diese näher beschrieben und abgeleitet werden.

Die Reynolds'sche Zahl
Das Strömungsbild einer Triebwerksgondel *(Bild 8.1.16)* zeigt uns, dass bei niedriger Strömungsgeschwindigkeit v ein großes Wirbelgebiet und bei großer Geschwindigkeit

Bild 8.1.16
Strömungsbilder von einer Triebwerksgondel bei unterschiedlich hohen Strömungsgeschwindigkeiten. Bei $v_2 < v_1$ ist eine Verkleinerung des Wirbelfeldes im Fall 2 erreichbar.

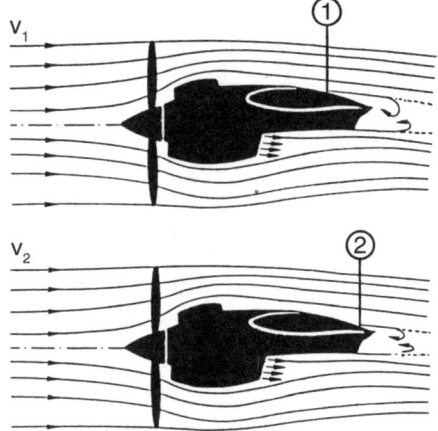

ein kleines vorhanden ist. Dies kann z.B. im Rauchkanal sichtbar gemacht werden. Das Strömungsbild verändert sich aber auch, wenn der Maßstab des Bauteils oder das Strömungsmedium (z.B. ein anderer Zustand der Luft) verändert werden.

Nach dem Ähnlichkeitsgesetz von REYNOLDS dürfen nur dann die aerodynamischen Werte von einem Zustand auf den anderen übertragen werden, wenn die *Re*-Zahlen gleich sind. Es gilt:

$$Re = \frac{l \cdot v}{\upsilon}$$

l typische Länge des Bauteils in m
  beim Auftriebskörper Tragflügel: mittlere Tiefe
  beim Widerstandskörper Rumpf: Durchmesser
  bei einer Rohrleitung: Durchmesser
  beim Kraftfahrzeug: Kfz-Breite
υ Geschwindigkeit in m/s
v kinematische Zähigkeit des Strömungsmediums in m²/s (*Bild 8.1.17*)

Die *Re*-Zahl beträgt im Beispiel «Triebwerksgondel»

$$Re = \frac{0{,}75 \text{ m} \cdot 80 \text{ m/s}}{13{,}3 \cdot 10^{-6} \text{ m}^2/\text{s}} = \frac{0{,}75 \text{ m} \cdot 80 \text{ m} \cdot 10^6 \text{ s}}{\text{s} \cdot 13{,}3 \text{ m}^2} = 4{,}5 \cdot 10^6 \frac{1}{1}$$

wenn die Breite des Widerstandskörpers $b = 0{,}75$ m, die Flugzeug-Reisegeschwindigkeit $v = 80$ m/s und die kinematische Zähigkeit der Luft (Bild 8.1.17) $v = 13{,}3 \cdot 10^{-6}$ m²/s betragen.

Soll der Strömungsvorgang im Experiment realitätsgerecht simuliert werden, muss die Strömungsähnlichkeit gewährleistet, nämlich die *Re*-Zahl annähernd gleich sein. Dies kann bei kleinerem Maßstab des Modells erreicht werden, indem entweder eine

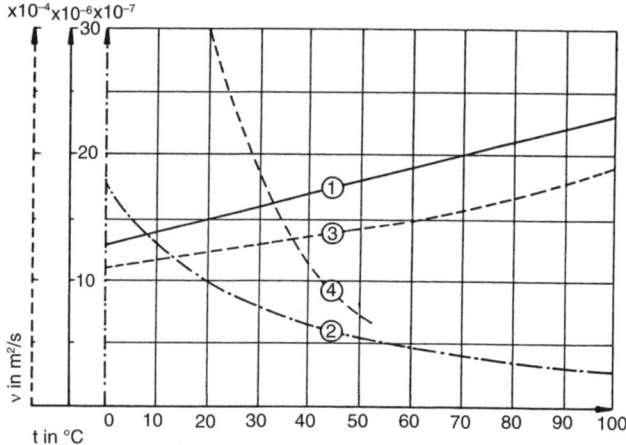

Bild 8.1.17 Die kinematische Zähigkeit in Abhängigkeit von der Temperatur des Mediums
1 Luft, Sauerstoff, Stickstoff; 2 Wasser; 3 Helium; 4 Mineralöl

höhere Geschwindigkeit oder eine andere kinematische Zähigkeit gewählt wird (Medium im anderen Zustand oder ein anderes Medium).

Bei Modellversuchen für Flugzeuge mit hohen Fluggeschwindigkeiten stößt man bei konventionellen Windkanälen früh an Grenzen, indem sich bereits die Kompression der Strömung auswirkt. *Re*-Zahlen, z.B. der Tragflächen von heutigen Passagierflugzeugen, liegen in der Größenordnung von 10^7, für die entweder Kryowindkanäle mit ihren hohen *Re*-Zahlen eine experimentelle Hilfe darstellen oder (zunehmend) numerische Verfahren Einsatz finden, die dank hoher Rechenleistung heutiger Computer möglich geworden sind. Bei dieser Finite-Elemente-Methode wird das Flugzeug im Rechner zunächst mit einem Netz von mehreren Millionen Knotenpunkten umhüllt. In jedem einzelnen dieser Punkte lassen sich dann die aerodynamischen Größen v, p oder ρ berechnen.

Der einfach zu handhabenden *Re*-Zahl liegen folgende verkürzt beschriebene naturwissenschaftliche Überlegungen zugrunde *(Bild 8.1.18)*: Geometrische Ähnlichkeit eines flugzeugtechnischen Bauteils wird rechnerisch dann erreicht, wenn in jedem

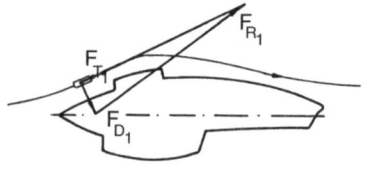

Bild 8.1.18
Bewegung der Strömungsmasseteilchen um geometrisch ähnliche Körper: *oben*: Originalteil; *unten*: Modell 1 : 2,5. Die Kräfte auf ein Teilchen des einen Strömungsfeldes stehen im gleichen Verhältnis zueinander wie die Kräfte in den entsprechenden Punkten des anderen.

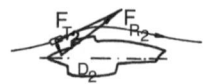

Abschnitt des Strömungsvorgangs die gleichen Richtungsänderungen vorliegen. Diese werden bestimmt durch Trägheits-, Reibungs- und Druckkräfte. Da nach NEWTON $F_T = F_R + F_D$ gilt, wird bereits Ähnlichkeit hergestellt durch die Verhältnisbildung $F_{T1}: F_{T2} = F_{R1}: F_{R2}$ oder $F_{T1}: F_{R1} = F_{T2}: F_{R2}$.

Weil die Trägheitskraft mit $F_T = m \cdot a$ bestimmt wird, lässt sich für den einzelnen Strömungsabschnitt aufgeschlüsselt schreiben:

$$F_T = \rho \cdot V \cdot a \text{ und}$$

$$F_T = \frac{\rho \cdot V \cdot v^2}{2 \cdot l}$$

wobei die Beschleunigung a abgeleitet wird aus dem Weg $s = v^2/2a$.

Für den vereinfachten Fall der Strömungsähnlichkeit hat REYNOLDS $V = l^3$ gesetzt, jedoch unter der Bedingung, dass vorher l als typisch für den technischen Untersuchungsfall definiert wird. So entsteht

$$F_{T1} = \rho_1 \cdot l_1^2 \cdot v_1^2$$

Die Reibungskraft lässt sich aus dem Viskositätsbegriff ableiten mit

$$F_{R1} = \frac{\eta_1 \cdot l_1 \cdot l_1 \cdot v_1}{l_1},$$

η Viskosität in Ns/m^2
A Reibfläche in m^2
Δv Strömungsgeschwindigkeit in einem kleinen Abschnitt in m/s
Δl Strömungslänge in einem kleinen Abschnitt in m

Vereinfacht für einen Ähnlichkeitsvergleich kann nun geschrieben weden:

$$F_{R1} = \frac{\eta_1 \cdot l_1 \cdot l_1 \cdot v_1}{l_1} = \eta_1 \cdot l_1 \cdot v_1$$

Beide Ableitungen zusammengefasst, ergeben:

$$\frac{F_{T1}}{F_{R1}} = \frac{\rho_1 \cdot l_1^2 \cdot v_1^2}{\eta_1 \cdot l_1 \cdot v_1}$$

Da η / ρ die kinematische Zähigkeit v ergibt, erhält man

$$\frac{F_{T1}}{F_{R1}} = \frac{l_1 \cdot v_1}{v_1} = \frac{l_2 \cdot v_2}{v_2}$$

Das Widerstandsgesetz kann nunmehr dahingehend präzisiert werden, als alle *gerundeten* Baukörper *Re*-Zahl-abhängige c_W-Werte besitzen.

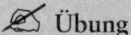 Übung

1. Bestimmen Sie die *Re-Zahlen von Airbus-Flugzeugen* in der Landephase und im Reiseflug.
2. Welche *Re-Zahlen* können maximal im *Deutsch-Niederländischen Windkanal bei Zwolle* erreicht werden?
3. Durch welche *Modellgröße* kann man den Flugzeugrumpf nach Bild 8.1.13 für 60 m/s bei einer Schleppgeschwindigkeit von 40 m/s in einem Wasserkanal strömungstechnisch richtig ersetzen?
4. In einem Unterschall-Windkanal befindet sich ein Modell im Maßstab 1:5. Die Strömungsgeschwindigkeit beträgt 90 m/s. Für welche Fluggeschwindigkeiten wird *beim Originalflugzeug Reynolds'sche Ähnlichkeit* erreicht? Welche *anderen experimentellen Möglichkeiten* können erwogen werden, um Messungen für höhere Fluggeschwindigkeiten durchzuführen?

8.2 Strömungsvorgänge am Profil

Das kennzeichnende Bauteil am Flugzeug ist der Tragflügel. Durch seine Profilform entsteht Auftrieb, wird das Flugzeug flugfähig. In den folgenden Abschnitten sollen die wesentlichen Strömungsvorgänge am Profil und die sich daraus ergebenen konstruktiven Folgerungen für den Flugzeugbau beschrieben werden.

8.2.1 Grenzschicht und Reibungswiderstand

Für die im Allgemeinen sehr dünne Grenzschicht *(Bild 8.2.1)* am Profil gilt der Satz: «Kleine Ursache, große aerodynamische Wirkung!»

Die Grenzschicht liegt zwischen der Bauteiloberfläche und der freien Luftströmung v. Versuche ergeben, dass Medien wie Luft und Wasser direkt auf der Oberfläche haften. In Überwindung der Reibung zwischen den Strömungsteilchen nimmt die Geschwindigkeit in der Grenzschicht nach außen ständig zu, bis die freie Luftströmung erreicht ist. In ihr liegt im Normalfall dann keine Reibung mehr vor.

Der Reibungswiderstand in der Grenzschicht wird durch die Zähigkeit sowie Geschwindigkeit des Strömungsmediums bestimmt und durch äußere Bedingungen (Bauteilform, Oberfläche) entscheidend beeinflusst.

Laminare und turbulente Grenzschicht

Im Allgemeinen sind die vorderen Abschnitte einer Grenzschicht laminar ausgebildet. Als laminar wird eine Strömung bezeichnet, bei der sich die Strömungslinien geordnet nebeneinander bewegen. Alltag und Natur geben für diese Erscheinung genügend Anschauungshilfen, wie beispielsweise durch den

❏ gleichmäßig aufsteigenden Rauch bei Windstille und den
❏ glatten, ungestörten Strahl eines Wasserhahns.

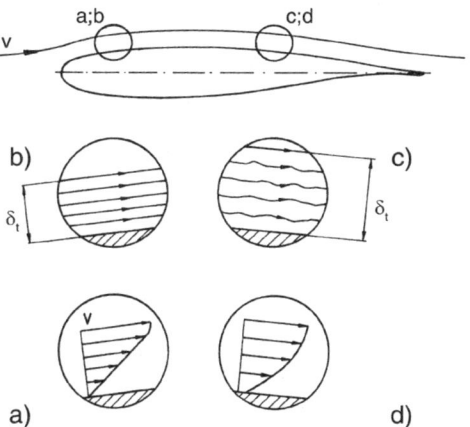

Bild 8.2.1 Die Grenzschicht am Tragflügelprofil
Ausschnitt a): Geschwindigkeitsverteilung in der laminaren Grenzschicht. Auf der Wandoberfläche beträgt die Strömungsgeschwindigkeit $v = 0$ m/s, im Abstand δ_l von der Oberfläche ist sie gleich der freien Geschwindigkeit in diesem Abschnitt des Profils, nämlich v.
Ausschnitt b): Strömungsform und -dicke der laminaren Grenzschicht (in Strömungsrichtung nimmt die Dicke sehr stark zu!).
Ausschnitt c): Form und Dicke der turbulenten Grenzschicht.
Ausschnitt d): Geschwindigkeitsverteilung in der turbulenten Grenzschicht. In Nähe der Oberfläche ist $v > 0$, weil eine hauchdünne laminare Grenzschicht erhalten bleibt.

Im weiteren Strömungsverlauf schlägt die laminare Grenzschicht dann in eine turbulente um, wenn aus dem geordneten ein ungeordneter Vorgang wird. Turbulente Strömungen sind gekennzeichnet durch Querströmungen, wie der unruhige Strahl eines Wasserhahns zeigt. Auch wird diese Grenzschicht durch ein steileres Geschwindigkeitsprofil charakterisiert, so dass ihr Reibungswiderstand wesentlich größer ausfällt.

Grenzschicht bei kritischer *Re*-Zahl
Das Umschlagen der laminaren Grenzschicht in eine turbulente erfolgt im Bereich der so genannten kritischen *Re*-Zahl. Nun sind Grenzschichten nur wenige Zehntelmillimeter dick. (Erst bei recht hohen Fluggeschwindigkeiten sowie großen Abmessungen werden Schichtstärken von 100 mm erreicht.) Deshalb werden Veränderungen nicht direkt angezeigt, sondern nur indirekt durch das Gesamtverhalten im Strömungsbild. Besonders auffällig kann der Umschlag bei stark gerundeten Bauteilen beobachtet werden. So fällt z.B. beim quer zur Strömung liegenden elliptischen Körper nach dem Umschlag der Beiwert des Formwiderstandes rapide ab *(Bild 8.2.2: T/D = 0,75)*; von etwa $c_W = 0,6$ auf $c_W = 0,18$. Das sind Werte, die bei jeder Messung ins Gewicht fallen und die Widerstandskraft F_W beträchtlich verringern. Die anderen Beispiele in diesem Bild zeigen, dass die Tendenz zur c_W-Abnahme bei allen gerundeten Bauteilen vorliegt, jedoch mit der Besonderheit, dass

❑ der kritische Bereich umso niedriger liegt und
❑ die Widerstandsverringerung umso geringer ausfällt,

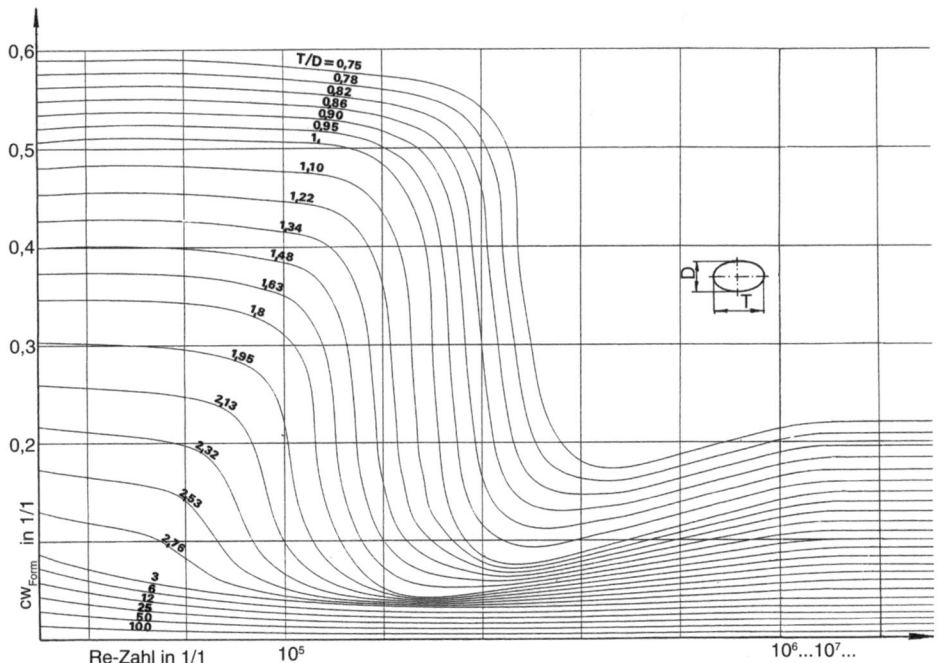

Bild 8.2.2 Veränderung der Widerstandsbeiwerte von gerundeten Bauteilen unterschiedlicher Schlankheit T/D beim Umschlag der laminaren in eine turbulente Grenzschicht (kritischer Re-Zahl-Bereich)

je aerodynamisch günstiger das Teil gestaltet ist. Werden die gerundeten Widerstandskörper im Rauch- oder Wasserkanal untersucht, dann weisen sie erwartungsgemäß im unterkritischen Grenzschichtbereich ein relativ großes und im überkritischen Bereich ein verhältnismäßig kleines Wirbelgebiet auf (siehe Bild 8.1.16). Die Ursache muss in der turbulenten Grenzschicht gesehen werden, die den Widerstandswirbeln länger standhalten kann, als es der laminaren möglich ist. Ausgenommen von der vorliegenden Betrachtung bleiben alle scharfkantigen Flugzeugteile. Die Lage ihres Ablösepunktes bleibt über die *Re*-Zahlen gleich. Ihre c_W-Werte verändern sich also nicht.

Grenzschicht am Profil
Der Strömungsvorgang am Profil erfordert eine eigene Betrachtung, weil es im Regelfall unsymmetrisch gestaltet und während des Fluges unter einem Winkel angestellt wird. Die stärkere Wölbung auf der Profiloberseite bewirkt dort nach BERNOULLI eine Zunahme der Strömungsgeschwindigkeit, so dass aufgrund von $Re = l \cdot v / \nu$ die kritische *Re*-Zahl früher erreicht wird und damit ein Umschlagen von der laminaren in die turbulente Grenzschicht stattfindet. Auf der Profilunterseite findet dieser Umschlag erst später statt *(Bild 8.2.3)*.

Im angestellten Zustand muss sich die turbulente Grenzschicht bei zugleich abnehmender Geschwindigkeit den Widerstandswirbeln gegenüber behaupten, bis die Strömung abreißt. Je weiter sich nun der Ablösungspunkt nach vorn verlagert, umso größer wird dann das Wirbelfeld und damit der Widerstand des Profils.

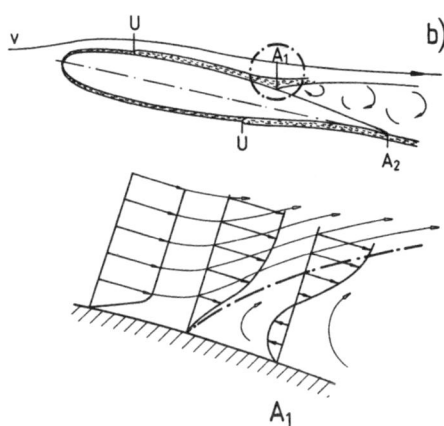

Bild 8.2.3
Grenzschichtverlauf und Grenzschichtablösung im Tragflügelprofil
lG laminare Grenzschicht; tG turbulente Grenzschicht; U Umschlagpunkt, A Ablösungspunkt
a) Grenzschicht bei einem Profil ohne Anstellung
b) Grenzschicht bei Profilanstellung. Die Grenzschicht wird hierbei auf der Profiloberseite in A_1 abgelöst, weil ein Druckanstieg entsteht. In der Grenzschichtzone findet sogar eine Umkehr der Strömungsrichtung statt. Im Berührungsbereich beider Ströme entstehen starke Reibungskräfte, die zur Ablösung einzelner Wirbel, der Widerstandswirbel, führen.

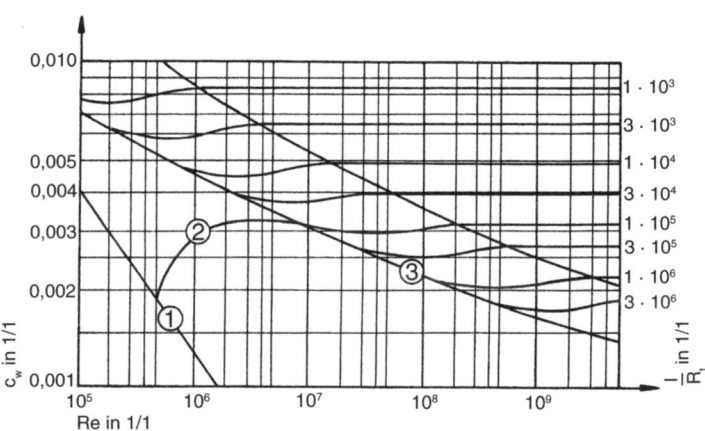

Bild 8.2.4 Reibungswiderstand in Abhängigkeit von der Re-Zahl für Bauteile mit unterschiedlicher Oberflächenrauigkeit
l Länge der untersuchten Bauteiloberfläche in mm; R_t Rautiefe in mm
1 Reibungswiderstand bei laminarer Grenzschicht; 2 Widerstandswerte bei kritischer Re-Zahl im Übergangsbereich der Grenzschicht; 3 Reibungswiderstand bei turbulenter Grenzschicht
Die Rautiefe $R_t > R_{t\,krit}$ geht als Verhältnisgröße von der umströmten Bauteillänge ein.

403

Grenzschicht und Profiloberfläche
Die vorhandene Oberflächenrauigkeit wirkt sich nur dann auf das Verhalten der Grenzschicht aus, wenn sie in etwa 10% bis 15% der örtlichen Grenzschichtdicke überschreitet. Da jedoch mit zunehmender Strömungstiefe die Grenzschichtdicke zunimmt, dürfen nur die vorderen Bauteilzonen als gefährdet angesehen werden, und sie sind damit einer besonderen Feinbearbeitung bedürftig. Als «hydraulisch glatt» wird in der Praxis eine Oberfläche dann bezeichnet, wenn deren Rauigkeit den zulässigen Wert unterschreitet. Liegt dieser Wert über der kritischen Rauigkeit, so gelten die Reibungswerte nach *Bild 8.2.4*. Sie lassen erkennen, dass die turbulenten Grenzschichten empfindlicher auf zunehmende Rautiefen reagieren und diese dann einen größeren Reibungswiderstand aufweisen.

Optimale Grenzschichten
Als Ergebnis der aufgeführten Betrachtungen gilt:

- Bei **turbulenten Grenzschichten** ist der Formwiderstand am kleinsten.
- Bei **laminaren Grenzschichten** ist der Reibungswiderstand am geringsten.

Ein Profil ist also dann optimal ausgelegt, wenn den flugzeugtechnischen Erfordernissen gemäß entweder möglichst früh turbulente Grenzschichten erzeugt oder eine möglichst lange Laminarisierung angestrebt werden. Am Ende zählt der Summenwert aus den Einzelwiderständen:

$$F_W = F_{WF} + F_{WR}$$

Für die turbulente Grenzschicht spricht generell ein eher kleinerer Formwiderstand, ein kleineres Wirbelfeld, eine spätere Ablösung vom Profil und damit eine weitergehende Manövrierfähigkeit im Flug. Da Passagier-, Transport- und Militärflugzeuge ohnehin im hohen *Re*-Zahl-Bereich geflogen werden, bietet es sich an, die laminare Grenzschicht mit konstruktiven Mitteln in eine turbulente umzuwandeln, sie also – so weit wie möglich – im überkritischen Bereich fliegen zu lassen. Turbulenzen lassen sich durch die Anbringung von Kanten und Absätzen an den Bauteilrundungen, Klappen sowie Schaufeln oder durch Bleche erzeugen. Auch die Oberfläche kann man rauer, und damit überkritisch, ausführen.

Für eine laminare Grenzschicht spricht der geringe Reibungswiderstand, der für Flugzeuge mit kleinen *Re*-Zahlen, z.B. Segelflugzeuge, interessant ist.

Für die beiden Grenzschichten kann gelten, dass mit äußeren Maßnahmen einer vorzeitigen, unerwünschten Ablösung entgegengewirkt werden kann. Dafür bieten sich zwei Verfahren an:

- das Absaugen energieschwacher Schichten, um mit der freien Strömung hohe Energiegehalte an die Profiloberfläche heranzuführen (*Bild 8.2.5*);
- das Ausblasen beschleunigter Luft, um der vorhandenen Grenzschicht neue Strömungsenergie zuzuführen.

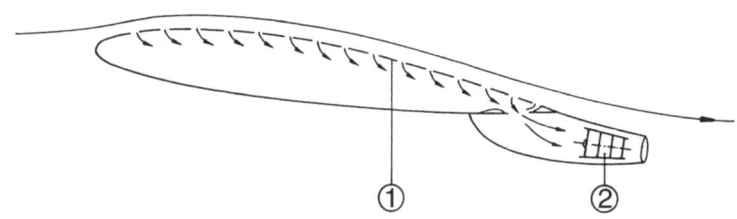

Bild 8.2.5 Laminare Grenzschicht durch Absaugen
1 gelöcherte Profiloberfläche; 2 Absauggebläse

✎ Übung

1. Wählen Sie aus einer maßstäblichen Flugzeugdarstellung (z.B. Bild 8.1.13) einzelne Bauteile aus, ordnen Sie diese der Form nach (T/D) in das Diagramm nach Bild 8.2.2 ein, und lesen Sie dabei die c_W-Werte in Abhängigkeit von der Re-Zahl ab. Geben Sie dabei an, ob es sich im jeweiligen Betrachtungsfall um *unter-* oder *überkritische Strömungsvorgänge* handelt. Berechnen Sie anschließend die *Formwiderstandskräfte*.
2. Gehen Sie bei den Beispielen aus Aufgabe 1 von einer Oberflächenrauigkeit $R_t = 0{,}05$ mm und von einem *Überschreiten der kritischen Rauigkeit* aus. Benutzen Sie das Diagramm nach Bild 8.2.4, indem Sie die c_W-Werte in Abhängigkeit von der Re-Zahl und dem l/R_t-Verhältnis bestimmen. Berechnen Sie anschließend die *Reihungswiderstandskräfte*.
3. *Vergleichen* Sie die Ergebnisse der beiden vorangegangenen Aufgaben 1 und 2 und *erläutern* Sie die grundsätzlichen Unterschiede.
4. Für ein Segelflugzeug mit einer *laminaren Grenzschicht* kann die Tragfläche entweder
   - mit großer Spannweite und geringer Profiltiefe oder
   - mit geringer Spannweite und großer Profiltiefe ausgelegt werden.

   Für welche der beiden Lösungen wird man sich unter *Grenzschichtgesichtspunkten* entscheiden?

8.2.2 Auftrieb

Auftriebskräfte am Profil
Die am Profil angreifenden Kräfte *(Bild 8.2.6)* können in einem Windkanal experimentell bestimmt werden, indem die gesamte auf das Profilmodell wirkende Strömungskraft (Luftkraftresultierende) in einzelne Komponenten zerlegt wird. In der Horizontalen werden die Widerstands- und in der Vertikalen die Auftriebskräfte ermittelt. Dabei fällt auf, dass bereits

❑ in der waagerechten Lage oder
❑ bei kleiner Anstellung des Profils, entsprechend der montagegerechten Einstellung am Flugzeug,

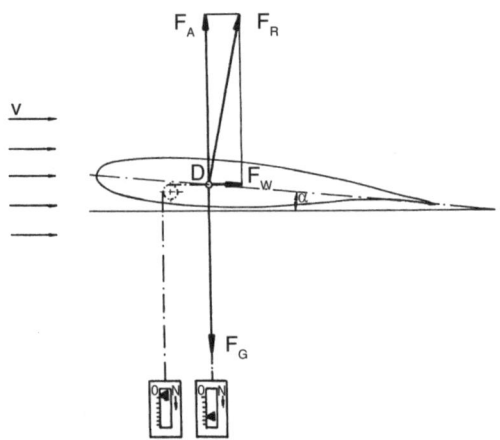

Bild 8.2.6
Kräfte am Profil
F_R Luftkraftresultierende
F_A Auftriebskraft
F_W Widerstandskraft
F_G Gewichtskraft
α Anstellwinkel
D Druckpunkt, das ist der Angriffspunkt der am Profil angreifenden Kräfte

ungleich größere Auftriebs- als Widerstandskräfte entstehen. Das Profil ist demnach so geformt, dass sich für den Normalfall eine positive Bilanz zur Überwindung der Massenkraft anzeigt. Für den Horizontalflug ist deshalb ein Gleichgewicht der Kräfte gewährleistet, das aus dem gesamten Auftrieb des Flugzeuges und seiner Masse gebildet wird.

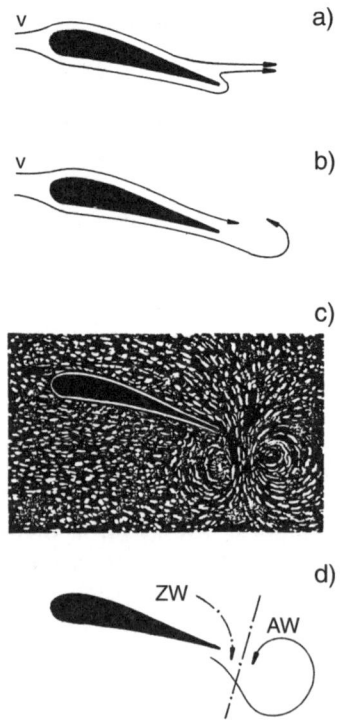

Bild 8.2.7
Anfahrwirbel und Zirkulationsströmung
a) Profilumströmung bei geringer Geschwindigkeit; b) Hinterkantenabriss bei Erhöhung der Strömungsgeschwindigkeit (Flugzeugstart); c) volle Ausbildung des wegströmenden Anfahrwirbels und Sichtbarwerden des zweiten Wirbels, des so genannten Zirkulationswirbels; d) Schematische Darstellung des Strömungsvorgangs in c – AW = Anfahrwirbel; ZW Zirkulationswirbel

Auftriebsentstehung an einem Profil
Die theoretische Begründung für die Entstehung des Auftriebs an Profilkörpern geht auf PRANDTL zurück. Seine Überlegungen sollen im Folgenden unter Zuhilfenahme von Strömungsbildern erläutert werden. Das erste sichtbare Phänomen *(Bild 8.2.7)* ist der so genannte **Anfahrwirbel**. Er entsteht, wenn die Strömungsenergie auf der Profiloberseite stark genug wird, um die von der Unterseite kommende Strömung zu verdrängen. Dabei löst sich diese von der Hinterkante ab und bildet einen Wirbel. In der Wirklichkeit findet dieser Vorgang während der Startphase des Flugzeuges statt. Bei ausreichender Luftfeuchtigkeit kann der abgehende Wirbel beobachtet werden. Je größer das Flugzeug beschaffen ist, desto mehr beeinflussen stärkere Wirbel die Umgebung (Gefahr beim unmittelbar nachfolgenden Start eines Kleinflugzeuges).

Aus der Beobachtung von Widerstandswirbeln ist bekannt, dass abgehende Wirbel stets paarweise auftreten (vgl. z.B. Bild 8.1.11). Dem davonströmenden Anfahrwirbel wirkt der um den Tragflügel drehend wirkende Wirbel, der so genannte **Zirkulationswirbel**, entgegen. Diese Erscheinung entspricht dem **Magnuseffekt**.

Die Versuche von MAGNUS werden an einem rotierenden Zylinder vollzogen *(Bild 8.2.8)*. Wenn man den Zylinder nicht bewegt, löst die Parallelströmung v ein spiegelungsgleiches Strömungsbild aus, von dem keine Wirkung ausgeht, also auch kein

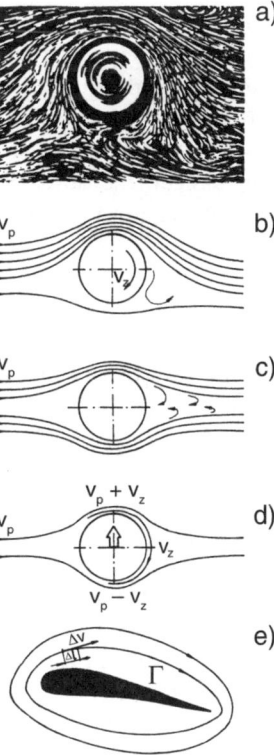

Bild 8.2.8
Magnuseffekt
a) Strömungsbild des rotierenden Zylinders in einer Parallelströmung
b) Schematische Darstellung des Vorgangs in a, v_z = Zirkulationsströmung, v_p Parallelströmung
c) Strömungsbild vom nicht rotierenden Zylinder in einer Parallelströmung
d) Überlagerung von Zirkulations- und Parallelströmung
e) Zirkulation Γ beim Tragflügelprofil, vereinfacht nach KUTTA-JOUKOWSKI

Auftrieb erzeugt wird (c). Wenn man jedoch den Zylinder in der Parallelströmung dreht, löst man aufgrund der Oberflächenhaftung eine umlaufende Strömung aus, die **Zirkulationsströmung**. Es findet dabei eine Überlagerung der parallelen mit der zirkulären Strömung statt mit dem Effekt, dass das gesamte Strömungsbild unsymmetrisch wird und damit eine Auftriebswirkung entsteht (d).

Auch beim Tragflügel wird auf der Oberseite eine höhere Geschwindigkeit als auf der Unterseite gemessen, wodurch sich Unter- und Überdrücke in Auftriebsrichtung ergeben. Da der Tragflügel nicht wie der Magnus-Zylinder gedreht wird, ist es seiner Querschnittsform zu verdanken, dass eine Zirkulationsströmung existiert.

Die symmetrischen Profile erzeugen aus diesem Grund keine Zirkulationsströmung – es sei denn, sie werden entsprechend angestellt. Beim unsymmetrischen Tragflügelprofil entscheidet also die Krümmung der Profiloberseite über die Stärke der Zirkulation. Sie wird berechnet mit

$$\Gamma = \sum (\Delta v_z \cdot \Delta l_z)$$

Γ Zirkulation in m²/s
Δv_z Zirkulationsgeschwindigkeit im Betrachtungsabschnitt in m/s
Δl_z Zirkulationslänge im Betrachtungsabschnitt in m

Auftriebsverteilung in Profiltiefe
Da die Auftriebskraft abhängig ist von den unterschiedlichen Geschwindigkeiten auf der Ober- und Unterseite, müssen die Profile so gestaltet sein, dass ausreichende Druckdifferenzen entstehen. Man kann Drücke direkt im Flug oder im Windkanal messen. Zu diesem Zweck werden in einem Tragflügelschnitt in Abständen kleine Bohrungen eingebracht, die durch Schläuche mit Manometern verbunden sind. Für jede dieser Messstellen am Profil gilt nach BERNOULLI:

$$p + \rho/2 \cdot v_p^2 = p_u + \rho/2 \cdot (v_p - v_z)^2$$
$$p + \rho/2 \cdot v_p^2 = p_o + \rho/2 \cdot (v_p + v_z)^2$$

Die Druckdifferenz aus Unter- und Oberseite bestimmt sich mit

$$p_u - p_o = [\rho/2 \cdot (v_p + v_z)^2] - [\rho/2 \cdot (v_p - v_z)^2] = \rho \cdot v_p \cdot 2 v_z$$

In der grafischen Darstellung werden die Drücke üblicherweise ohne Einheiten eingetragen *(Bild 8.2.9)*. Der dimensionslose Beiwert c_p gibt den örtlichen statischen Differenzdruck dividiert durch den vorhandenen Staudruck an. An diesem Verhältniswert können Fachleute die aerodynamischen Eigenschaften des Profils ablesen, vor allem dann, wenn für jeden Anstellwinkel die entsprechende Druckverteilung gemessen und aufgezeichnet vorliegt. Da fast in jedem Strömungsabschnitt andere Werte gemessen werden (Kurvenverlauf), gilt die Berechnung der Druckdifferenz nur für je einen kleinen Teilabschnitt Δl. Erst die Summe aller Produkte aus Zirkulationsgeschwindigkeit und -weg ergibt die Stärke der Zirkulation (vgl. obige Formel).

Bild 8.2.9
Druckverteilung am Tragflügelprofil
a) Spezifischer Differenzdruck c_p über der Profiltiefe bei verschiedenen Auftriebsbeiwerten, x/l Bruchteil der Profiltiefe, Ausschnitt Z: Druckmessung am Profil, p örtlicher statischer Druck, v örtliche Strömungsgeschwindigkeit, p_{0stat} Druck der freien Strömung, v_0 Geschwindigkeit der freien Strömung
b) Spezifischer Differenzdruck c_p über der Profiltiefe bei $a = 0$, OS Profiloberseite, US Profilunterseite
c) Gemittelter spezifischer Differenzdruck $c_{po,u}$ aus Profilober- und -unterseite sowie mittlerer Druckbeiwert c_{pm}, ungefähr dem Auftriebsbeiwert c_a entsprechend. Anmerkung: Es ist bei der Darstellung von Druckverteilungen üblich, die negativen Druckbeiwerte in der nach oben gerichteten Koordinatenachse anzugeben. Lediglich in dieser Darstellung wird aus Ableitungsgründen anders verfahren.

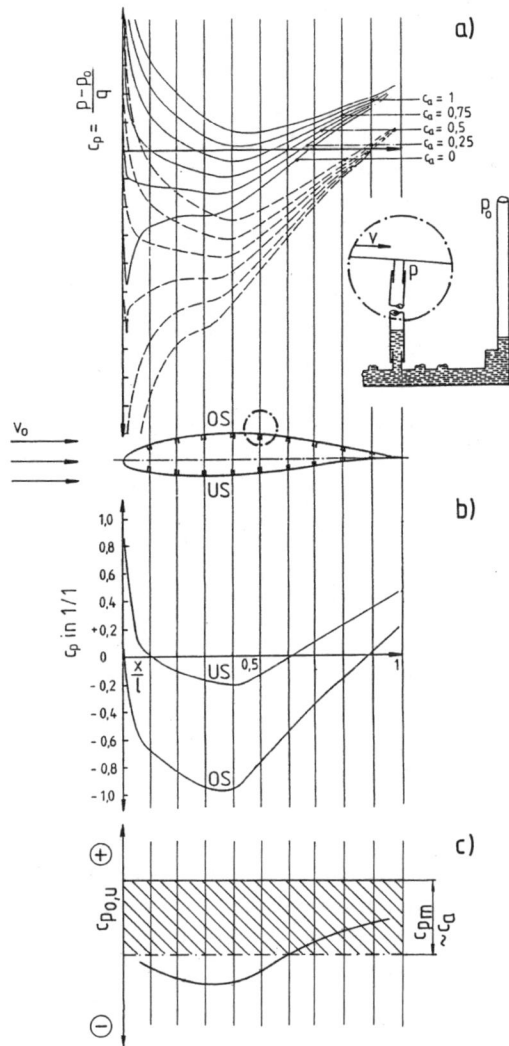

Die Größe der Auftriebskraft am Profil erhält man dadurch, dass zunächst der Druckunterschied zwischen Ober- und Unterseite dargestellt und anschließend der Mittelwert über die Profiltiefe bestimmt wird. Dieser dimensionslose Durchschnittswert heißt **Auftriebsbeiwert** c_a und wird durch Multiplikation dem Staudruck beigeordnet. Damit berechnet man die Auftriebskraft $F_A = c_a \cdot q \cdot A$, mit A = Tragflügelfläche in m².

✎ Übung

1. Die Luftkraftresultierende beträgt am Tragflügel eines Flugzeuges $F_R = 45$ kN. Dabei steht die resultierende Kraft gegenüber der senkrechten Auftriebskraft unter einem Winkel von $\gamma = 4°10'$. Bestimmen Sie die Größe der *Auftriebs- und der Widerstandskraft*.
2. *Zur Auftriebstheorie:* In Anwendung der vereinfachten Ableitung kann die Auftriebskraft geschrieben werden $F_A = \rho \cdot v \cdot v_z \cdot A$. Ermitteln Sie mit den Kenndaten des Flugzeuges aus Aufgabe 4 die *Zirkulationsgeschwindigkeit* v_z am Profil. Weisen Sie anschließend nach, wie groß in etwa die *Strömungsgeschwindigkeiten* auf der Ober- und Unterseite des Profils sind. Bringen Sie die ermittelten Werte der Oberseite mit der Schallgeschwindigkeit in Verbindung.
3. Weisen Sie konstruktiv nach, dass die *Kennlinien zur Druckverteilung* in Bild 8.2.9 für den Auftriebsbeiwert $c_a = 1$ einen entsprechenden c_{pm}-Wert ergeben. Folgen Sie dabei den vorgegebenen Darstellungsweisen im Bild, und verfahren Sie bei der c_{pm}-Ermittlung wie in der Motorentechnik bei der Bestimmung des mittleren Kolbendrucks. (Analogie: Indikatordiagramm – Differenzdruckdiagramm)
4. Das Verkehrsflugzeug A 320 hat eine Tragflügelfläche von 122 m² und eine maximale Gesamtmasse von 72 000 kg. Der *erforderliche Auftriebsbeiwert* soll für den Horizontalflug in 10 000 m Höhe bestimmt werden, wenn die Reisegeschwindigkeit 840 km/h beträgt. Welcher c_a-Wert ist mindestens notwendig, wenn beim Start im Flachland die Geschwindigkeit 300 km/h beträgt? (Die Beschleunigungskräfte sind zunächst nicht zu berücksichtigen.)

8.2.3 Auftrieb und Widerstand

Auftrieb und Widerstand treten am Profil nicht isoliert auf. Dem Gewinn von zusätzlicher Auftriebskraft durch Anstellung des Profils steht auf der anderen Seite der Verlust durch zusätzliche Widerstandskraft entgegen. Den für den angestrebten Flugzustand optimalen Wert erhält man nur als abhängige Größe des anderen. Demnach ist die Auftriebskraft zu betrachten als Funktion der Widerstandskraft:

$$F_A = f(F_W)$$

Am Beispiel der Profilanstellungen in *Bild 8.2.10* wird deutlich, dass die Luftkraftresultierende in F_{R3} zwar den größten Wert ergibt, jedoch um den Preis einer unverhältnismäßig großen Widerstandskraft. Werden die Kräfte bei allen Profilanstellungen gemessen, entsteht eine Kennkurve, nämlich die von LILIENTHAL so bezeichnete «Polare». Ein solches Polardiagramm kann für das Auslegen und Beurteilen von Profilen, Tragflügeln und Flugzeugkonstruktionen zentrale Bedeutung gewinnen, wenn die Messergebnisse vom speziellen Vorgang gelöst und verallgemeinert werden. Zu diesem Zweck müssen aus dem Maßstab die Flächengrößen und Geschwindigkeiten in Abhängigkeit von der Luftdichte rechnerisch herausgenommen werden. Aus $c_a \cdot A \cdot q = f(c_W \cdot A \cdot q)$ wird also $c_a = f(c_W)$, wenn bei der Auftriebs- und Widerstandsmessung die gleiche Fläche

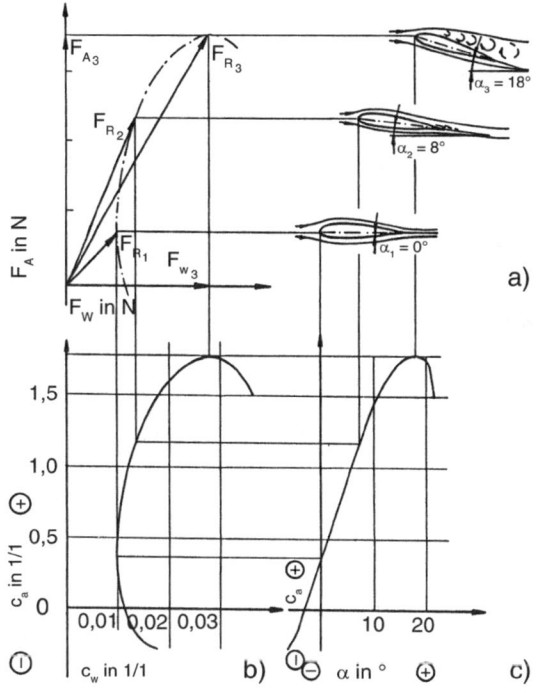

Bild 8.2.10
a) Beziehung zwischen Auftriebs- und Widerstandskraft eines in der Luftströmung befindlichen Profils (ursprüngliches Lilienthal-Polardiagramm). Ein rechnerischer Vergleich zwischen den drei Luftkraftresultierenden zeigt, dass der günstigste Verhältniswert bei F_{R2} liegt (vgl. Gleitzahl).
b) Übliches Polardiagramm mit den Auftriebs- und Widerstandsbeiwerten. Man pflegt in diesem Diagramm den c_W-Maßstab gegenüber c_a stark vergrößert darzustellen (hier Maßstab 50 : 1), um durch die stärkere Krümmung der Profilpolaren die Einzelheiten besser erkennen zu lassen.
c) c_a-Teil eines aufgelösten Polardiagramms. Auftriebswert c_a in Abhängigkeit vom Anstellwinkel α. Bei Untersuchungen in der Praxis werden häufig des höheren Informationswertes wegen beide Diagramme (b + c) kombiniert miteinander aufgeführt.

A zugrunde gelegt wird. Auftriebskörper haben deshalb grundsätzlich die Draufsicht als Bezugsfläche (man legt in der Praxis den Körper auf eine Fläche und projiziert darauf). Innerhalb eines vergleichbaren Re-Zahl-Bereichs kann auch der Staudruck herausgelöst werden, so dass schließlich im Diagramm nur die aerodynamischen Beiwerte aufeinander bezogen bleiben (vgl. Bild 8.2.10 b).

Dem so entstandenen Polardiagramm lässt sich nun entnehmen, dass der Auftriebsbeiwert bei mittlerer Anstellung des Profils zunächst stark zunimmt und dabei ein besonders günstiges Verhältnis zwischen Auftrieb und Widerstand entsteht. Bei weiterem Anstellen des Profils steigt der Auftriebsbeiwert verhältnismäßig geringer an und hört schließlich ganz auf anzusteigen, während sich der Widerstandsbeiwert ständig erhöht. Bei hohen Anstellwinkeln, wie z.B. $\alpha = 18°$, fallen die Auftriebswerte rapide ab. Das Flugzeug gerät dabei in den überzogenen Flugzustand und droht abzukippen. Üblicherweise wird im Polardiagramm die Größe der Profilanstellung nicht angezeigt.

Wird sie größenmäßig aus Bewertungsgründen gewünscht, wie beispielsweise im Zusammenhang mit Profilen, Propellern und Turbinenschaufeln, bedient man sich des so genannten aufgelösten Polardiagramms (vgl. Bild 8.2.10 c).

✎ Übung

1. Bestimmen Sie die *Auftriebs- und Widerstandskräfte* in Bild 8.2.10 a unter Zugrundelegung der Beiwerte aus Bild 8.2.10 b. Beschriften Sie die F_A- und die F_W-Achse für den Fall, dass die Flughöhe h = 6000 m, die Reisegeschwindigkeit v = 420 km/h und die Tragflügelfläche A = 32 m² beträgt.
   Hinweis: In der realen Flugsituation sind beim Flugzeug weitere Widerstände vorhanden; einmal hervorgerufen durch die übrigen Zellenteile, zum anderen durch Widerstände am Tragflügelende (induzierter Widerstand).
2. In einem Experiment wurden die folgenden Beiwerte an einem Profil ermittelt. Zeichnen Sie anhand dieser Werte ein Polardiagramm:

c_a	c_W
0,1	0,0103
0,2	0,0108
0,3	0,0123
0,4	0,0148
0,5	0,0182
0,6	0,0220
0,7	0,0280
0,8	0,0330
0,9	0,0400
1,0	0,0470
1,1	0,0550
1,2	0,0640
1,3	0,0740

8.2.4 Aerodynamische Forderungen an die Profilform

Tragflügelprofile werden schon seit Jahrzehnten systematisch in Windkanälen untersucht und die Ergebnisse in Tabellen sowie Sammlungen veröffentlicht, nämlich

- seit den 20er Jahren in Göttingen (Kurzbezeichnung: Gö mit 3 Unterscheidungsziffern);
- seit den 30er Jahren in den USA (Kurzbezeichnung: NACA – National Advisory Committee for Aeronautics mit 4 oder 5 Ordnungsziffern);
- nach 1955 durch EPPLER und WORTMANN in Stuttgart auf dem Gebiet der Laminarprofile (Kurzbezeichnung z.B. bei Wortmannprofilen: FX mit 5 Ziffern und z.T. mit einem Hinweis auf die Wölbklappe), jedoch hier mit dem Unterschied zu den

NACA-Daten, dass die einzelne Profilform nicht die theoretische Variation eines Ursprungsprofils darstellt, sondern eine Ausführung für einen konkreten Aufgabenfall.

Alle Profiltabellen enthalten die geometrischen Daten und die Profilbeiwerte c_a, c_W und c_M unter verschiedenen Anstellwinkeln. In neuerer Zeit pflegt man die Profile grundsätzlich nach vorgegebenen Leistungserwartungen festzulegen und zu optimieren. Am Anfang der Auslegung stehen dabei die wirtschaftlichen Forderungen, insbesondere die Minimierung der Energiekosten; anschließend werden die einzelnen Bedingungen des heutigen Luftverkehrs berücksichtigt.

Demgegenüber treten traditionelle Verfahrensweisen früherer Jahre zurück, als generell aus den Profilkatalogen die Abmessungen sowie die Druckwerte entnommen und daraus die Leistungsdaten berechnet wurden. In der Gruppe der heutigen Verkehrsflugzeuge herrschen also Profile vor, die für das jeweilige Flugzeug maßgeschneidert ausgelegt werden.

8.2.5 Geometrische Bezeichnungen am Profil

Die Kontur eines Profils wird durch Verhältniszahlen im Koordinatensystem x-y festgelegt. Wie im Druckdiagramm *(Bild 8.2.11)* dargestellt, werden die x-Werte im Verhältnis zur Profiltiefe aufgezeichnet und auf Hundert bezogen, also in Prozenten

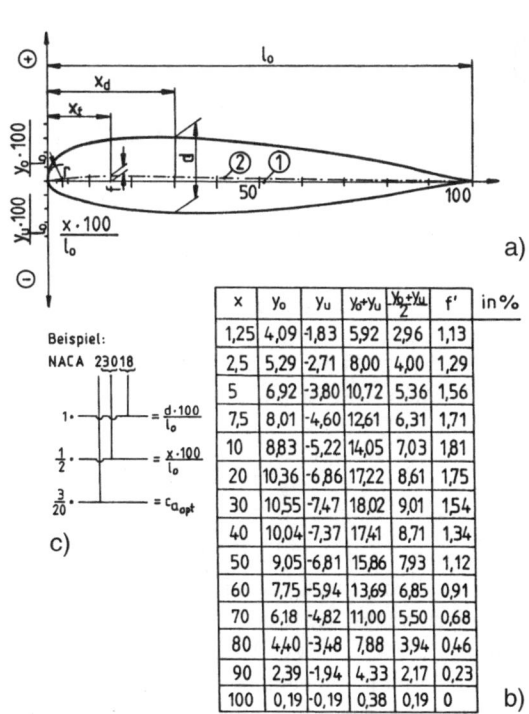

Bild 8.2.11
Profilaufmaße
a) Bezeichnungen am Profil; alle Maße werden auf l bezogen und in Prozent ausgedrückt: x Abstand von der Vorderkante entlang der Profilsehne (Abszisse); y Ordinatenwerte für die Ober- und Unterseite des Profils; l Profiltiefe = Profilsehne (1) = 1, d maximale Profildicke; x_d Rücklage der größten Profildicke; f maximale Profilwölbung = maximale Ordinate der Skelettlinie (2); x_f Rücklage der größten Profilwölbung, r Nasenradius
b) Tabellenwerte eines Profils, hier am Beispiel des NACA 23 018 (Do 28D Skyservant) aufgeführt. Die 5. Spalte dient der rechnerischen Erfassung von d, die 6. Spalte zur Bestimmung der relativen Wölbung f.
c) Aufschlüsselung der Kurzbezeichnung NACA 23 018

x	y_o	y_u	y_o+y_u	$\frac{y_o+y_u}{2}$	f' in %
1,25	4,09	-1,83	5,92	2,96	1,13
2,5	5,29	-2,71	8,00	4,00	1,29
5	6,92	-3,80	10,72	5,36	1,56
7,5	8,01	-4,60	12,61	6,31	1,71
10	8,83	-5,22	14,05	7,03	1,81
20	10,36	-6,86	17,22	8,61	1,75
30	10,55	-7,47	18,02	9,01	1,54
40	10,04	-7,37	17,41	8,71	1,34
50	9,05	-6,81	15,86	7,93	1,12
60	7,75	-5,94	13,69	6,85	0,91
70	6,18	-4,82	11,00	5,50	0,68
80	4,40	-3,48	7,88	3,94	0,46
90	2,39	-1,94	4,33	2,17	0,23
100	0,19	-0,19	0,38	0,19	0

angegeben (a). Bei einer Profiltiefe von zum Beispiel $l = 1{,}90$ m erhält man in der Schnittebene bei 20% (der) Tiefe

$x = 20{,}00 \cdot 1{,}90 \text{ m} / 100 = 0{,}380 \text{ m},$
$y = 10{,}36 \cdot 1{,}90 \text{ m} / 100 = 0{,}197 \text{ m},$
$z = -6{,}86 \cdot 1{,}90 \text{ m} / 100 = -0{,}130 \text{ m}.$

Als Profilsehne wird die gerade Verbindungslinie zwischen Vorder- und Hinterkante des Profils bezeichnet, als Skelettlinie seine Mittellinie. Bei den üblichen unsymmetrischen Profilen wölbt sich die Skelettlinie über der Sehne, im Maximum um das Abstandsmaß f. Diese stärkste Wölbung ermittelt man aufgrund der Koordinatendarstellung mit

$f = y_o - (y_o + y_u)/2$

8.2.6 Leistungsparameter des Profils

ⓘ *Leistungsparameter sind die charakteristischen Konstanten des flugzeugtechnischen Problems.*

Leistung und Wirtschaftlichkeit eines Flugzeuges werden heute dadurch bestimmt, dass zugleich angestrebt werden *(Anmerkung: Heute steht bei der Auslegung von Verkehrsflugzeugen nicht mehr im Vordergrund, eine maximale Reisegeschwindigkeit zu erreichen.)*:

1. ein minimaler **spezifischer Kraftstoffverbrauch** b in Verbindung mit einem optimalen Wirkungsgrad der Luftschraube;
2. eine maximale **Nutzlast** (entsprechend: großes Verhältnis zwischen Abflugmasse G_o und Landemasse G, der ständig abnehmenden Kraftstoffmasse wegen mathematisch nur über den Logarithmus bestimmbar);
3. ein maximales aerodynamisches c_a-c_W-**Verhältnis**.

Rechnerisch sind die Größen der aufgeführten Bedingungen der Flugmechanik in der Reichweitenformel nach BREGUET enthalten. Diese lautet:

$$R = \frac{1}{b} \cdot \ln\left(\frac{G_o}{G}\right) \cdot \frac{c_a}{c_W} \rightarrow (1) \cdot (2) \cdot (3)$$

und bezieht sich auf Luftschraubenflugzeuge. Sinngemäß lässt sich R auch für TL-Flugzeuge berechnen. Diese Reichweitenformel drückt aus, wie komplex eine Leistungsoptimierung gesehen werden muss. Jeweils bestmögliche Leistungswerte zu erreichen ist somit das Ziel (1) der Triebwerkstechniker, (2) der Zellenkonstrukteure, die anhand konkurrierender Systemvorgaben ihre Entscheidungen abzuwägen haben, und (3) der Aerodynamiker.

An dieser Stelle steht das aerodynamische Problem zur Debatte. Das Verhältnis c_a/c_W wird allgemein als aerodynamische Güte bezeichnet. Um einen größtmöglichen Verhältniswert zu erhalten, müssen eine Auftriebsmaximierung und eine Widerstandsminimierung angestrebt werden. Leistungsparameter zur **Auftriebserhöhung** sind im Einzelnen die folgenden geometrischen Kenngrößen

- das Dickenverhältnis d/l,
- die Dickenrücklage x_d/l, zunehmend getrennt betrachtet nach Profilober- und Profilunterseite,
- das Wölbungsverhältnis f/l,
- die Größe des Nasenradius r/l und die Druckverhältnisse in Abhängigkeit von der Re-Zahl.

Zur **Widerstandsminimierung** tragen bei eine

- Verringerung des Reibungswiderstandes durch zunehmende Laminarisierung der Grenzschicht,
- Verringerung des Formwiderstandes bei stärkeren Anstellungen des Profils (Start und Landung).

✏️ Übung

1. Wodurch unterscheiden sich *Profilsehne* und *Skelettlinie* eines Profils voneinander?
2. Bestimmen Sie die *Profilaufmaße* des in Bild 8.2.13 dargestellten NACA- sowie des TNT-Profils, und berechnen Sie ihre geometrischen Kenngrößen *Dickenverhältnis*, *Dickenrücklage* und *Wölbungsverhältnis*.
3. *Vergleichen* Sie die Zahlenwerte der geometrischen Kenngrößen des NACA-Profils mit denen neuzeitlicher Profile.

8.2.7 Profile für Unterschallgeschwindigkeiten

NACA- und neuzeitliche Profile (TNT) für mittlere Reisegeschwindigkeiten

Bei vielen der heute im Einsatz befindlichen Verkehrs-, Reise- und Transportflugzeuge sind die Tragflügel aus NACA-Profilen gestaltet, insbesondere dann, wenn ihre Entwicklung in die Zeit vor 1965 fällt. Besonders verbreitet sind NACA-Profile an Leitwerksteilen und Rotorblättern von Hubschraubern. Ausgewählt werden NACA-Profile nach aerodynamischen Gesichtspunkten, wie sie im vorigen Abschnitt beschrieben sind. Dabei gelten für mittlere Reisegeschwindigkeiten folgende aus den Strömungsgesetzen abgeleitete Zusammenhänge:

❏ Ansteigende **Dickenverhältnisse** bewirken am Profil höhere Auftriebsbeiwerte *(Bild 8.2.12a,* vgl. dazu Abschnitt 8.1.2). Die dabei eintretenden Nachteile in Form leicht höherer c_W-Werte dürfen als gering bezeichnet werden.

❑ Abnehmende **Dickenrücklagen** lassen die c_a-Werte ansteigen *(Bild 8.2.12b)*. Der hier gewichtige Nachteil besteht im relativ hohen Widerstandsbeiwert, hervorgerufen durch das frühe Umschlagen der laminaren in eine turbulente Grenzschicht. Profile mit großer Rücklage haben bei geringer Anstellung einen kleineren Gesamtwiderstand, weil aufgrund der längeren Laminarisierung der Grenzschicht der Reibungswiderstand stark reduziert wird (vgl. dazu Abschnitt 8.2.1).
❑ Zunehmende **Wölbungsverhältnisse** führen zu höheren Auftriebsbeiwerten. Gleichzeitig nehmen die Widerstandsbeiwerte ab *(Bild 8.2.12c,* vgl. hierzu Abschnitt 8.2.2).
❑ Schließlich steigen die Auftriebsbeiwerte auch bei höheren *Re*-Zahlen. Hier werden auch die Widerstandsbeiwerte kleiner *(Bild 8.2.12d,* vgl. auch «Reynolds-Zahl» in Abschnitt 8.1.4).

Bei neuzeitlichen Tragflügelprofilen (TNT) wird die Verbesserung der aerodynamischen Güte c_a/c_W angestrebt durch eine

– Vergrößerung des Nasenradius zur Gewährleistung der laminaren Anlaufstrecke und
– x_f-Vergrößerung der Wölbungsrücklage.

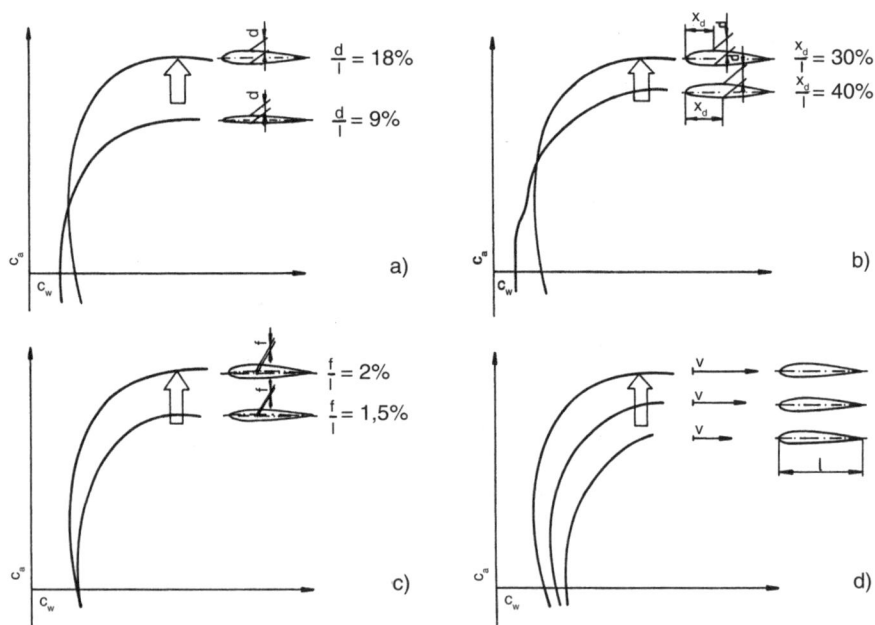

Bild 8.2.12   Polare von Profilen
a) Profile mit verschiedenen Dickenverhältnissen
b) Profile mit verschiedenen Dickenrücklagen
c) Profile mit verschiedenen Wölbungsverhältnissen
d) Gleiche Profile bei verschiedenen Strömungsgeschwindigkeiten bzw. Re-Zahlen

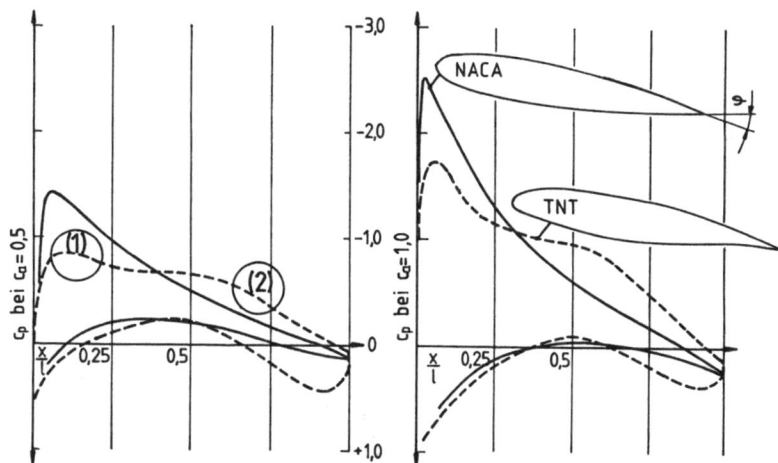

Bild 8.2.13 Gegenüberstellung der Druckverteilung eines NACA- und eines TNT-Profils; bei letzterem unter 1 Abbau der Unterdruckspitze; 2 Ausdehnung des Druckgebietes; φ Hinterkantenwinkel

Dabei wird das Gesamtziel verfolgt, die Druckverteilung über das Profil möglichst gleichmäßig über die Flügeltiefe zu bekommen *(Bild 8.2.13)*. Im Vergleich zu einem herkömmlichen NACA-Profil weisen diese Profile zwei charakteristische Veränderungen auf:

1. *Abbau einer starken Unterdruckspitze im Bereich der Profilnase.* Wenn nämlich ein Profil mit dem Ziel laminarer Grenzschichten gestaltet wird, fällt die Rundung an der Vorderkante aus geometrischen Gründen wegen des kleineren d/l-Verhältnisses geringer aus mit der Konsequenz, dass nur in einem engen Anstellwinkelbereich beiderseits der Nase die Strömung ungestört bleibt. Deshalb wird der Nasenradius beim TNT-Profil vergrößert. Die laminare Anlaufstrecke bleibt über einen größeren Anstellwinkelbereich weitgehend erhalten und führt zu einer gleichmäßigen Druckverteilung.
2. *Ausdehnung des Druckgebietes über Profiltiefe.* Durch eine stärkere Wölbung des hinteren Profilteils und eine Verringerung des Hinterkantenwinkels kann die Grenzschicht länger auf der Profiloberfläche haften, so dass wesentlich höhere c_a-Werte erreicht werden (vgl. dazu in Abschnitt 8.2.2 «Auftriebsverteilung in Profiltiefe»).

Die Bilanz aus beiden Druckflächen geht zugunsten des TNT-Profils aus mit einem höheren c_{pm}-Wert und damit größeren Auftriebswerten.

Laminarprofile

Seit Jahrzehnten werden im Segelflugzeugbau Laminarprofile angewendet. Gegenwärtig betreibt man erheblichen Forschungsaufwand, um ihren herausragenden Vorteil in Form extrem niedriger Reibungswiderstände auch den Verkehrsflugzeugen verfügbar zu machen. Profile mit laminarer Grenzschicht wurden schon früher systematisch in den NACA-Katalogen erfasst [8.1], insbesondere in den Profilserien 6 und 7. In letzter Zeit dominieren jedoch die von R. EPPLER und F. X. WORTMANN entwickelten und experimentell bestimmten Laminarprofile [8.2], die einen beträchtlichen Zuwachs an aerodynamischer Güte für den Anwendungsfall Segelfliegen aufweisen. Im Einzelnen liegt beim Laminarprofil folgendes Strömungsverhalten vor: Die Grenzschicht bleibt bis in die Nähe des niedrigsten Druckes laminar. Deshalb wird grundsätzlich eine möglichst große Dickenrücklage gewählt (x_d = 30...50%). Dabei gilt hier und für die folgenden Betrachtungen, dass die Oberfläche die unterkritische Rauigkeit nicht überschreitet (vgl. «Grenzschicht und Profiloberfläche» in Abschnitt 8.2.1).

Bei *geringer* Profilanstellung erreicht man im Bereich der so genannten Laminardelle den geringstmöglichen Widerstand, der überhaupt bei Profilen erzielt werden kann. Dieser Laminarbereich lässt sich ausdehnen, wenn – entsprechend den Überlegungen im Abschnitt «NACA-Profile» – vergrößert werden *(Bild 8.2.14)*:

- ❑ das *Dickenverhältnis*,
- ❑ das *Wölbungsverhältnis* oder
- ❑ die *Re-Zahl*.

Bei *größerer* Profilanstellung fällt dem Betrachter des Polardiagramms ein unverhältnismäßig starker Widerstandsanstieg auf. Er wird dadurch hervorgerufen, dass bei größeren Anstellwinkeln im vorderen Profilteil ein stärkerer Druckanstieg als im hinteren Teil zu verzeichnen ist. Damit verschiebt sich die Lage des niedrigsten Druckes nach vorn, und die laminare Grenzschicht schlägt in eine turbulente um. Die bei kleinem Anstellwinkel im Diagramm vorteilhaft platzierten Widerstandsbeiwerte fallen in den Bereich allgemeiner Werte zurück. Mit dem Mittel der auftriebssteigernden Wirkung des Wölbungsverhältnisses lässt sich das Abknicken der Kurve hinauszögern, gesteigert durch eingebaute Wölbklappen, weil diese während des Fluges den geforderten Eigenschaften angepasst werden und ihrer Endlage wegen das Druckdiagramm strecken können.

Forschungsarbeiten der Gegenwart sind nun darauf ausgerichtet, die widerstandsarme Eigenschaft des Laminarprofils auch den Verkehrsflugzeugen mit ihren etwa 10-mal höheren *Re*-Zahlen zu erschließen. Als größtes Hindernis steht dabei das frühe Umschlagen der Grenzschicht im Wege (vgl. «Grenzschicht bei kritischer *Re*-Zahl» in Abschnitt 8.2.1). Hier gilt es nun, durch entsprechende Wölbungsgestaltung von Ober- und Unterseite die Druckspitze so weit wie möglich in Profiltiefe zu verlagern, d.h. die Druckverteilung laminargeeigneter zu machen.

Zusätzlich sind folgende Randbedingungen zu erfüllen:

- ❑ keine Störung der laminaren Strömung durch Triebwerksinterferenzen;
- ❑ Vermeidung einer größeren Tragflügelpfeilung, weil querverlaufende Strömungen das Umschlagen beschleunigen;
- ❑ Reduzierung von Verschmutzungen durch Insekten oder Staub (Wartungsprobleme!);
- ❑ Verzicht auf Vorflügel als Bestandteil des Hochauftriebssystems für Start und Landung.

Bild 8.2.14
Polardiagramm eines Laminarprofils mit Wölbklappe (1) und eines NACA-Profils (2). Die schraffierte Fläche stellt den Zugewinn an c_W-Abnahme durch den geringeren Reibungswiderstand dar.

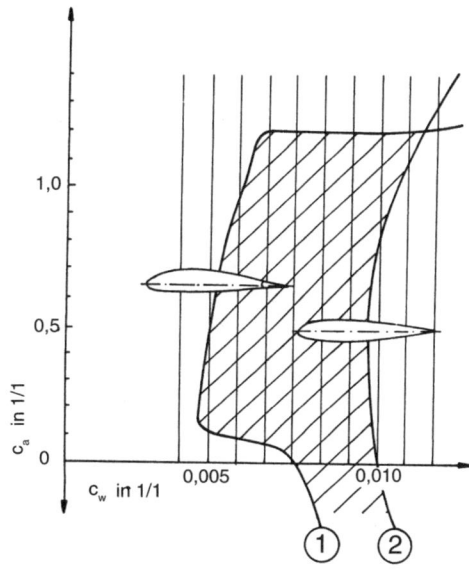

Transsonische Profile

Transsonische Profile sind so gestaltet, dass sie den Strömungsbedingungen des transsonischen Geschwindigkeitsbereiches optimal genügen. In diesem Bereich verlieren die Gesetze der Unterschallströmung weitgehend ihre Gültigkeit, und es werden teilweise Gesetze der Überschallströmung wirksam *(Bild 8.2.15)*. Bei höheren Reisegeschwindigkeiten ($v > 900$ km/h) wird als Folge der Profilwölbung zuerst auf der Flügeloberseite die kritische Machzahl M_{krit} überschritten. Dies wird angezeigt durch eine starke Zunahme des Formwiderstandes.

Die **Machzahl** (benannt nach ERNST MACH) wird als Kennzahl der Strömungslehre (vgl. Abschnitt 8.1.4) definiert mit dem Verhältnis aus Strömungsgeschwindigkeit v zur Schallgeschwindigkeit a:

$$M = v / a$$

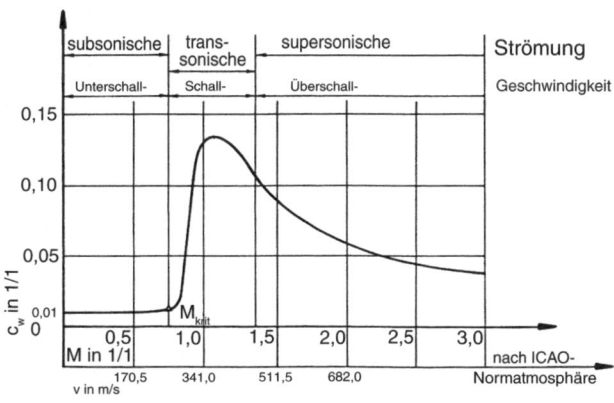

Bild 8.2.15
Strömungsbereiche in Abhängigkeit von der Schallgeschwindigkeit, verdeutlicht am Beispiel des Formwiderstandes des Profils

Erreicht die Strömung an einem Punkt des Profils die Schallgeschwindigkeit, beträgt dort die Machzahl $M = 1$. Nach den Angaben zur ICAO-Normatmosphäre wird im Fall eines normalen Druckes in Bodennähe von $a = 341$ m/s ausgegangen. Diesen Wert erhält man, wenn bei der Ableitung der Gasgesetze gerechnet wird mit

$$a = \sqrt{\kappa \cdot R \cdot T}$$

κ Adiabatenexponent des Gases in 1/1 $\kappa_{Luft} = 1{,}4$
R spezifische Gaskonstante in J/(kg · K) $R_{Luft} = 287$ J/(kg · K)
T absolute Temperatur in K; nach ICAO: $T = 288$ K

$$a = \sqrt{\frac{1{,}4 \cdot 287 \text{ J} \cdot 288 \text{ K}}{\text{kg} \cdot \text{K}}}$$

$a = 20{,}1 \cdot \sqrt{288}$ m/s

$a = 341$ m/s

Der Faktor 20,1 kann für den gängigen Anwendungsfall als konstant angesehen werden, nicht jedoch die Temperatur aufgrund der unterschiedlichen Flughöhen. Da die Temperatur bis zu einer Höhe von $h = 11$ km stetig fällt (vgl. Bild 8.1.9), nimmt mit zunehmender Flughöhe die Schallgeschwindigkeit ab. So beträgt diese in 10 km Höhe nur noch $a = 300$ m/s = 1080 km/h. In diesem Fall erhält man bei einer Reisegeschwindigkeit von $v = 900$ km/h eine Machzahl

$$M = 900 \text{ km/h} / (300 \cdot 3{,}6 \text{ km/h}) = 0{,}83 \text{ 1/1}$$

Dieser ermittelte rechnerische Zusammenhang lässt sich grafisch auch nach *Bild 8.2.16* verdeutlichen.

In der fliegerischen Praxis bedient man sich eines **Machmeters** *(Bild 8.2.17)*, einer gerätetechnischen Kombination aus einer Membrandose des herkömmlichen Fahrtmessers mit einer Aneroiddose des Höhenmessers. Die Dosen wirken durch mechanische Übertragung gemeinsam auf den Zeiger. Dabei wird die Anzeige mit zunehmender Flughöhe mittels der Aneroiddose nach oben kompensiert.

Der starke Widerstandsanstieg am Profil bei Reisegeschwindigkeiten $v > 900$ km/h ist darauf zurückzuführen, dass zunächst örtliche Schallgeschwindigkeit erreicht und – bei weiterer Erhöhung der Anströmgeschwindigkeit – überschritten wird. Dabei bilden sich Überschallgebiete aus, die aufgrund der Kompressibilität der Luft zu Verdichtungsstößen führen.

Die Grenzschicht übt auch hier Einfluss auf Gestalt und Wirkung des Druckstoßes aus *(Bild 8.2.18)*. Besteht im Augenblick der Kompression noch eine laminare Grenzschicht, bildet sich in Strömungsrichtung zunächst ein schräger vorgelagerter Verdichtungsstoß, der anschließend in einen geraden Hauptstoß übergeht. Beim Umschlagen der Grenzschicht in den turbulenten Zustand kann hierbei leicht ein Ablösen der Strömung von der Profiloberfläche stattfinden. Im Experiment haben beide Stöße

Bild 8.2.16
Machzahl M in Abhängigkeit von der Fluggeschwindigkeit bei verschiedenen Flughöhen h

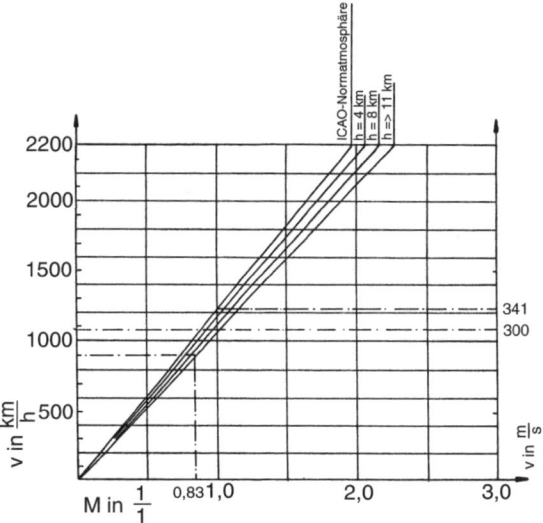

Bild 8.2.17
Machmeter-Anzeige für Verkehrsflugzeuge
A maximaler Machwert für das betreffende Flugzeug

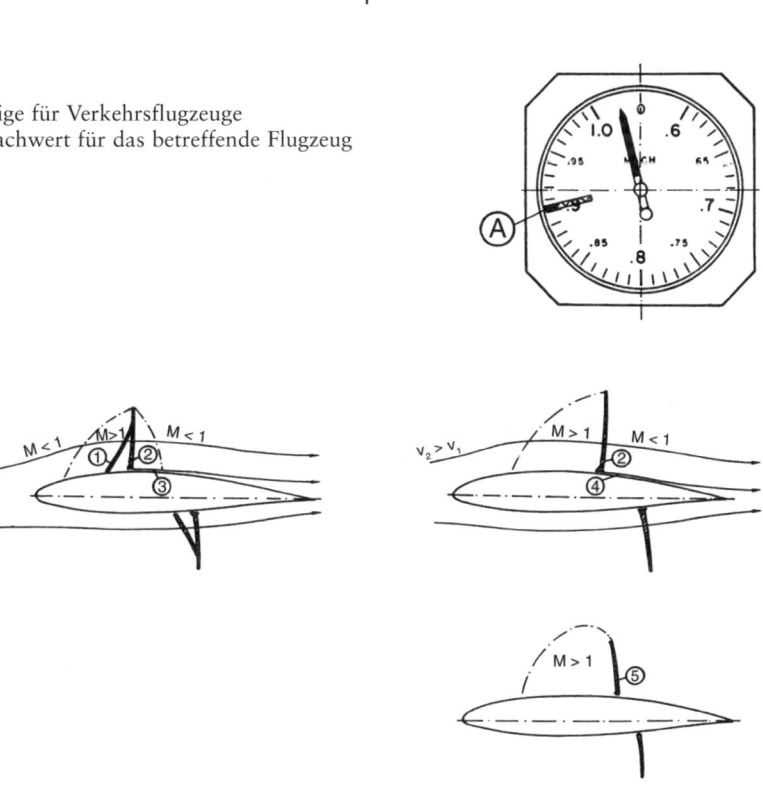

Bild 8.2.18
Transsonische Kompressionsstöße bei verschiedenen Re-Zahlen; hier: $v_2 > v_1$
1 vorderer Kompressionsstoß; 2 Kompressionshauptstoß; 3 laminare Grenzschicht; 4 turbulente Grenzschicht; 5 Hauptstoß an einem transsonischen Profil

zusammen das Aussehen eines kleinen Lambda, so dass man auch vom λ-Stoß spricht (Sichtbarmachung durch die Schlieren- oder Interferenzmethode).

Liegt eine turbulente Grenzschicht vor, entsteht nur ein gerader Hauptstoß, dessen rückwärtiges Druckfeld keine Überschalleigenschaft mehr aufweist. Wegen des stabileren Verhaltens, das der turbulenten Grenzschicht von Natur aus eigen ist, treten Strömungsablösungen hier weniger auf.

Im Allgemeinen bleibt der Kompressionsstoß am Tragflügel nicht an einer Stelle stehen, sondern er wandert nach vorn und hinten. Im Flugzeug wird dies als starkes Rütteln (engl.: *buffeting*) und Flattern registriert. Die Manövrierfähigkeit des Flugzeuges geht dabei weitgehend verloren, weshalb seine kritische Machzahl eindeutig unter der des Profils liegen muss, weil während bestimmter Flugzustände (beim Abfangen, im Kurvenflug) höhere Geschwindigkeiten als bei der Profilauslegung konzipiert auftreten.

Als probates Mittel der Machzahlsenkung gilt die **Tragflügelpfeilung** *(Bild 8.2.19)*. Die Strömung verläuft schräg über das Profil und legt dabei einen längeren Weg zurück als beim rechtwinklig von vorn angeströmten. Alle Maße und Verhältniswerte erfahren eine um die Pfeilung vergrößerte Tiefenstreckung. Das Ziel transsonischer Profilauslegung ist jedoch, durch direkte Profilgestaltung den Verdichtungswiderstand zu senken oder gar zu vermeiden.

Aus systematischen Untersuchungen mit NACA- und Laminarprofilen weiß man, dass im Bereich um $M = 0,7$ über den Weg der Änderung der Verhältniswerte (vgl. Abschnitt 8.2.6) die kritische Machzahl erkennbar angehoben werden kann. Im Einzelnen steigt M_{krit} durch

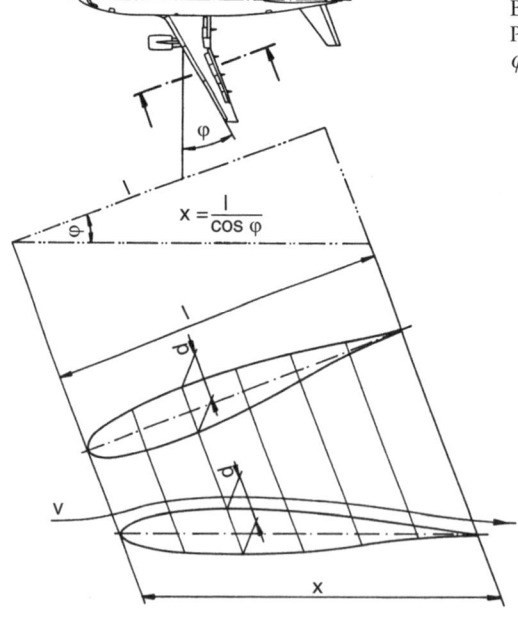

Bild 8.2.19
Profilstreckung durch Tragflügelpfeilung
φ > Pfeilwinkel

- eine Verringerung des Dickenverhältnisses *d/l*,
- eine Vergrößerung der Dickenrücklage x_d/l,
- eine Reduzierung des Wölbungsverhältnisses *f/l*.

Profilauslegungen, die dies berücksichtigen, haben eine flachere Druckverteilung während der transsonischen Strömung zur Folge. Damit setzen auch die Kompressionsstöße später ein. Die hiermit verbundenen Nachteile wiegen jedoch schwer:

- Die Auftriebswerte fallen geringer aus.
- Abnehmende Profildicken schränken die Transportkapazität (Kraftstoff, Reichweite) gravierend ein. So werden heute Profildicken bei Verkehrsflugzeugen als ökonomisch bezeichnet, wenn *d/l* = 15...16% beträgt.

In jüngster Zeit geht man in Forschung (DLR) und Praxis (EADS) dazu über, spezielle transsonische Profile *(Bild 8.2.20)* zu entwickeln, mit denen man den vorstehenden Nachteilen entgegenwirkt. Höhere Auftriebswerte erhält man dadurch, dass die Druckdifferenz über Profiltiefe vergrößert wird. Generell wird dabei die Kurve fülliger gestaltet, und eventuell vorhandene Druckspitzen werden abgebaut bzw. nach hinten verlagert. Eine größere Profildicke wird für die Vorderkante gefordert, weil Verdichtungsstöße so aufgefangen werden können. Eine möglichst frühe Strömungsbeschleunigung gewährleistet eine anschließend ständig abnehmende Machzahl. Folgende Merkmale gelten demnach als charakteristisch für neuere transsonische Profile:

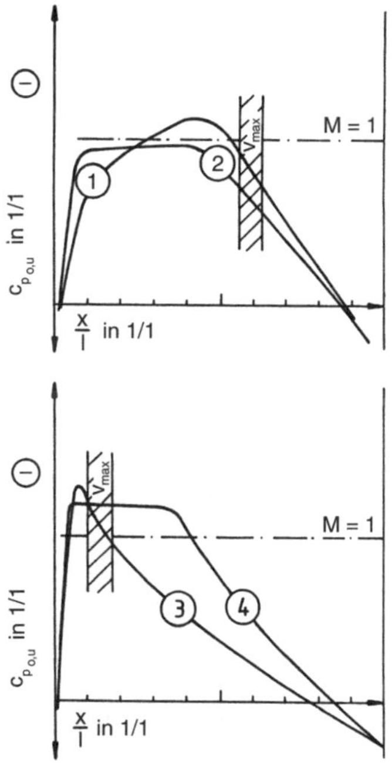

Bild 8.2.20
Druckverteilungen an Profilen bei transsonischer Strömung
1 konventionelle Profile, z.B. NACA; 2 Laminarprofile, Verlaufsform: flach-dachartig (engl.: *roof-top*); 3 transsonische Profile der ersten Generation, Verlaufsform: einleitende Überschall-Spitze (engl.: *peaky*); 4 transsonische Profile der zweiten Generation, Verlaufsform: Dach im Überschallbereich. Zu 3) und 4): Vorverlegung von v_{max}

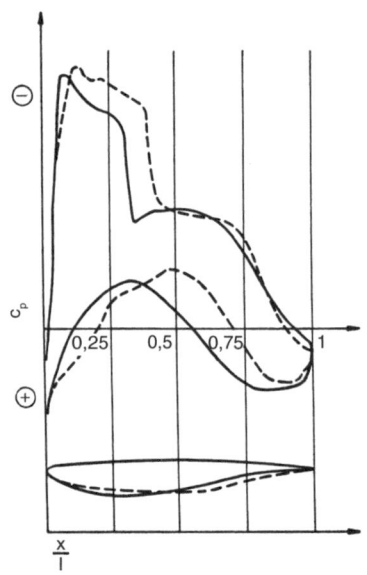

Bild 8.2.21
Die Entwicklungsstufen bei transsonischen Profilen, dargestellt am Beispiel des Airbus A 310 (—) und A 320 (- -)

- ein für diesen Geschwindigkeitsbereich relativ großer Nasenradius;
- ein bis zur maximalen Profildicke langsam ansteigender Querschnitt mit anschließend schwacher Krümmung der Oberseite;
- ein recht spitzer Hinterkantenwinkel;
- eine Vorverlegung der Rücklage an der Profilunterseite.

Mit solchen konstruktiven Maßnahmen lässt sich der Kompressionswiderstand reduzieren und stabilisieren sowie insgesamt die aerodynamische Güte verbessern *(Bild 8.2.21)*.

> ### ✍ Übung
>
> 1. Erläutern Sie die strömungstechnische Kenngröße *Machzahl*.
> 2. Was versteht man unter einem *Lambda-Stoß*?
> 3. Eine Boeing B 747 fliegt mit $M = 0{,}87\ 1/1$ in 13,5 km Höhe. Wie groß ist ihre *Fluggeschwindigkeit* in km/h?
> 4. Welche *Veränderungen am Profil* werden für heutige Flugzeuge mit mittleren Reisegeschwindigkeiten angestrebt – verglichen mit herkömmlichen Profilen?
> 5. Worin bestehen die *Unterschiede* zwischen einem Laminarprofil und einem transsonischen Profil, zunächst bezogen auf die Profilgeometrie, dann auf das Strömungsverhalten im Horizontalflug?
> 6. *Untersuchen* Sie (grafisch, rechnerisch oder beschreibend) das von vorn angeströmte Profil eines gepfeilten Tragflügels mit einem Winkel von 30°. Gehen Sie dabei von dem in Bild 8.2.11 dargestellten NACA-Profil aus.

8.2.8 Profile für Überschallgeschwindigkeiten

Reine Überschallströmungen unterliegen nicht nur den Gesetzen der Strömungslehre, sondern auch der Gasdynamik. Man stellt während des Fluges bei $M = 1$ kontinuierliche Kompressionsstöße fest, die sich an den Kanten und Knickungen der Profile bilden. Unter Verzicht auf thermodynamische Ableitungen bieten sich zur Erklärung der Strömungsvorgänge Vorstellungsbilder an, die man von bewegten Gegenständen im Wasser kennt. Von daher stammt auch die Bezeichnung «Wellenwiderstand» für jenen zusätzlichen Formwiderstand, der sich im supersonischen Bereich einstellt *(Bild 8.2.22)*.

Dieser Wellenwiderstand setzt sich aus Druckverdichtungsstößen (Kompression) und aus Druckverdünnungswellen (Expansion) zusammen. Bei ansteigenden Machzahlen nimmt er zunächst überproportional zu und anschließend mäßig stark ab – bei leichter Reduzierung des Profilwiderstandes.

Bild 8.2.22
Die Widerstandsbeiwerte des nicht angestellten Profils in Abhängigkeit von der Machzahl
c_{Ww} Beiwert des Wellenwiderstandes in 1/1, c_{Wp} Profilwiderstand aus Form- und Reibungswiderstand in 1/1 (vgl. hierzu Bild 8.2.15).

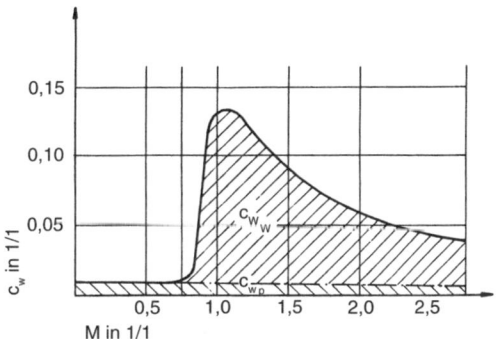

Mach'scher Kegel

Die Ausbreitung des Verdichtungsstoßes soll am Beispiel der Tornado verdeutlicht werden *(Bild 8.2.23)*. Jedes Teil am Flugzeug erzeugt im Flug zahlreiche kleine Luftstörungen, die sich wellenartig in alle Richtungen ausbreiten. Sie bewegen sich dabei mit Schallgeschwindigkeit fort. Im subsonischen Bereich wird das Ausbreitungsbild der Wellen unsymmetrisch. Der Abstand zwischen den Druckwellen verringert sich dabei in Flugrichtung in dem Umfang, wie sich die Geschwindigkeit des Flugzeuges erhöht. So findet im transsonischen Zustand bei $M = 1$ ein Vorauseilen der Druckwellen nicht mehr statt, denn diese sind nicht mehr in der Lage, sich vom Flugzeugteil, z.B. der Spitze, zu lösen.

Bei supersonischer Strömung mit $M > 1$ eilt das Flugzeug seinen eigenen Störungswellen voraus, produziert währenddessen aber laufend neue Wellen. Diese Druckstörungen verlaufen nach hinten kegelförmig, im so bezeichneten Mach'schen Kegel, der umso spitzer ausfällt, je höher die Fluggeschwindigkeit liegt. Der rechnerische Zusammenhang ergibt sich aus dem Geschwindigkeitsdreieck (Bild 8.2.23b):

$\sin \mu = a/v = 1/M$
a Schallgeschwindigkeit in m/s
v Fluggeschwindigkeit in m/s

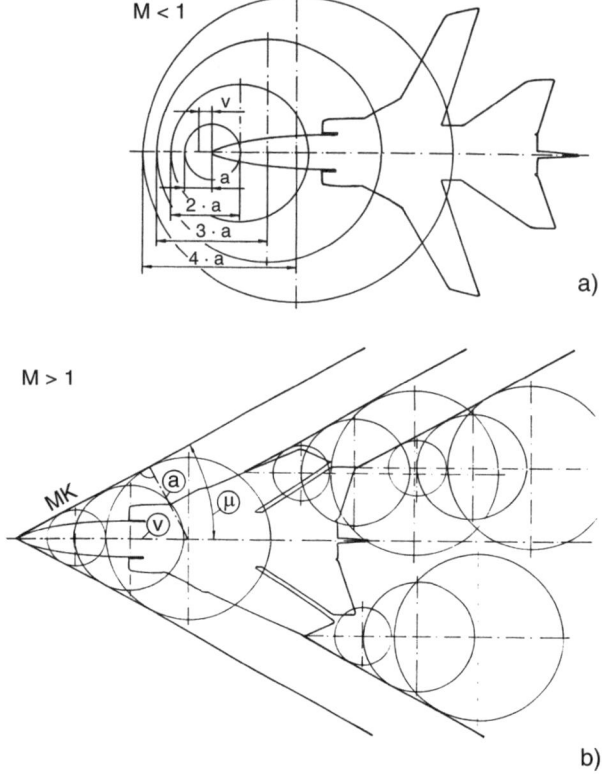

Bild 8.2.23 Ausbreitung der Druckwellen bei Unter- und Überschallgeschwindigkeit
a) Bei $M < 1$ sind die von den Bauteilflächen ausgesandten Druckwellen in Flugrichtung schneller als die Fluggeschwindigkeit; a Schallgeschwindigkeit in km/h, v Fluggeschwindigkeit in km/h
b) Wenn $M > 1$, dann lässt das Flugzeug die Druckwellen hinter sich, die sich nach rückwärts ausbreiten; MK Mach'scher Kegel, μ Mach'scher Winkel

Für den Fall einer Höchstgeschwindigkeit von $M = 2{,}2$ (Tornado) ergibt sich demnach:

$$\sin \mu = 1/M = 1/2{,}2 \;\Rightarrow\; \mu = 27{,}04° \;\Rightarrow\; 2\mu = 54{,}1°$$

Supersonische Zustandsänderungen
An Bauteilen mit geraden Kanten findet in einem **geraden Verdichtungsstoß** schlagartig ein Ansteigen des statischen Druckes statt. Dabei geht die Strömungsgeschwindigkeit vom Überschall- in den Unterschallbereich zurück. Während der Verdichtung findet eine von der Kompressionsstärke abhängige Temperaturzunahme statt. Dieser Vorgang vollzieht sich in umgekehrter Weise, als es beim Kontinuitäts- und Bernoulligesetz beschrieben wird.

Soll Überschallgeschwindigkeit z.B. im Experiment erzeugt werden, kann deshalb die Düse nicht mehr wie herkömmlich in Strömungsrichtung verengt ausgeführt

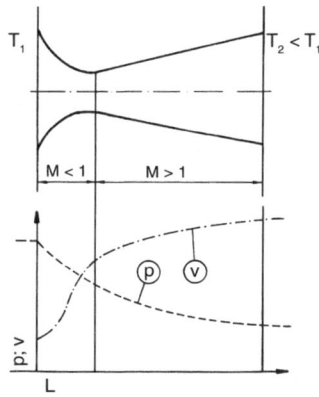

Bild 8.2.24
Strömungsvorgänge in der Lavaldüse zur Erzeugung von Überschallgeschwindigkeit.

Anmerkungen zur Windkanaltechnik: Kontinuierlich betriebene Windkanäle für $M > 1$ sind ähnlich aufgebaut wie Unterschall-Windkanäle, jedoch mit dem Unterschied, dass (a) die Düse als Lavaldüse ausgeführt, (b) das Gebläse der Verdichtungsstöße wegen leistungsstärker ausgelegt und (c) die entstehende Reibungswärme durch zusätzliche Kühler abgeführt wird. Hohe Geschwindigkeiten können auch durch intermittierend (= zeitweilig aussetzend) betriebene Windkanäle erzeugt werden, z.B. mit Hilfe von Druck- und Vakuumspeichern oder von Treibmitteln. Die heutige Entwicklung wird bestimmt durch das Konzept eines Kryo-Windkanals. Ziel ist dabei die vollständige Reynolds'sche Ähnlichkeit. Man reduziert die kinematische Zähigkeit (vgl. «Reynolds'sche Zahl» in Abschnitt 8.1.4) in der Weise, dass im Experiment der Druck gesteigert und die Temperatur abgesenkt wird. Durch das Einspritzen von flüssigem Stickstoff mit etwa $T = 100$ K lassen sich Re-Zahlen bis zu $Re = 6 \cdot 10^7$ erreichen (NTF-Kanal in den USA, ETW-Kanal in Köln).

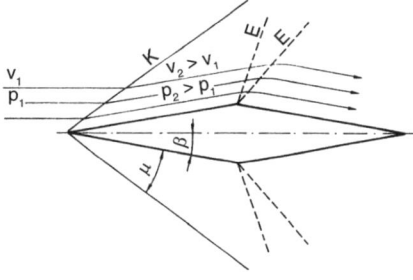

Bild 8.2.25
Der schräge Kompressionsstoß mit schrägen Expansionswellen
K Kompressionsstoß
E Expansionswelle
β Ablenkwinkel

werden, sondern muss eine für die Umwandlung entsprechende Form erhalten, wie es bei der Lavaldüse, einer in Strömungsrichtung ausgeweiteten Düse, der Fall ist *(Bild 8.2.24)*.

Flugzeugteile sind im Wesentlichen mit schrägen Kanten ausgestattet und lösen deshalb einen **schrägen Verdichtungsstoß** aus *(Bild 8.2.25)*. Je nachdem, wie groß der Keil- oder der Ablenkungswinkel des Bauteils ausfällt, werden die Stromlinien mehr oder weniger stark abgelenkt und folgen der Oberflächenkontur. Wenn der Keilwinkel größer ist, tritt die Bedingung des geraden Verdichtungsstoßes eher ein, und die Strömung wird unter die Schallgeschwindigkeit abgebremst, erfährt einen starken Verdichtungsstoß und einen hohen Temperaturanstieg. Fällt die Strömungsablenkung jedoch geringer aus, verbleibt die Strömung im Überschallbereich und ist nur graduellen Zustandsänderungen ausgesetzt – ein für die konstruktive Auslegung zu berücksichtigender Faktor.

Bei negativem Ablenkungswinkel werden die Stromlinien fortschreitend innerhalb einer Expansionszone in die neue Richtung umgelenkt. Der Übergang findet hier nicht schlagartig, sondern fließend statt. Die Zustandsänderungen können mit denen in der Lavaldüse verglichen werden.

Supersonische Profile
Art und Umfang der Zustandsänderungen beim Durchströmen der Kompressionswellen und Expansionszonen machen es notwendig, spezielle Profile für Überschallgeschwindigkeiten einzusetzen *(Bild 8.2.26)*. Weil der Keilwinkel möglichst klein ausfallen soll, verbieten sich Nasenradien und größere Dickenverhältnisse. Deswegen herrschen Profile aus zusammengesetzten Spitzkeilen vor, die in Strömungsrichtung symmetrisch oder unsymmetrisch angeordnet sind. Sie weisen gegenüber gerundeten Profilen hinsichtlich eines geringeren Widerstandes und eines höheren Auftriebs günstigere Eigenschaften auf.

Man entnimmt den Profilpolaren, dass der c_a-Wert recht niedrig ($c_{a\,max}$ = 0,8) und der c_W-Wert verhältnismäßig hoch ausfällt, gemessen an den entsprechenden Werten

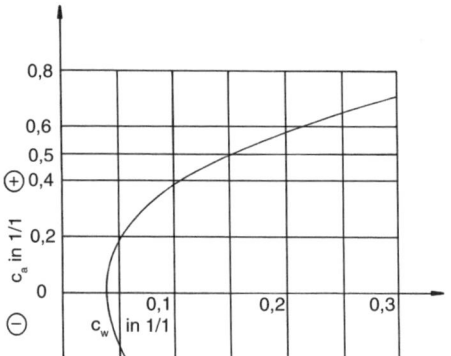

Bild 8.2.26
Die Polare eines Überschallprofils bei M = 2,2

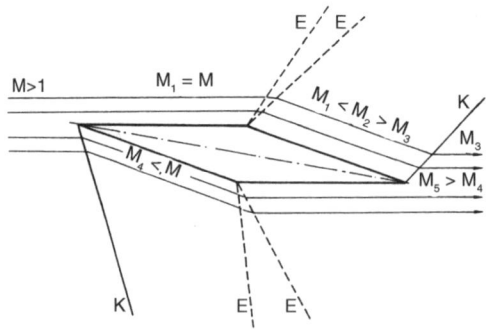

Bild 8.2.27
Angestelltes Überschallprofil in der Strömung

Anmerkung: Der Strömungsverlauf wäre ideal, wenn die Geschwindigkeiten M_3 und M_5 auf Ober- und Unterseite nach Verlassen der Austrittskante gleich groß sein würden. Weil dies in der Praxis kaum zu erreichen ist, müssen Widerstandswirbel in Kauf genommen werden.

von Unterschallprofilen. Optimale Werte können – wie bei jedem Profil – durch entsprechende Anstellung erreicht werden; besonders dann, wenn die Strömungslinien weniger Kompressionsstöße unter Verlust zu durchlaufen haben *(Bild 8.2.27)*.

Es sei darauf hingewiesen, dass eine optimale Gesamtpolare des Flugzeuges ungleich mehr als im Unterschallbereich darauf angewiesen ist, dass Profil und Tragflügelgeometrie (Pfeil-, Delta-, Trapezflügel) mit ihren Leistungsdaten aufeinander abgestimmt sind.

✎ Übung

1. Wodurch entsteht ein *Mach'scher Kegel*?
2. Wie stellt man sich bei der *Profilgestaltung* auf den Überschallflug ein?
3. Erklären Sie stichwortartig, warum ein Flugzeug bei einer Fluggeschwindigkeit von $M = 2{,}2$ *aerodynamisch günstiger* fliegt als bei $M = 1{,}2$.
4. Der Eurofighter EJ 2000 fliege mit $M = 2{,}2$ in 18 km Höhe. Wie groß ist dann der *Machwinkel* am Flugzeug?
5. Skizzieren Sie einen *Überschall-Windkanal in Gegenüberstellung* zum Unterschall-Windkanal nach Bild 8.1.2.
6. Vergleichen Sie *die Geschwindigkeits- und die Druckverhältnisse* vom Überschallbereich mit denen des Unterschallbereichs.

8.3 Strömungsvorgänge am Tragflügel

Bei der konstruktiven Auslegung des Tragflügels müssen die Erkenntnisse aus der optimalen Profilgestaltung auf die ganze Breite des Tragflügels übertragen werden. Die Auftriebskräfte wären dann über die Tragflügelbreite gleichmäßig verteilt, wenn in jedem Flügelschnitt

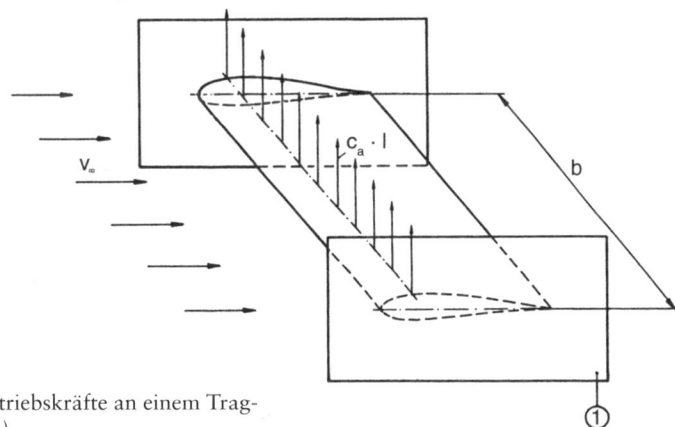

Bild 8.3.1
Gleichmäßig verteilte Auftriebskräfte an einem Tragflügel mit Trennplatten (1)

❑ die gleiche Profiltiefe mit den gleichen Kenngrößen und
❑ der gleiche Anstellwinkel zur Strömung besteht und außerdem

eine Druckdifferenz am Tragflügelende vorliegt, wie man es experimentell durch senkrecht angesetzte Bleche (vgl. *Bild 8.3.1*) erreicht oder durch einen unendlich langen Tragflügel (als gedanklich-theoretischer Ansatz). Tatsächlich lässt sich dieses bei Flugzeugen jedoch nicht durchführen, so dass Auftriebsverluste sowie ein Widerstandsanstieg zu verzeichnen sind.

8.3.1 Tragflügelgeometrie

Die auftriebsbestimmende Fläche des Tragflügels wird aus der Spannweite b und der Profiltiefe l ermittelt zu *(Bild 8.3.2)*:

$$A = b \cdot l$$

Dabei wird der vom Rumpf verdeckte oder durch ihn ersetzte Flügelteil in die Berechnung einbezogen. Im Allgemeinen kann man den fehlenden Auftriebsanteil als angenähert kompensiert betrachten durch jene Auftriebskräfte, die von nicht zum Tragwerk zählenden Bauteilen insgesamt aufgebracht werden.

Ist der Tragflügel gepfeilt, dann sind die aus der Geometrie bekannten Formeln für Trapeze und Dreiecke anzuwenden, um die Auftriebsfläche zu bestimmen. Entsprechend gilt dies auch für Flügel mit gerundeten Formen, wie beim klassischen Ellipsengrundriss. Der Durchschnittswert aus allen anteiligen Flächentiefen stellt die mittlere Tragflügeltiefe l_m dar. Mit ihr lässt sich die Streckung berechnen, eine aerodynamisch

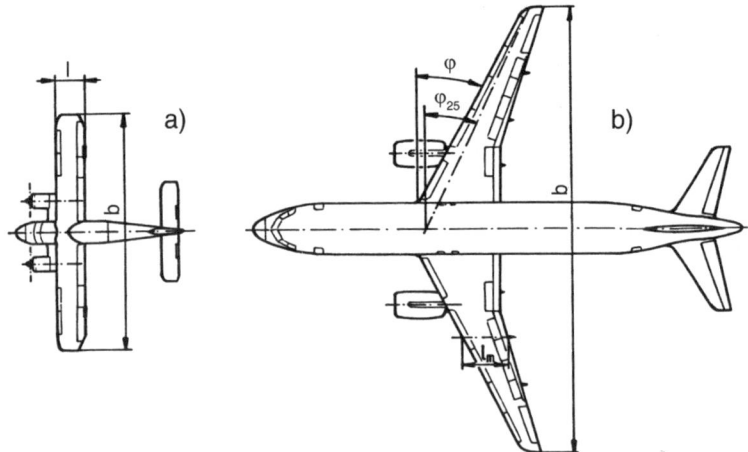

Bild 8.3.2
Bezugsfläche des Tragflügels bei einem Pfeilwinkel von $\varphi = 0°$ und $\varphi = 28°$ (Vorderkante), $\varphi_{25} = 24°$ (auf der 25%-Linie)

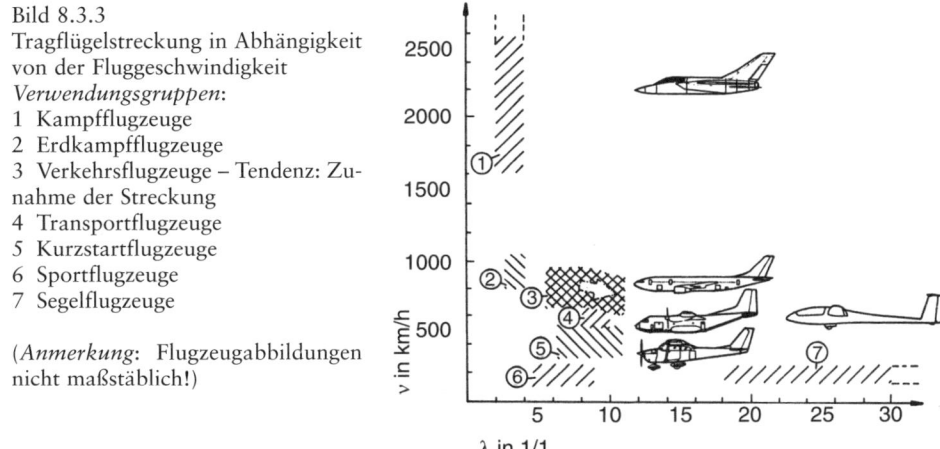

Bild 8.3.3
Tragflügelstreckung in Abhängigkeit von der Fluggeschwindigkeit
Verwendungsgruppen:
1 Kampfflugzeuge
2 Erdkampfflugzeuge
3 Verkehrsflugzeuge – Tendenz: Zunahme der Streckung
4 Transportflugzeuge
5 Kurzstartflugzeuge
6 Sportflugzeuge
7 Segelflugzeuge

(*Anmerkung*: Flugzeugabbildungen nicht maßstäblich!)

bedeutsame Kenngröße des Tragflügels. Sie wird wie folgt bestimmt durch das Verhältnis der Spannweite zur Profiltiefe:

$$\Lambda = b / l = b / l_m$$

Da in den Kenndatentabellen von Flugzeugen außer der Spannweite b stets auch die Größe der Tragfläche A aufgeführt ist, lässt es sich für Λ kürzer rechnen mit

$$\Lambda = (b \cdot b) / (l \cdot b) = b^2 / A$$

Ein Vergleich zwischen den verschiedenen Flugzeuggattungen in Bezug auf ihre Verwendung zeigt, dass die Streckung auch als Unterscheidungskriterium in Anspruch genommen werden kann *(Bild 8.3.3)*. Vorrangig jedoch dient die Größe der Streckung als Indiz für den Anteil der Strömungsverluste durch den Tragflügel.

8.3.2 Tragflügelumströmung und Strömungsbeeinflussung

Umströmung des geraden Tragflügels

Während sich der Strömungsvorgang am Profil flächenhaft abspielt, erweitert sich der Strömungsvorgang am Tragflügel zu einem räumlichen Geschehen: An den Flügelenden findet ein Druckausgleich zwischen der Tragflügelunter- und -oberseite statt *(Bild 8.3.4)*. Die Umströmung des Flügelendes trifft auf die von vorn kommende Hauptströmung, wird von ihr erfasst und fortgetragen. Beim Verlassen der Tragflügelkante können sich die Wirbel in den freien Raum hineindrehen und bilden im weiteren Verlauf eine geschlossene Randwirbelschnur, den so genannten **Wirbelzopf**. Er kann bisweilen an schnell fliegenden Flugzeugen bei hoher Luftfeuchtigkeit beobachtet werden. Flugzeuge mit großer Flächenbelastung und geringer Streckung entwickeln

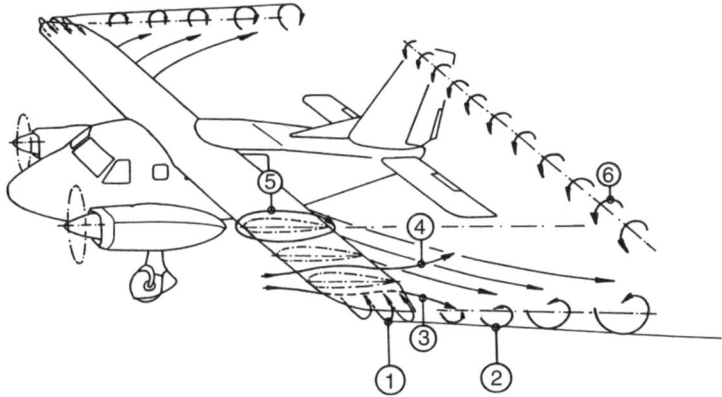

Bild 8.3.4 Umströmung des Tragflügels (hierbei nicht berücksichtigt: der Einfluss anderer Bauteile) 1 Umströmung des Tragflügelendes (Druckausgleich); 2 Wirbelzopfbildung durch abgehende Wirbel; 3 Ablenkung der Hauptströmung auf der Unterseite und 4 auf der Oberseite durch den Druckausgleich; 5 Zirkulationsströmung am Profil; 6 abgehender Anfahrwirbel

besonders starke Randwirbel, die zu einer Gefahr für nachfolgende Flugzeuge bis zu einem Abstand von mehreren Kilometern werden können.

Die durch den Druckausgleich erzeugte Sekundärströmung am Flügelende löst nicht nur den Randwirbel aus, sondern hat auch Einfluss auf die Richtung der Hauptströmung, indem diese auf der Oberseite nach innen abgelenkt und auf der Unterseite nach außen gezogen wird, mit abnehmender Wirkung in Richtung Tragflügelmitte. Unter Einbeziehung der Wirbelbildung am Profil selbst (Zirkulation) bildet sich hinter dem Tragflügel eine in ganzer Spannweite vorhandene Wirbelfläche, die eine negative Ablenkung der Gesamtströmung zur Folge hat.

Umströmung von Tragflügeln mit Pfeilung
Die große Bedeutung der Tragflügelpfeilung für höhere Fluggeschwindigkeiten zeigt sich in der verbesserten Profilumströmung (vgl. «Transsonische Profile» in Abschnitt 8.2.7). Das damit am Tragflügel ausgelöste Problem besteht im Auswandern der Strömung nach außen. Die Ursache dafür lässt sich am Geschwindigkeitsdreieck ablesen, dessen vertikal auf die Vorderseite gerichtete Normalkomponente mit zunehmender Pfeilung zwar kleiner und für das Profil günstiger, die Tangentialkomponente jedoch größer wird *(Bild 8.3.5)*. Deren Einfluss auf die Hauptströmung wirkt sich umso stärker aus, je geringer der Abstand zur Oberfläche ist, so dass besonders einer Ablöseneigung der Grenzschicht Vorschub geleistet wird. Negativ gepfeilte Tragflügel erfahren eine Querströmung der Grenzschicht in entgegengesetzter Richtung zum Rumpf hin. Je nach Größe und Richtung der Pfeilung sowie Anordnung der Ruder und Klappen müssen die Konsequenzen zur Aufrechterhaltung der Stabilität und Steuerung des Flugzeuges anders gezogen werden.

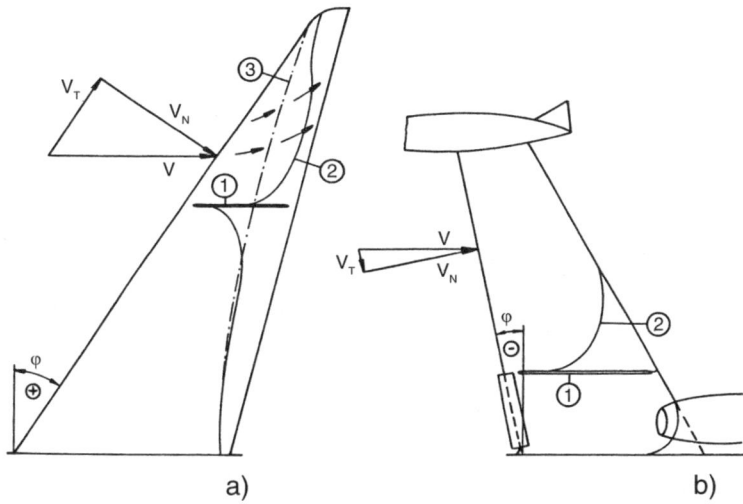

Bild 8.3.5 Die Grenzschichtablösungen bei gepfeilten Tragflügeln
a) Positiv gepfeilt: 1 Beispiel eines Grenzschichtzauns; 2 reduzierter Ablösungsbereich; 3 Ablösungsbereich ohne konstruktive Maßnahmen; v Anströmgeschwindigkeit, v_N Geschwindigkeits-Normalkomponente, v_T Geschwindigkeits-Tangentialkomponente
b) Negativ gepfeilt am Beispiel der HFB 320

Das ursprüngliche Konstruktionsverfahren, den Tangentialströmungen entgegenzuwirken, bestand im Aufbringen von Grenzschichtzäunen *(Bilder 8.3.6 und 8.3.7)*. Die auf der Tragflügeloberseite in Strömungsrichtung angeordneten senkrechten Begrenzungsbleche haben hierbei ausschließlich trennende Funktion und sollten kaum zusätzlichen Widerstand erzeugen. Entsprechend fällt ihr Zuschnitt aus. Werden aber auf der Oberfläche sehr kleine Bleche, so genannte **Wirbelerzeuger** (engl.: *vortex generator*) schräg zur Anströmrichtung angeordnet, verfolgt man über den Weg der Strömungsverwirbelung das Entstehen einer turbulenten Grenzschicht und damit ein Verlagern der Strömungsablösung nach hinten (vgl. «Laminare und turbulente Grenzschicht» in Abschnitt 8.2.1).

Sind Tragflügel ganzheitlich aerodynamisch zu bewerten, orientiert man sich am Verlauf der Zirkulationsströmung über die Flügelbreite. Nach der Auftriebstheorie (vgl. «Auftriebsentstehung am Profil» in Abschnitt 8.2.2) wird die Größe der Auftriebskraft durch die Stärke der Zirkulation am Profil bestimmt:

$$\Gamma = v/2 \cdot c_A \cdot l \quad \text{in m/s}$$

Sie würde überall gleich groß ausfallen, wenn am Flügelende keine Druckdifferenz bestünde. Die wirkliche Zirkulationsverteilung ist jedoch abhängig vom Flügelumriss sowie von der Profilform, und sie fällt vor allem am Tragflügelende geringer aus. Über Prandtls Auftriebstheorie kann der mathematische Nachweis erbracht werden, dass bei einer Verteilung der Zirkulation in Form einer Ellipse die in der Summe günstigs-

Bild 8.3.6 Ausführungsbeispiel eines Grenzschichtzauns an einem positiv gepfeilten Tragflügel (historisch)

Bild 8.3.7 Ausführungsbeispiel eines Grenzschichtzauns an einem negativ gepfeilten Tragflügel (historisch)

ten Auftriebswerte aus $c_A \cdot l$ gewonnen werden. Für die Praxis heißt das: Vermeidung örtlicher Auftriebsspitzen, die dort zu einer vorzeitigen Strömungsablösung führen würden und damit den Auftriebsbeiwert insbesondere bei größeren Anstellwinkeln niedriger ausfallen ließen.

Bei den rechteckigen Tragflügeln sind entsprechende Auftriebsverluste im Außenteil, bei den trapezförmigen oder den zugespitzten im Innenteil zu verzeichnen *(Bild 8.3.8)*. Weist der Flügel nun eine größere positive Pfeilstellung auf, so drängt sich eine Auftriebsspitze nach außen; ist er hingegen negativ gepfeilt, nach innen. In allen Fällen bleibt jedoch die Auftriebsbilanz gegenüber der elliptischen Zirkulationsverteilung negativ.

Liegt der Tragflügelumriss fest, besteht die Möglichkeit, über

❑ eine Veränderung der Profilanstellung über die Spannweite (geometrische Verwindung) und
❑ eine Veränderung der Profilform über die Spannweite (aerodynamische Verwindung) zu einer Annäherung an die Idealverteilung zu gelangen. Dieser Weg wird gegenwärtig generell bei der Tragflügelkonstruktion von Verkehrsflugzeugen beschritten.

Bild 8.3.8
Auftriebsverteilung am Tragflügel in Abhängigkeit von der Flügelform
a) Elliptisch gestalteter Tragflügel
b) Rechteckflügel
c) Gepfeilter Trapezflügel

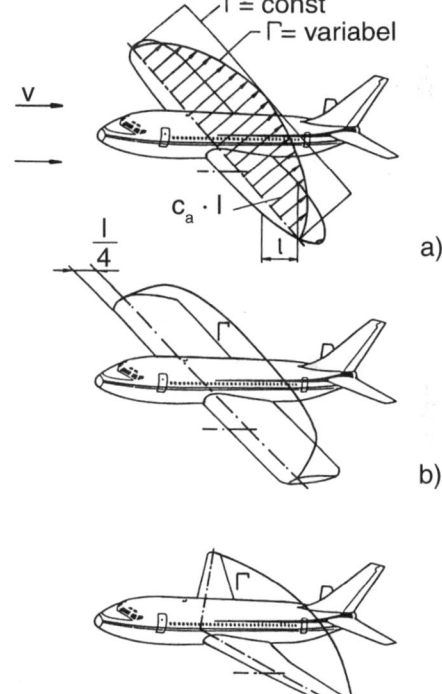

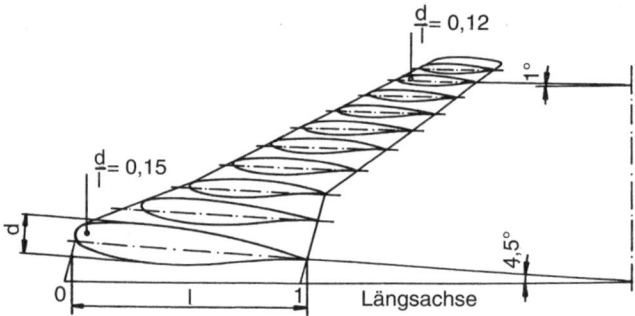

Bild 8.3.9 Tragflügel mit geometrischer und aerodynamischer Verwindung

Geometrische Verwindung bedeutet bei einem gepfeilten Flügel: Der Winkel zwischen der Profilsehne und der Flugzeuglängsachse wird von der Flügelwurzel zur Flügelspitze verringert, wodurch nun eine Auftriebsabnahme am Flügelende erreicht wird.
Aerodynamische Verwindung heißt: Die Kenngrößen des Profils, wie z.B. d/l, werden verändert *(Bild 8.3.9)*.

Strömungsablenkung am Tragflügelende: Der induzierte Widerstand
Der am Tragflügelende durch Druckausgleich entstehende Randwirbelzopf löst eine Ablenkung der Strömung nach unten aus *(Bild 8.3.10)*. Um der Abwärtsgeschwindigkeit entgegenzuwirken, muss der Tragflügel zusätzlich angestellt werden, damit der Auftrieb erhalten bleibt. Der dabei entstehende Energieverlust wird als **induzierter Widerstand** bezeichnet. Entsprechend heißt der Winkel «induzierter Anstellwinkel». Er wird durch das Geschwindigketsdreieck bestimmt für ein Tragflügelende mit

$$\tan\alpha_i = \frac{w}{2\cdot v} \quad \text{und für den ganzen Tragflügel mit} \quad \tan\alpha_i = \frac{w}{v}$$

α_i induzierter Anstellwinkel in Grad
w Abwärtsgeschwindigkeit in m/s
v Strömungsgeschwindigkeit in m/s

Im Kräftedreieck muss die benötigte Auftriebskraft um den anteiligen Wert der induzierten Anstellung als Resultierende vergrößert werden. Die induzierte Widerstandskraft erhält man deshalb aus $F_{Wi} = F_A \cdot \tan\alpha_i$.

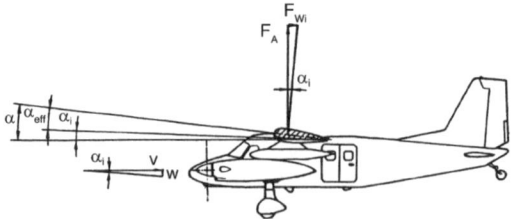

Bild 8.3.10
Strömungsablenkung am Tragflügel
α Anstellwinkel; α_{eff} effektiver Anstellwinkel; α_i induzierter Anstellwinkel; F_{Wi} induzierte Widerstandskraft

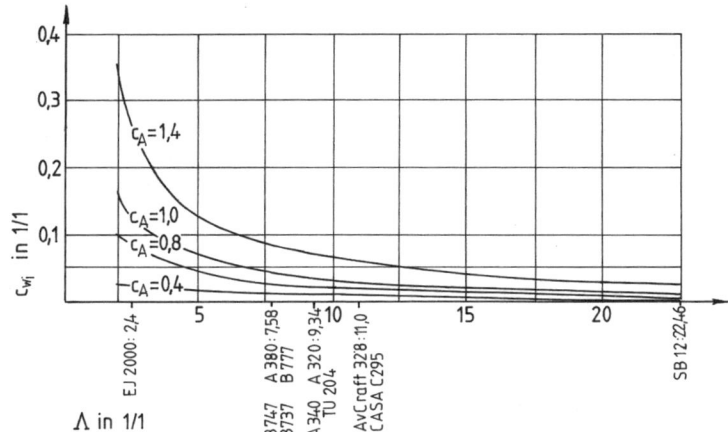

Bild 8.3.11 Kleinstmöglicher Beiwert des induzierten Widerstandes für verschiedene c_A-Werte in Abhängigkeit von der Streckung Λ

Nach der Prandtl'schen Theorie lässt sich die Größe der Anstellung bestimmen aus $\tan \alpha_i = c_A / (\pi \cdot \Lambda)$, so dass die induzierte Widerstandskraft wie folgt berechnet wird:

$$F_{Wi} = A \cdot q \cdot c_A \cdot c_A/(\pi \cdot \Lambda)$$

Zur Entstehung der Anstellgröße $c_A/(\pi \cdot \Lambda)$ sollten folgende erklärende Anmerkungen gemacht werden:

- Das π im Nenner hat sich bei der Formelableitung dadurch gebildet, als die vom Tragflügel abgelenkte Luftmenge, ideal-theoretisch betrachtet, einen kreisförmigen Querschnitt durchströmt. Der Durchmesser des Luftstromes wird dabei von der Tragflügelbreite begrenzt, so dass der Strömungsquerschnitt $A_s = b^2 \cdot \pi/4$ in m² beträgt. Der Faktor b^2 wird in der Endfassung der Formel durch die vorherrschende Kenngröße $\Lambda = b^2/A$ ersetzt.
- Die Produkte aus $c_A \cdot l$ über die Tragflügelbreite b ergeben bei elliptischer Auftriebsverteilung nach den vorstehenden Angaben (vgl. Bild 8.3.8) ein unveränderliches Strömungsverhalten mit den geringsten Gesamtwiderstandsverlusten.

Am Beiwert des induzierten Widerstandes $c_{Wi} = c_A^2 / (\pi \cdot \Lambda)$ lohnt es sich, die aerodynamischen Konsequenzen zu bedenken *(Bild 8.3.11)*:

- c_{Wi} fällt umso geringer aus, je größer die Streckung des Tragflügels ist. Bei Segelflugzeugen gilt dieser Gesichtspunkt vorrangig; zivile Motorflugzeuge lassen in einer Zeit strenger Betriebskostenrechnungen eine Tendenz zu größeren Streckungen erkennen. Für Militärflugzeuge gelten dagegen andere Maßstäbe (vgl. Abschnitt 8.5). Auch bringen große Streckungen bei hohen Fluggeschwindigkeiten kaum Gewinn.

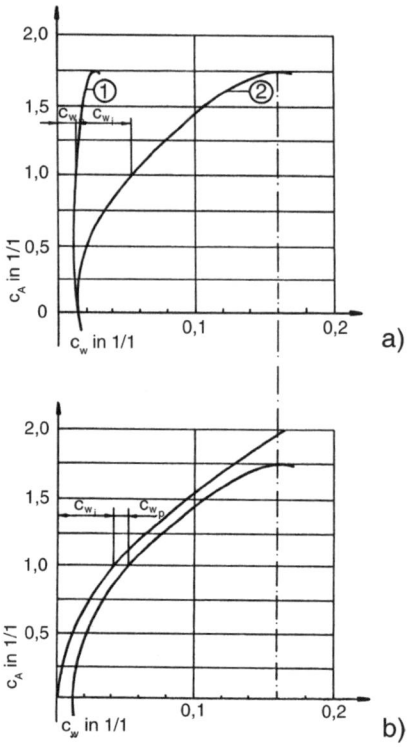

Bild 8.3.12
Die Tragflügelpolare bei $\Lambda = 7{,}5$ und c_{Wimin}
a) Ableitung der Tragflügelpolare (2) mit dem induzierten Widerstand aus der Profilpolare (1)
b) Es ist üblich, bei Darstellung der Tragflügelpolare zunächst die Parabelkurve des induzierten Widerstandes einzutragen und anschließend die Profilwerte grafisch zu addieren.

❑ c_{Wi} fällt umso größer aus, je stärker der Tragflügel angestellt wird. Da hierbei der Widerstandsbeiwert quadratisch ansteigt, haben insbesondere Flugzeuge mit Langsamflugeigenschaften hohe Werte zu verzeichnen. Im Vergleich zu den Profilwiderständen ergeben hohe Auftriebswerte während des Fliegens und kleine Streckungen bei der Flugzeugauslegung überproportional ungünstige Widerstandswerte.

Der induzierte Widerstandsbeiwert liegt beim herkömmlichen Tragflügel generell höher als man durch die theoretische Formel ermittelt, weil das Ziel einer elliptischen Auftriebsverteilung trotz möglicher Profilschränkung ohne weitere konstruktive Maßnahmen nicht erreicht wird. Zur präzisen Bestimmung der Werte helfen Erfahrungsformeln sowie -tabellen weiter. Für den Reiseflug kann näherungsweise ein um 10% höherer Widerstandswert angenommen werden.

Die Gesamtbilanz des Auftriebs-Widerstands-Verhältnisses am Tragflügel wird grafisch in Fortschreibung der Profildarstellung durch das Polardiagramm des Flügels erstellt *(Bild 8.3.12)*.

8.3.3 Konstruktive Maßnahmen zur Verringerung der Strömungsablösung

Schon vor Jahrzehnten hat man nach Wegen gesucht, um durch ergänzende Maßnahmen am Tragflügelende den induzierten Widerstand zu verringern. Es waren vor allem

Bild 8.3.13
Beispiel einer Tragflügelendgestaltung

Flugzeuge mit geringen Reisegeschwindigkeiten, für die zunächst Endscheiben zur Minderung des Druckausgleichs benutzt wurden. Man wusste aus der Experimentierarbeit um die Wirkung der am Profil befestigten Bleche (vgl. Bild 8.3.1). Die Auftriebsverteilung aus $c_A \cdot l$ fällt dabei fast konstant aus, so dass eine wesentlich günstigere als die für den Flügel ideal angesetzte elliptische Auftriebsverteilung entsteht. Man muss jedoch bedenken, dass bei Endscheiben dem Gewinn eines gesenkten c_{Wi}-Wertes ein höherer Reibungswiderstand gegenübersteht. Die noch heute anzutreffende Endkeule mit der Funktion eines Reservetanks (Tip-Tank) kann unter Widerstandsaspekten allein nur schwer bestehen, weil der Formwiderstand des Endkörpers in die Rechnung des Tragflügelwiderstandes eingeht *(Bild 8.3.13)*.

Recht verbreitet sind gegenwärtig die so genannten **Winglets** (engl., übersetzt: Flügelchen), am häufigsten als nach oben gerichtete Flügelohren und zum Teil ergänzt durch ein kleines schräg nach unten gerichtetes Zusatzohr *(Bilder 8.3.14 und 8.3.15)*, zuerst in den 70er Jahren an Reise- und zu Beginn der 80er Jahre an Transport- und Verkehrsflugzeugen erprobt. Systematische Untersuchungen an den verschiedenen

Bild 8.3.14
Winglets beim A 380

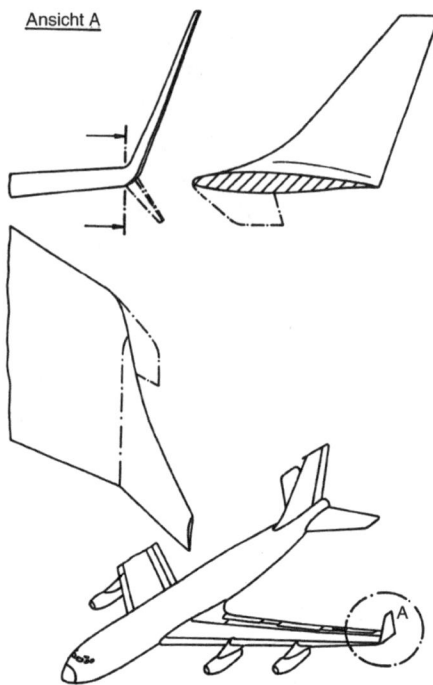

Bild 8.3.15
Flügelende in Form von Winglets

Tragflügeln mit und ohne Winglets ergaben eine Reduzierung des induzierten Widerstandes um 15%, bei maximaler Betätigung der vorhandenen Klappen noch um bis zu 8%.

Die konstruktive Phantasie bei der Gestaltung von Winglets scheint noch nicht ausgeschöpft, solange das Vorbild aus der Natur, nämlich die aufgefächerte Flügelspitze des Vogels mit guter Gleitzahl, fertigungs- und steuerungsoptimal noch nicht nacherfunden ist. Jeder Aufwand für eine Tragflügelendgestaltung wird abschließend bestimmt durch eine Abwägung zwischen der zusätzlichen Masse des Zellenteils sowie den Kosten seiner Herstellung und dem Gewinn an zusätzlichem Auftrieb. Da das Verhältnis aus Auftrieb und Widerstand als Maß für die Güte eines Tragflügels gilt, wirken sich bestmögliche Auftriebsverteilung und minimale Widerstandsbildung auf verschiedene Flugparameter aus, so z.B. auf

$$R = \ldots \frac{c_a}{c_W} = \text{Reichweite}$$

$$v_{max} = \ldots \sqrt{\ldots c_W^2 / c_A^3} = \text{maximale Steiggeschwindigkeit}$$

Die Werte allein beeinflussen z.B. die Größe der Mindestfluggeschwindigkeit

$$v_{min} = \sqrt{\ldots 1 / c_{A\,max}}$$

und der Reisegeschwindigkeit. Allen Argumenten gemeinsam ist das Streben nach der ökonomischen Größe der Betriebskostensenkung.

Die vorstehend beschriebenen Maßnahmen zur Tragflügelendgestaltung beanspruchen in der Regel einen höheren Materialaufwand und erwecken den Eindruck des Zusätzlichen. Sie nehmen leicht einen nachrüstenden Charakter an. Für die aerodynamische Gesamtbetrachtung sollten deshalb eher solche Ansätze überzeugen, die von einer optimalen Flügel- und Randbogengestaltung ausgehen, wie sie vor allem durch die auf den Außenflügel beschränkte Zuspitzung praktiziert wird *(Bild 8.3.16)*.

Bild 8.3.16
Beiwerte des induzierten Widerstandes für verschiedene Formen von Tragflügelenden in Abhängigkeit von der Anstellung

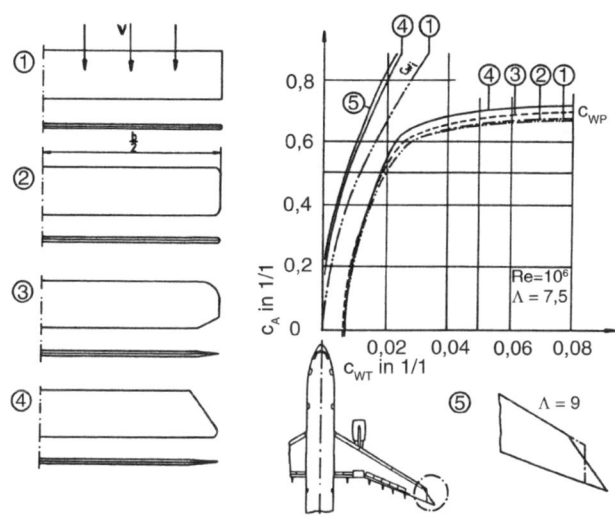

✐ Übung

1. Was soll mit der Formulierung, die *Streckung des Flügels sei unendlich groß* ausgedrückt werden?
2. Ändert sich die *Streckung* eines Flugzeuges, wenn seine Tragflügelpfeilung während des Fluges verändert wird?
3. Das Transportflugzeug A 400M hat eine Tragflügelstreckung von 8,12 und eine Tragflügelfläche von 221,5 m². Wie groß ist die *Spannweite* des Tragflügels?
4. Welche Schlussfolgerungen lassen sich zur *Tragflügelgeometrie* ziehen, wenn man die Flugzeuge getrennt nach dem Verwendungszweck betrachtet?
5. Was versteht man unter dem Begriff *elliptische Auftriebsverteilung*?
6. Was heißt *geometrische Verwindung*, was heißt *aerodynamische Verwindung*, und was soll mit der *Tragflügelverwindung* erreicht werden?
7. Erklären und erläutern Sie den *induzierten Widerstand* unter Berücksichtigung der (möglichen) elliptischen Auftriebsverteilung.
8. Nennen Sie Maßnahmen zur *Verminderung des induzierten Widerstandes* und bewerten Sie diese Nennungen in Bezug auf Herstellungs- und Betriebskosten.

8.3.4 Auftriebserhöhende Hilfen

Die Entscheidungen für die Auslegung von Profilen werden in der Regel vollzogen anhand der angestrebten Kenngrößen des jeweiligen Flugzeuges im Reiseflug, wie es beispielsweise aus der Reichweitenformel abgelesen werden kann. Durch entsprechendes positives oder negatives Anstellen der Tragflügel werden diese auch in anderen Flugzuständen profiloptimal umströmt, so im Steig- und Höhenflug ($\alpha > \alpha_{Reise}$) und im Schnell- und Bahnneigungsflug ($\alpha < \alpha_{Reise}$). Start und Landung eines Flugzeuges vollziehen sich jedoch bei wesentlich geringeren Geschwindigkeiten, bei Transport- und Verkehrsmaschinen z.B. im Verhältnis i = 900 km/h: 180 km/h = 5 : 1. Damit bei dieser geringen Geschwindigkeit noch ausreichende Auftriebskräfte nach $F_A = \rho/2 \cdot v^2 \cdot A \cdot c_A$ zur Verfügung stehen, muss der Tragflügel verändert werden. Dafür bietet sich beim Faktor A an: eine Vergrößerung der Tragfläche in m^2, beim Faktor c_A: eine Vergrößerung des Auftriebsbeiwertes durch Profilwölbung.

Auftriebserhöhung durch Klappen und Vorflügel
Die Tragfläche kann man zur Auftriebserhöhung vergrößern, indem Klappen ausgefahren werden *(Bild 8.3.17)*. Dabei ist es naheliegend, die Klappen und Vorflügel in Form und Anordnung so auf das Profil abzustimmen, dass bei der Umströmung zugleich mit der Vergrößerung der Flügelfläche eine Erhöhung des Auftriebswertes erzielt wird.

Wird die Tragfläche nicht vergrößert, sondern durch das Ausfahren von Klappen nur gewölbt, lassen sich Auftriebswerte vergleichbar mit den Profilwerten aus großen Wölbungsverhältnissen erreichen. Eine solche Auftriebserhöhung wird durch die Wölb- und die Spreizklappe erreicht. Diese Klappen findet man vorzugsweise an Segel-, Sport- und Kleinflugzeugen. Sie weisen keine Schlitze auf, so dass auch kein Druckausgleich zwischen der Ober- und der Unterseite stattfinden kann.

Beim Ausschlagen der Wölbklappe verändert sich die Wölbung und damit das Wölbungsverhältnis f/l *(Bild 8.3.18)*. Der Auftriebsbeiwert erhöht sich dabei um etwa 50%.

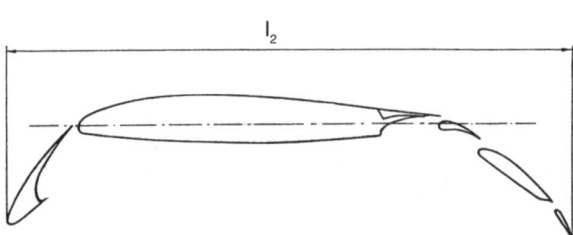

Bild 8.3.17
Tragflächenvergrößerung durch $l_2 > l_1$ aus $A = l \cdot b$
Beispiel Boeing B 747

Bild 8.3.18
Wölbungsvergrößerung durch Klappenausschlag bei der Wölbklappe
$f_2 > f_1$ aus Wölbungsverhältnis f / l
Beispiel: Segler Nimbus II

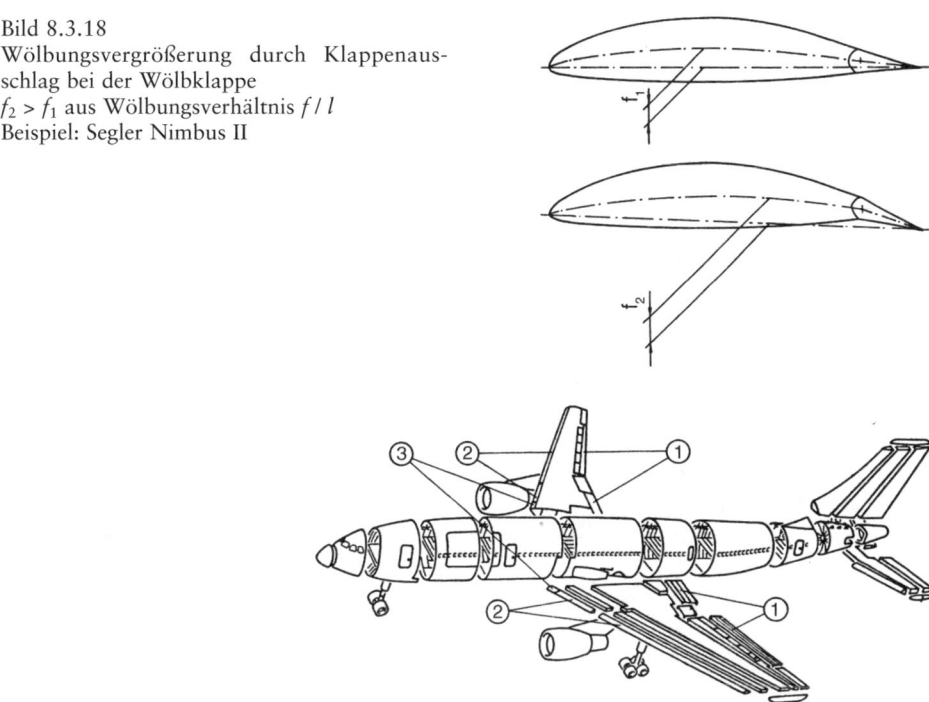

Bild 8.3.19
Wölbungs- sowie Tragflächenvergrößerung durch eine Kombination aus Doppel-Fowlerklappe und Vorflügel an einem Verkehrsflugzeug
1 Doppel-Fowlerklappe als Landeklappe; 2 Vorflügel; 3 Krügerklappe (Nasenklappe)

Beim Ausschlagen der Spreizklappe wird die Oberseite des Tragflügels nicht verändert. Eine Wölbung entsteht durch die Anordnung der Klappe an der Unterseite und ihre Schwenkung. Die auftriebserhöhende Wirkung lässt sich verstärken durch ein Verschieben des Drehpunktes zur Hinterkante während des Klappenausschlages (Zap-Klappe: ca. 80% Auftriebserhöhung gegenüber dem Ausgangsprofil).

An Großflugzeugen herrschen Lösungen vor, die eine Kombination aus Flächenvergrößerung und Wölbungserhöhung darstellen. Die größte Wirkung geht von der Fowlerklappe (FOWLER = amerikanischer Flugzeugkonstrukteur) aus. Sie wird als Flügelteil nach hinten ausgefahren und angestellt *(Bild 8.3.19)*. Selbst in der einfachen Ausführung verzeichnet sie bereits eine 90%ige Steigerung der Auftriebskraft. An ihr wird aber auch deutlich, dass durch einen kontrollierten Grenzschichtverlauf noch wesentlich höhere Wirkungsgrade erreicht werden können.

Auftriebserhöhung durch kontrollierten Grenzschichtverlauf
Aus den Beobachtungen der Strömungsvorgänge am Profil (vgl. Abschnitt 8.2.1) weiß man, dass auf der Flügel-Oberseite bei größeren Profilanstellungen in Wandnähe eine Rückströmung eintritt, aufgrund derer sich Widerstandswirbel bilden und diese die

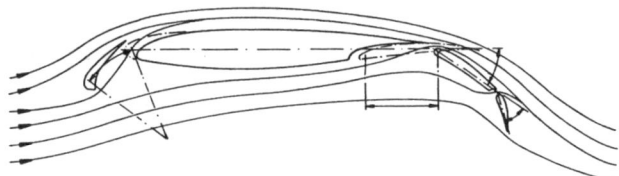

Bild 8.3.20   Ausschläge der Vorflügel und Landeklappen mit dem entsprechenden Strömungsverlauf. Vorflügel: Schwenkbewegung nach vorn; Landeklappen: geradlinige Bewegung und Schwenkbewegung der Doppel-Fowlerklappe

Grenzschicht ablösen. Einer solchen Ablösung kann erfolgreich entgegengewirkt werden, indem der Strömung auf der Profiloberseite durch einen zusätzlichen Spalt in der Klappe oder zwischen Profil und Klappe von der Profilunterseite her kinetische Energie zugeführt wird *(Bild 8.3.20)*. Je umfangreicher und gesteuerter diese zusätzliche Strömung am Tragflügel stattfindet, umso größer kann das Verhältnis aus Reise- und Landegeschwindigkeit werden.

Für diesen Betrachtungsfall liest sich die Auftriebsformel wie folgt:

$$F_A = \rho/2 \cdot c_{a\,max} \cdot A \cdot v_{min}^2$$

Spalt- oder Doppelspaltklappen vermögen als Wölbklappen um bis zu 100% höhere Auftriebswerte als das Grundprofil zu erreichen. Neuzeitliche Verkehrsflugzeuge stattet man durchgängig mit Hochauftriebshilfen aus, damit neben der höheren Auftriebswerte sich die Steuerung des Flugzeuges im Landeanflug besser beherrschen lässt *(Bild 8.3.21)*. Das Prinzip der Spaltdurchströmung lässt sich auch auf die Vorflügel über-

Bild 8.3.21   Landeklappen im ausgefahrenen Zustand beim A 380

Bild 8.3.22
Auftriebserhöhung durch Klappen und Vorflügel – Orientierungswerte
1 Ausgangsprofil;
Wölbungsvergrößerung **allein** liegt vor bei:
2 der Wölbklappe,
3 der Spreizklappe,
4 der Doppelspaltklappe (hier zusätzlich: Grenzschichtbeeinflussung).
Wölbungs- und Tragflächenvergrößerung besteht bei
5 der Fowlerklappe,
6 der Doppel-Fowlerklappe mit Vorflügel (beide Klappensysteme mit Grenzschichtbeeinflussung);
7 Vorflügel; Nasenklappe (ohne Darstellung, weil interferenzabhängig), z.B. als Krügerklappe.

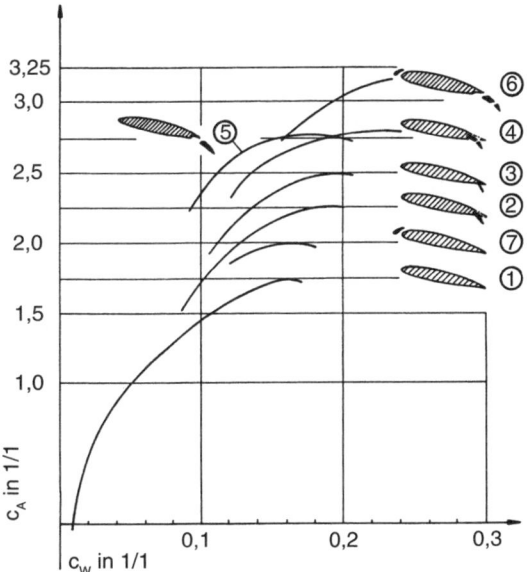

tragen. Die Strömungsablösung findet dadurch erst bei einem wesentlich höheren Anstellwinkel statt.

Nasenklappen unterscheiden sich von den Vorflügeln durch den fehlenden Spalt. Ihnen kommt bei jenen Tragflügelprofilen Bedeutung zu, die nur geringe Profildicken bzw. große Dickenrücklagen aufweisen. Durch das Ausfahren dieser Klappen vergrößert sich die Profilwölbung und damit der Auftriebsbeiwert. Am Airbus A 300 / A 310 erfüllt die Nasenklappe als so genannte Krügerklappe die Aufgabe, die aufgrund der zur Flügelvorderkante senkrecht angeordneten Vorderflügel entstandene dreieckige Aussparung am Rumpfübergang mit ihren auftriebsmindernden Wirbeln zu schließen. Sie wirkt auftriebserhöhend im Startvorgang.

Historische Vorbilder und die Bilanz der zeitgemäßen Klappenausführungen machen deutlich, dass für die Flugzustände des Starts und der Landung je nach Auslegungsforderung mehrere Alternativen zur Verfügung stehen *(Bild 8.3.22)*. Dabei ist zu bedenken, dass die Klappen nicht über die ganze Breite des Tragflügels angeordnet werden können; Querruder und Triebwerke beanspruchen eigenen Raum.

Variable Wölbung des Tragflügels
Mit Hilfe der Klappen und Vorflügel findet am Tragflügel nur dann eine kontrollierte Strömung statt, wenn das Flugzeug im jeweiligen Auslegungsbereich fliegt, z.B. der Airbus A 380 im Reiseflug m = 0,85 1/1 in einer Flughöhe von 13 100 m. Die Leistungsdaten des Tragflügels in allen anderen Flugzuständen (z.B. im Steigflug) fallen dann nicht optimal aus. So wie im Langsamflug für den Start und die Landung der gesamte Tragflügel stärker gewölbt und vergrößert wird, so könnte vor allem im Reiseflug zu jeder Zeit bei allen Luftdrücken eine entsprechende – im Regelfall recht

445

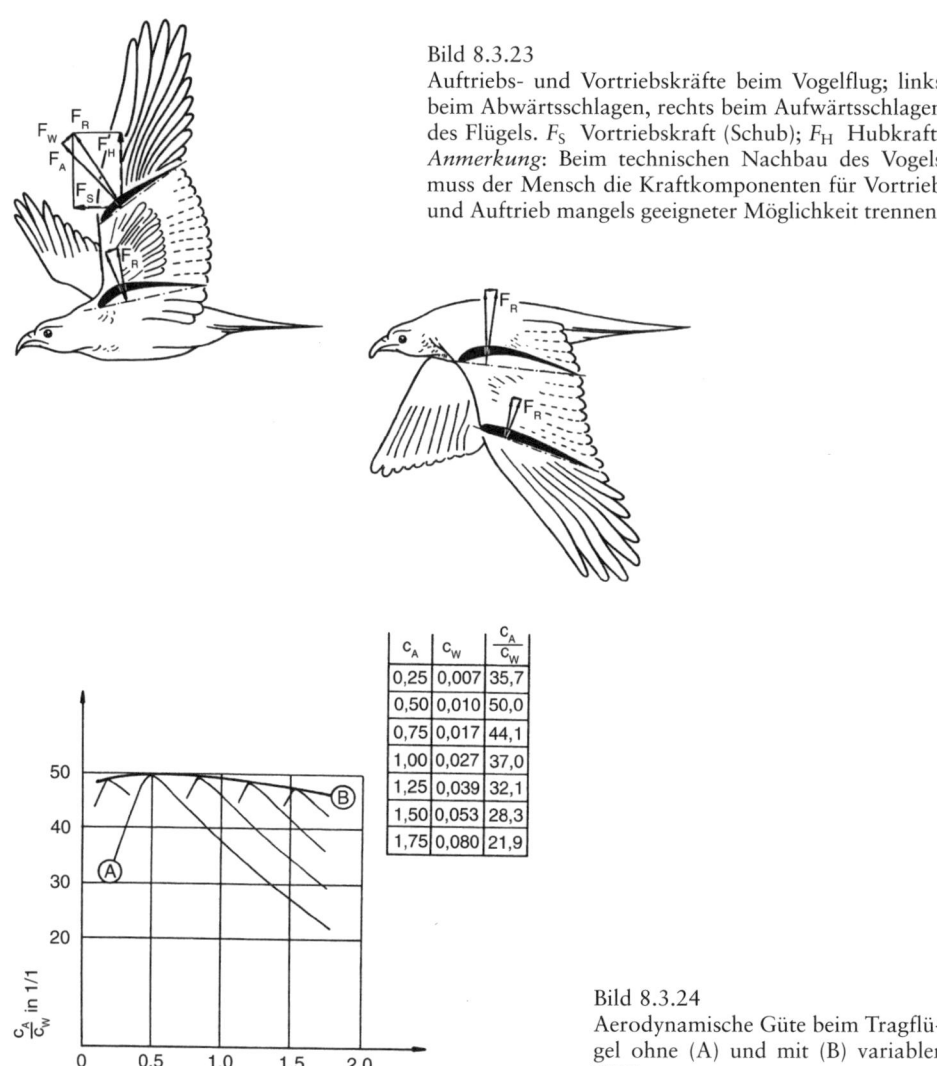

Bild 8.3.23
Auftriebs- und Vortriebskräfte beim Vogelflug; links beim Abwärtsschlagen, rechts beim Aufwärtsschlagen des Flügels. F_S Vortriebskraft (Schub); F_H Hubkraft. *Anmerkung*: Beim technischen Nachbau des Vogels muss der Mensch die Kraftkomponenten für Vortrieb und Auftrieb mangels geeigneter Möglichkeit trennen.

Bild 8.3.24
Aerodynamische Güte beim Tragflügel ohne (A) und mit (B) variabler Wölbung

schwache – Wölbungsänderung erzeugt und so die aerodynamische Effektivität gesteigert werden.

Vorbild für den sich der Strömung ständig anpassenden Flügel bleibt der Vogel; nannte doch schon OTTO LILIENTHAL sein grundlegendes Werk «Der Vogelflug als Grundlage der Fliegerkunst» *(Bild 8.3.23)*. Man entwickelt heute an Forschungsstätten Tragflügel mit variabler Wölbung, ohne dabei wesentliche Änderungen an den gegenwärtigen Profil- oder Tragflügelgestaltungen vorzunehmen. Notwendig sind dafür lediglich beim Fertigen die Berücksichtigung flexibler Übergänge zwischen den Klappen und Flügeln sowie ein auf die Steuerung und Regelung abgestimmtes Rechenprogramm. Das Verhält-

Bild 8.3.25
«Adaptiver Tragflügel» bei der F-5E
1 Start, Landung, Kurvenflug: $v < 370$ km/h
2 Kurvenflug: v 370...480 km/h
3 Kurvenflug: v 480...920 km/h
4 Langstreckenflug: $v < 1015$ km/h
5 Überschallflug

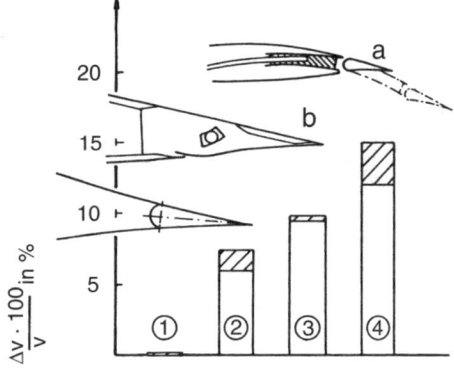

nis aus Auftrieb und Widerstand als Merkmal der aerodynamischen Güte lässt sich so über einen längeren Bereich der Auftriebswerte fast konstant halten *(Bild 8.3.24)*.

Für Segelflugzeuge kennt man das Prinzip variabler Wölbung schon seit langem mit Hilfe der in die Flügelkontur integrierten Wölbklappe (LS4, Glaser-Dirks DG 800, LS8). Neuzeitliche Konstruktionen sehen eine Überlagerung der Wölbklappen- und Querruderausschläge in der Weise vor, dass stets eine optimale Auftriebsverteilung gewährleistet bleibt (fs 33 Gavilan).

Für Militärflugzeuge mit höheren Fluggeschwindigkeiten wurden erste Überlegungen zur Variabilität des Flügels an Schwenkflügelausführungen angestellt. Weitere Schritte zu einem angepassten Tragflügel stellen rechnergesteuerte Klappensysteme (Bild *8.3.25*) dar. Die Werkstoff- und Fertigungstechnologie müssen dabei der aerodynamischen Forderung nach Flexibilität der Oberfläche für eine möglichst ungestörte Strömung genügen. Solche adaptiven Tragflügel bedürfen einer Überlappung zwischen den beweglichen Bauteilen. Im konkreten Flugzustand wählt der Pilot Fluglage, Machzahl und angestrebtes Flugmanöver aus. Der Bordrechner des Flugregelsystems ermittelt unmittelbar die optimale Flügelform. Hierdurch findet eine Anpassung an die Fluggeschwindigkeit statt, und es werden Auftriebskräfte für bestimmte Flugmanöver erzeugt.

Übung

1. Wie ist eine *Fowlerklappe* beschaffen, und für welche Flugzustände wird sie eingesetzt?
2. Wodurch *unterscheiden* sich Spreiz- und Zapklappen voneinander?
3. Was lässt das *Prinzip der variablen Tragflügelwölbung* so interessant erscheinen?
4. Ein bekanntes Mittelstreckenflugzeug hat eine Flächenbelastung von 4600 N/m² (zur weiteren Information siehe Abschnitt 8.5.1). Sein Tragflügelprofil besitzt einen maximalen Auftriebsbeiwert von 1,6. Die Landegeschwindigkeit betrage 180 km/h. Ohne Landeklappenausschlag berechnet man eine Landegeschwindigkeit von 246,6 km/h. Berechnen Sie, welcher *Höchstauftriebsbeiwert* erforderlich ist, um die geforderte Landegeschwindigkeit zu erhalten. Überprüfen Sie, ob der berechnete Auftriebsbeiwert von Landeklappen aufgebracht werden kann (vgl. Bild 8.3.22).

8.4 Strömungsvorgänge am Flugzeug

8.4.1 Schädlicher Widerstand

Bauteile, die nicht der Auftriebserzeugung dienen, wie der Rumpf, das Triebwerk und in der Start- und Landephase das Fahrwerk, werden strömungstechnisch wie reine Widerstandskörper behandelt (vgl. Abschnitt 8.1.3). Dabei entspricht die Widerstandsfläche der Stirnfläche des Bauteils. Sie beträgt z.B. beim Rumpf des A 340

$$A = d^2 \cdot \pi/4 = 5{,}64^2 \cdot \pi/4 = 24{,}98 \text{ m}^2$$

Man wird im Zellenbau die Widerstandsfläche stets auf das funktionsmäßig Notwendige beschränken. Deshalb sind mit der Einführung des einziehbaren Fahrwerks und der Schalenbauweise beim Rumpf besondere Beiträge zur Reduzierung der Stirnfläche und zur Herabsetzung des Formwiderstandes geleistet worden. Wird das Flugzeug im Flug angestellt, vergrößert sich die Stirnfläche. Unabhängig davon erhöht sich auch der Beiwert des Formwiderstandes aufgrund der stärkeren unsymmetrischen Umströmung des Bauteils. Bei entsprechenden Flugzuständen, wie beim Steig- oder Kurvenflug, muss deshalb zusätzlich Schub oder Wellenleistung aufgebracht werden.

Besteht nun die Aufgabe, die schädlichen Widerstandskräfte, die am Flugzeug mindestens auftreten, zu berechnen, so wird von $F_W = q \cdot A \cdot c_W$ ausgegangen und die Summe aller Produkte aus Widerstandsfläche und Beiwert gebildet durch

$$F_{Ws} = q \cdot \Sigma (A \cdot c_W),$$
$$F_{Ws} = q \cdot \Sigma (A_{Rumpf} \cdot c_{W Rumpf} + \ldots).$$

Wenn sich z.B. bei einem Experiment im Windkanal am Rumpfmodell nach *Bild 8.4.1* ein Wert von $c_W = 0{,}05$ 1/1 ergibt, beträgt demzufolge für obiges Beispiel das Produkt aus Fläche und Beiwert: $(24{,}98 \cdot 0{,}05)$ m². Entsprechend können auch die anderen Bauteile anteilmäßig erfasst werden, wenn die Maße nach Zeichnung bekannt sind und aus Versuchen gewonnene Beiwerte vorliegen *(Bild 8.4.2)*. Den Beiwert aller Bauteile zusammen erhält man, indem man die Produktwerte $(A \cdot c_W)$ addiert und durch die Gesamtfläche teilt. Hierbei gilt als Gesamtfläche die auftriebswirksame Fläche des Flugzeuges. Man wählt sie deshalb, weil das Flugzeug per Definition nach LILIENTHAL kein Widerstands-, sondern ein Auftriebskörper ist und sinnvollerweise nur in der Gesamtheit strömungstechnisch untersucht werden kann. Der Beiwert des schädlichen Widerstandes kann in dieser Rechnung lauten:

$$c_W = \Sigma (3{,}9)/260 \cdot \text{m}^2/\text{m}^2$$
$$c_W = 0{,}015 \text{ 1/1}$$

Das Addieren der Widerstände von Bauteilen stellt einen künstlichen Vorgang dar. In der Wirklichkeit finden die Strömungsvorgänge nicht isoliert statt, sondern beeinflussen sich gegenseitig. Man spricht in diesem Zusammenhang vom Interferenzwiderstand.

Bild 8.4.1
Beispiel eines Versuchsprotokolls zur Bestimmung des Formwiderstandes

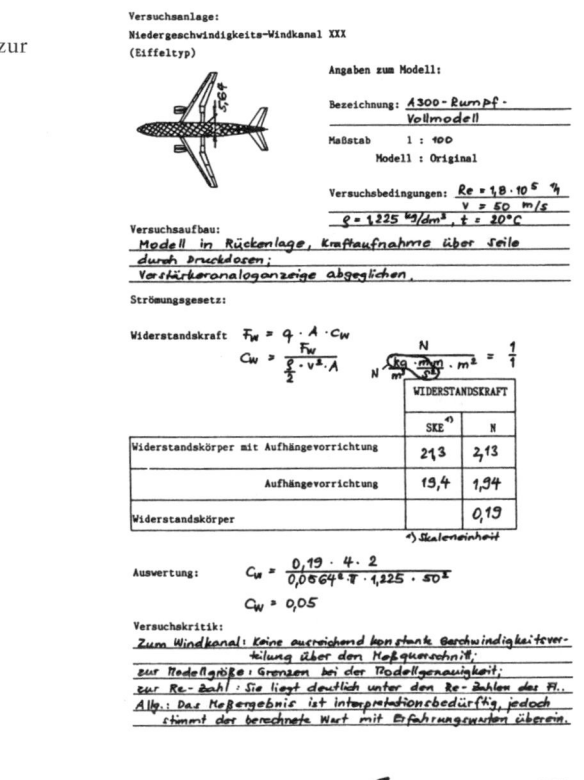

Bild 8.4.2 Mittlere Widerstandsbeiwerte von Flugzeugbauteilen bei entsprechenden Re-Zahlen. Linke Seite: Widerstandskörper; Rechte Seite: Auftriebs-(bzw. Quertriebs-)körper. 1 Tragflügel (Berechnung siehe Abschnitte 8.2 und 8.3); 2 Seiten- und 3 Höhenleitwerk werden wie Tragflügel berechnet (Ruderausschläge erhöhen wesentlich den Widerstandsbeiwert).

8.4.2 Interferenzwiderstand

Experimentell nachweisbare Werte von größerer schädlicher Interferenz findet man an den Fügestellen der Flugzeugbaugruppen, die für sich allein untersucht ein anderes Strömungsverhalten als im montierten Zustand aufweisen. Eine gegenseitige Beeinflussung mit Widerstandszunahme beobachtet man im Flug u.a. – in abnehmender Gewichtung aufgezählt – zwischen *(Bild 8.4.3)*

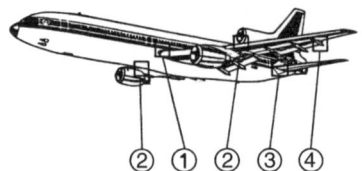

Bild 8.4.3
Interferenzwiderstand an Flugzeugbauteilen. In diesem Beispiel fällt die so genannte positive Interferenz insgesamt geringer aus als bei älteren Flugzeugen (Erklärung der Ziffern im Text).

- Tragflügel und Rumpf (1),
- Triebwerk und Zelle (2),
- Höhen- und Seitenleitwerk (3) sowie
- Tragflügel und Anschlussteilen (4).

Sind die durchströmten Bereiche aufgrund der Gesamtkonstruktion des Flugzeuges stärker verengt, bilden sich Düsen- und Diffusoreffekte, von denen die Letzteren einen negativen Einfluss auf das Grenzschichtverhalten und damit auf den Formwiderstand ausüben. Jede konstruktive oder nachrüstende Maßnahme, d.h. am flugfähigen Flugzeug nachträglich angebrachte Leitbleche o.Ä., die dem Diffusoreffekt entgegenwirkt, vermindert den Interferenzwiderstand, z.B. dadurch, dass durch Leitbleche oder Klappen der Interferenzbereich begradigt oder gerundet wird.

In Einzelfällen kann Interferenz auch zu einem Abbau des Formwiderstandes führen, insbesondere dann, wenn die Bauteile als Widerstandskörper hintereinander angeordnet sind. Mit Hilfe des «Windschatteneffektes» können sich nachgeordnete Teile als widerstandsärmer auswirken. Eine größere Bedeutung des so genannten negativen Interferenzwiderstandes darf jedoch nur von aerodynamisch ungünstigeren Bauteilen erwartet werden, überwiegend bei Flugzeugen kleinerer und spezieller Bauart.

Interferenzwiderstände lassen sich nicht berechnen, sondern nur im Vollmodell oder im Originalzustand experimentell nachweisen. Neuzeitliche Flugzeuge überschreiten kaum einen Wert von $c_{WI} = 0{,}1 \cdot 0{,}15 \cdot c_{Ws}$. Unter Einbeziehung des Interferenzwiderstandes liegt nunmehr eine der Realität angenäherte Rechengröße für den schädlichen Widerstand vor. Es sei $c_{Wsl} = 1{,}11 \cdot 0{,}015$ bei einer z.B. abgeleiteten 11%igen Interferenz. Das ergibt hier $c_{Wsl} = 0{,}017$ 1/1.

Mit dieser Beiwertbestimmung kann eine Bilanz über die Widerstandswerte beim Flugzeug abgeschlossen werden. Jedem c_A-Wert in der Gesamtpolaren wird ein Gesamtwiderstandsbeiwert zugeordnet.

8.4.3 Gesamtpolare und Gleitzahl

Der Beiwert des gesamten Widerstandes setzt sich zusammen aus dem Beiwert des

- von der Anstellung abhängigen Profilwiderstandes c_{Wp},
- Tragflügelwiderstandes c_{Wi}, der vor allem vom induzierten Widerstand bestimmt wird,
- schädlichen Widerstandes aller Widerstandskörper c_{Ws} einschließlich vorhandener Interferenzen:

  $c_W = c_{Wp} + c_{Wi} + c_{Ws}$ (gebräuchliche Bezeichnung für c_{Wp} auch: $c_{W\infty}$)

Bild 8.4.4
Gesamtpolare eines Flugzeuges, abgeleitet aus der Tragflügelpolare (s. Bild 8.3.12)
[1] Flugzeugpolare
[2] Tragflügelpolare
[3] Profilpolare
1 Tangente zur Ermittlung der Gleitzahl für das Flugzeug;
2 Gleitzahlermittlung für den Tragflügel. $(c_A/c_W)_{max}$ beste Gleitzahl in $^1/_1$; γ Gleitwinkel des Flugzeuges in Grad; c_{Ws} schädlicher Widerstand in $^1/_1$

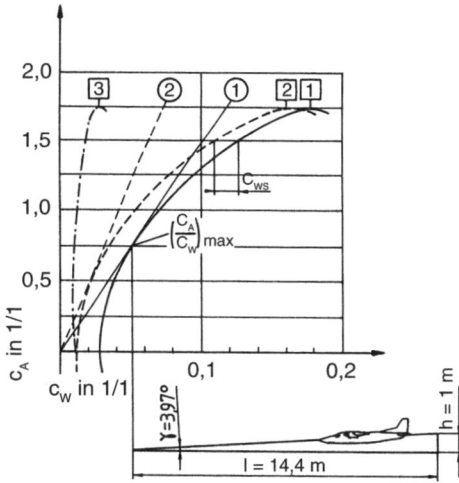

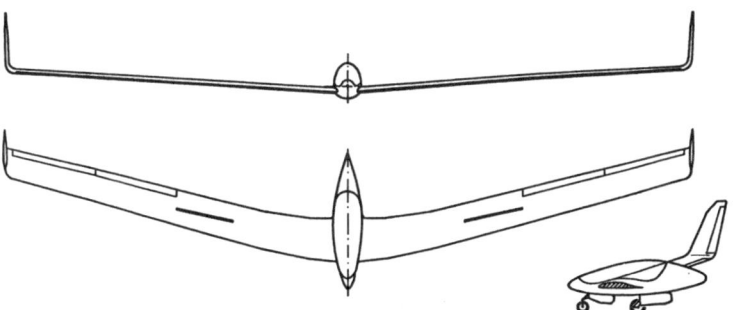

Bild 8.4.5 Beispiel eines Nurflügel-Segelflugzeuges: SB 13

Dabei tritt an den Auftriebsbeiwerten, sofern keine Auftriebshilfen eingesetzt werden, eine Veränderung praktisch nicht ein *(Bild 8.4.4)*. Die Gesamtpolare verlagert sich aber im Diagramm recht deutlich nach rechts und beeinträchtigt die aerodynamische Güte (c_A/c_{Wmax}) des Flugzeuges. In der flugzeugtechnischen Entwicklung werden immer wieder Konstruktionen in Nurflügelbauart *(Bild 8.4.5)* angestrebt, weil bei ihnen der Anteil des schädlichen Widerstandes kleiner gehalten werden kann.

Die aerodynamische Güte wird grafisch bestimmt durch das Anlegen der Tangente vom Nullpunkt des Koordinatensystems an die Polare. Im Flugbetrieb spricht man von der Gleitzahl $E = c_A/c_W$ und meint damit eine Strecke l, die unter Höhenverlust h vom Flugzeug gleitend zurückgelegt wird. Die Strecke fällt umso länger aus, je größer der Gesamtauftrieb ist; die Höhe geht umso schneller verloren, je größer der Gesamtwiderstand ausfällt. Nach dem Beispiel in Bild 8.4.4 beträgt sie: $E = 0,75/0,052 = 14,42$ $^1/_1$.

Für Verkehrs- und Reiseflugzeuge sind Gleitzahlen von $E = ...20$ durchaus üblich. Segelflugzeuge können ohne Aufwind Werte über $E = 40$ erreichen (z.B. SB 8, ASW

17, Nimbus II). Der Winkel zwischen der Flugbahn und der Horizontalen eines mit abgestelltem Triebwerk zu Boden gleitenden Flugzeuges wird bestimmt mit tan $\gamma = h/l$ = c_W/c_A, im vorliegenden Beispiel mit tan γ = 0,052/0,75 => γ = 3,97°.

Anhand der Gleichung lässt sich z.B. rechnerisch ablesen, dass bei c_A = 0 der tan γ den Wert ∞ annimmt, was dem Sturzflug entspricht. Weitere Auslegungen zur Gesamtpolare bleiben Abschnitt 8.5 vorbehalten.

Ein gesondertes Problem stellt der Landeanflug dar. Von den Auftriebshilfen ist bekannt, dass sich beim Ausfahren der Landeklappen die aerodynamische Güte verschlechtert, also die Gleitzahl geringer ausfällt. Nun erzielt man die für den Landevorgang notwendige Fluggeschwindigkeit durch eine ($c_A \cdot A$)-Vergrößerung und eine v^2-Abnahme innerhalb der Beziehung $F_A = c_A \cdot A \cdot \rho/2 \cdot v^2$.

Gleichzeitig erhöht sich bei den ausgefahrenen Landeklappen der Widerstand, wodurch die Anflug- und Landestrecke verkürzt wird. Dieser Vorgang reicht jedoch nicht aus, um eine gezielte Gleitwinkelsteuerung zu gewährleisten. Es bedarf deshalb eigener Flug- und Landebremsen.

8.4.4 Widerstandserhöhende Hilfen

Die Aufgabe einer Flugbremse wird durch Bremsklappen wahrgenommen. Sie werden betätigt

❑ beim Landeanflug zur Gleitzahlreduzierung,
❑ wegen Störungen während des Reisefluges, wenn in kurzer Zeit Höhe aufgegeben werden muss (z.B. Druckabfall in der Kabine),
❑ beim Sturzflug zur Herabsetzung der Fluggeschwindigkeit und damit zusätzlich – so bei Militärflugzeugen – zur besseren Orientierungsmöglichkeit des Piloten.

Bremsklappen werden auch für das Abbremsen beim Landen eingesetzt und verkürzen dabei die Ausrollstrecke. Sie werden unterstützt und in der Wirkung z.T. ersetzt durch andere aerodynamische Hilfen, wie durch Schubumkehr beim Triebwerk, durch die Bremsstellung des Propellers oder durch den Landebremsschirm.

Bremsklappen werden auch als Störklappen bezeichnet, weil sie beim Aufklappen die Luftströmung stören. Diese Störung darf jedoch nicht so weit führen, dass ein Zusammenbruch des Tragflügelauftriebs eintritt. Deshalb werden Bremsklappen so angeordnet, dass Strömungsspalten erhalten bleiben *(Bild 8.4.6)*. Da die Störklappen auch zur Unterstützung der Quersteuerung eingesetzt werden, pflegt man zu unterscheiden zwischen

1. den Bremsklappen (engl.: *speed brakes*) als Klappen, die an den beiden Seiten der Tragflügel gleichzeitig aufgeklappt werden mit dem Primärziel einer symmetrischen Widerstandserhöhung;
2. den Störklappen (engl.: *spoiler* = Verderber, Vernichter), die unsymmetrisch ausgefahren werden, um eine einseitige Widerstandserhöhung zur Erzeugung eines Wendemomentes herbeizuführen.

Bild 8.4.6
Brems- und Störklappen am A 300
1 innere Bremsklappen
2 äußere Bremsklappen
3 innere, mittlere und äußere Störklappe

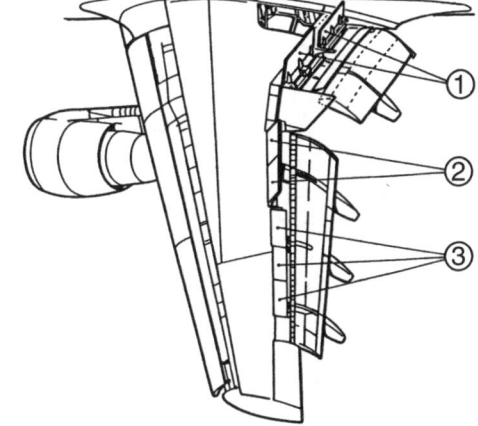

Bild 8.4.7
Bremsklappenausführungen an kleineren Flugzeugen

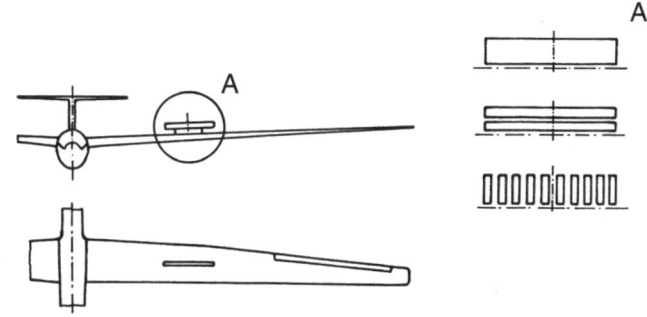

Bei Verkehrsflugzeugen sind die Bremsklappen in der Regel auf der Flügeloberseite vor den Landeklappen angeordnet. Bei Reise- und Segelflugzeugen werden Bremsklappen auf der Tragflügeloberseite oder beidseitig herausgefahren *(Bild 8.4.7)*. Sie sind dann als rechteckige Platten ungeteilt, geteilt oder mit Schlitzen ausgeführt. Die stärkste Wirkung einer Bremsklappe geht von ihrer Anordnung in der vorderen Hälfte der Tragflügeltiefe aus, wie man es sich aus den Strömungsvorgängen am Profil leicht erklären kann.

Soll die Strömung weitgehend kontrolliert verlaufen, muss man Abstand nehmen vom erzwungenen Ursache-Wirkungs-Verhältnis einer erwünschten Widerstandserhöhung bei gleichzeitiger Auftriebsverminderung. Hierfür bietet sich an, bereits vorhandenen Rudern oder Klappen die Funktion des Luftbremsens differenziert zuzuweisen, wie es z.B. durch das Spreizen von Querruderflächen erreicht werden kann.

Einen nicht unerheblichen Einfluss auf die Gesamtpolare des Flugzeuges üben Propeller und – in geringerem Maße – der Schubstrahl des Triebwerks aus.

8.4.5 Der Propeller

Die *Aufgabe* des Propellers besteht darin, eine Vortriebskraft zu erzeugen. Schub- und Widerstandskräfte halten sich dabei im unbeschleunigten Flug im Gleichgewicht, so wie es bei den Auftriebs- und Massenkräften in vertikaler Richtung der Fall ist. Die *Wirkungsweise* des Propellers ergibt sich aus der Profilierung und Anstellung von tragflügelartigen Blättern, die durch ihre Drehbewegung im Vergleich zum Bläser des Turbo-Luftstrahltriebwerks große Luftmassen nur leicht beschleunigt transportieren. Je nach Größe der erzeugten Wellenleistung im Kolben- oder Turbinentriebwerk gibt es Propeller mit einem Durchmesser von 2 m bis 7 m, die sich bei der Vorwärtsbewegung des Flugzeuges in einem zylindrischen Luftraum schraubenförmig vorwärts bewegen. Von daher stammt die Bezeichnung **Luftschraube** *(Bild 8.4.8)*. Wie bei der Schraube als Verbindungselement wird der zurückgelegte Weg je Umdrehung als **Steigung** (Ganghöhe) bezeichnet und damit die Länge des zurückgelegten Luftweges in der Zeiteinheit bestimmt.

Ein Vergleich zur Schraube bietet sich auch bei der Anzahl der Propellerblätter an. Die in der Regel zwei- bis vierblättrigen Propeller gleichen Schraubengewinden mit den entsprechenden Gängen. Jedoch verhalten sich Propellerblätter und kompressible Luft zueinander anders als Schraube und Mutter in der Maschinentechnik. Je Propellerumdrehung entsteht zwischen der tatsächlichen Vorwärtsbewegung und der Propellersteigung eine Differenz, der so genannte Schlupf, hervorgerufen durch die in Gasen und Flüssigkeiten vorhandene Viskosität. Dieser Leistungsverlust geht in den Gesamtwirkungsgrad des Propellers mit ein.

Die **Geometrie** des Propellerblattes *(Bild 8.4.9)* weicht von der eines Tragflügels deshalb ab, weil sich die Anströmgeschwindigkeit c aus den Komponenten Flug- und Umfangsgeschwindigkeit zusammensetzt und die letztere der beiden Geschwindigkeiten mit größer werdendem Abstand von der Propellernabe zunimmt. So gleicht kein Profilschnitt dem anderen, verringert sich doch der Blattsteigungswinkel φ kontinuierlich zur Propellerspitze hin. Durch diese Blattschränkung erzielt man eine über den gesamten Blattbereich gleichmäßige Fluggeschwindigkeit. Da die Schubkräfte ungefähr im Abstand von 75% des Propellerradius konzentriert auftreten – hervorgerufen durch die nach außen strebenden Fliehkräfte –, wird die Blattstellung in diesem Abstand als

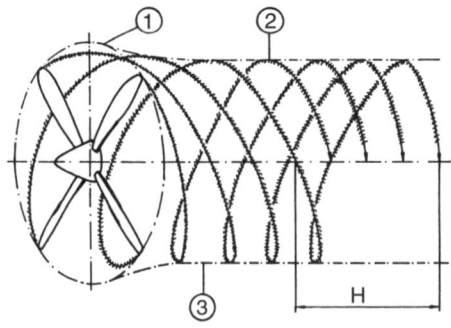

Bild 8.4.8
Der Propeller als Luftschraube
H Steigung (Ganghöhe)
1 Blattspitzenbahn
2 schraubenförmiger Wirbelzopf
3 düsenförmige Einschnürung des Luftstrahls

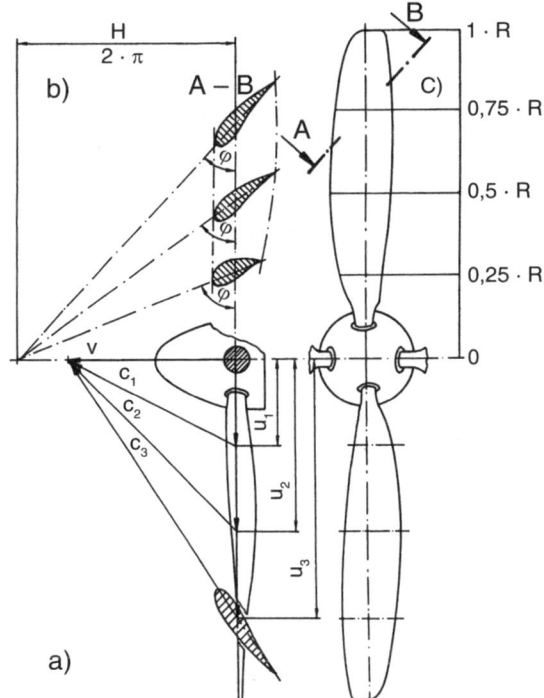

Bild 8.4.9 Die Geometrie des Propellerblattes im Reiseflug bei u_1 kleiner Umfangsgeschwindigkeit, u_2 mittlerer und u_3 größerer Umfangsgeschwindigkeit
R Propellerradius in m; H Steigung des Propellers in m; φ Blattsteigungswinkel in Grad; v Fluggeschwindigkeit in m/s; u Umfangsgeschwindigkeit in m/s; c Anströmgeschwindigkeit in m/s

für die Auslegung bestimmend angesehen (Bild 8.4.9c). Die Steigung des Propellers lässt sich damit wie folgt berechnen: $H = 0{,}75 \cdot D \cdot \pi \cdot \tan \varphi$. Daraus ergibt sich der Blattsteigungswinkel mit

$$\tan \varphi = \frac{H}{1{,}5 \cdot R \cdot \pi}$$

Die **Geschwindigkeitsverhältnisse** werden am Propeller durch den Kennwert «Fortschrittsgrad» ausgedrückt, bei dem die Fluggeschwindgkeit mit der Umfangsgeschwindigkeit ins Verhältnis gesetzt wird:

$$\lambda = \frac{v}{u} = \frac{v \cdot 60}{D \cdot \pi \cdot n}$$

Die geometrische Kraftzerlegung nach *Bild 8.4.10* macht deutlich, dass die Auftriebskraft des Profils nicht voll für die Schubkraft genutzt werden kann. Wirtschaftliche

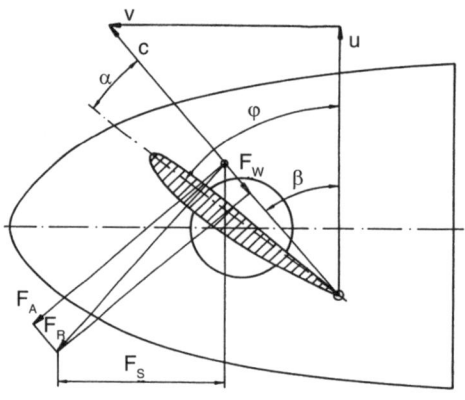

Bild 8.4.10
Kräfte und Geschwindigkeiten am Profilquerschnitt
F_s Schubkraft in N
F_A Auftriebskraft in N
F_W Widerstandskraft in N
F_R Luftkraftresultierende in N (vgl. dazu Abschnitt 8.2.3)
v, u, φ – vgl. Bild 8.4.9
α Winkel der Anströmung: Anstellwinkel;
β Winkel des Fortschrittsgrades

Bilanz wird gezogen im **Wirkungsgrad** des Propellers, der sich errechnet aus dem Verhältnis der abgegebenen Vortriebsleistung zur zugeführten Antriebsleistung:

$$\eta = \frac{F_s \cdot v}{P} = \frac{F_s \cdot v}{M_d \cdot \omega}$$

P Motor- oder Triebwerksleistung in Nm/s
M_d Drehmoment in Nm
ω Winkelgeschwindigkeit in 1/s

Es werden relativ gute Wirkungsgrade erreicht, wenn

- der Propellerdurchmesser größer ausgelegt ist, weil dann die Abströmgeschwindigkeit mit geringeren Widerständen kleiner ausfällt;
- die Propellerblattprofile mit dem Ziel gestaltet sind, eine möglichst große Gleitzahl oder einen hohen Maximalauftrieb zu erreichen;
- die Profile so angeströmt werden, wie sie für die Flugzeugleistungen ausgelegt sind. Im Flugzeugbau bleiben starre Propeller kleineren Sport- und Reiseflugzeugen vorbehalten. Man konzipiert sie dann je nach angestrebtem hauptsächlichen Verwendungszweck mehr als Steigflug- oder als Reiseflugpropeller (*Bild 8.4.11*);
- der Blattsteigungswinkel für die angestrebte Leistung verändert werden kann, so wie es beim Verstellpropeller möglich ist. Bei diesem stellt der Pilot oder ein selbsttätig arbeitender Regler für niedrige Fluggeschwindigkeiten (Start, Steigflug) einen kleinen Steigungswinkel ein. Der Motor entwickelt hier bei hoher Drehzahl eine große Leistung. Bei höheren Fluggeschwindigkeiten (Reiseflug) wird ein größerer Steigungswinkel eingestellt.

Der Wirkungsgrad des Propellers fällt schlechter aus, wenn die Blattspitzengeschwindigkeit die kritische Machzahl überschreitet. In jüngster Zeit sind Forschungsanstrengungen darauf gerichtet, die Machzahl dadurch zu erhöhen, indem die Profile schlanker ausgeführt und die Propellerblätter gepfeilt werden (System «Propfan»). In Verbindung

Bild 8.4.11
Die Blattstellungen des Propellers
1 und 2 Änderung des Anstellwinkels
1 Anstellwinkel bei niedriger und 2 hoher Fluggeschwindigkeit. Blattstellungen des Verstellpropellers: 1 im Reiseflug
3 in der Segelstellung
4 in der Umkehrstellung (aerodynamisches Bremsen)

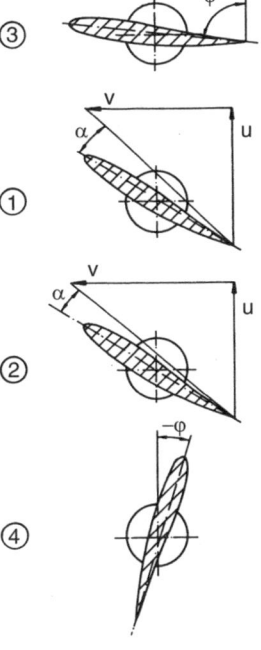

Bild 8.4.12
Erreichbare Wirkungsgrade von Propellern in Abhängigkeit vom Fortschrittsgrad
1 Wirkungsgrade von Verstellpropellern mit 2 bis 4 Blättern
2 Wirkungsgrade von Gegenlaufverstellpropellern

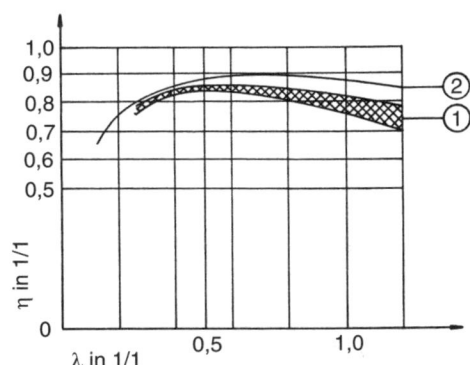

mit der konstruktiven Lösung eines zweiten hintereinander geschalteten Propellers mit entgegengesetztem Drehsinn lässt sich der Wirkungsgrad erhöhen *(Bild 8.4.12)* und damit die Erwartung aussprechen, dass zukünftig Verkehrsflugzeuge mittlerer Größe und Reichweite auch mit Propellern wirtschaftlich eingesetzt werden können.

Erwünschter zusätzlicher Widerstand tritt auf, wenn der Propeller zum aerodynamischen Bremsen benutzt wird. Dies erreicht man, indem die Blätter negativ angestellt werden. Dabei muss jedoch der Motor das entstehende Drehmoment aufnehmen können.

Der Strömungsbereich hinter dem Propeller löst beim Flugzeug eigene Probleme aus *(Bild 8.4.13)*, nämlich dadurch, dass in der Strömungszone der Blätter eine Ge-

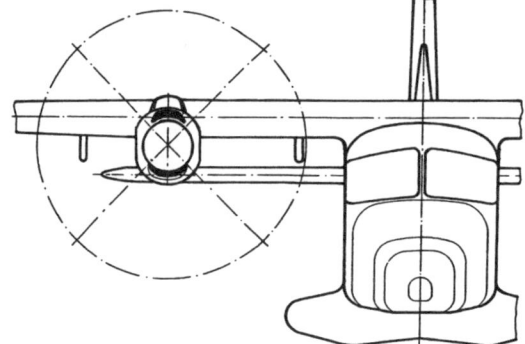

Bild 8.4.13
Beeinflusste Flugzeugteile durch den
Luftstrahl des Propellers

schwindigkeitszunahme und dadurch eine düsenförmige Einschnürung des Luftstrahls eintritt (vgl. Bild 8.4.8). Die hinter dem Strahl befindlichen Flugzeugteile erfahren durch den erhöhten Staudruck einen größeren Formwiderstand. Auch treten zusätzliche Strömungswiderstände durch die Blattspitzen auf. Die sich dort bildenden Wirbelzöpfe können mit denen am Tragflügelende (induzierter Widerstand) verglichen werden. Da der Schraubenstrahl rotiert, tritt zusätzlich eine Drallwirkung auf, aufgrund derer das Seitenleitwerk unsymmetrisch angeströmt wird. Diesem Vorgang kann für den Reiseflug u.a. durch eine Flosseneinstellung begegnet werden.

Einmotorige Flugzeuge weisen im Flug eine Tendenz zum Rollen (um die Längsachse) auf, ausgelöst durch das Motormoment in einer entgegengesetzt gerichteten Reaktionsbewegung auf das Propellermoment. Auch hier besteht die Möglichkeit zur konstruktiven oder steuernden Korrektur.

✎ Übung

1. Wodurch *unterscheiden* sich Brems- von Störklappen?
2. Worin besteht die *Aufgabe* eines Propellers?
3. Wodurch weicht die *Geometrie* des Propellers ab von der des Tragflügels?
4. Wie errechnet man den *Wirkungsgrad eines Propellers*, und mit welchen konstruktiven Mitteln lässt er sich erhöhen?
5. Berechnen Sie den *schädlichen Widerstand* eines Flugzeuges nach den Maßen einer Dreiseitenansicht (Größe der Bezugsflächen gemäß *Bild 8.4.14*). Der Widerstandsbeiwert der Bauteile muss herausgelesen werden aus den Angaben in Bild 8.4.2 und Bild 8.2.2. Schätzen Sie den Interferenzwiderstand ab. (Tipp: Sie erleichtern sich die Arbeit, wenn Sie die Werte tabellarisch erfassen.)
6. Ermitteln Sie eine (mutmaßliche) *Gesamtpolare* des Flugzeuges aus den Widerstandswerten der Aufgabe 5, der Profilpolare in Bild 8.2.10 und Ihren Berechnungen zum induzierten Widerstand.
7. Berechnen Sie die *Gleitzahl* aus den ermittelten Werten in Aufgabe 6.

Bild 8.4.14
Dreiseitenansicht zur Berechnung
des «schädlichen Widerstandes»
in Aufgabe 5

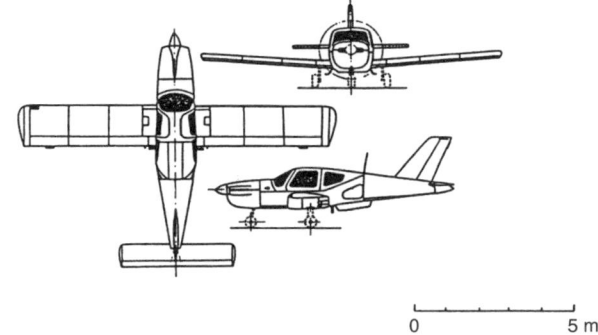

8.5 Flugzustände und Flugleistungen

Um die Flugzeugbewegungen im freien Raum zu beschreiben, legt man in das zu betrachtende Flugzeug ein Koordinatenkreuz, dessen Achsen durch den Flugzeugschwerpunkt gehen.

Beim **geradlinigen, unbeschleunigten Flug** gehen nur die durch die Flugzeugmasse bedingte Gewichtskraft in die Überlegungen und damit in die Berechnungen ein.

8.5.1 Horizontalflug

Da das Flugzeug überwiegend horizontal fliegt, ist dieser Flugzustand für die Beurteilung der Flugzeugleistungen von besonderer Bedeutung. Ein Horizontalflug *(Bild 8.5.1)* besteht bei waagerechter Flugbahn und setzt voraus, dass die Auftriebskraft so groß wird, um die Gewichtskraft des Flugzeuges aufzuheben, und eine Vortriebskraft erzeugt wird, mit der die gesamte Widerstandskraft überwunden wird *(Bild 8.5.2)*.

Bild 8.5.1   Beispiel eines Reiseflugzeuges im Horizontalflug

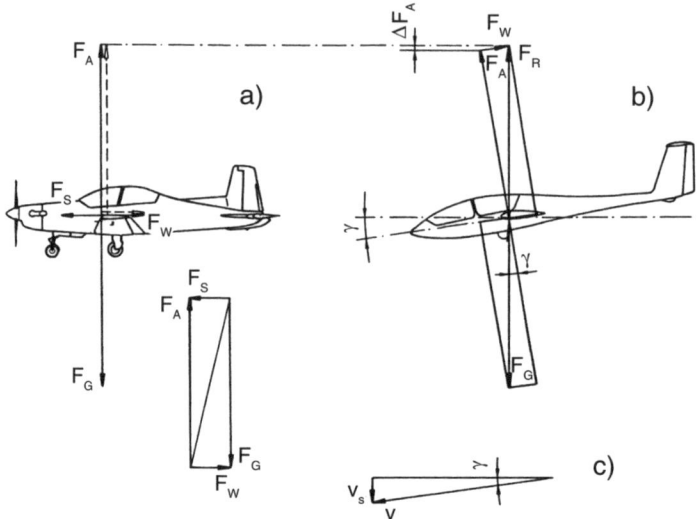

Bild 8.5.2 Die Kräfte am Flugzeug im Gleichgewichtszustand
a) am Motorflugzeug, b) am Segelflugzeug
F_A Auftriebskraft; F_G Gewichtskraft; F_s Vortriebskraft (Schubkraft); F_W Widerstandskraft; γ Gleitwinkel; v Reisegeschwindigkeit; v_s Sinkgeschwindigkeit; ΔF_A Differenz zur Auftriebskraft des Horizontalfluges

Man stellt sich den Angriffspunkt der Kräfte im Schwerpunkt des Flugzeuges vor. Dieses wird erreicht, indem insbesondere die Auftriebskraft parallel zu ihrer Wirkungslinie verschoben wird. (Das in der Wirklichkeit vorhandene Moment mit kopflastiger Wirkung spielt zwar für die Stabilität und Steuerung des Flugzeuges eine große Rolle, muss aber hier nicht weiter bedacht werden.) Nach den Gesetzen der Statik befinden sich die Kräfte im Gleichgewicht, wenn ihre Summe Null ergibt:

$$F_A - F_G = 0 \Rightarrow F_S - F_W = 0$$

Unter Einbeziehung des Auftriebsgesetzes heißt es

$F_G = A \cdot c_A \cdot \rho/2 \cdot v^2$, nach der Fluggeschwindigkeit umgestellt: $v = \sqrt{\dfrac{F_G}{A} \cdot \dfrac{2}{\rho} \cdot \dfrac{1}{c_A}}$

Der Geschwindigkeitsformel lässt sich zunächst entnehmen, dass der Verhältniswert F_G/A als so genannte (Trag-)Flächenbelastung in N/m² die notwendige Fluggeschwindigkeit beeinflusst. Die auszumachende Zunahme der Flächenbelastung *(Bild 8.5.3)* im Flugzeugbau lässt durch neuzeitliche Werkstofftechnologie die Mindestgeschwindigkeit im Horizontalflug ansteigen.

Das in Bild 8.5.2a dargestellte Flugzeug hat eine maximale Flugmasse von $m = 3200$ kg und eine Tragflügelfläche von $A = 16{,}29$ m². Damit beträgt die Flächenbelastung etwa

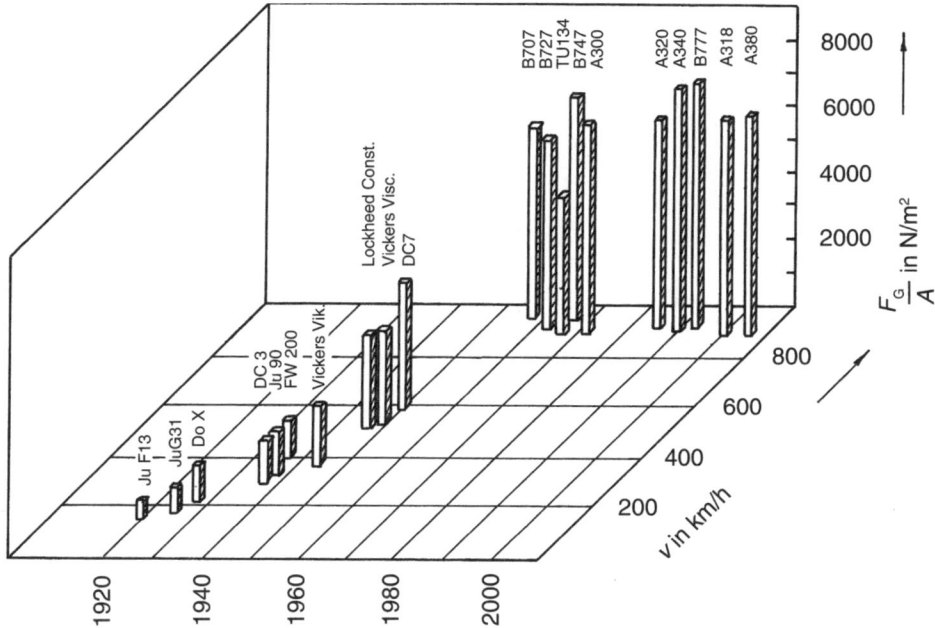

Bild 8.5.3 Flächenbelastung F_G/A an Verkehrsflugzeugen, der Reisegeschwindigkeit und dem Einführungsjahr zugeordnet

$$F_G/A = 32\,000\,\text{N} / 16{,}29\,\text{m}^2 = 1964\,\text{N/m}^2$$

Der Belastungswert gilt als Maximalwert und reduziert sich während des Fluges um die Masse des verbrauchten Kraftstoffes. Durch die Größe ρ in der Formel wird die unterschiedliche Dichte in der Luft berücksichtigt. Je höher das Flugzeug fliegt, umso größer muss die Fluggeschwindigkeit zur Aufrechterhaltung des Auftriebes ausfallen. Der Auftriebsbeiwert schließlich kann vom Piloten direkt durch entsprechendes Anstellen des Tragflügels über das Höhenruder beeinflusst werden.

Die geringstmögliche Fluggeschwindigkeit wird bei maximalem Auftrieb erreicht durch

$$v_{\min} = \sqrt{\frac{F_G}{A} \cdot \frac{2}{\rho} \cdot \frac{1}{c_{A\max}}} \quad \text{in m/s}$$

Wenn im vorliegenden Beispiel $c_{A\max} = 2{,}2$ und $\rho = 0{,}525\,\text{kg/m}^3$ in 8000 m Höhe betragen, erhält man als Mindestgeschwindigkeit

$$v_{\min} = \sqrt{\frac{1964\,\text{N} \cdot 2 \cdot \text{m}^3}{\text{m}^2 \cdot 0{,}525\,\text{kg} \cdot 2{,}2}} = \sqrt{3401\,\frac{\text{m}^2}{\text{s}^2}} = 58{,}3\,\text{m/s} = 210\,\text{km/h}$$

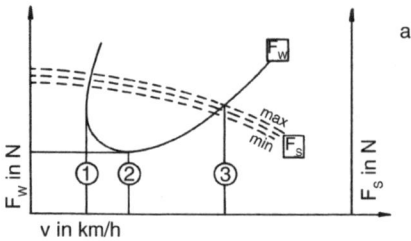
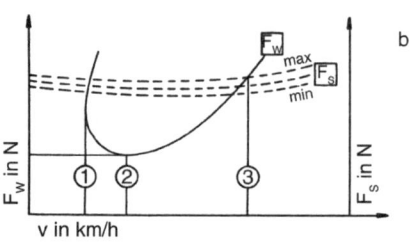

Bild 8.5.4
Vortriebs- und Widerstandskraft im Verhältnis zur Fluggeschwindigkeit
a) bei Luftschraubenflugzeugen, b) bei Luftstrahlflugzeugen
max maximaler Triebwerksschub; min minimaler, gedrosselter Triebwerksschub
1 v_{min} im Horizontalflug
2 E_{max} im Horizontalflug
3 v_{max} im Horizontalflug

Dieser Wert darf aber nicht absolut gesetzt werden. Die Auftriebswerte fallen nämlich bei voller Triebwerksleistung größer aus als bei gedrosselter Leistung *(Bild 8.5.4)*. Außerdem macht das Polardiagramm deutlich, dass bei großen Anstellwinkeln der Widerstandsbeiwert überproportional zunimmt. Insofern muss auch auf die Leistungsgrenze des Triebwerks geachtet werden.

Aus $F_S = F_W$ kann durch Erweitern des Bruches eine Beziehung zum Auftrieb hergestellt werden: $F_S = (F_W \cdot F_A) / F_A$.

Nach den Überlegungen zur Strömungslehre («Auftrieb und Widerstand», Abschnitt 8.2.3) kann auch geschrieben werden:

$$F_S = (c_W \cdot F_A) / c_A = F_A / E = F_G / E$$

womit deutlich wird, dass bei vorgegebener Flugzeugmasse die Triebwerksleistung umso geringer ausfallen kann, je größer die Gleitzahl (aerodynamische Güte) ist.

Die eingangs aufgestellte Gleichgewichtsbedingung mit den vier angreifenden Kräften gilt nur für Motorflugzeuge. Da Segelflugzeuge nicht über eine eigene Vortriebskraft verfügen, kann bei ihnen der Gleichgewichtszustand nur in einem abwärts gerichteten Gleitflug hergestellt werden.

8.5.2 Gleitflug

Im Gleitflug des Segelflugzeuges kann die Gewichtskraft in zwei Komponenten, nämlich in eine senkrechte und eine parallele Komponente zur Flugbahn, zerlegt werden (vgl. hierzu Bild 8.5.2b). Gleichgewicht herrscht nun, wenn die Summe der Kraftkomponenten null ergibt:

$$F_A - F_G \cdot \cos \gamma = 0 \text{ und } F_W - F_G \cdot \sin \gamma = 0$$

Bei Motorflugzeugen wird das Gleiten mit gedrosselten Triebwerken durchgeführt. Ihr Gleitwinkel und damit ihr Höhenverlust sind größer. Dem Motorflugzeug wird hierbei keine Vortriebskraft zugeführt, sondern entnommen.

Man kann der Auftriebsgleichung entnehmen, dass beim Gleiten die wirksame Auftriebskraft geringer ist als beim Waagrechtflug und dass diese Auftriebskraft abnimmt mit größer werdendem Gleitwinkel γ. Bei seiner Zunahme wird auch die Sinkgeschwindigkeit v_S des Flugzeuges erhöht. Sie stellt die senkrechte Komponente der Bahngeschwindigkeit v dar (vgl. Bild 8.5.2c). Es heißt deshalb aufgrund sin $\gamma = v_S/v$:

$$F_W = F_G \cdot \sin \gamma = F_G \cdot v_S/V \text{ und } v_S = (F_W \cdot v)/F_G$$

Unter Einbeziehung der Formel für die Fluggeschwindigkeit (vgl. Abschnitt 8.5.1) ergibt sich

$$v_S = \frac{F_W}{F_G} \cdot \sqrt{\frac{F_G}{A} \cdot \frac{2}{\rho} \cdot \frac{1}{c_A}} \text{ und } v_S = \frac{c_W}{c_A} \sqrt{\frac{F_G}{A} \cdot \frac{2}{\rho} \cdot \frac{1}{c_A}}$$

Die Geschwindigkeit mit dem geringsten Sinken kann deshalb erreicht werden, wenn

$$v_{S\min} = \sqrt{\frac{F_G}{A} \cdot \frac{2}{\rho} \cdot \left(\frac{c_W{}^2}{c_A{}^3}\right)} \min.$$

Diese Formel lässt folgende Schlussfolgerungen zu: Die Sinkgeschwindigkeit fällt geringer aus bei

❏ abnehmender Flächenbelastung des Flügels F_G/A (s. Segelflugzeugkonstruktionen);
❏ Gleitflügen in geringer Höhe (s. Landevorgang);
❏ höheren Auftriebswerten (-hilfen) mit verhältnismäßig geringen Widerständen.

Die Fluggeschwindigkeit bei minimalem Sinken, die für die Leistungsgröße «maximale Flugdauer» wichtig ist, liegt grundsätzlich niedriger als die Fluggeschwindigkeit bei bestem Gleiten, die für die Leistungsgröße «maximale Reichweite» von Bedeutung ist. Zur Einschätzung des Flugvorganges dient die Geschwindigkeitspolare. Sie wird über der Koordinate für die Fluggeschwindigkeit v in Abhängigkeit von der Sinkgeschwindigkeit v_S dargestellt. Man pflegt die senkrechte Koordinate wegen ihrer in der Realität nach unten gerichteten Wirkung entsprechend anzuordnen *(Bild 8.5.5)*. Im Flug wird der Pilot durch das Variometer über die Größe der Sinkgeschwindigkeit in m/s informiert. Die Geschwindigkeitspolare entsteht aus den vorstehenden Formeln zur Bestimmung der Flug- und Sinkgeschwindigkeit und ist abzuleiten aus der Flugzeugpolare.

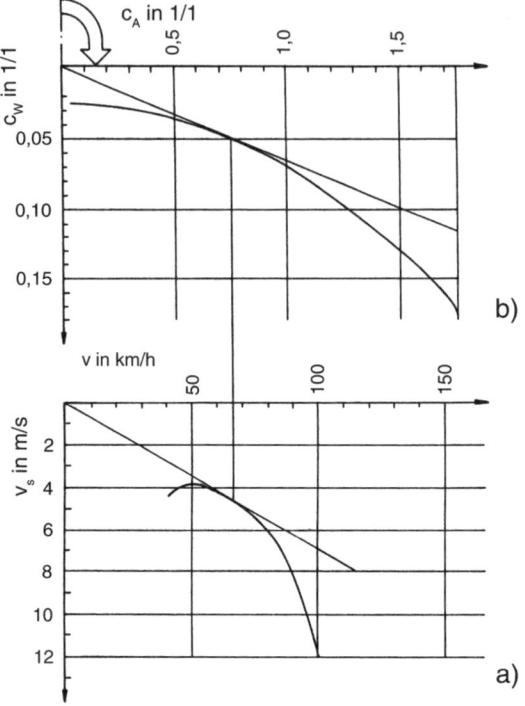

Bild 8.5.5
Geschwindigkeits-Sinkpolare (a) in Bodennähe eines Motorflugzeuges nach Bild 8.5.2a, unter Verwendung der Flugzeugpolare aus Bild 8.4.3, um 90° gedreht in (b) dargestellt

8.5.3 Steigflug

Für den Steigflug *(Bild 8.5.6)* gelten dem Gleitflug vergleichbare Kraft- und Geschwindigkeitszusammenhänge. Die Vertikalkomponente ist hierbei nach oben gerichtet.
Es heißt hier *(Bild 8.5.7)*:

$$F_S = F_W + F_G \cdot \sin \gamma \text{ und } F_A = F_G \cdot \cos \gamma$$

Bild 8.5.6
Beispiel eines Reiseflugzeuges im Steigflug

Bild 8.5.7
Kräfte am Flugzeug im Steigflug
v_{st} Steiggeschwindigkeit

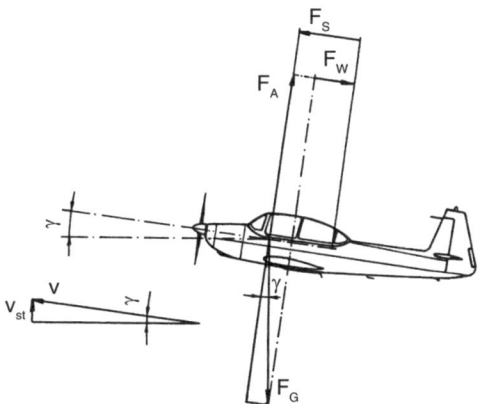

Dem Kräftedreieck kann man entnehmen, dass im Steigflug die Vortriebskraft F_S größer sein muss als die Widerstandskraft, um eine zusätzlich nach rückwärts gerichtete Gewichtskraftkomponente zu überwinden. Im Geschwindigkeitsdreieck erscheint die Steiggeschwindigkeit als $v_{st} = v \cdot \sin \gamma$.

Das Flugzeug steigt, indem zusätzliche Energie bereitgestellt wird, bei Motorflugzeugen über Triebwerksleistung oder -schub, bei Segelflugzeugen über den Aufwind. Beim Propellerflugzeug heißt es

$$v_{st} = \left(\frac{P \cdot \eta}{F_G}\right) - \sqrt{\frac{F_G}{A} \cdot \frac{2}{\rho} \cdot \frac{c_W^2}{c_A^3}}$$

P Motorleistung in Nm/s
η Propeller-Wirkungsgrad in 1/1
F_G Gewichtskraft in N

Man kann aus der Formel herauslesen, dass von der bereitgestellten Steiggeschwindigkeit der Anteil der Sinkgeschwindigkeit (vgl. Abschnitt 8.5.2) abgezogen werden muss. Im vorstehenden Beispiel nach Bild 8.5.2 soll die Antriebsleistung $P = 800$ kW betragen und der Wirkungsgrad des Propellers mit $\eta = 0{,}8$ angenommen werden (vgl. «Der Propeller» in Abschnitt 8.4.4). Dann beträgt bei z.B. der optimalen Gleitzahl E die Steiggeschwindigkeit

$$v_{St} = \frac{800 \cdot 1000 \text{ Nm} \cdot 0{,}8}{32000 \text{ N} \cdot \text{s}} - 4{,}4 \frac{\text{m}}{\text{s}} = 20 \frac{\text{m}}{\text{s}} - 4{,}4 \frac{\text{m}}{\text{s}} = 15{,}6 \frac{\text{m}}{\text{s}}$$

Wird die Steiggeschwindigkeit in Abhängigkeit von der Fluggeschwindigkeit aufgetragen, erhält man die Steigpolare des Flugzeuges *(Bild 8.5.8)*. Man kann am Verlauf der Polare erkennen, dass es eine dem Gleiten vergleichbare optimale Steiggeschwindigkeit gibt. Niedrigere und höhere Fluggeschwindigkeiten erbringen geringere Steiggeschwindigkeiten.

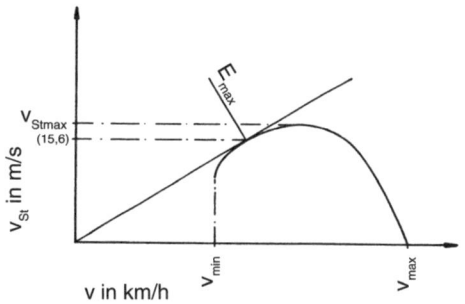

Bild 8.5.8
Beispiel der Geschwindigkeits-Steigpolare eines Motorflugzeuges in Bodennähe. Bei Betätigung der Landeklappen verringern sich die Geschwindigkeitswerte.

Der aerodynamisch beeinflusste Anteil in der Steigungsformel befindet sich im c_W^2/c_A^3. Sein Kehrwert wird als **Steigzahl** (in Fortschreibung der Kenngröße «Gleitzahl») bezeichnet, die bei maximalen Zahlenwerten den größten Geschwindigkeitsanteil übrig lässt. Bei Luftstrahlflugzeugen wird gerechnet mit

$$v_{st} = \left(\frac{F_S \cdot v}{F_G}\right) - \sqrt{\frac{F_G}{A} \cdot \frac{2}{\rho} \cdot \frac{c_W^2}{c_A^3}} \quad \text{oder} \quad v_{st} = \left(\frac{F_S \cdot v}{F_G}\right) - v_S$$

Die Formel macht im Einzelnen deutlich, dass je nach Triebwerksauslegung, Flächenbelastung, Flughöhe und Steigzahl (und damit Profilform, Anstellung, Klappen- und Vorflügelhilfen) sehr unterschiedliche Geschwindigkeitszahlen des Steigens und Sinkens zustande kommen können, so dass das durchgerechnete Beispiel nicht verallgemeinert werden darf. Generell empfiehlt es sich, die Leistungsdaten vergleichbarer Flugzeuge für bestimmte Flugzustände zu untersuchen und anschließend gegenüberzustellen.

8.5.4 Ungleichförmige Flugzeugbewegungen

Im Flug mit Geschwindigkeits- oder Richtungsänderung treten über die im Horizontalflug vorhandenen Gewichtskräfte hinaus zusätzliche Massenkräfte auf.

Beschleunigungsflug

Im beschleunigten Horizontalflug tritt in vertikaler Richtung keine Änderung am Kräftegleichgewicht ein – im Gegensatz zum unbeschleunigten Flug.

Es bleibt bei $F_A = F_G$. In horizontaler Richtung jedoch wirkt durch die zusätzliche Beschleunigung b in m/s² die Kraft $F_b = m \cdot b$, eine vom Flugzeugführer oder -passagier zu spürende Massenkraft, wenn er beim Beschleunigen nach rückwärts in den Sitz gedrückt wird. Um diesen Kraftanteil muss die Vortriebskraft erhöht werden: $F_S = F_W + F_b$. Im verzögerten Horizontalflug wirkt die zusätzliche Massenkraft nach vorn, so dass weniger Vortriebskraft als bei der gleichförmigen Flugbewegung benötigt wird: $F_S = F_W - F_b$.

Geschwindigkeitsänderungen finden häufig bei Militärflugzeugen statt, weniger bei Verkehrs- und Reiseflugzeugen. Deren Flugverlauf ist vornehmlich gekennzeichnet durch den Start, das beste Steigen zur Erreichung der Reisegeschwindigkeit und das Verzögern auf die Anflug- und Landegeschwindigkeit.

Kurvenflug

Im Kurvenflug findet eine Richtungsänderung statt, bei der in horizontaler Richtung wie im einfachen Geradeausflug ein Kräftegleichgewicht herrscht mit $F_S = F_W$ *(Bild 8.5.9)*. Die vertikale Richtung *(Bild 8.5.10)* erfährt eine Schwenkung um die Größe der Querneigung, die so groß ausfallen muss, dass das Flugzeug seitlich nicht abrutscht

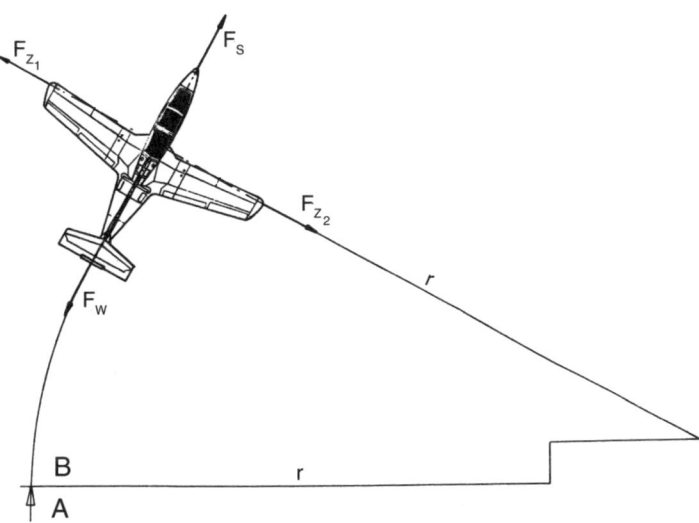

Bild 8.5.9   Gleichförmige Flugzeugbewegung im horizontalen Geradeausflug (A) sowie Übergang zur ungleichförmigen Bewegung des Flugzeuges im Horizontal-Kurvenflug (B)
F_S Vortriebskraft; F_W Widerstandskraft; F_{Z1} Zentrifugalkraft; F_{Z2} Zentripetalkraft; r Kurvenradius

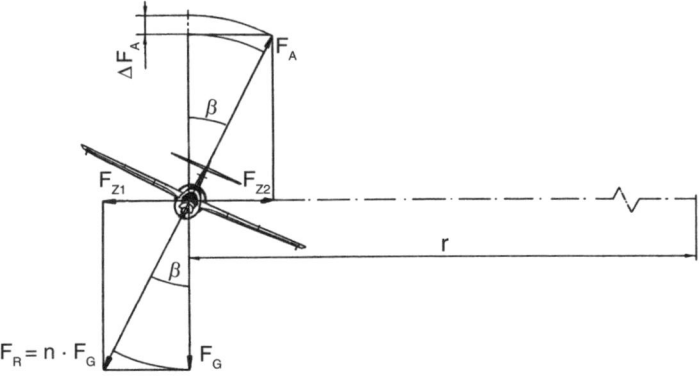

Bild 8.5.10   Die Kräfte beim Kurvenflug
n, g Lastvielfaches; ΔF_A notwendige Erhöhung der Auftriebskraft durch das Lastvielfache; β Schräglage in Grad

(«schiebt»), als Vorgang zu vergleichen mit dem Motorradfahrer, der sich in einer Fahrkurve nach innen neigt. Die Größe des Neigungswinkels ergibt sich aus der Notwendigkeit, die resultierende Kraft aus Zentrifugal- und Gewichtskraft sowie erhöhter Auftriebskraft im Gleichgewicht zu halten:

$$F_A = F_R \text{ bzw. } F_A = F_G / \cos \beta$$

Grafisch und mathematisch betrachtet, fällt die resultierende Kraft F_R stets größer als F_G aus. Sie stellt dabei ein Vielfaches der Gewichtskraft dar. Man gebraucht deshalb den Ausdruck **Lastvielfaches** und drückt es durch den Faktor n oder g als einfache Erdbeschleunigung aus. So heißt es

$$F_A = n \cdot F_G$$

Das Lastvielfache steigt bei einer Schräglage des Flugzeuges von 60° bereits auf das Doppelte, da cos 60° = 0,5 beträgt *(Bild 8.5.11)*. Je nach Flugzeugtyp sind nach FAR Lastvielfache von 2,5 · n (Verkehrsflugzeuge) bis 6,0 · n (kunstflugtaugliche Flugzeuge) als maximale Tragwerksbelastung vorgesehen. Mit bis zu 10 · n können Militärflugzeuge ausgelegt sein.

Die Schräglage des Flugzeuges lässt sich aus der Beziehung tan $\beta = F_Z / F_G$ rechnerisch ablesen. Von der Zentrifugalkraft F_Z weiß man nach den Gesetzen der Dynamik, dass sie mit der Reaktionskraft, der Zentripetalkraft, im Gleichgewicht steht (s. Bild 8.5.9). Diese wirkt auf den Mittelpunkt eines Kreises mit dem Radius r, auf dessen Umfangsbahn eine (Flugzeug-)Masse m mit der Bahngeschwindigkeit v bewegt wird. Es heißt also $F_Z = m \cdot v^2 / r$. (Die Bahngeschwindigkeit muss dabei als eine zusammengesetzte Bewegung aufgefasst werden, bestehend aus einer tangentialen und einer zentrisch gerichteten Geschwindigkeitskomponente, die zusammen eine gleichmäßig beschleunigte Bewegung ausmachen, mit $a = v^2 / r$.)

Die Schräglage bestimmt sich nun unter Einbeziehung der Zentrifugalkraft durch tan $\beta = m \cdot v^2 / (r \cdot m \cdot g)$ und nach dem Kürzen durch tan $\beta = v^2 / r \cdot g$. Dieser Formel kann entnommen werden, dass die Schräglage umso größer ausfällt, je höher die

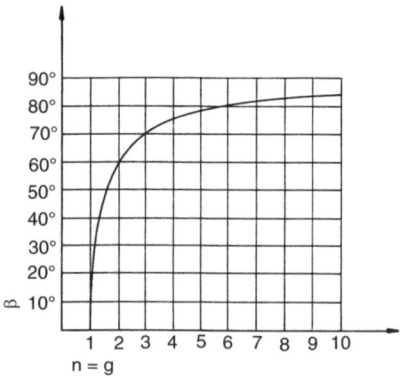

Bild 8.5.11
Die Schräglage des Flugzeuges in Abhängigkeit vom Lastvielfachen

Bild 8.5.12
Der Kurvenradius des Flugzeuges in Abhängigkeit von der Geschwindigkeit bei verschiedenen Lastvielfachen

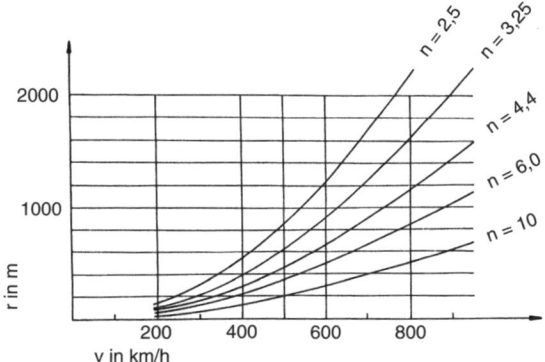

Fluggeschwindigkeit (überproportional ansteigend!) und je kleiner der Kurvenradius gewählt wird. Mit dem Flugzeug nach den Bildern 8.5.9 und 8.5.10 wird angenommenerweise ein Kurvenflug durchgeführt, bei dem die Fluggeschwindigkeit $v = 500$ km/h und der Kurvenradius $r = 1000$ m betragen. Die Schräglage berechnet sich somit zu

$$\tan \beta = \frac{(500/3{,}6)^2 \text{ m}^2 \cdot \text{s}^2}{1000 \text{ m} \cdot \text{s}^2 \cdot 9{,}81 \text{ m}} = 1{,}966 \Rightarrow \beta = 63°$$

Das entspricht nach Bild 8.5.11 einem Lastvielfachen von $n = 2{,}2$. Das Flugzeug befindet sich also im Rahmen zulässiger Tragwerksbelastung.

Soll aus der Fluggeschwindigkeit abgelesen werden, wie groß der Kurvenradius maximal ausfallen darf in Abhängigkeit vom größtmöglichen Lastvielfachen des betreffenden Flugzeuges, muss ein rechnerischer Zusammenhang zwischen den beiden Komponenten der Resultierenden F_R hergestellt werden (vgl. Bild 8.5.10). Gemäß PYTHAGORAS kann es heißen: $(n \cdot F_G)^2 = F_G^2 + F_Z^2$. Nach dem Einsetzen der bekannten Werte für F_Z kann geschrieben werden (wenn für $F_G/m = g$ gesetzt wird):

$$n^2 \cdot F_G^2 = F_G^2 + \left(\frac{m \cdot v^2}{r}\right)^2 \Rightarrow \sqrt{F_G^2 \cdot (n^2 - 1)} = \frac{m \cdot v^2}{r} \Rightarrow r = \frac{v^2}{g \cdot \sqrt{n^2 - 1}}$$

Bild 8.5.12 zeigt die grafische Umsetzung der Formel mit den flugzeugtechnischen Zahlen. Diese Darstellung macht deutlich, dass bei hohen Fluggeschwindigkeiten kleine Kurven nur von Flugzeugen mit hohen Lastvielfachen geflogen werden dürfen.

Das vorstehend begonnene Beispiel kann mit der letzten Formel nun wie folgt rechnerisch abgeschlossen werden. Bei $v = 500$ km/h und $n = 6{,}0$ beträgt

$$r = \frac{(500/3{,}6)^2 \text{ m}^2 \cdot \text{s}^2}{\text{s}^2 \cdot 9{,}81 \text{ m} \sqrt{6^2 - 1}} = 332{,}38 \text{ m}$$

✍ Übung

1. Wie verhalten sich *Vortriebs-* und *Widerstandskraft* im unbeschleunigten und im beschleunigten Horizontalflug?
2. Welche Bedeutung hat die Gleitzahl des Flugzeuges für die *Triebwerksleistung*?
3. Welche *Auswirkungen auf die Geschwindigkeitspolaren* hat eine Erhöhung der Flächenbelastung?
4. Ein Segelflugzeug soll mit *konstantem Gleitwinkel* fliegen. Muss sich beim Durchfliegen verschiedener Höhen der Auftriebsbeiwert oder auch die Fluggeschwindigkeit ändern?
5. Bestimmen Sie die *maximale Steigzahl* eines Flugzeuges mit der Gesamtpolaren nach Bild 8.4.4.
6. Wann befindet sich ein Flugzeug in *kurvenrichtiger* Schräglage?
7. Wie groß ist das *Lastvielfache* eines Flugzeuges im Kurvenflug, wenn seine Fluggeschwindigkeit 700 km/h beträgt und der Kurvenradius 900 m groß ist?

8.6 Flugstabilität und Steuerung

8.6.1 Stabilitätsgrade

Während des Horizontalfluges bleibt das Flugzeug um drei festgelegte Achsen beweglich *(Bild 8.6.1)*. Es dreht sich um eine oder mehrere dieser Achsen, wenn eine Änderung des Flugzustandes stattfinden soll. Bezugspunkt dabei ist der Schwerpunkt, dessen Lage am Flugzeug nicht eindeutig feststeht, sondern sich in Grenzen verändern kann durch bauteil- oder betriebsseitige Einflüsse (Nachrüstungen, Reparaturen; Zuladungen, Kraftstoffverbräuche).

Die **Längsachse** x wird allgemein beschrieben als eine gedachte, von vorn bis hinten durch den Rumpf verlaufende Gerade. Eine durch das Querruder ausgelöste Drehbewegung um die Längsachse wird als **Rollen** bezeichnet.

Die **Querachse** y verläuft der Festlegung nach waagerecht quer zur Längsachse von Flügelende bis Flügelende. Beim Betätigen des Höhenruders findet eine Drehbewegung um die Querachse statt, die als **Nicken** bezeichnet wird.

Die **Hochachse** z ist im Normsystem (vgl. LN 9300) senkrecht auf den beiden anderen Achsen angeordnet. Beim Bedienen des Seitenruders erfolgt eine Drehbewegung um die Hochachse, die **Gieren** genannt wird.

Bei der Durchführung eines Flugmanövers werden die genannten Drehbewegungen einzeln oder gemeinsam durchgeführt. Durch Ruderausschlag wird das Manöver eingeleitet, durch ein Rückstellen des Ruders auf Neutralstellung wird der Zustand aufrechterhalten, und durch einen entgegengesetzten Ruderausschlag gegenüber dem Anfang wird das Flugzeug wieder in die ursprüngliche Fluglage zurückgeführt.

Im Flug auftretende Störkräfte, hervorgerufen durch z.B. Böen oder Turbulenzen, erfordern über die Störzeit hinweg eine Korrektur der Fluglage. Man braucht aber

Bild 8.6.1
Die Bewegungen um die Koordinatenachsen
a) Rollen = Drehen um die Längsachse
b) Nicken = Drehen um die Querachse
c) Gieren = Drehen um die Hochachse

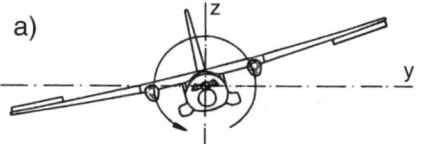

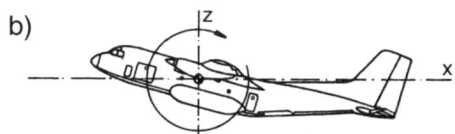

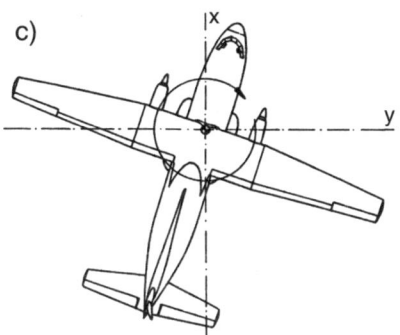

diesen Kräften nicht mit entsprechendem Ruderausschlag zu begegnen, wenn das Flugzeug mit ausreichender Flugstabilität ausgestattet ist. Flugstabilität liegt bei einem Flugzeug dann vor, wenn es nach äußeren Störungen selbstständig in die Ausgangslage zurückkehrt.

Bei der Untersuchung der Flugstabilität *(Bild 8.6.2)* kann man sich darauf beschränken, Anfang und Ende der Störung zu betrachten. Es wird dabei z.B. festgestellt, dass das Flugzeug wieder eine stabile Fluglage eingenommen hat. Man sagt dann in diesem Fall, es sei statisch stabil. Entsprechend wird ein Flugzeug, das von sich aus eine gestörte Fluglage nicht überwinden kann, als stabil indifferent oder neutral bezeichnet. Wenn sogar der Fall eintritt, dass sich das Flugzeug nach der Störung nicht mehr auf einen ständigen Flugzustand einstellen kann, ist es statisch labil.

Wird in die Störungsbetrachtung der Faktor Zeit mit einbezogen, innerhalb dessen die Störungsschwingung zur Ruhe kommt, bezieht man die dynamische Stabilität in die Überlegungen ein. Als deren Größe gilt die Halbwertszeit, die angibt, wann eine Störungsschwingung auf den halben Wert abgeklungen ist.

In der Wirklichkeit überlagern sich die in der Theorie getrennt betrachteten statischen und dynamischen Vorgänge. Von Ausnahmen abgesehen (z.B. Kunstflugzeuge), sollen Flugzeuge generell um alle drei Achsen flugstabil sein. Die Grenzen für eine Erhöhung der Flugstabilität ergeben sich aber durch einen überdurchschnittlich hohen

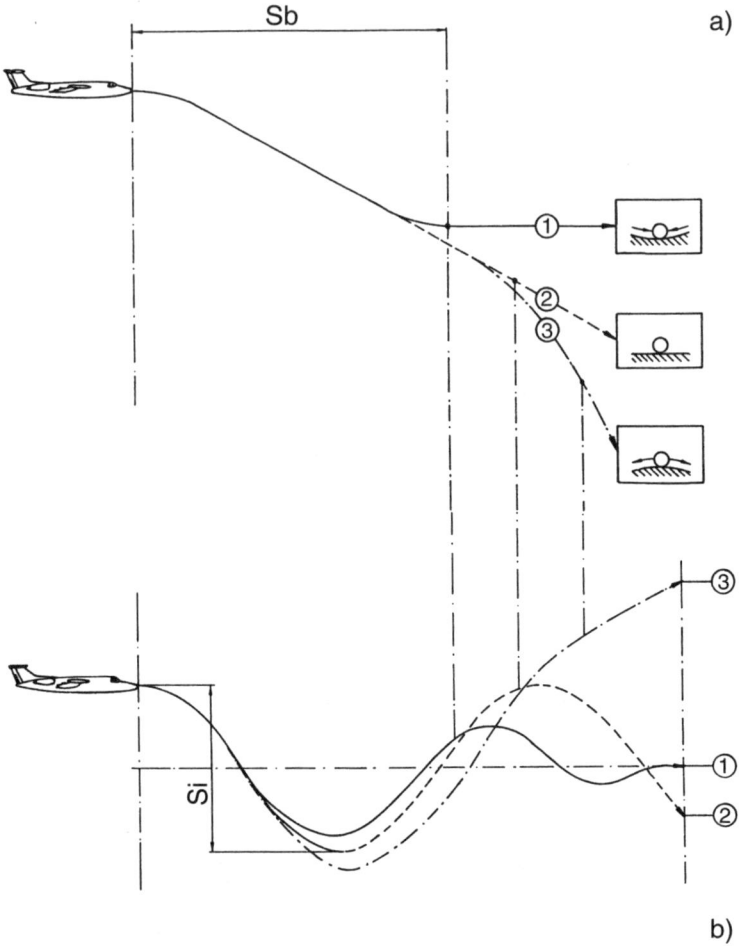

Bild 8.6.2 Flugstabilität
1 flugstabil; 2 flugindifferent oder flugneutral; 3 fluglabil
a) Statische Flugstabilität
Sb Störungsbereich bei einer Störung um die Querachse (= Längsstabilität)
b) Dynamische Flugstabilität
Si Störungsintensität

Leitwerksaufwand, der in Form eines erhöhten Massenanteils auch zu einer Verringerung der Wendigkeit führt.

8.6.2 Stabilität in der Bewegungsrichtung

Über die Flugzeugbewegungen im freien Raum befinden sich einige Erläuterungen in Abschnitt 8.5. Aus den Flugzeugbewegungen in Verbindung mit der Achsenfestlegung ergeben sich in Bewegungsrichtung (vgl. Bild 8.6.1):

❑ die Stabilität um die Längsachse: Hier ist das Flugzeug im Flug **querstabil**;
❑ die Stabilität um die Querachse: Hier ist das Flugzeug im Flug **längsstabil**;
❑ die Stabilität um die Hochachse: Hier ist das Flugzeug im Flug **richtungsstabil**.

Diese Nennungen stellen Stabilitätsgesichtspunkte und Betrachtungsweisen dar. In der Flugmechanik treten sie nicht isoliert auf, sondern bedingen einander. Nachfolgend sollen dazu ein paar Anmerkungen gemacht werden.

Die Querstabilität

Als querstabil kann ein Flugzeug bezeichnet werden, wenn es nach einer unbeabsichtigten Drehung um die Längsachse ohne einen zusätzlichen Ruderausschlag wieder in die Ausgangslage zurückkehrt. Die Anströmung der Tragflügelseiten verändert sich in der Weise, dass der höher gedrehte Tragflügel eine von schräg oben kommende Anströmung erfährt, durch die sich der Anstellwinkel verringert. Entsprechend größer fällt der Anstellwinkel auf dem nach unten gedrehten Flügel aus *(Bild 8.6.3)*. Durch die sich dabei bildende Auftriebsdifferenz entsteht ein Dämpfungsmoment, das als Rollmoment über die Nulllage hinaus im Sinne der dynamischen Stabilität wirken kann, um schließlich das Flugzeug in seiner Ausgangslage auspendeln zu lassen.

Bei dieser Stabilitätsnennung sollte darauf hingewiesen werden, dass beim einsetzenden Rollen auch ein Giermoment auftritt, weil dabei das Seitenleitwerk schräg seitlich angeströmt wird. Hierbei müssten bei ausführlicher Darstellung in Verbindung mit der Richtungsstabilität Probleme der Seitenstabilität angesprochen werden.

Zur Unterstützung oder Verbesserung der Querstabilität sind folgende konstruktive Maßnahmen gebräuchlich:

❑ eine V-Stellung der Tragflügel (Bild 8.6.3a), die die Bildung einer Auftriebsdifferenz verstärkt. Unabhängig von der Auftriebsdifferenz bildet sich durch das schräge Anströmen auch ein Schieberollmoment;
❑ eine über dem Schwerpunkt gelegene Tragflügelanordnung (Schulterdecker, Bild 8.6.3b) bzw. eine tiefe Lage des Massenmittelpunktes.

Bild 8.6.3
Querstabilität
$+\Delta F_A$ Auftriebszu- und
$-\Delta F_A$ Auftriebsabnahme

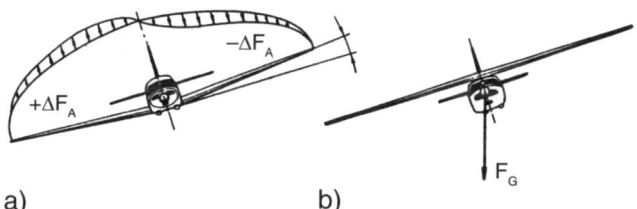

a)   b)

Die Längsstabilität

Längsstabil ist ein Flugzeug dann *(Bild 8.6.4)*, wenn es nach einer unplanmäßigen Drehung um die Querachse ohne Ruderausschlag durch ein entgegengesetztes Nickmoment in die Ausgangslage zurückkehrt. Dabei wirken sich die veränderten Auftriebsmomente vom Tragflügel und vom Leitwerk aus. Gerät das Flugzeug in eine schräg aufwärts

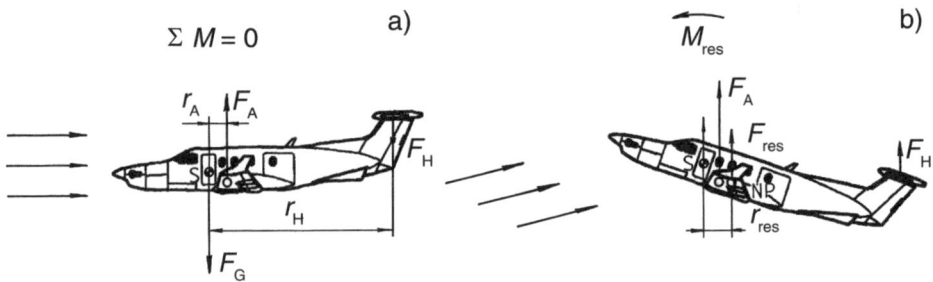

Bild 8.6.4 Längsstabilität
R_H (Höhen-) Leitwerkshebelarm
F_{AH} Auftriebskraft des Leitwerks
S Schwerpunkt
NP Neutralpunkt

gerichtete Böe, wird durch die veränderte Anströmrichtung der Anstellwinkel am Tragflügel größer, der Druckpunkt wandert nach vorn, und zusätzlicher Auftrieb F_A entsteht. Zugleich wird an der Höhenflosse durch die veränderte Anstellung eine Auftriebskraft erzeugt, die über einen langen Hebelarm zum Schwerpunkt ein aufrichtendes Moment erzeugt, das größer ist als das aus der zusätzlichen Auftriebskraft am Tragflügel mit sehr kurzem Hebelarm weiter nose up drehende Moment. Als Nickmoment M_{res} geht das rückdrehende Moment in seiner Wirkung über die Ausgangslage hinaus, bis die dynamischen Schwingungen auslaufen.

Voraussetzungen für eine wirksame Längsstabilität sind also

- eine Anordnung des Neutralpunktes hinter dem Schwerpunkt, wenn eine Störungseinleitung wie beschrieben vorliegt;
- das Vorhandensein einer genügend großen Dämpfungsfläche (Flosse des Höhenleitwerks).

Die Richtungsstabilität

Von einem richtungs- oder kursstabilen Flugzeug spricht man, wenn es sich nach einer unbeabsichtigten Drehung um die Hochachse ohne Betätigung des Seitenruders durch ein entgegengesetztes Giermoment in die Ausgangslage zurückdreht *(Bild 8.6.5)*. Der nach vorn drehende Flügel wird bei einer solchen Drehung mit größerer Geschwindigkeit als der nach hinten drehende angeströmt. Dadurch erhöht sich am vorderen Flügel die Auftriebskraft, die direkt den Widerstand, insbesondere den induzierten Widerstand, beeinflusst. Am zurückdrehenden Flügel werden beide Werte kleiner. Weil bei diesem Vorgang Auftriebs- und Widerstandskräfte wirksam werden, entsteht ein zusammengesetztes Gierrollmoment.

Bei der Drehung erfahren hinter dem Schwerpunkt liegende Flugzeugteile, vor allem das Seitenleitwerk, eine zusätzliche Anströmung, aus der sich ein zurückdrehendes Giermoment ergibt, das umso größer ausfällt, je mehr der Rumpf relativ gestreckt ist.

Bild 8.6.5
Richtungsstabilität
ΔF_W negative oder positive Zunahme der Widerstandskraft

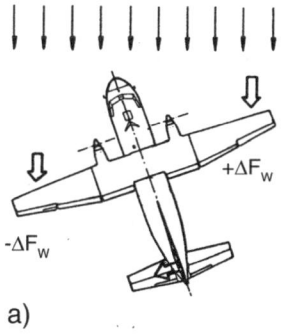
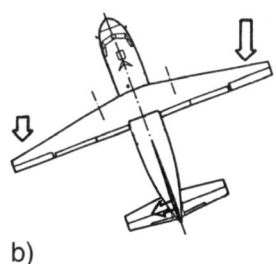

a)   b)

Eine wirksame Unterstützung der Richtungsstabilität wird durch die Tragflügelpfeilung erreicht.

Die für die Stabilität des Flugzeuges wirksamen Kräfte sind im Strömungsvorgang staudruckabhängig (vgl. Abschnitt 8.1). Die einzelnen Stabilitätsgrößen sind deshalb abhängig von der Flug-(Strömungs-)geschwindigkeit und der Dichte der Luft. Je niedriger diese Werte ausfallen, umso mehr Zeit wird das Flugzeug zum Auspendeln benötigen.

Mit der Flugstabilität wird ein Flugzustand aufrechterhalten, ein **neuer Flugzustand** wird aber durch die Steuerung herbeigeführt. Diese muss so ausgelegt sein, dass – in Gang gesetzt von kleinen Körperkräften des Piloten – an den Leitwerksflächen eine Ablenkung der Luftströmung stattfindet, durch die eine Druckveränderung eintritt und somit ein Moment zum Schwerpunkt des Flugzeuges gebildet wird, wodurch dieses eine neue Fluglage einnimmt.

Die Steuerung umfasst alle Bauteile eines Flugzeuges, die seine Steuerbarkeit gewährleisten, vor allem das Steuerwerk, die Steuerorgane (damit sind aus der Gruppe der aerodynamischen Organe die wirksamen Leitwerksflächen gemeint) und die Flugregler oder Autopiloten. Die beiden zuerst genannten Bauteilgruppen umfassen flugmechanische Zusammenhänge und bedürfen in diesem Kapitel einiger Erläuterungen.

8.6.3 Steuerwerk

Zum Steuerwerk gehören Bedien- und Übertragungselemente mit ihren Hilfsbauteilen, die das Betätigen der Steuerorgane gewährleisten. Als Bedienelemente werden hauptsächlich Steuersäule oder Steuerhorn zum Betätigen des Höhen- und des Querruders (bei Handradsteuerung durch Handrad) sowie Pedale für das Seitenruder verwendet. Der Transport der Steuerbefehle erfolgt bei kleinen Flugzeugen über Drahtseile oder Steuergestänge *(Bild 8.6.6)*, bei größeren durch Hydraulikelemente oder auch andere Arten der Kraftverstärkung *(Bild 8.6.7)*.

Um dem Piloten trotz der Kraftverstärker ein Steuergefühl zu vermitteln, gibt es Belastungsanlagen, die die vorhandenen Ruderkräfte an den Bedienelementen nachbilden (Gefühlssimulation). Außerdem müssen Trimmanlagen vorgesehen werden, um bei einer Veränderung der Fluglage wieder ein Kräfte- und Momentengleichgewicht herzustellen.

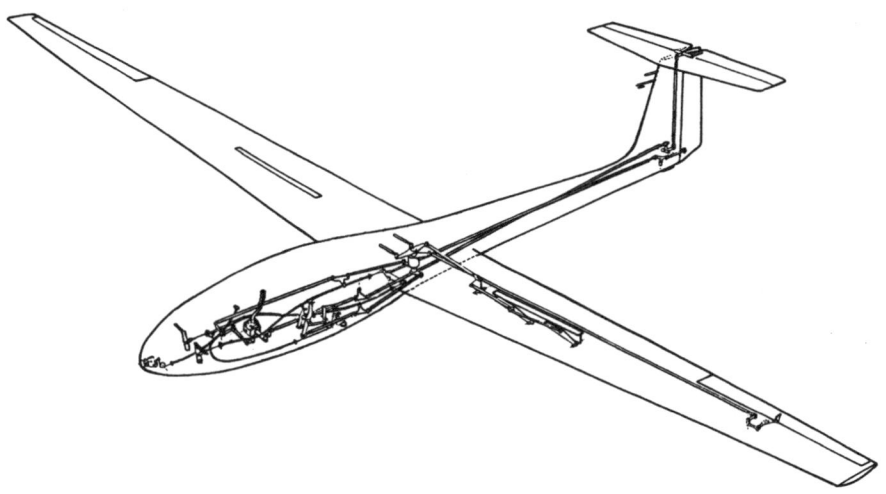

Bild 8.6.6 Beispiel eines mechanisch bestimmten Steuerwerks bei einem Segelflugzeug

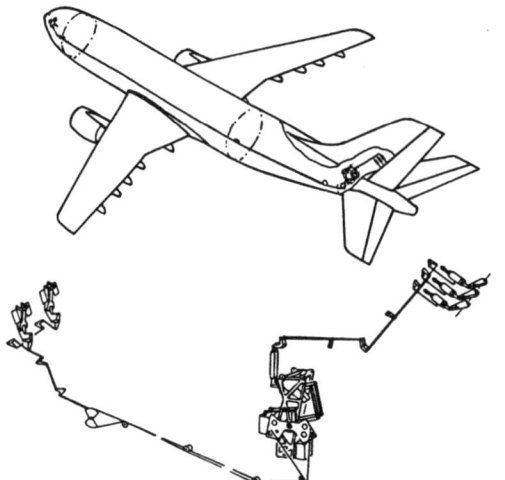

Bild 8.6.7
Beispiel eines hydraulisch bestimmten Steuerwerks bei einem Verkehrsflugzeug (Seitensteuerung)

Obwohl sich die mechanisch-hydraulischen Übertragungsanlagen in zurückliegenden Jahrzehnten bewährt haben, verbindet man mit ihnen in einer Zeit kostenbewusster Betriebsrechnung den Nachteil großer Massenanteile und beträchtlicher Raumbeanspruchung. Im modernen Flugzeugbau werden deshalb zunehmend elektrische Übertragungselemente eingesetzt. Die Steuerinformation zur Ansteuerung der Rudermaschinen mit Kraftverstärkung (Stellantriebe) werden dabei elektrisch über Drahtleitungen gegeben. Dieses «Fliegen per Draht» (engl.: *fly by wire*) ist, genau betrachtet, ein elektrohydraulisches Fliegen. Man erwartet aber für die Zukunft rein elektrische Stellantriebe.

In den Anfängen dieser Übertragungstechnik wurden die Informationen in Analogtechnik weitergegeben (1969: Concorde) und mit einem mechanischen System paral-

Bild 8.6.8
Beispiel eines optisch bestimmten Steuerwerks für ein Verkehrsflugzeug
1 Querruder; 2 mikroprozessorgesteuerte Höhenruder- bzw. Trimm-Stellmotoren; 3 mikroprozessorgesteuerte Seitenruder-Stellmotoren; 4 Störklappen-(Spoiler-)Stellmotoren; 5 Landeklappen; 6 Vorflügel; 7 Bedienelemente («Sidestick»); 8 Lichtleiter

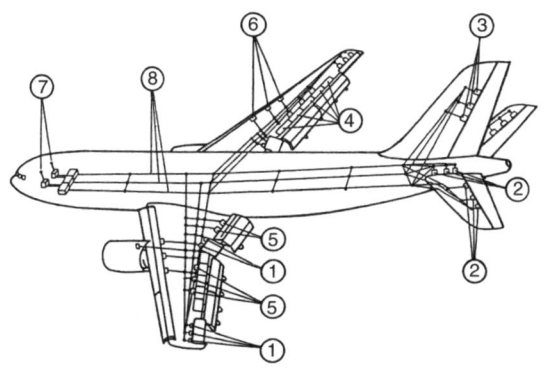

lelgeschaltet. Heute setzen sich Steuerwerke mit gemischten Systemen aus digitaler Informationsübertragung und mechanischen Systemen durch. Beim A 310 ist das elektrische System für die Steuerung der Lande- und Vorflügelklappen konzipiert – ein Steuerungssystem, auf das im Extremfall noch verzichtet werden könnte, während Höhen-, Quer- und Seitenruder mechanisch betätigt werden; schon beim A 320 verzichtet der Hersteller weitgehend auf eine mechanische Übertragung im Primärsteuersystem. Die Querruder-, Störklappen- und Höhenrudersteuerung wird bei diesem Flugzeug durch Steuersignale elektrisch übertragen.

Die gegenwärtige Entwicklung ist dadurch gekennzeichnet, dass als Übertragungsmaterial haardünne Glasfasern und als Signalträger Licht verwendet werden. Ein Lichtwegesystem führt ausfallsicher (drei parallele Lichtleitungen) von den Bedienelementen und dem Lichtsender zu den Lichtempfängern, in denen das optische Signal in ein digitales Signal mit dem entsprechenden Steuerbefehl umgewandelt wird *(Bild 8.6.8)*.

8.6.4 Steuerorgane (Steuerflächen)

Das Querruder

Eine Steuerung um die Längsachse wird durch Steuerflächen erzielt, die als Querruder an der Hinterkante des Tragflügels drehbar gelagert sind *(Bild 8.6.9)*. Bei Betätigung der Querruder erfolgt ein an den Tragflügeln entgegengesetzter Ruderausschlag. Der Tragflügel mit dem nach unten ausgeschlagenen Querruder wird nach oben bewegt, denn über die Breite des Querruders wird das Tragflügelprofil stärker gewölbt und damit sein Anstellwinkel vergrößert. Nach den Gesetzen der Aerodynamik wird dadurch eine zusätzliche Auftriebskraft gebildet (vgl. Abschnitt 8.2.2). Der Tragflügel mit dem nach oben ausgeschlagenen Querruder wird nach unten bewegt, weil auf dieser Seite durch eine abnehmende Profilwölbung kleinere Auftriebskräfte als vor Ruderbetätigung gebildet werden. Je nach Ruderausschlag nimmt nun das Flugzeug eine entsprechende Schräglage ein. Diese Fluglage ist aber nur dann frei von einem zusätzlichen Giermoment, wenn die Querruder unterschiedlich stark ausschlagen. Man muss sich schon auf der Entwurfsebene mit dem unerwünschten Rollgiermoment beschäftigen, weil mit der Änderung der Auftriebskräfte am Tragflügel-Querruderprofil

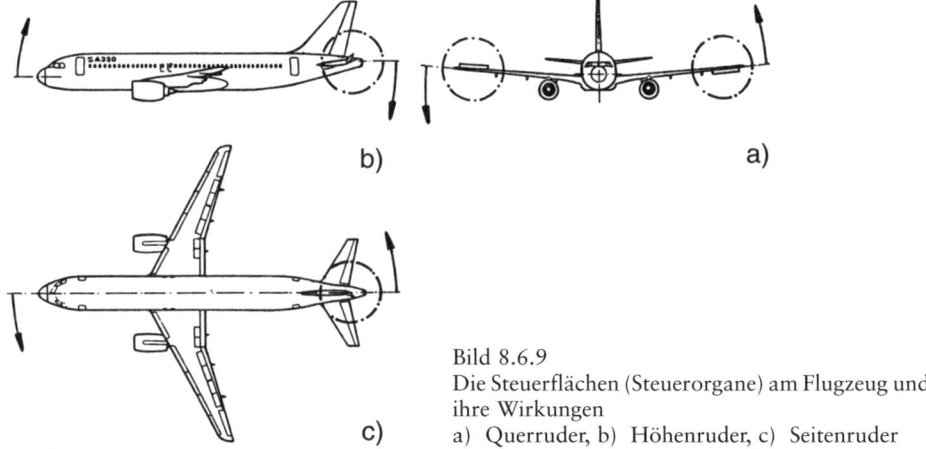

Bild 8.6.9
Die Steuerflächen (Steuerorgane) am Flugzeug und ihre Wirkungen
a) Querruder, b) Höhenruder, c) Seitenruder

auch eine Änderung der Widerstandskräfte verbunden ist. Der Tragflügel mit den größeren Auftriebskräften weist auch größere Widerstandskräfte auf, die das Flugzeug dann bei fehlendem Ausgleich zum Gieren bringen würden.

Die Steuerflächen des Querruders können umso kleiner ausgeführt werden, je weiter sie (längerer Hebelarm) vom Schwerpunkt entfernt angeordnet sind. Auch hier gilt – wie bei der Stabilitätsbetrachtung – die Staudruckabhängigkeit. Bei hohen Fluggeschwindigkeiten genügen schon kleinere Querrudermomente.

Das Höhenruder
Flugbewegungen um die Querachse werden durch die Steuerflächen des Höhenruders ermöglicht. Das Ruder ist hinter der Höhenflosse gelagert und kann nach oben (der Pilot «zieht») und nach unten (der Pilot «drückt») ausschlagen (Bild 8.6.9b). Höhenruder und Höhenflosse bilden zusammen ein Flügelprofil. Ausschläge des Ruders verändern die Wölbung des Profils, so dass am Höhenleitwerk entweder eine Auftriebserhöhung oder eine Auftriebsverminderung stattfindet. Das Steigen des Flugzeuges wird dadurch eingeleitet, dass der Pilot das Höhenruder nach oben ausschlägt und dabei negative Auftriebskräfte erzeugt werden. Diese nach unten gerichteten Kräfte kippen das Flugzeug nach oben. Da das Höhenleitwerk in der Regel am Heck des Flugzeuges angeordnet ist, besteht ein langer Hebelarm bis zum Schwerpunkt. Deshalb genügen schon kleine Ruderflächen zum Erzeugen der notwendigen Kräfte.

Der Nachteil eines jeden konventionell angeordneten Leitwerks besteht im Auftriebsverlust. Weil zur Aufrechterhaltung des Momentengleichgewichts am Höhenleitwerk negativer Auftrieb («Abtrieb») erzeugt werden muss, fällt der Gesamtauftrieb des Tragflügels um diesen Anteil geringer aus. Deshalb muss die Tragfläche größer als die aerodynamische Berechnung ergibt ausgeführt werden (bedeutet: Zunahme der Widerstandskraft und der Flugzeugmasse). Durch eine Vorverlegung des Höhenleitwerks (so genannte Entenflügel, *Bild 8.6.10*) lässt sich dieses in einen Tragflügel mit positivem Auftrieb umwandeln.

Bild 8.6.10
Militärflugzeug mit Entenflügeln als Auftriebshilfe für den Langsamflug

Bild 8.6.11
Verkehrsflugzeug mit einem Entenflügel (a) in Gegenüberstellung mit einem Drachenflugzeug (b)

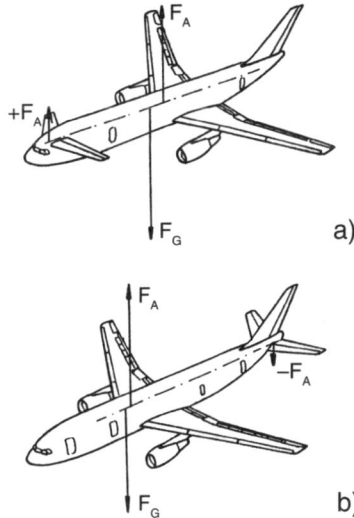

Entenflügel als Auftriebshilfe für den Langsamflug sind bei Kampfflugzeugen durchaus bewährt (Saab JAS Gripen, Dassault Rafale, Eurofighter TYPHOON). Diese besitzen jedoch zusätzlich ein aktives Leitwerk. Bei Sport- und Reiseflugzeugen sind ökonomisch überzeugend wirkende Flugzeuge mit Entenflügeln in der Entwicklung sowie bei den Verkehrsflugzeug-Herstellern seriöser Untersuchungsgegenstand *(Bild 8.6.11)*.

Das Seitenruder
Das Flugzeug wird um die Hochachse durch ein Ausschlagen des Seitenruders bewegt. Es steuert gemeinsam mit dem Querruder die Richtung des Flugzeuges.

Wie beim Höhenruder ist das Seitenruder hinter der Flosse frei beweglich gelagert. Es besitzt ein symmetrisches Profil. Mit der Seitenflosse zusammen entsteht beim Ruderausschlag ein gewölbtes Profil, das auf der längeren Profilseite eine quer zur Längsachse wirksame Luftkraft erzeugt. In Bild 8.6.9c wird das Flugzeugheck in einer Gierbewegung nach rechts (Flugrichtung) bewegt. Ohne Betätigung der Querruder würde aufgrund der Massenträgheit des Flugzeuges zunächst eine schiebende Bewegung eintreten, die dadurch entsteht, dass der vorauseilende Tragflügel stärker als der andere Flügel angeströmt wird und damit größere Auftriebskräfte erzeugt (vgl. dazu «Die Richtungsstabilität» in Abschnitt 8.6.2). Der auftriebsstärkere Flügel leitet nun eine Rollbewegung ein, durch die ein Gier-Rollmoment am Flugzeug entsteht. Das gleiche Moment ist als Roll-Giermoment beim Betätigen des Querruders zu beobachten, so dass es nur des gleichzeitigen Betätigens beider Ruder – des Seiten- und des Querruders – bedarf, um die unerwünschten Bewegungen um die Achsen weitgehend gegenseitig aufzuheben.

Die Trimmruder
Um einen Flugzustand (Horizontalflug, Steigflug, Bahnneigungsflug) über einen längeren Zeitraum aufrechtzuerhalten, muss stets ein Kräfte- und Momentengleichgewicht am Flugzeug herrschen. Da dem Piloten nicht zugemutet werden kann, die Bedienelemente eigens zur Aufrechterhaltung der Fluglage zu betätigen, sind Trimmanlagen vorzusehen. Diese werden vom Piloten dann bedient, wenn ein neuer Flugzustand oder andere Momente am Flugzeug (Massenverlagerung) erforderlich sind.

Zum Trimmen des Nickmomentes (Längstrimmung) hat sich als besonders wirksam die Höhenflossentrimmung erwiesen. Flossen verfügen über eine große Wirkfläche, so dass hier im Vergleich zu den Hilfsrudern gute Dämpfungseigenschaften vorliegen. Das an Hilfsrudern mögliche Flattern oder Vorhandensein von Schwingungen bei höheren Fluggeschwindigkeiten lässt sich auf diese Weise ausschließen. Beim A 300 z.B. kann die Höhenflosse um insgesamt 15° verstellt werden, vom Einstellwinkel der Höhenflosse aus gerechnet bis zu +3° und bis zu –12°.

Beim üblichen Trimmen betätigt der Pilot die Trimmruder (Trimmklappen) über eine von der Steuerung unabhängige Trimmanlage, indem das Trimmruder angewinkelt wird. Durch die sich ergebende Wölbung aus Trimmruder und Ruder entsteht eine aerodynamische Kraft (vgl. «Seitenruder»), die in Richtung des Ruderausschlages wirkt. Ruder und Flosse bilden eine entgegengesetzte Wölbung zur Einleitung der schon beschriebenen Momentenbildung des Seitenleitwerks. Trimmruder *(Bild 8.6.12)* werden verstellt, ohne dass es der langen Hebelarme wegen großer Betätigungskräfte bedarf. In der einfachen Ausführung genügen an Quer- und Seitenrudern Trimmbleche, so genannte Bügelkanten, die vor dem Flug am Boden eingestellt werden müssen.

Das Flettner-Ruder wird im Gegensatz zum Trimmruder von der Steuerung direkt angetrieben. Als ein den Luftstrom ablenkendes Hilfsruder mit direkter Wirkung auf das Ruder selbst kann diese Konstruktion die nötigen Luftkräfte wesentlich reduzieren. Flettnerruder werden darum häufig an Verkehrsflugzeugen eingebaut, bedürfen jedoch gesonderter Trimmvorrichtungen. Der Ruderausschlag lässt sich durch ein Hilfsruder verstärken, wenn das Gestänge zum Ruder so angelenkt wird, dass eine mit dem

Bild 8.6.12
Trimmruder
1 Seitenflosse; 2 Seitenruder; 3 Trimmruder
a) Beispiel einer Längstrimmung mit Hilfe eines Trimmruders
b) Flettnerruder, das sich durch Steuerausschlag entgegengesetzt bewegt (Verringerung der erforderlichen Betätigungskraft für das Ruder)
c) Verstärkungsruder (Verstärkung der erforderlichen Betätigungskraft für das Ruder)

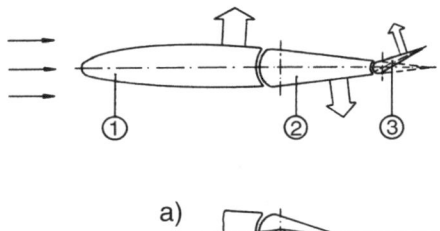

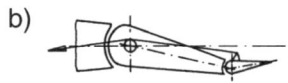

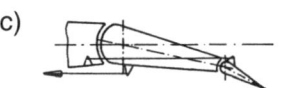

Ausschlag gleichsinnige Bewegung stattfindet. Auf diese Weise erhält man eine stärkere Ruderkraft, die man sich bei kleinen Ruderkräften wünscht, wenn sie verstärkt angezeigt werden sollen.

Trimmruder stellen als aerodynamische Steuerorgane die traditionell verbreitete Möglichkeit dar, eine Flugzeugtrimmung durchzuführen, Trimmtankanlagen eine andere. Um die Vorteile des Trimmtanks richtig zu verstehen, müssen wir uns hier zunächst ein wenig mit dem Neutralpunkt beschäftigen. Zwei Kräftepaare wirken im Flug auf das Flugzeug ein: die Auftriebskraft und die Gewichtskraft, sowie die Luftwiderstandskraft und die Schubkraft der Triebwerke (vgl. *Bild 8.2.6*). Fliegt das Flugzeug unbeschleunigt und auf konstanter Höhe, so sind die beiden Kräfte dieser Paare jeweils ausgeglichen. Dazu müssten aber auch alle Kräfte an einem Punkt angreifen. Ein solches Flugzeug wäre nicht fliegbar, weil unendlich labil. Kleinste Störungen oder Ruderausschläge würden in dieser Balance heftigste Reaktionen hervorrufen, weil das Flugzeug wie auf einer Spitze balanciert wäre. Deshalb wird der Schwerpunkt immer vor den Angriffspunkt des resultierenden Auftriebs (Druckpunkt) gelegt (vgl. Bild 8.6.4). Dies hat ein erwünschtes Nose-down-Moment zur Folge, das durch ein entsprechendes Nose-up-Moment ausgeglichen werden muss. Dieses Trimmmoment entsteht durch die Abwärtskraft an der nach unten angestellten Höhenflosse. Nun ist das Flugzeug zwischen zwei gegeneinander wirkende Momente eingespannt und damit um die Querachse stabilisiert (*Bild 8.6.13a*).

Um einen stationären Flugzustand (konstante Fluggeschwindigkeit und Höhe) zu erreichen, müssen sich an einem stabilen Flugzeug nicht nur die Kräfte ausgleichen, sondern auch die Momente. Wird nun der Schwerpunkt zurückverlegt, so werden die

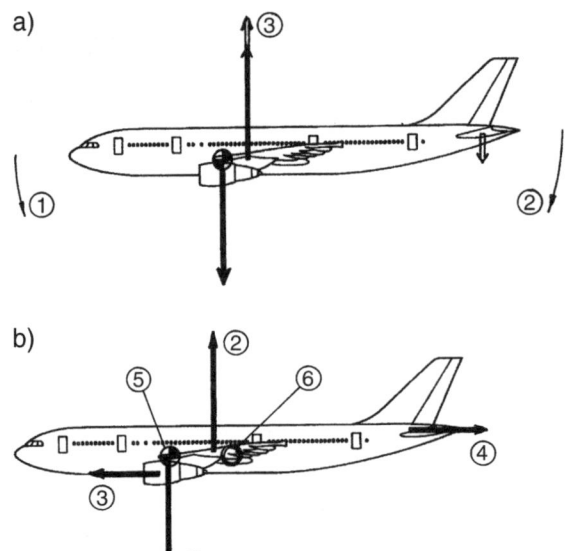

Bild 8.6.13 a
Längsstabilität durch «Einspannung» zwischen Nose-down- und Nose-up-Moment
1 Nose-down-Moment durch die Auftriebskraft
2 Nose-up-Moment durch die Trimmkraft der Höhenflosse
3 zusätzlicher Auftrieb zum Ausgleich des Abtriebs an der Höhenflosse

Bild 8.6.13 b
Der Neutralpunkt
1 Gewichtskraft
2 Auftriebskraft
3 Triebwerksschub
4 Luftwiderstandskraft
5 Schwerpunkt
6 Neutralpunkt

stabilisierenden Momente durch die Verkleinerung seines Hebelarmes immer kleiner, das Flugzeug also immer um die Querachse unstabiler und schließlich neutral, d.h. überempfindlich auf Störungen und Steuereingaben reagierend. Die Kräfte und Momente wirken im Neutralpunkt (*Bild 8.6.13b*).

Für den Betrieb eines Flugzeugs sind deshalb, um Gefährdungen zu vermeiden, hintere Schwerpunktlagen festgelegt.

Will man also ein um die Querachse stabiles Flugzeug haben, so darf sich der Schwerpunkt nicht zu weit an den Neutralpunkt annähern, damit kräftige «einspannende» Momente bleiben. Die Folge dieser Maßnahme ist leider eine größere Trimmkraft am Stabilizer nach unten, die durch eine erhöhte Auftriebskraft der Tragflächen kompensiert werden muss. Hierdurch entsteht ein zusätzlicher Widerstand, der durch eine erhöhte Triebwerksleistung und entsprechenden Mehrverbrauch überwunden werden muss, die Reichweite oder die Nutzlast sinken.

Um die Reichweite des Airbus A 310 und damit die Effektivität zu steigern, hat Airbus ein Verfahren zur Gewichtstrimmung entwickelt (ein ähnliches Verfahren wurde schon – wenn auch aus einem anderen Grund – bei der Concorde angewendet). Beim Steigen über ca. 25 000 ft wird bei den Wide-Body-Airbussen (A 310, A 300–600, A 330, A 340 und A 380) Kraftstoff in einen Integraltank des Stabilizers gepumpt und erzeugt durch sein Gewicht dort die Abtriebskraft zur Kompensation des Nose-down-Momentes, das durch die Schwerpunkt-/Druckpunktzuordnung entsteht und zur Längsstabilität erforderlich ist. Da der Trimmkraftstoff von dem Blockkraftstoff aus den Tragflächentanks genommen wird, entsteht keine zusätzliche Abwärtskraft, die durch einen Mehrauftrieb der Tragflächen ausgeglichen werden muss, und damit entsteht auch kein Trimmwiderstand. Das Flugzeug fliegt mit vermindertem Verbrauch und höherer Reichweite (*Bild 8.6.13c*). Allerdings wandert durch diese Maßnahme der Schwerpunkt

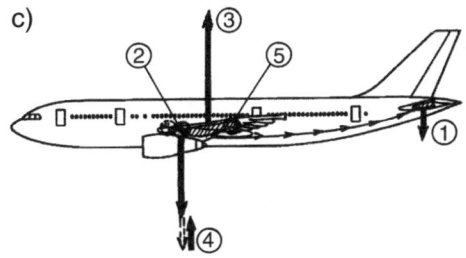

Bild 8.6.13 c Längsstabilität durch Umpumpen von Kraftstoff
1 abwärts gerichtete Trimmkraft durch Kraftstoffgewicht
2 Rückverlagerung des Schwerpunktes durch Umpumpen von Kraftstoff aus den Flächentanks in den Trimmtank der Höhenflosse
3 Auftriebskraft unbeeinflusst durch Umpumpen von Kraftstoff
4 Gewichtskraft des Tragflächenkraftstoffes durch Abpumpen vermindert, Gesamtgewichtskraft aber unverändert
5 Neutralpunkt

nach hinten und reduziert damit die Längsstabilität. Die hierfür erforderliche Änderung der Vorschriften hatte zur Voraussetzung, dass redundante Computer zu jedem Zeitpunkt des Fluges den Schwerpunkt mit hoher Genauigkeit und Zuverlässigkeit berechnen können und die Pumpen so steuern, dass der Schwerpunkt nur geringfügig um die nun zulässige hintere Schwerpunktlage mit reduzierter Längsstabilität pendelt. Beim Abstieg aus der Reiseflughöhe muss der Kraftstoff bei einer Unterschreitung von ca. 25 000 ft aus dem Trimmtank entfernt sein, damit der Schwerpunkt wieder eine vordere Lage erreicht und damit eine größere Längsstabilität wiederhergestellt ist.

8.6.5 Die Fly-by-wire-Steuerung

Die Fly-by-wire-Steuerung der Airbusflugzeuge stellt einen Meilenstein in der Entwicklung von Steuerungen für Verkehrsflugzeuge dar. Aus diesem Grund soll diese Technologie hier skizziert werden. Die Bezeichnung dieser Technik kennzeichnet diese nur in unzulänglichem Maße. Es geht nicht nur darum, die Steuereingaben des Piloten auf elektrischem Weg an die Aktorik weiterzuleiten («durch den Draht»), sie müssen vor allem auf ihrem Weg zu den Steuerflächen in digitalisierter Form Computer passieren, wo sie auf ihre Zulässigkeit überprüft werden. Hierdurch wird vermieden, dass das Flugzeug sehr stark belastet wird (Lebensdauer) oder in gefährliche Flugzustände gerät (Sicherheit). Eine wesentliche Entlastung der Piloten wird dadurch erreicht, dass die für das Fliegen einer Kurve erforderliche Koordination von Querruder, Seitenruder und Höhenruder (*turncoordination*) ebenfalls von den Rechnern übernommen wird, so dass der Pilot nur noch die Querruder über den Sidestick zu steuern braucht. Außerdem steuern diese Computer eine Reihe von Sonderfunktionen, wie das Ausfahren der Bremsklappen beim Aufsetzen (*autospoiler*), das Aktivieren der Bremsen nach der Landung (*autobrake*), unterbinden ein zu frühes Einfahren der Vorflügel (*slats*) und eine damit verbundene mögliche Überziehsituation nach dem Start (*α-protection*) und steuern die Roll-Gier-Kopplung (*dutch roll*) des Pfeilflügels aus. Diese Technik reduziert außerdem das Gewicht des Flugzeuges und ist kostengünstiger zu warten.

Zur Erzielung einer höheren Lebensdauer der Flugzeugstruktur werden die durch Steuereingaben hervorgerufenen Lastvielfachen von Airbus auf +2,5 g und −1 g mit eingefahrenen Hochauftriebshilfen und auf +2 g und −0 g mit ausgefahrenen Landeklappen und Vorflügeln begrenzt. Dies geschieht dadurch, dass die Querlage (*bank angle*) des Flugzeuges bei der Einleitung einer Kurve mit kleinem Radius durch vollen seitlichen Ausschlag des Sidesticks auf 67° begrenzt wird. Das Maß des Ausschlags vom Stick bestimmt dabei die Rollrate. Nimmt der Pilot den stick in die Neutrallage zurück, so verringert die Steuerung automatisch die Querlage auf 33° (bei entsprechender Anpassung des Kurvenradius). Bei maximaler Querlage von 67° ist die Struktur mit 2,5 g belastet.

Abfangradien werden durch die Rechner so gesteuert, dass wiederum die angegebenen Lastvielfachen eingehalten werden. Da hierzu nicht nur der Radius des Flugweges entscheidend ist, sondern auch die Geschwindigkeit und die Masse des Flugzeuges, steuert der Pilot durch den Ausschlagwinkel des Sidesticks nach vorn oder hinten nur eine gewünschte g-Zahl, der entsprechende Radius wird vom Computer in Abhängigkeit von dem Gewicht des Flugzeuges und der Geschwindigkeit bestimmt. Ist die Geschwindigkeit zu niedrig, um den Anstellwinkel durch Ziehen des Höhenruders noch weiter zu vergrößern, ohne einen Strömungsabriss zu riskieren, so verweigert die Steuerung die Ausführung dieser Eingabe und nimmt erforderlichenfalls sogar die Nase des Flugzeuges nach unten und verkleinert dadurch den Anstellwinkel. Ebenso ist eine Geschwindigkeitszunahme über die vorgesehene Höchstgeschwindigkeit (*max operational speed*) hinaus durch Andrücken nur bis +16 kt möglich. Auch dies dient der Sicherheit und schützt vor einer Überlastung der Flugzeugzelle. Alle Schutzfunktionen der elektrische Steuerung werden so berechnet, dass die Reaktion des Flugzeugs im Flight Protection Envelope bleibt, den «Rahmenbedingungen» für einen sicheren und schonenden Betrieb.

Um diese Berechnungen ausführen zu können, brauchen die Rechner ständig eine Reihe von Informationen. Diese werden ihnen vom Air Data System und von speziellen Sensoren geliefert (*Bild 8.6.14*).

Die angeführten Beispiele für die Schutzfunktionen dieser Steuerung (*protections*) zeigen bereits deutlich, dass fly-by-wire in Bezug auf die Flugzeugsteuerung mehr ist als die Signalübertragung auf elektrischem Weg.

Um die Zulassung für diese neue Technologie zu erhalten (nur die Concorde hatte bereits in den 70er Jahren eine ähnliche Steuerung), mussten einige Sicherheiten vorgesehen werden. So sind für die kleinen Airbusse (A 318, 319, 320, 321, auch Single-Aisle-Flugzeuge oder Narrow Bodies genannt) die 5 Steuerungscomputer mit je zwei Kanälen ausgestattet, die mit zwei verschiedenen Hardwares (CPU) bestückt sind, um konstruktionsbedingte Unzulänglichkeiten weitgehend auszuschließen. Außerdem ist die Software der beiden Kanäle eines Computers verschieden, um auch hier versteckte Fehler auszuschließen. Während zwei Computer, die sog. ELACs, die Höhenruder (*elevator*) und Querruder (*ailerons*) steuern, ist in diesen Rechnern je ein Kanal aktiv, während er von dem zweiten Kanal überwacht wird (Monitoring-Funktion). Zwei

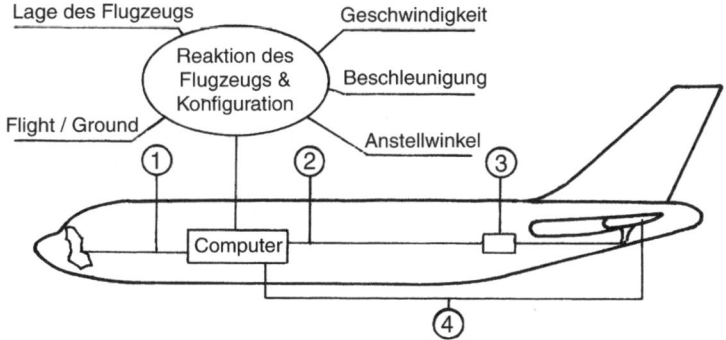

Bild 8.6.14 Das Electrical Flight Control System (EFCS)
1 Eingaben vom Cockpit
2 Steuersignale vom Computer an die Ruderkraftverstärker (Aktorik)
3 Ruderkraftverstärker
4 Rückmeldung über Position der Steuerflächen (Feedback)

weitere Computer mit zwei Kanälen, die SECs, steuern die Störklappen (*spoiler*) und ebenfalls die Höhenruder. Ein oder mehrere weitere Rechner, die FAC (**Flight Augmentation Computer**), sind hauptsächlich zuständig für die Koordination von Rudern wie Querruder und Rollspoiler, Querruder und Seitenruder (*turn coordination*) sowie für die Yaw-Damper-Funktion (Vermeidung von Roll-Gier-Kopplungen), den Stabilizer Trim (Nachführung der Pitch-Trimmung durch den Stabilizer bei längerem Ausschlag des Höhenruders), die Begrenzung der Steuerausschläge im höheren Geschwindigkeitsbereich und weitere Funktionen im Auto-Flight-Modus.

Die Berechnung der erforderlichen Ruderausschläge und die Ansteuerung der Ruderflächen sind also vielfach redundant, so dass bei Ausfall von einzelnen Rechnern die Steuerbarkeit des Flugzeuges kaum beeinträchtigt ist. Bei einem Ausfall von zwei Rechnern schaltet die Anlage zunächst auf das sog. Alternate Law; dies bedeutet, dass einige Schutzfunktionen nicht mehr aktiv sind. Bei Ausfall von drei und mehr Rechnern wird der Ground Mode geschaltet. Dieser Modus ist normalerweise nur am Boden automatisch aktiv. In diesem Modus werden die Querruder und die Höhenruder direkt vom Sidestick angesteuert, die Rechner sind also nicht zwischengeschaltet. Diese Funktion wird für die Vorflugkontrolle (*pre-flight check*) genutzt. Beim Abheben schaltet dann die Steuerung automatisch auf das Normal Law oder Flight Law um, alle Sicherheits- und Schutzfunktionen werden jetzt wirksam.

Die elektrische Versorgung des Systems ist ebenfalls hoch redundant (*Bild 8.6.15*). So können die Rechner im Flug von beiden Generatoren über getrennte Bussysteme und einem Essential-Bussystem mit Transformatoren und Gleichrichtern sowie von der APU und den Batterien versorgt werden (siehe hierzu Kapitel 13). Für einen Totalausfall des Electrical-Flight-Control-Systems (EFCS) ist ein mechanisches Backup vorhanden. Die Seitenruder werden bei den hier angesprochenen Airbussen noch mechanisch angesteuert, so dass Richtungsänderungen weiterhin durchführbar sind. Die Steuerung um die Querachse übernimmt in diesem Fall die Höhenflosse (*stabilizer*),

Bild 8.6.15
Die elektrische Versorgung des EFCS

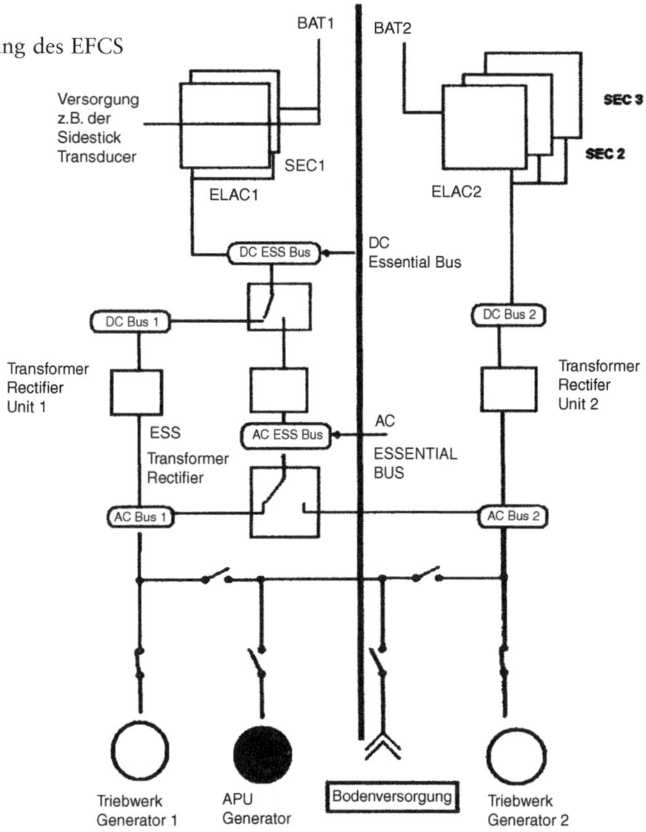

die dann mechanisch durch die Trimmräder an der Mittelkonsole und Seilzüge angesteuert wird (*Bild 8.6.16*). Der notwendige Hydraulikdruck für die Ruderkraftverstärker liefert im Notfall die **R**am **A**ir **T**urbine (RAT), eine kleine Hydraulikpumpe mit einem Propeller, die durch Knopfdruck oder automatisch ausfährt und vom Fahrtwind angetrieben wird.

Nachfolgende Konstruktionen von Airbus wie die Typenreihe A 340 und A 380 sind mit noch weiterreichenden Funktionen des elektrischen Steuerungssystems ausgestattet. Hier sei nur das Böenlast-Minderungssystem (*load alleviation*) erwähnt, das beim Auftreffen einer Böe und der damit verbundenen Mehrbelastung des Tragwerks, die Querruder resp. die äußeren Spoiler nach oben ausschlagen lässt, um damit die aerodynamische Belastung des Außenflügels zu vermindern. Der hierdurch erreichte Abbau des Tragflächen-Biegemoments erhöht die Lebensdauer der Tragwerksstruktur und auch den Komfort der Passagiere.

Auch das Fahren der Landeklappen und Vorflügel wird bei einem EFCS von Computern geregelt und überwacht. Hier ist es besonders wichtig, Asymmetrien beim Aus- und Einfahren sofort zu erkennen, um ein bedrohliches Rollmoment zu vermei-

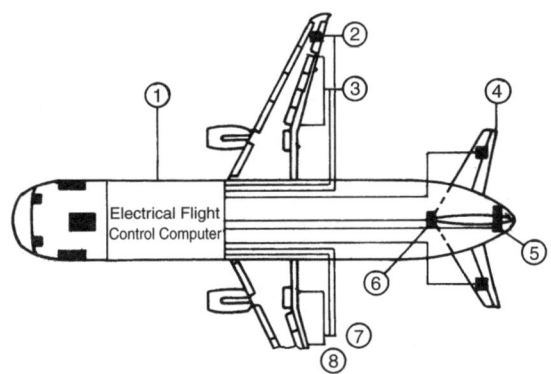

Bild 8.6.16
Die Steuerflächen des EFCS der Narrow-Body-Airbusse
1 Eingaben vom Sidestick, Hebel für Flight- und Ground Spoiler und Trimmschalter für Seitenruder
2 rechtes Querruder
3 rechte Spoiler
4 Höhenruder
5 Seitenruder, mechanisch angesteuert (back up)
6 Stabilizer, elektrisch und mechanisch angesteuert (back up)
7 linker Spoiler
8 linkes Querruder

den, das entstehen würde, wenn z.B. die Landeklappen auf einer Seite ausfahren, während der Ausfahrvorgang auf der anderen Seite durch eine Blockierung oder Bruch der Antriebswelle unterbrochen ist. Durch einen ständigen Vergleich der Drehwinkel der Antriebswellen für die Landeklappen auf beiden Tragflächenseiten im Rechner und durch starke Bremsen an den Antriebswellen wird diese gefährliche Asymmetrie verhindert.

Eine Besonderheit bei Airbus-Flugzeugen stellt die Verschaltung der beiden Sidesticks vom Flugkapitän und dem First Officer dar. Die Eingaben beider Sidesticks werden von den Rechnern normalerweise algebraisch addiert. Querruder halb links vom Kapitän und Copiloten gleichzeitig bedeutet also Vollausschlag der Querruder nach links. Querruder halb links vom Kapitän und Querruder halb rechts vom Copiloten heben sich auf. An dem Sidestick befindet sich aber ein roter Knopf, der *take over push button*). Wer ihn drückt, übernimmt die Steuerung des Flugzeuges. Jeweils wer zuletzt gedrückt hat, steuert das Flugzeug. Wird ein Knopf länger als 30 Sekunden gedrückt gehalten, so wird die Steuerung dauerhaft für diese Seite geschaltet. Ein grüner Pfeil und eine rote Markierung im *glareshield* (Rand des Blendschutzes über dem Instrumentenbrett) zeigen dies den Piloten an. Durch eine Betätigung des Sidesticks wird außerdem der Autopilot ausgeschaltet.

Abschließend sei noch darauf hingewiesen, dass die Fly-by wire-Technologie sich nicht auf die Flugzeugsteuerung beschränkt. Auch die meisten anderen Funktionen der Flugzeugsysteme werden elektrisch angesteuert und von Computern geregelt. So sind z.B. die Bremsventile der Airbusse elektrisch betätigt und der Bremsdruck und damit die Verzögerung des Flugzeuges von Computern geregelt. Auch der Ein- und Ausfahrvorgang der Fahrwerke wird von Computern in der richtigen Reihenfolge geregelt. Die Bugradsteuerung ist elektrisch von Computern abhängig, und auch die Triebwerke mit eigenem Regelungscomputer (FADEC) erhalten ihre Eingaben auf elektrischem Weg. Dies sind nur einige Beispiele. Insgesamt steuern und regeln mehr als 50 Computer in einem Airbus die für die Durchführung eines sicheren und wirtschaftlichen Fluges erforderlichen Funktionen.

✎ Übung

1. Was versteht man unter einem *stabilen* Flugzustand?
2. Mit welchen konstruktiven Mitteln lässt sich eine gute *Längsstabilität* erzielen?
3. Warum genügt es nicht, bei Richtungsänderung des Flugzeuges *nur* das Seitenruder zu betätigen?
4. Aus welchen Komponenten besteht eine *Flugzeugsteuerung*?
5. Wodurch entstehen *Strömungskräfte* beim Betätigen eines Ruders?
6. Worin besteht die Steuerwirkung eines *Flettnerruders*?
7. Warum werden bei der Diskussion über den Entenflügel auch *wirtschaftliche Gesichtspunkte* vorgebracht?
8. Was ist die Aufgabe einer *Flugzeugtrimmung*?

9 Triebwerke

9.1 Prinzipien der Vortriebserzeugung

Soll ein Flugzeug mit einer bestimmten Geschwindigkeit durch die Luft bewegt werden, so muss man es beschleunigen. Die Beschleunigung bewirkt eine ständige Geschwindigkeitszunahme, bis die Widerstandskraft der Luft so weit angewachsen ist, dass sie sich mit der Antriebskraft im Gleichgewicht befindet. Dann fliegt das Flugzeug mit einer konstanten Geschwindigkeit, der Reisegeschwindigkeit. Der Motor, der die Antriebskraft erzeugt, ist so ausgelegt, dass das Flugzeug die vorgesehene Reisegeschwindigkeit erreicht.

9.1.1 Umwandlung der Motorkraft in Vortrieb

Man unterscheidet in der Technik die drei folgenden Prinzipien der Umsetzung von Motorkraft in Bewegung:

- **Kraftschlussprinzip** (Beispiel: Vortrieb eines Kraftfahrzeuges (*Bild 9.1.1*)
Zwischen dem Rad und der Straße besteht ein Kraftschluss durch Reibung. Die Werkstoffpaarung Gummi-Asphalt und die Achslast $\vec{F}_A$ des Fahrzeuges beeinflussen die Größe der Reibkraft $\vec{F}_R$. Es gilt $\vec{F}_R = \mu \cdot \vec{F}_A$ mit μ als Reibfaktor. Durch Schlupf (durchdrehendes Antriebsrad) entsteht ein Vortriebsverlust. Allerdings ist auch ein gewisser Formschluss wirksam, der Grip. Das bedeutet, dass sich der Gummi des Reifens in kleine Vertiefungen der Straße eingräbt.
- **Formschlussprinzip** (Beispiel: Antrieb der Vorflügel bei Airbus-Flugzeugen, *Bild 9.1.2*)
Das Drehmoment des Motors wird über ein Zahnrad auf eine gebogene Zahnstange

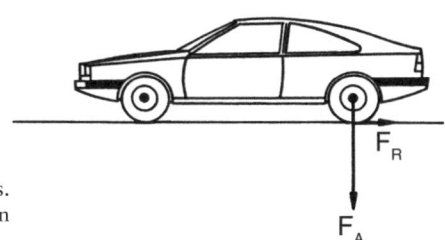

Bild 9.1.1
Vortrieb eines Kraftfahrzeuges durch Kraftschluss.
Die Achslast F_A und der Reibfaktor μ bestimmen die Höhe der Reibkraft F_R.

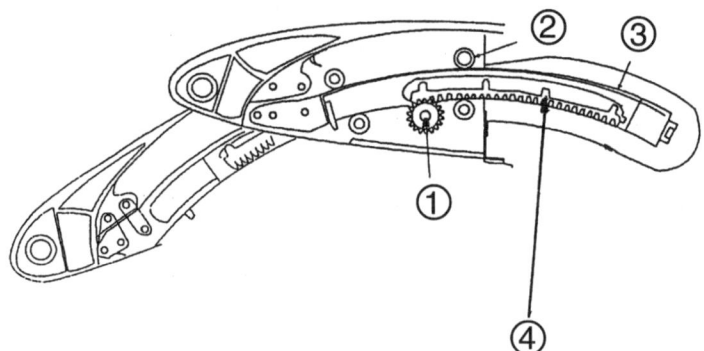

Bild 9.1.2 Antrieb der Vorflügel bei Airbus-Flugzeugen durch eine Zahnstange
1 Zahnrad; 2 Rolle; 3 Führung; 4 gebogene Zahnstange

übertragen. Sie liegt in einer Führung und ist auf Rollen gelagert. Da der Antrieb durch das Ineinandergreifen der Zähne von Zahnrad und Zahnstange entsteht, tritt beim Formschluss kein Schlupf auf.

❑ **Rückstoßprinzip**
Da Luft- und Wasserfahrzeuge kein festes Medium zur Verfügung haben, das einen Kraft- oder Formschluss bei der Umwandlung der Motorkraft in Vortrieb zulässt, müssen sie nach einem anderen Prinzip der Vortriebserzeugung bewegt werden, dem **Rückstoß- oder Reaktionsprinzip**.

ISAAC NEWTON (1643–1727) hat 1687 dieses Prinzip beschrieben:

 Übt ein Körper A auf einen Körper B eine Kraft aus, so übt auch umgekehrt Körper B auf den Körper A eine gleich große, aber entgegengesetzt gerichtete Kraft aus.

Dieses Gesetz hat NEWTON *actio = reactio* genannt.

Heute nennt man dieses Gesetz auch das dritte Newton'sche Axiom. Da ebenfalls das zweite Newton'sche Axiom, das so genannte Grundgesetz der Mechanik ($F = m \cdot a$) gilt, kann man das Gesetz *actio = reactio* folgendermaßen umformulieren: Wird eine Masse m durch eine Kraft $\vec{F}_A$ in eine bestimmte Richtung beschleunigt, so entsteht eine gleich große Reaktionskraft $\vec{F}_B$, die in die entgegengesetzte Richtung wirkt. Es gilt daher:

$$\vec{F}_B = -\vec{F}_A$$

Diese Reaktionskraft heißt in der Flugzeugtechnik **Schub**. Der Schubvektor $\vec{F}_S$ ist also entgegengesetzt zum Beschleunigungsvektor $\vec{a}$ gerichtet, und man kann demnach schreiben:

$$\vec{F}_S = -m \cdot \vec{a}$$

Bild 9.1.3
Rotation des Dampfkreisels von Heron durch Rückstoß. Der Dampf wird durch Düsen beschleunigt und erzeugt dadurch einen Rückstoß, der den Kreisel in Rotation versetzt.

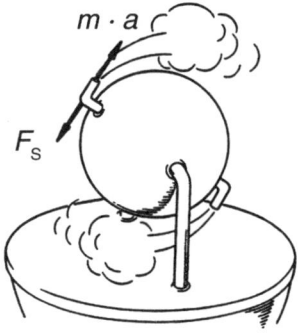

Für den Betrag des Vektors $\vec{F}_S$ wird der Vektorpfeil über dem Buchstaben und das Minuszeichen weggelassen.

$$F_S = m \cdot a$$

Es gibt viele Erscheinungen und Vorgänge in der Technik, die nach diesem Prinzip ablaufen. Hier einige Beispiele:

❑ **Dampfkreisel** von HERON (120 v. Chr., *Bild 9.1.3*)
Die Dampfmasse tritt aus den Düsen beschleunigt aus und erzeugt dadurch eine entgegengesetzt gerichtete Reaktionskraft, den Schub, der tangential angreift und mit dem Radius des Kreisels ein Drehmoment bildet, das den Kreisel in Rotation versetzt. Der Dampfkreisel von HERON stellt vermutlich die früheste Anwendung des Rückstoßprinzips dar. Er wurde jedoch nur als technisches Spielzeug konstruiert.
❑ **Schiffsschraube**
Der Schiffspropeller beschleunigt eine Wassermasse nach hinten. Die Folge ist eine Reaktionskraft nach vorn, der Schub.
❑ **Gewehr**
Die Geschossmasse wird beim Abfeuern nach vorn beschleunigt. Als Reaktion tritt eine Rückstoßkraft auf, die der Schütze an der Schulter spürt.
❑ **Raketenantrieb**
Eine Gasmasse wird durch die Überschalldüse nach hinten beschleunigt. Dadurch entsteht eine nach vorn gerichtete Schubkraft. Raketen sind der Beweis dafür, dass der Schub nicht durch ein Abdrücken des Gasstrahls an der umgebenden Luft entsteht, sondern nur als Reaktion auf die beschleunigte Gasmasse, denn Raketen fliegen auch außerhalb der Atmosphäre, im Vakuum. Die umgebende Luft wirkt sich vielmehr hinderlich auf die Schubentwicklung aus, da die Druckdifferenz zwischen Verbrennungsdruck und Außendruck für die Beschleunigung der Gase verantwortlich ist. Der Schub eines Raketentriebwerks nimmt daher mit wachsender Flughöhe zu, weil der Luftdruck entsprechend abnimmt. Im Weltraum haben Raketen also den größten Schub *(Bild 9.1.4)*.

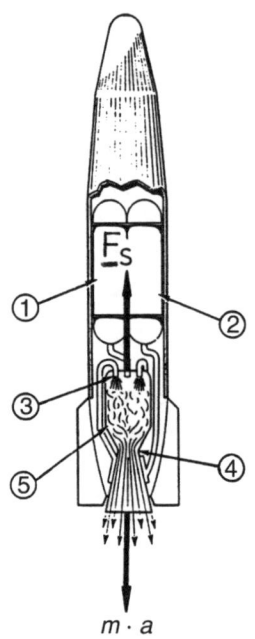

Bild 9.1.4
Raketenantrieb durch Rückstoß
1 Sauerstofftank
2 Flüssigtreibstofftank
3 Treibstoffeinspritzdüse
4 Lavaldüse (Überschalldüse)
5 Brennkammer

9.1.2 Die Schubgleichung

Zur Erzeugung der Schubkraft $\vec{F}_S$ muss das Triebwerk, wie bereits erläutert, eine Gasmasse m nach hinten beschleunigen. Dabei gilt für den Betrag des Schubes:

$$F_S = m \cdot a$$

Da die Beschleunigung als Geschwindigkeitsänderung pro Zeit definiert ist, formulieren wir um:

$$F_S = m \cdot \frac{\Delta v}{t} \quad oder \quad F_S = \frac{m}{t} \cdot \Delta v$$

Wir definieren: $\frac{m}{t} = \dot{m}$ (für t wird die Standard-Einheit Sekunde eingesetzt).

Da es sich bei der Gasmasse, die im Triebwerk beschleunigt wird, hauptsächlich um eine Luftmasse handelt, schreiben wir:

$$F_S = \dot{m}_L \cdot \Delta v$$

Der Schub entsteht demnach dadurch, dass die sekundlich durchgesetzte Luftmasse $\dot{m}_L$ mit der Geschwindigkeitsdifferenz Δv, die die Luft im Triebwerk erfährt, multipliziert wird. Δv ist die Differenz zwischen der Einströmgeschwindigkeit der Luft in das Triebwerk, die mit der Fluggeschwindigkeit v übereinstimmt, und der Gasausströmgeschwindigkeit c. Somit ergibt sich folgende vereinfachte Schubgleichung:

$$\boxed{F_S = \dot{m}_L \cdot (c - v)} \qquad \text{Maßeinheit: } \frac{\text{kg}}{\text{s}} \cdot \frac{\text{m}}{\text{s}} = \text{N}$$

Es bestimmen also im Wesentlichen zwei Faktoren die Größe des Schubes:

- der sekundliche Luftmassendurchsatz,
- die Differenz zwischen der Ausström- und der Einströmgeschwindigkeit der Luft.

ⓘ *Streng physikalisch betrachtet entsteht der Schub aus der Änderung des Linearimpulses mit der Zeit. Aus Gründen der Anschaulichkeit verzichten wir hier aber auf Impulsbetrachtungen.*

Vergleicht man Propeller- und Luftstrahltriebwerk bezüglich dieser beiden Faktoren miteinander, so lässt sich generell sagen: Propellertriebwerke beschleunigen durch den großen Luftschraubendurchmesser pro Sekunde eine große Luftmasse auf eine relativ geringe Geschwindigkeit. Umgekehrt ist der sekundliche Luftmassendurchsatz beim Strahltriebwerk vergleichsweise klein, die Geschwindigkeit des Gasstrahls jedoch hoch *(Bild 9.1.5)*.

Aus der Schubgleichung wird ersichtlich, dass der Schub dann am größten wird, wenn $v = 0$ ist, das Flugzeug also am Boden steht. Diesen maximalen Schub nennt man **Standschub**:

$$F_{S0} = \dot{m}_L \cdot c$$

Um Strahltriebwerke hinsichtlich ihres Schubes vergleichen zu können, ist es nötig, den Standschub heranzuziehen, denn der Schub wird mit steigender Fluggeschwindig-

Bild 9.1.5
Vergleich des Luftmassendurchsatzes und der Gasaustrittsgeschwindigkeit von Propellertriebwerk und Strahltriebwerk

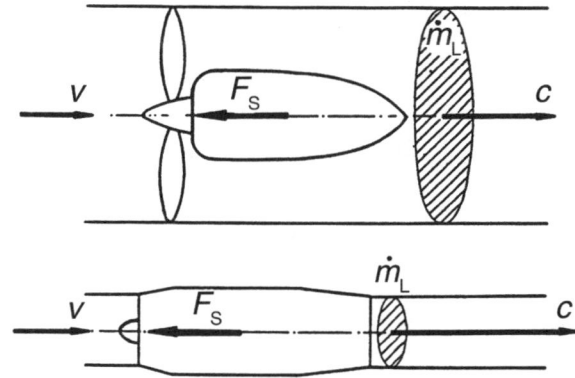

keit immer geringer. Außerdem reduziert er sich mit zunehmender Flughöhe, da durch die abnehmende Luftdichte der sekundliche Luftmassendurchsatz kleiner wird. Dies erklärt auch, warum ein Flugzeug beispielsweise auf dem Flugplatz von La Paz (Hauptstadt von Bolivien) nicht mit voller Beladung starten darf, denn der Airport liegt 4069 Meter über NN (Normalnull = mittlere Meereshöhe, oder englisch: MSL = *mean sea level*).

Da die Luftdichte bei hohen Temperaturen ebenfalls gering ist, entwickeln Triebwerke auf heißen Flugplätzen auch einen geringeren Schub.

Man kann den Standschub von Triebwerken also stets nur bei gleichen äußeren Bedingungen miteinander vergleichen. Deshalb bezieht man den Standschub immer auf die Normatmosphäre ISA (International Standard Atmosphere), also auf einen Druck von 1013,25 hPa und auf eine Temperatur von 15 °C.

Auf den ersten Blick erscheint es gleichbedeutend für die Erzeugung eines hohen Schubes, den sekundlichen Luftmassendurchsatz oder die Geschwindigkeit der beschleunigten Gase möglichst hoch zu wählen.

Das Triebwerk General Electric CF6-50 zum Beispiel erreicht einen Standschub von 181 kN bei einem Luftmassendurchsatz von 590 kg/s und einer mittleren Gasaustrittsgeschwindigkeit von 307 m/s. Das Triebwerk Rolls-Royce «Olympus» (Antrieb der «Concorde») erreichte mit Nachbrenner fast den gleichen Standschub (170 kN), aber bei einem Luftdurchsatz von 187 kg/s und einer Gasaustrittsgeschwindigkeit von 909 m/s.

9.1.3 Der Vortriebswirkungsgrad η_V

Betrachtet man nicht nur den zu erreichenden Schub, sondern auch die dazu notwendige Kraftstoffmasse, also die Wirtschaftlichkeit des Triebwerks, so stellt man fest, dass Triebwerke mit hohem sekundlichen Luftmassendurchsatz wirtschaftlicher sind als Triebwerke mit hohen Gasaustrittsgeschwindigkeiten.

Aus diesem Grund ersetzte man beispielsweise 1984 das JT-8D7-Triebwerk von Pratt & Whitney der B 737-200 bei der B 737-300 durch das CFM 56-3B1 von CFM International (General Electric und SNECMA). Ein Vergleich dieser beiden Triebwerke hinsichtlich Luftmassendurchsatz und Kraftstoffverbrauch pro Sitz für einen Flug über 924 km (500 NM) in 35 000 Fuß Höhe macht diesen Zusammenhang deutlich:

	JT 8D-7	CFM 56-3B1
Luftmassendurchsatz	143 kg/s	297 kg/s
Kraftstoffverbrauch	38,5 kg/Sitz	27 kg/Sitz

Eine wesentliche Ursache dafür finden wir im Vortriebswirkungsgrad.

Allerdings war das CFM 56-3B1 in seiner gesamten Konstruktion gegenüber dem JT 8D ein enormer technologischer Fortschritt, der zusätzlich zu einem geringeren Kraftstoffverbrauch führte.

Hier eine Gegenüberstellung des schubspezifischen Brennstoffdurchsatzes beim Start:

JT 8D: $\quad b_f = 60 \ \dfrac{g}{N \cdot h}$; $\quad b_f$: Schubspezifischer Brennstoffdurchsatz (thrust specific fuel consumption, tsfc)

CFM 56-3B1 $\quad b_f = 39 \ \dfrac{g}{N \cdot h}$

In der Technik ist der Wirkungsgrad einer Maschine als das Verhältnis von Nutzen zu Aufwand definiert. Als Nutzen gilt beim Triebwerk die Schubleistung. Als Aufwand gilt die zum Beschleunigen des Gasstrahls notwendige Leistung, die Strahlleistung. Der Vortriebswirkungsgrad für Flugzeugantriebe bestimmt sich also zu:

$$\eta_V = \frac{Schubleistung}{Strahlleistung} = \frac{P_S}{P_{St}}$$

Die Strahlleistung P_{St} ist die Differenz aus der kinetischen Energie des Luftstrahls beim Austritt aus dem Triebwerk und der kinetischen Energie des Luftstrahls beim Eintritt in das Triebwerk, bezogen auf eine Sekunde:

$$P_{St} = \frac{\Delta W_{kin}}{t} \quad \text{Maßeinheit:} \quad \frac{J}{s} = W$$

Da bei Triebwerken von Verkehrsflugzeugen die Gaseinströmgeschwindigkeit in das Triebwerk nahezu mit der Fluggeschwindigkeit übereinstimmt, setzen wir in die Formel für die kinetische Energie der einströmenden Luft die Fluggeschwindigkeit v ein und erhalten:

$$(W_{kin})_{ein} = \frac{1}{2} \cdot m_L \cdot v^2 \quad (W_{kin})_{aus} = \frac{1}{2} \cdot m_L \cdot c^2 \quad \Delta W_{kin} = \frac{1}{2} \cdot m_L \cdot c^2 - \frac{1}{2} \cdot m_L \cdot v^2$$

$$P_{St} = \frac{\frac{1}{2} \cdot m_L \cdot c^2 - \frac{1}{2} \cdot m_L \cdot v^2}{t} \quad \text{Maßeinheit:} \quad \frac{kg \cdot m^2}{s^2 \cdot s} = \frac{N \cdot m}{s} = W$$

Nach dem Ausklammern von m_L folgt:

$$P_{St} = \frac{m_L \cdot (c^2 - v^2)}{2t}$$

Die Schubleistung P_S ist gleich dem Produkt aus dem Schub F_S und der Fluggeschwindigkeit v.

$$P_S = F_S \cdot v \quad \text{Maßeinheit:} \quad N \cdot \frac{m}{s} = W$$

Der Vortriebswirkungsgrad lautet jetzt also:

$$\eta_V = \frac{F_S \cdot v \cdot 2}{\frac{m_L}{t} \cdot (c^2 - v^2)}$$

Wir ersetzen $\frac{m_L}{t}$ durch $\dot{m}_L$ und setzen für F_S die Schubformel ein: $F_S = \dot{m}_L \cdot (c - v)$

$$\eta_V = \frac{\dot{m}_L \cdot (c - v) \cdot v \cdot 2}{\dot{m}_L \cdot (c^2 - v^2)}$$

Wir kürzen durch $\dot{m}_L$ und wenden die 3. Binomische Formel $c^2 - v^2 = (c - v) \cdot (c + v)$ an:

$$\eta_V = \frac{(c - v) \cdot v \cdot 2}{(c - v) \cdot (c + v)}$$

Wir kürzen durch $(c-v)$ und stellen um:

$$\eta_V = \frac{2 \cdot v}{c + v}$$

Wir teilen Zähler und Nenner durch v und erhalten schließlich den Vortriebswirkungsgrad für Flugzeugantriebe:

$$\boxed{\eta_V = \frac{2}{\frac{c}{v} + 1}}$$

Man erkennt, dass lediglich das Verhältnis $\frac{c}{v}$ den Vortriebswirkungsgrad beeinflusst, wobei $\frac{c}{v}$ möglichst klein sein muss, damit η_V möglichst groß wird.

Um ein η_V von 1 zu erhalten (höchster Wirkungsgrad), muss der Quotient $\frac{c}{v} = 1$ sein. Dann wäre aber $c = v$. Dies ist aber nicht realistisch, denn setzt man $c = v$ in die Schubformel ein, folgt $F_S = 0$. Dies wäre nur möglich, wenn es keine Luftreibung gäbe.

In der Praxis wird man anstreben, dass c und v nahe beieinander liegen. Die Gasaustrittsgeschwindigkeit wird aber stets höher sein als die Fluggeschwindigkeit.

Betrachtet man den Vortriebswirkungsgrad und den Schub nebeneinander, so fällt weiterhin auf:

✈ Je größer die Gasaustrittsgeschwindigkeit bei konstantem Luftdurchsatz ausfällt, desto größer ist der Schub, aber umso kleiner wird der Vortriebswirkungsgrad.

Um diesen Zusammenhang zu erklären, müssen wir noch einmal auf die ungekürzte Formel des Vortriebswirkungsgrades zurückgreifen:

$$\eta_V = \frac{P_S}{P_{St}} = \frac{\dot{m}_L \cdot (c-v) \cdot v}{\frac{1}{2} \cdot \dot{m}_L \cdot (c^2 - v^2)}$$

Wir kürzen durch $\dot{m}_L$ und multiplizieren aus:

$$\eta_V = \frac{P_S}{P_{St}} = \frac{(c \cdot v - v^2) \cdot 2}{(c^2 - v^2)}$$

Man erkennt hier nun, dass c in die Schubleistung P_S mit der ersten Potenz, in die Strahlleistung P_{St} jedoch mit der zweiten Potenz eingeht. Das heißt: Mit steigendem c wächst P_{St} schneller als P_S, und der Wirkungsgrad wird kleiner.

Um einen möglichst hohen Schub bei geringer Strahlleistung – also bei niedrigem Kraftstoffverbrauch – zu erzeugen, ist es daher notwendig, einen hohen Luftmassendurchsatz bei einer niedrigen Gasaustrittsgeschwindigkeit im Verhältnis zur Fluggeschwindigkeit vorzusehen.

9.1.4 Das Nebenstromverhältnis μ

Aufgrund dieser Erkenntnis wurden schon bald nach Einführung des Strahltriebwerks in die Zivilluftfahrt Triebwerke mit ständig wachsendem Luftdurchsatz gebaut. Dabei ließ man nur noch einen Teil der einströmenden Luftmasse durch die Brennkammer und die Turbine strömen. Die Firma Rolls-Royce realisierte dieses Prinzip eines Zweistrom-Turbo-Luftstrahltriebwerks (ZTL) zuerst in dem Triebwerk Rolls-Royce «Conway» *(Bild 9.1.6)*, das in der Boeing B 707-430 eingebaut war.

Der Luftmassendurchsatz betrug bei diesem Triebwerk 127 kg/s. Durch die Turbine strömten aber nur 90,7 kg/s. Die verbleibenden 36,3 kg/s wurden hinter dem Niederdruckverdichter abgezweigt und durch einen Ringkanal (Bypass) um das Triebwerk herumgeführt. Diese Luft verließ das Triebwerk zusammen mit den schnellen,

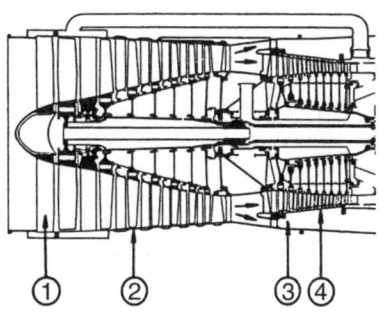

Bild 9.1.6
Verdichter des Rolls-Royce «Conway» Mark 505
1 Eintrittsleitschaufeln
2 Niederdruckverdichter
3 Bypass
4 Hochdruckverdichter

497

heißen Gasen durch die Düse, wobei der langsam strömende, kalte Mantelstrom den heißen Gasstrahl einhüllte. Man sprach daher auch von einem Mantelstromtriebwerk. Das Massenverhältnis: kalter Luftstrom zu heißem Luftstrom nennt man Nebenstromverhältnis μ, engl. bypassratio (bpr). Es betrug im Falle des Rolls-Royce «Conway»

$$\mu = \frac{\dot{m}_{Lk}}{\dot{m}_{Lh}} = \frac{36{,}6 \, \frac{kg}{s}}{90{,}7 \, \frac{kg}{s}} \qquad \mu = 0{,}4$$

$\dot{m}_{Lk}$ = kalter Luftstrom $\dot{m}_{Lh}$ = heißer Luftstrom

Modernere Triebwerke wie z.B. das GE 90 oder das Rolls-Royce Trent 1000 haben Nebenstromverhältnisse von 9 : 1 bzw. 10 : 1.

Diese Triebwerke erkennt man an dem großen Fan. Man nennt sie **High-Bypass-Triebwerke.**

Ein Vergleich der Vortriebswirkungsgrade von Triebwerken ist nur sinnvoll, wenn man die Fluggeschwindigkeit der Flugzeuge mit angibt. So erreicht beispielsweise das Einstromtriebwerk (TL) J 79 von General Electric bei einem Luftmassendurchsatz von 77 kg/s und einer Fluggeschwindigkeit von etwa Mach 1,4 ohne Nachbrenner einen relativ hohen Vortriebswirkungsgrad. Bei geringeren Fluggeschwindigkeiten wird der Vortriebswirkungsgrad von TL-Triebwerken jedoch schlecht.

Ebenso erreichen die konventionellen Propeller-Luftstrahl-Triebwerke (PTL) Vortriebswirkungsgrade von über 0,85, jedoch bei Fluggeschwindigkeiten um Mach 0,6. Bei höheren Fluggeschwindigkeiten fällt ihr Vortriebswirkungsgrad steil ab. Die Lücke zwischen Mach 0,6 und Mach 0,9 füllen die ZTL-Triebwerke. Sie haben gerade in diesem, knapp unter der Schallgeschwindigkeit liegenden, für die Zivilluftfahrt wichtigen Geschwindigkeitsbereich ihren besten Vortriebswirkungsgrad (0,65 bis 0,7).

Bild 9.1.7 zeigt ein Diagramm mit den Vortriebswirkungsgraden verschiedener Gasturbinentriebwerke im Vergleich.

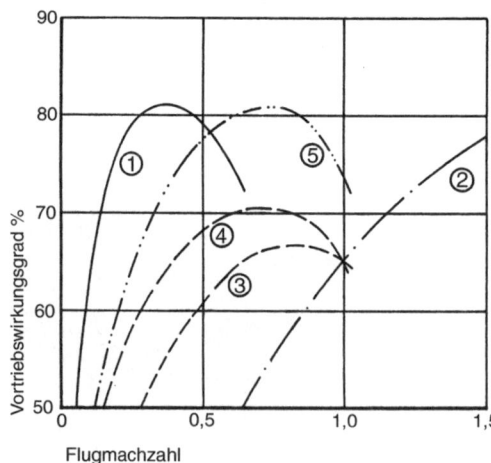

Bild 9.1.7
Vortriebswirkungsgrade verschiedener Gasturbinentriebwerke
1 PTL
2 TL
3 ZTL mit niedrigem Bypassverhältnis
4 ZTL mit hohem Bypassverhältnis
5 Propfan
Die Flugmachzahl gibt das Verhältnis von Fluggeschwindigkeit zur örtlichen Schallgeschwindigkeit an. Die Schallgeschwindigkeit ist von der Temperatur nach der Formel: $a = 20{,}1 \cdot \sqrt{T}$ abhängig (T Temperatur in Kelvin). Sie nimmt daher mit zunehmender Flughöhe ab (bis ca. 11 km Höhe).

9.1.5 Der Propfan

Vergleicht man die Vortriebswirkungsgrade von PTL- und ZTL-Triebwerken miteinander, so fällt auf, dass ein ZTL-Triebwerk, selbst mit hohem Nebenstromverhältnis, nur Werte bis etwa 0,7 erreicht, ein PTL-Triebwerk hingegen Werte bis 0,85. Der Nachteil des PTL ist «lediglich» die Propellergrenze ab Mach 0,6. Das heißt, dass ab dieser Geschwindigkeit die Blattspitzen mit Überschallgeschwindigkeit angeströmt werden.

Seit den 1970er Jahren entstanden daher erste Entwurfsstudien, die Propellergrenze anzuheben, um die hohe Wirtschaftlichkeit des Propellers auch für die in der Zivilluftfahrt üblichen Reisegeschwindigkeiten von Mach 0,8–0,86 zu nutzen. Die Firma Hamilton-Standard entwickelte als Erste, mit Unterstützung der NASA, den nicht ummantelten Propfan. Dieser Propeller sah aber ganz anders aus als konventionelle Luftschrauben.

Er wies acht bis zehn verhältnismäßig kurze, aber extrem tiefe Schaufeln auf. Dadurch konnten sie mechanisch und aerodynamisch höher belastet werden als drei bis vier lange, schmale, konventionell geformte Blätter. Zum anderen waren sie stark nach hinten gepfeilt und aus Faserverbundwerkstoffen hergestellt. Dadurch konnte die kritische Machzahl heraufgesetzt und über dem Radius des Blattes nahezu konstant gehalten werden (vgl. «Pfeilung der Tragflächen»). Mit derart geformten Propellern wurden Fluggeschwindigkeiten über Mach 0,8 möglich, ohne in den Überschallbereich zu kommen *(Bild 9.1.8)*.

Das Nebenstromverhältnis dieser Propfans lag bei 26 : 1 bis 100 : 1. Dabei kletterte der Vortriebswirkungsgrad bis auf 0,95. Am weitesten fortgeschritten waren die Untersuchungen von General Electric. GE nannte seinen Propfan **Unducted Fan** (UDF). Das Triebwerk hatte zwei gegenläufige, nicht ummantelte Druckschrauben von 3,6 m Durchmesser, die ohne Getriebeuntersetzung von einer Turbine mit einem rotierenden Stator und einem gegenläufigen Rotor direkt angetrieben wurden.

Der Vortriebswirkungsgrad verbesserte sich dadurch zusätzlich gegenüber einem einzelnen Rotor, weil zwei gegenläufige Propeller keinen Drall erzeugen.

Bild 9.1.8
Nicht ummantelter Propfan (GE «UDF»). Die Schaufeln sind zur optimalen Betriebspunkteinstellung und zur Schubumkehr verstellbar.

Man erzielte gegenüber dem JT8-Triebwerk eine Kraftstoffeinsparung von 30% und gegenüber dem damals neuesten ZTL-Triebwerk, dem IAE V2500, noch 20%.

Im August des Jahres 1986 fand der Erstflug des Unducted Fan an einer Boeing B 727-100 statt, wobei man eines der drei JT8-Triebwerke durch das UDF ersetzte, das durch einen verlängerten Pylon am Heck der Maschine befestigt war.

Man erreichte eine Geschwindigkeit von Mach 0,84 in 36 000 Fuß Höhe.

Ab Ende der 1980er Jahre wurden diese Konzepte wegen der hohen Entwicklungskosten der Hersteller und der daraus resultierten hohen Anschaffungskosten für die Luftfahrtgesellschaften nicht weiterverfolgt, obwohl die Kraftstoffeinsparung enorm war.

Die Propfans, insbesondere die nicht ummantelten, waren allerdings im damaligen Entwicklungszustand noch sehr laut.

Die gewonnenen Erkenntnisse mit nach hinten gepfeilten Propellern aus Verbundwerkstoffen flossen jedoch in spätere Propellerkonstruktionen ein, zum Beispiel in den Propeller des Iwtschenko-Progres-D-27-PTL-Triebwerks. Vier Triebwerke dieses Typs treiben seit 1994 die Antonow An-70 an. Sie haben je zwei gegenläufige Luftschrauben, die stark nach hinten gepfeilt sind und einen Durchmesser von 4,50 m aufweisen. Sie weisen acht bzw. sechs Blätter auf, entwickeln eine Leistung von 10 300 kW und verleihen der Maschine eine Reisegeschwindigkeit von 750 km/h in 9600 m Höhe *(Bild 9.1.9)*.

Als zweites Beispiel soll der Propeller des TP400-D6-PTL-Triebwerks dienen. Zwei Triebwerke dieses Typs sollen demnächst den Airbus-Militärtransporter A 400 M antreiben. Sie haben nur einen Propeller mit acht stark nach hinten gepfeilten Blättern bei einem Durchmesser von 5,30 m. Es entwickelt eine Leistung von 8206 kW und soll den A 400 M bis auf M 0,72 in 12 300 m Höhe beschleunigen (siehe Bild 9.2.1).

Bild 9.1.9   Antonow An-70 mit Triebwerken Iwtschenko Progres D-27-PTL und Propfan-Luftschrauben

Die wichtigsten Triebwerksdaten des UDF und des CFM 56-3B1 (annähernd gleicher Standschub) zeigt *Tabelle 9.1* in einer Gegenüberstellung:

Tabelle 9.1   Triebwerksdaten UDF und CFM 56-3B1

	UDF	CFM 56-3B1
Schaufelzahl pro Fan	8 bzw. 10	38
Standschub	111 kN	90 kN
Nebenstromverhältnis	35 : 1	5 : 1
Fandurchmesser	3,6 m	1,5 m
Fandruckverhältnis	1,13 : 1	1,59 : 1
Kraftstoffverbrauch	40 kg/(kN · h)	63 kg/(kN · h)

Wie bei jeder Wärmekraftmaschine entstehen auch bei der Gasturbine Verluste bei der Umwandlung der Brennstoffenergie in Vortriebsenergie. Etwa zwei Drittel der chemisch gebundenen Energie, die im Brennstoff Kerosin steckt, kann die Gasturbine nicht als Vortriebsenergie nutzen. Diese Vortriebsverlustanteile sind zum einen Abgasverluste, zum anderen Strahlverluste.

Im Sankey-Diagramm werden die Energieströme innerhalb einer Maschine verdeutlicht. Das nachfolgende Sankey-Diagramm zeigt die Energieströme innerhalb einer Gasturbine *(Bild 9.1.10)*.

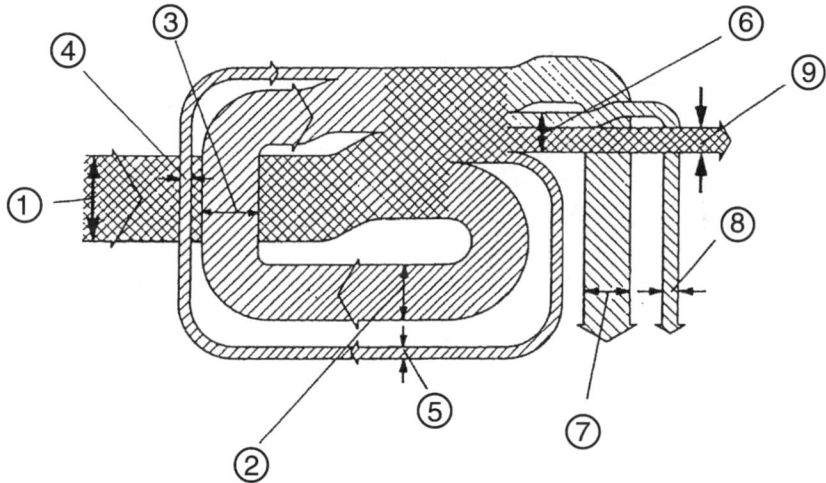

Bild 9.1.10   Sankey-Diagramm einer Gasturbine
1 Brennstoffenergie; 2 Energie für die Verdichtung; 3 Verdichtungsenergie; 4 Aufstauenergie im Einlauf; 5 Energie für den Aufstau im Einlauf; 6 Zuwachs an kinetischer Energie; 7 Abgasverlustenergie; 8 Strahlverlustenergie; 9 Vortriebsenergie

✎ Übung

1. Welche drei Prinzipien der Umsetzung von Motorkraft in Bewegung unterscheidet man in der Technik?
2. Welche beiden Faktoren bestimmen im Wesentlichen den Schub eines Flugtriebwerks?
3. Unter welchen Bedingungen ist der Schub verschiedener Triebwerke nur miteinander vergleichbar?
4. Was versteht man unter dem Vortriebswirkungsgrad und welche Bedeutung hat er?
5. Was versteht man unter Strahlleistung?
6. Welche Bedeutung hat das Nebenstromverhältnis in Bezug auf die Wirtschaftlichkeit eines Triebwerks?
7. Was versteht man unter der Propellergrenze, und wie kann man sie anheben?
8. Was versteht man unter einem Sankey-Diagramm?

9.2 Vom Kolbenmotor zum Gasturbinentriebwerk

9.2.1 Entwicklung und Grenzen des Kolbenflugmotors

Die Entwicklung der Kolbenflugmotoren von den Anfängen des Motorfluges bis zur Einführung des Strahltriebwerks war rasant.

Der wahrscheinlich erste erfolgreiche Motorflug der Geschichte soll von GUSTAV WHITEHEAD, einem deutschstämmigen Amerikaner, am 14. August 1901 durchgeführt worden sein. Er konstruierte, wie alle Motorflugpioniere seiner Zeit, seinen Flugapparat und seinen Flugmotor selbst.

Es war ein taubenähnliches Flugzeug mit zwei Acethylenmotoren von je etwa 15 kW (20 PS) Startleistung, wobei einer die beiden Luftschrauben, der andere die Fahrwerksräder während des Anrollens angetrieben hat. Am 17. Januar 1902 soll ihm bereits ein Flug über sieben Meilen gelungen sein.

Über WHITEHEAD und sein Flugzeug ist leider nur wenig bekannt, insbesondere fehlt der Nachweis des Erstflugs.

Die Brüder WILBUR und ORWILLE WRIGHT gelten deshalb als die ersten erfolgreichen Motorflieger. Sie benutzten einen selbst konstruierten, wassergekühlten Vierzylinder-Viertaktmotor mit etwa 18 kW (24 PS) Leistung und 110 kg Masse. Von diesem Motor wurden zwei Luftschrauben angetrieben, die ihren 340 kg schweren Doppeldecker «Flyer» auf 48 km/h beschleunigten. Ihr erster gesteuerter Flug fand 1903 statt und dauerte zwölf Sekunden. Dabei legte der Flyer eine Strecke von ca. 50 m zurück.

Bis zum Beginn des Ersten Weltkrieges wurden die Flugmotoren hinsichtlich Leistung und Zuverlässigkeit beachtlich weiterentwickelt. Das lassen u.a. die Abnahmebedingungen für deutsche Militärflugzeuge aus dem Jahr 1914 erkennen:

❏ Flugdauer: 4 Stunden,
❏ Höchstgeschwindigkeit: 90 km/h,

- Nutzlast: 200 kg,
- Steigzeit auf 1000 m: 15 min,
- Motorleistung: 73,6 kW (100 PS).

Da die Flugzeuge immer größer und schwerer wurden und immer höhere Reisegeschwindigkeiten erreichen sollten, wurden auch immer größere Antriebsleistungen verlangt. Dabei gelang es den Konstrukteuren, die Motormasse bezogen auf die Antriebsleistung immer weiter zu verringern:

1930 erreichte die Junkers G 38 bereits eine Flugmasse von 23 t. Sie wurde von vier Junkers-Motoren L 88 angetrieben, von denen jeder eine Startleistung von 589 kW (800 PS) entwickelte. Die Maschine konnte 34 Passagiere mit einer Reisegeschwindigkeit von 185 km/h befördern.

1936 transportierte die Douglas-DC 3 bereits 32 Passagiere mit einer Reisegeschwindigkeit von 296 km/h. Als Antrieb verwendete man zwei Curtiss-Wright-Cyclone-Sternmotoren von je 685 kW (930 PS) Startleistung.

1957 erzielte die Lockheed «Super-Star-Constellation» mit maximal 92 Passagieren schließlich eine Reisegeschwindigkeit von 550 km/h. Dieses Flugzeug wurde von vier Curtiss-Wright-TC 18 (18 Zylinder-Doppelsternmotor) mit je etwa 2500 kW (3400 PS) Startleistung angetrieben. Jeder Motor besaß drei Abgasturbinen.

Derartige Antriebsleistungen erfordern eine extrem hohe Zylinderpackungsdichte. Der damals stärkste Kolbenflugmotor war der «Wasp-Major» von Pratt & Whitney mit 28 Zylindern in vier Sternen hintereinander und einer Startleistung von 2570 kW (3500 PS). Die leistungsbezogene Masse dieses Motors betrug 0,68 kg/kW.

Mit den vorgenannten Leistungen waren die ökonomischen und technischen Grenzen im Kolbenflugmotorenbau erreicht. Um noch schwerere Flugzeuge anzutreiben, musste man andere Antriebsmotoren entwickeln.

Seit den 1950er Jahren hat das Gasturbinentriebwerk den Kolbenflugmotor mehr und mehr verdrängt. Die Gasturbine lässt sich in zweifacher Weise als Flugmotor verwenden. Man kann mit ihr entweder über ein Untersetzungsgetriebe einen Propeller antreiben (PTL) oder den Abgasstrahl direkt zur Schuberzeugung nutzen (TL bzw. ZTL).

Durch die Entwicklung des Turboprops (PTL) ließ sich die leistungsbezogene Masse weiter verringern. Als Beispiel sei hier das Rolls-Royce «Tyne» genannt, das derzeit in der «Transall» fliegt. Es erreicht bei einer Masse von 995 kg eine Leistung von 4228 kW und kommt damit auf eine leistungsbezogene Masse von 0,23 kg/kW. Zwei Triebwerke dieses Typs verleihen der 51 t schweren Transportmaschine der Bundeswehr eine maximale Fluggeschwindigkeit von etwa 500 km/h.

2009 soll der Nachfolger der Transall, der Militärtransporter A 400 M, ausgeliefert werden. Er wird von vier TP-400-D6 Turboprops angetrieben, die von Rolls-Royce in Zusammenarbeit mit der MTU, Snecma und ITP entwickelt wurden *(Bild 9.2.1)*.

Er erreicht bei einer Masse von 1860 kg eine Leistung von 8206 kW und erzielt dadurch eine leistungsbezogene Masse von 0,23 kg/kW, also ebenso viel wie das RR «Tyne». Allerdings erreicht die 110 t schwere A 400 M mit diesen Triebwerken eine Geschwindigkeit von M 0,72.

Bild 9.2.1
RR/MTU/Snecma/ITP: TP-400-D6-PTL-Dreiwellen-Triebwerk mit einstufigem, von Ratier-Figeac produzierten achtblättrigen Propeller mit einem Durchmesser von 5,3 m. Triebwerksleistung: 8206 kW
Aufbau: Verdichter: fünfstufiger Mitteldruckverdichter; siebenstufiger Hochdruckverdichter; Brennkammer: Ringbrennkammer; Turbine: einstufige Hochdruck- und Mitteldruckturbine; dreistufige Niederdruckturbine; Propellergetriebe: Planetengetriebe, Übersetzungsverhältnis: 10 : 1 ins Langsame

9.2.2 Aufbau und Wirkungsweise von Kolbenflugmotoren

Flugzeuge mit Kolbentriebwerken nutzen zur Erzeugung der Vortriebskraft einen Propeller. Die durch den Querschnitt des Propellers hindurch entgegengesetzt zur Flugrichtung beschleunigte Luftmasse ruft eine Vortriebskraft hervor, die das Flugzeug in Flugrichtung zieht (3. Newtonsches Axiom – vgl. unter Abschnitt 8.4 «Propeller»).

Vom Kolbentriebwerk wird hierzu eine Wellenleistung abgegeben, die den Propeller antreibt. Die vom Kolbentriebwerk abgegebene Wellenleistung entsteht dadurch, dass ein Kraftstoff-Luft-Gemisch bei seiner Verbrennung einen Verbrennungsdruck erzeugt, der auf den Kolben im Zylinder einwirkt (*Bild 9.2.2*). Die am Kolben entste-

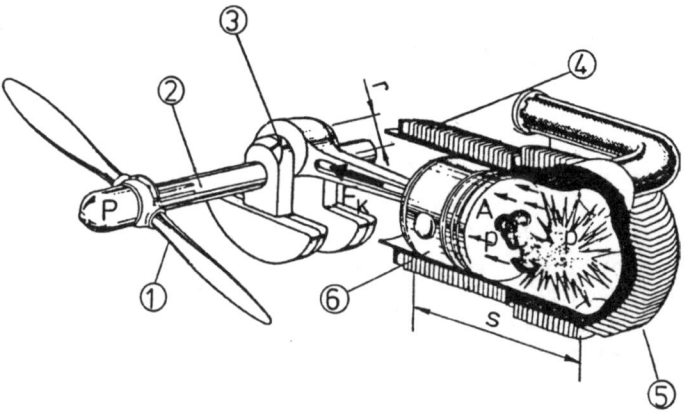

Bild 9.2.2 Die Mechanik des Kurbeltriebs
1 Propeller; 2 Welle; 3 Kurbelzapfen; 4 Zylinder; 5 Zylinderkopf; 6 Kolben
p Verbrennungsdruck, A Kolbenfläche, F_K Kolbenkraft, r Kurbelradius, s Kolbenhub, P Wellenleistung

hende Kolbenkraft F_K wird über ein Pleuel auf den Kurbelzapfen der Kurbelwelle umgelenkt und erzeugt ein Drehmoment M.

Multipliziert man das an die Kurbelwelle abgegebene Drehmoment mit der Anzahl der pro Sekunde ablaufenden Arbeitstakte und der Anzahl der Zylinder des Kolbentriebwerks, so erhält man die vom Kolbentriebwerk abgegebene Wellenleistung P. Die folgenden mathematischen Formeln sollen dies verdeutlichen:

Kolbenkraft   Drehmoment   Leistung

$F_K = p \cdot A$ $M = F_K \cdot r$ $P = \dfrac{M \cdot i \cdot z}{1000}$

$[F_K] = N$ $[M] = Nm$ $[P] = \dfrac{Nm}{1000\,s} = kW$

F_K wirksam werdende Kraft am Kolben in N p Verbrennungsdruck in N/mm² A Kolbenfläche in mm²	M übertragenes Drehmoment auf die Kurbelwelle in Nm r Kurbelradius in m	P vom Kolbentriebwerk abgegebene Nutzleistung in kW i Anzahl der Arbeitstakte in s⁻¹ z Anzahl der Zylinder des Kolbentriebwerks 1000 Umrechnungsfaktor von W auf kW

Einteilung von Kolbentriebwerken
Kolbentriebwerke lassen sich nach den verschiedensten Gesichtspunkten unterteilen. Für die weitere Darstellung innerhalb dieses Buches soll folgende Einteilung vorgenommen werden:

❏ nach der Zylinderanordnung (Reihen-, Boxer-, V-, Sternmotor),
❏ den Arbeitsverfahren (Otto-, Diesel-, Rotationskolbenmotor).

Bei einem Reihenmotor sind die Zylinder hintereinander angeordnet. Reihenmotoren gibt es in «stehender» (Zylinder oberhalb der Kurbelwelle) und «hängender» Bauform (Zylinder unterhalb der Kurbelwelle). Die Vorteile eines Reihenmotors sind der geringe Stirnwiderstand und die gute Zugänglichkeit bei Wartungsarbeiten an allen Baugruppen des Triebwerks. Nachteilig wirken sich die große Baulänge und die aufwendige Kühlung der in Flugrichtung gesehen hinteren Zylinder aus.

Ein Boxermotor ist dadurch gekennzeichnet, dass jeweils ein Zylinderpaar gegenüberliegend zueinander angeordnet ist. Dadurch ergibt sich immer eine gerade Anzahl von Zylindern. Jeder Zylinder arbeitet auf einem eigenen Kurbelzapfen. Der Vorteil ist, dass die Baulänge kleiner als beim Reihenmotor ist und sich die Kühlung der hinteren Zylinder einfacher gestaltet. Gegenüber dem Reihenmotor steigt aber der Stirnwiderstand an.

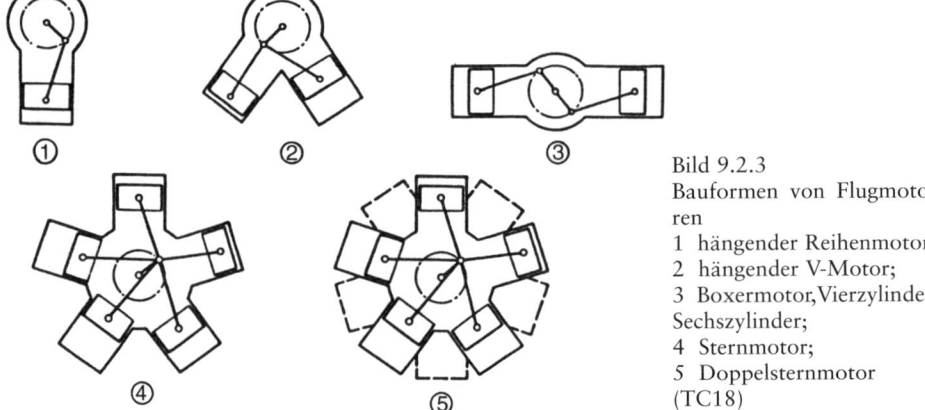

Bild 9.2.3
Bauformen von Flugmotoren
1 hängender Reihenmotor;
2 hängender V-Motor;
3 Boxermotor, Vierzylinder, Sechszylinder;
4 Sternmotor;
5 Doppelsternmotor
(TC18)

Bei V-Motoren stehen jeweils zwei Zylinder zueinander in einem V mit einem Winkel von bis zu 180°. Beide Zylinder arbeiten auf demselben Kurbelzapfen. Ausgeführt sind solche Motoren ebenfalls in stehender oder hängender Bauform. Vorteile sind die geringere Baulänge gegenüber dem Reihenmotor und die einfachere Kurbelwelle gegenüber dem Boxermotor.

Sternmotoren bei 4-Taktern haben eine sternförmige Anordnung der Zylinder um das Kurbelgehäuse. Dabei besteht ein Zylinderstern immer aus einer ungeraden Anzahl von Zylindern. Bei der Anordnung mehrerer Zylindersterne hintereinander sind die Zylindersterne zueinander versetzt angeordnet, um eine effektive Kühlung zu ermöglichen. Dieser Mehrfachanordnung von Zylindersternen ist bedingt durch die immer kompliziertere Kühlung der hinteren Zylindersterne eine Grenze gesetzt. Neben dem großen Stirnwiderstand eines Sternmotors erweist sich neben der Kompliziertheit der einzelnen Bauteile auch die schwere Zugänglichkeit der einzelnen Aggregate als nachteilig. Von Vorteil ist bei dieser Bauart, dass eine große Anzahl von Zylindern Platz sparend verbaut werden können.

Viertakt-Otto-Prozess
Bei einem Kolbentriebwerk, das nach dem Viertakt-Otto-Prozess arbeitet, findet der ablaufende Gasprozess innerhalb eines Zylinders in 4 aufeinander folgenden Takten statt. Dabei durchläuft das Triebwerk zwei vollständige Kurbelwellenumdrehungen. Die während des Prozesses ablaufenden Takte heißen:

- 1. Takt: Ansaugen (Laden),
- 2. Takt: Verdichten,
- 3. Takt: Arbeiten,
- 4. Takt: Ausstoßen.

Nur im 3. Takt, dem Arbeiten, liefert das Triebwerk nutzbare Leistung. In den anderen Takten nimmt das Triebwerk Leistung auf. Damit wird deutlich, dass ein Kolbentrieb-

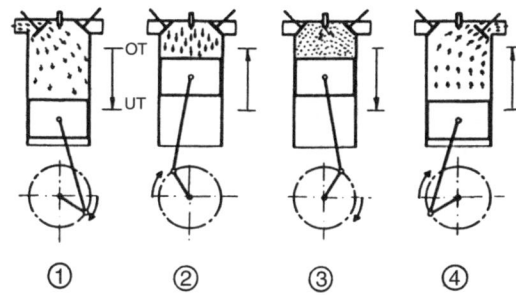

Bild 9.2.4 Das Arbeitsverfahren des Viertaktmotors
1 Ansaugen, 2 Verdichten, 3 Arbeiten, 4 Ausstoßen

werk, das einen Propeller antreiben soll, im Arbeitstakt eine größere Leistung erzeugen muss, als die restlichen drei Takte zusammen aufnehmen.

Im Einzelnen laufen die Takte wie folgt ab (*Bild 9.2.4*):

Ansaugen (Laden)
Die Bewegung des Kolbens erfolgt vom oberen Totpunkt – OT – zum unteren Totpunkt – UT. Hierbei wird als Totpunkt jener Punkt bezeichnet, bei dem eine Umkehr der Bewegungsrichtung des Kolbens stattfindet und der Kolben stillsteht. Das Einlassventil ist offen, und bei einem Saugmotor wird frisches Kraftstoff-Luft-Gemisch in den Zylinder eingesaugt. Durch die Bewegung des Zylinders vom OT zum UT wird der Zylinderraum vergrößert, und es entsteht ein Unterdruck, durch den das Kraftstoff-Luft-Gemisch aus dem Einlasskanal am offenen Einlassventil vorbei in den Zylinder einströmt. Bei einem Ladermotor wird das Kraftstoff-Luft-Gemisch mit Überdruck durch einen Lader in den sich vergrößernden Zylinderraum gepresst, da dieses im Einlasskanal vor dem Einlassventil vorverdichtet wurde. Durch den Laderdruck lässt sich eine größere Menge Kraftstoff-Luft-Gemisch in den Zylinder füllen als bei einem Saugmotor. Der Fülldruck bei einem Ladermotor kann bis zu 1,5 bar betragen, bei einem Saugmotor beträgt er ungefähr 0,9 bar.

Während sich in diesem Takt der Kolben vom OT zum UT bewegt, ist zu Beginn dieses Taktes das Auslassventil ebenfalls noch geöffnet und schließt sich erst, wenn der Kolben den OT überschritten hat. Hierdurch soll erreicht werden, dass das verbrannte Kraftstoff-Luft-Gemisch des vorhergehenden Viertaktprozesses durch den Ejektoreffekt vollständig aus dem Zylinder herausströmt. Bei einem betriebswarmen Motor beträgt die Temperatur des Luft-Kraftstoff-Gemisches rund 100 °C.

Verdichten
Der Kolben bewegt sich vom UT zum OT. Das Einlassventil ist noch offen und ermöglicht somit das weitere Einströmen unverbrannten Kraftstoff-Luft-Gemisches in den Zylinderraum, bis dieser optimal gefüllt ist. Dies ist dann der Fall, wenn das Kraftstoff-Luft-Gemisch wegen seiner Massenträgheit gegen den sich aufwärts bewegenden Kolben zum Stillstand gekommen ist und eine Vorverdichtung erfahren hat. Entspricht der Druck im Zylinder dem Druck des nachströmenden Kraftstoff-Luft-Gemisches, so schließt das Einlassventil.

Ist das Einlassventil geschlossen, wird das Kraftstoff-Luft-Gemisch weiter komprimiert. Je nach Motorauslegung nimmt es dabei auf $1/7$ bis $1/9$ seines Ausgangsvolumens ab. Durch die starke Erwärmung infolge von innerer Reibung im Kraftstoff-Luft-Gemisch und der Verkleinerung des Zylinderraumes steigt der Druck auf das 7- bis 9-fache an. An Ende des Verdichtungstaktes besitzt das Kraftstoff-Luft-Gemisch ungefähr eine Temperatur von 500 °C und einen Druck von 12...16 bar.

Arbeiten
Kurz vor dem Erreichen des OT wird das Kraftstoff-Luft-Gemisch durch einen Zündfunken aus einer Zündkerze fremdgezündet. Bei einer Durchbrenngeschwindigkeit von ca. 30 ms dauert der vollständige Verbrennungsvorgang etwa $1/1000$ Sekunde und ist bereits wenige °KW nach dem OT beendet. Der Druck innerhalb des Zylinders steigt dabei auf 40...60 bar, und die Temperatur erreicht kurzzeitig 2000...2500 °C. Durch den Verbrennungsprozess dehnt sich das verbrannte Kraftstoff-Luft-Gemisch aus und drückt den Kolben nun vom OT zum UT. Dabei expandiert das Kraftstoff-Luft-Gemisch und kühlt auf 700...800 °C ab. Während der Kolben nach unten gedrückt wird, gibt er eine Leistung an die Kurbelwelle ab.

Da sich der Kolben bei zunehmender Motorleistung mit immer größerer Geschwindigkeit vom UT zum OT bewegt, wird der Zündzeitpunkt vom OT weiter nach vorn verlegt. Damit wird sichergestellt, dass auch bei hohen Kolbengeschwindigkeiten der Verbrennungsvorgang des Kraftstoff-Luft-Gemisches bei Erreichen des OT abgeschlossen ist.

Ausstoßen
Noch während sich der Kolben vom OT zum UT bewegt, öffnet das Auslassventil. Das verbrannte Kraftstoff-Luft-Gemisch hat beim Öffnen des Auslassventils ungefähr einen Druck von 3...5 bar und beginnt mit einer hohen Geschwindigkeit von ca. 300 m/s in den Auslasskanal auszuströmen. Hat der Kolben den UT erreicht und beginnt seine Bewegung zum OT, so stößt er das verbrannt Kraftstoff-Luft-Gemisch zusätzlich aus dem Zylinder aus. Bereits vor dem Erreichen des OT öffnet nun wieder das Einlassventil. Hierbei kommt es zwischen dem Ausstoßtakt des gerade ablaufenden Viertaktzyklus und dem Einsaugtakt des nachfolgenden Viertaktzyklus zu einer Ventilüberschneidung, d.h., beide Ventile sind offen.

Ist der 1. Takt durch eine Auflading gekennzeichnet, ist eine Ventilüberschneidung nicht möglich, da sonst die Gefahr besteht, dass unverbranntes Kraftstoff-Luft-Gemisch in den Auslasskanal überströmt.

Klopfende Verbrennung *(Bild 9.2.5)*
Zu einer klopfenden Verbrennung kommt es meistens dann, wenn der verwendete Kraftstoff nicht klopffest genug ist (seine Selbstentzündungstemperatur liegt zu niedrig) oder, was häufiger der Fall ist, die Verdichtung zu hoch ist. Durch die zu hohe Verdichtung des Kraftstoff-Luft-Gemisches wird die Selbstentzündungstemperatur überschritten. Es kommt zu einer Selbstentzündung des Kraftstoffes, die sich durch explosionsartige Verbrennung bemerkbar macht. Das Kraftstoff-Luft-Gemisch ver-

Bild 9.2.5
Schaubild einer klopfenden und einer klopffreien
Verbrennung
1 Zündkerze
2 Flammfront
3 verbranntes Kraftstoff-Luft-Gemisch
4 unverbranntes Kraftstoff-Luft-Gemisch
5 Zündkerne

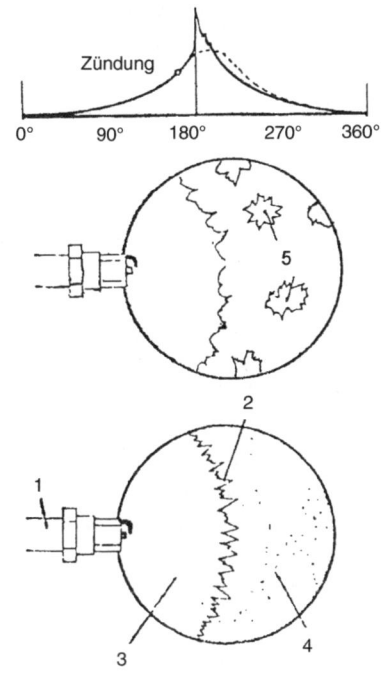

Bild 9.2.6
Das Steuerdiagramm eines Viertaktmotors
1 Ansaugen
2 Komprimieren
3 Arbeiten
4 Ausstoßen
5 Ventilüberschneidung
6 Zündzeitpunkt (0-45° vor OT)

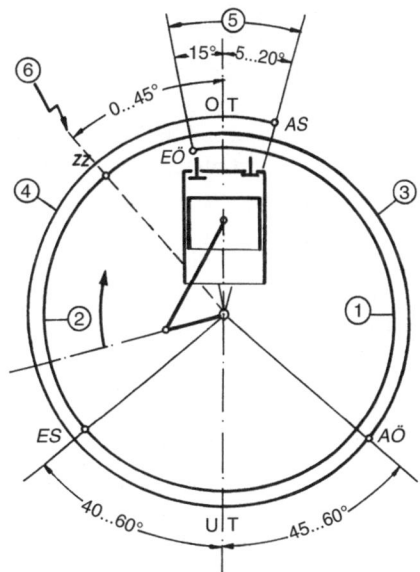

509

brennt hierbei nicht kontrolliert entlang der Flammfront, sondern es treten zusätzliche Zündkerne auf.

Eine klopfende Verbrennung kann zu schweren Schäden an Kolben, Pleuel und Lagen führen und sollte sofort abgestellt werden.

Steuerdiagramm eines Viertakt-Otto-Motors

Werden die Öffnungs- und Schließzeiten des Einlass- und des Auslassventils als Winkel über zwei Kurbelwellenumdrehungen, bezogen auf den oberen und unteren Totpunkt, aufgetragen, so entsteht ein Steuerdiagramm. Wird zusätzlich der Bereich des Zündzeitpunktes in das Steuerdiagramm mit eingetragen, so erhält man einen kompletten Überblick über den ablaufenden Viertaktprozess.

Öffnungs- und Schließzeiten der Ventile werden für jedes Kolbentriebwerk in Versuchen ermittelt, um die bestmögliche Leistungsabgabe zu ermöglichen. Die Steuerzeiten unterschiedlicher Kolbentriebwerke können stark voneinander abweichen. Deshalb sind die in *Bild 9.2.6* angegebenen Werte nur als Beispielwerte anzusehen.

Arbeitsdiagramm eines Viertakt-Otto-Motors

Das Arbeitsdiagramm entsteht dadurch, dass man die herrschenden Kolbendrücke in einem Zylinder während der vier ablaufenden Takte in einem Diagramm über dem jeweiligen Hubvolumen aufträgt. Dieses Diagramm wird auch als p-V-Diagramm bezeichnet. Die von einem Kolbentriebwerk abgegebene nutzbare Arbeit ergibt sich aus der beschriebenen Fläche des p-V-Diagramms. Dies soll mit Hilfe des *Bildes 9.2.7* näher erläutert werden. In den einzelnen Takten ergibt sich:

❏ Bei dem im Bild 1 dargestellten Ansaugtakt liegt die Druckkurve unterhalb des atmosphärischen Außendruckes (p_{amb}). Um das Kraftstoff-Luft-Gemisch in den Zylinder einzusaugen, muss Arbeit aufgebracht werden. Dies bedeutet also, dass im 1. Takt Arbeit aufgenommen werden muss, die Energiebilanz ist hier also negativ.

❏ Für den sich anschließenden Verdichtungstakt (Bild 2) muss ebenfalls Arbeit aufgenommen werden. Ebenso wie im Ansaugtakt ist hier die Energiebilanz negativ.

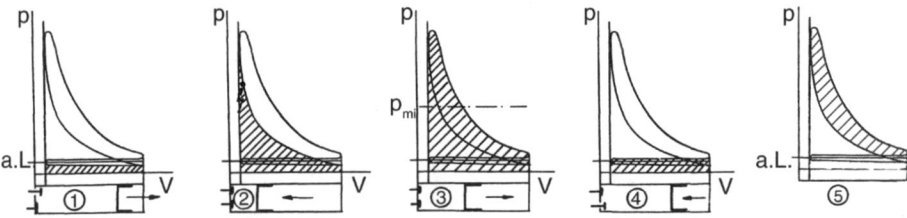

Bild 9.2.7 Die Energiebilanz eines Viertakt-Ottomotors: Die schraffierte Fläche stellt die pro Takt aufgenommene bzw. abgegebene Arbeit dar.
1 Ansaugen (aufgenommene Arbeit – W negativ); 2 Verdichten (aufgenommene Arbeit – W negativ); 3 Arbeiten (abgegebene Arbeit – W positiv); 4 Ausstoßen (aufgenommene Arbeit – W negativ); 5 Nutzarbeit des Kolbenmotors

❑ Der Arbeitstakt (Bild 3) liefert eine positive Energiebilanz. Durch die Druckerhöhung, die bei der Verbrennung des komprimierten Kraftstoff-Luft-Gemisches entsteht, wird bei der Bewegung des Kolbens vom OT zum UT hin Arbeit am Kolben verrichtet und auf die Kurbelwelle übertragen.
❑ Beim abschließenden Ausstoßtakt (Bild 4) wird das verbrannte Kraftstoff-Luft-Gemisch durch Volumenverkleinerung aus dem Zylinder herausgedrückt. Auch in diesem Takt muss Arbeit aufgenommen werden, die Energiebilanz ist also ebenfalls negativ.

Um die nutzbare Arbeit eines Kolbetriebwerks mit Hilfe des p-V-Diagramms darzustellen, müssen von der im Arbeitstakt an die Kurbelwelle abgegebenen Arbeit die aufgenommenen Arbeiten für den Ansaug-, Verdichtungs- und Ausstoßtakt abgezogen werden (Bild 5).

Füllungsgrad eines Viertakt-Otto-Motors *(Bild 9.2.8)*
Von einem Füllungsgrad spricht man, wenn das Verhältnis des Volumens von angesaugtem Kraftstoff-Luft-Gemisch zum vorhandenen Zylindervolumen gebildet wird.
Bei einem Kolbentriebwerk mit Saugmotoren wird ein Füllungsgrad von 0,9 bis 0,95 erreicht, bei Kolbentriebwerken mit Ladermotoren erreicht man Füllungsgrade von 1,0 bis 1,5. Zu erklären ist dieser Unterschied damit, dass bei einem Saugmotor das Kraftstoff-Luft-Gemisch durch die Unterdruckwirkung des sich vergrößernden Zylindervolumens eingesaugt wird und die Massenträgheit des Kraftstoff-Luft-Gemisches eine vollständige Befüllung des Zylinderraumes verhindert. Bei einem Ladermotor dagegen wird das Kraftstoff-Luft-Gemisch mit einem Überdruck aus dem Einlasskanal in den Zylinder hineingepresst.

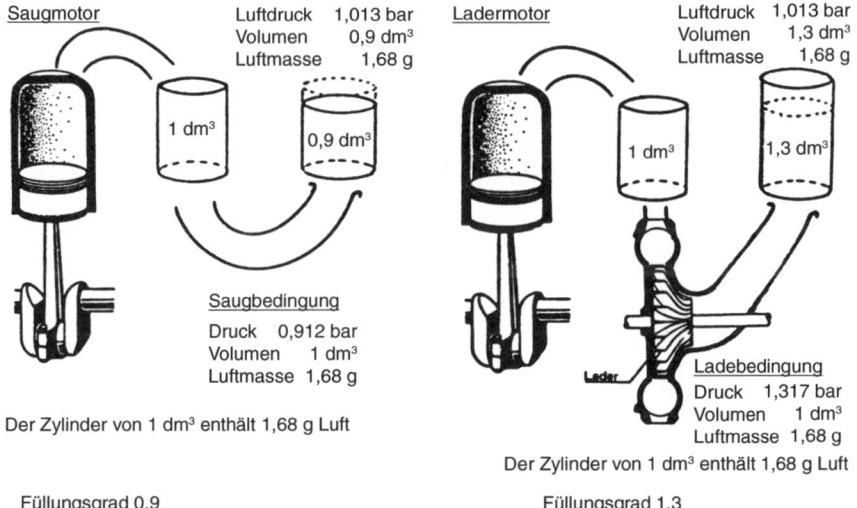

Bild 9.2.8 Die Füllungsgrade von Saugmotoren und Ladermotoren im Vergleich (Werte sind idealisiert)

Mittlere Kolbengeschwindigkeit v_m

Während des Viertaktprozesses vollführt der Kolben eine oszillierende Bewegung. Dabei besitzt er zwei Umkehrpunkte – im oberen und unteren Totpunkt –, an denen seine Geschwindigkeit zum Zeitpunkt der Bewegungsrichtungsumkehr den Betrag $v = 0$ m/s hat. Seinen maximalen Geschwindigkeitsbetrag erreicht der Kolben im mittleren Bereich der Zylinderbahn bei 90° Kurbelwellenumdrehung nach einem Totpunkt. Hierbei wird davon ausgegangen, dass der Kolben bei der Abwärtsbewegung im Arbeitstakt 90° Kurbelwellenumdrehung nach dem oberen Totpunkt seine höchste Geschwindigkeit erreicht, da hier eine Energieübertragung an die Kurbelwelle stattfindet und Kolbenkraft und Kurbelradius in einem Winkel von 90° zueinander stehen und dabei das größte Drehmoment übertragen wird.

Der Umgang mit einer sich ständig ändernden Kolbengeschwindigkeit und der Richtung der Kolbengeschwindigkeit in Abhängigkeit vom Kurbelwinkel ist an komplizierte Rechenverfahren gebunden. Aus diesem Grund mittelt man die Geschwindigkeit der Kolbenbewegung zwischen unterem und oberem Totpunkt und betrachtet auch nur den Betrag der Geschwindigkeit. Es ergibt sich eine gedachte gleichförmige Bewegung des Kolbens; damit lässt sich die mittlere Kolbengeschwindigkeit wie folgt berechnen:

$$v_\mathrm{m} = \frac{s \cdot n}{30}$$

v_m mittlere Kolbengeschwindigkeit in m/s
s Kolbenhub in m
n Motordrehfrequenz in min^{-1}
30 Umrechnung der Motordrehfrequenz von min^{-1} auf s^{-1}
Teilungsfaktor 30, da bei der Bewegung vom unteren zum oberen Totpunkt (= Kolbenhub s) nur eine halbe Kurbelwellenumdrehung stattfindet

Verdichtungsverhältnis ε *(Bild 9.2.9)*
Das Verdichtungsverhältnis ε (sprich: epsilon) ist das Verhältnis des Zylindervolumens zum Kompressionsvolumen. Mathematisch ausgedrückt, ergibt sich folgende Formel:

$$\varepsilon = \frac{V_\mathrm{h} + V_\mathrm{c}}{V_\mathrm{c}}$$

ε Verdichtungsverhältnis
V_h Hubvolumen eines Zylinders
V_c Kompressionsvolumen eines Zylinders

Wie die Formel zeigt, ergibt sich das Zylindervolumen aus dem Hubvolumen V_h des Zylinders und dem Kompressionsvolumen V_c des Zylinders. Das Hubvolumen V_h beschreibt dabei den Rauminhalt, der bei der Bewegung des Kolbens zwischen dem unteren und oberen Totpunkt durchschritten wird. Das Kompressionsvolumen stellt jenen Raum dar, auf den das Kraftstoff-Luft-Gemisch nach Erreichen des oberen Totpunktes durch den Kolben komprimiert wurde.

Bild 9.2.9
Die Erzeugung des Verdichtungsverhältnisses $\varepsilon = 10 : 1$

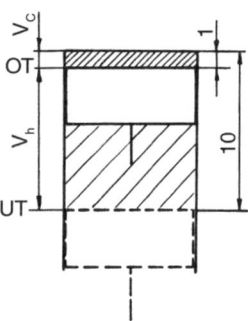

Bei Ottomotoren ist das maximale Verdichtungsverhältnis durch die Selbstentzündung des Kraftstoff-Luft-Gemisches, die nicht gewünscht ist, begrenzt. Das Verdichtungsverhältnis beträgt bei Ottomotoren $\varepsilon = 8...14$.

Bei Dieselmotoren hingegen muss das Verdichtungsverhältnis wesentlich höher liegen, da sich der Dieselkraftstoff selbst entzünden soll. Bei Dieselmotoren liegt das Verdichtungsverhältnis deshalb bei $\varepsilon = 21...25$.

Indizierte Leistung P_i und effektive Leistung P_e
Bei einem Kolbentriebwerk wird zwischen der indizierten Leistung P_i – der Leistung, die vom Kolben des Motors aufgenommen wird – und der effektiven Leistung P_e – der Leistung, die an die Welle abgegeben wird – unterschieden. Mechanische Reibung sowie Antriebsleistungen z.B. für Hilfsaggregate wie Einspritzpumpe, Ölpumpe und Kühlgebläse bleiben bei der indizierten Leistung unberücksichtigt. Die indizierte Leistung P_i lässt sich aus den Motorkenndaten errechnen. Zur Ermittlung der effektiven Leistung P_e werden die Kolbentriebwerke an eine Wasserwirbelbremse oder eine geeichte Luftschraube angeschlossen. In beiden Fällen wird die Größe des Drehmoments gemessen, das sich bei einer bestimmten Drehfrequenz einstellt. Es ergeben sich folgende angewandte Berechnungsformeln:

Indizierte Motorleistung P_i *Effektive Leistung P_e*

$$P_i = \frac{V_H \cdot n \cdot p_{mi}}{1200}$$ $$P_e = \frac{M \cdot n}{9550}$$

P_i indizierte Leistung in kW
V_H Hubvolumen des
 Kolbentriebwerks in dm³
n Drehfrequenz in min⁻¹
p_{mi} mittlerer indizierter Druck
 in bar
1200 Umrechnungsfaktor

P_e effektive Leistung in kW
M Drehmoment in Nm
n Drehfrequenz in min⁻¹
9550 Umrechnungsfaktor

Mechanischer und thermischer Wirkungsgrad

Ein Wirkungsgrad η (sprich: eta) ist allgemein das Verhältnis von Nutzen zu Aufwand. Der Gesamtwirkungsgrad eines Kolbentriebwerks wird durch den mechanischen Wirkungsgrad (η_m) und den thermischen Wirkungsgrad (η_{th}) bestimmt.

Der mechanische Wirkungsgrad ist das Verhältnis von effektiver Leistung, die als nutzbare Leistung an die Kurbelwelle abgegeben wird, und indizierter Leistung, die vom Kolben aufgenommen wird. Die Leistungsverluste machen bei Kolbentriebwerken ca. 5% aus. Wodurch diese Leistungsverluste hervorgerufen werden, zeigt *Bild 9.2.10*.

Mathematisch lässt sich der mechanische Wirkungsgrad eines Kolbentriebwerks wie folgt berechnen:

$$\eta_m = \frac{P_e}{P_i}$$

η_m mechanischer Wirkungsgrad
P_e effektive Leistung
P_i indizierte Leistung

Wesentlich größere Verluste als durch die Mechanik entstehen durch die Wärmeabstrahlung des Motors infolge von Kühlung und Abgasen. Je mehr Wärmeenergie des Motors ausgenutzt und in mechanische Arbeit umgewandelt werden kann, desto besser ist der thermische Wirkungsgrad (η_{th}). Allgemein formuliert ist er das Verhältnis von ausgenutzter Wärmemenge zu zugeführter Wärmemenge (*Bild 9.2.11*).

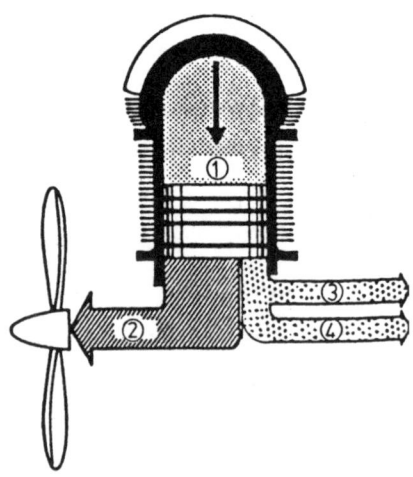

Bild 9.2.10 Der mechanische Wirkungsgrad η_m
1 vom Kolben aufgenommene Leistung P_i; 2 von der Welle abgegebene Leistung P_e; 3 Leistungsverlust in der Mechanik durch Reibung; 4 Leistungsverlust durch den Antrieb von Hilfsaggregaten

Bild 9.2.11
Der thermische Wirkungsgrad η_{th}

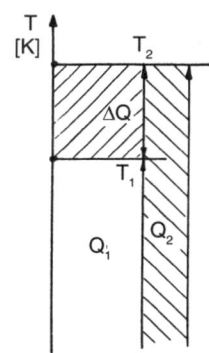

Da die Wärmemengen proportional zu den absoluten Temperaturen sind, kann der thermische Wirkungsgrad vereinfacht wie folgt berechnet werden:

$$\eta_{th} = \frac{T_2 - T_1}{T_2} \qquad \eta_{th} = 1 - \frac{1}{\left(\dfrac{p_2}{p_0}\right)^{\frac{K-1}{K}}}$$

η_{th} thermischer Wirkungsgrad
T_1 Abgastemperatur in Kelvin
T_2 Verbrennungstemperatur in Kelvin

K Adiabatenexponent
p_2 Verdichtungsenddruck
p_0 Umgebungsdruck

Der thermische Wirkungsgrad gibt somit einen Hinweis über die Ausnutzung des Kraftstoffes. Er ist umso größer, je geringer die Abgastemperatur ist.
Bild 9.2.12 zeigt den thermischen Wirkungsgrad η_{th} in Abhängigkeit vom Verdichtungsverhältnis ε. Zu erkennen ist, dass mit steigendem Verdichtungsverhältnis auch der thermische Wirkungsgrad steigt. Aus diesem Grund sind alle Motorenhersteller bemüht, das Verdichtungsverhältnis im Rahmen der technischen Möglichkeiten und im Zusammenhang mit dem verwendeten Kraftstoff (Flugbenzin, Kerosin, Diesel) zu erhöhen.

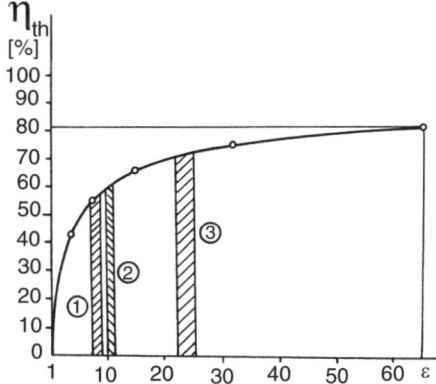

Bild 9.2.12
Wirkungsgradkurve für Verbrennungsmaschinen ($n = 1,4$)
1 Viertakt-Ottomotor mit $\varepsilon = 8...10$
2 Turbinentriebwerk mit $\pi = 32$
3 Dieselmotor mit $\varepsilon = 22...25$

Kennlinien des Viertaktmotors

Um das Betriebsverhalten eines Kolbentriebwerks bei verschiedenen Lastzuständen beurteilen zu können, ermittelt man die Kennlinien eines Motors durch Datenerfassung auf dem Prüfstand. Hierzu werden Drehfrequenz, Drehmoment und Kraftstofffluss pro Zeit gemessen. Mit Hilfe der gemessenen Drehmoment- und Drehfrequenzwerte lassen sich nach der obigen Formel die Leistungswerte der effektiven Leistung P_e berechnen. Der Kraftstofffluss pro Zeit wird ins Verhältnis zur effektiven Leistung gesetzt, und man erhält den leistungsbezogenen Brennstoffdurchsatz b_P. Er berechnet sich mit der Formel:

$$b_P = \frac{\dot{m}_B}{P_e}$$

b_P leistungsbezogener Brennstoffdurchsatz in g/(kW · h) oder kg/(kW · h)
$\dot{m}_B$ Brennstoffdurchsatz in g/h oder kg/h
P_e effektive Leistung in kW

Trägt man die gemessenen Werte für das Drehmoment und die berechneten Werte für Leistung und leistungsbezogenen Brennstoffdurchsatz in ein Diagramm ein, so ergibt sich eine Kurvenschar wie z.B. in *Bild 9.2.13*.

Als Nennleistung eines Motors wird jetzt jene Leistung angegeben, die der Motor dauerhaft ohne die Gefahr von Überhitzungserscheinungen abgeben kann.

Bei Kolbenflugmotoren, die hauptsächlich mit konstanter Drehzahl betrieben werden, abgesehen von der Start- und Landephase, ist insbesondere das Leistungsverhalten in Abhängigkeit vom Kraftstoffverbrauch von Interesse.

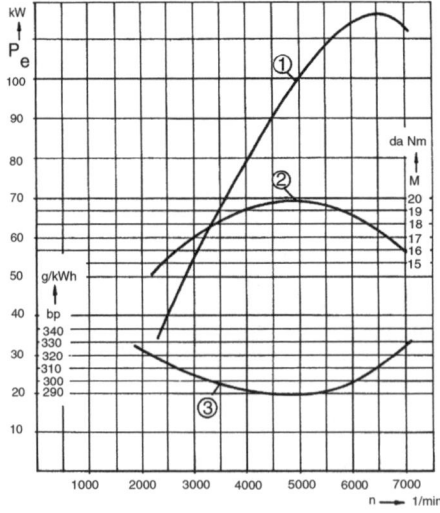

Bild 9.2.13
Kennlinien eines Viertakt-Ottomotors
1 Leistungskurve in kW
2 Drehmomentkurve in daNm
3 leistungsbezogener Brennstoffdurchsatz in g/kW · h

Gemischbildung bei Kolbenflugmotoren
Für die Zündfähigkeit eines Kraftstoff-Luft-Gemisches ist im Besonderen das Massenverhältnis von Luftmasse zur Kraftstoffmasse verantwortlich. Ein ideales Massenverhältnis liegt dann vor, wenn auf die vorhandene Kraftstoffmasse die 14,9-fache Luftmasse trifft. Ist dies der Fall, dann treffen so viele Luftmoleküle auf Kraftstoffteilchen, dass diese im Idealfall vollständig zu Kohlendioxid (CO_2) und Wasser (H_2O) verbrennen. In diesem Fall spricht man von einem **stöchiometrischen Verhältnis**.

$$stöchiometrisches\,Verhältnis = \frac{14,9\;Massenanteile\;Luft}{1\;Massenanteil\;Kraftstoff}$$

Bezogen auf den vorhandenen Kraftstofffluss lässt sich nun die jeweils notwendig bereitzustehende Luftmenge berechnen. In Abhängigkeit der tatsächlich vorhandenen Luftmasse drückt sich dies in der Luftüberschusszahl λ (sprich: lambda) aus. Sie berechnet sich:

$$\lambda = \frac{m_{Lv}}{m_{Lt}}$$

λ Luftüberschusszahl
m_{Lv} tatsächlich vorhandene Luftmasse
m_{Lt} theoretisch erforderliche Luftmasse
$\lambda < 1$ Die tatsächlich vorhandene Luftmasse ist kleiner als die benötigte. Man spricht von einem fetten Gemisch. Es liegt ein Kraftstoffüberschuss vor.
$\lambda = 1$ Die tatsächlich vorhandene Luftmasse ist gleich der benötigten. Es liegt ein stöchiometrisches Verhältnis vor.
$\lambda > 1$ Die tatsächlich vorhandene Luftmasse ist größer als die benötigte. Man spricht von einem mageren Gemisch. Es herrscht Kraftstoffmangel.

Will man ein Kolbentriebwerk, das nach dem Ottoprinzip arbeitet, im Leerlaufbetrieb ruhig mit gleich bleibender Drehfrequenz laufen lassen, so muss man das Kraftstoff-Luft-Gemisch leicht anfetten ($\lambda \approx 0,9$).
Dies führt allerdings dazu, dass es im Leerlaufbetrieb zu einem erhöhten Ausstoß von Kohlenmonoxid (CO) kommt.
Magert man hingegen das Gemisch ab ($\lambda \approx 1,2$), wodurch im oberen Lastbereich die Temperaturbelastungen heruntergesetzt werden, steigt der Ausstoß von Stickoxiden (NO_x), die in der heutigen Zeit für das Waldsterben verantwortlich gemacht werden (saurer Regen). Im Volllastbereich ist der Ausstoß von Stickoxiden am größten. Abhilfe schaffen dreifach geregelte Katalysatoren mit Lambda-Sonde, die die Schadstoffe aus dem Abgas umwandeln.
Bild 9.2.14 zeigt den Einfluss der Luftüberschusszahl λ auf die Schadstoffemissionen im Abgas.
Ebenfalls von der Luftüberschusszahl abhängig ist die Flammfrontgeschwindigkeit. Wie *Bild 9.2.15* zeigt ist die Flammfrontgeschwindigkeit bei mageren Gemischen kleiner als bei fetten Gemischen. Sie erreicht ihren Höchstwert bei einem Luft-Kraftstoff-

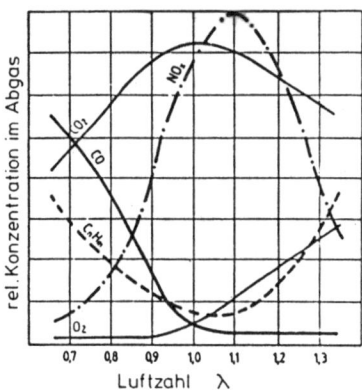

Bild 9.2.14
Die Abgasemissionen in Abhängigkeit von der Luftzahl λ. Maximalemissionen: $NO_X \approx 0{,}5\%$, $CO \approx 8\%$, $CO_2 \approx 14\%$, $C_nH_m \approx 0{,}03$

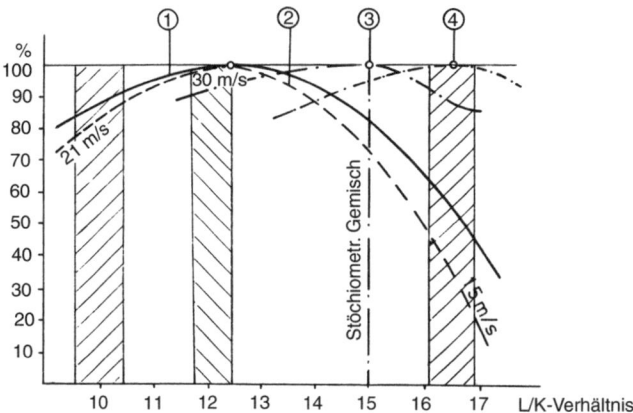

Bild 9.2.15 Flammenfrontgeschwindigkeit in Abhängigkeit vom Luft-Kraftstoff-Verhältnis
1 Bestleistungskurve; 2 Flammenfrontgeschwindigkeit; 3 Zylinderkopftemperatur; 4 Verbrennungswirkungsgrad

Massenverhältnis von 12,5 : 1; dies entspricht einer Luftüberschusszahl von $\lambda = 0{,}84$. Bei diesem Massenverhältnis ergibt sich auch die beste Leistungsabgabe des Motors. Durch den Mangel an Luft wird eine schnelle Verbrennung mit hoher Energieausbeute erzielt. Gleichzeitig sorgt der Kraftstoffüberschuss für eine innere Kühlung des Zylinders und damit für eine niedrigere Zylinderkopftemperatur.

Die höchste Zylinderkopftemperatur wird bei $\lambda = 1$, dem stöchiometrischen Verhältnis, erreicht. Luft- und Kraftstoffmasse stehen für die Verbrennung im idealen Verhältnis zueinander, der Kraftstoff verbrennt vollständig. Eine innere Kühlung durch einen Kraftstoffüberschuss findet nicht mehr statt. In der technischen Umsetzung des Verbrennungsprozesses findet dieses stöchiometrische Verhältnis wegen der Gefahr der Überhitzung und damit auftretenden Schäden an Kolben und Ventilen keine Verwendung. Die Kraftstoff-Luft-Gemische werden eher leicht abgemagert.

Der beste Verbrennungswirkungsgrad (thermischer Wirkungsgrad) wird hingegen bei einem mageren Gemisch von $\lambda = 1,1$ erreicht. Das Luft-Kraftstoff-Massenverhältnis beträgt ungefähr 16,5 : 1. Da sich mit zunehmender Flughöhe die Luftdichte ändert, muss bei Saugmotoren mit zunehmender Flughöhe das Kraftstoff-Luft-Gemisch verarmt werden, da weniger Luftmasse durch den Motor angesaugt wird. Beim Start und bei starkem Steigflug wird das Kraftstoff-Luft-Gemisch stark angefettet, um bei hoher Leistungsausbeute eine bessere innere Kühlung des Zylinders zu erzielen und die Temperaturen nicht zu hoch werden zu lassen. Ist die Flughöhe erreicht, wird das Kraftstoff-Luft-Gemisch verarmt, um eine Überhitzung des Motors und damit Schäden an Kolben und Ventilen zu verhindern.

Für die Gemischbildung bei Kolbentriebwerken stehen der Vergaser oder die Einspritzanlage zur Verfügung. Bei beiden Gemischbildungsanlagen muss sichergestellt werden, dass für jeden Flug- und Lastzustand das optimale Gemisch zur Verfügung steht. Dabei erstreckt sich das abzudeckende Leistungsspektrum vom Leerlauf bis zur maximalen Steigleistung bei Luftdichten, die den Bedingungen von Normalnull entsprechen, bis hin zu Luftdichten der maximalen Einsatzhöhe.

Vergaser
Vergaser lassen sich nach der Bauweise und der Funktionsweise unterscheiden. Bei der Unterscheidung nach der Bauweise wird die Strömungsrichtung der Luft in Bezug zur Einlassöffnung des Motors betrachtet. Man unterscheidet hierbei:

- Fallstromvergaser,
- Flachstromvergaser,
- Steigstromvergaser.

Unterscheidet man die Vergaser hinsichtlich ihrer Funktionsweise, so unterteilt man in:

- Schwimmervergaser,
- Druckvergaser.

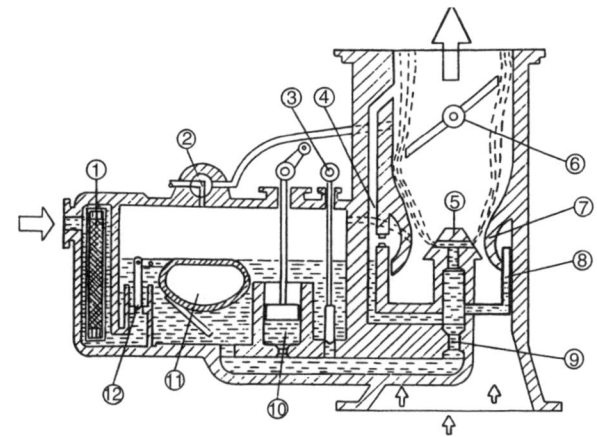

Bild 9.2.16
Schwimmervergaser (schematisch)
1 Benzinfilter
2 Gemischregulierung
3 Vollastanreicherung
4 Leerlaufeinrichtung
5 Mischrohr
6 Drosselklappe
7 Venturi
8 Mischrohrbelüftung
9 Kraftstoffdüse
10 Beschleunigungspumpe
11 Schwimmer
12 Nadelventil

Die Gemischbildung bei einem **Schwimmervergaser** hängt in entscheidendem Maße von der Strömungsgeschwindigkeit der Luft, der Lufteintrittstemperatur und dem Kraftstoffpegel im Schwimmergehäuse des Vergaser ab (*Bild 9.2.16*). Der Vergaser muss in der Lage sein, für alle Leistungsstufen des Motors das richtige Mischungsverhältnis herzustellen. Um dies gewährleisten zu können, besteht der Vergaser aus folgenden Hauptbaugruppen:

❑ Hauptdüse,
❑ Leerlaufbohrung,
❑ Beschleunigungspumpe,
❑ Gemischregler,
❑ Vollastanreicherung,
❑ Kraftstoffabsperrung.

Hauptdüse
Die Hauptdüse besteht aus einem Mischrohr, das in eine Venturidüse hineinragt. Eine Venturidüse besteht aus einem sich verengenden und von der engsten Stelle aus sich wieder erweiternden Strömungskanal. In dem sich verengenden Strömungskanal wird die Luftströmung beschleunigt. Dadurch steigt die Strömungsgeschwindigkeit, und der statische Druck in der Strömung fällt. An dieser engsten Stelle in einer Venturidüse sitzt das Mischrohr. Da das Schwimmergehäuse mit dem äußeren statischen Luftdruck beaufschlagt ist, wird am Mischrohr, durch den Unterdruck in der Venturidüse, Kraftstoff austreten und von der strömenden Luft mitgerissen. Die Regelung der für den jeweiligen Leistungszustand erforderlichen Luftmenge erfolgt über die Drosselklappe. Da mit zunehmender Strömungsgeschwindigkeit der Luftströmung in der Venturidüse der statische Druck überproportional fällt, besteht die Gefahr, dass das Gemisch überfettet. Um dies zu verhindern, wird der Kraftstoff im Mischrohr bereits mit Luft vorvermischt.

Leerlaufbohrung
Wenn im Leerlauf die Drosselklappe geschlossen ist, kommt es zu so geringen Strömungsgeschwindigkeiten innerhalb der Venturidüse, dass der entstehende Druckunterschied zu gering ist und kein Kraftstoff aus dem Mischrohr der Hauptdüse austritt. Dies würde zu Zündaussetzern führen, und es bestünde die Gefahr, dass der Motor ausgeht. Da bei geschlossener Drosselklappe im Leerlauf nicht der gesamte Strömungsquerschnitt durch diese verschlossen wird, sondern ein kleiner Strömungsspalt offen bleibt, legt man unmittelbar hinter die Drosselklappe die Leerlaufbohrung. Prinzipiell laufen bei geschlossener Drosselklappe jetzt die gleichen Vorgänge an der Leerlaufbohrung ab wie bei geöffneter Drosselklappe an der Hauptdüse. Durch den geringen Strömungsquerschnitt an der Drosselklappe wird die Luftströmung beschleunigt, und der statische Druck innerhalb der Luftströmung fällt. Beim Vorbeiströmen an der Leerlaufbohrung wird der Kraftstoff aus der Bohrung herausgesogen und von der Luftströmung mitgerissen. Über eine Leerlaufgemisch-Regulierungsschraube kann das Leerlaufgemisch eingestellt werden.

Meistens befindet sich im Bereich der Drosselklappe nicht nur eine Leerlaufbohrung. Zusätzlich gibt es noch Übergangsbohrungen, die bei einem Übergang von Leerlauf in eine Leistungsstufe des Motors den Kraftstofffluss sicherstellen.

Beschleunigungspumpe
Die Beschleunigungspumpe hat die Aufgabe, bei einem schlagartigen Öffnen der Drosselklappe Zündaussetzer infolge von Luftüberschuss zu vermeiden. Öffnet sich die Drosselklappe schlagartig, kommt es aufgrund der Massenträgheit kurzzeitig zu einem Luftüberschuss, bezogen auf den zur Verfügung stehenden Kraftstofffluss. Das Gemisch verarmt stark, es besteht die Gefahr von Zündaussetzern. Dies lässt sich dadurch verhindern, dass über eine mechanische Kopplung eine Beschleunigungspumpe betätigt wird, die zusätzlich Kraftstoff in das Mischrohr der Hauptdüse drückt, und es erfolgt bei weit geöffneter Drosselklappe die erforderliche Anreicherung des Gemisches.

Gemischregler
Mit steigender Flughöhe wird die vom Motor angesaugte Luftmasse kleiner, da die Luftdichte sinkt. Dadurch besteht die Gefahr, dass das Gemisch immer fetter wird, weil der Unterdruck im Venturirohr nicht von der Luftdichte, sondern allein von der Strömungsgeschwindigkeit der Luftströmung abhängig ist. Deshalb besteht die Notwendigkeit, das Gemisch abzumagern, also weniger Kraftstoff durch das Mischrohr der Hauptdüse austreten zu lassen. Diese Abmagerung kann durch ein Ventil, das mit einer barometrischen Dose gekoppelt ist, erfolgen. Je nach Flughöhe wird dann im Mischrohr Kraftstoff mit Luft bereits vorvermischt. Eine zweite Möglichkeit besteht in der manuellen Abmagerung der Kraftstoffflusses über den Gemischhebel. Hierbei wird mit zunehmender Flughöhe der Kraftstofffluss gedrosselt. Über die Abgastemperaturanzeige (EGT) lässt sich diese manuelle Abmagerung am einfachsten kontrollieren.

Volllastanreicherung
Im Leistungsbereich Volllast steigt die Motortemperatur extrem an. Es besteht die Gefahr der Überhitzung. Um dies zu verhindern, findet in diesem Leistungsbereich eine Anreicherung des Kraftstoff-Luft-Gemisches hin zu einem leicht fetten Gemisch statt. Durch die Verdampfung noch flüssiger Kraftstoffteilchen kommt es innerhalb des Zylinders zu einem Kühlungseffekt, der die Motortemperatur sinken lässt. Diese Volllastanreicherung lässt sich unter anderem dadurch erreichen, dass man die überproportionale Abnahme des statischen Druckes im Venturirohr mit zunehmender Strömungsgeschwindigkeit der Luft nutzt. Hiermit wird automatisch das Kraftstoff-Luft-Gemisch mit steigender Drehfrequenz leicht angefettet. Eine weitere Möglichkeit besteht darin, über ein Ventil, das mit dem Gashebel gekoppelt ist und sich ab ca. 70% Leistung zu öffnen beginnt, zusätzlich Kraftstoff ins Mischrohr der Hauptdüse zu leiten.

Kraftstoffabsperrung
Der Gemischhebel sorgt dafür, dass die Kraftstoffzufuhr zum Motor unterbrochen wird. Hierzu wird der Gemischhebel in seine hintere Endlage gebracht. Ist der Motor

zum Stillstand gekommen, wird auch die Zündung abgestellt. Dieses Abstellverfahren ist aus Sicherheitsgründen vorgeschrieben und soll ein Nachzünden durch glühende Ölkohle oder andere heiße Triebwerksteile verhindern.

Der wesentliche Nachteil eines Schwimmervergasers besteht darin, dass die Kraftstoffflussregulierung durch das Schwimmerventil sehr stark beschleunigungsabhängig ist und im Rückenflug bei Kunstflugzeugen überhaupt nicht mehr funktioniert.

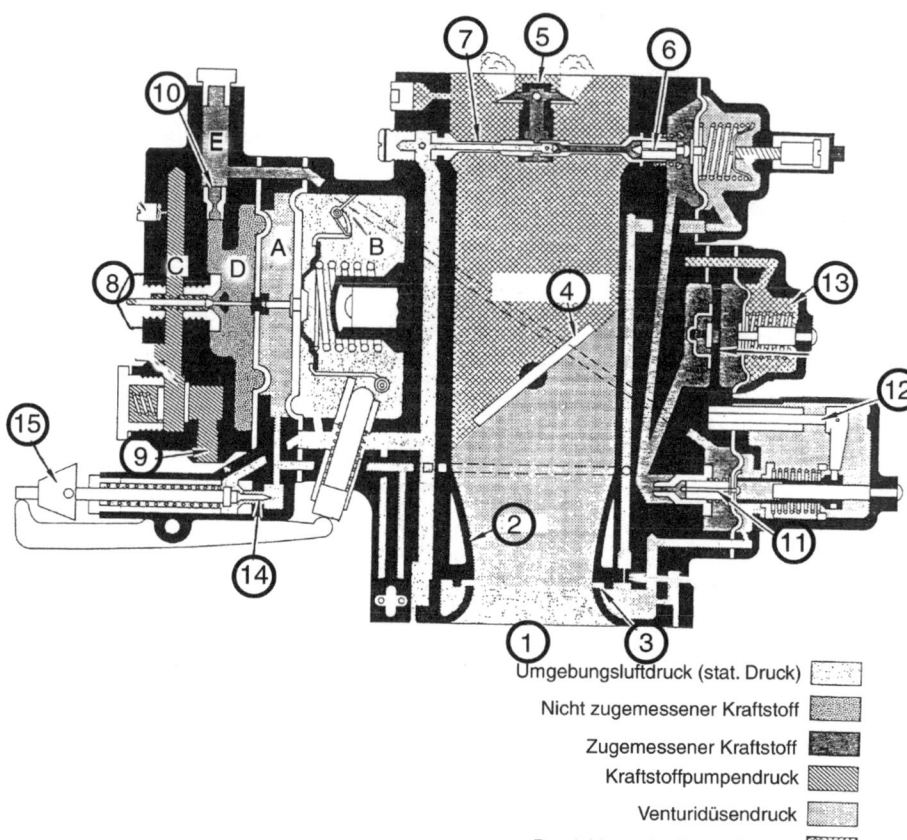

Bild 9.2.17   Schematische Darstellung eines Druckstromvergasers
1 Lufteinlass; 2 Venturidüse; 3 Venturidruckentnahme; 4 Drosselklappe; 5 Mischrohr der Hauptdüse; 6 Hauptdüse; 7 Mischluft; 8 Kraftstoffeinlassventil; 9 Kraftstoffzufuhr von der Pumpe; 10 Hauptzumessdüse; 11 Leerlaufdüse; 12 Leerlaufeinstellung; 13 Beschleunigungspumpe; 14 Nadelventil der Handgemischregelung; 15 Abstellnocken; A) Kammer mit Venturidüsendruck; B) Kammer mit Umgebungsluftdruck; C) Kammer mit undosiertem Kraftstoffdruck; D) Kammer mit dosiertem Kraftstoffdruck; E Kammer zur zusätzlichen Kraftstoffeinspritzung bei Volllastanreicherung

Bei dem in *Bild 9.2.17* gezeigten **Druckvergaser** handelt es sich um die schematische Darstellung eines Bendix-Stromberg-Einspritz-Membranvergasers. In seiner Funktionsweise unterteilt man in:

- Luftteil,
- Kraftstoffteil,
- Beschleunigungspumpe,
- automatische Gemischregelung,
- Volllastanreicherungsventil,
- Handgemischregelung,
- Leerlaufabschaltung.

Luftteil
Über den Lufteinlass strömt die Luft über die Venturidüse an der Drosselklappe vorbei zum Mischrohr. Anders als beim Schwimmvergaser sitzt das Mischrohr nicht in der Venturidüse, sondern hinter der Drosselklappe. Die Steuerung des Luftdurchsatzes erfolgt durch die Drosselklappenstellung. Innerhalb der Luftströmung des Vergasers sind drei Luftdrücke zu unterscheiden:

- statischer Umgebungsluftdruck,
- Unterdruck der Venturidüse,
- Druck hinter der Drosselklappe.

Der am kleinsten Durchmesser der Venturidüse entstehende Unterdruck wird über innere Kanäle in die Kammer A des Kraftstoffreglers und auf die linke Unterdruckseite der Hauptdüsenmembran geleitet. Der statische Umgebungsdruck gelangt außen um die Venturidüse herum über Kanäle in die Kammer B des Kraftstoffreglers und als Mischluft zur Hauptdüse. Durch die unterschiedlichen Drücke in der Kammer A und B des Kraftstoffreglers entsteht ein Druckunterschied, der auf die Membran wirkt. Dieser Druckunterschied steigt und fällt je nach Luftdurchsatz des Vergasers. Die Bewegung der Membran wirkt direkt auf das Kraftstoffeinlassventil.

Kraftstoffteil
Der von der Pumpe geförderte Kraftstoff fließt in die Kammer C und über das Kraftstoffeinlassventil in die Kammer D. Durch die Drosselwirkung des Ventils ist der Kraftstoffdruck in der Kammer D niedriger als in der Kammer C. Deshalb wird der Kraftstoff in der Kammer C als «undosierter Kraftstoff» und der Kraftstoff in der Kammer D als «dosierter Kraftstoff» bezeichnet.

Ist der Luftdurchsatz im Leerlaufbereich sehr gering, so ist der Unterdruck in der Venturidüse ebenfalls sehr gering oder gar nicht vorhanden. In diesem Fall wirkt die Kraft der Feder in Kammer B dem Kraftstoffdruck in Kammer D entgegen. Beide Kräfte stehen in einem Gleichgewicht. Über das geöffnete Kraftstoffeinlassventil wird so die richtige Menge Kraftstoff für den Leerlaufbetrieb bereitgestellt.

Der so dosierte Kraftstoff fließt über die Hauptzumessdüse zur Leerlaufdüse und liegt an deren Membran an. Die andere Seite der Membran wird vom Unterdruck der Venturidüse und einer einstellbaren Feder beaufschlagt. Der auf die Membran wirkende Kraftstoffdruck hebt das Leerlaufnadelventil von seinem Sitz und gibt einen Strömungsquerschnitt in Richtung Hauptdüse und Mischrohr frei. Da der jetzt freigegebene Querschnitt am Leerlaufnadelventil kleiner ist als der Querschnitt an der Hauptzumessdüse, wird der Kraftstofffluss für den Leerlauf über die Leerlaufdüse geregelt. Über die einstellbare Feder lässt sich dieser Kraftstofffluss regulieren.

Öffnet sich die Drosselklappe, wird die Membran durch den Kraftstoffdruck weiter verschoben, und das Leerlaufnadelventil öffnet weiter. Ist der Leerlauf überschritten, ist das Leerlaufnadelventil so weit geöffnet, dass die Dosierung des Kraftstoffflusses über die Hauptzumessdüse erfolgt.

Der Kraftstoff fließt nach dem Durchströmen des Leerlaufventils zur Hauptdüse und liegt an der Kraftstoffseite der Membrane der Hauptdüse an. Auf die Gegenseite der Membran wirken der Unterdruck des Venturirohres und eine einstellbare Feder. Ist der Druck auf der Kraftstoffseite groß genug, dann öffnet das Nadelventil der Hauptdüse, und der Kraftstoff fließt zum Mischrohr. Im Mischrohr wird der Kraftstoff mit Luft vorvermischt und tritt dann mit Überdruck aus dem Mischrohr aus. Die Luftströmung reißt das Kraftstoff-Luft-Gemisch mit und zerstäubt es.

Beschleunigungspumpe
Für den Ausgleich eines Kraftstoffmangels infolge eines schnellen Öffnens der Drosselkappe ist auch der Druckvergaser mit einer Beschleunigungspumpe ausgerüstet. Die in Bild 9.2.17 gezeigte Beschleunigungspumpe besteht aus einer Unterdruckkammer, die dem Luftdruck hinter der Drosselklappe ausgesetzt ist, einer Membran und einer Kraftstoffkammer, in der der dosierte Kraftstoffdruck, der in der Hauptzumessdüse erzeugt wird, wirkt. In Abhängigkeit vom Druck in der Unterdruckkammer wird die Feder der Unterdruckkammer zusammengedrückt, und die größer werdende Kraftstoffkammer wird mit Kraftstoff gefüllt. Dies geschieht so lange, bis sich ein Gleichgewicht der Drücke zwischen Unterdruckkammer und Kraftstoffkammer eingestellt hat. Wird die Drosselklappe schnell geöffnet, steigt der Druck hinter der Drosselklappe an. Der ansteigende Druck pflanzt sich in die Unterdruckkammer fort und wirkt zusammen mit der Feder auf die Membran. Der in der Kraftstoffkammer gelagerte Kraftstoff wird herausgepresst und erhöht den Kraftstoffdruck auf die Membran der Hauptdüse. An dieser wird nun das Nadelventil weiter geöffnet, und über das Mischrohr wird ein fettes Gemisch erzeugt.

Automatische Gemischregelung
Mit zunehmender Flughöhe fällt die Luftdichte, und es besteht die Gefahr einer Überfettung des Kraftstoff-Luft-Gemisches, da das Venturirohr nur Drücke innerhalb der Luftströmung zur Regelung erfasst. Um die Dichteabnahme mit steigender Flughöhe zu erfassen, sind die Kammern A und B des Kraftstoffreglers über eine barometrische Membrandose, die ein Nadelventil ansteuert, miteinander verbunden. Am Boden ist die Membrandose zusammengedrückt, und das Nadelventil ist geschlossen. Mit zunehmender Flughöhe wird die Drosselklappe weiter geöffnet, um den Leistungsabfall des Motors auszugleichen. Dadurch steigt der Unterdruck im Lufttrichter, und es besteht die Gefahr der Überfettung des Gemisches. Verhindert wird dies dadurch, dass sich die Membrandose ebenfalls mit ausdehnt und über das Nadelventil einen Ringspalt zwischen den Kammern A und B des Kraftstoffreglers öffnet. Es kommt zu einem

Überströmen von statischem Umgebungsdruck aus der Kammer B in die Kammer A des Unterdruckes des Venturirohres. Dieser Druckausgleich wirkt auf das Kraftstoffeinlassventil und verändert somit den Druck des dosierten Kraftstoffes in Kammer D. Die Membrandose ist in *Bild 9.2.17* nicht mit dargestellt.

Volllastanreicherung
Für die Volllastleistung muss das Kraftstoff-Luft-Gemisch leicht angefettet werden, um durch innere Kühlung des Zylinders eine Überhitzung infolge zu hoher Verbrennungstemperaturen zu verhindern. Bei dem Druckvergaser wird dies durch ein Volllastanreicherungsventil erreicht.

Handgemischregelung
Die Handgemischregelung wird während des Fluges, bei vorhandener automatischer Gemischregelung, nicht eingesetzt. Sie dient der Überprüfung der Gemischbildung am Boden und der Leerlaufabschaltung.

Leerlaufabschaltung
Die Leerlaufabschaltung wird betätigt, indem der Hebel der manuellen Gemischregelung auf Leerlaufabschaltung gestellt wird. Dadurch wird über den Abstellnocken und einen Hebelarm der Leerlaufabstellkolben nach innen gegen den Entspannungshebel der Kammer B gedrückt. Der Hebel drückt die Membranfeder zusammen, und die Spannung zwischen den Kammern A und B wird aufgehoben. Der dosierte Kraftstoffdruck der Kammer C schließt das Kraftstoffeinlassventil des Kraftstoffreglers. Gleichzeitig öffnet das Nadelventil der Handgemischregelung, und es kommt zu einem Druckausgleich zwischen den Kammern A und B.

Einspritzanlagen
Der wesentliche Vorteil von Einspritzanlagen gegenüber Vergaseranlagen besteht darin, dass der Kraftstoff für jeden einzelnen Zylinder genau dosiert werden kann. Dadurch sinkt der Kraftstoffverbrauch des Kolbentriebwerks. Der Kraftstoff wird dabei kontinuierlich in den Ansaugkrümmer oder kontinuierlich oder intermittierend (zeitweilig aussetzend) vor die Einlassventile jedes Zylinders gespritzt. Kolbenflugmotoren mit Einspritzanlagen weisen ein besseres Beschleunigungsverhalten auf, weil die Einspritzanlage beim Gasgeben schneller reagiert, und das Kraftstoff-Luft-Gemisch kann der jeweiligen Leistungsstufe besser angepasst werden. Angewendet werden in der Flugzeugtechnik heute hauptsächlich mechanische Einspritzanlagen, bei denen der Kraftstoff über eine Venturidüse (z.B. System Bendix) gesteuert wird, und elektronisch gesteuerte Einspritzanlagen.

Mechanische Einspritzanlagen
Die in *Bild 9.2.18* schematisch dargestellte Einspritzanlage mit kontinuierlicher Kraftstoffeinspritzung arbeitet mit Hilfe der Druckdifferenz zwischen dem Druck vor der Venturidüse (Staudruck) und dem Druck in der Venturidüse (Venturidruck). Die beiden Drücke werden im Differenzdruckventil gegenübergestellt und wirken über

einen Hebel auf das Kraftstoffregelventil. Der Kraftstoffdruck wird an der Kraftstoffförderpumpe erzeugt, die den Kraftstoff über einen Filter zum Gemischregler fördert. Im Kraftstoffregelventil stehen sich an einer Membran der Kraftstoffdruck innerhalb des Gemischreglers und der Druck der Kraftstoffleitung zum Kraftstoffverteilerventil gegenüber. Die Druckdifferenz innerhalb der Luftströmung und der Druckunterschied im Kraftstoffregelventil erzeugen einen Steuerdruck, der – dem gewählten Leistungszustand angepasst – den Öffnungsquerschnitt des Kraftstoffverteilerventils freigibt, und sorgen somit für die Dosierung des einzuspritzenden Kraftstoffes. Das Kraftstoffverteilerventil verteilt den Kraftstoff auf die Einspritzdüsen, die sich unmittelbar vor den Einlassventilen befinden. Die Einspritzdüsen werden zusätzlich belüftet, um eine bessere Zerstäubung des Kraftstoffes zu erzielen.

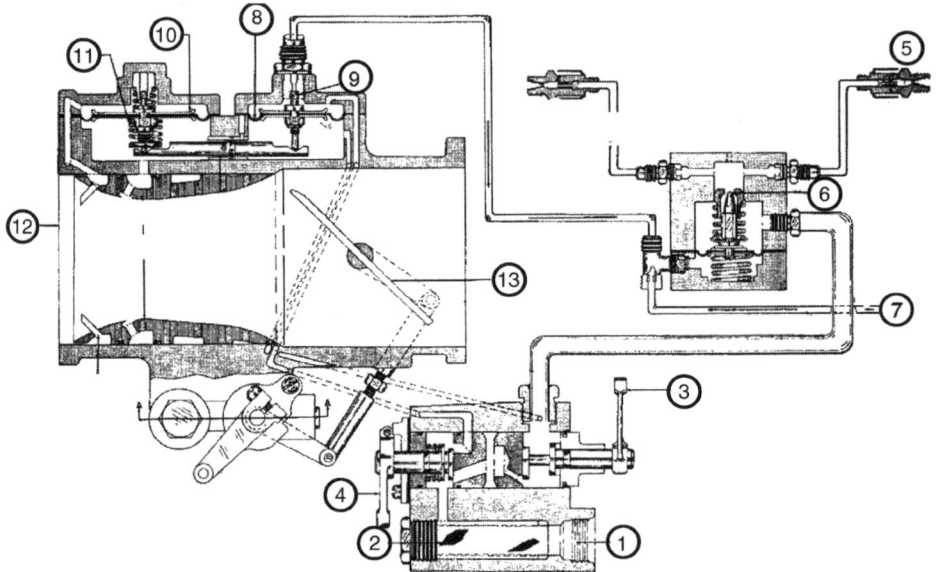

Bild 9.2.18   Bendix-Kraftstoffeinspritzsystem
1 Kraftstoffeinlass; 2 Kraftstofffilter; 3 Leerlaufventilhebel; 4 Gemischregler und Leerlaufabschalthebel; 5 Einspritzdüse (je Zylinder eine); 6 Verteilerventil; 7 Kraftstoffrückfluss; 8 Membran des Kraftstoffregelventils; 9 Kraftstoffregelventil; 10 Membran des Luftdifferenzdruckventils; 11 Luftdifferenzdruckventil; 12 Lufteinlass; 13 Drosselklappe

Elektronisch gesteuerte Einspritzanlagen
Ebenso wie bei Gasturbinentriebwerken werden bei modernen Kolbenmotoren elektronische Regelsysteme (FADEC – Full Authority Digital Engine Control) eingesetzt. Diese Systeme dienen der Regelung der Einspritz- und Zündanlage und können gleichzeitig auch den Luftschraubenregler steuern und bei zweimotorigen Flugzeugen die Luftschraubensynchronisation ermöglichen. Im Zusammenspiel von Einspritz- und Zündanlage regelt das System die Optimierung des Zündzeitpunktes in Abhängigkeit

der Zusammensetzung des Kraftstoff-Luft-Gemisches und der gewählten Leistungsstufe (z.B. erfordert ein mageres Gemisch einen größeren Zündwinkel als Ausgleich für die geringere Flammfrontgeschwindigkeit). In die elektronische Regelung kann ebenfalls eine Klopfregulierung integriert sein, die im Fall einer Klopfneigung den Kraftstofffluss drosselt.

Elektronische Regelsysteme sind grundsätzlich mit zwei automatisch umschaltbaren redundanten Kanälen ausgestattet. *Tabelle 9.2* zeigt mögliche Eingangs- und Regelgrößen.

Tabelle 9.2 Eingangs- und Regelgrößen

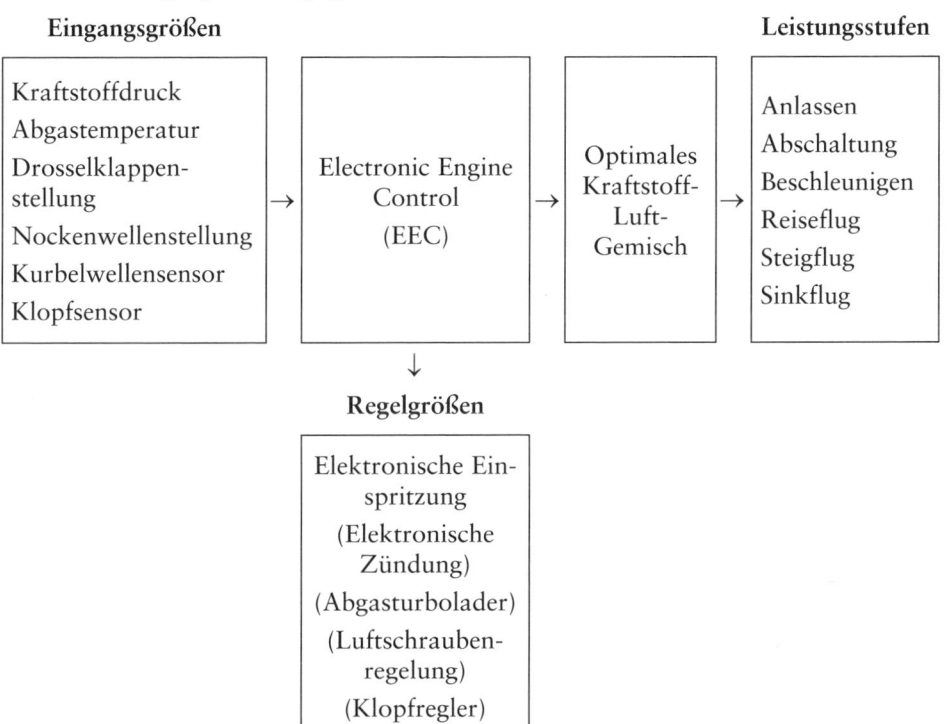

Für die Einspritzanlage bedeutet dies, dass durch die erfassten Eingangsgrößen der Einspritzdruck, der Einspritzzeitpunkt, die Einspritzmenge und die dem Zylinder zugeführte Luftmasse optimaler auf die jeweilige gewählte Leistungsstufe angepasst werden können, da die Kraftstoffmengenbemessung elektronisch übersteuert ist.

Maßnahmen zur Wirkungsgradverbesserung
Mit zunehmender Höhe fällt bei konstanter Drehzahl die Leistung eines Saugmotors ab. Die Ursache hierfür liegt in der Verschlechterung des Füllungsgrades, hervorgerufen durch die Abnahme der Luftdichte mit steigender Flughöhe. Ausgleichen lässt sich dieser Leistungsverlust durch Ausnutzung der Wärmeenergie des Abgases oder durch Aufladung (Verdichtung) der Luftströmung im Einlasskanal. Möglichkeiten hierfür sind:

- Abgasturbine,
- mechanischer Lader,
- Abgasturbolader.

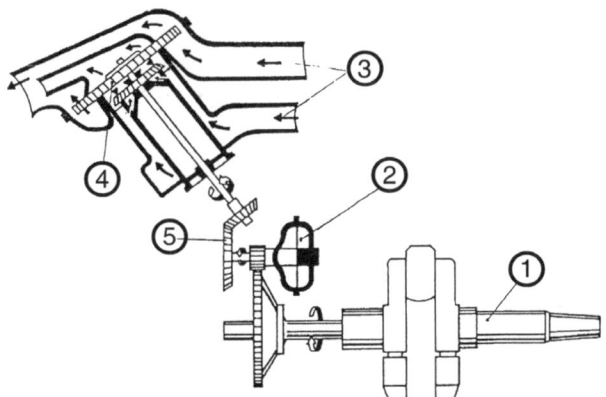

Bild 9.2.19
Abgasturbine
1 Kurbelwelle
2 hydraulische Kupplung zur Schwingungsdämpfung
3 Abgassammler
4 Turbine
5 Untersetzungsgetriebe

Abgasturbine (Bild 9.2.19)
Bei einer Abgasturbine wird ein Teil der Wärmeenergie der Abgase nutzbar gemacht, indem der Abgasstrom über eine Turbinenstufe strömt und diese über ein Getriebe die gewonnene Leistung direkt an die Kurbelwelle abgibt. Durch eine Abgasturbine wird die Motorleistung über den gesamten Betriebsbereich um ca. 7% erhöht. Der Leistungsverlust, der durch die Höhenwirkung auftritt, kann aber nicht direkt verbessert werden.

Mechanischer Lader
Bei einem mechanischen Lader wird die Ansaugluft durch einen Verdichter vorverdichtet, der direkt von der Kurbelwelle angetrieben wird. Zum Schutz vor Überlastung wird der maximale Ladedruck durch ein Druckbegrenzungsventil auf einen Wert von ca. 1,5-mal atmosphärischem Außenluftdruck begrenzt. Um über alle Höhenbereiche einen befriedigenden Wirkungsgrad zu erreichen, kann der Lader mit einem zweistufigen Getriebe gekoppelt sein, das bei einem Flug in größeren Höhen den Lader mit einer höheren Drehzahl laufen lässt. Im Vergleich zur Abgasturbine vermindert der mechanische Lader den Leistungsverlust des Motors mit zunehmender Flughöhe, da der Füllungsgrad des Zylinders annähernd konstant gehalten wird, hat aber keinen Einfluss auf die Nennleistung des Motors.

Angetrieben wird der Lader von der Kurbelwelle. Der hierbei entstehende Leistungsverlust an der Kurbelwelle wird durch die Auflagung über den atmosphärischen Druck am Boden und über die verbesserte Höhenleistung des Motors kompensiert.

Abgasturbolader
Bei einem Abgasturbolader handelt es sich um eine Baugruppe, bei der eine einstufige Radialturbine direkt über eine Welle mit einem einstufigen Radialverdichter gekoppelt ist und diesen antreibt. Dabei sitzt die Radialturbine im Abgaskanal und entzieht dem schnell strömenden heißen Abgas Energie (vgl. Abschnitt 9.4.7).

Der Radialverdichter sitzt im Einlasskanal und nutzt die in der Turbine entzogene Energie zur Vorverdichtung der Luftströmung (vgl. Abschnitt 9.4.4). Hierdurch wird der Ansaugdruck des Motors bis zu einer festgelegten kritischen Höhe je nach Leistungseinstellung konstant gehalten. Bis zu dieser Höhe entspricht die Leistung des Motors der Bodenleistung.

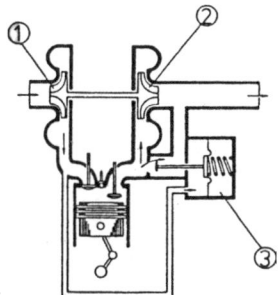

Bild 9.2.20
Luftdichtegeregelter Abgaslader
1 Laderrad
2 Abgasturbine
3 mit Stickstoff gefüllte Barometerdose

Zur Vermeidung einer Überladung des Motors in niedrigen Höhen ist der Lader mit einer Überlastschutzeinrichtung gekoppelt. In *Bild 9.2.20* ist dies eine mit Stickstoff gefüllte barometrische Messdose, die mit einem Ventil verbunden ist. Am Boden ist die Messdose durch den äußeren Luftdruck stark zusammengedrückt und das Ventil weit offen, so dass nur ein kleiner Teil des Abgase über den Lader strömt. Mit zunehmender Flughöhe fällt der Luftdruck, der Stickstoff entspannt sich, die Messdose dehnt sich aus, und das Ventil verkleinert die Umgehung des Laders. Die Befüllung der Messdose mit Stickstoff erfüllt eine weitere Funktion. Die Messdose soll nicht nur auf die Änderung der Luftdichte mit der Flughöhe, sondern gleichzeitig auch auf unterschiedlichen Außentemperaturen und daraus resultierenden Dichteänderungen reagieren. So wird sich bei einer Steigerung der Außentemperatur der Stickstoff ausdehnen und ebenfalls das Umgehungsventil schließen.

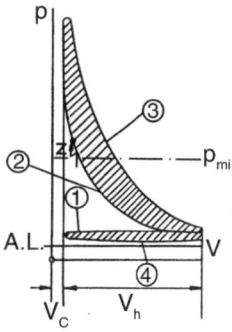

Bild 9.2.21
p-*V*-Diagramm beim Aufladen. Bei einem Ladermotor liegt die Druckkurve (1) oberhalb der atmosphärischen Linie über dem Auslassdruck (4). Der Kolben leistet beim Gaswechsel zusätzliche Nutzarbeit. 2 Kompressionskurve; 3 Expansionskurve

Bei der Energiegewinnung mit Hilfe des Laders (*Bild 9.2.21*) werden zwei Effekte ausgenutzt. Der erste Effekt besteht darin, dass durch die bessere Füllung des Zylinders ein höherer Füllungsgrad und damit ein höherer indizierter Druck erzeugt wird. Als zweiter Effekt tritt durch die Aufladung des Zylinders ein größerer Nutzarbeitsanteil auf, da das Kraftstoff-Luft-Gemisch beim Einströmen in den Zylinder mit Überdruck auf den Kolben trifft und dabei bereits Arbeit verrichtet.

Zündanlagen
Aus Sicherheitsgründen kommen bei Kolbentriebwerken immer 2 von einander unabhängig arbeitende Magnetzündanlagen zum Einsatz. Jeder Zylinder besitzt zwei Zündkerze die jeweils von einer Magnetzündanlage mit der erforderlichen Zündspannung versorgt werden. Durch den Einsatz von zwei Zündkreisläufen steigt die Sicherheit und es kommt zu einem Leistungsgewinn. Die Verbrennung des Kraftstoff-Luft-Gemisches geht von zwei Punkten aus, verläuft gleichmäßiger und schneller und erhöht den Verbrennungsdruck um 2 bis 3 Prozent. Der Ausfall eines Zündkreislaufes führt nicht zum totalen Ausfall der Zündung, sondern führt nur zu einem Abfall der Motordrehzahl und einem geringen Leistungsabfall des Kolbentriebwerks.

Magnetzündanlagen
Bei den heutigen in Kolbentriebwerken verwendeten Magnetzündanlagen unterscheidet man zwischen Hochspannungs- und Niederspannungszündanlagen. **Hochspannungszündanlagen** kommen bei kleineren Kolbentriebwerken zur Anwendung. Steigende Zylinderzahlen pro Triebwerk, immer höhere Triebwerksleistungen und die Tendenz, immer höher und auch bei schlechtem Wetter zu fliegen, führte zum Einsatz von **Niederspannungszündanlagen**.

Der konstruktive Unterschied besteht darin, dass bei einer Hochspannungszündanlage die zur Versorgung der Zündkerze erforderliche Hochspannung bereits in der Einheit Zündmagnet erzeugt und über ein Hochspannungskabel (Sekundärstromkreis) an die Zündkerze weitergeleitet wird. Bei einer solchen Anlage ist es erforderlich, das Hochspannungskabel durch Isolation gut gegen Funkenüberschlag (Entstörgeschirr) zu schützen. Bei einer Niederspannungszündanlage dagegen sitzt die eigentliche Zündspule direkt vor der Zündkerze an jedem Zylinder. Das die Hochspannung führende Kabel (Sekundärstromkreis) wird dadurch wesentlich kürzer.

Der erforderliche Zündstrom wird durch eine in einem rotierenden Magnetfeld liegende Primärspule des Zündmagneten erzeugt (*Bild 9.2.22*). Am einen Ende ist die Primärspule mit dem Masseanschluss verbunden, das andere Ende ist mit Unterbrecher, Kondensator und dem Zündschalter parallelgeschaltet. Befindet sich der Zündschalter in der AUS-Stellung, liegt auch das zweite Ende der Primärspule an Masse an. Es wird nun kein Zündstrom erregt. Ist der Zündschalter in der EIN-Stellung, so kann durch

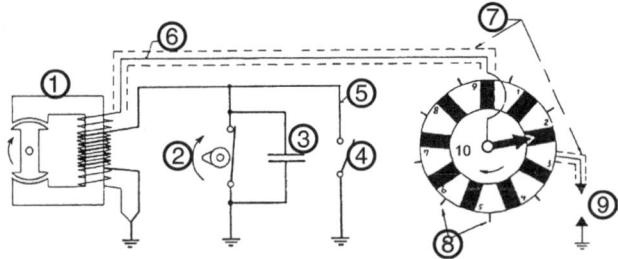

Bild 9.2.22 Schematische Darstellung einer Hochspannungszündanlage
1 Zündmagnet mit Primär- und Sekundärspule; 2 Unterbrecher; 3 Kondensator; 4 Zündschalter; 5 Primärstromkreis; 6 Sekundärstromkreis (Spannung zwischen 20...30 kV); 7 Entstörgeschirr; 8 Zündkabel; 9 Zündkerze; 10 Zündverteiler

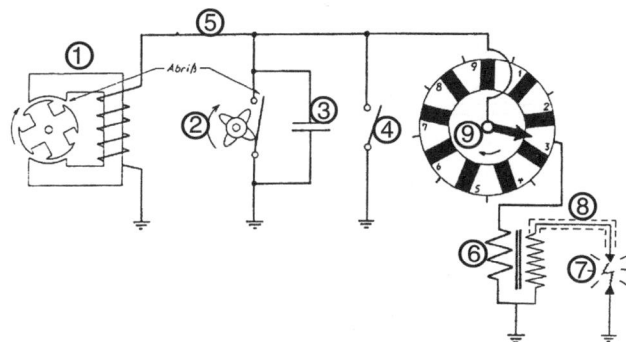

Bild 9.2.23 Schematische Darstellung einer Niederspannungszündanlage
1 Zündmagnet mit Primärspule; 2 Unterbrecher; 3 Kondensator; 4 Zündschalter; 5 Primärstromkreis (Spannung zwischen 150...200 V); 6 Sekundärspule; 7 Zündkerze; 8 Sekundärstromkreis; 9 Zündverteiler

das rotierende Magnetfeld an der Primärspule eine Spannung erzeugt werden, und es kommt zu einem Stromfluss im Primärstromkreis über Unterbrecher und Kondensator. Hebt im Zündzeitpunkt der Unterbrecherkontakt ab, bricht der Stromfluss in der Primärspule zusammen, und durch Induktion wird in der über der Primärspule angeordneten Sekundärspule eine hohe Zündspannung induziert. Diese hohe Zündspannung erzeugt im Sekundärstromkreis einen Stromfluss, der sich als Zündfunke an der Zündkerze entlädt. Der Unterbrecherkontakt wird von einem Unterbrechernocken mechanisch gesteuert, der von der Kurbelwelle angetrieben wird. Bei einem Viertaktmotor dreht der Unterbrechernocken mit der halben Drehfrequenz der Kurbelwelle. Der Kondensator, der zum Unterbrecher parallelgeschaltet ist, soll die Bildung eines Abrissfunkens verhindern. Damit werden die Kontakte des Unterbrechers geschont und vor Abbrand geschützt. Die Verteilung des Zündstromes auf die einzelnen Zylinder übernimmt der Zündverteiler. Er ist meistens mit dem Magnet, den Spulen und dem Unterbrecher im Magnetgehäuse untergebracht.

Bei Niederspannungszündanlagen (*Bild 9.2.23*) wird der Zündstrom ebenfalls wie bei Hochspannungszündanlagen über eine Primärspule im Zündmagnet erzeugt. Der für die Erzeugung des Zündfunkens erforderliche Sekundärstrom wird aber nicht durch eine um die Primärspule gewickelte Sekundärspule erzeugt. Der Zündstrom der Primärspule strömt als Primärstrom über den Zündverteiler und wird erst in der Sekundärspule, die an dem zu versorgenden Zylinder angebracht ist, durch Induktion hochtransformiert. Als Nachteil erweist sich hier, dass pro Zylinder zwei Sekundärspulen erforderlich sind.

Mikroprozessorgesteuerte Zündanlagen
Zündfähigkeit und Durchbrenngeschwindigkeit eines Kraftstoff-Luft-Gemisches hängen nicht nur vom Verhältnis der Kraftstoffmasse zur Luftmasse ab, sondern werden auch im Wesentlichen vom Verbrennungsdruck und der Verbrennungstemperatur bestimmt. Mit steigendem Kompressionsdruck muss auch die Zündspannung steigen, damit ein sicherer Funkenüberschlag an den Elektroden der Zündkerze entsteht. Kalte Kraftstoff-Luft-Gemische zünden wesentlich langsamer als warme. Für die optimale

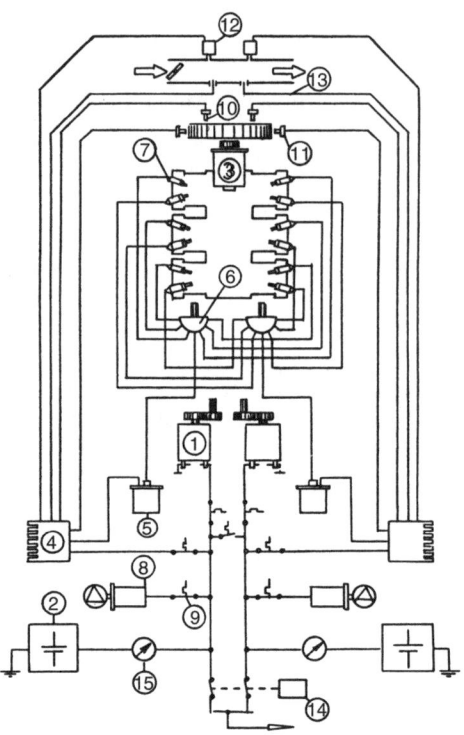

Bild 9.2.24
Bordnetz eines Kleinflugzeuges mit mikroprozessorgesteuerter Zündanlage (schematisch). Alle für den Betrieb notwendigen Aggregate sind doppelt ausgelegt.
1 Generator (24 V)
2 Batterie (24 V)
3 elektrischer Anlasser
4 Zündsteuergerät
5 Zündspule
6 Zündverteiler
7 Zündkerze
8 elektrische Kraftstoffpumpe
9 Sicherungsautomat
10 OT-Sensor
11 Drehzahlsensor
12 Ansaugluft-Temperatursensor
13 Ansaugluft-Drucksensor
14 Starter-Relais
15 Ladestromanzeige

Energieausbeute des Kraftstoffes ist es deshalb erforderlich, alle Gasparameter optimal aufeinander abzustimmen. Dies lässt sich am besten mit Hilfe einer mikroprozessorgesteuerten Zündanlage erreichen (*Bild 9.2.24*).

In einen Prozessrechner wird hierbei ein Kennfeld zur Ermittlung des optimalen Zündzeitpunktes einprogrammiert, das u.a. in Abhängigkeit der Motordrehfrequenz, dem Außenluftdruck und der Temperatur der Luftströmung den günstigsten Zündzeitpunkt auswählt. Im Betrieb des Motors werden hierzu die gemessenen Werte ständig mit den im Prozessrechner einprogrammierten Kenndaten verglichen (*Bild 9.2.25*).

Zuerst wird ein druckabhängiger optimaler Zündzeitpunkt ermittelt, der anschließend der herrschenden Lufttemperatur entsprechend korrigiert wird.

Der errechnete Zündzeitpunkt entspricht einem bestimmten Kurbelwinkel, bezogen auf den oberen Totpunkt. Ist dieser Winkel, der über den Drehfrequenzsensor und den Sensor des oberen Totpunktes erfasst wird, erreicht, wird durch die Elektronik ein Steuerimpuls an den Leistungstransistor abgegeben. Der Transistor arbeitet als kontaktloser Unterbrecher, unterbricht den Primärstromkreis in der Zündspule und erzeugt somit den Hochspannungsimpuls im Sekundärstromkreis.

Mikroprozessorgesteuerte Zündanlagen arbeiten mit dem Gleichstrom des Bordnetzes eines Flugzeuges. Damit werden autonome Zündanlagen überflüssig. Zur Gewährleistung der Betriebssicherheit sind die Zündanlagen und das Bordnetz redun-

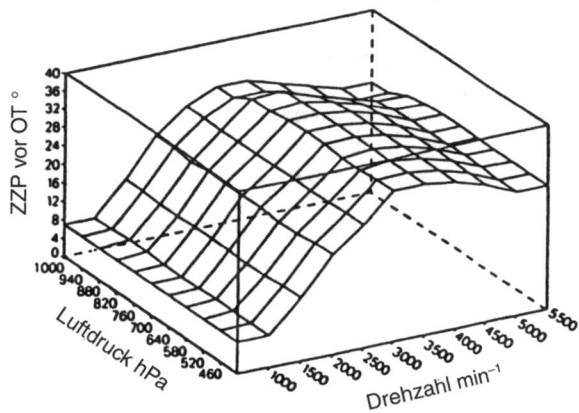

Bild 9.2.25
Kennfeld zur Ermittlung des Zündzeitpunktes. Das Kennfeld enthält 11 Stützstellen. Im Betrieb vergleicht der Rechner ständig Luftdruck sowie Motordrehzahl mit den Kennfeld-Daten und ermittelt den günstigsten Zündzeitpunkt.

dant ausgeführt, d.h., bei Ausfall einer Zündanlage arbeitet der Motor mit der noch verbleibenden Zündanlage weiter. Den benötigten Strom bezieht das Bordnetz aus Generatoren, die so bemessen sind, das ein einzelner Generator die Notversorgung des Flugzeuges einschließlich der Zündstromversorgung sicherstellt.

Rotationskolbenmotor
Der Rotationskolbenmotor unterscheidet sich vom Ottomotor im Wesentlichen dadurch, dass der Kolben keine oszillierende Bewegung, sondern eine Drehbewegung vollführt und auf Einlass- und Auslassventile verzichtet werden kann. Zur Serienreife hat es der vom deutschen Ingenieur FELIX WANKEL entwickelte Rotationskolbenmotor geschafft.

Der Wankelmotor arbeitet im Viertaktverfahren, wobei durch das im Gehäuse feststehende außenverzahnte Ritzel und das innenverzahnte Rad des Kolbens ein Drehzahlverhältnis von 1 : 3 erreicht wird (*Bild 9.2.26*). Der Kolben weist muldenartige Vertiefungen auf, die die Brennräume im Arbeitstakt bilden. Der Wankelmotor bildet 3 Kammern, die zum Gehäuse hin abgedichtet sind und in denen die 4 Takte nacheinander ablaufen. Während einer Umdrehung des Kolbens wird somit dreimal gezündet.

In Bild a) befindet sich die Kammer A-B im Verdichtungstakt des zuvor angesaugten Kraftstoff-Luft-Gemisches. Das Kraftstoff-Luft-Gemisch in der Kammer B-C wurde bereits gezündet und befindet sich somit im Arbeitstakt.

Die Kammer C-A hat ihr geringstes Volumen, wenn der Einlass- und Auslasskanal geöffnet sind. Das verbrannte Kraftstoff-Luft-Gemisch strömt über den Auslasskanal aus, und in die Kammer wird neues unverbranntes Kraftstoff-Luft-Gemisch aus dem Einlasskanal eingesaugt.

In Bild b) setzt sich durch die Drehung des Kolbens in der Kammer A-B die Verdichtung weiter fort. Gleiches gilt für den Arbeitstakt in der Kammer B-C, wobei dieser kurz vor seinem Ende steht. Die Kammer C-A befindet sich im Ansaugtakt, das Hubvolumen vergrößert sich und es wird, solange der Einlasskanal nicht verschlossen ist, weiter frisches Kraftstoff-Luft-Gemisch angesaugt.

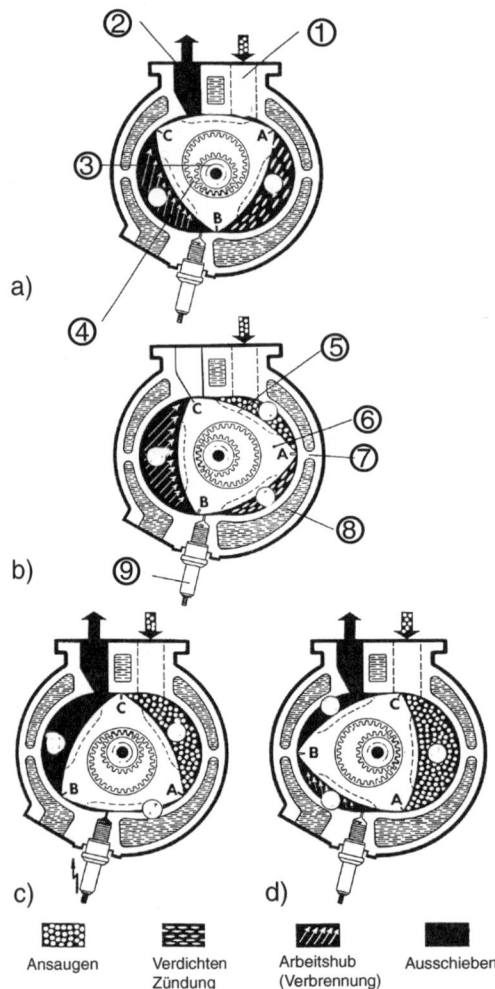

Bild 9.2.26
Prozessablauf eines Viertakt-Wankelmotors
1 Einlasskanal
2 Auslasskanal
3 außen verzahntes feststehendes Ritzel
4 innen verzahntes Zahnrad
5 Kolbenmulde
6 Kolben
7 Gehäuse
8 Kühlflüssigkeit
9 Zündkerze

In Bild c) ist die Verdichtung des Kraftstoff-Luft-Gemisches in der Kammer A-B abgeschlossen, und das komprimierte Gemisch wird durch die Zündkerze gezündet. Die Kammer B-C befindet sich im Ausstoßtakt. Der Auslasskanal ist voll geöffnet, und durch das kleiner werdende Hubvolumen wird das verbrannte Kraftstoff-Luft-Gemisch in den Auslasskanal gedrückt. Die Kammer C-A befindet sich immer noch im Ansaugtakt.

In Bild d) wurde das Kraftstoff-Luft-Gemisch in der Kammer A-B gezündet, und es beginnt der Arbeitstakt, die Ausdehnung des verbrannten Kraftstoff-Luft-Gemisches hat begonnen. In der Kammer B-C schreitet der Ausstoßtakt weiter fort, und die Kammer C-A steht kurz vor dem Ende des Ansaugtaktes.

Besondere Aufmerksamkeit muss der Abdichtung der Kammern gegenüber dem Gehäuse geschenkt werden. Bei einem Wankelmotor wird dies durch Dichtungselemente

Bild 9.2.27
Dichtelement
1 Dichtbolzen
2 Dichtstreifen
3 Kolben
4 Dichtleiste

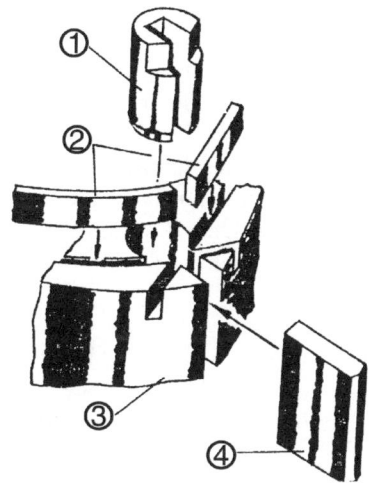

erreicht, deren wesentliches Bauteil eine Dichtleiste ist, die durch den Gasdruck gegen die Gehäusewand gepresst wird (*Bild 9.2.27*).

Dieselmotor

Der Dieselmotor ist genau wie der Ottomotor und der Wankelmotor eine Verbrennungskraftmaschine. Im Gegensatz zum Ottomotor ist er durch eine direkte Einspritzung gekennzeichnet. Das bedeutet:

- der Dieselmotor saugt nur Luft an und verdichtet diese;
- der Kraftstoff wird erst am Ende des Verdichtungstaktes direkt in den Kompressionsraum des Zylinder eingespritzt;
- es gibt keine Zündkerzen, da die Temperatur der verdichteten Luft oberhalb der Selbstzündungstemperatur des Kraftstoff-Luft-Gemisches liegt und es somit kurz nach dem Einspritzen des Dieselkraftstoffes zu einer Selbstentzündung kommt;

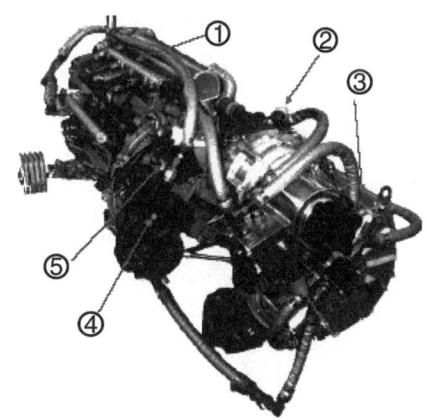

Bild 9.2.28
Flugkolbendieselmotor CENTURION 1.7 –
4-Zylinder-Reihenmotor
1 Kraftstoffhochdruckspeicher
2 Thermostat
3 Untersetzungsgetriebe für den Propeller
4 Kraftstoffhochdruckpumpe
5 Kraftstoffversorgungsdruckpumpe

❑ während der Verbrennung erfolgt kein weiterer Druckanstieg, und somit liegt nahezu eine Gleichdruckverbrennung vor;
❑ in jedem Leistungszustand wird die nahezu gleiche Luftmenge angesaugt, und die eingespritzte Kraftstoffmenge wird verändert.

Flugfähige Dieselmotoren (*Bild 9.2.28*) stellt u.a. die Firma Thielert Aircraft Engines mit der Centurion-Baureihe her. Hierbei handelt es sich um Kolbenflugmotoren, die sowohl mit Dieselkraftstoff als auch mit Kerosin betrieben werden können. Die Gemischbildung erfolgt mit Hilfe der Common-Rail-Einspritzung.

Viertakt-Diesel-Prozess
Der Viertaktprozess des Dieselmotors ist dem Viertaktprozess des Ottomotors sehr ähnlich. Im Folgenden sollen die wesentlichen Vorgänge und Unterschiede in den 4 Takten dargestellt werden (*Bild 9.2.29*).

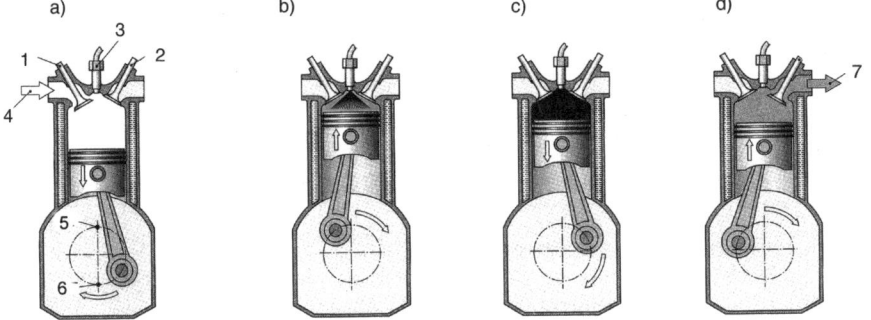

Bild 9.2.29 Viertakt-Diesel-Prozess
a) Ansaugen; b) Verdichten und Einspritzen; c) Arbeiten; d) Ausstoßen
1 Einlassventil; 2 Einspritzdüse; 3 Auslassventil; 4 Lufteinlasskanal; 5 oberer Totpunkt – OT; 6 unterer Totpunkt – UT; 7 Abgasauslasskanal

Ansaugen: Das Einlassventil ist bereits offen (20 bis 10 °KW vor dem OT), und durch die Volumenvergrößerung im Zylinder wird Luft angesaugt. Der Strömungswiderstand gegen den Ansaugvorgang ist gering, da der Dieselmotor keine Drosselklappe besitzt. Das Auslassventil ist noch offen (schließt 20 bis 30 °KW nach dem OT). Die neu einströmende Luft wird während der Ventilüberschneidung zum Spülen des Brennraumes genutzt. Der Einsatz eines Turboladers zur Erzielung eines besseren Füllungsgrades ist ebenfalls möglich. Es kommt zu einer Leistungssteigerung, da durch den höheren Druck auch eine höhere Temperatur erzielt wird und die Gemischbildung und die Verbrennung schneller ablaufen.
Verdichten: In einem Bereich von 40 bis 60 °KW nach dem UT schließt das Einlassventil. Der sich nach oben bewegende Kolben verdichtet die Luft je nach Motor auf Druckwerte zwischen 25 bar bis 45 bar. Dies entspricht Verdichtungsverhältnissen zwischen $\varepsilon = 14 : 1$ und $\varepsilon = 24 : 1$. Die Temperatur der komprimierten Luft erreicht dabei Werte zwischen 750 °C und 950 °C. In einem Bereich von 30° bis 15° Kurbelwel-

lenwinkel vor dem OT wird fein zerstäubter Dieselkraftstoff in den Kompressionsraum eingespritzt. Ein Teil des Kraftstoffes verdampft und vermischt sich mit der Luft. Die Temperaturen der komprimierten Luft liegen oberhalb der Selbstentzündungstemperatur des Diesel-Luft-Gemisches, es kommt es zur Selbstentzündung.

Arbeiten: Das Einspritzen des Dieselkraftstoffes erstreckt sich über einen Kurbelwinkel von etwa 20° bis 40°. Die Einspritzung des Dieselkraftstoffes endet damit bei 5 bis 10 °KW nach dem OT. Die Einspritzung erfolgt zeitlich anhaltend dosiert, um einen Verbrennungsvorgang bei gleich bleibendem Verbrennungsdruck zu erhalten. Hierzu wird die Einspritzung in Voreinspritzung (geringe Dieselkraftstoffmenge – Verdampfen und Vermischen), Haupteinspritzung (große Einspritzmenge – Selbstendzündung) und Nacheinspritzung (geringe Einspritzmenge – Verbrennen von Restsauerstoff) unterteilt. Während des Verbrennungsvorgangs werden Temperaturen von rund 2200 °C erreicht, und der Verbrennungsdruck steigt auf Werte zwischen 60 bar und 180 bar. Abgeschlossen ist der Verbrennungsvorgang bei ca. 60 °KW nach dem OT. Durch diese Art der Einspritzung wird die Beanspruchung der Bauteile verringert. Der Verbrennungsdruck drückt den Kolben zum UT. Über die Pleuelstange wird dabei die Kraft, die an der Kolbenfläche entsteht, auf die Kurbelwelle übertragen und ein Drehmoment erzeugt.

Ausstoßen: Bereits 60 bis 45 °KW vor dem UT öffnet das Auslassventil, und der 4. Takt beginnt. Bei Temperaturen von 550 °C bis 750 °C strömt das verbrannte Diesel-Luft-Gemisch zu Beginn des Ausstoßtaktes mit einem Druck von 4 bar bis 6 bar in den Auslasskanal. Der Kolben unterstützt auf seiner Bewegung zum OT hin das Ausströmen des Abgases. Am Ende das Ausstoßtaktes hat das Abgas einen Druck von ca. 1,2 bar.

Zündverzug: Darunter versteht man die Zeit zwischen dem Einspritzbeginn und dem Beginn der Verbrennung. Der Zündverzug ist umso kleiner, je größer die Verbrennungstemperatur und der Verbrennungsdruck sind. Ein hoher Verdichtungsdruck gekoppelt mit einem hohen Einspritzdruck erzeugt viele kleine Einspritztropfen und damit in der Gesamtheit eine große Kraftstoffoberfläche. Durch den erhöhten Oberflächenkontakt zwischen Kraftstoff und Luft kommt es zu einer besseren und schnelleren Vermischung.

Nageln des Dieselmotors
Ist z.B. bei einem Kaltstart die Ansauglufttemperatur sehr niedrig, entsteht bei der Verbrennung kein gleich bleibender Verbrennungsdruck, sondern der Kraftstoff verbrennt verzögert schlagartig. Dieser steile und hohe Druckanstieg während der kurzzeitigen Verbrennung erzeugt ein lautes Motorgeräusch, das als Nageln bezeichnet wird.

Arbeitsdiagramm eines Viertakt-Diesel-Motors
Das Arbeitsdiagramm eines Dieselmotors ähnelt dem eines Ottomotors. In Bild 9.2.30 sind die p-V-Diagramme von zwei Saugmotoren gegenübergestellt. Der wesentliche Unterschied zeigt sich im höheren Verdichtungs- und Verbrennungsdruck des Dieselmotors, der eine Selbstzündung des Diesel-Luft-Gemisches ermöglicht. Des Weiteren erkennt man im Kurvenverlauf des Dieselmotors den angedeuteten gleichmäßigen Verbrennungsdruck.

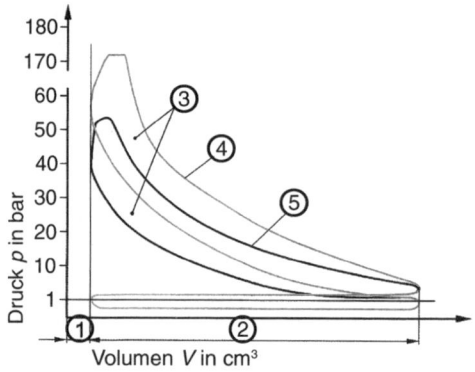

Bild 9.2.30
p-V-Diagramm von Otto- und Dieselmotor
1 Kompressionsvolumen
2 Hubvolumen
3 Nutzarbeit
4 Kurvenverlauf eines Dieselmotors im p-V-Diagramm
5 Kurvenverlauf eines Ottomotors im p-V-Diagramm

Common-Rail-Einspritzung
Bei einer Common-Rail-Einspritzung (*common* = engl.: gemeinsam und *rail* = engl.: Schiene) wird unabhängig von der Motordrehfrequenz der Einspritzdruck von einer Hochdruckpumpe erzeugt und der Kraftstoff in einem Hochdruckspeicher (Common Rail) gespeichert. Hochdruckerzeugung und Kraftstoffeinspritzung sind voneinander getrennt. Der veränderliche Druck im Hochdruckspeicher (*rail pressure*), 400 bar bei Leerlauf und bis zu 1400 bar bei Volllast, und die variablen Öffnungszeiten der Einspritzventile stellen sicher, dass jedes Einspritzventil die erforderliche Kraftstoffmenge zum Einspritzzeitpunkt erhält. Eine Common-Rail-Einspritzung setzt sich prinzipiell aus zwei Teilsystemen zusammen,

❏ der Kraftstoffversorgung und
❏ dem Hochdrucksystem.

Durch die Kraftstoffversorgung wird die ausreichende Menge an Kraftstoff zum Hochdrucksystem gefördert, in dem der Kraftstoff gespeichert (Kraftstoffbehälter), gereinigt (Kraftstofffilter) und gekühlt (Kraftstoffkühler) wird.
In *Bild 9.2.31* ist der grundsätzliche Aufbau des Hochdrucksystems einer Common-Rail-Einspritzung dargestellt.
Durch die Hochdruckpumpe muss sichergestellt werden, dass dem Hochdruckspeicher für jeden Leistungszustand des Motors genügend Kraftstoff mit ausreichendem Druck zur Verfügung steht. Des Weiteren muss die Hochdruckpumpe dafür sorgen, dass es während des Startvorgangs zu einem schnellen Druckaufbau im Hochdruckspeicher kommt.
Der Hochdruckspeicher ist ein dickwandiges Rohr, an den die Hochdruckleitung von der Hochdruckpumpe, der Raildrucksensor und die Versorgungsleitungen zu den Einspritzdüsen angeschlossen sind. Seine Aufgabe besteht darin, den von der Hochdruckpumpe geförderten Kraftstoff unter hohem Druck zu speichern. Das Speichervolumen des Hochdruckspeichers ist wesentlich größer als die bei einem

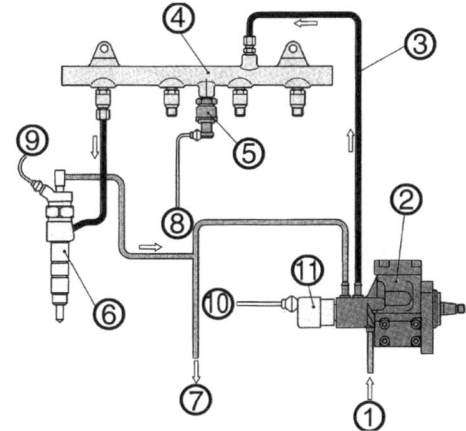

Bild 9.2.31
Hochdrucksystem einer Common-Rail-Einspritzung
1 Kraftstoffzufuhr aus der Kraftstoffversorgung; 2 Hochdruckpumpe; 3 Hochdruckleitung; 4 Hochdruckspeicher (Common Rail); 5 Raildrucksensor; 6 Einspritzdüse; 7 Kraftstoffrücklauf; 8 elektrisches Signal über den herrschenden Druck in Hochdruckspeicher an das Steuergerät; 9 Signal vom Steuergerät zum Öffnen und Schließen der Einspritzdüse; 10 Signal vom Steuergerät an das Druckregelventil; 11 Druckregelventil

Einspritzvorgang entnommene Kraftstoffmenge. Dadurch bleibt der Druck innerhalb des Hochdruckspeichers konstant, und Schwankungen in der durch die Einspritzdüsen dem Zylinder zugeführten Einspritzmenge werden vermieden.

Der tatsächliche Druck innerhalb des Hochdruckspeichers wird durch den Rail-Drucksensor gemessen. Der ermittelte Druck wird als elektrisches Signal an das Steuergerät (evtl. FADEC) der Motorregelung weitergegeben. Er dient neben anderen motortechnischen Größen wie z.B. Motordrehfrequenz und der Abgastemperatur dem Steuergerät als Eingangssignal zur Steuerung des Magnetventils in der Einspritzdüse und damit zur Anpassung der Kraftstoffeinspitzmenge.

Durch die Einspritzdüse werden der Einspitzbeginn, die Einspritzmenge und das Ende der Einspritzung festgelegt. Hierfür erhält das Magnetventil in der Einspritzdüse ein elektrisches Signal vom Steuergerät, und das Einspritzventil öffnet. Kraftstoff wird in den Zylinder eingespritzt. Wird der Stromfluss zum Magnetventil unterbrochen, schließt die Einspritzdüse. Überschüssiger Kraftstoff an der Einspritzdüse wird in den Tank zurückgefördert.

Das Druckregelventil bestimmt den Druck im Hochdruckspeicher in Abhängigkeit vom Leistungszustand des Motors. Dazu erhält es ein Signal vom Steuergerät. Besonders bei niedrigen Motordrehfrequenzen darf nicht der maximale Druck aufgebaut werden, da die einzuspritzende Kraftstoffmenge sehr gering ist. Bei einem maximalen Druck bestünde die Gefahr, dass zu viel Kraftstoff in den Zylinder eingespritzt wird.

Vergleich des Kolbenmotors mit der Gasturbine
In *Bild 9.2.32* sind die Arbeitsabläufe in einem Kolbenmotor denen in einem Gasturbinentriebwerk gegenübergestellt. Gemeinsam sind beiden Kraftmaschinen die Vorgänge: Ansaugen (Einströmen), Verdichten, Verbrennen (Wärmezufuhr), Arbeiten und Auslassen.

Während beim Kolbenmotor diese Vorgänge im selben Raum nacheinander ablaufen, finden sie in der Gasturbine gleichzeitig an verschiedenen Stellen des Triebwerks statt. Von besonderer Bedeutung ist dabei die Möglichkeit, bei der Gasturbine im Ge-

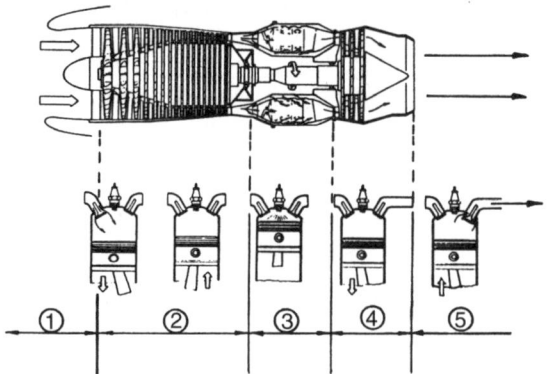

Bild 9.2.32
Vergleich von Kolbenmotor und Gasturbine. Die Vorgänge:
1 Ansaugen (Einströmen)
2 Verdichten
3 Verbrennen
4 Arbeiten
5 Auslassen

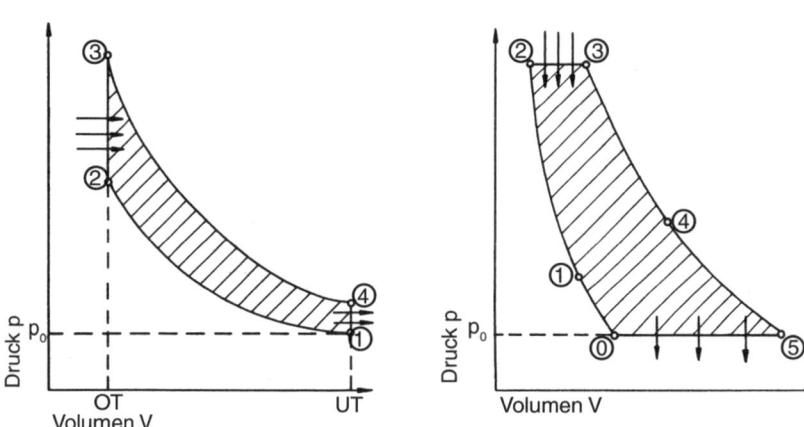

Bild 9.2.33 Die idealen Kreisprozesse des Kolbenmotors und der Gasturbine in Gegenüberstellung.
Links: Idealer Kreisprozess des Kolbenmotors (Otto-Prozess) mit 1–2 = adiabate Verdichtung bei der Aufwärtsbewegung des Kolbens; 2–3 = isochore Wärmezufuhr (Gleichraumverbrennung); 3–4 = adiabate Entspannung bei der Abwärtsbewegung des Kolbens; 4–1 = isochore Wärmeabfuhr in die Atmosphäre
Rechts: Idealer Kreisprozess der Gasturbine (Joule-Prozess) mit 0–1 = adiabate Verdichtung im Triebwerkseinlauf; 1–2 = adiabate Verdichtung im Verdichter; 2–3 = isobare Wärmezufuhr (Gleichdruckverbrennung), 3–4 = adiabate Entspannung in der Turbine; 4–5 = adiabate Entspannung in der Schubdüse; 5–0 = isobare Wärmeabfuhr in die Atmospäre

gensatz zum Kolbenmotor mit kontinuierlicher Verbrennung zu arbeiten. Dies führt zu einer besseren Nutzung und damit zu einer kleineren Leistungsmasse der Gasturbine. Außerdem entfallen bei der Gasturbine einige kolbenmotorspezifische Nachteile, wie beispielsweise hin und her gehende Massen mit der Notwendigkeit des Massenausgleichs, mechanische Verluste durch einen Kurbeltrieb, die Abnahme des Drehmoments bei höheren Drehzahlen durch die Verkürzung der Einströmzeiten, Spülungsverluste und nicht vollständige Entspannung der Gase während des Arbeitstaktes.

Wird die Gasturbine als Strahltriebwerk verwendet, so ist außerdem die direkte Vortriebserzeugung des Triebwerks hervorzuheben: Während beim Strahltriebwerk die Energieumsetzungen über die Beschleunigung der Gase und die dadurch erzeugten Reaktionskräfte eine unmittelbar nutzbare Vortriebskraft erzeugen, muss beim Kolbentriebwerk die Wirkung der Gaskräfte in mechanisch aufwendiger Weise über Kolben und Kurbeltrieb an eine Welle übertragen und von hier durch den Propeller von Wellenleistung in eine Vortriebskraft umgesetzt werden.

Ein weiterer Unterschied zwischen den betrachteten Wärmekraftmaschinen ist in der Art zu sehen, in der die Verbrennung stattfindet. Beim Kolbenmotor findet eine angenäherte Gleichraumverbrennung statt, während die Gasturbine eine angenäherte Gleichdruckverbrennung aufweist. Dieser Sachverhalt lässt sich im p-V-Diagramm am besten verdeutlichen *(Bild 9.2.33)*.

In der Motorentechnik werden p-V-Diagramme mit Hilfe von Oszilloskopen aufgenommen. Man nennt sie auch **Indikatordiagramme**. Mit ihrer Hilfe kann die indizierte Leistung einer Kraftmaschine ermittelt werden. Am Beispiel des p-V-Diagramms für einen Pneumatikzylinder *(Bild 9.2.34)*, der mit dem konstanten Druck $p = 2$ bar arbeitet, soll die Auswertung dieses Diagramms erläutert werden.

Wir ermitteln die Fläche unterhalb der p-V-Linie wie folgt:

$$A = p \cdot V = 20 \text{ N/cm}^2 \cdot 5 \text{ cm} \cdot 1 \text{ cm}^2 = 100 \text{ Ncm}$$

Nun errechnen wir die während eines Hubes verrichtete Arbeit:

$$W = F \cdot s = 20 \text{ N} \cdot 5 \text{ cm} = 100 \text{ Ncm}$$

Wir erkennen daraus: Im p-V-Diagramm stellt die Fläche unterhalb der p-V-Linie die während eines Hubes verrichtete Arbeit dar.

Verändert sich der Druck während eines Arbeitshubes, so könnte die Arbeit im p-V-Diagramm nur für jeweils sehr kleine Teilhübe ermittelt werden. Diese Teilhübe wären so klein zu wählen, dass die Druckveränderung während des Kolbenweges als vernachlässigbar klein angesehen werden kann. Die so ermittelten Teilflächen hätten

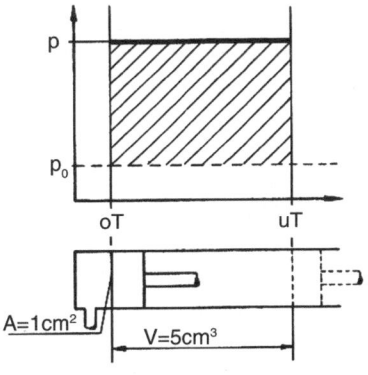

Bild 9.2.34
Das p-V-Diagramm eines Pneumatikzylinders

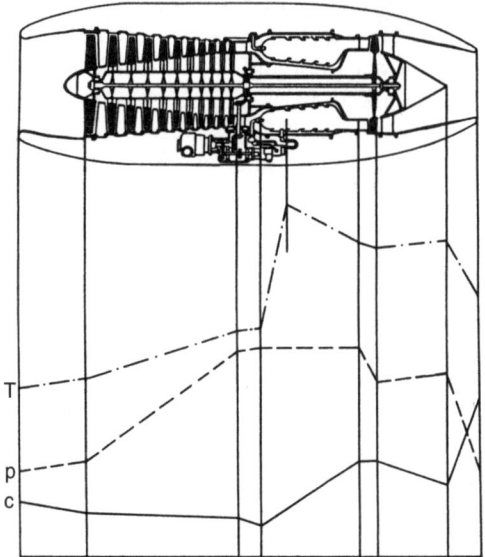

Bild 9.2.35
Die Verläufe der Gasparameter in einem Gasturbinentriebwerk

wieder Rechteckform, und ihr Flächeninhalt könnte in der gleichen Weise bestimmt werden wie beim Pneumatikzylinder. Die Summe der so ermittelten Teilarbeitsbeträge entspräche aber wiederum der Fläche unterhalb der p-V-Linie und stellt damit ebenfalls die während des Hubes verrichtete Arbeit dar.

Je größer die Fläche unterhalb der Verbrennungs- und Expansionslinie ausfällt, umso größer ist die während des Hubes verrichtete Arbeit der Kraftmaschine. Die Flächen unter der Ansaug-, der Verdichtungs- und der Ausschiebelinie im Indikatordiagramm des Kolbenmotors stellt aufgenommene («verbrauchte») Arbeit dar und muss von der verrichteten Arbeit abgezogen werden, um die indizierte, d.h. vom Kolben abgeführte Arbeit zu ermitteln.

Die Wirkungsweise der Gasturbine

Einen ersten Eindruck von der Arbeitsweise des Gasturbinentriebwerks kann man erhalten, wenn man den Luftstrom durch das Triebwerk verfolgt und die Veränderungen hinsichtlich Temperatur, Druck und Geschwindigkeit misst. *Bild 9.2.35* zeigt diese Parameterverläufe für Temperatur, Druck und Geschwindigkeit in einem TL-Triebwerk.

Man erkennt daraus:

❑ Im Verdichter steigt der Druck überproportional an, und er erreicht seinen höchsten Wert vor der Brennkammer. Die Höhe dieses Druckes ist mitentscheidend für den spezifischen Kraftstoffverbrauch des Triebwerks sowie für seine Leistung.

❑ Mit der Druckerhöhung nimmt auch die Temperatur der durchströmenden Luft zu. In der Brennkammer ist eine einheitliche Temperaturangabe nicht möglich. Während die Flamme etwa eine Temperatur von 2300 K hat, erreichen Kühlluftanteile nur etwa 1000 K.

- Der Druck bleibt während der Verbrennung fast konstant.
- Temperatur und Druck nehmen in der Turbine stark ab.
- Im hinteren Bereich der Brennkammer nimmt die Durchströmungsgeschwindigkeit der Gase zu.
- In der Schubdüse ist die Geschwindigkeitszunahme der Gase am stärksten. Dabei sinken der Druck und die Temperatur.

Übung

1. Definieren Sie den Begriff der *Ventilüberschneidung*.
2. Warum ist eine klopfende Verbrennung bei einem Viertakt-Ottomotor *unerwünscht*?
3. Welche Aussagen lassen sich aus dem *p-V-Diagramm* eines Kolbenmotors ableiten?
4. Wozu dient das *Steuerdiagramm* eines Kolbenmotors?
5. Welchen Vorteil haben *Ladermotoren* gegenüber *Saugmotoren*?
6. Begründen Sie, warum *Schwimmervergaser* nicht für den Kunstflug geeignet sind.
7. Beschreiben Sie die *Unterschiede im Viertakt-Prozess* zwischen einem Otto- und einem Dieselmotor.
8. Benennen Sie die Unterschiede zwischen einer *Niederspannungs-* und einer *Hochspannungszündanlage*.
9. Zeigen Sie die *Unterschiede* zwischen dem Viertakt-Prozess beim Ottomotor und beim Rotationskolbenmotor auf.
10. Worin besteht der *Unterschied* zwischen dem Verbrennungsprozess im Ottomotor und in der Gasturbine?
11. Wie *verändern* sich die Gasparameter Druck, Geschwindigkeit und Temperatur beim Durchströmen eines Triebwerks?

9.3 Bauarten von Strahltriebwerken

Raketentriebwerke

Im Gegensatz zu den luftatmenden Strahltriebwerken führen Raketen den zur Verbrennung des Kraftstoffes notwendigen Sauerstoff entweder in reiner oder als chemische Verbindung in Pulverform mit sich. Daher ist ein Flug außerhalb der Atmosphäre auch nur mit Raketentriebwerken möglich.

Bereits vor 2000 Jahren wurden in China pulvergetriebene Raketen für Feuerwerke und zu kriegerischen Zwecken benutzt. Später wurde die Rakete eine Zeit lang als Flugzeugantrieb verwendet: Der erste dieser Flüge fand 1928 mit einem von ALEXANDER LIPPISCH in Entenbauweise gebauten Segelflugzeug statt. Es kamen dabei Feststoffraketen mit 0,2 kN Schub und 30 Sekunden Brenndauer zur Verwendung. 1929 nutzte man zum ersten Mal Feststoffraketen als Starthilfe für überladene Wasserflugzeuge. 1939 flog die He 176, das erste Flugzeug mit Flüssigkeitsraketenantrieb, der von der Firma Walter entwickelt und konstruiert wurde. Die Raketen erreichten einen Schub von 4,9 kN bei einer Brenndauer von einer Minute. Mit einem schubstärkeren Walter-

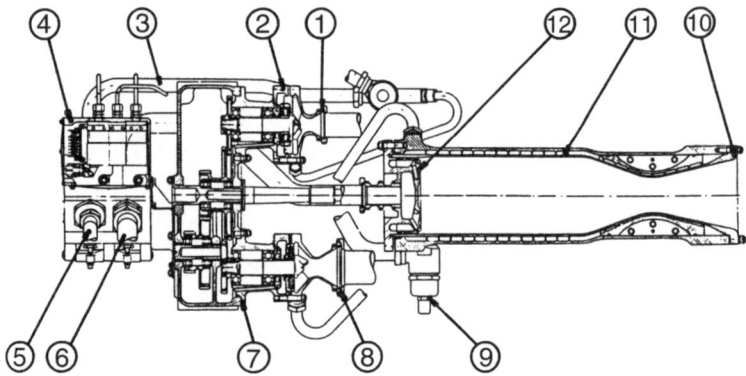

Bild 9.3.1 Raketentriebwerk BMW P-3395. Es sollte als Starthilfe für Flugzeuge dienen, die mit dem relativ schubschwachen TL-Triebwerk BMW 003 A ausgestattet waren. Dabei trieb das TL die Kreiselpumpen für den Brennstoff und den Sauerstoffträger an. Das Triebwerk war an- und abschaltbar, aber nicht im Schub regelbar. Der maximale Schub betrug 12,2 kN. Die Brennkammer bestand aus einer Aluminiumlegierung. Der Innenmantel wurde durch einen Brennstoffschleier gekühlt, der die Flamme einhüllte und bis zum Düsenaustritt mit verbrannte.
1 Ansaugleitung der Brennstoffpumpe; 2 Brennstoffpumpe; 3 Brennstoffdruckleitung; 4 Regler; 5 Brennstoffleitung; 6 Sauerstoffträgerleitung; 7 Sauerstoffträgerpumpe; 8 Ansaugleitung der Sauerstoffträgerpumpe; 9 Entlüftungs- und Rückschlagventil; 10 Schubdüse (Lavaldüse); 11 Kühlspirale; 12 Einspritzdüse

Flüssigkeitsraketenantrieb (7,3 kN Schub) in einer Me 163 erreichte man 1941 erstmals eine Geschwindigkeit von 1000 km/h. Walter-Raketenantriebe fanden hauptsächlich als Starthilfe, z.B. für die Do 18, He 111 und die Ju 88 Verwendung *(Bild 9.3.1).*

Wegen der kurzen Brennzeiten und des enormen Treibstoffverbrauchs verzichtete man anschließend, trotz der erfolgreichen Flüge, auf den Raketenantrieb für bemannte Flugzeuge. Die Rakete wies jedoch auf die Möglichkeit hin, das Flugzeug statt mit Hilfe des kalten Propellerstrahls mit einem Strahl heißer Gase voranzutreiben.

Luftatmende Strahltriebwerke
1908 entwarf der Franzose RENÉ LORIN ein Strahltriebwerk *(Bild 9.3.2),* das aus einem Kolbenmotor abgewandelt worden war: Die Auslassventile des Motors wurden so frühzeitig geöffnet, dass nur noch ein kleiner Teil der expandierenden Gase den

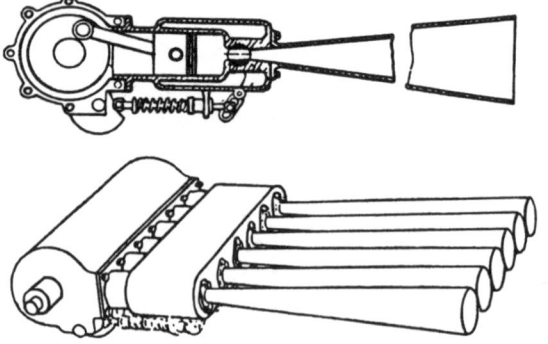

Bild 9.3.2
Die Entwurfsskizze eines Strahlantriebes von RENÉ LORIN 1908

Kolben bewegte. Der größte Teil der Gase trat jedoch mit hoher Geschwindigkeit aus den Auslassventilen und einer anschließenden Düse aus und erzeugte somit Schub.

Nach dem gleichen Prinzip arbeiten heutige Strahltriebwerke, bei denen dem expandierenden Heißgas durch die Turbine nur so viel Energie entzogen wird, wie der Verdichter benötigt, um den notwendigen Druck vor der Brennkammer zu erzeugen. Die verbleibende Wärmenergie wird in kinetische Energie umgewandelt, um dem Triebwerk Schub zu verleihen.

Staustrahltriebwerke
1913 entwarf RENÉ LORIN das erste Strahltriebwerk, das – von EUGEN SÄNGER etwas verändert und optimiert – 1942 an einer Dornier Do 17z zum ersten Mal im Flug erfolgreich erprobt wurde. Man nennt dieses Staustrahltriebwerk zu Ehren seines Erfinders **Lorinrohr** *(Bild 9.3.3)*. Der Aufbau des Triebwerks ist sehr einfach: Es besteht aus einem Einlaufdiffusor (vgl. Triebwerkseinläufe), in dem die einströmende Luft aufgestaut und verdichtet wird, einer Brennkammer mit Einspritzdüsen und einer Zündkerze sowie einer Schubdüse.

Bild 9.3.3
Staustrahltriebwerk (Lorinrohr)
1 Einspritzdüsen
2 Brennkammer
3 Einlaufdiffusor
4 Schubdüse

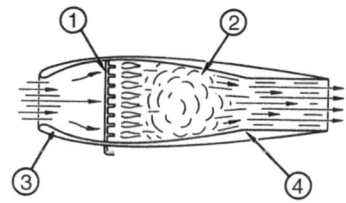

Die Erhöhung des Luftdruckes bis zum Eintritt in die Brennkammer wird durch den Stauverdichtungsgrad charakterisiert, der von der Fluggeschwindigkeit abhängig ist. Bei Geschwindigkeiten um 700 km/h beträgt der Stauverdichtungsgrad bei dieser Triebwerksart etwa 1,2 : 1. Bei 2000 km/h erhöht er sich auf 5 : 1.

Da der Schub und der Kraftstoffverbrauch entscheidend von der Höhe der Verdichtung vor der Brennkammer abhängen, wird dieses Triebwerk erst bei hohen Geschwindigkeiten wirtschaftlich. Bei Geschwindigkeiten unter Mach 0,85 wird die Verdichtung für einen Betrieb des Triebwerks zu gering. Es liefert keinen Schub mehr. Dieser Sachverhalt stellt einen entscheidenden Nachteil dar. Ein weiterer Nachteil liegt in der Abnahme des Schubes mit der Höhe, da der Luftdurchsatz wegen der geringeren Luftdichte in größeren Höhen abnimmt.

Vorteilhaft sind hingegen der robuste Aufbau des Triebwerks, da es keine sich drehenden Teile besitzt, seine geringe leistungsbezogene Masse und die Tatsache, dass es mit allen Arten von Kraftstoffen betrieben werden kann. 1958 ist durch Weiterentwicklung dieses Triebwerks eine Fluggeschwindigkeit von 4350 km/h mit dem Rekordflug Lockheed X-7 erreicht worden.

Pulso-Strahltriebwerke
Strahlantriebe mit pulsierender Verbrennung hat 1908 als erster der Franzose MARCONNET vorgeschlagen. Seine Idee griff 1930 PAUL SCHMIDT auf und experimentierte

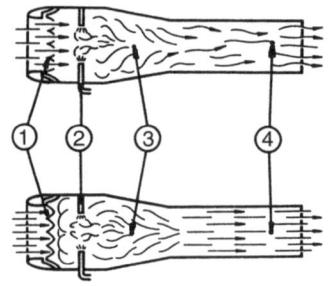

Bild 9.3.4
Pulso-Strahltriebwerk
1 Flatterventile, im oberen Bild geöffnet, im unteren Bild geschlossen
2 Einspritzdüsen
3 Brennkammer
4 Schubrohr

erfolgreich mit dieser Triebwerksart. Die Arbeitsweise ist der des Lorinrohres ähnlich, im Lufteintritt sind jedoch Flatterventile angebracht. Sie werden durch den Gasdruck bei der Verbrennung des Luft-Kraftstoff-Gemisches geschlossen. Die heißen Gase können dann nur nach hinten expandieren. Sie treten aus dem Schubrohr aus und erzeugen Schub sowie hinter den Flatterventilen einen Unterdruck. Dadurch öffnen sie sich nach der Expansion der Heißgase wieder, und Frischluft wird angesaugt. Im Flug unterstützt der Aufstau der Luft das Öffnen der Flatterventile. In diese Luft wird Kraftstoff eingespritzt, der sich an den heißen Restgasen entzündet. Dann beginnt der Ablauf von vorn. Die Anzahl der auf diese Art entstehenden Schubimpulse beträgt etwa 50 pro Sekunde. Dieses Triebwerk arbeitet aber nur stabil, wenn die Längen von Schubrohr und Brennraum exakt aufeinander abgestimmt sind, so dass sich Resonanz der Gassäulenschwingungen ergeben kann. Da dieses Triebwerk auch ohne Aufstau der Luft arbeitet, kann man es – im Gegensatz zum Staustrahltriebwerk – im Stand betreiben.

Ab 1940 arbeitete Paul Schmidt mit einer Ingenieurgruppe der Motorenfirma Argus zusammen. Sie verbesserten hauptsächlich die Flatterventile, so dass ihre Lebensdauer von anfänglich einer Minute auf eine Stunde gesteigert werden konnte. Dieses verbesserte Pulso-Strahltriebwerk nannten sie **Argus-Schmidt-Rohr.**

Das Argus-Schmidt-Rohr 014 trieb 1944 die fliegende Bombe Fieseler Fi 103 (V 1) an. Der Schub betrug 4,1 kN, die Höchstgeschwindigkeit 750 km/h. Der spezifische Kraftstoffverbrauch lag mit 408 kg/kNh sehr hoch. Der Gesamtwirkungsgrad betrug daher nur 4%.

Durch den pulsierenden Schub unterlag die gesamte Struktur des Flugzeuges so starken Vibrationen, dass dieses Triebwerk für die bemannte Luftfahrt ungeeignet war. Heute wird dieses Triebwerk *(Bild 9.3.4)* aufgrund des schlechten Wirkungsgrades und der Vibrationen nicht mehr verwendet.

Turbinen-Luftstrahltriebwerke (TL)

1935 meldete der 23-jährige Hans-Joachim Pabst von Ohain eine Erfindung zum Patent an, die die Luftfahrt revolutionieren sollte: Er hatte fast gleichzeitig mit dem Engländer Frank Whittle, aber unabhängig von ihm, ein Gasturbinentriebwerk entwickelt. Es besaß einen einstufigen Axial- und einen nachgeschalteten Radialverdichter sowie eine einstufige Radialturbine. Ab 1936 arbeitete Pabst von Ohain bei der Firma Heinkel und entwickelte dort seine Gasturbine weiter. Im August 1939 flog dann das erste Gasturbinentriebwerk der Welt (*Bild 9.3.5*) unter der Bezeichnung He S 3B in dem extra für diesen Zweck gebauten Heinkel-Flugzeug He 178 (*Bild 9.3.6*).

1936 begann man bei der Firma Junkers mit der Entwicklung eines schubstärkeren TL-Triebwerks, das mit einem Axialverdichter ausgestattet war. Diese Entwicklung führte zum Junkers Jumo 004 (*Bild 9.3.7*). Es wurde mit über 6000 gebauten Einheiten als Antrieb für die Messerschmidt Me 262 und die Arado 234 das erste in Großserie gebaute Strahltriebwerk der Welt.

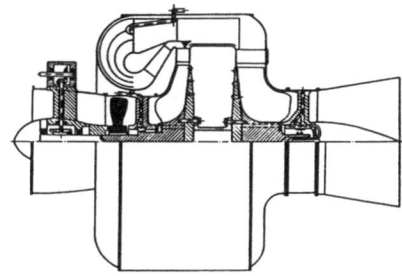

Bild 9.3.5 Das erste flugfähige Strahltriebwerk der Welt: Heinkel/Ohain He S 3B mit folgenden Triebwerksdaten: Standschub = 4,9 kN; Luftdurchsatz = 12 kg/s; Druckverhältnis = 2,8 : 1; Drehzahl = 11 000 min^{-1}; Kraftstoffverbrauch = 160 kg/kNh; Turbineneintrittstemperatur = 970 K; Masse = 360 kg; Durchmesser = 1,20 m; Länge = 1,63 m. *Aufbau:* Verdichter: axialer Vorläufer mit 8 Schaufeln aus AlCuMg, Radialverdichter mit 16 Schaufeln. Brennkammer: Umkehrbrennkammer mit 16 Verdampfungsbrennern. Turbine: Radialturbine mit 14 Schaufeln

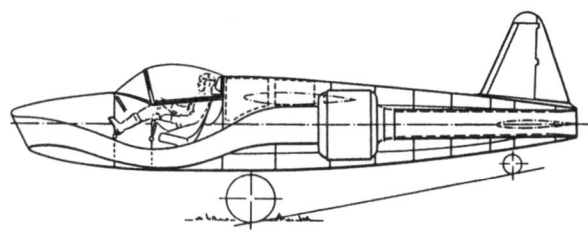

Bild 9.3.6 Heinkel He 178 mit TL-Triebwerk He S 38. Spannweite: 7,2 m; Flügelfläche: 9,1 m^2; Abflugmasse: 1998 kg; Höchstgeschwindigkeit: 700 km/h; Erstflug am 27. August 1939

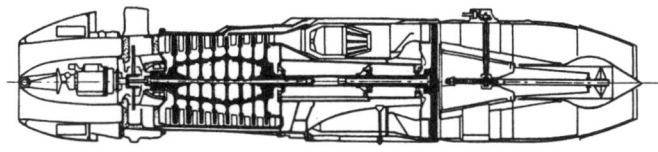

Bild 9.3.7 Junkers Jumo 004 B – Einwelliges TL-Triebwerk mit Axialverdichter. *Triebwerksdaten*: Standschub: 8,8 kN; Luftdurchsatz: 21,2 kg/s; Trockenmasse: 745 kg. *Aufbau:* Verdichter: 8 Axialstufen; Brennkammer: 6 Einzelbrennkammern; Turbine: 1 Axialstufe; Schubdüse: verstellbar.

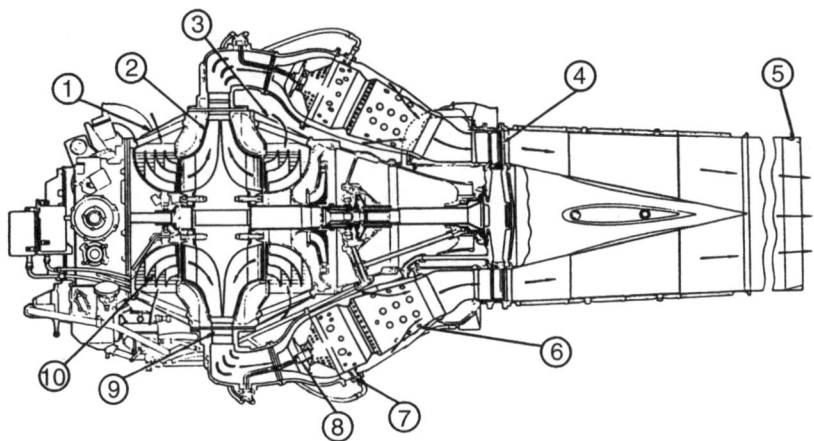

Bild 9.3.8 Rolls-Royce «Nene»-TL-Triebwerk mit reinem zweiflutigen Radialverdichter. *Triebwerksdaten*: Standschub: 23,5 kN; Drehzahl: 12700 min^{-1}; Druckverhältnis: 4,5 : 1; Luftdurchsatz: 41,3 kg/s; Masse: 654 kg. *Aufbau*: 1 vorderer Lufteinlass; 2 zweiflutiger Radialverdichter; 3 hinterer Lufteinlass; 4 Axialturbine, 5 Schubdüse; 6 Flammrohr; 7 Zündkerze; 8 Brenner; 9 Diffusor; 10 Lufteinlassleitbleche
Das Triebwerk war eingebaut in: Hawker «Sea Hawk»; Supermarine «Attacker»; Vickers «Viking»; Canadair «T 33»

Ein TL-Triebwerk stellt die einfachste Form eines Gasturbinentriebwerks dar. Es besteht aus folgenden Sektionen: Einlauf, Verdichter, Brennkammer, Turbine und Schubdüse, wobei der Verdichter und die Turbine in Hoch- und Niederdrucksystem unterteilt werden können. Dadurch wird aus einem einwelligen ein zweiwelliges TL-Triebwerk.

Das Kennzeichen aller TL-Triebwerke ist, dass die gesamte in den Verdichter eintretende Luftmasse durch die Brennkammer und die Turbine strömt.

1949 flog die de Havilland «Comet», das erste strahlgetriebene Verkehrsflugzeug mit TL-Triebwerk, zum ersten Mal. Sie wurde von zwei De-Havilland-«Ghost»-Triebwerken mit je 19,8 kN Standschub angetrieben, die ihr eine Reisegeschwindigkeit von 788 km/h verleihen konnten.

Heute verwendet man keine TL-Triebwerke mehr. Man erreichte allerdings nur mit ihnen mit Nachbrennern Geschwindigkeiten über Mach 3 (Lockheed SR 71). Durch den Nachbrenner wurde der Schub um etwa 40% erhöht (*Bild 9.3.8*).

Beispiele für TL-Triebwerke	
General Electric J 79	
Standschub:	53 kN ohne Nachbrenner;
	83 kN mit Nachbrenner
	Lockheed «Starfighter» F 104
	McDonnell Douglas «Phantom» II F4B

Beispiele für TL-Triebwerke	
Rolls-Royce «Olympus 593»	
Standschub:	169 kN mit Nachbrenner
Eingebaut in:	Aerospatiale/BAC «Concorde»

Zweistrom-Turbinen-Luftstrahltriebwerke (ZTL)

Ein ZTL ist dadurch gekennzeichnet, dass nur ein Teil der geförderten Luftmasse durch die Brennkammer und die Turbine strömt. Der zweite Luftstrom strömt außen um das Triebwerk herum, ohne an der Verbrennung teilzunehmen. Man spricht daher auch vom heißen und kalten Kreis. ZTL-Triebwerke sind meist zweiwellig ausgeführt, nur Rolls-Royce baut auch dreiwellige ZTL-Triebwerke, wie z.B. das RR «Trent».

Bei dem ersten ZTL-Triebwerk, dem Rolls-Royce «Conway», wurde der Luftstrom hinter dem Niederdruckverdichter geteilt. Der Nebenluftstrom wurde in einem geschlossenen Ringkanal um das Triebwerk herumgeführt und traf vor der Schubdüse mit dem Hauptluftstrom wieder zusammen (vgl. Bild 9.1.5). Man nennt ZTL-Fan-Triebwerke, die einen geschlossenen Ringkanal aufweisen, Ducted-Fan-ZTL.

Das zur Zeit am weitesten verbreitete ZTL-Triebwerk ist das CFM 56 von GE und Snecma *(Bild 9.3.9)*.

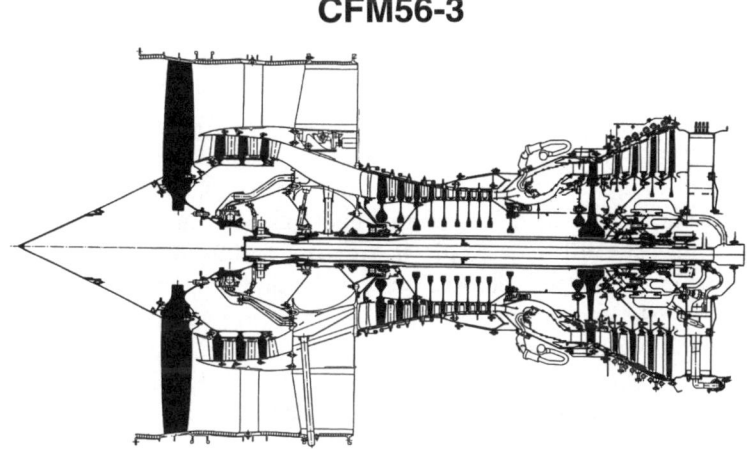

Bild 9.3.9 GE/Snecma CFM 56-3B1 High-Bypass-ZTL-Triebwerk mit zwei Wellen
Triebwerksdaten: Standschub: 90 kN; Nebenstromverhältnis: 5:1; Fandurchmesser: 1524 mm; Luftdurchsatz: 297 kg/s; Verdichterdruckverhältnis: 22,6 : 1; N_1 – Drehzahl: 5175 min^{-1}; N_2 – Drehzahl: 14 460 min^{-1}
Aufbau: Verdichter: Einstufiger Fan, dreistufiger Niederdruckverdichter (Booster); neunstufiger Hochdruckverdichter; Brennkammer: Ringbrennkammer; Turbine: einstufige Hochdruckturbine; vierstufige Niederdruckturbine. Das Triebwerk besitzt einen Fan-Schubumkehrer, der in die Triebwerksverkleidung integriert ist.

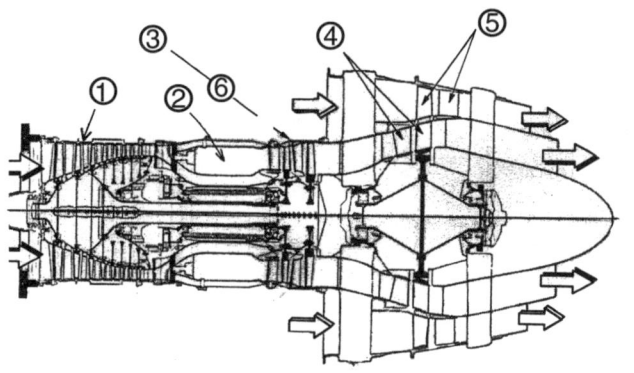

Bild 9.3.10
Triebwerk GE CF 700 ZTL-Aft-Fan
1 Verdichter;
2 Brennkammer;
3 zweistufige Turbine;
4 separate einstufige Niederdruckturbine;
5 Fanschaufeln, auf die Turbinenschaufeln aufgesetzt

Triebwerke mit großem einstufigen Fan heißen High-Bypass-ZTL. Bei ihnen sind die Schaufeln der ersten Stufe des Niederdruckverdichters stark verlängert. Dieser Bläser erzeugt allein den Nebenstrom. High-Bypass-ZTL-Triebwerke haben ein großes Nebenstromverhältnis. Das Fantriebwerk mit dem zur Zeit größten Nebenstromverhältnis (10 : 1) ist das RR «Trent 1000». Diese Triebwerke haben in der Zivilluftfahrt zunehmend die älteren ZTL mit kleinerem Nebenstromverhältnis ersetzt, da die Wirtschaftlichkeit mit steigendem Nebenstromverhältnis zunimmt (vgl. Abschnitt 9.1.3).

Eine Sonderform der ZTL-Triebwerke stellte der Aft-Fan von General Electric dar: Ein Triebwerk dieser Art mit der Typenbezeichnung GE CJ 805-23 wurde von dem erfolgreichen TL-Triebwerk J 79 abgeleitet und war in der Convair 990 eingebaut. Dem TL-Triebwerk wurde dabei anstelle des Abgasgehäuses ein weiteres Turbinengehäuse angefügt, in dem eine einstufige Freifahrturbine gelagert war. Die Beschaufelung dieser Turbine war doppelstöckig konstruiert: Auf die Tubinenschaufeln waren die Fanschaufeln aufgesetzt. An der Übergangsstelle von Turbinen- und Verdichterbeschaufelung war das axial verlaufende Turbinengehäuse angeordnet und diente als Abdichtung zwischen Turbinenteil und äußerem Fan.

Ein weiteres Triebwerk dieser Art (GE CF 700) *(Bild 9.3.10)* wurde in der Dassault «Falcon 20» sowie in der Rockwell «Sabreliner» verwendet. Das Triebwerk setzte sich allerdings aufgrund von Dichtigkeitsproblemen zwischen Turbine und Fan nicht durch. General Electric vermochte jedoch auf seinen mit diesen Triebwerken gesammelten Erfahrungen bei der Entwicklung des UDF (vgl. Abschnitt 9.1.5) aufzubauen, da die Propfanschaufeln auch auf die Turbinenschaufeln aufgesetzt sind.

Beispiele für ZTL-Triebwerke	
GE / *Snecma* CFM 56	
Standschub:	82 kN bis 151 kN, je nach Ausführung
Nebenstromverhältnis:	5 : 1 bis 6 : 1
Luftdurchsatz:	297 kg/s bis 358 kg/s
Fandurchmesser:	1,54 bis 1,84 m

Beispiele für ZTL-Triebwerke	
Eingebaut in:	Boeing B 737-300/400/500/600/800/900
	Airbus A 318
	Airbus A 319
	Airbus A 320
	Airbus A 321
	Airbus A 340
RR «Trent 500»	
Standschub:	236 kN bis 249 kN, je nach Ausführung
Nebenstromverhältnis:	7,5 : 1 bis 7,6 : 1
Luftdurchsatz:	861 kg/s bis 880 kg/s
Fandurchmesser:	2,47 m
Eingebaut in:	Airbus A 340-500/600
Pratt & Whitney PW 4000	
Standschub:	253 kN bis 267 kN, je nach Ausführung
Nebenstromverhältnis:	4,66 : 1 bis 4,84 : 1
Luftdurchsatz:	774 kg/s bis 800 kg/s
Fandurchmesser:	2,39 m bis 2,84 m
Eingebaut in:	Boeing B 767
	Boeing B 747-400
	Airbus A 310
	Airbus A 300-600
	Airbus A 330
	McDonnell Douglas MD 11
	Boeing B 777
GE / Pratt & Whitney GP 7000	
Standschub:	340 kN bis 363 kN, je nach Ausführung
Nebenstromverhältnis:	8,7 : 1
Luftdurchsatz:	?
Fandurchmesser:	2,95 m
Eingebaut in:	Airbus A 380

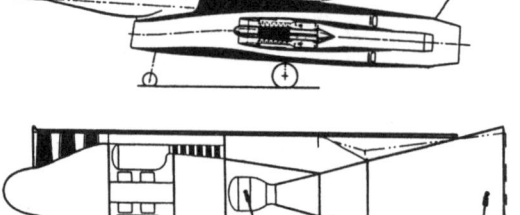

Bild 9.3.11
Nord Aviation «Griffon» II mit Kombinationstriebwerk. Es besteht aus dem TL Snecma «Atar» 101 und einem Mantelstaustrahltriebwerk.

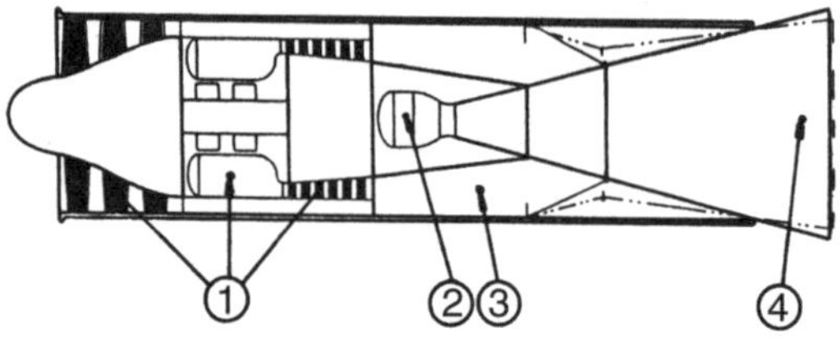

Bild 9.3.12
ATR-Triebwerk – Kombinationstriebwerk, bestehend aus:
1 TL-Triebwerk
2 Raketenmotor
3 Staustrahlrohr
4 verstellbarer Schubdüse

Kombinationstriebwerke

1947 wurden die ersten Patente für Triebwerke erteilt, die aus einem TL-Triebwerk und einem Staustrahltriebwerk bestanden. Sie waren für Fluggeschwindigkeiten um Mach 5 vorgesehen. 1950 begann man bei der SNCA du Nord in Frankreich, den Überschalljäger der Nord Aviation «Griffon» mit einem Kombinationstriebwerk auszurüsten. Man ummantelte das ursprünglich eingebaute TL Snecma «Atar» 101 mit einem Staustrahltriebwerk. 1957 fand der erste erfolgreiche Probeflug in der «Griffon» II *(Bild 9.3.11)* statt.

Vor einigen Jahren wurden Pläne für ein horizontal startendes und landendes Hyperschallverkehrsflugzeug, das mit Fluggeschwindigkeiten bis Mach 8 und für ein transatmosphärisches Flugzeug, das bis in eine Erdumlaufbahn fliegen soll, diskutiert. Als Antrieb wird ein Turbinen-Raketen-Triebwerk (**Air Turbo Rocket**, ATR) vorgeschlagen. Das ATR-Triebwerk *(Bild 9.3.12)* ist einem Mantelstromtriebwerk mit Nachverbrennung ähnlich. Allerdings wird die Turbine nicht durch in der Brennkammer verbrannten Kraftstoff angetrieben, sondern durch die Expansion chemischer Treibstoffe. Anschließend wird der normale Kraftstoff in den Mantelstrom eingespritzt und verbrannt. Das ATR vereint die Vorzüge eines Staustrahl- mit denen eines TL-Triebwerks. Es liefert daher bereits im Stand einen hohen Schub.

In den herkömmlichen Staustrahltriebwerken erfolgt der Luftaufstau auf Unterschallgeschwindigkeit. Bei Flugmachzahlen über Mach 5 ist es mit einem Einlaufdiffusor aber nicht mehr möglich, die Geschwindigkeit auf Unterschall abzubremsen. Daher benötigt man ein Staustrahltriebwerk, das mit Überschallgeschwindigkeit durchströmt werden kann. Diese Triebwerke werden Supersonic combustion ramjet *(scramjet)* genannt. Das ATR besteht aus einem TL, einem Scramjet und einem Raketenmotor für den Flug außerhalb der Atmosphäre.

Propeller-Turbinen-Luftstrahltriebwerke (PTL)

PTL nennt man Gasturbinentriebwerke, in denen die Wärme in mechanische Arbeit zum Antrieb einer Luftschraube umgewandelt wird. Das PTL besitzt die gleichen Bauteile wie ein TL, es kommen lediglich die Luftschraube und das Untersetzungsgetriebe hinzu. Die Turbine eines PTL ist jedoch leistungsfähiger als die eines TL bei gleichem Schub. Der Überschuss an Turbinenleistung gegenüber dem Leistungsbedarf des Kompressors wird zum Antrieb der Luftschraube genutzt. Dazu muss allerdings die hohe Drehzahl der Turbine über ein Untersetzungsgetriebe, das häufig als Planetengetriebe konstruiert ist, auf die erforderliche Propellerdrehzahl reduziert werden. Die Luftschraube erzeugt etwa 90% des Schubes, der Restschub ergibt sich über den durch die Schubdüse austretenden Abgasstrahl.

PTL können, wie auch die TL, einwellig oder zweiwellig, mit ein- bzw. mehrstufigem Radial- oder vielstufigem Axialverdichter oder auch in Kombinationsbauweise ausgeführt sein.

Das erste Flugzeug der Welt, das mit einem PTL-Triebwerk flog, war die Vickers «Viscount». Sie wurde von vier Rolls-Royce-«Dart»-510-Triebwerken, die je 1300 kW Startleistung und Vierblattpropeller besaßen, angetrieben. Das Triebwerk verlieh der Maschine eine Geschwindigkeit von 522 km/h in 7000 m Höhe *(Bild 9.3.13)*.

Das zur Zeit größte mit PTL-Triebwerken angetriebene Verkehrsflugzeug ist die sowjetische Antonow AN-22. Sie hat eine Flugmasse von 250 t und wird von vier Kusnezow-Triebwerken mit je 11 185 kW Startleistung angetrieben. Sie besitzen je zwei gegenläufige, vierblättrige Luftschrauben.

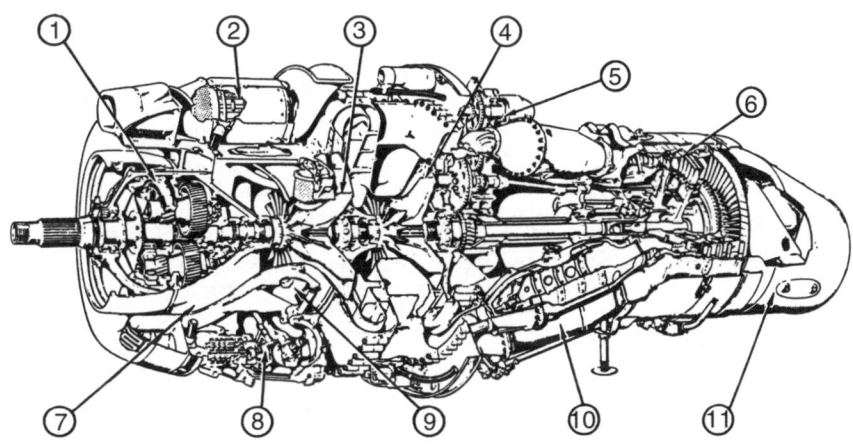

Bild 9.3.13 RR-«Dart»-PTL-Triebwerk mit zweistufigem Radialverdichter. Das RR «Dart» ist eines der erfolgsreichsten Triebwerke der Welt. Es erreicht, je nach Ausführung, Startleistungen von 1320 kW bis 2200 kW. Es war unter anderem eingebaut in: Vickers «Viscount», Fokker 27, Gulfstream I.
Triebwerksdaten: Startleistung: max. 2200 kW; Luftdurchsatz: 10,6 kg/s; Druckverhältnis: max. 6,3 : 1; Drehzahl: max. 15 000 min^{-1}; Getriebeübersetzung ins Langsame: 10,75 : 1
Aufbau: 1 Planetengetriebe; 2 Ölkühler; 3 Radialverdichter erste Stufe; 4 Radialverdichter zweite Stufe; 5 Getriebe; 6 dreistufige Axialturbine; 7 Lufteinlasskanal; 8 Kraftstoffpumpe; 9 Öltank; 10 sieben Einzelbrennkammern; 11 Schubdüse

Heute finden Propellerturbinen im Bereich kleinerer Leistungen (200 kW bis 600 kW) ihre Hauptanwendung.

Beispiele für PTL-Triebwerke	
Rolls-Royce «Tyne»	
Startleistung:	4230 kW
Druckverhältnis:	13,5 : 1
Eingebaut in:	Dassault-Breguet «Atlantik»
	Aerospatiale/MBB «Transall» C160
Garret Airesearch TPE 331	
Startleistung:	430 kW bis 745 kW, je nach Ausführung
Druckverhältnis:	8 : 1
Eingebaut in:	Pilatus «Turbo Porter»
	Beechcraft «King Air» B 100
	Fairshild / Dornier Do 228
	Cessna «Conquest»
Pratt & Whitney Canada PT 6	
Startleistung:	354 kW bis 1447 kW, je nach Ausführung
Eingebaut in:	Fairshild / Dornier «Turbo Skyservant»
	Piaggio «Avanti»
	Piper «Cheyenne»
	Beechcraft «Starship»
	Pilatus «Turbo Porter»
	Cessna «Caravan»

Turbomotoren

Turbomotoren finden in der Luftfahrt als Hubschrauberantrieb Verwendung. Sie müssen jedoch ihren besonderen Betriebsbedingungen Rechnung tragen: Es ist eine konstante Abtriebsdrehzahl während aller Belastungszustände erforderlich, die meist durch eine der Turbine nachgeschaltete Nutz- oder Freifahrturbine, die nur den Rotor antreibt, eingehalten wird. Die Kraftstoffregelanlage muss speziell für diese Aufgabe konzipiert sein *(Bild 9.3.14)*.

Beispiele für Turbomotoren	
AVCO Lycoming T 53	
Startleistung:	630 kW bis 1400 kW, je nach Ausführung
Eingebaut in:	Bell 204 B
	Bell 205 A
	Bell UH 1 D
MTU / Allison 250	
Startleistung:	185 kW bis 313 kW, je nach Ausführung
Eingebaut in:	Bell 206
	Hughes 500
	MBB Bo 105 D
Pratt & Whitney JFTD 12	
Startleistung (5 min):	3355 kW
Eingebaut in:	Sikorsky S-64

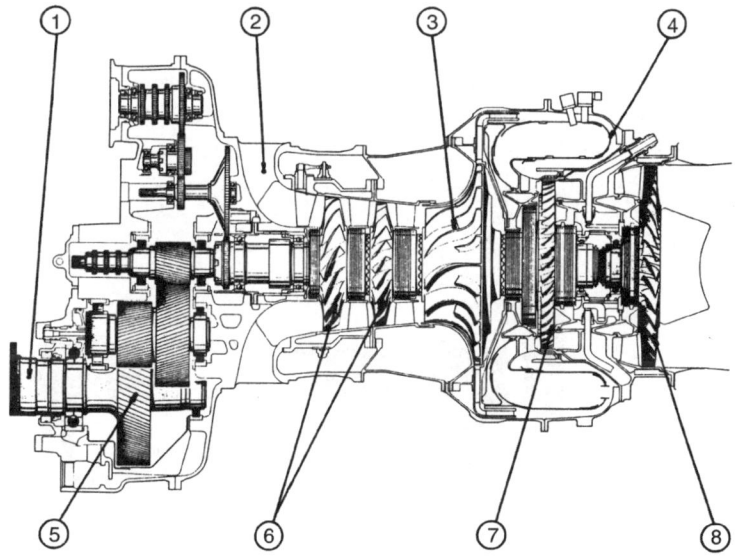

Bild 9.3.14 Beispiel eines Turbomotors mit Freifahrturbine: Turbomeca TM 333. *Triebwerksdaten*: Startleistung: 625 kW; Höchstleistung: 680 kW; Kraftstoffverbrauch: 0,32 kg/kWh; Masse: 146 kg. *Aufbau*: 1 Abtriebswelle; 2 Lufteinlasskanal; 3 Radialverdichter; 4 Umkehrbrennkammer; 5 Untersetzungsgetriebe; 6 zweistufiger Axialverdichter; 7 einstufige Axialturbine; 8 einstufige Freifahrturbine nur mit (5) verbunden

> ✍ **Übung**
>
> 1. Warum kann ein *Staustrahltriebwerk* nicht im Stand betrieben werden?
> 2. Warum hat ein *Pulso-Strahltriebwerk* einen schlechten Wirkungsgrad?
> 3. Wodurch ist ein *TL-Triebwerk* charakterisiert?
> 4. Was ist das Kennzeichen eines *ZTL-Triebwerks*?
> 5. Warum haben *PTL-Triebwerke* ein Untersetzungsgetriebe?
> 6. Was versteht man unter Turbomotoren?

9.4 Aufbau und Arbeitsweise der Triebwerkssektionen

9.4.1 Stationen des Gasturbinentriebwerks

Um die Veränderung der Zustandsgrößen Temperatur, Geschwindigkeit und Druck im Gasturbinentriebwerk eindeutig beschreiben zu können, ist es zweckmäßig, die Bereiche des Triebwerks, in denen eine wesentliche Änderung dieser Parameter stattfindet, mit Ziffern zu bezeichnen. Diese Bereiche werden Stationen genannt. Ihre Bezeichnung mit Ziffern wurde in der Vergangenheit lange weitgehend firmenspezifisch durchgeführt und dadurch bei Triebwerken unterschiedlicher Hersteller nicht einheitlich verwendet. Heute werden die Stationsbezeichnungen weitgehend nach einem einheitlichen Muster durchgeführt (*Bild 9.4.1*).

Rolls-Royce verwendet für seine Dreiwellen-Triebwerke die Stationsbezeichnungen mit zehnfachem Wert, so dass der Punkt entfällt.

Von besonderer Bedeutung sind die Messwerte an den Stationen 2, 2.5, 3, 4.9 und

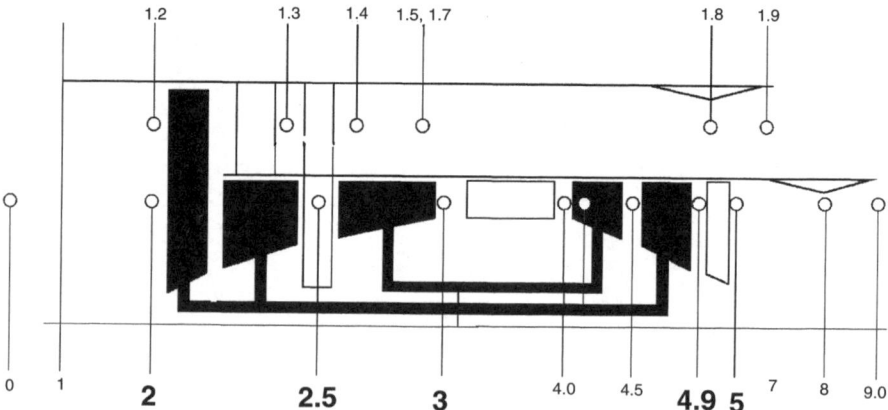

Bild 9.4.1 Stationsbezeichnungen
Die Zeichnung stellt einen stark schematisierten Halbschnitt durch ein Bypass-Triebwerk dar. Die schwarz eingefärbten Bereiche sind: der Fan, der LP-Verdichter, der HP-Verdichter, die LP-Turbine und die HP-Turbine.

5. An der Station 2 wird der Verdichtereintrittsdruck p_{t2}, der für die Regelung des Triebwerks wichtig ist, gemessen. An der Station 2.5 wird die Kompressoreintrittstemperatur (*compressor inlet temperature*, CIT) bestimmt, die ebenfalls für die Triebwerksregelung von Bedeutung ist. Das Gleiche gilt für den Kompressoraustrittsdruck (*compressor discharge pressure*, CDP) p_{s3}. An der Station 4.9 wird bei den meisten Triebwerken die Turbinenaustrittstemperatur (*exhaust gas temperature*, EGT) gemessen, die für die Überwachung des Triebwerks von höchster Bedeutung ist. An der Station 5 befindet sich die Messstelle für den Austrittsdruck p_{t5}, der zusammen mit dem Eintrittsdruck p_{t2} bei Rolls-Royce- und Pratt&Whitney-Triebwerken den für die Schubregelung bestimmenden EPR-Wert (*engine pressure ratio*) liefert.

9.4.2 Der modulare Aufbau der Gasturbinentriebwerke

Gasturbinentriebwerke sind modular aufgebaut, das bedeutet, sie bestehen aus Baugruppen, die leicht aus- und eingebaut sowie ausgetauscht werden können. Man unterscheidet meistens zwischen Hauptmodulen (*major molules*) und Untermodulen (*sub modules*). Die Vorteile dieser Konstruktionsweise sind vielfältig; sie ermöglicht

- ❏ den leichteren Aus- und Einbau defekter Baugruppen,
- ❏ eine Verringerung der Wartungskosten,
- ❏ eine übersichtliche, vereinfachte Ersatzteilbevorratung,
- ❏ eine schnellere Reparatur,
- ❏ zum Teil den Austausch eines Moduls am Flügel (Fan-Modul).

Bild 9.4.2 zeigt den *modularen Aufbau* des RR Trent 500 (eingebaut in Airbus A 340-500/600).
Folgende Module sind bezeichnet:

- ❏ Niederdruckverdichter-Modul (LP compressor module),
- ❏ Niederdruckverdichter-Gehäuse-Modul (LP compressor case module),
- ❏ Mitteldruckverdichter-Modul (IP compressor module),
- ❏ Mitteldruckverdichter-Zwischengehäuse (compressor intermediate case module),
- ❏ Geräteträger-Modul (external gearbox module),
- ❏ Hochdrucksystem-Modul (HP system module),
- ❏ Mitteldruckturbinen-Modul (IP turbine module),
- ❏ Niederdruckturbinen-Modul (LP turbine module).

Es fällt auf, dass der Hochdruckverdichter zusammen mit der Brennkammer und der Hochdruckturbine ein gemeinsames Modul bildet. Man bezeichnet diese Einheit auch als Gaserzeuger oder Kerntriebwerk (*core engine*). Die Ziffern bei den Modulen geben an: das ATA Kapitel (*chapter*), die Unterkapitel (*section*), in denen die Aus- und Einbauverfahren der Module beschrieben werden, und schließlich die Montage- und Demontageverfahren der Module, gekennzeichnet durch die beiden letzten Ziffern.
Andere Triebwerke sind in ähnlicher Weise in Module unterteilt.

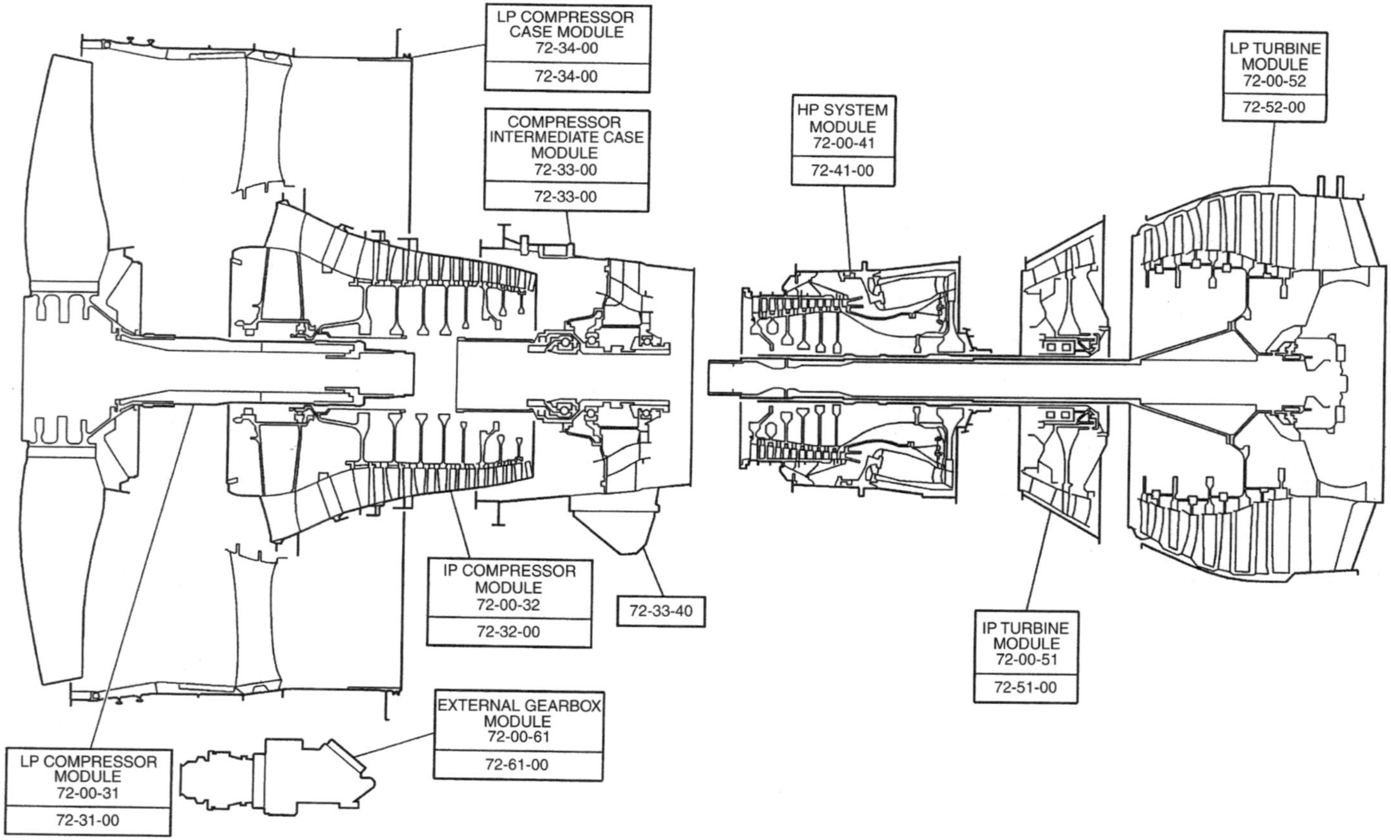

Bild 9.4.2 Module (Beispiel Rolls-Royce Trent 500)

9.4.3 Triebwerkseinlauf

Unterschalleinlauf
Die Auslegung der Axialverdichter von zivilen Strahltriebwerken sieht eine Zuströmgeschwindigkeit c von ca. M 0,6 vor. Da Flugzeuge mit Strahlantrieb meistens für Fluggeschwindigkeiten von höherer Machzahl ausgelegt sind, muss die einströmende Luft im Einlaufteil des Triebwerks abgebremst werden. Für die Betriebszustände Standlauf, Langsamflug und Reiseflug wollen wir die Einströmverhältnisse im Eingangsteil einer Triebwerksverkleidung (*cowling*) näher betrachten:

Standlauf und langsames Rollen
Der Verdichter saugt die erforderliche Luftmasse in den Eingangsteil ein. Eine für diesen Betriebszustand zweckmäßige Gestaltung des Einlaufteils kann man gut an Triebwerken auf einem Prüfstand erkennen. Auch Wellenleistungs-Gasturbinen, die z.B. zum Antrieb von Hubschraubern verwendet werden und Hilfsgasturbinen (Auxiliary Power Units – APU) haben oft einen trompetenähnlichen Einlauf (Bellmouth) (*Bild 9.4.3*).

Durch die starke Rundung der Einlauflippe wird verhindert, dass die angesaugten Luftmassen, die eine starke Änderung der Strömungsrichtung erfahren, bei der Umströmung der Einlaufkante verwirbeln. Für den Schnellflug ist ein so geformter Einlauf mit größerem Luftwiderstand verbunden und deshalb ungünstig. Hierfür müsste er aus Widerstandsgründen über eine möglichst spitze Lippe verfügen, wie in *Bild 9.4.4* gezeigt. Eine solche Einlaufgestaltung ist nur bei Überschall-Militärflugzeugen üblich. Dabei wird die Eintrittskante im Saugbetrieb in einem so großen Winkel angeströmt, dass ein Strömungsabriss im Standlauf und bei niedrigen Rollgeschwindigkeiten nicht ausgeschlossen werden kann (*Bild 9.4.5*).

Die hierdurch entstehenden Luftwirbel würden die Verdichterarbeit erheblich stören. Im schlimmsten Fall verursachen ungleichmäßige Zuströmungen so starke Schwingungen in den ersten Verdichterstufen, dass es zu Schaufelbrüchen kommt. Um diese

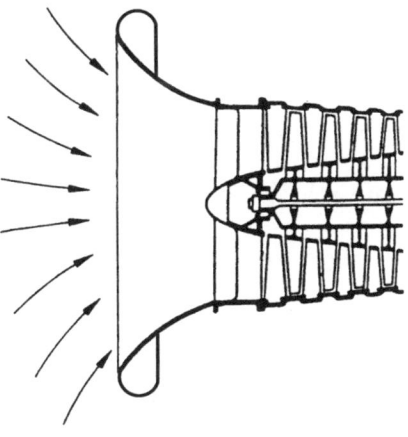

Bild 9.4.3
Triebwerkseinlauf (Bellmouth)

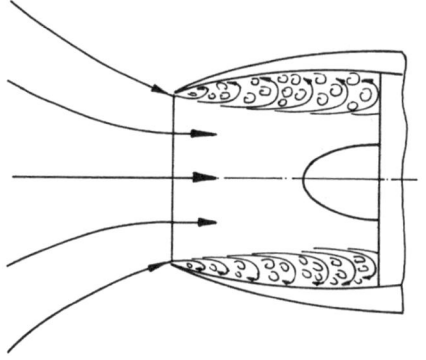

Bild 9.4.4
Strömungsabriss im Einlauf bei Schräganströmung (Saugbetrieb) und scharfer Einlauflippe

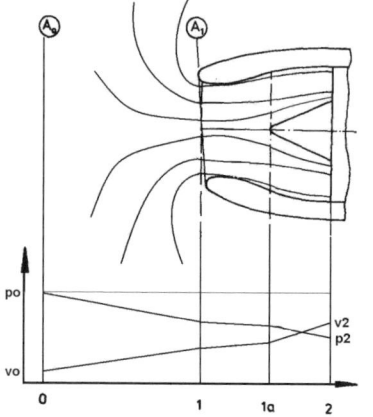

Bild 9.4.5
Pitoteinlauf mit runder Lippe bei Saugbetrieb (Standlauf, Rollen, niedrige Fluggeschwindigkeit)
In diesem Betriebszustand herrscht vor dem Einlauf ein Unterdruck, der im Einlauf auch durch die Wirkung des Diffusors nicht vollständig ausgeglichen werden kann.

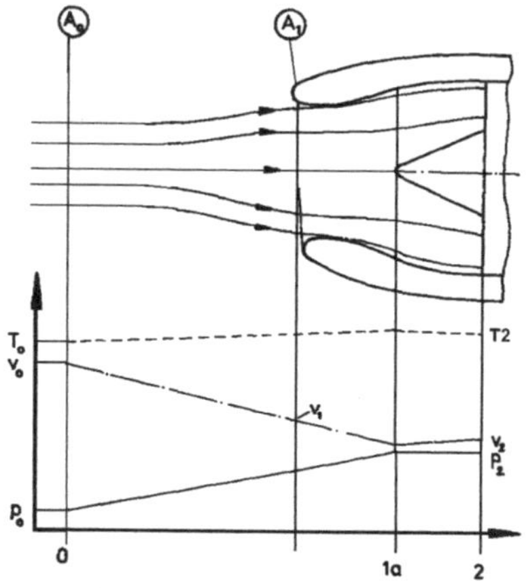

Bild 9.4.6
Parameterverlauf (Temperatur T, Geschwindigkeit v, Druck p) beim Unterschalleinlauf (so genannter Pitot-Einlauf)

Abreißerscheinungen bei niedrigen Geschwindigkeiten, bei starkem Seitenwind und bei großen Anstellwinkeln – wie sie vor allem beim Abheben des Flugzeuges auftreten – zu vermeiden, werden bei Unterschallflugzeugen die Einlaufkanten rund (mit möglichst kleinem Radius) ausgeführt (*Bild 9.4.6*).

Schnelles Rollen und Langsamflug
Beim schnellen Rollen und im Langsamflug treten diese Ablöseerscheinungen nur noch in besonderen Situationen, wie z.B. bei extremen Böen, auf. Aus diesem Grund wird bei Starts mit starkem Seitenwind manchmal der volle Startschub erst eingestellt, wenn das Flugzeug mit niedrigerem Schub bereits eine höhere Geschwindigkeit erreicht hat (*rolling take-off*). Hierdurch wird die Gefahr eines Strömungsabrisses im Einlauf verringert.

Schnellflug (Reiseflug)
Im Schnellflug kommt es zu einem Aufstau der Luft vor dem Einlauf (vgl. Bild 9.4.6). Die Ursache für diese Erscheinung wollen wir ergründen. Der Massenstrom in der Ebene 0 beträgt:

$m_0 = \rho \cdot v_0 \cdot A_0$
ρ Luftdichte in kg/m^3
v_0 Fluggeschwindigkeit in m/s
A_0 Strömungsquerschnitt in m^2

In der Eintrittsebene 1 beträgt der Massenstrom:

$m_1 = \rho \cdot v_1 \cdot A_1$
Da $m_0 = m_1$, gilt:
$\rho \cdot v_0 \cdot A_0 = \rho \cdot v_1 \cdot A_1$

(Dabei sind wir vereinfachend davon ausgegangen, dass es sich um eine inkompressible Strömung handelt). Es gilt also:

$A_0 = (v_1/v_0) \cdot A_1$

Dies bedeutet, dass mit zunehmender Fluggeschwindigkeit v_0 der Querschnitt der Stromröhre, die in den Eingangsteil des Triebwerks gelangt, immer kleiner wird. Eine Auffächerung der Stromfäden direkt vor dem Eintritt in den Eingangsteil ist aber gleichbedeutend mit einer Abnahme von Geschwindigkeit und einer Zunahme von Druck.

Im Schnellflug findet also ein Aufstau der Luft vor dem Eingangsteil der Triebwerksverkleidung statt. Im Eingangsteil selbst wird die Luft noch einmal durch eine diffusorartige Ausbildung des Strömungskanals verzögert. Das erreichte Druckverhältnis berechnet sich zu:

$\pi = ps_2 / ps_0$

Mit der Umwandlung von Strömungsenergie in Druck durch den Einlauf ist ein Anstieg der Lufttemperatur in einem unerwünschten Maße verbunden. Die für diese Temperaturerhöhung verbrauchte Energie ist für die Druckerhöhung verloren. Die Höhe dieser Verluste ist von drei Faktoren abhängig:

❑ von der korrekten Form des Diffusors,
❑ von der Rauigkeit der Diffusorwandungen,
❑ von der Machzahl.

Die durch die Form verursachten Ablösungen und Verwirbelungen erhöhen – ebenso wie die Reibung an rauen Wandungen – die Temperatur. Eine steigende Machzahl lässt zusätzlich die Verluste bei der Umwandlung von Strömungsenergie in Druck anwachsen. Im Druckrückgewinnungsfaktor σ wird die Güte des Einlaufs ausgedrückt, indem man den Gesamtdruck p_{t2} vor dem Verdichter in Bezug zum Gesamtdruck p_{t0} vor dem Einlauf setzt (für σ wird der Wert 1 angestrebt):

$$\sigma = p_{t2} / p_{t0}$$

Auf die Notwendigkeit einer optimalen Abrundung der Eintrittskante wurde schon hingewiesen. Der Erweiterungswinkel des Diffusors sollte einen Wert von 8° bis 10° nicht übersteigen. Da verzögerte Strömungen stärker zur Ablösung neigen als beschleunigte, wird der Einlaufteil unmittelbar vor Eintritt in den Verdichter düsenförmig ausgebildet (Querschnitt des Spinners). Durch diese Querschnittsverengung wird mit Hilfe einer leichten Beschleunigung eine gleichmäßigere Geschwindigkeits- und Druckverteilung vor dem Eintritt in die erste Verdichterstufe bewirkt. Folgende Forderungen werden an die Gestaltung eines Unterschalleinlaufteils gestellt:

- die für den stabilen Betrieb des Verdichters erforderlichen Luftmassen müssen unter allen Betriebsbedingungen dem Triebwerk zugeführt werden (korrekter Einlaufquerschnitt, richtiger Nasenradius);
- möglichst verlustarme Umsetzung von Strömungsenergie in statischen Druck (hohe Oberflächengüte, keine Ablösungen);
- eine über den Querschnitt gleichmäßige Anströmung des Verdichtereintritts unter allen Betriebsbedingungen (bei Seitenwind, Einfluss der Triebwerksaufhängung, Schräganströmung im Kurvenflug und beim Abfangen mit hohen *g*-Zahlen);
- möglichst widerstandsarme Formgebung;
- möglichst geringes Gewicht.

Triebwerkseinläufe werden vom Zellenhersteller oder von spezialisierten Zulieferern in Zusammenarbeit mit dem Triebwerkshersteller entwickelt und optimiert. Die Querschnittsform des Einlaufs richtet sich dabei nach aerodynamischen Bedingungen, die aus der Gestaltung der Flugzeugzelle erwachsen. So haben Triebwerksgondeln an Stielen (*struts*) meistens einen kreisrunden Querschnitt (Pitot-Einläufe). Zur Erzielung einer größeren Bodenfreiheit (Gefahr des Ansaugens von Schmutz und Fremdkörpern) können die runden Einläufe auch unten abgeflacht sein (B 737-300). Bei Jagdflugzeugen kommen ovale (F16) oder rechteckige Einläufe (Tornado, Eurofighter) zur Anwendung. Bei diesen Einlaufformen ist es erforderlich, für eine Ableitung der trägen Grenzschicht zu sorgen, die sich an den Seitenwänden des Rumpfes gebildet hat. Dies geschieht in der Regel durch Separatoren, die diese energiearmen Luftmassen abweisen, damit sie nicht in den Triebwerkseinlauf gelangen.

Überschalleinlauf

Bei Fluggeschwindigkeiten $v > a$ (a = örtliche Schallgeschwindigkeit) wird die anströmende Luft vor ihrem Eintritt in den Pitot-Einlauf durch einen geraden Verdichtungsstoß (*Bild 9.4.7*) auf Unterschallgeschwindigkeit abgebremst.

Dabei stellt der gerade Verdichtungsstoß die Trennung zwischen der Überschallgeschwindigkeit links vom Stoß und der Unterschallgeschwindigkeit in Strömungsrichtung hinter dem Stoß dar. Hinter einem geraden Verdichtungsstoß strömt ein Gas grundsätzlich mit Unterschallgeschwindigkeit. Druckwellen, die vom rückwärtigen

Bild 9.4.7
Gerader Verdichtungsstoß am
Pitot-Einlauf

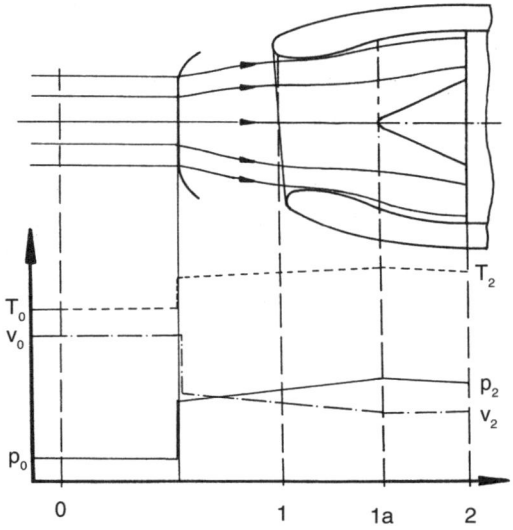

Teil der Triebwerksverkleidung und des Triebwerks sowie der Flugzeugzelle ausgehen, treffen im Bereich der Stoßwelle auf die ankommende Überschallströmung und können sich deshalb nicht weiter nach vorn ausbreiten, so dass sich diese Druckwellen hier aufstauen und so den geraden Verdichtungsstoß bilden.

Beim Durchgang der Luft durch diese Stoßfront steigen Druck und Temperatur schlagartig an. Diese schlagartigen Änderungen der Parameter beim Durchgang durch eine Stoßfront sind ein Kennzeichen von Überschallströmungen. Im weiteren Verlauf verhält sich die Luft genau wie bei Fluggeschwindigkeiten $v < a$; nun steigt der Druck durch die Wirkung des Diffusors stetig an. Die durch den Temperaturanstieg ausgedrückten Verluste an Gesamtdruck durch den geraden Verdichtungsstoß sind bis zu Fluggeschwindigkeiten von ca. M 1,5 nicht erheblich. Bei höheren Fluggeschwindigkeiten sinkt aber das Verhältnis des Gesamtdruckes vor der Stoßfront zu dem Gesamtdruck hinter der Stoßfront (*Bild 9.4.8*) schnell ab, so dass andere Einlaufkonstruktionen erforderlich werden.

Bild 9.4.8
Druckrückgewinn in Abhängigkeit von
der Machzahl und der Anzahl der Verdichtungsstöße
1 senkrechter Verdichtungsstoß
2 2-Stoß-Diffusor
3 3-Stoß-Diffusor
4 4-Stoß-Diffusor

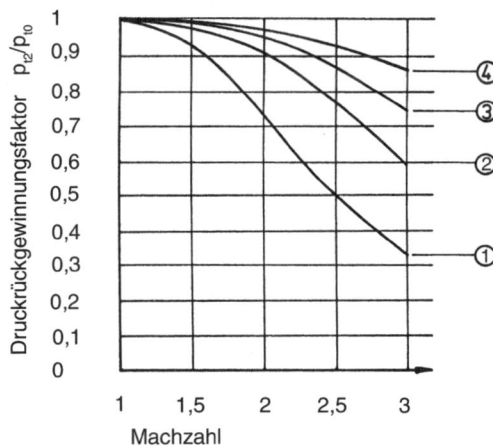

Für diese Überschalleinläufe wird die Erscheinung ausgenutzt, dass eine stufenweise Abbremsung überschallschneller Strömungen durch mehrere schräge Verdichtungsstöße mit einem abschließenden schwachen geraden Stoß einen stärkeren Druckrückgewinn ermöglicht. Diese schrägen Verdichtungsstöße werden bei Keilstoßdiffusoren (2D-Einläufe), wie sie moderne Militärflugzeuge wie z.B. die F 18 Hornet oder der Tornado und Eurofighter aufweisen, durch Kontursprünge im Einlauf erreicht.

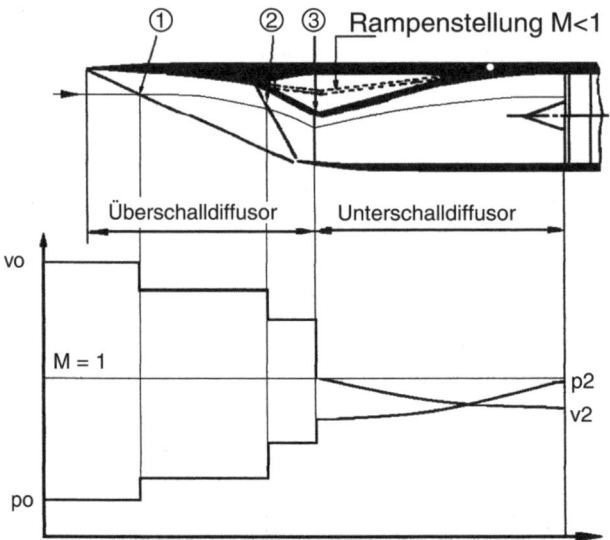

Bild 9.4.9 Keilstoßdiffusor in Überschallkonfiguration:
1. schräger Verdichtungsstoß durch Richtungsänderung beim Auftreffen der Luftteilchen auf die Einlauflippe
2. schräger Verdichtungsstoß durch einen Kontursprung im Einlauf (vordere Rampe)
3. gerader Verdichtungsstoß im engsten Querschnitt, die Luft strömt jetzt mit Unterschallgeschwindigkeit weiter
Die Stellung der Rampen an der Einlauf-Oberseite bildet vor dem geraden Verdichtungsstoß einen Überschalldiffusor. Außerdem ist der engste Einlaufquerschnitt so eingestellt, dass der Luftdurchsatz dem Bedarf des Triebwerks entspricht. Andere Diffusoren können weitere Klappen aufweisen, die als Zusatzluftklappen bei niedriger Geschwindigkeit oder beim Umkehrschub fungieren resp. als Luftablassklappen (*dump doors*) für den Überschallbetrieb ausgelegt sind.

Werden überschallschnelle Luftteilchen durch eine vorspringende Wand gezwungen, ihre Richtung zu ändern, so reagieren sie auf diese erzwungene Richtungsänderung mit einer plötzlichen Änderung der Geschwindigkeit, des Druckes, der Dichte und der Temperatur, wie es *Bild 9.4.9* zeigt.

Hinter jedem dieser schrägen Verdichtungsstöße strömt das Gas weiterhin mit Überschallgeschwindigkeit. In dem Diagramm des Bildes 9.4.8 kann man erkennen, dass Überschalldiffusoren mit 3 oder 4 Verdichtungsstößen den höchsten Druckrückgewinnungsfaktor aufweisen. Aus diesem Grund sind Überschalleinläufe so gestaltet, dass sie 2 oder 3 schräge Verdichtungsstöße erzeugen und die Überschallströmung durch einen abschließenden geraden Stoß in die Unterschallströmung abbremsen. Die Strömungsquerschnitte können durch verstellbare Klappen der Flugphase entsprechend eingestellt werden (Bild 9.4.9). Dabei werden nicht nur der aktuelle Leistungsbereich des Triebwerks und die Geschwindigkeit berücksichtigt, sondern auch der Anstellwinkel und andere Parameter.

Bei diesen Einläufen erfolgt der größere Teil der Verdichtung vor dem Einlauf (äußere Verdichtung). Der sich einstellende Durchsatz ist optimal, wenn die Stoßfronten an der äußeren Einlasskante anliegen. Ist dies nicht der Fall, so wird entweder eine zu kleine Stromröhre eingeleitet oder es kommt zu einem partiellen Abfließen der zugeführten Luft über die Außenkontur des Einlaufs.

Übung

1. Welche Aufgaben hat das Eingangsteil eines Strahltriebwerks?
2. Warum müssen die Eintrittskanten eines Unterschall-Strahltriebwerks abgerundet sein?
3. Was versteht man unter einer äußeren Verdichtung?
4. Wie wird das Gesamtdruckverhältnis eines Triebwerkeinlaufs berechnet?
5. Warum werden bei Überschalleinläufen dem geraden Verdichtungsstoß mehrere schräge Verdichtungsstöße vorgeschaltet?

9.4.4 Arbeitsweisen von Verdichtern

Für die Leistungsfähigkeit und die Wirtschaftlichkeit von Gasturbinentriebwerken sind neben dem Luftdurchsatz und dem Nebenstromverhältnis vor allem das Druckverhältnis des Verdichters und die Turbineneintrittstemperatur bestimmend. Der Wirkungsgrad einer Verbrennung steigt mit dem Druck, unter dem sie abläuft.

Für die erforderliche Verdichtung der Luft vor der Brennkammer stehen zwei Möglichkeiten zur Verfügung:

- Das **Verdrängerprinzip** des Kolbenverdichters, wie es im Hubkolbenmotor und im Kolbenkompressor angewendet wird. Ein Kolben verdrängt hierbei eine eingeschlossene Gasmenge und drängt sie dadurch in einen immer kleiner werdenden Raum unter Drucksteigerung zusammen. Da hierbei Strömungen nicht am Druckaufbau beteiligt sind, kann man von einem statischen Prinzip sprechen.
- Das **Diffusorprinzip**: Strömende Gasmassen werden durch eine Erweiterung ihres Strömungskanals verlangsamt, wodurch sich ihre Strömungsenergie in Druckenergie umwandelt (siehe Gesetz von BERNOULLI). Hierbei ist die Strömung der Gase ursächlich für den Druckaufbau; wir sprechen deshalb von einem dynamischen Prinzip.

Grundsätzlich wäre ein Strahltriebwerk denkbar, das einen Kolbenmotor für die Erzeugung von Heißgasen benutzt (vgl. in Abschnitt 9.3 «Lorin»), die dann in einer Schubdüse beschleunigt werden. Die Verwendung von hin und her gehenden Kolben wäre aber dem Prinzip einer reinen Rotationsmaschine unterlegen. Aus diesem Grund wird Verdichtern, die nach dem Diffusorprinzip arbeiten, der Vorzug gegeben. Da hierbei Strömungsenergie in Druck umgewandelt werden soll, muss die Luft zunächst in jeder Verdichterstufe beschleunigt werden. (Von dieser Notwendigkeit sind nur das Staustrahltriebwerk und das Pulsotriebwerk ausgenommen.) Diese Beschleunigung kann auf zweierlei Art geschehen:

1. mit dem Mittel der **Fliehkraft** oder
2. durch die aerodynamische Wirkung eines angestellten **Profils** (Tragflügeleffekt).

Da Fliehkräfte immer in Richtung des Radius der Drehkreisebene wirksam werden, spricht man bei ihrer Verwendung von einem **Radialverdichter**, während bei der Verwendung des Tragflügelprinzips wegen der hierdurch erzielten axialen Durchströmung von einem **Axialverdichter** gesprochen wird.

Radialverdichter

Das erste flugfähige Luftstrahltriebwerk der Welt, das Heinkel/Ohain He S 3B (vgl. Bild 9.3.5), und auch das erste englische Triebwerk von FRANK WHITTLE waren mit einem Radialverdichter ausgestattet. Dies ist dadurch zu erklären, dass diese Verdichterbauart verhältnismäßig einfach zu konstruieren und zu fertigen ist, sehr leicht und kompakt ausfällt und im Betrieb wenig störanfällig ist.

Die größten Nachteile liegen einmal in dem höchsten erreichbaren Druckverhältnis, das auch bei Verwendung von zwei hintereinander geschalteten Verdichterstufen nur auf etwa $\pi = 13$ zu steigern ist. Diese Grenze ist deshalb nur schwer nach oben verschiebbar, weil auch der Impeller den durch die Rotation erzeugten Fliehkräften unterliegt und damit die eingesetzten Werkstoffe an die Grenze ihrer Belastbarkeit kommen.

Um hohe Druckverhältnisse zu erreichen, müssen sehr hohe Umfangsgeschwindigkeiten realisiert werden. Versuchsverdichter von MTU haben bis zu 800 m/s erreicht. Da diese Umfangsgeschwindigkeiten im Überschallbereich liegen, müssen neben Festigkeitsproblemen auch erhebliche aerodynamische Schwierigkeiten gelöst werden, um ein befriedigendes Betriebsverhalten zu erreichen.

Ein anderer gravierender Nachteil des Radialverdichters ist in der Begrenzung des Luftdurchsatzes (ca. 60 kg/s) bei vertretbaren Abmessungen (Stirnfläche) zu sehen. Während beim Axialverdichter die Stirnfläche dem Eintrittsquerschnitt der Luft entspricht, muss beim Radialverdichter der Durchmesser des Eintrittsquerschnittes im weiteren Strömungsverlauf erheblich vergrößert werden, um der Luft eine Strömung in radialer Richtung zu ermöglichen. Dadurch würde bei größerem Durchsatz der Durchmesser auf ein nicht vertretbares Maß ansteigen.

Hinzu kommt, dass der Wirkungsgrad dieser Verdichterbauart unter der des Axialverdichters liegt. Aus diesen Gründen wird die ausschließliche Verwendung von Radialverdichtern heute auf kleine, preisgünstige und leichte Motoren (APU, stationäre Antriebe, Fahrzeugantriebe) beschränkt.

Turbomotoren (Turboshaft Engines)

Bei neueren Konstruktionen von Wellenleistungstriebwerken (Turbomotoren) kleiner

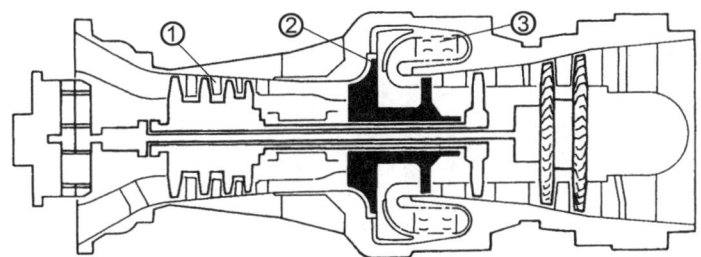

Bild 9.4.10 Wellenleistungstriebwerk (Turbomotor) mit radialer Hochdruckstufe
1 Niederdruckverdichter (axial); 2 Hochdruckverdichter (radial); 3 Umkehrbrennkammer

bis mittlerer Leistung (Hubschrauberantriebe) wird der Radialverdichter allerdings sehr häufig als Hochdruckstufe angewendet (*Bilder 9.4.10 und 9.3.14*).

In Kombination mit einer Umkehrbrennkammer wird hierdurch eine sehr kompakte und wartungsfreundliche Bauweise erreicht, da eine Radialverdichterstufe eine größere Anzahl von Axialverdichterstufen ersetzen kann und damit das Rotorsystem kürzer wird. Außerdem wird die Anzahl der verbauten Teile verkleinert, wodurch der Hersteller eine Kostenreduktion erreicht. Durch die an den Triebwerksumfang gelegte Umkehrbrennkammer wird es zusätzlich noch möglich, die Turbine fast unmittelbar an den Verdichter anschließen zu lassen und damit das Rotorsystem nochmals kompakter zu gestalten (kürzerer Rotor, weniger Lager).

Bild 9.4.11 zeigt den Aufbau eines Radialverdichters. Bei dem gewählten Beispiel ist die Beschaufelung weder vorwärts noch rückwärts gekrümmt, sondern genau radial ausgeführt. Dadurch erreicht man günstige Festigkeitseigenschaften durch weniger Biegebelastung, da die Fliehkräfte in Richtung der Schaufeln wirken. Die in Nabennähe in die Laufschaufelräume einströmende Luft wird von diesen zunächst in die Rotationsbewegung beschleunigt. Durch die Bewegung auf der Kreisbahn wirken nun sehr starke Fliehkräfte auf die Luft, die diese zusätzlich nach außen in Richtung des Radius beschleunigen. Dabei strömt die Luft durch einen sich diffusorartig erweiternden Schaufelraum. Sind die Schaufeln radial weder vor- noch rückgekrümmt angeordnet, so werden etwa 50% der möglichen Beschleunigung sofort in Druck umgewandelt. Die Hälfte des Druckaufbaus erfolgt also in den Laufschaufelräumen.

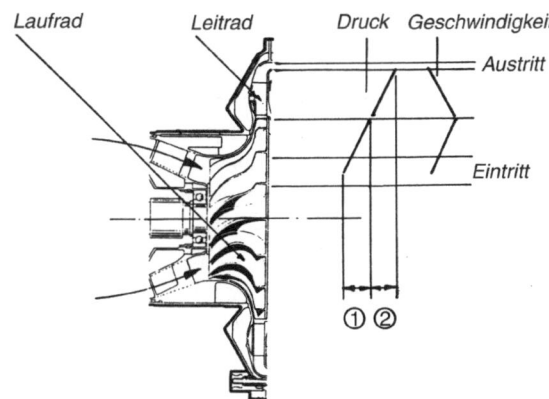

Bild 9.4.11
Der Aufbau eines Radialverdichters
1 Druckerhöhung im Laufrad
2 Druckerhöhung im Leitrad

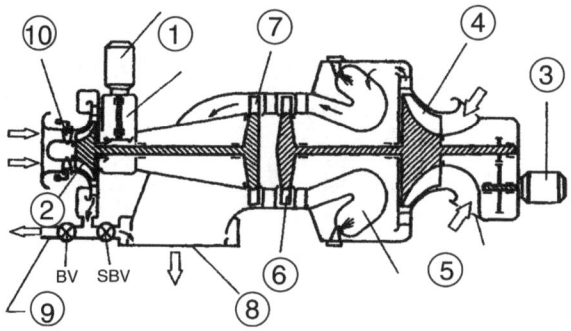

Bild 9.4.12 Hilfsgasturbine (*auxiliary power unit*, APU) mit radialen Verdichtern
Die Hilfsgasturbine dient der Versorgung des Flugzeuges am Boden mit elektrischer Energie und Druckluft für die Klimaanlage und zum Starten der Triebwerke. Sie selbst werden mit einem Elektrostarter angelassen, der seine Energie aus den 28-V-Bordakkus bezieht. Der Generator liefert 115 V Wechselstrom (AC) mit einer Frequenz von 400 Hz. Um diese Frequenz sicherzustellen, muss das Aggregat unabhängig von der Belastung mit konstanter Drehzahl laufen (FADEC).
Die Druckluft wird durch einen speziellen Load Compressor geliefert – ebenfalls ein Radialverdichter, der von einer separaten Welle angetrieben wird und ausschließlich die pneumatischen Bordsysteme mit Druckluft versorgen muss.
Variable Eintrittsleitschaufeln können die Luftzufuhr zum Load Compressor schließen, so dass dieser keine Verdichtungsarbeit leistet, wenn kein Druckluftbedarf besteht. Die meisten APUs können auch in der Luft (mit Beschränkungen) angelassen werden.
1 Generator; 2 Load Compressor (Radialverdichter); 3 Starter; 4 Radialverdichter des Kerntriebwerks; 5 Umkehrbrennkammer; 6 Turbine des Kerntriebwerks; 7 frei fahrende Turbine zum Antrieb des Load Compressors; 8 Auslass; 9 Luftleitung zu den Verbrauchern; 10 verstellbare Eintrittsleitschaufeln des Load Compressors

Hierdurch können die am Impelleraustritt auftretenden Strömungsgeschwindigkeiten kleiner gehalten und dadurch Gasreibungsverluste minimiert werden, die sonst durch die Umlenkung der Luft aus der Umfangsrichtung des Laufrades in die axiale Richtung der Brennkammer in höherem Maße entstehen würden. In dem an das Laufrad anschließenden Leitrad wird durch Diffusoren die restliche, durch Fliehkraftwirkung des Laufrades zugeführte kinetische Energie in Druck umgewandelt.

Noch stärker fallen Gasreibungsverluste im Strömungskanal bei einer Umlenkung um 270° aus, wie sie bei einer mehrstufigen Bauweise von Radialverdichtern notwendig wird. Bei mehr als zwei Stufen werden diese Verluste so groß, dass sie den Druckgewinn einer weiteren Stufe weitgehend wirkungslos machen. Deshalb ist es bei Radialverdichtern nicht möglich, durch eine Vergrößerung der Stufenzahl das Druckverhältnis anzuheben, wie es bei Axialverdichtern ohne weiteres möglich ist. Ein höheres Stufendruckverhältnis ist nur durch höhere Umfangsgeschwindigkeiten zu erreichen. Diese setzen festere Materialien für den Impeller und schließlich auch die Beherrschung von Überschallgeschwindigkeiten im Verdichter voraus. Die Bedeutung des Radialverdichters wird auch in Zukunft hauptsächlich in der Anwendung als Hochdruckstufe in Turbomotoren oder für kleinere Aggregate wie z.B. Hilfsgasturbinen (APU) (*Bild 9.4.12*) liegen.

Axialverdichter

Die angeführten Nachteile des Radialverdichters, wie Begrenzung des Durchsatzes und des Druckverhältnisses, hat der Axialverdichter nicht. Durch das Fehlen einer Radialströmung steht die gesamte Stirnfläche dieser Verdichterbauart als Einströmquerschnitt zur Verfügung. Die axiale Durchströmung erlaubt im Prinzip die Hintereinanderschaltung von beliebig vielen Verdichterstufen, ohne dass nennenswerte Umlenkverluste auftreten. Erkauft werden diese Vorteile allerdings durch einen erheblich höheren Bauaufwand und eine größere Empfindlichkeit im Betriebsverhalten.

Bild 9.3.7 zeigt den Aufbau des ersten in Serie ausgeführten einwelligen Axialverdichtertriebwerks der Firma Junkers vom Typ **Jumo 004** mit acht Verdichterstufen. Als Druckverhältnis wird der Wert 3,2 angegeben. Vereinfachend wollen wir im Folgenden annehmen, dass jede Stufe das gleiche Stufendruckverhältnis aufweist. Dann kann man das Gesamtdruckverhältnis wie folgt berechnen:

$$\pi_{ges} = (\pi_{St})^n$$

π_{St} Stufendruckverhältnis;
π_{ges} Gesamtdruckverhältnis;
n Anzahl der Stufen

Damit hat das als Beispiel angeführte Triebwerk ein mittleres Stufendruckverhältnis von:

$$\pi_{St} = (\pi_{ges})^{1/n} = (3{,}2)^{1/8} = 1{,}156$$

Bei neueren Konstruktionen konnte das Stufendruckverhältnis mit transsonischer Durchströmung und Optimierung der Schaufelgitter auf Werte bis ca. 1,8 angehoben werden. Diese zahlenmäßig so unbedeutend erscheinende Verbesserung wurde mit einem sehr großen Entwicklungsaufwand erreicht. Die Auswirkung dieser Entwicklung

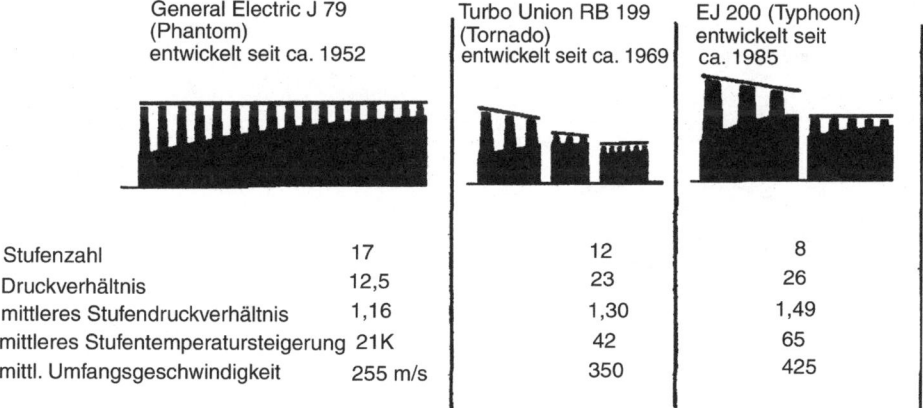

	General Electric J 79 (Phantom) entwickelt seit ca. 1952	Turbo Union RB 199 (Tornado) entwickelt seit ca. 1969	EJ 200 (Typhoon) entwickelt seit ca. 1985
Stufenzahl	17	12	8
Druckverhältnis	12,5	23	26
mittleres Stufendruckverhältnis	1,16	1,30	1,49
mittlere Stufentemperatursteigerung	21K	42	65
mittl. Umfangsgeschwindigkeit	255 m/s	350	425

Bild 9.4.13 Die Zunahme der Leistungskonzentration von Verdichtern

wird erst deutlich, wenn man sich vergegenwärtigt, dass jetzt bei einem mittleren Stufendruckverhältnis von 1,5 mit acht Verdichterstufen ein Druckverhältnis von $\pi_{ges} = 1,5^8 = 25,6$ erreichbar ist! Im Vergleich zum Radialverdichter nimmt sich dieser Wert für die Fähigkeit einer einzelnen Axialverdichterstufe allerdings immer noch bescheiden aus. Dieser Nachteil wird jedoch durch die Möglichkeit der vielstufigen Ausführung von Axialverdichtern mehr als ausgeglichen. Die inzwischen erreichte Leistungskonzentration von Axialverdichtern veranschaulicht *Bild 9.4.13*.

Aufbau eines Axialverdichters
Bevor wir die Arbeitsweise des Axialverdichters näher untersuchen, wollen wir uns den Aufbau eines solchen Verdichters ansehen. Ein Rotor ist auf seinem Umfang mit Schaufelreihen versehen, die die Form eines kleinen Tragflügels aufweisen. Zwischen diese Laufschaufelreihen (*blades*) ragen die Statorschaufel (*vanes*). Sie sind mit ihren Füßen am Gehäuse des Verdichters befestigt (*Bild 9.4.14*).

Die Kombination aus einer Laufschaufel und einer Leitschaufel bezeichnet man als **Verdichterstufe** (*Bild 9.4.15*). Beide Schaufelreihen bewirken gemeinsam einen Druckaufbau, wenn sie von der Luft durchströmt werden.

Angetrieben wird der Verdichterrotor von der Turbine, die hierfür sehr große Leistungen aufbringen muss. Um Strömungsverluste zu vermeiden, laufen die Schaufelköpfe der Laufschaufeln mit einem minimalen Spiel im Verdichtergehäuse. Bei höheren

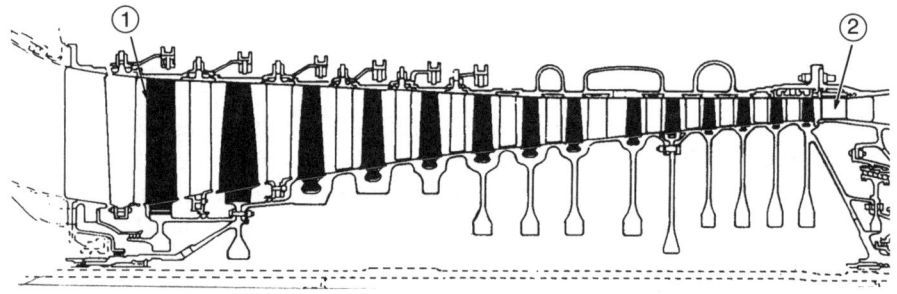

Bild 9.4.14   Halbschnitt durch einen Hochdruckverdichter (*high pressure compressor*)
1 Laufschaufeln (*blades*); 2 Statorschaufeln, auch als Leitschaufeln bezeichnet (*vanes*)

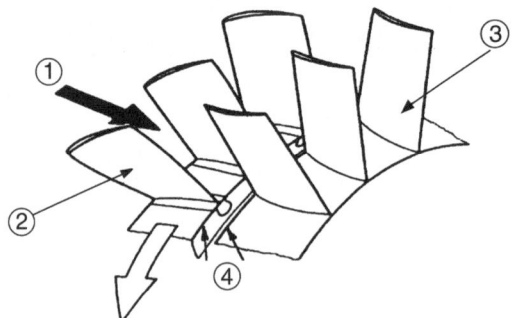

Bild 9.4.15
Aufbau einer Axialverdichterstufe
1 Anströmung
2 Rotor
3 Stator
4 Drehrichtung (*u*)

Bild 9.4.16
Läuferformen von Axialverdichtern
1 Trommelläufer
2 Scheibenläufer
3 kombinierter Trommel-Scheibenläufer

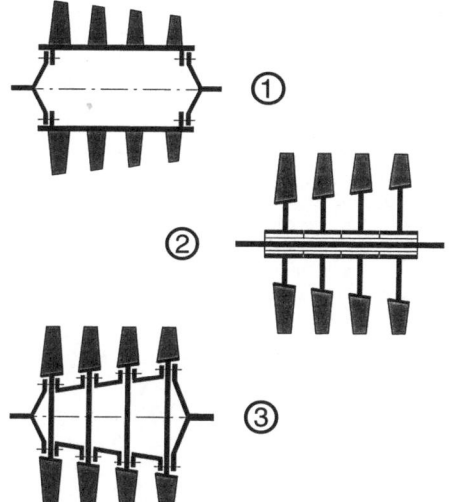

Drehzahlen wirken sehr hohe Fliehkräfte auf die Schaufeln, die vom Rotor aufgenommen werden müssen (*Bild 9.4.16*).

Eine reine Trommel ohne verstärkende Elemente würde unter der Fliehkraft der Schaufeln im mittleren Bereich tonnenförmig aufgedehnt werden, so dass die Schaufel hier an das Gehäuse anlaufen würden. Ein Verdichter, der aus einzelnen Scheiben zusammengesetzt ist, der so genannte Scheibenläufer, hätte diesen Nachteil nicht. Diese Konstruktion erweist sich aber als sehr schwer, so dass man heute eine Kombination aus beiden Bauweisen bevorzugt (*Bild 9.4.17*).

Durch die Entwicklung der Schweißtechnik (Elektronenstrahlschweißen, Reibschweißen) ist es möglich, Trommeln aus Scheiben zusammenzuschweißen (Bild 9.4.17).

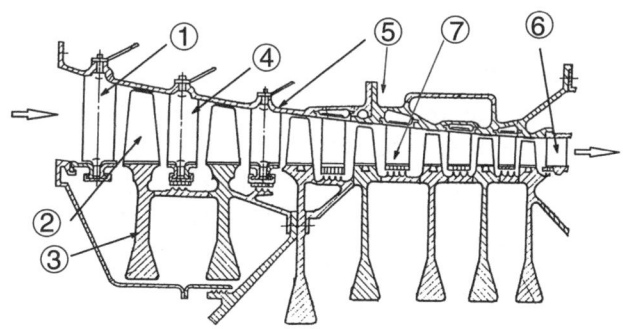

Bild 9.4.17   Ausgeführter Hochdruckverdichterrotor (General Electric CF 6)
1 Eintrittsleitschaufeln variabel (*variable inlet guide vanes*, IGV); 2 Rotorschaufeln (*rotor blades*); 3 Rotorscheibe (*disk*) mit der 2. Stufe zur Trommel verschweißt; 4 Statorschaufeln (*stator vanes*) variabel (*variable stator vanes*, VSV); 5 Statorgehäuse (*stator case*); 6 Austrittsleitschaufeln (*outlet guide vanes*, OGV); 7 Labyrinthdichtungen zwischen den Stufen (*rotating air seals*)

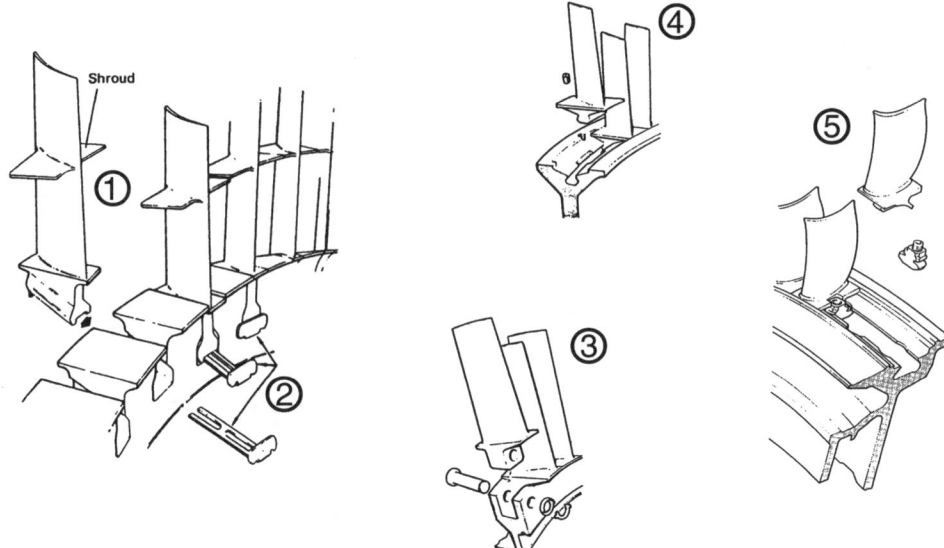

Bild 9.4.18 Schaufelbefestigungen
1 Rotorschaufel mit Schwalbenschwanzfuß und axial angeordneter Nut (Fan-Schaufeln)
2 Sicherungsblech (*blade retainer*), wird nach dem Einsetzen der Schaufel in die Schwalbenschwanznut auf einer Seite umgebogen, um ein Herausrutschen der Schaufel aus der Nut zu verhindern
3 Bolzenbefestigung
4 Schwalbenschwanzbefestigung in umlaufender Nut (häufigste Befestigungsart)
Die Schaufeln werden nach Liste durch eine Aussparung in die Nut eingefädelt.
5 Nach der Montage aller Schaufeln wird die Aussparung durch einen Schließstein versperrt.

Bei neuen Triebwerkskonstruktionen wird manchmal die Laufschaufel (*blade*) mit der Laufscheibe (*disk*) aus einem Rohling integriert gefertigt. Diese so genannten Blisks verringern die Teilezahl des Verdichters und damit die Kosten. Dennoch werden immer noch die weitaus meisten Schaufeln separat gefertigt und in den Verdichterrotor eingesetzt.

Hierfür gibt es drei Befestigungsverfahren (*Bild 9.4.18*).

Die Montage der Schaufeln wird nach einer Liste durchgeführt, damit gleich schwere Schaufeln an entgegengesetzten Positionen platziert werden und so keine Unwuchten auftreten können. Bei den großen Wide-Chord-Fanschaufeln, wie sie in den High-Bypass-Triebwerken neuerer Konstruktion verbaut werden, muss man bei der Positionierung der Schaufeln noch einen Schritt weiter gehen und auch die Lage des Schwerpunktes berücksichtigen. Gleich schwere Schaufeln mit dem Schwerpunkt auf einem größeren Radius erzeugen eine größere Fliehkraft und würden dadurch gegenüber einer gleich schweren Schaufel mit einem Schwerpunkt auf einem kleineren Radius eine Unwucht erzeugen.

Das Schleifen des genauen Durchmessers der Rotoren wird vorteilhaft auf Spezialschleifmaschinen bei der Betriebsdrehzahl des Rotors durchgeführt (High-Speed-Schleifen). Hierdurch wird eine Verfälschung des Rotordurchmessers durch Fliehkräfte im Betrieb vermieden.

Arbeitsweise der Axialverdichterstufe
Bevor die Wirkungsweise eines Axialverdichters erläutert wird, sei auf einen weit verbreiteten Irrtum hingewiesen: Bei der Betrachtung eines Triebwerksschnittes wie z.B. in den Bildern 9.4.14 und 9.4.17 entsteht der Eindruck, dass die Verdichtung der Luft dadurch herbeigeführt wird, dass die Schaufeln diese in einen zunehmend engeren Strömungskanal drücken und dadurch komprimieren. Diese Deutung ist verlockend, weil einfach, aber genauso falsch! Die Abnahme der Strömungsquerschnitte ist eine Folge der Verdichtung, nicht die Ursache! Die Verdichtung der Luft erfolgt durch die aerodynamische Wirkung der Schaufeln. Um die mit der Verdichtung verbundene Dichtezunahme nicht durch Entspannung wieder zu verlieren, muss das Volumen des Strömungskanals proportional mit der Dichteverminderung ebenfalls vermindert werden. Deshalb wird der Strömungskanal in Strömungsrichtung enger!

Wie funktioniert nun ein Axialverdichter?

Im Axialverdichter wird die Luft – wie auch im Radialverdichter – durch diffusorförmige Strömungskanäle komprimiert. Die hierfür erforderliche Strömungsenergie wird dabei jedoch nicht durch Fliehkräfte, sondern durch die aerodynamische Wirkung der Verdichterschaufeln hervorgerufen. Die Verdichterschaufel weist, wie *Bild 9.4.19* zeigt, eine Querschnittsform auf, die der einer Tragfläche sehr stark ähnelt.

Bei der Bewegung auf der Kreisbahn wird dieses Schaufelprofil unter einem Anstellwinkel von der Luft angeströmt, so dass genau wie beim Tragflügel eine Auftriebskraft entsteht. Während der Auftrieb beim Tragflügel das Bestreben hat, das Tragwerk und damit auch das Flugzeug zu heben, ist bei der Verdichterschaufel eine Bewegung in diesem Sinne nicht möglich. Durch das Drehmoment der Turbine wird die Luft vielmehr in die entgegengesetzte Richtung gezwungen. Deshalb kann hier nicht die Schaufel der erzeugten Auftriebskraft nachgeben, sondern die Luft muss sich durch die Wirkung dieses Unterdruckes zum Profil hin bewegen. Der Verdichterschaufelraum nimmt dadurch die Luft auf seiner Kreisbahn mit und beschleunigt sie auf seine Umfangsgeschwindigkeit u.

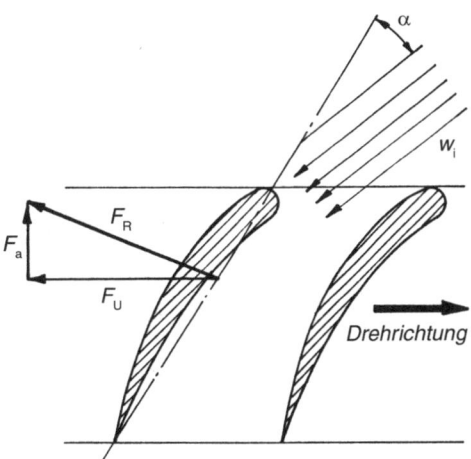

Bild 9.4.19
Angeströmte Unterschall-Laufschaufel
W_1 effektive Anströmung
α Anstellwinkel
F_R erzeugte Luftkraft (Auftriebskraft)
F_u Umfangskomponente der erzeugten Luftkraft
F_a Axialkomponente der erzeugten Luftkraft

Das weitere Arbeitsprinzip entspricht ziemlich genau dem des Radialverdichters. Die erzeugte Geschwindigkeitsenergie wird durch Diffusorwirkung in Druck umgewandelt. Dies geschieht auch hier in zwei Stufen: zum einen in den diffusorartigen Schaufelräumen des Rotors und zum anderen in dem diffusorartigen Schaufelgitter des Stators. Eine Axialverdichterstufe besteht also aus einer Laufschaufelreihe, dem Rotor, und einer nachgeordneten Leitschaufelreihe, dem Stator.

Während in Bild 9.4.19 die Verdichterschaufeln mit großem Nasenkreisradius gezeichnet wurden, um die Analogie zum Tragflügel zu betonen, sollen die Darstellungen der Schaufelgitter im Folgenden (s. Bild 9.4.22) mehr der Realität entsprechen. Man erkennt, dass die Profile sehr schlank und mit sehr kleinem Nasenradius ausgeführt sind. Dies ist notwendig, weil in modernen Triebwerken die Verdichterlaufschaufeln (*blades*) teilweise im Überschallbereich arbeiten.

Bevor wir die Strömung in den Schaufelgittern näher untersuchen, müssen wir uns ein wenig mit der Relativität von Geschwindigkeiten beschäftigen. Vorweg sind also ein paar grundsätzliche physikalische Betrachtungen notwendig:

In einem sehr ruhig fahrenden Fahrstuhl zum Beispiel nehmen wir keine Geschwindigkeit wahr, das Innere des Fahrstuhls ist scheinbar in Ruhe. Erst wenn durch ein Fenster die Fahrstuhlschachtwände sichtbar würden, wäre eine Bewegung wahrzunehmen.

Die Geschwindigkeit des Fahrstuhls würde in diesem Moment auf die Wände des Hauses bezogen. Als weiteres Beispiel für die Relativität von Geschwindigkeiten sei die TAS (*true air speed*) eines Flugzeuges genannt. Sie bezieht sich auf die umgebende Luft. Bewegt sich aber die Luft zum Beispiel in einem Jetstream mit 100 kts, so ist die Geschwindigkeit des Flugzeuges bezogen auf die Erdoberfläche eine ganz andere. Sie ist also einmal relativ zur umgebenden Atmosphäre gemessen und im anderen Fall relativ zur Erdoberfläche. Geschwindigkeiten sind genau genommen immer relativ.

An einem weiteren Beispiel wollen wir diesen Sachverhalt genauer untersuchen:

Gasturbinentriebwerke neigen im Saugbetrieb zu instabilen Strömungsverhältnissen im Triebwerkseinlauf bei starkem Seitenwind (vgl. Abschnitt 9.4.3).

So gibt z.B. Rolls-Royce für das Trent-500-Triebwerk für eine N_1-Drehzahl von 82% einen maximalen Seitenwind von 30 kts aus einem Winkel von 30° an. Eine Möglichkeit, diese Strömungsablösungen im Einlauf beim Start zu vermeiden, liegt darin, das Flugzeug mit vermindertem Schub und damit verminderter Drehzahl der Rotoren anrollen zu lassen, bis der Seitenwind durch die Fahrtwindkomponente in einem so spitzen Winkel auf den Triebwerkseinlauf trifft, dass ein Abriss nicht mehr stattfinden kann (*Bild 9.4.20*).

Der Seitenwind und auch der Fahrtwind (= Rollgeschwindigkeit mit 180° gedrehter Richtung) sind mit einer Messvorrichtung auf dem Boden messbar. Man bezeichnet diese Geschwindigkeiten deshalb als **absolut**. Die Anströmung des Triebwerks dagegen ist nicht durch eine Messeinrichtung am Boden messbar, sondern nur durch eine Messeinrichtung am sich bewegenden Triebwerkseinlauf. Diese Geschwindigkeit wird also auf das sich bewegende Flugzeug bezogen und nicht auf den Erdboden, wir nennen sie deshalb **relativ**. Die Darstellung der Geschwindigkeiten und ihrer Richtung durch einen Pfeil nennt man einen **Vektor**. Zur Kennzeichnung von Vektoren werden die Bezeichnungen mit einem hochgestellten Strich oder kleinen Pfeil versehen.

Bild 9.4.20
Die effektive Anströmung eines rollenden
Flugzeuges

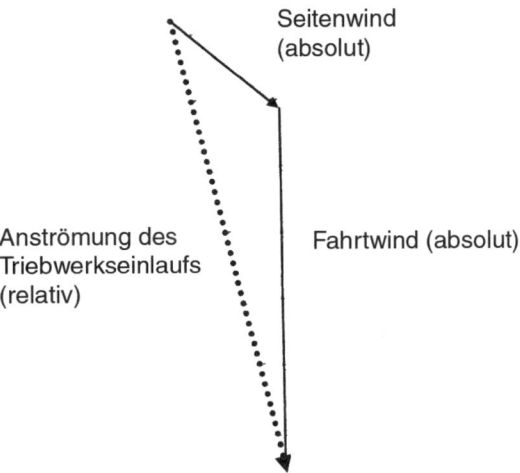

Weil die Betrachtung von Geschwindigkeiten für unsere Erläuterung so wichtig ist, sei noch ein zweites Beispiel für die Autofans angefügt:

Während wir unser Cabriolet mit geöffnetem Verdeck geparkt haben, beginnt es zu regnen. Die Regentropfen fallen an einem windstillen Tag senkrecht von oben in unser schönes Auto. Der Prospekt unseres Autos verspricht, dass bei einer Geschwindigkeit von c = 100 km/h die Regentropfen nicht mehr in das geöffnete Auto gelangen können. Wie ist das möglich?

Die Regentropfen fallen mit der Geschwindigkeit u. Die Geschwindigkeit und Richtung der Tropfen können wir durch den Vektor $\vec{u}$ ausdrücken. Das Auto bewegt sich mit der Geschwindigkeit und Richtung, die durch den Vektor $\vec{c}$ dargestellt werden. Beim Auftreffen der Tropfen auf das Auto werden diese beiden Geschwindigkeiten überlagert. Welche Richtung und Geschwindigkeit die Regentropfen nun bezogen auf das fahrende Auto haben, zeigt *Bild 9.4.21*.

Hätte uns der Regen während der Fahrt überrascht, so hätte er kaum Schaden anrichten können, solange die Verkehrsverhältnisse eine flotte Fahrt mit ca. 100 km/h

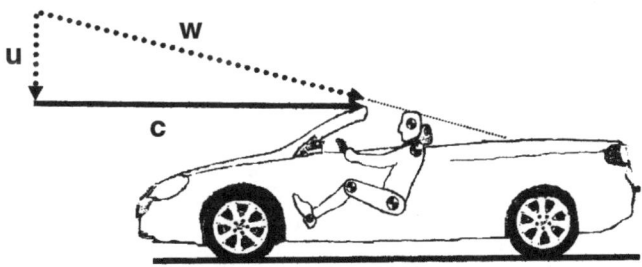

Bild 9.4.21 Regentropfen treffen auf ein fahrendes Auto
u Vektor der fallenden Regentropfen (Richtung und Geschwindigkeit) = Absolutgeschwindigkeit
c Vektor des Fahrtwindes = Absolutgeschwindigkeit
w Vektor der effektiven Flugbahn der Regentropfen = Relativgeschwindigkeit

erlaubt und keine Wirbel hinter der Windschutzscheibe den Weg der Tropfen nach unten abgefälscht hätten. In dieser kleinen Untersuchung wollen wir die Geschwindigkeiten $\vec{u}$ und $\vec{c}$ wieder als absolut bezeichnen. Sie sind wie die Rollgeschwindigkeit und der Seitenwind unseres Flugzeuges auf die Erdoberfläche bezogen, und die gilt für uns Erdbewohner als festes Bezugssystem. Die Geschwindigkeit $\vec{w}$ dagegen ist nicht auf die feste Erdoberfläche bezogen, sondern auf das fahrende Auto, und deshalb nennen wir sie – genau wie die Anströmung unseres rollenden Flugzeuges – relativ. Wir unterscheiden also in unserem Vektordreieck vor der Windschutzscheibe zwischen den beiden Absolutgeschwindigkeiten u und c und einer Relativgeschwindigkeit w, die nur für das fahrende Auto und seine Insassen gilt.

Genug der Vorklärungen: Wir wenden nun diese Erkenntnis über Geschwindigkeitsdreiecke aus Vektoren auf das Schaufelgitter eines Verdichters (*Bild 9.4.22*) an:

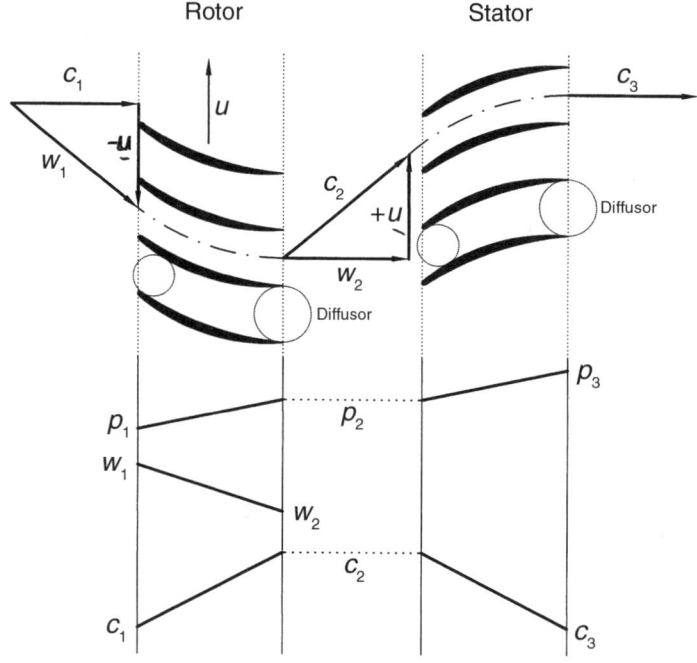

Bild 9.4.22   Parameterverlauf in der Verdichterstufe
c_1 absolute Anströmung
u Umfangsgeschwindigkeit
w_1 relative Anströmung der Laufschaufeln
w_2 relative Abströmung aus den Laufschaufeln
c_2 absolute Abströmung aus den Laufschaufeln
c_3 absolute Abströmung aus den Leitschaufeln = absolute Zuströmung zur nächsten Verdichterstufe
p_1 statischer Druck vor dem Rotor
p_2 statischer Druck hinter dem Rotor
p_3 statischer Druck hinter dem Stator
Es gilt: $w_2 < w_1$; $c_2 > c_1$; $c_3 < c_2$; $\pi_{St} = p_3 / p_1$

Wenn die Luft in den sich bewegenden Schaufelraum des Verdichters eintritt, überlagert sich ihre absolute Zuströmgeschwindigkeit $\vec{c}$ mit der absoluten Umfangsgeschwindigkeit $\vec{u}$. Im Eintrittsdreieck kann man die Relativgeschwindigkeit $\vec{w}$ ermitteln. An diesem Eintrittsdreieck fällt auf (wie auch schon an unseren einleitenden Beispielen mit dem anrollenden Flugzeug und dem Cabriolet), dass die Umfangsgeschwindigkeit $\vec{u}$ in entgegengesetzter Richtung als $-\vec{u}$ gezeichnet wird (beim Flugzeug und beim Auto hatten wir statt der Roll-/Fahrgeschwindigkeit die Geschwindigkeit des Fahrtwindes benutzt). Dies ist für das Flugzeug, das Auto und die Rotorschaufeln folgendermaßen zu erklären: Die Strömung an der Rotorschaufel ist relativ, d.h., es ist gleichbedeutend, ob sich die Rotorschaufeln durch die Luft bewegen, oder ob die Luft aus entgegengesetzter Richtung auf die Schaufeln trifft. Uns interessiert hier aber nicht die Bewegung der Schaufeln, sondern die Bewegung der Luft an den Schaufeln, und die bewegt sich scheinbar entgegengesetzt zur Bewegung der Schaufeln (vgl. den Fahrtwind, der auf das Auto wirkt). Diese um 180° gegen die Schaufelbewegung geänderte Richtung der scheinbar strömenden Luft wird durch das Minuszeichen ausgedrückt. Im Geschwindigkeitsdreieck addieren sich die Vektoren $\vec{c}$ und $-\vec{u}$ zur Resultierenden: $\vec{w} = \vec{c} + (-\vec{u})$.

Die Relativgeschwindigkeit $\vec{w}_1$ ist die am Schaufelprofil aerodynamisch wirksame Anströmung. Bei älteren Verdichterkonstruktionen (Entwicklung vor ca. 1970) war ihre Größe auf eine unterkritische Machzahl (vgl. Kapitel 8) begrenzt, um schockwellenbedingte Ablösungen und Wellenwiderstände zu vermeiden. Durch die Verwendung spezieller Schaufelprofile und angepasster Schaufelgittergeometrien werden bei modernen Triebwerken das Druckverhältnis und der Durchsatz mit Hilfe transsonischer Strömungsgeschwindigkeiten gesteigert. *Bild 9.4.23* zeigt eine transsonische Verdichterbeschaufelung.

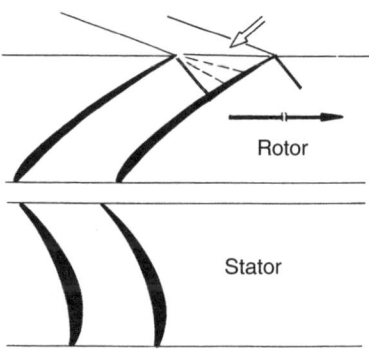

Bild 9.4.23 Transsonische Verdichterstufe
Modernste mit Rechnern entwickelte Profile weisen auf der Saugseite im vorderen Bereich eine sehr schwache Wölbung auf. Hierdurch werden mehrere schwache Verdichtungsstöße erzeugt, die zusammen mit dem an der spitzen Eintrittskante gebildeten schrägen Verdichtungsstoß die Überschallströmung mit geringen Verlusten verzögern und in Druck umsetzen. Der abschließende gerade Verdichtungsstoß soll möglichst weit vorn an der gegenüberliegenden Schaufel auftreffen. Um dies zu erreichen, wurde die Schaufelteilung, d.h. der Abstand der Schaufeln voneinander, gegenüber dem Unterschallverdichter stark verkleinert. Im hinteren Teil des Laufschaufelraumes findet ein Druckaufbau in Unterschallströmung statt. Leiträder, die bei Überschallströmung einen befriedigenden Wirkungsgrad liefern, konnten noch nicht entwickelt werden.

Von der MTU ausgeführte Transsonik-Verdichter weisen z.B. im Niederdruckbereich Blattspitzenmachzahlen von 1,45 bis 1,65 sowie im Mittel- und Hochdruckverdichter Machzahlen um 1,1 bis 1,2 auf.

Warum verzichtet man in den Hochdruckstufen auf die Möglichkeit der Drucksteigerung durch höhere Machzahlen? Die Umfangsgeschwindigkeit für Machzahlen um 1,5 liegt hier aufgrund der höheren Temperatur nach der Beziehung $a = 20{,}1 \sqrt{T}$ in einem viel höheren Bereich als im kälteren Niederdruckverdichter, so dass die Fliehkräfte, die ja mit dem Quadrat der Geschwindigkeit steigen, kaum noch beherrschbar wären. Hinzu kommt ein Festigkeitsabfall der verwendeten Materialien aufgrund der hier herrschenden höheren Temperaturen (bis ca. 500 °C und höher). Aus diesem Grund können die Schaufeln der Hochdruckstufen auch nicht mehr aus einer Titanlegierung gefertigt werden, sondern müssen aus legiertem, warmfestem Stahl oder meistens sogar aus Nickelbasis-Legierungen (Superlegierungen) hergestellt werden.

Durch die Ausführung der Rotorschaufelräume als Diffusoren wird – genau wie bei den Radialverdichtern – ein Teil der durch die Rotorbewegung zugeführten Bewegungsenergie bereits im Rotor in Druck umgewandelt. Der Anteil der Druckerhöhung im Rotor liegt bei etwa 50% des Stufendruckverhältnisses. Durch diese Maßnahme sinkt die Relativgeschwindigkeit auf den kleineren Wert $\vec{w}_2$ in der Rotoraustrittsebene ab ($\vec{w}_2 < \vec{w}_1$).

Beim Übergang der Luft aus dem bewegten, relativen System «Schaufelraum» in das feststehende absolute System «Leitschaufelraum» muss die Umfangsgeschwindigkeit $\vec{u}$ vektoriell zu der Relativgeschwindigkeit $\vec{w}_2$ addiert werden. Dies geschieht im Austrittsdreieck: $\vec{w}_2 + \vec{u} = \vec{c}_2$. Die Resultierende $\vec{c}_2$ ist trotz der Abnahme von $\vec{w}$ noch größer als die Zuströmgeschwindigkeit $\vec{c}_1$ ($\vec{c}_2 > \vec{c}_1$). Dies ist notwendig, weil die Diffusoren, die durch die Leitschaufeln gebildet werden, einen Überschuss an Geschwindigkeitsenergie in Druck umwandeln sollen.

Für den Stator brauchen wir – wegen der fehlenden Eigenbewegung – kein Ein- und Austrittsdreieck zu zeichnen. Hier wird lediglich $\vec{c}_2$ zu $\vec{c}_3$ durch Diffusorwirkung verlangsamt und dadurch statischer Druck aufgebaut. Außerdem wird die Luft leicht umgelenkt. Die Abströmgeschwindigkeit $\vec{c}_3$ entspricht in Richtung und Größe der Zuströmgeschwindigkeit $\vec{c}_1$. Hierdurch können alle Stufen des Verdichters geometrisch ähnlich ausgeführt werden.

> Zusammenfassend ist festzustellen, dass auch bei Axialverdichtern die Druckzunahme durch Diffusoren erzielt wird, die von dem Schaufelgitter des Rotors und Stators gebildet werden. Die hierfür erforderliche Bewegungsenergie wird der Luft beim Axialverdichter durch ihre Mitnahme auf der Kreisbahn der Rotorschaufelräume zugeführt. Ermöglicht wird die Beschleunigung durch die Auftriebskräfte der unter einem Anstellwinkel a angeströmten Verdichterschaufeln (*Bild 9.4.24*).

Durch eine Zerlegung der Reaktionskraft zu dieser Auftriebskraft in eine Umfangs- und eine Axialkomponente wird auch die Kraft deutlich, die die axiale Förderung der Luft durch die Stufen des Verdichters bewirkt.

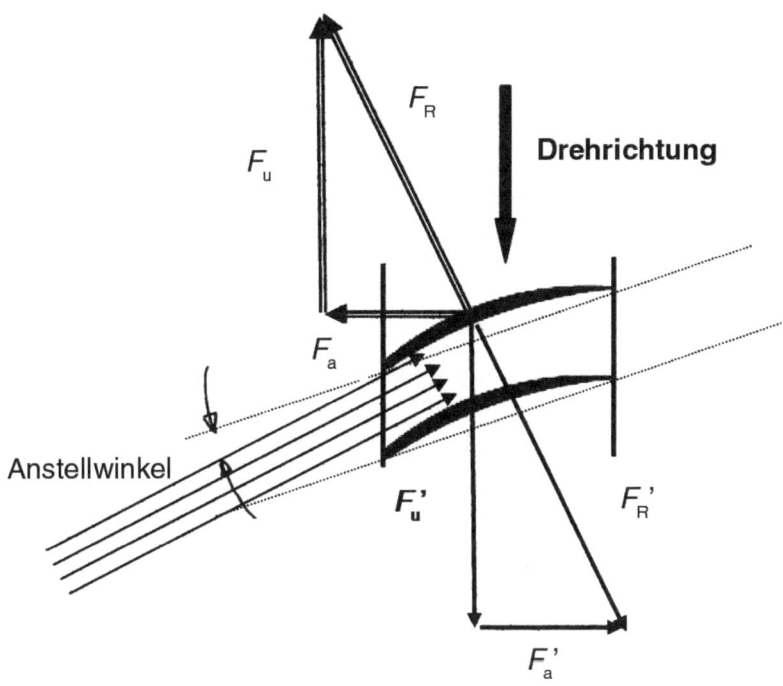

Bild 9.4.24 Die Luftkräfte im Schaufelraum
Hauptsächlich als Folge eines Unterdruckes auf der konvexen Seite der Schaufel wirkt die Kraft $F_R{}^`$ auf die durchströmende Luft. Während ihre Umfangskomponente $F_u{}^`$ für die Beschleunigung der Luft auf der Kreisbahn der Schaufelräume sorgt, bewirkt die axiale Komponente $F_a{}^`$ den Weitertransport der verdichteten Luft von Stufe zu Stufe.

9.4.5 Antriebsleistung des Verdichters

Aus den Geschwindigkeitsdreiecken in Bild 9.4.22 wird deutlich, dass die Wirkung der Rotorstufe in der Zunahme der Absolutgeschwindigkeit ($\vec{c}_2 > \vec{c}_1$) als Folge der Umlenkung der Luft in die Drehrichtung des Rotors besteht. Die hierfür erforderliche Leistung lässt sich annähernd bestimmen, wenn man das Ein- und Austrittsdreieck einer Verdichterstufe (*Bild 9.4.25*) zusammenzeichnet.

Zerlegt man die Absolutgeschwindigkeiten $\vec{c}_1$ und $\vec{c}_2$ jeweils in die axiale und die Umfangskomponente, so wird deutlich, dass vor allem die Umfangskomponente c_{2u} wesentlich größer ist als c_{1u}.

Um die durchgesetzte Luftmasse $\dot{m}_L$ um die Differenz $c_{2u} - c_{1u}$ zu beschleunigen, ist nach dem dynamischen Grundgesetz folgende Kraft notwendig:

$$F_u = \dot{m}_L \cdot (c_{2u} - c_{1u}) \quad \frac{\text{kg}}{\text{s}} \cdot \frac{\text{m}}{\text{s}} = \text{N}$$

oder

$$F_u = \dot{m}_L \cdot \Delta c_u$$

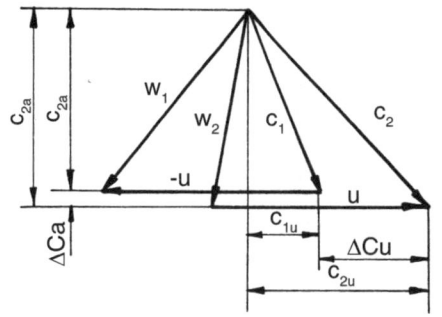

Bild 9.4.25
Ein- und Austrittsdreieck einer Axialverdichter-Rotorstufe
Δc_u ist der Geschwindigkeitszuwachs in Umfangsrichtung, der der Luft beim Durchströmen des Laufschaufelraumes zugeführt wird. Δc_a ist die Geschwindigkeitszunahme in axialer Richtung.

F_u Umfangskraft in N (Tangentialkraft)
$\dot{m}_L$ Luftdurchsatz in kg/s
Dc_u Geschwindigkeitsdifferenz in Umfangsrichtung in m/s

Die hier betrachtete Kraft F_u ist identisch mit der Kraftkomponente F_u' in Bild 9.4.24. Die Zunahme der Geschwindigkeit in axialer Richtung, die in Bild 9.4.25 durch die Strecke Δc_a gekennzeichnet ist, wurde durch die axiale Kraftkomponente F_a' hervorgerufen: $F_a' = \dot{m}_L \cdot \Delta c_a$.

Die Reaktionskraft F_a ist ein Teil der vom Triebwerk erzeugten Schubkraft, der über das Festlager des Rotorsystems und das Triebwerksgehäuse an die Flugzeugzelle weitergeleitet wird. Da die Leistung gleich dem Produkt aus Kraft und Geschwindigkeit ist, gilt für die Antriebsleistung einer Verdichterstufe:

$$P_{St} = F_u' \cdot u = \dot{m}_L \cdot \Delta c_u \cdot u$$

Für die Ermittlung der Antriebsleistung des gesamten Verdichters reicht dieser Ansatz aber noch nicht aus. Die erforderliche Berechnungsformel können wir hier nicht ableiten, sie soll aber dennoch vorgestellt, interpretiert und angewendet werden. Sie lautet:

$$P_v = \frac{\dot{m}_L}{\eta_v} \cdot \frac{\kappa}{\kappa - 1} \cdot R \cdot T_E \cdot \left(\pi^{(\kappa-1)/\kappa} - 1\right)$$

P_v benötigte Antriebsleistung des Verdichters in W
$\dot{m}_L$ Luftdurchsatz in kg/s
η_v Gesamtwirkungsgrad des Verdichters (Radialverdichter: 0,78...0,83; Axialverdichter: 0,84...0,88)
κ Adiabatenexponent (für Luft gilt: $\kappa = 1,4$)
R Gaskonstante (für Luft gilt: $R = 287$ J/kg K)
T_E Lufteintrittstemperatur in Kelvin
π Verdichterdruckverhältnis

Beispiel 1
Das erste flugfähige Strahltriebwerk der Welt, das Heinkel He S 3B, hatte ein Druckverhältnis $p = 2,8$ bei einem Luftdurchsatz $\dot{m}_L = 12$ kg/s. Den Verdichterwirkungsgrad

Bild 9.4.26
Hochbypass-Triebwerk General Electric CF6-50C2
Die Triebwerksfamilie CF6 von General Electric deckt den Schubbereich von 178...262 kN ab. Die Version -50C2 treibt den Airbus A 310 und A 300-600 sowie die Boeing B 747-400 mit 262 kN Schub an. Von der MTU werden die Scheiben, die Lauf- und die Leitschaufeln der Hochdruckturbine für dieses Triebwerk gefertigt.
Aufbau: Verdichter 1+4+14; Brennkammer: Ringbrennkammer; Turbine 2+5; die ersten sechs Leitschaufelkränze sind verstellbar.

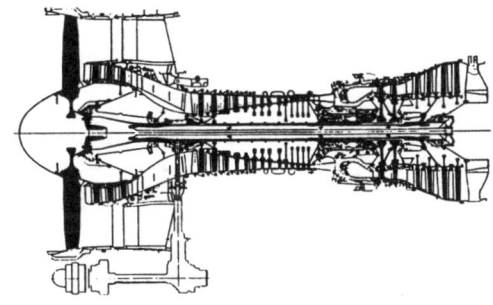

wollen wir mit $\eta_v = 0{,}7$ annehmen. Welche Verdichterantriebsleistung müsste die Turbine bei einer Luftansaugtemperatur von $v = 15\,°C$ aufbringen?

$$P_v = \frac{12\,\mathrm{kg}}{0{,}7\,\mathrm{s}} \cdot \frac{1{,}4}{1{,}4-1} \cdot 287\,\frac{\mathrm{Nm}}{\mathrm{kg\,K}} \cdot 288\,\mathrm{K} \cdot \left(2{,}8^{(1{,}4-1)/1{,}4} - 1\right) = 1696\,\mathrm{kW}$$

Beispiel 2

Das Triebwerk General Electric CF 6-50C2 *(Bild 9.4.26)* hat bei einem Nebenstromverhältnis von 5,2 einen Durchsatz von $\dot m_L = 796\,\mathrm{kg/s}$. Das Verdichterdruckverhältnis beträgt $\pi = 30{,}4$. Den Verdichterwirkungsgrad können wir mit 0,88 annehmen. Welche Verdichterantriebsleistung muss bei einer Lufteintrittstemperatur von $v_1 = 15\,°C$ und welche bei $v_2 = -55\,°C$ (Reiseflughöhe) vorgesehen werden? Der Luftdurchsatz durch den Verdichter beträgt $\dot m_L = 796\,\mathrm{kg/s} : 6{,}2 = 128{,}4\,\mathrm{kg/s}$.

$$P_{v+15°C} = \frac{128{,}4\,\mathrm{kg}}{0{,}88\,\mathrm{s}} \cdot \frac{1{,}4}{1{,}4-1} \cdot 287\,\frac{\mathrm{Nm}}{\mathrm{kg\,K}} \cdot 288\,\mathrm{K} \cdot \left(30{,}4^{(1{,}4-1)/1{,}4} - 1\right) = 69756\,\mathrm{kW}$$

Dies ist nur die Leistung für den Antrieb des Verdichters. Die Antriebsleistung für den Fan kommt noch dazu! Wie verändert sich nun die Verdichteraufnahmeleistung bei einer Abnahme der Lufteintrittstemperatur auf z.B. $-55\,°C$?

$$P_{v-55°C} = \frac{128{,}4\,\mathrm{kg}}{0{,}88\,\mathrm{s}} \cdot \frac{1{,}4}{1{,}4-1} \cdot 287\,\frac{\mathrm{Nm}}{\mathrm{kg\,K}} \cdot 218\,\mathrm{K} \cdot \left(30{,}4^{(1{,}4-1)/1{,}4} - 1\right) = 52804\,\mathrm{kW}$$

Man erkennt, dass der Verdichter bei tieferen Temperaturen eine geringere Antriebsleistung erfordert.

9.4.6 Wirkungsgradverbesserungen von Gasturbinen

Bild 9.4.27 gibt den Wirkungsgrad für Gasturbinentriebwerke in Abhängigkeit vom Verdichterdruckverhältnis für verschiedene Turbineneintrittstemperaturen wieder.

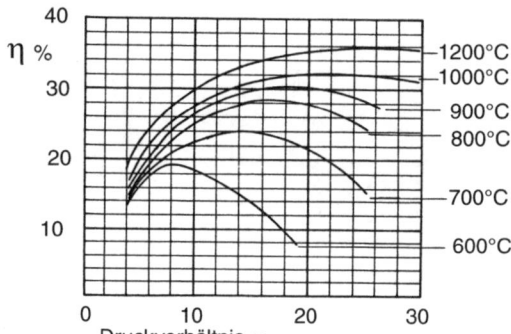

Bild 9.4.27
Gasturbinenwirkungsgrade in Abhängigkeit vom Druckverhältnis und von der Turbineneintrittstemperatur. Angenommene Teilwirkungsgrade: Verdichter: 0,85; Brennkammer: 0,97; Turbine: 0,87; mechanischer Wirkungsgrad: 0,99

Man erkennt, dass mit steigendem Verdichterdruckverhältnis eine Steigerung des Wirkungsgrades möglich ist. Sie wird umso größer, je höher die Turbineneintrittstemperatur ist.

Neben einer Verbesserung des Vortriebswirkungsgrades waren es in der Entwicklung des Gasturbinentriebwerks hauptsächlich diese beiden Kenngrößen, Verdichterdruckverhältnis sowie Turbineneintrittstemperatur, die zur Leistungssteigerung und zur Verminderung des Kraftstoffverbrauchs führten. Wir wollen uns zunächst der Erhöhung des Verdichterdruckverhältnisses und den damit verbundenen Schwierigkeiten zuwenden.

Verdichterinstabilitäten

Als in den 50er Jahren die ersten zivilen Strahltriebwerke für transatlantische Reichweiten entwickelt wurden, konnten Stufendruckverhältnisse von $\pi = 1{,}173$ verwirklicht werden (PW Jt3). Gleichzeitig waren Turbineneintrittstemperaturen von ca. 900 °C beherrschbar. Um ein günstiges Leistungs- und Verbrauchsverhalten zu erreichen, musste ein Verdichterdruckverhältnis von etwa $\pi = 13$ realisiert werden. Dies erforderte 16 Stufen ($1{,}173^{16} = 13$).

Bei mehr als ca. 8 Stufen wird es aber sehr schwierig, die Fördercharakteristik der ersten Stufen auf die der letzten über den gesamten Drehzahlbereich abzustimmen. Es kommt häufig zu einem Strömungsabriss in den ersten Stufen. Die Ursache für diesen Strömungsabriss soll zunächst erläutert werden, und wir bestimmen deshalb zuerst den Luftdurchsatz der ersten und der n-ten Stufe:

$$\dot{m}_{L1} = A_1 \cdot c_{a1} \cdot \rho_1 \quad \frac{m^2 \cdot m \cdot kg}{s \cdot m^3} = \frac{kg}{s}$$

$\dot{m}_L$ Massendurchsatz in kg/s
A_1 Strömungsquerschnitt der 1. Stufe in m²
c_{a1} axiale Zuströmgeschwindigkeit (Absolutgeschwindigkeit) der 1. Stufe in m/s
ρ_1 Luftdichte in der 1. Stufe in kg/m³

Entsprechend gilt für die n-te Stufe:

$$\dot{m}_L = A_n \cdot c_{an} \cdot \rho_n \text{ kg/s}$$

Wenn keine Luftentnahmen (Zapfluft) stattfinden, muss durch die n-te Stufe dieselbe Luftmasse strömen wie durch die 1. Stufe. Es gilt also: $\dot{m}_{L1} = \dot{m}_{Ln}$ und damit auch:

$$A_1 \cdot c_{a1} \cdot \rho_1 = A_n \cdot c_{An} \cdot \rho_n \quad \text{oder} \quad \frac{A_1}{A_n} = \frac{c_{an} \cdot \rho_n}{c_{a1} \cdot \rho_1}$$

Das Verhältnis der Strömungsquerschnitte von erster und n-ter Stufe ist eine konstruktiv festgelegte und im Betrieb nicht veränderbare Größe, die wir fortan mit K bezeichnen wollen (K = A_1 / A_n). Dann gilt:

$$K = \frac{c_{an} \cdot \rho_n}{c_{a1} \cdot \rho_1}$$

Vereinfachend wollen wir annehmen, dass sich die Dichte annähernd wie der Druck verhält, also $q_n / q_1 \approx p_n / p_1$. Das Verhältnis p_n / p_1 ist das uns schon bekannte Druckverhältnis π, so dass wir nun schreiben können:

$$K = \frac{c_{an} \cdot \rho_n}{c_{a1} \cdot \rho_1} = \frac{c_{an}}{c_{a1}} \cdot \pi$$

Wird diese Gleichung umgestellt, so erhalten wir:

$$\frac{c_{an}}{c_{a1}} = \frac{K}{\pi}$$

Die Bedeutung dieser Gleichung wollen wir näher untersuchen, denn sie ermöglicht uns ein besseres Verständnis des Betriebsverhaltens von Axialverdichtern. Wir analysieren zunächst nur die rechte Seite der Gleichung. Der Wert K / π ist nur durch den Wert π veränderbar, denn K ist das konstruktiv festgelegte Verhältnis der Strömungsquerschnitte der ersten Niederdruckstufe und der letzten Hochdruckstufe. Das Druckverhältnis p ändert sich mit der Drehzahl des Verdichters zwischen Leerlauf (*idle*) und Startdrehzahl (*take off*).

Im Leerlauf ist der Enddruck des Verdichters am geringsten, bei Startdrehzahl am höchsten. Diese Veränderung des Verdichteraustrittsdruckes und damit das Druckverhältnis π fallen aber umso größer aus, je höher der Auslegungsenddruck des Verdichters ist. Das Jumo 004 mit einem maximalen Druckverhältnis $\pi = 3,2$ konnte den Druck nicht so stark mit der Drehzahl variieren wie ein GE-CF6 oder PW 4000 mit einem Druckverhältnis $\pi = 28 - 35$.

Wir halten fest: Verdichter mit hohem Druckverhältnis weisen eine starke Veränderung des Wertes K / π mit der Drehzahl auf. Dies hat zur Folge, dass sich auch der

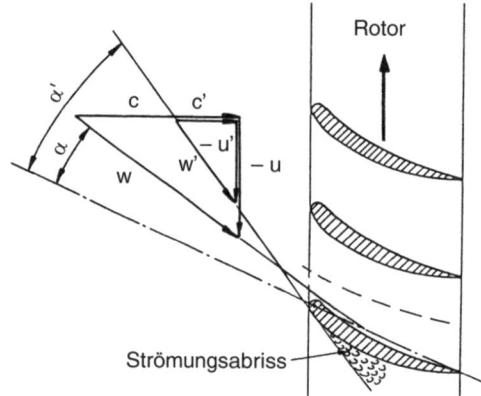

Bild 9.4.28
Strömungsabriss an der Verdichterschaufel als Folge einer zu kleinen axialen Durchströmgeschwindigkeit

Wert c_{an}/c_{a1} bei großen Verdichterdruckverhältnissen ebenso stark ändern muss, damit die Gleichung erfüllt wird. In der Praxis bleibt die axiale Durchströmgeschwindigkeit in den Hochdruckstufen – also c_{an} – etwa konstant. Dies liegt daran, dass für die Durchströmgeschwindigkeit der Volumenstrom maßgebend ist. Nimmt nun der Massenstrom und gleichzeitig der Verdichterenddruck ab, so kann in den Hochdruckstufen der Volumenstrom konstant bleiben, weil der verminderte Massendurchsatz bei gleichzeitig vermindertem Druck einen größeren Raumbedarf hat. In den Niederdruckstufen dagegen vermindert sich der Druck nur unwesentlich, deshalb sinkt hier bei vermindertem Massenstrom auch der Volumenstrom und damit die axiale Durchströmgeschwindigkeit c_{a1}.

Warum kann nun aber die verminderte Durchströmgeschwindigkeit in den Verdichterstufen zu einer instabilen Arbeit, d.h. zum Strömungsabriss (*stall*) führen? In Bild *9.4.28* wird deutlich:

 Bei einer Abnahme der Durchströmgeschwindigkeit wird der wirksame Anstellwinkel der Verdichterschaufel größer. Ein zu großer Anstellwinkel hat schließlich ein Abreißen der Strömung zur Folge.

Bei Schaufelgittern, die für Unterschallgeschwindigkeit ausgelegt sind, beträgt der Winkelbereich, in dem sich die effektive Anströmung ohne Strömungsablösung verändern kann, etwa 15° (im Überschallbereich beträgt diese Toleranz nur 2° bis 3°!).

Die rotierende Ablösung (rotating stall)
Wird eine Rotorstufe mit einem Anstellwinkel angeströmt, der kurz vor dem Abreißpunkt liegt, so genügt eine geringfügige Störung der Strömung irgendwo auf dem Umfang, um an dieser Stelle einen Strömungsabriss zu provozieren. Durch die hiermit hervorgerufene Verstopfung des Schaufelgitters muss die nachströmende Luft in Drehrichtung und entgegengesetzt ausweichen. Hierdurch wird in Drehrichtung der Anströmwinkel kleiner, so dass hier die Strömung wieder anliegen kann. Im Bereich vor

Bild 9.4.29
Rotierender Strömungsabriss (rotating stall)
1 Verstopfung des Strömungskanals als Folge eines Strömungsabrisses (stall); 2 Zone verringerter Zuströmgeschwindigkeit; 3 Ausweichen der Strömung entgegengesetzt zur Drehrichtung verursacht zu großen Anstellwinkel und damit Strömungsabriss; 4 Ausweichende Strömung in Richtung der Schaufelbewegung hat eine Verkleinerung der Anstellwinkel und damit ein Wiederanlegen der Strömung zur Folge; 5 Bewegungsrichtung des gestörten Strömungsbereichs (v = 50...80% der Umfangsgeschwindigkeit) entgegen der Drehrichtung

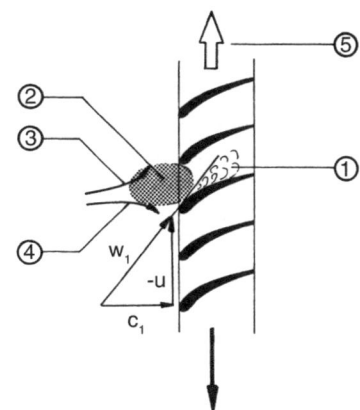

der Störung jedoch wird der Anströmwinkel größer. Die Abreißzone hat deshalb das Bestreben, sich entgegengesetzt zur Drehrichtung zu bewegen. Diese Ausbreitungsgeschwindigkeit ist meistens kleiner als die Umfangsgeschwindigkeit, so dass sich die Störung mit etwa 20...50% der Umfangsgeschwindigkeit in Drehrichtung des Verdichters bewegt. Diese Erscheinung wird als rotierende Ablösung (rotating stall) bezeichnet (*Bild 9.4.29*).

Solange nur einzelne Stufen hiervon partiell betroffen sind, arbeitet der Axialverdichter weiterhin stabil und ohne Schädigung. Allenfalls treten leichte Vibrationen und ein kleiner Leistungsabfall auf. Werden jedoch die Schaufeln bei diesem Vorgang durch die auftretenden periodischen Belastungsschwankungen zu Schwingungen angeregt, so können Schaufelbrüche als Folge derartiger Instabilitäten auftreten.

Die Verdichterkennlinien (compressor map)
Um das Verhalten von Kompressoren bei unterschiedlichen Betriebszuständen zu untersuchen, werden diese, von starken Motoren angetrieben, auf dem Prüfstand (*Bild 9.4.30*) bei unterschiedlichen Drehzahlen und Luftdurchsätzen gefahren. Der Luftdurchsatz, und damit auch der Enddruck, kann dabei durch ein Drosselventil eingestellt werden.

Bild 9.4.30
Verdichterprüfstand; schematische Darstellung

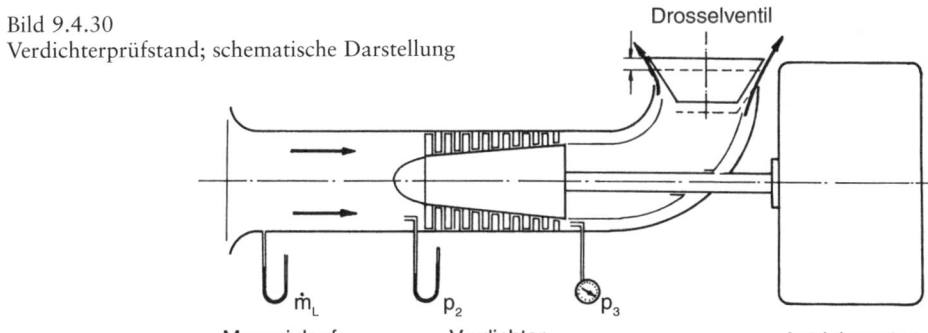

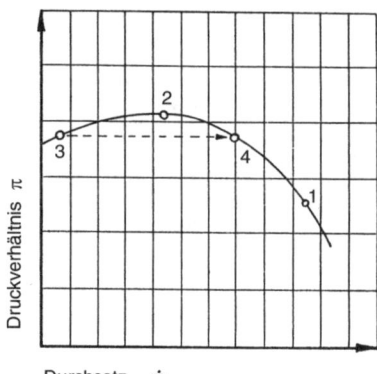

Bild 9.4.31
Kennlinie eines Verdichters für eine konstante Drehzahl

Wird bei konstanter Drehzahl n das Drosselventil langsam geschlossen, so nimmt der Luftdurchsatz $\dot{m}_L$ ab. Gleichzeitig steigt das Druckverhältnis π von Punkt 1 aus an. Durch die Abnahme des Durchsatzes sinkt die Axialgeschwindigkeit, was wiederum eine Vergrößerung des Anstellwinkels der Verdichterschaufel zur Folge hat. Diese Vergrößerung ist bis zum Punkt 2 in *Bild 9.4.31* möglich, bei weiterer Drosselung reißt die Strömung ab. Dadurch fällt der Druck in der Verdichterstufe auf den Punkt 3. Es kommt zu einer Rückströmung der Luft aus den nachgeordneten Verdichterstufen, da hier noch ein höherer Druck vorhanden ist. Dadurch sinkt aber nun auch in diesem Bereich der Druck ab, der Gegendruck wird also kleiner, die axiale Durchströmgeschwindigkeit steigt wieder, und die Verdichterstufe kann dadurch ihre Arbeit im Punkt 4 wieder aufnehmen. Dieser Vorgang wiederholt sich nun periodisch so lange, wie der Gegendruck für die Verdichterstufe auf der Höhe bleibt, die diesen Vorgang auslöste. Diese Instabilität wird als **Pumpen** (*surge*) bezeichnet. Die Frequenz dieser zyklischen Störung liegt im Bereich von 5 bis 30 Hertz.

Der Betriebszustand Pumpen ist an einem sehr unruhigen Lauf zu erkennen. Durch Resonanzschwingungen der Schaufeln kann es sogar zu einer Zerstörung des Verdichters kommen.

Den Punkt 2 auf der Verdichterkennlinie bezeichnet man als **Pumpgrenze**. Diese Pumpgrenze wird auf dem Prüfstand für alle Drehzahlen des Betriebsbereiches ermittelt und im Verdichterkennfeld (*Bild 9.4.32*) als verbindende Linie dargestellt.

Ein stabiler Betrieb ist nur rechts von dieser Linie möglich. Um bei einer nicht vermeidbaren, vorübergehenden Steigerung des Gegendruckes, wie sie z.B. beim Beschleunigen des Triebwerks auftritt, den Verdichter nicht gleich zum Pumpen zu bringen, legt man das Zusammenwirken von Verdichter und Turbine so aus, dass der Verdichter auf einer Arbeitslinie betrieben wird, die im sicheren Abstand zur **Pumpgrenze** verläuft (*safety margin*). Der Punkt A ist der Auslegungspunkt (*design point*) des Triebwerks. Alle Querschnitte und sonstigen Geometrien des Motors (Schaufelwinkel) werden so ausgelegt, dass sie für diese Drehzahl optimal sind. Die Festlegung, wo dieser Punkt liegt, hängt hauptsächlich davon ab, ob es sich um ein Triebwerk handelt, das häufig im Volllastbereich arbeiten muss, (Kurzstreckentriebwerke) oder ob es vorwiegend für den Langstreckeneinsatz (niedrigerer Lastbereich im Reiseflug) vorgesehen ist.

Bild 9.4.32
Verdichterkennfeld (*compressor map*); vereinfachte Darstellung

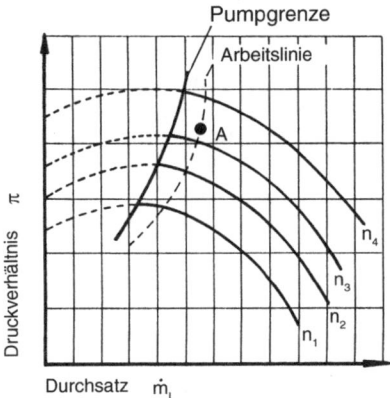

Maßnahmen gegen Verdichterinstabilitäten
Gegen das Verdichterpumpen sowie den rotierenden Strömungsabriss werden mehrere Maßnahmen einzeln oder kombiniert angewendet:

- Abblasventile (*variable bleed valves*, VBV),
- verstellbare Leitschaufeln (*variable stator vanes*, VSV),
- das Zweiwellen- oder Dreiwellenkonzept.

Abblasventile (surge bleed valves)
Um die zum Strömungsabriss führenden Verstopfungen hinter den Niederdruckstufen des Kompressors zu vermeiden, werden bei vielen Verdichtern Abblasventile vorgesehen. Diese Vorrichtungen werden in der Verdichterstufe angeordnet, in der der Strömungsabriss zuerst auftreten würde. Meistens befinden sie sich zwischen dem Niederdruck- und dem Hochdruckverdichter im Fangehäuse (*fan frame*). Im unteren Drehzahlbereich sind die Ventile geöffnet und bewirken durch die Ausblasung von Verdichterluft in den Fankanal eine Erhöhung der axialen Durchströmgeschwindigkeit im Verdichter. Hierdurch wird der wirksame Anstellwinkel der Schaufeln verkleinert, die Strömung liegt an. Da bei kleinerem Anstellwinkel die erzeugte Auftriebskraft kleiner ist, werden auch das Stufendruckverhältnis und der Durchsatz verringert und damit diese Stufe entlastet. Bei dieser Maßnahme muss allerdings ein Leistungsverlust in Kauf genommen werden (ca. 10%), denn für die Verdichtung der abgeblasenen Luft wurde ja schon Leistung aufgewendet, und außerdem wird der Luftdurchsatz kleiner. Bei den meisten Triebwerken modulieren diese Ventile, das heißt, sie schließen mit der Drehzahl kontinuierlich (*variable bleed valves*, VBV), wenn der Motor auf ca. 85% N_2-Drehzahl beschleunigt. Einige Triebwerke haben so genannte **Transient Bleed Valves** im Hochdruckverdichter eingebaut. Sie haben die Aufgabe, durch Abblasen von Luft während des Triebwerksstarts und der Beschleunigung eine schnellere Drehzahlsteigerung zu ermöglichen, ohne dass das Triebwerk in die Nähe der Pumpgrenze gerät (Vergrößerung des Sicherheitsabstandes, *safety margin*).

Verstellbare Leitschaufeln (variable stator vanes)
Eine weitere sehr effektive, aber auch teure Möglichkeit, zu große effektive Anstellwinkel an den Rotorschaufeln zu verhindern, besteht darin, Statorschaufeln im Gehäuse drehbar zu lagern (*Bild 9.4.33*). Hierdurch wird es möglich, die Anströmrichtung der Relativgeschwindigkeit $\vec{w}_1$ jeweils so einzustellen, dass der sich ergebende effektive Anstellwinkel optimal ist und kein Strömungsabriss stattfinden kann. Hierdurch

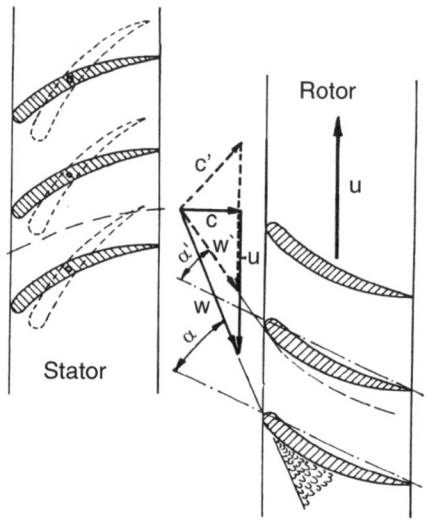

Bild 9.4.33
Verstellbare Leitschaufeln
Durch die Verstellung der Leitschaufeln wird die Strömung in Richtung und Geschwindigkeit so verändert, dass der wirksame Anstellwinkel an der folgenden Rotorstufe verkleinert wird. Hierdurch arbeiten die Rotorschaufeln mit günstigen Auftriebs- und Widerstandsbeiwerten, die Leistungsaufnahme ist kleiner, und die Strömung liegt besser an.

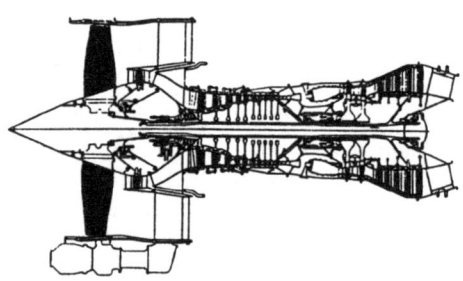

Bild 9.4.34   IAE V 2500 (Mehrwellenbauart, *two spool engine*)
Dem International Aero Engine Konsortium gehören die Firmen Pratt & Whitney, Rolls-Royce, MTU, Fiat Aviazione und mehrere in der JAEC zusammengeschlossene japanische Triebwerkshersteller an. Der Motor V 2500 wird zum Antrieb der Airbusse A 319, A 320 und A 321 verwendet. Die europäische V-2500-Endmontagelinie befindet sich in Dahlewitz bei Berlin.
Triebwerksdaten: Schub 111 kN (im Reiseflug: 21,6 kN); Durchsatz: 355 kg/s; Nebenstromverhältnis: 5,72; Druckverhältnis: 30,3 (im Reiseflug bei Mach 0,8: 35,1); Turbineneintrittstemperatur: 1700 K
Fan-Durchmesser: 1,74 m
Aufbau (Die Zeichnung zeigt einen Prototyp vor der Veränderung der Boosterstufe):
Verdichter: 1+3+10; Ringbrennkammer; Turbine: 2+5. Die Leitschaufeln der vorderen 4 Hochdruckstufen sind verstellbar; aktive Spaltkontrolle der Turbine; Einkristallschaufeln; heißisostatisch gepresste Pulvermetall-Turbinenscheiben; FADEC-Steuerung

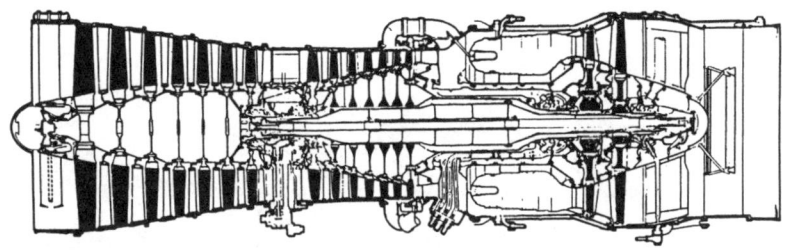

Bild 9.4.35 Rolls-Royce «Olympus 593»
Dieses Triebwerk war lange Zeit das größte im Westen produzierte Core-Triebwerk. Entwickelt von der Bristol Engine Division erreichte es in dem Überschall-Verkehrsflugzeug «Concorde» einen Standschub von 89 kN, mit Nachverbrennung 167 kN bei einem Core-Luftdurchsatz von 140 kg/s! Das Druckverhältnis betrug 15, sein Durchmesser 1,22 m.
Aufbau: Zweiwellentriebwerk, verstellbarer 2D-Einlauf, Nachbrenner mit regelbarer Schubdüse und Schubumkehr; Verdichter: 7+7; Ringbrennkammer: Turbine: 1+1

entstehen – im Gegensatz zum Luftabblasen – keine Verluste. Allerdings ist der konstruktive Aufwand für diese Maßnahme sehr groß. Diese Konstruktion wurde erstmalig von General Electric am Triebwerk J79 (Starfighter, Phantom) als alleinige Maßnahme gegen Verdichterinstabilitäten angewendet.

Bei den neueren Hochbypass-Triebwerken ist die Druckerzeugung stark auf den Hochdruckverdichter verlagert. Bei dem ersten Entwurf des V 2500 (*Bild 9.4.34*) von International Aero Engine wird diese Entwicklung besonders deutlich: Es war hinter dem Fan nur eine weitere Niederdruckverdichterstufe vorgesehen. In der Serienausführung musste allerdings die Stufenzahl des Boosters schließlich auf drei heraufgesetzt werden, um einen zu optimistisch angenommenen Hochdruck-Verdichterwirkungsgrad zu kompensieren. Bei allen modernen Zweiwellentriebwerken werden die verstellbaren Leitschaufeln in den ersten Stufen des Hochdruckverdichters eingesetzt (vgl. auch CFM 56 (Bild 9.4.37), PW 2037, GE CF6, GE 90 u.a.), um Verdichterinstabilitäten entgegenzuwirken.

Die Mehrwellen-Bauart (Two Spool and Three Spool engines)
Als wirksamste Maßnahme gegen Verdichterinstabilitäten hat sich die Zweiwellenbauweise allgemein durchgesetzt. Dieses erstmals von der englischen Firma Bristol-Siddeley für das Überschalltriebwerk «Olympus» (*Bild 9.4.35*) angewendete Prinzip sieht einen Niederdruck- und einen Hochdruckverdichter vor, die von zwei unabhängigen Turbinensystemen über zwei koaxial gelagerte Wellen angetrieben werden (dieser Motor war im Überschallverkehrsflugzeug «Concorde» eingebaut).

Durch dieses Aufteilen des Axialverdichters in zwei unabhängige kleinere Rotorsysteme erreicht man, dass der Hochdruckverdichter außerhalb des Auslegepunktes bevorzugt mit Antriebsenergie von der Hochdruckturbine versorgt wird. Durch ihre Lage unmittelbar hinter der Brennkammer kann die Hochdruckturbine beim Beschleunigen zuerst Nutzen aus dem gesteigerten Wärmeinhalt der Brenngase ziehen; andererseits entzieht sie auch beim Verzögern aufgrund ihrer Lage den Brenngasen noch

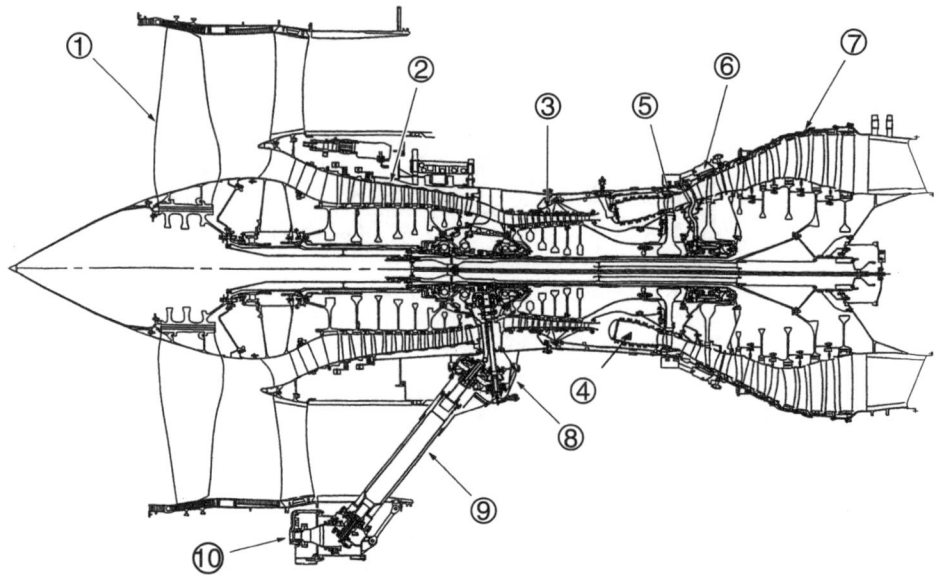

Bild 9.4.36   Rolls-Royce «Trent 500»
Das Trent 500 gehört zur RB-211-Familie der Dreiwellen-Triebwerke von Rolls-Royce. Der Typ 500 treibt z.B. die Airbusse A 340-500/600 an. Außerdem finden andere Versionen dieses Triebwerks Anwendung in der Boeing 747, der B 777, den Airbussen A 330 und 380 u.a.
Schub: 235,8 kN...267 kN
Flat-Rate-Temperatur +15 °C
Bypass-Verhältnis: 7,5 : 1
Druckverhältnis: 38,6
Aufbau: Verdichter: 1+8+6; Ringbrennkammer; Turbine: 1+1+5
Drehzahlen (100%) N_1 = 3900 min^{-1}; N_2 = 9100 min^{-1}; N_3 = 13 300 min^{-1}
Fan-Durchmesser: 2,47 m
Die Bauteilziffern bedeuten:
1 Fan und Niederdruckverdichter (Fan, *low pressure compressor*, LPC)
2 Mitteldruckverdichter (*intermediate compressor*, IPC)
3 Hochdruckverdichter (*high pressure compressor*, HPC)
4 Ringbrennkammer
5 Hochdruck-Turbine (*high pressure turbine*, HPT)
6 Mitteldruck-Turbine (*intermediate pressure turbine*, IPT)
7 Niederdruck-Turbine (*low pressure turbine*, LPT)
8 Transfer Gearbox (*intermediate gearbox*)
9 Antriebswelle für den Geräteträger (*external driveshaft*)
10 Geräteträger (*external gearbox*)

verhältnismäßig viel Energie. In beiden Betriebszuständen, die zu instabilem Verhalten bei Verdichtern mit vielen Stufen führen können, sorgt so die Hochdruckturbine dafür, dass die Drehzahl des Hochdruckverdichters relativ hoch bleibt, er dadurch nicht verstopft und damit die axiale Durchströmgeschwindigkeit nicht zu stark abfällt.

Bei den Triebwerken der 2. Generation, die mit Druckverhältnissen von $\pi \leq 15$ arbeiteten, reichte die alleinige Anwendung von Verstellschaufeln in den ersten 6 Verdichterstufen (GE J 79) oder eine Kombination von Zweiwellenkonzept und Abblasung (PW Jt3, Jt8, RR «Conway») aus, um Kompressorinstabilitäten zu vermeiden. Durch das

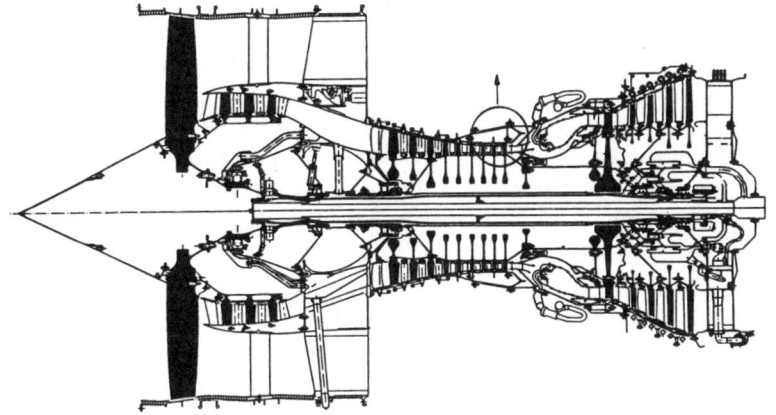

Bild 9.4.37 CFM International CFM 56-3
Dieses Triebwerk stellt eine Gemeinschaftsproduktion der Firmen General Electric und SNECMA dar und findet in der abgebildeten Version Verwendung in der Boeing B 737-300 und in anderen Versionen in den neueren B-737-Derivaten sowie im Airbus A 320 und A 340-200.
Triebwerksdaten: Schub 89,4 kN; Durchsatz 297 kg/s; Druckverhältnis 22,6; Druckverhältnis des Fan 1,59; Nebenstromverhältnis 5; Fan-Durchmesser 1524 mm; Ausströmgeschwindigkeit der Fanluft 280 m/s; Ausströmgeschwindigkeit des Heißgasstrahls 420 m/s; Turbineneintrittstemperatur 1538 K (1265 °C); schubspezifischer Verbrauch (*thrust specific fuel consumption*, TSFC) standard static 100%: 39,25 kg/kNh, standard static 60%: 38,74 kg/kNh; bei Mach 0,72 in einer Höhe von 10 980 m: 63,2 kg/kNh; Masse 1942 kg
Aufbau: Verdichter: 1+3+9; Ringbrennkammer; Turbine: 1+4; Hochdruckverdichter mit verstellbaren Eintrittsleitschaufeln und verstellbaren Leitschaufeln in der 1. – 3. Stufe. Hochdruckturbine und Leitschaufeln der 1. Stufe Niederdruckturbine gekühlt. Aktive Spaltkontrolle der Hoch- und Niederdruckturbine

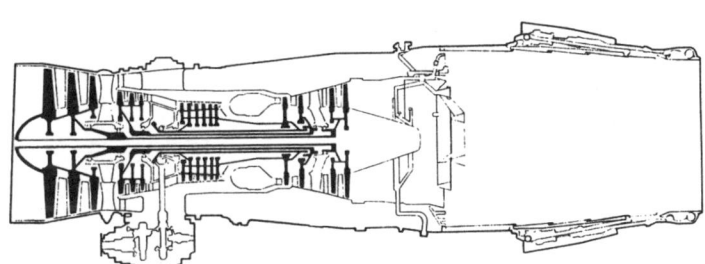

Bild 9.4.38 Dreiwellen-Zweistromtriebwerk RB 199 34R
Dieses Triebwerk ist eine Gemeinschaftsentwicklung und -produktion der Firmen Rolls-Royce, Fiat Aviazione und der MTU. Zwei RB 199 treiben das Kampfflugzeug «Tornado» an.
Triebwerksdaten: Schub mit Nachverbrennung: 71 kN; Schub ohne Nachverbrennung: 40 kN; Luftdurchsatz: 70 kg/s; Nebenstromverhältnis: 1; Druckverhältnis: 23; Turbineneintrittstemperatur: 1600 K (1327 °C); Nachbrennertemperatur: 2000 K (1727 °C); Länge: 3,23 m; Durchmesser: 0,87 m; Masse mit Schubumkehrer: 1084 kg
Aufbau: Verdichter 3+3+6 (keine verstellbaren Leitschaufeln); Ringbrennkammer mit Verdampfungsbrennern; Turbine: 1+1+2; Hoch- und Mitteldruckturbine gekühlt, Niederdruckturbine ungekühlt; Nachbrenner mit ungemischter, stufenlos regelbarer Verbrennung. Konvergente, stufenlos verstellbare Kurzklappendüse mit integriertem Schubumkehrer

nochmalige Anwachsen der Druckverhältnisse auf Werte bis zu $\pi = 35$ bei den Triebwerken der 3. Generation (RR RB 211, Turbo Union RB 199, PW Jt9, GE CF6 u.a.) wurde eine Kombination aller drei Maßnahmen notwendig, um Instabilitäten zu beherrschen. Die technisch aufwendigste Entwicklung betrieb dabei Rolls-Royce mit der Konstruktion der Dreiwellentriebwerke RB 211 / Trent (*Bild 9.4.36*) und RB 199 (*Bild 9.4.38*).

Durch die Anwendung der Dreiwellenbauart konnte bei diesen Triebwerken auf empfindliche Verstellschaufeln (FOD-Schäden, Vibrationen) zunächst verzichtet werden (RB 211 und 199). Beim RR Trent wurden aber verstellbare Leitschaufeln im Mitteldruckverdichter wieder notwendig.

Aktive Spaltkontrolle des Verdichters (Active Clearance Control, ACC)
Mit dem in der Entwicklung des Gasturbinentriebwerks feststellbaren zunehmenden Stufendruckverhältnis im Verdichter musste der Frage der Abdichtung zwischen Schaufelköpfen und Gehäuse zunehmende Aufmerksamkeit geschenkt werden, um hier zu starke Verluste durch eine Umströmung zu vermeiden. Elastische Verformungen von Rotor und Gehäuse durch die Wirkung von Fliehkräften und dem Innendruck sowie ungleichmäßige Erwärmung und der damit verbundenen Thermodehnung bei wechselnden Drehzahlen lassen es nicht zu, diese Spalte bei der Montage auf ein sehr kleines

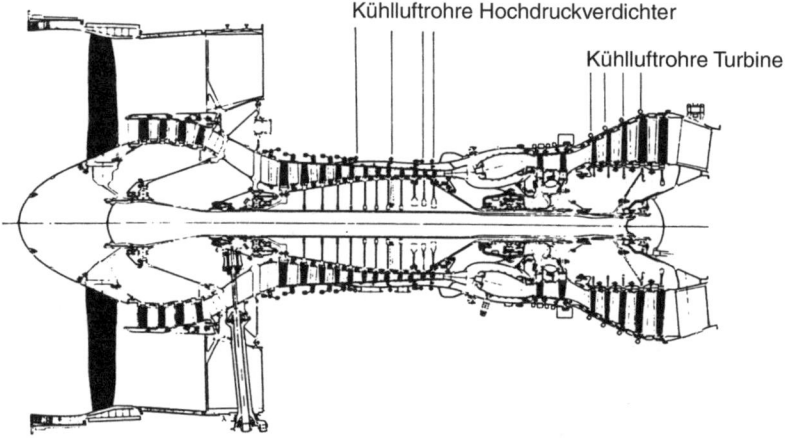

Bild 9.4.39   Aktive Spaltkontrolle beim Hochbypasstriebwerk Pratt& Whitney PW 2037
Das Triebwerk wurde gemeinsam von den Firmen United Technologies, Fiat Aviazione und der MTU entwickelt und wird von diesen Firmen im Verbund gebaut. MTU entwickelte und fertigt die gesamte Niederdruckturbine und das Turbinenaustrittsgehäuse. Es kommen modernste Technologien zum Einsatz, wie z.B. transsonische Profile für die Hochdruckverdichter-Laufschaufeln, aktive Spaltkontrolle in den Turbinen und im Hochdruckverdichter, Hochdruckverdichter- und Turbinenscheiben aus Pulvermetall im isostatischen Heißpressverfahren (HIP) hergestellt, monokristalline Hochdruckturbinen-Laufschaufeln (*single cristal*, SC), Brennkammer mit reduzierter Schadstoffemission, digitale Regelung (FADEC).
Triebwerksdaten: Standschub: 167 kN; Luftdurchsatz: 541 kg/s; Druckverhältnis: 30; Nebenstromverhältnis: 5,8; Turbineneintrittstemperatur: 1669 K (1396 °C); Fan-Durchmesser 1,994 m; schubspezifischer Kraftstoffverbrauch (tsfc) bei Mach 0,8 in 10 660 m Höhe: 57,42 kg/kNh; Masse: 3028 kg
Aufbau: Verdichter: 1+4+12; Ringbrennkammer; Turbine: 2+5; die ersten 5 Stufen des Hochdruckverdichters haben verstellbare Leitschaufeln

Maß einzustellen, ohne im Betrieb ein Anlaufen der Schaufelköpfe zu riskieren. Während für die Abdichtung der Leitschaufelköpfe gegen den Rotor Labyrinthdichtungen ihre Aufgabe erfüllen, wird bei modernen Triebwerken im Hochdruckverdichter der Spalt zwischen Laufschaufelkopf und Gehäuse aktiv kontrolliert.

Während das Spiel der Verdichterlaufschaufeln zum Gehäuse häufig durch Einleitung von wärmerer Luft in die Verdichtertrommel und die damit verbundene thermische Ausdehnung dieses Bauteils erreicht wird, besteht die übliche Beeinflussung des Schaufelspiels im Turbinenbereich darin, das Turbinengehäuse durch Aufblasen von Kühlluft (Zapfluft) schrumpfen zu lassen (vgl. Spaltkontrolle der Turbinenschaufeln).

Bei dem Triebwerk Pratt & Whitney PW 2037 (*Bild 9.4.39*) wird auch für den Hochdruck-Verdichterrotor dieses Verfahren angewendet. Das Gehäuse der hinteren Stufen des 12-stufigen Hochdruckverdichters wird hierzu von außen mit Kühlluft beaufschlagt, um die Wärmedehnung dieses Bauteils so zu steuern, dass unabhängig vom augenblicklichen Betriebszustand des Motors der Kopfspalt der Laufschaufeln einen optimalen Wert behält. Der Kühlluftstrom jeder aktiven Spaltbeeinflussung wird vom digitalen Kraftstoffregler geregelt.

✎ Übung

1. Wie unterscheiden sich Radial- und Axialverdichter in ihrer Wirkungsweise?
2. Nennen Sie die Vor- und Nachteile von Radialverdichtern.
3. Aus welchen Gründen werden Radialverdichter als Hochdruckstufe in modernen Triebwerken kleiner und mittlerer Leistung verwendet?
4. Beschreiben Sie die Wirkungsweise einer Axialverdichterstufe.
5. Wie errechnet sich aus dem Stufendruckverhältnis das Gesamtdruckverhältnis eines Axialverdichters?
6. Welches sind die wichtigsten Größen für die Berechnung der Verdichterantriebsleistung?
7. Was können die Ursachen für einen Strömungsabriss (*stall*) an Verdichterschaufeln sein?
8. Was versteht man unter dem Pumpen (*surge*) eines Verdichters?
9. Welche Maßnahmen gegen das Verdichterpumpen werden angewendet, und wie wirken sie?
10. Beschreiben Sie die Verfahren der Spaltkontrolle des Verdichters.

9.4.7 Brennkammer

An die Brennkammer eines Gasturbinentriebwerks werden folgende Anforderungen gestellt:

- stabiler, schwingungsfreier Verbrennungsprozess in allen Betriebssituationen am Boden und in der Luft;
- Verdünnung der Brenngase auf eine Temperatur, die nicht zur Überhitzung der 1. Turbinenstufe führt; dabei möglichst gleichmäßige Temperatur- und Druckverteilung im Abströmquerschnitt (radial und auf dem Umfang);

❑ hoher Ausbrenngrad, d.h. möglichst vollständige Nutzung der im Kraftstoff enthaltenen Energie;
❑ möglichst Gleichdruckverbrennung, d.h. geringe Verluste am Gesamtdruck durch Reibung und Turbulenzen;
❑ einfache Wartung und Reparatur;
❑ kleine Abmessungen und geringe Massen;
❑ ausreichende Lebensdauer.

Luftführung und Verbrennungsprozess
Die Luftführung und der Verbrennungsprozess in der Brennkammer sollen zunächst an einer Einzelbrennkammer (*multiple combustion chamber*, Bild 9.4.40) veranschaulicht werden.

Aus dem Verdichter strömt die Luft mit einer Geschwindigkeit von ca. 150 m/s zur Brennkammer. Eine stabile Verbrennung mit dieser Geschwindigkeit ist nicht möglich, da die **Flammfrontgeschwindigkeit** bei turbulenter Verbrennung eines Kerosin-Luft-Gemisches zwischen 25 und 30 m/s beträgt. Bei höherer Durchströmgeschwindigkeit durch die Brennkammer würde die Flamme durch die schneller strömende Luft aus der Brennkammer hinausgetragen werden (*Bild 9.4.41*). Aus diesem Grund wird die verdichtete Luft nach dem Austritt aus dem Verdichter durch einen Diffusor zunächst auf Werte um 70 m/s abgebremst. Dadurch steigt der Verdichteraustrittsdruck noch-

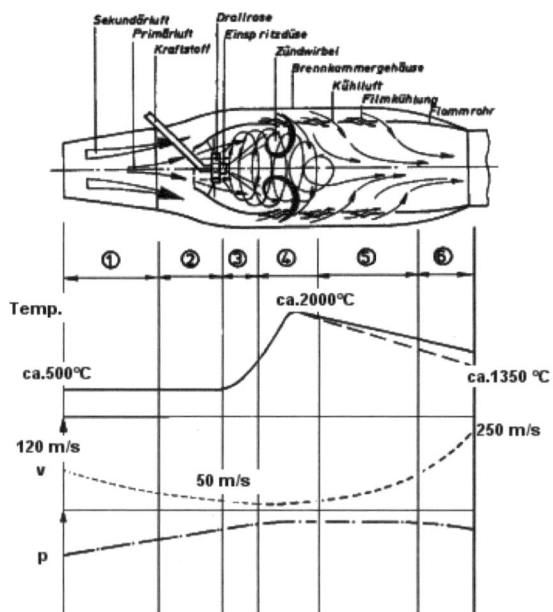

Bild 9.4.40
Einzelbrennkammer mit Strömungs- und Parameterverlauf
Zonen der Brennkammer:
1 Diffusorkanal zwischen Verdichteraustritt und Brennkammer
2 diffusorförmiger Brennkammereintritt – Aufteilung des Core-Luftdurchsatzes in Primär- und Sekundärluft
3 Misch- und Vergasungszone
4 Brennzone
5 Verdünnungszone
6 Glättung der Strömung am Brennkammeraustritt durch Beschleunigung

Bild 9.4.41
Die Flammfrontgeschwindigkeit von Kraftstoff-Luft-Gemischen, dargestellt in Abhängigkeit von der Luftzahl
1 Reichverlöschgrenze
2 Bereich der stabilen Verbrennung
3 Armverlöschgrenze

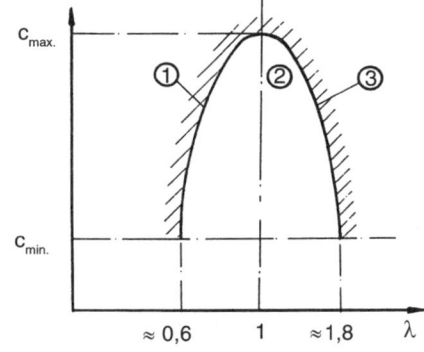

mals leicht an. Die weitere Abbremsung auf die erforderlichen 25 bis 30 m/s erfolgt im Brennkammereintritt, der ebenfalls diffusorförmig gestaltet ist. Im vorderen Bereich der Brennkammer erfolgt außerdem die Aufteilung des Luftstromes in zwei Teilströme. Während 25 bis 30% der Luft als so genannte **Primärluft** in das Flammrohr geleitet werden, um dort mit dem Kraftstoff vermischt die Verbrennung zu ermöglichen, werden die verbleibenden 70 bis 75% als **Sekundärluft** zunächst um das Flammrohr herumgeleitet.

Neben der Durchströmgeschwindigkeit ist für die **Stabilisierung** der Verbrennung u.a. auch das Massenverhältnis des Kraftstoff-Luft-Gemisches von entscheidender Bedeutung. Wie später noch näher erläutert wird, sind zur optimalen Verbrennung von 1 kg Kerosin ca. 15 kg Luft erforderlich. Weist das tatsächlich in der Brennkammer vorhandene Gemisch Luftüberschuss oder Luftmangel auf, so verändert sich seine Flammfrontgeschwindigkeit wie in *Bild 9.4.41* dargestellt.

Da weder das chemisch korrekte Mischungsverhältnis noch andere die Flammfrontgeschwindigkeit ebenfalls beeinflussende Parameter unter allen Betriebsbedingungen einzuhalten sind, muss die Flamme zusätzlich durch Turbulenzen und Rückströmungen in der Brennzone stabilisiert werden.

Dies geschieht dadurch, dass die Primärluft durch Drallbleche (*swirl plate*) in eine Rotation versetzt wird. Durch die hierbei auftretenden Fliehkräfte hat die Primärluft das Bestreben, an die Wandung des Flammrohres zu driften. Hierdurch wird im Flammrohrzentrum ein Unterdruckbereich gebildet, der eine Rückströmung von heißen Brenngasen zur Folge hat. Unterstützt wird diese Unterdruckbildung auch durch die Umströmung der als Widerstandskörper wirkenden Bauteile im Brennkammereintritt, die eine Strömungsablösung zur Folge haben und damit eine Unterdruckbildung auf ihrer Rückseite begünstigen (Flammenhalterwirkung). Diese Rückströmung wird bei den meisten Konstruktionen auch noch durch Sekundärluft unterstützt, die im Bereich der Verbrennungszone durch Bohrungen in das Flammrohr einströmt. Außerdem hat dieser Sekundärluftanteil die Aufgabe, die Flammfackel von der Flammrohrwand fernzuhalten und im Zentrum der Brennzone zu konzentrieren.

Die Einspritzung des Kraftstoffes in die Primärluft geschieht entweder durch Zweikanalbrenner (Duplexbrenner) oder Fuel-Airspray-Düsen ebenfalls mit einem Drall (vgl. «Brennstoffförderung»). Dieser kann der Drehrichtung der Luft entgegengesetzt oder auch gleichgerichtet sein. Durch die Verwendung von Zweikanalbrennern wird sichergestellt, dass auch bei kleinen Drehzahlen durch einen Kanal mit kleinerem Querschnitt eine einwandfreie Zerstäubung des Kraftstoffes stattfindet. Bei höheren Drehzahlen – und damit höherem Kraftstoffdruck – werden die Einspritzdüsen mit größerem Querschnitt zugeschaltet. Die Fuel-Airspray-Düse dagegen erzielt mit einer Simplexdüse ein bei allen Drehzahlen gutes Sprühbild, da hier hauptsächlich die in einen Drall versetzte Luft und nicht der Einspritzdruck den Brennstoff zerstäubt.

Um einen hohen Ausbrenngrad zu erreichen, ist eine genügend lange Verweilzeit des Kraftstoff-Luft-Gemisches in der Brennzone erforderlich. Diese beträgt etwa 0,004 bis 0,008 Sekunden! Neben der Herabsetzung der Durchströmgeschwindigkeit und der Erzeugung von Rückströmungen trägt auch das «Aufwickeln» der Flammfackel durch die Bildung des Dralls dazu bei, diese Zeit zu erreichen.

Während das Kraftstoff-Luft-Gemisch durch den vorderen Bereich der Brennkammer strömt, müssen die Kraftstoffteilchen des Sprühnebels möglichst vollständig vergast, mit Verbrennungsluft vermischt und auf Entzündungstemperatur gebracht werden, um dann unter Freisetzung von Wärme zu verbrennen. Dabei entstehen in der Brennzone Temperaturen von ca. 2300 K. Die erreichten **Ausbrenngrade**, d.h. der Prozentsatz der im Brennstoff enthaltenen chemischen Energie, der in Wärme umgesetzt wird, liegen bei η_A = 97 bis 99%.

Da die in der Turbine verwendeten Werkstoffe und Kühlverfahren eine Beaufschlagung mit dieser hohen Temperatur nicht zulassen, müssen die Brenngase nach Abschluss der Verbrennung in der Brennkammer mit Kühlluft verdünnt werden, bevor sie durch die Eintrittsleitschaufeln (*inlet guide vanes*, IGV) in die Turbine strömen. Dies geschieht durch Schlitze und Bohrungen im Flammrohr. Durch den hohen Luftüberschuss in der Verdünnungs- und Kühlzone wird die Armverlöschgrenze des Brennstoff-Luft-Gemisches weit überschritten und so eine eventuelle Nachverbrennung von noch nicht restlos verbrannten Kraftstoffteilchen unterbunden.

Die Durchmischung der Brenngase mit kühlerer Sekundärluft muss so vollständig sein, dass keine heißen Gassträhnen übrig bleiben, weil dies zur Zerstörung der Eintrittsleitschaufeln durch Überhitzung führen würde. Die Temperaturunterschiede im ringförmigen Abströmkanal der Brennkammer sollten <30 K bis ca. 50 K sein, damit keine ungleichmäßige Beaufschlagung der Turbine erfolgt.

Neben der Aufgabe der Stabilisierung und Zentrierung der Flamme sowie der Verdünnung der Brenngase erfüllt die Sekundärluft auch noch die wichtige Funktion der **Brennkammerkühlung**. Da die Temperaturen im Flammrohr über dem Schmelzpunkt der verwendeten Materialien liegen, müssen vor allem die Flammrohrwandungen vor einer Berührung mit den Brenngasen geschützt werden. Dies geschieht durch einen Kühlfilm, den die Sekundärluft an der Innenseite der Flammrohrwandung bildet (*Bild 9.4.42*). Zusätzlich führt dieser Luftstrom die durch Strahlung auf die Brennkammer übertragene Wärme ab.

Einen sehr wirksamen Schutz der Brennkammerwandungen gegen Verbrennungen wendet Rolls-Royce bei den Trent-Triebwerken an. Kachelartige, verschraubte Beläge halten hier die Flamme von den Wandungen der Brennkammer (*combustion chamber*) fern (s. Bild 9.4.44).

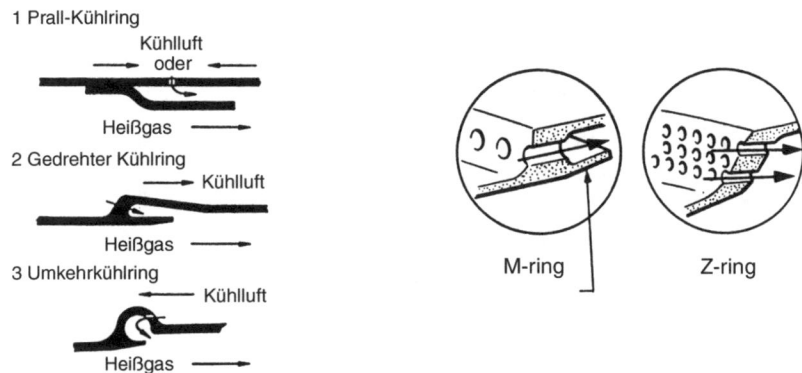

Bild 9.4.42 Kühlringformen
Die gezeigten Kühlringformen wurden von der MTU auf ihre Eignung zur Erzeugung eines Kühlfilms untersucht. Während die Prallkühlung weniger befriedigende Ergebnisse brachte, erwiesen sich die Formen 2 und 3 als sehr effektiv. Form 2 ist wegen der gleichen Strömungsrichtung von Sekundärluft und Kühlfilm nur für Gleichstrombrennkammern, Form 3 dagegen speziell für Umkehrbrennkammern geeignet, in denen die Sekundärluft entgegengesetzt zur Primärluft strömt. Die im Vergrößerungskreis dargestellten Kühlringformen wurden von Rolls-Royce entwickelt.

Andere Firmen wenden ähnliche Verfahren an. Zu erwähnen ist in diesem Zusammenhang noch ein weiterer, sehr wirksamer Schutz gegen eine Überhitzung von Bauteilen im Bereich der heißen Sektion, den die durch Plasmaspray aufgebrachten keramischen Schutzschichten (*thermal barrier coatings*) darstellen. Insbesondere eine Beschichtung aus $ZrO_2Y_2O_3$ auf einer Haftvermittlungsschicht aus Ni 16 Cr 6 Al hat sich als besonders widerstandsfähig gegen thermische Ermüdung bei sehr guten Isolationswerten erwiesen.

Die angegebenen Werte für die Aufteilung des Luftstromes in einen Primär- und einen Sekundärteil sind nur als grobe Richtwerte zu verstehen. Der genaue Anteil

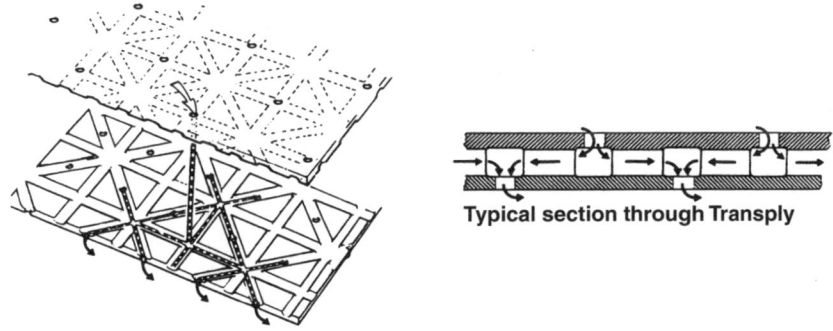

Bild 9.4.43 Transply
Die effektivste Form der Bauteilkühlung stellt die Effusionskühlung dar. Das von Rolls-Royce entwickelte «Transply» besteht aus zwei miteinander verlöteten Blechen, die vor ihrer Verbindung so elektrochemisch behandelt wurden, dass sie durch viele Bohrungen und innere Kanäle von Kühlluft durchströmt und dadurch sehr effektiv gekühlt werden.

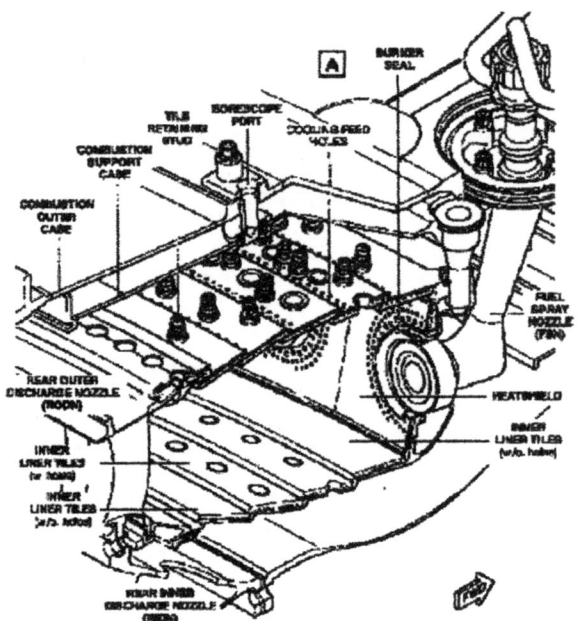

Bild 9.4.44
Keramische Kacheln
Einen sehr wirksamen Schutz vor den Einwirkungen der Flamme auf die Bleche in der Brennkammer stellt die Auskleidung mit Kacheln aus feuerfester Keramik dar, die mit Hilfe kleiner eingearbeiteter Bolzen an der Innenseite der Brennkammer befestigt sind.

der Sekundärluft hängt von der zulässigen Gastemperatur vor der Turbine ab. Mit steigender Turbineneintrittstemperatur muss der Sekundärluftanteil abnehmen, damit diese höheren Temperaturen erreicht werden.

Die Forderung nach einer angenäherten **Gleichdruckverbrennung** ergibt sich aus der Betrachtung des idealen Kreisprozesses für Luftstrahltriebwerke nach JOULE (s. «Vergleich des Kolbenmotors mit der Gasturbine» in Abschnitt 9.2.2). In Bild 9.2.35 würde die Fläche, die durch den Linienzug 0-1-2-3-4-5-0 eingeschlossen ist, kleiner werden, wenn ein Druckabfall zwischen den Punkten 2 und 3 – also während der Verbrennung – stattfände. Im p-V-Diagramm drückt diese Fläche die von der Wärmekraftmaschine geleistete Arbeit aus. Diese Forderung nach Gleichdruckverbrennung, d.h. nach einer druckverlustlosen Durchströmung der Brennkammer, ist nur annähernd zu realisieren, denn sie widerspricht vor allem der Forderung nach einer turbulenten Strömung zur Stabilisierung der Flamme. Auch der Vorgang der Durchmischung der Brenngase mit Sekundärluft ist nicht ohne Druckverlust zu gestalten. Gegenüber dem Dieselmotor sind diese Druckverluste allerdings relativ klein (beim Dieselmotor liegen funktionsbedingt andere Ursachen für Abweichungen von der Gleichdruckverbrennung vor).

Bauformen von Brennkammern
Die allgemeine Betrachtung der Strömungs- und Verbrennungsvorgänge in der Brennkammer wurde am Beispiel der Rohrbrennkammer (*multiple combustion chamber*)

vorgenommen. Dieser Brennkammertyp (*Bild 9.4.45*) fand hauptsächlich in der 1. Generation von Flugzeug-Gasturbinen Anwendung (z.B. Rolls-Royce «Dart»). Ein Grund für die Verwendung ist darin zu sehen, dass diese Brennkammern mit verhältnismäßig geringem Aufwand im Versuch zu entwickeln waren.

Bis heute ist es kaum möglich, die Strömungsvorgänge in Brennkammern vollständig zu berechnen, so dass man auf Versuche angewiesen ist, um Brennkammern zu optimieren. Hierbei ist es vorteilhaft, Brennkammern mit geringeren Abmessungen verändern zu müssen, bis ihr Betriebsverhalten den Ansprüchen genügt. Im Triebwerk werden dann mehrere Einzelbrennkammern – je nach Luftdurchsatz – konzentrisch um die Triebwerksachse herum angeordnet.

Inzwischen ist dieser Brennkammertyp weitgehend von der Ringbrennkammer (*annular combustion chamber, Bild 9.4.46*) verdrängt worden.

Als spezifische Vorteile dieser Bauart sind zu nennen:

❏ verbesserte Ausnutzung des Raumes zwischen dem Verdichter und der Turbine, d.h. Raum- und Gewichtsersparnis;
❏ gleichmäßigere Temperaturverteilung im Ausströmquerschnitt;
❏ guter Druckausgleich auf dem Umfang, keine Durchzündrohre notwendig;
❏ gute Zündbedingungen.

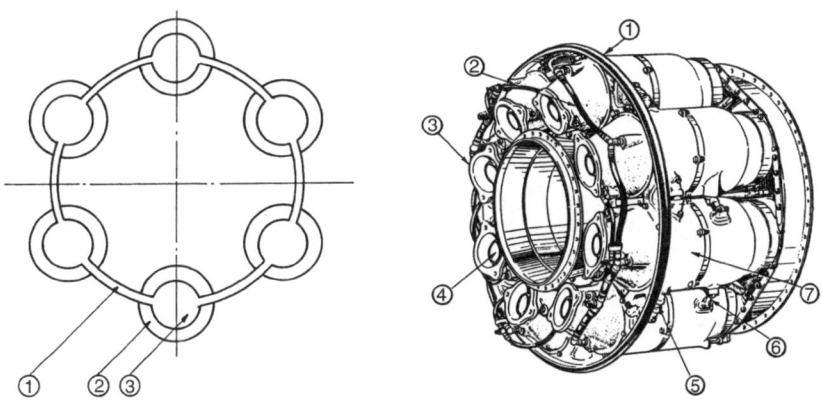

Bild 9.4.45   Rohrbrennkammer (multiple combustion chamber)
Die **linke Zeichnung** zeigt einen schematischen Querschnitt durch eine Rohrbrennkammer (auch Einzelbrennkammer genannt).
1 Durchzündrohre. Diese Verbindungsrohre zwischen den einzelnen Flammrohren der Brennkammern ermöglichen ein Durchschlagen der Flamme beim Anlassen und Wiederanlassen im Flug von den zwei Brennkammern mit Zündkerzen zu den übrigen Brennkammern. Außerdem wird durch diese Rohre ein Druckausgleich bei etwas unterschiedlicher Verbrennung zwischen den Brennkammern ermöglicht.
2 Ringraum für die Sekundärluft in jeder einzelnen Brennkammer; 3 Flammrohr.
Die **rechte Zeichnung** zeigt die Gesamtansicht einer Brennkammersektion mit Rohrbrennkammern.
1 Brandschott; 2 Brennstoffringleitung; 3 Verbindungsflansch zum Verdichteraustritt; 4 Einlass für die Primärluft; 5 Durchzündrohre; 6 Drainrohr; 7 Brennkammergehäuse

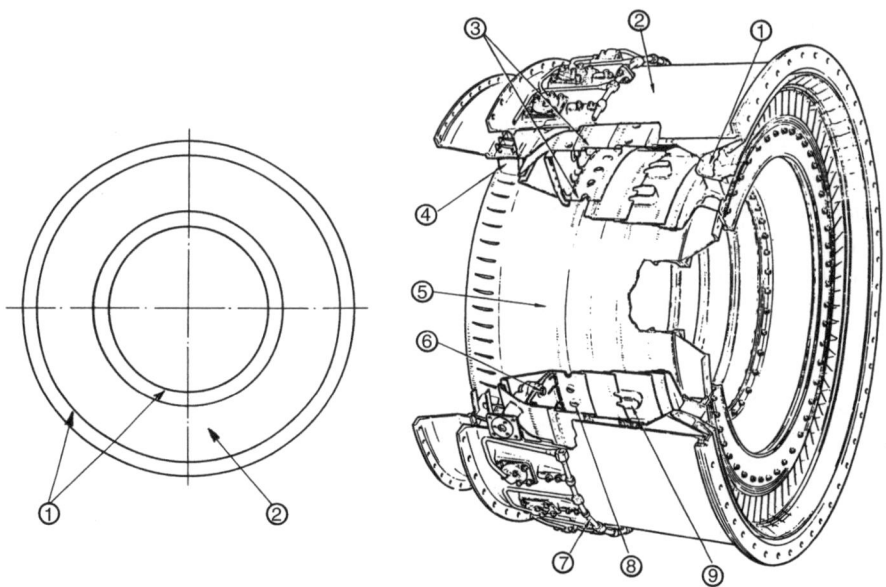

Bild 9.4.46   Ringbrennkammer
Die linke Skizze zeigt einen schematischen Querschnitt durch eine Ringbrennkammer.
1 äußerer und innerer Ringkanal für die Führung der Sekundärluft; 2 ringförmiges Flammrohr
Das rechte Bild zeigt die Gesamtansicht einer Ringbrennkammer.
1 Turbinen-Eintrittsleitschaufeln (*inlet guide vanes*, IGV)
2 Brennkammergehäuse (*combustion case*)
3 Flammrohr (*combustion chamber*)
4 Austrittsleitschaufeln des Hochdruckverdichters (*exit guide vanes*)
5 inneres Brennkammergehäuse (*inner combustion case*)
6 Einspritzdüse (*fuel nozzle*)
7 Brennstoffringleitung
8 Bohrungen für Primärluft
9 Öffnungen für Sekundärluft

Bild 9.4.47 zeigt die Ausführung einer Ringbrennkammer ohne äußeres Gehäuse (*combustion case*) von General Electric.

Den Vorzügen dieser Bauart steht als Nachteil eine ungünstige Wartbarkeit und Reparatur entgegen, d.h., bei lokalen Schäden in der Brennkammer muss das Triebwerk teilzerlegt werden, um die Reparaturen durchführen zu können.

Als Vorstufe der Ringbrennkammer wurde für die 2. Generation der Flugzeug-Gasturbinentriebwerke die kombinierte Rohr-Ringbrennkammer (*turbo-annular combustion chamber*, *Bild 9.4.48*) entwickelt.

Alle drei bislang skizzierten Brennkammerbauformen sind **Gleichstrombrennkammern**. Hauptsächlich für Wellenleistungstriebwerke, bei denen der Durchmesser nicht eine so wichtige Rolle spielt wie bei den Strahltriebwerken, wurde die Gegenstrom- oder **Umkehrbrennkammer** (*Bild 9.4.49*) entwickelt.

Die Vorteile dieser Bauform in Verbindung mit einer radialen Hochdruckstufe des Verdichters wurden bereits im Zusammenhang mit dem Radialverdichter erläutert. Durch

Bild 9.4.47
Ringbrennkammer des GE CF6-80C2
1 Flammrohr (*combustion chamber*)
2 Drallrose (*swirler*)
3 äußeres Brennkammergehäuse (*outer combustion case*)
4 Diffusor

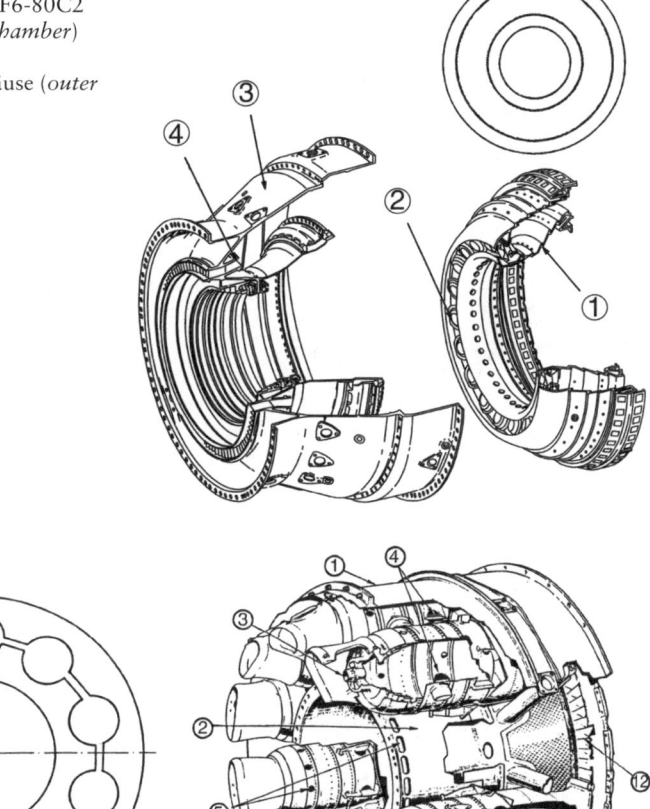

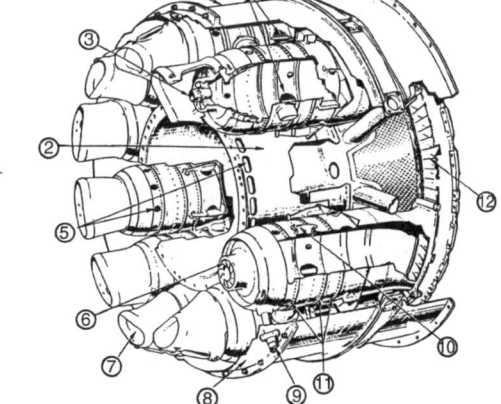

Bild 9.4.48 Rohr-Ringbrennkammer
Linke Skizze: schematischer Schnitt durch eine Rohr-Ringbrennkammer
1 Flammrohr; 2 Durchzündrohre; 3 ringförmiger Sekundärluftkanal
Rechte Zeichnung: Rohr-Ringbrennkammer mit teilweise weggeschnittenem äußeren Gehäuse
1 äußeres Brennkammergehäuse
2 inneres Brennkammergehäuse
3 Einspritzdüsen
4 Öffnungen für Sekundärluft
5 Kühlluftbohrungen
6 Drallrose (*swirl plate*)
7 Einlass für Primärluft
8 Diffusorgehäuse (*diffusor case*)
9 Zündkerze (*igniter*)
10 Durchzündrohre
11 gewellte Zwischenringe
12 Turbinen-Eintrittsleitschaufeln (*nozzle guide vanes*, NGV)

die 360°-Umlenkung des Luftstromes (genau sind es sogar 450°, denn die 90°-Umlenkung nach dem Austritt aus dem Radialverdichter muss ja auch mitgerechnet werden) ergeben sich natürlich größere Druckverluste durch innere Gasreibung. Die Gesamtbilanz dieser Triebwerksauslegung ist aber dennoch so günstig, dass fast alle neueren Entwicklungen kleiner bis mittlerer Leistung diese Konstruktionsmerkmale aufweisen.

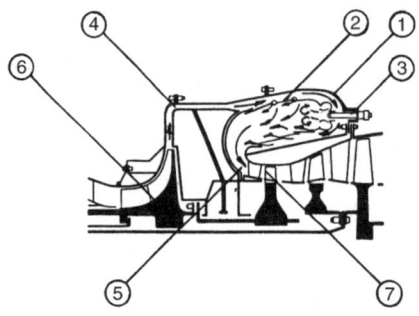

Bild 9.4.49
Umkehrbrennkammer
1 Brennkammergehäuse
2 Flammrohr
3 Brennstoffeinspritzung
4 Zuströmung vom Verdichter
5 Abströmung zur Turbine
6 Hochdruckverdichter (radial)
7 Turbine

Luftüberschusszahl λ

Die korrekte Mischung von Kraftstoff und Luft als Grundvoraussetzung für eine stabile Verbrennung wurde bereits angesprochen. Der minimale Luftbedarf für die Verbrennung von 1 kg Kerosin soll nun ermittelt werden, und wir gehen wie folgt vor.

Das Kraftstoff-Luft-Gemisch enthält folgende Bestandteile:

brennbar: Kohlenstoff (C), Wasserstoff (H), (Schwefel)
nicht brennbar: Stickstoff (N), Wasser (H_2O), Sauerstoff (O)

Für die Verbrennung gilt folgende Reaktionsgleichung:

$$12 \text{ kg C} + 32 \text{ kg O}_2 = 44 \text{ kg CO}_2 + 407\,500 \text{ kJ}$$
$$4 \text{ kg H} + 32 \text{ kg O}_2 = 36 \text{ kg H}_2\text{O} + 481\,500 \text{ kJ}$$

Für 1 kg gilt dann entsprechend:

$$1 \text{ kg C} + 8/3 \text{ kg O}_2 = 11/3 \text{ kg CO}_2 + 34\,000 \text{ kJ}$$
$$1 \text{ kg H} + 8 \text{ kg O}_2 = 9 \text{ kg H}_2\text{O} + 120\,400 \text{ kJ}$$

Wir erkennen aus der Gleichung:

Man braucht 8/3-mal so viel Sauerstoff, um den C-Anteil zu verbrennen, und 8-mal so viel Sauerstoff, um den H_2-Anteil zu verbrennen.

Bei der Verbrennung von 1 kg Kohlenstoff werden 34 000 kJ Wärmeenergie freigesetzt und bei der Verbrennung von 1 kg Wasserstoff sogar 120 400 kJ.

Kerosin ist folgendermaßen zusammengesetzt: C-Gehalt = 85%, H-Gehalt = 15%, so dass in 1 kg Kraftstoff somit C kg Kohlenstoff sowie H kg Wasserstoff enthalten sind und für den Sauerstoffbedarf nunmehr gilt: $O_{min} = 8/3 \, c + 8 \, h$ (in kg/kg). Die minimal notwendige Luftmenge L_{min} ist diejenige Luftmenge in kg, die zur Verbrennung von 1 kg Kraftstoff notwendig ist. Zur Bestimmung der minimalen Luftmenge muss die minimale Sauerstoffmenge durch den Anteil des Sauerstoffes in der Luft dividiert werden, so dass bei einem Massenanteil des Sauerstoffes = 0,232 folgt:

$$L_{min} = O_{min} / 0{,}232 \text{ kg/kg} = (8/3 \text{ C} + 8 \text{ H}) / 0{,}232 \text{ kg/kg}$$
$$L_{min} = (8/3 \cdot 0{,}85 + 8 \cdot 0{,}15) \text{ kg Luft} / 0{,}232 \text{ kg Brennstoff}$$
$$= \mathbf{14{,}9 \text{ kg Luft} / 1 \text{ kg Brennstoff}}$$

Für die Verbrennung von 1 kg Kerosin sind also mindestens 15 kg Luft erforderlich. Dieses Kraftstoff-Luft-Gemisch wird als chemisch korrekt oder **stöchiometrisch** bezeichnet. Das tatsächlich vorhandene Gemisch wird auf dieses Verhältnis bezogen. Man spricht von einem armen Gemisch, wenn mehr Luft als theoretisch notwendig vorhanden ist. Mathematisch werden die Kraftstoff-Luft-Gemische mit der Luftüberschusszahl λ gekennzeichnet:

$$\lambda = \frac{\text{tatsächlich vorhandene Luftmasse}}{\text{theoretisch erforderliche Luftmasse}} = \frac{L}{L_{min}}$$

wobei gilt: stöchiometrisches Gemisch: $\lambda = 1$; armes (mageres) Gemisch: $\lambda > 1$; reiches (fettes) Gemisch: $\lambda < 1$.

Die tatsächlich in der Verbrennungszone reagierenden Kraftstoff-Luft-Gemische sind nicht allein von der durch die **Luftüberschusszahl** ausgedrückten Zusammensetzung bestimmt, sondern auch vom Grad der Vergasung des Kraftstoffes sowie der intensiven Durchmischung dieser Gase mit der Luft abhängig. Nur wenn sichergestellt ist, dass jedes Kohlenwasserstoffmolekül des Kraftstoffes in den gasförmigen Zustand übergegangen ist und genügend Sauerstoffmoleküle in seiner Nähe sind, kann eine vollständige Verbrennung stattfinden.

Die erste Bedingung für eine gute Vergasung ist neben einer ausreichenden Wärmezufuhr eine Zerstäubung des Kraftstoffes in möglichst kleine Tröpfchen, um so die für die Vergasung erforderliche große Oberfläche zu schaffen. Für die Güte der Kraftstoffzerstäubung war bisher bei der Druckzerstäubung hauptsächlich der Einspritzdruck verantwortlich. Seine Beeinflussung durch Duplexbrenner wird im Abschnitt Kraftstoffförderung näher erläutert. Bei Fuel-Airspray-Düsen übernimmt diese Aufgabe die mit einem starken Drall versehene Luft. Aber auch die Reibung zwischen der einströmenden Verbrennungsluft und den Kraftstoffteilchen hat in diesem Zusammenhang eine wichtige Funktion. Da diese Bedingungen für eine optimale Kraftstoffaufbereitung in der Brennkammer nicht unter allen Betriebsbedingungen vollkommen einzuhalten sind, ist bei einem stöchiometrischen Kraftstoff-Luft-Gemisch eine vollständige Verbrennung nicht zu erreichen.

Aus diesem Grund wird bei den meisten Brennkammern im Flammrohr ein Luftüberschuss eingestellt, damit die Wahrscheinlichkeit, dass jedes Kohlenwasserstoffmolekül während der kurzen Zeit der Verbrennung auch genügend Sauerstoffmoleküle vorfindet, erhöht wird. Dieses in der Verbrennungszone des Flammrohres vorliegende Gemisch wird durch das Brennerluftverhältnis λ (ohne Index) gekennzeichnet. Es ist im unteren Drehzahlbereich meistens etwas weniger arm, etwa bei $\lambda = 1{,}3$. Bis zum

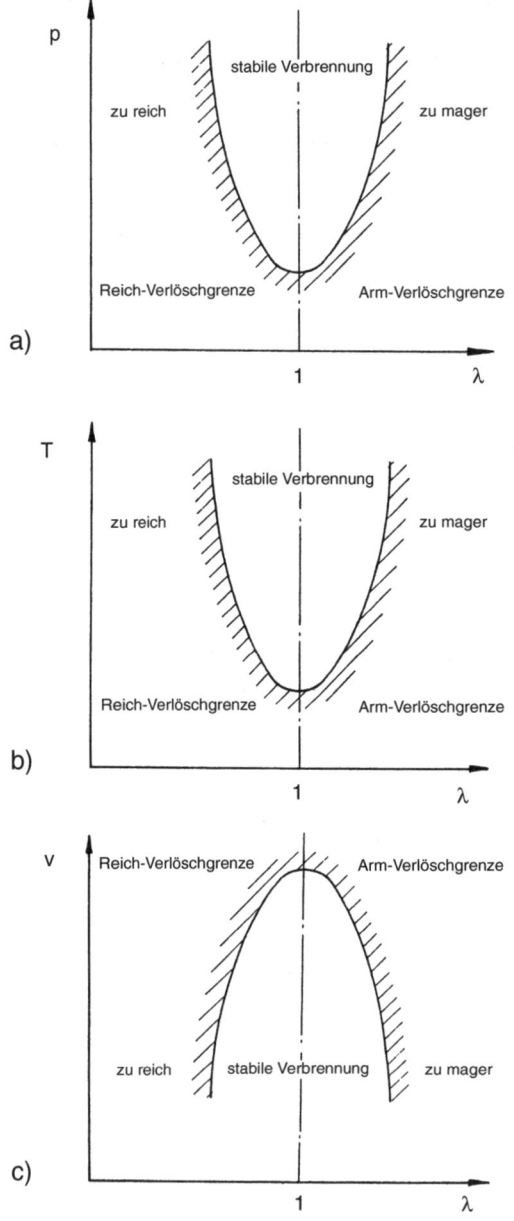

Bild 9.4.50
Einfluss der Parameter Druck, Temperatur und Durchströmgeschwindigkeit auf die Brennfähigkeit von Brennstoff-Luft-Gemischen mit unterschiedlicher Luftzahl
a) Einfluss des Druckes p
b) Einfluss der Temperatur T
c) Einfluss der Durchströmgeschwindigkeit v

Volllastbereich wird das Gemisch bis auf Werte um $\lambda = 1{,}6$ abgemagert. Um eine gute Brennfähigkeit des Kraftstoff-Luft-Gemisches in der primären Verbrennungszone zu gewährleisten, ist hier meistens ein $\lambda < 1$ eingestellt. Durch den Zutritt von Sekundärluft in die sekundäre Verbrennungszone wird der oben genannte Luftüberschuss erreicht. Im Brennkammeraustritt ist das Kraftstoff-Luft-Gemisch durch die Verdünnung der Flammgase mit Sekundärluft auf das so genannte Brennkammerluftgemisch weit jenseits der Armverlöschgrenze abgemagert.

λ_{BK} soll in einem Beispiel berechnet werden: Für das General-Electric-CF-6-80A3-Triebwerk werden vom Hersteller die nachfolgenden Angaben gemacht.

Startleistung (ISA-SL):

Luftmassen-Durchsatz: 685,5 kg/s
Nebenstromverhältnis: 4,6 : 1
Kraftstofffluss: ca. 7500 kg/h
Luftdurchsatz der Brennkammer: (685,5 kg/s) / 5,6 = 122,4 kg/s
Kraftstoffdurchsatz: (7500 kg/h) / (3600 s/h) = 2,08 kg/s
Tatsächliches Mischungsverhältnis: (122,4 kg/s) / (2,08 kg/s) = 58,85 kg/kg
λ_{BK} = 58,85 / 14,9 = 3,95

Dieses Gemisch ist so arm, dass eine weitere Verbrennung ausgeschlossen ist. Damit ist es nicht möglich, dass die Flamme aus der Brennkammer in die Turbinensektion schlägt.

Zu arme und zu reiche Gemische sind nicht zündfähig. Die Verlöschgrenzen von Kerosin-Luft-Gemischen sind hauptsächlich von den drei Parametern Druck, Temperatur und Strömungsgeschwindigkeit abhängig (*Bild 9.4.50*).

In den Diagrammen ist diese Abhängigkeit der Arm- und der Reichverlöschgrenze von jeweils einem sich ändernden Parameter aufgetragen, wobei die übrigen Parameter jeweils als konstant angenommen werden. Sie lassen erkennen, dass bei sinkendem Druck und bei sinkender Temperatur der Mischungsbereich, in dem das Kraftstoff-Luft-Gemisch zündfähig ist, immer kleiner wird, und am Ende nur noch stöchiometrische Gemische brennfähig sind. Dies ist dadurch zu erklären, dass bei sinkendem Druck und abnehmender Temperatur die Reaktion der im Gemisch enthaltenen Elemente miteinander immer träger wird, so dass schließlich eine so niedrige Flammfrontgeschwindigkeit entsteht, dass die Flamme durch die strömende Luft weggetragen wird. Stöchiometrische Gemische liefern die höchsten Flammfrontgeschwindigkeiten. Deshalb ist die Flamme schließlich bei niedrigen Drücken und Temperaturen nur noch bei der Luftüberschusszahl λ = 1 in der durchströmenden Luft stabil. Sinken der Druck oder die Temperatur weiter, so erlischt die Flamme. Sind jedoch die Drücke oder Temperaturen der Gase höher, so reichen auch noch ärmere oder reichere Gemische aus, um eine kontinuierliche Verbrennung zu ermöglichen.

Mit steigender Durchströmgeschwindigkeit werden die Verweilzeiten der reagierenden Gase in der Brennzone immer kleiner. Arme und reiche Gemische aber haben längere Reaktionszeiten als stöchiometrische. Deshalb sind bei steigender Durchströmgeschwindigkeit schließlich nur noch diese in der Lage, die kontinuierliche Verbrennung zu ermöglichen, bevor die Flamme fortgespült wird. Diese Zusammenhänge sind für den Betrieb des Triebwerks von großer Bedeutung.

Bild 9.4.51 zeigt die Drehzahlabhängigkeit der betrachteten Parameter. Man erkennt, dass beim Betrieb unterhalb der Auslegungsdrehzahl (hier: 100%) der Brenn-

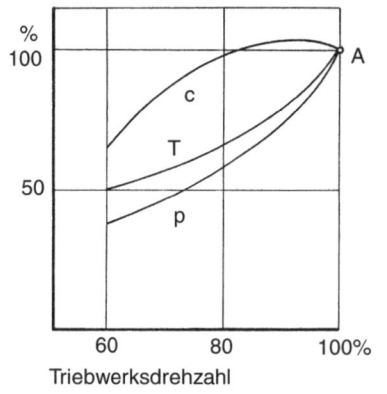

Bild 9.4.51
Die Veränderung der Parameter Druck, Temperatur und Brennkammereintrittsgeschwindigkeit in Abhängigkeit von der Triebwerksdrehzahl
A Auslegungspunkt
c Brennkammereintrittsgeschwindigkeit
T Brennkammereintrittstemperatur
p Brennkammereintrittsdruck

kammereintrittsdruck und die Brennkammereintrittstemperatur durch das Absinken des Verdichteraustrittsdruckes stark absinken. Die Durchströmgeschwindigkeit kann dagegen als Folge der Dichteabnahme im oberen Teillastbereich zunehmen. Hierdurch können bei zu schneller Zurücknahme der Gashebelstellung die oben dargestellten Bedingungen für ein Verlöschen der Flamme eintreten. Auch ein Beschleunigen des Triebwerks, das stets auf einer Anreicherung des Kraftstoff-Luft-Gemisches beruht, kann ein Überschreiten der Reichverlöschgrenze zur Folge haben (siehe Kraftstoffregelung). Aus diesen Gründen kann die Manövrierfähigkeit des Triebwerks besonders in größeren Höhen eingeschränkt sein, da hier die Eintrittsparameter der Brennkammer sowieso schon niedrig liegen. Von diesen Problemen sind Triebwerke hoher Druckverhältnisse weniger betroffen.

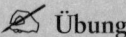 Übung

1. Welche Anforderungen werden an eine Brennkammer gestellt?
2. Beschreiben Sie die verschiedenen Brennkammerbauformen.
3. Beschreiben Sie die Luftführung in einer Brennkammer (Flammenstabilisierung, Kühlung, Verdünnung).
4. Welche Kraftstoff-Luft-Verhältnisse liegen in einer Brennkammer vor?

9.4.8 Turbine

Die Turbine eines Gasturbinentriebwerks hat die Aufgabe, den Verdichter und auch die Hilfsgeräte des Triebwerks anzutreiben. Hierzu entzieht sie den aus der Brennkammer kommenden Gasen Energie. Wie die Verdichter, sind auch die Turbinen Strömungsmaschinen. Sie können, bedingt durch das Fehlen von oszillierenden Massen, mit sehr hohen Drehzahlen arbeiten. Neben einem besonders ruhigen Lauf ermöglicht dies, bei kleinen Abmessungen und geringen Gewichten sehr hohe Leistungen zu erzielen (Leistung ~ Drehmoment · Drehzahl).

Die notwendige Expansion der Brenngase kann entweder in radialer oder in axialer Richtung erfolgen. Radialturbinen werden allerdings wegen ihres schlechteren Wirkungsgrades von 60% bis 75%, gegenüber 80% bis 92% bei axialer Expansion, nur für kleine Triebwerke bis ca. 150 kW (z.B. kleine Hilfsgasturbinen wie die APU der Airbusse A 319, A 320, A 321 von Allied Signal / Honeywell oder Air Cycle Machines in Klimaanlagen) angewendet. Sie sind preisgünstiger in der Herstellung, einfach, robust in Wartung und Betrieb. Die Notwendigkeit einer Strömung gegen die Fliehkräfte von außen nach innen sowie die höheren Spaltverluste lassen eine Steigerung der Wirkungsgrade nicht erwarten. Im Folgenden sollen deshalb ausschließlich Aufbau sowie Wirkungsweise der Axialturbine näher untersucht werden.

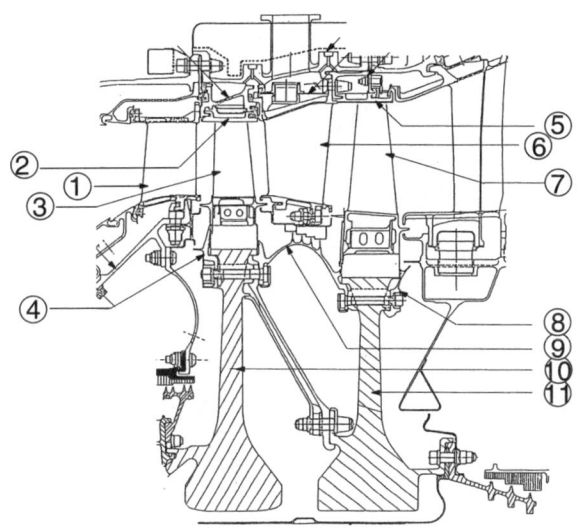

Bild 9.4.52
Hochdruckturbine (GE CF6-80C2 vereinfacht)
Die Ziffern bedeuten: 1 Eintrittsleitschaufeln (*nozzle guide vanes*, NGV); 2 Innengehäuse der 1. Stufe (*shrouds*); 3 1. Stufe Laufschaufeln (*blades*); 4 Sicherungsring der Laufschaufeln (*retainer*); 5 2. Stufe Innengehäuse (*shrouds*); 6 2. Stufe Leitschaufeln (*nozzles*); 7 2. Stufe Laufschaufeln (*blades*); 8 2. Laufschaufel-Sicherungsring (*retainer*); 9 Labyrinthdichtung zwischen 1. und 2. Stufe; 10 1. Stufe Turbinenscheibe (*disk*); 11 2. Stufe Turbinenscheibe (*disk*).
Kennwerte der Hochdruckturbine beim Start (take off):
Drehzahl des Hochdruckrotors (core speed) 10,070 min^{-1}
Turbineneintrittsdruck (pt 4.0) 26,9 bar
Turbinenaustrittsdruck (pt 4.9) 8,73 bar Turbineneintrittstemperatur (Tt 4.0) 1310 °C
EGT (Tt 4.9) 808 °C

Die Turbinenstufe (*Bild 9.4.52*) besteht – wie die Verdichterstufe auch – aus einem Leitschaufelkranz (Stator) und einem Laufrad (Rotor). Bei der Turbinenstufe liegen jedoch die Leitschaufeln vor dem Laufrad. Turbinen können ein- oder mehrstufig ausgeführt sein. In den düsenförmigen Schaufelräumen des Stators werden Wärmeenergie und Druck in Geschwindigkeit umgewandelt. Dabei erreicht man Geschwindigkeiten bis zu 600 m/s (was bei den hier herrschenden Temperaturen noch immer eine Unterschallgeschwindigkeit ist). Die kinetische Energie dieser beschleunigten Gase wird im Laufrad in mechanische Energie, d.h. in ein Drehmoment, umgewandelt. Diese Energieumwandlung kann nun in unterschiedlicher Weise erfolgen.

Gleichdruckturbine
Bei der von dem schwedischen Ingenieur DE LAVAL zuerst konstruierten Gleichdruckturbine (*Bild 9.4.53*) wird das gesamte in der Stufe umzuwandelnde Druck- und Wärmegefälle durch die düsenförmigen Leitschaufeln in Geschwindigkeitsenergie umgewandelt.

Die Laufschaufelräume sind so gestaltet, dass sich die Querschnitte in Strömungs-

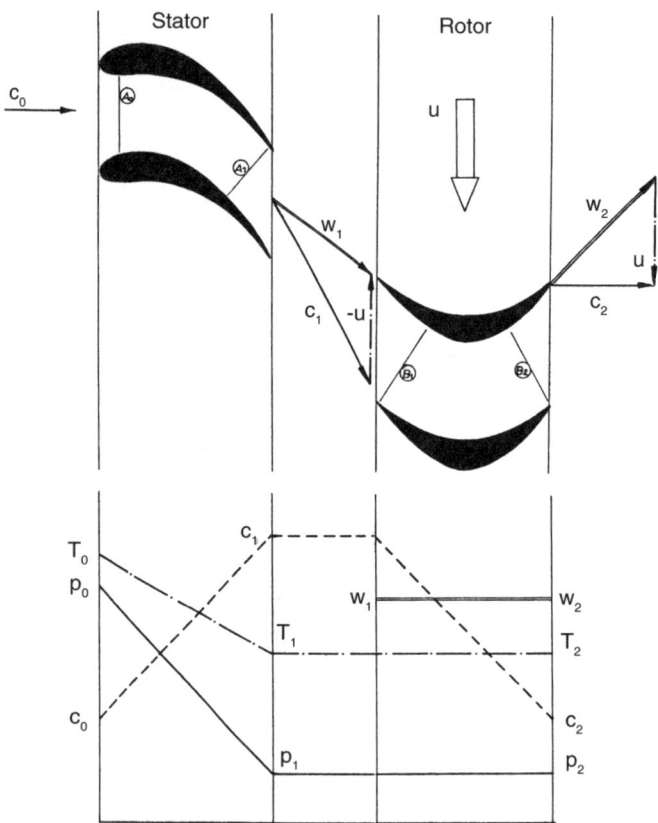

Bild 9.4.53 Gleichdruckturbine (Impulsturbine)
Im Stator werden Wärme- und Druckenergie in Geschwindigkeitsenergie umgewandelt. Es gilt: $A_0 > A_1$, $c_1 > c_0$, $T_1 < T_0$, $p_1 < p_0$. Im Rotor wird die Relativgeschwindigkeit w in der Größe beibehalten, ihre Richtung jedoch geändert. Dadurch wirkt auf die Laufschaufeln eine Kraft (Impuls). Es gilt: $B_1 = B_2$, $w_1 = w_2$, $T_1 = T_2$, $p_1 = p_2$. Im Austrittsdreieck des Rotors wird durch einen Vergleich die Absolutgeschwindigkeit c_2 mit c_1 deutlich, dass trotz konstanter Relativgeschwindigkeit beim Durchströmen des Laufschaufelraumes durch die Umlenkung Geschwindigkeitsenergie zur Erzeugung eines Drehmomentes umgewandelt wurde.

richtung nicht ändern. Dadurch ändert sich weder der Druck noch die Geschwindigkeit der durchströmenden Gase. Der Druck vor den Laufschaufeln ist also gleich groß wie der Druck hinter den Laufschaufeln. Von daher rührt auch die Bezeichnung Gleichdruckturbine. Durch die Änderung der Strömungsrichtung wird jedoch die Absolutgeschwindigkeit c kleiner, also $c_2 < c_1$. Hieraus kann auf die Abgabe von kinetischer Energie an die Laufschaufeln geschlossen werden. Man spricht bei der Kraft, die durch die Abnahme der Absolutgeschwindigkeit durch die erzwungene Richtungsänderung der Gasmassen von diesen auf die Schaufeln ausgeübt wird, von einem Impuls. Deshalb bezeichnet man diese Bauform auch als **Impulsturbine**. Flugzeug-Gasturbinen werden aber nicht als reine Gleichdruckturbinen gebaut. Diese

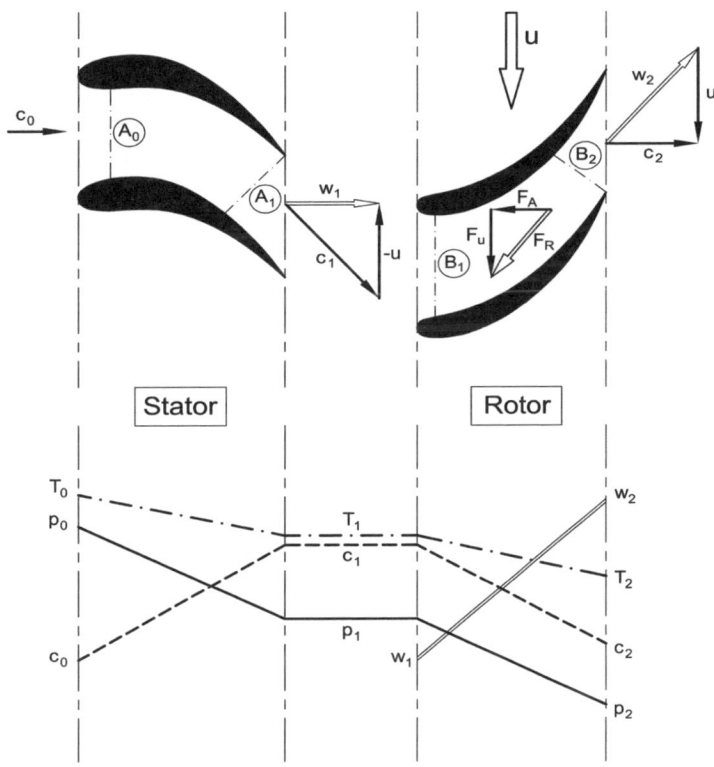

Bild 9.4.54 Überdruckturbine (Reaktionsturbine)
In einer solchen Überdruckturbine wird sowohl im Stator (Leitschaufeln) als auch im Rotor (Laufschaufeln) Wärme- und Druckenergie in Geschwindigkeitsenergie umgewandelt. Die nunmehr statorseitig erzeugte Geschwindigkeitsenergie wirkt im Rotor – wie auch bei der Gleichdruckturbine – durch den Impuls in Folge der Richtungsänderung drehmomenterzeugend.
Die Gasmassenbeschleunigung in den Laufschaufeln in Folge der düsenförmigen Schaufelräume hat die Reaktionskraft F_R zur Folge (die größte Komponente wirkt in Drehrichtung und bewirkt auch ein Drehmoment). Es gilt: $A_0 > A_1$, $B_1 > B_2$, $c_1 > c_0$, $c_2 < c_1$, $T_1 < T_0$, $p_1 < p_0$, $w_2 > w_1$, $T_2 < T_1$, $p_2 < p_1$

Art der Beschaufelung ist an Flugzeugtriebwerken nur im Laufrad der Anlasserturbinen zu finden.

Überdruckturbine
Eine weitere Möglichkeit, die Umsetzung von Wärmenergie in mechanische Energie in den Schaufelräumen von Turbinen zu erreichen, wurde gegen Ende des vorigen Jahrhunderts von dem Engländer PARSONS entwickelt. Bei dieser Bauart werden die Gase in den Leitschaufeln nur so weit beschleunigt, dass ein stoßfreier Eintritt in den rotierenden Schaufelraum möglich ist *(Bild 9.4.54)*.

Die Laufschaufelräume sind düsenförmig mit leichter Umlenkung gestaltet. Durch die Form der Schaufelkanäle beschleunigen die Gase. Wärme- und Druckenergie werden in Geschwindigkeitsenergie umgewandelt. Durch die leichte Richtungsänderung wird auch die kinetische Energie der Gase, die ihnen im Leitapparat zugeführt wurde, durch einen **Impuls** genutzt. Ein größerer Teil der Umfangskraft am Laufrad entsteht jedoch als **Reaktion** auf die Beschleunigung der Gase in den Schaufelräumen. Man bezeichnet diese Turbinenbauart deshalb auch als **Reaktionsturbine**. Da der Gasdruck vor den Laufschaufeln größer ist als dahinter, ist auch die Bezeichnung **Überdruckturbine** gebräuchlich.

Turbinenschaufeln stellen – genau wie Verdichterschaufeln – umströmte Profile dar. Im Gegensatz zur Verdichterschaufel spielen hier allerdings aerodynamische Kräfte nicht die entscheidende Rolle. Von erhöhtem Interesse sind aber die Impulsverluste, die durch die Grenzschicht verursacht werden. Ein weiterer Unterschied zwischen Verdichter- und Turbinenschaufelströmungen besteht darin, dass im Turbinenschaufelraum keine verzögerten Strömungen (Diffusorströmungen) auftreten. Gleichförmige und beschleunigte Strömungen, wie sie in der Turbine stattfinden, neigen viel weniger zu Ablösungen als verzögerte, die im Verdichter vorherrschen. Aus diesem Grund ist es auch möglich, in der Turbine ein höheres **Stufendruckverhältnis** (in der Turbine auch als Turbinenausdehnungsgrad bezeichnet) zu verarbeiten als in der Verdichterstufe. Die Turbine weist deshalb immer weniger Stufen zur Entspannung der Gase auf als der Verdichter, von dem dieser Druck aufgebaut wurde.

Die Berechnung der Turbinenleistung kann an dieser Stelle nicht abgeleitet werden. Die Berechnungsformel sei dennoch kurz vorgestellt. Sie lautet:

$$p_T = \dot{m}_L \cdot \frac{\kappa}{\kappa-1} \cdot R \cdot T_4 \cdot \left(1 - \frac{1}{\pi_T^{(\kappa-1)/\kappa}}\right) \cdot \eta_T$$

P_T Turbinenleistung in Watt
$\dot{m}_L$ Luftdurchsatz in kg/s (der Kraftstoffdurchsatz wird vernachlässigt, da er nur ca. 1,5% bis 2% des Luftdurchsatzes ausmacht)
η_T Wirkungsgrad der Turbine
κ Adiabatenexponent (für Heißgas = 1,33)
p Gaskonstante (für Heißgas = 288 J/kgK)
T_4 Temperatur vor der Turbine in Kelvin
π_T Turbinenausdehnungsgrad

Der Turbinenausdehnungsgrad berechnet sich zu $p_T = p_E / p_A$, mit p_E = Druck vor der Turbine in bar (Eintritt) und p_A = Druck hinter der Turbine in bar (Austritt).

Als **bestimmende Regelgröße** für die Turbinenleistung kommt nur die Temperatur T_4 vor der Turbine (= Brennkammeraustrittstemperatur) in Frage, da sich der Luftdurchsatz $\dot{m}_L$ abhängig von der Turbinenleistung einstellt und die anderen Größen der Bestimmungsgleichung weitgehend konstruktiv festliegen bzw. physikalische Größen sind.

Beispiel
Für die Niederdruckturbine des Triebwerks PW 2037 werden folgende Werte angegeben:

$\dot{m}_L$ = 78 kg/s; p_E vor der 1. Stufe = p_5 6,5 bar; p_6 = 1,4 bar; T_5 = 1100 K; π_T = 0,92; κ = 1,33.
$\pi_T = p_5 / p_6$ = (6,5 bar) / (1,4 bar) = 4,643

$$p_T = 78 \frac{\text{kg}}{\text{s}} \cdot \frac{1{,}33}{0{,}33} \cdot 288 \frac{\text{J}}{\text{kg}} \cdot 1100\,\text{K} \cdot \left(1 - \frac{1}{4{,}643^{(1{,}33-1)/1{,}33}}\right) \cdot 0{,}92$$

p_T = 29 025 376 W
p_T = **29 025 kW**

Man mag aus diesem Wert erkennen, dass eine Gasturbine eine sehr hohe Leistungskonzentration aufweist!

Reaktionsgrad
Außer den beiden skizzierten Arbeitsweisen von Gasturbinen sind Mischformen möglich. Wenn die Düsen der Leitschaufeln in einer Überdruckturbine so ausgeführt werden, dass die Gase eine höhere Geschwindigkeit erhalten, als zu ihrem stoßfreien Eintritt in die Laufschaufelräume notwendig ist, können die Schaufelräume des Laufrades mit schwächerer Düsenform ausgelegt werden, weil ein größerer Teil des Wärmegefälles schon im Leitschaufelkranz verarbeitet wurde und nicht mehr in den Laufschaufeln in kinetische Energie umgewandelt werden muss. Die durch die Beschleunigung der Gasmassen hervorgerufenen Reaktionskräfte sind deshalb geringer. Dafür kann ein stärkerer Impuls der eintretenden Gasmassen ausgenutzt werden. Dieses Mischen des Impuls- und des Reaktionsprinzips ist in beliebigen Verhältnissen möglich. Der Anteil des Reaktionsprinzips an der geleisteten Arbeit der Turbinenstufe wird als Reaktionsgrad bezeichnet und als Verhältnis der Entspannungsarbeit im Rotor zur Entspannungsarbeit in der gesamten Turbinenstufe ausgedrückt:

$\rho_T = W_R / W_T$
W_R Entspannungsarbeit im Rotor; W_T Entspannungsarbeit in der Turbinenstufe

Gleichdruckturbinen werden mit einem Reaktionsgrad von ρ = 0,05 bis 0,15 ausgeführt, für die Reaktionsturbine sind Reaktionsgrade ρ = 0,3 bis 0,5 üblich.

Turbine mit radiusabhängigem Reaktionsgrad
Als Turbine in Flugzeug-Gasturbinentriebwerken werden spezielle Überdruckturbinen verwendet. Sie zeichnen sich dadurch aus, dass sich ihr Reaktionsgrad vom Schaufelfuß zum Schaufelkopf vergrößert. Während das Profil am Schaufelfuß dem einer Gleichdruckturbine angenähert ist, weisen die Schaufelköpfe das typische Überdruckturbinenprofil auf. Diese besondere Konstruktion wollen wir begründen:

Bei der Betrachtung von Strömungsvorgängen in Schaufelgittern sind wir bisher vereinfachend davon ausgegangen, dass diese Strömungen in der Ebene – also zweidimensional – verlaufen: Ein Gasteilchen, das in den Leitschaufelraum eintritt, verlässt diesen auf demselben Radius. Dies ist in der Realität jedoch nicht der Fall. Durch die Umlenkung der Gase in den Leitschaufeln tritt außer einer axialen Strömungskomponente auch eine Umfangskomponente auf: Das Gas erhält einen Drall (*Bild 9.4.55*).

Die Gasteilchen strömen nicht nur axial durch die Leitschaufelräume, sondern werden durch die Umlenkung auch in Umfangsrichtung beschleunigt. Durch diese Bewegung auf dem Umfang (Kreisbahn) werden Zentrifugalkräfte erzeugt, die das Gas nach außen driften lassen möchten. Hierdurch hat die Strömung die Tendenz, dreidimensional zu werden. Gegenüber einer zweidimensionalen Strömung ist diese räumliche Strömung mit größeren Verlusten behaftet, die durch innere Gasreibung, Turbulenzen und Ablösungen entstehen. Außerdem wirkt die radiale Strömung nicht drehmomenterzeugend. Diese radiale Bewegung der Gase kann man weitgehend unterdrücken, wenn die Zentrifugalkräfte in den Schaufelräumen in ihrer Wirkung durch gleich große Gegenkräfte ausgeglichen werden. Dies ist der Fall, wenn der Druck der durchströmenden Gase in radialer Richtung vom Schaufelfuß zum Schaufelkopf hin zunimmt. Da Gase nur bei ausreichender kinetischer Energie in der Lage sind, gegen höheren Druck zu strömen, ist eine Druckzunahme in den Leitschaufelräumen von innen nach außen ein Mittel, um Radialströmungen zu unterbinden. Um diesen Druckanstieg in Richtung des Radius zu erhalten, darf das Wärme- und Druckgefälle in den Leitschaufeln am Schaufelkopf nicht so stark in Geschwindigkeitsenergie umgesetzt werden wie am Schaufelfuß. Man erreicht dies, indem man die Austrittsquerschnitte der Leitschaufeln vom Schaufelfuß zum Schaufelkopf hin größer werden lässt. Dadurch ist die Düsenwirkung der Leitschaufelräume am Schaufelfuß am größten und nimmt zum Schaufelkopf hin ab (*Bild 9.4.56*).

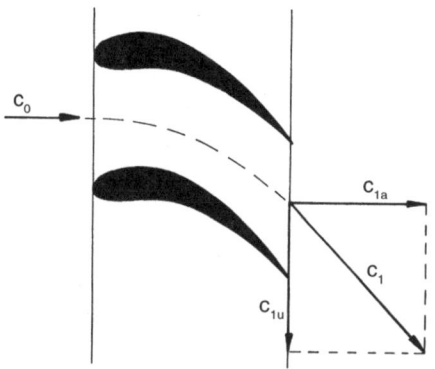

Bild 9.4.55
Entstehung der Drallwirkung durch die Schrägabströmung aus einem Leitgitter. Durch die Umfangskomponente c_{1u} werden Zentrifugalkräfte erzeugt, die eine zusätzliche Radialströmung zum Schaufelkopf bewirken.

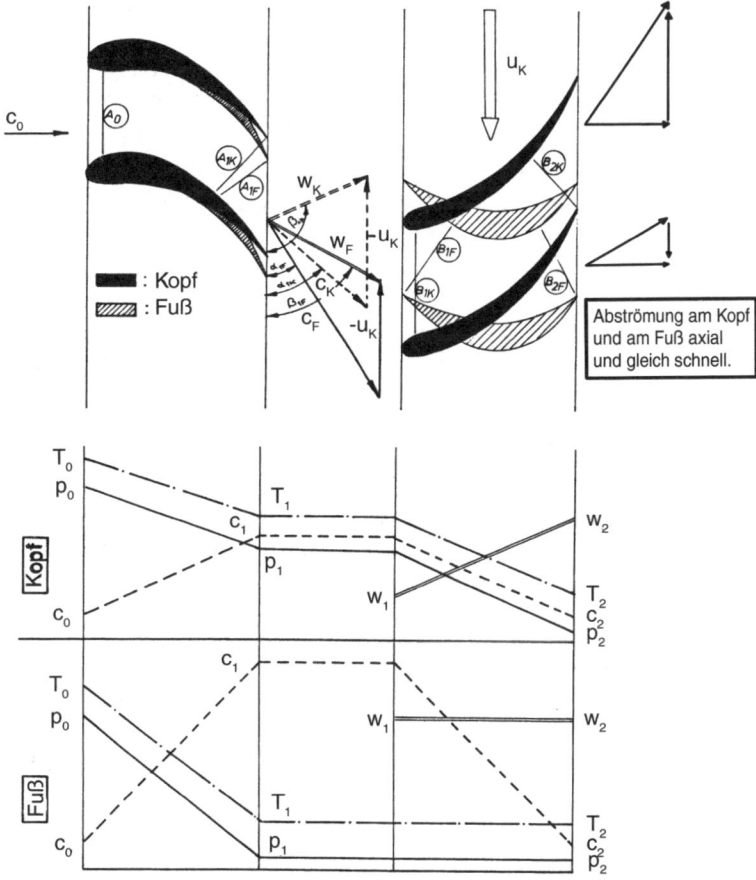

Bild 9.4.56 Reaktionsturbine mit veränderlichem Reaktionsgrad
In Folge der Zunahme des Reaktionsgrades vom Schaufelfuß zum Schaufelkopf wird ein Druckanstieg der durchströmenden Gase im Schaufelraum des Leit- und des Leitschaufelgitters von innen nach außen bewirkt. Dieser Druckanstieg wirkt einer Radialströmung als Folge der durch Drall erzeugten Zentrifugalkräfte entgegen. Während am Schaufelfuß eine angenäherte Gleichdruckbeschaufelung vorliegt (der Leitschaufelraum mit ausgeprägter Düse sowie der Laufschaufelraum mit gleich bleibendem Querschnitt), nimmt der Reaktionsgrad nach außen hin zu (Leitschaufelraum mit vergrößertem Austrittsquerschnitt, d.h. schwächerer Düsenform, Laufschaufelraum stärker als Düse ausgebildet, um die Gase zu beschleunigen). Es bedeuten: c_0 Zuströmgeschwindigkeit der Gase zur Eintrittsleitschaufel; c_F / c_K Abströmgeschwindigkeit am Fuß / Kopf der Eintrittsleitschaufel; w_F / w_K Relativgeschwindigkeit am Fuß / Kopf der Laufschaufel; u_F / u_K Umfangsgeschwindigkeit am Fuß / Kopf der Laufschaufel; a_{1F} / a_{1K} Leitschaufelaustrittswinkel am Fuß / Kopf; β_{1F} / β_{1K} Laufschaufeleintrittswinkel am Fuß / Kopf. Für die Strömungsquerschnitte gilt: $A_0 > A_{1K} > A_{1F}$; $B_{1K} > B_{2K}$; $B_{1F} = B_{2F}$

Die Formgebung der nachgeordneten Laufschaufeln muss auf diese Besonderheiten der Leitschaufeln abgestimmt werden. Die absolute Zuströmgeschwindigkeit ist am Fuß größer als am Kopf. Der Schaufeleintrittswinkel ist dagegen am Fuß kleiner als am Kopf. Durch die unterschiedlichen Schaufeleintrittswinkel wird die Vorderkante der Laufschaufel verwunden. Verstärkt wird diese Notwendigkeit der Verwindung durch die Zunahme der Umfangsgeschwindigkeit mit dem Radius, denn hierdurch wird der Schaufeleintrittswinkel zusätzlich vergrößert.

Diese Art der Turbinenkonstruktion erfüllt aber auch noch einen weiteren wichtigen Aspekt: Hinter den Laufschaufeln sollten die absoluten Abströmgeschwindigkeiten über der Schaufelhöhe gleich groß und axial gerichtet sein (zumindest im Auslegungspunkt). Hierdurch wird ein Optimum an Energie in der Turbinenstufe umgesetzt. Außerdem muss die Zuströmung für die nächste Turbinenstufe und besonders für die Schubdüse möglichst axial und gleichmäßig über dem Radius sein. Um diese Abströmung zu erreichen, ist es erforderlich, dass in der Laufschaufel im Bereich des Schaufelkopfes ein größeres Wärmegefälle umgesetzt wird als am Schaufelfuß, denn auf den größeren Radien wurde erstens von den Leitschaufeln weniger Wärmeenergie in kinetische Energie umgewandelt, und zweitens muss die relative Abströmgeschwindigkeit am Schaufelkopf größer sein, um die größere Umfangsgeschwindigkeit auszugleichen. Die Austrittsdreiecke der Laufschaufeln zeigen dies (Bild 9.4.56). Man erkennt, dass die höhere relative Abströmgeschwindigkeit und die höhere Umfangsgeschwindigkeit am Kopf das Gas genau wie am Fuß im Auslegungspunkt axial abströmen lassen.

Hinter den Laufschaufeln muss der Wärmeinhalt des Gases über der Schaufelhöhe konstant sein. Dadurch ist sichergestellt, dass über die gesamte Schaufelhöhe in der Turbinenstufe eine gleichmäßige Energieumsetzung stattgefunden hat.

Die größere Umwandlung von Wärmeenergie in mechanische Energie in den äußeren Laufschaufelradien wird dadurch erreicht, dass die Austrittsquerschnitte vom Schaufelfuß zum Schaufelkopf hin kleiner werden. Hierdurch nimmt der Reaktionsgrad von innen nach außen zu. Während im inneren Bereich der Laufschaufel das Drehmoment hauptsächlich durch die Impulswirkung der in den Leitschaufeln beschleunigten Gase erzielt wird, erhält nach außen die Reaktionswirkung der immer stärker beschleunigten Gase eine größere Bedeutung. Durch diese Beschleunigung wird der größere Wärmeinhalt der hier strömenden Gase in Antriebsenergie umgesetzt. Gleichzeitig wirkt der höhere Druck der Gase am Schaufelkopf auch hier – genauso wie in den Leitschaufelräumen – den Fliehkräften entgegen, die hier im verstärkten Maße eine störende Radialströmung zur Folge hätten.

Die gleichmäßige und axiale Abströmung aus den Laufschaufeln ist auch besonders für die Arbeit der Schubdüse wichtig. Eine drallbehaftete Strömung hätte auch eine Beschleunigung und Abströmung der Gase in einem Drall zur Folge. Dadurch würde die Reaktionskraft nicht axial wirken, was der Schuberzeugung nicht dienlich wäre.

Turbinenwerkstoffe
Die Belastungen, denen Turbinenbauteile standhalten müssen, sind vielfältig und extrem. Dabei stellt die Warmfestigkeit der Eintrittsleitschaufeln (*inlet guide vanes*) und der Hochdruckturbinenlaufschaufeln wohl das größte Problem dar. Auf die Abhängigkeit des Wirkungsgrades eines Gasturbinentriebwerks von der Turbineneintrittstemperatur (TIT) wurde schon im Zusammenhang mit der Steigerung des Verdichterdruckverhältnisses hingewiesen. Dazu kommen die hohen mechanischen Belastungen, vor

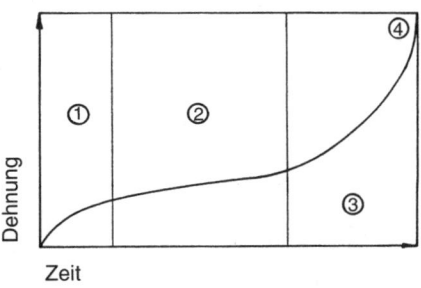

Bild 9.4.57
Das Dehnungsverhalten hochwarmfester Werkstoffe in Abhängigkeit von der Zeit bei Belastungen unterhalb der Elastizitätsgrenze und konstanten Temperaturen
1 primäres Kriechen
2 sekundäres Kriechen
3 tertiäres Kriechen
4 Bruch

allem in den Schaufelfüßen, die sich aus den hohen Drehzahlen und den daraus resultierenden Fliehkräften ergeben. Hochtemperaturkorrosion und Erosion sind weitere Einwirkungen, gegen die Turbinenwerkstoffe über mehrere tausend Stunden resistent sein müssen. Mechanische Dauerwechselbelastungen, die sich aus Schaufelschwingungen ergeben, kombiniert mit wechselnden thermischen Belastungen, als Folge wechselnder Lastzustände, müssen außerdem ausgehalten werden. Legierungen auf Nickel- oder Kobaltbasis (Superlegierungen) haben sich in der heißen Sektion wegen ihrer guten Hochtemperatureigenschaften am besten bewährt (vgl. Abschnitt 2.3).

Für die Lebensdauer von Turbinenschaufeln ist unter anderem das so genannte Kriechen als Folge der hohen thermischen und mechanischen Belastungen von großer Bedeutung (*Bild 9.4.57*). Man versteht darunter eine plastische Dehnung des Werkstoffes bei Belastungen unterhalb der Elastizitätsgrenze, die schließlich zum Bruch des Bauteils führt. Dieses Verhalten begrenzt besonders die Lebensdauer von Turbinenschaufeln, es ist aber auch im Hinblick auf die Einhaltung eines Schaufelkopfspiels von Bedeutung.

In Gasturbinentriebwerken kommen gerichtet erstarrte (*directionally solidified*, DS) Turbinenschaufeln oder Einkristallschaufeln (*single cristal*, SC) zur Anwendung (*Bild 9.4.58)*; vgl. Abschnitt 2.1. Gerichtet erstarrte Legierungen weisen nur noch Korngrenzen in der Belastungsrichtung des Bauteils auf. Das Kriechverhalten und die thermische Ermüdungsfestigkeit in der Belastungsrichtung werden so verbessert. Da die Korngrenzen den schwächsten Bereich innerhalb eines Metallgefüges darstellen und besonders bei hohen Temperaturen schnell die Festigkeit verlieren, wirkt sich das Fehlen solcher Korngrenzen senkrecht zur Belastungsrichtung besonders günstig aus. Gegenüber herkömmlich gegossenen Schaufeln wird mit einer bis zu 4-fachen Lebensdauer gerechnet. Derartige Schaufeln werden z.B. in der Hochdruckturbine des GE CF6-80C2-Triebwerks eingebaut.

Einkristallschaufeln haben gar keine Korngrenzen mehr. Bild 9.4.58 zeigt den Herstellungsprozess derartiger Bauteile. Hierdurch wird vor allem die Warmfestigkeit erhöht. Eine Steigerung der Betriebstemperatur um 100 K gegenüber konventionellen Gusslegierungen ist möglich. Die Laufschaufeln der Hochdruckturbine des Triebwerks IAE V2500 sind z.B. in diesem Verfahren hergestellt.

Eine kostengünstigere Lösung der Probleme thermisch hoch beanspruchter Bauteile als die Beeinflussung des Kornwachstums im Gießprozess stellen Schutzschichten auf den gefährdeten Oberflächen der Turbine (und der Flammrohre) dar. Diese so genannten **Coa-**

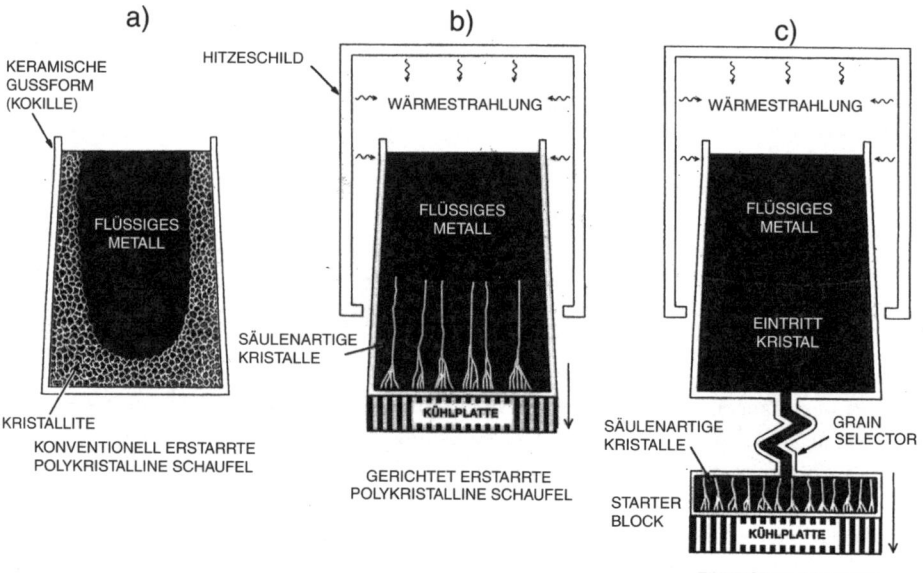

Bild 9.4.58
a) Erstarrt eine Metallschmelze, so bilden sich in der Abkühlungszone Kristallite aus den Atomen des Basiswerkstoffes und den Atomen der Legierungselemente. Diese Gitter wachsen aufeinander zu und schieben dabei Verunreinigungen vor sich her, die beim Aufeinandertreffen der Kristallite die Korngrenzen bilden.
b) Zur Herstellung von gerichtet erstarrtem Gefüge lässt man den Erstarrungsprozess von einer Kühlplatte ausgehen. Einzelne Kristalle bilden sich um Kristallisationskeime herum (z.B. Diamantstaub). Die Abkühlung wird durch einen beheizten Hitzeschild so gesteuert, dass nur die Kristallite nach oben wachsen, die sich um die Kristallisationskeime gebildet haben. Dadurch entstehen die «turmartigen» Kristallite in der späteren Belastungsrichtung.
c) Die «Züchtung» eines Einkristalls ist eine Weiterentwicklung des Prozesses der gerichteten Erstarrung. Auch hier werden zunächst von einer Kühlplatte ausgehend «turmartige» Kristallite durch Abkühlung gebildet. Von diesen «turmartigen» Kristalliten gestattet man es aber nur einem einzigen, durch einen feinen Selektionskanal in die eigentliche Kokille hineinzuwachsen. Durch Computersteuerung wird hier mit Hilfe eines Hitzeschildes sichergestellt, dass die erstarrenden Metallatome sich nur an diesem einen Kristall anlagern, so dass die sich formende Schaufel schließlich nur aus einem einzigen Kristall ohne jegliche schwächende Korngrenze entsteht.

tings bestehen aus unterschiedlichen Kombinationen von Materialien und werden in sehr unterschiedlicher Weise auf die Bauteile aus Ni- oder Co-Liegerungen aufgebracht. Beim Diffusions-Coating wird eine ca. 0,1 mm dicke Schicht des Werkstücks in einer speziellen Wärmebehandlung hauptsächlich mit Aluminium oder Chrom angereichert. Beim Overlay-Coating werden Metalle wie Kobalt, Chrom, Aluminium, Yttrium und Titan durch Einsatzverfahren, im Plasmaspray- oder im Elektronenstrahl-Aufdampfverfahren auf die Oberfläche der Werkstücke gebracht. Diese Coatings erhöhen vor allem die Lebensdauer der Bauteile durch bessere Heißgaskorrosionsbeständigkeit (Sulfidationsresistenz).

Eine wesentliche Verlängerung der Lebensdauer von Einkristallschaufeln ist durch das Plasmaspritzen von Cr-Al-Y-Coatings im Vakuum möglich. Neben dem Schutz vor Heißgaskorrosion werden plasmagespritzte Coatings auf Zirkonium- und Yttriumoxidbasis zukünftig wahrscheinlich auch die Aufgabe einer Wärmedämmung übernehmen können, wodurch eine weitere Absenkung der Schaufelwerkstofftemperaturen oder eine Steigerung der Turbineneintrittstemperaturen möglich wird.

Mittelfristig steht auch die Entwicklung von Keramikschaufeln auf Siliziumbasis auf den Programmen der Triebwerkshersteller und ihrer Zulieferer. Diese Schaufeln könnten Betriebstemperaturen aushalten, die nur noch wenig unter den Verbrennungstemperaturen von stöchiometrischen Kerosin-Luft-Gemischen liegen, so dass auf die Verdichtung eines Sekundärluftanteils für die Verdünnung der Brenngase in der Brennkammer weitgehend verzichtet werden könnte. Diese Schaufeln werden wahrscheinlich in Hybridbauweise gefertigt sein, d.h. über einen Kern aus warmfesten Nickellegierungen verfügen, der mit einem Keramikmantel überzogen ist.

Eine weitere wichtige Entwicklung im Fertigungs- und Werkstoffbereich stellen die pulvermetallurgisch hergestellten Turbinen- und Verdichterscheiben in Flugzeugtriebwerken dar. Titan- bzw. Nickelbasislegierungen werden im Vakuum mit Gasströmen oder Zentrifugen zu Tröpfchen von ca. 100 µm Durchmesser zersprüht, die bei rascher Erstarrung kugelige Pulverteilchen bilden. In eine Blech- oder Glaskapsel gefüllt, deren Hohlraum die Kontur des zu fertigenden Werkstückes hat, wird das Pulver in einem Autoklaven auf Temperaturen kurz unterhalb des Schmelzpunktes erhitzt und unter hohem gleich bleibenden (isostatischen) Druck von ca. 2000 bar in einer Edelgasatmosphäre gesintert (*hot isostatic pressing*, abgekürzt: HIP, *Bild 9.4.59*). Es entsteht ein porenfreier Körper von hoher Duktilität.

Dieses Verfahren hat folgende Vorteile:

❑ Die Festigkeit der Hochdruckverdichter- und Turbinenscheiben wird durch eine Anhebung der Streckgrenze in dem dort herrschenden Temperaturbereich um ca. 200 N/mm^2 verbessert. Hierdurch können die Drehzahlen und damit die Leistung von Verdichter und Turbine gesteigert werden.
❑ Es lassen sich auch Legierungen verarbeiten, die nur schwer oder gar nicht gieß- und schmiedbar sind.
❑ Es lassen sich hohe Materialeinsparungen erzielen, da mit weniger oder ohne Aufmaß gefertigt werden kann.
❑ Es entsteht weniger Zerspanungsaufwand, da kaum Nacharbeit erforderlich ist.

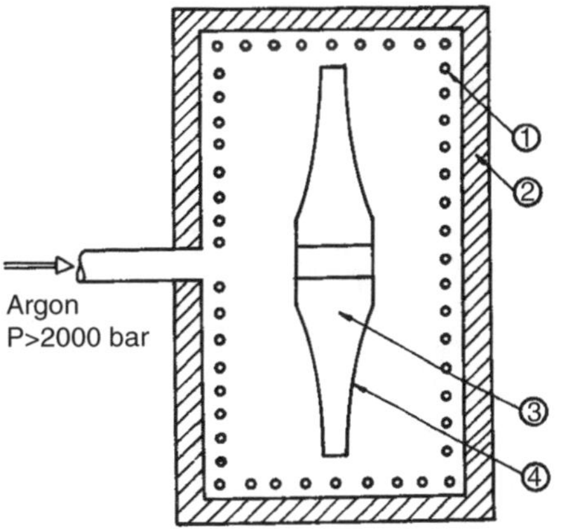

Bild 9.4.59
Die pulvermetallurgische Herstellung von Laufscheiben durch «heißisostatisches Pressen» (HIP)
1 Heizung
2 Druckgefäß
3 Metallpulver
4 evakuierte Blech- oder Glaskapsel

Kühlung der Turbine

Von ausschlaggebender Bedeutung für die Betriebssicherheit und Lebensdauer von Turbinen ist die Kühlung. Auch bei der Anwendung der geschilderten hochwarmfesten Werkstoffe liegt die Turbineneintrittstemperatur weit über dem Schmelzpunkt dieser Superlegierungen! Deshalb müssen die Leitschaufeln, die Laufschaufeln und die Turbinenscheiben sehr intensiv gekühlt werden, um eine hohe Lebensdauer in zivilen Triebwerken zu erreichen (in militärischen Triebwerken wird häufig eine kürzere Lebensdauer zugunsten einer höheren Turbineneintrittstemperatur in Kauf genommen). *Bild 9.4.60* zeigt verschiedene Kühlmethoden, wie sie einzeln oder kombiniert zur Schaufelkühlung verwendet werden.

Bei der Innenkühlung wird die Kühlluft durch mehrere Kanäle durch die Schaufel geleitet und nimmt dabei Wärme, die durch Wärmeleitung in das Schaufelinnere

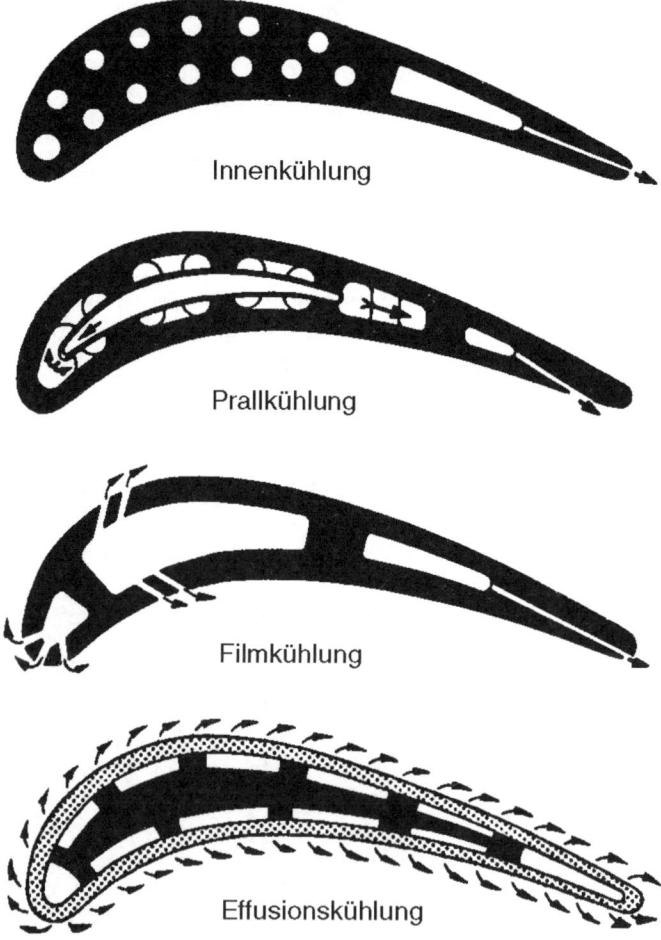

Bild 9.4.60   Übersicht verschiedener Schaufelkühlverfahren

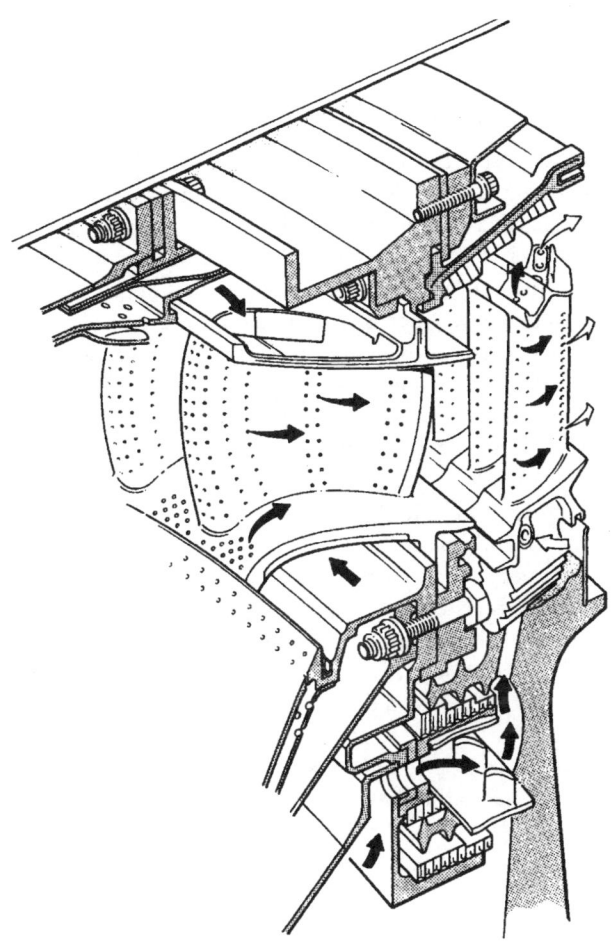

Bild 9.4.61 Zuführung der Kühlluft zur 1. Turbinenstufe (Bsp. Rolls-Royce)
Die Turbineneintrittstemperaturen (*turbines inlet temperature*, TIT) sind im Laufe der Triebwerksentwicklung von ca. 1150 K (ca. 900 °C) auf heute bis zu 1850 K (ca. 1580 °C) gestiegen. Damit die Turbinensektion diese sehr hohen Temperaturen über mehrere 1000 Stunden überstehen kann, muss sie besonders sorgfältig gekühlt werden. Hierzu nutzt man Zapfluft aus den letzten Stufen des Hochdruckverdichters (häufig compressor discharge air, CDP), deren Temperatur lediglich ca. 400 K unter der Temperatur der zunächst zu kühlenden Bauteile liegt. Dies ist notwendig, damit keine Thermospannungen durch den Kühlprozess erzeugt werden. Die Luft wird in Wellennähe zu den Scheiben und an diesen entlang geführt, wo sie durch Konvektion Wärme aufnimmt. Durch den Tannenbaumfuß tritt sie schließlich in die Laufschaufeln ein, um diese zu kühlen. Die Leitschaufeln werden durch Hohlräume im Gehäuse mit Kühlluft versorgt. Die Leitschaufeln müssen im Gehäuse eine Wärmedehnungsmöglichkeit haben. Außerdem sind sie so befestigt, dass sie die auftretenden Reaktionskräfte aus der Beschleunigung der Gase auf das Gehäuse ableiten können.

gelangt ist, durch Konvektion auf. Gastemperaturen bis ca. 1500 K sind mit dieser Methode beherrschbar. Eine Verbesserung des Wärmeübergangs von der Schaufelwand auf die Kühlluft wird durch Prallkühlung erreicht. Die Kühlluft wird dabei durch

Einsätze (*inserts*) in der Schaufel in mehreren Strahlen senkrecht auf die zu kühlende Oberfläche geleitet.

Ähnlich wie mit keramischen Schutzschichten (*coatings*) kann man eine Isolation der Bauteiloberfläche von der Wärmewirkung der vorbeiströmenden Gase durch einen Kühlfilm erreichen (vgl. «Brennkammer», Bild 9.4.40). Diese Filmkühlung oder Schleierkühlung lässt die Kühlluft durch Bohrungen, die in einem möglichst kleinen Winkel zur Oberfläche der Schaufel (10 bis 15°) enden und nur sehr kleine Durchmesser (ca. 0,3 mm) haben, ausströmen. Durch die Gasströmung wird der entstehende Kühlschleier stromab allmählich aufgelöst und muss durch eine weitere Reihe Kühlluftbohrungen neu gebildet werden. Die Herstellung dieser Bohrungen war ursprünglich nur durch Elektroerosion möglich. Heute werden diese Bohrungen vorwiegend mit Hilfe von Laser- und Elektronenstrahlen oder durch elektrochemische Bohrverfahren hergestellt.

Eine weitere Steigerung der Filmkühlung wird durch die Entwicklung der Effusionskühlung erwartet. Bei diesem Verfahren tritt die Kühlluft durch eine poröse Oberfläche aus und erzeugt dadurch einen sehr gleichmäßigen und effektiven Kühlschleier (vgl. auch Bild 9.4.43).

Die Kühlluft für die Turbinensektion darf nicht zu kalt sein, um Thermospannungen zu vermeiden. Sie wird deshalb vorwiegend aus den Hochdruckverdichtern entnommen, meistens aus der letzten Stufe (*compressor discharge air*, CDP). Die Zuführung der Kühlluft zu den Eintrittsleitschaufeln und zu den Laufschaufeln zeigt *Bild 9.4.61*. Während die Kühlluft in die Leitschaufel durch die Innen- und Außenplattform einströmt, erhalten die Laufschaufeln die Kühlluft durch die Tannenbaumfüße zugeführt.

Die geschilderten Kühlverfahren werden meistens kombiniert angewendet (*Bild 9.4.62*). Am häufigsten ist die Kombination aus Innen-, Prall- und Filmkühlung anzutreffen.

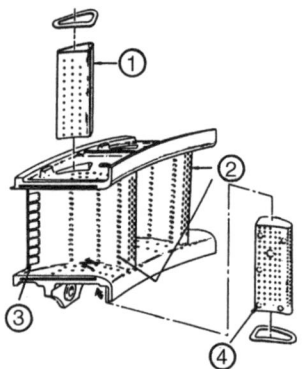

Bild 9.4.62
Kombinierte Film- und Konvektionskühlung bei Leitschaufeln:
1 Zirkulationseinsatz
2 Kühlluftbohrungen
3 Kühlluftschlitze
4 Noppen

Diese Kühlverfahren haben allerdings auch negative Auswirkungen. So beträgt der Kühlluftverbrauch bis zu 10% des Luftdurchsatzes, und er trägt zur Leistungserzeugung in der Turbine sowie zur Schuberzeugung nicht bei. Eine Reduzierung dieses Luftverbrauchs wird durch eine Mehrfachdurchströmung (*Bild 9.4.63*) der Schaufeln angestrebt.

Durch eine Vermischung der Luft aus dem Kühlfilm mit der Gasströmung wird darüber hinaus der Wirkungsgrad der Turbine verschlechtert (*Bild 9.4.64*). Turbulenzen und aerodynamische Störungen der Schaufelumströmung sind die Ursachen hierfür.

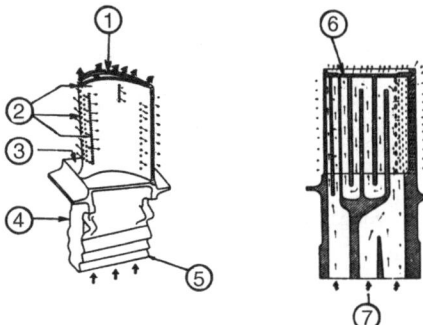

Bild 9.4.63
Mehrfachdurchströmung einer Laufschaufel:
1 Schaufelkopfkühlung
2 Bohrungen für Filmkühlung
3 Schaufelplattform
4 Schaft
5 hohler Schaufelfuß
6 Platte
7 Kühllufteinlass

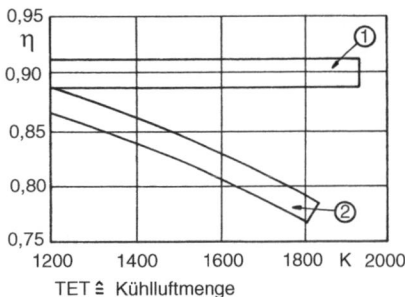

Bild 9.4.64
Die Verschlechterung des Turbinenwirkungsgrades durch Kühlung
1 Turbinenwirkungsgrad ohne Kühlung (ermittelt auf einem mit Kaltluft betriebenen Prüfstand);
2 Turbinenwirkungsgrad bei unterschiedlichem Kühlluftdurchsatz entsprechend der TIT

Aktive Spaltkontrolle der Turbine (Active Clearance Control, ACC)

Bei der Forderung nach gewichtsoptimierten Triebwerkskonstruktionen ist es nicht möglich, Triebwerksgehäuse so steif zu bauen, dass Verformungen unter der Einwirkung von Gewichts-, Schub- und Trägheitskräften bei Flugmanövern auszuschließen sind. Andererseits ist durch die Zunahme der Leistung von Verdichter- und Turbinenstufen die Notwendigkeit zur Einhaltung kleiner Kopfspiele immer größer geworden, um verlustreiche Umströmungen der Schaufelköpfe zu vermeiden. Die Fluggesellschaften erwarten heute vom Triebwerkshersteller außerdem, dass die Leistungen und die Verbrauchswerte moderner Triebwerke über viele tausend Flugzyklen möglichst konstant gehalten werden. Die Ursachen für eine Verschlechterung des Brennstoffverbrauchs in Abhängigkeit von der Anzahl der Flugzyklen werden in *Bild 9.4.65* aufgezeigt.

Danach ist die Spaltvergrößerung durch Einlaufvorgänge während des Einsatzes für eine bis zu 2,5% betragende Erhöhung des Verbrauches verantwortlich. Um dem entgegenzuwirken, wird der Spalt in der Turbinensektion moderner Triebwerke – zum Teil auch in der Hochdruckverdichtersektion – aktiv durch Kühlluft beeinflusst. Bei stationären Flugzuständen (Reiseflug) werden bei diesen Triebwerken die Gehäuse so intensiv mit Kühlluft beaufschlagt, dass durch die hierdurch bewirkte Verkleinerung

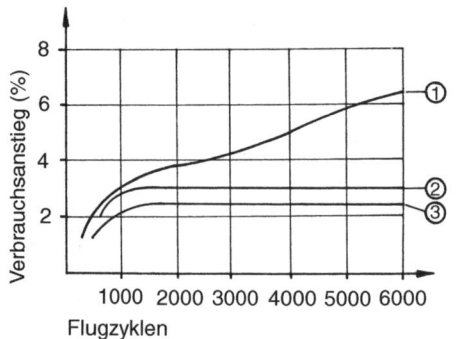

Bild 9.4.65
Zunahme des Brennstoffverbrauchs zweiwelliger Bläsertriebwerke durch Verschleißerscheinungen in Abhängigkeit von der Anzahl der Flugzyklen
1 Erosion
2 thermische Verformungen
3 Spaltvergrößerungen durch Schubkraft und Manöverlast

des Gehäuseinnendurchmessers das kleinstmögliche Kopfspiel eingestellt wird, um so den Kraftstoffverbrauch im Reiseflug auf ein Minimum zu senken. Für die Flugphasen, die durch auftretende Kräfte ein Anlaufen der Schaufeln bei kleinem Spiel erwarten lassen, wird die Kühlung vermindert oder ausgesetzt, damit der Durchmesser der Gehäuse – und damit das Kopfspiel – sich wieder vergrößert. Für das Triebwerk CFM International CFM 56-3 werden zum Beispiel die folgenden Werte angegeben:

Kopfspiel der Hochdruckturbine
Montage: 2,11 mm
Startleistung: 0,20 mm
Reiseflug: 0,02 mm

Erreicht wird diese Veränderung des Kopfspiels durch die Beaufschlagung der Gehäuse mit Kühlluft von unterschiedlicher Temperatur:

Leerlauf: Zapfluft aus der 9. Stufe des Verdichters = geringere Kühlung, da diese Luft verhältnismäßig warm ist.
Reiseflug: Zapfluft aus der 5. Stufe = starke Kühlung.
Steigflug: Zapfluft aus der 5. und 9. Stufe gemischt = mittlere Kühlung.
Start: Zapfluft aus der 9. Stufe = geringe Kühlung.

Bild 9.4.66 zeigt die Entwicklung des Turbinenschaufel-Kopfspiels mit aktiver Spaltbeeinflussung während eines Fluges. Man erkennt, dass die aktive Beeinflussung erst im Steigflug einsetzt und zum Landeanflug wieder abgeschaltet wird. Während im Steigflug und im Reiseflug das Spiel sehr klein gehalten werden kann, wird es im Sinkflug wieder recht groß. Während die Fliehkräfte durch die Verringerung der Drehzahl schnell abnehmen und damit der Durchmesser der Turbine schnell kleiner wird, dauert die Schrumpfung des Gehäuses durch den Kühlungseffekt etwas länger.
  Für die Kühlung der Hochdruckturbine werden ca. 2% des Luftdurchsatzes verbraucht, während die Spaltkontrolle ca. 0,5% des Luftdurchsatzes benötigt.
  Wo ein Anlaufen von Laufschaufeln nicht ausgeschlossen werden kann, wird ein Anlaufschutz vorgesehen, wie z.B. ein Aluminium-Honeycomb (Fan), das mit einem

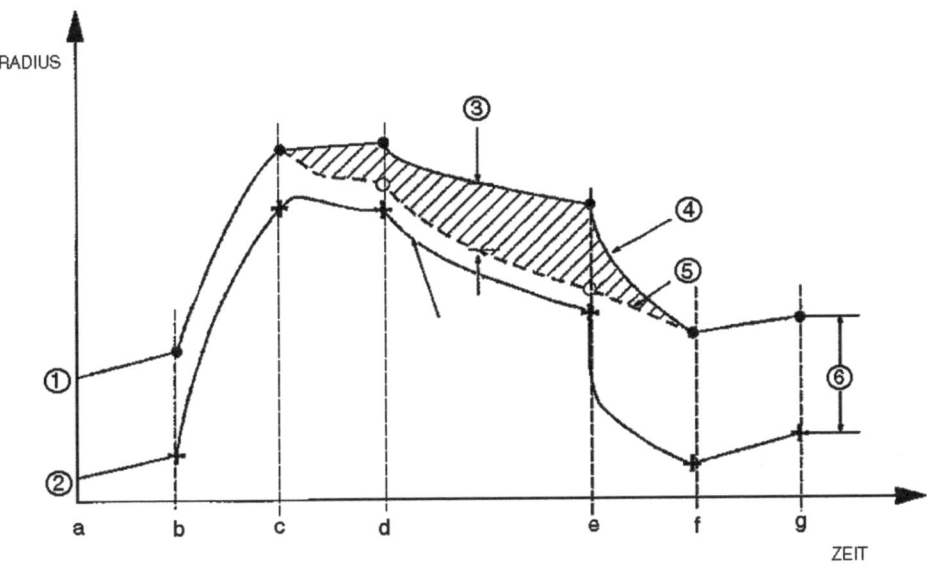

Bild 9.4.66 Einfluss der aktiven Spaltkontrolle
Das Diagramm zeigt die Entwicklung des Kopfspalts einer Turbine ohne und mit Spaltkontrolle.
1 Innenradius des Gehäuses; 2 Außenradius der Laufschaufeln; 3 Verkleinerung des Kopfspiels durch modulierende Spaltkontrolle; 4 Innenradius des Gehäuses ohne Spaltkontrolle; 5 Innenradius des Gehäuses mit Spaltkontrolle; 6 Kopfspiel (-spalt)
a) kaltes TRW (*cold*); b) Leerlauf (*idle*); c) Start (*take-off*); d) Steigflug (*climb*); e) Reiseflug (*cruise*); f) Sinkflug (*descent*); g) Landeanflug (*approach*)

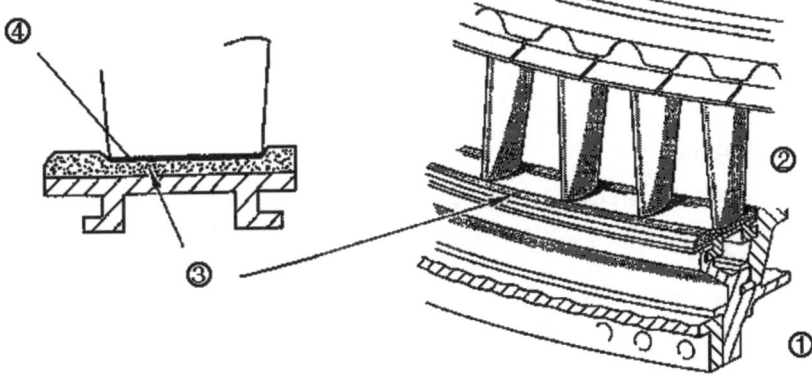

Bild 9.4.67 Plasmagespritzte Keramikschicht
1 Turbinengehäuse; 2 Turbinenrotor; 3 einlauffähige plasmagespritzte Keramikschicht; 4 Rotorschaufel mit einer Panzerung der Blattspitzen aus sehr harten plasmagespritzten Bor-Nitrid-Partikeln

leicht abreibbaren Kunstharz ausgefüllt ist, oder plasmagespritzte Keramikschichten (Turbine; *Bild 9.4.67).*

Die bisher beschriebenen Sektionen des Gasturbinentriebwerks dienen der Bereitstellung von Gasmassen mit ausreichendem Energiegehalt, um daraus Nutzarbeit für den Reaktionsantrieb von Flugzeugen oder als Wellenleistung zum Antrieb von Aggregaten wie Propellern, Rotoren, Fanstufen, Generatoren u.a. gewinnen zu können. Soll den Gasen Wellenleistung entzogen werden, so geschieht dies in mehrstufigen Turbinen, die mehr Leistung erzeugen, als zum Antrieb des Verdichters erforderlich ist. Im Fall des Turbo-Propeller-, des Fan- oder Propfantriebwerks erfolgt die Abgabe der Überschussleistung meistens über das Niederdruckrotorsystem. Bei Wellenleistungstriebwerken, wie Hubschraubertriebwerke oder Fahrzeugantriebe, wird die Überschussleistung häufig durch frei fahrende Turbinen, d.h. vom Gasgenerator mechanisch entkoppelte Turbinen, erzeugt.

Während Einstrom-Triebwerke, die ihren Schub durch den heißen Gasstrahl erzeugen, und solche mit niedrigem Nebenstromverhältnis (militärische Antriebe für hohe Geschwindigkeiten) mit 1 bis 3 Turbinenstufen auskommen, um den Verdichter anzutreiben, werden bei High-Bypass-Triebwerken 2 Stufen für die Hochdruckturbine und bis zu 7 Stufen in der Niederdruckturbine vorgesehen, um den Gasen die notwendige hohe Leistung zum Antrieb des Fans zu entziehen.

✍ Übung

1. Worin besteht der Unterschied in der *Arbeitsweise der Gleichdruck- und der Überdruckturbine*?
2. Was versteht man unter dem *Reaktionsgrad*, und wie verändert er sich vom Fuß zum Kopf einer Gasturbinenschaufel?
3. Nennen Sie die bestimmenden *Einflussgrößen* für die Turbinenleistung.
4. Welche *Kühlverfahren* werden in der Turbine angewendet?
5. Welche *Werkstoffe* werden in der Turbinensektion verwendet?

9.4.9 Schubdüse

Die von der Turbinensektion nicht verbrauchte Energie der Heißgase wird in der Schubdüse zu einem möglichst großen Teil in Geschwindigkeit umgesetzt. Diese Aktion hat als Reaktion den Triebwerksschub zur Folge. Die Auslegung der Schubdüse muss auf den Einsatz und den Arbeitsprozess des Triebwerks sorgfältig abgestimmt sein. Geringfügige Abweichungen der Querschnittsfläche durch Beschädigungen oder Deformierungen können bereits zur Schubverminderung bzw. zur Erhöhung des Brennstoffverbrauchs führen.

Moderne zivile Zweistromtriebwerke arbeiten nur mit Unterschalldüsen, da höhere Gasaustrittsgeschwindigkeiten aus Gründen eines günstigen Vortriebswirkungsgrades nicht erstrebenswert sind. Die Gasparameter vor der Schubdüse und die Strömungsquerschnitte sind dabei so abgestimmt, dass im Austrittsquerschnitt im Auslegungspunkt bei vollständiger Expansion auf den Atmosphärendruck gerade die örtliche Schallgeschwindigkeit erreicht wird *(Bild 9.4.68)*. Wenn der Fankanal der

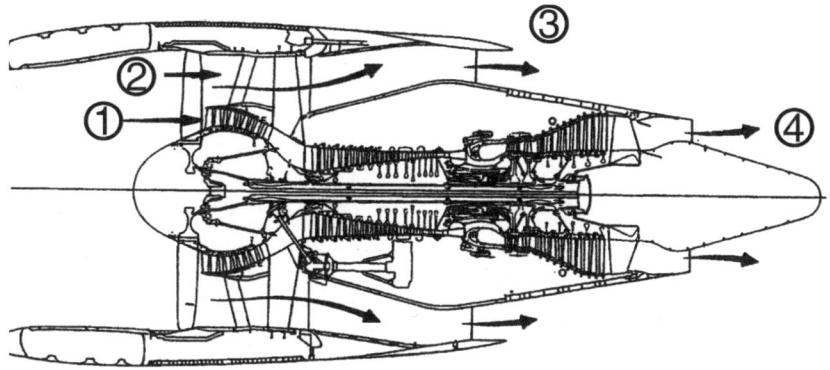

Bild 9.4.68 Schubdüsen eines Hochbypass-Triebwerks
1 Primärluftstrom; 2 Sekundärluftstrom (Kaltluftstrom); 3 Sekundärdüse (Kaltluftdüse); 4 Primärdüse (Heißgasdüse)

Triebwerksverkleidung kurz gehalten wird, muss die Sekundärluft in einer separaten Sekundärluftdüse beschleunigt werden. Ist der Fanluftkanal lang ausgeführt und bis zur Schubdüse geführt, so wird die Kaltluft in einer integralen Schubdüse mit dem Heißgas gemischt und mit diesem gemeinsam beschleunigt.

Kampfflugzeuge, die im transsonischen Bereich fliegen, haben häufig auch nur Unterschalldüsen und erreichen damit Fluggeschwindigkeiten über Mach 1. Dies ist dadurch möglich, dass die Schallgeschwindigkeit ja ein relativer Wert ist. Wegen der höheren Temperatur der Abgase liegt die Schallgeschwindigkeit für diese viel höher als für die Umgebung ($a = \sqrt{\kappa \cdot R \cdot T}$). Die Machzahl des Flugzeuges ist aber auf die Lufttemperatur der Umgebung bezogen. So ist es möglich, dass Flugzeuge mit Unterschalldüsen Geschwindigkeiten bis ca. Mach 1,5 erreichen können.

Ist bei diesen Unterschalldüsen im Ausströmungsquerschnitt noch ein Überdruck vorhanden, was z.B. durch besonders niedrigen Druck der Umgebung der Fall sein kann, so geschieht der Rest-Druckabbau außerhalb der Düse, indem der Gasstrahl «aufplatzt». Da das Gas nicht mehr durch Düsenwandungen geführt wird, erfolgt jetzt eine sehr schnelle Volumenzunahme. Durch ein Pulsieren des Abgasstrahls außerhalb des Triebwerks wird die restliche Energie aufgebraucht. Diese Expansion ist so heftig, dass sich im Strahlzentrum ein Unterdruck ausbildet, der für eine anschließende Kontraktion des strömenden Gases sorgt. Dieses Pulsieren setzt sich in der Atmosphäre fort, bis die restliche Energie aufgebraucht ist. Eine Schuberhöhung findet hierbei nicht statt; die Düse arbeitet mit höheren Verlusten.

Bild 9.4.69 zeigt eine Düse für die Umsetzung eines sehr hohen Druckgefälles in Geschwindigkeit (wie sie in der gezeichneten Form allerdings nicht für luftatmende Strahltriebwerke verwendet wird). Durch diese nach ihrem Erfinder, dem schwedischen Ingenieur DE LAVAL, benannte Düsenform lassen sich hohe Überschallgeschwindigkeiten erreichen. In dieser Düse durchströmen die Gase zunächst einen Abschnitt mit abnehmendem Strömungsquerschnitt. Dieser Teil der Düse wird als **konvergent** bezeichnet. Da die Gase aus einem Bereich mit höherem statischen Druck strömen, müssen sie nach

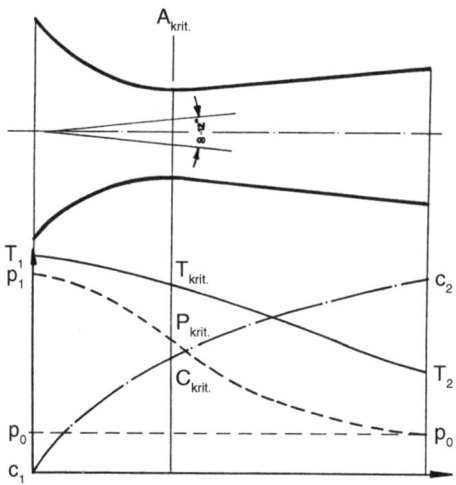

Bild 9.4.69
Schematische Darstellung einer Laldüse mit dem Verlauf der Gasparameter

dem **Gesetz von Bernoulli** statischen Druck durch Erhöhung ihrer Geschwindigkeit in dynamischen Druck umwandeln.

Nach dem **Stetigkeitssatz** muss dabei der Strömungsquerschnitt im umgekehrten Verhältnis zur Geschwindigkeit abnehmen. Diese Abnahme des Querschnittes setzt sich fort, bis die Gase die örtliche Schallgeschwindigkeit (vgl. Kapitel 8), d.h. Mach 1, erreicht haben. Bei weiterer Abnahme des Querschnittes würde die Geschwindigkeit der Gase – trotz noch vorhandenen Druckgefälles – nicht mehr zunehmen, die Düse ist gesperrt (*choked*). Die Ebene der Düse, in der Mach 1 erreicht wird, heißt der **kritische Querschnitt**. Die Gasparameter erhalten in diesem Querschnitt den Index «krit».

Die Ursache für dieses Verhalten der Gase liegt darin begründet, dass in der Düse der spezifische Gasdurchsatz (das ist der Gasdurchsatz in kg/s, bezogen auf den m² des Düsenquerschnittes) bis zur Erreichung der Schallgeschwindigkeit zunimmt und in überschallschneller Strömung wieder abnimmt. Diese Tatsache wiederum ist dadurch zu erklären, dass im Unterschallbereich die Geschwindigkeit schneller zunimmt als

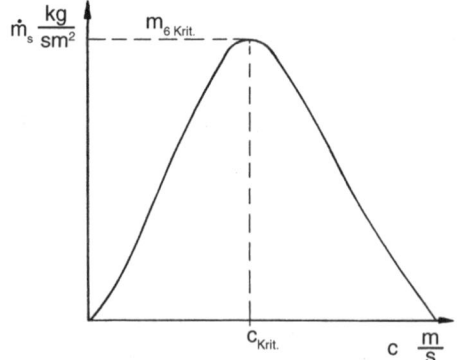

Bild 9.4.70
Spezifischer Massendurchsatz in Abhängigkeit von der Strömungsgeschwindigkeit
m_s spezifischer Massendurchsatz in kg/s · m²
c Strömungsgeschwindigkeit in m/s
c_{krit} kritische Strömungsgeschwindigkeit (örtliche Schallgeschwindigkeit)

sich das Gas ausdehnt. Durch die überproportionale Geschwindigkeitszunahme kann die Dichteabnahme überkompensiert werden. Im Überschallbereich überwiegt dagegen die Volumenzunahme und damit die Dichteabnahme; die Geschwindigkeit nimmt langsamer zu als in der Unterschallströmung. Aus diesem Grund sinkt der spezifische Massendurchsatz *(Bild 9.4.70)*.

Da in der Düse, wenn keine Verstopfung eintreten soll, in jeder Ebene derselbe Massendurchsatz möglich sein muss, ist es erforderlich, im Überschallbereich, bei Abnahme des spezifischen Durchsatzes, den strömenden Gasen einen größer werdenden Querschnitt zur Verfügung zu stellen. Nur dann kann sich die Expansion der Gase – und damit die Geschwindigkeitszunahme – fortsetzen, bis der Gasdruck auf den Atmosphärendruck abgesunken ist *(Bild 9.4.71)*.

Um Ablösungen von den Wandungen in dem sich erweiternden Düsenteil zu vermeiden, darf der Öffnungswinkel dieses Düsenabschnitts nur etwa 8° bis 12° betragen. Dadurch wird dieser **divergierende** Teil der Düse länger als der konvergente. Diese Düsenart wird hauptsächlich bei Raketentriebwerken verwendet.

Die Möglichkeit, die Gase in einer Lavaldüse auf Überschallgeschwindigkeit zu beschleunigen, ist abhängig von dem zur Verfügung stehenden Druckgefälle. Nur wenn der Druck im kritischen Querschnitt – also beim Erreichen einer Strömungsgeschwindigkeit von Mach 1 – höher liegt als der Gegendruck (Atmosphärendruck), kann das Gas in einem anschließenden divergenten Düsenteil auf Überschallgeschwindigkeit weiter expandieren.

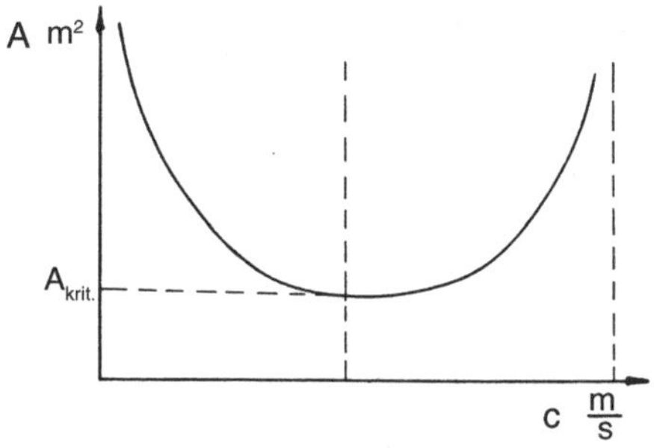

Bild 9.4.71
Erforderlicher Düsenquerschnitt in Abhängigkeit von der Strömungsgeschwindigkeit
A_{krit} kritischer Querschnitt = kleinster Querschnitt

Soll das Triebwerk Fluggeschwindigkeit im hohen Überschallbereich ermöglichen, so ist eine Ausströmgeschwindigkeit >Mach 1 erforderlich. Das notwendige überkritische Druckgefälle wird dazu durch eine Nachverbrennung, d.h. Einspritzen und Verbrennen von Kraftstoff im Abgasstrahl, erreicht. Da sich durch diese Maßnahme die Gasparameter vor der Schubdüse sehr stark ändern, muss der kritische Querschnitt für den Nachbrennerbetrieb vergrößert werden. Die Schubdüse für Überschalltriebwerke ist deshalb verstellbar. Eine Lavaldüse ist für Flugtriebwerke nicht ideal, da sie vor allem sehr groß und schwer ist bzw. sich außerdem weder ihr kritischer noch ihr Endquerschnitt verstellen lässt. Dies ist aber bei Nachbrennertriebwerken unbedingt erforderlich. Für Überschalltriebwerke werden hauptsächlich zwei Schubdüsenkonstruktionen angewendet: die **verstellbare konvergent-divergente Düse** und die

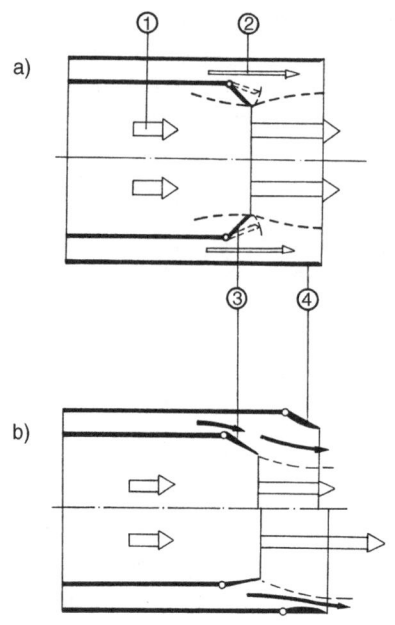

Bild 9.4.72
Ejektordüsen
a) Ejektordüse mit verstellbarer Primärdüse; die Düse arbeitet in der Darstellung mit leicht überkritischer Expansion.
b) Ejektordüse mit verstellbarer Primär- und Sekundärdüse; die obere Darstellung zeigt die Düsenstellung für den Betrieb ohne Nachbrenner, die untere Darstellung die geöffnete Düse für den Betrieb mit Nachbrenner.
1 Primärströmung
2 Sekundärströmung
3 Primärdüse
4 Sekundärdüse

Irisdüse. In älteren Triebwerkskonstruktionen wurde hauptsächlich die **Ejektordüse** eingesetzt.

Bei der Ejektordüse *(Bild 9.4.72)* wird der Unterdruck des Gasstrahls zum Ansaugen eines Sekundärstromes genutzt. Da der sehr schnell strömende Abgasstrahl einen niedrigen statischen Druck aufweist (vgl. Gesetz von BERNOULLI), kann man diesen nutzen, um langsamer strömende Kaltluft anzusaugen. Dies ist entweder Kühlluft, die durch den Raum zwischen der Triebwerksverkleidung (*cowling*) und dem Triebwerk strömt, oder manchmal auch Luft, die durch nach innen öffnende federbelastete Klappen vor der Schubdüse durch die Ejektorwirkung angesaugt wird. Der Sekundärstrom dient auch als Kühlluftstrom für den doppelwandigen Nachbrenner. Ist nur der Endquerschnitt des heißen Primärstromes, der kritische Querschnitt, regelbar, so spricht man von einer nicht regelbaren Ejektordüse; kann auch der Endquerschnitt für die Sekundärdüse verstellt werden, so liegt eine voll verstellbare Ejektordüse vor.

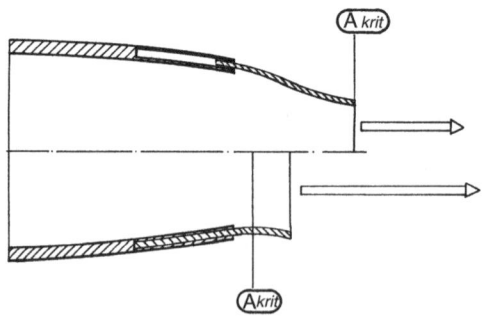

Bild 9.4.73
Prinzipdarstellung einer Irisdüse
In der oberen Hälfte ist die Düse für den Betrieb ohne Nachbrenner, in der unteren Hälfte für den Betrieb mit Nachbrenner dargestellt.

Konstruktiv aufwendiger, aber auch effektiver und widerstandsärmer ist die Irisdüse (*Bild 9.4.73*). Sie wird aus schwach S-förmig gebogenen Segmenten gebildet, die sich wie die Iris eines Fotoapparates gegenseitig überschuppen und axial verschiebbar in einem Gehäuse geführt sind. In ausgefahrener Stellung bilden sie eine divergente Düse für den Unterschall- und Transschallbereich, eingefahren bilden sie nach einem konvergenten einen kurzen divergenten Düsenteil, der eine überkritische Expansion im Überschallbereich ermöglicht. Die äußere Kontur ist bei dieser Düsenform sehr glatt, so dass sie der über das Flugzeug strömenden Luft wenig Widerstand bietet.

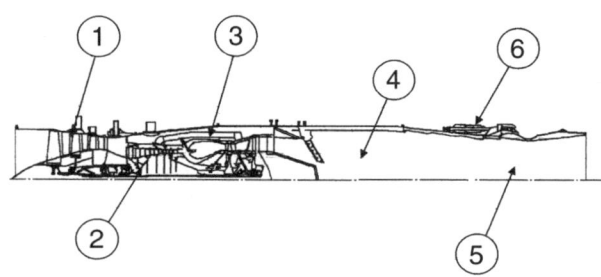

Bild 9.4.74   EJ-200-Triebwerk mit konvergent-divergenter Schubdüse
Zwei EJ-200-Triebwerke von der Eurojet Turbo GmbH Germany treiben den Eurofighter «Typhoon» an. Es handelt sich um ein Zweiwellen-Zweistromtriebwerk mit einem kleinen Bypassverhältnis von 0,4 und einem Nachbrenner. Die Schubdüse ist konvergent-divergent als Vektordüse ausgeführt. Das Triebwerk entwickelt einen Standschub von F_B = 60 kN kalt und 90 kN mit Nachverbrennung bei einem Luftdurchsatz von 76 kg/s und einem Verdichterdruckverhältnis von π = 26. Der dreistufige Fan (Niederdruckverdichter) besteht aus Bliskstufen. Der HP-Verdichter ist fünfstufig. Dies ergibt bei dem vorliegenden Druckverhältnis ein mittleres Stufendruckverhältnis von 1,5! Die Verdichterschaufeln besitzen transsonische Profile. Einkristalline Turbinenschaufeln und pulvermetallurgisch hergestellte Laufscheiben zeichnen die Turbinensektion aus. Zur Abdichtung der Lager werden Bürstendichtungen angewendet. Die Masse beträgt m = 1035 kg bei einer Länge von 4000 mm und einem Durchmesser von 740 mm.
1 Fan (Niederdruckverdichter); 2 Hochdruckverdichter; 3 Bypasskanal; 4 Nachbrenner;
5 konvergent-divergente Schubdüse; 6 Hydraulikzylinder zur Verstellung der Schubdüse

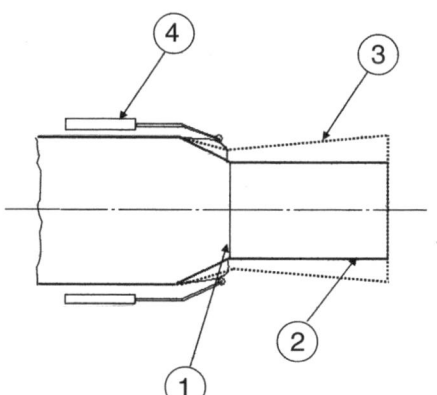

Bild 9.4.75
Konvergent-divergente Schubdüse
1 konvergenter Düsenteil (punktiert in offener Düsenstellung)
2 divergenter Düsenteil in geschlossener Position
3 divergenter Düsenteil in offener Position (Nachbrennerbetrieb)
4 Hydraulikzylinder zur Verstellung der Schubdüse

Moderne Triebwerke für Überschall-Militärflugzeuge sind meistens als Bypass-Triebwerke mit einem niedrigen Bypassverhältnis konstruiert (*Bild 9.4.74*). Der Sekundärluftstrom dient der Kühlung des Nachbrennerrohres und wird als Sauerstofflieferant für die Nachverbrennung genutzt. Dazu wird diese Luft mit dem Heißgas gemischt und in einer gemeinsamen Düse beschleunigt. Diese konvergent-divergenten Düsen (*Bild 9.4.75*) bestehen aus Klappen, die in einem etwas kürzeren Teil die konvergente, verstellbare Düse bilden, so dass der kritische Querschnitt dem Massenstrom und den sich ebenfalls ändernden Parametern des Abgasstrahls angepasst werden kann. Die Verstellung geschieht durch Hydraulikzylinder, die über eine Rolle auf eine Kurvenbahn drücken, die an dem Klappenring befestigt ist und die Klappen gegen den Gasdruck nach innen bewegen. Die etwas längeren Klappen, die den divergierenden Teil der Düse bilden, sind durch Scharniere mit den Klappen der konvergenten Düse verbunden. Anlenkstangen verbinden diese Klappe mit der Struktur, so dass bei einer Bewegung der Klappen für die konvergente Düse diese so mitverstellt werden, dass sie im zugefahrenen Zustand ein zylindrisches Rohr bilden, im aufgefahrenen Zustand aber nach außen schwenken und einen leicht divergierenden Düsenteil formen. Zwischen den Klappen befinden sich wiederum Bleche, die irisförmig übereinander schiebend den variierenden Zwischenraum abdichten.

Um die Manövrierfähigkeit von Kampfflugzeugen zu steigern, werden Schubdüsen neuerdings auch seitlich und in der Höhe schwenkbar ausgeführt. Diese so genannten **Schubvektordüsen** erlauben schnellere Kursänderungen um die Nick- und die Hochachse und verbessern dadurch den Kampfwert des Flugzeuges. Außerdem können die Steuerflächen verkleinert oder sogar ganz weggelassen werden.

Nachdem wir uns den Aufbau und die Arbeitsweise der Sektionen des Gasturbinentriebwerks etwas näher angesehen haben, wollen wir uns abschließend der Frage zuwenden, wo denn eigentlich im Strahltriebwerk der Schub entsteht. Die Annahme, dass die Schubdüse – entsprechend ihrem Namen – der unmittelbare Entstehungsort des Schubes sein muss, ist falsch. Darauf deuten schon die leichte Konstruktion dieses Bauteils und das Fehlen jeglicher Vorrichtungen zur Einleitung des Schubes in die Flugzeugzelle hin. Grundsätzlich erzeugen Düsen einen Widerstand, d.h. eine Kraft, in Richtung der Strömung (*Bilder 9.4.76* und *9.4.77*).

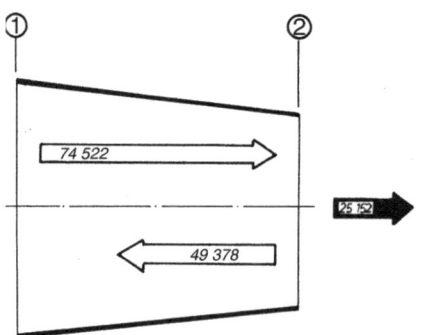

Bild 9.4.76
Gegenüberstellung der Düsenkräfte in der Eintrittsebene (1) und der Austrittsebene (2)

Bild 9.4.77
Prinzipdarstellung der Kraftwirkung an einer Düse

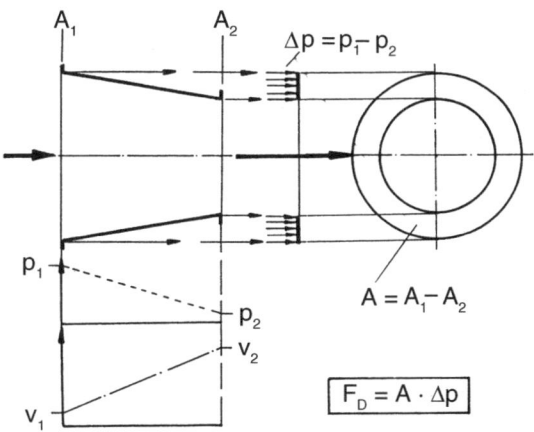

Um aus Gasdrücken eine Kraft zu gewinnen, müssen die Gasdrücke in Richtung der Kraft auf eine Fläche wirken können. Das können sie bei einer Düse nur in Richtung des schräg gestellten, konischen Düsenmantels, also in der Richtung der Strömung. Bei Strahltriebwerken heißt das: Die Gaskräfte wirken in der Schubdüse gegen die Flugrichtung, erzeugen also hier keinen Schub. In Flugrichtung können sich Gaskräfte nur in der Flugrichtung in solchen Strömungskanälen absetzen, die eine Fläche nach vorn aufweisen. Diese Eigenschaft haben nur Diffusoren; sie sind im Triebwerk überall zwischen dem Fan und dem vorderen Bereich der Brennkammer zu finden. Hier wirken also die Reaktionskräfte als Schub, die als Folge der Beschleunigung der Gase in der Schubdüse erzeugt werden. Die Wirkung der Schubdüse ist also die Ursache für die Schubentstehung, aber nicht der Ort, an dem die Schubkraft wirksam entsteht.

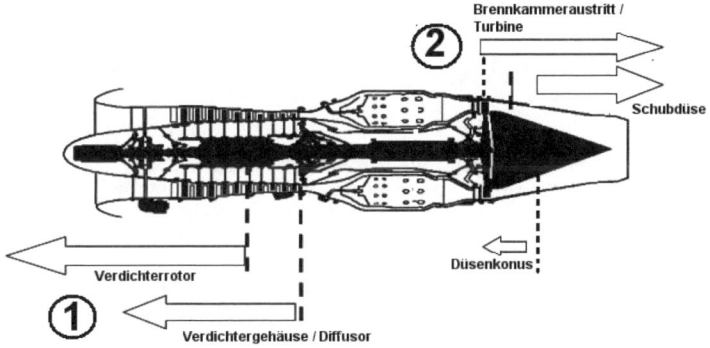

Bild 9.4.78 Das Bild zeigt am Beispiel eines fiktiven Einwellen-Triebwerks die prinzipielle Gesamt-Kräftebilanz in einem Turbo-Luftstrahltriebwerk. Man erkennt, dass die größten Schubkräfte in der Verdichter- und der Brennkammersektion wirksam sind. Auch an der konischen Verkleidung der Turbinennabe setzen sich Schubkräfte ab. Aus diesen Bereichen werden sie in die Triebwerksaufhängung eingeleitet. Die Aufhängung im Düsenbereich ist schwingend ausgeführt (um Wärmedehnungen zuzulassen). Dadurch hat sie nur tragende Funktion.
1 Schubkräfte (Reaktion); 2 Widerstandskräfte

Wir erhalten demnach folgende Kräfteverteilung im Triebwerk:

Verdichter, Fan	= Diffusor	: Schubkräfte
Verdichteraustrittsgehäuse	= Diffusor	: Schubkräfte
Brennkammer (vorderer Bereich)	= Diffusor	: Schubkräfte
Turbine	= Düse	: Widerstandskräfte
Schubdüse	= Düse	: Widerstandskräfte

Bild 9.4.78 zeigt am Beispiel eines fiktiven Einwellentriebwerks qualitativ die Gesamtkräftebilanz in einem Turbostrahltriebwerk. Man erkennt, dass die größten Schubkräfte in der Verdichter- und der Brennkammersektion wirksam sind. Auch an der konischen Verkleidung der Turbinennabe können sich geringe Schubkräfte absetzen. Die Einleitung der Schubkräfte in die Triebwerksaufhängung (*pylon, strut*) geschieht aus dem Verdichtergehäuse entweder über Schubstreben oder über Spurzapfen. Diese Schubeinleitungen sind in Fail-Safe-Bauweise ausgeführt.

Übung

1. Wie *verändern* sich die Zustandsgrößen Druck, Geschwindigkeit und Temperatur der Gase beim Durchströmen der Schubdüse?
2. Welche *Kräfte* wirken auf die Schubdüse?
3. Wodurch ist der *kritische Querschnitt* einer Schubdüse bestimmt?
4. Wodurch unterscheidet sich die *Überschalldüse* von der *Unterschalldüse*, und worauf ist die unterschiedliche Form zurückzuführen?
5. Warum müssen *Strahltriebwerke mit einem Nachbrenner* Schubdüsen mit verstellbaren Querschnitten haben, und welche Bauformen von verstellbaren Schubdüsen gibt es?
6. Wo wirken Schubkräfte am Triebwerk?

9.4.10 Der Betrieb eines Strahltriebwerks

Das Anlassen

Nachdem wir uns den Aufbau und die Wirkungsweise von Gasturbinentriebwerken ein wenig angesehen haben, wollen wir uns auch einen Einblick in den Betrieb eines solchen Triebwerks verschaffen.

Zunächst müssen wir das Triebwerk anlassen. Dies ist nicht jedem Mechaniker erlaubt; dazu muss er einen so genannten **Run-up-Schein** haben, den er in einem besonderen Lehrgang erwirbt.

Nach der Check-Liste wurden alle erforderlichen Vorbereitungen getroffen: Das Flugzeug ist durch Klötze gegen Wegrollen gesichert, das Beacon eingeschaltet, alle Arbeiten im Technical Log Book sind abgezeichnet, die Cowlings sind zu und alle Abdeckplanen entfernt, und vor allem haben wir Druckluft von der APU. Die Tankpumpen laufen, es kann losgehen. Bei älteren Triebwerken beginnt der Startvorgang durch das Hochziehen des Start-Levers in die mittlere Position (*Bild 9.4.79*). Das

Starterventil öffnet, die Zündung ist vorgewählt, der pneumatische Anlasser beginnt den Hochdruck-Rotor zu drehen.

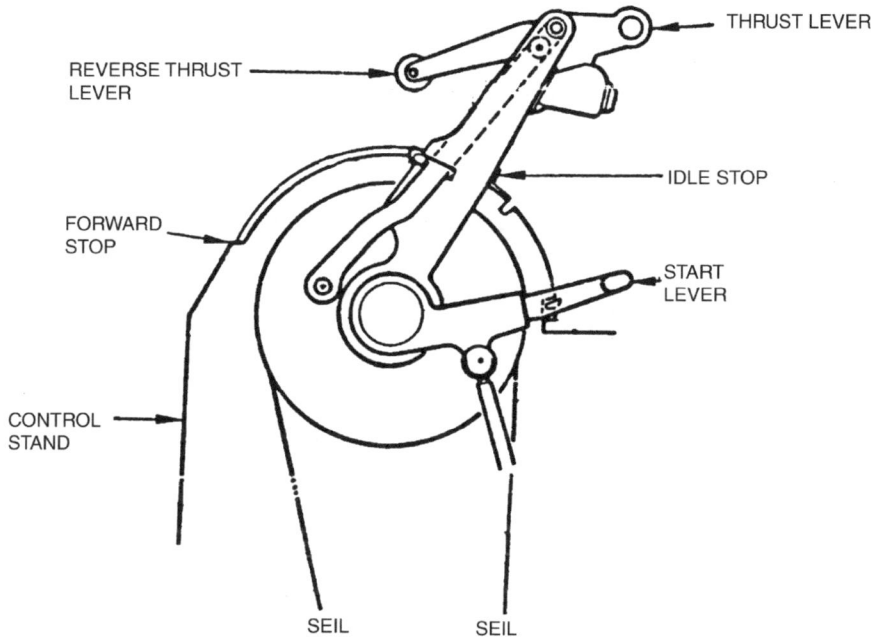

Bild 9.4.79   Für jedes Triebwerk des Flugzeuges ist auf der Mittelkonsole ein Schubhebel (*thrust lever*) für den Vorwärtsschub und daran angelenkt ein kleinerer Schubhebel (*revers thrust lever*) für die Schubumkehr zu finden. Der Schubhebel wird nach vorn geschoben, der Umkehrschubhebel dagegen nach oben gezogen, um «Gas zu geben». An der Rückseite der Konsole befindet sich der Starthebel (*start lever*). Airbusse haben keine Umkehrschubhebel, sondern können nach Betätigung eines kleinen Fingerhebels (*reverse latching lever*) die Schubumkehr einleiten und nach Freigabe des Interlocks das Triebwerk durch Zurückziehen des Schubhebels auf Leistung fahren.

Wir beobachten einen Anstieg des Öldruckes mit der Zunahme der Drehzahl. Bei ca. 20% Drehzahl ziehen wir den Start-Lever ganz hoch und geben damit die Zündung frei, kurz darauf öffnet auch das Hochdruck Absperrventil (*high-pressure shut-off valve*), der Brennstoff wird eingespritzt und sofort gezündet. Das heiße Gas treibt die Turbine an. Das Niederdrucksystem ist durch die angesogene Luft ebenfalls beschleunigt worden. Nach der Selbsterhaltungsdrehzahl wird die Drehzahl erreicht, bei der der Anlasser automatisch ausklinkt und abschaltet. Der Motor läuft jetzt im Leerlauf (*Bild 9.4.80*).

Bei FADEC-geregelten Triebwerken gibt es keinen Start-Lever mehr. Der Computer regelt die Startsequenz vollautomatisch und überwacht auch den ordnungsgemäßen Ablauf der Prozedur. Wir müssen nur einen Drehschalter auf IGN/Start drehen und den Masterswitch des anzulassenden Motors umlegen, und los geht's (*Bild 9.4.81*).

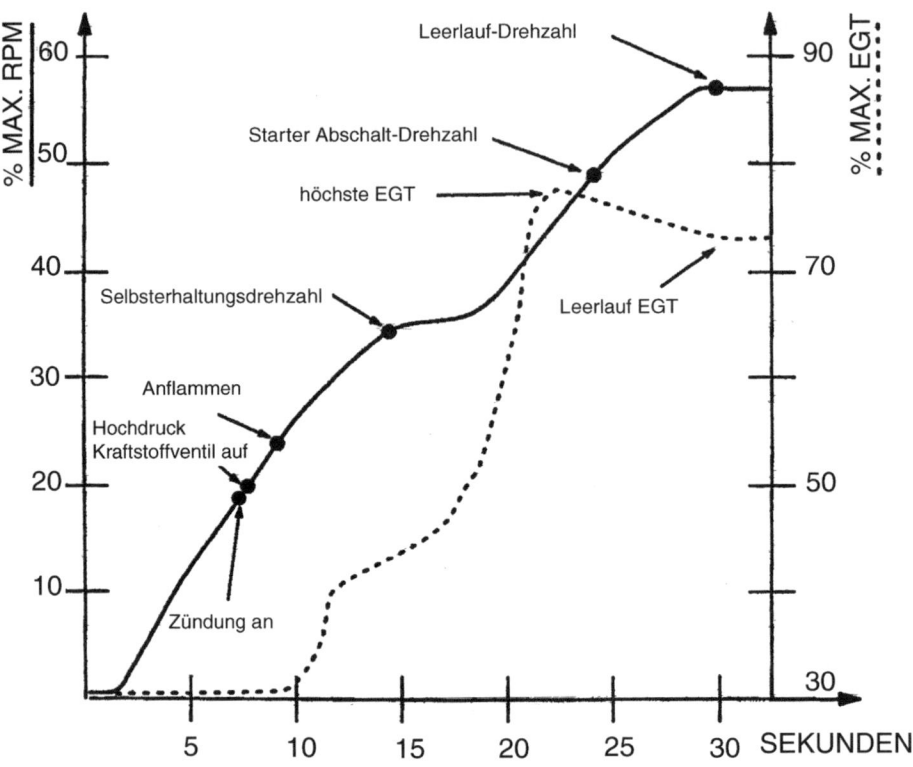

Bild 9.4.80 Das Diagramm zeigt die Abfolge der Aktionen, die notwendig sind, um ein Gasturbinentriebwerk zu starten. Wichtig ist, dass die Zündung erfolgt, bevor der Brennstoff eingespritzt wird, um Ansammlungen von Brennstoff zu vermeiden, und dass der Leerlauf über der Selbsterhaltungsdrehzahl liegt. Dies ist erforderlich, damit das Triebwerk in einer möglichst kurzen Zeit vom Leerlauf auf Take-off-Drehzahl beschleunigen kann. Meistens ist der Leerlauf auch so eingestellt, dass der damit erzielte Schub ausreicht, um das Flugzeug auf ebener Bahn rollen zu lassen.

Was kann schief gehen?

1. Es kann einen **Wetstart** geben (*Bild 9.4.82*). Ursache: Die Zündkerzen haben den eingespritzten Brennstoff nicht entzündet. Dieser hat sich im Motor angesammelt und muss jetzt durch Motoring ausgeblasen werden. Das Triebwerk muss eine Zeitlang ohne Brennstoffzufuhr und Zündung trockengeblasen werden.
2. Es passiert ein **Hotstart** (*Bild 9.4.83*). Ursache: Es war noch Kraftstoff in den Brennkammer von einem vorausgegangenen Wetstart, oder es wurde zu viel Brennstoff eingespritzt.
3. Der Startvorgang bleibt hängen, ein **Hungstart** liegt vor (*Bild 9.4.84*). Ursache: Der Anlasser hat nicht genug Druckluft bekommen, oder es ist kein Brennstoff eingespritzt worden, oder die Zündung hat nicht funktioniert.

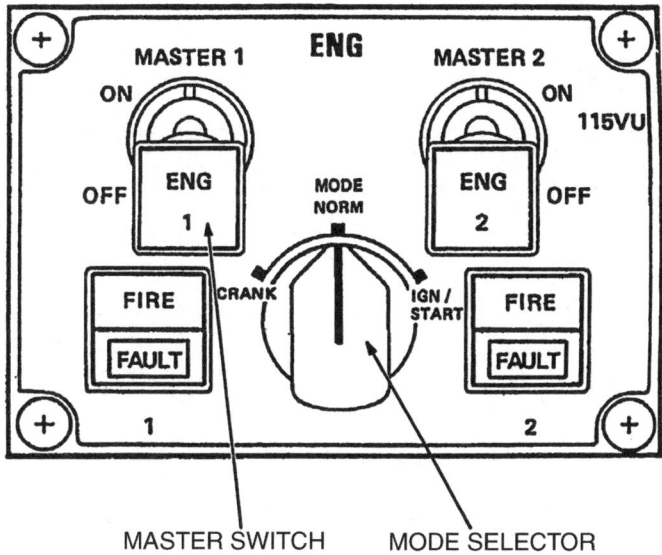

Bild 9.4.81 Das Bedienfeld für den Triebwerksstart in einem zweimotorigen Airbus. Über den Mode Selector wird ausgewählt, ob ein Motoring vorgenommen werden soll: Einstellung CRANK, oder ob das Triebwerk starten soll: IGN/START. Der eigentliche Anlassvorgang beginnt durch Umlegen des Master Switch. Der Feuerlöschschalter (*fire push buttons*) für jedes Triebwerk befindet sich unterhalb des Master Switch.

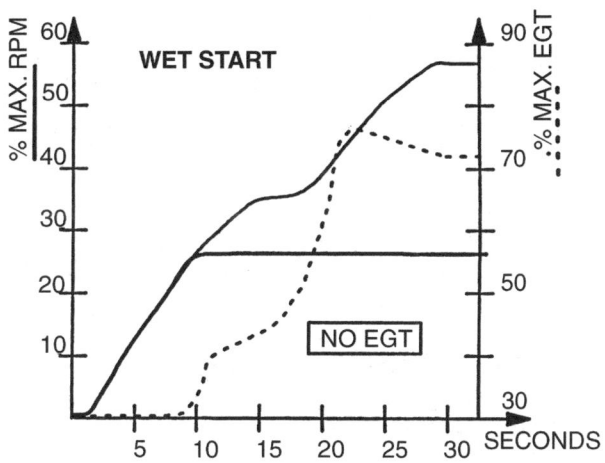

Bild 9.4.82 Dieser Wet-Start wurde nach ca. 10 s unterbrochen, weil kein EGT-Anstieg vorlag, der Brennstoff also nicht gezündet wurde. Der Anlasser allein konnte bis etwa 30% Drehzahl beschleunigen.

635

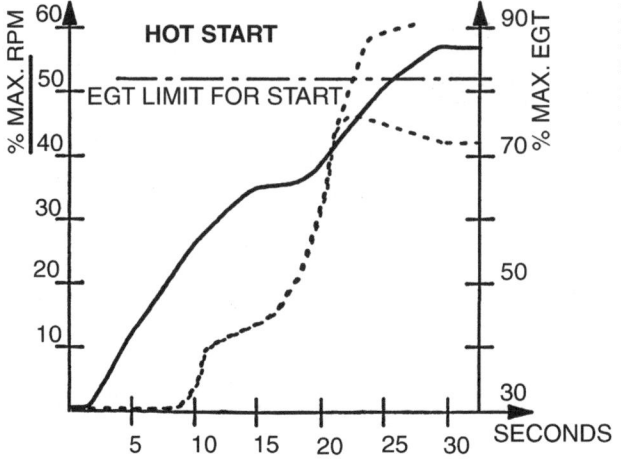

Bild 9.4.83
Das Diagramm des Hot-Starts zeigt, dass die EGT die Grenze für den Start überschritten hat. Deshalb musste der Startvorgang abgebrochen werden.

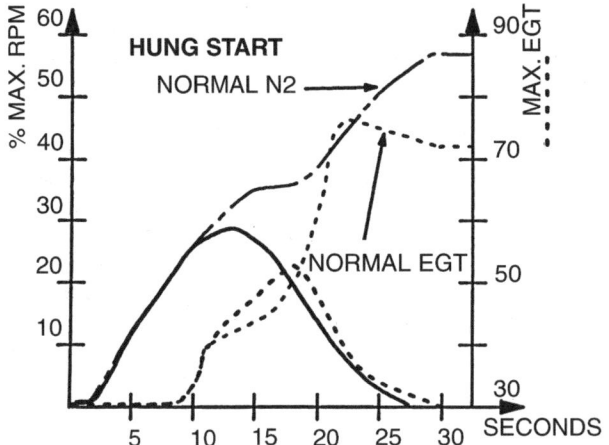

Bild 9.4.84
Bei dem hier aufgezeigten Hung-Start beschleunigte das Triebwerk nur bis zu einer Drehzahl von 30%. Die EGT zeigt keinen Anstieg, also erfolgte keine Zündung.

Alle diese Fehlstartmöglichkeiten erspürt das FADEC rechtzeitig, unterbricht den Startvorgang und regelt den Neustart. Bei älteren Triebwerken ohne FADEC ist es Aufgabe des Mechanikers oder des Piloten, diese Fehlstarts rechtzeitig zu erkennen und den Startvorgang abzubrechen.

Der Einfluss der Umwelt auf den Schub

Die folgenden Diagramme geben den Einfluss von Temperatur, Luftdruck und Flughöhe auf den Schub wieder (*Bild 9.4.85*).

Während eine steigende Temperatur den Schub durch die damit verbundene Dichteabnahme verringert, wirkt sich ein steigender Luftdruck positiv auf den Schub aus. Bei jeder Änderung dieser Parameter wird aber der Schub durch die Kraftstoffregelung konstant gehalten, zumindest bis zur Flat-Rate-Temperatur (s. unten). Die Tendenz

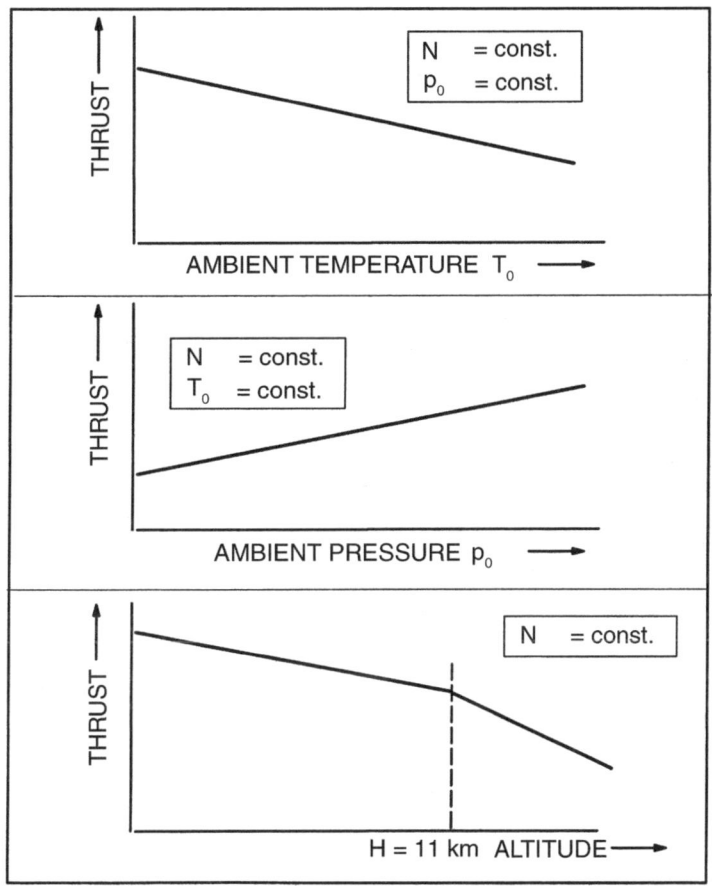

Bild 9.4.85 Einfluss von Temperatur, Luftdruck und Flughöhe auf den Schub

zur Schubabnahme mit der Höhe ist eine Folge des abnehmenden Luftdruckes. Durch die ebenfalls abnehmende Temperatur wird diese Tendenz bis zur Tropopause abgemildert. Da jetzt mit zunehmender Höhe die Temperatur nicht mehr abnimmt, verringert sich der Schub von nun ab stärker.

Ratings

Von modernen Triebwerken verlangt man nicht mehr, dass sie bei jedem Start die volle Leistung abgeben. Bei niedrigen Temperaturen z.B. ist der Schub dieser Triebwerke wegen der größeren Luftdichte höher als man ihn für den Start braucht. Deshalb werden heute Triebwerke so geregelt, dass sie zunächst nur einen konstanten verminderten Startschub erbringen müssen, der dem Schub bei einer höheren Temperatur entspricht (*Bild 9.4.86*). Ein solches Triebwerk arbeitet unter **Flat-Rate**-Bedingungen. Die Flat-Rate-Temperaturen liegen ca. zwischen 28 und 40 °C. Man erreicht dadurch eine Schonung und damit eine höhere Lebensdauer des Motors. Bei niedrigen Temperaturen ist das Triebwerk am geringsten belastet und deshalb die EGT niedrig; bis zur Flat-Rate-Temperatur steigt die EGT an. Bei Temperaturen oberhalb der Flat-Rate-Temperatur fällt der Schub auch bei diesen Triebwerken ab, und die EGT bleibt konstant (vgl. Bild 9.4.89).

Eine weitere Möglichkeit, das Triebwerk in der Startphase durch eine niedrigere abgerufene Leistung zu schonen, stellt ein verminderter Startschub dar. Einige Flugzeuge haben eine Schubhebelstellung, die als «flexible» bezeichnet wird. Hat das Flugzeug ein niedriges Startgewicht und ist die Startbahn lang genug, so kann der Pilot durch Eingabe einer hohen Außentemperatur den Regler veranlassen, nur den Schub einzuregeln, der bei dieser fiktiven erhöhten Temperatur erbracht werden würde.

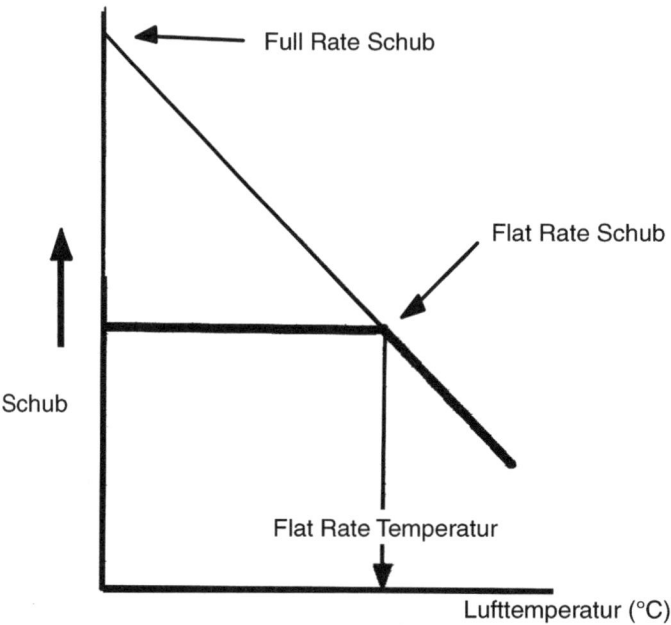

Bild 9.4.86 Bis zur Flat-Rate-Temperatur bleibt der Schub dieses Triebwerks konstant und ist niedriger als der mögliche Schub. Erst ab der Flat-Rate-Temperatur sinkt auch hier der Schub.

Für die einzelnen Flugphasen sind ebenfalls bestimmte Laststufen, so genannte Ratings, einstellbar. Der Schubhebel hat feste oder bezeichnete Stellungen für den Leerlauf (*idle*), den Steigflug (*climb*), den Reiseflug (*cruise*). Ein Bereiche ist außerdem für den Fall vorgesehen, dass ein Triebwerk wegen eines Defektes während des Fluges abgeschaltet werden muss (*in flight shut-down*), dann wird das verbleibende bzw. werden die verbleibenden Triebwerke auf die höchste Dauerleistung, das max. Continuous, gefahren. Von allen Ratings ist nur die Startleistung zeitlimitiert (ca. 5 min).

Die Triebwerksüberwachung (indication)
Die Triebwerksüberwachung findet auf den Instrumenten resp. auf den Bildschirmen im Zentrum des Instrumentenbrettes statt. Das obere Instrument dient grundsätzlich der

Überwachung des Schubes (*Bild 9.4.87*). Bis heute ist es – mit einer Ausnahme – nicht möglich, den Schub direkt abzulesen. Nur der Airbus A 380 hat eine Anzeige, die die Höhe des augenblicklich geleisteten Schubes in Prozent des aktuell möglichen Schubes anzeigt. Bei Rolls-Royce- und bei Pratt&Whitney-Triebwerken wird z.B. das *engine pressure ratio* (EPR = p_{t5}/p_{t2}) stellvertretend für den Schub angezeigt. General-Electric-Highbypass-Triebwerke werden nach der N_1-Drehzahl geregelt. Für die Sicherheit des Triebwerks ist der EGT-Wert von größtem Interesse, der unterhalb von EPR oder N_1 zur Anzeige kommt. Die Drehzahlen der Rotorsysteme werden immer angezeigt, ebenso der Kraftstofffluss (*fuel flow*, FF). Diese Werte gehören alle zur Leistungsüberwachung (*performance indication*).

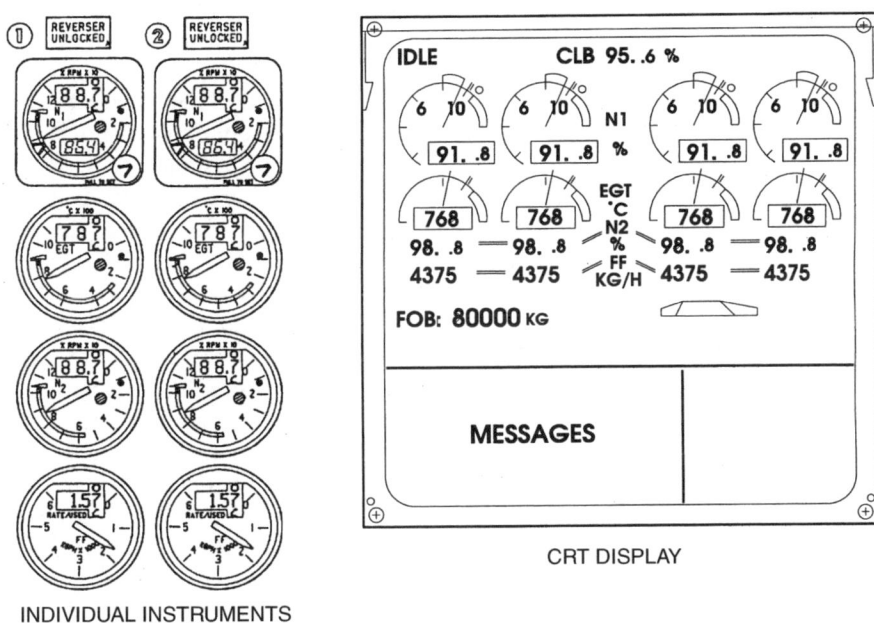

Bild 9.4.87   Flugzeuge mit diesen Instrumenten sind mit General-Electric-Triebwerken ausgestattet. Der Schub wird nach der N_1-Drehzahl gesetzt.

Die Systeme des Triebwerks werden durch Knopfdruck (oder bei einem Fehlwert automatisch) auf dem unteren mittleren Bildschirm (ECAM resp. EICAS) dargestellt, so dass die Piloten z.B. Ventilstellungen, den Pumpenstatus, Filterzustände, Drücke und Vorratsmengen ablesen können. Diese Anzeigen gehören zur Systemüberwachung (*systems indication*).

Triebwerkswerte werden periodisch aufgezeichnet und für das Engine Trend Monitoring (*on conditon monitoring*) verwendet. Auch die Ermittlung und Aufbereitung dieser Werte gehören zur Triebwerksüberwachung.

Engine Trend Monitoring
Ziel des Engine Trend Monitoring bei modernen Strahltriebwerken ist es, aus periodisch gemessenen Triebwerksdaten frühzeitig Wirkungsgradverschlechterungen oder sich anbahnende Schäden zu erkennen. Hierzu werden einige aussagefähige Triebwerksparameter in bestimmten Abständen beim Start (höchste Leistung) und im Flug aufgezeichnet. Erfahrene Triebwerksingenieure können aus diesen Daten, die auch als **Footprints** bezeichnet werden, auf die Ursachen für eine Verschlechterung des Triebwerkszustandes schließen.

Bei mechanischen Triebwerksreglern geschieht die Aufzeichnung dieser Triebwerksdaten in dem **Power Plant Data Multiplexer (PMUX)**. Triebwerke mit digitalen Reglern speichern die Daten in der **Data Management Unit (DMU)**. Aus diesen Daten werden automatisch sog. **Reports** erstellt, die zur Bodenstation gefunkt werden können. Diese Reports können auch bei Bedarf jederzeit von der Bodenstelle oder den Piloten angefordert werden.

Von einem überholten Triebwerk wird das 1. Messprotokoll 30 s nach dem Setzen des Startschubes angefertigt. Diese Protokolle während des Starts werden nach jeweils 35 Startvorgängen neu aufgezeichnet. Sie können aber bei Bedarf auch jederzeit angefordert werden. Die Protokolle werden in ein Online-Terminal am Boden eingespeist. Alle 4 Flugstunden wird außerdem ein Reiseflugprotokoll angefertigt. Treten hier stärkere Abweichungen vom Sollzustand auf, so werden rechtzeitig Wartungsmaßnahmen geplant.

Bild 9.4.88 zeigt eine Seite eines Messprotokolls für ein General-Electric-CF6-80A3-Triebwerk an einem Airbus A 310. Der Motor ist zum Zeitpunkt der Messungen über 3000 Stunden am Flügel (*time since installation*, TMI). Ab der 3295sten Stunde zeigt sich im Reiseflugprotokoll eine Vertrimmung der verstellbaren Leitschaufeln (*variable stator vanes*, VSV) in Richtung offen. Dies hat vor allem einen höheren Kraftstoffverbrauch zur Folge. Durch einen Nachtrimm als Wartungsmaßnahme konnte die korrekte Einstellung dieser Schaufeln wieder hergestellt werden. Ein Standlauf mit einem Verbrauch von ca. 3000 l Kraftstoff und einer Ausfallzeit des Flugzeuges von etwa 3 Stunden konnte vermieden werden. Die Senkung des Kraftstoffverbrauchs durch diese Maßnahme wird mit 4000 l/Monat angegeben. Außerdem erkennt man in diesem Protokollblatt die Aufzeichnung der Stellung der verstellbaren Abblasventile (*variable bleed valves*, VBV), Angaben über die Arbeit eines Trimmmotors im Kraftstoffregler sowie die jeweilige Schubhebelstellung (*thrust lever angle*, TLA). In anderen Protokollblättern werden Triebwerksvibrationen und Drehzahlen aufgezeichnet. Von besonderer Bedeutung ist das Monitoring des Abstandes der aktuellen Abgastemperatur EGT von der höchstzulässigen, dem sog. **EGT-Margin** *(Bild 9.4.89)*. Dieser Wert und der ebenfalls ausgewiesene Wert für das SLOATL (*sea level outside air temperature limit*) weisen direkt die Güte des Triebwerks aus. Dabei gibt das EGT-Margin an, wie weit bei einer Verschlechterung von Teilwirkungsgraden der Kraftstofffluss und damit die EGT noch angehoben werden können, um den festgelegten Startschub erreichen zu können. Das SLOATL gibt an, bei welcher fiktiven Lufttemperatur das Triebwerk das EGT-Limit erreichen würde, wenn der vorgesehene Startschub durch einen entsprechenden Kraftstofffluss erbracht werden würde *(Bild 9.4.90)*. Je höher diese Temperatur ist, umso besser ist die Güte des Triebwerks.

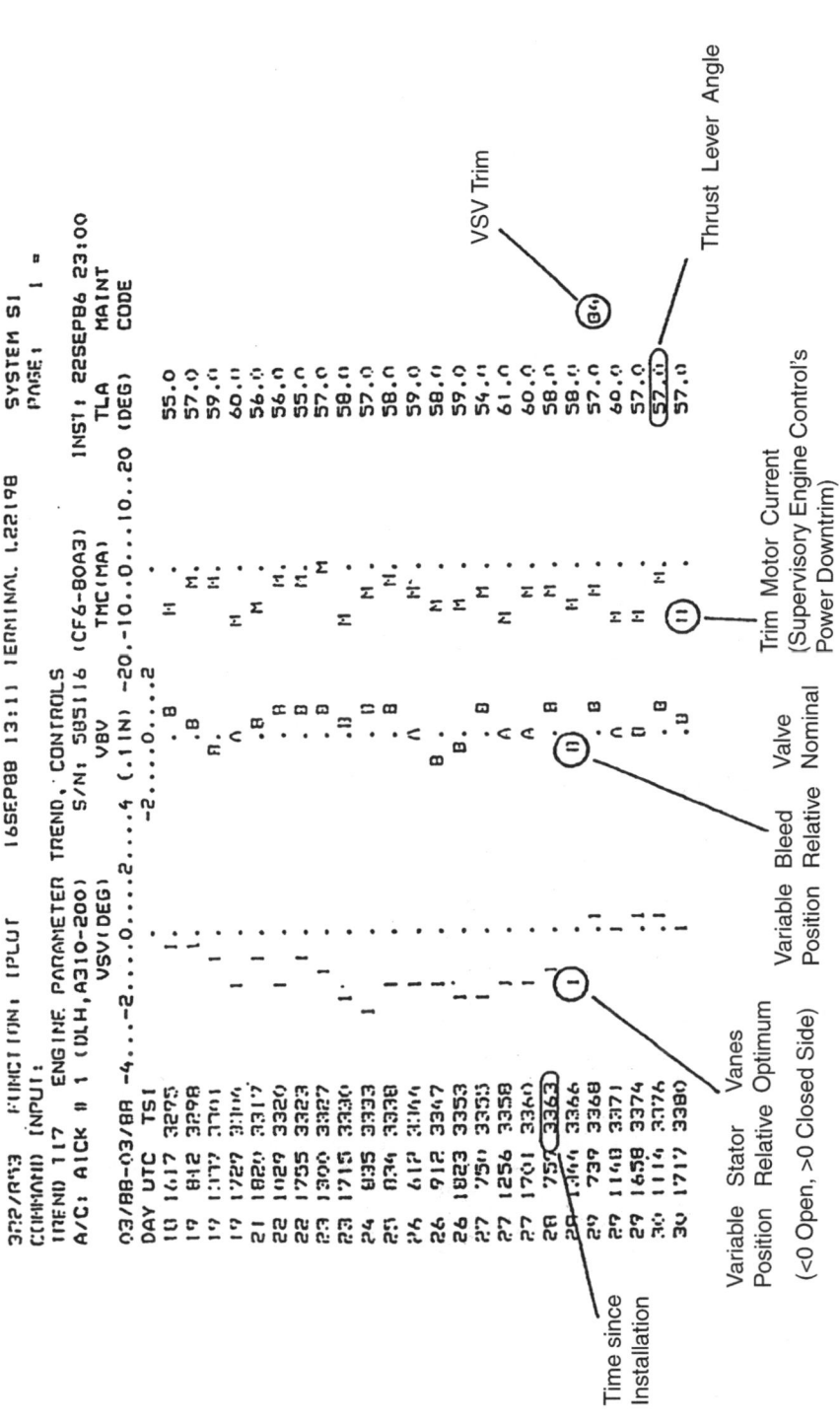

Bild 9.4.88 Eines von mehreren Messblättern des Condition-Monitoring-Systems eines Airbusses A 310. Hier sind die Parameter für die TSI (*time since installation*), die VSV-Position (*variable stator vanes*), die VBV-Position (*variable bleed valves*), der TMC (*trimm motor current*) und der TLA (*thrust lever angle*) aufgezeichnet.

641

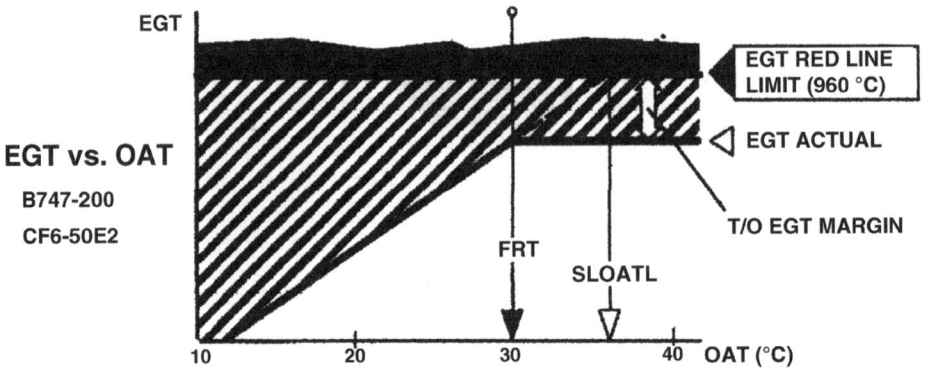

Bild 9.4.89 Das Diagramm zeigt die Abhängigkeit der EGT von der Lufttemperatur am Beispiel eines GE-CF6 50E2 mit Flat Rate an einer Boeing B 747-200.

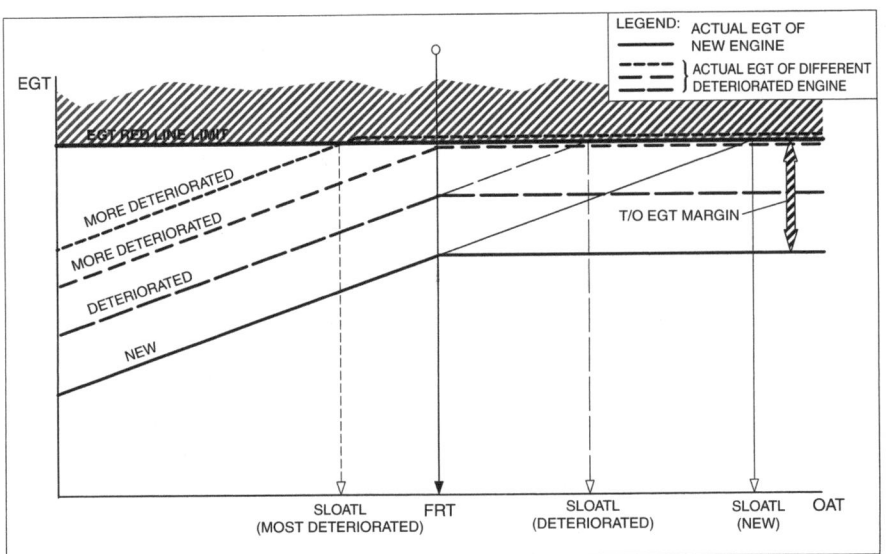

Bild 9.4.90 Das SLOATL ist wie das EGT Margin ein Verfahren, die Güte eines Triebwerks auszudrücken. Da jede Verschlechterung des Wirkungsgrades vom Kraftstoffregler durch einen höheren Kraftstofffluss ausgeglichen wird, um den Schub konstant zu halten, steigt mit der Verschlechterung der Triebwerkswirkungsgrade die EGT. Das Diagramm zeigt, dass mit zunehmendem Verschleiß die Temperatur, bei der das EGT-Limit erreicht werden würde, immer tiefer absinkt. Diese Temperatur ist das SLOATL (*sea level outside air temperature limit*).

Schubumkehrer (thrust reverser)

Die meisten Verkehrsflugzeuge und Geschäftsreiseflugzeuge haben einen Schubumkehrer, um die Landestrecke zu verkürzen und die Radbremsen zu entlasten.

Der Umkehrschub ist immer kleiner als der Startschub (ca. 60%), weil die Gase nicht um 180° umgelenkt werden können und außerdem das Triebwerk durch den

Umkehrschub thermisch hoch belastet ist und deshalb nicht mit 100% Schub für die Schubumkehr betrieben werden kann. Bei Hochbypass-Triebwerken wird der heiße Gasstrahl nicht umgelenkt, sondern nur der kalte Bypass-Luftstrom, weil er den größten Schubanteil liefert. Hauptsächlich zwei Bauformen von Schubumkehrer (*thrust reverser*) finden sich an modernen Triebwerken: den Schubumkehrer mit Kaskaden (*cascade type reverser with translating sleeve*) und einem verschiebbaren Triebwerksverkleidungsteil (translating sleeve; *Bild 9.4.91*) und den Schubumkehrer mit Ablenktüren (*pivoting door type reverser; Bild 9.4.92*). Wird der Kaskaden-Schubumkehrer betätigt, so fahren Tore (*blocker doors*) in den Nebenstrom hinein, wenn der verschiebbare Ring der Triebwerkserkleidung nach hinten fährt. Das Gleiche geschieht beim Ausschwenken der Ablenktüren bei der zweiten Schubumkehrerbauart. Durch diese Tore wird der Luftstrom in die Kaskaden bzw. zu den Ablenktüren umgeleitet.

Solange diese Bauteile nicht in der korrekten Position sind, sondern im Transit, ist es nicht möglich, das Triebwerk auf Leistung zu fahren. Bei älteren Triebwerken verhindert dies eine mechanische Sperre am Umkehrschubhebel, der so genannte **Interlock**.

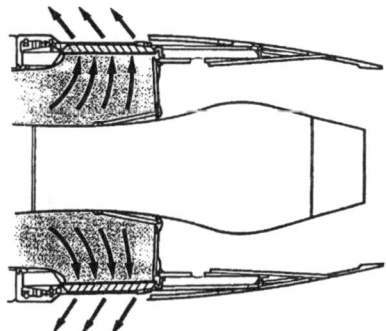

Bild 9.4.91 Beim Hochziehen des Umkehrschubhebels resp. des *revers latching levers* wird die Translating Cowl entriegelt und durch Kugelumlaufspindeln (*screw jacks*) nach hinten gefahren, so dass die Kaskaden freigelegt werden. Gleichzeitig klappen die Blocker Doors in den Bypassstrom und leiten diesen in die Kaskaden ab. Ist die Translating Cowl vollständig ausgefahren, hebt sie den Interlock auf und ermöglicht das Hochfahren des Triebwerks. Die Kaskaden lenken die Nebenstromluft schräg nach vorn und beschleunigen sie. Ein Teil der Reaktionskraft wirkt bremsend.

Bild 9.4.92
Der Schubumkehrer mit *pivoting doors* wirkt ähnlich wie der mit Kaskaden. Nur die Ablenkung der Nebenstromluft schräg nach vorn wird hier durch die ausfahrenden Türen (*pivoting doors*) vorgenommen.

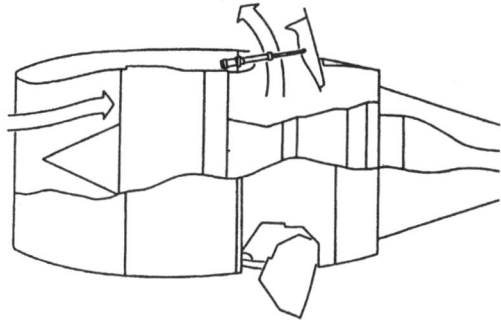

Diese Sperre wird von dem in seine Arbeitsposition fahrenden Schubumkehrer erst weggezogen, wenn er seine Endstellung erreicht hat. Bei modernen Triebwerken wird der Schubumkehrer durch das FADEC gesteuert.

✎ Übung

1. In welcher Folge laufen die zum Starten eines Strahltriebwerks erforderlichen Schaltungen ab?
2. Welche Ursache(n) kann ein Hotstart haben?
3. Welche Ursache(n) kann ein Wetstart haben?
4. Welche Ursache(n) kann ein Hungstart haben?
5. Wie wirkt sich eine höhere Temperatur auf den Schub aus?
6. Wie wirkt sich ein höherer Luftdruck auf den Schub aus?
7. Was ist ein flexibler Startschub?
8. Was bedeutet Flat Rating bei einem Strahltriebwerk?
9. Welche Werte werden stellvertretend für den Triebwerksschub im Cockpit angezeigt?
10. Was ist Engine Trend Monitoring?
11. Welche Bauarten von Schubumkehrern werden an modernen Triebwerken hauptsächlich verwendet?
12. Was ist ein Interlock am Schubumkehrer?

9.5 Triebwerkssysteme

9.5.1 Schmierstoffsystem

Schmierstoffsysteme von Gasturbinentriebwerken werden als Trockensumpf-Druckumlaufschmierung ausgelegt. In solchen Systemen wird der Schmierstoff in einem Tank bevorratet, von Druckpumpen zu den Schmierstellen gepumpt und anschließend von Rückölpumpen aus den Lagersümpfen in den Tank zurück befördert.

Die Schmierstoffanlage dient dazu, die Wälzlager und Zahnräder des Triebwerks unter allen Betriebsbedingungen zuverlässig mit Schmierstoff zu versorgen, und hat damit folgende Aufgaben:

❏ Schmierung zur Verminderung der Reibung in den Wälzlagern und Zahnrädern (hydrodynamische Schmierung);
❏ Kühlung der Lager, insbesondere im Bereich der heißen Sektionen;
❏ Spülung der Schmierstellen zur Entfernung des Feinabriebs;
❏ Korrosionsschutz aller metallischen Teile, die mit dem Öl in Berührung kommen.

In Gasturbinentriebwerken ist der Ölverbrauch bei intaktem System gering. Er bewegt sich zwischen 0,1 und 0,8 l/h. Daraus folgt, dass der Ölvorrat nicht sehr groß zu sein braucht (10 bis 25 l). Das Öl muss jedoch mit großer Geschwindigkeit (ca. 20...75 l/min) umlaufen, um den Kühlanforderungen gerecht werden zu können. Da sich das Öl während

Bild 9.5.1
Aufbau eines Ölkühlers
1 Kraftstoffeinlass
2 Öltemperaturfühler
3 Ölauslass
4 Umgehungsventil
5 Öleinlass
6 Kraftstoffauslass

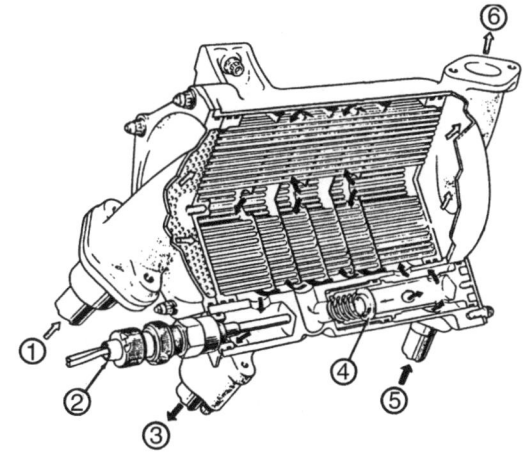

des Betriebs stark erwärmt, wird es im Ölkreislauf durch einen Wärmetauscher geleitet. Dieser Wärmetauscher (*Bild 9.5.1*) kühlt das Öl (z.B. von ca. 100 °C auf ca. 50 °C beim GE CF6) und leitet die Wärme ab. Das Kühlmedium kann Kraftstoff oder Luft sein. Je nach der Position des Ölkühlers spricht man von einem Cold-Tank- oder Hot-Tank-System.

Beim **Cold-Tank-System** befindet sich der Ölkühler im Rückölsystem, so dass das Öl nach dem Austritt aus dem Lagerbereich gekühlt wird. Der Vorteil dieses Systems ist eine verringerte Schaumbildung des gekühlten Öls während der Lagerung im Tank. Da weniger Öl durch die Tankentlüftung entweicht, ergibt sich ein geringerer Ölverbrauch. Außerdem wird das Öl weniger beansprucht, da es sich gegenüber dem Hot-Tank-System weniger lange in heißem Zustand (Temperaturen bis zu 200 °C) befindet.

Beim **Hot-Tank-System** ist der Ölkühler im Druckölsystem angeordnet, d.h., die Kühlung erfolgt vor dem Eintritt des Öls in den Lagerbereich. Dieses System führt zu einer effektiveren Kühlung des Öls im Ölkühler, weil das von den Lagern zurück gepumpte Öl bereits im Tank durch Luftabscheider im Rücköleinlass entschäumt worden ist. Eine isolierende, den Kühleffekt behindernde Wirkung kann also von Luftteilchen nicht mehr ausgehen.

Der anfallende Feinabrieb wird in einem Filter gesammelt. Umgehungsventile sorgen bei verstopftem Filter oder Kühler oder kaltem, zähem Öl für einen Ölfluss im Schmiersystem.

In Gasturbinentriebwerken besteht diese Schmierstoffanlage aus den folgenden vier Untersystemen (*Bild 9.5.2*):

❑ Druckölsystem,
❑ Rückölsystem,
❑ Lagerdichtluftsystem,
❑ Ölsumpfbelüftungssystem.

Druckölsystem
Das Druckölsystem hat die Aufgabe, das Öl aus der Ölbevorratung anzusaugen und unter Druck zu den Lagerstellen zu befördern. Aus den Öldüsen wird das Öl dann

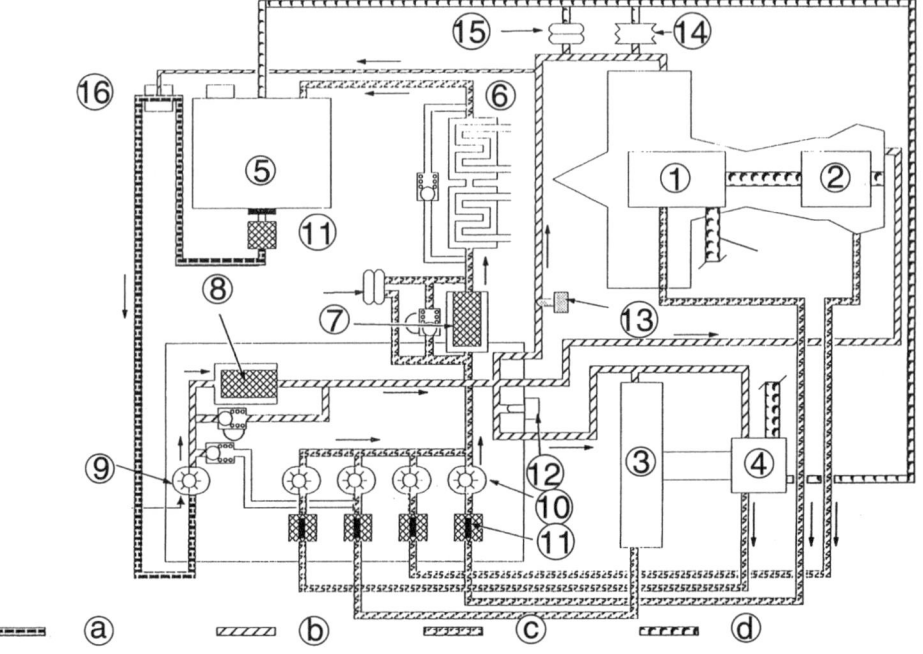

Bild 9.5.2   Schmierstoffsystem des CFM 56-5A
Die Darstellung zeigt den Aufbau eines Schmierstoffsystems ohne Druckregelung mit den zugehörigen Komponenten am Beispiel des Triebwerks CFM 56-5A des Airbus A 320. Der Schmierstofffluss erfolgt vom Tank (5) durch die Saugleitung (a) zu der Druckölpumpe (9) und von dort durch das Druckölsystem (*pressure oil*) (b) mit einer Reihe von Systemkomponenten zum vorderen (1) und hinteren (2) Lagersumpf. Die Rückölpumpen (10) fördern den Schmierstoff durch das Rückölsystem (*scavenge oil*) (c) und wiederum einer Reihe von Komponenten zurück in den Tank. Das Öl-Luft-Gemisch (*vent*) (d) aus den Lagersümpfen und dem Hilfsgeräteträger (3) mit dem Umlenkgetriebe (4) wird durch eine Lüfterzentrifuge, die in das Wellensystem integriert ist, getrennt.
Folgende Komponenten sind Bestandteil des Schmierstoffsystems des CFM 56-5A:
5   Öltank; 6   Ölkühler und Servokraftstoffvorwärmer mit Umgehungsventil; 7   Rückölfilter mit Umgehungsventil (*bypass valve*) und Schalter für die Anzeige der Verstopfung des Filters im Cockpit (*clogging switch*); 8   Druckölfilter mit Umgehungsventil Verstopfungsanzeige (*clogging indicator*); 9   Druckölpumpe (*supply pump*); 10   Rückölpumpen (*scavenge pumps*); 11   Magnetstopfen mit Ölsieb (*chip detector, screen*); 12   Öltemperatursensor für die Cockpitanzeige; 13   Öltemperatursensor für die elektronische Triebwerksregelung; 14   Öldruckgeber für die Übermittlung des Öldruckes in das Cockpit; 15   Öldruckschalter für die Niederdruckwarnung; 16   Vorrichtung gegen das Leerlaufen des Öltanks nach dem Abstellen des Triebwerks (Syphon-Effekt).

entweder direkt an die Lager oder auf Schleuderringe gespritzt. Die Schleuderringe transportieren das Öl unter die Lagerinnenringe, um dort eine bessere Kühlwirkung zu erzielen. Man unterscheidet Druckölsysteme mit und ohne Druckregelung.

Druckölsystem mit Druckregelung
Bei diesem System (*Bild 9.5.3*) steigt der Öldruck in der Anlaufphase drehzahlabhängig auf den gewünschten Systemdruck an und wird dann durch ein Druckregelventil über den

Bild 9.5.3
Öldruckdiagramm eines Ölsystems mit Druckregulierung. Während des Anlassvorgangs steigt der Öldruck und erreicht im Leerlauf den gewünschten Wert. Ein Druckregulierungsventil hält den Öldruck, unabhängig von der Triebwerksdrehzahl, dann über den gesamten Betriebsbereich konstant.

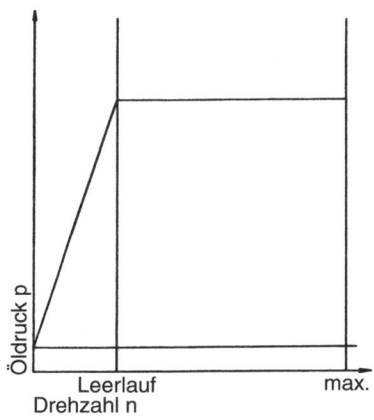

ganzen Betriebsdrehzahlbereich konstant gehalten. Geregelte Systeme, die z.B. Pratt & Whitney in älteren Typen wie dem JT9 angewendet hat, haben den Vorteil, dass durch den konstanten Öldruck über den gesamten Betriebsbereich (JT9: 3,5 bar / 50 psi) die Durchflussmenge des Öls im unteren Drehzahlbereich größer als erforderlich ist, da sie von den Leitungs- und Düsenquerschnitten abhängt. Dies ist ein Vorteil, wenn ein Triebwerk von hohen auf niedrige Drehzahlen verzögert wird, weil sich durch den großen Öldurchfluss im unteren Drehzahlbereich eine gute Kühlwirkung für die stark erwärmten Lager ergibt.

Druckölsystem ohne Druckregelung
Die Druckölpumpe fördert drehzahlabhängig Öl zu den Verbrauchern. Je nach Querschnitt der Verbraucherleitungen und Viskosität bzw. Temperatur des Öls stellt sich zu jeder Drehzahl ein bestimmter Druck ein (*Bild 9.5.4*). Dieses System, das heute überwiegend angewendet wird, hat folgende Vorteile:

❑ Fehler in Schmierstoffsystemen (z.B. Leckagen) sind leicht zu erkennen, da sich zu jedem Betriebszustand (Drehzahl und Öltemperatur) ein ganz bestimmter Öldruck einstellen muss (z.B. Startschubdrehzahl 19 bar / 275 psi beim Pratt & Whitney

Bild 9.5.4
Öldruckdiagramm eines Ölsystems ohne Druckregelung. Bei diesen Ölsystemen gibt es keine festen Druckwerte, sie dürfen aber bestimmte Grenzwerte nicht über- bzw. unterschreiten. Bereich (1) zeigt den Normalöldruck zwischen Leerlauf und Maximaldrehzahl bei Temperaturen zwischen 65 °C und 160 °C. Bereich (2) darf erreicht werden unter extrem kalten Bedingungen und bei Take-off ohne Warmlauf. Ein Öldruck im Bereich (3) ist Anlass für eine Fehlersuche, im Bereich (4) erfordert er das Abschalten des Triebwerks.

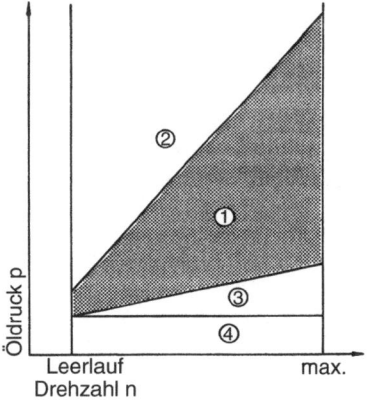

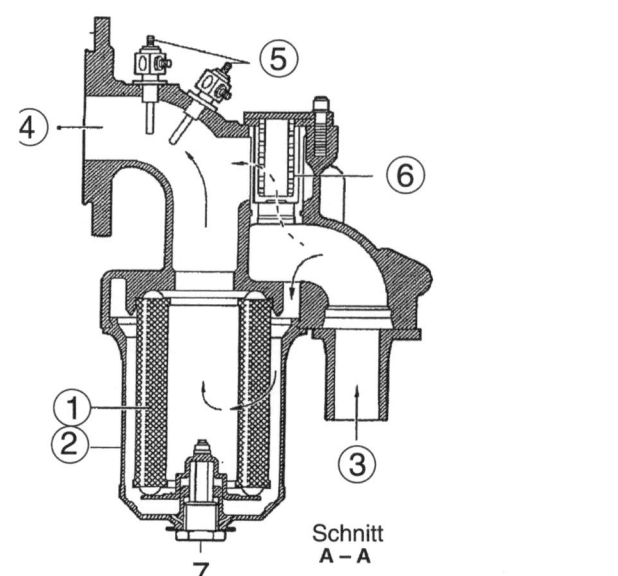
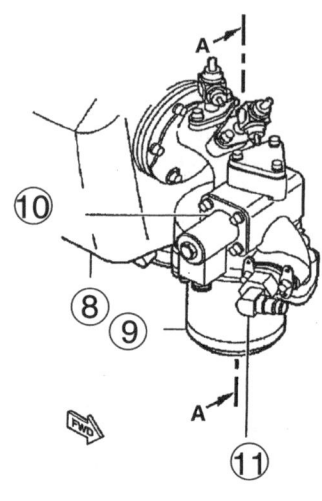

Bild 9.5.5 Rücköfilter mit Umgehungsventil des Rolls-Royce Trent 500
1 Filterelement; 2 Filtergehäuse; 3 Öl von den Rückölpumpen; 4 Öl zum Tank; 5 Thermoelemente für die Öltemperaturanzeige; 6 Umgehungsventil; 7 Ablassöffnung; 8 Öltank; 9 Rücköfilter; 10 Differenzdruckschalter; 11 elektrischer Magnetstopfen

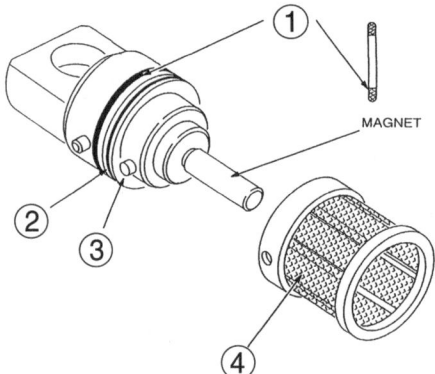

Bild 9.5.6 Magnetstopfen (Magnetic Chip Detector)
Magnetstopfen werden in die Ölrücklaufleitungen eingebaut, um starken Verschleiß oder beginnendes Versagen von Lagern oder Getrieben rechtzeitig erkennen zu können. Die Magnetstopfen sind so angeordnet, dass sie bei Wartungsarbeiten ohne Eingriffe in das System kontrolliert werden können.
1 Dichtungsring, wird bei Wartungsarbeiten nicht gewechselt
2 O-Dichtungsring, wird bei Wartungsarbeiten gewechselt
3 federbelasteter Stift, der gewährleistet, dass der Magnetstopfen nicht ohne O-Ring eingesetzt worden ist
4 Sieb im Rücköl zum Schutz der Rückölpumpe

PW 4000). Wird dieser über- oder unterschritten, können Fehler vorliegen, so dass das System überprüft werden muss. Diese Kontrollmöglichkeit ist insbesondere bei Prüfstandsläufen von großer Bedeutung.
- ❏ Das System ist weniger wartungs- und reparaturaufwendig, weil das Druckregelventil als mögliche Fehlerquelle entfällt und keine Einstellarbeiten nötig sind, allenfalls eine Voreinstellung durch ein Trimmrohr.

Rückölsystem
An den Lagerstellen wird das Öl in Sümpfen aufgefangen und von Rückförderpumpen abgesaugt. Diese Rückförderpumpen haben eine höhere Leistung als die Druckölpumpen, um sicherzustellen, dass kein Öl im Sumpf zurückbleibt. An den Pumpen befinden sich Magnetstopfen (*Bild 9.5.5*), an denen magnetische Partikel aus dem Rückölstrom haften bleiben. Über Filter (*Bild 9.5.6*) und Entschäumerblech gelangt es zum Ölvorrat im Öltank und steht dann erneut für den Ölkreislauf zur Verfügung. Der gesamte Ölvorrat läuft so 2- bis 3-mal pro Minute im Schmierstoffsystem um.

Lagerdichtluft- und Ölsumpfbelüftungssystem
In Gasturbinentriebwerken werden zur Lagerabdichtung hauptsächlich berührungsfreie Labyrinthdichtungen (*Bild 9.5.7*) oder schleifende Kohleringdichtungen (*Bild 9.5.8*)

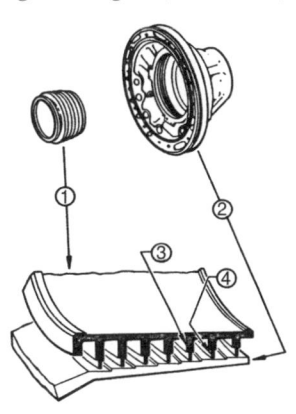

Bild 9.5.7
Die Labyrinth-Dichtung ist eine berührungslose Dichtung, deren Wirksamkeit vom Spiel zwischen den umlaufenden Messerkanten (4) und den stehenden Dichtflächen im Lagergehäuse (2) abhängig ist. Die Dichtwirkung wird durch den Luftfluss zur Lagerentlüftung erreicht.
1 Wellenaufsatz mit den Messerkanten
3 Dichtsteg

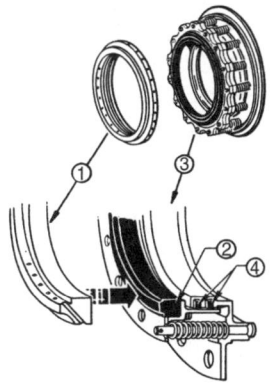

Bild 9.5.8
Die Kohleringdichtung ist eine Berührungsdichtung. Die Dichtwirkung wird durch die glatte Oberfläche des rotierenden Dichtrings (1) und den mit Federkraft darauf gepressten stehenden Kohlering (2) bewirkt. Die Lauffläche ist mit Öl benetzt; 3 Dichtringträger, 4 Dichtringe.

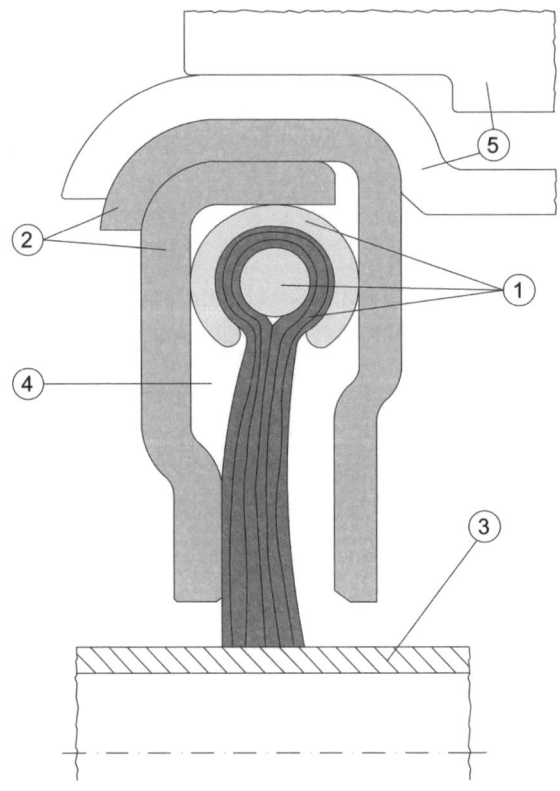

Bild 9.5.9 Bürstendichtung (Quelle: MTU Aero Engines)
1 Dichtelement aus Kerndraht, Drahtpaket mit z.B. 140 Drähten pro mm von 0,1 mm Durchmesser und Klemmrohr
2 Gehäuse mit einem Deckring, der das Drahtpaket gegen Strömungseinflüsse schützt, und einem Stützring, der das Durchbiegen des Drahtpakets in axialer Richtung verhindert
3 Dichtfläche des Rotors
4 Kammer zur Druckentlastung des Drahtpakets mit nahezu gleichem Druck wie vor der Dichtung
5 Lagergehäuse

verwendet. Für beide Dichtungsarten wird Druckluft benötigt. Eine neuere Entwicklung ist die von MTU Aero Engines angebotene Bürstendichtung (Bild 9.5.9).

Die schleifenden Kohleringdichtungen sind Berührungsdichtungen. Sie brauchen zur Unterstützung und zur Vermeidung von Ölleckagen im Fall leichter Beschädigungen eine Druckluftbeaufschlagung. Die benötigte Luftmenge ist jedoch nicht so groß wie die der Labyrinthdichtungen, so dass der Leistungsverlust des Triebwerks durch die Luftentnahme geringer ist. Der Ölverbrauch bei Kohleringdichtungen ist gegenüber Labyrinthdichtungen geringer, weil weniger Öl mit der Dichtluft aus dem Lager entweichen kann. Die Labyrinthdichtungen haben den Vorteil einer geringeren Anfälligkeit gegenüber Beschädigungen, weil sie berührungsfrei arbeiten. Die umlaufenden Messerkanten können außerdem in die stehenden Dichtflächen einlaufen, ohne Schäden zu verursachen, da diese aus weichen Werkstoffen gefertigt werden, wie z.B. Metallfilz (*felt metal*) oder Wabenmaterial. Ein Fressen zwischen den Messerkanten und den Dichtflächen wird dadurch verhindert.

Bei den Labyrinthdichtungen kann die Abdichtung der Lager nur dann einwandfrei erfolgen, wenn in einem Sperrluftraum Druckluft vorhanden ist, die einen höheren Druck aufweist als der im Lagergehäuse bestehende Druck. Zapfluft aus dem Verdichter strömt als Sperrluft durch die Lagerdichtungen in den Lagersumpf und verhindert

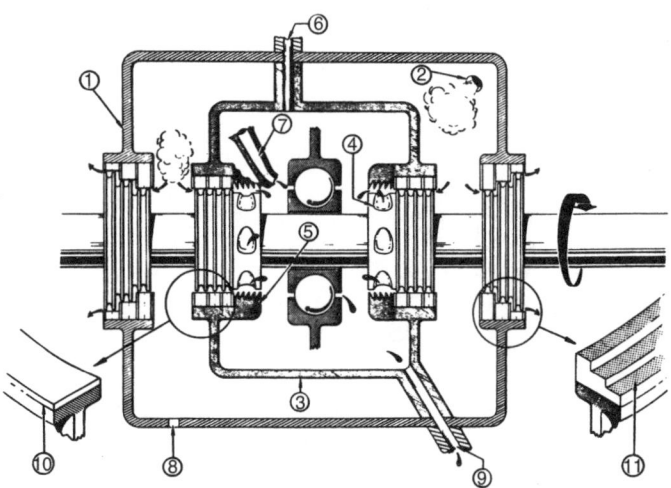

Bild 9.5.10 Lagerabdichtung mit Labyrinthdichtungen. Das Bild zeigt eine Lagerabdichtungskonstruktion von General Electric, in das Sperrluftgehäuse (1) wird Sperrluft (2) geleitet. Diese Luft strömt durch die Lagerdichtung in das Lagergehäuse (3). Den Austritt von Öl aus dem Lagergehäuse verhindern bei dieser Konstruktion, neben den Labyrinthdichtungen, zusätzlich Chopper- (4) und Gewinderinge (5), die das Öl in das Lagergehäuse zurückschleudern. Ferner bedeuten:
6 Sumpfentlüftung; 7 Öldüse; 8 Rücköl aus dem Sperrluftgehäuse; 9 Rücköl aus dem Lagersumpf; 10 Lagerdichtfläche aus weichem Werkstoff; 11 Sperrluftdichtfläche aus Wabenmaterial

dadurch den Austritt des Öls. Der Sperrluftraum wird wiederum durch Labyrinthe nach außen abgedichtet (*Bild 9.5.10*).

Da Labyrinthe einen Luftfluss benötigen, erfolgt eine Entlüftung im oberen Teil des Sumpfes. Dieser Luftfluss durch das Lagergehäuse reißt Ölpartikel mit sich und würde einen ständigen Ölverbrauch zur Folge haben. Das Öl-Luft-Gemisch aus den Lagergehäusen wird deshalb, gemeinsam mit der Luft aus der Tankentlüftung, in einer Lüfterzentrifuge (*Bild 9.5.11*) entölt und dann ins Freie geblasen.

Bürstendichtungen beruhen auf einer Konstruktion, bei der ein Dichtelement aus Drähten bzw. Fasern von einem Gehäuse umgeben wird. Das Dichtelement besteht aus einem Kerndraht, um den ein Draht- bzw. Faserpaket gelegt ist, das von einem Klemmrohr zusammengehalten wird. Diese stehende Bürste gleitet mit den Draht- bzw. Faserenden auf der rotierenden Dichtfläche. Die Drähte oder Fasern bestehen aus Metall, z.B. der Kobaltlegierung Haynes 25 oder Aramid (Kevlar). Sie sind unter einem Winkel von 45° bzw. 20° zur Rotordrehrichtung angeordnet. Das umgebende Gehäuse aus Deck- und Stützring schützt vor störenden Strömungseinflüssen und stützt das Drahtpaket gegen Durchbiegen.

Als Vorteile der Bürstendichtungen werden von der MTU ein ca. 1% geringerer Kraftstoffverbrauch angeführt, weil keine Druckluftbeaufschlagung erforderlich ist und bis zu 80% geringere Leckverluste auftreten, sowie geringere Überholungskosten genannt.

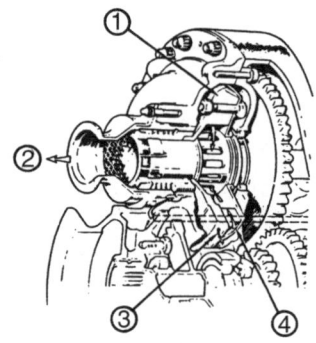

Bild 9.5.11
Lüfterzentrifuge
1 Zentrifuge
2 Abluft in die Atmosphäre
3 zurückgewonnenes Öl
4 Lagerabluft, Öldunst

Diese hochwirksamen Lagerdichtungen tragen zum niedrigen Ölverbrauch der Gasturbinentriebwerke von nur ca. 0,1 bis 0,8 l/h bei. (Der Kolbenflugmotor Curtiss-Wright TC 18 hatte beispielsweise bei einer Reiseleistung von 1343 kW (1825 PS) einen Ölverbrauch von etwa 10 l/h.) Treten in den Lagerdichtungen Fehler auf, kann dies Folgendes nach sich ziehen:

- erhöhter Ölverbrauch,
- Ölablagerungen und Ölkohlebildung,
- Verschmutzung von Verdichter und Turbine,
- Verunreinigung der Kabinenluft durch Öl.

Schmieröle für Gasturbinentriebwerke
Betrachtet man die Entwicklung der Schmierstoffe für Gasturbinentriebwerke, so stellt man fest, dass zwischen der Weiterentwicklung der Gasturbinentriebwerke und deren Schmierstoffe ein enger Zusammenhang besteht. Für den Betrieb in Gasturbinentriebwerken müssen die Schmieröle ein gutes Viskositäts-Temperatur-Verhalten, eine hohe thermische Beständigkeit und Oxidationsstabilität sowie gute Flüchtigkeitseigenschaften aufweisen. Je höher die Anforderungen an die Öle wurden, desto schwieriger konnten sie unter allen Betriebsbedingungen ihre Aufgaben erfüllen. Zwischen 1947 und 1952 wurde in England und in den USA mit Hochdruck an synthetischen Schmierstoffen geforscht, die in militärischen Triebwerken eingesetzt werden sollten. Grundlage waren die militärischen Spezifikationen DERD 2487 in England und Mil-L-7808 in den USA. Als die zivilen Jet-Flugzeuge gegen Ende der 50er Jahre in zunehmendem Maße eingesetzt wurden, hatten sich die synthetischen Schmierstoffe bereits etabliert. Insbesondere die Probleme der zu hohen Viskosität der Mineralöle bei niedrigen Temperaturen, die ein Anlassen in großen Flughöhen bei Temperaturen um −40 °C nicht ermöglichten, und der geringen Stabilität bei Temperaturen bis zu 300 °C konnten mit synthetischen Ölen gelöst werden. Synthetische Gasturbinenschmieröle bestehen zu ca. 96% aus Esterverbindungen und ca. 4% Additiven. Esterverbindungen sind Produkte aus der chemischen Reaktion von anorganischen Säuren mit Alkohol, z.B. Trimethylolpropan-Triester. Sie bilden das Grundöl und genügen den grundsätzlichen Anforderungen für den Betrieb in

Gasturbinentriebwerken. Spezielle Eigenschaften werden gezielt beeinflusst durch folgende Additive:

- Oxidationsverhinderer,
- Belastungszugaben,
- Viskositätsindexverbesserer,
- Selbstreinigungszugaben,
- Korrosionsverhinderer,
- Anti-Verschäumungsmittel.

Nach der ersten Generation (Typ I) und der heute am häufigsten verwendeten zweiten Generation aus den 60er Jahren (Typ II) gibt es eine dritte Generation synthetischer Schmieröle. Sie wurde für den Einsatz in Überschalltriebwerken entwickelt, wird heute aber zunehmend auch in den hochbelasteten Unterschalltriebwerken eingesetzt. Die Notwendigkeit neuer Schmierstoffe ergab sich, weil die modernen Triebwerke durch ein verändertes Leistungsverhalten (höhere Drücke und Temperaturen) und geänderte Überholungsbedingungen (On-Condition und Modulüberholung) härtere Anforderungen an die Schmieröle stellen.

Die für den Einsatz in Gasturbinen notwendigen Eigenschaften der Schmieröle lassen sich durch neun Hauptmerkmale beschreiben:

Viskosität
Die Viskosität ist das Kennzeichen für das Fließvermögen von Ölen und damit ein Maß für die innere Reibung. Sie ergibt sich aus dem Widerstand gegen die Relativbewegung der Schmierölmoleküle untereinander. Die Viskosität wird von der Temperatur des Öls beeinflusst. Ist die Temperatur zu niedrig und damit die Viskosität zu hoch, erhöht sich die Wärmeentwicklung durch die Reibung; es kommt zu Leistungsverlusten. Ist die Temperatur zu hoch und damit die Viskosität zu gering, wird der Schmierfilm zu dünn; es kommt zur Reibung der zu schmierenden Bauteile untereinander. Die Viskosität wird in m^2/s oder Stokes (St) angegeben und bei –40 °C (–40 °F), 38 °C (100 °F) und 99 °C (210 °F) gemessen.

Viskositätsindex (VI)
Der Viskositätsindex (Bild 9.5.12) gibt den Grad der Abhängigkeit der Viskosität des Öls von seiner Temperatur an. Der Viskositätsindex wird dann groß, wenn der Unterschied der Viskosität zwischen niedriger und hoher Temperatur klein ist. Bei den synthetischen Ölen für Gasturbinen wird ein möglichst hoher Viskositätsindex angestrebt; er liegt bei 150.

Stockpunkt (Pour Point)
Der Stockpunkt gibt die Temperatur an, bei der ein Öl unter dem Einfluss der Schwerkraft aufhört zu fließen. Die Fließfähigkeit wird bei niedrigen Temperaturen begrenzt durch starken Viskositätsanstieg. Für Gasturbinentriebwerke ist ein niedriger Stockpunkt nötig, um die Startfähigkeit in großer Flughöhe zu sichern.

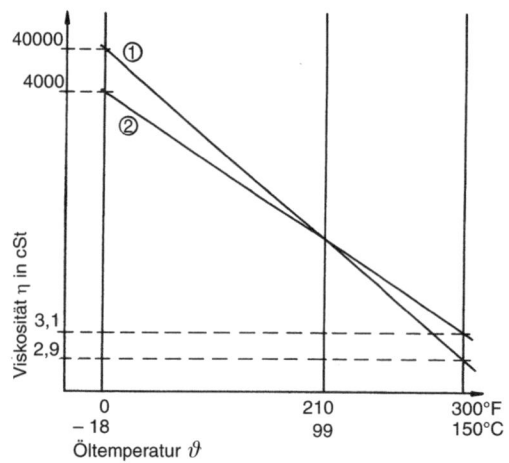

Bild 9.5.12
Veränderung der Viskosität zweier Schmieröle gleicher Viskositätsklassifizierung und unterschiedlichem Viskositätsindex. Öl (1) hat einen Viskositätsindex VI = 0, Öl (2) einen VI = 100. Bei einer Öltemperatur von 210 °F (99 °C) haben beide Öle die gleiche Viskosität. Steigt die Temperatur auf die Prüftemperatur 300 °F (150 °C), dann sinkt die Viskosität von Öl (2) weniger stark als die von Öl (1). Nimmt hingegen die Prüftemperatur auf 0 °F (−18 °C) ab, dann steigt die Viskosität von Öl (2) weniger stark an als die von Öl (1).

Flammpunkt (Flashpoint)
Der Flammpunkt ist die Temperatur, bei der unter genormten Bedingungen so viele brennbare Dämpfe ausgasen, dass ein Entflammen möglich ist.

Brennpunkt (Firepoint)
Der Brennpunkt ist die Temperatur, bei der die Dämpfe des Öls ohne Fremdflamme weiter brennen.

Selbstentzündungstemperatur (Auto Ignition Temperature)
Bei dieser Temperatur gasen leichtflüchtige Bestandteile des Öls aus und entzünden sich selbsttätig. Hohe Flamm- und Brennpunkte sowie Selbstentzündungstemperaturen sind wichtig für die Verhinderung von Ölbränden in den Lagersümpfen.

Oxidationsbeständigkeit
Die Oxidations- oder Alterungsbeständigkeit der Öle beeinflusst entscheidend seine Gebrauchsdauer. Die Oxidation wird verursacht durch die hohen Temperaturen (bis ca. 300 °C) während des Betriebs der Gasturbinentriebwerke. Bei einem Temperaturzuwachs von $\Delta\vartheta = 10$ K ergibt sich etwa eine Verdoppelung der Oxidationsgeschwindigkeit. Im Öl entstehen durch Sauerstoff(Luft)-Einwirkung und katalytisch wirkende Metalle saure Verbindungen, die einen Viskositätsanstieg verursachen.

Rostschutz
Das Öl muss Rostschutzeigenschaften besitzen, um alle Bauteile, die mit dem Öl in Berührung kommen, vor Rost zu schützen.

Thermische Stabilität
Das Öl muss eine hohe Beständigkeit gegen Wärmeeinfluss besitzen. Wird die Öltem-

peratur zu hoch, spalten sich die chemischen Verbindungen der Bestandteile des Öls auf, und es verliert seine ursprünglichen Eigenschaften.

Tabelle 9.3 liefert einen Vergleich zwischen einem Mineral- und einem Synthetiköl.

Tabelle 9.3 Vergleich zwischen Mineral- und Synthetiköl

	Mineralöl Mil-O-6081	Jet Oil Typ II
Viskosität in cSt bei 99 °C	2	5,4
Viskosität in cSt bei 38 °C	–	28,8
Viskosität in cSt bei –40 °C	13 000	13 000
Flammpunkt in °C	130	250
Stockpunkt in °C	–65	–57
Thermische Stabilität bis °C	–	338
Oxidationsbeständig bis °C	110	220
MOBIL Jet Oil 254 hat eine 50% geringere Oxidation bei einer Temperatur von 218 °C.		

✎ Übung

1. Wodurch unterscheidet sich ein Cold-Tank- von einem Hot-Tank-Schmierstoffsystem?
2. Wie arbeitet ein Druckölsystem ohne Druckregelung?
3. Wie wird die Abdichtung der Lager mit berührungslosen Labyrinthdichtungen erreicht?
4. Welche Hauptmerkmale kennzeichnen die Eigenschaften der Schmierstoffe von Gasturbinentriebwerken?
5. Welche Bedeutung hat der Stockpunkt der Gasturbinenschmieröle?

9.5.2 Kraftstoffsystem

Die Kraftstoffversorgung eines Flugtriebwerks lässt sich von den Tanks des Flugzeuges bis zum Einspritzen des Kraftstoffes in die Brennkammer mit den dazugehörigen Bauteilen verfolgen. Es wird dabei unterschieden zwischen dem zellenseitigen **primären** und dem triebwerksseitigen **sekundären** Kraftstoffsystem. An dieser Stelle wollen wir uns auf die Betrachtung des sekundären Kraftstoffsystems beschränken.

Das sekundäre Kraftstoffsystem hat dafür zu sorgen, dass die vom Piloten gewünschte Triebwerksleistung, unter Berücksichtigung aller äußeren Einflüsse, zu der richtigen Kraftstoffzumessung in der Brennkammer führt und somit ein stabiler Verbrennungsvorgang stattfinden kann. Es muss deshalb unterschieden werden zwischen der Steuerung des Triebwerks, also der bewussten Einstellung einer bestimmten Laststufe durch den Piloten, und der Regelung, also der automatischen Reaktion des

Kraftstoffsystems auf Störgrößen, wie z.B. der Änderung der atmosphärischen Bedingungen durch eine Flughöhenänderung. Wird die Hauptstellgröße Kraftstofffluss $\dot{m}_K$ durch eine Änderung der Schubhebelstellung beeinflusst, verändert sich die Brennkammertemperatur T_4 und damit auch die Drehzahl, so dass sich ein neuer Lastzustand einstellt. In Nachbrennertriebwerken werden zusätzlich der Kraftstoffdurchsatz des Nachbrenners $\dot{m}_{KB}$ und der Schubdüsenquerschnitt A_{Krit} beeinflusst. Es ergeben sich im Einzelnen folgende Aufgaben für das Kraftstoffsystem:

- Sichern eines ständigen Kraftstoffflusses,
- Einhalten der Laststufe entsprechend der Schubhebelstellung,
- Verhindern thermischer und mechanischer Überlastung,
- Verhindern instabiler Verdichterarbeit beim Beschleunigen,
- Verhindern instabiler Verbrennungsvorgänge beim Verzögern,
- Gewährleisten hoher Wirkungsgrade,
- Sicherstellen günstiger Zusammenarbeit der Baugruppen,
- Mitwirken bei der Regelung der Abblasventile, Leitschaufelverstellung und – bei Überschalltriebwerken – der Schubdüsenverstellung und des Nachbrennerbetriebs,
- Kühlung des Schmierstoffes.

Das Kraftstoffsystem von Gasturbinentriebwerken besteht aus Bauteilen für die Kraftstoffförderung bzw. -bereitstellung und aus der Regelanlage.

Kraftstoffförderung
Der Kraftstoff kommt aus den Tankanlagen und wird triebwerksseitig mit Niederdruckpumpen unter einem Druck von z.B. 8,6 bar (125 psi; CFM International CFM 56) weitergefördert. Hierfür werden Kreisel- oder Flügelzellenpumpen eingesetzt. In den Tankanlagen des Flugzeuges kühlt der Kraftstoff in Reiseflughöhe auf ca. –40 °C ab. Der nach der Niederdruckpumpe vorgesehene Kraftstoffvorwärmer soll verhindern, dass bei derartig niedrigen Temperaturen im Kraftstoff enthaltene Eiskristalle oder Paraffinausflockungen die Filter verstopfen oder Regel- und Steuerventile beschädigt werden. Das Röhrchensystem des Wärmetauschers wird mit Warmluft aus dem Verdichter, heißem Öl des Schmierstoffsystems (siehe Ölkühler) oder elektrischen Heizelementen erwärmt. Der Hauptkraftstofffilter soll das Eindringen von Fremdkörpern (ab ca. 0,03 mm Korngröße) in das Kraftstoffsystem verhindern. Als Geber für die Kontrolle des aktuellen Kraftstoffverbrauchs ist hinter der hydromechanischen Regeleinheit (MEC oder HMU) ein Kraftstoffdurchflussmesser *(fuel flow meter)* vorgesehen. Für den Hochdruckkreislauf werden Zahnrad- oder Kolbenpumpen eingesetzt. Die Zahnradpumpe *(Bild 9.5.13)* wird bevorzugt, weil sie einfach in der Konstruktion ist. Angetrieben wird sie über den Hauptgeräteträger vom Triebwerksrotor. Das Fördervolumen ist somit abhängig von der Triebwerksdrehzahl, wobei die Auslegung so erfolgt, dass ständig eine größere Kraftstoffmenge als maximal benötigt gefördert wird. Der maximale Druck wird durch ein Druckbegrenzungsventil eingestellt (z.B. 80 bar, 1160 psi; CFM International CFM 56).

Bild 9.5.13
Querschnittsdarstellung einer Zahnradpumpe

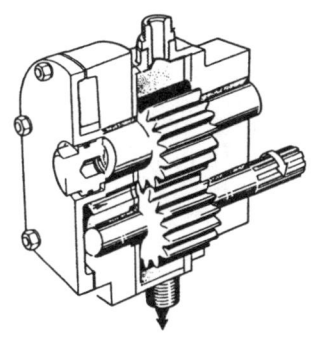

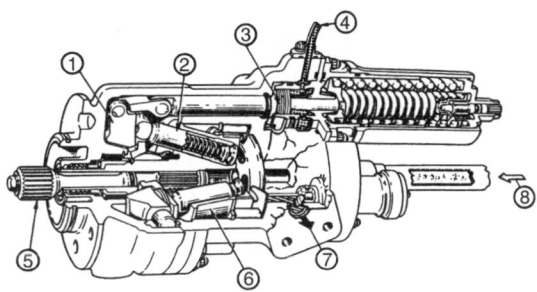

Bild 9.5.14 Rolls-Royce-Kolbenpumpe. Die Förderung der Kolbenpumpe ist durch Verstellung der Taumelscheibe (1), die den Hub der Kolben (2) bewirkt, regulierbar. Die Hubverstellung (3) wird durch den Kraftstoffsteuerdruck (4) betätigt.
5 Antrieb; 6 Rotor; 7 Kraftstoffaustritt; 8 Kraftstoffeintritt

Die komplizierteren Kolbenpumpen *(Bild 9.5.14)* eignen sich für höhere Kraftstoffdrücke und Leistungen. Ihre Druckregelung erfolgt direkt über die Veränderung der Fördermenge.

Die Kraftstoffregeleinheit sorgt für den richtigen Kraftstofffluss zu den Kraftstoffdüsen. Die Kraftstoffdüsen verteilen den Kraftstoff in der Brennkammer. Ihre Anzahl richtet sich nach der Brennkammerkonstruktion und der Triebwerksgröße. Das Rolls-Royce Trent 700 mit einer Ringbrennkammer hat z.B. 24 Kraftstoffdüsen, während das Rolls-Royce Spey mit einer Rohr-Ring-Brennkammer nur zehn Düsen hat. Der Kraftstoff soll aus den Düsen fein versprüht unter einem bestimmten Sprühwinkel in die Brennkammer eingespritzt werden. Die in den ersten Triebwerken verwendeten Simplexbrenner mit einer Düse konnten nicht über den ganzen Betriebsbereich befriedigende Ergebnisse liefern, weil die jeweils erforderlichen Kraftstoffmengen zu unterschiedlich waren. Diese Düsen werden heute z.T. im Bereich der Zündkerzen für den Startvorgang oder für den oberen Lastbereich verwendet. Häufig werden heute Zweikanalbrenner (Duplexbrenner, *Bild 9.5.15*) eingesetzt. Sie haben zwei Kraftstoffdüsen, eine Primär- und eine Sekundärdüse. Die Primärdüse liefert fein versprüht die geringe Kraftstoffmenge für Anlass- und Leerlaufphase. Erst oberhalb dieser Lastbereiche wird über ein Verteilerventil die Sekundärdüse zugeschaltet. Sie spritzt die dann notwendige

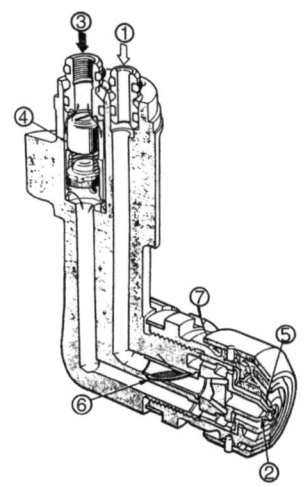

Bild 9.5.15
Duplexbrenner von Rolls-Royce. Der Primärkraftstoff (1) wird durch die Primärdüse (2) mit kleinem Querschnitt eingespritzt. Der Sekundärkraftstoff (3) wird durch das Verteilerventil (4) zugeschaltet und durch die Sekundärdüse (5) eingespritzt.
6 Filter; 7 Luft gegen Verkoken

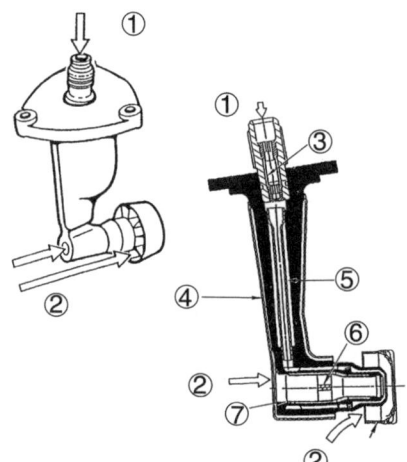

Bild 9.5.16 Simplexdüse mit Luftstrom durch den Düsenbereich (*air spray nozzle*)
1 Kraftstoffzufuhr; 2 Luftstrom aus dem Brennkammerprimärstrom; 3 Filter; 4 äußeres Hitzeschild; 5 Kraftstoffrohr mit Hitzeschild; 6 Drallerzeuger; 7 inneres Rohr mit Hitzeschild

größere Kraftstoffmenge ebenfalls fein versprüht (Durchmesser der Tröpfchen 0,05...0,1 mm) mit einem Drall in die Brennkammer ein. Durch diese Einteilung in Primär- und Sekundärdüsen tragen die Brenner in hohem Maße zur sauberen Verbrennung bei.

Eine weitere übliche Brennerart ist die Simplexdüse (*Bild 9.5.16*) mit Luftstrom durch den Düsenbereich (*airspray nozzle*), wie z.B. bei dem Rolls-Royce Trent 700 (*Bild 9.5.17*). Bei dieser Düsenart wird Luft durch einen Wirbelerzeuger geführt und innerhalb der Düse mit Kraftstoff vermischt. Durch diese Methode kann auf das Duplexprinzip mit zwei Düsen verzichtet werden.

Kraftstoffregelung

Der Regler ist das wichtigste Teil des Kraftstoffsystems. Er hat für die Zumessung der korrekten Kraftstoffmenge bei allen Lastzuständen unter den jeweiligen Bedingungen

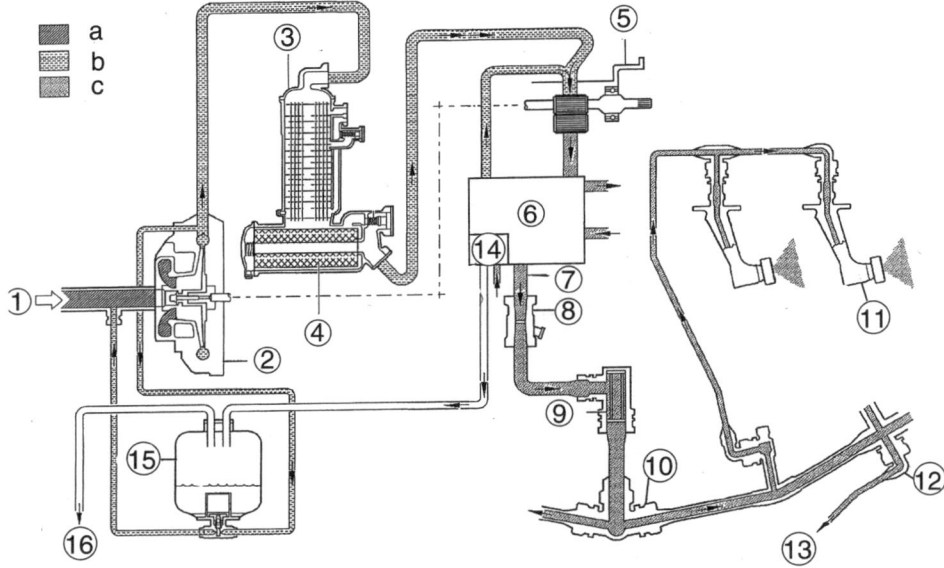

Bild 9.5.17   Kraftstoffversorgungssystem
Die Abbildung zeigt das Kraftstoffversorgungssystem des Triebwerks Rolls-Royce Trent 500 des Airbus A 340-500.
a) Kraftstoff vom Tank
b) Niederdruck-Kraftstoff
c) Hochdruck-Kraftstoff
1 Kraftstoffzufuhr; 2 Niederdruckkreiselpumpe (*low pressure pump*); 3 Kraftstoffvorwärmer (*fuel oil heat exchanger*) mit Umgehungsventil (*bypass valve*); 4 Niederdruckkraftstofffilter mit Umgehungsventil; 5 Hochdruckzahnradpumpe; 6 hydromechanischer Regler (HMU); 7 zugemessener Kraftstoff; 8 Kraftstoffflussmesser (*fuel flow transmeter*); 9 Hochdruckkraftstofffilter; 10 Verteilerleitung (*fuel manifold*); 11 Kraftstoffdüsen (*fuel nozzles*); 12 Leckageleitung (*drain manifold*); 13 Leckagekraftstoff zum Ablassventil; 14 Ablassventil (*dump valve*); 15 Lecktank (*drain collector tank*); 16 Kraftstoffablass über Bord

zu sorgen, um einen sicheren, wirtschaftlichen und schadstoffarmen Betrieb zu ermöglichen. Die Freigabe der zugemessenen Kraftstoffmenge erfolgt im Regler durch ein Drosselventil. Die Kraftstoffmenge, die durch eine Drosselstelle fließen kann, ist abhängig von dem Kraftstoffdruck. Wenn die freigegebene Kraftstoffmenge proportional zum Öffnungsquerschnitt sein soll, muss für gleich bleibenden Druck gesorgt werden, wenn durch einen Steuervorgang der Querschnitt am Drosselventil verändert wird. Das Prinzip der Regelung des Druckes am Drosselventil richtet sich nach der Pumpenart des Hochdrucksystems. Zahnradpumpen (*Bild 9.5.18a*) fördern immer eine größere Kraftstoffmenge als benötigt wird. Der Druckabfall Δp am Drosselventil geht deshalb als Steuersignal in das Rückflussventil (*by-pass valve*) hinter der Pumpe ein. Wird der Querschnitt am Drosselventil für einen Verzögerungsvorgang des Triebwerks verringert, steigt der Kraftstoffdruck vor dem Drosselventil und damit auch der

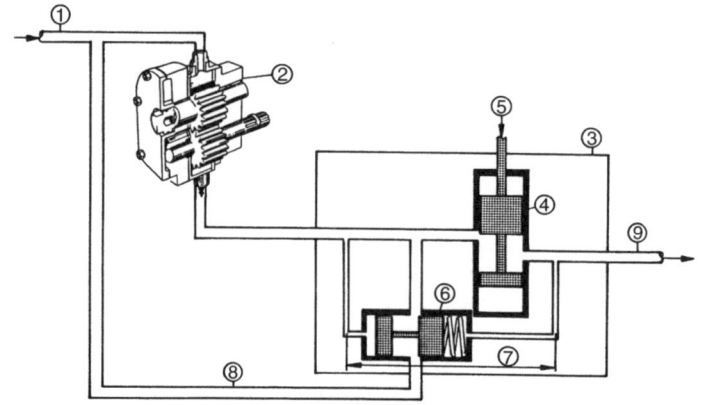

Bild 9.5.18a   Kraftstoffdruckregulierung bei Zahnradpumpen
Der eintretende Kraftstoff (1) wird von der Zahnradpumpe (2) zum Regler (3) gefördert. Der Steuerkolben im Drosselventil (4) gibt entsprechend des Steuerbefehls vom Piloten (5) den Querschnitt für den Kraftstofffluss frei. Das Differenzdruckventil (6) misst den Differenzdruck Δp (7) und lässt so viel Kraftstoff vor die Pumpe zurückfließen (8), dass am Regleraustritt (9) der Kraftstoff mit konstantem Druck zu den Brennern fließt.

Differenzdruck Δp. Dadurch verschiebt sich der Kolben in dem Differenzdruckventil nach rechts und gibt einen größeren Rückflussquerschnitt frei, der Druck sinkt und gleicht sich bei vermindertem Kraftstofffluss der ursprünglichen Größe an. Wird bei einem Steuervorgang ein größerer Kraftstofffluss für einen Beschleunigungsvorgang angefordert, öffnet sich der Querschnitt im Drosselventil, und der Differenzdruck Δp wird geringer. Als Folge daraus wird der Kolben im Differenzdruckventil nach links verschoben, der Rückflussquerschnitt wird kleiner, der Kraftstoffdruck steigt wieder auf die ursprüngliche Größe. Die freigegebene Kraftstoffmenge ist damit direkt und proportional abhängig von der Drosselventilstellung.

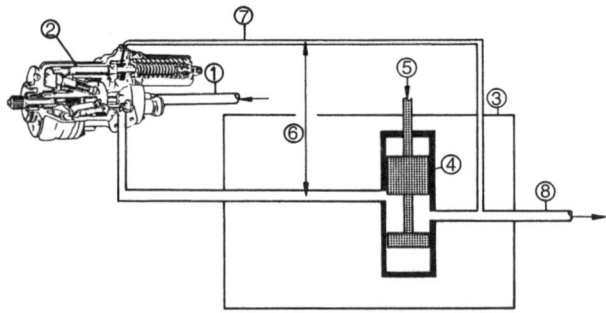

Bild 9.5.18b   Kraftstoffdruckregulierung bei Kolbenpumpen
Der Kraftstoff (1) wird von der Pumpe (2) zum Regler (3) gefördert. Der Steuerkolben im Drosselventil (4) gibt entsprechend des Steuerbefehls vom Piloten (5) den Querschnitt für den Kraftstofffluss frei. Der Differenzdruck Δp (6) geht als Steuerdruck (7) in die Pumpe und verändert ihre Fördermenge so, dass am Austritt aus dem Regler (8) ein Kraftstofffluss mit konstantem Druck zu den Brennern erfolgt.

Bei Verwendung von Axialkolbenpumpen kann Δp (*Bild 9.5.18b*) am Drosselventil direkt als Steuerdruck in die Pumpe eingegeben werden. Die Veränderung der Fördermenge bewirkt dann, dass der Kraftstoffdruck konstant bleibt. Die Pumpe liefert damit direkt die zugemessene Kraftstoffmenge.

9.5.3 Regelung der Betriebszustände

Die Regelung von Gasturbinentriebwerken über die Kraftstoffanlage erfolgt für statische und dynamische Betriebszustände unter Berücksichtigung von Sicherheitsgesichtspunkten zur Vermeidung von thermischer und mechanischer Überlastung.

Statische Betriebszustände
Ein statischer Betriebszustand herrscht dann, wenn mit dem Schubhebel im Cockpit ein bestimmter Betriebszustand eingestellt worden ist und nicht verändert wird. Für den Regler muss dazu ein primärer Regelparameter festgelegt werden, z.B. die Drehzahl N_2 des Hochdruckrotorsystems oder die Drehzahl N_1 des Niederdruckrotorsystems. Dieser primäre Regelparameter dient dazu, beim Einfluss von Störgrößen, je nach gewähltem Regelprinzip, die Drehzahl, die Turbineneintrittstemperatur oder den Schub konstant zu halten. Störgrößen können sein:

- Druck- und Temperaturänderungen der Außenluft,
- Änderung der Flughöhe und der Geschwindigkeit,
- Veränderung der abgegebenen Leistung von Hilfsgeräten wie Hydraulikpumpen und Generatoren.

Diese Größen müssen als Signale in den Regler eingegeben werden, um die zugemessene Kraftstoffmenge den jeweiligen Bedingungen anzupassen.

Dynamische Betriebszustände
Dynamische Betriebszustände entstehen, wenn der Pilot oder der Vortriebsregler einen Steuervorgang am Schubhebel ausführt. Dies kann das Anlassen, das Beschleunigen, das Verzögern oder das Setzen des Umkehrschubes sein. Im Betrieb des Triebwerks sind der Beschleunigung und der Verzögerung aus Sicherheitsgründen Grenzen gesetzt. Die Beschleunigung des Triebwerks verläuft proportional zur Überschussleistung der Turbine und umgekehrt proportional zum Massenträgheitsmoment aller rotierenden Teile. Es muss daher in der Brennkammer so viel Kraftstoff wie möglich zusätzlich eingespritzt werden, um der Turbine die Abgabe der Überschussleistung zu ermöglichen. Der Beschleunigungsvorgang wird im Wesentlichen durch drei Einflüsse begrenzt:

- Die **Reichverlöschgrenze** *(Bild 9.5.19)*: Sie ist von Bedeutung bei Beginn der Beschleunigung. Die Drehzahl n und der Luftmassendurchsatz $\dot{m}_L$ steigen in dieser Phase noch sehr langsam, während die Kraftstoffmasse stark vergrößert wird. Es besteht die Gefahr des Verlöschens der Flamme durch Flammabriss.
- Die **Pumpgrenze** *(Bild 9.5.20)*: Sie kann in der mittleren Beschleunigungsphase

661

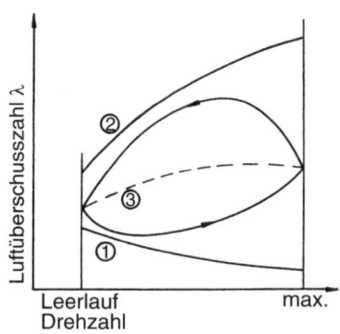

Bild 9.5.19
Die Verlöschgrenze
Zu Beginn der Beschleunigung ist die Reichverlöschgrenze (1) von Bedeutung, weil das Gemisch in der Brennkammer angefettet wird. Die Flamme kann durch Abriss verlöschen. In der Verzögerungsphase kann durch zu starke Abmagerung des Gemisches die Luftüberschusszahl über die Armverlöschgrenze (2) steigen. Kurve (3) zeigt die statische Betriebslinie.

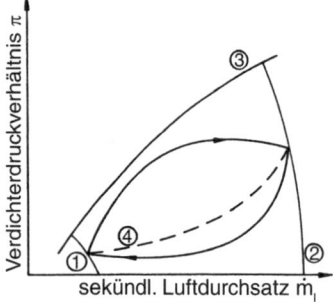

Bild 9.5.20
Die Pumpgrenze
Bei der Beschleunigung des Gasturbinentriebwerks von der Leerlauf- (1) auf die Maximaldrehzahl (2) nähern sich das Druckverhältnis und der sekündliche Luftdurchsatz in der mittleren Beschleunigungsphase der Pumpgrenze (3). Der Regler muss einen Sicherheitsabstand zur Pumpgrenze gewährleisten. Kurve (4) zeigt die statische Betriebslinie.

erreicht werden, wenn Kraftstoff zusätzlich in die Brennkammer eingespritzt wird. Der Verdichter verfällt dann in instabile Arbeit (vgl. «Verdichter»).

❑ Die **thermische Grenze** *(Bild 9.5.21):* Sie ist im oberen Drehzahlbereich von Bedeutung. Während der Beschleunigung steigt die Brennkammertemperatur und damit auch die Turbineneintrittstemperatur. Ein kurzzeitiges Überschreiten der höchstzulässigen Turbineneintrittstemperatur ist unterhalb der Maximaldrehzahl zulässig, während bei n_{max} die Turbineneintrittstemperatur unbedingt eingehalten werden muss, um Schäden in der Turbine zu vermeiden.

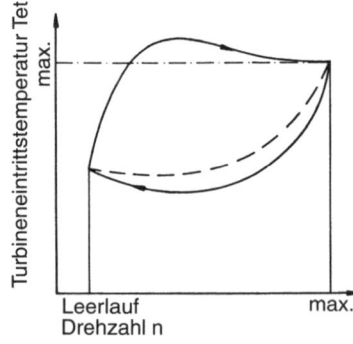

Bild 9.5.21
Die thermische Festigkeit
In der Beschleunigungsphase spielt die Turbineneintrittstemperatur eine ausschlaggebende Rolle. Bei der Maximaldrehzahl muss sie, nach kurzzeitiger Überschreitung, wieder auf den Maximalwert gesunken sein. Die statische Betriebslinie ist gestrichelt dargestellt.

Bild 9.5.22
Das Kraftstoffregelkennfeld
Das Diagramm zeigt die Regelung des Kraftstoffflusses für ein Kraftstoffsystem mit einer Zahnradhochdruckpumpe. Die Förderleistung (1) ist immer größer als der erforderliche Kraftstofffluss. Kurve (2) gibt den Verbrauch bei statischem Betrieb an. Kurve (3) zeigt den Kraftstofffluss für maximale Beschleunigung unter Berücksichtigung der Reichverlöschgrenze (4), der Pumpgrenze (5) und der Grenze durch die maximale Turbineneintrittstemperatur (6). Die Armverlöschgrenze (7) zeigt für die Verzögerung (8) die maximal mögliche Verarmung des Gemisches.

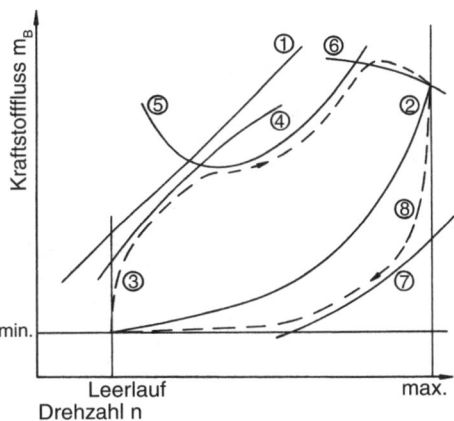

Für die maximale Verzögerung des Triebwerks ist die Armverlöschgrenze einzuhalten, um ein Verlöschen der Flamme durch ein zu armes Gemisch zu verhindern. Die Bedingungen für die Regelung der statischen und dynamischen Betriebszustände zwischen Leerlauf und Maximaldrehzahl lassen sich in einem Kraftstoffregelkennfeld *(Bild 9.5.22)* darstellen. Neben der Regelung der Kraftstoffzufuhr zu den Kraftstoffdüsen werden vom Kraftstoffregler zusätzliche Steuersignale erzeugt und abgegeben für:

❑ Verdichterabblasventile (VBV),
❑ verstellbare Eintrittsleitschaufeln (VSV),
❑ Schubdüsenquerschnitt,
❑ Nachbrennerkraftstoffversorgung,
❑ Propellerverstellung,
❑ aktive Spaltkontrolle.

9.5.4 Hydromechanische Regler

Hydromechanische Regler sind die erste Generation von Reglern, die in derzeit produzierten Triebwerkstypen nicht mehr eingesetzt werden. Diese Art von Kraftstoffreglern war mit den ständig gestiegenen Anforderungen an das ganze Triebwerk immer komplizierter geworden. Reichte am Anfang eine einfache Drosseleinrichtung aus, so entwickelten sich die hydromechanischen Regler zu feinmechanisch höchst komplizierten Konstruktionen, so genannten «mechanischen Computern». In ihnen werden eine Reihe von Eingangssignalen hydromechanisch zu einem oder mehreren Ausgangssignalen verarbeitet. Am Beispiel des Triebwerks Pratt & Whitney JT 8D soll der Aufbau eines solchen Reglers (Fuel Control Unit, FCU) gezeigt werden *(Bild 9.5.23)*. Mit der Schubhebelstellung wird bei dieser FCU eine bestimmte Turbineneintrittstemperatur vorgewählt und konstant gehalten. Geregelt wird sie mit Hilfe des primären Regelparameters Hochdruckverdichterdrehzahl N_2. Die anderen drei Signale dienen zur Regelung der zuzumessenden Kraftstoffmenge unter den jeweiligen Betriebsbedingungen. Diese FCU erhält folgende Regelsignale:

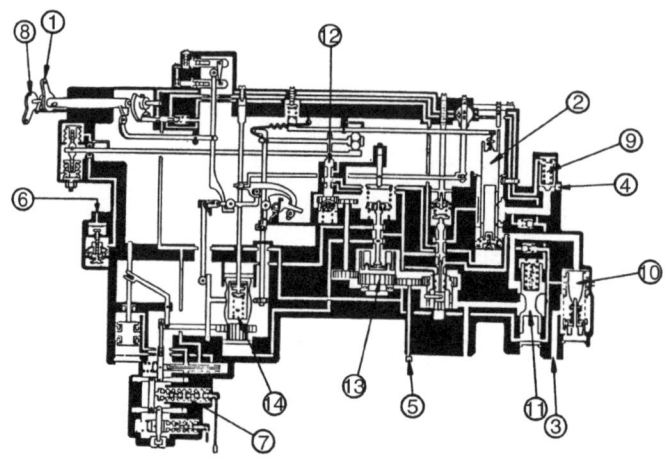

Bild 9.5.23 Kraftstoffregler (Fuel Control Unit, FCU) des Pratt & Whitney JT 8D
Das Steuersignal vom Schubhebel des Piloten (1) wird via Hebel mit Korrekturfunktion mechanisch auf das Drosselventil (*throttle valve*) (2) übertragen. Es bewirkt den Kraftstofffluss von der Pumpe (3) zu den Brennern (4). Die von dem Schubhebelsignal bewirkte Stellung des Drosselventils wird übersteuert durch die Regelsignale Hochdruckverdichterdrehzahl N_2 (5), Verdichteraustrittsdruck p_{s4} (6) und Verdichtereintrittstemperatur T_{t2} (7). Diese Signale werden im Regler hydromechanisch verstärkt und auf das Drosselventil gegeben. Das Abschalt (*cut-off*)-Signal des Anlasshebels (8) steuert das Minimum-Druck- und Shut-off-Ventil (9).
10 Feinfilter; 11 Druckregulierungsventil; 12 Ventil für den Drosselventilservodruck; 13 Aufbereitung des N_2-Drehzahlsignals; 14 3-D-Nocken

- Schub- und Anlasshebelstellung,
- Drehzahl des Hochdruckrotorsystems N_2,
- Luftdrucksignal aus dem Hochdruckverdichter (p_{s3} bzw. CDP),
- Temperatur am Verdichtereintritt (T_{t2} oder $T_{t2.5}$).

Hydromechanische Regler mit elektronischer Übersteuerung (Supervisory System)
In der dritten Gasturbinentriebwerke-Generation, den High-Bypass-Triebwerken, machten die erhöhten Anforderungen an die Bedienungsvereinfachung (Zweimanncockpit ohne Flugingenieur) eine Erweiterung der zu verarbeitenden Eingangssignale und der Regelvorgänge nötig. Der erweiterte hydromechanische Regler wird dabei mit einem elektronischen Regelgerät verknüpft, der eine Überwachungsfunktion für den Regelungsvorgang des hydromechanischen Reglers übernimmt. Dieser erste Schritt zum Einsatz der Digitaltechnik in der Triebwerksregelung eröffnete die Möglichkeit, Erfahrungen im Umgang mit der elektronischen Regelung zu sammeln, ohne die Gefahr des Totalausfalls des Triebwerks beim Versagen des elektronischen Reglers einzugehen, weil der hydromechanische Regler auch ohne das elektronische Regelgerät arbeitsfähig bleibt. Am Beispiel des General Electric CF 6-80 soll das Zusammenwirken von hydromechanischem (*main engine control*, MEC) und elektronischem Regler (*power management control*, PMC) aufgezeigt werden *(Bild 9.5.24)*.

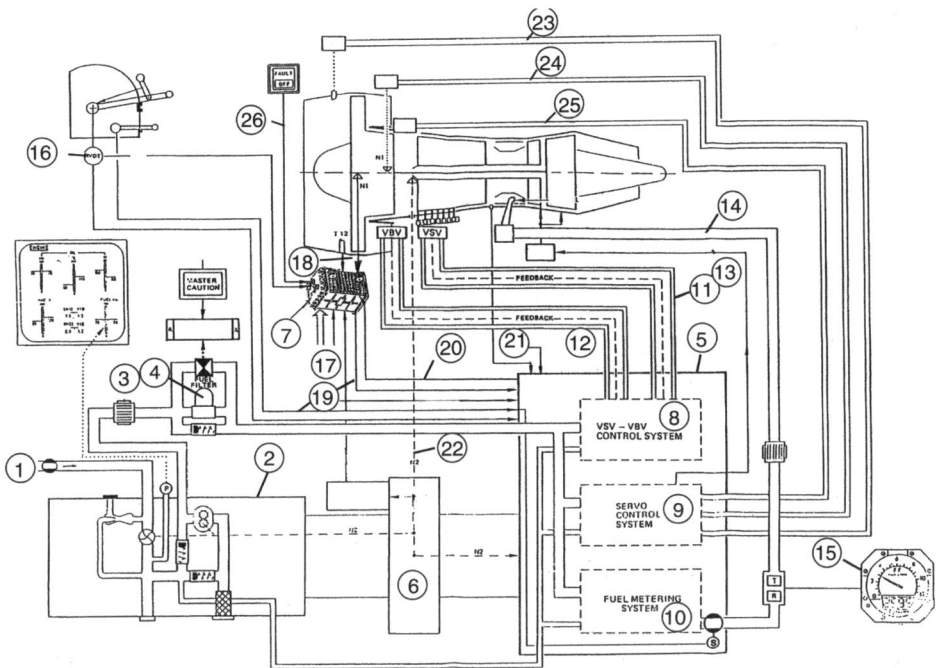

Bild 9.5.24 Supervisory-Kraftstoffsystem
Die Abbildung zeigt schematisch das Kraftstoffsystem des Triebwerks General Electric CF6-80C2 des Airbus A 310-300, das als Supervisory-System ausgelegt ist.
Der von den Tankpumpen ankommende Kraftstoff (1) wird von der Tankpumpeneinheit (2) über den Kraftstoffvorwärmer (3) und den Kraftstofffilter mit Umgehungsventil und Verstopfungsanzeige (4) an die hydromechanische Regelungseinheit (MEC) (5) weitergefördert. Beide Einheiten sind an dem Hilfsgeräteträger (AGB) (6) befestigt. Der hydromechanische Regler wird von dem elektronischen Regler (PMC) (7) übersteuert.
8 VSV (verstellbare Leitschaufeln), VBV(verstellbare Abblasventile)-Kontrollsystem
9 Servo-Kontrollsystem
10 Kraftstoffzumessung
11 VSV-Rückmeldung
12 VBV-Rückmeldung
13 aktive Spaltkontrolle
14 zugemessener Kraftstofffluss
15 Cockpitanzeige des Kraftstoffflusses
16 Signal über die Schubhebelstellung
17 Signale vom Air Data Computer
18 Verdichtereintrittstemperatur T_{12} und Drehzahl des Niederdruckrotors
19 Stellmotorsignal, Außenluftdruck, Starthebelstellung, Schubhebelstellung
20 Anforderung der Niederdruckrotordrehzahl N_1
21 Verdichteraustrittsdruck, Verdichterabblasdruck, Leerlaufanforderung
22 Hochdruckrotordrehzahl N_2
23 Temperatur im Triebwerkseinlauf
24 Drehzahl des Niederdruckrotorsystems N_1
25 Temperatur am Eintritt in den Hochdruckverdichter T_{25}
26 Cockpitschalter zum Ausschalten der MEC bei Fehleranzeige

Der hydromechanische Regler MEC dient zur Zumessung des Kraftstoffes sowie zur Regelung der verstellbaren Verdichterleitschaufeln und der verstellbaren Abblasventile. Er regelt mit Hilfe des primären Regelparameters Hochdruckrotordrehzahl N_2 zu jeder Schubhebelstellung einen bestimmten Schubwert. Folgende Informationen gehen als Steuersignale in die MEC ein:

- Starthebelstellung für den Anlass- und Abstellvorgang,
- Schubhebelstellung für den jeweils geforderten Schub,
- Landeklappen- und Fahrwerksposition sowie Triebwerksenteisung für die Regelung des Landeanflug- oder Bodenleerlaufs (*approach* oder *ground idle*).

Als Signale für die Regelungsaufgaben erhält die MEC Informationen über

- Außenlufttemperatur T_0,
- Außenluftdruck p_0,
- Verdichterenddruck p_{s3},
- Drehzahl des Hochdruckrotorsystems N_2,
- Drehzahl des Niederdruckrotorsystems N_1,
- Hochdruckverdichtereintrittstemperatur $T_{t2.5}$,
- Stellung der verstellbaren Leitschaufeln (VSV Feedback),
- Stellung der verstellbaren Abblasventile einschließlich des Abblasdruckes (CBP),
- das vom elektronischen Regler PMC (Power Management Control) errechnete Trimmsignal.

Der elektronische Regler PMC dient zur Beeinflussung der MEC; er hat eine Supervisorfunktion, d.h., er übersteuert den hydromechanischen Regler. Eine solche elektrische Übersteuerung durch einen Stellmotor in der MEC gleicht alle die Einflüsse aus, die die feste Relation zwischen Schubhebelstellung und erzeugtem Triebwerksschub verändern. Dies ist möglich, indem die Drehzahl N_1 des Fans, der den größten Teil des Schubes erzeugt, als primärer Regelparameter herangezogen wird. Folgende Einflüsse gleicht die PMC aus:

- Veränderung des Drehzahlverhältnisses N_1/N_2 durch
  - Verschleiß oder Beschädigungen in den Triebwerksbaugruppen Fan, Verdichter, Brennkammer, Turbine,
  - das unterschiedliche Ausdehnungsverhalten der einzelnen Triebwerksbauteile in der Erwärmungs- bzw. Abkühlungsphase,
  - falsch arbeitende verstellbare Leitschaufeln oder Abblasventile;
- Veränderungen in den mechanischen Bedienübertragungselementen (Verschleiß, Längung usw.) oder Ungenauigkeiten und Hystereseeffekte durch die langen Übertragungswege vom Cockpit zum Regler (McDonnell Douglas MD 11,55 m);
- Veränderung der Schuberzeugung durch die Fluggeschwindigkeit (Machzahl);
- Veränderung der Schuberzeugung durch Luftabnahmen für die Klimatisierung der Kabine, Tragflächenenteisung usw.

Da bei der MEC die Hochdruckrotordrehzahl N_2 der primäre Regelparameter ist, wird der Schub, der vom Fan (Niederdruckrotorsystem) am stärksten beeinflusst wird, bei einer Veränderung des Drehzahlverhältnisses N_1/N_2 nicht mehr der Schubhebelstellung entsprechend erzeugt. Die Fan-Drehzahl wird in einem solchen Fall durch ein Trimmsignal von der PMC auf den Stellmotor in der MEC nachgeregelt. Dies geschieht durch den Vergleich zwischen einem aus den Eingangssignalen errechneten Soll- und dem Ist-Drehzahlwert. Die PMC ermöglicht somit ein genaues und schnelles Einstellen und Halten des gewünschten Schubes ohne Nachtrimmen. Dies ist insbesondere während der Steigflugphase eine Arbeitserleichterung für die Piloten. Weiterhin wird ein Schutz vor kurzzeitiger Drehzahl- und Temperaturüberlastung sowie eine größtmögliche Parallelität der Schuberzeugung mehrerer Triebwerke eines Flugzeuges sichergestellt. Als Eingangssignale erhält das PMC:

- ❏ Schubhebelstellung,
- ❏ Außenlufttemperatur,
- ❏ Außenluftdruck,
- ❏ Drehzahl des Niederdruckrotorsystems N_1,
- ❏ Flugmachzahl vom Air Data Computer,
- ❏ Signal der Turbinenspaltkontrolle (TCC).

Die Regelung des CF6-80 ist nicht abhängig von der PMC, bei Ausfall des PMC entfallen lediglich die von ihm ausgehenden Vorteile.

9.5.5 Volldigitales Regelungssystem

Moderne Triebwerkskonstruktionen werden mit einem digitalen elektronischen Triebwerksregelsystem, dem FADEC (*full authority digital engine control*) ausgerüstet.

Die Entwicklung digitaler Triebwerksregelsysteme ist durch das Bestreben der militärischen Fliegerei nach Überschallflügen im Grenzbereich der Triebwerke ausgelöst worden. Um das Leistungspotential zu diesem Zweck voll nutzen zu können, ist es nötig, die Regelung unter dem Gesichtspunkt der Optimierung des Gesamtsystems Flugzeug und Triebwerk vorzunehmen. Die Aufgabe geht damit weit über die Regelung der Kraftstoffzufuhr hinaus und sorgt – unter Beachtung der Betriebsgrenzen – für optimale Leistung oder optimalen Schub bei maximaler Wirtschaftlichkeit. FADEC-Regelsysteme übernehmen deshalb, im Gegensatz zu den Supervisory-Systemen, alle Funktionen von Triebwerksregelsystemen, nämlich die Regelkreisrechnung, die Stellgrößenpositionierung (z.B. Drosselventil) und die Übertragung der externen Signale (z.B. Schubhebelstellung). Dies ist möglich durch die digitale Verarbeitung großer Datenmengen; so werden z.B. bei dem Triebwerk TP400-D6 für den Airbus A 400M 25 Eingangsparameter wie Drehzahlen, Temperaturen, Drücke, Positionsgeber der verstellbaren Teile sowie die Kommunikation mit der Zelle zu Regelsignalen verarbeitet. Die Triebwerkskonstrukteure sind dadurch in der Lage, die Triebwerke dichter an den Leistungsgrenzen zu betreiben und mehr Potential aus den Triebwerken freizusetzen.

Das Besondere an diesen elektronischen Systemen ist ihre Fähigkeit, in rauer Umgebung, in der sie installiert sind, ausfallsicher arbeiten zu können. Vibrationen und

Verschmutzung durch korrosive Flüssigkeiten müssen sie ebenso schadlos aushalten wie Temperaturen, die je nach Einbauposition zwischen −60 °C und 120 °C liegen können.

Ein volldigitales Regelungssystem besteht aus den zwei Hauptkomponenten elektronische **Kontrolleinheit** (*electronic control unit*, ECU, oder *electronic engine control*, EEC) und der hydromechanischen Einheit (*hydro mechanical unit*, HMU). Die ECU beeinflusst das Kraftstoffzumessungsventil in der HMU durch das Ansteuern eines Stellmotors. Sie errechnet aus einer Vielzahl von triebwerks- und flugzeugseitigen Daten die notwendige Kraftstoffmenge. Die ECU hat eine bordnetzunabhängige, eigenständige Stromversorgung.

Die HMU ist ein hydromechanischer Regler, der bis auf einen Überdrehzahlschutz vollständig von der ECU gesteuert wird. Die HMU steuert über die Servoventile die Kraftstoffzumessung, die Verdichterkontrolle mit Abblasventilen und verstellbaren Leitschaufeln sowie die Spaltkontrolle der Turbinen.

Die Hauptbauelemente einer elektronischen Regeleinheit sind mikroelektronische Präzisionsdruckgeber, Elemente für die Signalaufbereitung, der Multiplexer und die Analog-Digital-Umsetzer für die Eingangsgrößen sowie Mikroprozessoren mit entsprechenden Speichertypen hoher Kapazität. Redundanzsysteme, wie z.B. zwei ständig aktive Kanäle für die zu verarbeitenden Signale, einschließlich Sensoren und eigener Stromversorgung sollen die Zuverlässigkeit des FADEC gegenüber den hydromechanischen Systemen steigern. Ausfallsicherheit spielt eine große Rolle, weil die gesamte Regelungsautorität des Triebwerks von dieser digitalen Einheit abhängt.

Die ECU ermöglicht zwei Betriebsarten:

❏ Der EPR-Modus ermöglicht der ECU mit Hilfe des EPR (*engine pressure ratio* p_{T5} / p_{T2}) als Hauptregelparameter zu jeder Schubhebelstellung einen bestimmten Schub zu errechnen.
❏ Der N_1-Modus benutzt die Niederdruckrotordrehzahl als Hauptregelparameter, die ECU regelt dann zu jeder Schubhebelstellung eine bestimmte N_1-Drehzahl.

Grundsätzlich wird der EPR-Modus benutzt, weil sich Schubhebelstellung und EPR linear, Schubhebelstellung und N_1-Drehzahl aber nicht linear zueinander verhalten. Der N_1-Modus wird automatisch alternativ angewendet, wenn das EPR nicht zur Verfügung steht. Außerdem arbeitet die ECU bei Leerlauf am Boden und Umkehrschub im N_1- Modus, weil das EPR in diesen Fällen zu ungenau ist.

Für die Bedienung des Triebwerks ergibt sich im Vergleich zu den hydromechanischen Systemen eine Reihe von Vorteilen:

❏ Die Schubsetzcharakteristik erfolgt mit höherer Präzision, da sich zu jeder Schubhebelstellung ein bestimmter Schub ergibt;
❏ die Schubhebel arbeiten wegen der elektrischen Übertragung ihrer Stellung durch Winkelgeber (*resolver*) leichtgängiger und ohne Hysterese;
❏ der Anlassvorgang erfolgt automatisch mit geringstmöglicher thermischer Belastung der Turbine und automatischer Unterbrechung des Vorgangs bei einer Störung;
❏ schnellere Beschleunigung des Triebwerks;

- aktiver Schutz gegen Grenzwertüberschreitung bei Temperatur, Druck und Drehzahl;
- optimale Beschleunigungs- und Verzögerungscharakteristik dicht an den Grenzen (siehe Kraftstoffregelkennfeld);
- konstante Leerlaufdrehzahl bei variierender Zusatzlast (Generator, Abblasluft);
- Fahren des Schubumkehrers und Regelung des Umkehrschubes;
- optimale Regelung der Abblasluftmenge ;
- optimale Einstellung der verstellbaren Leitschaufeln des Verdichters;
- Regelung des Luftstromes zur aktiven Spaltkontrolle von Verdichter und Turbine;
- optimale Zumessung des Kraftstoffes zum Nachbrenner;
- optimale Einstellung des Schubdüsenquerschnittes.

Die aufgeführten Vorteile beziehen sich überwiegend auf die einfachere und übersichtlichere Bedienung der Triebwerke. Aus der Sicht der Triebwerkstechnik ergeben sich weitere Vorzüge des FADEC-Systems (*Bild 9.5.25*):

- Die Spitzentemperaturen, mit denen die Turbinenschaufeln während des manuellen Anlassens, Beschleunigens und Setzens des Schubes belastet werden, lassen sich mit elektronischen Regelsystemen weitgehend unterdrücken. Als Folge daraus ergibt sich eine Senkung der Instandhaltungskosten durch verringerte Schadenshäufigkeit.
- Kraftstoffminderverbräuche von etwa 1% ergeben sich durch eine genauere Einhaltung des gewählten optimalen Betriebspunktes. Das Pendeln der Triebwerksdrehzahl um einen Betriebspunkt, wie es bei der Schubhebelautomatik hydromechanischer Regler erfolgt, führt zu Wirkungsgradverlusten und damit zu erhöhten Kraftstoffverbräuchen. Zur Verbrauchsminderung trägt auch die Optimierung der Abblasluftmenge und des Schaufelspitzenspiels durch aktive Spaltkontrolle bei.
- Die Instandhaltungs- und Modifikationskosten vermindern sich durch Fortfall einiger komplexer hydromechanischer Bauteile. Die steckbaren Module erleichtern die Fehlersuche. Modifikationen beschränken sich bei FADEC-Systemen auf die Software, so dass auch minimale Leistungsverbesserungen durchgeführt werden können.
- Die Aufnahme und Speicherung einer großen Menge von Triebwerksdaten, die bereits während des Fluges an die Bodenstation der jeweiligen Fluggesellschaft weitergegeben werden. Das Trendverfolgungssystem (Trend Monitoring System) ermöglicht die Zustandskontrolle der Module nach mechanischen und thermodynamischen Gesichtspunkten. Es kann damit ein wirtschaftlich optimaler Ausbauzeitpunkt ermittelt und eine schnelle und kostengünstige Wartung oder Instandsetzung der Triebwerke durch das Bodenpersonal vorgenommen werden.

9.5.6 Flugkraftstoffe

Flugzeuge, die mit Otto-Kolbenmotoren ausgestattet sind, werden entweder mit Flugbenzin 100 LL (Avgas 100 Oktan, Low Lead) betrieben oder sind für die Verwendung von Kraftfahrzeugbenzin (Mogas) eingerichtet und zugelassen. Vereinzelt werden auch Dieselmotoren in Kleinflugzeugen eingesetzt, die mit Dieselkraftstoff oder Kerosin betrieben werden.

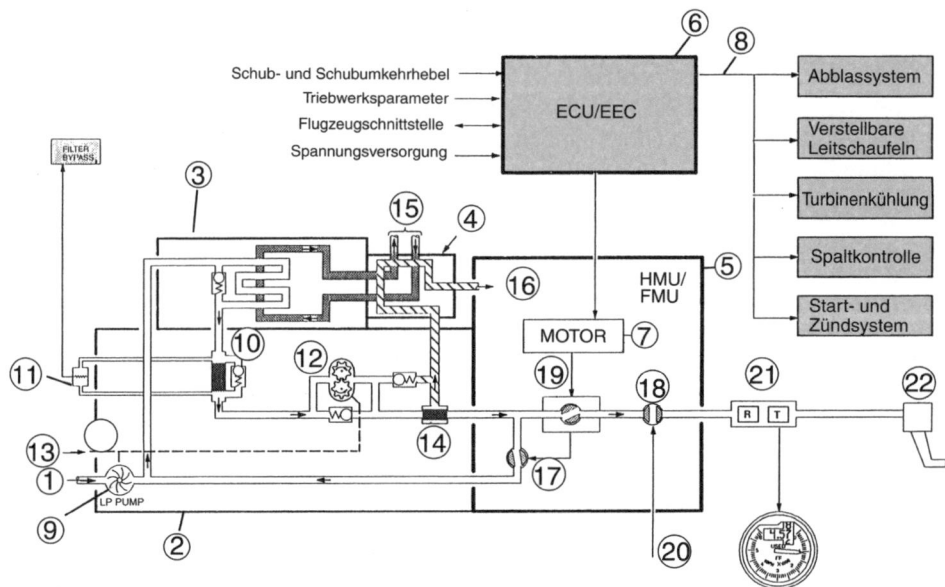

Bild 9.5.25 FADEC-Kraftstoffsystem
Die Abbildung zeigt das Schema eines elektronischen Kraftstoffregelsystems. Der von Tank kommende Kraftstoff (1) wird von der Pumpeneinheit (2) über den Hauptkraftstoffvorwärmer (*fuel oil heat exchanger*) (3) und den Servokraftstoffvorwärmer (4) zur hydromechanischen Regeleinheit (HMU/FMU) (5) geleitet. Der elektronische Regler (6) erzeugt aus den aufgenommenen Daten ein Signal für den Stellmotor (7). Weitere Signale (8) gehen an die übrigen Triebwerkssysteme.

9   Niederdruckkreiselpumpe
10 Kraftstofffilter mit Umgehungsventil (*bypass valve*)
11 Differenzdruckschalter für die Anzeige der Verstopfung des Kraftstofffilters im Cockpit
12 Hochdruckzahnradpumpe mit Überdruckventil
13 Antrieb durch das Hochdruckrotorsystem
14 Filter mit Ableitung des Servokraftstoffes
15 Rücköl
16 Servokraftstoff
17 Rückflussventil des Reglers (*bypass valve*)
18 Drosselventil des Reglers (*fuel metering valve*)
19 Absperrventil (*pressurizing valve*)
20 Starthebel (*startlever*)
21 Kraftstoffflussmesser (*fuel flow transmeter*)
22 Kraftstoffdüsen

Als Kraftstoff für Gasturbinentriebwerke werden zwei verschiedene Arten von Kohlenwasserstoffgemischen verwendet, Kerosin und Mischkraftstoff (Wide Cut Gasolin). Das Kerosin ist ein besonders gereinigtes und entschwefeltes Petroleum mit dem Siedebereich 160...250 °C. Es setzt sich aus 87% C und 13% H zusammen. Aus der Destillation von Erdöl entstehen 5 bis 8% Kerosin. Durch das Cracken, d.h. das Aufspalten großer CH-Moleküle in kleine, lassen sich bis zu 20% Kerosin aus Erdöl gewinnen.

In Turbinenkraftstoffen dürfen international 0,3% Schwefel enthalten sein, in Deutschland angebotene Kerosine enthalten einen Anteil von etwa 0,05%. Die Schwefelverbindungen (Merkaptane) verleihen dem Kerosin den typischen Geruch. In der Zivilluftfahrt wird hauptsächlich das Kerosin angewendet, weil es aufgrund seines Flammpunktes von +38 °C der Gefahrenklasse A2 zugeordnet ist, während Mischkraftstoffe zur Gefahrenklasse A1 gehören. Bei Verwendung von Kerosin darf deshalb, im Gegensatz zum Mischkraftstoff, auch bei besetztem Flugzeug betankt werden.

Kerosin wird als Kraftstoff für die Zivilfliegerei unter der Bezeichnung Jet A1 oder in Amerika als Jet A angeboten. Daneben gibt es für den militärischen Gebrauch zwei weitere Kerosine, das JP-1 und das JP-5. Das JP-5 wird wegen seines hohen Flammpunktes insbesondere von der Marine für den Gebrauch auf Flugzeugträgern verwendet (s. *Tabelle 9.4*).

Tabelle 9.4 Flugkraftstoffe für Gasturbinentriebwerke

Kraftstoffsorte	Kerosin	Kerosin	Kerosin	Mischkraftstoff
Zivil-Bezeichnung	Jet A	Jet A1	JP-5	Jet B
Englische Bezeichnung	AVTUR DERD2482	AVTUR DERD2453/2494	AVCUT DERD2498	AVTAG DERD2454/2486
USA-Bezeichnung	JP-1MIL-J-5616	JP-1AMIL-J-5616A	JP-5MIL-J-7914	JP-4MIL-J-5624D
NATO-Symbol	F-30	F-34/F-35	F-44	F-40/F-45
Verwendung	Zivil (Militärisch)	Zivil (Militärisch)	Militärisch (Marine)	Militärisch (Zivil)
Siedetemperatur-Bereich in °C	160...250	160...250	190...260	50...250
Dichte in kg/dm^3 bei 15 °C	0,78...0,825	0,78...0,825	0,79...0,845	0,75...0,8
Gefrierpunkt in °C	−40	−50	−48	−60
Flammpunkt in °C	+38	+38	+65	−20
Heizwert in kJ/kg	42 498	42 498	42 498	42 707
Schwefel Gew.-%	0,2	0,05...0,2	0,4	0,4

Als Ausweichkraftstoff für die Zivilluftfahrt wird der Mischkraftstoff (Wide Cut Gasolin) Jet B angeboten. Er hat einen Destillationsbereich von 90...250 °C und besteht zu 65% aus Benzin (Butan, Pentan, Hexan) und zu 35% aus Crack-Kerosin. Seine Zusammensetzung ermöglicht die Herstellung von größeren Mengen zu niedrigeren Preisen. Der niedrige Flammpunkt von −20 °C führt zur Einordnung in die Brandklasse A1. Jet B wird hauptsächlich in der Militärfliegerei verwendet, weil er in größeren Mengen verfügbar ist.

Flugkraftstoffe für Gasturbinentriebwerke müssen – wie *Tabelle 9.4* zeigt – eine Reihe von Anforderungen erfüllen:

❑ geringe Flüchtigkeit, um Verdampfungsverluste in größeren Höhen gering zu halten;
❑ möglichst keine hoch siedenden Bestandteile, da diese in größeren Höhen wegen des hohen Stockpunktes ausfallen;
❑ geringe Viskosität auch bei niedrigen Temperaturen, um das Zerstäuben zu ermöglichen;

- nicht mehr als 15...20% Aromate zur Vermeidung von zu hohen Brennkammertemperaturen;
- die Viskosität darf nicht zu niedrig sein, damit die Schmierfähigkeit für die Kraftstoffventile und Pumpen gesichert wird;
- sie müssen frei sein von giftigen Substanzen und korrosiven Schwefelverbindungen.

Durch folgende **Zusätze** können die Kraftstoffeigenschaften beeinflusst werden:

- **Anti-Statik-Zusätze** sind polymerische Stabilisatoren (Chrom und Kalzium), die die Leitfähigkeit erhöhen, um bei der Betankung die statische Auflading zu vermeiden;
- **Anti-Icing-Zusätze** – ein Alkoholgemisch, das in militärische Kraftstoffe bis 0,15% zugemischt wird, um Eiskristallbildung zu verhindern;
- **Anti-Mikroben-Zusatz** – eine Phenolverbindung, die Schlammpilzbildung bei längeren Standzeiten verhindert. Er wird zugefügt, wenn ein Flugzeug längere Zeit abgestellt wird.

Übung

1. Welche *Bauteile* gehören zur Kraftstoffförderungsanlage des triebwerksseitigen Kraftstoffsystems?
2. Wodurch *unterscheiden* sich die Prinzipien der Regelung des Kraftstoffdruckes bei der Verwendung einer Zahnradpumpe oder einer Axialkolbenpumpe?
3. Welche Funktion hat der *primäre Regelparameter* für die Zumessung der Kraftstoffmenge durch die Regelungsanlage?
4. Was lässt sich für die *Beschleunigung* eines Gasturbinentriebwerks aus dem Kraftstoffregelkennfeld entnehmen?
5. Warum spricht man bei dem *FADEC-System* von einer digitalen Anlage mit voller Regelungsautorität?

9.5.7 Zündsystem

Gasturbinentriebwerke arbeiten mit fortlaufender Verbrennung, bei der sich der eingespritzte Kraftstoff an der vorhandenen Flamme entzündet. Ein Zündsystem wird deshalb lediglich für den Anlassvorgang am Boden und in der Luft benötigt. Aus Sicherheitsgründen wird das Zündsystem auch bei Start und Landung sowie bei schlechtem Wetter mit Regen, Vereisungsbedingungen oder Turbulenzen, bei denen die Gefahr des Verlöschens der Flamme besteht, eingeschaltet.

Das Zündsystem kann entweder mit 28 V Gleichspannung aus dem Batteriestromkreis oder mit 115 V Wechselspannung aus dem Bordnetz gespeist werden. Möglich ist auch eine kombinierte Anlage mit 28 V Gleichspannung für die Anlasszündung und 115 V Wechselspannung für die Dauerzündung. Bei modernen Flugzeugen wird die Zündanlage nur aus dem 115-V-Bordnetz versorgt. Um jedoch einen ausreichend kräftigen Zündfunken zu erhalten, liegen an der Zündkerze Spannungen von bis zu 2000 V sowie Stromstärken von bis zu 2000 A vor, die innerhalb von 10 µs abgegeben werden. Die Zündung erfolgt mit einer Frequenz von z.B. 1...4 Hz.

Bild 9.5.26 Schnittdarstellung einer Zündkerze für Gasturbinentriebwerke
1 Lichtbogen; 2 Mittelelektrode; 3 Zündkabelkontakt; 4 Isolator; 5 Gehäuse; 6 Ablaufbohrung für Kondenswasser; 7 Kühlluftbohrungen

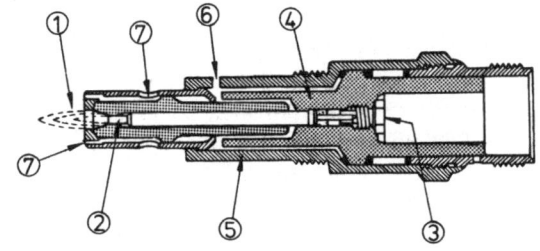

An jedem Triebwerk befinden sich zwei voneinander unabhängige Zündsysteme mit einer Zündbox, dem Hochspannungskabel und einer Zündkerze (*Bild 9.5.26*). Die in Gasturbinentriebwerken verwendeten Zündkerzen sind zwischen der Mittelelektrode und der Masse des Außenmantels mit einer Halbleiterschicht ausgestattet. Diese hat die Aufgabe, zu der Ionisation der Funkenstrecke beizutragen, so dass die Überschlagsspannung geringer ist als bei Zündkerzen mit einem Luftspalt zwischen den Elektroden. Die beiden Zündkerzen werden in unterschiedlichen Positionen an der Brennkammer angeordnet. Sie ragen durch das Brennkammergehäuse in der Nähe des Sprühkegels der Einspritzdüsen in das Flammrohr hinein und werden dort von Kühlluft aus dem Sekundärstrom der Brennkammer umströmt. Die Zündbox enthält die Bauteile zur Erzeugung der Hochspannung für den Zündvorgang.

Die eingehende 28-V-Gleichspannung wird durch einen Konverter in eine Wechselspannung umgeformt. Dieses Bauteil entfällt, wenn – wie bei modernen Flugzeugen üblich – für den Startvorgang der Triebwerke auf die 115-V-Bordwechselspannung zugegriffen wird.

Bild 9.5.27 Grundsätzlicher Aufbau der Zündbox
1 Konverter für die Wandlung des Gleichstroms in Wechselstrom
2 Transformator 3 Gleichrichter
4 Speicherkondensator
5 Funkenstrecke
6 Hochspannungstransformator

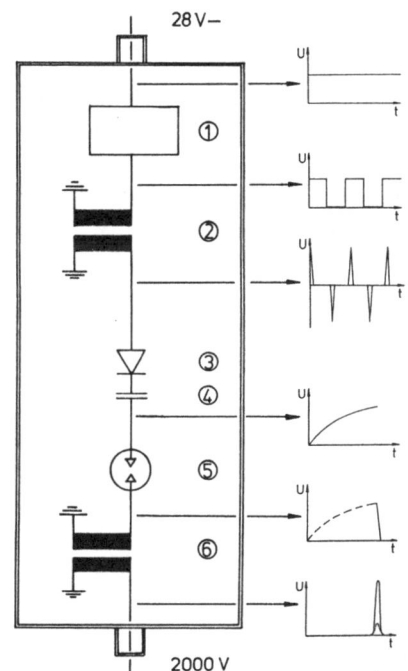

Im nachfolgenden Transformator wird diese Spannung hochtransformiert und nach der Gleichrichtung in einem Kondensator gespeichert. Über eine Funkenstrecke findet innerhalb von 50 µs die Entladung des Kondensators statt, so dass am Hochspannungstrafo in der Sekundärspule eine Spannung induziert werden kann. Diese Hochspannung wird über das Hochspannungskabel zur Zündkerze weitergeleitet. Zwischen der wolframummantelten Mittelelektrode und der Masse des äußeren Mantels der Zündkerze wird dann ein Lichtbogen erzeugt, der weit in die primäre Zone des Flammrohres hineinragt und das Kraftstoff-Luft-Gemisch in der Brennkammer sicher entzündet (*Bild 9.2.27*).

Die Aktivierung der Zündanlage während des Anlassvorgangs erfolgt entweder über den Startschalter und den Anlasshebel oder vollautomatisch durch das FADEC-Kraftstoffregelsystem.

Bei FADEC-Systemen (s. *Bild 9.5.25*) erfolgt zudem eine automatische Aktivierung der Zündung bei Verlöschen der Flamme.

Übung

1. Welche *Spannung* und welche *Stromstärke* sind ungefähr erforderlich, um einen ausreichend kräftigen Zündfunken für ein Gasturbinentriebwerk zu erhalten?
2. Welche *Wandlungen* erfährt die 28-V-Gleichspannung in der Zündbox, damit sie als Hochspannungsstrom die Zündkerze eines Gasturbinentriebwerks versorgen kann?

9.6 Wartung von Triebwerken

Zweck der Wartung ist das Erhalten der Betriebssicherheit der Flugtriebwerke sowie ihrer Anlagen und Systeme. Gemäß Luftbetriebsordnung LuftBO §§ 5 bis 8 gehört die Wartung zum Gesamtumfang der Instandhaltung, die im Einzelnen umfasst:

1. Wartung, einschließlich kleinerer Reparaturen,
2. Überholung,
3. große Reparaturen.

Als Wartungsarbeiten sind anzusehen:

❏ planmäßige Kontrollen und Arbeiten, die zur Aufrechterhaltung und Überwachung der Lufttüchtigkeit erforderlich sind;
❏ nicht planmäßige zusätzliche Arbeiten und kleinere Reparaturen, die zur Behebung angezeigter Beanstandungen oder festgestellter Mängel erforderlich sind und die mit einfachen Mitteln ausgeführt werden können;
❏ der Einbau von geprüften Überholungs- oder Neuteilen im Austausch gegen Überholungsreparatur- oder änderungsbedürftiger Teile, wenn diese Arbeiten mit einfachen Mitteln möglich sind.

Der Sammelbegriff «Wartung» heißt im internationalen Sprachgebrauch *Maintenance*. Auf der Basis engster Zusammenarbeit zwischen Triebwerkshersteller und Zulassungsbehörden werden die Wartungsrichtlinien für den Flugzeugbetreiber (Halter) festgelegt. Im Allgemeinen ist für jeden Triebwerkstyp ein typengebundenes «Technisches Betriebshandbuch», in diesem Fall ein so genanntes «Maintenance Manual», vorhanden. In diesem Manual wird nicht nur festgelegt, was gemacht werden muss, sondern z.B. auch, wann es durchzuführen ist. Eine Wartungsplanung («Maintenance Schedule») gibt an, nach wie vielen Flugstunden bestimmte Wartungs- und Kontrollmaßnahmen durchzuführen sind.

Während moderne Düsentriebwerke vergleichsweise wenig Wartungsaufwand erfordern, sind die Wartungsarbeiten für Kolbentriebwerke sehr aufwendig. Dementsprechend wird mit den Düsentriebwerken im Allgemeinen On Condition (OC) geflogen, d.h., ohne Vorgabe bestimmter zeitlicher oder streckenabhängiger Abschnitte wird nur «gewartet», wenn etwas nicht mehr stimmt.

Im Gegensatz zur On-Condition-Philosophie werden für den planmäßigen Einsatz von Kolbentriebwerken feste Laufzeiten für die Durchführung bestimmter Wartungsereignisse vorgesehen. Häufig wird die Anzahl der vom Flugzeug erbrachten Landungen (*landings*, L) als Parameter verwendet. Denkbar und anwendbar sind auch Betriebsstunden oder abgeleistete «Indienstzeiten», z.B. in

- Flugstunden/Flight hours (Fh),
- Wochen/Weeks und
- Monaten/Months (MON).

Tabelle 9.5 Sammeltabelle der fünf wichtigsten Triebwerkshersteller (Stand 2012):

CFM International

Type	Max Power (lb)	Applications
CFM56-3B1	20.000	B737-300/500
CFM56-5A3	26.500	A320
CFM56-5B6	23.500	A319
CFM56-5C2	31.200	A340
CFM56-7B20	20.600	B737-600/700
CFM56-B26	26.300	B737-800

General Electric

Type	Max Power (lb)	Applications
CF6-50E2B	54.000	B747-200
CF6-80A2	50.000	B767-200
CF6-80C2A3	60.200	A300-600/ MD-11
CF6-80C2B1F	58.000	B747-400
CF6-80C2B2F	52.700	B767-300ER
CF6-80C2B5F	60.800	B747-400
CF6-80E1A2	65.800	A330

GE90-76B	76.900	B777-200
GE90-85B	84.700	B777-200/300
GE90-90B	90.000	B777-200/300
GE90-94B	93.700	B777-200/300
GE90-100B	100.000	B777-200ERX
GE90-110B	110.000	B777-200LR

International Aero Engines

Type	Max Power (lb)	Applications
V2500-A1	25.000	A320-200
V2524-A5	23.500	A319
V2530-A5	31.400	A321-100
V2533-A5	33.000	A321-200

Rolls-Royce

Type	Max Power (lb)	Applications
RB211-524G	58.000	B747-400
RB211-524H	60.600	B747-400/B767-300
RB211-535E4	40.100	B757-200
Trent 553	53.000	A340-500
Trent 768	67.500	A330-300
Trent 875	77.900	B777-200/300
Trent 877	80.270	B777-200/300
Trent 884	86.910	B777-200/300
Trent 892	91.450	B777-200/300
Trent 895	95.000	B777-200/300
Trent 975	75.000	A380
Trent 8104	104.000	Demonstrator
Olympus 5931	37.730(afterburner)	Concorde SST

United Technologies

Type	Max Power (lb)	Applications
JTD217	20.850	MD-80
JTD9-7	48.000	B747/SP
JTD9-7R4H1	56.000	A300-600
JTD9-70A	53.000	B747-200
PW2037	38.250	B757
PW4000 series	50.000-64.000	B747/A300/MD11
PW4052	52.200	B767-200ER
PW4084	84.000	B777
PW4090	90.000	B777
PW4098	98.000	B777
PW4158	58.000	A300-600R
PW6162	124.000	A318

Tabelle 9.5 ist eine Sammeltabelle. Sie erlaubt einen Überblick über sämtliche Turbinentriebwerke der beiden großen Flugzeughersteller Boeing und Airbus. Zugeordnet sind alle in diesen Zeitraum und voraussichtlich innerhalb der kommenden 15 bis 20 Jahre eingesetzten Passagierflugzeuge einschließlich des Airbus A 380. Die 5 Einzeltabellen enthalten zusätzlich die Leistungsangaben für die verschiedenen Motoren. In der Praxis werden zwischen den Herstellern und den jeweiligen Flugzeughaltern verbindliche Wartungspläne erarbeitet, die ihre Gültigkeit mit der In-Dienst-Stellung der betreffenden Flugzeuge erlangen. Auf die Wiedergabe eines Gesamtwartungsplanes wird innerhalb dieses Buches wegen der kurzfristigen Revisionsintervalle verzichtet. Stattdessen werden die vom Flugzeughalter selbst oder von einem autorisierten Auftragnehmer durchzuführenden Wartungsvorgänge unabhängig von einem bestimmten Motortyp und Flugzeug-Baumuster angesprochen. Im Folgenden wird die im Service-Bereich übliche Terminologie aufgeführt. Es bedeuten im Einzelnen:

Tabelle 9.6 «Engine Maintenance Systems» einiger Pratt&Whitney- sowie General-Electric-Triebwerke

```
                        ENGINE  MAINTENANCE  SYSTEMS
==================================================================================

   JT8D-9A, -15, -17A     CF6-50/-80          :           M O D U L E S
   ------------------     ----------          :           -------------
                                              :
      MODULAR              MODULAR            :        JT8D MODULES
      CONCEPT:             CONCEPT:           :        ------------
      --------             --------           :
                                              :        1 = LOW PRESSURE COMPRESSOR
        1-OC                 1-2200 L / OC    :        2 = HIGH PRESSURE COMPRESSOR
        2-OC                 2                :            COMBUSTION AREA
        3-OC                 .    OC          :        3 = LOW PRESSURE TURBINE
        4-OC                 .                :        4 = MAIN GEARBOX
        5-OC                15                :        5 = EXHAUST CASE
                                              :
                                              :        CF6-50/-80 MODULES
                           BORESCOPE          :        ------------------
       H S I               CHECK              :        1 = FAN ROTOR
       -----               ---------          :        2 = FAN STATOR
                                              :        3 = H.P.COMPRESSOR ROTOR
    PERFORMED AT            5- 450 L          :        4 = COMPRESSOR REAR FRAME
    SHOPVISIT ONLY,                           :        5 = COMBUSTOR
    IF TIME SINCE           DC10 = C/2        :        6 = HIGH PRESS TURB 1st STAGE VANE
    LAST HSI IS             6- A300 = B       :        7 = HIGH PRESSURE TURBINE ROTOR
    > 5000 HOURS OR         B747  = C         :        8 = TURBINE MID FRAME
    > 6000 HOURS -                            :        9 = LOW PRESS TURB ROTOR + STATOR
    DEPENDING ON            DC10 = A          :       10 = ACC. GEARBOX
    MOD STATUS              7- A300 = A       :       11 = HIGH PRESS COMPR STATOR
                            B747  = 3A        :       12 = LOW PRESS COMPR ROTOR
                                              :       13 = TRANSFER GEARBOX
   -------------------                        :       14 = TURBINE REAR FRAME
   OC = ON CONDITION                          :       15 = INLET GEARBOX
   L  = LANDINGS                              :
==================================================================================

   REMARKS:
   --------

   1. ENGINE MODULES: MOST MODULES ARE REMOVED ON CONDITION OR AFTER FAILURE. (EXCEPTION:
      --------------  MODULE 1 OF CF6-50), SOME PARTS (E.G. DISKS) ARE TIME LIMITED.  THE
                      CONDITION IS MONITORED BY A COMPUTERIZED "ENGINE TREND MONITORING"
                      SYSTEM AND BY ROUTINE "ON THE WING" INSP., E.G. FILTER INSP., BORE-
                      SCOPE-, RADIO ISOTOPE-, EDDY CURRENT-, AND ULTRA SONIC INSPECTION.

   2. COMPONENTS: MOST COMPONENTS ARE REMOVED ON CONDITION OR AFTER FAILURE. SOME COMP.
      ----------  HAVE A HARD TIME LIMIT. AT TIME EXPIRATION THEY ARE REMOVED FOR APPLI-
                  CATION OF A SPECIFIC TASK (E.G. OVERHAUL, PARTIAL OVERHAUL, FUNCTIONAL
                  CHECK, CLEANING, SCRAPPING).
```

Line Maintenance «Indienst-Wartung», zum Beispiel
T Trip Check oder Walk-Around Check (durch FC, d.h. Flight Crew), vor jedem Flug, jedoch nicht früher als 2 Stunden vor dem Abflug;
Z zusätzliche tägliche, d.h. 24-stündliche Wartungsereignisse (Ausnahme: 48-stündlich), z.B. Ölstand und dergleichen;
S Service Check, alle sieben Kalendertage bzw. 168 Stunden (Ausnahme: acht Kalendertage bzw. 192 Stunden), im Allgemeinen durch SM, d.h. Stationsmechaniker

Light Maintenance
A-Check, alle 350 Fh
C-Check, alle 13 MON

Heavy Maintenance
IL Intermediate Layover, d.h. Zwischenliegezeit-Wartung, z.B. alle 5 Jahre
D-Check, z.B. alle 9 Jahre

Die in *Tabelle 9.6* dargestellten «Engine Maintenance Systems» beziehen sich auf die Triebwerke Pratt & Whitney JT8D-9A, JT8D-15, JT8D-17A und General Electric CF6-50 und CF6-80, die während der Periode um die Jahrtausendwende im Einsatz waren und insofern einen verbindlichen Rückblick auf die Erfahrungen und praxisnahen Vorgänge erlauben. Die nachfolgend erläuterten Begriffe erstrecken sich dabei prinzipiell auch auf die in *Tabelle 9.5* aufgeführten Triebwerke.

Modules
Das sind eigenständig montierte und funktionsfähige Triebwerksbereiche; z.B. sind der Fanbereich und der Verdichter (Kompressor) jeweils ein Modul, wie auch der Schubumkehrer (Reverser), der Brennkammerbereich, die Turbine (alle Stufen) und der Exhaust/Abgasbereich. Es ist in diesem Zusammenhang wichtig, auf die besondere Philosophie hinzuweisen, die mit der Einteilung der Motoren in einzelne Module sinnvoll verbunden ist: Wenn sich bei der Befundaufnahme erweist, dass lediglich ein Modul reparaturbedürftig ist, dann kann dieser einzelne Modul aus dem Triebwerk ausgebaut und repariert oder gegen einen bereits instand gesetzten baugleichen Modul ausgetauscht werden. Das Triebwerk bleibt im Übrigen zusammengebaut, so dass beachtliche Zeit- und Kostenersparnisse erwirtschaftet werden können. Einbaufertige Module werden im Bereitstellungslager der großen Airliner, wie z.B. der Deutschen Lufthansa, ständig bereitgehalten.

HSI
High Stage Inspection, d.h. auf hoher Qualitätsebene durchgeführte Kontrolle.

Borescope Check (deutsch auch Boroskop)
Kontrolle mittels optischer Sonde.

Components
Bauteile aller Art, die vom «Kernmotor» abbaubar sind.

9.6.1 Typische Wartungsvorgänge am Triebwerk

Außer selbstverständlichen Ölstandskontrollen und -ergänzungen sind als typische Wartungsvorgänge an Düsentriebwerken anzusehen:

1. Abrüsten (Reinoval)
Abbau von Hauben, Verkleidungen, Lufteintrittsgehäusen
Ausbau des Schubumkehrers
Ausbau der Kraftstoff-, Hydraulik- und Pneumatiksysteme
Ausbau von Nebenaggregaten für Luft- und Stromversorgung
Abbau mechanischer und pneumatischer Getriebe
Abbau von Transmittern, Warnschaltern, Luft- und Entlüftungsventilen
Abbau von Messleitungen, Schellen, Rohren, Schläuchen
Ausbau elektrischer Leitungen usw.
Abbau der Triebwerksaufhängungen

2. Demontage (Disassembly)
Abbauen und Zerlegen der Verdichter, Brennkammern, des Nachbrenners, der Turbinen, Gehäuse, Pumpen, Getriebe, Wellen, Abdichtungen, Lager und Leitungen mit Spezialwerkzeugen und -vorrichtungen.

3. Befund
Kontrolle aller laufzeitbegrenzten Triebwerksteile. Prüfen auf Wiederverwendbarkeit durch Sicht- und Messkontrollen.

4. Reparatur- bzw. Austauscharbeiten
Austausch von Verschleißteilen

5. Gruppenmontage
Zusammenbau der Module (Moduln)

6. Endmontage (Assembly)
Montieren von Kompressoren, Wellen, Gehäusen, Turbinen, Lagern, Pumpen, Filtern usw.
Anbauen der Kraftstoff-, Schmierstoff-, Enteisungs- und Feuerlöschanlagen
Funktionskontrollen der Radial-, Axial- und Zahnspiele, etwaiger Leckagen und Durchflussbehinderungen

7. Funktionsprüfung des Schubumkehrers

8. Aufrüsten des Triebwerks
Anbau von Triebwerksaufhängungen, Schubumkehrer, Lufteintrittsgehäuse, Gleichdrehzahlregler, Generator
Montage der Hydraulik-, Kabinenlader-, Warmluft- und Elektrik-Systeme

Einbau der Nebenaggregate wie Luft- und Stromversorgung, mechanische Getriebe, Transmitter, Warnschalter, Messleitungen usw.
Funktionsprüfung aller Nebengeräte und Ventile
Anbau der Verkleidungsteile

9. Prüfstandsarbeiten
Zu den typischen Wartungsvorgängen an Kolbentriebwerken zählten z.B. die Prüfung von

- Ölstand,
- Zündanlage,
- Kompression,
- Ventilspiel,
- Luftschrauben (Zustand der Anströmkanten, Funktion des Verstellmechanismus).

Selbstverständlich sind die für die Düsentriebwerke im Detail beschriebenen Wartungsvorgänge sinngemäß auf die Kolbentriebwerke übertragbar. Wesentliche Unterschiede sind z.B. im Bereich der Demontage feststellbar, wenn es bei Kolbentriebwerken um zusätzliche Punkte geht, wie

- Abbauen und Zerlegen von Ansaug- und Auspuffanlagen,
- Demontage der Zylinder und Zylinderköpfe,
- Zerlegung der Ventiltriebe und des Kurbeltriebs,
- Demontage des Laders,
- Demontage des Luftschraubenuntersetzungsgetriebes und dergleichen.

9.7 Emissionen

9.7.1 Lärmemission

Fluglärm ist eine Folge des Flugverkehrs, dem die Menschen in unterschiedlicher Weise ausgesetzt sind. Er ergibt sich aus Schallereignissen, die als mehr oder minder unangenehm empfunden werden und somit unerwünscht sind. In diesem Abschnitt sollen Ursachen des Fluglärms und Möglichkeiten zur Verminderung der Wirkungen auf den Menschen aufgezeigt werden.

Grundlagen zum Lärmbegriff
Der Begriff Lärm umfasst den physikalischen Vorgang der Schallerzeugung und die physiologischen Gegebenheiten der Wahrnehmung von Schall durch den Menschen.
Hörbarer Schall ergibt sich aus mechanischen Schwingungen mit einer Frequenz von 16 bis 20 000 Hz, die sich in Abhängigkeit von den Umgebungsbedingungen mit einer bestimmten Geschwindigkeit ausbreiten. Je höher die Frequenz der Schwingung, desto höher ist der Ton.

Unterhalb der durch den Menschen wahrnehmbaren 16 Hz spricht man von **Infraschall**, oberhalb von 20 000 Hz von nicht mehr wahrnehmbarem **Ultraschall**, obwohl die menschlichen Organe darauf reagieren.

Die Ausbreitungsgeschwindigkeit a des Schalls in Luft ist abhängig von den atmosphärischen Bedingungen und lässt sich errechnen nach der Formel $a = \kappa \cdot R \cdot T$. Da der Adiabatenexponent κ und die spezifische Gaskonstante R feststehende Faktoren sind, kann man die Formel für a in Luft vereinfacht zu $a = 20{,}1 \cdot \sqrt{T}$ zusammenfassen.

Für die Flugzeugtechnik ist der Luftschall mit seinem Schallfeld, der räumlichen Ausbreitung des Schallereignisses, von Interesse. Die zugehörigen bedeutsamen Größen sind die folgenden:

- der **Schalldruck** p – er erfasst die Stärke der Druckwechsel in Pascal (Pa oder N/m²), die durch Schallschwingungen hervorgerufen werden;
- die **Schallleistung** P – sie ist die von dem Schallereignis abgegebene Energie pro Zeiteinheit in Joule pro Sekunde (J/s) bzw. Watt (W). Die Stimme des Menschen hat eine Schallleistung von etwa 10^{-5} W, ein Flugtriebwerk etwa 10^4 W;
- die **Schallintensität** I – sie beschreibt die Größe der senkrecht auf eine Fläche auftreffenden Schallleistung in W/m²;
- die **Schallenergiedichte** w – sie zeigt die Schallenergiemenge pro Volumen z.B. in J/m³ auf.

Vom Menschen hörbare Schallschwingungen von 1000 Hz können ab einem Schalldruck von etwa $p = 20 \cdot 10^{-5}$ Pa wahrgenommen werden und erreichen mit $p = 20$ Pa die Schmerzgrenze. Um diese große Spanne von Schalldrücken erfassen zu können, wird der vorhandene Schalldruck auf einen international festgelegten Referenzwert p_{ref} von $2 \cdot 10^{-5}$ bezogen und in einer logarithmischen Skala als Schalldruckpegel L_p mit der Einheit Bel bzw. Dezibel (dB) dargestellt ($L_p = 20 \cdot \log(p/p_{ref})$).

Aus dieser Gleichung ergibt sich, dass bei einer Verdoppelung des Schalldruckes der Schalldruckpegel um 6 dB ansteigt.

Soll nun der Schalldruckpegel eines Flugzeuges ermittelt werden, müssen die Bedingungen, d.h. der Messabstand, der Messort vor, hinter, seitlich oder unter dem Flugzeug und die Messumgebung mit seinen Gebäuden, Bäumen oder eben Flächen innerhalb des jeweiligen Schallfeldes, die die Messung beeinflussen, berücksichtigt werden.

Bild 9.7.1 zeigt, dass das menschliche Gehör Änderungen des Schalldruckpegels subjektiv und nicht nach den tatsächlich herrschenden Werten in dB wahrnimmt. Dabei empfindet der Mensch hohe Frequenzen weitaus störender als niedrige. Aus diesem Grund wird der Schalldruckpegel einer Bewertung entsprechend seiner Wahrnehmung durch den Menschen unterzogen, d.h., die Schallmessung wird dem natürlichen Empfinden des menschlichen Gehörs angeglichen und als bewerteter Schalldruckpegel mit dem Filter A in dB(A) angegeben. Dabei empfindet der Mensch einen Schalldruckzuwachs von 3 dB(A) als eine Verdoppelung der Lautstärke. Dieser bewertete Schalldruckpegel ist damit weder eine physikalische noch eine physiologische Messgröße, sondern berücksichtigt bei physikalischer Messung des Schalldruckes bestimmte Eigenschaften des menschlichen Gehörs.

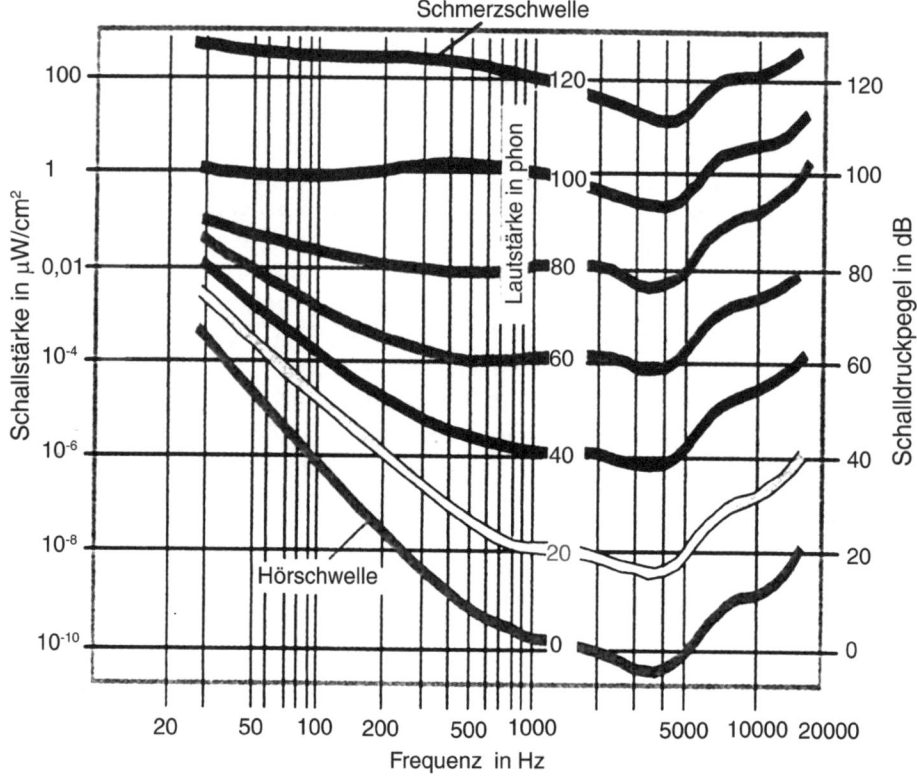

Bild 9.7.1 Normalkurven gleicher Lautstärke mit Lautstärkepegel in Phon
Das Diagramm zeigt Kurven gleicher Lautstärke, wie sie vom Menschen empfunden wird. Ein Phon Lautstärke entspricht einem unbewerteten Schalldruckpegel von 1 dB. Bei der Definition der Einheit Phon wird die Frequenz von 1000 Hz als Bezugsfrequenz herangezogen. Die Hörschwelle entspricht dort 0 Phon, und 1 dB(A) entspricht 1 Phon. Bei 120 Phon liegt die Schmerzgrenze. Der Verlauf der Kurven zeigt, dass der Mensch hohe Frequenzen als weitaus störender empfindet als niedrige. Die größte Empfindlichkeit des menschlichen Gehörs liegt zwischen 3000 und 4000 Hz.

Um die tatsächliche Bedeutung der Schallemission von Flugzeugen erfassen zu können, muss ebenfalls die Lästigkeit der Lärmereignisse miterfasst werden. Da das Lästigkeitsempfinden sehr stark subjektiv geprägt ist, kann es nur bedingt berücksichtigt werden.

Für die gesetzgeberische Standardisierung der Erfassung von Fluglärm hat die ICAO daher drei Größen zur Anwendung für jeweils bestimmte Zwecke festgelegt. In ihnen fließen Einflussfaktoren von Lästigkeit, wie der zeitliche Verlauf und die Dauer, die Intensität, Schallspitzen und Einzelgeräusche von Schallereignissen, sowie die Tonempfindlichkeit des menschlichen Gehörs ein:

- empfundener Schallpegel L_{PN} (*percieved noise level*, PNL) in PNdB,
- Ton-korrigierter empfundener Schallpegel L_{TPN} (*tone corrected percieved noise level*, PNLT) in TPNdB,
- effektiv empfundener Schallpegel L_{EPN} (*effective perceived noise level*, EPNL) in EPNdB.

Der Schallpegel L_{EPN} (EPNL) erfasst die Besonderheiten des Fluglärms, die sich durch das An- und Abschwellen und den zeitlichen Verlauf bei Start, Landung, Kurven- und Geradeausflug ergeben, und ist damit z.B. für die Erfassung des Lärms an einem Flugplatz geeignet.

Wirkung von Lärm auf den Menschen
Die Einwirkung von Lärm auf den Menschen hat gesundheitliche Folgen, die von der Stärke und der Dauer der Einwirkung abhängen. Das Problem ist dabei, dass sich der Mensch der Einwirkung von Lärm nicht entziehen kann. Im Unterschied zum Auge, das z.B. in der Nacht Pause hat, ist das Ohr für Geräusche ständig offen. Dies führt zu den starken negativen Wirkungen des Lärms.

Studien zeigen, dass sich schon Lärm ab 35 dB(A) negativ auf das vegetative Nervensystem auswirkt, wenn er vom Ohr noch gar nicht als störend empfunden wird; z.B. beeinträchtigt er die Schlafqualität und führt zu Aufwachreaktionen. Ab 50 dB sind Stressreaktionen des Körpers durch Ausschüttung von Stresshormonen die Folge, die steigenden Blutdruck und erhöhte Herzfrequenz mit dem Risiko von Herz-/Kreislauferkrankungen hervorrufen können.

Lärmeinwirkung ab 85 dB(A) hat unvermeidlich bleibende Langzeithörschäden zur Folge. Sie entstehen durch Absterben von Haarzellen im Ohr, die sich nicht regenerieren können. Diese Entwicklung von Hörschäden ist eine Langzeitentwicklung und wird von dem Betroffenen meist gar nicht bemerkt. Er kann dann zunächst hohe Töne nicht mehr hören, später dann auch tiefere.

Viele Menschen setzen sich freiwillig Lärmpegeln von mehr als 100 dB(A) aus, die unvermeidlich zu Schäden führen, so z.B. der Diskothekbesucher oder der Hörer von Musik mit Kopfhörern.

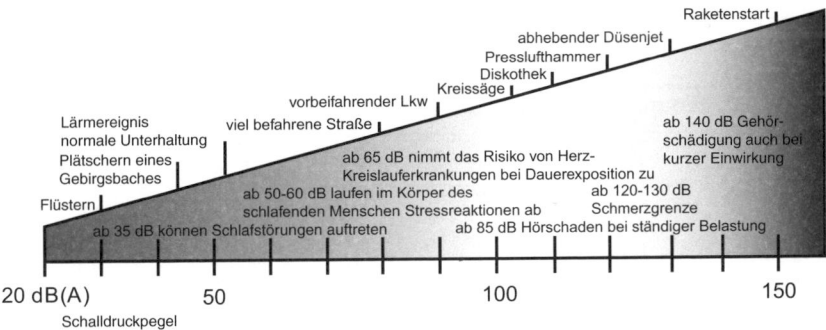

Bild 9.7.2   Zusammenhang zwischen dem Schalldruckpegel von Lärmereignissen in dB(A) und den möglichen Gesundheitsschäden

Ab 120 dB(A) ist die Schmerzgrenze erreicht, ab der eine Schädigung des Gehörs schon nach mehrminütiger Belastung eintritt.

Ab 140 dB(A) entsteht eine Schädigung bereits nach kurzer Einwirkung.

Regularien zum Fluglärm

Um die Lärmbelästigung durch Flugzeuge in Grenzen zu halten, ist es nötig, Regularien zur Verfügung zu haben, die Emissionsgrenzwerte weltweit einheitlich festlegen. Solche Grenzwerte werden durch die ICAO als «Annex 16 Environmental Protection Volume I Aircraft Noise» für die Musterzulassung von neu am Luftverkehr teilnehmenden Flugzeugtypen festgelegt.

Diese Bestimmungen sind für die USA als FAR 36 und in Europa als EASA CS-36 gleich lautend gültig.

Nachdem die Bedeutung der Lärmemission der ersten strahlgetriebenen zivilen Flugzeuge wie der B 707 erkannt worden war, wurden erste Standards im Kapitel 2 der ICAO Annex 16 gesetzt. Sie galten für Flugzeuge, die zwischen 1972 und 1977 zugelassen wurden, wie z.B. die B 727 oder DC 9.

Mit zunehmendem Flugverkehr gewann die Lärmüberwachung im Bereich der Flughäfen immer mehr an Bedeutung. Seit 1983 arbeitet das CAEP (Committee on Aviation Environmental Protection) der ICAO regelmäßig, um die Bestimmungen zur Lärmemission weiterzuentwickeln. Es befasst sich mit folgenden Themen:

- Reduzierung des Lärms an der Quelle,
- Landschaftsplanung im Bereich der Flughäfen,
- lärmsenkende Operationsprozeduren für Abflug, Anflug und Landung,
- Betriebsbeschränkungen auf den Flughäfen.

Mit dem Kapitel 3 wurde in den 1990er Jahren eine verschärfte Bestimmung für Flugzeuge erlassen, die zwischen 1977 und 2006 zugelassen wurden, wie z.B. die B 737 300/400, die B 767 oder den A 319.

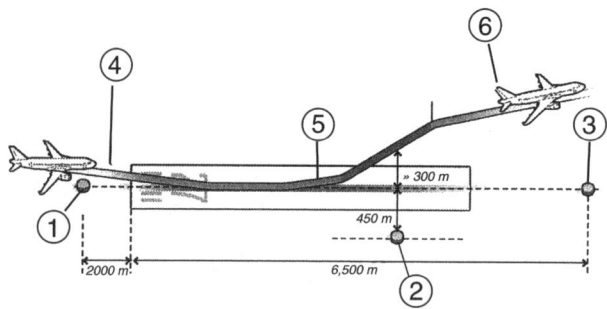

Bild 9.7.3 Referenzpunkte
Für die Zulassung eines neuen Flugzeugmodells muss der Nachweis erbracht werden, dass der zulässige Lärmpegel, an drei Referenzpunkten bei Landung und Start nach ICAO Annex 16 gemessen, nicht überschritten wird.
1 Messpunkt Landeanflug; 2 Messpunkt Seitenlinie; 3 Messpunkt Überflug beim Start; 4 Landeanflug in lautester Konfiguration mit Fahrwerk und Klappen ausgefahren, 5 Start mit maximalem Schub; 6 Steigflug mit reduziertem Schub

Seit dem 1. Januar 2006 sind die Vorschriften des Kapitels 4 in Kraft, die im Juni 2001 durch die CAEP festgelegt wurden und eine weitere Lärmminderung um 10 dB enthalten.

In Europa erhalten seit 1.4.2002 europaweit zivile Flugzeuge nur noch mit der Lärmzulassung nach Kapitel 3 Start- und Landeerlaubnis.

Zur Ermittlung der Lärmemission von Flugzeugen sind durch die ICAO drei Referenzpunkte in der Umgebung der Flughäfen festgelegt worden (*Bild 9.7.3*):

❏ Start und Überflug – 6,5 km nach dem Punkt, an dem der Pilot die Bremsen löst. Je nach Steigvermögen befinden sich die Flugzeuge in unterschiedlichen Höhen, der Schub ist bereits reduziert;

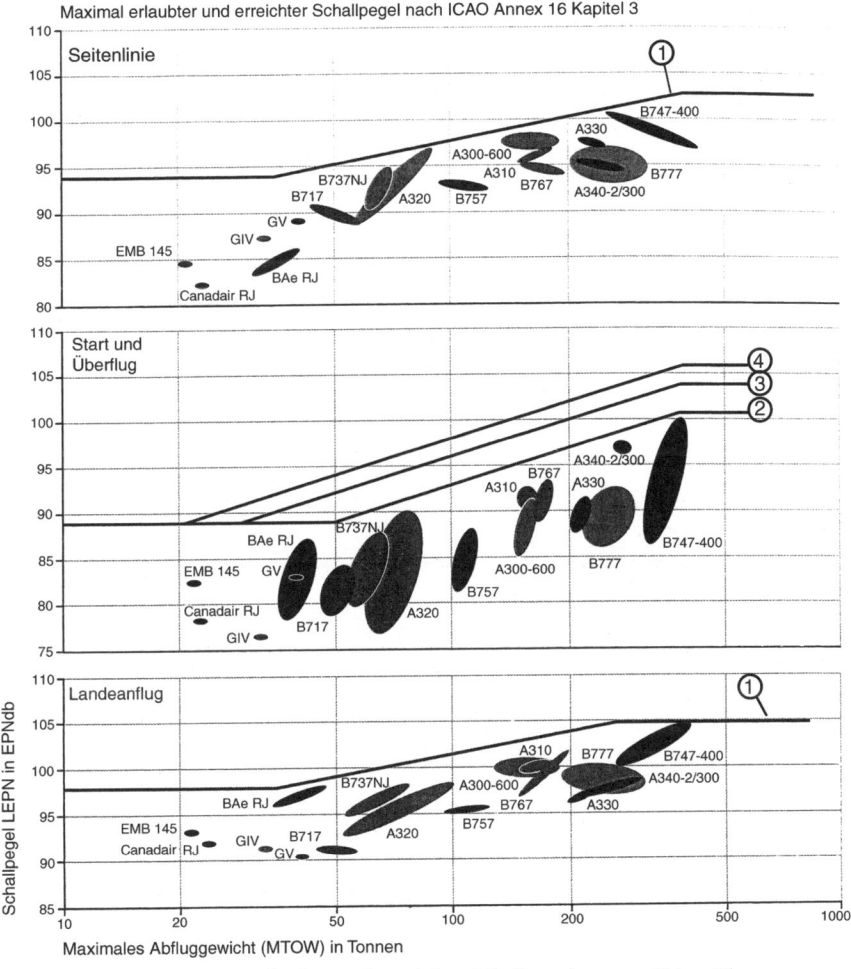

Bild 9.7.4   Maximal nach ICAO erlaubte und erreichte Schallpegel ausgewählter Flugzeugtypen an den drei Messpunkten Seitenlinie, Überflug beim Start und Landeanflug in Abhängigkeit vom maximalen Startgewicht.
1 erlaubter Schallpegel nach ICAO in EPNdB; 2 Flugzeug mit 2 Triebwerken; 3 Flugzeug mit 3 Triebwerken; 4 Flugzeug mit 4 Triebwerken

- Seitenlinie – 450 m seitlich der Starbahn während des Rollens beim Startvorgang auf der Startbahn mit Triebwerken bei voller Leistung;
- Anflug – 2 km vor der Landebahn bei einem Gleitwinkel von 3° und einer Flughöhe von 120 m.

Mit Hilfe einer durch die FAA definierten Formel werden die Lärmgrenzwerte für Flugzeuge in Abhängigkeit von ihrer Startmasse als empfundener Schallpegel L_{EPN} an den drei Referenzpunkten in EPNdB festgelegt (*Bild 9.7.4*).

Für den Start- und Überflugfall wird zusätzlich unterschieden nach der Anzahl der Triebwerke, um das daraus resultierende, unterschiedliche Steigvermögen zu berücksichtigen. Flugzeuge mit zwei Triebwerken benötigen zum Ausgleich bei Ausfall eines Triebwerks größeren Überschuss an Schub als Flugzeuge mit drei oder mehr Triebwerken und erreichen daher eine größere Steigleistung. Sie sind deshalb am Überflugpunkt 6,5 km bereits in größerer Höhe mit entsprechend geringerer Lärmemission auf den Boden (*Bild 9.7.5*). Flugzeuge mit mehr als zwei Triebwerken geben somit bei gleicher Lautstärke mehr Lärm auf den Boden ab, entsprechend höher sind die Grenzwerte nach ICAO definiert.

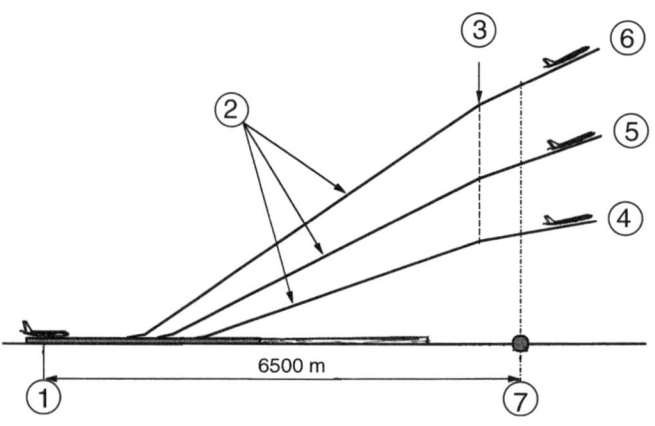

Bild 9.7.5 Prinzipdarstellung der Abhängigkeit zwischen der Steigfähigkeit des Flugzeuges durch die Anzahl der Triebwerke und der Lärmemission am Lärmmesspunkt
1 Punkt auf der Rollbahn, wo die Bremsen gelöst werden; 2 Steigfähigkeit der Flugzeuge je nach Anzahl der Triebwerke; 3 Schubreduktion; 4 Flugzeug mit 4 Triebwerken; 5 Flugzeug mit 3 Triebwerken; 6 Flugzeug mit 2 Triebwerken; 7 Referenzpunkt Überflug beim Start

Schallquellen am Flugzeug
Die Schallemission eines Flugzeuges ergibt sich aus einer Vielzahl von Quellen, die unterschieden werden können nach aerodynamischem Schall durch die Umströmung der Flugzeugkomponenten und dem Triebwerkslärm.

Je nach Flugzustand treten bestimmte Quellen in den Vordergrund und überdecken die anderen; so dominiert beim Start eindeutig der Triebwerkslärm, während im Landeanflug Fahrwerk und Klappen bestimmend sein können.

Der Triebwerkslärm wird grundsätzlich durch alle Komponenten erzeugt, deren Intensität je nach Triebwerkstyp, Betriebszustand und Referenzmesspunkt jedoch unterschiedlich stark sein kann. Dies gilt insbesondere für die Unterscheidung von militärischen Nachbrennertriebwerken und zivilen Triebwerken mit großem Nebenstromverhältnis. In der weiteren Betrachtung soll das Hauptaugenmerk auf den Triebwerken der Zivilluftfahrt liegen.

Während bei den frühen Triebwerkstypen ohne Nebenstrom oder mit niedrigem Nebenstromverhältnis der Strahllärm eindeutig alle anderen Lärmquellen überdeckte, treten bei modernen Triebwerken mit hohem Nebenstromverhältnis die Lärmerzeuger Turbomaschine mit Fan, Verdichter und Turbine sowie die Brennkammer in den Vordergrund.

Strahllärm
Der Strahllärm breitet sich vom Triebwerk nach hinten aus. Fan und Verdichter strahlen ihre Schallwellen dagegen nach vorn und nach hinten aus, die Turbine nur nach hinten.

Die Ursache für den Strahllärm ist die Mischung des Triebwerksstrahls mit der Luft der umgebenden Atmosphäre und die Mischung von heißem und kaltem Abgasstrom untereinander. Der schnelle Strahl reißt beim Austritt aus der Schubdüse umgebende Luft mit, so dass eine turbulente Scherschicht zwischen Triebwerksstrahl und der Luft der Atmosphäre entsteht, deren Wirbel hoch- und niederfrequenten Lärm erzeugen. Der schnelle heiße Abgasstrahl des Kerntriebwerks ist dabei von größerer Bedeutung als der kalte langsame Nebenstrom.

Eine deutliche Verminderung des Strahllärms ist erreichbar durch ein großes Nebenstromverhältnis und eine gezielte Vermischung der Strahlen miteinander und mit der Atmosphäre. Beim Übergang von Triebwerken mit niedrigen zu solchen mit hohen Nebenstromverhältnissen kam es daher zu einer Verminderung der Lärmemission um ca. 20 dB dadurch, dass der große kalte Nebenstrom den heißen Strom ummantelt. Dies war in den 1970er Jahren ein erster großer Fortschritt zur Reduzierung des Triebwerkslärms.

Eine weitere Reduzierung ist möglich, wenn der Mischungsvorgang mit bis zur Heißgasschubdüse durchgehenden Fanverkleidungen, Zwangsmischern oder gezackten Düsen (auch Chevron-Düsen genannt) gezielt beeinflusst wird. Die Wirkung dieser Düsen beruht darauf, dass es bereits innerhalb des Triebwerks zu einer Vermischung von Fan- und Kernstrahl kommt, bei der sich eine niedrige Mischungsgeschwindigkeit ergibt und ein Teil des niederfrequenten in höherfrequenten Lärm umgewandelt und dadurch schneller in der Atmosphäre absorbiert wird (*Bild 9.7.6*). Der Nachteil solcher Düsen ist ein Schubverlust, der zu höheren Kraftstoffverbräuchen führt. Weitere Entwicklungsarbeit an solchen Systemen, z.B. durch General Electric und Goodrich, soll diese Nachteile beseitigen.

Ein weiterer Einfluss auf den Strahllärm ergibt sich durch Bauteile des Flugzeuges, wie z.B. den Triebwerkspylon oder Klappen und Vorflügel des Tragflügels, die durch ihre eigene Umströmung mit dem Triebwerksstrahl Interferenzen bilden können und somit lärmerzeugend wirken.

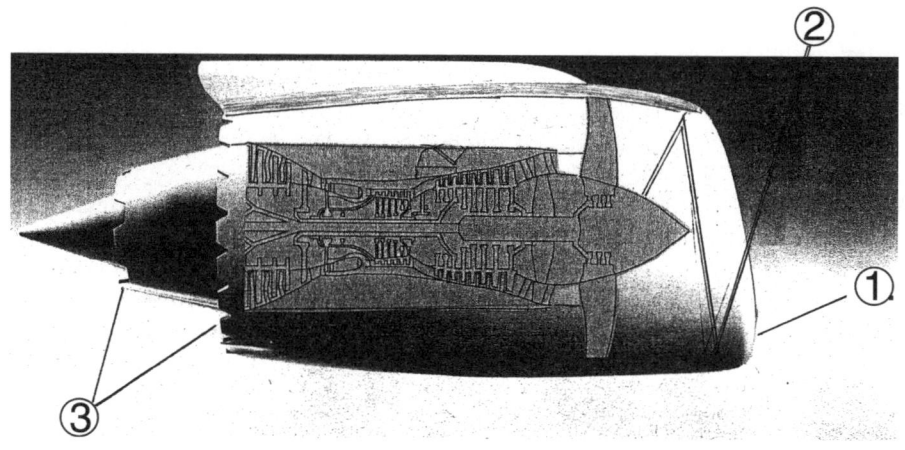

Bild 9.7.6 Triebwerk mit gezackter Düse und unten vorgezogener Einlauflippe
1 vorgezogene Einlauflippen; 2 nach oben reflektierte Schallwellen aus dem Verdichter;
3 gezackte Düsen

Fan- und Verdichterlärm
Grundsätzlich erzeugen rotierende Maschinen Lärm über ein breites Band von Frequenzen, so genannten Breitbandlärm mit einzelnen Spitzen herausragender Frequenzen, den so genannten diskreten Tönen.

Breitbandlärm entsteht durch Wirbel und Turbulenzen ungleichförmiger Zu- und Abströmung mit entsprechend ungleichförmiger Druck- und Kräfteverteilung an den rotierenden Schaufeln. **Diskrete Töne** werden dagegen durch Wechselwirkungen zwischen Schaufelnachläufen und nachfolgenden Leit- und Laufschaufeln oder durch Druckstörungen in Form von Verdichtungsstößen an mehrstufigen Verdichtern generiert. Verdichtungsstöße treten insbesondere dann auf, wenn das Triebwerk unter Volllast läuft und damit der Fan und einzelne Verdichterstufen, so wie heute üblich, im transsonischen Bereich arbeiten.

Zusätzlichen Einfluss auf die Schallerzeugung des Verdichters hat die fertigungstechnisch bedingte, leicht unterschiedliche Geometrie der Schaufeln einzelner Stufen. Durch Erosion im Betrieb oder nach Schaufelreparaturen bei leichten Beschädigungen durch Fremdkörper (FOD) kommt es zu Abweichungen von der ursprünglichen Schaufelgeometrie. Diese geometrischen Ungleichheiten können Schwankungen im Druckverlauf der umlaufenden Schaufeln und dadurch Schallwellen erzeugen.

Diese Art von Schall ist bei modernen Triebwerken mit hohem Nebenstromverhältnis beim Start dominierend und wird als der für moderne Flugzeuge charakteristische, so genannte **Kreissägenlärm** wahrgenommen.

Um den **Verdichterlärm** zu vermindern, gibt es über die konstruktive Auslegung der einzelnen Stufen eine Reihe von Möglichkeiten, die Schallerzeugung zu beeinflussen. Hierbei ist insbesondere das Wechselspiel zwischen Lauf- und Leitschaufeln von Bedeutung. Resonanzen durch sich überlagernde Impulse können vermieden werden, indem die Schaufelzahl von Lauf- und Leitrad optimiert wird. Eine Verminderung der Wirkung der Strömungsnachläufe von Rotorschaufeln erreicht man durch Vergrößerung des Abstandes zwischen Rotor und Stator. Gerade im Fanbereich wird mit Hilfe der Optimierung des Leitapparates durch Pfeilung und Neigung versucht, die Schallerzeugung zu vermindern. Die Senkung der Umfangsgeschwindigkeit kann Schockwellen durch überschallschnelle Strömungsvorgänge und deren schallerzeugende Wirkung vermeiden.

Der Triebwerkseinlauf sollte so gestaltet sein, dass keine Verzerrungen der zuströmenden Luft vorhanden sind, weil dies zu ungleichmäßiger Anströmung des Fans führt. Die untere Einlauflippe kann verlängert ausgeführt werden, um den nach vorn abgestrahlten Verdichterlärm nach oben zu reflektieren.

Turbinenlärm
Der von der Turbine erzeugte Lärm ist grundsätzlich dem des Verdichters in der Zusammensetzung aus Breitband- und diskreten Anteilen und seiner Entstehung sehr ähnlich. Die Ausbreitung erfolgt jedoch nicht nach vorne, sondern nur nach hinten, da die Turbineneintrittsleitschaufeln mit supersonischer Abströmung arbeiten und damit die Schallausbreitung nach vorne sperren. Der von der Gasströmung nach hinten getragene Lärm liegt mit seinen tonalen Anteilen aufgrund der hohen Schaufelzahl überwiegend in einem so hohen Frequenzbereich, dass er für das menschliche Ohr nicht hörbar ist. Die übrigen diskreten und Breitbandanteile liegen etwa 5 bis 10 dB unter dem des Fans, da der Heißgasmassenstrom im Vergleich zum Fanstrom bei modernen Triebwerken sehr klein ist. Sie spielen daher für die Gesamtschallemission eines Triebwerks keine entscheidende Rolle.

Brennkammerlärm
Brennkammerlärm ist intensiver Breitbandlärm. Der direkte Lärm einer Brennkammer entsteht durch ungleichmäßige Wärmeabgabe des Kraftstoffes in der Flamme während des Brennvorgangs und den daraus resultierenden Turbulenzen. Durchströmt das Gas mit seinen Temperatur- und Geschwindigkeitsunterschieden die Turbinenreihen, werden indirekte Brennkammerlärmanteile generiert. Die Intensität des in der Brennkammer erzeugten Lärms ist jedoch insgesamt so gering, dass die übrigen Lärmquellen der Turbomaschine dominieren.

Passive Lärmminderung
Wie bereits im Zusammenhang mit dem Strahl- und Verdichterlärm erwähnt, gibt es eine Reihe von Möglichkeiten, aktiv auf die Entstehung von Lärm mindernd einzuwirken.

Eine andere Methode ist die passive Lärmminderung, indem Schallwellen daran gehindert werden, sich in der Umgebung auszubreiten. Hierzu kann man die Gehäusewandungen mit schallabsorbierenden porösen Verkleidungen ausstatten (*Bild 9.7.7*).

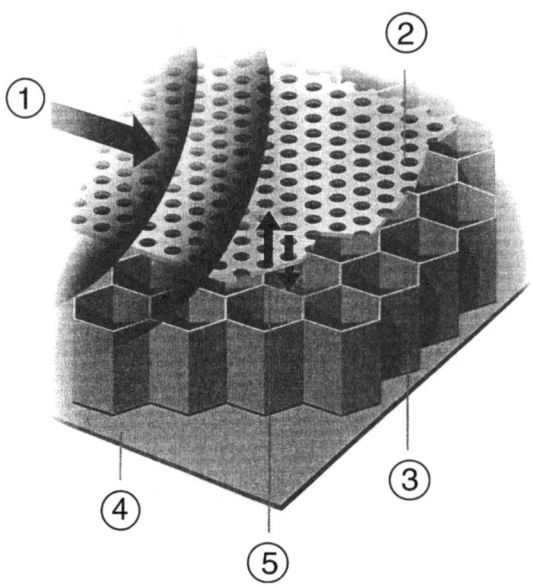

Bild 9.7.7 Aufbau lärmdämmender, dissipativer Verkleidungen (Rolls-Royce)
1 Schallwellen; 2 gelochte Oberfläche; 3 Zellenstruktur; 4 Gehäusewandung; 5 Bewegung der Luftteilchen

Die Wirkung solcher Verkleidungen beruht auf zwei unterschiedlichen Prinzipien:

❑ Bei der **dissipativen Dämpfung** wird die Energie der in Hohlräume einfallenden Schallwellen durch innere Reibung der Luftteilchen in Wärme umgewandelt.
❑ Bei der **reaktiven Auslöschung** wird durch Reflexion der in den Hohlraum einfallenden Schallwellen eine Auslöschung bewirkt. Dieses Prinzip setzt allerdings eine bestimmte Zellentiefe für eine bestimmte Schallwellenfrequenz voraus und hat damit nur eine begrenzte Wirkung.

Die Effektivität der Lärmdämmung mit diesen Methoden ist auch abhängig von der Länge des Kanals, in dem die Verkleidungen angebracht sind. In dem relativ kurzen Triebwerkseinlauf mit großem Durchmesser werden die Schallwellen wenig reflektiert und haben daher wenig Gelegenheit, in die Wandungshohlräume einzulaufen, während in einem Fankanal, der bis zur Schubdüse reicht, die Schallwellen in dem relativ engen Kanal mehrfach reflektiert werden und in die Hohlräume einlaufen können. Verstärkt werden kann die Wirkung dieser Verkleidungsmaterialien, wenn sie mehrwandig ausgeführt werden.

Als weitere passive Maßnahme gegen Schallemission sind die bereits beschriebenen administrativen Maßnahmen zu sehen. Sie werden an vielen Flughäfen ergänzt durch die Erhebung von je nach Lautstärke des Flugzeuges gestaffelten Gebühren, so dass die Fluggesellschaften einen Anreiz haben, neuestes, leises Gerät einzusetzen.

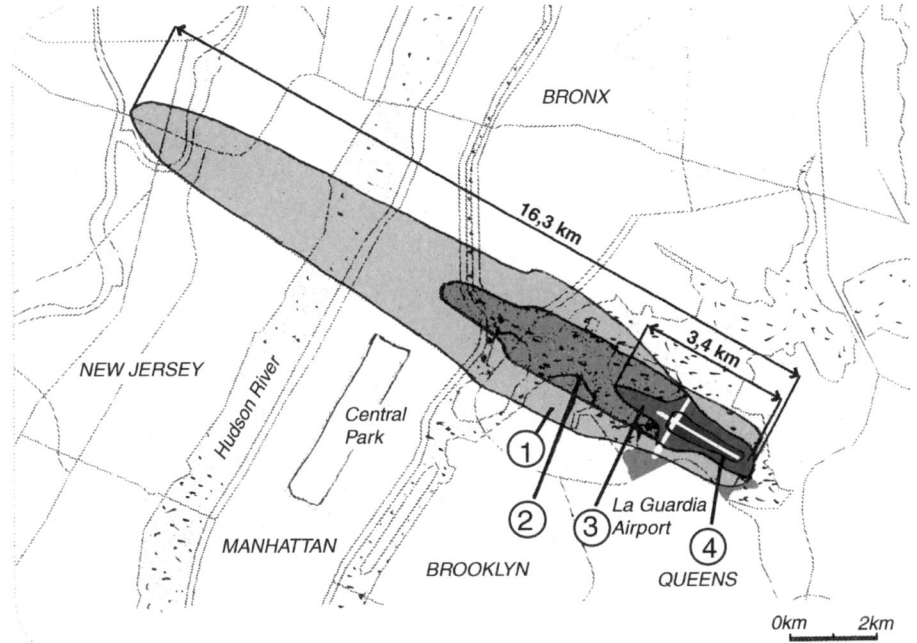

Bild 9.7.8 Lärmkontur (Footprint) des ICAO Kapitel-2-Flugzeuges Boeing 727 und des Kapitel-3-Flugzeuges Airbus A 320 mit 75 dB und 85 dB beim Start auf dem New Yorker Flughafen La Guardia
1 Boeing 727 75 dB; 2 Boeing 727 85 dB; 3 Airbus A320 75 dB; 4 Airbus A 320 85 dB

Alle bisherigen Maßnahmen konstruktiver und administrativer Art haben Flugzeuge im Laufe der Jahre erheblich leiser werden lassen. Insbesondere die Entwicklung hin zu großen Nebenstromverhältnissen war ein Fortschritt. Deutlich zu machen ist dies an den so genannten Footprints, die wiedergeben, welche Fläche beim Start mit mindestens 85 EPNdB beaufschlagt wird. Die A 320 als Kapitel-3-Flugzeug z.B. bleibt mit $^1/_9$ der Fläche der B 727 nach Kapitel 2 mit ihrer Lärmkontur innerhalb des Flughafens (*Bild 9.7.8*). Dies ist möglich, weil der Lärmpegel dieses Flugzeuges ca. 20 EPNdB unter dem der B 727 liegt und damit der Lärmeindruck auf ¼ reduziert wurde.

✎ Übung

1. Warum ist für die Messung des Fluglärms die *Schallpegelgröße* L_{EPN} festgelegt worden?
2. Welche Funktion hat das nach *ICAO Annex 16* festgelegte Verfahren zur Messung der Lärmemission an Flughäfen?
3. Wie kann man an modernen Triebwerken eine *Verminderung* der Lärmemission erreichen?

9.7.2 Schadstoffemission

Schadstoffemission durch den Luftverkehr
Das zurückliegende und voraussichtlich langfristig anhaltende Wachstum des Luftverkehrs rückte in den letzten Jahren die Frage nach der Belastung der Umwelt und des Klimas durch die mit den Abgasen abgegebenen Schadstoffe in die öffentliche Diskussion, obwohl ihr Anteil derzeit weniger als 5 % aller an die Atmosphäre abgegebenen Emissionen beträgt. Die besondere Bedeutung der Emissionen von Flugzeugen ist allerdings, dass sie, im Gegensatz zu anderen Verkehrsträgern, Gase und Partikel nicht nur am Boden, sondern auch in die Höhen der Atmosphäre von 10 bis 12 km, der so genannten Tropopausenregion, eintragen. In dem Bericht «Special Report on Aviation and the Global Atmosphere» des Intergovernmental Panel on Climate Change (IPCC) wurde festgestellt, dass die von Flugzeugen emittierten Gase und Partikel die Konzentration von Treibhausgasen erhöhen, Kondensstreifen erzeugen und Zirrusbewölkung verstärken und somit den Klimawandel mit verursachen.

Es gibt daher zwei Ebenen der Betrachtung von Emissionen aus Flugzeugtriebwerken: den globalen Effekt auf die Atmosphäre und den regionalen Effekt auf die Luftqualität.

Da man über die physikalischen und chemischen Eigenschaften der Tropopause vergleichsweise wenig weiß, beruhen die ersten Aussagen über die Wirkung dieser Emissionen sehr stark auf Vermutungen. Mittlerweile haben nationale und internationale Forschung Erkenntnisse gesammelt, so dass man die Wirkung von Abgasen in dieser Region besser versteht.

Der Bereich der Tropopause ist gekennzeichnet durch niedrige Temperaturen und niedrige Konzentration an Stickoxiden. Nahe der Tropopause befindet sich zudem die Ozonschicht, die die Menschen vor schädlicher ultravioletter Strahlung schützt. Daher haben die Emissionen in diesem Bereich eine größere klimatische Wirkung als vergleichbare Emissionen in Bodennähe. Hinzu kommt, dass die Höhe der Tropopause je nach Jahreszeit und Nähe zum Äquator oder den Polen schwankt. Ist das Temperaturniveau hoch, befindet sie sich in größerer Höhe als bei niedrigem Temperaturniveau. Daher sind sowohl die obere Troposphäre als auch die untere Stratosphäre vom Reiseflugverkehr betroffen. Die Troposphäre ist gekennzeichnet durch mit der Höhe sinkende Temperaturen von bis zu −60 °C und gilt als die «Wetterküche» der Atmosphäre, in der es zu einer schnellen vertikalen und durch Wind verursachten horizontalen Durchmischung kommt. Schadstoffe, die in diese Region eingetragen werden, haben daher und aufgrund des Auswaschens durch Regen nur eine geringe Verweildauer von wenigen Tagen. Schadstoffe, die in die untere Stratosphäre eingetragen werden, haben dagegen eine Verweildauer von bis zu einem Jahr, weil es keine horizontale Schichtung und kein Wettergeschehen gibt.

Die Emissionen der Flugzeuge stammen von den Triebwerken und den Hilfstriebwerken (APU), die für ihren Arbeitsprozess Kerosin (siehe Abschnitt 9.5.2) als Brennstoff verwenden.

Bei der Verbrennung von 1 kg Kerosin entstehen folgende Verbrennungsprodukte:

Kohlendioxid	CO_2	3,15 kg
Wasserdampf	H_2O	1,24 kg
Stickoxid	NO_x	6...16 g
Schwefeldioxid	SO_2	1 g
Kohlenmonoxid	CO	0,7...3,7 g
Unverbrannte Kohlenwasserstoffe	UCH	0,1...0,7 g
Ruß	C	0,01...0,04 g

Auswirkungen der Schadstoffe und Möglichkeiten zu ihrer Verminderung
Kohlendioxid CO_2 ist ein unmittelbares Reaktionsprodukt der Verbrennung von Kohlenwasserstoffen und damit unvermeidlich mit der Verbrennung fossiler Brennstoffe verbunden. Es ist ein farb- und geruchloses, für den Menschen unschädliches Gas und wird daher nicht immer als Schadstoff eingestuft, den es zu reduzieren gilt. Klimaforscher weisen jedoch auf einen direkten Zusammenhang zwischen der globalen Erwärmung, dem so genannten Treibhauseffekt, und der Zunahme des CO_2-Gehaltes in der Atmosphäre hin. Zur Verhinderung einer Klimakatastrophe gilt die Notwendigkeit einer Verminderung der durch die Menschen erzeugten CO_2-Emissionen mittlerweile als weitgehend unstreitig.

Da Kohlendioxid eine Verweildauer in der Atmosphäre von bis zu 100 Jahren hat, kann es sich, unabhängig von dem Ort der Abgabe, gleichmäßig in der gesamten Lufthülle der Erde verteilen. Bei Flugzeugen stellt CO_2 den größten Teil der Emissionen dar. Der gesamte Flugverkehr erzeugt zurzeit etwa 440 Millionen Tonnen, das entspricht etwa 12% des von motorisierten Fahrzeugen abgegebenen Kohlendioxids und etwa 2% der vom Menschen verursachten CO_2-Emissionen. Alle von Flugzeugen abgegebenen klimarelevanten Gase (siehe auch Wasserdampf und Stickoxide) sind für etwa 3,5% der Klimaerwärmung verantwortlich. Das ist nicht viel, könnte aber bis 2050 schon auf 10% anwachsen, wenn sich die Personenkilometer, so wie prognostiziert, vervielfachen.

Der weltweite Flugverkehr ist bisher von den Zielen des Kyoto-Protokolls zur Reduktion der CO_2-Emissionen ausgenommen, der ICAO ist jedoch übertragen worden, sich dem Problem der CO_2-Emissionen anzunehmen. Die Überlegungen gehen dahin, keine Grenzwerte festzulegen, da die Menge der CO_2-Emissionen direkt vom Kraftstoffverbrauch abhängig ist und die Fluggesellschaften bereits unter dem wirtschaftlichen Druck stehen, den Kraftstoffverbrauch zu vermindern. Es wird allerdings überlegt, den Flugverkehr in den Emissionshandel einzubeziehen.

Nach einer EU-Richtlinie nehmen seit Januar 2012 alle Fluggesellschaften, die von einem EU-Flughafen starten oder dort landen, an dem Handel mit Emissionsrechten teil.

Eine Reduzierung der CO_2-Emissionen ist nur möglich durch Verminderung des Brennstoffverbrauches oder durch Verwendung alternativer Brennstoffe.

Wasserstoff beispielsweise würde CO_2-Emissionen vollständig vermeiden.

Höhere Komponentenwirkungsgrade neuer Triebwerke durch z.B. höhere Druckverhältnisse mit höheren Turbineneintrittstemperaturen zielen auf geringere Brennstoffverbräuche.

Neue Konstruktionen mit z.B. Zwischenkühlung der Verdichterluft, Rekuperatoren zur Rückgewinnung der Abwärme und Nebenstromverhältnissen von 20 : 1 könnten Brennstoffminderverbräuche von 10 bis 15% bewirken. Auch das Propfan-Konzept aus den 1980er Jahren wird wieder ins Gespräch gebracht, weil es bis zu 25% Brennstoffersparnis verspricht.

Wasserdampf H_2O ist wie CO_2 ein unmittelbares Reaktionsprodukt bei der Verbrennung von Kohlenwasserstoffverbindungen wie Kerosin.

Die Wirkung des Wasserdampfes ist abhängig von der Flughöhe. In Bodennähe ist seine Einwirkung auf die Atmosphäre vernachlässigbar, weil die Luft mehr oder minder viel Wasser gelöst hat.

In großen Flughöhen trägt Wasserdampf zum Treibhauseffekt bei. Die sehr kalte Luft in z.B. 9000 m Flughöhe kann nur sehr wenig Wasser lösen. Der emittierte Wasserdampf kondensiert daher auf den ebenfalls abgegebenen Rußpartikeln aus, bildet kleine Wassertröpfchen und gefriert zu Eiskristallen, die als Kondensstreifen zum Teil vom Boden aus sichtbar sind. Aus diesen Kondensstreifen entstehen künstliche Zirruswolkenfelder mit einer Verweildauer von bis zu einer Stunde, wenn sich die Kondensstreifen wegen des hohen Feuchtigkeitsgehalts der Luft nicht sofort wieder auflösen können. Die Zirrusbewölkung verhindert die Wärmerückstrahlung von der Erde in den Weltraum und trägt damit zum Treibhauseffekt bei.

Die Auswertung von Satellitendaten hat ergeben, dass über Mitteleuropa ca. 0,5% der Erdoberfläche von Kondensstreifen bedeckt ist, weltweit ca. 0,1%. Nach den Untersuchungen des IPCC (*Intergovernmental Panel on Climate Change*) könnte dieser Anteil durch den Anstieg des Flugverkehrs 2050 auf weltweit 0,5% ansteigen.

Stickoxide NO_x entstehen bei der Verbrennung des Brennstoffes in der Brennkammer als mittelbares Reaktionsprodukt durch Oxidation des Luftstickstoffs. Stickoxide werden als ein sehr bedeutsamer Schadstoff betrachtet, weil sie sowohl in Bodennähe als auch in Reiseflughöhe Schäden verursachen.

Auf die Pflanzenwelt wirken Stickoxidemissionen durch Umwandlung mit dem Feuchtigkeitsgehalt der Luft in Salpetersäure (HNO_3) als Mitverursacher von Saurem Regen mit der Folge der Versauerung von Böden und Gewässern.

Bei direkter Einwirkung auf den Menschen führt NO_x als Reizgas zur Schädigung der Atemwege.

Insbesondere in der Umgebung von Flughäfen steigt die Stickoxidkonzentration um bis zu 30%. Da dies einen erheblichen Einfluss auf die Lebensqualität der dort wohnenden Menschen hat, werden die Stickoxidemissionen von Flugzeugen Regularien unterworfen, die von der ICAO festgelegt worden sind.

Diese im Annex 16 Volume II (Aircraft Engine Emissions) erstmals 1981 festgeschriebenen Grenzwerte gelten für einen definierten Start- und Landezyklus (LTO-Cycle, *Bild 9.7.9*). Zurzeit gelten diese in einer durch das Umweltkomitee der ICAO namens CAEP (Comittee on Aviation Environmental Protection) vorgelegten und 1999 in Kraft getretenen verschärften Fassung für alle nach dem 31.12.2003 zugelassenen Triebwerke. Für alle Triebwerke, die nach 2008 zugelassen worden sind, gelten nochmals verschärfte Bedingungen für den LTO-Cycle, so dass die Emissionen um weitere 12% vermindert werden.

Die Bestimmungen des LTO-Cycles gelten allerdings nur für NO_x-, CO- und UCH-Emissionen im Nahbereich der Flughäfen, vernachlässigen also alle anderen Schadstoffe und den Schadstoffausstoß während des Reisefluges, der etwa 80% der Flugbewegungen ausmacht. Indirekt haben sie jedoch auch Wirkung für die Emissionen im Reiseflug. Die ICAO prüft jedoch alternative Parameter für die Kontrolle von NO_x-Emissionen in großen Flughöhen.

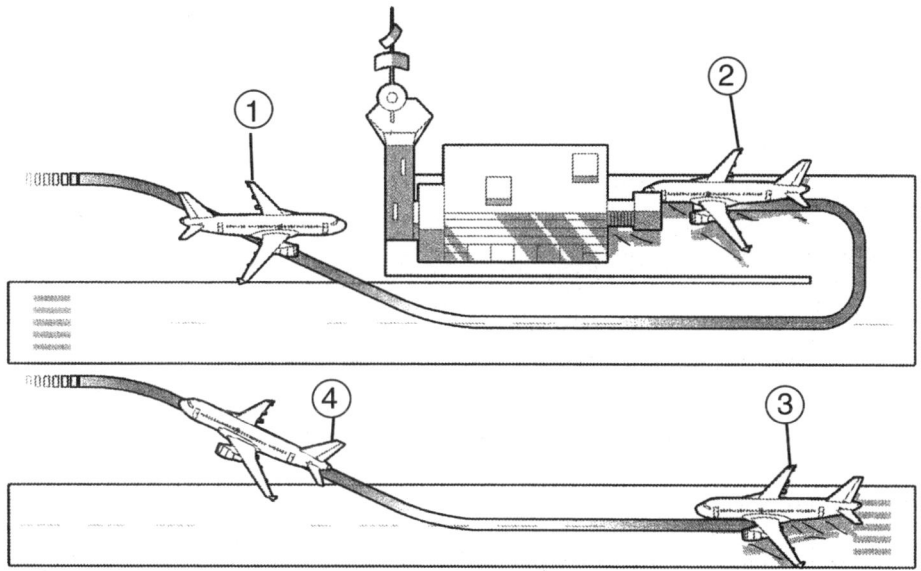

Bild 9.7.9   Der Lande- und Startzyklus (*landing and take-off cycle*, LTO) nach ICAO ist Grundlage für die Festlegung und Ermittlung der Schadstoffemissionen von Triebwerken mit mehr als 26,7 kN (6000 lbf) Schub. Der Zyklus besteht aus vier Phasen mit einer Zeitdauer von 32 min und 52 s. 1 Anflug aus 914 m (3000 ft) Höhe und Landung mit 30% Schub über 4 min; 2 Rollen auf dem Flughafen zur Abfertigung und wieder zurück zum Startpunkt mit 7% Schub über 26 min; 3 Start mit 100% Schub über 42 s; 4 Steigflug mit 85% Schub auf 914 m über 132 s

Für den Reiseflug haben Untersuchungen ergeben, dass ein Abbau der schützenden Ozonschicht durch NO_x-Emissionen des Flugverkehrs bei den heute üblichen Flughöhen in der oberen Troposphäre und der unteren Stratosphäre nicht nachweisbar ist.

Dagegen erhöhen Stickoxidemissionen in allen Höhen den Ozongehalt der Luft und wirken damit, wie das Kohlendioxid, als Absorber der Infrarotstrahlung und tragen dadurch zum Treibhauseffekt bei.

Die Entstehung von NO_x in den Brenngasen ist abhängig von der Temperatur in der Primärzone des Flammrohres; je höher die Temperatur, desto höher der NO_x-Anteil. Will man also für eine NO_x-Reduktion sorgen, muss die Temperatur in der Flamme gesenkt werden. Dies ist zum einen erreichbar dadurch, dass örtlich begrenzte Zonen hoher Temperatur (Hot Spots) vermieden werden, indem für eine gleichmäßige Vermischung des Brennstoffes mit der Luft gesorgt wird. Außerdem sollte die

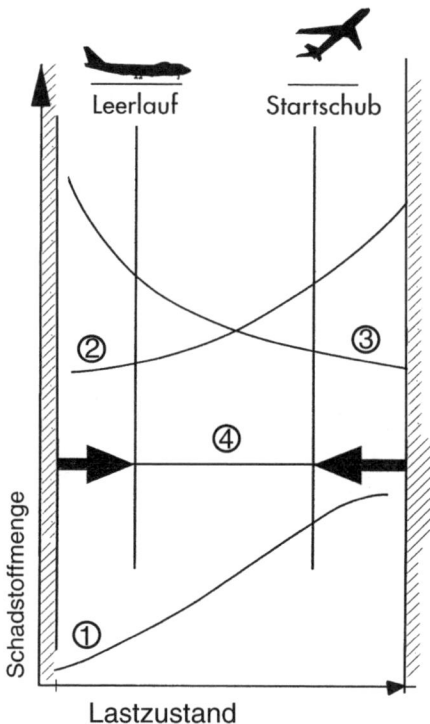

Bild 9.7.10
Die Entstehung der Schadstoffe ist abhängig von dem Lastzustand des Triebwerks, weil davon die Flammentemperatur (1) in starkem Maße beeinflusst wird. Die NO_x- und Rußmengen (2) steigen mit zunehmendem Lastzustand, CO und UCH (3) sinken mit zunehmendem Lastzustand. Der Bereich geringer Schadstoffemission (4) liegt bei Temperaturen von etwa 1700 K bis 1900 K im Primärbereich des Flammrohres. In diesem Fenster niedriger Schadstoffemission sollte sich der Drehzahlbereich Leerlauf bis Startschub bewegen.

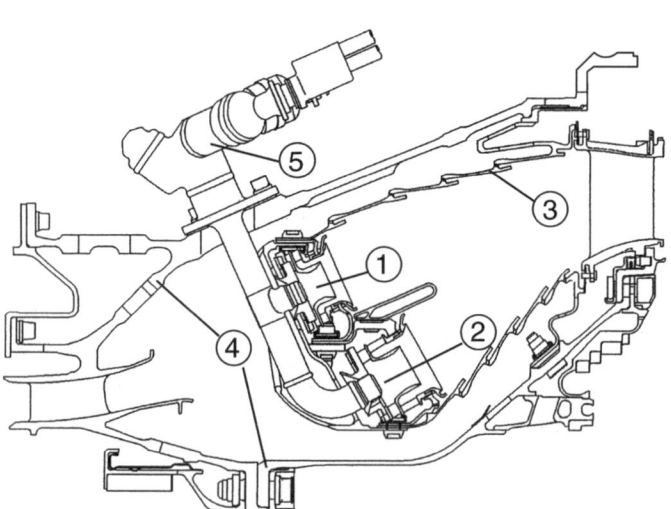

Bild 9.7.11 Brennkammer des Triebwerks CFM 56-7 mit gestufter Verbrennung. Im unteren Lastbereich ist nur die äußere Kraftstoffdüse (1) in Betrieb, im mittleren und oberen Lastbereich wird die innere Düse (2) zugeschaltet.
3 Flammrohr; 4 inneres und äußeres Brennkammergehäuse; 5 Kraftstoffringleitung

mittlere Brennkammertemperatur unter 1900 K liegen und die Verweildauer der Gase möglichst gering sein, was allerdings bei herkömmlichen Brennkammern einen Anstieg der CO- und UCH-Anteile zur Folge hat *(Bild 9.7.10)*.

Eine konstruktive Lösung für die Reduktion der NO_x-Anteile ist eine Brennkammer mit gestufter Verbrennung, so wie sie z.B. im CFM56-7 als DAC (double annular combustor) angeboten wird *(Bild 9.7.11)*.

Dabei dient zur Optimierung des Verbrennungsvorgangs die äußere Kraftstoffdüse für den unteren Lastbereich, die innere wird im mittleren und oberen Lastbereich zugeschaltet. Die Gemischzusammensetzung liegt dadurch in allen Lastbereichen in einem für die Schadstoffentwicklung günstigen Magerbereich.

Eine andere Möglichkeit zur Senkung der NO_x-, UHC und CO-Anteile im Brenngas wird in einer Brennkammer mit variabler Geometrie gesehen, die jedoch mechanisch aufwendig und noch nicht seriennah entwickelt ist.

Unverbrannte Kohlenwasserstoffe UCH sind Produkt einer unvollständigen Verbrennung bei niedrigen Temperaturen. Diese treten insbesondere im unteren Lastbereich auf, wenn der Druck in der Brennkammer niedrig und der Luftmassendurchsatz gering ist.

Unverbrannte Kohlenwasserstoffe, die in die Umwelt emittiert werden, wirken für den Menschen als Atemgift und fördern die Smog-Bildung.

UCH werden in dem ICAO LTO-Cycle mit erfasst. Der Anteil unverbrannter Kohlenwasserstoffe ist in modernen Triebwerken sehr gering, er beträgt im LTO-Cycle etwa 0,6%, was nur 4% aller nach dem LTO-Cycle erfassten Schadstoffe entspricht und eher untergeordnete Bedeutung zeigt.

Die Reduzierung von UCH ist erreichbar durch eine bessere Vermischung von Luft und Brennstoff und einer Verlängerung der Verweildauer des Brennstoffes in der Primärzone der Verbrennung.

Kohlenmonoxid CO ist von der Entstehung und der Vermeidung vergleichbar mit den UCH.

Auf den Menschen wirkt es als starkes Atemgift. Es bindet sich an den Blutfarbstoff Hämoglobin und verhindert dadurch den Sauerstofftransport. Eine Konzentration von 1% in der Luft führt bereits nach kurzer Zeit zum Tod durch Ersticken.

Der Anteil des CO in den Abgasen ist allerdings gering, insbesondere im Reiseflug, dennoch unterliegt es den Bedingungen des ICAO LTO-Cycles.

Ruß C ist reiner Kohlenstoff, der als Folge unvollständiger Verbrennung, insbesondere bei fettem Gemisch, entsteht und als Partikel emittiert wird.

Bei modernen Triebwerken liegt der Anteil dieser Partikel unterhalb der Sichtbarkeitsgrenze, trägt jedoch zur Feinstaubbelastung der Luft bei. Der Anteil daran, der durch die Luftfahrt entsteht, ist bisher nicht quantifizierbar gewesen.

In den Reiseflughöhen wirken Rußpartikel als Kondensationskeime für Wolkentropfen und als Gefrierkeime für Eispartikel in den Kondensstreifen.

Schwefeldioxid SO_2 entsteht bei der Verbrennung aus dem Schwefelgehalt des Kerosins.

An die Troposphäre abgegebenes Schwefeldioxid verbindet sich mit Wasser zu schwefliger Säure und trägt dadurch zum sauren Regen bei.

In Reiseflughöhe wird der SO_2-Emission ein Beitrag zur Kondensstreifenbildung zugemessen. Da der Schwefelgehalt in dem in Deutschland verkauften Kerosin auf 0,05% begrenzt ist – international ist 0,3% zulässig –, sind die SO_2-Anteile der Flugzeugemissionen nicht von großer Bedeutung.

Übung

1. Wodurch unterscheiden sich die Emissionen der Flugzeuge von denen anderer Verkehrsträger, so dass ihnen eine besondere Bedeutung zugemessen wird?
2. Warum ist es schwierig, durch Maßnahmen in der Brennkammer sowohl die Entstehung von UCH als auch von NO_x zu verringern?
3. Warum hat der von der ICAO festgelegte LTO-Cycle nur begrenzte Wirkung für die Schadstoffemission von Flugzeugen in die Atmosphäre?

10 Hydraulikanlagen

10.1 Physikalische Grundbegriffe

Hydrauliksysteme in Flugzeugen basieren, wie alle anderen Hydrauliksysteme auch, auf zwei physikalischen Grundlehren: Hydrostatik und Hydrodynamik. **Hydrostatik** ist die Lehre über die Gleichgewichtszustände der Flüssigkeiten unter Einwirkung äußerer Kräfte. Die hydrostatischen Gesetze sind theoretisch nur anwendbar, wenn die Flüssigkeiten völlig unbewegt sind. Unter **Hydrodynamik** versteht man die Strömungsgesetze der Flüssigkeiten. Die Lehre der Hydrodynamik ist also anwendbar auf bewegte oder fließende Flüssigkeiten. Sie berücksichtigt allerdings nicht die Strömungsverluste, die entstehen durch Reibung in der Flüssigkeit und an Bauteilkanten sowie durch die geringe Kompressibilität der Flüssigkeit.

Sämtliche Hydraulikanlagen, gleich welcher Art, arbeiten entweder vorwiegend nach dem hydrostatischen oder nach dem hydrodynamischen Prinzip.

❑ Bei den hydrostatisch arbeitenden Anlagen entsteht Druck und Volumenstrom durch eine Verdrängungspumpe. Diese hydraulische Leistung wird über ein Rohrnetz übertragen und in entsprechenden Arbeitsanlagen in Bewegungen umgesetzt. Die Flüssigkeit ist dabei der Energieübertrager. Flugzeug-Hydraulikanlagen sind also hydrostatisch arbeitende Systeme.

❑ Nach dem hydrodynamischen Prinzip, bei dem die Kraftübertragung oder Druckerzeugung über Strömungsenergie erfolgt, arbeiten zum Beispiel Kreiselpumpen, die bei Hydrauliksystemen von Verkehrsflugzeugen als Vordruckpumpen vor den eigentlichen Hydraulikpumpen installiert werden.

10.1.1 Hydrodynamischer Druck

Der hydrodynamische Druck entsteht durch die Geschwindigkeitsenergie der fließenden Flüssigkeit. Dies kann man sich wie folgt vorstellen: Betrachtet man ein abgewinkeltes Rohr *(Bild 10.1.1)*, in dem eine Flüssigkeit fließt, so stellt man fest, dass der Flüssigkeitsdruck im Außenradius der Abwinklung höher ist als im Innenradius. Der Druckzuwachs an der Außenseite der Krümmung entsteht durch die Beharrung der fließenden Flüssigkeit in gerader Richtung und ist in der Größe abhängig von der Flussgeschwindigkeit, dem Krümmungsradius und der Dichte der Flüssigkeit.

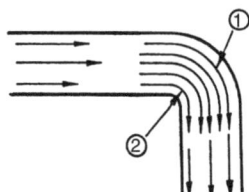

Bild 10.1.1
Druckverteilung in einer fließenden Flüssigkeit in einem abgewinkelten Rohr
1 hoher Druck; 2 geringer Druck

10.1.2 Hydrostatischer Druck

In einem mit Flüssigkeit gefüllten offenen Gefäß errechnet sich der Druck, der am Boden des Gefäßes herrscht, aus der Höhe der Flüssigkeitssäule, der Dichte ρ der Flüssigkeit, der Erdbeschleunigung g und dem auf die Flüssigkeit wirkenden Luftdruck nach folgender Formel:

$$p_{Bod} = p_{Luft} + \rho_{Fl} \cdot g \cdot h$$

p_{Bod} Bodendruck im Gefäß in bar
p_{Luft} Umgebungsluftdruck in bar; für die folgenden Beispielrechnungen wird ein Luftdruck von 1 bar angenommen
ρ_{Fl} Dichte in kg/dm oder kg/m
g Erdbeschleunigung; die mittlere Erdbeschleunigung ist 9,81 m/s^2
h Höhe der Flüssigkeitssäule in m

Nachfolgend ein Berechnungsbeispiel für den hydrostatischen Bodendruck in einem mit Wasser gefüllten Gefäß *(Bild 10.1.2)*:

$p_{Bod} = ?$
$h\ \ = 10$ m
$p_{Luft} = 1$ bar $= 10^5$ N/m^2
$\rho_{Fl}\ = 1$ kg/dm$^3 = 10^3$ kg/m^3
$g\ \ = 9{,}81$ m/s^2
$p_{Bod} = p_{Luft} + \rho_{Fl} \cdot g \cdot h$
$p_{Bod} = 10^5$ N/m$^2 + 10^3$ kg/m$^3 \cdot 9{,}81$ m/s$^2 \cdot 10$ m

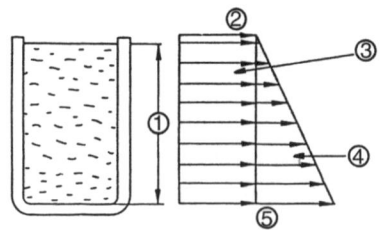

Bild 10.1.2
Druckverteilung in einem mit Flüssigkeit gefüllten offenen Gefäß
1 Gefäßhöhe h; 2 Luftdruck p_{Luft}; 3 Der auf die Flüssigkeit wirkende Luftdruck breitet sich gleichmäßig in der Flüssigkeit aus. 4 Durch die Flüssigkeitssäule und Dichte der Flüssigkeit entsteht der Druckzuwachs. Er ist völlig unabhängig von der Form des Gefäßes; 5 absoluter Druck am Boden des Gefäßes p_{Boden}

p_{Bod} = 10^5 N/m² + 10^4 · 9,81 kg/(m/s²)
p_{Bod} = 10^5 N/m² + 10^4 · 9,81 N/m²
p_{Bod} = 1,981 · 10^5 N/m² [oder Pa (Pascal)]
p_{Bod} = **1,981 bar**

Am Boden herrscht also ein absoluter Druck von 1,981 bar; somit ergibt sich ein Differenzdruck von 0,981 bar.

Der Druckzuwachs in einer Flüssigkeit durch Dichte und Höhe der Flüssigkeitssäule ist bei Flugzeug-Hydrauliksystemen relativ klein, da keine großen Höhenunterschiede zwischen Tank und Verbraucher bestehen. Er kann für die Berechnung eines Hydrauliksystems vernachlässigt werden. Man sollte jedoch bedenken, dass dieser hydrostatische Druckzuwachs zum Auslaufen des Hydrauliksystems führen kann, wenn eine Leitung unterhalb des Hydrauliktanks geöffnet wird.

Eine wichtige Erkenntnis ist:

 Jeder von außen auf eine Flüssigkeit wirkende Druck (z.B. der Luftdruck) breitet sich in der Flüssigkeit gleichmäßig nach allen Seiten aus.

Beispiel
Eine Kraft wirkt über einen Kolben auf ein geschlossenes, mit Flüssigkeit gefülltes Gefäß. Dadurch ergibt sich eine gleichmäßige Druckerhöhung in der Flüssigkeit, die sich nach folgender Formel berechnen lässt:

$$p = \frac{\text{Kraft } F}{\text{Kolbenfläche } A}$$

Kraft F = 4100 N
Kolbenfläche A = 2 cm² = 2 · 10^{-4} m²
p = ?
p = F/A = 4100 N / 2 · 10^{-4} m² = 205 · 10^5 N/m²
mit 1 N/m² = 1 Pa (Pascal) bzw. 1 bar = 10^5 Pa folgt demnach:
p = 205 bar [1 bar = 14,5 psi]

Der Druck, der sich gleichmäßig in dem Gefäß *(Bild 10.1.3)* verteilt, beträgt demnach 205 bar, das entspricht etwa 3000 psi.

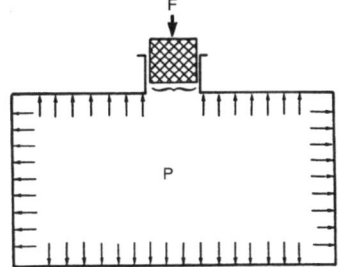

Bild 10.1.3
Druckverteilung und Druckfortpflanzung in einer Flüssigkeit

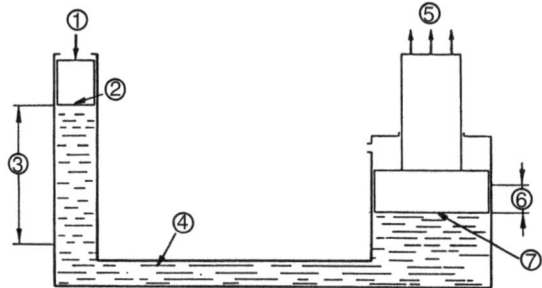

Bild 10.1.4 Schematische Darstellung der hydraulischen Kraftübertragung und der hydraulischen Kraftübersetzung
1 die auf den kleinen Kolben wirkende Kraft F_1; 2 wirksame Fläche des kleinen Kolbens A_1; 3 Weg des kleinen Kolbens s_1; 4 entstehender Druck in der Flüssigkeit p; 5 vom großen Kolben abgegebene Kraft F_2; 6 Weg des großen Kolbens s_2; 7 wirksame Fläche des großen Kolbens A_2

10.1.3 Hydraulische Kraftübertragung

Nach den Gesetzen der Hydrostatik lässt sich mit einfachen Bauteilen eine hydraulische Kraftübertragung oder eine hydraulische Kraftübersetzung herstellen. Im in *Bild 10.1.4* gezeigten Beispiel sind zwei verschieden große Zylinder mit einer Rohrleitung verbunden. Wirkt auf den kleinen Kolben eine Kraft, so wird durch den entstehenden Druck in der Flüssigkeit der größere Kolben mit einer dem Kolbenflächenverhältnis entsprechenden größeren Kraft angehoben. Die Wege, die die Kolben zurücklegen, stehen im umgekehrten Verhältnis zu den Kolbenflächen. Der kleinere Kolben legt also den größeren Weg zurück.

Berechnung des Druckes in der Flüssigkeit:

$$p = F_1 / A_1$$
$$F_1 = 200 \text{ N}$$
$$A_1 = 1 \text{ cm}^2 = 1 \cdot 10^{-4} \text{m}^2$$
$$p = 200 \text{ N} / 1 \cdot 10^{-4} \text{ m}^2$$
$$p = 20 \cdot 10^5 \text{ N/m}^2$$

Mit 10^5 Pa = 1 bar folgt:

$$p = \textbf{20 bar}$$

Berechnung des Kolbenweges s_2 über das Kolbenflächenverhältnis:

$$A_1/A_2 = s_2/s_1$$
$$s_2 = A_1 \cdot s_1 / A_2$$
$$s_2 = (1 \text{ cm}^2 \cdot 30 \text{ cm}) / 150 \text{ cm}^2$$
$$s_2 = \textbf{0,2 cm}$$

Berechnung des Kolbenweges s_2 über das Kräfteverhältnis:

$F_1/F_2 = s_2/s_1$
$s_2 = F_1 \cdot s_1 / F_2 = (200 \text{ N} \cdot 30 \text{ cm}) / 30000 \text{ N} = \mathbf{0{,}2 \text{ cm}}$

Berechnung der Kraft F_2 über das Kolbenflächenverhältnis ($A_2 = 150 \text{ cm}^2$):

$F_1/A_1 = F_2/A_2$
$F_2 = F_1 \cdot A_2 / A_1 = (200 \text{ N} \cdot 150 \text{ cm}^2 / 1 \text{ cm}^2 = \mathbf{30\,000 \text{ N}}$

Berechnung der Kraft F_2 über den Flüssigkeitsdruck p:

$F_2 = A_2 \cdot p$
$F_2 = 150 \cdot 10^{-4} \text{ m}^2 \cdot 20 \cdot 10^5 \text{ N/m}^2 = 150 \cdot 20 \cdot 10 \text{ N} = \mathbf{30\,000 \text{ N}}$

10.1.4 Hydraulische Leistung

Zum Verständnis des Begriffs Leistung und speziell der Leistung eines Hydrauliksystems seien folgende Überlegungen angestellt:

Kraft

Wenn ein fest eingespannter Hydraulikzylinder mit Druck beaufschlagt wird, dann entsteht an seiner Kolbenstange eine Kraft, die genau so groß ist wie die Reaktionskraft, die der Kolbenstange entgegengesetzt wird *(Bild 10.1.5)*. Ihr Maximum ist abhängig von dem maximal möglichen Druck im Zylinder sowie seiner Kolbenfläche A. Die Kraft F errechnet sich nach folgender Formel (die Einheit der Kraft ist N = Newton):

$F = p \cdot A$

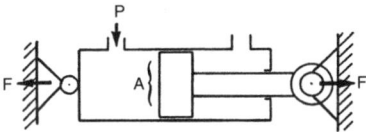

Bild 10.1.5
Schematische Darstellung zur hydraulischen Kraft

Arbeit

Wenn der gleiche Zylinder infolge der Druckbeaufschlagung seine Kolbenstange nun mit einer bestimmten Kraft bewegen kann, dann verrichtet der Hydraulikzylinder eine Arbeit W, die sich nach folgender Formel *(Bild 10.1.6)* berechnet (die Einheit der Arbeit ist Nm):

$W = F \cdot s$

Durch das Bewegen der Kolbenstange benötigt der Zylinder eine bestimmte Menge Hydraulikflüssigkeit.

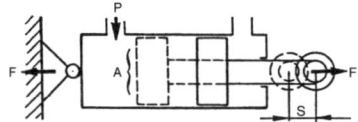

Bild 10.1.6
Schematische Darstellung zur hydraulischen Arbeit

Leistung
Der druckbeaufschlagte Zylinder bewegt seine Kolbenstange unter einer Kraft in einer bestimmten Zeit von der einen Position in eine andere Position. Betrachtet man nun die Arbeit des Zylinders pro Zeit, so lässt sich die Leistung P wie folgt bestimmen (die Einheit der Leistung ist Nm/s = W = Watt):

$$P = \frac{W}{t}$$

Wenn ein Zylinder eine bestimmte Leistung aufbringt, dann benötigt er dafür eine bestimmte Menge Flüssigkeit pro Zeit; es entsteht also ein Volumenstrom $\dot{V}$ bei gleichzeitigem Druck p in der Flüssigkeit. Deshalb kann die Leistung, die ein Hydraulikzylinder aufnimmt oder eine Hydraulikpumpe abgibt, auch wie folgt errechnet werden:

$$P_{hyd} = p \cdot \dot{V}$$

Die Pumpen eines Hydrauliksystems erzeugen die benötigte Leistung mit dem Systemdruck p und dem im Moment erforderlichen Volumenstrom $\dot{V}$. Sie variieren die benötigte Leistung durch Veränderung des Volumenstromes bei möglichst konstant geregeltem Systemdruck.

Mit Hilfe eines Regelventils für einen Verbraucher, z.B. das Seitenruder, wird ein Teil der von der Pumpe zur Verfügung gestellten Leistung dosiert dem Verbraucher zugeführt. Dadurch kann sich z.B. das Seitenruder mit der vom Piloten gewünschten Geschwindigkeit bewegen, obwohl unterschiedlich große (Luft-) Kräfte an dem Ruder wirken.

10.2 Energieträger im hydraulischen System

10.2.1 Hydraulikflüssigkeit

Wenn eine Hydraulikanlage lange Zeit hindurch einwandfrei funktionieren soll, so darf die verwendete Hydraulikflüssigkeit keine Korrosion verursachen und muss möglichst alterungsbeständig sein. Um dies zu erreichen, muss die Hydraulikflüssigkeit entsprechend zusammengesetzt sein und unbedingt vor Verunreinigungen geschützt werden. Auch die Zähflüssigkeit (Viskosität) ist richtig zu wählen, und sie sollte über einen weiten Temperaturbereich konstant bleiben. Hiermit eng verbunden ist die Forderung, dass die Hydraulikflüssigkeit gute Schmiereigenschaften über den Einsatztemperaturbereich und die Einsatzzeit haben muss. Je nach Einbauort der Hydraulikanlage sind auch die umgebenden Temperaturen zu beachten. Hierbei spielt nicht nur die Viskosität, sondern auch die Dampfblasenbildung oder leichte Brennbarkeit der Flüssigkeit eine Rolle.

Synthetische Hydraulikflüssigkeiten
Für Verkehrsflugzeuge haben sich synthetische Hydraulikflüssigkeiten mit extrem hohem Flammpunkt als beste Lösung herausgestellt. Diese synthetischen Flüssigkeiten sind Phosphorsäure-Ester eines aromatischen Alkohols. Sie enthalten Zusatzstoffe (Additive und Inhibitoren), die zur Verbesserung des Viskositäts-Temperaturverhaltens und der Schmierung sowie zur Verminderung bzw. Verhinderung der Schaumneigung und Alterung dienen. Synthetische Hydraulikflüssigkeiten auf Phosphorsäure-Ester-Basis haben folgende Eigenschaften:

- Sie sind von ca. –50 °C bis ca. +110 °C schmierfähig und fast viskositätsstabil.
- Sie sind fast nicht kompressibel.
- Sie sind sehr schwer entflammbar und brennen nur weiter, wenn sie eine Temperatur von ca. +700 °C haben oder bei Zerstäubung.
- Sie gefrieren erst bei einer Temperatur von ca. –60 °C.
- Sie verdunsten selbst bei maximaler Betriebstemperatur nicht.
- Sie schäumen fast nicht.
- Sie greifen Haut und Schleimhaut des Menschen an und können Entzündungen hervorrufen.

Hydraulikflüssigkeiten dieser Art sind **violett** eingefärbt und unter folgenden Namen auf dem Markt:

      Skydrol 500 B-4 von Solutia Inc.
      Hyjet IV von Exxon Company, USA
      Aerosafe 2300 W von Stauffer/Chemical, New York.

Phosphorsäure-Ester aromatischer Alkohole, wie diese synthetischen Hydraulikflüssigkeiten, zeigen so genannte Weichmachereigenschaften, die auch bei der Kunststoffherstellung technologisch genutzt werden. Durch diese Weichmachereigenschaften sind synthetische Flüssigkeiten in der Lage, Kunststoffe, Gummisorten, Lacke, Klebstoffe sowie Dichtungsmittel zu zerstören. Die Zerstörung besteht in der Regel im Aufquellen bzw. Weichwerden dieser Materialien, wobei die mechanischen Eigenschaften der Stoffe verloren gehen. In einzelnen Fällen werden diese Stoffe vollständig aufgelöst. Nur wenige spezielle Kunststoffe, Gummisorten usw. sind fest gegen diese Hydraulikflüssigkeiten. Auf eine genaue Auswahl der Materialien, die in einem Hydrauliksystem Verwendung finden oder bei Arbeiten am Hydrauliksystem benutzt werden, ist also unbedingt zu achten.
    Folgende Materialien sind gegen synthetische Hydraulikflüssigkeiten beständig: Polytetrafluorethylen (Teflon), Polyamid (Nylon), Aethoxylinharze (Araldit), Butylkautschuk, Epoxylack, Polyethylen-Propylen-Kautschuk, Fluorkautschuk (Won) und DD-Lack.

Vorsichts-/Verhaltensregeln im Umgang mit synthetischen Hydraulikflüssigkeiten
- Mit Hydraulikflüssigkeit darf nur an den hierfür vorgesehenen Plätzen gearbeitet werden.
- Es dürfen nur Materialien mit diesen Flüssigkeiten in Berührung kommen, die dafür zugelassen sind.
- Hydraulikflüssigkeit darf nicht verschüttet werden, um Grundwasserschäden zu vermeiden. Normaler Estrich wird von der Hydraulikflüssigkeit zerstört.
- Hydraulikflüssigkeit ist vor Feuchtigkeit und jeder Wasser enthaltenden Flüssigkeit zu schützen, da hierdurch eine Verseifung eintritt. Die dadurch frei werdenden Säuren greifen Metalle und Kunststoffe an.
- Die Sicherheitsvorschriften sind unbedingt zu beachten, vorgeschriebene Schutzbekleidung einschließlich Handschuhe sowie Gesichtsschutz sind vor Beginn der Arbeiten mit diesen Flüssigkeiten anzulegen.

Hydraulikflüssigkeit auf Mineralölbasis
Neben den hier beschriebenen synthetischen Hydraulikflüssigkeiten gibt es noch Hydraulikflüssigkeiten auf Mineralölbasis. Diese Flüssigkeiten lassen sich hervorragend auf die Belange einer Hydraulikanlage einstellen. Sie sind jedoch leicht brennbar und werden deshalb bei Verkehrsflugzeugen nur für Fahrwerks-Federbeinfüllungen oder in geschlossenen Stoßdämpfern verwendet. Bei Militärflugzeugen wird Hydraulikflüssigkeit auf Mineralölbasis auch in den Hydraulikanlagen verwendet.

Im Gegensatz zu den violett eingefärbten synthetischen Hydraulikflüssigkeiten sind Hydraulikflüssigkeiten auf Mineralölbasis gemäß der Spezifikation Mil-H-5606 oder Mil-H-6083 **weinrot** eingefärbt. Ein Vermischen dieser beiden Flüssigkeitsgruppen ist unbedingt zu vermeiden, um die Hydrauliksysteme nicht zu beschädigen.

10.3 Bauelemente der Hydraulik

10.3.1 Tanks zur Flüssigkeitsbevorratung

Das größte und auffälligste Einzelbauteil einer Hydraulikanlage ist der Tank zur Flüssigkeitsbevorratung. Hydrauliktanks für Flugzeuge müssen in ihrem Volumen so bemessen sein, dass genügend Öl für jede Betriebsart des Systems und zusätzlich eine gewisse Menge zum Ausgleich von Leckagen während des Fluges vorhanden ist. Zur Einsparung von Gewicht sind die Tanks in der Regel auf das absolut notwendige Volumen begrenzt und dem Leichtbau entsprechend kugel- oder zylinderförmig gebaut. Die Druckfestigkeit des Behälters hängt von der Art des Hydrauliksystems ab. Bei Verkehrsflugzeugen z.B., die in großer Höhe fliegen, sind die Hydraulikbehälter mit 3...4 hPa Differenzdruck beaufschlagt und müssen entsprechend dimensioniert sein. Der Tankvordruck wird meist durch Kompressor-Zapfluft von den Triebwerken erzeugt und über einen Differenzdruckregler in den Tank geleitet. Er bringt folgende Vorteile:

- Der Siedepunkt – und damit die Verdampfungsgefahr der Flüssigkeit – braucht trotz niedrigem Umgebungsdruck der hoch fliegenden Flugzeuge nicht berücksichtigt zu werden.
- Die Flüssigkeit neigt unter Druck kaum zur Schaumbildung, und der sich bildende Schaum kann schneller abgebaut werden. Dadurch ist die Entlüftung der Flüssigkeit in kurzer Zeit sichergestellt.
- Die Pumpen zur Druckerzeugung im Hydrauliksystem bekommen durch den Tankdruck einen besseren Füllungsgrad und arbeiten gleichmäßiger.
- Beim Abschalten des Systems bleibt der Behälterdruck durch ein Rückschlagventil erhalten. Dadurch kann in dem Hydrauliksystem auch bei Außenluftdruck- oder Temperaturschwankungen kein Vakuum entstehen, wodurch Luft in die Anlage gesaugt werden könnte.
- Der Vorspanndruck des Behälters wirkt auch in den Rücklaufleitungen und vermindert damit Kavitation und die dadurch entstehenden Beschädigungen an den Steuerkanten der Ventile.

> Hydraulikanlagen, die mit einem Behältervorspanndruck versehen sind, stellen auch im abgeschalteten Zustand eine Gefahr für den Mechaniker dar. Der Behälter muss vor dem Eingriff in die Hydraulikanlage unbedingt entspannt werden. Die Sicherheitsvorschriften sind zu beachten! *Bild 10.3.1* zeigt den typischen Aufbau eines Hydrauliktanks für ein Verkehrsflugzeug. In ein Verkehrsflugzeug sind meist mehrere voneinander unabhängige Hydrauliksysteme eingebaut. Jedes System in solch einer Hydraulikanlage besitzt dann einen eigenen Tank. Alle Tanks einer Anlage werden jedoch in der Regel von einer Druckquelle druckbeaufschlagt und bei Bedarf über eine Füllmöglichkeit zentral gefüllt. *Bild 10.3.2* zeigt einen solchen Verbundbetrieb mit mehreren Behältern.

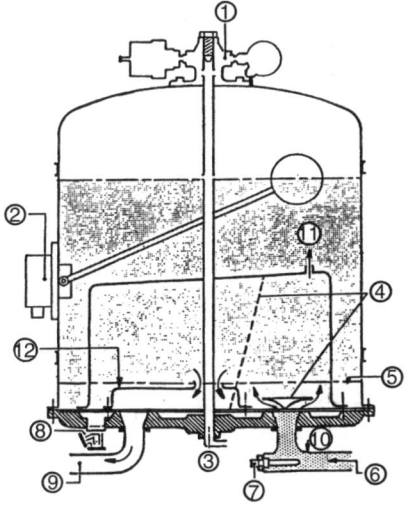

Bild 10.3.1
Hydrauliktank eines Verkehrsflugzeuges
1 Tankdruckeinlass mit Regler
2 Füllmengenanzeigegerät
3 Druckablass- und Überlaufventil
4 Entlüftungssieb
5 Mindest-Ölmenge für einwandfreie Versorgung der Pumpen
6 Rücklaufflüssigkeit, vom Hydrauliksystem kommend
7 Temperaturfühler für die Überhitzungsanzeige im Cockpit
8 Ablassventil
9 Zuführungsleitung zu den Hydraulikpumpen
10 Rücklaufleitung
11 Luftabscheidungsöffnung
12 Rückhalteblech zum Zurückhalten der Flüssigkeit bei kurzzeitiger Negativ-G-Belastung

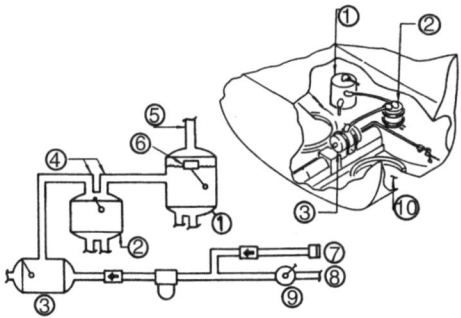

Bild 10.3.2 Hydrauliktank-Verbundaufbau mit Zentralfüllmöglichkeit
1 Hydrauliktank für das erste Hauptsystem mit von den Triebwerken angetriebenen Pumpen; 2 Hydrauliktank für das zweite Hauptsystem mit elektrisch angetriebenen Pumpen; 3 Hydrauliktank für das dritte System, das nur zugeschaltet wird, wenn ein oder beide Hauptsysteme ausgefallen sind; 4 Flüssigkeitsausgleichsleitungen, über diese Leitungen wird auch der Tankvordruck auf alle Tanks verteilt; 5 Tankdruckbeaufschlagungs-Leitung; 6 Füllmengenanzeigegerät; 7 Druckfüllanschluss; 8 Füllanschluss zum Füllen aus einem offenen Gefäß mit flugzeugeigener Pumpe; 9 flugzeugeigene Handpumpe; 10 Fahrwerkschacht als Einbauort für die Hydrauliktanks

10.3.2 Pumpen

Das wichtigste Bauteil einer Hydraulikanlage ist die Pumpe. Sie fördert die Hydraulikflüssigkeit aus dem Tank mit einem definierten Systemdruck zu den einzelnen Verbrauchern. Für Flugzeug-Hydraulikanlagen kommen aufgrund der relativ hohen Systemdrücke nur hydrostatisch wirkende Verdrängungspumpen zum Einsatz. Im Folgenden sollen drei unterschiedliche Verdrängungspumpen vorgestellt werden.

Zahnradpumpe
Eine einfache Art von Pumpe ist die Zahnradpumpe. Sie hat ein festes Fördervolumen pro Umdrehung. Eine Regelung des Fördervolumens ist also nur durch Drehzahlregelung oder Ein- und Ausschalten möglich. Zahnradpumpen fördern die Flüssigkeit in den Zwischenräumen zwischen den Zähnen außen am Gehäuse. Die Pumpwirkung entsteht durch das Ineinandergreifen der beiden Zahnräder, da die Flüssigkeit dadurch aus den Zahnlücken verdrängt und durch die Druckleitung der Pumpe ausgestoßen wird.

Zahnradpumpen *(Bild 10.3.3)* sind recht preiswert, verursachen jedoch hohe Geräusche und haben relativ hohe Spaltverluste. Sie eignen sich nur für die Versorgung kleinerer Hydrauliksysteme, und sie sind bei hohen Systemdrücken unwirtschaftlich.

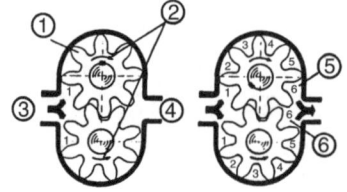

Bild 10.3.3
Zahnradpumpe (Prinzip)
1 angetriebenes Zahnrad; 2 Drehrichtung; 3 Sauganschluss; 4 Druckanschluss; 5 Druckflüssigkeit; 6 Druckseite

Bild 10.3.4
Flügelzellenpumpe
1 Rotorflügel; 2 Gehäusering; 3 Saugseite;
4 Druckseite; 5 Ansaugniere; 6 Druckniere

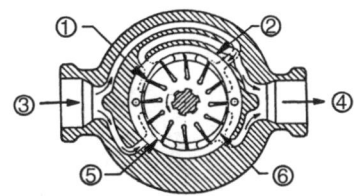

Flügelzellenpumpe
Flügelzellenpumpen sind – wie die Zahnradpumpen – Drehkolbenpumpen. Es gibt sie mit konstantem und mit variablem Fördervolumen pro Umdrehung. Bei Flügelzellenpumpen wird das Fördervolumen durch Drehen eines kreisrunden Zylinders mit durch Federn gegen die Gehäusewand gedrückten Flügeln in einem ellipsenförmigen Gehäuse erzeugt. Das Volumen zwischen den Flügeln vergrößert sich aufgrund der Gehäuseform, wenn die Flügel über die nierenförmigen Ansaugöffnungen laufen. Dadurch entsteht die Saugwirkung. Im Bereich der Drucköffnungen verkleinert sich das Volumen zwischen den Flügeln wieder, und die Flüssigkeit wird ausgestoßen.
Flügelzellenpumpen *(Bild 10.3.4)* arbeiten extrem schwingungsarm und fast geräuschlos. Sie verschleißen jedoch relativ schnell und haben bei hohen Systemdrücken große Spaltverluste, deshalb werden sie nur selten in Flugzeug-Hydraulikanlagen eingesetzt.

Kolbenpumpe
Kolbenpumpen, bei denen die Kolben in einem runden Zylinder in axialer Richtung des Zylinders geführt werden, haben sich bei Hydraulikanlagen mit Systemdrücken oberhalb 140 hpa (2000 psi) am besten bewährt. Kolbenpumpen können mit konstantem und variablem Fördervolumen pro Umdrehung gebaut werden. Der Kolbenhub entsteht bei der **Kolbenpumpe mit konstantem Fördervolumen** *(Bild 10.3.5)* durch die Gehäuseabwinklung und damit der Abwinklung zwischen dem Antriebsritzel und der Drehachse des Zylinderblocks. Der Hub ist bei dieser Bauart für jeden Kolben pro Umdrehung gleich groß, somit fördert jeder Kolben die gleiche Flüssigkeitsmenge pro Umdrehung.

Eine **Kolbenpumpe mit variablem Fördervolumen** je Umdrehung zeigt *Bild 10.3.6*. Bei dieser Bauart wird der Hub der Kolben, die auf einer Kreisbahn am Pumpenjoch geführt werden, durch die Winkelverstellung des Jochs zur Drehachse des Zylinderblocks der

Bild 10.3.5
Kolbenpumpe mit konstantem Fördervolumen
1 Lager (2 Radial- und 1 Axiallager); 2 Kardan-Verbindung; 3 Pumpengehäuse; 4 Abölleitung; 5 Ventilplatte; 6 Druckleitung; 7 Führungszapfen; 8 Antriebsritzel; 9 Dichtungen; 10 Leckölleitung (geöffnet ist die nach unten zeigende Öffnung); 11 Antriebswelle; 12 Zylinderblock; 13 Kolben (9 Stück; um einen vibrationsarmen Rundlauf zu erreichen, wird in der Regel eine ungerade Kolbenzahl gewählt)

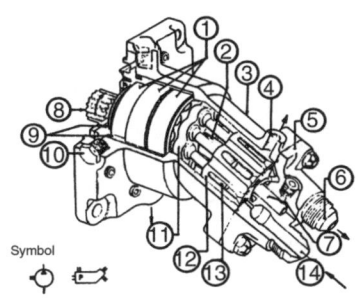

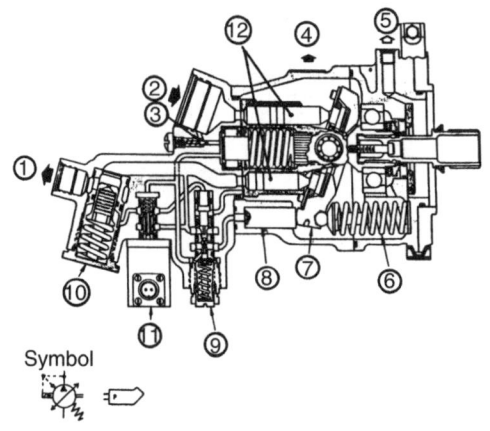

Bild 10.3.6
Kolbenpumpe mit variablem Fördervolumen
1 Druckanschluss; 2 Sauganschluss; 3 Überdruckventil des Pumpengehäuses; 4 Gehäuseabölleitung; 5 Leckölleitung; 6 Regelfeder; 7 Schwenkjoch; 8 Regelzylinder; 9 Steuerventil; 10 Absperrventil; 11 elektrisches Abschaltventil; 12 Kolben (9 Stück)

erwünschten Fördermenge je Umdrehung angepasst. Das Schwenkjoch wird bei dieser Pumpe von einer Regelfeder generell in seine größte Auslenkung gedrückt. Dadurch entsteht beim Anlaufen der Pumpe die maximale Fördermenge. Durch die Pumpleistung steigt der Druck in dem Hydrauliksystem und damit auch in der Druckleitung an. Über eine Regeleinheit wird nun das Schwenkjoch kurz vor Erreichen des Systemdruckes durch den Regelkolben in Richtung Nullförderung gegen die Regelfeder verstellt. Wegen der abnehmenden Fördermenge sinkt jetzt der Druck bei Betätigung von Verbrauchern im Hydrauliksystem. Dadurch sinkt auch der Druck im Regelkolben, und die Regelfeder kann das Schwenkjoch wieder auf eine größere Fördermenge einstellen. Auf diese Weise hat die Pumpe selbst bei schwankenden Drehzahlen immer die Möglichkeit, ihren Fördervolumenstrom dem Verbrauch im Hydrauliksystem anzupassen. Da die Pumpe vom Triebwerk angetrieben wird, ist sie zusätzlich mit einer elektrischen Abschaltung ausgestattet, die es dem Piloten ermöglicht, die Pumpe vom Cockpit aus auf Nullförderung zu bringen, ohne dass der Antrieb der Pumpe unterbrochen werden muss.

Tabelle 10.1   Antriebsarten für Pumpen

	Vorteil	Nachteil
Triebwerke	Antrieb von Pumpen mit großer Leistungsabgabe auf einfache Weise möglich.	Pumpen können nur bei laufenden Triebwerken fördern.
Elektromotoren	Bei Bordnetzversorgung können die Pumpen jederzeit in Betrieb genommen werden.	Pumpleistung ist durch die Leistung der Elektromotoren begrenzt.
Verdichter-Zapfluft von den Triebwerken	Die Pumpen können auch bei laufenden Triebwerken durch Absperrung der Luft zum Stillstand gebracht werden.	Hohe Luftverluste für die Triebwerke.
Propeller, direkt vom Fahrtwind (Notantrieb)	Keine Bordnetzversorgung oder Triebwerksleistung erforderlich.	Der Luftwiderstand am Flugzeug wird stark erhöht.

Pumpenantriebe
Pumpen, egal welcher Bauart, müssen angetrieben werden. Für Flugzeug-Hydraulikanlagen bieten sich die in *Tabelle 10.1* genannten Antriebsarten für die Pumpen an.

10.3.3 Hydraulikmotoren

Der Antrieb durch Hydraulikmotoren ist zur Übertragung von hydraulischer Leistung von einem Hydrauliksystem in ein anderes gedacht, ohne dass dabei die Flüssigkeitskreisläufe der Systeme miteinander verbunden werden.

10.3.4 Selbsttätige Ventile

Unter selbsttätigen Ventilen versteht man solche Ventile, die ohne äußeres Einwirken von der Hydraulik durch hydraulische Differenzdrücke oder durch Strömungswiderstände geschaltet werden. In den *Bildern 10.3.7* bis *10.3.17* werden die in Flugzeug-Hydrauliksystemen am häufigsten verwendeten selbsttätigen Ventile gezeigt.

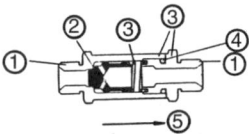

Bild 10.3.7
(oben): Rückschlagventil mit Konus (geschlossen) ohne Durchfluss dargestellt
1 Gewinde zur Verschraubung mit dem Leitungssystem der Hydraulikanlage; 2 Ventilkörper (Konus); 3 Feder; 4 Gehäuseteile, auf dem Gehäuse ist mit einem Pfeil die Durchflussrichtung angezeigt; 5 Durchflussrichtung
(unten): Rückschlagventil mit Konus (geöffnet) mit einem Durchfluss von links nach rechts dargestellt
1 Durchflussrichtung

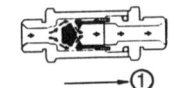

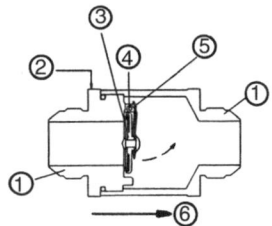

Bild 10.3.8
Klappenrückschlagventil für große Volumenströme bei geringen Druckdifferenzen
1 Gewinde zur Verschraubung mit dem Leitungssystem der Hydraulikanlage; 2 Gehäuseteile – auf dem Gehäuse ist mit einem Pfeil die Durchflussrichtung angezeigt. Außerdem wird ein Klappen-Rückschlagventil in der Regel mit einem Topzeichen versehen, damit das Scharnier der Klappe nach oben eingebaut werden kann. Dies ist notwendig, damit die Klappe im Scharnier hängt und nicht verkanten kann; 3 Klappe; 4 Scharnier; 5 Feder; 6 Durchflussrichtung

Bild 10.3.9
Zweiweg-Drossel. Eine Zweiweg-Drossel ist eine mehr oder weniger starke Leitungsverengung, die konstruktiv unterschiedlich sein kann und hier nur schematisch dargestellt ist. Sie verringert den Volumenstrom in beide Durchflussrichtungen und lässt so einen Druckaufbau oder Druckausgleich langsamer erfolgen.
1 Leitungsquerschnitt; 2 verengter Querschnitt

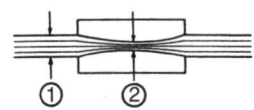

711

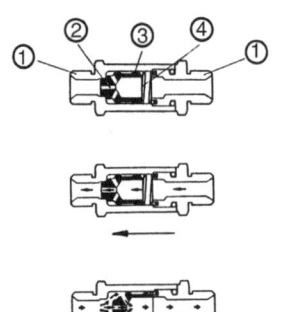

Bild 10.3.10
(oben): Einweg-Drossel; eine Einweg-Drossel verringert nur in einer Durchflussrichtung den Volumenstrom.
1 Gehäuseteile mit Gewinde zur Verschraubung mit dem Leitungssystem der Hydraulikanlage; 2 Drosselbohrung; 3 Ventilkörper (Konus); 4 Feder
(mitte): Einweg-Drossel, gedrosselter Volumenstrom
1 Die Drossel wird von rechts nach links durchflössen. Dabei kann die Flüssigkeit nur durch die kleine Drosselbohrung fließen. Es entsteht ein gedrosselter Volumenstrom.
(unten): Einweg-Drossel, ungedrosselter Volumenstrom
1 Bei der gezeigten Durchflussrichtung wird der Konus gegen die schwache Federkraft aus seinem Sitz gehoben. Die Flüssigkeit kann relativ ungehindert passieren.

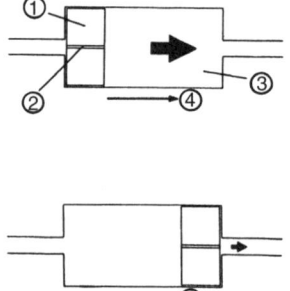

Bild 10.3.11
(oben): Veränderliche Drossel (schematisch dargestellt). Bei einer veränderlichen Drossel entsteht die Drosselwirkung mit Verzögerung. Dies kann mit einem frei schwimmenden Kolben, wie dargestellt, erreicht werden.
1 frei schwimmender Kolben, er schwimmt von links nach rechts mit dem Volumenstrom mit, es entsteht keine Drosselwirkung; 2 Drosselbohrung wird wirksam, wenn der Kolben am Anschlag in Richtung des Volumenstromes liegt; 3 Flüssigkeitsvorrat; 4 Durchflussrichtung
(unten): Veränderliche Drossel; der Kolben ist am Anschlag angekommen, jetzt kann die Flüssigkeit nur noch durch die Drosselbohrung fließen, es entsteht ein gedrosselter Volumenstrom.
1 Durchflussrichtung

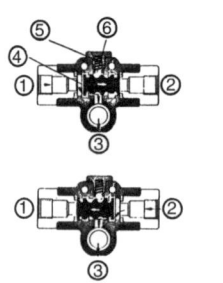

Bild 10.3.12
(oben): Umschaltventil. Wenn ein Verbraucher wahlweise von zwei Druckquellen versorgt werden soll, so kann man dies mit einem selbstschaltenden Umschaltventil sicherstellen.
1 Eingang «A» (geöffnet); 2 Eingang «B» (geschlossen); 3 zum Verbraucher; 4 Kolben; 5 Feder; 6 Kugel
(unten): Umschaltventil
1 Eingang «A» (geschlossen); 2 Eingang «B» (geöffnet); 3 zum Verbraucher

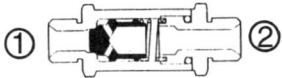 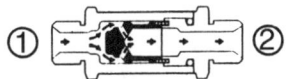

Bild 10.3.13 (links): Überdruckventil (geschlossen). Überdruckventile sollen Hydrauliksysteme oder Teile von Hydrauliksystemen vor gefährlichen Überdrücken schützen. Die Konstruktion eines Überdruckventils hängt von verschiedenen Faktoren ab. Überdruckventile, die nur gelegentlich öffnen und dann auch nur kleine Volumenströme durchlassen müssen, sind meist wie Rückschlagventile gebaut, jedoch mit wesentlich stärkeren Federn. Überdruckventile, die ein ganzes Hydrauliksystem schützen sollen, müssen bei Versagen der Regelung der Hydraulikpumpen unter Umständen die ganze Leistung einer Pumpe abbauen und in Wärme umwandeln können. Systemüberdruckventile dieser Art sind meist mit Dämpfungszylindern und Vorsteuerungen versehen. Überdruckventile öffnen, wenn der Druck in einem Hydrauliksystem 10% höher als der Systemdruck ist.
1 vom Hydrauliksystem, der Druck im System ist noch unter dem Ansprechwert des Ventils; 2 zum System-Rücklauf
(rechts): Überdruckventil (geöffnet)
1 Der Druck im Hydrauliksystem ist mindestens 10% größer als vorgesehen, das Ventil hat geöffnet, um den Druck abzubauen; 2 der entstehende Volumenstrom wird in den Rücklauf geleitet.

Bild 10.3.14
(oben): Volumenstrombegrenzer mit nachgeschaltetem Absperrventil und Verbraucher (Hydraulikmotor), schematisch dargestellt. Der Volumenstrombegrenzer hält die Durchflussmenge konstant, unabhängig von der Leistung, die der Hydraulikmotor gerade benötigt. Dieses wird durch einen variablen Drosselquerschnitt (3) erreicht.
1 Hydraulikmotor; 2 Absperrventil (geschlossen); 3 variabler Drosselquerschnitt, maximal geöffnet, da kein Volumenstrom zustande kommen kann, weil das Absperrventil zu ist; 4 Anschlag; 5 Regelfeder; 6 Drosselbohrung
(unten): Volumenstrombegrenzer mit nachgeschaltetem Absperrventil und Verbraucher (Hydraulikmotor), schematisch dargestellt. In dieser Abbildung ist das Absperrventil geöffnet dargestellt; der Hydraulikmotor bekommt also Druckflüssigkeit und beginnt zu drehen. Der Volumenstrom steigt dadurch an und führt aufgrund der Drosselbohrung im Kolben zum Verschieben des Kolbens nach rechts und damit zur Volumenstrombegrenzung.
1 Rücklaufflüssigkeit; 2 Absperrventil geöffnet; 3 variabler Drosselquerschnitt, teilweise geschlossen, um den Volumenstrom und damit die Drehzahl des nachgeschalteten Motors zu begrenzen

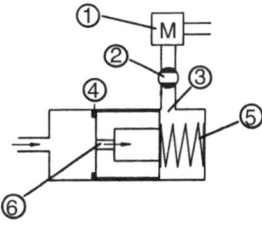

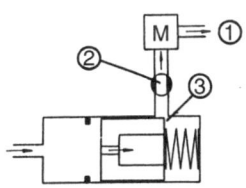

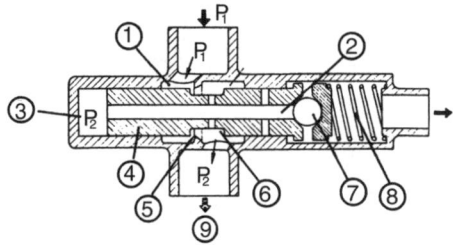

Bild 10.3.15 Druckbegrenzer mit Überdruckventil. Der Druckbegrenzer begrenzt den Druck für den am Ausgang (9) angeschlossenen Verbraucher, ohne dabei hydraulische Leistung in Wärme umzuwandeln. Dies wird durch Verschieben des Kolbens (4) gegen die Regelfeder (8) durch den Druck p_2 und damit das Verändern des Drosselquerschnitts (5) erreicht.
1 Ringraum für den ungeregelten Druck p_1; 2 Verbindungsbohrung zwischen Gegendruckkammer, Ausgangsdruckraum mit Druck p_2 und dem Überdruckventil; 3 Gegendruckkammer zum Verstellen des Kolbens (4) gegen die Regelfeder; 4 Kolben; 5 variabler Drosselquerschnitt; 6 Ringraum für gedrosselten Druck p_2; 7 Ventilkugel für Überdruckventil; 8 Regelfeder; 9 Ausgang zum nachgeschalteten Verbraucher

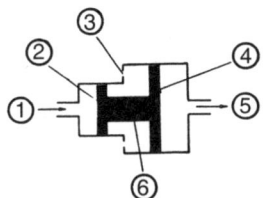

Bild 10.3.16
Druckminderer und Leckagesicherung. Aufgrund der verschieden großen Kolbenflächen, die mit einer Kolbenstange verbunden sind, entsteht eine dem Größenverhältnis der Kolbenflächen entsprechende Druckminderung. Der Doppelkolben trennt außerdem die Flüssigkeitssäule und schützt dadurch das Hydrauliksystem gegen Auslaufen, wenn der nachgeschaltete Verbraucher ein Leck bekommt.
1 vom Hydrauliksystem kommende Flüssigkeit; 2 kleine Kolbenfläche; 3 belüfteter Zwischenraum; 4 große Kolbenfläche; 5 zum Verbraucher fließende, im Druck reduzierte Flüssigkeit; 6 Kolbenstange

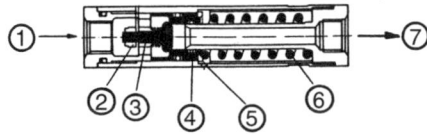 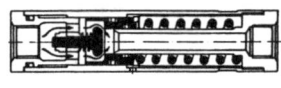

Bild 10.3.17 (links)   Vorrangventil geschlossen. Vorrangventile öffnen erst, wenn der Systemdruck eine bestimmte Mindesthöhe erreicht hat. Sie werden also vor Verbrauchern eingebaut, die erst Druckflüssigkeit erhalten sollen, wenn die vor dem Vorrangventil eingebauten Verbraucher sicher versorgt sind. Wenn ein Vorrangventil geöffnet hat, braucht es keinen Volumenstrom (also auch keine hydraulische Leistung), um weiter offen zu bleiben. Es bleibt so lange offen, bis der Druck vor dem Ventil wieder unter den Ansprechwert des Ventils absinkt.
1 vom System kommende Flüssigkeit; 2 Einstellmutter; 3 Hilfskolben; 4 Hauptkolben; 5 Belüftungsbohrung; 6 Feder (befindet sich nicht im Flüssigkeitsraum); 7 zum nachrangig versorgten Verbraucher
(rechts): Vorrangventil, geöffnet. Der Druck vor dem Ventil hat den Ansprechwert des Ventils überschritten.

10.3.5 Schalt- und Regelventile

Schalt- und Regelventile sind Ventile, die durch eine äußere Stellgröße beeinflusst werden. Die einfachste Ausführung eines Schaltventils ist das 2/2-Wegeventil.

Schaltventile sind mit einer Zahlenkombination bezeichnet, die wie folgt zu entschlüsseln ist: **2/2** – die Zahl vor dem Schrägstrich gibt die Anzahl der Anschlüsse an. In diesem Fall sind 2 Anschlüsse vorhanden, einer für die Zulaufleitung (A) und einer für die Ablaufleitung (B). Die Zahl hinter dem Schrägstrich gibt die Anzahl der Schaltstellungen an. In diesem Fall sind ebenfalls 2 Schaltstellungen möglich, nämlich «auf» oder «zu». Schaltventile können von Hand, durch Bewegung anderer Teile, hydraulisch, pneumatisch oder elektrisch durch Elektromotoren oder Elektromagnete geschaltet werden. Regelventile sind eine Sonderform der Schaltventile, die wie folgt zu erklären ist: Während bei Schaltventilen fest definierte Schaltstellungen (z.B. «auf» oder «zu») vorhanden sind, werden bei Regelventilen keine festgelegten Schaltstellungen, sondern fließende Übergänge von einer Endposition zur anderen möglich. Dies wird erreicht durch sehr feinfühlige Verstellgrößen mit von der Verstellung abhängigen Rückstellgrößen in Verbindung mit Regelkolben, die die Eingänge bzw. Ausgänge nur teilweise verschließen und damit verstellbare Drosseln darstellen.

Die *Bilder 10.3.18* bis *10.3.24* zeigen einige in Flugzeug-Hydrauliksystemen verwendete Schalt- und Regelventile.

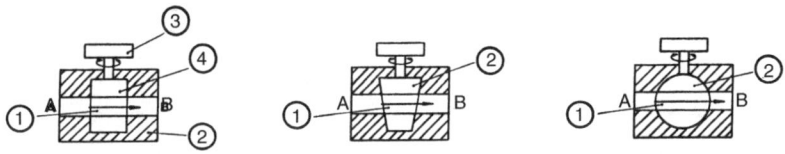

Bild 10.3.18 (links): 2/2-Kükenventil mit Zylindereinsatz
1 Bohrung im Zylinder; 2 Ventilgehäuse; 3 Handgriff zum Verstellen; 4 Zylindereinsatz
(Mitte): 2/2-Kükenventil mit Kegeleinsatz
1 Bohrung im Kegel; 2 Kegeleinsatz
(rechts): 2/2-Kükenventil mit Kugeleinsatz. 1 Bohrung in der Kugel; 2 Kugeleinsatz

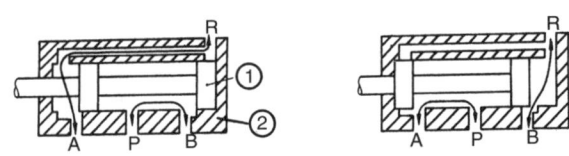

Bild 10.3.19 (links): 4/2-Kolbenventil, dargestellt in einer Schaltstellung, bei der die vom Hydrauliksystem kommende Druckflüssigkeit vom Eingang «P» zum Ausgang «B» geleitet wird, während der Ausgang «A» mit der Rücklaufleitung «R» des Systems verbunden ist
1 Schaltkolben; 2 Gehäuse
Bild 10.3.19 (rechts): 4/2-Kolbenventil, dargestellt in der anderen Schaltstellung. Jetzt ist der Eingang «P» für die Druckflüssigkeit mit dem Ausgang «A» verbunden, während der Ausgang «B» mit der Rücklaufleitung «R» des Systems verbunden ist.

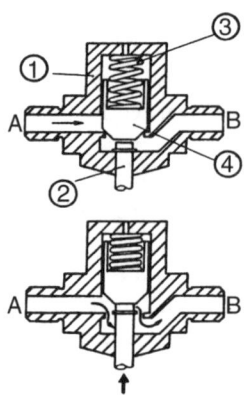

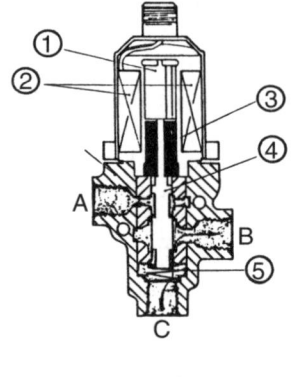

Bild 10.3.20
(oben): 2/2-Stößelventil, geschlossen
1 Gehäuse; 2 Betätigungsstößel; 3 Druckfeder; 4 Schaltkolben
(unten): 2/2-Stößelventil, geöffnet

Bild 10.3.21
3/2-Kolbenventil mit Betätigung durch einen Elektromagneten in Ruhestellung (stromlos)
1 Magnetkern; 2 Spule; 3 Kolbenführung; 4 Schaltkolben; 5 Druckfeder

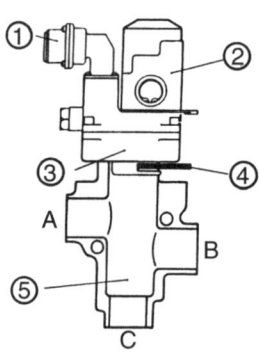

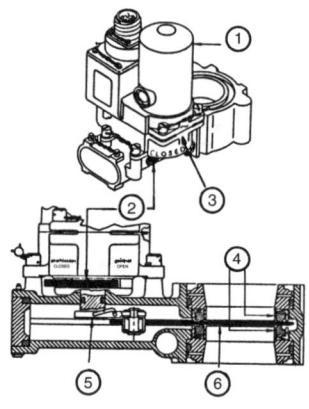

Bild 10.3.22
3/2-Kolbenventil mit elektromotorischer und mit Handbetätigung
1 Anschluss zur elektrischen Versorgung; 2 Elektromotor; 3 Untersetzungsgetriebe; 4 Schaltpositionsanzeiger und Handschalthebel; 5 Kolbenventil

Bild 10.3.23
2/2-Schieberventil mit elektromotorischer Betätigung (Außenansicht und Schnitt)
1 Elektromotor; 2 Schaltpositionsanzeige; 3 Untersetzungsgetriebe; 4 federbelastete Dichtungen; 5 Antriebswelle mit Exzenter; 6 Schieber in geschlossener Stellung

Bild 10.3.24
Druckregelventil mit Gegendruckkammer als Rückstellgröße
1 Ventilgehäuse; 2 Hydrauliksystem-Rücklaufleitung; 3 Hydrauliksystem-Druckleitung; 4 Regelkolben; 5 Gegendruckkammer; 6 Leitung zum Verbraucher; der Druck in dieser Leitung wird in Abhängigkeit von der Kraft am Betätigungshebel steigen oder sinken.

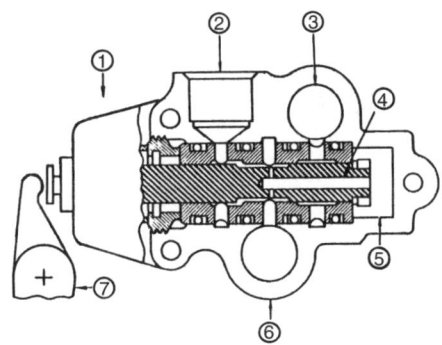

10.3.6 Leitungen und Verbindungen

Die einzelnen Hydraulikbauteile müssen mit Leitungen verbunden werden. Ob Schläuche oder Rohre verwendet werden, hängt von der Art des Einsatzes ab. Hydraulikbauteile, die während des Betriebes ihre Lage zu den anderen Bauteilen verändern, werden in der Regel mit Schläuchen angeschlossen. Bauteile, die ihre Lage zueinander nicht verändern, werden durch Rohrleitungen miteinander verbunden. Schläuche werden heute grundsätzlich aus Teflon gefertigt und mit einem ihrem Einsatzdruck entsprechenden starken Chrom-Nickel-Stahl-Gewebe ummantelt.

Rohre können aus verschiedenen Materialien gefertigt sein. Für Rücklaufleitungen in ungefährdeten Bereichen werden Rohre aus Aluminiumlegierungen verwendet. Druckrohre und auch Rückleitungen im Triebwerks- und Fahrwerksbereich werden aus Chrom-Nickel-Stahl oder mit Einführung des Airbus A 320 auch aus Titanlegierungen gefertigt.

Rohrleitungen sowie Schläuche müssen untereinander oder mit den anderen Hydraulikbauteilen verbunden werden. Dies kann durch Löt- oder Quetschverbindungen und entsprechende Schlauch- und Rohrverschraubungen erfolgen (*Bilder 10.3.25 bis 10.3.29*).

Bild 10.3.25
MS-Rohrverschraubung
1 Dichthülse (verformt sich beim Anziehen der Überwurfmutter und dichtet so gegenüber Rohr und Fitting ab); 2 Einquetschung der Dichthülse ins Rohr; 3 Rohr; 4 Überwurfmutter; 5 Fitting

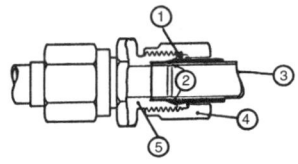

Bild 10.3.26
HMS-Rohrverschraubung
1 Dichthülse (verformt sich nicht; das Rohr wird mit Hilfe einer Spezialmaschine von innen in die Verriegelungsnuten geformt); 2 in Dichthülse eingeformtes Rohr; 3 Überwurfmutter

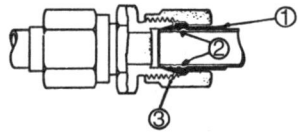

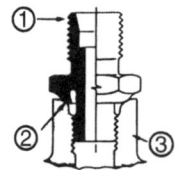

Bild 10.3.27
Metallisch dichtender Geräteanschluss
1 Verschraubung; 2 Dichtlippen; 3 Fitting

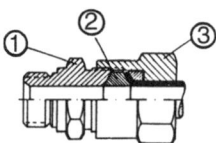

Bild 10.3.28
Bördelverschraubung
1 Fitting; 2 Dichtring; 3 Überwurfmutter

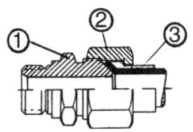

Bild 10.3.29
Bördelverschraubung
1 Fitting; 2 Überwurfmutter; 3 Dichthülse

10.3.7 Dichtungen

Hydraulische Geräte, Systemkomponenten wie Verschraubungen und Verbindungen sowie Druckräume innerhalb von z.B. hydraulischen Zylindern müssen abgedichtet werden. Die heutige Technik bietet eine ganze Reihe von elastomerischen Dichtungen, so dass die Abdichtung selbst schwierigster Bauteile praktisch kein Problem mehr darstellt. Generell werden zwei verschiedene Dichtungsbereiche unterschieden: die statische Dichtung und die dynamische Dichtung (*Bild 10.3.30*).

Unter einer **statischen Dichtung** versteht man die Abdichtung von Bauteilen, bei denen die Dichtflächen keine Bewegung zueinander machen. Eine statische Dichtung ist einfach mit Hilfe eines O-Ringes auszuführen. Sie ist in vielen Verschraubungen zu finden.

Unter einer **dynamischen Dichtung** versteht man die Abdichtung von Bauteilen, bei denen die Dichtflächen sich zueinander bewegen. Beispiel: Die Kolbenstange eines Hydraulikzylinders macht eine Linearbewegung zum Zylindergehäuse; die Dichtung

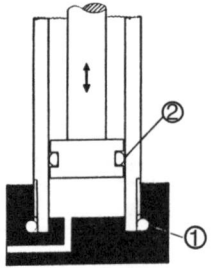

Bild 10.3.30
Schematische Darstellung der Anwendung «statischer» und «dynamischer» Dichtungen
1 statische Dichtung: zwei Teile, die sich zueinander nicht bewegen; 2 dynamische Dichtung: Der Kolben bewegt sich gegenüber dem Zylindergehäuse.

zwischen diesen beiden Bauteilen ist also eine dynamische Dichtung. Oder die Antriebswelle einer Hydraulikpumpe muss nach außen abgedichtet werden, auch dabei handelt es sich um eine dynamische Dichtung.

Dichtungen müssen in Form und Material genau auf ihre Aufgabe und die Hydraulikflüssigkeit abgestimmt sein und können nicht einfach gegen andere Dichtungen ausgetauscht werden. Die Flugzeughersteller schreiben genau vor, welche Dichtung eingebaut werden muss. Beim Austausch von Dichtungen oder beim Zusammenbau eines Bauteils dürfen in der Regel nur neue, nicht überlagerte Dichtungen verwendet werden (Dichtringe sind meist in beschrifteten Tüten einzeln verpackt). Um Verwechslungen zu vermeiden, sollten alte, ausgebaute Dichtringe sofort zerschnitten werden. Die *Bilder 10.3.31* bis *10.3.41* zeigen eine Auswahl der am häufigsten verwendeten Dichtungstypen.

Bild 10.3.31
Statische Abdichtung in einer Verschraubung mit Hilfe eines O-Ringes, der von außen durch einen Metallring gestützt wird

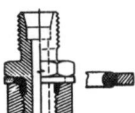

Bild 10.3.32
Statische oder dynamische O-Ring-Dichtung, bei der der O-Ring durch einen Teflon-Stützring auf der druckabgewandten Seite gegen Beschädigungen durch die Bauteilkanten geschützt wird

Bild 10.3.33
Dynamische O-Ring-Dichtung mit Stützringen aus Kunststoff

Bild 10.3.34
Dynamische X-Ring-Dichtung (oder Quard-Ring-Dichtung) mit Stützringen aus Kunststoff für Linearbewegungen

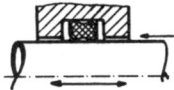

Bild 10.3.35
Dynamische D-Ring-Dichtung

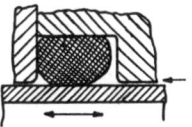

Bild 10.3.36
T-Ring-Dichtung mit Stützringen aus Kunststoff für hochbelastete dynamische Abdichtungen, z.B. für Fahrwerksfederbein-Abdichtungen.

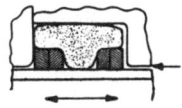

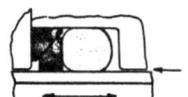

Bild 10.3.37
Die so genannte «Cam Seal»-Dichtung besteht aus einem O-Ring mit zwei Kunststoff-Formringen auf der druckabgewandten Seite. Sie wird für «statische» und «dynamische» Abdichtungen verwendet.

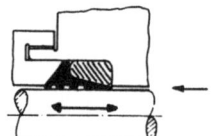

Bild 10.3.38
Foot-Seal. Dynamische Dichtung, bestehend aus einem Kunststoff-Formring (schwarz) und einem O-Ring

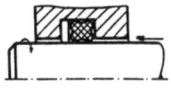

Bild 10.3.39
X-Ring-Dichtung (oder Quard-Ring-Dichtung) mit einem Stützring als dynamische Dichtung zur Abdichtung von drehenden Wellen

Bild 10.3.40
Lippendichtung für die Abdichtung von drehenden Wellen

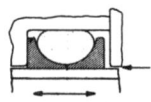

Bild 10.3.41
U-Ring-Dichtung als universell einsetzbare, langlebige Dichtung

10.3.8 Filter

Filter *(Bild 10.3.42)* werden in einem Hydrauliksystem aus verschiedenen Gründen benötigt. Man kann sie aufgrund ihres Einsatzgebietes in zwei Gruppen einteilen: Druckfilter und Rücklauffilter. *Bild 10.3.43* zeigt den Schnitt durch ein typisches Filterelement.

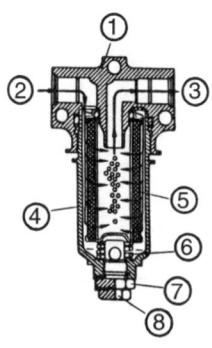

Bild 10.3.42
Genereller Aufbau eines Filters. Die Größe eines Filters ist abhängig von der pro Zeiteinheit durchströmenden Flüssigkeitsmenge (Volumenstrom), der Feinheit der Filterung (je feiner, desto größer die Filterfläche), der zulässigen Strömungswiderstände und der Filterwechsel-Intervalle.
1 Filterkopf; 2 Eingang (Zufluss); 3 Ausgang (Abfluss); 4 Filtertopf; 5 Filterelement; 6 Feder; 7 Ablassschraube; 8 Magnetschraube; sie gestattet, anhand des Abriebs auf den Zustand der flussmäßig vor dem Filter eingebauten Einheiten zu schließen, ohne den Filter öffnen zu müssen

Bild 10.3.43
Schnitt durch ein Filterelement
1 Filtermaterial (Papier, Kunststoff oder Metallgewebe);
2 Draht-Stützgewebe, üblich bei Kunststoff-Filterelementen;
3 Metallband mit Noppen;
4 gelochter Stützkorb

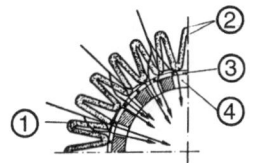

Druckfilter

Sie werden in Druckleitungen direkt hinter den Pumpen oder auch vor empfindlichen Arbeitsanlagen eingebaut. Druckfilter filtern relativ grob und schützen die in Flussrichtung hinter ihnen liegenden Anlagen vor groben Verunreinigungen.

Rücklauffilter

Sie werden in den Rücklaufleitungen kurz vor dem Hydrauliktank eingebaut. Rücklauffilter sind Feinfilter *(Bild 10.3.44)*, die in der Lage sind, selbst kleinste Schwebstoffe aus der Flüssigkeit herauszufiltern. Rücklauffilter müssen relativ groß sein, um bei großen Volumenströmen keine allzu großen Strömungswiderstände zu bewirken. Oft sind sie zweistufig *(Bild 10.3.45)* ausgelegt und mit einem Verschmutzungsanzeiger ausgestattet.

Neben den Druckfiltern und den Rücklauffiltern werden Filter in einem Hydrauliksystem auch für Sonderaufgaben eingebaut, so z.B. in Auffüll-Leitungen, um keine Verschmutzung während des Auffüllens ins System zu lassen. Spezielle, sehr fein filternde Filter werden eingesetzt vor elektronisch gesteuerten Ventilen oder Arbeitsanlagen, um Verstopfungen in den haarfeinen Steuerkanälen solcher Ventile oder Anlagen zu verhindern.

Bild 10.3.44
Feinfilter, eingebaut in einer Einwegdrossel zum Schutz der feinen Drosselbohrung vor Verstopfungen
1 Feinfilter-Element

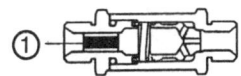

Bild 10.3.45
Zweistufiger Rücklauffilter mit Verschmutzungsanzeiger
1 Volumenstrom-Umschaltventil; 2 Rückschlagventil; 3 Ausgang (Abfluss); 4 Absperrventil für den Filterwechsel; 5 Verschmutzungsanzeige des ersten Filterelementes; 6 Verschmutzungsanzeige des zweiten Filterelementes; 7 Dichtungen (O-Ringe); 8 erstes Filterelement; 9 zweites Filterelement; 10 Dichtungen (O-Ringe); 11 Eingang (Zufluss)

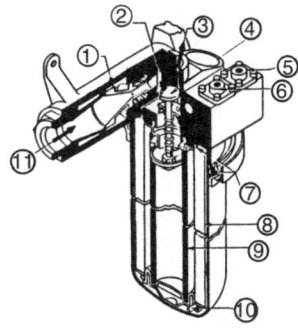

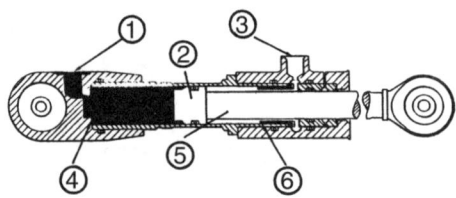

Bild 10.3.46
Einfacher Arbeitszylinder
1 Anschluss für die Druckflüssigkeit zum Ausfahren der Kolbenstange; 2 Kolben; 3 Anschluss für die Druckflüssigkeit zum Einfahren der Kolbenstange; 4 linker Kolbenanschlag; 5 Kolbenstange; 6 rechter Kolbenanschlag

10.3.9 Arbeitszylinder

Die Arbeitszylinder formen hydraulische Leistung in mechanische Leistung in Form einer Linearbewegung um. *Bild 10.3.46* zeigt den grundsätzlichen Aufbau eines Arbeitszylinders.

Die Bewegung der Kolbenstange eines Arbeitszylinders kann dem Bewegungsablauf des Flugzeugsystems (z.B. Fahrwerkseinziehanlage) durch Drosseln und Endlagendämpfungseinheiten optimal angepasst werden. Arbeitszylinder neigen zu Fehlverhalten, wenn sie nicht entlüftet sind. Die Kraft eines Arbeitszylinders errechnet sich aus

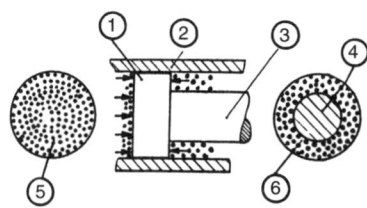

Bild 10.3.47
Kolbenflächen des Arbeitszylinders. Verschieden große Kolbenflächen (Wirkflächen) führen zu unterschiedlich großen Kräften beim Ein- und Ausfahren der Kolbenstange.
1 Kolben; 2 Gehäuse; 3 Kolbenstange; 4 Kolbenstangenfläche; 5 Große Kolbenfläche (Wirkfläche); 6 Ringfläche, gleich kleine Kolbenfläche (Wirkfläche = Kolbenfläche – Kolbenstangenfläche)

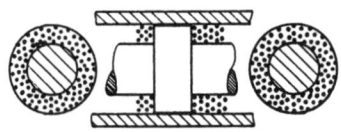

Bild 10.3.48
Gleich große Kolbenringflächen für gleich große Kräfte beim Ein- und Ausfahren der Kolbenstange

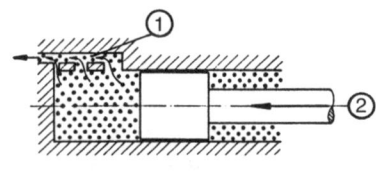 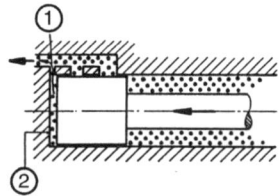

Bild 10.3.49 (links): Arbeitszylinder mit Endlagendämpfung. Der Kolben ist noch nicht in der Endlage angekommen und bewegt sich noch ungedämpft.
1 Drosselbohrungen (die Durchmesser der Bohrungen sind unterschiedlich); 2 Hubbewegung des Kolbens
(rechts): Arbeitszylinder mit Endlagendämpfung. Der Kolben hat jetzt seine Endlage fast erreicht, verschließt dabei die meisten Drosselbohrungen und kann sich deshalb nur noch gedämpft weiterbewegen.
1 Es sind nur noch sehr kleine Drosselbohrungen geöffnet, dies ergibt eine starke Drosselung des Abflusses aus dem Zylinder; 2 Anschlag

der Wirkfläche des Kolbens multipliziert mit dem Flüssigkeitsdruck. Die *Bilder 10.3.47* bis *10.3.49* zeigen verschiedene wichtige Zylinder-Bauarten.

10.3.10 Akkumulatoren

Unter Akkumulatoren in Hydrauliksystemen versteht man Bauteile, die in der Lage sind, eine bestimmte Menge Hydraulikflüssigkeit unter Druck zu speichern und bei Bedarf wieder abgeben zu können. In Hydraulikakkumulatoren wird also hydraulische Energie gespeichert und als hydraulische Leistung wieder abgegeben. Einsatzgebiete für Hydraulikakkumulatoren sind

❏ Notversorgung, z.B. für die Radbremsen,
❏ Bereitstellung von zusätzlicher hydraulischer Leistung zum Abdecken von Bedarfsspitzen, die es bei einem Böen-Ausgleichssystem, wie es bei der A 320 zum ersten Mal zum Einsatz kam, gibt,
❏ Bereitstellung von Hydraulikdruck für die Parkbremsanlage,
❏ zur Dämpfung von Schwingungen und Druckschwankungen im Hydrauliksystem oder in einzelnen Arbeitsanlagen.

Akkumulatoren können unterschiedlich konstruiert und so für ihren Einsatz optimiert werden. Die *Bilder 10.3.50* bis *10.3.53* zeigen verschiedene Akkumulatoren.

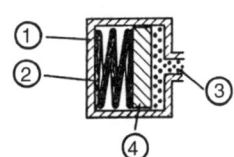

Bild 10.3.50
Zylinder-Akkumulator mit Druckfeder
1 Gehäuse
2 Druckfeder
3 Flüssigkeitsanschluss an das Hydrauliksystem
4 Kolben mit Dichtungen

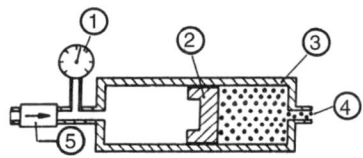

Bild 10.3.51
Zylinder-Akkumulator mit Stickstoff-Füllung
1 Druckmessgerät mit Anzeige
2 Trennkolben
3 Gehäuse
4 Flüssigkeitsanschluss an das Hydrauliksystem
5 Füllventil

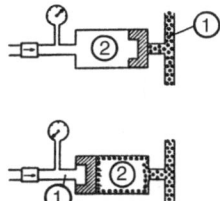

Bild 10.3.52
(oben): Energiespeicherung «Null», da die Stickstoffvorspannung größer ist als der momentane Flüssigkeitsdruck.
1 der Druck in der Flüssigkeit ist kleiner als der Stickstoffdruck; 2 Stickstoffdruck
(unten): Energiespeicherung ebenfalls «Null», da die Stickstoff-Füllung fehlt

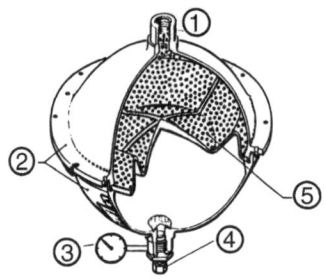

Bild 10.3.53
Kugel-Akkumulator mit Stickstoffvorspannung
1 Flüssigkeitsanschluss
2 zweiteiliges Gehäuse
3 Druckmessgerät mit Anzeige
4 Stickstoff-Füllanschluss
5 Membrane zur Trennung der Medien

10.4 Aufbau hydraulischer Systeme und Anlagen

Jedes Hydrauliksystem stellt einen Flüssigkeitskreislauf dar. Ein Hydraulikkreislauf besteht aus drei Bereichen *(Bild 10.4.1)*: der Flüssigkeitsbevorratung, der Druckerzeugungsanlage und der Arbeitsanlage. Bild 10.4.2 veranschaulicht den Aufbau eines typischen Flugzeug-Hydrauliksystems.

10.4.1 Hydrauliksysteme des Flugzeuges

Flugzeug-Hydraulikanlagen müssen besonders ausfallsicher sein. Aus diesem Grund werden immer mehrere Systeme, die voneinander völlig unabhängig sind, im Flugzeug eingebaut *(Bilder 10.4.3 und 10.4.4)*.

Meistens wird jedes System einer Gesamtanlage durch mehrere Pumpen parallel versorgt. Bei Hydraulikanlagen moderner Verkehrsflugzeuge ist eine Leistungsübertragung von einem Hydrauliksystem ins andere mit Hilfe von Motor-Pumpen-Kombinationen möglich. Eine solche Konzeption erhöht die Sicherheit der Gesamtanlage erheblich.

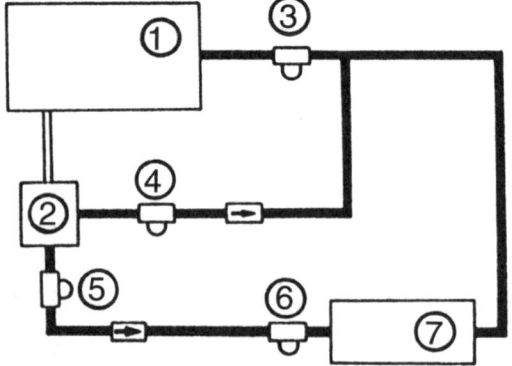

Bild 10.4.1
Der hydraulische Kreislauf
1 Hydrauliktank
2 Hydraulikpumpe
3 Rücklauffilter
4 Filter für Kühlkreislauf der Pumpe
5 Druckfilter
6 Filter vor Arbeitsanlage
7 Arbeitsanlage (Verbraucher)

Bild 10.4.2
Typischer Aufbau eines Flugzeug-Hydrauliksystems mit redundanter Druckversorgung
1 Hydrauliktank
2 Pumpen im Parallelbetrieb
3 Rücklauffilter
4 Überdruckventil
5 Tankdruckbeaufschlagung (Druckluft)
6 Verbraucher
7 Arbeitsanlage
8 Druckerzeugungsanlage
9 Flüssigkeitsbevorratung

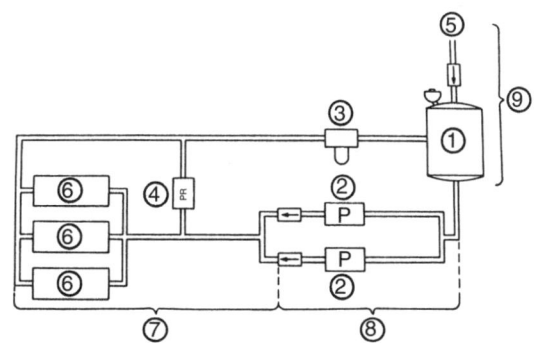

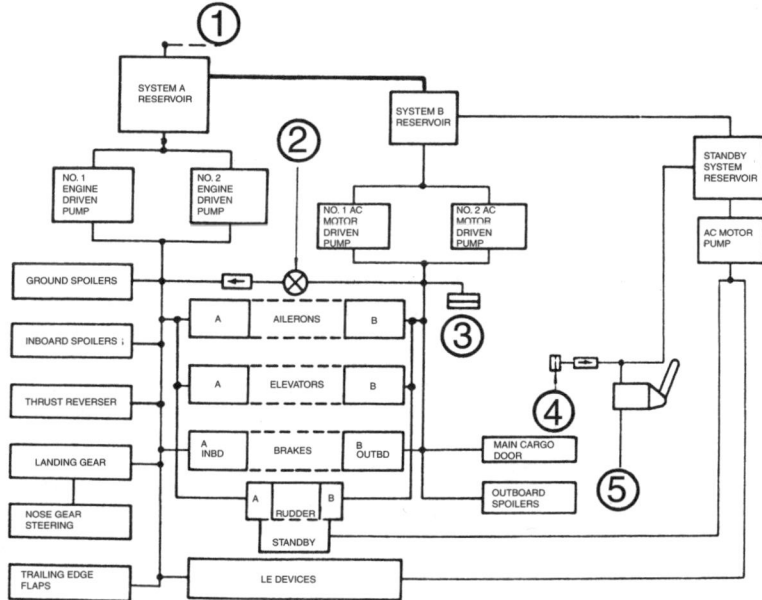

Bild 10.4.3 Hydraulikanlage der Boeing 737 mit drei voneinander unabhängigen Systemen sowie einem Flüssigkeitsausgleich über die Hydrauliktanks (Systemrücklaufleitungen sind nicht mitgezeichnet)
1 Tankdruckbeaufschlagung (Druckluft); 2 Systemverbindungsventil (nur am Boden zu öffnen); 3 Anschluss für ein Bodenaggregat; 4 Druckfüllanschluss zum Nachfüllen von Flüssigkeit; 5 Handpumpe zum Füllen des Systems

Hydraulische Bodenaggregate

Flugzeuge mit Hydrauliksystemen haben in der Regel Anschlüsse für hydraulische Bodenaggregate *(Bild 10.4.5)*. Diese Aggregate werden während der Wartungsarbeiten an den Flugzeugen als externe Druckerzeugungsanlagen für Funktionstests und Zeittests sowie zum Spülen und Entlüften der Flugzeuganlagen benutzt.

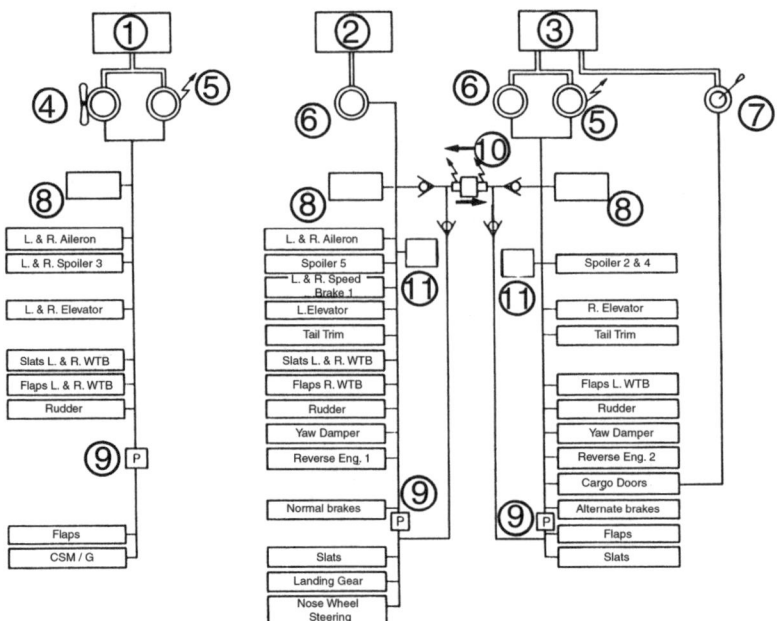

Bild 10.4.4 Hydraulikanlage des Airbus A 320 mit drei voneinander unabhängigen Systemen (die Systemrücklaufleitungen sind nicht mitgezeichnet)
Erklärung der Abkürzungen: CSM/G – Constant Speed Motor / Generator (Notstromaggregat mit konstanter Drehzahl); L – Left (links); R – Right (rechts); THS – Trimmable Horizontal Stabilizer (trimmbare Höhenflosse); WTB – Wing Tip Brake (Diese Bremse stoppt das Landeklappen- oder Vorflügelsystem bei Bruch des entsprechenden Antriebssystems ab, damit keine Asymmetrie in der Auftriebsverteilung des Flugzeugs entsteht.)
1 Tank des blauen Systems; 2 Tank des grünen Systems; 3 Tank des gelben Systems; 4 durch Fahrtwind angetriebene Notpumpe (ausklappbar); 5 elektrisch angetriebene Pumpen; 6 triebwerksgetriebene Pumpen; 7 Handpumpe; 8 Systemakkumulatoren zur Dämpfung von Druckschwankungen; 9 Vorrangventile; 10 Motor-Pumpen-Einheit zur Übertragung von hydraulischer Leistung vom grünen System ins gelbe System oder umgekehrt – ohne Verbindung der Flüssigkeitskreisläufe (bei Bedarf einschaltbar); 11 Zusatzakkumulatoren, um den Spitzenbedarf der Böenbelastungs-Minderungs-Anlage zu decken

> Vor Anschluss eines Hydraulikaggregates ans Flugzeug sind unbedingt die dafür notwendigen Vorschriften einzuhalten!

Das **Bodenaggregat**

❏ muss mit der gleichen Hydraulikflüssigkeit gefüllt sein wie das Hydrauliksystem des Flugzeuges;
❏ ist mit speziellen Schläuchen mit dem Flugzeug zu verbinden;

Bild 10.4.5
Hydraulikschaltplan eines Bodenaggregats
1 Tank mit Mengenanzeige
2 Saug- und Rücklaufdruckmessgerät
3 Wahlschalter zur Drucküberwachung an mehreren Stellen des Systems
4 Temperaturmessgerät
5 Kühler für die Hydraulikflüssigkeit
6 Saugfilter
7 Pumpe, Druck sowie Fördermenge sind einstellbar
8 Überdruckventil, Öffnungsdruck ist einstellbar
9 Volumenstrom-Messgerät im Rücklauf
10 Pumpendruck-Messgerät
11 Rücklaufleitung, die Flüssigkeit kommt vom Flugzeugsystem
12 Druckleitung, die Flüssigkeit fließt in das Flugzeugsystem
13 Rücklauffilter
14 Druckfilter

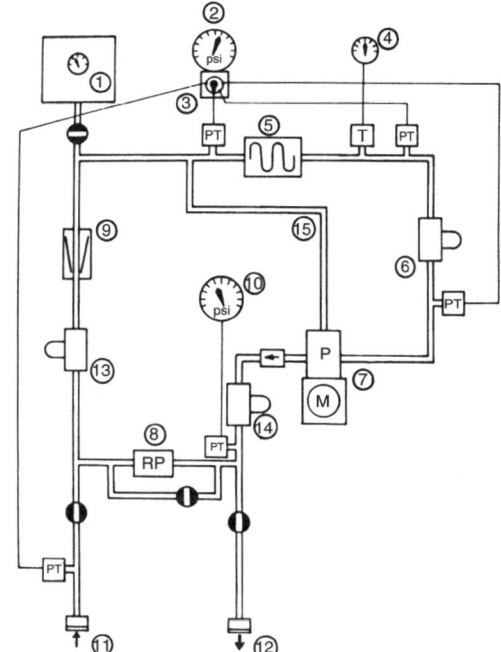

❑ ist elektrisch anzuschließen;
❑ muss auf die erforderliche Leistung (Menge und Druck) eingestellt sein.

10.4.2 Spülen und Entlüften

Das Spülen von Leitungen ist erforderlich, wenn Schmutz und Späne in den Filtern gefunden wurden und deshalb der Verdacht besteht, dass das System ganz oder teilweise verunreinigt ist. Bevor der Spülvorgang beginnen kann, muss der Verursacher der Verschmutzung (z.B. defekte Pumpen, Ventile oder Arbeitsanlagen) ausgewechselt werden.

Gespült wird meistens mit Hilfe eines Bodenaggregats. Wenn die technischen Unterlagen des Flugzeuges nichts anderes aussagen, geht man wie folgt vor:

Durchführung eines Spülvorgangs

❑ Eventuell vorhandene Filterelemente entfernen (gefiltert wird im Bodenaggregat).
❑ Alle sperrenden Bauteile, wie z.B. Rückschlagventile, müssen ausgebaut werden.
❑ Mit vorgeschriebener Flüssigkeitsmenge und mit vorgeschriebenem Druck spülen.
❑ Möglichst in beide Richtungen spülen (wegen der toten Winkel), aber zuletzt immer in Durchflussrichtung.
❑ Entfernte Bauteile wieder einsetzen.
❑ Füllen, entlüften und Funktionsprüfung durchführen.
❑ Filterelemente des Bodenaggregats wechseln.

Das Entlüften eines Hydrauliksystems ist sehr wichtig, da durch Luft in der Anlage Funktionsstörungen im System entstehen, weil die Dämpfungsfunktion des Öls fehlt und weil Luft kompressibel ist. Flattern und ungleiches Fahren der Arbeitsanlagen wird durch Luft im System hervorgerufen. Es werden zwei Entlüftungsarten unterschieden: die innere Entlüftung und die äußere Entlüftung.

Innere Entlüftung
Beidseitig angeschlossene Verbraucher mit Druck- und Rücklaufleitung werden durch Betätigen der Anlage entlüftet. Die bei der Bewegung der Anlage durch den Verbraucher strömende Flüssigkeit nimmt die Luft mit bis zum Hydrauliktank. Im Tank scheidet sich die Luft aus der Flüssigkeit aus. Der auf diese Weise entstehende Entlüftungseffekt wird innere Entlüftung genannt.

Äußere Entlüftung
Arbeitsanlagen, die nur einseitig an das System angeschlossen sind (z.B. Radbremsen), die also auch keinen Durchfluss haben, müssen nach außen entlüftet werden. Anlagen dieser Art haben in der Regel Entlüftungsventile. Zum Entlüften werden diese Ventile geöffnet; man lässt so lange Hydraulikflüssigkeit austreten, bis keine Blasen mehr in der Flüssigkeit erkennbar sind. Bei dieser Arbeit muss die Flüssigkeitsmenge im Hydrauliktank beachtet werden, denn diese darf nicht unter ein Minimum sinken.

10.4.3 Funktionsprüfung

Eine Funktionsprüfung muss nach bestimmten Eingriffen in die Hydraulikanlage eines Flugzeuges unbedingt erfolgen, um die Funktionstüchtigkeit der Anlage nachzuweisen, bevor das Flugzeug in den Flugbetrieb geht. Funktionsprüfungen können nur streng nach dem Wartungsbuch des entsprechenden Flugzeuges vorgenommen werden. Folgende Voraussetzungen für eine Funktionsprüfung müssen erfüllt sein:

- ❑ Die Wartungs- und Instandsetzungsarbeiten müssen beendet sein.
- ❑ Leitern, Böcke und Dockbauteile müssen aus den Bewegungsbereichen der Anlagen entfernt sein.
- ❑ Alle am Flugzeug arbeitenden Mitarbeiter müssen informiert werden.
- ❑ Die Anlage darf immer nur von Personal mit Einschaltbefugnis in Betrieb genommen werden.

Eine Funktionsprüfung ist erfolgreich abgeschlossen, wenn festgestellt wurde, dass der Bewegungsablauf aller Anlagen den Vorschriften entsprechend erfolgte und die Fahrgeschwindigkeiten der Bauteile in den Limits waren.

✍ Übung

1. Welcher *Unterschied* besteht zwischen Hydrostatik und Hydrodynamik?
2. Nennen Sie *fünf Eigenschaften* von synthetischen Hydraulikflüssigkeiten.
3. Nennen Sie ein *Anwendungsbeispiel* für Hydraulikflüssigkeiten auf Mineralölbasis (Begründung).
4. Wie wird die *Schaumbildung* von Hydraulikflüssigkeiten unterdrückt?
5. Beschreiben Sie den *Vorgang der Druckerzeugung* von Kolbenpumpen mit konstantem und variablem Fördervolumen.
6. Nennen Sie *vier* mögliche *Pumpenantriebe*.
7. Beschreiben Sie die *Funktionsweise* eines Volumenstrombegrenzer-Ventils.
8. Was bedeutet die *Bezeichnung* «4/2-Schaltventil»?
9. Welche *Aufgaben* hat ein Akkumulator in einem hydraulischen System?
10. *Skizzieren und beschreiben* Sie einen typischen Flugzeug-Hydraulikkreislauf.
11. Wie erreicht man ein größtmögliches Maß an *Ausfallsicherheit* von Flugzeug-Hydraulikanlagen?
12. Wozu dient das *Spülen und Entlüften* von Hydraulikanlagen?

11 Druck-/Klimaanlage

Die Kabine eines Flugzeuges und die Frachträume sind nur schwach gegen die äußere Atmosphäre isoliert. In der Reiseflughöhe moderner Jets herrschen Temperaturen von unter −50 °C, und am Boden in wärmeren Gegenden kann die Sonne das Innere eines Flugzeuges schnell auf 50 °C bis 60 °C und mehr erwärmen. Es muss deshalb möglich sein, die Kabine eines Flugzeuges zu erwärmen oder zu kühlen. Hinzu kommt, dass in der Flughöhe der Luftdruck so weit abnimmt, dass das Blut nicht mehr genügend Sauerstoff in der Lunge aufnehmen kann, um die Muskulatur und das Gehirn damit ausreichend zu versorgen. Es muss also auch der Druck in der Kabine erhöht werden. Schließlich wollen die Passagiere auf einem längeren Flug stets frische, unverbrauchte Luft atmen. Die Kabine muss also ventiliert werden. Damit hat die Druck-/Klimaanlage eines Flugzeuges folgende Aufgaben wahrzunehmen:

- Erwärmen,
- Kühlen,
- Druck erhalten,
- Ventilieren.

Im amerikanischen Sprachgebrauch wird die Druck-/Klimaanlage oft auch als Teil des Environmental Control Systems (ECS) verstanden. Hierzu gehört dann auch noch das Rauchmeldesystem und das Feuerlöschsystem.

Zunächst soll geklärt werden, woher die erforderliche Luft für die Aufgaben der Druck-/Klimaanlage kommt.

11.1 Pneumatikanlage

Flugzeuge mit Strahltriebwerken beziehen die Luft für die Aufgaben der Druck-/Klimaanlage üblicherweise aus dem Verdichter ihrer Triebwerke.

Hierfür haben die Triebwerke in ihrem Hochdruckverdichter Zapfluftventile (*bleed valves*), durch die komprimierte und damit auch erwärmte Luft entnommen werden kann. Weil aber die Triebwerke mit sehr unterschiedlichen Drehzahlen laufen und dadurch der Druck und die Temperatur sehr stark schwanken, ist es leider nicht möglich, aus einer Verdichterstufe die Luft zu entnehmen, in der diese beiden Parameter genau richtig für die Versorgung der Kabine sind. Im Sinkflug laufen die Triebwerke häufig im Leerlauf. Um auch hier und im unteren Lastbereich noch Luft mit ausreichendem Druck und genügend Wärme zu erhalten, zapft man weiter hinten liegende Stufen des Hochdruckverdichters (ca. 9. Stufe) an. Die Auslegung der Klimaanlage bezieht sich auf diese Betriebssituation. Wird das Triebwerk in den mittleren und oberen Drehzahlbereich beschleunigt, sind der Druck und auch die Temperatur aus dieser Stufe viel zu hoch, um für Pneumatikaufgaben verwendet zu werden. Aus diesem Grund schließt jetzt ein Hochdruckabsperrventil *(high pressure shut off valve)* die Luftentnahme aus der hohen Stufe. Eine zweite Luftentnahme befindet sich im vorderen Bereich des Hochdruckverdichters (ca. 5. Stufe). Hier konnte bisher keine Luft entnommen werden, weil der höhere Druck aus der Hochdruckstufe ein Rückschlagventil *(check valve)* in dieser Zapfluftleitung geschlossen hielt und dadurch verhinderte, dass die Hochdruckluft in eine niedrigere Stufe des Verdichters gelangt. Die Arbeitsweise des Verdichters würde durch das Einströmen von Luft mit höherem Druck in eine Stufe mit niedrigerem Druck empfindlich gestört werden. Dieses Ventil öffnet nun, und die Pneumatikanlage wird aus dieser Stufe versorgt *(Bild 11.1.1). Es gibt auch Flugzeuge mit drei Luftabnahmen im Verdichter (z.B. Boeing B 777).*

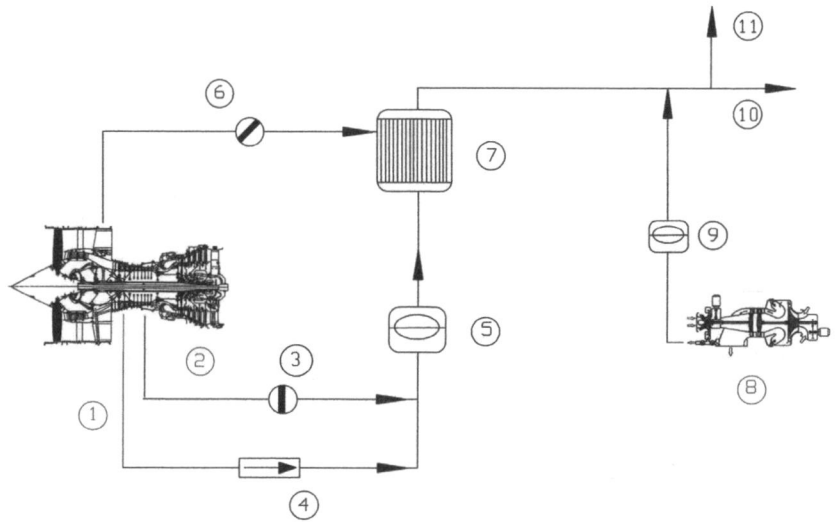

Bild 11.1.1 Pneumatikanlage
1 Zapfluftabnahme bei höheren Drehzahlen
2 Zapfluftabnahme bei niedrigeren Drehzahlen
3 Absperrventil für Zapfluft aus einer höheren Stufe
4 Rückschlagventil *(check valve)*
5 Regelventil für Pneumatikanlage *(bleed valve)*
6 Fan-Kühlluftventil *(fan air valve)*
7 Fanluft-Wärmetauscher *(fan air heat exchanger)*
8 Hilfsgasturbine *(auxiliary power unit, APU)*
9 Regelventil für Zapfluft aus der Hilfsgasturbine
10 Verbindungsleitung zu den anderen Motoren *(cross feed line)*
11 Leitung zu den Verbrauchern

Das Regelventil (*bleed valve*) kontrolliert den Luftfluss aus dem Triebwerk in die Pneumatikanlage, schaltet diese an und ab, regelt den Druck und lässt nur eine Strömung vom Triebwerk weg zu. Es ist ein pneumatisch betätigtes, vom Rechner gesteuertes Butterfly-Ventil.

Die Temperatur der Zapfluft soll im Bereich zwischen 160 und ca. 200 °C und der Druck bei ca. 45 psi (ca. 3 bar) liegen. Während das Butterfly-Ventil als Drossel wirkt und den Druck beeinflusst, muss die Temperatur durch einen Wärmetauscher (*precooler*) reguliert werden.

Diese frühe Abkühlung der heißen Zapfluft ist aus Sicherheitsgründen notwendig, denn ihre Temperatur liegt über dem Flammpunkt des Kraftstoffes. Eine kleine Kraftstoffleckage im Centertank könnte sonst schnell zu einem Brand führen (die packs liegen unter dem Tank im Flügelmittelstück)! In diesem Wärmetauscher wird kühle Luft aus dem Fankanal genutzt. Der Durchsatz dieses Kühlluftstroms wird durch das Fanluft-Ventil (*fan air valve*) geregelt. Messstellen für Druck und Temperatur überwachen den Luftfluss hinter dem Bleed Valve. Bei zu hohem Druck oder zu hoher Temperatur wird das Bleed Valve vom Rechner geschlossen. (*Anmerkung*: Bei der Erläuterung von Systemen wird im Folgenden häufig die Regelung durch Computer angesprochen. Dabei wird nicht jedes Mal darauf hingewiesen, dass Computer im Flugzeug grundsätzlich redundant, also zweifach für eine Funktion vorhanden sind.)

Wenn die Triebwerke nicht laufen, kann die Pneumatikanlage auch von der Hilfsgasturbine (APU) oder von einem Bodenaggregat (3"-Anschluss) versorgt werden.

Neben der Bereitstellung von Pressluft für die Druck-/Klimaanlage werden von der Pneumatikanlage bei den meisten von Strahltriebwerken angetriebenen Flugzeugen auch die Anti-Eis-Anlagen der Tragflügel und der Triebwerke versorgt, die Hydraulik- und die Wasseranlage unter Druck gesetzt und schließlich auch das Anlassen der Triebwerke ermöglicht.

Alle Triebwerke und die APU liefern ihre Luft in eine Verteilerleitung (*manifold*). So ist es möglich, jedes Triebwerk mit Luft aus der APU oder mit Luft aus einem bereits laufenden Triebwerk anzulassen. In der Verteilerleitung befinden sich mehrere Isolationsventile (*isolation valve*), so dass Bereiche des Pneumatiksystems z.B. bei Defekten isoliert werden können.

Von der Firma Boeing wird die Effizienz einer Zapfluftanlage in Frage gestellt. Die B 787 (Dreamliner) ist deshalb als so genanntes bleedfreies Flugzeug konstruiert. Die erforderliche Pressluft wird hier durch elektrisch angetriebene, spezielle Kompressoren erzeugt und die Verhinderung von Eisansatz durch ein elektrisches Aufheizen der gefährdeten Oberflächen erreicht. Die Erzeugung der erforderlichen elektrischen Energie ist nach den Berechnungen von Boeing effektiver als das Abzapfen von Verdichterluft. Von anderen Herstellern wie z.B. Airbus Industrie wird diese Auffassung nicht geteilt. Dennoch werden auch hier Alternativen zum Bleed Air System untersucht.

11.2 Funktionsweisen von Klimaanlagen

Man unterscheidet zwei verschiedene Bauformen von kühlenden Klimaanlagen: die Vapor-Cycle-Anlage (VCM) und die Air-Cycle-Anlage (ACM). Von Kolbenmotoren

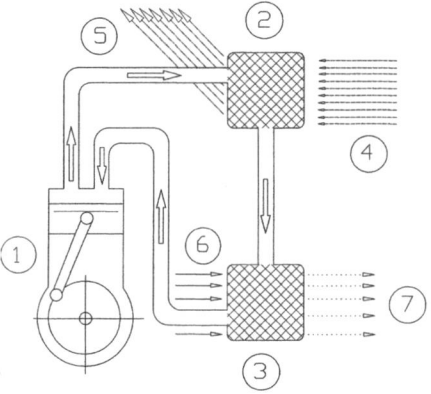

Bild 11.2.1 Die Vapor-Cycle-Maschine
1 Kompressor *(compressor)*
2 Kondensator *(condenser)*
3 Verdampfer *(evaporator)*
4 Kühlluft für den Kondensator
5 Ableitung der Kompressionswärme aus dem Kondensator
6 Frischluft und/oder Rezirkulationsluft aus der Kabine
7 gekühlte Luft zur Kabine

angetriebene und Turbo-Prop-Flugzeuge benutzen vorwiegend Vapor-Cycle-Anlagen zur Kühlung, da sie nicht über genügend Zapfluft verfügen *(Bild 11.2.1)*.

Ein motorgetriebener Kompressor verdichtet ein spezielles gasförmiges Kühlmittel (z.B. Freon). Gleichzeitig wir dieses Kältemittel durch die Verdichtung erwärmt. Das heiße Gas gelangt in einen Wärmetauscher, kühlt dort ab und wird flüssig. Deshalb heißt dieser Wärmetauscher auch Kondensator. Haushaltskühlschränke arbeiten nach dem beschriebenen Prinzip. Der Kondensator befindet sich an der Rückseite des Kühlschranks und gibt seine Wärme an die Küchenluft ab. Beim Flugzeug ist der Kondensator dem kühlenden Luftstrom der Umgebungsluft ausgesetzt.

Als Nächstes wird die kalte, unter Druck stehende Kühlflüssigkeit in den Verdampfer geleitet. Hier entspannt sie durch ein Ventil, wird wieder gasförmig und kühlt durch die Expansion stark ab. Die zu kühlende Luft der Kabine und des Cockpits wird durch diesen kalten Verdampfer geleitet und gibt dort ihre Wärme ab, bevor sie so gekühlt zurück in die Kabine strömt. Der Verdampfer ist also der Ort, an dem die Kühlung

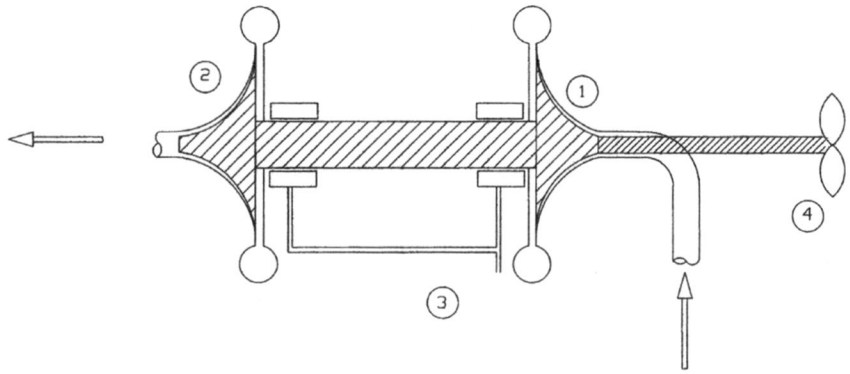

Bild 11.2.2 Air Cycle Machine
1 Radialkompressor; 2 Radialturbine (Kühlturbine); 3 Luftlagerung; 4 Fan für den Luftdurchsatz der Kühler am Boden

unmittelbar stattfindet. Das wieder erwärmte, gasförmige Kühlmittel wird erneut vom Kompressor angesaugt und der Kreislauf beginnt von Neuem.

Air-Cycle-Anlagen (ACM; *Bild 11.2.2*) werden bisher bei allen von Strahltriebwerken angetriebenen Flugzeugen verwendet. (Auch die Wagen der ICE-Züge werden mit einer solchen Anlage gekühlt. Die ACM wird hier elektrisch angetrieben, weil keine Zapfluft zur Verfügung steht.) Diese Systeme arbeiten mit einem offenen Kreislauf, sie benötigen kein Kältemittel, sondern kühlen die Luft direkt. Ihr Herzstück ist die Kühlturbine. In ihr entspannt die warme Druckluft aus dem Verdichter und kühlt sich dadurch ab.

Dieses Kühlverfahren soll später im Zusammenhang mit der gesamten Klimaanlage erläutert werden.

11.3 Struktur der Klimaanlage

Verkehrsflugzeuge haben 2 bis 3 Klimaanlagen (*packs*). Die Aggregate sind meistens unterhalb des Flügelmittelstücks (*wing center box*) oder vor diesem an der Unterseite des Rumpfes untergebracht. Nur bei einigen älteren Baumustern z.B. von McDonald Douglas sind diese Anlagen entweder im Heck oder im Bug unterhalb des Flight Decks untergebracht. Geschäftsreiseflugzeuge haben ihre Klimaanlage meistens im Heck eingebaut. Flugzeuge dürfen auch mit einer defekten Druck-/Klimaanlage starten (entsprechend der Minimum Equipment List, MEL). Meistens ist dann aber die Reiseflughöhe begrenzt.

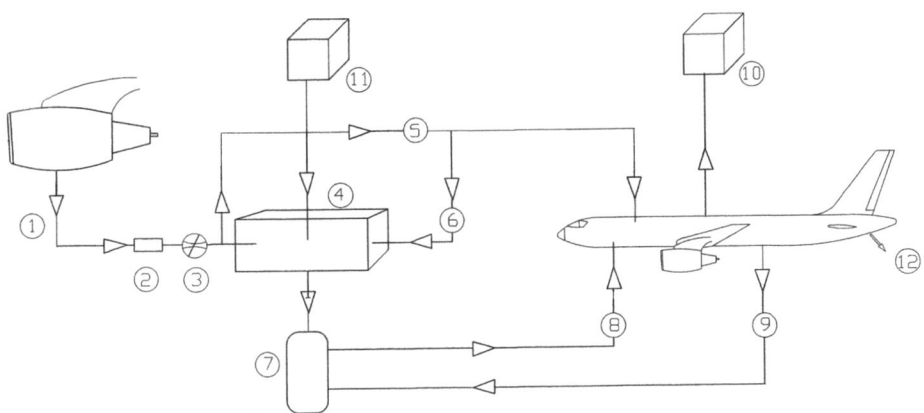

Bild 11.3.1 Druck-/Klimaanlage
1 Zapfluftentnahme aus dem Verdichter des Triebwerks *(bleed air supply)*; 2 Ozonumwandler *(ozon converter)*; 3 Absperrventil und Durchflussmengenregler *(pack valve)*; 4 Klimaaggregat 5 Warmluft *(trimair)*; 6 Warmluft zur Eisverhütung *(anti ice air)*; 7 Mischkammer *(mixing unit / plenum chamber)*; 8 Klimatisierte Luft zur Kabine *(cabin air)*; 9 Rezirkulierende Kabinenluft *(recirculation air)*; 10 Luftbedarfsrechner der Kabine *(cabin controller)*; 11 Regelungscomputer für das Klimaaggregat *(pack controller)*; 12 Abluftvent *(out flow valve)*

Bevor die Luft aus den Triebwerken in die Klimaanlage gelangt, ist es sinnvoll, ihren Ozongehalt (O_3), der in der Höhe viel größer ist als am Boden, zu reduzieren. Ozon ist der Gesundheit in größerer Konzentration nicht zuträglich. Hierfür haben Klimaanlagen einen oder mehrere Ozonkonverter vorgeschaltet, die auf katalytischem Weg arbeiten und das Ozon aufspalten.

Die eigentliche Klimaanlage *(Bild 11.3.1)* beginnt mit dem Absperr- und Regulierventil (pack valve oder flow control valve). Dieses Ventil hat vor allem die Aufgabe, den Massenstrom durch die Kabine konstant zu halten. Wenn das Flugzeug in größere Höhen aufsteigt, wird die Kabine ebenfalls auf eine größere Höhe gefahren. Das heißt, ihr Druck nimmt ab, bis ein Wert erreicht ist, der maximal einer Flughöhe von 8000 ft (2400 m) entspricht. (Mit dieser Kabinenhöhe werden bis heute die meisten Passagierflugzeuge geflogen. Business Jets und Sanitätsflugzeuge haben manchmal eine geringere Kabinenhöhe. Auch die B 787 wird mit einer geringeren Kabinenhöhe betrieben). Wenn die klimatisierte Luft in die Kabine mit dem geringeren Druck strömt, findet sie einen geringeren Gegendruck vor und würde dadurch schneller strömen.

Es entsteht ein größerer Luftdurchsatz und damit Zugluft. Zur Vermeidung von Zugluft, hat das Pack Valve die Aufgabe, den Massenstrom resp. den Volumenstrom konstant zu halten, indem es bei steigender Kabinenhöhe den Strömungsquerschnitt verkleinert.

Die Wirkung dieser Maßnahme soll durch eine kleine Rechnung belegt werden *(Bild 11.3.2)*:

Die Klimaanlage des Airbus A320 ist ausgelegt für einen Massenfluss am Boden von 1.1 kg / s. Bei einer Luftdichte von rho = 1.225 kg / m³ ergibt das einen Volumenstrom von:

$$V_L = \frac{1.1 \; kg \times m^3}{1.225 \; s \times kg}$$

$$V_L = \underline{0.9 \; m^3 / s}$$

In 8 000 ft Höhe beträgt die Luftdichte nur noch:

$$rho_{8000} = 0.96 \; kg / m^3$$

Wenn der Volumenstrom konstant sein soll, dann muss der Massenstrom reduziert werden zu:

$$m_L = V_L \times rho_{8000}$$

$$m_L = 0.9 \times 0.96 \; \frac{m^3 \times kg}{s \times m^3}$$

$$m_L = \underline{0.864 \; \frac{kg}{s}}$$

Bild 11.3.2

Eine Reduktion des Massenstroms von 1,1 kg/s auf 0,86 kg/s nimmt das Pack Valve automatisch vor. Dafür ist es als messendes Venturiventil mit einer Drosselklappe ausgeführt.

Die Belüftung und Kühlung der Kabine ist ein Kostenfaktor, denn die Zapfluft aus den Triebwerken wird durch den Antrieb des Verdichters, durch die Turbine erzeugt; und dieser Antrieb kostet Kraftstoff. Aus diesem Grund besteht bei dem Betreiber ein Interesse daran, die Klimatisierung der Kabine möglichst kostengünstig durchzuführen, das heißt, den Luftstrom durch die Kabine möglichst klein zu halten. Die Vorschriften begrenzen allerdings diesen Ansatz auf einen Mindestdurchsatz von 0,35 kg/s und Passagier. Das entspricht einem Volumen von 0,283 m³/min und Passagier. In unserem Beispiel der A 320 nehmen wir eine Anzahl von 150 Passagieren an. Bei einem Durchsatz von 0,9 m³/s bedeutet das, dass jedem Passagier 0,36 m³/min zur Verfügung stehen. Die Vorschrift ist also eingehalten. Für die Klimaanlage wird ein Leistungsbedarf von ca. 150 bis 200 W / Passagier angenommen. Bei einer Auslastung eines Airbusses A 320 mit 180 Passagieren bedeutet das eine Leistung von ca. 36 kW. Bei einem Megaliner wie dem Airbus A 380 nimmt die Klimaanlage noch größere Dimensionen an. Die beiden Klimapacks werden hier als *Air Generation Units* (AGUs) bezeichnet; für sie wird eine Leistung von bis zu 450 kW angegeben. Sie können 2,7 kg/s Frischluft für die große Kabine aufbereiten, so dass die Luft hier alle 3 min komplett erneuert werden kann.

Um bei einer nicht vollständigen Auslastung der Kabine nicht zu viel Luft hindurchzuleiten, haben die Piloten in modernen Verkehrsflugzeugen die Möglichkeit, den Luftstrom in drei Stufen (min, normal und max) einzustellen.

Es wurde bereits darauf hingewiesen, dass der Kühleffekt in der Kühlturbine durch eine Entspannung der Luft erreicht wird. Da diese Entspannung auf den reduzierten Druck in 2400 m Höhe stattfindet, ist diese Luft auch zur Druckhaltung in der Kabine geeignet. Bei dieser Entspannung allein würde aber die Abkühlung der Luft von ca. 160 °C auf ca. 20 °C nicht gewährleistet sein. Deshalb muss ein großer Teil der in der Zapfluft enthaltenen Wärmeenergie schon vor der Kühlturbine an die Umgebungsluft in Wärmetauschern abgegeben worden sein (Wärmesenke). Eine Wärmeableitung geschieht zunächst nach dem Pack Valve im primären Wärmetauscher (*primary heat exchanger*). Dieser Wärmetauscher weist nicht die effizienteste Wärmeabfuhr auf, er heißt nur primär, weil er zuerst von der Zapfluft durchflossen wird. Die bereits gekühlte Luft gelangt dann in einen Radialverdichter, der den Druck und damit auch die Temperatur der Luft wieder erhöht. Die wieder erwärmte Luft strömt darauf in den Hauptwärmetauscher (*main heat exchanger*). Er sitzt in dem Schacht, durch den die Kühlluft von außerhalb des Flugzeuges strömt, vor dem primären Wärmetauscher. Schon aus diesem Grund kann er am effektivsten arbeiten, denn er wird von der kalten Außenluft als erster durchströmt, während der primäre Wärmetauscher vorgewärmte Luft zur Kühlung nutzen muss. Hinzu kommt, dass der Temperaturunterschied im Hauptwärmetauscher durch die Erwärmung als Folge der Kompression im Radialverdichter wieder etwas größer ist. Je größer der Temperaturunterschied der beiden Medien in einem Wärmetauscher ist, umso intensiver ist der Wärmeübergang, d.h. die Kühlung oder auch die Erwärmung.

Die beiden Wärmetauscher bilden eine Baueinheit, liegen also unmittelbar hintereinander. Die so vorgekühlte Luft kann nun in der Kühlturbine auf fast Kabinendruck entspannen und sich dabei stark abkühlen. Die Kühlturbine wird auch radial ausgeführt, d.h. von außen nach innen durchströmt. Dabei gibt die Luft Energie ab und treibt den Impeller des Verdichters an. Die Turbine gibt ihre Leistung dann an den Radialverdichter ab, der auf der gleichen Welle läuft. Zusätzlich ist auf dieser Welle noch ein Fan gelagert und wird von ihr angetrieben. Dessen Aufgabe ist es, am Boden, wenn keine Stauluft für die Wärmetauscher zur Verfügung steht, Kühlluft durch den

Kühlluftschacht zu fördern. Diese Baueinheit, bestehend aus Radialkompressor, Welle und Radialturbine, wird als *Air Cycle Machine* (ACM) bezeichnet (s. Bild 11.2.2). Ihre Drehzahl ist sehr hoch. Deshalb ist sie luftgelagert. Gleichzeitig stellt man durch diese Art der ölfreien Lagerung sicher, dass kein Ölnebel in die Kabinenluft gelangen kann.

Durch die Abkühlung der Luft steigt ihre relative Luftfeuchtigkeit an (kalte Luft kann weniger Wasser im gasförmigen Zustand halten als warme Luft), so dass die in der Luft enthaltene Feuchtigkeit als Wassertröpfchen oder bei den hinter der Kühlturbine herrschenden Temperaturen auch als Schnee oder Eis ausfallen kann. Hierdurch würden Leitungen und Ventile schnell verstopfen. Außerdem darf zur Korrosionsvermeidung nur möglichst wenig Wasser in die Kabine gelangen. Deshalb wird das anfallende Wasser in Wasserabscheidern *(water separator)* ausgeschieden. Im einfachsten Fall geschieht dies nach der Kühlturbine im Niederdruckbereich. In einem Gehäuse wird dazu die Luft zunächst durch ein grobes Gewebe geleitet. Dadurch ballen sich feine Nebeltröpfchen zu größeren Regentropfen zusammen. Von Leitblechen in eine drehende Bewegung versetzt, schleudern diese Tropfen dann nach außen an die Behälterwandung, sammeln sich in einem Sumpf und werden von dort von einer Strahlpumpe abgesaugt und in den Kühlluftschacht zur weiteren Abkühlung der durchströmenden Luft gespritzt.

Die Klimaanlagen der Airbusse verwenden eine Hochdruckwasserabscheidung, die effektiver als die Niederdruckabscheidung arbeitet, wie Boeing sie z.B. in der B 747 verwendet. Bei der Hochdruckwasserabscheidung durchströmt die vom Hauptwärmetauscher kommende Luft zwei weitere Wärmetauscher, den Reheater und den Condenser, bevor sie in die Kühlturbine gelangt. Da das ausgeschiedene Wasser unter Druck steht,

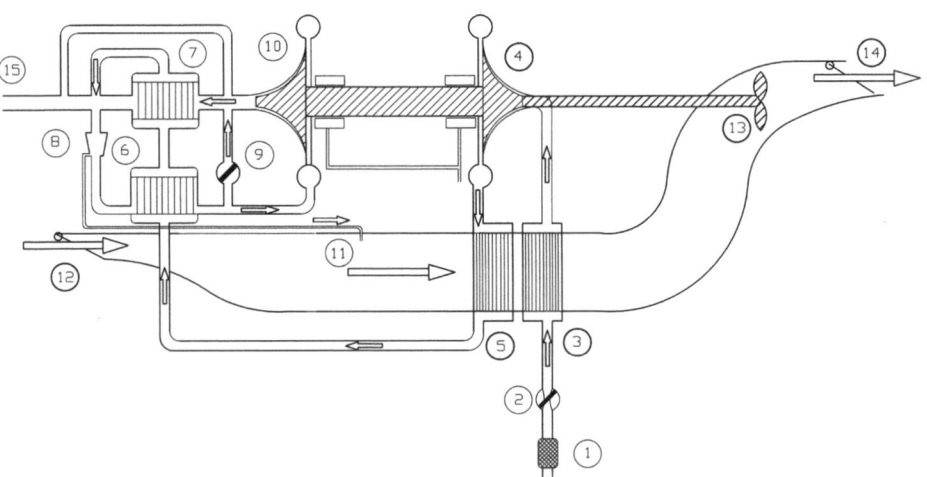

Bild 11.3.3   Pack Airbus
1 Ozonumwandler *(ozon converter)*; 2 Absperrventil und Durchflussmengenregler *(pack valve)*; 3 Erster Wärmetauscher *(primary heat exchanger)*; 4 Radialkompressor; 5 Hauptwärmetauscher *(main heat exchanger)*; 6 Wärmetauscher *(reheater)*; 7 Wärmetauscher *(condenser)*; 8 Wasserabscheider im Hochdruckbereich *(high pressure waterseparator)*; 9 Bypass-Regulierventil; 10 Radialturbine (Kühlturbine); 11 Wassereinspritzung zur Kühlung *(water injection)*; 12 Kühllufteintritt *(ram air inlet doors)*; 13 Fan *(cooling fan)*; 14 Kühlluftaustritt *(ram air exit doors)* 15 Abstrom zur Kabine

Bild 11.3.4 Diagramm
1 Eintritt der Zapfluft in das Klimaaggregat
2 Kühlung der Luft im ersten Wärmetauscher
3 Druckanstieg im Radialkompressor
4 Kühlung im Haupt Wärmetauscher
5 Kühlung in der Kühlturbine
6 Wiedererwärmung durch Trimmluft

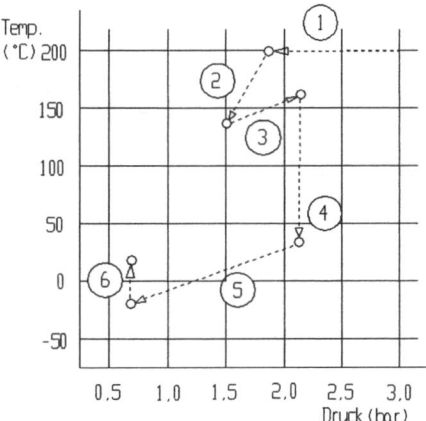

kann es ohne Pumpe in den Kühlluftkanal eingespritzt werde. Zunächst wird die Luft im Reheater durch die kalte, aus dem Wasserabscheider kommende Luft vorgekühlt, um dann im Condenser durch die sehr kalte, aus der Kühlturbine kommende Luft so weit heruntergekühlt zu werden, dass fast alle Feuchtigkeit ausgeschieden werden kann. Nach der Trocknung im Wasserabscheider wird die Luft dann im Reheater durch die vom Hauptwärmetauscher kommende warme Luft wieder erwärmt, um dann weiter zur Kühlturbine zu strömen. Hier kühlt dann die trockene Luft durch Entspannung weiter ab. Die meisten Kühlanlagen haben zur Vermeidung von Eisansatz hinter der Kühlturbine noch die Möglichkeit, Warmluft, die vor dem ersten Wärmetauscher abgezweigt wurde, als Anti Ice Air der kalten Luft zuzumischen. Die Änderungen von Druck und Temperatur der Luft in der Klimaanlage wird im Diagramm *(Bild 11.3.4)* dargestellt.

Die hier verwendeten Werte für den Druck und die Temperatur sind weitgehend willkürlich gewählt. In der Wirklichkeit sind zwar der Eingangsdruck und die Eingangstemperatur vom Bleed Valve in der Pneumatikanlage geregelt, die Kühlwirkung der Wärmetauscher hängt aber von dem Ort ab, an dem sich das Flugzeug befindet. Steht das Flugzeug auf dem heißen Vorfeld eines tropischen Flugplatzes, so kann die Kühlwirkung nicht so intensiv sein wie in einer Höhe von 40 000 ft mit −55 °C Außentemperatur. Man erkennt aber in diesem Diagramm die starke Kühlwirkung des Hauptwärmetauschers, die viel stärker ist als die des primären Wärmetauschers, und man erkennt außerdem die Wirkung der Kühlturbine. Die hier angegebene Auslasstemperatur kann noch viel tiefer sein, nämlich bis zu −50 °C. Um die Luft aus der Kühlturbine nicht zu kalt weiterzuleiten, wird sie meistens mit warmer Luft, die um das Pack herumgeleitet wurde, gemischt.

11.4 Weiterleitung der Luft in die Kabine

Zapfluft ist teuer. Es wurde bereits erwähnt, dass zu ihrer Erzeugung Energie verbraucht wurde, die für die Schuberzeugung nicht mehr zur Verfügung steht. Deshalb muss der

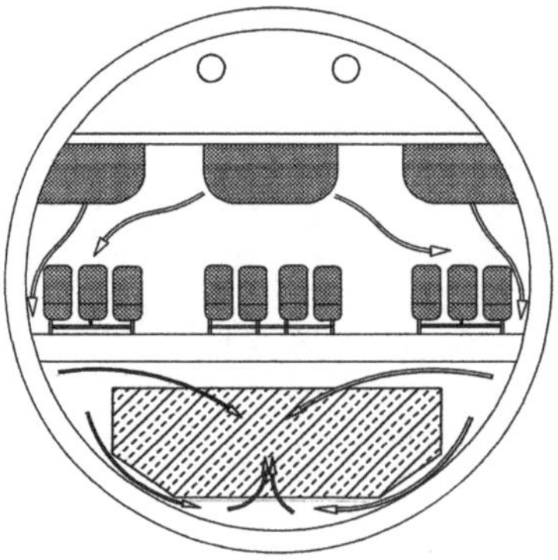

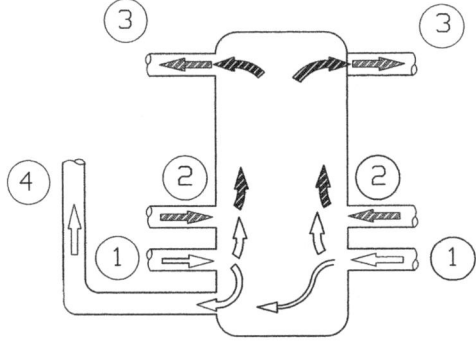

Bild 11.4.1
Luftströme im Rumpf

Bild 11.4.2
Mixing Unit
1 Luft aus dem Klimapack
2 Rezirkulierende Luft
3 Mischluft zur Kabine
4 Frische Luft aus den Klimapacks zum Cockpit

Luftdurchsatz in der Passagierkabine begrenzt werden. Dies geschieht auch durch eine Mehrfachverwendung, eine Rezirkulation der Kabinenluft.

Wie Bild 11.4.1 des Rumpfquerschnitts zeigt, strömt die Frischluft unterhalb der Staukästen für das Handgepäck *(passenger service units)* in die Kabine, verteilt sich dort und wird schließlich durch Auslässe in den Wandverkleidungen über dem Fußboden in den Frachtraum geleitet. Dort ventiliert diese Luft den Frachtraum und wird schließlich von Gebläsen angesaugt und in einen Behälter im vorderen Frachtraum gedrückt, der als *Plenum Chamber* (Boeing) oder Mixing Unit (Airbus) bezeichnet wird *(Bild 11.4.2)*.

In dieser Mixing Unit wird die Luft aus der Kabine mit Frischluft aus den Klimapacks gemischt und wieder in die Kabine geleitet. Nur das Cockpit wird mit unvermischter Frischluft aus den Packs versorgt. Bevor die rezirkulierende Luft in die Mixing Unit gelangt, muss sie sehr leistungsfähige Filter durchströmen. Diese so genannten HEPA-Filter (*High Efficiency Particulate Arresting*) sind in der Lage, >99% der Bakterien, Keime, Schimmelpilze und Staubpartikel herauszufiltern. Sie werden regelmäßig ausgetauscht (6 bis 18 Monate). Durch die Beimengung von Kabinenabluft steigt die relative Luftfeuchtigkeit der Luft, die wieder in die Kabine gelangt, von ca. 3% auf bis zu 30% an. Dies ist für das Wohlbefinden der Passagiere sehr wichtig, denn wir sind 40 bis 70% Luftfeuchtigkeit gewohnt. Ca. 50 bis 60% der Kabinenluft werden recycelt, bevor sie den Weg über den hinteren Frachtraum in das Outflow Valve findet.

11.5 Regelung der Klimapacks

Die Temperatur in der Passagierkabine ist nicht einheitlich eingeregelt. Je nach Größe des Flugzeuges ist die Kabine in bis zu acht Zonen unterteilt, die alle ihre eigene Temperatur haben können. Eine separate Zone ist immer das Cockpit, die kleineren Airbusse *(single aisle)* haben zwei Zonen in der Kabine, die Boeing B 747 hat 7 Zonen, und der Airbus A 380 verfügt im Hauptdeck über 8 und im Oberdeck über 7 unterschiedliche Temperaturzonen.

Die Klimapacks sollen kühle Luft liefern. Deshalb müssen sie entsprechend dem Bedarf an kühler Luft geregelt werden. Dieser wird von den Kabinenrechnern *(cabin controller)* als «coolest demand» ermittelt. Diese «kälteste Anforderung» wird von der Zone bestimmt, die die größte Abweichung von Soll- und Isttemperatur im negativen Sinn aufweist. Soll eine Zone z.B. von 28 °C auf 24 °C gekühlt werden, also um ein $\Delta\vartheta$ von 4 K, so ist dies die «coolest demand», auch wenn in einer anderen Zone von 20 °C auf 18 °C gekühlt werden soll, also in einem kühleren Bereich. Es ist demnach nicht die niedrigste Temperatur einer Zone für die Arbeit der Klimapacks entscheidend, sondern der Kühlluftbedarf, der durch die größte Differenz zwischen der gerade vorhandenen und einer neu angestrebten niedrigeren Temperatur in einer Zone definiert ist.

Diese «coolest demand» wird an die Regelungscomputer der Klimaaggregate *(pack controller)* weitergeleitet *(Bild 11.5.1)*. Diese haben nun drei Möglichkeiten, die Temperatur der Luft aus der Kühlturbine zu beeinflussen. Zunächst kann die Ef-

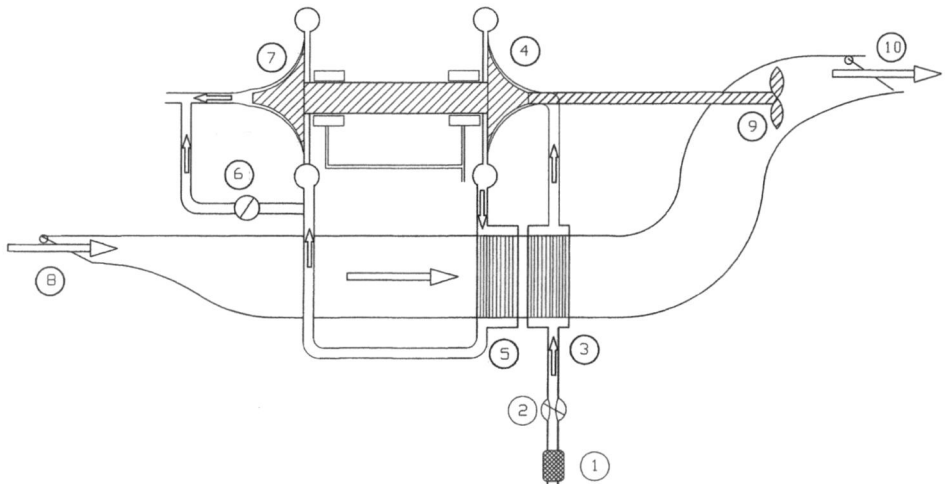

Bild 11.5.1 Klimaaggregat
1 Ozonumwandler *(ozon converter)*; 2 Absperrventil und Durchflussmengenregler *(pack valve)*; 3 Erster Wärmetauscher *(primary heat exchanger)*; 4 Radialkompressor; 5 Hauptwärmetauscher *(main heat exchanger)*; 6 Bypass-Regulierventil; 7 Radialturbine (Kühlturbine); 8 Kühllufteintritt *(ram air inlet doors)*; 9 Fan (cooling fan); 10 Kühlluftaustritt *(ram air exit doors)*

fizienz der Wärmetauscher im Kühlluftschacht dadurch beeinflusst werden, dass die Luftein- und -austrittsklappen mehr oder weniger geschlossen werden. Ein Schließen der NACA-Einläufe ist vorteilhaft, weil dadurch der Luftwiderstand der Zelle reduziert wird. Allerdings sinkt dadurch auch die Kühlleistung der beiden Wärmetauscher. Eine weitere, sehr wirkungsvolle Maßnahme ist die Steuerung der Luftmenge, die durch die Kühlturbine geleitet wird. Durch ein Bypass-Ventil kann Luft um die Turbine herumgeleitet werden und kühlt deshalb hier auch nicht ab.

Ist das Bypass-Ventil geschlossen, so muss der gesamte Luftdurchsatz die Kühlturbine durchströmen und wird entspannt. Bei dieser Konfiguration erhalten wir die kälteste Abluft aus dem Pack, wenn gleichzeitig die Kühllufteintritts- und -austrittsklappen geöffnet sind und das Flugzeug in sehr kalter Luft fliegt.

Jetzt erhält die Zone mit der «coolest demand» sehr kühle Luft, damit die geforderte Abkühlung um 4 K schnell erreicht wird. Die anderen Zonen bekommen aber zu kalte Luft. Für sie wird die aus den Packs kommende Luft deshalb durch warme Trimmluft (*trim air*) angewärmt *(Bild 11.5.2)*.

Diese Zumischung übernehmen die Trimmluftventile (*trim air valves*). Sie erhalten warme Luft, die hinter den Packregulierventilen (*pack valves*) abgezweigt wurde.

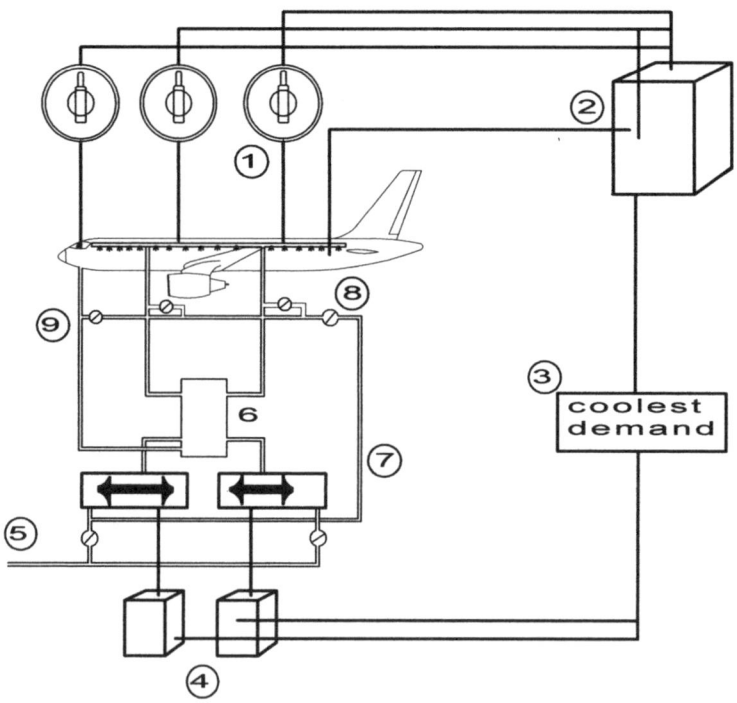

Bild 11.5.2 Regelung der Packs
1 Temperatureinstellung in der Kabine; 2 Kabinenrechner; 3 Bestimmung der «Coolest Demand»; 4 Packrechner; 5 Klimapacks; 6 Mixing Unit; 7 Warmluft zur Kabine; 8 Trimmluft-Druckregulierventil *(trim air pressure regulating valve)*; 9 Trimmluftventile *(trim air valves)*

Die Ventile würden sich gegenseitig in ihrer Arbeit stören, wenn nicht der Druck in der Zuleitung konstant gehalten würde. Öffnet eines der Ventile, so fällt der Druck in der Zuleitung ab, der Durchsatz durch die anderen Ventile würde sinken, so dass sie nachregeln müssten. Hierdurch würde die Regelung überfordert. Deshalb wird der Druck in der Zuleitung zu den Trimmluftventilen durch ein Druckregulierventil (*trim air pressure regulating valve*) konstant gehalten. Dieses Ventil übernimmt auch Sicherheitsabschaltungen bei einer Überhitzung von Leitungen.

11.6 Ventilation und Klimatisierung von Elektronik- und Frachträumen

Im vorderen Bereich des Rumpfes (Bild 11.6.1) befindet sich unterhalb des Cockpits das Elektrik-/Elektronik-Compartment (*E&E compartment*), in dem eine größere Anzahl von Computern und Schnittstellen untergebracht ist (bei Airbussen >50 Computer).

Hinter dem E&E Compartment befindet sich der vordere Frachtraum. Das Flügelmittelstück und der Fahrwerksschacht trennen diesen Bereich vom hinteren Frachtraum. Vor dem hinteren Druckschott befindet sich noch ein Stückgutfrachtraum (*bulk compartment*). Bis auf die Fahrwerksschächte, das Flügelmittelstück, die Räume für die Klimaanlagen, das Radom und das Rumpfheck sind alle Bereiche des Rumpfes während des Fluges unter Druck gehalten und meistens auch temperiert.

Besondere Sorgfalt muss auf die Kühlung der Computer im E&E Compartment und die Kühlung der Geräte im Cockpit gelegt werden, da diese z.T. sehr temperaturempfindlich sind und sehr viel Wärme abstrahlen, die abgeführt werden muss. Bild 11.6.2 zeigt in vereinfachter Form die Auslegung der Belüftungseinrichtungen.

Es sind hauptsächlich zwei Formen der Belüftung und Kühlung, die zur Verfügung stehen: ein Outboard Mode und ein Inboard Mode. Wenn das Flugzeug am Boden steht, die Witterung nicht zu kalt und vor allem nicht zu nass ist, ist der Outboard Mode geschaltet. Ein Gebläse zieht Luft durch Öffnungen in der Rumpfwand in das E&E Compartment hinein. Nach der Kühlung der Computer und Cockpit-Instrumente

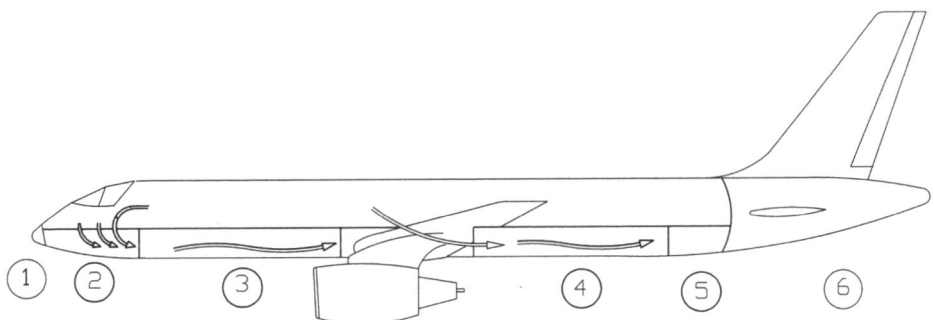

Bild 11.6.1 Bereiche des Rumpfes
1 Radom; 2 E&E Compartment; 3 Vorderer Frachtraum; 4 Hinterer Frachtraum; 5 Stückgut Frachtraum *(Bulk Cargo)*; 6 Druckloses Rumpfheck (Raum für APU)

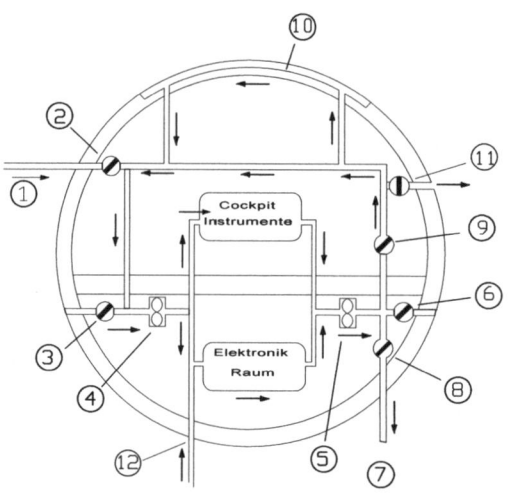

Bild 11.6.2 E&E und Cockpit-Ventilation
1 Rezirkulationsluft aus der Kabine; 2 Regulierventl für den Inboard Mode; 3 Regulierventil auf der Lufteintrittseite für den Outboard Mode; 4 Lüfter auf der Lufteintrittsseite für den Outboard Mode; 5 Lüfter auf der Luftaustrittsseite für den Outboard Mode; 6 Regulierventil auf der Luftaustrittseite für den Outboard Mode; 7 Ventilation und Heizung des vorderen Frachtraums; 8 Regulierventil für die Ventilation und *Heizung* des vorderen Frachtraums; 9 Regulierventil für den internen Kreislauf; 10 Wärmetauscher an der Flugzeugaußenhaut *(skin heat exchanger)* 11 Auslass für Rauch; 12 Gekühlte Luft aus den Packs

zieht ein zweites Gebläse die angewärmte Luft auf der anderen Seite des Rumpfes wieder hinaus. Die Rumpföffnungen für diese Belüftung können selbstverständlich verschlossen werden. Während des Fluges oder wenn es zu kalt und zu nass am Boden ist, wird der Inboard Mode geschaltet. Hierzu wird Luft aus der Kabine angesaugt und durch die zu kühlenden Bereiche geleitet.

Dieser Luft kann bei Bedarf auch kühle Luft aus den Packs zugesetzt werden. Die angewärmte Luft wird schließlich in den vorderen Frachtraum geleitet. Dort trägt sie zur Temperierung bei. Reicht diese Warmluft nicht aus, so kann eine elektrische Zusatzheizung benutzt werden.

Eine besondere Form der Kühlung wird durch den Einsatz eines Oberflächen-Wärmetauschers *(skin heat exchanger)* erreicht. Die Kühlluft wird durch eine doppelwandige Außenhaut in der Decke des Cockpits geleitet und kühlt sich dort an der sehr kalten Umgebungsluft ab.

Bei einer Rauchentwicklung innerhalb des E&E-Raums wird ein Ventil nach außen geöffnet und der Rauch durch den Überdruck in der Kabine nach außen gedrückt.

Auch der hintere Frachtraum wird durch Kabinenabluft ventiliert *(Bild 11.6.3).* Zwei Gebläse am Zugang und am Ausgang des Raums sorgen für einen angemessenen Luftdurchsatz. Auch hier kann kühle Packluft zugemischt oder durch Warmluft geheizt werden. Alle Fräumträume werden durch Rauchmelder überwacht. Bei einer Rauchentwicklung werden die Gebläse gestoppt und Isolationsventile geschlossen.

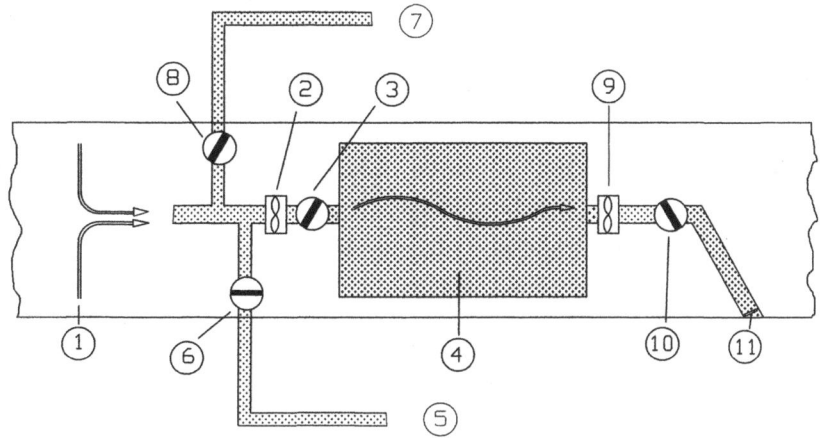

Bild 11.6.3 Klimatisierung des hinteren Frachtraums
1 Rezirkulierende Luft aus der Kabine; 2 Zustromgebläse; 3 Zustrom-Isolierventil; 4 Hinterer Frachtraum; 5 Gekühlte Luft aus den Klimapacks; 6 Absperr- und Regulierventil der Kaltluft; 7 Warme Zapfluft; 8 Absperr- und Regulierventil für die Warmluft; 9 Abstromgebläse; 10 Abstrom-Isolierventil; 11 Outflow-Ventil

Die Toiletten und die Küchen haben eine eigene Ableitung der Luft nach außen. Diese Luft wird selbstverständlich nicht rezirkuliert.

11.7 Druckanlage

Eine Kabinenhöhe von 8000 ft (2400 m) ist der Mindeststandard bei Passagierflugzeugen. Sie stellt einen Kompromiss aus möglichst bodennahem, also relativ hohem Druck einerseits und dem geringeren Druck in größerer Höhe andererseits dar. Für die Passagiere wäre der Bodendruck am angenehmsten, weil der Körper keine Druckanpassung vornehmen müsste, es gäbe also kein Knacken in den Ohren oder keine Schmerzen in der Stirn bei einer Erkältung. Die Belastung der Struktur wäre anderseits am geringsten, wenn im Rumpf der gleiche Druck herrschen würde wie außerhalb. Die gewählte Kabinenhöhe stellt also einen Kompromiss aus zwei unterschiedlichen Zielsetzungen dar. Der hierdurch entstehende Differenzdruck von ca. 8,2 psi ist für die Rumpfstruktur auch deshalb sehr belastend, weil er als Schwelllast auftritt. Bei jedem Aufstieg in größere Höhen nimmt der Differenzdruck zu, beim Abstieg nimmt er wieder ab. Dieses «Atmen» der Kabine lässt das Material ermüden (*fatigue*) und begrenzt die Belastbarkeit der Struktur. Um dennoch eine ausreichende Lebensdauer des Flugzeuges garantieren zu können (ca. 80 000 bis 120 000 Flugstunden), muss die Struktur entsprechend kräftig ausgelegt sein, was durch enge Abstände der Spanten von ca. 20 inch und eine ebenfalls enge Teilung der Stringer mit einem Abstand von ca. 7 bis 10 inch sowie ausreichende Materialstärken erreicht wird.
(*Anmerkung zur Historie:* In England startete im Juli 1949 das erste durch Strahltriebwerke angetriebene Passagierflugzeug der Welt, die De Havilland «Comet».

Leider zerplatzten vier dieser fortschrittlichen Maschinen in der Luft. In aufwendigen Simulationsversuchen im Wassertank wurde die Ursache ermittelt: Ermüdung! Dieses Phänomen war bis dahin den Flugzeugkonstrukteuren nicht bewusst, obwohl es in der Ingenieurswissenschaft schon länger bekannt war (s. Wöhlerkurve).)

Um einen Eindruck von den Kräften zu bekommen, die als Folge des Differenzdruckes auf die Struktur des Rumpfes einwirken, soll eine kleine Rechnung durchgeführt werden *(Bild 11.7.1)*:

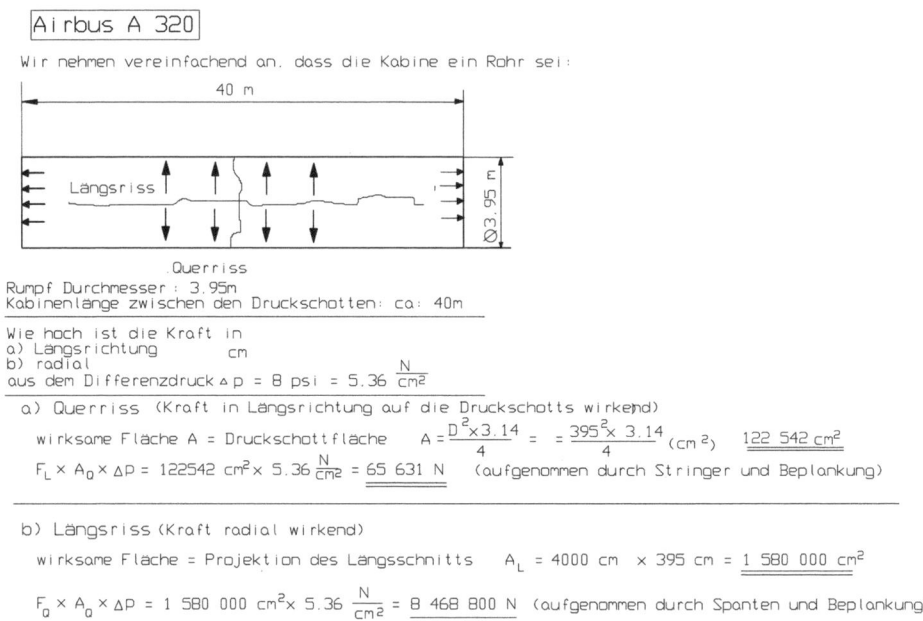

Diese Rechnung sagt nichts über die Spannungen aus, die in den Bauteilen der Struktur wirken. Dafür müssten noch die Querschnitte der belasteten Bereiche berücksichtigt werden. Die errechneten Zahlen sollen lediglich einen Eindruck von der Höhe der Kräfte vermitteln, die aus scheinbar geringen Drücken (ca. 0,6 bar) durch ihre Einwirkung auf größere Flächen entstehen.

Der Druck in der Kabine entsteht durch den Zustrom von Zapfluft und eine Drosselung der abfließenden Luft durch ein oder zwei geregelte Abluftventile *(outflow valve)* an der Unterseite des Rumpfhecks (einige Flugzeuge verfügen auch über ein Abluftventil für den vorderen Frachtraum, das geöffnet wird, wenn die Rezirkulationsfans abgeschaltet werden).

Die korrekte Einstellung des Outflow Valves ist sehr sicherheitsrelevant. Deshalb wird dieses Ventil von zwei Rechnern *(Cabin Pressure Controller, CPC)* angesteuert und durch zwei AC-Motoren bewegt. Steigt das Flugzeug auf, so würde durch den abnehmenden Außenluftdruck die Luft schneller aus der Kabine abfließen, der Kabinendruck würde schneller sinken. Deshalb muss das Outflow Valve mit zunehmender Flughöhe langsam etwas schließen. Steigt durch eine Leckage oder eine Fehlfunktion

Bild 11.7.2 Überwachung der Druckkabine
Oberes Bild:
links der Toggle Switch für die manuelle Einstellung des Kabinendrucks.
Die runde Skala dient der Einstellung der Höhe des Landeplatzes im halbautomatischen Mode. Rechts der Schalter für eine Notwasserung (alle Öffnungen des Rumpfes unter der Schwimmwasserlinie werden geschlossen).
Unteres Bild:
ECAM-Seite der Druckkabine. Die drei Uhren geben an: Differenzdruck, Steigrate und Kabinenhöhe

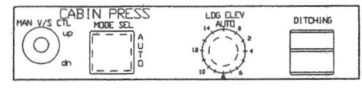

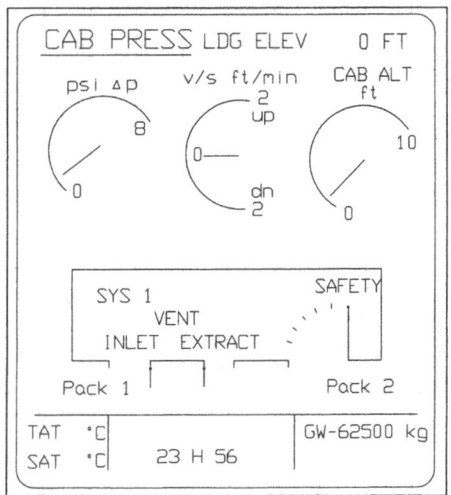

der Druckanlage der Kabinendruck auf einer Höhe von über 15 000 ft an, so wird das Outflow Valve aus Sicherheitsgründen geschlossen, um einen Restdruck in der Kabine zu halten.

Der Pilot hat die Möglichkeit, den Kabinendruck bei einem Ausfall der Rechner auch von Hand zu regeln. Hierzu dient ein Kippschalter (*toggle switch*) am Overhead Panel, der den Gleichstrom zu einem DC-Motor am Outflow Valve steuert. Für die Überwachung dieses Vorgangs hat der Pilot auf der «Cabin Pressure Page» seines ECAM (EICAS) das Bild mehrerer Instrumente. Er kann die positive oder negative Steigrate der Kabine ablesen; die Kabinenhöhe und auch der Differenzdruck, den er einstellt, werden angezeigt.

Die Bauvorschriften für Flugzeuge schreiben einige zusätzliche Sicherheitseinrichtungen für die Druckkabine vor. So muss ein Überdruckventil (*positive pressure relief valve*) vorhanden sein, das öffnet, wenn der positive Differenzdruck größer als ca. 8,5 psi wird. Auch für den selteneren Fall, dass der Differenzdruck negativ ist, d.h. im Inneren der Kabine ein geringerer Druck herrscht als außen, muss eine Möglichkeit vorgesehen sein, einen Druckausgleich herbeizuführen, weil eine solche Belastung der Struktur konstruktiv nicht vorgesehen und deshalb gefährlich ist. Einige Flugzeuge haben für diesen Fall einfache federbelastete Klappen im Rumpf, die nach innen öffnen, bei anderen ist das Ventil für eine negative Druckdifferenz in das Ventil für die Entlastung bei positiver übermäßiger Druckdifferenz integriert.

Auch für den Fall, dass Druckdifferenzen zwischen unterschiedlichen Bereichen im Inneren der Druckkabine auftreten, sind Vorkehrungen getroffen, die eine Überlastung von Bauteilen vermeiden helfen. So verhindern z.B. einfache Klappenventile (*flapper valves*), dass Druckdifferenzen zwischen den Frachträumen und der Passagierkabine auftreten können und die Fußbodenstruktur belasten. Für den Fall einer sehr plötzlichen Dekompression oder eines Druckanstieges durch eine Explosion reichen die Querschnitte dieser Flapperventile aber nicht aus. Hierfür sind großflächige Paneele *(blow out panels)* vorgesehen, die nur eingeklebt sind und durch Druckunterschiede leicht herausgesprengt werden können.

Sollte einmal durch eine Dekompression als Folge einer Beschädigung des Rumpfes der Kabinendruck nicht mehr zu halten sein, so hat der Pilot ca. 10 Minuten Zeit, um durch einen Notabstieg auf eine sichere Flughöhe von ca. 2400 m zu kommen. Für mindestens diese Zeit steht den Passagieren Sauerstoff aus einer Sauerstoffanlage zum Atmen zur Verfügung.

11.7.1 Sauerstoffanlage

Wenn die Kabinenhöhe durch eine Dekompression als Folge einer Undichtigkeit im Rumpf oder des Ausfalls der Klimaanlage auf 14 000 ft ansteigt, fallen automatisch Sauerstoffmasken aus einer Kammer unterhalb der Stauräume (bei einem Single-Aisle-Flugzeug über den mittleren Sitzen) (*Passenger Service Units, PSU*). Dabei steht immer eine Maske mehr als Sitze zur Verfügung, falls Kinder auf dem Schoß der Eltern mitfliegen. Erst durch einen kleinen Ruck an einer Verbindungsschnur beginnt der Sauerstoff zu fließen.

Der Sauerstoff stammt entweder aus Flaschen, in denen er unter hohem Druck (1850 oder 2100 psi) gelagert ist, oder er wird in Generatoren, die sich in den Passenger Units befinden, erzeugt. Das zweite Verfahren bevorzugt Airbus. Nur auf besonderen Wunsch des Kunden werden auch in diese Flugzeuge Sauerstoffanlagen eingebaut, die das Gas aus Flaschen beziehen. Dies ist immer dann notwendig, wenn die Flugzeuge über sehr hohem Terrain, wie z.B. dem Himalaya-Gebirge, eingesetzt werden. Hier ist ein Notabstieg auf 2400 m Höhe innerhalb von 10 Minuten kaum möglich. Größere Sauerstoffgeneratoren, die die Passagiere über eine längere Zeit mit Sauerstoff versorgen könnten, gibt es nicht. Boeing baut hauptsächlich Anlagen mit gasförmigem Sauerstoff ein. Die Besatzung im Cockpit wird immer aus eigenen Sauerstoffflaschen versorgt. Die hierfür notwendige Ausrüstung soll zunächst erläutert werden.

11.7.2 Sauerstoffanlage des Cockpits

Die Piloten sind gehalten, ab einer Kabinenhöhe von 10 000 ft aus Sicherheitsgründen Sauerstoff zu atmen. Ein akustisches Signal weist sie auf diese Situation hin. Die notwendigen Masken (4 Stück) befinden sich in Kästen an der Außenwand neben den Pilotensitzen und den sog. Jumpseats. Sie sind Teil einer transparenten Gesichtsmaske *(full face mask)*, einer Regeleinrichtung für die Zusammensetzung der Atemluft, sowie einer Sprecheinrichtung und werden am Kopf durch ein Geschirr gehalten, das sich bei der Entnahme der Maske mit Sauerstoff aufbläst und dadurch leicht mit einer Hand über den Kopf gestülpt werden kann. Der Sauerstoff fließt, sobald eine Maske aus dem Behältnis genommen wird. Wird die Maske zur Inspektion und Funktionsprüfung entnommen, so muss das Ventil manuell wieder geschlossen werden (*reset*). Normalerweise wird von den Piloten eine Mischung aus Sauerstoff und Luft geatmet. In großer Höhe oder bei Rauch im Cockpit kann aber auch ein 100%-Sauerstofffluss eingestellt werden.

11.7.3 Sauerstoffanlage der Passagierkabine

Das Herausfallen der Sauerstoffmasken in der Kabine wird durch einen Druckschalter gesteuert, kann aber auch vom Piloten ausgelöst werden. Der Sauerstoff beginnt erst zu fließen, wenn an einer der Fangleinen der Masken gezogen wird. Dadurch öffnet bei gasförmiger Versorgung ein Ventil oder lässt bei den chemischen Generatoren einen Schlagbolzen in die eingefüllte Chemikalie schnellen. Hierdurch wird eine exotherme (Wärme erzeugende) Reaktion gestartet, die Sauerstoff freisetzt.

Bei der Anlage mit gasförmigem Sauerstoff geschieht das Öffnen der Stauräume der Masken durch eine Sauerstoff-Druckwelle (*pressure push*), die durch eine Ringleitung geschickt wird. Diese bewegt über eine Membran einen Verriegelungshaken und lässt dadurch die Verschlüsse dieser Behältnisse aufspringen. Damit sich in dieser Ringleitung durch ein leckendes Ventil kein Sauerstoff ansammelt, sind Entlüftungsventile ständig offen. Diese schließen durch die Druckwelle. Damit die Druckwelle schnell genug durch die Ringleitung laufen kann, wird diese bei einer Füllung mit Sauerstoff vorher automatisch entlüftet.

Sauerstoff ist ein sehr gefährliches Gas. Es ist geruchlos, geschmacklos und unsichtbar. Kleinste Mengen Fett verbrennen in einer Sauerstoffatmosphäre explosionsartig. Wegen der Gefährlichkeit von Sauerstoff dürfen an diesen Anlagen nur speziell geschulte Mechaniker arbeiten, und die einzuhaltenden Sicherheitsvorschriften sind sehr streng (Arbeiten mit weißen Handschuhen, kein Feuer, keine Funkenbildung, keine offenen Tanks, keine laufenden Motoren, keine elektrischen Geräte aktiv, keine Schaltungen ausführen usw.)

Die Füllung der Gasflaschen im Frachtraum kann entweder dort an Manometern direkt überwacht oder auf der «Door Page» auf dem ECAM (EICAS) als Druckwert abgelesen werden. Bei einem Überdruck in den Flaschen entleeren sich diese in eine spezielle Leitung außenbords. Dabei wird ein kleiner grüner Plastikstopfen aus dem Auslass in der Bordwand weggesprengt. Das Fehlen dieses Stopfens macht den Service-Mechaniker auf eine Unregelmäßigkeit in der Sauerstoffanlage aufmerksam. Ein Nachfüllen von Flaschen in situ (im eingebauten Zustand) ist dann zulässig, wenn der Restdruck über 50 psi beträgt. Ist der Restdruck geringer, muss die Flasche ausgebaut und in der Werkstatt nach einer Überprüfung neu befüllt werden.

11.8 Regelung des Kabinendrucks

Wenn das Flugzeug am Boden steht, sind die Outflow Valves geöffnet, der Innendruck der Kabine entspricht dem Außenluftdruck. Wenn die Schubhebel der Triebwerke auf Startleistung gestellt werden, erhält der Kabinendruckrechner (*Cabin Pressure Con-*

troller, CPC) den Befehl, die Outflow Valves ein wenig zu schließen, damit sich in der Kabine ein etwas höherer Druck aufbaut *(prepressurization).* Dies geschieht für den Start aus mehreren Gründen. Zunächst wird die Rumpfröhre durch den Innendruck etwas stabiler, was für den Moment des Abhebens von Vorteil ist. Weiterhin werden durch den erhöhten Innendruck die schlauchförmigen Türdichtungen aufgebläht und legen sich dadurch besser dichtend an die Struktur an, und schließlich wird bei der Rotation vor dem Abheben (dem Anheben der Nase des Flugzeuges zur Erhöhung des Anstellwinkels) die Rumpfunterseite dem Fahrtwind ausgesetzt, so dass der Staudruck in die geöffneten Outflow Valves und dadurch in die Kabine drücken und dadurch den Komfort der Fluggäste schmälern könnte (Knacken in den Ohren). Wenn das Flugzeug abhebt, beginnt der Rechner, die Kabine langsam auf einen geringeren Druck zu fahren.

Hierfür stehen zwei Möglichkeiten zur Verfügung: Die Kabine kann proportional mit dem Höhengewinn des Flugzeuges auf die maximale Kabinenhöhe fahren, die dann gleichzeitig mit der Reiseflughöhe erreicht wird. Jede Unterbrechung des Steigflugs hätte in diesem Mode (Interner Mode oder Proportional Mode) auch eine Unterbrechung der Druckabnahme in der Kabine zur Folge. Dies ist für die Passagiere nicht sehr komfortabel, weil mit jedem erneuten Steigen des Flugzeuges der Körper sich neu an die veränderten Druckverhältnisse in der Kabine anpassen muss.

Das häufiger angewendete Verfahren besteht darin, die Kabine ohne Unterbrechung in der Zeit auf die maximale Höhe zu fahren, in der auch das Flugzeug nach den Berechnungen des **Flight Management Systems (FMS)** auf die Reiseflughöhe steigt (*top of climb, TOC*). Jetzt nimmt der Druck in der Kabine gleichmäßig ab.

Die Reiseflughöhe ist u.a. durch die maximal zulässige Druckdifferenz zwischen Außenluftdruck und Kabinendruck begrenzt. Dies sind meistens 8,2 psi. Muss das Flugzeug aus verkehrstechnischen Gründen für kurze Zeit eine etwas größere Flughöhe aufsuchen, so darf der Differenzdruck auch auf 8,5 psi ansteigen.

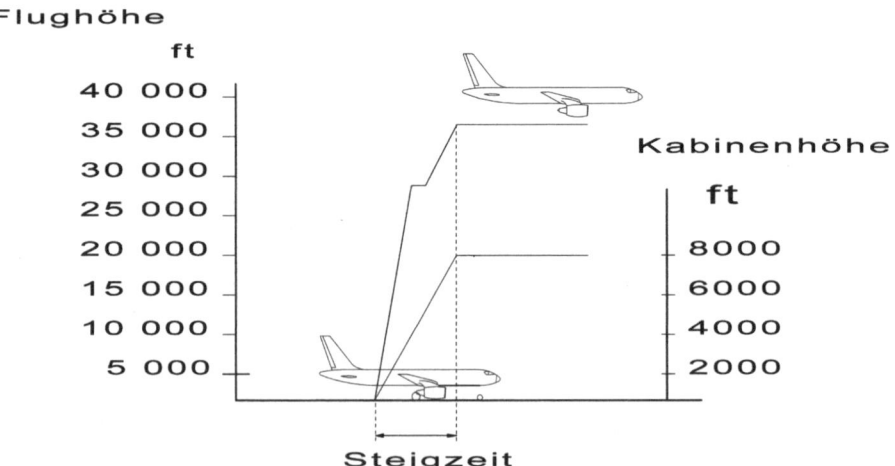

Bild 11.8.1   Der externe Mode für den Steigflug

Der Sinkflug kann ebenfalls im Proportional Mode oder im externen Mode durchgeführt werden *(Bild 11.8.1)*. Hier wird die Kabine in der vorausberechneten Zeit für den Sinkflug bis auf den Druck in der Höhe des Landeplatzes gefahren. Für die Landung wird wieder ein leichter Überdruck eingestellt, um die Rumpfstruktur etwas zu stabilisieren. Dies geschieht dadurch, dass der Rechner für die Höhe des Landeplatzes einen Wert von ca. 300 ft unter der korrekten Höhe annimmt.

Für den Steigflug und den Sinkflug sind Grenzen einzuhalten, damit der notwendige Druckausgleich bei den Passagieren stattfinden kann *(Bild 11.8.2)*.

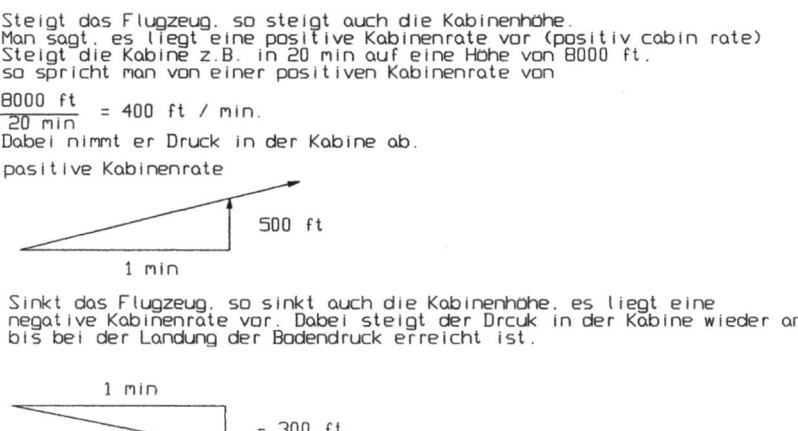

Bild 11.8.2

Die geschilderten Verfahren sind automatische Verfahren. Daneben steht dem Piloten die Möglichkeit zur Verfügung, wenn Daten nicht verfügbar sind, die Kabine halbautomatisch oder manuell zu fahren. Beim halbautomatischen Verfahren muss lediglich die Höhe des Landeplatzes eingegeben werden. Beim manuellen Verfahren wird mit Hilfe eines Schalters im Overhead Panel das Outflow Valve durch einen Gleichstrommotor geöffnet und geschlossen. Die hierfür erforderlichen Instrumente stehen auf dem ECAM-Bildschirm zur Verfügung.

Nach jeder größeren Reparatur am Rumpf und nach einem großen Check wird die Dichtigkeit des Rumpfes überprüft. Dies geschieht dadurch, dass der Rumpf unter einen leichten Überdruck von 4 psi gesetzt und dann die Zeit der Druckhaltung überprüft wird. Für diesen Test müssen einige Vorkehrungen getroffen werden. So sind alle druckempfindlichen Geräte auszubauen oder gegen einen Überdruck abzusichern. Die Wassertanks müssen ebenfalls gefüllt sein oder belüftet werden, so dass der Überdruck die Kunststoffhüllen nicht eindrücken kann. Während des Versuchs müssen zwei Mechaniker im Cockpit sein. Sie sollten dafür gesund, d.h. nicht erkältet sein, weil der Überdruck sonst sehr schmerzhaft werden kann und keine Möglichkeit eingeräumt wird, den Test vorzeitig abzubrechen. Während des Tests ist die unmittelbare Umgebung des Flugzeuges gesperrt und mit Warnhinweisen und Beacons gesichert.

✎ Übung

1. Woher bezieht die Druck- und Klimaanlage die Luft zur Belüftung der Kabine?
2. Bei welchem Ventil beginnt die Druck- und Klimaanlage?
3. Aus welchen Bauteilen besteht eine Air Cycle Machine (ACM)?
4. Wodurch wird die Abkühlung der Luft in der Air Cycle Machine erreicht?
5. Durch welche Maßnahmen kann die Temperatur der Luft, die die Klimapacks verlässt, beeinflusst werden?
6. Was versteht man unter einer Hochdruck- und was unter einer Niederdruck-Wasserabscheidung?
7. Welche Aufgaben hat das Trim Air Pressure Regulating Valve?
8. Welche Aufgabe hat die Mixing Unit (Plenum Chamber)?
9. In welchen Modes kann die Klimatisierung des E&E Compartments gefahren werden?
10. Welche Bereiche des Flugzeugrumpfes sind drucklos?
11. Wann werden die Piloten und wann die Passagiere mit Sauerstoffmasken beatmet?
12. Wodurch wird der Druck in der Kabine reguliert?
13. Auf welche Werte sind die Steig- und die Sinkrate eines Passagierflugzeugs begrenzt?
14. Was versteht man unter der «coolest demand» einer Klimaanlage?
15. Woher wird im Notfall der Sauerstoff für die Beatmung der Piloten und der Passagiere genommen?

12 Helikopter

12.1 Zum Begriff Helikopter

Im Unterschied zu Flugzeugen mit festen Flügeln haben die Drehflügelflugzeuge als primäres Auftrieb-erzeugendes Element rotierende Flügel, die man **Rotor** nennt. Wie bei Flugzeugen mit festen Tragflügeln wird auch bei den Drehflüglern die Auftriebskraft durch aerodynamische Vorgänge erzeugt. Anstelle der festen Flügel wird ein Rotorblatt horizontal durch die Luft bewegt. Zur Verbesserung der Flugeigenschaften können Drehflügler jedoch zusätzlich feste Flügel besitzen. Der Hauptnutzen des Rotors besteht darin, einen senkrechten Start und eine senkrechte Landung zu ermöglichen oder doch wenigstens die Start- und Landestrecke zu verkürzen. Die meisten Drehflügler besitzen Schwebeflugeigenschaften, die man z.B. bei Rettungsaktionen nutzen kann. Neben den Drehflügelflugzeugen gibt es noch weitere Flugzeuge mit Schwebeflugeigenschaften wie z.B. den Harrier mit einem in Vertikalrichtung umlenkbaren Abgasstrahl des Strahltriebwerks.

12.1.1 Bauarten der Drehflügler

Die am häufigsten eingesetzten Drehflügelflugzeuge sind die Hubschrauber, auch Helikopter genannt. Die anderen Bauarten der Drehflügelflugzeuge sind, wie z.B. der Tragschrauber, früher bedeutsamer gewesen, befinden sich wie das Verwandlungsflugzeug noch in der Entwicklung oder sie sind wegen gewisser Konzeptionsmängel nicht erfolgreich. Die Bauarten der Drehflügelflugzeuge sind:

- Hubschrauber (Helikopter; von griech.: *helix* = Wendel; *pteron* = Flügel),
- Tragschrauber (Autogiro; von griech.: *autos* = selbst; *gyros* = Kreis),
- Flugschrauber,
- Kombinationsflugschrauber,
- Verwandlungsflugzeug.

Der Helikopter *(Bild 12.1.1)* besitzt einen oder mehrere angetriebene Rotoren, wobei der Antrieb durch Rückstoß an den Blattspitzen oder durch ein von einem Motor an der Rotorwelle erzeugtes Drehmoment erfolgen kann.

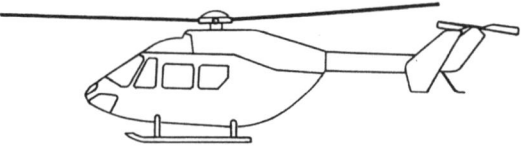

Bild 12.1.1
Hubschrauber (Helikopter) mit Haupt- und Heckrotor; z.B. MBB/Kawasaki BK 117. Startmasse: 2850 kg, Leistung: 2 · 441 kW

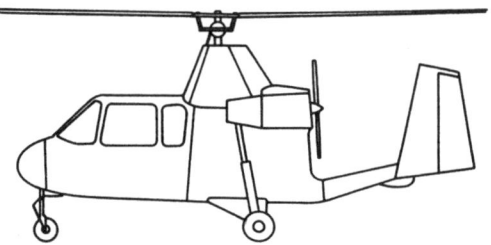

Bild 12.1.2
Tragschrauber (Autogiro); z.B. Umbaugh 18. Startmasse: 815 kg, Leistung: 132 kW

Beim Tragschrauber *(Bild 12.1.2)* hat der Rotor keinen Motorantrieb, er wird vom Fahrtwind in Rotation versetzt (Autorotation). Der Vortrieb wird mit Hilfe eines Propellers erzeugt. Obwohl der Tragschrauber eine einfachere Rotorkonstruktion als der Helikopter hat, wird er nur in geringer Anzahl gebaut, da seine Flugeigenschaften nicht wesentlich anders sind als die eines für Kurzstart und -landung ausgelegten Flugzeuges mit festen Tragflügeln.

Flugschrauber *(Bild 12.1.3)* haben angetriebene Rotoren und zusätzlich eine Anlage zur Erzeugung von Vorwärtsschub. Propeller und Rotor können einen gemeinsamen zentralen oder einen getrennten Antrieb haben. Der Propeller entlastet den Rotor und ermöglicht so höhere Fluggeschwindigkeiten. Da die Spitzen der Rotorblätter jedoch schnell Schallgeschwindigkeit erreichen, ist die Vorwärtsgeschwindigkeit der Drehflügelflugzeuge ohnehin eingeschränkt, so dass sich der erhöhte Verbrauch nicht auszahlt. Die Firma VFW entwickelte den Flugschrauber H 3, bei dem der Rotor durch an den Blattspitzen befindliche Luftdüsen angetrieben wird. Für den Tragschrauberzustand konnte auf Mantelpropeller umgeschaltet werden, die über ein Getriebe direkt von der Turbine angetrieben wurden.

Bild 12.1.3
Flugschrauber; z.B. VFW H 3 (Prototyp). Startmasse: 968 kg, Leistung: 292 kW

Bild 12.1.4
Verbundhubschrauber oder Kombinationsflugschrauber; z.B. Kamow Ka-22. Startmasse: 30 000 kg, Leistung: 2 · 4000 kW

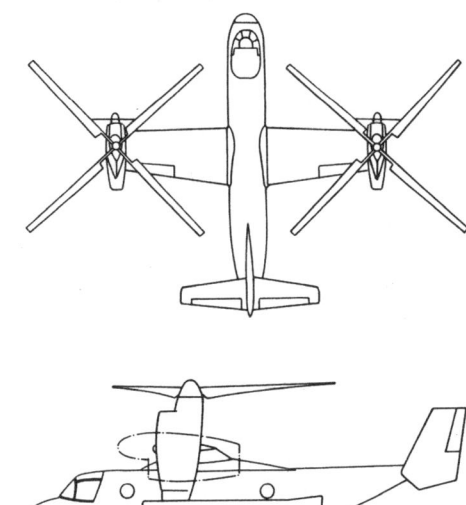

Bild 12.1.5
Verwandlungsflugzeug; z.B. Bell XV-15 (Kiprotor-Flugzeug). Startmasse: 5900 kg (VTOL), 6800 kg (STOL), Leistung: 2 · 1140 kW

Der Kombinationsflugschrauber *(Bild 12.1.4)* unterscheidet sich vom Flugschrauber durch zusätzliche feste Tragflügel. Die Tragflügel übernehmen im schnellen Vorwärtsflug einen Teil der Auftriebskraft und entlasten damit den Rotor. Der Kombinationsflugschrauber ist nicht in größeren Stückzahlen gebaut worden. Bekannte Beispiele sind der Kamow Ka-22, der Rotodyne der Firma Fairey und der McDonnell XV-1.

Bei Verwandlungsflugzeugen können die Rotoren getrennt oder gemeinsam mit dem Tragflügel gekippt werden, so dass beim Vorwärtsflug die Rotoren als Propeller arbeiten. Der Auftrieb wird dann von Tragflügeln übernommen. Das Projekt der Firma Bell, die XV-15 *(Bild 12.1.5),* besitzt Kipprotoren und hat sich für den Serienbau als tauglich erwiesen.

12.1.2 Antriebsarten des Helikopterrotors

Zur Erzeugung des aerodynamischen Auftriebs muss der Rotor in Drehung versetzt werden. Das kann durch Blattspitzenantrieb nach dem Prinzip des Rasensprengers erfolgen, oder der Rotor wird wie ein Propeller von einem Motor angetrieben.

Blattspitzenantrieb
An den Blattspitzen muss ein Gas tangential zum Rotorkreis beschleunigt werden, um eine den Rotor antreibende Reaktionskraft zu erzeugen. Bei einigen serienmäßigen Konstruktionen wird dazu von einem Kompressor Luft durch hohle Rotorblätter zu den Blattspitzen gefördert. So zum Beispiel beim französischen Helikopter Sud-Ouest SO 1221 *(Bild 12.1.6)* oder beim VFW H 3.

Eine größere Antriebskraft entsteht, wenn an den Blattspitzen Brennkammern angebracht sind, in die komprimierte Luft und Kraftstoff gefördert und verbrannt

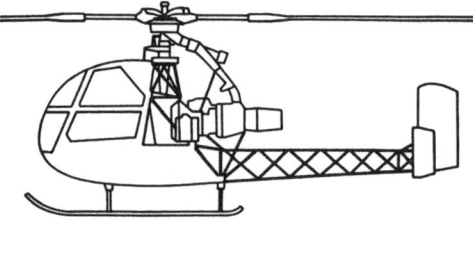

Bild 12.1.6
Blattspitzenantrieb mit Druckluft vom Kompressor; z.B. Sud-Ouest SO 1221 Djinn. Startmasse: 800 kg, Leistung: 176 kW

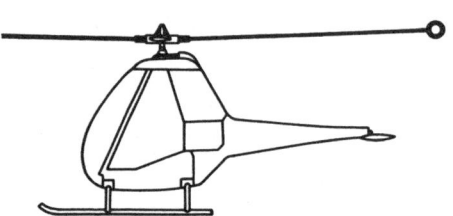

Bild 12.1.7
Blattspitzenantrieb mit Staustrahltriebwerken; z.B. Hiller HJ-1 Hörnet. Startmasse: 489 kg, Leistung: $2 \cdot 177$ N Schub

werden. Dieses Prinzip ist von DOBLHOFF entwickelt worden. Der Kraftstoffverbrauch und der Lärm sind aber größer als beim reinen Kompressorantrieb. Aufgrund der zentralen Versorgung mit Druckluft entstehen Probleme mit der Abdichtung der Luftkanäle, und es treten außerdem erhebliche Leistungsverluste wegen der Luftreibung auf. Diese Art von Leistungsverlust existiert beim Reaktionsantrieb ohne zentrale Drucklufterzeugung nicht.

Das ganze Antriebsaggregat ist hierbei an den Blattspitzen befestigt. Als technisch machbar hat sich die Anwendung von Staustrahl- und Pulsotriebwerken erwiesen. Mit Staustrahltriebwerken ist z.B. der Hiller Hornet ausgerüstet *(Bild 12.1.7)*. Ein kleiner Kolbenmotor bringt den Rotor auf 50 min^{-1}, damit die Staustrahltriebwerke zünden können. Pulsostrahltriebwerke liefern auch schon im Stand ausreichend Schub und benötigen daher keinen Startmotor. Realisiert wurde dieses Antriebskonzept im Jet Jeep der Firma Kellet. Raketen und Gasturbinen sind als Reaktionstriebwerke ebenfalls denkbar. Bei allen Blattspitzenantrieben erreicht man eine leichte Bauweise. Wegen des höheren Kraftstoffverbrauchs im Vergleich zum Wellenantrieb hat sich der Reaktionsantrieb bisher jedoch nicht durchgesetzt.

Wellenantrieb
Der Antrieb des Rotors erfolgt hier durch einen Motor, der die Rotorwelle direkt dreht. Bei diesen Helikoptern entsteht ein Gegendrehmoment im Rumpf, das ausgeglichen werden muss. In der am häufigsten anzutreffenden einrotorigen Bauweise geschieht der Ausgleich mittels eines Heckrotors. Der Heckrotor ist am Rumpfende relativ ungeschützt, daher gibt es Bestrebungen, ihn zu ersetzen. Dies kann durch ein Mantelrotor wie bei dem SA 365 Dauphin oder durch Ausblasen von Druckluft am Heck wie beim Notar-Projekt der Firma Hughes erfolgen *(Bild 12.1.8)*.

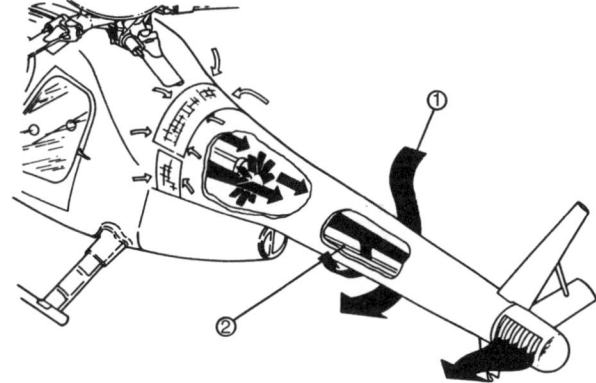

Bild 12.1.8
Drehmomentenausgleich mittels einer Heckdüse
1 Rotorabluft
2 Steuerschlitz

12.1.3 Anordnung der Rotoren

Ein Helikopter kann einen oder auch mehrere Rotoren haben. Verfügt er über einen Rotor, dann benötigt er einen Heckrotor, damit verhindert wird, dass sich der Rumpf entgegen dem Drehsinn des Rotors um die Hochachse dreht. Der Heckrotor verbraucht jedoch etwa 10% der Antriebsleistung, so dass die zweirotorige Bauweise interessant bleibt (vgl. Leistung des Heckrotors). Sind aus Leistungsgründen oder wegen des Drehmomentenausgleichs zwei Rotoren vorhanden, dann gibt es einige Varianten für die Rotorenanordnung. Bei zwei Rotoren ist unabhängig von ihrer Lage ein Drehmomentenausgleich möglich, wenn die Rotoren entgegengesetzt rotieren. Die bekanntesten doppelrotorigen Helikopter sind die mit Tandemrotoren, die heute z.B. von der Firma Boeing gebaut werden (*Bild 12.1.9*). Die Anordnung der Rotoren nebeneinander, wie beim Focke-Achgelis FA 223 (*Bild 12.1.10*), wird heute wieder im Kipprotorflugzeug der Firma Bell angewendet. In Russland besitzt der Großhubschrauber Mil 12, dessen Transportkapazität unübertroffen ist, nebeneinanderliegende Rotoren. Eine spezielle Form von nebeneinanderliegenden Rotoren ergibt sich, wenn die Rotoren ineinander kämmen. Die Firma Flettner wendete diese Bauweise beim Fl 282 Kolibri (*Bild 12.1.11*) an. Jeder der zwei Rotoren hat zwei Blätter, die ineinandergreifen und die sich an gegeneinander geneigten Rotorwellen so drehen, dass sie sich über die jeweils andere Nabe bewegen. Ein weiteres zweirotoriges Konzept ist der Koaxialrotor. Zwei Rotoren drehen sich konzentrisch gegeneinander, so dass kein Drehmoment auf den Rumpf übertragen wird. Es muss jedoch ein ziemlich großer Abstand zwischen den Rotoren vorhanden sein, weil die Rotorblätter im Flug starke Schlagbewegungen vollführen.

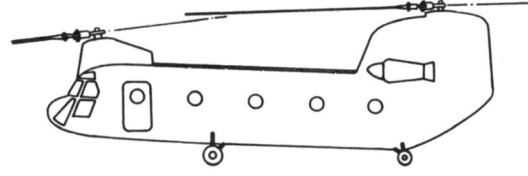

Bild 12.1.9
Helikopterbauweise mit zwei Rotoren in Tandemanordnung; z.B. Boeing Vertol CH-47C Chinook. Startmasse: 15 000 kg, Leistung: 2 · 2760 kW

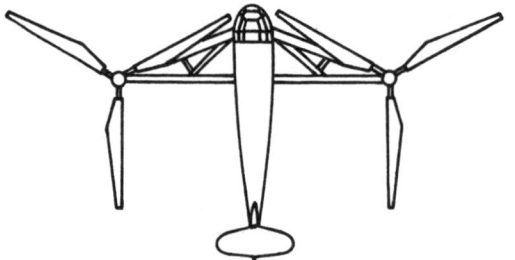

Bild 12.1.10
Helikopterbauweise mit zwei Rotoren nebeneinander; z.B. Focke-Achgelis FA223 Drache. Startmasse: 4300 kg, Leistung: 736 kW

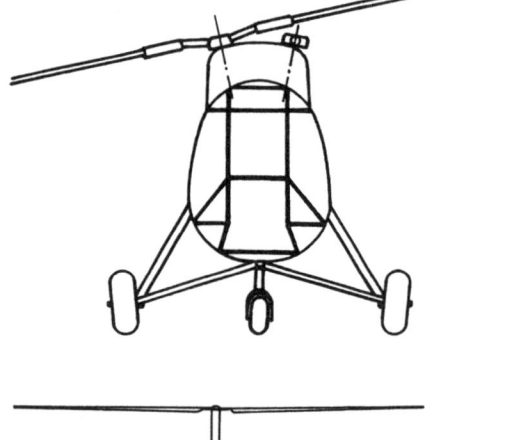

Bild 12.1.11
Helikopterbauweise mit zwei ineinanderkämmenden Rotoren; z.B. Flettner Fl 282 Kolibri. Startmasse: 1000 kg, Leistung: 110 kW

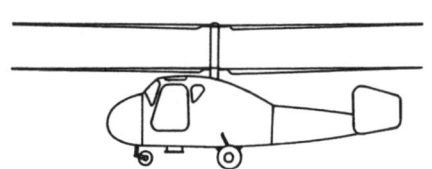

Bild 12.1.12
Helikopterbauweise mit zwei Rotoren übereinander; z.B. Kamow Ka-18. Startmasse: 1480 kg, Leistung: 206 kW

Der Kamow Ka-18 (*Bild 12.1.12*) ist ein Beispiel für diese Bauweise. Neuere Konstruktionen wie das Sikorski-ABC-Projekt ermöglichen aufgrund neuer Werkstoffe einen kleineren Abstand zwischen den Rotoren. Sie sind damit viel kompakter und ermöglichen sehr hohe Geschwindigkeiten.

12.2 Grundlagen der Helikoptersteuerung

Die Vermessung und die Beschreibung der Bewegungen des Helikopters wird auf Koordinatensysteme bezogen. Wichtig sind hier:

❑ das helikopterfeste Koordinatensystem mit dem Index 1,
❑ das strömungsfeste Koordinatensystem ohne Index.

Bild 12.2.1 Die Koordinaten-Achsen des Helikopters; der Koordinatenursprung liegt im Schwerpunkt

Der Koordinatenursprung ist der Schwerpunkt des Helikopters *(Bild 12.2.1)*. Er wird durch den Abstand von der Drehebene des Rotors und der Rotorwelle bestimmt. Liegt der Schwerpunkt vor der Rotorwelle, wird er positiv gerechnet.

Wie jedes andere Fluggerät muss auch der Helikopter um die drei Raumachsen x, y und z steuerbar sein. Zu diesem Zweck hat man Wirkmöglichkeiten wie das Kippen der Rotordrehebene, um eine Drehung um die Quer- oder Längsachse zu erreichen, und man kann durch Erhöhung oder Verminderung des Heckrotorschubes den Helikopter um die Hochachse drehen. Der Pilot hat hierfür ähnliche Steuerorgane *(Bild 12.2.2)* zur Verfügung wie in einem Flächenflugzeug.

Bild 12.2.2
Die Steuerorgane des Helikopters
(Abbildung zeigt die Copilotenseite)
1 Instrumentenbrett
2 Steuerknüppel (stick)
3 Blattverstellhebel
4 Seitensteuerpedale

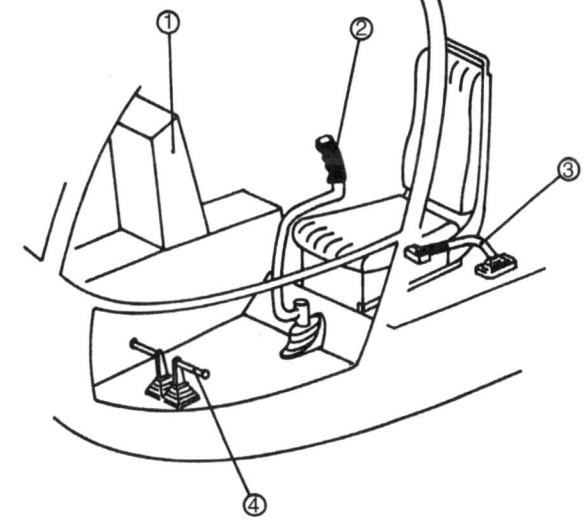

Die Benennung der Achsen und der ihnen zugeordneten Bewegungen lautet wie folgt:

Achse	Bewegung
Längsachse x	Rollen
Querachse y	Nicken
Hochachse z	Gieren

Zur Erzeugung dieser Bewegungen stehen dem Piloten folgende Steuerorgane zur Verfügung: Steuerknüppel (*stick*), Seitensteuerpedale und Blattverstellhebel (*pitch*).

	für	Bewegung
Steuerknüppel vor und zurück	Längssteuerung	Nicken
Steuerknüppel seitlich	Quersteuerung	Rollen
Seitensteuerpedal	Seitensteuerung	Gieren
Blattverstellhebel	Vertikalsteuerung	Steigen, Sinken, Schweben

Zunächst einmal kann der Helikopter im Prinzip die gleichen Flugmanöver vollführen wie ein Flächenflugzeug, d.h. nach links und nach rechts kurven, schräg steigen und sinken, und einige Helikopter schaffen sogar ein Looping. Hierfür werden die Bedienorgane wie beim Flächenflugzeug eingesetzt. Wenn der Steuerknüppel nach links geneigt und gleichzeitig in das linke Pedal getreten wird, dann fliegt der Helikopter eine Linkskurve. Beim Ziehen des Steuerknüppels hebt sich die Nase und beim Drücken senkt sie sich.

Neben den Flugmanövern, die ein Flugzeug mit festen Flügeln ausführen kann, ist der Helikopter aber in der Lage, an einer Stelle im Raum zu schweben, senkrecht zu steigen und zu sinken sowie sich seitwärts und sogar rückwärts zu bewegen. Für das senkrechte Steigen ist ein weiteres Steuerorgan, der Blattverstellhebel, notwendig. Mit ihm und, abhängig vom Helikoptertyp, dem am Hebel befindlichen Drehgriff für die Leistungserhöhung ist das senkrechte Steigen möglich. Die Leistungserhöhung wird bei den größeren Helikoptern durch eine Automatik vorgenommen.

12.3 Aerodynamik des Helikopters

12.3.1 Rotorströmung im Vertikalflug

Die besondere Leistung eines Helikopters im Vergleich zu einem Flächenflugzeug besteht in seiner Fähigkeit zu schweben. Im Schwebe- und Steigflug erzeugt der Rotor eine Schubkraft, die dem Gewicht des Helikopters entspricht *(Bild 12.3.1)*. Am Rotor im Schwebeflug bestehen die gleichen aerodynamischen Bedingungen wie an einem Propeller beim Standlauf. Man kann daher die entsprechenden Betrachtungen für den Propeller auf den Rotor übertragen. Die Rotorebene wird als eine durchlässige Kreisscheibe betrachtet, in der die Luft beschleunigt wird.

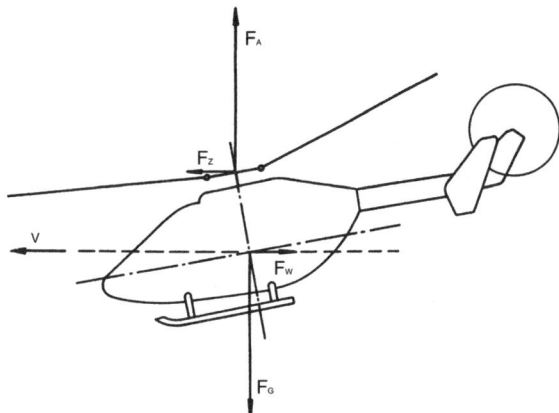

Bild 12.3.1 Die Hauptkräfte an einem Helikopter
F_A Auftriebskraft des Rotors; F_Z Zugkraft des Rotors in Flugrichtung; F_G Gewichtskraft des Helikopters; F_W Luftwiderstand des Helikopters
Am Helikopter greifen im Vorwärtsflug die gleichen vier Hauptkräfte an wie bei einem Flugzeug mit festen Tragflügeln. Das Gewicht und der Auftrieb, der Rotorzug und der Luftwiderstand sind jeweils gleich, aber entgegengesetzt. Im Schwebeflug ist kein Luftwiderstand und daher auch keine Rotorzugkraft vorhanden. Um den Vorwärtsflug einzuleiten, wird der Rotor nach vorne geneigt, so dass neben der vertikal wirkenden Auftriebskraft die horizontal wirkende Rotorzugkraft entsteht. Die Rotorneigung wird mit der Fluggeschwindigkeit vergrößert, damit eine größere Rotorzugkraft erzeugt wird, die den zunehmenden Luftwiderstand überwinden soll.

Weit oberhalb der Rotorebene hat die Strömungsgeschwindigkeit den Wert Null, und unterhalb erreicht die Luftströmung ihren maximalen Wert v_a. In der Rotorebene selbst beträgt die Geschwindigkeit dann $v_a/2$ (*Bild 12.3.2*).

Der Rotor erzeugt eine Schubkraft, die aus der Beschleunigung der durch die Rotorkreisfläche hindurch tretenden Luftmasse resultiert.

Man kann daher die Formel zur Bestimmung der Schubkraft eines Strahltriebwerks für die Berechnung der Rotorschubkraf verwenden.

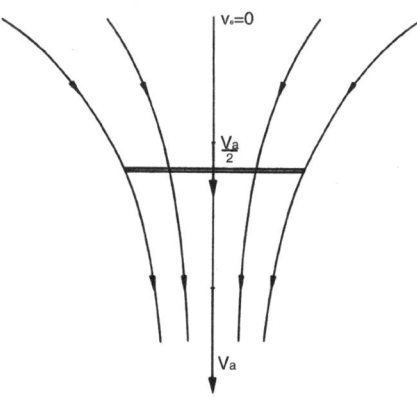

Bild 12.3.2
Schematische Darstellung des Strömungsverlaufs durch die Rotorscheibe im Schwebeflug

$$F_s = \dot{m} \cdot (v_a - v_e)$$

F_s Schubkraft in N
$\dot{m}$ Luftdurchsatz in kg/s
v_a Austrittsgeschwindigkeit der Luft in m/s
v_e Eintrittsgeschwindigkeit der Luft in m/s

Im Schwebeflug wird die Eintrittsgeschwindigkeit 0, und die Formel ändert sich zu:

$$F_s = \dot{m} \cdot v_a$$

Der Luftdurchsatz in der gleichen Rotorebene lässt sich mit Hilfe der Kontinuitätsgleichung wie folgt bestimmen:

$$\dot{m} = \tfrac{1}{2} \cdot A \cdot v_a \cdot \rho$$

A Rotorkreisfläche in m^2
ρ Luftdichte in kg/m^3

Bestimmung der Antriebsleistung
Aus der Betrachtung des Rotorstrahls lässt sich auch der Leistungsbedarf des Motors bestimmen. Die kinetische Energie des Strahls pro Sekunde – also seine Leistung – beträgt:

$$P = \tfrac{1}{2} \cdot \dot{m} \cdot v_a^2$$

P Leistung des Luftstrahls in W

Das folgende Beispiel soll den Leistungsbedarf eines Helikopters im Schwebeflug verdeutlichen: Das Gewicht beträgt 1000 daN, und der Rotor hat einen Durchmesser von 10 m.
Zunächst müssen die Strahlgeschwindigkeit v_a und der Luftdurchsatz $\dot{m}$ bestimmt werden. Bekannt ist die Schubkraft des Rotors, denn sie muss so groß sein wie das Gewicht des Helikopters.

$$F_S = F_G \qquad F_S = \tfrac{1}{2} \cdot A \cdot \rho \cdot v_a^2$$

$$v_a = \sqrt{\frac{2 \cdot F_S}{A \cdot \rho}} = \sqrt{\frac{2 \cdot 10000 \, \text{kg} \, \text{m} \cdot \text{m}^3}{78,5 \, \text{m}^2 \cdot \text{s}^2 \cdot 1,2 \, \text{kg}}} = 14,57 \, \text{m/s}$$

Der Luftdurchsatz durch den Rotor beträgt dann:

$$\dot{m} = \tfrac{1}{2} \cdot A \cdot v_a \cdot \rho = \tfrac{1}{2} \cdot 78,5 \, \text{m}^2 \cdot 14,57 \, \text{m/s} \cdot 1,2 \, \text{kg/m}^3 = 686,3 \, \text{kg/s}$$

Die Werte für $\dot{m}$ und v_a werden jetzt in die Leistungsformel eingesetzt:

$$P = \tfrac{1}{2} \cdot \dot{m} \cdot v_a^2 = \tfrac{1}{2} \cdot 686{,}3 \text{ kg/s} \cdot 14{,}57^2 \text{ m}^2/\text{s}^2 = 72{,}84 \text{ kW}$$

Diese Berechnung ist natürlich rein theoretisch und ohne Berücksichtigung des Rotorwirkungsgrades, der mit ca. 70% angenommen werden muss, durchgeführt worden.

Strömung am Rotorblatt im Schwebe- und Steigflug
Die Erzeugung der Schubkraft am Rotor beruht auf Strömungsvorgängen am Rotorblatt. Ein Rotorblatt ist ein Tragflügel, der Auftrieb erzeugt, wenn er von der Luft unter einem bestimmten Winkel umströmt wird. Dieser Winkel, der die Größe der Auftriebskraft mitbestimmt, ist der Anstellwinkel, und er wird zwischen der Richtung der anströmenden Luft und der Profilsehne gemessen. Die Anströmung des Rotorblattes erfolgt analog den Verhältnissen am Propellerflügel. Die Luft strömt in Richtung der Resultierenden aus der Umfangsgeschwindigkeit des Propellers und der Vorwärtsgeschwindigkeit zum Propellerblatt. Am Rotor sind ebenfalls zwei Geschwindigkeitskomponenten vorhanden. Da an einem durch Motorkraft angetriebenen Rotor eine nach unten gerichtete axiale Durchströmung vorhanden ist (der Helikopter bleibt oben, weil der Rotor Luft nach unten beschleunigt), wird der Anstellwinkel kleiner als der Winkel zwischen Rotorebene und Rotorblattsehne. Definitionsgemäß steht die Auftriebskraft senkrecht zur Richtung der anströmenden Luft, und der Luftwiderstand hat die Richtung der Luftströmung. Die Luftkraftresultierende setzt sich aus beiden Komponenten zusammen. Die Auftriebskraft des Rotorblattes lässt sich nicht voll als Rotorschub nutzen, denn sie hat nicht die Richtung der Rotorachse. Die Rotorschubkraft ist die Projektion der Resultierenden auf die Rotordrehachse. Desgleichen ist die Rotordrehkraft nicht gleich dem Luftwiderstand der Rotorblätter, sondern sie entspricht der Projektion der Luftkraftresultierenden auf die Rotorebene *(Bild 12.3.3)*. Beim Steigflug nimmt die axiale Durchströmung des Rotors zu. Damit verkleinert sich der Winkel zwischen der Richtung der anströmenden Luft und der Profilsehne, und der Anstellwinkel würde abnehmen, wenn die Rotorblätter keinen höheren Einstellwinkel erhalten würden. Die Luftkraftresultierende neigt sich etwas nach hinten, wodurch die Tangentialkraft erhöht wird und das notwendige Antriebsmoment vergrößert werden muss.

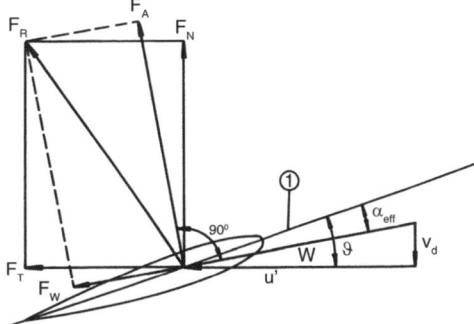

Bild 12.3.3
Geschwindigkeits- und Kraftvektoren am Rotorblatt im Schwebe- oder Steigflug
1 Profilsehne; F_A = Auftriebskraft; F_N = Normalkraft zur Rotordrehebene; F_W Luftwiderstand des Rotorblattes; F_T Widerstand des Blattes in Rotordrehebene; F_R resultierende Luftkraft; ϑ = Blatteinstellwinkel; α Anstellwinkel; v_d Durchtrittsgeschwindigkeit der Luft durch die Rotordrehebene; u' Umfangsgeschwindigkeit des Rotorblattes; w effektive Anströmgeschwindigkeit

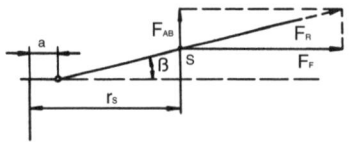

Bild 12.3.4
Der Winkel des Rotorkonus. Der Konuswinkel β ist angenähert der Winkel zwischen der Resultierenden F_R, die zusammengesetzt ist aus den Komponenten Fliehkraft F_F und Auftriebskraft F_{AB} eines Rotorblattes, und der Fliehkraft. Im Horizontalflug entspricht dem Konuswinkel der mittlere Schlagwinkel.

Der Winkel des Rotorkonus
Der Winkel des Rotorkonus eines Helikopters, der sich im Schwebeflug befindet, wird durch die Auftriebskraft, die Fliehkraft und durch das Blattgewicht bestimmt. Da das Blattgewicht klein gegenüber den anderen Kräften ist, soll es vernachlässigt werden.

Das Blatt nimmt, da es von Gelenken gehalten wird, die Richtung der Resultierenden ein. Der Konuswinkel wird zwischen der Rotornabendrehebene und der Richtung des Blattes gemessen. Auftriebskraft und Schwerkraft sollen im Blattschwerpunkt, dessen Lage mit 0,5 l angenommen wird, angreifen. Der genauere Wert für die Lage des Angriffspunktes der Auftriebskraft ist 0,7 l *(Bild 12.3.4)*.

$$\tan\beta = \frac{F_{AB}}{F_F} \qquad v_{US} = \frac{2\,r_S \cdot \pi \cdot n}{60} \qquad F_F = \frac{m \cdot v_{US}^2}{r_S}$$

F_{AB} Auftriebskraft an einem Blatt in N
F_F Fliehkraft eines Blatts in N
β Konuswinkel in 1°
n Rotordrehzahl in min^{-1}
v_{US} Umfangsgeschwindigkeit des Blattschwerpunktes in m/s
m Blattmasse in kg
D Durchmesser des Rotors in m
l Blattlänge in m
r_S Abstand des Blattschwerpunktes von der Rotordrehachse in m
a Schlaggelenkradius in m

Die entsprechenden Werte eines Helikopters mit einem Gewicht von 25 kN und mit drei Rotorblättern sind:

$D = 14{,}8$ m; $n = 250$ min^{-1}; $m = 30$ kg; $a = 0{,}5$ m
$l = \frac{1}{2} \cdot 14{,}8$ m $- 0{,}5$ m $= 6{,}9$ m
$r = \frac{1}{2} \cdot 6{,}9$ m $+ 0{,}5$ m $= 3{,}95$ m

$$v_{US} = \frac{2 \cdot 3{,}95\,\text{m} \cdot \pi \cdot 250}{60\,\text{s}} = 103{,}4\,\text{m/s}$$

$F_A = F_G$
$F_{AB} = \frac{1}{3} \cdot F_A = \frac{1}{3} \cdot 25\,000$ N $= 8333{,}3$ N

$$F_F = \frac{m \cdot v_{US}^2}{r_S} = \frac{30\,\text{kg} \cdot 103{,}4^2\,\text{m}^2}{3{,}95\,\text{m} \cdot \text{s}^2} = 81\,202\,\text{N}$$

$$\tan\beta = \frac{F_{AB}}{F_F} = \frac{8333\,\text{N}}{81202\,\text{N}} = 0{,}103 \rightarrow \beta = 5{,}9°$$

12.3.2 Rotorströmung im Horizontalflug

Asymmetrie der Blattanströmung im Horizontalflug
Im Vorwärtsflug ergeben sich für die Rotorblätter unterschiedliche Anströmverhältnisse. Das Blatt, das in Flugrichtung bewegt wird, unterliegt einer höheren resultierenden Anströmgeschwindigkeit als das Blatt, das gegen die Flugrichtung dreht *(Bild 12.3.5)*.

Diese asymmetrischen Geschwindigkeitsverhältnisse verursachen spezifische Probleme des Helikopters. Seine Fluggeschwindigkeit wird dadurch begrenzt, dass die Vorwärtsgeschwindigkeit, zur Umfangsgeschwindigkeit der Rotorblattspitze addiert, die Schallgeschwindigkeit erreichen kann (vgl. Abschnitt 12.3.4). Eine andere Auswirkung der ungleichen Blattanströmung führt zu unterschiedlichen Auftriebskräften der Rotorseiten. Ein Helikopter, der mit einem starren Rotor ausgerüstet wäre, müsste im Vorwärtsflug anfangen, sich um seine Längsachse zu drehen, da auf der Rotorseite mit den voreilenden Blättern ein erhöhter Auftrieb auftritt – ein Effekt, wie er auch beim Bumerang zu beobachten ist.

Die Schlagbewegung der Rotorblätter
Das asymmetrische Verhalten des Rotors hat man durch Blattgelenke konstruktiv vermindert. Die Blätter eines herkömmlichen Rotors haben Schlaggelenke, damit sie auf unterschiedliche Auftriebskräfte zu reagieren in der Lage sind. Sie können – ab-

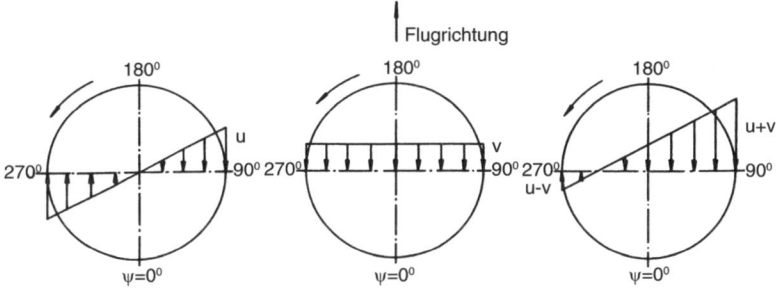

Bild 12.3.5 Geschwindigkeitsverhältnisse an einem Rotor im Vorwärtsflug bei den Umlaufwinkeln $\psi = 90°$ und $\psi = 270°$
Links: Aufgrund der Drehbewegung des Rotors entstehen an den einzelnen Rotorblattschnitten Strömungsgeschwindigkeiten, die, von der maximalen Umfangsgeschwindigkeit u der Blattspitzen ausgehend, zur Rotorachse hin linear bis auf null abnehmen.
Mitte: Bei Vorwärtsgeschwindigkeit entsteht die horizontale Anströmung v. Sie ist an allen Blattschnitten gleich groß und kommt aus einer Richtung.
Rechts: Durch Überlagerung von Umfangsgeschwindigkeit und Vorwärtsgeschwindigkeit entstehen asymmetrische Strömungsverhältnisse. Am vorlaufenden Blatt treten unerwünscht hohe Strömungsgeschwindigkeiten auf, und am zurücklaufenden entsteht Rückanströmung.

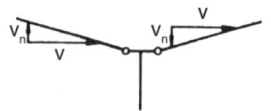

Bild 12.3.6
Die Durchströmungsrichtung der Rotorblätter bei horizontaler Anströmung (v_n Durchströmungsgeschwindigkeit). Die Konusform des Rotors bewirkt, dass das vordere Blatt bei Anströmung in Richtung der Rotordrehebene von unten und das hintere von oben durchströmt wird.

hängig von der Größe der Auftriebskräfte – nach oben oder unten ausweichen, so dass das Moment vermindert wird, das um die Längsachse wirken kann. Es lässt sich nicht ganz vermeiden, da die horizontale Komponente der Rotorresultierenden und die Fliehkräfte der Blätter, die an den Schlaggelenken angreifen, Momente um den Helikopterschwerpunkt erzeugen (vgl. Abschnitt 12.3.6). Die Schlagbewegungen bewirken an den Blättern eine Änderung der Anstellwinkel und damit auch eine Veränderung der Auftriebskräfte. Das vorlaufende Blatt schlägt wegen der höheren Anströmgeschwindigkeit und der dadurch vergrößerten Blattauftriebskraft nach oben und erhält dadurch eine vertikal nach unten gerichtete Geschwindigkeitskomponente.

Die horizontale Anströmung wird daher aus einem kleineren Anstellwinkel kommen, und damit wird der Auftrieb nicht so stark anwachsen, und die Schlagbewegung wird abnehmen. Das zurücklaufende Blatt hat eine kleine horizontale Anströmgeschwindigkeit und damit eine Schlagbewegung nach unten. Die relative Anströmung kommt nun weiter von unten, und damit ist der effektive Anstellwinkel größer geworden. Die Auftriebskraft nimmt nicht so stark ab, und das Blatt wird nicht mehr so weit nach unten schlagen. Bei $\psi = 90°$ und bei $\psi = 270°$ sind die Bereiche der größten Schlaggeschwindigkeiten, aber die Bereiche des größten und kleinsten Schlagwinkels sind vorne und hinten, also bei $\psi = 180°$ und bei $\psi = 0°$. Die Ursache dafür ist die Massenträgheit der Rotorblätter (vgl. Phasenverschiebung zwischen Einstellwinkel und Schlagwinkel). Der von vorn angeströmte Rotor kippt vorne nach oben und hinten nach unten. Aufgrund der Konusform des Rotors ist die Anströmung bei Vorwärtsgeschwindigkeit nicht parallel zu den Blättern *(Bild 12.3.6)*, sondern je nach Umlaufrichtung des Blattes schräg von oben oder unten.

Das Blatt, das sich bei $\psi = 180°$ befindet, erhält eine zusätzliche Anströmung von unten und damit einen größeren Anstellwinkel; das Blatt, das sich beim Umlaufwinkel $\psi = 0°$ befindet, erhält eine Anströmung von unten und damit einen kleineren Anstell-

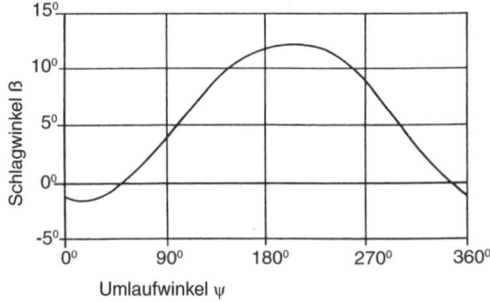

Bild 12.3.7
Verlauf des Schlagwinkels β in Abhängigkeit vom Umlaufwinkel ψ beim Vorwärtsflug

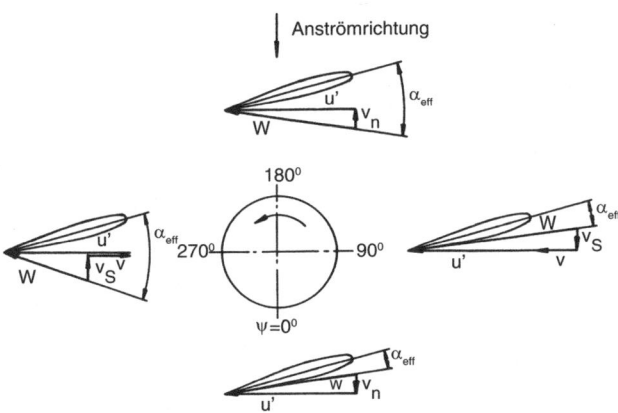

Bild 12.3.8 Geschwindigkeitsverhältnisse der Blattströmungen an einem von vorn angeströmten Rotor. Am Rotor bestehen beim Vorwärtsflug asymmetrische Strömungsverhältnisse. Die größere Anströmgeschwindigkeit beim Umlaufwinkel $\psi = 90°$ führt zur Schlagbewegung nach oben, so dass die relative Anströmung w schräg von oben auf das Blatt einwirkt. Bei $\psi = 270°$ ist wegen der kleineren horizontalen Anströmgeschwindigkeit $u-v$ die Schlagbewegung nach unten gerichtet, so dass die relative Anströmung w auch schräg von unten eintritt. Wegen des Konuswinkels des Rotors ist bei Anströmung von vorn bei $\psi = 180°$ eine senkrecht nach oben wirkende Komponente v_n vorhanden. Beim Umlaufwinkel $\psi = 0°$ ist die Komponente nach unten gerichtet. Die jeweiligen effektiven Anstellwinkel ergeben sich aus den Winkeln zwischen den Profilsehnen und den Richtungen der relativen Anströmungen w. In der Darstellung sind die Einstellwinkel u der Blätter bei allen Umlaufwinkeln gleich. Zur Aufrechterhaltung des Vorwärtsfluges ist aber eine Änderung der Einstellwinkel der Blätter notwendig. Das führt zu einer weiteren Änderung der Anstellwinkel.

winkel. Vorne entsteht also aufgrund des erhöhten Anstellwinkels eine zusätzliche Auftriebskraft und damit eine Schlagwinkelerhöhung, die bewirkt, dass das Maximum der Schlagbewegung erst bei etwa $\psi = 200°$ eintritt. Auf das Blatt, das sich beim Umlaufwinkel $\psi = 0°$ befindet, wirkt eine kleinere Auftriebskraft, und der Schlagwinkel wird verkleinert, so dass das Minimum des Schlagwinkels bei etwa $\psi = 20°$ liegt *(Bild 12.3.7)*. Da die Rotorresultierende des vorne aufgerichteten Rotors schräg nach hinten zeigt, wäre ein Vorwärtsflug nicht möglich. Die Rotorneigung muss demnach also durch eine Steuerung wieder zurückgeneigt werden *(Bild 12.3.8)*.

Die Schwenkbewegung der Rotorblätter
Aufgrund wechselnder Luftkräfte führt das Rotorblatt Schlagbewegungen aus, die ihrerseits wieder horizontale Schwenkbewegungen verursachen. Die Schwenkbewegungen lassen sich dadurch erklären, dass beim Schlagen der Blätter eine Verlagerung der Blattschwerpunkte auf den Radius des Rotorkreises erfolgt. Ein einfaches Experiment verdeutlicht das physikalische Gesetz, das die Schwenkbewegungen verursacht. Eine Masse wird an einer Schnur, die durch eine Röhre geführt wird, herumgeschleudert. Wenn die Umlaufbahn der Masse durch Ziehen an der Schnur verkleinert wird,

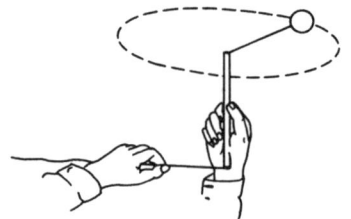

Bild 12.3.9
Veranschaulichung des Gesetzes der Erhaltung des Drehimpulses. Eine Masse wird an einer Schnur herumgeschleudert, und anschließend wird der Radius der Umlaufbahn durch Ziehen an der Schnur verkleinert. Man beobachtet, dass sich die Umlaufdrehzahl erhöht. Die Eislaufpirouette basiert auf dem gleichen physikalischen Gesetz.

erhöht sich die Umlaufdrehzahl. Die Masse wird dabei offensichtlich tangential beschleunigt. Bei Verkleinerung des Radius wird nach dem Gesetz der Erhaltung des Drehimpulses *(Bild 12.3.9)* die Umfangsgeschwindigkeit größer.

Der Drehimpuls für eine an einem Radius umlaufende Masse lautet:

$$J = m \cdot r \cdot v$$

Bei Änderung des Radius bleibt der Drehimpuls konstant, also:

$$J_1 = J_2$$
$$m \cdot r_1 \cdot v_{u1} = m \cdot r_2 \cdot v_{u2}$$

Da sich die Blattmasse nicht ändert, lässt sich die Formel umschreiben zu

$$r_1 \cdot v_{u1} = r_2 \cdot v_{u2}$$

v_{u2} Umfangsgeschwindigkeit des Blattschwerpunktes vor der Schlagbewegung in m/s
v_{u1} Umfangsgeschwindigkeit des Blattschwerpunktes nach der Schlagbewegung in m/s
r_2 Abstand des Blattschwerpunktes von der Rotorachse vor der Schlagbewegung in m
r_1 Abstand des Blattschwerpunktes von der Rotorachse nach der Schlagbewegung in m
β Schlagwinkel
v_S Schlaggeschwindigkeit in m/s
v_{SH} Horizontalkomponente der Schlaggeschwindigkeit in m/s
b Weg, um den der Blattschwerpunkt beim Nachobenschlagen voreilt, in m

Neben der Gleichung des Gesetzes zur Erhaltung des Drehimpulses gelten folgende Bedingungen:

$$b = (v_{u1} - v_{u2}) \cdot t \qquad r_2 - r_1 = v_{SH} \cdot t \qquad v_{u1} = (r_2 \cdot v_{u2}) / r_1$$

$$b = \left(\frac{r_2 \cdot v_{u2}}{r_1} - v_{u2}\right) t = v_{u2} \left(\frac{r_2}{r_1} - 1\right) t = v_{u2} \frac{r_2 - r_1}{r_1} t = v_{u2} \frac{v_{SH} \cdot t}{r_1} t = \frac{v_{u2} \cdot v_{SH}}{r_1} t^2$$

Da b mit dem Quadrat der Zeit zunimmt, handelt es sich also um eine beschleunigte Bewegung.

$$b = \frac{a_C}{2} \cdot t^2 = \frac{v_{u2} \cdot v_{SH}}{r_1} \cdot t^2 \quad \rightarrow \quad a_C = \frac{2 \cdot v_{u2} \cdot v_{SH}}{r_1}$$

Nach dem dynamischen Grundgesetz ist die Kraft gleich Masse mal Beschleunigung.

$$F_C = \frac{2 \cdot v_{u2} \cdot v_{SH} \cdot m}{r_1} \qquad m = \text{Masse des umlaufenden Körpers}$$

Diese in der Rotordrehebene wirkende Kraft wird auch **Corioliskraft** F_C genannt.

Ein Beispiel zeigt, in welchem Verhältnis das Blattgewicht zur Corioliskraft, zum Luftwiderstand und zur Fliehkraft steht.

Ein dreiblättriger Rotor mit einem Durchmesser von 10 m wird mit einer Leistung von 400 kW angetrieben und hat dabei eine Drehzahl von 200 min^{-1}. Die 20 kg schweren Rotorblätter schlagen mit einem Winkel von 15° und einer Schlaggeschwindigkeit von 12 m/s, wobei der Schwerpunkt der Blätter 3 m von der Rotorachse entfernt sein soll (*Bilder 12.3.1 bis 12.3.13*).

$$F_C = \frac{2 \cdot v_{u2} \cdot v_{SH} \cdot m}{r_1}$$

$v_{u2} = 2 \cdot r_2 \cdot \pi \cdot n$

$v_{u2} = 2 \cdot 3 \text{ m} \cdot 3{,}14 \cdot \dfrac{200}{60 \text{ s}}$

$v_{u2} = 62{,}8$ m/s
$v_{SH} = v_S \cdot \sin \beta$
$v_{SH} = 12$ m/s $\cdot\, 0{,}208$
$v_{SH} = 2{,}5$ m/s
$r_1 = r_2 \cdot \cos \beta = 3 \cdot 0{,}966 = 2{,}898$ m
$F_C = 2 \cdot 62{,}8$ m/s $\cdot\, 2{,}5$ m/s $\cdot\, 20$ kg $\cdot\, (2{,}898$ m$)^{-1} = 2167$ N

ⓘ *Die Corioliskraft hat in etwa die 10-fache Größe des Blattgewichtes.*

$$P = M \cdot n \cdot 2 \cdot \pi = F_T \cdot r \cdot n \cdot 2 \cdot \pi$$

$$F_T = \frac{400\,000 \text{ Nm}}{3{,}5 \text{ m} \dfrac{200\,1}{60\,\text{s}} \text{s} \cdot 2 \cdot 3{,}14}$$

F_T = 5459,51 N
F_T Tangentialkraft am Rotorblatt in N
r Angriffspunkt der Tangentialkraft in m
$r = 0{,}7 \cdot D/2$

Pro Blatt wirkt also eine Tangentialkraft von 1819,84 N. Die Fliehkraft an den Blättern errechnet sich nach fogender Formel:

$$F_\mathrm{F} = \frac{m \cdot v_\mathrm{u}^2}{r} = \frac{20\,\mathrm{kg} \cdot 62{,}8^2 \cdot \mathrm{m}^2}{3\,\mathrm{s}^2} = 26\,292{,}3\,\mathrm{N}$$

ⓘ *Die Fliehkräfte übersteigen das Blattgewicht um das über 100-fache.*

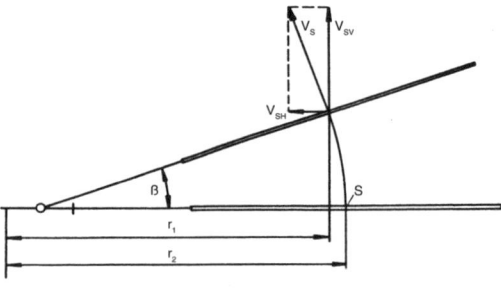
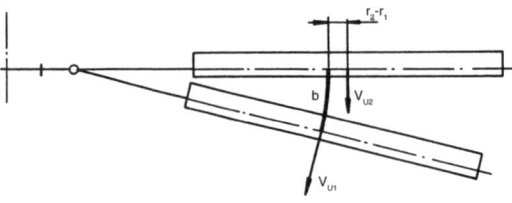

Bild 12.3.10
Verlagerung des Blattschwerpunktes bei der Schlagbewegung. Wenn das Rotorblatt aus der horizontalen Lage nach oben schlägt, bewegt sich der Blattschwerpunkt S um die Differenz $(r_2 - r_1)$ zur Rotorachse hin. Die Geschwindigkeit v_SH, mit der das geschieht, ist die senkrecht zur Rotorachse stehende Komponente der Schlaggeschwindigkeit v_S. Der Bogen b ist der Weg, um den der Schwerpunkt S innerhalb der Zeit t aufgrund der Corioliskraft voreilt.

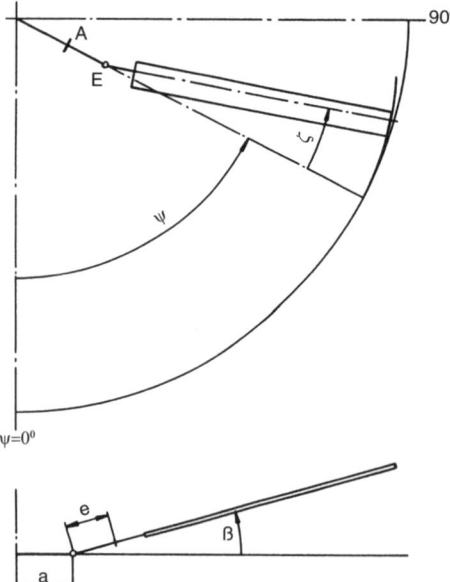

Bild 12.3.11
Die Definition des Schwenkwinkels (a Schlaggelenkradius, e Schwenkgelenkabstand). Damit nun die Corioliskräfte keine Biegemomente an den Blattanschlüssen verursachen, sind neben den Schlaggelenken A auch Schwenkgelenke E vorhanden. Der Schwenkwinkel ζ ist der Winkel zwischen der Projektion der Blattlängsachse auf die Rotordrehebene und der Linie, die entsteht, wenn die Rotorachse mit dem Schwenkgelenk verbunden wird. Der Schwenkwinkel wird in Drehrichtung positiv gerechnet. Er liegt etwa zwischen +15° beim vorlaufenden und −5° beim zurücklaufenden Blatt. Im Schwebeflug führen die Rotorblätter keine Schwenkbewegungen aus, sie eilen jedoch wegen des Luftwiderstandes leicht nach, das heißt, ζ ist insgesamt negativ.

Bild 12.3.12
Der Verlauf des Schwenkwinkels ζ in Abhängigkeit vom Umlaufwinkel ψ im Vorwärtsflug

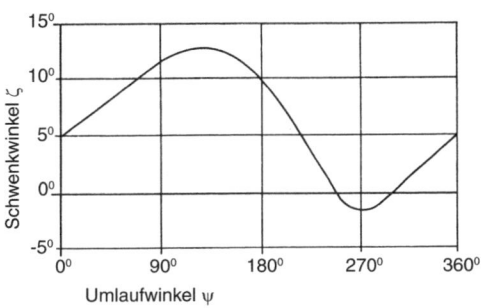

Bild 12.3.13
Die Auswirkungen der Schwenkbewegungen. Beim Vorwärtsflug schwenkt das Blatt, das sich bei $\psi = 90°$ befindet, beispielsweise um $\zeta = 10°$ in Drehrichtung und das bei $\psi = 270°$ um $\zeta = 3°$ entgegen. Die Blätter liegen also nicht symmetrisch zur Längsachse, so dass sich aus den Fliehkräften der Rotorblätter eine Resultierende F_R bildet, die seitlich nach vorne zeigt. Beim Weiterdrehen des Rotors nimmt die Resultierende unterschiedliche Werte an, die sich durch Vibrationen an der Rotornabe bemerkbar machen.

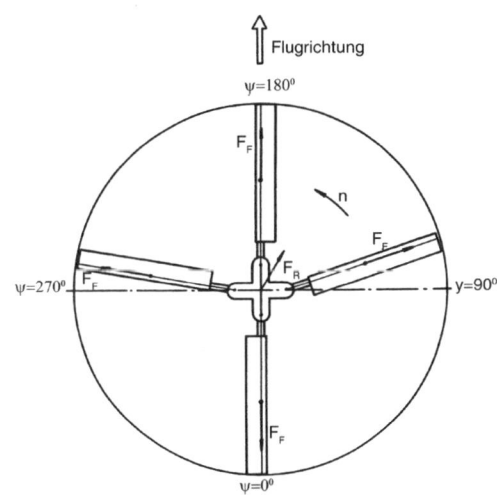

12.3.3 Steuerung des Helikopters mit dem Rotor

Die heute übliche Steuerung um die Quer- und Längsachse des Helikopters geschieht durch Verstellen der Blatteinstellwinkel, der Blattsteuerung. Um den Helikopter trotz störender Einflüsse durch die Luftströmung an einem Ort in der Schwebe festhalten zu können, muss die Rotorresultierende nach allen Seiten hin geneigt werden können. Da die Rotorresultierende senkrecht auf der Rotordrehebene steht, muss der Rotor geneigt werden können. Dazu muss nicht die ganze Rotornabe gekippt werden, sondern es reicht aus, die Rotorblätter so zu steuern, dass ihre Spitzen bei jedem Umlauf eine sinusförmige Bahn beschreiben, denn dann ist geometrisch eine Neigung der Rotordrehebene erfolgt. Diese sinusförmige Rotorblattschwingung wird Schlagbewegung genannt. Die Schlagbewegung der Blätter wird durch eine periodische Blatteinstellwinkelveränderung erreicht, indem der Einstellwinkel eines jeden Blattes bei jedem Umlauf so gesteuert wird, dass sich die Auftriebskraft am Rotor so verändert, dass die gewünschten Schlagbewegungen eintreten. Ein angenommener Steuerausschlag zur Einleitung der Vorwärtsfahrt aus dem Schwebeflug soll den Vorgang verdeutlichen.

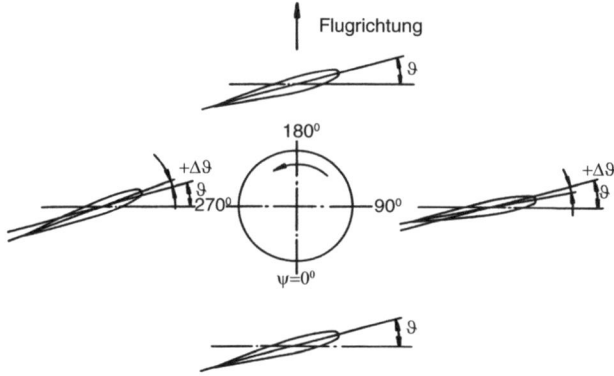

Bild 12.3.14 Steuerung des Blatteinstellwinkels υ in Abhängigkeit vom Umlaufwinkel ψ. Zur Vorwärtsflug-Einleitung ist die Rotordrehebene zu kippen, was durch Verändern der Blatteinstellwinkel geschieht (Drehen der Rotorblätter um die Längsachse). Wird der Einstellwinkel ϑ vergrößert, dann erhöht sich die Blatt-Auftriebskraft; es schlägt nach oben. Wegen der Massenträgheit erfolgt die Schlagbewegung verzögert. Meist liegt das Maximum der Schlagbewegung ca. 90° nach dem Maximum des Einstellwinkels.

Um einen Helikopter in Schwebe zu halten, ist z.B. für die Rotorblätter ein Einstellwinkel ϑ von 10° erforderlich. Beim Umlaufwinkel von $\psi = 90°$ soll eine Einstellwinkelverminderung von $\Delta\vartheta = -3°$ erfolgen. In der vorderen Position bei $\psi = 180°$ wird $\Delta\vartheta = 0°$, und bei $\psi = 270°$ soll eine Einstellwinkelvergrößerung um $\Delta\vartheta = +3°$ vorgenommen werden. In der hinteren Position bei $\psi = 0°$ wird $\Delta\vartheta$ wieder 0°. Bei $\psi = 90°$ ist der Einstellwinkel ϑ von 10° auf 7° gefallen, und bei $\psi = 270°$ ist der Einstellwinkel ϑ von 10° auf 13° angestiegen *(Bild 12.3.14)*. Bei $\psi = 270°$ erhöht sich aufgrund des größeren Einstellwinkels die Auftriebskraft, und das Rotorblatt fängt an, nach oben zu schlagen. Diese Schlagbewegung verursacht eine ihr entgegengesetzte Massenträgheitskraft des Blattes und mit zunehmendem Schlagwinkel eine zurücksteuernde Komponente der Zentrifugalkraft, so dass die Schlagbewegung abgebremst wird. Der umgekehrte Vorgang findet bei $\psi = 90°$ statt. Der kleiner gewordene Anstellwinkel führt zu einem kleineren Auftrieb, so dass das Blatt abwärts schlägt, jedoch wird die Abwärtsbewegung wieder durch die Massenträgheits- und die Zentrifugalkraft gebremst. Neben diesen die Schlagbewegung begrenzenden Kräften wirkt sich aber auch noch die Änderung der Auftriebskraft bremsend auf die Schlagbewegung aus. Das nach unten schlagende Blatt erhält einen größeren effektiven Anstellwinkel α_{eff}, und damit steigt die Auftriebskraft wieder an. Auf das nach oben schlagende Blatt wirkt eine zusätzliche vertikale Durchströmung ein, so dass der effektive Anstellwinkel kleiner wird und die Auftriebskraft abnimmt. Wenn sich dieser Vorgang eingependelt hat, dann ist der maximale Schlagwinkel bei $\psi = 0°$, und der minimale Schlagwinkel ist bei $\psi = 180°$ (vgl. Phasenverschiebung zwischen Einstellwinkel und Schlagwinkel). Die Drehebene der Blattspitzen hat sich in Flugrichtung gesenkt und ist hinten angestiegen, d.h., der Rotorkegel hat sich nach vorne geneigt und damit die Rotorresultierende, die senkrecht auf der Rotordrehebene steht. Die Einstellwinkeländerung, die periodisch bei jedem Blattumlauf erfolgt, kann bei allen Umlaufwinkelwerten vorgenommen werden, so dass der Helikopter in alle Richtungen gesteuert werden kann.

Einflüsse auf die Steuerwirkung
Zur Fahrtaufnahme nach vorne muss die Rotordrehachse geneigt werden, so dass die Rotorresultierende F_R, die senkrecht auf der Rotordrehebene steht, in Fahrtrichtung zeigt. Die Horizontalkomponente von F_R, die Rotorzugkraft F_Z, beschleunigt den Helikopter vorwärts. Der Winkel, um den die Rotordrehebene geneigt wird, ist der Steuerwinkel η. Die Rotorzugkraft F_Z dreht am Hebelarm h, dem Abstand zwischen der Rotorzugkraft und dem Schwerpunkt, den Helikopter, so dass er sich nach vorne neigt. Mit zunehmender Fahrt verändern sich die effektiven Anstellwinkel der Rotorblätter in der Weise, dass die Blätter, die gerade vorne sind, nach oben schlagen und diejenigen, die hinten sind, nach unten. Die Rotordrehebene neigt sich also aufgrund der zunehmenden Horizontalströmung um den Winkel v nach hinten, so dass die Rotorzugkraft abnimmt und damit die Vorwärtsgeschwindigkeit verringert wird. Wenn der Steuerwinkel η nicht durch Drücken des Steuerknüppels um den Winkel v erhöht wird, kommt kein Vorwärtsflug zustande. Der Helikopter hat sich im Vorwärtsflug um die Querachse schräg nach vorn geneigt, so dass die Anströmung schräg von oben unter dem Rotoreinfallswinkel α_R in den Rotor erfolgt *(Bild 12.3.15)*.

Unter der Bedingung, dass ein Horizontalflug stattfindet, ist der Winkel zwischen der Rotorauftriebskraft F_A und der helikopterfesten Achse z_1 gleich dem Rotoreinfallswinkel α_R. Wenn der Steuerwinkel η größer als der Winkel v ist, liegt die Rotorresultierende F_R links von der Hochachse, weil der Rotorkegel leicht gegenüber der Hochachse nach vorne gekippt ist *(Bild 12.3.16)*. Der Schwerpunkt liegt normalerweise nicht genau in der Rotorachse *(Bild 12.3.17)*. Wenn er davor liegt, vermindert sich der notwendige Steuerwinkel *(Bild 12.3.18)* um: $\eta = v - \sigma$.

Wenn der Helikopter eine Höhenflosse hat, entlastet sie die Steuerung im Vorwärtsflug. Die Höhenflosse hat einen zur Längsachse positiven Anstellwinkel. Dadurch erzeugt sie mit Zunahme der Fluggeschwindigkeit einen wachsenden Auftrieb. Bei geringer Geschwindigkeit hat sie eine sehr kleine Auswirkung auf die Längsneigung, und nur die Blattsteuerung ist wirksam. Bei größerer Geschwindigkeit muss der Steuerausschlag zurückgenommen werden *(Bild 12.3.19)*, da der Auftrieb der Höhenflosse voll wirksam geworden ist.

Bild 12.3.15
Die Festlegung des Lufteinfallswinkels
1 Rotordrehebene; 2 Nabendrehebene
Der Lufteinfallswinkel α_R ist der Winkel zwischen der Nabendrehebene und der Richtung der Luftanströmung, die aus der Flugbahn resultiert.

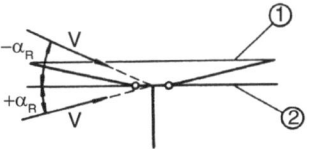

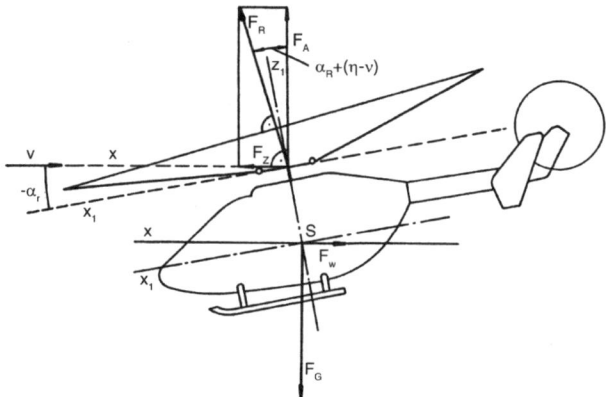

Bild 12.3.16 Der Steuerwinkel η im Zusammenhang mit dem Lufteinfallswinkel α_R und dem Rückneigungswinkel v. Im Horizontalflug ist der Lufteinfallswinkel gleich dem Winkel zwischen der Längsachse x_1 sowie der Anströmungsrichtung und damit gleich der Neigung der Hochachse z_1 gegenüber der lotrechten Rotorauftriebskraft F_A. Die Rotordrehebene ist bei Fahrtaufnahme um den Winkel $\eta - v$ gegenüber der Nabendrehebene und damit bezogen auf die Längsachse nach vorne geneigt, wodurch die Rotorresultierende F_R gegenüber der Hochachse um den gleichen Winkel nach vorne geneigt ist. Ihre Wirkungslinie führt nun rechts am Schwerpunkt vorbei, und die Neigung des Rumpfes erhöht sich, bis die Resultierende wieder durch den Schwerpunkt geht. Folgende vereinfachende Bedingung ist gemacht worden: Die Hochachse ist identisch mit der Rotorachse, das heißt, sie hat keine Neigung gegenüber der Hochachse, und sie geht durch den Schwerpunkt. Um eine geringere Längsneigung im Flug zu erzielen, ist die Rotorachse meist leicht nach vorne geneigt.

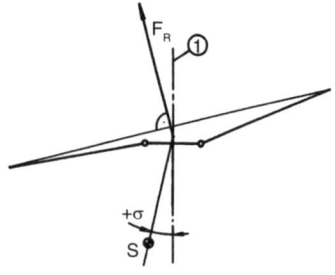

Bild 12.3.17
Lage des Schwerpunktes zur Rotorachse (1). Ein positiver Winkel σ neigt den Rumpf nach vorne und verringert den notwendigen Steuerwinkel für den Vorwärtsflug.

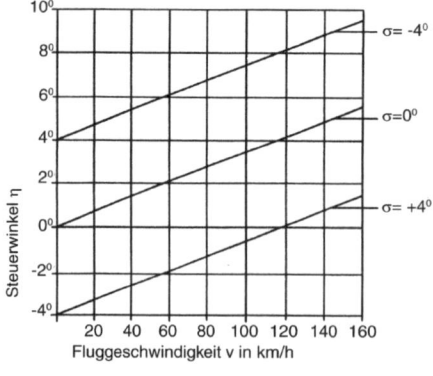

Bild 12.3.18
Der Zusammenhang zwischen der Lage des Schwerpunktes und dem zur Erreichung einer bestimmten Geschwindigkeit notwendigen Steuerwinkel
η = positiv bedeutet: Der Steuerknüppel ist zu drücken

Bild 12.3.19
Steuerwinkelumkehr mit zunehmender Fluggeschwindigkeit aufgrund des Längsmomentes der Höhenflosse

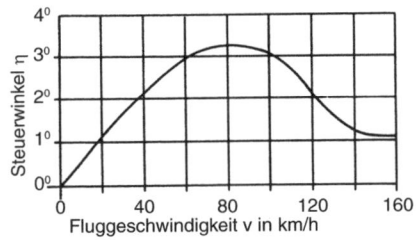

Phasenverschiebung zwischen dem Maximum der Blattauftriebskraft und dem maximalen Schlagwinkel

Bei einer seitlichen Anströmung des Rotors, z.B. im Vorwärtsflug oder bei einer durch Steuerausschlag bewirkten zyklischen Veränderung der Blatteinstellwinkel, ist festzustellen, dass sich eine Auftriebsveränderung erst 90° Rotordrehung später als Schlagbewegung auswirkt. Zum Beispiel erfolgt bei der Einleitung des Vorwärtsfluges eine Einstellwinkelvergrößerung durch die Taumelscheibe beim Umlaufwinkel 270°. Der maximale Schlagwinkel des Rotorblattes tritt aber erst 90° später *(Bild 12.3.20)* bei $\psi = 0°$ ein. Zur Erklärung der Phasenverschiebung kann aber nicht die vom Propeller her bekannte Präzessionswirkung für den Rotor herangezogen werden, denn die Rotorblätter sind – anders als die Propellerblätter – mit Schlag- und Schwenkgelenken versehen. Bei einem drehenden Propeller handelt es sich um einen Kreisel, da er ein rotierender starrer Körper ist. Ein drehender Helikopterrotor mit gelenkig oder elastisch befestigten Rotorblättern ist ein schwingendes System. Zum Verständnis der 90°-Phasenverschiebung zwischen Einstellwinkeländerung und maximalem Schlagwinkel ist es notwendig, die Rotorblätter als Komponenten anzusehen, die Eigenschwingungen vollführen können, deren Frequenz von der Blattmasse und der Elastizität abhängen, wenn sie durch äußere Einwirkungen zum Schwingen angeregt werden. Geschieht die Erregung der Schwingung mit der Eigenfrequenz des schwingfähigen Teils, kommt es zur Resonanz. Die Eigenfrequenz der Blätter ist identisch mit der Schlagfrequenz, die mit der Rotordrehzahl abgestimmt, ist. Die Verstellung der Blatteinstellwinkel, und damit die Frequenz der Auftriebsänderungen, erfolgt mit der Rotordrehzahl. Eine Phasenverschiebung zwischen der Anregung und dem Mitschwingen tritt aber nur bei gedämpften Schwingungen auf, die beim Rotorblatt durch die Luft-

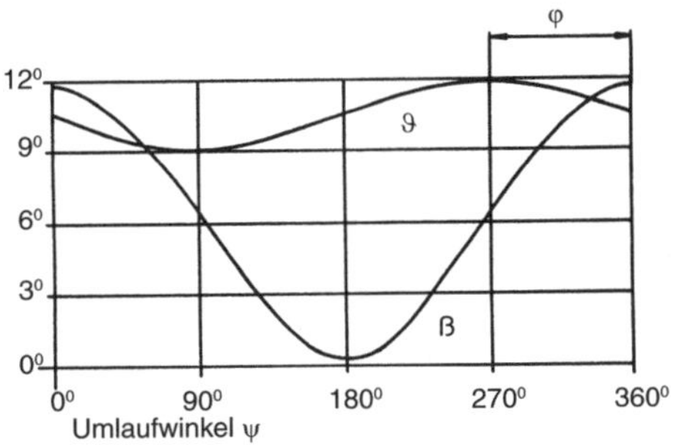

Bild 12.3.20
Die Phasenverschiebung φ zwischen Blatteinstellwinkel ϑ und Schlagwinkel β während eines Blattumlaufs

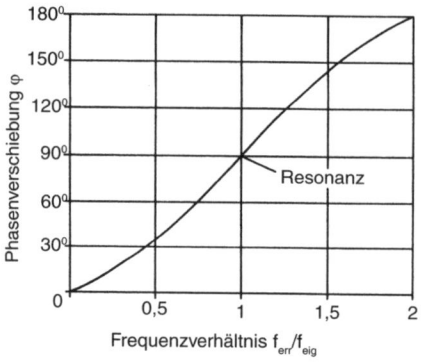

Bild 12.3.21
Phasenverschiebung zwischen einer Erregerschwingung und der Eigenschwingung eines Schwingungssystems in Abhängigkeit von ihrem Frequenzverhältnis

reibung entstehen. Im Resonanzfall, also bei Übereinstimmung von Erreger- und Eigenfrequenz, beträgt die Phasenverschiebung 90°. Wie aus dem Diagramm *(Bild 12.3.21)* zu entnehmen ist, kann sie – je nach dem Verhältnis von Erregerfrequenz zu Eigenfrequenz – auch andere Werte annehmen. So hat beispielsweise der Bo 105 eine Phasenverschiebung von 80°.

Rücksteuerung des Blatteinstellwinkels
Die Rotorblätter führen bei seitlicher Anströmung des Rotors und bei Steuerbewegungen Schlagbewegungen um die Mittellage des Konuswinkels aus. Zusätzliche Kräfte, die beim Abfangen oder bei einer Bö auftreten, vergrößern den Schlagwinkel. Um extreme Schlagwinkel und zu große Blattauftriebskräfte zu vermeiden, wendet man konstruktive Maßnahmen an, die eine Rücksteuerung der Blatteinstellwinkel mit zunehmendem Schlagwinkel bewirken. Eine Verminderung der Blatteinstellwinkel führt zur Verkleinerung der Blattauftriebe und somit zur Verhinderung extremer Schlagwinkel. Eine konstruktive Möglichkeit besteht darin, die Schlagachse schräg anzubringen, die andere ist die, das Blatthebelgelenk nicht in die Blattachse zu legen. Eine schräge Schlagachse ist zum Beispiel am Heckrotor des MBB Bo 105 vorhanden *(Bild 12.3.22)*. Da es ein Zweiblattrotor ist, verwendet man ein zentrales Schlaggelenk. Hat der Rotor mehr als zwei Blätter, können auch einzelne schräge Schlaggelenke vorhanden sein.

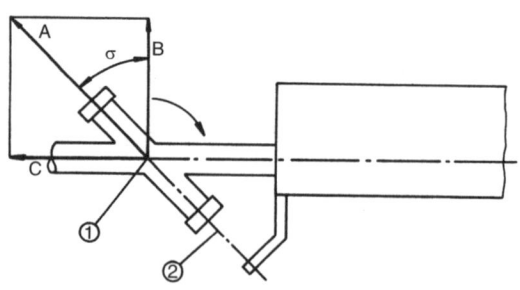

Bild 12.3.22
Schematische Darstellung einer schrägen Schlagachse
1 Rotordrehachse; 2 Schlagachse
Bei einer Schlagbewegung um die schräge Schlagachse A ist eine Drehung um die gedachte Achse B und C erfolgt. Eine Drehung um C bedeutet dabei eine direkte Einstellwinkeländerung. Es tritt dann eine stärkere Einstellwinkelverminderung ein, wenn der Schlagwinkel größer wird und auch die Schlagachse schräger steht. $\Delta v = -\tan \delta \cdot \beta$

Bild 12.3.23
Blattrücksteuerung durch Verlagerung des Blatthebels aus der Schlagachse
1 Schlagachse
2 Schwenkgelenk
3 Rotordrehachse
4 Blattdrehlager
5 Anlenkung der Stoßstange an den Blatthebel

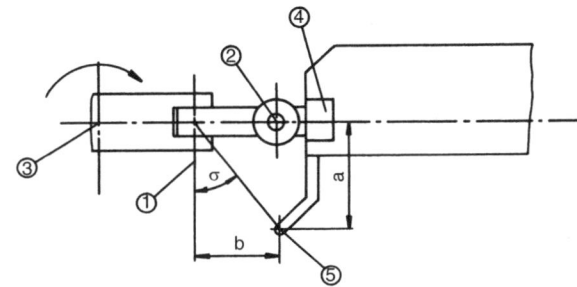

Der Rotor führt um die schräge Schlaggelenkachse A eine Drehung aus, die sich als Drehung um die Achse B, die quer zur Blattlängsachse liegt, und um die Blattlängsachse C auswirkt. Einer Änderung des Schlagwinkels entspricht eine Drehung um B, und eine Änderung des Blatteinstellwinkels entspricht einer Drehung um C. Wenn der Winkel zwischen Schlaggelenk- und Blattlängsachse groß ist, dann erfolgt bei einer Schlagbewegung eine große Drehung um C und damit eine starke Verkleinerung des Blatteinstellwinkels. Bei kleinem Winkel ist auch die Drehung um C klein, und die Einstellwinkeländerung bleibt auch klein: $\Delta \vartheta = -\tan \delta \cdot \beta$

Wenn das Blatthebelgelenk in der Schlaggelenkachse liegt, dann kann das Blatt ohne den Einstellwinkel zu verändern nach oben oder unten schlagen. Wird das Blatthebelgelenk weiter außen angebracht, so bleibt es beim Schlagen des Blattes in seiner Position und verändert dadurch den Blatteinstellwinkel ϑ. Je weiter das Blatthebelgelenk nach außen versetzt wird und je kürzer der Blatthebel ist, umso stärker wirkt sich eine Schlagbewegung auf den Blatteinstellwinkel ϑ aus. Es bestehen die gleichen geometrischen Verhältnisse wie beim schrägen Schlaggelenk. Die Verbindung zwischen Schlaggelenk und Blattgelenkhebel kann als eine schräge Schlagachse angesehen werden.

$$\Delta \vartheta = - (b/a) \cdot \beta = -\tan \delta \cdot \beta$$

Die Einstellwinkelrücksteuerung wird noch durch den Schwenkwinkel ξ, beeinflusst. Beim Schwenken des Rotorblattes in Drehrichtung wird der Schlaggelenkachswinkel δ kleiner, und damit nimmt dann beim gleichen Schlagwinkel β der Blatteinstellwinkel ϑ weniger ab *(Bild 12.3.23)*.

12.3.4 Geschwindigkeitsbegrenzung des Helikopters

Die asymmetrischen Strömungsverhältnisse am Rotor im Vorwärtsflug führen zu einer Verkleinerung des Anstellwinkels am vorlaufenden und zu einer Vergrößerung am zurücklaufenden Blatt. Mit zunehmender Fluggeschwindigkeit vergrößert sich der Anstellwinkel des abwärts schlagenden Blattes, bis ein Strömungsabriss eintritt. Von den Blattspitzen her breitet sich mit zunehmender Geschwindigkeit beim Umlaufwinkel von 270° ein Gebiet aus, in dem die Strömung abgerissen ist. Aus der Betrachtung der Geschwindigkeitsüberlagerung von Vorwärts- und Umfangsgeschwindigkeit ergibt

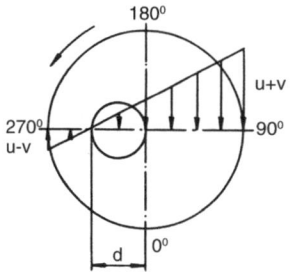

Bild 12.3.24
Bereich der Rückanströmung des zurücklaufenden Blattes. Der Bereich der Rückanströmung ist eine Kreisfläche mit dem Durchmesser d, der mit der Fluggeschwindigkeit zunimmt. Wenn die Fluggeschwindigkeit so groß wie die Umfangsgeschwindigkeit der Blattspitzen wird, ist der Durchmesser des Rückanströmgebiets gleich dem Rotorradius.

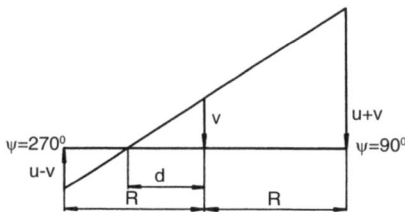

Bild 12.3.25
Der Durchmesser d der Rückanströmfläche im Verhältnis zum Rotorradius R, der Fluggeschwindigkeit v und der Umfangsgeschwindigkeit der Blattspitzen u

sich, dass ein kreisförmiges Gebiet der Rückströmung entsteht, das mit zunehmender Fluggeschwindigkeit anwächst *(Bild 12.3.24)*. Die Größe des Gebietes lässt sich berechnen. Aus den Verhältnissen der Geschwindigkeiten am Rotor kann man folgende Gleichung gewinnen *(Bild 12.3.25)*:

$$\frac{v}{d} = \frac{u-v}{R-d} \rightarrow d = \frac{R \cdot v}{u}$$

Eine weitere Auswirkung der asymmetrischen Strömungsverhältnisse ist das Auftreten von Schockwellen an den Blattspitzen des vorlaufenden Blattes bei hoher Fluggeschwindigkeit. Die Firma Westland hat Rotorblattspitzen entwickelt, die eine höhere Anströmgeschwindigkeit und damit eine höhere Fluggeschwindigkeit ermöglichen. Die Rotorblattspitzen sind ähnlich gepfeilt wie die Blattspitzen der Propfans. Die Probleme sind jedoch wegen der Strömungsablösung am zurücklaufenden Blatt komplizierter. Es gibt Pläne, Überschallrotoren zu entwickeln, bei denen die Umfangsgeschwindigkeit der Blattspitzen mehr als die doppelte Schallgeschwindigkeit erreicht und so Fluggeschwindigkeiten bis 650 km/h ermöglicht werden. Strömungsablösungen beim zurücklaufenden Blatt treten dabei nicht mehr auf. Allerdings ist das Lärmproblem wohl unlösbar.

Eine Grenze für die Fluggeschwindigkeit des Helikopters mit konventionellem Rotor wird dadurch gesetzt, dass die Anströmgeschwindigkeit der Blattspitzen kleiner als die Schallgeschwindigkeit sein muss. Ein Beispiel soll die Geschwindigkeitsgrenze zeigen. Die kritische Machzahl der Rotorblattspitze soll 0,9 betragen. Der Rotor hat einen Durchmesser von 10 m, und die Drehzahl beträgt 420 min^{-1}. Die Luft hat eine Temperatur von 15 °C.

$$u = \frac{D \cdot \pi \cdot n}{60}$$

$$u = \frac{10\,\text{m} \cdot \pi \cdot 420}{60\,\text{s}} = 220\,\text{m/s}$$

$$a = 20{,}1 \cdot \sqrt{T}$$

$$a = 20{,}1 \cdot \sqrt{288\,K} = 341\,\text{m/s}$$

$$v_g = 0{,}9 \cdot 341\,\text{m/s} = 307\,\text{m/s}$$

D   Rotordurchmesser in m
n Rotordrenzanl in min^{-1}
u Umfangsgeschwindigkeit in m/s
a Schallgeschwindigkeit in m/s
T Temperatur der Luft in K
v_g maximale Gesamtgeschwindigkeit in m/s

Wenn die maximale Gesamtfluggeschwindigkeit v_g = 307 m/s beträgt, dann bleiben für die Fluggeschwindigkeit noch $v_g - u$ = (307 – 220) m/s = 87 m/s = 313,2 km/h. Wie viel Prozent der Rotorfläche sind bei dieser Geschwindigkeit nun Rückstromfläche?

$$d = \frac{R \cdot v}{u} = \frac{5\,\text{m} \cdot 87\,\text{m/s}}{220\,\text{m/s}} = 1{,}98\,\text{m} \quad \rightarrow \quad A = \frac{d^2 \cdot \pi}{4} = \frac{1{,}98^2\,\text{m}^2 \cdot \pi}{4} = 3{,}08\,\text{m}^2$$

Bezogen auf die Rotorkreisfläche von 78,5 m² sind das 3,9 %.

12.3.5 Unterschied zwischen Hubschrauber- und Tragschrauberzustand (Autorotation)

Wenn beim Vorwärtsflug die Motorleistung so weit reduziert wird, dass die Auftriebskraft kleiner wird als das Gewicht, dann geht die horizontale Flugbahn des Helikopters in einen schrägen Gleitflug über. Auftrieb und Gewicht kommen dann wieder ins Gleichgewicht. Auch bei einer völligen Zurücknahme der Leistung bricht der Auftrieb nicht zusammen, sondern bleibt groß genug, um einen Gleitflug fortzusetzen. Die Ursache für den weiter wirkenden Auftrieb ist die auch im Leerlauf aufrechterhaltene Drehung des Rotors. Dieser Zustand wird Autorotation genannt. Wie kommt es, dass sich der Rotor auch ohne Motorantrieb weiterdreht, obwohl ihn der Luftwiderstand doch zum Stillstand bringen müsste? Dazu betrachten wir noch einmal die Strömungen und Kräfte am Rotorblatt bei Antrieb durch den Motor (vgl. Bild 12.3.3). Am Rotor ist eine Durchströmung von oben nach unten vorhanden mit den Geschwindigkeitskomponenten v_d, u und der resultierenden Strömung w. Auch im Vorwärtsflug strömt die Luft von oben durch den Rotor *(Bild 12.3.26)*. Im Gleitflug ohne Motorantrieb strömt die Luft, wie bei einem Autogiro, von unten durch den Rotor *(Bild 12.3.27)*. Die resultierende Strömung ist nun schräg von unten auf das Blatt gerichtet, und

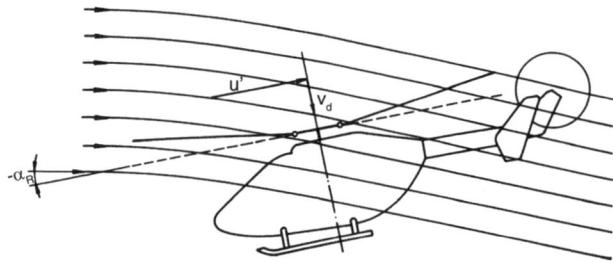

Bild 12.3.26 Durchströmung des Helikopterrotors im Vorwärtsflug bei Motorantrieb. Im schnellen Vorwärtsflug neigt sich der Rotor bis zu 15° nach vorn, so dass er insgesamt von oben durchströmt wird. Der Lufteinfallswinkel α_R ist dabei negativ. Die Rotorblätter erzeugen in der Rotordrehebene eine bremsende Tangentialkraft, so dass der Rotor motorisch angetrieben werden muss. Das Strömungsfeld ist wie bei einer jeden aerodynamischen Auftriebserzeugung nach unten gerichtet, damit ein Auftriebsimpuls erzeugt wird.

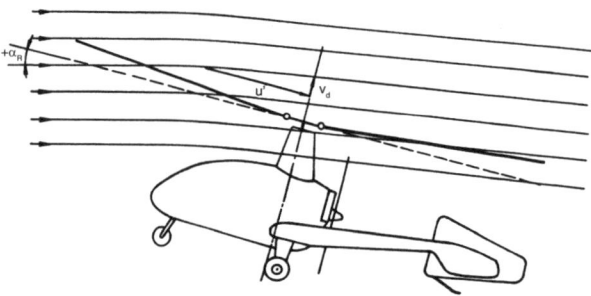

Bild 12.3.27 Durchströmung eines Tragschrauberrotors im Vorwärtsflug. Die Strömungsverhältnisse am Rotor eines Tragschraubers entsprechen denen am Rotor des Helikopters im Zustand der Autorotation. Der autorotierende Helikopter beschreibt dabei eine geneigte Flugbahn wie ein Segelflugzeug. Der Tragschrauber verfügt jedoch über einen Propellerantrieb, so dass kein Sinkflug eintritt. Der Lufteinfallswinkel α_R ist im Autorotationszustand positiv. Das Strömungsfeld muss auch hier nach unten geneigt sein.

dadurch erhöht sich der Anstellwinkel, wenn der Einstellwinkel beibehalten würde. Das darf jedoch nicht eintreten, da sonst die Strömung abreißt. Durch Betätigung der kollektiven Blattverstellung wird der Einstellwinkel von 10° auf 4° herabgesetzt. Aus der Darstellung wird nun aber deutlich, dass die Luftkraftresultierende ihre Richtung geändert hat *(Bild 12.3.28)*. Sie ist nicht mehr schräg nach hinten geneigt, sondern nach vorn, da der Auftrieb immer senkrecht zur anströmenden Luft steht. Die Tangentialkraft ist die Projektion der Resultierenden auf die Rotordrehebene. Man stellt fest, dass sie nach vorn, d.h. in Drehrichtung, zeigt. Aus dem bremsenden Widerstand ist eine antreibende Kraft geworden. Nicht alle Blattabschnitte werden jedoch angetrieben, sondern es gibt auch solche, die bremsen.

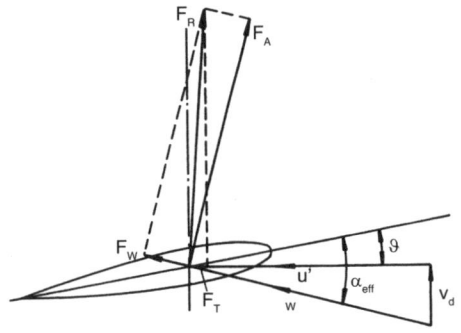

Bild 12.3.28
Geschwindigkeits- und Kraftvektoren am Rotorblatt bei Autorotation. Wenn die relative Anströmung w so schräg von unten auf das Rotorblatt trifft, dass die Luftkraftresultierende F_R vor der Richtung der Rotordrehachse liegt, dann entsteht eine Komponente F_T auf der Rotordrehebene, die das Blatt antreibt.

Im Außenbereich des Rotors ist die Umfangsgeschwindigkeit bei gleicher axialer Durchströmung größer als innen, wodurch der Anstellwinkel nach außen hin abnimmt. Bei kleiner werdendem Anstellwinkel neigt sich die Luftkraftresultierende wieder weiter nach hinten, so dass wieder eine Bremswirkung eintritt. Am Rotor sind also antreibende und bremsende Bereiche; dadurch stellt sich die Drehzahl so ein, dass Antrieb und Widerstand gleich sind. Beim Vorwärtsflug sind am nach vorne eilenden Blatt wegen der zusätzlichen tangentialen Anströmung bremsende und am zurückeilenden Blatt antreibende Kräfte vorhanden.

12.3.6 Roll- und Nickmoment zwischen Rotor und Rumpf

Zwischen Rotor und Rumpf wirkt nicht nur das Antriebsdrehmoment, sondern bei Neigung des Rotors um die Quer- und Längsachse noch ein weiteres Moment, das die Neigung des Rumpfes bewirkt. Im Vorwärtsflug tritt eine mehr oder weniger starke Längsneigung des Rumpfes ein, die abhängig ist von der Rotorkonstruktion. Beim Vorwärtsflug muss die Rotordrehebene nach vorne geneigt werden und damit die Rotorresultierende F_R, so dass eine Horizontalkomponente F_Z auftritt, die die Ursache für die Fahrtaufnahme ist. Das Nickmoment entsteht nun dadurch, dass F_Z nicht im Schwerpunkt angreift, sondern im Abstand h zu ihm. Bei Rotoren mit zentralem Schlaggelenk wirkt nur dieses Moment *(Bild 12.3.29)*. Wenn der Rotor über exzentrische Schlaggelenke verfügt, dann kommt noch ein anderes Rumpfneigungsmoment

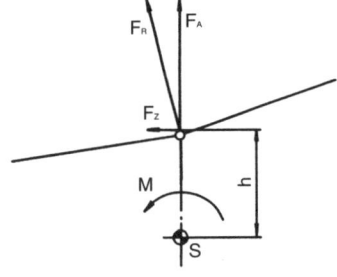

Bild 12.3.29
Moment am Rotor mit zentralem Schlaggelenk. Beim Helikopter mit zentralem Schlaggelenk kann bei Neigung des Rotors nur das Moment $M = F_z \cdot h$ um den Schwerpunkt wirken.

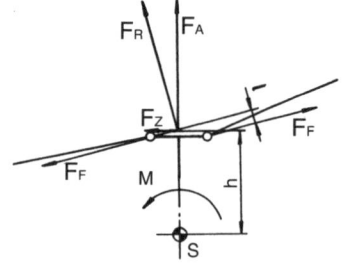

Bild 12.3.30
Moment am Rotor mit exzentrischen Schlaggelenken. Wenn der Rotorkopf exzentrische Schlaggelenke hat, dann tritt ein zusätzliches Moment auf, das durch die Fliehkräfte F_F der Blätter erzeugt wird. Die Fliehkräfte liegen parallel zur Rotordrehebene und haben den Abstand l voneinander, der vom Abstand der Schlaggelenke sowie von der Rotorneigung abhängt. Das Moment ist jetzt $M = F_z \cdot h + F_F \cdot l$. Bei Rotorköpfen ohne mechanische Schlaggelenke, bei denen die Schlagbewegung durch die elastische Verformung der Blätter erzeugt wird, ist der Schlaggelenkabstand rechnerisch größer als bei den gegliederten Rotorköpfen, so dass der Abstand l bei gleicher Rotorneigung auch größer ist und damit ebenfalls das Moment.

hinzu. Beim geneigten Rotor drehen die Blattspitzen und die Rotornabe in Ebenen, die schief zueinander stehen. Da die Fliehkräfte der Blätter parallel zur Rotordrehebene an den Schlaggelenken angreifen, liegen sie nicht in einer Ebene, sondern haben den Abstand l voneinander und erzeugen daher ein Moment, das die Rotornabe und damit den Rumpf in die Richtung der Rotordrehebene ziehen will *(Bild 12.3.30)*. Die Größe des Momentes hängt von der Größe der Fliehkräfte und ihrem Abstand voneinander ab. Der Abstand der Schlaggelenke geht also direkt in die Größe des Rumpfneigungsmomentes ein. Bei den Rotorköpfen mit mechanischen Schlaggelenken ist der Schlaggelenkabstand bis zu 5% des Rotordurchmessers. Bei den Rotorköpfen ohne mechanische Schlaggelenke nimmt man einen rechnerischen Schlaggelenkabstand an. Beim Rotorkopf des Bo 105 beträgt dieser 16% des Rotordurchmessers, und damit ist eine viel größere Momentenwirksamkeit vorhanden. Die Auswirkung eines größeren Momentes besteht nun darin, dass die Steuerfolgsamkeit zunimmt. Die Helikopter reagieren wegen der relativ kleinen Steuermomente langsamer als Flächenflugzeuge auf Steuerbefehle. Ein größeres Moment führt also zu einer größeren Wendigkeit. Außerdem tritt bei Störungen auf den Rumpf eine schnellere Rücksteuerung ein, da ein größeres Rückstellmoment durch den Rotor vorhanden ist. Ein größeres Moment belastet die Rotorwelle allerdings auch stärker auf Biegung.

12.4 Mechanik des Helikopters

12.4.1 Mechanik des Rotorkopfes

Blattsteuerung mittels einer Taumelscheibe
Zur kollektiven und zyklischen Verstellung der Einstellwinkel der Rotorblätter sind Blattdrehlager vorhanden, wie sie auch bei Flugzeugverstellpropellern verwendet werden *(Bild 12.4.1)*. Die Drehung der Blätter um ihre Längsachse erfolgt über die Blatthebel (1) und die Stoßstangen (2). Bei der kollektiven Verstellung der Blätter wird über alle Steuerstangen (3), die an den nicht drehenden Teil der Taumelscheibe (5) angelenkt sind, die Taumelscheibe vertikal auf der Rotorwelle verschoben, ohne ihre

Bild 12.4.1
Prinzipieller Aufbau der Mechanik für die kollektive
und zyklische Blattverstellung
1 Blatthebel
2 Stoßstange
3 Steuerstange
4 Rotorwelle
5 nur kippbarer Teil der Taumelscheibe
6 kippbarer und drehender Teil der Taumelscheibe

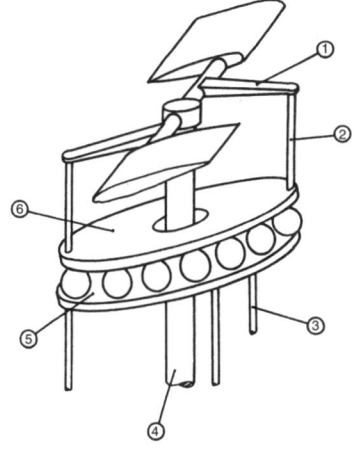

Neigung zu verändern, so dass alle Blatthebel um denselben Winkel gedreht werden. Bei der zyklischen Blattverstellung wird die Taumelscheibe mit Hilfe der Steuerstangen geneigt. Die Stoßstangen laufen jetzt auf einer geneigten Kreisbahn und verändern dadurch bei jedem Umlauf die Einstellwinkel der Blätter.

Gegliederter Rotorkopf

Der Rotorkopf der Agusta A 109 hat einen gegliederten Aufbau *(Bild 12.4.2)*, d.h., er hat mechanische Schlag- und Schwenkgelenke. Die Schwenkgelenke sind mit hydraulischen Dämpfern versehen. Die Schlagbewegung wird durch eine aerodynamische Maßnahme begrenzt, indem die Einstellwinkel der Blätter beim Schlagen vermindert werden. Die Blatthebel sind an der Vorderkante der Blätter angebracht. Wenn das Blatt nach oben schlägt, wird der Blatthebel von der Steuerstange in der Position gehalten. Dadurch verkleinert sich der Einstellwinkel, und die Auftriebskraft, die das Schlagen bewirkt, nimmt ab. Der gegliederte Rotorkopf hat wegen seiner Gelenke den

Bild 12.4.2
Aufbau des gegliederten Rotorkopfes
1 Schwenkgelenk
2 Rotornabe
3 Schlaggelenk
4 Schwenkdämpfer
5 drehbarer Ring der Taumelscheibe
6 Anlenkung für kollektive und zyklische Blattverstellung
7 Stoßstange
8 nicht drehbarer Ring der Taumelscheibe
9 Blatthebel

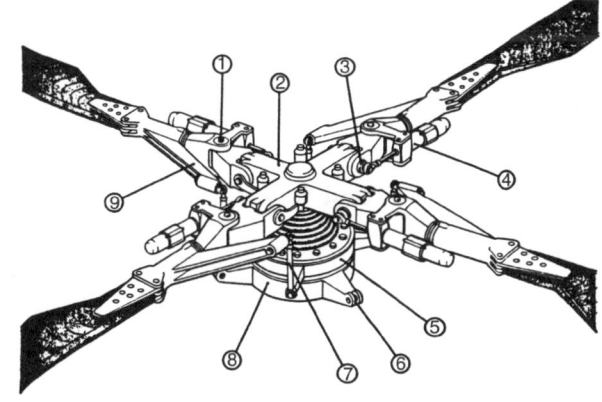

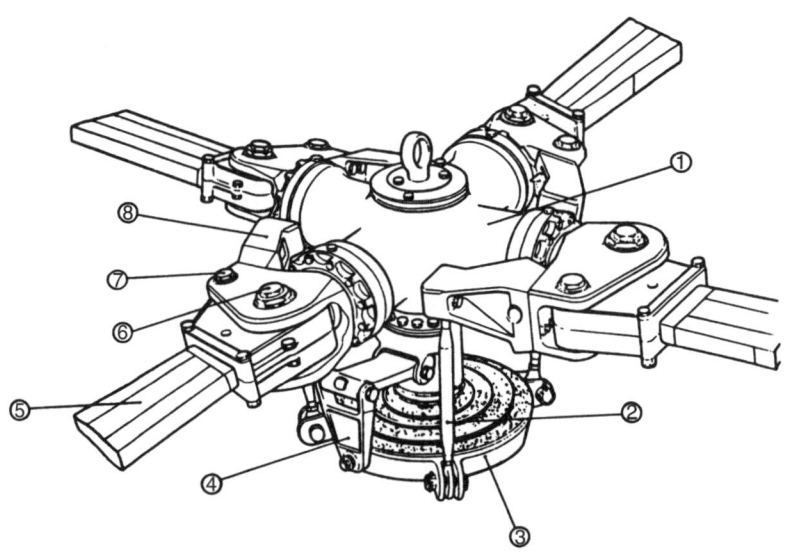

Bild 12.4.3 Rotorkopf ohne Schlag- und Schwenkgelenke des MBB Bo 105
1 Rotornabe; 2 Stoßstange; 3 drehender Ring der Taumelscheibe; 4 Mitnehmerschere; 5 Rotorblatt; 6 Hauptblattbolzen; 7 Nebenblattbolzen; 8 Blatthebel

Vorteil, dass an den Blattbefestigungen im Betrieb keine Biegekräfte auftreten, da sich die Blätter in Richtung der resultierenden Kräfte bewegen können. Der Nachteil ist der große mechanische Aufwand beim gegliederten Rotorkopf, denn er kann aus über 400 Teilen bestehen, so dass Herstellung und Wartung sehr teuer werden.

Rotorkopf ohne Schlag- und Schwenkgelenke
Die Firma MBB konnte aufgrund der Entwicklung von GFK-Rotorblättern einen Rotorkopf konstruieren, bei dem die mechanischen Schlag- und Schwenkgelenke wegfallen konnten *(Bild 12.4.3)*, weil die Rotorblätter die entsprechenden Bewegungen durch elastische Biegung ausführen. Dieses Rotorkonzept führte zu einer drastischen Reduzierung der Rotorkopfeinzelteile *(Bild 12.4.4)*. Die etwas größere Belastung nimmt eine Rotornabe aus Titan auf, in der sich auch die herkömmlichen Blattdrehlager befinden. Die Fliehkräfte der Blätter werden von tordierbaren Zugelementen aufgenommen.

Der gelenk- und lagerlose Rotor
Die konsequente Weiterentwicklung des Rotors mit elastischen Schlag- und Schwenkgelenken führt zu einem Rotor, bei dem auch die Lager für das Blattwinkeln durch elastische Elemente ersetzt werden *(Bild 12.4.5)*. Die Zahl der Rotorkopfteile wird dadurch auf ein Minimum reduziert. Durch Verwendung von faserverstärkten Kunststoffen wie GFK und KFK vermindert sich das Gewicht des Rotors um 25%, und aufgrund der weitgehenden Ermüdungsfreiheit dieses Materials tritt eine

Bild 12.4.4
Die Einzelteile des Rotorkopfes des Bo 105
1 Heißöse
2 Rotornabe
3 innere Befestigung der Zugelemente
4 Außenhülse
5 Nadellager
6 äußere Befestigung des Zugelementes
7 Zugelement
8 Blatthebel
9 Innenhülse
10 Nebenblattbolzen
11 Hauptblattbolzen

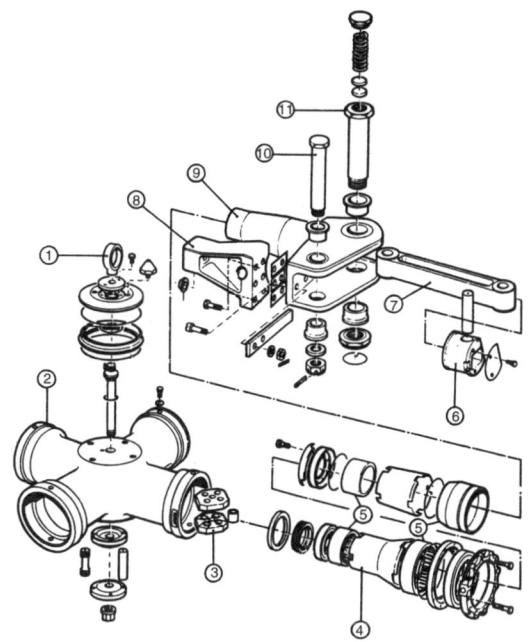

Senkung der Wartungskosten ein, da für diese Teile keine festen Laufzeiten mehr notwendig sind und sie nur bei Beschädigung ausgewechselt werden («Wartung on condition»). Das wichtigste Teil dieser technischen Innovation stellt der Blatthals dar, der durch eine entsprechend angelegte Faserstruktur verdrillbar und biegeweich sein muss. Die Verdrillung ermöglicht ein gesteuertes Blattwinkeln und die Durchbiegung in horizontaler sowie vertikaler Richtung die Schwenk- und Schlagbewegung der Blätter. Der Verdrillwinkel muss direkt steuerbar sein, um die Rotorschubkraft beeinflussen zu können. Zu diesem Zweck ist über den weichen Blatthals

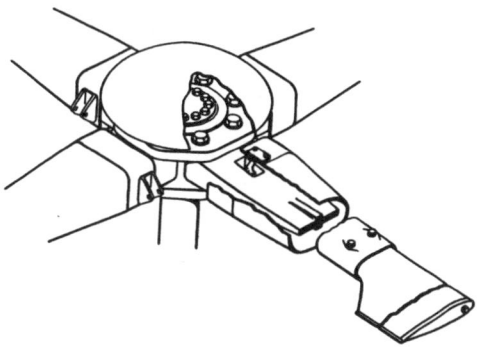

Bild 12.4.5
Rotorkopf ohne mechanische Gelenke, Lager und Dämpfer

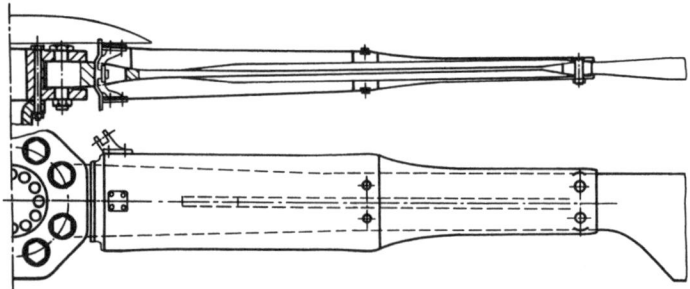

Bild 12.4.6 Blatthals (weich) mit Steuertüte (torsionssteife Hülse), die infolge ihrer Elastizität den Schlag- und Schwenkbewegungen folgen kann

eine torsionssteife Hülse, die Steuertüte, geschoben *(Bild 12.4.6)*. Den Schlag- und Schwenkbewegungen kann die Steuertüte jedoch durch Elastizität folgen. Zum Zwecke der Inspektion des Blatthalses ist die Steuertüte geteilt und kann ineinandergeschoben werden.

12.4.2 Aufbau und Wirkungsweise der kardanisch gelagerten Taumelscheibe

Die Taumelscheibe *(Bild 12.4.7)* hat einen äußeren drehbaren Ring (7), an dem die Stoßstangen, die die Blatthebel (3) bewegen, angelenkt sind. Durch eine kardanische Aufhängung wird erreicht, dass der Ring in alle Richtungen neigbar ist. Zwei Achsen (9) schneiden sich in der Rotordrehachse, so dass sich dort der Neigungsmittelpunkt der Taumelscheibe befindet. Der innere Ring ist innen mit der einen Achse an der Schiebehülse und außen mit der anderen am mittleren Ring befestigt. Die beiden inneren Ringe sind nur kippbar. Der mittlere und der äußere Ring sind zu einem Wälzlager zusammengefasst, so dass der äußere Ring durch den mittleren geführt wird und drehbar ist. Über die Hebel (10), die am mittleren Ring befestigt sind, wird die Neigung der Taumelscheibe gesteuert. Die Hebel (11) und (12) dienen zur Veränderung der zyklischen Einstellwinkelveränderung. Wenn z.B. der Hebel für die Querneigung (11) hinten nach unten bewegt wird, neigt sich die Taumelscheibe über den Hebel (10) ebenfalls. Wenn sich die Stoßstange (4) gerade über dem Anlenkpunkt von Hebel (10) befindet, dann vergrößert sich der Einstellwinkel des Rotorblattes, das sich beim Umlaufwinkel $\psi = 180°$ also vorne befindet. Wegen der Phasenverschiebung zwischen dem Maximum des Blatteinstellwinkels ϑ und dem des Schlagwinkels β erreicht das Blatt seinen größten Schlagwinkel 90° Drehung später bei $\psi = 270°$. Das Blatt, das 180° gegenüberliegt, erreicht das Schlagwinkelminimum. Der Rotor neigt sich nach rechts, und damit wird eine Drehung um die Längsachse nach rechts eingeleitet. Die gleiche Überlegung kann auch für den Hebel der Längsneigung angestellt werden. Die kollektive Blattverstellung geschieht mit dem Hebel (13), der mit der Schiebehülse verbunden ist. Wenn die Einstellwinkel der Rotorblätter gemeinsam vergrößert werden sollen, um einen Steigflug einzuleiten, muss die Schie-

Bild 12.4.7
Prinzipieller Aufbau eines Rotorkopfes ohne mechanische Schlag- und Schwenkgelenke
v vorn
1 Rotornabe
2 Rotorblatt
3 Blatthebel
4 Stoßstange
5 Schiebehülse
6 Rotorwelle
7 drehbarer Ring der Taumelscheibe
8 nur kippbarer Ring der Taumelscheibe
9 Kardanachsen der Taumelscheibe
10 Anlenkhebel zur Neigung der Taumelscheibe
11 Hebel für zyklische Blattverstellung (Querneigung)
12 Hebel für zyklische Blattverstellung (Längsneigung)
13 Hebel für kollektive Blattverstellung
14 Mitnehmerschere

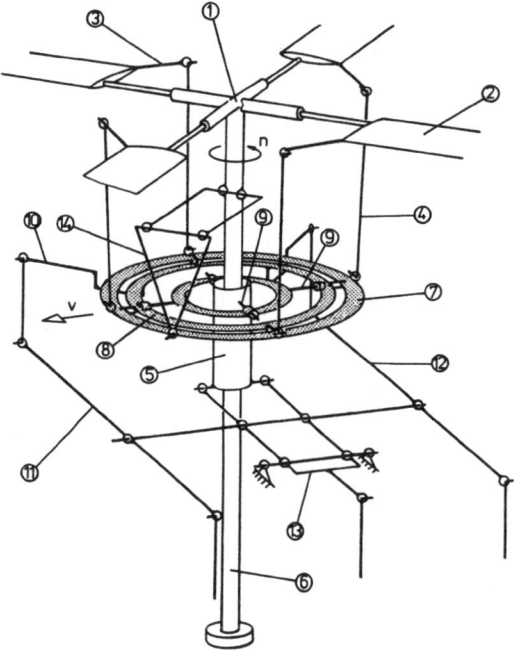

behülse nach unten bewegt werden. Über die Schiebehülse werden die Taumelscheibe, die Stoßstangen und die Blatthebel nach unten bewegt. Da die Blatthebel an den Blatthinterkanten befestigt sind, vergrößern sich die Blatteinstellwinkel aller Blätter. Voraussetzung dafür ist, dass die Taumelscheibe parallel gehoben und gesenkt wird.

12.4.3 Aufbau und Wirkungsweise des Mischhebelgetriebes

Die Taumelscheibe wird durch die beiden Hebel für die zyklische Blattverstellung und den für die kollektive Blattverstellung fixiert und gesteuert. Zwischen den drei Steuerungen muss sowohl eine exakte Trennung vorhanden als auch eine Mischung möglich sein. Die Hebel für Quer- und Längssteuerung greifen 90° versetzt an der Taumelscheibe an, so dass hier keine Vermischung eintritt, wenn nur eine von beiden Steuerungen ansprechen soll. Die Taumelscheibe kippt dann genau im Anlenkpunkt des anderen Hebels. Wenn die kollektive Steuerung benutzt wird, muss sich die Taumelscheibe exakt parallel in vertikaler Richtung bewegen, sonst kommt eine zyklische Verstellung hinzu. Das Mischhebelgetriebe *(Bild 12.4.8)* muss so konstruiert sein, dass die beiden zyklischen Steuerhebel den gleichen Hub an der Taumelscheibe vollführen wie der kollektive. Dazu werden die zyklischen Hebel auf eine Achse gesetzt, die von dem kollektiven Hebel mit angehoben wird.

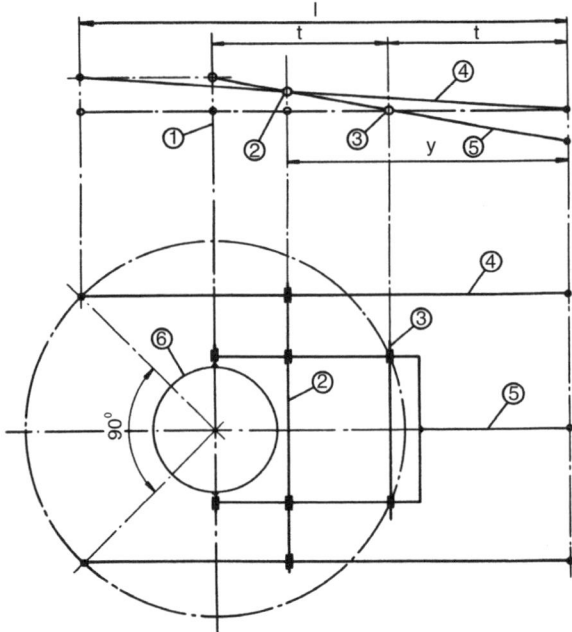

Bild 12.4.8 Die Proportionen am Mischhebelgetriebe
1 Rotorachse; 2 gemeinsame Achse für Hebel der kollektiven und zyklischen Blattverstellung; 3 Achse des Hebels für die kollektive Blattverstellung; 4 Hebel für die Längssteuerung (zyklische Blattverstellung); 5 Hebel für die kollektive Blattverstellung; 6 Schiebehülse
Wenn die Achse für den Kollektivhebel (3) und (5) genau in der Mitte liegt, dann muss die gemeinsame Achse (2) im Abstand $y = l \cdot t/(l - t)$ vom rechten Anlenkpunkt der Hebel liegen, damit die Schiebehülse den gleichen Hub ausführt wie die linken Anlenkpunkte der zyklischen Hebel (4).

12.4.4 Drehmomentenausgleich und Richtungssteuerung

Bei Antrieb des Rotors über eine Welle entsteht an der Motorbefestigung ein Moment, das den Rumpf in entgegengesetztem Drehsinn zur Rotordrehung bewegen würde, wenn es nicht durch die Schubkraft eines Rotors am Heck ausgeglichen wird. Hat der Helikopter zwei Rotoren, so erübrigt sich ein Drehmomentenausgleich, weil sich die Drehmomente gegenseitig abstützen, da die Rotoren gegensinnig drehen. Bei einrotorigen Helikoptern entsteht durch den Heckrotor ein Leistungsverlust. Da ein Rotorkopf jedoch ein sehr aufwendiges Teil ist, wird die zweirotorige Bauweise nur bei großen Helikoptern angewendet. Ein Beispiel soll hierzu erläutern, wie der Verlust durch den Heckrotor ermittelt wird.

Ein Helikopter habe eine Rotorleistung von 2000 kW, die vom Rotor bei $n = 200$ min^{-1} abgegeben wird. Der Heckrotor ist 12 m vom Schwerpunkt entfernt und habe einen Durchmesser von 2 m. Wie groß muss die Antriebsleistung des Heckrotors sein?

$$P_R = M \cdot n \cdot 2 \cdot \pi$$

P_R Rotorleistung in W
M Drehmoment in Nm
n Drehzahl in s^{-1}

$$M = \frac{P_R}{2 \cdot \pi \cdot n} = \frac{2\,000\,000\,\text{W}}{2 \cdot \pi \cdot 3{,}33\,\text{s}^{-1}} = 95\,493\,\text{Nm}$$

$$M = l \cdot F_H$$

$$F_H = \frac{M}{l} = \frac{95\,493\,\text{Nm}}{12\,\text{m}} = 7\,957{,}75\,\text{N}$$

$$P_H = \frac{\dot{m} \cdot v^2}{2}$$

l Abstand des Heckrotors vom Schwerpunkt in m
F_H Schubkraft des Heckrotors in N
P_H Leistung des Heckrotors in W
$\dot{m}$ Luftdurchsatz durch den Heckrotor in kg/s
v Luftgeschwindigkeit hinter dem Heckrotor in m/s
A Kreisfläche des Heckrotors in m^2

Die notwendige Luftgeschwindigkeit ermittelt sich aus der Schubformel wie folgt:

$$F_H = \dot{m} \cdot v = \frac{A \cdot \rho \cdot v^2}{2}$$

$$v = \sqrt{\frac{2 \cdot F_H}{A \cdot \rho}} = \sqrt{\frac{2 \cdot 7.957{,}75\,\text{N} \cdot \text{m}^3}{3{,}14\,\text{m}^2 \cdot 1{,}225\,\text{kg}}} = 64{,}32\,\text{m/s}$$

Der Luftdurchsatz muss mit der halben Strahlgeschwindigkeit gerechnet werden, so dass folgt:

$$\dot{m} = \frac{v \cdot A \cdot \rho}{2} = \frac{64{,}32\,\text{m} \cdot \pi\,\text{m}^2 \cdot 1{,}225\,\text{kg}}{\text{s} \cdot 2 \cdot \text{m}^3} = 123{,}7\,\text{kg/s}$$

$$P_H = \frac{\dot{m} \cdot v^2}{2} = \frac{123{,}7\,\text{kg} \cdot 64{,}32^2\,\text{m}^2}{2 \cdot \text{s} \cdot \text{s}^2} = 255\,877\,\text{W} = 255{,}877\,\text{kW}$$

Die Leistung, die der Heckrotor aufbringen muss, ist etwa 13% der Hauptrotorleistung.

12.4.5 Aufbau des Heckrotors

Dadurch, dass die Drehachse des Heckrotors quer zur Anströmrichtung liegt, entstehen an ihm ähnliche aerodynamische Verhältnisse wie am Hauptrotor. Zu der Längsströmung, die durch die Vorwärtsgeschwindigkeit entsteht, muss die Rotationsgeschwindigkeit der Rotorblätter mit betrachtet werden. Wie beim Hauptrotor wird dabei das vorlaufende Blatt schneller angeströmt als das zurücklaufende. Diese asymmetrische Anströmung führt wie beim Hauptrotor zu Kräften, die zu Schlag- und Schwenkbewegungen führen. Je nach Leistung des Helikopters verwendet man Zwei- oder Mehrblattrotoren. Der Zweiblattrotor hat den Vorteil der einfacheren Mechanik, denn anstelle einzelner Schlaggelenke kann das zentrale Schlaggelenk treten. Der Rotor ist dabei wie eine Wippe gelagert, so dass die nach oben gerichtete Schlagbewegung des vorlaufenden Blattes und die nach unten gerichtete Schlagbewegung des zurücklaufenden Blattes zu einer Kippbewegung der Nabe um die zentrale Schlagachse führt. Die aus der Schlagbewegung resultierenden Corioliskräfte bewirken dabei eine ungleichmäßige Umfangsgeschwindigkeit der Rotorblätter. Zur Verkleinerung des Schlagwinkels kann die Schlagachse schräg *(Bild 12.4.9)* konstruiert sein (vgl. Blattrücksteuerung).

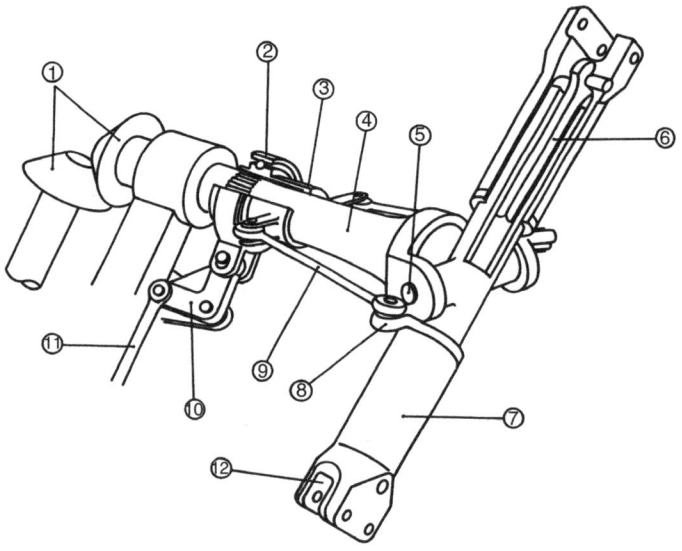

Bild 12.4.9   Vereinfachte Darstellung eines Heckrotorkopfes mit schräger zentraler Schlagachse
1 Kegelradgetriebe; 2 nicht drehender Teil der Schiebehülse; 3 drehender Teil der Schiebehülse; 4 Heckrotorwelle; 5 zentrales Schlaggelenk; 6 Zugelement; 7 Blattanschlusshülse; 8 Blatthebel; 9 Stoßstange; 10 Umlenkhebel; 11 Steuerstange; 12 Blattanschluss
Vom Kegelradgetriebe (1) wird die Drehbewegung über die Heckrotorwelle (4) auf den Heckrotor übertragen. Mittels einer Verzahnung wird die Schiebehülse (3) mit den daran angelenkten Steuerstangen (9) mitgedreht, so dass verhindert wird, dass über die Steuerstangen ein Drehmoment übertragen wird. Die längs verschiebbare Schiebehülse dient zum kollektiven Verstellen der Einstellwinkel der Rotorblätter. Da die Schiebehülse rotiert, muss sie von einem Lagerring umgeben sein, an dem der Umlenkhebel (10) einen Ansatzpunkt hat. Damit die Drehlager der Blattanschlusshülsen (7) nicht durch die Zentrifugalkräfte belastet werden, ist ein aus Blechlamellen bestehendes torsionsweiches Zugelement vorhanden, das die Längskräfte aufnimmt.

12.4.6 Planetengetriebe

Bei den Helikoptern, bei denen der Rotor direkt über die Rotorwelle angetrieben wird, ist immer ein Untersetzungsgetriebe notwendig, denn sowohl der Ottomotor als auch die Gasturbine haben für den Rotor eine zu hohe Drehzahl. Die Drehzahlen der Rotoren liegen je nach Größe des Helikopters zwischen 180 und 600 Umdrehungen pro Minute, während die Drehzahlen der Antriebe je nach Motorenart zwischen 2000 und 20 000 Umdrehungen pro Minute betragen können. Als Untersetzungsgetriebe werden in der Regel Planetengetriebe verwendet, da sie gegenüber den einfachen Stirnradgetrieben eine kleinere Zahnbelastung haben und die An- und Abtriebswellen konzentrisch besser führen. Bei einem einfachen Stirnradgetriebe ist die Belastung auf einen Zahn konzentriert, und es entsteht eine radiale Kraft, die die Wellen auseinanderzubiegen versucht. Bei Planetengetrieben wird die Kraft auf mehrere Zahnräder verteilt, die konzentrisch um die Wellen verteilt sind und damit die Wellen führen, so dass das Gehäuse leichter gebaut werden kann (vgl. *Bild 12.4.10*). Das Planetengetriebe kann unterschiedlich genutzt werden. So kann z.B. das Hohlrad treibend, das Sonnenrad fest und der Planetenträger der Antrieb sein. Man erhält dann eine schwache Untersetzung, wie sie bei leichteren Kolbenmotoren für Flugzeugantriebe notwendig sind. Für den Helikopter ist wegen der notwendigen größeren Untersetzung eine andere Variante geeignet, bei der das Sonnenrad angetrieben wird, das Hohlrad fest ist und der Planetenträger als Antrieb dient. Für eine größere Untersetzung können Planetengetriebe hintereinander angeordnet werden. Zur Ableitung der Übersetzungsformel

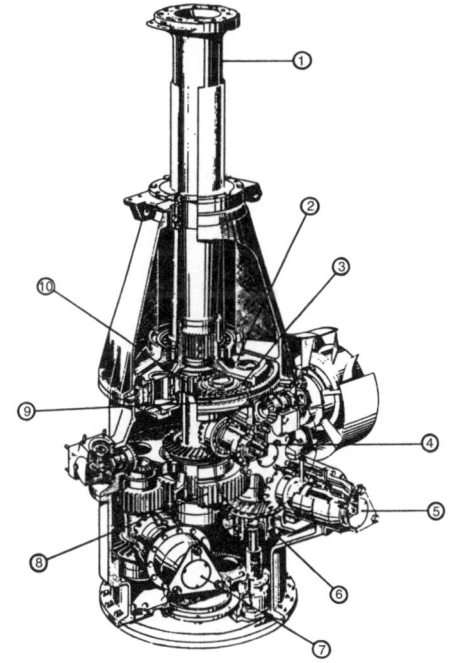

Bild 12.4.10
Das Getriebe des MBB Bo 105
1 Rotorwelle
2 Planetenradträger (mit der Rotorwelle verbunden)
3 Planetenrad
4 Heckrotorantrieb
5 Antrieb vom rechten Triebwerk
6 Rotorbremse
7 Antrieb vom linken Triebwerk
8 Sammelrad
9 Hohlrad
10 Sonnenrad

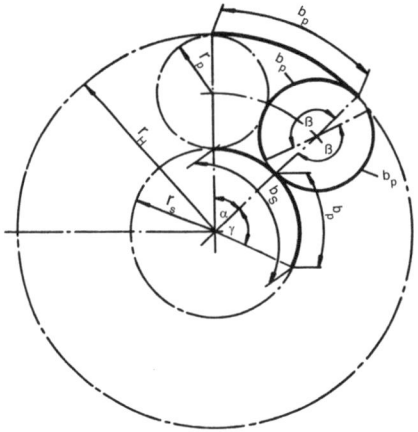

Bild 12.4.11
Winkel und Abrollbögen an einem Planetengetriebe mit festem Hohlrad H, treibendem Sonnenrad S und getriebenem Planetenradträger
i_P Übersetzungsverhältnis zwischen der Drehzahl des Sonnenrades und der des Planetenradträgers; n_S Drehzahl des Sonnenrades; n_R Drehzahl des Planetenradträgers; r_H Radius des Hohlrades; r_S Radius des Sonnenrades; r_P Radius des Planetenrades; b_P Abrollbogen des Planetenrades; α Winkel, den der Planetenradträger beschreibt, wenn am Hohlrad durch das Planetenrad der Bogen b_P erzeugt wird; β Winkel, der auf dem Planetenrad für den Bogen b_P entsteht; b_S Bogen, den das Sonnenrad beschreibt, wenn der Planetenradträger den Winkel α zurückgelegt hat; γ Winkel zum Bogen b_P auf dem Sonnenrad

des Planetengetriebes empfiehlt es sich, die Winkeldrehung der Zahnräder zu betrachten *(Bild 12.4.11)*. Wenn ein Planetenrad am Hohlrad abrollt, beschreibt es den Bogen b_P. Der Abrollbogen b_P ist auch auf dem Planetenrad entstanden und erzeugt dort den Abrollwinkel β. Auf den Mittelpunkt des Sonnenrades bezogen, schließt der Winkel α den Bogen b_P am Hohlrad ein. Das Planetenrad ist nicht nur am Hohlrad abgerollt, sondern auch am Sonnenrad und hat auch dort den Bogen b_P beschrieben mit dem Winkel γ. Der gesamte Winkel, um den sich das Sonnenrad weitergedreht hat, beträgt nun $\alpha + \gamma$.

Die Winkel werden im Folgenden in Radiant gemessen: $360° \triangleq 2\pi$.

$$b_P = r_S \cdot \gamma = r_P \cdot \beta = r_H \cdot \alpha$$

Das Übersetzungsverhältnis i ist das Verhältnis der Winkeldrehung des treibenden Rades (= Sonnenrad) zum getriebenen Rad (= Planetenradträger).

$$i_P = \frac{\alpha + \gamma}{\alpha} = 1 + \frac{\gamma}{\alpha} \quad \alpha = \frac{r_P \cdot \beta}{r_H} \quad \gamma = \frac{r_P \cdot \beta}{r_S}$$

$$i_P = 1 + \frac{r_P \cdot \beta \cdot r_H}{r_S \cdot r_P \cdot \beta} = 1 + \frac{r_H}{r_S}$$

Da die Zähnezahlen proportional den Radien der Zahnräder sind, gilt demnach auch:

$$i_P = 1 + \frac{z_H}{z_S}$$

An einem mehrstufigen Helikoptergetriebe soll das gesamte Übersetzungsverhältnis von der Drehzahl der Turbine bis zur Rotordrehzahl bestimmt werden *(Bild 12.4.12)*.

Bild 12.4.12
Rechenbeispiel zum Planetengetriebe
n_T Turbinendrehzahl = 6000 min^{-1}
n_R Rotordrehzahl
z Zähnezahl
$z_1 = 30$; $z_2 = 80$; $z_3 = 25$
$z_4 = 38$; $z_H = 80$; $z_S = 32$

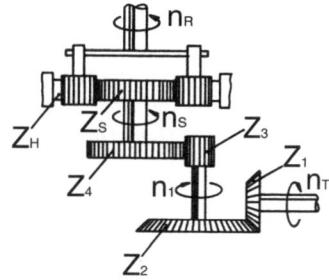

$$i_1 = \frac{z_2}{z_1} = \frac{80}{30} = 2,67$$

$$i_2 = \frac{z_4}{z_3} = \frac{38}{25} = 1,52$$

$$i_P = 1 + \frac{z_H}{z_S} = 1 + \frac{80}{32} = 1,52$$

$$i_g = i_1 \cdot i_2 \cdot i_P = 2,67 \cdot 1,52 \cdot 3,5 = 14,2$$

$$n_R = \frac{n_T}{i_g} = \frac{6.000}{14,2} = 422,5 \text{ min}^{-1}$$

12.5 Bauweisen der Rotorblätter

Was für den Flugzeugbau im Allgemeinen gilt, gilt auch für die Herstellung der Rotorblätter im Besonderen. Die Blätter können wie bei einigen älteren Modellen in Holzbauweise, in Metallbauweise und in immer stärkerem Maße auch aus Kunststoff hergestellt werden. Der Firma MBB gelang es, Blätter aus GFK erfolgreich für den Bo 105 einzusetzen. Die Dauerfestigkeit dieser Blätter ist außerordentlich hoch, und die Verwendung eines Rotorkopfes ohne Schlag- und Schwenkgelenke wäre ohne Kunststoffblätter auch nicht möglich. Die mechanischen Schlag- und Schwenkgelenke werden ersetzt durch die elastische Biegung der Rotorblätter. Nach langen Versuchen erwies sich folgender Blattaufbau als geeignet: Die Haut und der Holm bestehen aus GFK mit Epoxidharz, der Blattkern besteht aus PVC-Hartschaum. Damit die Trägheitskräfte, die bei der

Bild 12.5.1
Das Rotorblatt des MBB Bo 105 in Faserverbundbauweise, Profil NACA 23 012 (asymmetrisch)
1 Bleistange
2 Erosionsschutz aus Titanblech
3 Holm aus GFK, unidirektional
4 Haut aus GFK in 45°-Lage
5 Kern aus PVC-Hartschaum

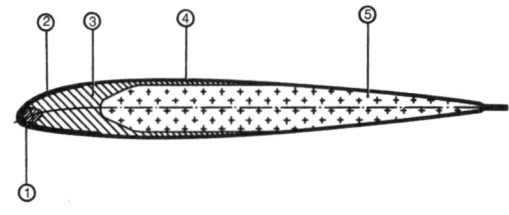

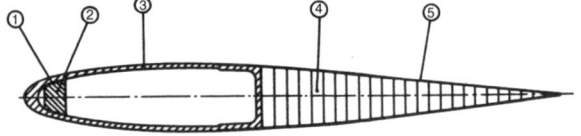

Bild 12.5.2
Rotorblatt des Sikorsky S 58 in Metallbauweise, Profil NACA 0012 (symmetrisch)
1 Gummischicht
2 Stahlschiene
3 Strangpressprofil aus Aluminiumlegierung
4 Aluminiumwabenkern
5 Deckblech aus Aluminiumlegierung

Schlagbewegung entstehen, in der Blattdrehachse angreifen, wird in die Profilachse ein Bleistab mit eingearbeitet, so dass der Blattschwerpunkt in 25% der Profiltiefe liegt. Im vorderen Bereich ist das Blatt durch eine Erosionskante aus Titanblech geschützt. Ausführungsbeispiele von Rotorblättern zeigen die *Bilder 12.5.1* und *12.5.2*.

Übung

1. Beschreiben Sie die *Merkmale* des Flugschraubers und des Kombinationsflugschraubers.
2. Beschreiben Sie ein verwirklichtes *Hubschrauberkonzept mit Blattspitzenantrieb*, und erläutern Sie die dabei aufgetretenen Probleme.
3. Ermitteln Sie den *Leistungsbedarf des Rotors* eines Helikopters von 2,5 t Gesamtmasse mit einem Rotordurchmesser von 14 m bei Normalbedingungen im Schwebeflug.
4. Berechnen Sie den *Konuswinkel eines Rotors*, wenn der Helikopter folgende Daten besitzt: Gesamtmasse = 1500 kg; Rotordurchmesser = 10 m; Drehzahl = 400 min^{-1}; Blattmasse = 18 kg; Schlaggelenkradius = 0,6 m; Blattzahl = 4.
5. Begründen Sie die *Notwendigkeit von Schlaggelenken* und erläutern Sie die *Positionen* von Maximum und Minimum des Schlagwinkels in Abhängigkeit vom Umlaufwinkel.
6. Wodurch entstehen die *Schwenkbewegungen* der Rotorblätter? Beschreiben Sie ihren *Verlauf* in Bezug zum Umlaufwinkel mittels Diagramm.
7. Berechnen Sie die *Corioliskraft an einem Rotorblatt*, an dem folgende Bedingungen bestehen: Rotordurchmesser = 12 m; Drehzahl = 350 min^{-1}; Blattmasse = 18 kg; Schlagwinkel = 15°; Schlaggelenkradius = 0,5 m und Schlaggeschwindigkeit = 12 m/s.
8. Beschreiben Sie den *Zusammenhang* von Steuerwinkel, Rotorrückneigungswinkel und Schwerpunktlage.
9. Erklären Sie die *Phasenverschiebung* zwischen dem Maximum der Auftriebskraft und dem Maximum des Schlagwinkels in Abhängigkeit vom Umlaufwinkel.
10. Erläutern Sie das Prinzip der *Blattrücksteuerung*.
11. Leiten Sie die Formel zur Berechnung des *Durchmessers des Rückströmgebietes* ab.
12. Wie kommt es zur *Autorotation* an einem frei drehenden Rotor?
13. Erläutern Sie die *Übertragung des Nick- und Rollmoments* zwischen Rotor und Rumpf.
14. Leiten Sie die Formel ab, mit der die *Proportionen an den Mischhebeln* berechnet werden können.
15. Wie viel *Prozent der Rotorleistung* eines Helikopters braucht der Heckrotor, wenn folgende Daten gegeben sind? Rotorleistung = 1500 kW; Drehzahl des Hauptrotors = 300 min^{-1}; Durchmesser des Heckrotors = 1,7 m; Abstand zwischen Haupt- und Heckrotor = 10 m.

13 Instrumente

13.1 Einordnung der Instrumente

Die Instrumentenanlage gehört zur Standardausrüstung und dient zur Überwachung des Luftfahrzeuges und des Fluges. Zum Luftfahrzeug gehören die Struktur wie Tragwerk, Leitwerk, Rumpfwerk, Fahrwerk usw., die Antriebsanlage und die Anlagen der Standardausrüstung wie Steuerung, Hydraulikanlage, Klimaanlage, elektrische Anlage usw. Die Instrumente zur Flugzeugüberwachung (das Luftfahrzeug wird im Weiteren gleichgesetzt mit Flugzeug), z.B. ECAM (*electronic centralized aircraft monitoring*), werden hier nicht weiter behandelt. Zur Anlage der Flugüberwachung zählen die Instrumente zur Kontrolle der Fluglage, des Flugzustandes sowie der Flugrichtung oder Navigation. Von den Navigationsgeräten werden hier der Kompass und der Kurskreisel dargestellt. Die nachfolgend behandelten konventionellen Flugzeuginstrumente lassen sich auch nach konstruktiven Merkmalen unterteilen, nämlich in Dosengeräte, Kreiselgeräte und Geräte wie dem mit einem Magnetsensor arbeitenden Kompass. Die sonstigen elektromechanischen Geräte, wie man sie zur Navigation benötigt, sowie die Sensor- und Computertechnik für Großflugzeuge können hier nur kurz dargestellt werden. Die Überwachung der Fluglage und des Flugzustandes (Bewegung eines Flugzeuges im Raum) dient zur sicheren und wirtschaftlichen Durchführung eines Fluges. Die Lage des Luftfahrzeuges wird bestimmt durch die Herstellung eines Bezugs zur Erdoberfläche. Die Bewegung des Flugzeuges drückt man durch seine momentane Geschwindigkeit und die Flugbahnrichtung bezogen auf die Erdoberfläche aus. Zu den Instrumenten, die den Flugzustand und die -lage überwachen, zählen:

- der Höhenmesser zur Bestimmung des vertikalen Abstandes zwischen Flugzeug und einer bestimmten Bezugsebene (Lage),
- der Fahrtmesser zur Bestimmung der Fluggeschwindigkeit in Richtung der Flugzeuglängsachse (Zustand),
- das Variometer zur Bestimmung der Geschwindigkeit des Flugzeuges in Richtung der Vertikalen (Zustand),
- der Horizontkreisel zur Bestimmung der Lage der Flugzeuglängs- und -querachse zur Erdoberfläche (Lage),
- der Wendezeiger zur Bestimmung der Drehgeschwindigkeit des Flugzeuges um die Hochachse (Zustand),

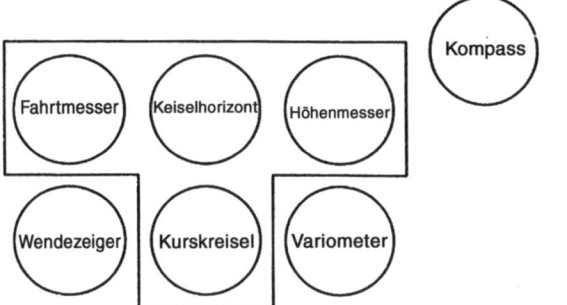

Bild 13.1.1
T-Anordnung der wichtigsten Flugüberwachungsinstrumente am Instrumentenbrett

❑ der Außentemperaturanzeiger,
❑ die Überziehwarnanlage (Zustand).

Anordnung der wichtigsten Flugzeuginstrumente
Die Flugzeuginstrumente sind auf dem Instrumentenpanel so angeordnet, dass sie in der Blickrichtung nach vorne in möglichst geringer Abweichung von der normalen Haltung für den Piloten sichtbar sind. Die wesentlichen Flugüberwachungs- sowie Navigationsinstrumente befinden sich im zentralen Blickfeld des Piloten – in der so genannten T-Anordnung *(Bild 13.1.1)*. Die Instrumente haben diese Anordnung, damit die Piloten sich beim Überwechseln auf andere Flugzeugtypen leichter einarbeiten können. Der Kreiselhorizont ist das Hauptinstrument für die Flugdurchführung. Von ihm aus werden alle anderen Instrumente ausgewertet. Das Ablesen der Instrumente muss insbesondere für den Instrumentenflug (d.h. keine Sicht auf den natürlichen Horizont) intensiv trainiert werden. Der Blick wird dabei nicht auf ein Instrument fixiert, sondern muss alle wichtigen Instrumente nacheinander erfassen *(cross checking)*, damit keine wichtige Fluginformation übersehen wird.

13.2 Herkömmliche Instrumente

13.2.1 Barometrische Instrumente

Höhenmesser (Altimeter)
Die Bestimmung der Flughöhe geschieht bei Zivilflugzeugen überwiegend barometrisch, d.h. durch Messung des in der jeweiligen Höhe vorhandenen Luftdruckes. Der Luftdruck nimmt mit zunehmender Höhe gesetzmäßig ab, so dass eine eindeutige Abhängigkeit zwischen der Höhe und dem Luftdruck besteht. Das Wettergeschehen beeinflusst aber diese Abhängigkeit, so dass die Bestimmung der Höhe mit Fehlern behaftet ist, die jedoch durch technische und organisatorische Vorkehrungen beherrschbar sind und die Flugsicherheit nicht beeinträchtigen. Der barometrische Höhenmesser ist ähnlich aufgebaut wie ein mechanisches Barometer. Er hat als Sensor mehrere zum Paket gestapelte fast luftleere Druckmessdosen (Aneroiddosen) aus dünnem elastischen Blech. Die Messdosen

Bild 13.2.1
Mechanik des Höhenmessers
p_s statischer Luftdruck
1 Feder
2 Aeroiddose

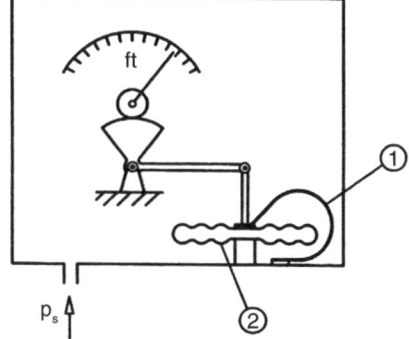

befinden sich in einem mit dem Außenluftdruck verbundenen Gehäuse. Um zu verhindern, dass der Luftdruck die Messdosen zusammenquetscht, werden sie von einer Feder gegen den Luftdruck auseinandergehalten *(Bild 13.2.1)*. Der Luftdruck greift an den Deckelflächen der Messdosen an und steht im Gleichgewicht mit der Feder. Je größer der Luftdruck ist, umso stärker werden die Dosen und die Feder zusammengedrückt. Über ein Getriebe wird der Dosenhub auf eine Anzeige übertragen.

Die abgebildete Höhenmesserskala *(Bild 13.2.2)* zeigt die Höhe in Fuß über eine einzustellende Bezugshöhe an. Die Höhenmesseranzeige hat zwei Zeiger und zwei

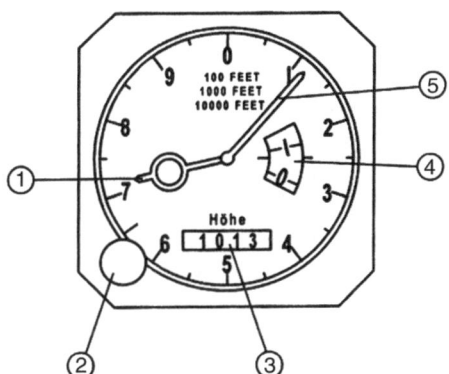

Bild 13.2.2   Einstellungen sowie Anzeigen des Höhenmessers (engl. Altimeter)
1 Zeiger für die 1000-ft-Anzeige; 2 Drehknopf zum Einstellen des Bezugsdrucks; 3 Subskala für den Bezugsdruck; 4 Subskala für die 10000-ft-Anzeige; 5 Zeiger für die 100-ft-Anzeige
Der aktuelle Luftdruck in Platzhöhe wird bestimmt, indem der Höhenmesser auf 0 ft Höhe gestellt wird. Der Druck kann dann auf der Subskala in hPa abgelesen werden. Der QNH-Wert ist ein errechneter Luftdruck in Normalnull (NN, msl). Dieser Wert weicht vom Luftdruck der Normalatmosphäre in 0 ft von 1013,25 hPa mehr oder weniger wegen wetterabhängiger Luftdruckschwankungen ab. Wenn die Luftdrücke von denen der Normalatmosphäre abweichen, dann zeigt ein Höhenmesser, der auf Standarddruck eingestellt ist, eine andere Höhe an als einer, der auf QNH eingestellt ist. Die Höhenmesser werden ab einer Flughöhe von 3000 ft über Grund auf Standarddruck eingestellt und zeigen dann Flugflächen an.

Subskalen. Die Zahlen für den langen Zeiger werden mit 100, die des kleineren mit 1000 und die der Subskala für die Höhe mit 10 000 multipliziert. In der Subskala ist die Eins noch nicht erreicht. Die Höhenmesseranzeige lautet demnach 7110 ft.

Mit einem Einstellknopf kann ein Luftdruckwert in hPa (mb) in der zweiten Subskala eingestellt werden. Man unterscheidet drei Grundeinstellungen: QFE, QNH und Flugfläche (*flight level*). Die Buchstabengruppen sind Morsesignale, mit denen früher bestimmte Informationen, z.B. meteorologischer Art, übermittelt wurden. QFE bedeutet die Angabe des Luftdruckes am Flugplatz. Wenn dieser Bezugsdruck in der Druckskala eingestellt wird, dann zeigt der Höhenmesser bei der Landung die Höhe 0 ft an. Befindet sich das Flugzeug über dem Platz, zeigt der Höhenmesser die Höhe über dem Platz an (*height*). Steht das Flugzeug auf dem Platz und wird die Flugplatzhöhe (*elevation*) über Normalnull (NN; *mean sea level*, MSL) an der Höhenskala eingestellt (bei der Änderung des Bezugsdruckes ändert sich auch die angezeigte Höhe), dann wird auf der Druckskala der QNH-Wert angezeigt. Es ist der von QFE aus mit den Werten der Normalatmosphäre berechnete Druck in NN. Wenn der Druckwert QNH, der in der Höhe NN vorhanden ist, in der Bezugsdruckskala eingestellt wird, dann zeigt der Höhenmesser die Höhe über NN an. Es ist für die Luftverkehrssicherheit wichtig, dass alle Flugzeuge, die sich in der gleichen Höhe befinden, auch die gleiche Höhenmesseranzeige haben. Nicht so wichtig ist es, dass die exakte Höhe über NN angezeigt wird. Wenn bei allen Flugzeugen im selben Luftbezirk derselbe Bezugsdruck im Höhenmesser eingestellt wird, dann ist die obige Forderung erfüllt. Bei Flügen im kontrollierten Luftraum über 3000 ft über Grund wird der Standarddruck 1013,25 hPa eingestellt. Der Höhenmesser zeigt dann eine Höhe über der Druckfläche 1013,25 hPa an. Die Höhenangabe über der Standarddruckfläche ist der QNE-Wert oder die Flugfläche (*flight level*). Für die Angabe der Flugflächen werden von der Höhenangabe in Fuß zwei Stellen weggestrichen, also 30 000 ft entsprechen der Flugfläche 300.

In der zivilen Luftfahrt ist der barometrische Höhenmesser das wichtigste Gerät zur Höhenbestimmung. Für Landeanflüge benutzt man jedoch wegen der genauen Bestimmung über Grund den Frequenzhöhenmesser (*low range radio altimeter*). Bis 500 ft zeigt er präzise die Höhe an mit einem maximalen Messbereich bis 2000 ft.

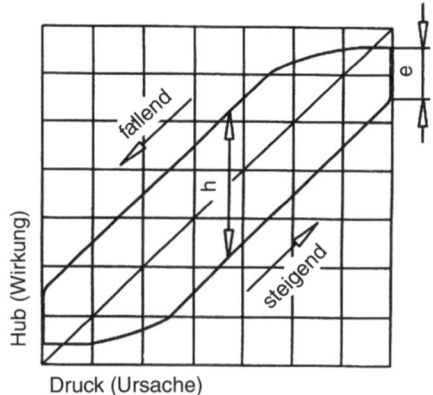

Bild 13.2.3
Hysterese sowie elastische Nachwirkung von barometrischen Anzeigen mit Druckmessdosen
h Hysterese, *e* elastische Nachwirkung
Zwei Arten von Fehlern sind für Doseninstrumente charakteristisch. Der erste Fehler zeigt sich bei Umkehr des Druckverlaufs. Abnehmende Drücke führen zu einer höheren Anzeige als zunehmende. Der zweite Fehler wird elastische Nachwirkung genannt. Wenn die Druckänderung zum Stillstand gekommen ist, dann ändert sich danach die Anzeige eine gewisse Zeit im Sinne der Druckänderung weiter. Durch Sonderwerkstoffe und künstliche Alterung können diese Fehler vermindert werden.

Die Normalatmosphäre

Zum Zwecke der Vereinheitlichung in der Luftfahrt ist von der ICAO die Normalatmosphäre definiert worden. Sie ist eine ideale, d.h. eine nicht wirklich existierende Atmosphäre, die durch Formeln und Festwerte beschrieben ist. Die Werte der Normalatmosphäre dienen unter anderem dazu, die barometrischen Flugzeuginstrumente zu kalibrieren, so dass alle im Flugbetrieb befindlichen Geräte auf der gleichen Grundlage arbeiten, d.h. unter den gleichen atmosphärischen Bedingungen das Gleiche anzeigen.

Tabelle 13.1 Festgelegte Werte und Formeln der internationalen Normalatmosphäre

	Festwerte für $h = 0$	$h \leq 11$ km	Festwerte für $h = 11$
Temperatur in °C	$t_0 = 15$	$t_h = 15 - 6{,}5\,h$	$t_{11} = -56{,}5$
Druck in hPa	$p_0 = 1013{,}25$	$p_h = 1013{,}25 \cdot \left(\dfrac{288 - 6{,}5 \cdot h}{288}\right)^{5{,}255}$	$p_{11} = 226{,}17$
Dichte in kg/m³	$\rho_0 = 1{,}2255$	$\rho_h = 1{,}2255 \cdot \left(\dfrac{288 - 6{,}5 \cdot h}{288}\right)^{4{,}255}$	$\rho_{11} = 0{,}36389$

Temperaturgradient: 6,5 grd/km; Luftfeuchtigkeit 0%; Sauerstoff: 20,9% konstant; Kohlendioxid: 0,03% konstant; Fallbeschleunigung 9,80665 m/s2

Tabelle 13.2 Berechnete Werte der ICAO-Normalatmosphäre (INA)

Höhe h in m	Temperatur t in °C	Druck p in hPa	Dichte ρ in kg/dm³	Höhe h in m	Temperatur t in °C	Druck p in hPa	Dichte ρ in kg/m³
−200	16,30	1037,52	1,2492	3200	−5,80	683,34	0,8908
−100	15,65	1025,33	1,2373	3400	−7,10	666,05	0,8725
0	15,00	1013,25	1,2255	3600	−8,40	649,11	0,8545
100	14,35	1001,29	1,2138	3800	−9,70	632,53	0,8368
200	13,70	989,44	1,2021	4000	−11,00	616,29	0,8194
300	13,05	977,71	1,1906	4500	−14,25	577,16	0,7770
400	12,40	966,09	1,1791	5000	−17,50	540,07	0,7363
500	11,75	954,59	1,1677				
600	11,10	943,19	1,1564	5500	−20,75	504,93	0,6973
700	10,45	931,91	1,1452	6000	−24,00	471,67	0,6598
800	9,80	920,73	1,1341	6500	−27,25	440,20	0,6239
900	9,15	909,67	1,1230	7000	−30,50	410,46	0,5896
1000	8,50	898,71	1,1121	7500	−33,75	382,36	0,5567
1200	7,20	877,11	1,0904	8000	−37,00	355,85	0,5252
1400	5,90	855,94	1,0690	8500	−40,25	330,84	0,4951
1600	4,60	835,18	1,0480	9000	−43,50	307,27	0,4664
1800	3,30	814,83	1,0272	9500	−46,75	285,08	0,4389
2000	2,00	794,88	1,0068	10000	−50,00	264,21	0,4127
2200	0,70	775,33	0,9867	10500	−53,25	244,59	0,3877
2400	−0,60	756,18	0,9670	11000	−56,50	226,17	0,3639
2600	−1,90	737,40	0,9475				
2800	−3,20	719,01	0,9283				
3000	−4,50	700,99	0,9094				

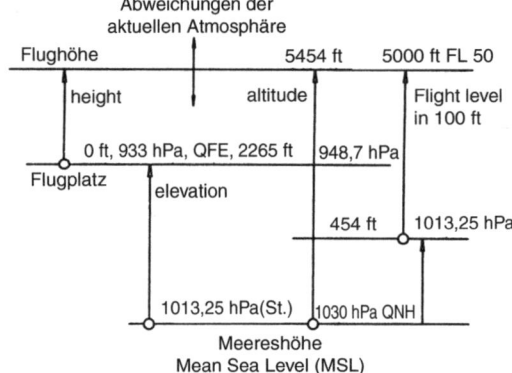

Bild 13.2.4
Höhenbezeichnungen, die im Luftverkehr wichtig sind. Entscheidend für eine Höhenangabe ist die Bezugsebene, wie Flugplatz, Normalnull oder die 1013,25-hPa-Druckfläche.

Höhen- und Druckberechnungen nach der INA-Formel (Tabellen 13.1 und 13.2)
Der Luftdruck am Flugplatz (QFE) beträgt 933 hPa. Wie hoch liegt dieser Flugplatz über Normalnull, wenn die Standardbedingungen gelten sollen (das heißt, der Luftdruck in Meereshöhe beträgt 1013,2 hPa)?

$$p_h = 1013,25 \cdot \left(\frac{288 - 6,5 \cdot h}{288} \right)^{5,255}$$

h Höhe in km; p_h Druck in der Höhe h in hPa; 1 ft = 0,3048 m

$$h = 44,308 \cdot \left(1 - \left(\frac{p_h}{1013,25} \right)^{0,1903} \right) =$$

$$= 44,308 \cdot \left(1 - \left(\frac{933}{1013,25} \right)^{0,1903} \right) = 0,6903 \, \text{km} = 2264,8 \, \text{ft}$$

Der aktuelle Luftdruck in Meereshöhe (QNH) beträgt 1030 hPa. In welcher Höhe liegt die Standarddruckfläche 1013,2 hPa?

$$h = 44,308 \cdot \left(1 - \left(\frac{1030}{1013,25} \right)^{0,1903} \right) = 0,138 \, \text{km} = 454 \, \text{ft}$$

Wie groß ist der Luftdruck der Flugfläche 50 nach Standardatmosphäre?

$$p_h = 1013,25 \cdot \left(\frac{288 - 6,5 \cdot 1,524}{288} \right)^{5,255} = 843 \, \text{hPa}$$

mit h = 0,3048 · 5000 ft = 1,524 km

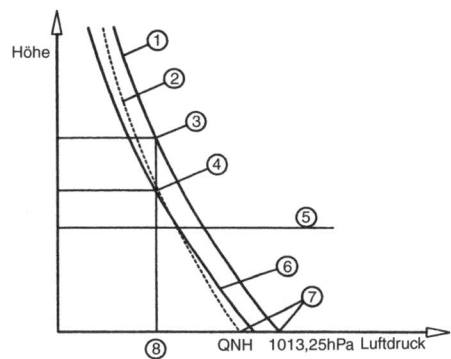

Bild 13.2.5 Verstellung des Bezugsdruckes am Höhenmesser
1 ICAO-Normalatmosphäre; 2 mittels Stellknopf verschobene Atmosphäre; 3 angezeigte Höhe der Normalatmosphäre (Wert in der Subskala 1013,25 hPa); 4 angezeigte Höhe bei eingestelltem Subskalenwert QNH; 5 Platzhöhe; 6 aktuelle Atmosphäre; 7 eingestellter Bezugsdruck in der Subskala; 8 aktueller Luftdruck

Mit Hilfe des Verstellknopfes am Höhenmesser kann der Anfangsdruck (Bezugsdruck in der Subskala) der angezeigten Höhe verstellt werden. Dabei wird die Normalatmosphäre vertikal im Diagramm verschoben [1) und 2)]. Für einen bestimmten aktuellen Luftdruck wird einmal die Höhe (3) der Normalatmosphäre oder die Höhe (4) bei einem eingestellten QNH-Wert angezeigt. In Platzhöhe ist der Druck der aktuellen und der mit QNH eingestellten Höhe gleich. In 0 ft Höhe unterscheidet sich der aktuelle Luftdruck vom QNH-Wert, denn der QNH-Wert ist ein vom Platz aus errechneter Wert.

Wie groß ist der Luftdruck in Flugplatzhöhe (QFE), wenn QNH 1030 hPa beträgt? Hierzu zuerst die Ermittlung der Höhendifferenz von der Standarddruckfläche zum Platz:

$$\Delta h = 2265 \text{ ft} - 454 \text{ ft} = 1811 \text{ ft} = 0{,}552 \text{ km}$$

$$p_h = 1013{,}45 \cdot \left(\frac{288 \quad 6{,}5 \cdot 0{,}552}{288}\right) 5{,}255 = 948{,}6 \text{ hPa}$$

Fahrtmesser (Airspeed Indicator)

Die Ermittlung der Geschwindigkeit eines Flugzeuges geschieht hauptsächlich aerodynamisch. Aus flugtechnischen Gründen muss eine Bestimmung der Fluggeschwindigkeit gegenüber der umgebenden Luft erfolgen, denn nur eine ausreichende Strömungsgeschwindigkeit der Luft sichert den Auftrieb. Die für die Navigation wichtige Fluggeschwindigkeit über Grund wird durch Berücksichtigung des Windeinflusses ermittelt (vgl. hierzu Abschnitt 13.4). Daneben kann die Fluggeschwindigkeit auch funkelektronisch bestimmt werden. Die Fahrtmesser-Anzeige *(Bild 13.2.6)* der Geschwindigkeit erfolgt nach den Regeln der ICAO in Seemeilen pro Stunde mit der Bezeichnung Knoten (knots). Eine Seemeile (Nautical Mile) entspricht 1,853 km und ist definiert als die Länge einer Bogenminute auf einem Meridian.

Das physikalische Messprinzip des Fahrtmessers basiert auf dem *Bernoulli-Gesetz:*

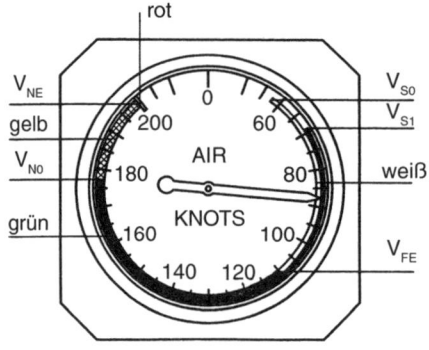

Bild 13.2.6
(rechts): Anzeige des Fahrtmessers (Airspeed Indicator) mit Geschwindigkeitsbereichen. Für Flugzeuge mit einer Masse von weniger als 5,7 t müssen die zulässigen Geschwindigkeitsbereiche farbig markiert werden. Es gilt:
weißer Bereich: Geschwindigkeitsbereich mit ausgefahrenen Landeklappen
grüner Bereich: Geschwindigkeitsbereich für vollen Quer- und Höhenruderausschlag
gelber Bereich: Vorsichtsbereich, nur kleine Ruderausschläge bzw. nur bei nichtböigem Wetter
roter Bereich: höchstzulässige Geschwindigkeit

$p_{ges} = p_{dyn} + p_s$
$p_{dyn} = p_{ges} - p_s = \Delta p$
p_{ges} Gesamtdruck in Pa
p_{dyn} Staudruck in Pa
p_s statischer Druck in Pa
ρ Luftdichte in kg/dm³
v Fluggeschwindigkeit in m/s

Der Staudruck p_{dyn} berechnet sich aus

$$p_{dyn} = \frac{\rho}{2} \cdot v^2$$

Daraus folgt für die Fluggeschwindigkeit v:

$$v = \sqrt{\frac{2 \cdot p_{dyn}}{\rho}} = \sqrt{\frac{2 \cdot \Delta p}{\rho}}$$

Δp kann mit Hilfe des *Prandtl*-Staurohres und einer Druckmessdose (Membrandose) bestimmt werden. Der Gesamtdruck p_{ges} wird in die Druckmessdose und der statische Druck p_s in das Instrumentengehäuse geleitet. Dadurch stehen sich Gesamtdruck sowie statischer Druck gegenüber, so dass der Dosenhub, der auf eine Anzeigenmechanik übertragen wird, die Differenz Δp der beiden Drücke darstellt. Der Staudruck p_{dyn} entspricht der Druckdifferenz Δp und ist proportional dem Quadrat der Geschwindigkeit v. Durch Kalibrieren des Geräts kann die Geschwindigkeit zur Anzeige gebracht werden *(Bild 13.2.7)*.

Korrektur der Kompressibilität
Die Kompressibilität der Luft bei zunehmender Geschwindigkeit wird bei der Anzeige eines einfachen Fahrtmessers berücksichtigt und kann bis 100 m/s vernachlässigt

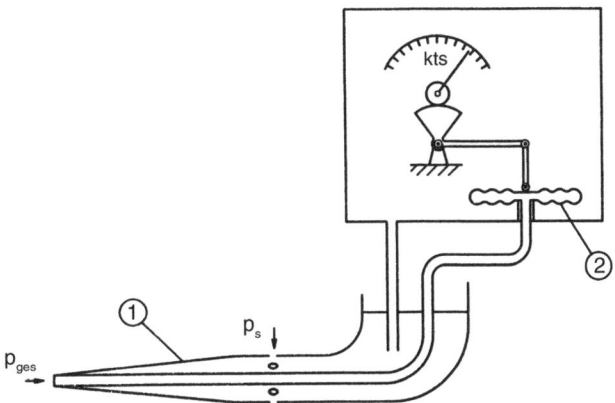

Bild 13.2.7 Mechanik des einfachen Fahrtmessers
1 Prandtl-Staurohr; 2 Membrandose
Dargestellt wird der prinzipielle Aufbau eines Fahrtmessers, mit dem die unkorrigierte Fluggeschwindigkeit (IAS = indicated airspeed) zur Anzeige kommt. Er gibt ausreichend Information über die Strömungsverhältnisse am Flugzeug bei niedrigen Geschwindigkeiten.

werden. Bei höheren Geschwindigkeiten wirkt sich jedoch die Kompressibilität der Luft durch eine zu große Anzeige aus. Zur Bestimmung des korrekten Wertes wird deshalb der vom Prandtl-Staurohr gelieferte Staudruck durch den so genannten Kompressibilitätsfaktor C dividiert.

$$C = 1 + \frac{M^2}{4}$$

$$EAS = \sqrt{\frac{2 \cdot p_{dyn}}{\rho \cdot C}}$$

M Machzahl
EAS bezogene Geschwindigkeit *(Equivalent Airspeed)*

Kompensierter Fahrtmesser (True Airspeed Indicator)
Ein einfacher Fahrtmesser wird unter Standardbedingungen kalibriert, d.h. für $t_0 = 15$ °C, $p_0 = 1013{,}25$ hPa und $\rho_0 = 1{,}224$ kg/m^3. Für alle anderen Werte zeigt er falsche Geschwindigkeiten an *(Bild 13.2.8)*. Die Änderung der Luftdichte mit der Höhe und der Temperatur muss bei der Bestimmung der wahren Fluggeschwindigkeit *(true airspeed*, TAS) rechnerisch oder tabellarisch berücksichtigt werden. Es gibt aber auch den kompensierten Fahrtmesser, bei dem der Dichteeinfluss mechanisch einbezogen wird *(Bild 13.2.9)*. Die oben angegebene Formel für die Berechnung der Geschwindigkeit aus dem Staudruck ist die geeignete Formel zur Berechnung der wahren Fluggeschwindigkeit, sofern nur die richtigen physikalischen Werte der umgebenden Luft eingesetzt werden. Die Dichte der Luft lässt sich direkt nicht leicht bestimmen. Mit Hilfe der allgemeinen Gasgleichung kann man sie jedoch in solchen Größen ausdrücken, die mit einfachen Sensoren bestimmbar sind.

		Abkürzungen von Geschwindigkeitsbezeichnungen
v_A	=	Manövergeschwindigkeit für Flüge in starker Turbulenz
v_{FE}	=	Höchste Geschwindigkeit mit ausgefahrenen Landeklappen (flaps extended)
v_{LE}	=	Höchste Geschwindigkeit bei ausgefahrenem Fahrwerk (landing gear extended)
v_{LOF}	=	Abhebegeschwindigkeit
v_{NE}	=	Höchstzulässige Geschwindigkeit (never exeed)
v_{NO}	=	höchste Reisegeschwindigkeit (normal operating speed)
v_R	=	Rotiergeschwindigkeit; die Geschwindigkeit beim Start, bei der die Nase des Flugzeuges durch Ziehen des Höhenruders angehoben wird
v_S	=	Überziehgeschwindigkeit; die kleinste Geschwindigkeit, bei der das Flugzeug steuerbar ist
v_{S0}	=	Überziehgeschwindigkeit ohne Gas; die kleinste Geschwindigkeit, in der Landezustandsform (Landeklappen und Fahrwerk ausgefahren)
v_{S1}	=	Überziehgeschwindigkeit ohne Gas; die kleinste Geschwindigkeit (Landeklappen und Fahrwerk eingefahren)
v_X	=	Geschwindigkeit für den besten Steigwinkel (wichtig bei Hindernissen im Abflugsektor)
v_Y	=	Geschwindigkeit für das beste Steigen (Steiggeschwindigkeit) zur Erreichung einer bestimmten Höhe in kürzester Zeit
v_1	=	Entscheidungsgeschwindigkeit im Falle eines Triebwerksausfalls während des Starts, bei der zu entscheiden ist, den Start abzubrechen oder fortzusetzen
v_2	=	Niedrigste Abhebegeschwindigkeit, bei der im Steigflug bei Triebwerksausfall ein sicherer Weiterflug möglich ist

$$v = \sqrt{\frac{2 \cdot \Delta p}{\rho_h}}; \quad \frac{p_s}{\rho_h} = R \cdot T_h; \quad \rho_h = \frac{p_s}{R \cdot T_h}$$

ρ_h eingesetzt in die Formel für v =TAS

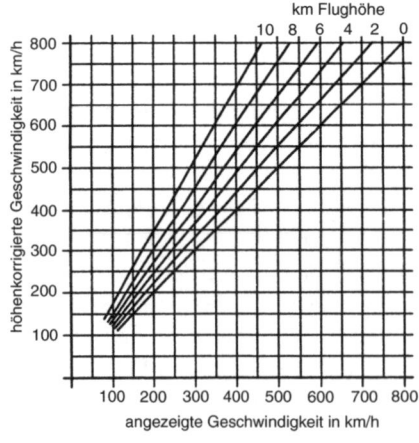

Bild 13.2.8
Die Geschwindigkeitskorrekturen bei unterschiedlichen Luftdichten. Der einfache Fahrtmesser misst mit seiner Mechanik den Staudruck. Bei gleicher Geschwindigkeit über Grund in NN wie in der Höhe wird, wegen der abnehmenden Luftdichte und dem damit abnehmenden Staudruck, eine zu geringe Geschwindigkeit angezeigt. Es fehlt nämlich der Anteil an der Fahrtanzeige, die zum selben Staudruck führt wie am Boden.

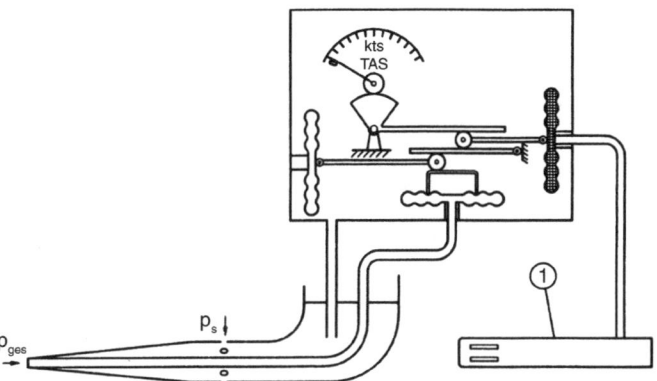

Bild 13.2.9 Mechanik des kompensierten Fahrtmessers
1 Temperatursensor. Bei Zunahme der Geschwindigkeit führt der erhöhte Staudruck über einen größeren Hub der Membrandose zu einer Erhöhung der Geschwindigkeitsanzeige. Steigt die Temperatur an, würde ein nicht kompensierter Fahrtmesser nicht den ganzen Geschwindigkeitsanstieg anzeigen, da die Luftdichte kleiner geworden ist. Der Temperaturfühler schiebt die Rolle nach links, so dass der Hebel für das Zahnsegment kürzer wird. Der Dosenhub wird dadurch wirksamer übertragen. Bei einer größeren Flughöhe entsteht wegen der geringeren Luftdichte ein kleinerer Staudruck, der bei gleicher Geschwindigkeit zu einer zu kleinen Geschwindigkeitsanzeige führt. Mit zunehmender Flughöhe fällt auch der Luftdruck, und die Aneroiddose dehnt sich aus. Die Rolle bewegt sich dadurch nach rechts, so dass die Hubkraft der Membrandose an einem kürzeren Hebel angreift und so die Anzeige verstärkt.

$$\text{TAS} = \sqrt{2 \cdot R} \cdot \sqrt{\frac{\Delta p}{p_s} T_h}$$

$$p_{\text{dyn}0} = p_{\text{dyn}h}; \quad \frac{\rho_0}{2} \cdot v_0^2 = \frac{\rho_h}{2} \cdot v_h^2$$

$$v_h = \sqrt{\frac{\rho_0}{\rho_h}} \cdot v_0; \quad \text{TAS} = \sqrt{\frac{\rho_0}{\rho_h}} \cdot \text{EAS}$$

EAS   Equivalent Airspeed in kts
ρ_0 Luftdichte in NN in kg/m^3
TAS   True Airspeed in kts (errechnet aus v in m/s, indem v mit 3,6 multipliziert und dann durch 1,852 dividiert wird)
ρ_h Luftdichte in Flughöhe in kg/m^3
p_S statischer Druck in Pa
Im Diagramm lässt sich dieser Zusammenhang übersichtlich darstellen.
T_h Lufttemperatur in Flughöhe in K
$\Delta p, p_{\text{dyn}}$ Staudruck in Pa
v_0 angezeigte Fluggeschwindigkeit in m/s
R Luft-Gaskonstante = 287 kJ/kg · K
v_h wahre Fluggeschwindigkeit in m/s

Tabelle 13.3 Geschwindigkeitsbegriffe und Fehlerkorrekturen

Berücksichtigte Fehler ✗	IAS	CAS	EAS	TAS	Fehler beseitigt durch
Kompressibilität	✗	✗	✗	✗	Skalen-Kalibrierung
Systemfehler		✗	✗	✗	Tabelle oder Diagramm
Kompressibilität in Flughöhe			✗	✗	Messmethode oder Rechnung
Dichtehöhe				✗	Messmethode oder Rechnung
Messgrößen	Δp	Δp	$\Delta p, p_s$	$\Delta p, T, p_s$	
IAS = Angezeigte Geschwindigkeit (Indicated Airspeed); CAS = Berichtigte Geschwindigkeit (Calibrated Airspeed); EAS = Bezogene Geschwindigkeit (Equivalent Airspeed); TAS = Wahre Geschwindigkeit (True Airspeed)					

Neben den Fehlern durch Kompressibilität und Dichteänderung gibt es noch den Systemfehler, der sich zusammensetzt aus dem Lagefehler des Staurohres, dem Übertragungsfehler und dem Instrumentenfehler (*Tabelle 13.3*).

Machmeter (Mach Indicator)
Sowohl für den Über- als auch für den schnellen Unterschallflug ist zur sicheren Flugdurchführung die Kenntnis der Machzahl wichtig. Die meisten Düsenverkehrsflugzeuge operieren im schallnahen Bereich, wo am Flügel Schockwellen entstehen. Die Strömungseigenschaften ändern sich mit Annäherung der Fluggeschwindigkeit an die Schallgeschwindigkeit. Der Luftwiderstand steigt überproportional an, wodurch die Wirtschaftlichkeit verschlechtert wird. Die Steuerbarkeit des Flugzeuges wird negativ beeinflusst, und es kann zu einem Strömungsabriss am Tragflügel kommen. Da die Schallgeschwindigkeit keine in allen Höhen festliegende Größe ist, muss sie aus den Luftdaten jederzeit ermittelt werden. Aus der Fluggeschwindigkeit und der Schallgeschwindigkeit wird die Machzahl bestimmt.

$$M = \frac{v}{a}$$

$$a = \sqrt{\kappa \cdot \frac{p_s}{\rho}}; \quad v = \sqrt{\frac{2 \cdot \Delta p}{\rho}}$$

$$M = \sqrt{\frac{2 \cdot \Delta p \cdot \rho}{\rho \cdot \kappa \cdot p_s}} = \sqrt{\frac{2}{\kappa}} \cdot \sqrt{\frac{\Delta p}{p_s}} = 1,2 \cdot \sqrt{\frac{\Delta p}{p_s}}$$

a Schallgeschwindigkeit in m/s
κ Adiabatenexponent; $\kappa = 1,4$. Der Wert κ (kappa) wird in der Thermodynamik verwendet.
M Machzahl
p_s statischer Luftdruck in Pa
$\Delta p = p_{ges} - p_s = p_{dyn}$ in Pa
ρ Luftdichte in kg/dm^3
v Fluggeschwindigkeit in m/s

Bild 13.2.10
Die Anzeige des Machmeters für
Unterschall-Verkehrsflugzeuge

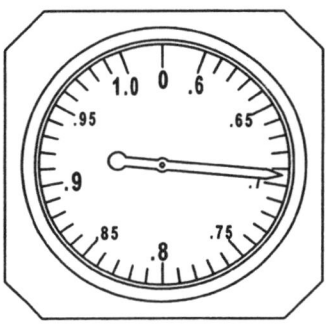

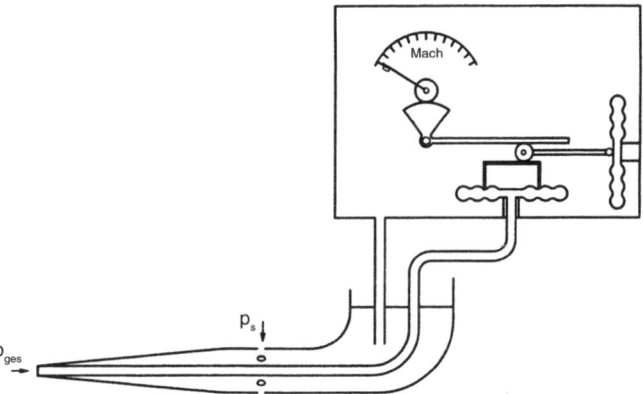

Bild 13.2.11 Mechanik des Machmeters. Bei steigender Fluggeschwindigkeit dehnt sich nach dem Prinzip des Fahrtmessers die Membrandose aus, und es wird eine höhere Machzahl angezeigt. Mit zunehmender Höhe muss ebenfalls eine höhere Machzahl angezeigt werden, weil die Schallgeschwindigkeit der Luft mit zunehmender Flughöhe sinkt. Die Aneroiddose dehnt sich aus und schiebt die Rolle weiter unter den Hebel, so dass sich bei einer Anzeige größer als Null eine Machzahlerhöhung einstellt. Die Schallgeschwindigkeit sinkt mit zunehmender Höhe, weil der Luftdruck p_s stärker abfällt als die Luftdichte ρ (Tabelle 13.2).

Aus den Formeln für die Schallgeschwindigkeit und die Fluggeschwindigkeit lässt sich ein neuer Ausdruck für die Machzahl herleiten. Sie ist demnach in allen Flughöhen nur abhängig vom Differenzdruck Δp sowie vom statischen Druck p_s. Das Machmeter *(Bild 13.2.10)* hat den Aufbau eines Fahrtmessers, wobei die Anzeige aber durch eine Aneroiddose korrigiert wird *(Bild 13.2.11)*.

Variometer (Vertical Speed Indicator)
Das Variometer zeigt die Steig- und Sinkgeschwindigkeit des Flugzeuges in ft/min oder bei Segelflugzeugen in m/s an *(Bild 13.2.12)*. Das Messprinzip beruht auf der Bestimmung der zeitlichen Druckänderung bei Änderung der Flughöhe. Beim einfachen Variometer gelangt der statische Außendruck in das Variometergehäuse und wirkt von

Bild 13.2.12
Anzeige des Variometers (Vertical Speed Indicator)

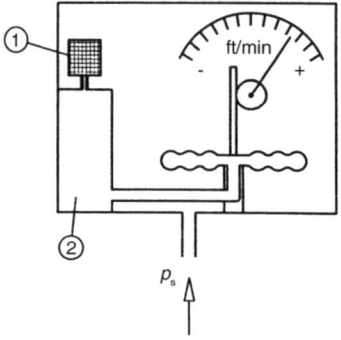

Bild 13.2.13
Mechanik des Variometers
1 Drossel
2 Ausgleichskammer

außen auf eine Membrandose. Innen ist die Membrandose an eine Kammer angeschlossen, die über eine Luftdrossel mit dem Gehäuse verbunden ist. Wenn bei einer gleichmäßigen Höhenänderung der Außendruck ebenfalls gleichmäßig abnimmt, dann bleibt ein Druckunterschied zwischen dem Inneren der Membrandose und dem Gehäuse, weil der Druckausgleich wegen der Drosselwirkung nur langsam erfolgen kann. Hört die Höhenänderung auf, dann kann sich der Druck vor und hinter der Drossel ausgleichen, und die Anzeige geht auf null zurück *(Bild 13.2.13)*. Um die Genauigkeit des Instruments zu erhöhen, kann das Volumen der Ausgleichskammer durch ein Thermosgefäß vergrößert werden. Ein Thermosgefäß verhindert, dass sich Temperatureinflüsse des Flugzeuges auswirken können.

Das normale Variometer reagiert nicht sofort mit einer genauen Anzeige der Steig- oder Sinkgeschwindigkeit *(Bild 13.2.14)*, darum hat man das Variometer mit einem Beschleunigungssensor versehen. Beim verzögerungsfreien Variometer gelangt der Außendruck gedrosselt durch Kapillarbohrungen sowohl in die Membrandose als auch in das Gehäuse des Variometers. Aufgrund unterschiedlich großer Kapillarbohrungen und Volumenunterschieden zwischen Membrandose und Gehäuse ändert sich der Druck in der Membrandose schneller als im Gehäuse. Wenn beispielsweise das Flugzeug steigt, dann nimmt der statische Druck ab, und die Druckverminderung gelangt zuerst in die Membrandose, die sich dann zusammenzieht. Über einen Me-

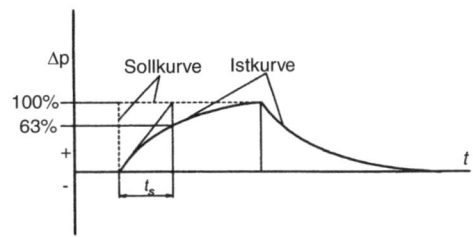

Bild 13.2.14 Zeitverhalten des Variometers. Das Variometer zeigt die Druckdifferenz zwischen zwei Luftvolumen an, die sich über Drosselbohrungen ausgleichen können. Die bei einer Höhenänderung des Flugzeuges entstehende Druckänderung soll möglichst unverzögert zur Anzeige gebracht werden. Der Anzeigewert des Variometers nähert sich der wirklichen Steig- und Sinkgeschwindigkeit nur asymptotisch an, denn das Gerät besitzt eine Anzeigeträgheit. Zum Vergleich von Geräten zieht man die Zeit heran, die vergeht, bis 63% des wirklichen Druckanstiegs erreicht sind. Es ist die Zeit, bei der die Tangente die Soll-Linie schneidet. Dosenvariometer können Anzeigeverzögerungen von bis zu 6 Sekunden haben. Für Segelflugzeuge benötigt man Variometer mit geringeren Ansprechzeiten.

chanismus wird der Dosenhub auf die Anzeige übertragen. Sinkt das Flugzeug, dann ist die Wirkung, und damit der Zeigerausschlag, umgekehrt. Beim Wechsel von Steigen auf Sinken reagiert ein einfaches Variometer verzögert. Ein federnd in einem Zylinder aufgehängter Kolben dient zur Beschleunigung der Anzeige. Wenn das Flugzeug beispielsweise steigt, bewegt sich der Kolben relativ zum Zylinder nach unten

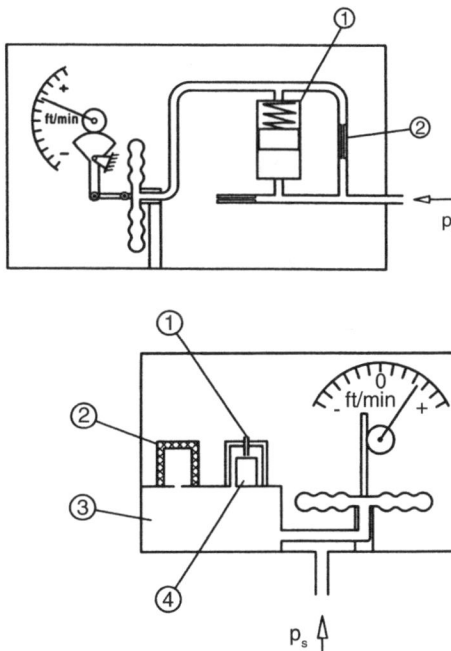

Bild 13.2.15
Mechanik des verzögerungsfreien Variometers (IVSI = instantaneous vertical speed indicator)
1 Beschleunigungspumpe
2 Kapillare

Bild 13.2.16
Kompensiertes Variometer
1 Kapillare
2 poröse Keramik
3 Ausgleichsgefäß
4 Invarblock (geringe Wärmeausdehnung)
(2) kompensiert die unterschiedlichen Dichten der Atmosphäre, (1) und (4) kompensieren die unterschiedlichen Temperaturen.

und beschleunigt so den Druckabfall in der Membrandose, so dass eine sofortige Anzeige erfolgt *(Bild 13.2.15)*. Um den Temperatureinfluss und die Wirkung der unterschiedlichen Luftdichten auf die Anzeige zu berücksichtigen, können Kompensiereinrichtungen in Form spezieller Luftdrosseln verwendet werden. Poröses keramisches Material reagiert auf unterschiedliche Luftdichten, und die Temperatureinflüsse werden durch spezielle Legierungen geregelt *(Bild 13.2.16)*.

13.2.2 Kreiselgeräte

Schnell rotierende Körper werden in der Physik aufgrund ihres besonderen Verhaltens als Kreisel bezeichnet. In der Technik verwendet man rotationssymmetrische Körper als Kreisel, deren Drehung um die Symmetrieachse erfolgt. Der Kreisel zeigt seine Eigenschaften unter besonderen Bedingungen. Ein im Schwerpunkt gelagerter, das heißt kräftefreier Kreisel rotiert stabil um seine Drehachse. Verändert man den Ort des Kreisels, behält die Kreiselachse ihre Richtung bei. Ein nicht kräftefrei gelagerter Kreisel beschreibt hingegen mit seiner Drehachse einen Kegelmantel. Diesen Vorgang bezeichnet man als *Präzession (Bild 13.2.17)*.

Die kinetische Energie, die ein rotierender Körper speichern kann, hängt vom Quadrat der Drehzahl und von seinem Massenträgheitsmoment ab. Das Massenträgheitsmoment J bestimmt sich durch $J = \Sigma(r^2 \cdot \Delta m)$, was besagt: Alle kleinen Masseteilchen Δm werden mit dem Quadrat ihres Abstandes r zur Drehachse multipliziert und alle diese Produkte dann addiert. Es ist groß, wenn die Masseteilchen Δm möglichst weit von der Drehachse entfernt sind. Je mehr Masseteilchen des Kreisels also einen

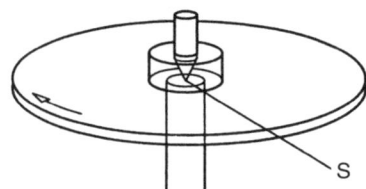

kräftefrei gelagerter Kreisel

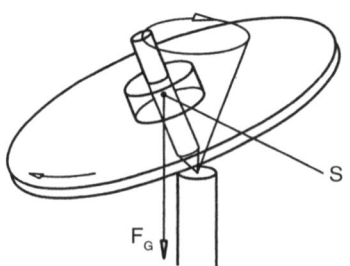

präzedierender Kreisel

Bild 13.2.17
Präzession des Kreisels. Der nicht im Schwerpunkt gelagerte Kreisel unterliegt einem Kippmoment, das den Kreisel vom Lager kippen will. Durch die Rotation des Kreisels wirkt sich die Kippbewegung am Umfang versetzt aus. Der Vorgang läuft kontinuierlich ab, und es kommt zu einer Drehbewegung der Drehachse auf einem Kegelmantel. Diese Erscheinung des Kreisels nennt man Präzession. Die Vorgänge werden beim Wendezeiger genauer erläutert.

großen Abstand von der Drehachse haben, umso schwerer wird es, ihn zu beschleunigen, aber auch, ihn abzubremsen. Nur die Achse mit dem größten Trägheitsmoment wird als Drehachse genommen. Es handelt sich um eine so genannte freie Achse, die der rotierende Körper auch von alleine einnehmen würde.

Man kann einen Kreisel folgendermaßen definieren:

ⓘ *Ein Kreisel ist ein schnell rotierender Körper, dessen Masse möglichst weit von der Drehachse entfernt gleichmäßig am Umfang verteilt ist.*

Ein in der Drehachse gelagerter Kreisel hat nur einen Freiheitsgrad, und so wird er in Flugzeuginstrumenten nicht verwendet. Die Lager eines solchen Kreisels übertragen Präzessionskräfte, die an drehenden Maschinen beobachtbar sind. So stellen beispielsweise Propeller und Rotoren von Gasturbinen Kreisel mit einem Freiheitsgrad dar, die asymmetrische Kräfte beim Drehen des Flugzeuges um Quer- oder Hochachse erzeugen. Bei der Ansteuerung von Helikopterrotoren muss diese Präzession berücksichtigt werden. Wenn der Kreisel mit einem Rahmen versehen wird, der eine Achse hat, die senkrecht zur Kreiselachse steht, dann besitzt der Kreisel zwei Freiheitsgrade. Der Wendezeiger hat zwei Freiheitsgrade, wobei einer durch eine Feder eingeschränkt wird. Die Präzessionskräfte können die Kreiselachse neigen und dadurch zur Anzeige gebracht werden. Eine Kreiselaufhängung mit zwei Freiheitsgraden nennt man auch *halbkardanisch*. Im Horizont- und im Kurskreisel werden die Kreisel *vollkardanisch* gelagert, d.h., sie haben drei Freiheitsgrade. Wird ein so gelagerter so genannter kräftefreier Kreisel in seinen äußeren Lagern geschwenkt, ändert sich die Lage der Kreiselachse nicht. Die vollkardanische Kreiselaufhängung hat zwei Kreiselrahmen, die senkrecht aufeinanderstehen.

Kurskreisel (Directional Gyro)
Der Kurskreisel *(Bild 13.2.18)* verfügt über drei Freiheitsgrade *(Bild 13.2.19)*. Die Kreiselachse liegt horizontal und behält bei einer Flugzeugdrehung die Lage im Raum bei. Die relative Drehung der horizontalen Kreiselachse bei Richtungsänderungen wird dabei mittels Zahnradübersetzung auf die senkrecht stehende Kursrose übertragen. Der einfache Kurskreisel wird in kleineren Flugzeugen verwendet, um bestimmte

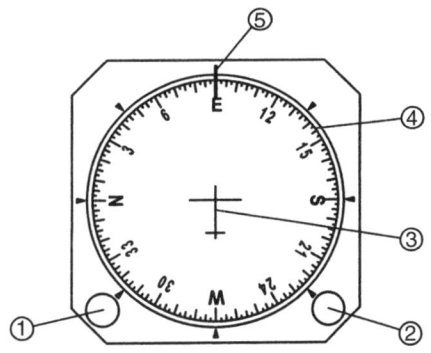

Bild 13.2.18
Anzeige des Kurskreisels
1 Einstellknopf für die Kursrose
2 Einstellknopf für die Kursmarke
3 Flugzeugsymbol (fest)
4 Kursrose (dreht sich)
5 Steuerstrich

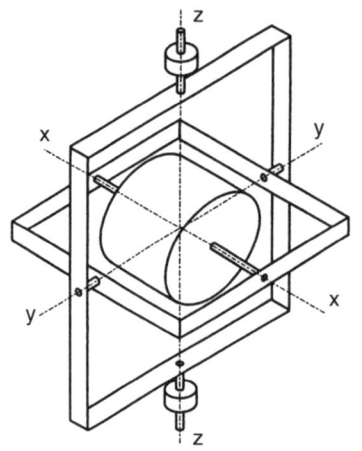

Bild 13.2.19
Mechanik des Kurskreisels. Der Kreisel ist horizontal in Richtung der Achse x gelagert. Ein horizontaler und ein vertikaler Rahmen bilden eine vollkardanische Lagerung des Kreisels. Der Kreisel kann dadurch die einmal eingestellte Richtung, trotz Drehung des Flugzeuges um die Hochachse z, beibehalten. Über ein Getriebe wird die Flugzeugdrehung auf eine Kursrose übertragen.

ungünstige Eigenschaften des Magnetkompasses auszugleichen. Besonders im Kurvenflug entwickelt der Magnetkompass Drehfehler, die der Kurskreisel nicht hat. Im Geradeausflug liefert der Magnetkompass eine gut verwertbare Anzeige, die man benutzt, um den Kurskreisel einzustellen. Dazu wird der Verstellknopf gleichzeitig gedrückt und gedreht. Der Kurskreisel ist kein Kompass, der die Nordrichtung selbstständig findet, sondern er hält für eine gewisse Zeit eine eingestellte Richtung. Im Vergleich dazu ist der Kreiselkompass ein nordsuchendes Gerät, dessen Kreiselachse sich parallel zur Erdachse stellt. Der Kreiselkompass ist zu schwer, um ihn als Flugzeuginstrument zu benutzen. Der Kurskreisel wird entweder manuell durch einen Drehknopf auf den Magnetkompass ausgerichtet oder durch eine Nachstellautomatik von einem Erdfelddetektor aus. Etwa alle 10 bis 15 Minuten muss ein einfacher Kurskreisel mit dem Magnetkompass verglichen und eventuell nachgestellt werden, denn die Kreiselachse wandert durch Lagerreibung und die Erddrehung langsam aus.

Kreiselhorizont (Gyro Horizon)
Der Kreiselhorizont *(Bild 13.2.20)* – auch künstlicher Horizont genannt – ist beim Fliegen ohne Sicht (Blindflug) von zentraler Bedeutung, da ohne Horizontbezug in kurzer Zeit (Minuten) eine Desorientierung eintritt. Der Mensch ist mit seinem Gleichgewichtssinn nicht in der Lage, beim ungewollten Fliegen einer Kurve die Zentrifugalkraft von der Schwerkraft zu trennen. Die Resultierende aus beiden Kräften wird für die Erdanziehungskraft gehalten mit daraus folgender Fehldeutung der Fluglage. Die Fluglage ist die Längs- und Querneigung des Flugzeuges, bezogen auf die Erdoberfläche. Ein einfaches Pendel oder eine Wasserwaage reicht zur Bestimmung der Lage nicht aus, da diese Geräte den gleichen Gesetzen gehorchen wie der Mensch und sich auf die Resultierende aus Erdanziehungskraft sowie Zentrifugalkraft, dem Scheinlot, ausrichten würden (vgl. Libelle). Die Lösung bietet der vollkardanisch aufgehängte Kreisel, der jedoch um eine Einrichtung ergänzt wird, die ihn auf den Erdmittelpunkt ausrichtet. Diese Ausrichtung, Stützung genannt, verhindert, dass der Kreisel aufgrund

Bild 13.2.20
Anzeige des Kreiselhorizonts
1 Skala für die Längsneigung
2 Knopf für die Schnelllaufrichtung
3 Rollzeiger (Querneigung)
4 Knopf für die Vertikalverstellung des Flugzeugsymbols
5 Rollskala
6 Horizontbalken
7 Flugzeugsymbol

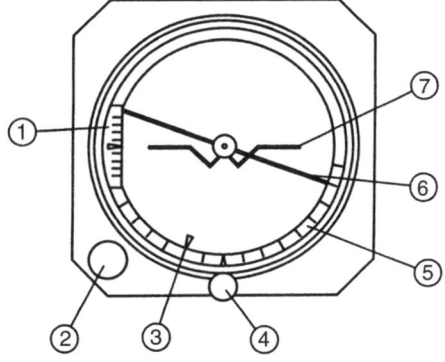

der Erddrehung oder bei Langstreckenflügen auswandert, denn der vollkardanisch gelagerte Kreisel ohne Stützung hält eine Richtung im Raum und nicht eine Richtung bezogen zur Erde ein. Es genügt für eine Kreiselstützung nicht, eine Masse am unteren Ende der Kreiselachse zu befestigen, da die Richtung der Rückstellkraft beim Kreisel dazu führt, dass er präzediert. Es bedarf daher einer aufwendigen Mechanik, um die Kreiselachse zum Erdmittelpunkt auszurichten.

Über Hebel wird die Lage der Kreiselachse auf einen Horizontbalken übertragen, der im Skalenfenster des Geräts zu sehen ist. Dieser Horizontbalken ermöglicht es, ohne Sichtbezug zum wirklichen Horizont, die Lage des Flugzeuges zur Erdoberfläche zu bestimmen (*Bild 13.2.21*).

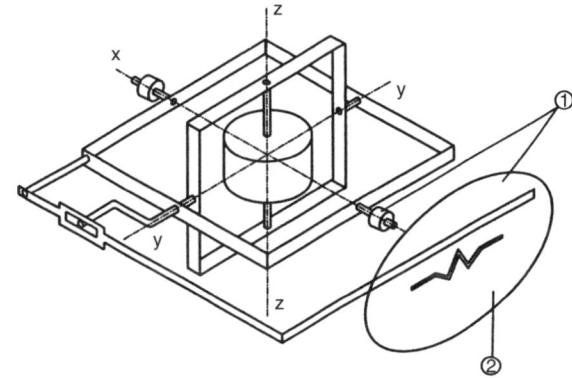

Bild 13.2.21   Mechanik des Kreiselhorizonts
1 fest mit dem Flugzeug verbunden; 2 Instrumentenglas mit Flugzeugsymbol
Der Kreisel ist senkrecht in Richtung Erdmittelpunkt in einem vertikalen Rahmen der Ebene y–z gelagert. Der äußere Rahmen liegt horizontal und ist um die Flugzeuglängsachse x drehbar. Der vertikale Rahmen mit dem Kreisel ist über einen Hebel mit dem Horizontbalken verbunden. Bei einer Nickbewegung des Flugzeuges (Drehung um die Querachse y) wird der Horizontbalken nach oben oder nach unten bewegt. Eine Rollbewegung (Drehung um die Längsachse x) dreht das flugzeugfeste Symbol auf dem Instrumentenglas gegenüber dem waagerecht bleibenden Horizontbalken und wird so sichtbar.

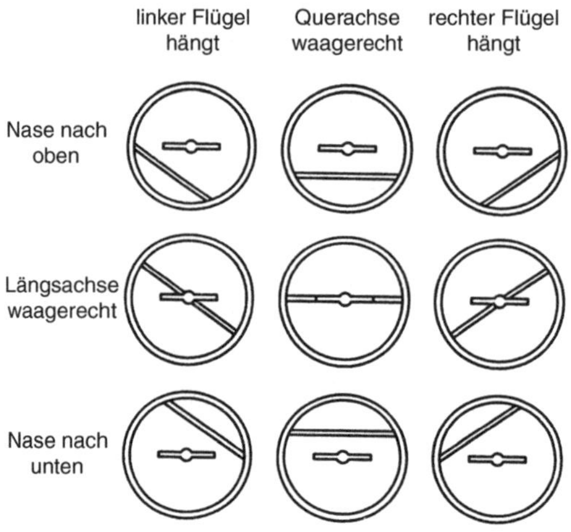

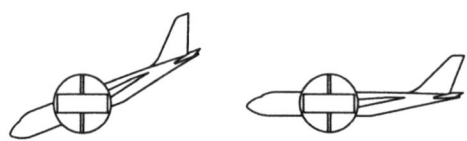

Bild 13.2.22
Anzeigen des Kreiselhorizonts bei unterschiedlichen Fluglagen

Bild 13.2.23
Anzeigeprinzip des Kreiselhorizonts. Der vollkardanisch gelagerte Kreisel behält seine Lage trotz Ortsveränderung im Raum bei. Die Neigungsänderungen des Flugzeuges gegenüber dem Kreisel werden über eine Mechanik zur Anzeige gebracht.

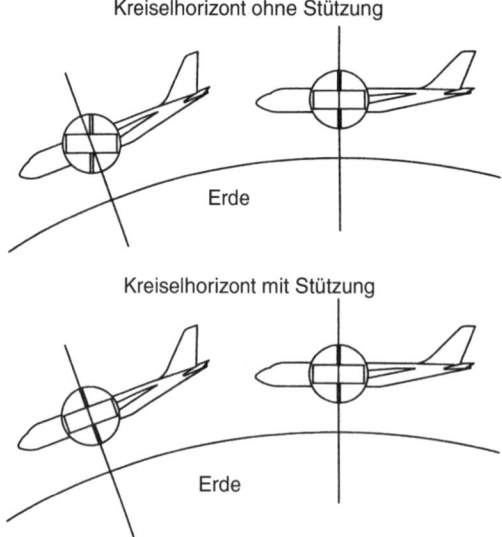

Bild 13.2.24
Das scheinbare Kippen der Kreiselachse. Beim vollkardanisch gelagerten Kreisel würde ohne Stützung, das heißt, ohne Ausrichtung der Kreiselachse zum Erdmittelpunkt, bei Flügen über große Entfernungen, bei denen sich die Erdkrümmung bemerkbar macht, ein scheinbares Kippen des Kreiselhorizonts eintreten. In einem stehenden Flugzeug würde allein die Erddrehung ein Kippen des künstlichen Horizonts bewirken, so dass er z.B. am Äquator in 24 Stunden eine Volldrehung anzeigen würde.

Am Beispiel einer mechanischen Stützung soll der Aufrichtvorgang des Horizontkreisels erläutert werden. Parallel zum Kreisel dreht sich durch eine Untersetzung eine Scheibe, auf der zwei Gewichte pendelnd aufgehängt sind *(Bild 13.2.25 ff.)*. Steht die Laufachse des Kreisels nicht senkrecht, dann ist die Scheibe mit den Gewichten nicht horizontal, und aufgrund der Hangabtriebskraft laufen die Gewichte nicht mehr symmetrisch auf der Scheibe um. Die Gewichte werden bei horizontaler Lage der Scheibe durch Anschläge auf der linken Seite der Gewichte mitgenommen. Bei Schieflage der Scheibe liegen die Gewichte nur auf der linken Seite der Scheibe an den Anschlägen an. Auf der rechten Seite der Scheibe pendeln die Gewichte nach unten, da sie auf der rechten Seite keine Anschläge haben. Die Schwerpunkte der Gewichte beschreiben eine Bahn, die auf der linken Seite der Scheibe weiter außen und auf der rechten Seite der Scheibe weiter innen verläuft. Die Gewichtskräfte auf der linken Seite haben einen größeren Abstand von der Kreiselachse als auf der rechten Seite, so dass auf der linken Seite ein größeres Kraftmoment entsteht, das den Kreisel kippen will. Das Präzessionsverhalten des Kreisels führt nun dazu, dass 90° versetzt zum Kraftmoment, bezogen auf die Kreiselachse, der Kreisel kippt. Die Kreiselachse wird also wieder in die Lotrichtung gekippt. Wenn die Kreiselachse weniger schief gestellt war, dann wirkt

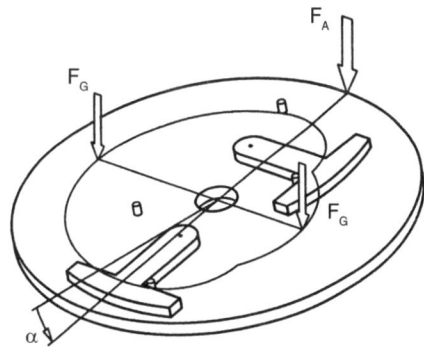

Bild 13.2.25
Die mechanische Stützeinrichtung eines Kreiselhorizonts. Das sich hangaufwärts bewegende Pendel erzeugt durch seine Gewichtskraft F_G ein größeres Drehmoment als das sich hangabwärts bewegende, da das linke Pendel an einem längeren Hebelarm wirkt als das rechte. In Folge der Präzessionswirkung entsteht um 90° in Drehrichtung der Stützplatte versetzt eine Aufrichtkraft F_A, die die Kreiselachse in Richtung der Erdanziehungskraft ausrichtet.
F_G Gewichtskräfte der Pendel; F_A Aufrichtkraft des Kreisels; α Neigung des Kreisels

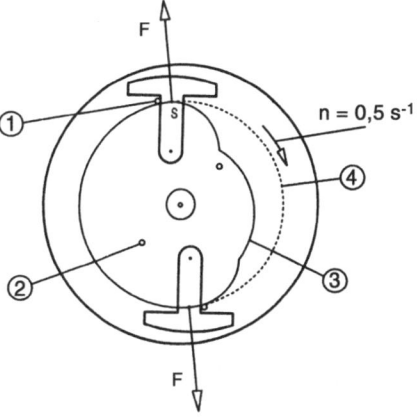

Bild 13.2.26
Die Mechanik der Stützpendel
F Fliehkraft
S Schwerpunkt des Pendels
n Drehzahl der Stützplatte
1 Antriebsbolzen
2 Stoppbolzen
3 Bahn der Pendelschwerpunkte bei Neigung der Kreiselachse
4 Bahn der Pendelschwerpunkte ohne Neigung der Kreiselachse

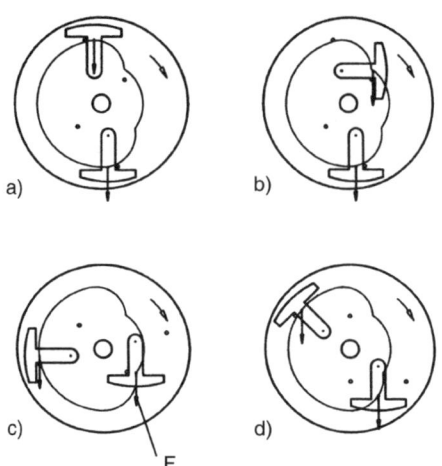

Bild 13.2.27
Bewegung der Pendel bei Drehung der geneigten Stützplatte
F Hangabtriebskraft
Auf der linken Seite wird das Pendel vom Antriebsbolzen entgegen der Hangabtriebskraft transportiert, und dadurch bleibt der Schwerpunkt des Pendels weit außen. Auf der rechten Seite fällt das Pendel zunächst gegen den Stoppbolzen und kann anschließend in Richtung der Hangabtriebskraft frei auspendeln. Dadurch bleibt der Schwerpunkt der Pendel auf einer Bahn, die weiter innen liegt.

auf die Pendelgewichte stärker die Fliehkraft der sich drehenden Scheibe, so dass die Pendelgewichte weiter außen stehen und die Asymmetrie der Pendelgewichte kleiner ist. Das korrigierende Kraftmoment ist dadurch kleiner. Zu einer großen Abweichung entsteht also eine große und zu einer kleinen Abweichung eine kleine Korrekturkraft.

Kunstflugtauglicher Kreiselhorizont

Der normale Kreiselhorizont mit dem Horizontbalken zeigt konstruktionsbedingt Neigungen um die Querachse nur bis zu einem bestimmten Winkel an. Für den Kunstflug benötigt man jedoch Kreiselhorizonte, die Drehungen um die Quer- und Längsachse von 360° anzeigen. Bei Drehungen um die Längsachse reicht die Mechanik eines herkömmlichen Kreiselhorizonts aus, denn die Achse des Außenrahmens ist in Längsrichtung im Flugzeug gelagert. Bei Drehungen um die Querachse ist der Ausschlag des Horizontbalkens begrenzt. Beim kunstflugtauglichen Kreiselhorizont erfolgt die Anzeige mittels einer Kugel mit Horizontstrich. Beim Rotieren um die Querachse dreht sich die Kapsel mit dem Kreisel relativ zum Außenrahmen und bewegt über mehrere Zahnräder die Anzeigekugel entgegengesetzt zur relativen Drehung der Kreiselkapsel *(Bild 13.2.28)*.

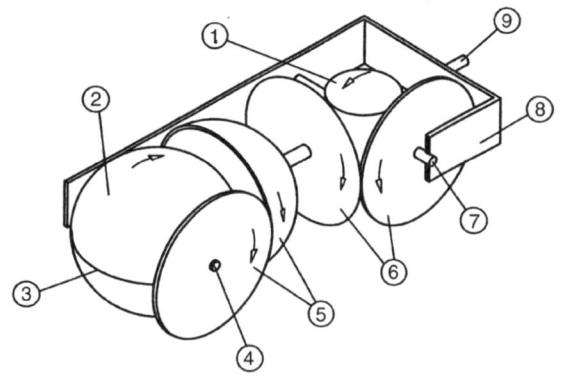

Bild 13.2.28
Kunstflugtauglicher Kreiselhorizont
1 Kreiselkapsel (Kappe), Innenrahmen
2 Anzeigekugel
3 Horizontstrich
4 Achse der Anzeigekugel
5 und 6 Kegelradgetriebe
7 Achse des Innenrahmens
8 Außenrahmen
9 Achse des Außenrahmens

Wendezeiger (Turn and Bank Indicator)
Der Wendezeiger (Wendekreisel) besitzt zwei Freiheitsgrade. Der erste ermöglicht die Eigenrotation des Kreisels und der zweite die Bewegung des horizontalen Kreiselrahmens, in dem der Kreisel quer zur Flugrichtung gelagert ist. Der Rahmen wird durch eine Feder parallel zur Querachse des Flugzeuges gehalten. Präzessionskräfte können den Kreiselrahmen gegen die Federkraft auslenken. Hört die Präzessionskraft auf, zieht die Feder den Rahmen wieder in die Horizontale. Diese federnde Drehbewegung wird auch als halber Freiheitsgrad bezeichnet. Die Entstehung der oben genannten Präzessionskraft lässt sich wie folgt erklären: Wenn das Flugzeug bei einem Kurvenflug um die Hochachse dreht, dann wird auch der Kreiselrahmen des Wendezeigers horizontal mitgedreht. Teile des Kreiselumfangs, die sich gerade in Höhe des Rahmens befinden, machen zwei Bewegungen:

❑ das Teilchen rotiert mit dem Kreisel und hat die Umfangsgeschwindigkeit u;
❑ das Teilchen bewegt sich horizontal mit der Gierbewegung des Flugzeuges v.

Aus beiden Bewegungen entsteht die resultierende Bewegung v_{Res}, die die wirkliche Bewegung des Kreisels darstellt und den Kreisel schief stellt sowie den Rahmen kippt. Diese Bewegung wird über eine Mechanik auf einen Zeiger, Pinsel genannt, übertragen. Hört die Drehbewegung auf, dann stellt die Feder den Rahmen wieder horizontal. Dieser physikalische Vorgang wird benutzt, um die Drehgeschwindigkeit und die Drehrichtung des Flugzeuges um die Hochachse im Kurvenflug anzuzeigen *(Bild 13.2.29)*. Meist haben die Wendezeiger drei Skalenmarken *(Bild 13.2.30)*. Steht der Zeiger unter der linken oder der rechten Marke, dann würde das Flugzeug einen Vollkreis in der Zeit fliegen, die unten auf der Skala angegeben ist. Bei der Angabe 4 min Turn braucht das Flugzeug für eine vollständige Drehung um die Hochachse 4 Minuten. Die Drehgeschwindigkeit (Winkelgeschwindigkeit), in Grad pro Minuten umgerechnet, ergibt sich zu: 360°/4 min = 1,5°/s. Die so genannte Standardkurve dauert 2 Minuten, das heißt, die Drehgeschwindigkeit beträgt 360°/2 min = 3°/s.

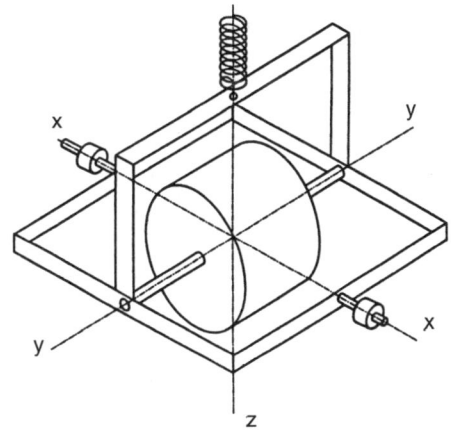

Bild 13.2.29
Mechanik des Wendezeigers. Der Kreisel des Wendezeigers ist in Richtung der Flugzeugquerachse y in einem horizontalen Rahmen gelagert, der in dieser Position durch eine Feder gehalten wird. Der Rahmen mit dem Kreisel kann nur um die Achse x gegen die Federkraft kippen. Der Rahmen ist über Hebel mit der Anzeige verbunden. Beim Drehen um die Flugzeughochachse z entstehen Präzessionskräfte, die den Rahmen kippen lassen und so die Flugzeugdrehung anzeigen.

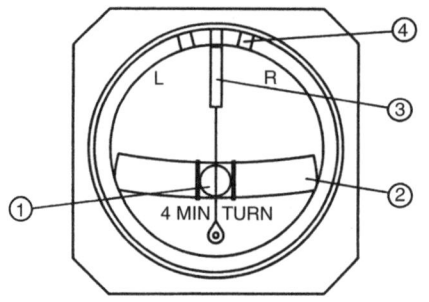

Bild 13.2.30
Anzeige des Wendezeigers mit Libelle
1 Kugel zur Richtungsanzeige des Scheinlots
2 Glasröhrchen [1) und 2) = Libelle]
3 Zeiger [Pinsel]
4 Markierung für Standardkurve

In den Wendezeiger integriert ist die Libelle, mit der die Richtung des Scheinlots angezeigt wird (vgl. Libelle).

Wirkung der Präzession an einem Rad
An einem Rad lässt sich die Präzession verdeutlichen *(Bild 13.2.31)*. Es wird mit einer Hand an der horizontalen Achse y gehalten und in schnelle Drehung versetzt. Am Umfang hat das Rad jetzt die Geschwindigkeit u. Man versucht, das Rad um die vertikale z-Achse entsprechend dem Kräftepaar F_H zu schwenken, so dass sich die Teile, die sich am Umfang in der Höhe der x-Achse befinden, mit der Geschwindigkeit v horizontal bewegen. Das Rad wird sich jedoch nicht horizontal schwenken lassen, sondern es wird um die horizontale x-Achse kippen. Es kippt also um 90°, am Umfang in Drehrichtung versetzt, entsprechend dem Kräftepaar $F_{Prä}$. Diese Erscheinung wird Präzession genannt. Man kann den Vorgang durch Kräftevektoren erklären. Ein Teilchen, das sich in Höhe der horizontalen x-Achse am Umfang des Rades befindet, unterliegt zwei Bewegungen: der Umfangsbewegung mit dem Geschwindigkeitsvektor u und der beabsichtigten Schwenkbewegung mit dem Vektor v. Das Teilchen wird entsprechend der Vektorgrößen u und v eine resultierende Bewegung mit dem Vektor v_{res} vollführen. Auf der anderen Radseite, in Höhe der x-Achse, geschieht sinngemäß das Gleiche.

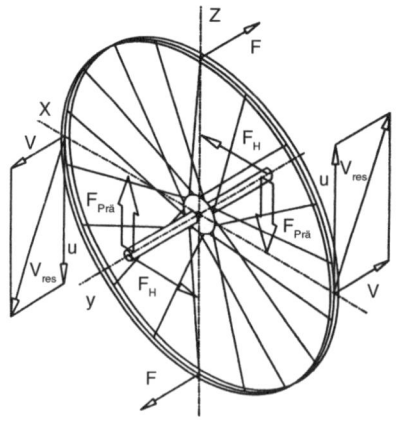

Bild 13.2.31
Demonstration der Präzession an einem Speichenrad
u Umfangsgeschwindigkeit des Rades
v Schwenkgeschwindigkeit des Rades
v_{res} resultierende Geschwindigkeit aus $u + v$
F_H Handkraft
$F_{Prä}$ Präzessionskraft

Bild 13.2.32
Die Lage der Libellenkugel bei einer korrekt geflogenen Kurve. F_K = Gesamtmassenkraft [Resultierende aus Gewichts- und Zentrifugalkraft, Scheinlot]; F_G Gewichtskraft; F_Z Zentrifugalkraft, α Querneigungswinkel
Bei einer mit richtiger Schräglage geflogenen Kurve stimmt die Richtung der resultierenden Gesamtkraft mit der Richtung der Hochachse überein. Die Kugel liegt in diesem Fall zwischen den Markierungen der Libelle.

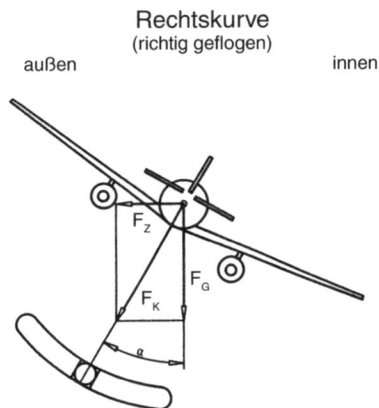

Das Rad legt sich also in Richtung der resultierenden Geschwindigkeit v_{res}, und das ist 90° in Drehrichtung am Umfang versetzt zur beabsichtigten Schwenkrichtung. Je energischer die horizontale Schwenkbewegung v ausgeführt werden soll, umso stärker ist die Präzessionsbewegung. Diese Kreiseleigenschaft wird im Wendezeiger zur Anzeige der Drehgeschwindigkeit um die Flugzeughochachse beim Kurvenflug angewendet.

Funktion der Libelle

Die in den Wendezeiger integrierte Libelle (Inclinometer) ist eine Anzeige für die Richtung des Scheinlots. Dieses Scheinlot tritt im Kurvenflug auf und zeigt in Richtung der Resultierenden aus der Gewichts- und der Zentrifugalkraft, der Gesamtmassenkraft F_K. Die Libelle besteht aus einem kreisbogenförmig gekrümmten Glasrohr, in dem sich eine Eisenkugel befindet, die sich in einer Dämpfungsflüssigkeit bewegt. Die Kugel liegt beim Horizontalflug aufgrund der Gewichtskraft an der tiefsten Stelle des Glasrohres zwischen zwei Markierungen. Beim Kurvenflug richtet sich die Kugel nach dem Scheinlot aus. Bei einer koordiniert, das heißt mit dem richtigen Flugzeugquerneigungswinkel α geflogenen Kurve stimmen die Richtungen von Scheinlot und Hochachse überein. Die Ruder müssen so betätigt werden, dass die Kugel zwischen den Markierungen der

Bild 13.2.33
Lage der Libellenkugel in einer Rutschkurve. Die Richtungen von Hochachse und resultierender Gesamtkraft F_K stimmen hier nicht mehr überein. Die Libellenkugel, die in Richtung der resultierenden Gesamtkraft zeigt, liegt dann nicht mehr zwischen den mittleren Markierungen, sondern ist zum tieferen Ende der Libelle gerutscht. Entweder wird nun mittels Querruder die Querneigung vermindert und damit die Lage der Hochachse der Richtung der Gesamtkraft angepasst, oder es wird mittels Seitenruder die Zentrifugalkraft F_Z erhöht und damit die Gesamtkraft stärker geneigt, so dass sie mit der Hochachse wieder übereinstimmt.

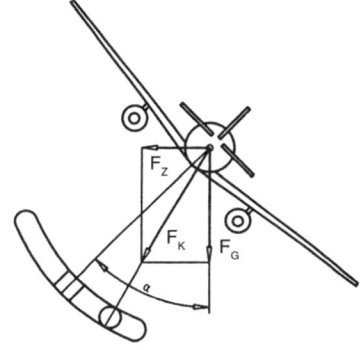

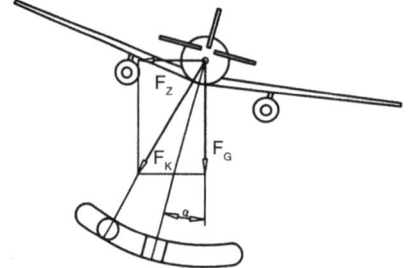

Bild 13.2.34
Lage der Libellenkugel in einer Schiebekurve. Wie bei der Rutschkurve, stimmen auch bei der Schiebekurve die Richtungen von Hochachse und resultierender Gesamtkraft F_K nicht mehr überein. Die Libellenkugel zeigt jetzt zum Kurvenäußeren. Entweder wird nun mittels Querruder die Querneigung erhöht und damit die Hochachse stärker geneigt, oder es wird mittels Seitenruder die Zentrifugalkraft F_z vermindert und damit die Gesamtkraft weiter senkrecht gestellt, um sie mit der Hochachse in Übereinstimmung zu bringen.

Libelle liegen bleibt. Wenn die Richtung des Scheinlots nicht mit der Hochachse des Flugzeuges übereinstimmt, also das Flugzeug nicht koordiniert geflogen wird, entstehen Kräfte, die das Flugzeug nach außen tragen wie bei der Schiebekurve oder nach innen wie bei der Rutschkurve (Schmierkurve). Ist die Querneigung α des Flugzeuges

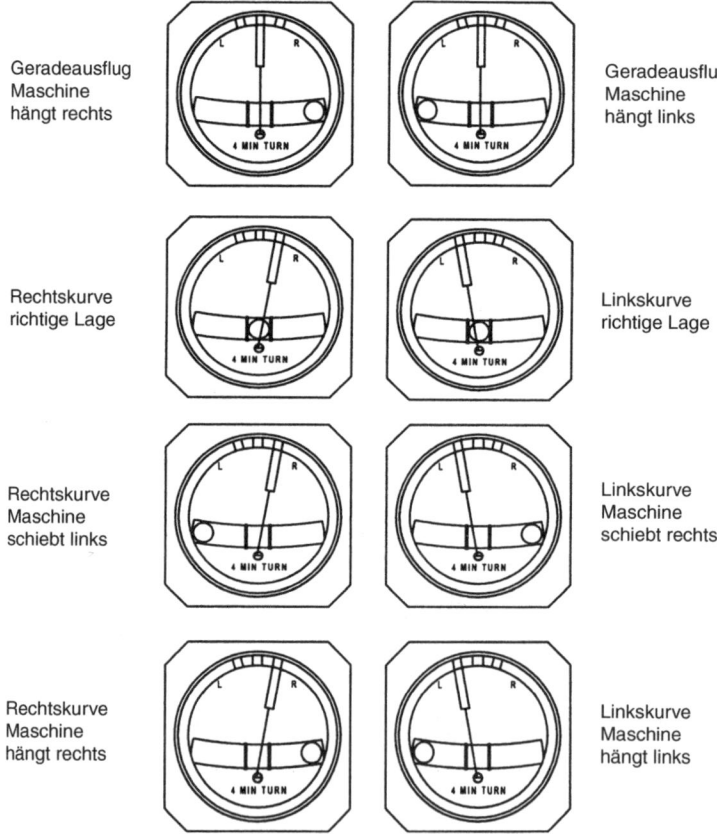

Bild 13.2.35   Die verschiedenen Anzeigemöglichkeiten des Wendezeigers

kleiner als der Winkel zwischen dem Scheinlot und dem Flugzeuggewicht, entsteht eine Schiebekurve, und die Kugel wandert nach außen. Ist die Querneigung größer als der Winkel zwischen dem Scheinlot und dem Flugzeuggewicht, dann entsteht eine Rutschkurve, und die Kugel wandert nach innen.

13.2.3 Magnetkompass (Magnetic Compass)

Hängt man einen Stabmagneten an einem Faden horizontal auf, so zeigt er mit dem einen Pol nach Norden. Dieser Pol ist der Nordpol des Stabmagneten, und der nach Süden zeigende Pol ist der Südpol. Nähert man sich dem Magneten mit einem anderen, so bemerkt man, dass sich gleiche Pole abstoßen und ungleiche anziehen. Magnete haben stets zwei Pole, und deshalb bezeichnet man sie auch als Dipole. Wenn Magnete geteilt werden, so entstehen immer nur wieder Dipole. Die durch Teilung entstandenen kleinsten Magnete nennt man Elementarmagnete. Im nicht magnetischen Eisen liegen diese Elementarmagnete ungerichtet durcheinander. Durch ein äußeres Magnetfeld können sie ausgerichtet werden, und das Eisen wird somit magnetisch. Kohlenstoff im Eisen führt dazu, dass der Magnetisierungsvorgang erschwert wird, aber auch dazu, dass die Magnetisierung länger erhalten bleibt, so dass Permanentmagnete hergestellt werden können.

Magnete wirken durch den leeren Raum mit Hilfe des Magnetfeldes. Dieses Feld kann man mit Eisenpulver sichtbar machen. Die Richtung der Feldlinien ist so definiert, dass sie aus dem Nordpol austreten und in den Südpol eintreten; sie zeigen also vom Nordpol zum Südpol *(Bild 13.2.36)*. Die Dichte oder den Abstand der Kraftlinien bezeichnet man als *Feldstärke*. Da die Erde selbst ein Magnet ist, kann man einen Stabmagneten zur Richtungsanzeige benutzen. Die Ursache für den Erdmagnetismus

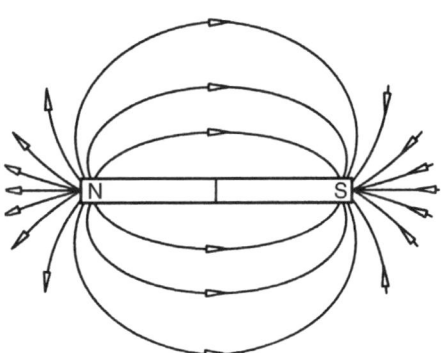

Bild 13.2.36 Die Feldlinien eines Magneten sind geschlossene Kurven, die außerhalb des Magneten durch Festlegung vom Nord- zum Südpol gehen und die sich innerhalb des Magneten wieder schließen. Die magnetischen Feldlinien können durch Eisenpulver sichtbar gemacht werden. Man kann beobachten, dass sie sich an den Polen drängen und dazwischen außerhalb des Magneten weit voneinander entfernen. Magnete haben immer zwei Pole (Dipol).

sind langsam zirkulierende plastische Eisen-Nickel-Massen des Erdkerns. Da ein Stabmagnet mit seinem so definierten Nordpol nach Norden zeigt, liegt dort eigentlich der magnetische Südpol der Erde. Es ist jedoch üblich, den Pol der Erde, auf den der Nordpol des Stabmagneten zeigt, Nordpol zu nennen. Das Erdmagnetfeld hat die Form eines Magnetdipols, dessen Richtung ungefähr 11,5° von der geografischen Erdachse abweicht *(Bild 13.2.37)*. Der Magnetpol hat einen Abstand vom geografischen Pol von etwa 1800 km und liegt in Nordkanada auf der Insel Bathurst. Die Magnetpole wandern in etwa 1000 Jahren um die geografischen Pole. An den Polen stehen die Magnetlinien senkrecht zur Erdoberfläche. In allen anderen Punkten der Erdoberfläche bilden sie einen Winkel, den man Inklinationswinkel θ (theta) nennt. In Mitteleuropa beträgt der Inklinationswinkel etwa 65°. Die Kompassnadel richtet sich parallel zu den Erdmagnetlinien bzw. durch Ausbalancieren zu deren horizontalen Komponenten aus. Die Magnetlinien der Erde sind nicht geometrisch gleichmäßig zu den Polen ausgerichtet, sondern unter anderem durch Erzlagerstätten deformiert. Aus der Abweichung der magnetischen von den geografischen Polen und durch Unregelmäßigkeiten im Magnetfeld kommt es zu einer Winkeldifferenz zwischen den so genannten geografischen und den magnetischen Meridianen. Diese Winkeldifferenz wird Deklination δ (delta) genannt. In der Luftfahrt verwendet man den Begriff *Ortsmissweisung* OM (**Var**iation, var). Das Erdmagnetfeld wird regelmäßig vermessen, und die Ortsmissweisungen werden in Karten eingetragen. Die Ortsmissweisung ist in Ostdeutschland null und nimmt nach Westen hin zu; in Hamburg beträgt sie zum Beispiel etwa 1° westlich.

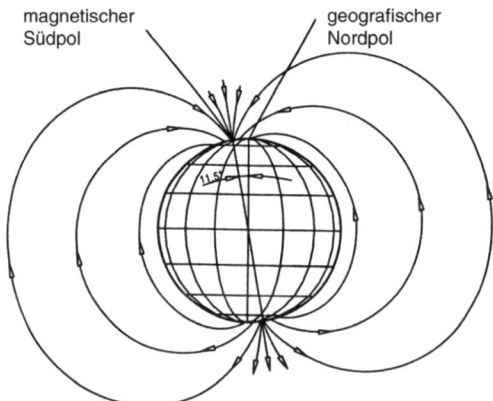

Bild 13.2.37 Magnetfeld der Erde. Das Magnetfeld der Erde hat Ähnlichkeit mit dem eines Stabmagneten. Ein frei aufgehängter Stabmagnet zeigt mit dem Nordpol nach Norden. Da sich ungleiche Pole anziehen, bedeutet das eigentlich, dass sich der magnetische Südpol der Erde im Norden befindet. Magnetpole und geografische Pole weichen – auf die Erdkugel bezogen – um 11,5° voneinander ab. Da das Magnetfeld der Erde jedoch nicht gleichmäßig ist und partiell starke Abweichungen existieren, müssen die Ortsmissweisungen zur genauen Navigation überall gemessen und in Karten verzeichnet werden.

Die Bezugsrichtung für die Richtungsbestimmungen in der Navigation ist Norden. Jede Richtungsbestimmung wird von Nord ausgehend im Uhrzeigersinn als Winkel von 000° bis 360° gemessen.

> Nord N = 000° oder 360°
> Ost E = 090°
> Süd S = 180°
> West W = 270°

Die Magnetlinien der Erde verlaufen nur in der Äquatornähe annähernd parallel zur Erdoberfläche. In allen anderen Gebieten ist ein Inklinationswinkel vorhanden. Eine im Schwerpunkt aufgehängte Magnetnadel wäre nicht horizontal und als Kompassanzeige nicht geeignet. Die Flugzeugkompasse bestehen aus parallelen Stabmagneten, die von einem Ring umgeben sind, der als Kompassrose dient. Diese Kompassrose hat ihren Lagerpunkt nicht im Schwerpunkt, sondern etwas darüber *(Bilder 13.2.38/39)*. Durch diese Lagerung wird die Neigung des Kompasses wesentlich verringert.

Auf der nördlichen Erdhalbkugel wird die nach Süden zeigende Seite des Kompasses von den Magnetlinien angehoben, und der Schwerpunkt wird dadurch etwas nach

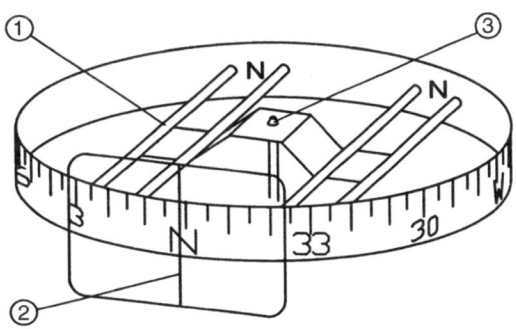

Bild 13.2.38 Magnetkompass. Zur Verstärkung der Richtwirkung werden Stabmagnete im Kompass parallel angeordnet. Die Richtungsanzeige, bezogen auf magnetisch Nord, erfolgt durch einen in einem Punkt gelagerten Skalenring. Die Lagerung befindet sich oberhalb des Schwerpunktes des Skalenringes, um den Einfluss der Neigung (Inklinition) der Erdmagnetlinien zur Erdoberfläche zu vermindern. Die Anzeige erfolgt in den Haupthimmelsrichtungen mittels Buchstaben, und die 30°-Abstände werden durch Winkelangabe unter Weglassung der Einerstelle gekennzeichnet.

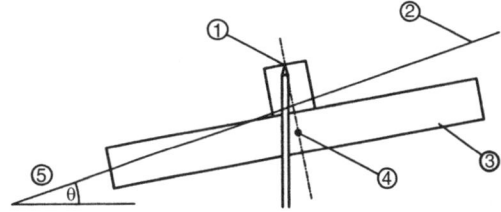

Bild 13.2.39
Lagerung der Kompassrose
1 Drehpunkt
2 Feldlinie
3 Kompassrose
4 Schwerpunkt
5 Inklinationswinkel θ

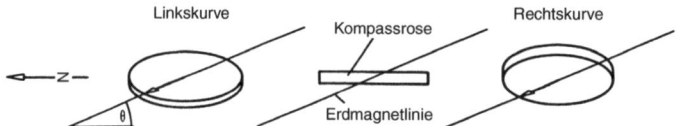

Bild 13.2.40   Neigungsfehler des Magnetkompasses. Die Stabmagnete der Kompassrose richten sich nach den Erdmagnetlinien aus. Bei Kurvenflügen unterliegt die Kompassrose der Zentrifugalkraft und richtet sich nach dem Scheinlot aus und stellt sich daher schräg. Die Stabmagnete schwenken dabei in Richtung der geneigten Erdmagnetlinien (Inklinition) und verdrehen dadurch die Kompassrose.

Süden ausgelenkt. Die Kompassrose stellt sich, da sie pendelnd aufgehängt ist, in Kurven nicht parallel zur Erdoberfläche ein, sondern sie richtet sich nach dem Scheinlot aus. Die Schrägstellung der Kompassrose bewirkt, dass neben der horizontalen Komponente der Magnetlinien nun auch die vertikale Einfluss auf die Anzeige gewinnt *(Bild 13.2.40)*. Der Kompass richtet sich mit der Nordrichtung auf die geneigten Magnetlinien aus. Bei Kurvenflügen bewirkt die Fliehkraft eine Falschanzeige. Da Schwer- und Drehpunkt nicht mehr zusammenfallen, wird der Kompass empfindlich gegenüber Beschleunigungskräften, die im Schwerpunkt angreifen und ein Drehmoment erzeugen mit dem Abstand Schwerpunkt–Drehpunkt als Hebel *(Bild 13.2.41)*. Neben dem Fliehkraft- und dem Neigungsfehler entstehen noch Falschanzeigen bei horizontalen Beschleunigungen sowie bei Steig- und Sinkflügen, besonders in Ost-West-Richtungen.

Der große Vorteil des Magnetkompasses liegt in der einfachen Bauweise und der Unabhängigkeit von einer Stromversorgung. Er ist in größeren Flugzeugen nur ein Reservekompass und dient in kleinen Flugzeugen dazu, den Kurskreisel zu justieren, d.h. ihn etwa alle 15 min von Hand neu auszurichten. Im Cockpit wird der Magnetkompass an der Fenster-Oberkante, entfernt von stromführenden Leitungen und von ferromagnetischen Teilen, angebracht, denn außer dem Erdmagnetismus wirkt auf den Kompass noch der Magnetismus des Flugzeuges. Die Hauptursachen des Flugzeugmagnetismus sind

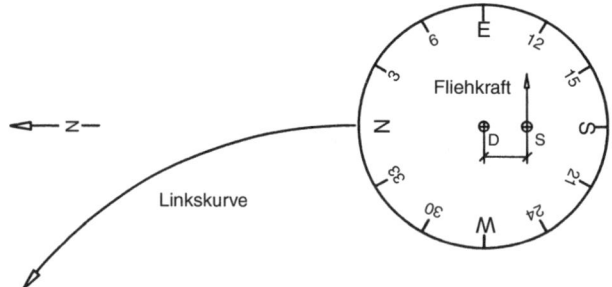

Bild 13.2.41   Fliehkraftfehler des Magnetkompasses
D Drehpunkt der Kompassrose; *S* Schwerpunkt der Kompassrose
Schwerpunkt und Drehpunkt der Kompassrose haben einen Abstand voneinander. Die in Kurvenflügen entstehende Zentrifugalkraft greift im Schwerpunkt an und erzeugt ein Moment, das die Kompassrose dreht.

❑ permanentmagnetisch gewordene Stahlteile,
❑ vorübergehend magnetisch gewordene Weicheisenteile und
❑ das magnetische Feld von Gleichstromleitern.

Der Flugzeugmagnetismus führt zu einer Abweichung der Kompassanzeige von der erdmagnetischen, das heißt, der mißweisenden Nordrichtung. Die durch den Flugzeugmagnetismus bewirkte Falschanzeige heißt **Deviation** (dev). Die Richtung, in die der Kompass aufgrund der Deviation zeigt, heißt **Kompassnord** (KN, CN).

Die Deviation ist für jedes Flugzeug individuell zu bestimmen, und sie wird in Form einer Tabelle in der Nähe des Kompasses angebracht. Man bestimmt die Deviation eines Flugzeugkompasses in Stufen von mindestens 30°. Das geschieht dadurch, dass das Flugzeug in alle diese Himmelsrichtungen gebracht wird und man die Anzeige des Flugzeugkompasses mit einem ungestörten Kompass vergleicht. Abweichungen nach Osten werden positiv [+] und nach Westen negativ [–] gerechnet. Um eine möglichst kleine Deviation zu erhalten, korrigiert man die Kompassanzeige mit Hilfe kleiner Stabmagnete, die in dafür vorgesehene Bohrungen der Kompensiereinrichtung des Kompasses geschoben werden. Zur Bestimmung der Deviation und der Kompasskompensation verwendet man eine Peilscheibe mit Kompass und Fernrohr. Die Peilscheibe wird nach magnetisch Nord ausgerichtet und anschließend am Flugzeug parallel zur Längsachse justiert. Danach wird das Flugzeug nach magnetisch Nord ausgerichtet und mit der Flugzeugkompassanzeige verglichen. In dieser Weise geht man dann bei allen Himmelsrichtungen vor. Die Restdeviation, die in die Tabelle eingetragen wird, darf nicht größer als 10° sein.

13.2.4 Instrumenten-Landesystem

Das Instrumenten-Landesystem (ILS) dient zur Durchführung eines präzisen Anflugs auf eine Landebahn mittels Instrumenten *(Bild 13.2.42)*. Es ermöglicht bei schlechter

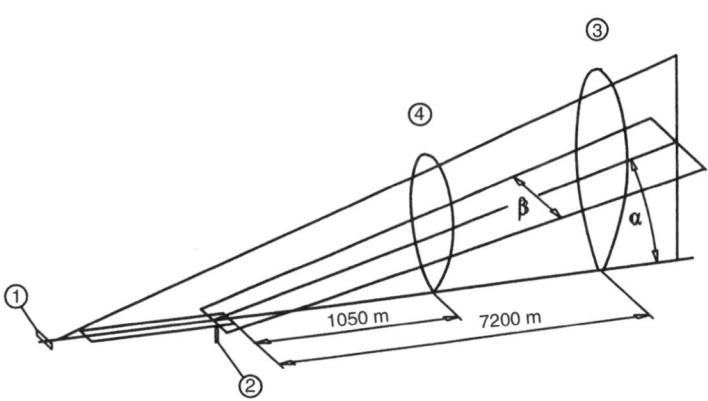

Bild 13.2.42 Das Instrumenten-Landesystem – ILS
1 Landekurssender (Localizer); 2 Gleitwegsender (Glidepath; α Anflugebene ca. 3° über der Horizontalen; β Kursweite 3° bis 6°; 3 äußeres Einflugzeichen (Outer Marker), Signal: lang – lang, Anzeigelampe: blau; 4 mittleres Einflugzeichen (Middle Marker), Signal: kurz – lang, Anzeigelampe: gelb

Sicht eine genaue Heranführung an die Landebahn bis kurz vor dem Aufsetzen. Der Landekurssender (*localizer*) steht auf der verlängerten Anfluggrundlinie und strahlt einen Kurs entlang der Landebahnmittellinie aus. Der Gleitwegsender (*glide path transmitter*) steht neben der Landebahn kurz hinter dem idealen Aufsetzpunkt und erzeugt einen Strahl, der eine Fläche bildet, die einen Winkel von 2,5° bis 4° zur Horizontalen erzeugt. Das Zusammenwirken der vom Landekurssender erzeugten Leitstrahlen für die Horizontalführung und der vom Gleitwegsender erzeugten Leitstrahlen für die Vertikalführung ergibt den Gleitweg. Wenn sich das Flugzeug auf dem Gleitweg befindet, überfliegt es zunächst das äußere Einflugzeichen (*outer marker*,

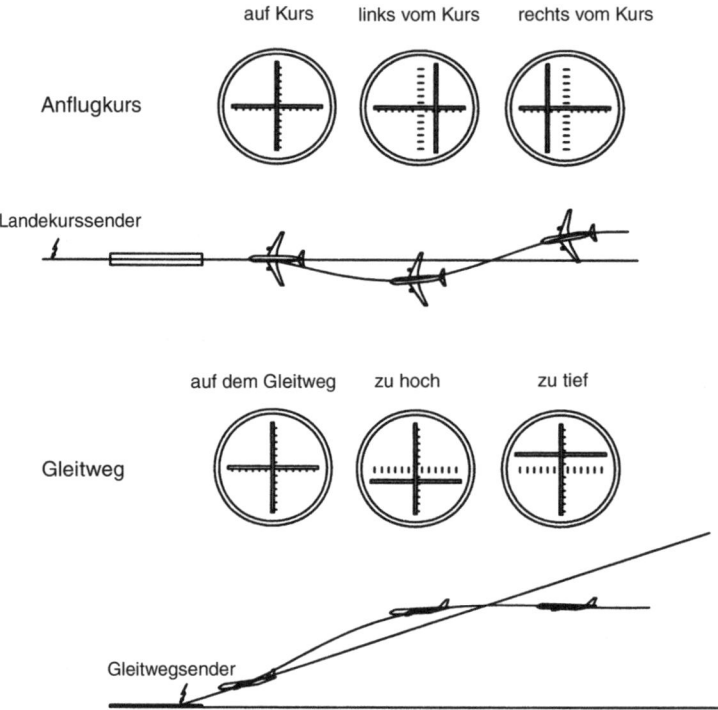

Bild 13.2.43 ILS-Anzeigen beim Landeanflug. Die beiden Sender des Instrumenten-Landesystems erzeugen zwei sich schneidende Funkebenen, nämlich die Gleitwegebene sowie die Kursleitebene, deren Schnittlinie den Anflugweg darstellt, den man mittels Kreuzzeigerinstrument im Cockpit anzeigen kann. Der Nullpunkt eines Skalenkreuzes stellt den Flugweg des Flugzeuges dar. Ein vertikaler Zeiger dient zur Anzeige der horizontalen Abweichung vom Landekurs, und ein horizontaler Zeiger stellt die vertikale Abweichung vom Gleitweg dar. Das Kreuzzeigerinstrument arbeitet als Kommandogerät, das heißt, befindet sich die vertikale Nadel links vom Nullpunkt der Skala, dann befindet sich das Flugzeug rechts vom Landekurs, und um auf den Landekurs zu kommen, muss nach links in Richtung der Nadelabweichung gesteuert werden. Befindet sich die horizontale Anzeigenadel über dem Nullpunkt der Skala, dann fliegt das Flugzeug unterhalb des Gleitweges, und es muss, um auf den Gleitweg zu kommen, nach oben in Richtung der Nadelabweichung gesteuert werden. Der Abstand zweier Skalenstriche auf der Gleitwegskala beträgt 0,1 Grad und auf der Landekursskala 0,5 Grad.

OM), das in 7200 m Entfernung vor dem Aufsetzpunkt steht. Dabei ertönt ein Signal «zweimal lang», zugleich leuchtet eine blaue Lampe 12 Sekunden lang auf. Beim Überfliegen des mittleren Einflugzeichens (*middle marker*, MM), das 1050 m vor dem Aufsetzpunkt steht, leuchtet eine gelbe Lampe für die Dauer von 6 Sekunden auf. Das akustische Signal besteht aus «kurz lang». Das Platzeinflugzeichen (*inner marker*, IM), das nicht vorhanden sein muss, steht 100 m vor dem Aufsetzpunkt, hat eine weiße Lampe, und es ertönt «Dauerkurz».

Die Anzeige, ob sich das Flugzeug auf dem korrekten Gleitweg befindet, erfolgt mit einem Kreuzzeigerinstrument (*cross pointer*), bei dem eine waagerechte Nadel anzeigt, ob sich das Flugzeug über oder unter dem Leitstrahl befindet und eine senkrechte Nadel, ob es rechts oder links vom Leitstrahl fliegt *(Bild 13.2.43)*. Die Zeigerstellung ist in Bezug auf den Nullpunkt der Instrumentenskala als Kommandogerät zu interpretieren. Senkrechte Nadel rechts vom Nullpunkt bedeutet Korrektur nach rechts, links vom Nullpunkt bedeutet nach links kurven, um auf den Landekurs zu kommen. Ähnlich erfolgt die Ablesung beim Einhalten des Flugweges auf dem Gleitweg. Anzeigenadel über dem Nullpunkt heißt, dass das Flugzeug in Bezug zum Leitstrahl zu niedrig fliegt und dass nach oben zu korrigieren ist. Befindet sich die Nadel unter dem Nullpunkt, dann muss niedriger geflogen werden.

Der Leitkursanzeiger (*horizontal situation indicator*, HSI) ermöglicht ebenfalls einen Instrumentenanflug auf eine Landebahn mit ILS-Ausrüstung. Der Kurszeiger wird auf die Richtung der Landebahn gestellt. Das Flugzeug muss dann einen Kurs fliegen, der die Anflugrichtung der Landebahn schneidet. Mit Annäherung an den Landekurs rückt die Kursablagenadel näher an die Kursnadel, und das Flugzeug muss auf den Landekurs eingeschwenkt werden. Wenn beide Zeiger zur Deckung gebracht sind, dann ist der Landekurs erreicht. An der Seite der Instrumentenskala befindet sich die senkrechte Gleitwegskala, die gleichzeitig berücksichtigt werden muss.

13.2.5 Anstellwinkelgeber

Der Anstellwinkelgeber (Angle of Attack Indicator) besteht aus einem um 360° drehbaren an einem Hebel befindlichen Flügel wie bei einem Windrichtungsanzeiger (*Bild 13.2.44*). Der Flügel besitzt ein Gegengewicht, so dass die Schwerkraft die Anzeige nicht beeinflussen kann. Der Anstellwinkelgeber ist im vorderen Rumpfbereich seitlich angebracht und gibt ein Signal an die Fluglagewarnung. Vor Erreichen des Strömungs-

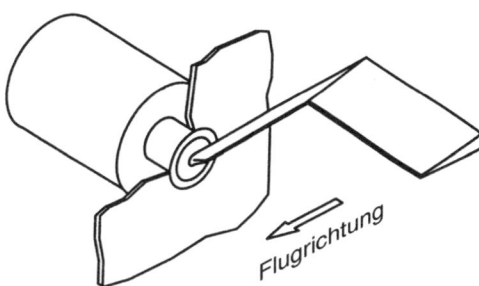

Bild 13.2.44
Anstellwinkelgeber

abrisses (*stall*) wird ein Warnsignal gegeben, und die Steuersäule wird durch einen Motor in Vibration versetzt.

13.3 Instrumente neuerer Technologie

13.3.1 Elektronisches Instrumentensystem

Die Auslegung des Cockpits für zwei Piloten (FFCC, *forward facing crew cockpit*) hat zur Folge, dass alle Informationen im vorderen Bereich angezeigt werden müssen. Die Computer- und Sensortechnik ermöglicht es, komplexe Informationen übersichtlich und deutlich auf Farbbildschirmen darzustellen. Man kann unterschiedliche Darstellungen auf die Bildschirme schalten und so alle wichtigen Informationen zentral im Blickfeld der Piloten verfügbar machen. Die Bildschirmanzeigen sind meistens Katodenstrahlröhren, die mit 70 Hz Bildwiederholfrequenz eine flimmerfreie Darstellung erzeugen. Das Bild hat kein erkennbares Punktraster, besitzt einen guten Kontrast, hohe Leuchtstärke und eine große Farbpalette. Die Helligkeit der Bildschirme passt sich automatisch den Lichtverhältnissen im Cockpit an. Der Inhalt der Bildschirme kann unter einem Winkel von 60° erkannt werden, was bei herkömmlichen Instrumenten schwer möglich ist. Die Ausfallsicherheit gegenüber der Elektromechanik ist wesentlich höher. Nachteilig sind der hohe Stromverbrauch, die nötige Hochspannung und das große Volumen. Die Bildröhren sind empfindlich gegen Vibrationen, zu große Helligkeit sowie elektromagnetische Einflüsse.

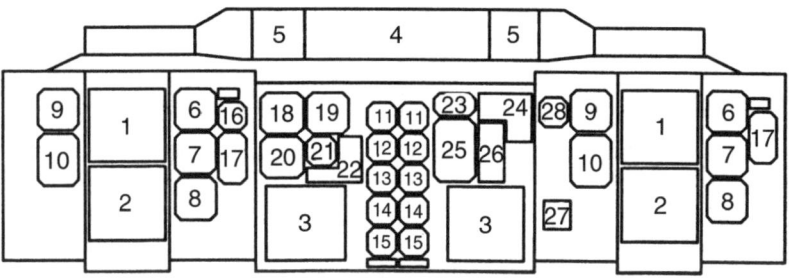

Bild 13.3.1   Instrumentenpanel mit Bildschirmanzeigen des A 310
1 Bildschirm für Informationen der Flugführung [PFD]; 2 Bildschirm für Navigationsinformationen [ND]; 3 Bildschirm für Systeminformationen und Warnungen [Systemdisplay, Warndisplay]; 4 Bedienfeld für Autopiloten; 5 Bedienfeld für Navigationssysteme; 6 Höhenmesser; 7 Variometer; 8 Anzeige der automatischen Funkpeilanlage [ADF]; 9 Reservefahrtmesser; 10 Entfernungsmessgerät und UKW-Funkpeilanlage [VOR/DME]; 11 N_1-Drehzahl; 12 Abgastemperaturanzeige [EGT]; 13 N_2-Drehzahl; 14 Anzeige des Treibstoffverbrauchs [FF]; 15 Öldruck; 16 metrischer Höhenmesser; 17 Borduhr; 18 Reservekreiselhorizont; 19 Anzeige der Landeklappen- und Vorflügelstellung; 20 Reservehöhenmesser; 21 Anzeige für Bremssystem; 22 Anzeige für automatisches Bremssystem; 23 und 24 Fahrwerksanzeigen; 25 Schubbegrenzung; 26 Fahrwerkshebel; 27 Grenzgeschwindigkeitsanzeige; 28 Anzeige der Außentemperatur

Die Informationsdarstellung *(Bild 13.3.1)* besteht aus zwei Bereichen: dem elektronischen Fluginstrumentensystem (EFIS, **E**lectronic **F**light **I**nstrument **S**ystem) und dem elektronischen Informations- und Überwachungssystem (ECAM, **E**lectronic **C**entralized **A**ircraft **M**onitor). Das EFIS liefert den Piloten Navigationsdaten und Informationen zur Flugführung. Im Blickfeld eines jeden Piloten befinden sich zwei Bildschirme. Der obere ist das **P**rimär-**F**lug**d**isplay (PFD), das Informationen für die unmittelbare Flugdurchführung und Flugüberwachung gibt. Das untere, das **N**avigations**d**isplay (ND), liefert die Navigationsdaten. Das ECAM liefert Daten über den Zustand aller Flugzeugsysteme auf zwei in der Mitte angeordneten Bildschirmen. Der linke Bildschirm ist das Warndisplay und der rechte das Systemdisplay. Das ECAM unterstützt die Piloten bei der Handhabung der Flugzeugsysteme – sowohl in ihrem normalen als auch im gestörten Betriebszustand. Die dazu notwendige Information erfolgt durch Hinweise und Anweisungen sowie durch Darstellung des betreffenden Systems in vereinfachter Form.

Das PFD zeigt Daten an, die zur unmittelbaren Flugdurchführung und Überwachung nötig sind. Es kann in fünf Felder aufgeteilt werden *(Bild 13.3.2)*:

❑ In der Mitte des Bildschirms werden die Fluglagedaten und die Flugkommandoangaben (Attitude and Guidance) dargestellt.
❑ Im linken Feld werden die Geschwindigkeiten (Airspeed) zur Anzeige gebracht.
❑ Im rechten Feld werden die Höhenvorwahl und vertikale Ablagen (Vertical Deviation), z.B. zum ILS-Gleitweg, angezeigt.
❑ Im unteren Feld sind horizontale Ablagen, z.B. zum Landekurs, dargestellt.
❑ Im oberen Feld erfolgt die Anzeige der Betriebsarten für den Autopiloten und für die Flugkommandoanlage.

Beim Navigationsdisplay lassen sich vier Darstellungsweisen auswählen:

❑ Betriebsart ROSE
Angezeigt werden: der aktuelle Steuerkurs (Heading); die seitliche Ablage vom Sollkurs; die wahre Eigengeschwindigkeit (TAS); die Geschwindigkeit über Grund (GS); die Abdrift (Drift Angle); die Richtung und Entfernung zum nächsten Wegpunkt.

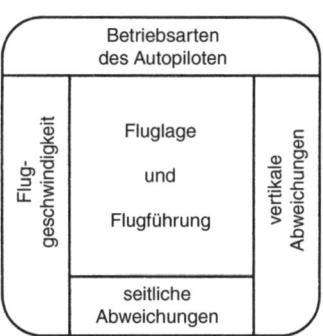

Bild 13.3.2
Aufteilung des Primärflugdisplays

❏ Betriebsart ARC
Es wird ein 90°-Ausschnitt gezeigt mit dem Flugzeugsymbol als Bezugspunkt in der Mitte des unteren Bildrandes. Es werden Entfernungsbögen mit gleichem Abstand eingeblendet und eventuell auch das Wetterradarbild.
❏ Betriebsart MAP
Bei ihr wird zusätzlich noch der Flugplan mit Wegpunkten, Funknavigationsanlagen und Flughäfen abgebildet.
❏ Betriebsart PLAN
Die Entfernungsbögen sind konzentrisch mit dem nächsten Wegpunkt in der Mitte des Bildschirms. Der aktuelle Kurs und Standort sind durch ein Flugzeugsymbol erkennbar.

Primärflugdisplay
Im Primärflugdisplay (PFD) werden zusätzlich zum Bild des künstlichen Horizonts die wichtigsten Informationen für die Flugführung dargestellt *(Bild 13.3.3)*. Das Flugregelungssystem, bestehend aus Vortriebsregler und Autopiloten, wird oben dargestellt. Der Vortriebsregler hält die Fluggeschwindigkeit (Speed, SPD) konstant, und der Autopilot hält die Höhe (Altitude, ALT) sowie den Kompasskurs (Heading, HDG) ein. Beim Erreichen des ILS-Signals dreht das Flugzeug auf den Leitstrahl ein, und der Autopilot hält den Gleitweg (Glide Slope, G/S) sowie den Landekurs (Localizer, LOC). Die Flugkommandoanlage 1 (Flight Director 1, FD 1) und der Autopilot 1 sind in Betrieb (Command, CMD 1) und so eingestellt, dass eine Landung nach der Kategorie 2 (CAT 2) möglich ist. Abweichungen von der Vertikalen und Horizontalen werden rechts und unten angezeigt. Die Skala für die Geschwindigkeitsanzeige befindet sich auf der linken Seite, hat einen Anzeigebereich von 80 Knoten und bewegt sich an einem Dreieck, das auf die Momentangeschwindigkeit zeigt, vorbei. Der kleine Pfeil zeigt an, wie die Geschwindigkeit in 10 Sekunden sein wird. Die Balken unten und oben geben an, dass die Geschwindigkeit von 135 Knoten nicht unter- und 180 Knoten nicht überschritten werden dürfen. Die von den Computern ermittelten Grenzwerte für die Geschwindigkeit in Abhängigkeit vom Flugzeuggewicht sowie Stellung von Fahrwerk

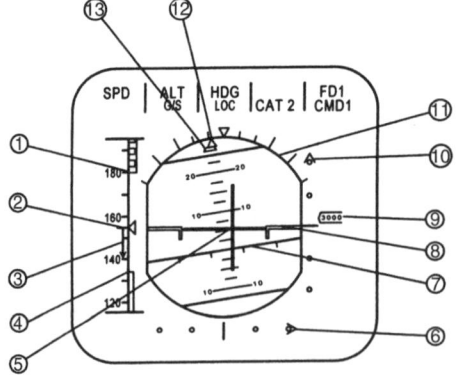

Bild 13.3.3
Primärflugdisplay
1 maximale Geschwindigkeit
2 augenblickliche Geschwindigkeit
3 Geschwindigkeitstrend
4 minimale Geschwindigkeit
5 Kommandozeiger
6 Landekursabweichung
7 Horizontlinie
8 Flugzeugsymbol
9 gewählte Höhe
10 Gleitweganzeige
11 Rollskala
12 Rollzeiger
13 Rutsch- und Schiebekurvenzeiger

und Klappen erscheinen an der Geschwindigkeitsskala. Nach dem Start und im Anflug zeigen Symbole für die Vorflügel S (Slats) und Landeklappen F (Flaps) an, wann sie ein- oder ausgefahren werden können.

Navigationsdisplay

Das Navigationsdisplay in *Bild 13.3.4* zeigt einen Kartenausschnitt mit der letzten Wegstrecke nach Athen (LGAT) über Korinth (KOR) und Ägina (EGN). Ort und Richtung des augenblicklichen Flugwegs sind unten mit einem stilisierten Flugzeug angezeigt. Das eingeblendete Wetterradarbild zeigt auf dieser Strecke ein Gewitter; deswegen haben die Piloten einen Umweg (gestrichelt) eingegeben. Die augenblickliche Flugrichtung auf Korinth beträgt 124 Grad und die Entfernung 13 Seemeilen. Die Geschwindigkeit über Grund beträgt 210 Knoten, die wahre Luftgeschwindigkeit 220 Knoten. Der Wind kommt aus 75 Grad mit 20 Knoten. Der untere Bildschirm auf jeder Seite des Instrumentenpanels ist das Navigationsdisplay, und es zeigt eine Kartendarstellung. Es wird ein 90 Grad weiter Sektor des vorausliegenden Gebiets dargestellt. Je nach Bedarf können unterschiedliche Abbildungsmaßstäbe zwischen 15 und 240 Seemeilen in sich verdoppelnden Stufen gewählt werden. Der Darstellungsbereich ist durch einen Ausschnitt aus der Kompassrose begrenzt. Ein Dreieck symbolisiert die Richtung des Flugzeuges und befindet sich oben. Ein stilisiertes Flugzeug als Symbol für den Ort des Flugzeuges ist immer unten, wobei seine Längsachse in Richtung des augenblicklichen Flugweges zeigt. Zwei Kreisbögen teilen den Darstellungsbereich in drei gleich breite Sektoren. Links oben wird die von den Trägheitssensoren gemessene Geschwindigkeit über Grund (**G**round **S**peed, GS) sowie die vom Luftdatenrechner ermittelte wahre Luftgeschwindigkeit (**T**rue **A**irspeed, TAS) angezeigt. Die Differenz ergibt die Windkomponente in Flugrichtung, die zum Erkennen von Windscherungen wichtig ist. Der augenblicklich herrschende Wind nach Richtung und Stärke wird links unten angegeben, und er kommt in diesem Beispiel aus 75 Grad mit 20 Knoten. Der Pfeil gibt bildlich die Windrichtung an. Maßstäblich in das Display eingezeichnet sind die Wegpunkte des vom **F**light **M**anagement **S**ystem (FMS) errechneten Flugplans sowie der Flugweg. Im Beispielflug nähert sich das Flugzeug Athen (LGAT). Der Wegpunkt Korinth (KOR) wird als Nächstes angeflogen. In der rechten oberen Ecke ist immer

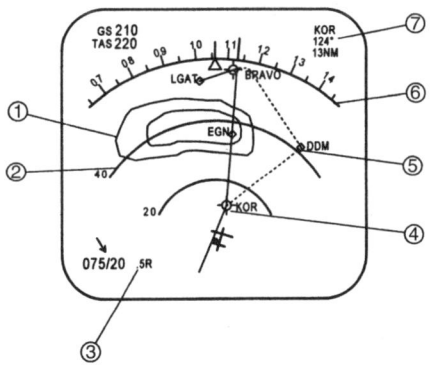

Bild 13.3.4
Das Navigationsdisplay in der Betriebsart «MAP-Modus»
1 Wetterradar
2 Entfernungsbögen
3 Abweichung vom Kurs
4 eingeschaltete VOR/DME
5 Wegpunkt
6 Steuerkursskala
7 Kurs und Entfernung zum Wegpunkt

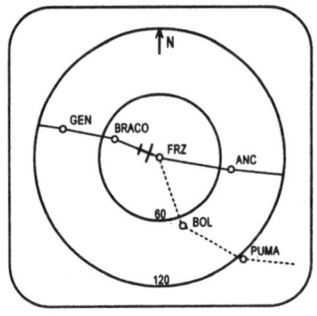

Bild 13.3.5
Das Navigationsdisplay in der Betriebsart «PLAN-Modus»

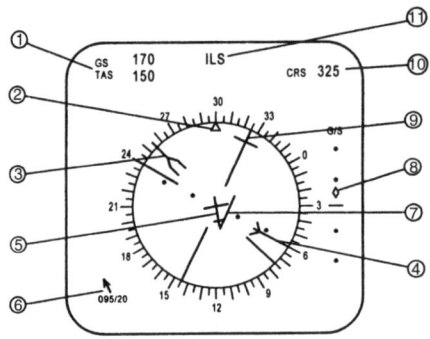

Bild 13.3.6 Das Navigationsdisplay in der Betriebsart «ROSE»
1 Geschwindigkeitsangaben; 2 Steuerstrich; 3 und 4 ADF 1 + 2; 5 Flugzeugsymbol, Abdrift; 6 Wind; 7 Kursablagezeiger für VOR oder LOC; 8 Gleitwegabweichung; 9 Sollkurszeiger; 10 Sollkurs; 11 Betriebsart VOR oder ILS
Über dem Steuerstrich (2) [Dreieck] dreht sich die Kompassrose und zeigt den aktuellen missweisenden Steuerkurs (Magnetic Heading) an. Der Kurszeiger (9) [course arrow] zeigt auf der Kompassrose den eingestellten Sollkurs [course] an. Der Kursablagezeiger (7) gibt die Flugzeugposition relativ zum gewählten VOR- oder LOC-Leitstrahl an. Die dazugehörende Skala gibt an, wie viel Grad das Flugzeug vom Leitstrahl abweicht.

der nächste vor dem Flugzeug liegende Wegpunkt aufgeführt. Korinth liegt auf einem Kurs von 124 Grad, und es sind noch 13 Seemeilen bis dort zu fliegen. Das Flugzeug fliegt eine halbe Seemeile (.5R) rechts neben dem Sollflugweg. Aus der Richtung des Flugzeugsymbols kann man erkennen, dass die Wegkorrektur gerade vorgenommen wird. Das Navigationsdisplay bietet daneben den Vorteil, dass Informationen des Bordwetterradars maßstabsgerecht in das Kartenbild eingeblendet werden können. In diesem Beispiel ist zu erkennen, dass zwischen Korinth und Athen eine Gewitterzone liegt, die nicht durchflogen werden sollte. Die gestrichelte Linie zeigt, dass eine Ausweichroute eingegeben worden ist, um dieses Gebiet zu meiden.

Leitkursanzeiger (Horizontal Situation Indicator)
Der Leitkursanzeiger (HSI) zeigt folgende Informationen an:

- den aktuellen Steuerkurs (Heading) unter dem Steuerstrich (oben),
- den mit dem Kurseinstellknopf eingestellten Sollkurs (Selected Course) mit dem Kurszeiger,
- die Information, ob ein Luftfahrzeug auf ein Funkfeuer zufliegt oder von ihm wegfliegt,
- die seitliche Ablage vom eingewählten Sollkurs mit dem Kursablagezeiger,
- den eingestellten Steuerkurs (Selected Heading) per Dreieck,
- die Abweichung vom Gleitweg,
- die DME-Entfernungsangabe.

Angenommen, das Flugzeug soll auf einen Leitstrahl (Radial) eines UKW-Drehfunkfeuers (VOR) von 325° gebracht werden und dann auf das VOR hin (to) einkurven *(Bild 13.3.7)*. Dazu wird zum Beispiel zunächst der Steuerkurs 270° geflogen, um dann bei Annäherung an den Leitstrahl einzukurven. Man setzt die Steuerkursmarke auf 270°. Diese bleibt auf der sich drehenden Kursrose bei 270° stehen. Das Flugzeug wird so gedreht, dass die Steuerkursmarke unter dem Steuerstrich steht. Der Kurszeiger wird auf 325° eingestellt und dreht sich ebenfalls beim Drehen des Flugzeuges mit der Kursrose. Wenn das Flugzeug dem Leitstrahl 325° näherkommt, bewegt sich der in der Mitte sitzende Kursablagezeiger auf die Kursnadel zu. Mit der Annäherung an den Leitstrahl wird das Flugzeug auf den Leitstrahl eingeschwenkt, bis der Kurszeiger unter dem Steuerstrich und der Ablagezeiger mit dem Kurszeiger zur Deckung kommt.

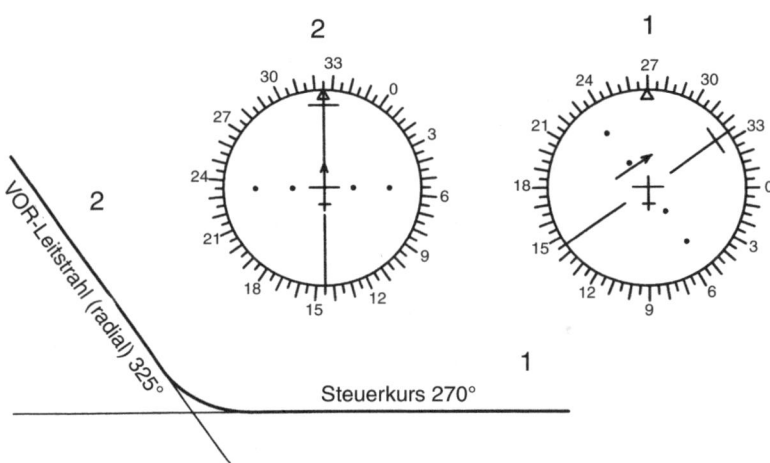

Bild 13.3.7 Leitkursanzeiger (HSI) beim Einkurven auf den VOR-Leitstrahl. Der Leitkursanzeiger ist Bestandteil des Navigationsdisplays und verbindet den Kompass mit der Funknavigation. Leitstrahl (radial) 325° bedeutet, dass das Empfangsgerät im Flugzeug den vom UKW-Drehfunkfeuer ausgesendeten Funkstrahl in Richtung 325° auswertet.
1 Anzeige und Kursweg bei einem Steuerkurs von 270°; 2 Anzeige und Kursweg bei einem Steuerkurs von 325°

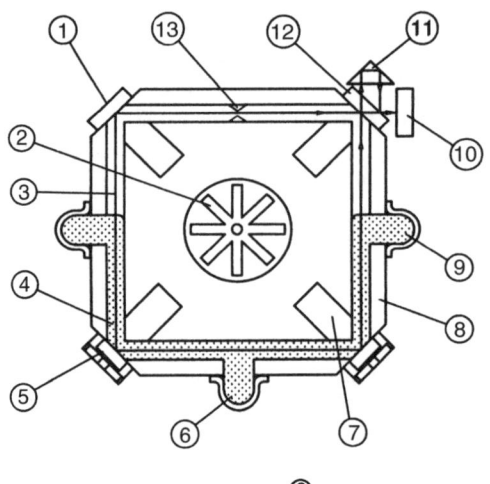

Bild 13.3.8
Der prinzipielle Aufbau des Laserkreisels
1 Spiegel
2 Zittermotor
3 Lichtstrahl
4 Gasentladungszone
5 servogeregelter Spiegel
6 Katode
7 Gasreservoir
8 Glaskeramik-Block
9 Anode
10 Fotodetektor
11 Prisma
12 teildurchlässiger Spiegel

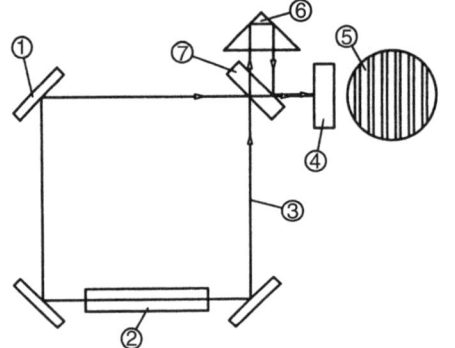

Bild 13.3.9
Das Messprinzip des Laserkreisels
1 Spiegel
2 Laserröhre
3 Laserstrahl
4 Fotodetektor
5 Interferenzstreifen
6 Glasprisma
7 halbdurchlässiger Spiegel

13.3.2 Laserkreisel

Zur bodenunabhängigen Langstreckennavigation wird ein Richtungssensor benötigt, der präzise und zuverlässig funktionieren muss. Der Magnetkompass ist für diese Zwecke wegen seiner Ungenauigkeit nicht geeignet. Das INS (*inertial navigation system*), ein mechanisches Gerät auf der Basis des Kreisels, erfüllt zwar die Forderung, es ist jedoch sehr teuer und wartungsintensiv. Mittels der Lasertechnik (Laser = *light amplification by stimulated emission of radiation*) ist eine preiswerte Alternative entwickelt worden. Das Grundprinzip sind zwei gegenläufige Laserstrahlen *(Bilder 13.3.8/9)*, die auf einem Dreieck- oder Viereckkurs umlaufen (Ringlaser). Die Ausdrücke Ringlaser und Laserkreisel stehen für dasselbe Gerät. Der Ausdruck Laserkreisel bedeutet, dass das Gerät dieselbe Aufgabe erfüllen soll wie ein Kreisel. In einem umlaufenden Kanal eines Glaskeramikblocks befindet sich ein kontinuierlich arbeitender Helium-Neon-Laser. Die Laserstrahlen haben eine Frequenz, die aus Gründen der Resonanz von der vom Licht zurückgelegten Strecke innerhalb des Rundkurses abhängt. Solange der Laserkreisel nicht gedreht wird, ist die von beiden Laserstrahlen durchlaufene Strecke

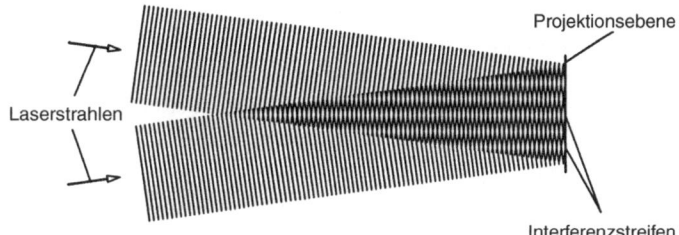

Bild 13.3.10 Überlagerung zweier Laserstrahlen. Wenn zwei Lichtstrahlen gleicher Wellenlänge überlagert werden, dann bilden sie ein Interferenzmuster. Trifft der Wellenberg des einen Strahls auf den Wellenberg des anderen Strahls, dann entsteht auf einer Projektionsfläche ein heller Streifen. Wenn aber der Wellenberg des einen Strahls auf ein Wellental des anderen trifft, dann wird das Licht ausgelöscht, und es entsteht ein dunkler Streifen.

in beiden Richtungen gleich und damit auch ihre Frequenz. Wenn nun der Kreisel gedreht wird, muss der in Drehrichtung laufende Strahl einen längeren Weg zurücklegen als der gegenläufige. Der Strahl mit dem längeren Weg hat einen längeren Resonator und damit eine niedrigere Frequenz – ähnlich wie in der Akustik, wo längere Orgelpfeifen einen niedrigeren Ton erzeugen als kürzere. Der Frequenzunterschied der beiden gegenläufigen Strahlen lässt sich mittels Photodioden nachweisen. Dazu werden geringe Anteile der beiden Strahlen in einem teildurchlässigen Spiegel ausgeblendet. Die dort austretenden Lichtstrahlen werden überlagert und bilden Interferenzstreifen, die von den Fotodioden registriert werden. Bei einer Interferenz treffen die Wellenzüge der Strahlen aufeinander und verstärken sich dabei oder löschen sich gegenseitig aus – je nachdem, ob Wellenberg auf Wellenberg oder Wellenberg auf Wellental liegen. Dort, wo die Wellen gegenphasig ankommen, löschen sie sich gegenseitig aus, und es entsteht ein dunkler Streifen. Dort, wo sie gleichphasig ankommen, entsteht ein heller Streifen *(Bild 13.3.10)*. Aus den Interferenzstreifen, die sich bewegen, können nun die Drehrichtung und die Drehgeschwindigkeit des Kreiselblocks gegenüber dem feststehenden Raum bestimmt werden. Auf den Fotodioden entstehen durch Umsetzung der wechselnden Lichtpulse direkte digitale Signale, die im Computer als Maß für die Drehung des Kreiselblocks verwendet werden.

Welche physikalischen Vorgänge laufen im Laserkreisel ab? Mittels einer Gleichspannung wird über Anode und Katode dem Helium-Neon-Gasgemisch ständig Energie zugeführt, und dadurch werden die Neon-Atome auf ein höheres Energieniveau gehoben. Die Neon-Atome können diese Energie durch Aussenden von Photonen wieder abgeben. Wenn das Photon auf ein anderes angeregtes Neon-Atom trifft, bringt es dieses auch dazu, ein Photon mit der gleichen Wellenlänge und Richtung auszusenden. Dieser Vorgang pflanzt sich nun lawinenartig fort, so dass sich ein Wellenzug herausbildet. Hat dieser Wellenzug die Richtung der Laserröhre, dann trifft er auf einen Spiegel und wird umgelenkt sowie auf eine Kreisbahn geschickt. Dieser Strahl kommt wieder an seinem Ursprung an und veranlasst die durch ständige Energiezufuhr entstehenden Photonen, die gleiche Wellenlänge und Richtung anzunehmen wie der Ausgangsstrahl. Auch in der anderen Umlaufrichtung des Lasers ist ein Wellenzug entstanden. Im Ringraum des Lasers entstehen nur Wellenzüge, die ganzzahlig in die Umlaufstrecke passen und so durch Überlagerung eine Resonanz erzeugen.

Der Laserkreisel hat zwar vom Prinzip her einen kompakten Aufbau, aber seine Eigenschaft, bei geringen Drehgeschwindigkeiten ungenau zu messen, erfordert eine zusätzliche Mechanik. Durch den so genannten *Lock-in-Effekt*, der bei einer Drehgeschwindigkeit von 0,1 Grad pro Stunde auftritt, beeinflussen sich die beiden gegenläufigen Lichtstrahlen so, dass sich ihre Wellenlängen nicht mehr voneinander unterscheiden lassen.

Dieses Problem wird gelöst durch ein schnelles Hinundherdrehen des Kreiselblocks mit etwa 10 bis 100 Hz mit kleinen Winkelausschlägen von ca. 0,1 Grad mittels eines Piezo-Zittermotors. Der Bereich des Lock-in-Effektes wird dabei so schnell und bei jeder Schwingung entgegengesetzt durchfahren, dass der Effekt gering bleibt. Der Hauptvorteil des Laserkreisels besteht darin, dass er bis auf den Zittermotor keine mechanischen Bauteile hat. Ein Laserkreisel arbeitet durchschnittlich 60 000 Stunden ohne Ausfall. Da sich der Laserkreisel in einem festen Keramikblock befindet, arbeitet er mit großer Stabilität bei Beschleunigungen und Vibrationen. Außerdem besteht der Block aus einer Glaskeramik, die nur eine kleine Temperaturausdehnung und damit eine genaue Anzeige bei Temperaturschwankungen hat. Die Herstellungskosten liegen unterhalb denen des konventionellen Kreisels. Eine Anlaufphase wie beim konventionellen Kreisel entfällt bei diesem System.

Berechnung der Anzeigefrequenz des Laserkreisels
Der umlaufende Gaskanal des Ringlasers stellt für die beiden entgegengerichteten Wellenzüge einen Resonanzraum dar, ähnlich wie eine Orgelpfeife für die Schallwellen. Die Frequenz der Wellenzüge hängt von der Länge dieses Resonanzraumes ab. Wenn sich der Ringlaser um seine senkrechte Achse dreht, verlängert sich die Resonanzlänge für den einen Strahl und sie verkürzt sich für den anderen. Es entsteht so eine Frequenzdifferenz zwischen den beiden Wellenzügen. Diese Frequenzdifferenz kann man durch Überlagerung der beiden Wellenzüge durch eine Photodiode ermitteln. Die überlagerten Wellenzüge erzeugen Interferenzstreifen, die auf dem Detektor, je nach Drehrichtung des Ringkreisels, nach links oder rechts wandern und so gezählt werden können. Mittels einer zweiten Photozelle kann die Wanderrichtung der Interferenzstreifen ermittelt und damit die Drehrichtung des Ringlasers bestimmt werden. Ein Ringlaser ist so empfindlich, dass mit ihm die Winkelgeschwindigkeit der Erddrehung bestimmt werden kann.

Welche Differenzfrequenz zeigt ein Ringlaser an, wenn er die Winkelgeschwindigkeit der Erde von 15°/h bestimmen soll? Die Kantenlänge des viereckigen Laserkreisels beträgt 10 cm, und er arbeitet mit einer Wellenlänge von 0,63 μm.

$$\Delta \upsilon = \frac{l \cdot \omega}{\lambda}$$

$$\Delta \upsilon = \frac{10\,\text{cm} \cdot 0{,}0000727\,\text{rad/s}}{0{,}000063\,\text{cm}}$$

Δv = 12 Hz
l Seitenlänge des viereckigen Laserblocks in cm
λ Wellenlänge des Laserstrahls in cm
ω Winkelgeschwindigkeit in rad/s
Δv Differenzfrequenz in Hz = 1/s

Nebenrechnung: ω = 15°/h = 0,2618 rad/h = 0,0000727 rad/s

13.4 Grundlagen der Navigation

Kursbestimmung
Man unterscheidet drei verschiedene Nord-Bezugsrichtungen: *rechtweisend Nord* (True North, TN) ist die Richtung zum geografischen Nordpol. Da das Basisinstrument zur Bestimmung der Nordrichtung der Magnetkompass ist, bezieht man sich in der Navigation auf den magnetischen Nordpol. Der Winkelbetrag, um den *missweisend Nord mwN* (Magnetic North, MN) von rechtweisend Nord abweicht, wird Ortsmissweisung OM (Variation, VAR) genannt. Der im Flugzeug eingebaute Magnetkompass wird außer vom Magnetfeld der Erde noch von Eisenteilen und von stromführenden Leitungen beeinflusst. Das ist die Kompassablenkung (Deviation, Dev). Die Bezugsrichtung ist dann *Kompassnord KN* (Compass North, CN); *Bild 13.4.1*.

Unter dem Begriff Kurs *(Bild 13.4.2)* versteht man den Winkel zwischen einer Nordrichtung (rwN, mwN oder KN) und der Kurslinie, das heißt, dem Flugweg über Grund. Auf rechtweisend Nord bezogen heißt die Angabe *rechtweisender Kurs rwK* (True Course, TC). Um auf dem rechtweisenden Kurs zu bleiben, muss das Flugzeug einen Vorhaltewinkel in den Wind hinein, den so genannten *Luvwinkel l* (Wind Correction Angle, WCA), fliegen; das ist der Winkel zwischen der Kurslinie und der Flugzeuglängsachse. Der Winkel, der zwischen der Flugzeuglängsachse und rechtweisend Nord rwN bei Windeinfluss eingehalten werden muss, ist der *rechtweisende Steuerkurs*

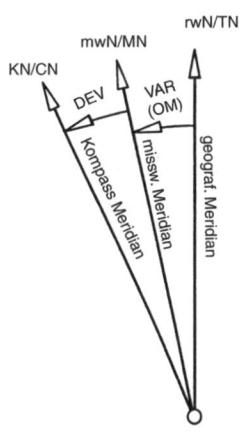

Bild 13.4.1
Nord-Bezugsrichtungen. Auf geografisch Nord bezogene Kursangaben sind für die Flugpraxis nicht brauchbar, weil das Hauptinstrument zur Richtungsbestimmung, der Magnetkompass, nach magnetisch Nord zeigt und deshalb noch die Ortsmissweisung berücksichtigt werden muss. Durch Einbeziehung des Kompassfehlers erhält man schließlich Kompassnord – die Richtung, in die der Kompass wirklich zeigt.

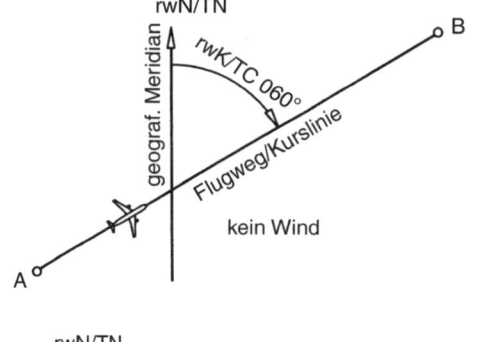

Bild 13.4.2
Die Kursbestimmung. Der Kurs wird zwischen einer Nordrichtung und der Kurslinie, des geplanten Weges über Grund, gemessen. Zunächst wird hierbei kein Wind berücksichtigt, und der Kurs wird auf geografisch Nord bezogen.

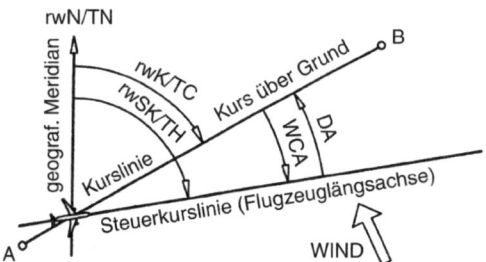

Bild 13.4.3
Rechtweisender Steuerkurs. Um den Steuerkurs für den Flug vom Ort A zum Ort B zu ermitteln, muss der Windeinfluss berücksichtigt werden. Das Flugzeug wird um den Luvwinkel in den Wind gedreht, das heißt, der Kartenkurs (geplanter Kurs über Grund) wird um den Luvwinkel l korrigiert. Auf geografisch Nord bezogen ergibt sich dann der rechtweisende Steuerkurs rwSK.

rwSK (True Heading, TH); *Bild 13.4.3*. Der *missweisende Steuerkurs mwST* (Magnetic Heading, MH) ist folglich der Winkel zwischen missweisend Nord und der Längsachse des Flugzeuges. Der *Kompasskurs KK* (Compass Heading, CH) ist dann schließlich der Winkel zwischen Kompassnord und der Längsachse des Flugzeuges, also der um die Deviation und Ortsmissweisung korrigierte rechtweisende Kurs *(Tabelle 13.4)*.

Tabelle 13.4   Deutsche und englische Bezeichnungen mit den Abkürzungen im Winddreieck

Deutsche Bezeichnung	*Abkürzung*	*Englische Bezeichnung*	*Abkürzung*
Rechtweisender Kurs	rwK	True Track / True Course	TT/TC
Rechtweisender Steuerkurs	rwSK	True Heading	TH
Windvektor	W/V	Wind Vector	W/V
Wahre Eigengeschwindigkeit	v_e	True Airspeed	TAS
Geschwindigkeit über Grund	v_g	Ground Speed	GS
Luvwinkel	l	Wind Correction Angle	WCA
Abdrift	a	Drift Angle	DA
Windwinkel	w	Wind Angle	WA
Windeinfallwinkel	w_e	Relative Wind Angle	RWA

Die Vektoren im Winddreieck

Wie errechnet sich nun der rechtweisende Steuerkurs aus dem Windeinfluss und dem vorgesehenen Kurs über Grund? Bei der Flugplanung stehen folgende Navigationsdaten zur Verfügung:

- rwK (TC) ist in die Karte eingezeichnet,
- Entfernung zwischen Start- und Zielpunkt,
- v_e (TAS),
- W/V – Windrichtung sowie die Windgeschwindigkeit,
- OM (VAR) – Ortsmissweisung,
- DEV – Kompassablenkung.

Als Beispiel seien gegeben:
rwK = 100°
v_e = 130 kts
W/V = 300°, 20 kts
Gesucht sind:
rwSK und v_g

Vorgehensweise:

- Wählen eines Geschwindigkeitsmaßstabs, z.B. 1 NM = 1 mm,
- Zeichnen einer Geraden in Richtung rwK = 100°,
- Abtragen des Windvektors mit Richtung und Geschwindigkeit luvwärts am Ende der Geraden,
- mit einem Zirkel nun vom Fußpunkt des Windvektors aus einen Kreisbogen mit v_e schlagen, so dass ein Schnittpunkt auf der Grundkurslinie rwK entsteht; das Winddreieck ist damit fertiggestellt (*Bild 13.4.4*).

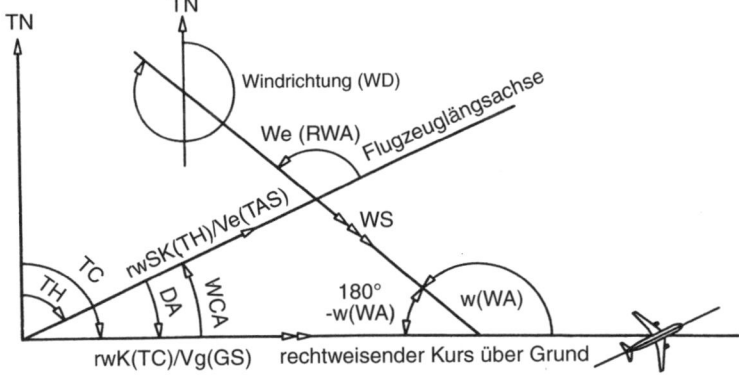

Bild 13.4.4 Das Winddreieck. Es wird verwendet, um zeichnerisch aus dem geplanten Kurs über Grund rwK, der Eigengeschwindigkeit v_e sowie dem Windvektor mit Richtungsangabe und Windgeschwindigkeit V/W den Steuerkurs rwSK zu ermitteln.

✍ Übung

1. Nennen Sie die *Flugzeuginstrumente*, die den Flugzustand sowie die Fluglage überwachen.
2. Erläutern Sie die *Bezugsdruckeinstellungen* QFE, QNH und Standarddruck.
3. Erklären Sie mit Hilfe einer Skizze die Funktion eines *Fahrtmessers*.
4. Erklären Sie die Entstehung der *Präzessionsbewegung* eines Kreisels.
5. Beschreiben Sie die Fehlanzeigen eines *Flugzeug-Magnetkompasses*.
6. Welche Daten zeigt das *Primär-Flugdisplay* an?
7. Welche Daten zeigt der *Leitkursanzeiger (HSI)* an?
8. Welche Daten gewinnt man aus der geometrischen Konstruktion des *Winddreiecks*?

14 Elektrische Energieversorgung

Elektrische Energie ist eine äußerst komfortable Energieform. Sie lässt sich einfach und relativ gefahrlos auch über weite Strecken transportieren und verteilen. Sie kann problemlos und sauber in sämtliche weitere Energieformen (wie Lichtenergie, Wärmeenergie und mechanische Energie) umgeformt werden. Außerdem lässt sie sich zu verschiedenen Gebrauchszwecken transformieren und sowohl vor Ort als auch ferngesteuert optimal dosieren. An Bord eines Flugzeuges hat sich die Elektrizität längst als unverzichtbare Energieform durchgesetzt. Dies gilt zwar insbesondere für die großen modernen Verkehrsflugzeuge unserer Zeit, aber auch schon der erste Motorflug (Gebr. WRIGHT, 1903) wäre ohne eine elektrische Zündanlage nicht möglich gewesen.

Bei kleineren Propellerflugzeugen wie der Cessna 172 wird die elektrische Energie heute in einem überschaubaren Gleichstrom-Bordnetz für folgende Verbraucher bereitgestellt:

- Außenbeleuchtung,
- Innenbeleuchtung,
- Instrumentenbeleuchtung,
- Kraftstoffpumpen,
- Heizung des Pitotrohres,
- elektrische Trimmung,
- Bewegung der Landeklappen,
- Starten des Motors,
- Versorgung der Navigations- und Kommunikationssysteme (Avionik).

An Bord großer Verkehrsflugzeuge werden elektrische Verbraucher zusätzlich eingesetzt in

- Heizelementen,
- Lüftungsanlagen,
- Kompressoren für die Wasserversorgung,
- Einrichtungen zur Erhöhung des Passagierkomforts,
- Frachtladesystemen,
- Systemen zur Steuerung, Rückmeldung und Überwachung.

In der modernen Flugzeugtechnik verdient unter dem Stichwort «Fly-by-wire» insbesondere der letzte Punkt eine große Beachtung.

Bei allen Vorteilen, die für die Verwendung der elektrischen Energie an Bord sprechen, gibt es auch Einschränkungen:

- ❏ Elektromotoren haben im Vergleich zu Verbrennungsmotoren insgesamt bei gleicher Leistung ein sehr viel höheres Gewicht. Aus diesem Grund wird der zum Fliegen notwendige Schub nach wie vor von Motoren oder Strahltriebwerken erzeugt, in denen die chemische Energie des Kraftstoffes direkt in mechanische Bewegungsenergie umgewandelt wird. Leistungsstarke Aktoren beispielsweise zur Flugsteuerung werden über hydraulische Systeme von den Triebwerken indirekt angetrieben. Elektrische Energie wird allerdings bevorzugt zur Ansteuerung dieser Aktoren verwendet.
- ❏ Der Betrieb elektrischer Wärme- oder Kälteerzeuger ist unwirtschaftlich. Deshalb wird die Energie für die Kabinenheizung aus der Zapfluft der Triebwerke gewonnen. Zur Abkühlung werden bei Bedarf Außentemperatur und Fahrtwind ausgenutzt.
- ❏ Elektrische Energie lässt sich nur unter großem Aufwand speichern. So muss sie bei fehlendem Anschluss an das Versorgungsnetz vor Ort produziert werden. Ein Flugzeug-Bordnetz enthält deswegen nicht nur ein Verteilungsnetz, sondern auch immer ein System elektrischer Energieerzeuger.

ⓘ *Nach dem Energieerhaltungssatz der Physik (1. Hauptsatz der Thermodynamik) kann Energie weder erzeugt noch verbraucht, sondern nur von einer Form in eine andere umgewandelt werden. Da sich jedoch die Begriffe «Energieverbrauch» und «Energieerzeugung» im technologischen Sprachgebrauch vielerorts eingebürgert haben, werden sie auch auf folgenden Seiten entsprechend verwendet.*

Im abgeschlossenen System Flugzeug fallen Erzeugung (vgl. Abschnitt 14.1), Verteilung der elektrischen Energie (vgl. Abschnitt 14.2), Verbrauch (vgl. Abschnitt 14.3) sowie die Steuerung und Überwachung der Versorgung (vgl. Abschnitt 14.4) auf engstem Raum zusammen. Bei der Betrachtung des Bordnetzes steht eine Gliederung der elektrischen Betriebsmittel nach diesem Schema folglich an erster Stelle. Vereinfachend lassen sich dann auch hochkomplexe Bordnetze so wie in *Bild 14.1* darstellen.

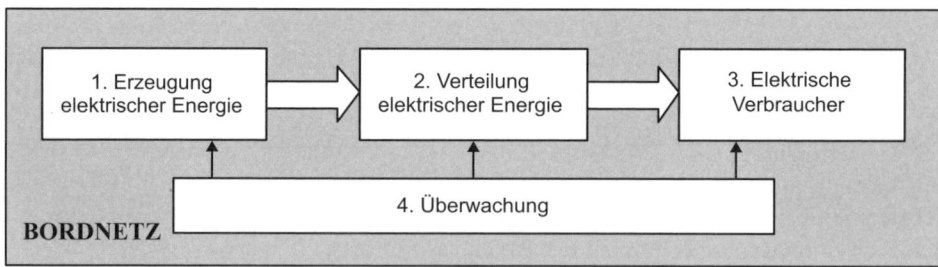

Bild 14.1 Vereinfachte Darstellung des Bordnetzes

14.1 Spannungsversorgung in Bordnetzen

Bei der Darstellung flugzeugspezifischer Spannungsquellen und deren Schaltungen werden Kenntnisse der Gleich- und Wechselspannung sowie allgemeiner Funktionen von Generatoren, Transformatoren, Gleichrichterschaltungen und elektronischen Schaltern mit den entsprechenden Fachbegriffen als bekannt vorausgesetzt. Es werden im Folgenden zunächst Versorgungsmöglichkeiten in Flugzeug-Gleichspannungsbordnetzen, anschließend in Flugzeug-Wechselspannungsbordnetzen dargestellt. Als Drittes folgt die Beschreibung der sowohl im Gleich- als auch im Wechselspannungsbordnetz bestehenden Möglichkeiten zur Notstromversorgung von Flugzeugen.

14.1.1 Spannungsversorgung in Bordnetzen mit primärer Gleichspannungsversorgung

Grundsätzlicher Netzaufbau der Gleichspannungsnetze (DC Power)

Flugzeugtypen mit primärer Gleichspannungsversorgung (*direct current*, DC), auf die sich die folgenden Ausführungen übertragen lassen, sind beispielsweise Cessna 172, Embraer 135 und Dornier DO 228.

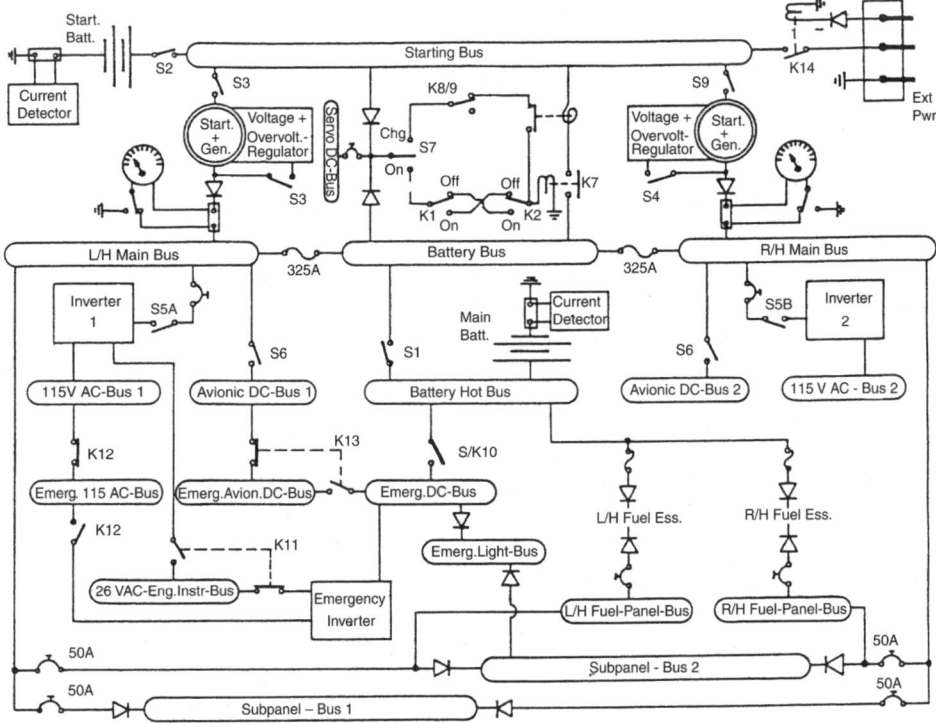

Bild 14.1.1 Beispiel eines Bordnetzes mit primärer Gleichspannungsversorgung

Das Bordnetz besteht aus einem oder mehreren Generatoren (je Triebwerk ein Generator), die getrennt oder bei mehrmotorigen Flugzeugen parallel einspeisen, ein oder zwei Bordbatterien, Wechselrichtern, einer Bodenanschlusssteckdose, den Sammelschienen (*busses*), den Verbindungsleitungen, ferner den Regelungs- und Schutzeinrichtungen (*Bild 14.1.1*).

Die Spannungshöhe im Netz beträgt bei Kleinflugzeugen 14 V, bei den größeren Flugzeugen 28 V. Der Pluspol jedes Generators ist mit einem Verteiler verbunden. Die Verteiler waren in alten Flugzeugen Kupferschienen, an die alle Verbraucherzuleitungen angeschraubt wurden. Aus dieser Zeit stammt die Bezeichnung Spannungshauptsammelschiene oder einfach Hauptsammelschiene (*main bus*). In heutigen Flugzeugen sind die Kupferschienen durch leitende Brücken zwischen einzelnen oder mehreren Anschlüssen ersetzt (*Bild 14.1.2*). Durch die Brücken werden die Installationen vereinfacht. Die Bezeichnung Bus für Kontakte, die ohne Schalter an ein Potenzial angeschlossen sind, ist für heutige Flugzeuge gültig. An die Hauptverteiler sind oft über weitere Busse als Unterverteiler und in jedem Fall über Selbstschalter oder Schmelzsicherungen die elektrischen Verbraucher angeschlossen. Auch die Bordbatterien sind über je einen eigenen Bus an diesen Verteiler angeschlossen.

Die Minuspole der Generatoren, der Batterien und der Verbraucher sind mit der Flugzeugzelle verbunden; diese dient als Flugzeugmasseanschluss und Rückleiter für den Strom. In Flugzeugstrukturen aus nicht leitendem Material (z.B. Kunststoff, CFK) ist eine separate Rückleitung im Flugzeug verlegt.

Die Spannung der Generatoren im Bordnetz wird durch Spannungsregler konstant gehalten. Sinkt dennoch durch Fehler die Spannung eines Generators, so wird durch Rückstromrelais oder Dioden verhindert, dass andere Generatoren oder die Batterien in den fehlerhaften Generator einspeisen.

Die Batterien haben die Aufgabe, bei Ausfall aller Generatoren die notwendigen Verbraucher dennoch mit Spannung zu versorgen (Notstromversorgung). Außerdem kann über die Batterie je nach Flugzeugtyp entweder der Anlasser für den Motor, der Starter für die Hilfsturbine (APU) oder der Starter eines Triebwerks mit Spannung versorgt werden. Dritte Aufgabe der Bordbatterie ist es, Spannungsspitzen zu puffern, die durch das Zu- und Abschalten großer Verbraucher entstehen. Die Bordbatterie hat hierbei die Wirkung eines sehr großen Kondensators.

Für die Spannungsversorgung am Boden haben Flugzeuge eine Bodenanschlusssteckdose (*external power*), über die ein Bodenversorgungsgerät extern Spannung in das Bordnetz einspeisen kann.

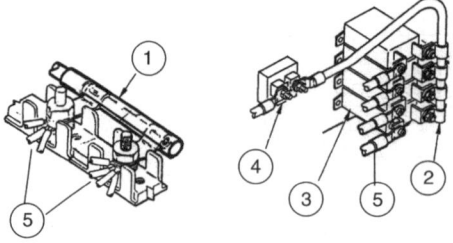

Bild 14.1.2
Verteiler («Sammelschienen») moderner Flugzeuge
1 Brücke, z.B. 28 V DC als BUS
2 mehrere Brücken als BUS
3 Sicherung/Schalter
4 Terminal
5 Anschlüsse für Verbraucher

Entweder Wechselspannungsgeneratoren oder elektronische Wechselrichter (*static inverter*) werden verwendet, um Wechselspannung zu erzeugen. Diese wird für einige Navigationsgeräte und einige Verbraucher auch in Flugzeugen mit primärer Gleichspannung benötigt. Die Inverter erzeugen, an den Bedarf der Verbraucher im Flugzeug angepasst, Wechselspannungen mit Effektivwerten von 115 V (einphasig oder dreiphasig) oder 28 V bei einer Frequenz von 400 Hz. Es werden auch Inverter zur Versorgung von Steckdosen für Passagiere verwendet; deren Spannungseffektivwert beträgt 110 V bei einer Frequenz von 60 Hz (Europa und USA).

Die Flugzeugtypen mit primärer Gleichspannungsversorgung haben aufgrund des Bedarfs an elektrischer Energie oft zusätzlich ein separates Wechselspannungsnetz mit eigenen Wechselspannungsgeneratoren (siehe dazu Abschnitt «Wechselspannung im Gleichspannungsbordnetz»).

Gleichspannungsgenerator (DC-Generator)

Für die Umwandlung mechanischer Energie in elektrische Energie werden zwei unterschiedliche Generatortypen verwendet: zum einen Gleichstrom-Nebenschlussgeneratoren, zum anderen Drehstromgeneratoren mit elektronischen Gleichrichterschaltungen (siehe Abschnitte «Brushed und brushless Alternator»). Die mechanische Energie stellt der Motor, eine Hilfsturbine (APU) oder ein Triebwerk in Form des Drehmoments bereit, die über ein Getriebe den Generator antreiben. Die Drehzahlen der Generatoren liegen im Arbeitsbereich zwischen 5500 min^{-1} und 12 000 min^{-1}. Bei 12 000 min^{-1} geben die Generatoren ihre Nennleistung ab und speisen das Bordnetz mit einer Nennspannung von 28 V. Aus dem Funktionsprinzip eines Generators ist bekannt, dass in jedem Generator stets eine Wechselspannung erzeugt wird. Diese muss für das Bordnetz gleichgerichtet werden. Im herkömmlichen Nebenschlussgenerator geschieht dies durch den Kommutator, der aus dem Kollektor und den Kohlebürsten besteht (*Bild 14.1.3*). Der gesamte Strom wird dabei über Kohlebürsten zum Verteiler geführt.

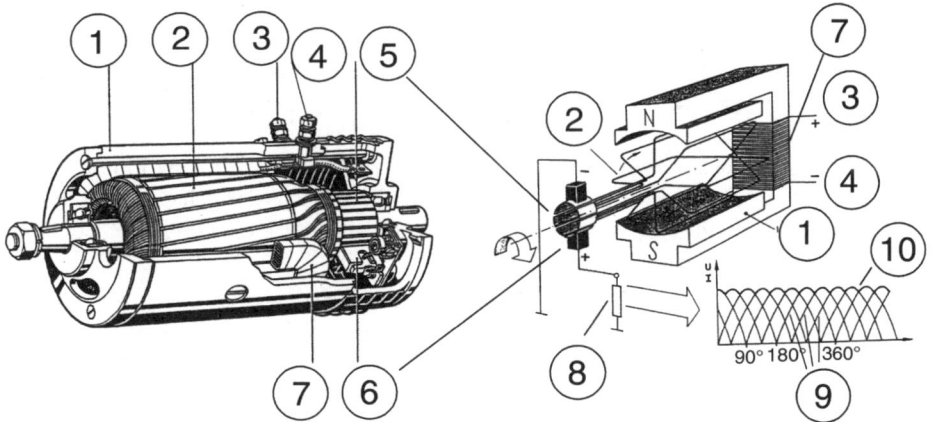

Bild 14.1.3 Schnittbild und Modell eines DC-Generators
(1) Stator; (2) Rotor oder Anker mit Ankerwicklung; (3) Anschluss als Pluspol; (4) Anschluss als Minuspol; (5) Kommutator mit Lamellen; (6) Kohlebürsten; (7) Feld- oder Erregerwicklung im Stator; (8) Verbraucherwiderstand; (9) pulsierende Gleichspannung bei 3 Leiterschleifen; (10) Ausgangsgleichspannung mit Restwelligkeit

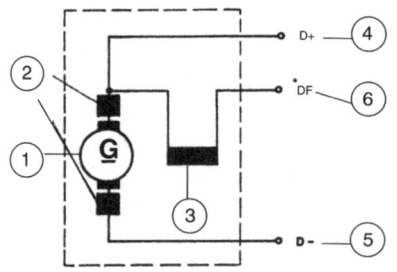

Bild 14.1.4
Schaltung und Anschlüsse eines DC-Generators
1 Rotor mit Ankerwicklung
2 Wendepolwicklungen
3 Feld- oder Erregerwicklung im Stator
4 Pluspol-Anschluss
5 Minuspol-Anschluss
6 Anschluss der Feldwicklung

Die Stromstärken der Generatoren betragen im Nennbetrieb je nach Flugzeug von 150 A bis 500 A, im kurzzeitigen Überlastbereich (wenige Sekunden) bis zu 800 A. Um bei diesen Stromstärken eine Kommutierung ohne Bürstenfeuer zu gewährleisten, sind auch in Flugzeuggeneratoren die aus den Grundlagen bekannten Wendepol- und Kompensationswicklungen zur Verringerung der Ankerrückwirkung eingebaut und intern verschaltet. Bei Flugzeugen mit solchen Generatoren müssen die Kohlebürsten eingestellt, regelmäßig kontrolliert und gewechselt werden, da sie verschleißen. Der Generator hat grundsätzlich drei nach außen geführte Hauptanschlüsse, die beiden Hauptpole (Plus und Minus) und einen Anschluss der Erregerfeldwicklung, der mit der Spannungsregeleinrichtung verbunden wird. Der zweite Anschluss der Erregerfeldwicklung ist innerhalb des Generators mit dem Plus- oder Minuspol verbunden (*Bild 14.1.4*). Heutige Generatoren haben weitere Anschlüsse für Fehlerüberwachungen (siehe Abschnitt «Spannungsregelung und Überwachung»).

Startergenerator oder Dynastarter
Der Dynastarter ist eine Sonderausführung des Gleichstromgenerators, denn er ist mit einem Gleichstrom-Reihenschlussmotor in einem Gehäuse vereint. Der Reihenschlussmotor wird wegen seines Anzugsmoments zum Starten der Triebwerke oder der APU eingesetzt. Der Generator ist wie der reine Generator im Nebenschluss geschaltet. Es ist notwendig, dass zwei Feldwicklungen eingebaut sind. Die zusätzliche Feldwicklung ist die des Motors und für hohe Stromstärken ausgelegt, sie hat einen eigenen Bürstensatz. Startergeneratoren haben neben den drei vom Generator nach außen geführten Anschlüssen noch einen vierten notwendigen Anschluss. Dies ist ein Anschluss der Erregerfeldwicklung für den Startermotor. Dessen zweiter Anschluss ist innerhalb des Dynastarters mit der Ankerwicklung verbunden (*Bild 14.1.5*). Auch bei Startergeneratoren werden die im Abschnitt «Spannungsregelung und Überwachung» beschriebenen Fehlermöglichkeiten überwacht.

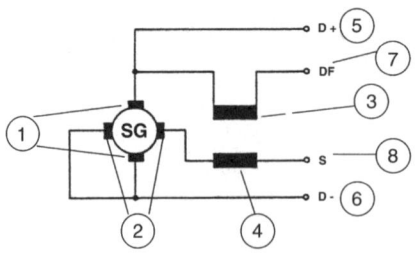

Bild 14.1.5
Schaltung und Anschlüsse eine Dynastarters
1 Ankerwicklung des Generators
2 Ankerwicklung des Reihenschlussmotors
3 Erregerwicklung des Generators
4 Erregerwicklung des Reihenschlussmotors
5 Pluspol-Anschluss
6 Minuspol-Anschluss
7 Anschluss der Erregerwicklung des Generators
8 Anschluss der Erregerwicklung des Motors

Drehstromgenerator mit Bürsten (brushed alternator)
Der Alternator ist verglichen mit dem Nebenschlussgenerator der häufiger eingesetzte Generator, da in seiner Konstruktion der Kollektor entfällt. Die Feldwicklung rotiert, und in den Spulen des Stators werden Wechselspannungen induziert, es sind so genannte Innenpolgeneratoren (*Bild 14.1.6*). Die erzeugte Wechselspannung ist dreiphasig und wird mit üblichen Stromrichterschaltungen (z.B. mit 6 Dioden in einer Brückenschaltung, der so genannten B6-Vollweg-Gleichrichterschaltung) gleichgerichtet. Bei diesem Aufbau wird nur der Strom der Erregerwicklung über Schleifringe übertragen. Der Generatortyp benötigt also zunächst auch noch Kohlebürsten. Diese schleifen im Vergleich mit dem Nebenschlussgenerator auf durchgängigen Schleifringen und nicht auf Lamellen, außerdem sind keine Ströme zu kommutieren, ferner ist auch der Strom in der Erregerwicklung geringer als der Strom im Bordnetz. Der Verschleiß der Kohlebürsten dieser Generatoren ist geringer, und der Generatortyp ist insgesamt weniger störanfällig. Die in den Statorspulen induzierte Spannung wird mit Hilfe einer Vollweggleichrichtung zur Ausgangsgleichspannung umgewandelt. Die Welligkeit der Ausgangsspannung wird durch Kondensatoren geglättet, und die je nach Gleichrichterschaltung entstehende Brummspannung, die bei einer B6-Schaltung 2,4 kHz beträgt, wird durch Filterschaltungen gesiebt. Für den Anlauf des Generators nach dem Einschalten muss zunächst das Feld im Rotor erzeugt werden. Wird dieses Feld durch Spannung aus der Bordbatterie erzeugt, spricht man vom fremderregten Generator. In vielen Generatoren hat der Rotor durch bestimmte Materialwahl oder Bauweise einen Restmagnetismus (Remanenz). In diesem Fall kann der Generator mit dem Restfeld anlaufen, dann spricht man vom selbsterregten Generator.

Bild 14.1.6
Schnittbild und Modell eines Drehstromgenerators mit Bürsten (brushed alternator)
1 Stator
2 Kohlebürsten
3 einer von zwei Schleifringen
4 eine der drei Statorwicklungen, in denen Spannung induziert wird
5 Dioden der B6-Gleichrichterschaltung im Stator
6 Rotor als Polrad mit Erregerwicklung
7 Verbraucherwiderstand
8 Ausgangsgleichspannung mit Restwelligkeit

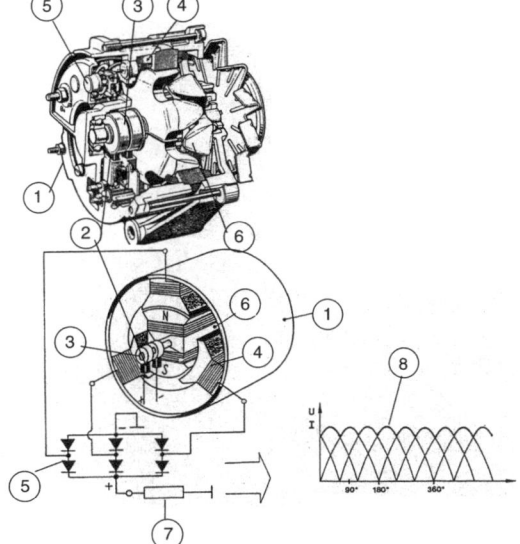

Drehstromgenerator ohne Bürsten (brushless alternator)

Noch wartungsfreundlicher ist ein bürstenloser Generator. Beim zweistufigen bürstenlosen Generator wird ein Hilfsgenerator, der Erregergenerator, in einer Baugruppe mit dem eigentlichen Alternator, dem Nutzgenerator, eingebaut *(Bild 14.1.7)*. Der Rotor des Hilfsgenerators ist gemeinsam mit dem Rotor des Alternators auf einer Welle befestigt. Als Feld nutzt der Hilfsgenerator nach dem Einschalten den Restmagnetismus (Remanenz) im Stator, der dazu aus entsprechendem magnetisierbaren Material konstruiert ist. Im normalen Betrieb wird das Erregerfeld durch Spulen im Stator des Hilfsgenerators erzeugt. Wird der Generator eingeschaltet, läuft der Hilfsgenerator mit Hilfe des remanenten Feldes an. So erzeugt er in den Spulen des Rotors des Hilfsgenerators eine dreiphasige Wechselspannung. Die Wechselspannung wird mit einer ersten Gleichrichterschaltung innerhalb des Rotors des Erregergenerators gleichgerichtet und im Generator als Speisespannung für die Erregerwicklung des Alternators verwendet. Die Gleichrichterschaltung des Erregergenerators (Diodengleichrichtung) und die Zuleitungen zur Feldwicklung des Nutzgenerators sind bei dieser Konstruktion nicht nach außen geführt, sondern im Innern des Rotors entlang der gemeinsamen Welle der Generatoren verbunden und drehen sich im Betrieb mit *(Bild 14.1.7)*. Im Stator des Nutzgenerators wird wiederum eine dreiphasige Wechselspannung induziert, die nun mit Hilfe einer zweiten externen und stationären Vollweg-Gleichrichterschaltung gleich-

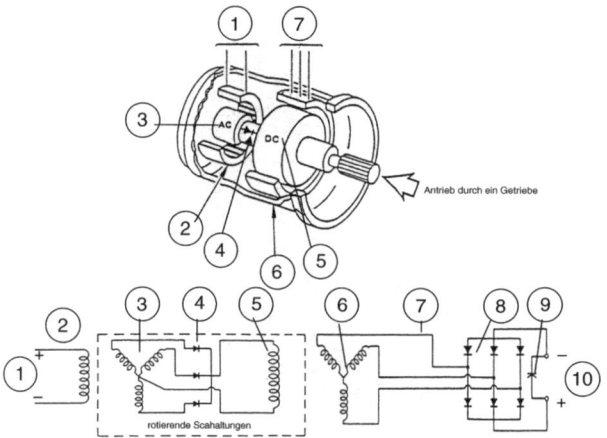

Bild 14.1.7 Modellschnittbild und Schaltung eines zweistufigen Drehstromgenerators ohne Bürsten (brushless alternator)
1 Stator des Hilfsgenerators mit Erregerwicklung, die an Gleichspannung angeschlossen ist; 2 Statormaterial des Hilfsgenerators, das aus magnetisierbarem Material besteht; 3 Rotor des Hilfsgenerators, in dem eine dreiphasige Wechselspannung induziert wird; 4 Dioden der Gleichrichterschaltung, die sich mitdrehen; 5 Rotor des Nutzgenerators als Polrad mit Erregerwicklung, die von der rotierenden Gleichrichterschaltung mit Gleichspannung gespeist wird; 6 Wicklungen im Stator des Nutzgenerators, in denen eine dreiphasige Wechselspannung induziert wird; 7 dreiphasige Ausgangsspannung des Alternators, die in Drehstrombordnetze eingespeist werden könnte; 8 Gleichrichterschaltung im Stator des Generators, die die Spannung für den Spannungsregler und das DC-Bordnetz in eine Gleichspannung mit Restwelligkeit umwandelt; 9 Glättungskondensator; 10 Ausgangsgleichspannung

gerichtet wird. Auch diese wird geglättet und gefiltert. Mit dieser vom Generator erzeugten Spannung wird nun einerseits das Bordnetz versorgt, andererseits wird diese Spannung aber auch über Regler zur Speisung der Spulen des Statorfeldes (Erregerfeld) des Hilfsgenerators verwendet.

Im Hinblick auf besseres Betriebsverhalten im Fehlerfall werden auch dreistufige bürstenlose Generatoren in Flugzeugen eingesetzt. Im Gegensatz zum zweistufigen Generator ist der Hilfsgenerator noch einmal in zwei Generatoren unterteilt, aber alle drei Generatoren befinden sich wieder in einer Baugruppe (*Bild 14.1.8*). Der Rotor des ersten Hilfsgenerators ist aus Permanentmagneten aufgebaut, deshalb heißt dieser Hilfsgenerator *permanent magnetic generator* (PMG). In den Statorwicklungen des ersten Hilfsgenerators wird eine dreiphasige Wechselspannung induziert. Diese Wechselspannung wird in einer ersten Gleichrichterschaltung (stationär) gleichgerichtet und als Gleichspannung für die Statorspulen des zweiten Hilfsgenerators verwendet. Der zweite Hilfsgenerator hat somit Elektromagnete als Erregerfeld. Durch das Magnetfeld des Stators des zweiten Hilfsgenerators wird in den Rotorspulen dieses Hilfsgenerators wiederum eine dreiphasige Wechselspannung induziert. Diese Wechselspan-

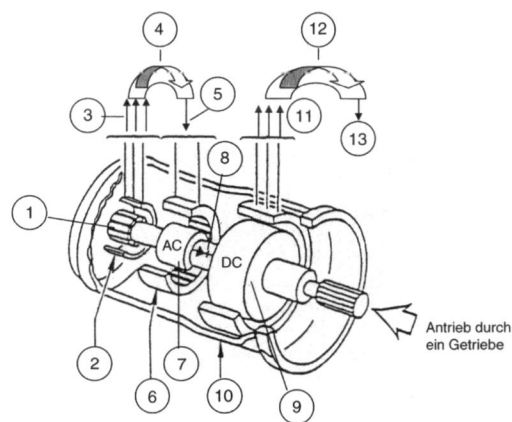

Bild 14.1.8   Modellschnittbild eines dreistufigen Drehstromgenerators ohne Bürsten (brushless alternator)
1 Rotor des ersten Hilfsgenerators aus Permanentmagneten PMG; 2 Stator des PMG mit Wicklungen, in denen eine dreiphasige Wechselspannung induziert wird; 3 dreiphasige Ausgangsspannung des ersten Hilfsgenerators; 4 nicht abgebildete Gleichrichterschaltung, die aus der dreiphasigen Ausgangsspannung eine Gleichspannung formt, mit Glättungskondensator; 5 Gleichspannung als Erregerspannung des zweiten Hilfsgenerators; 6 Stator des zweiten Hilfsgenerators mit Erregerwicklung an Gleichspannung; 7 Anker des zweiten Hilfsgenerators, in dem eine dreiphasige Wechselspannung induziert wird; 8 rotierende Gleichrichterschaltung, die aus der dreiphasigen Wechselspannung eine Gleichspannung formt; 9 Rotor des Nutzgenerators als Polrad mit Erregerwicklung; 10 Stator des Nutzgenerators, in dem eine dreiphasige Wechselspannung induziert wird; 11 dreiphasige Wechselspannung; 12 nicht abgebildete Gleichrichterschaltung, die aus der dreiphasigen Ausgangsspannung eine Gleichspannung formt, mit Glättungskondensator; 13 geglättete Ausgangsgleichspannung

nung wird wie beim zweistufigen Generator mit einer weiteren Gleichrichterschaltung, die im Betrieb mitrotiert, in eine Gleichspannung für das Erregerfeld des Nutzgenerators umgewandelt. Die dreiphasige Wechselspannung des Nutzgenerators wird wie beim zweistufigen Generator mit einer letzten Gleichrichterschaltung in die Gleichspannung für das Bordnetz umgewandelt und dazu auch geglättet und gefiltert. Dreistufige Generatoren sind eigenerregt.

Gleichspannung-Außenbordstromversorgung (external power DC)
Die meisten Flugzeuge haben mindestens eine Bodenanschlusssteckdose (*external power receptacle*), über die das Bordnetz des Flugzeuges von einem Bodendienstgerät mit Spannung versorgt werden kann.

Am Flugzeug besteht die DC-Steckdose aus drei nebeneinander angeordneten Kontaktstiften, von denen einer kürzer ist und einen kleineren Querschnitt hat als die beiden anderen, die gleich lang sind (*Bild 14.1.9*).

Der kurze Kontakt und der in der Mitte befindliche erste Hauptkontakt sind die Anschlüsse für 28 V. Der dritte Kontakt ist der Massekontakt und bildet den zweiten Hauptkontakt.

Am Bodendienstgerät befindet sich ein Stecker, der aus zwei langen Buchsen und einer kurzen Buchse mit entsprechend kleinerem Durchmesser besteht. So kann der Stecker des Bodendienstgerätes nur auf eine Weise in die Steckdose gesteckt werden

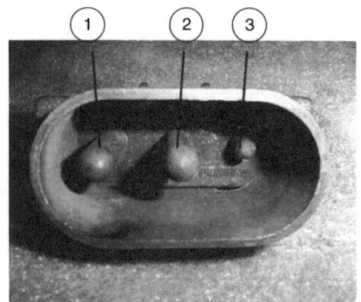

Bild 14.1.9
DC-external-power-Steckdose
1 Masseanschluss
2 28-V-DC-Anschluss
3 28-V-DC-Anschluss, verkürzt

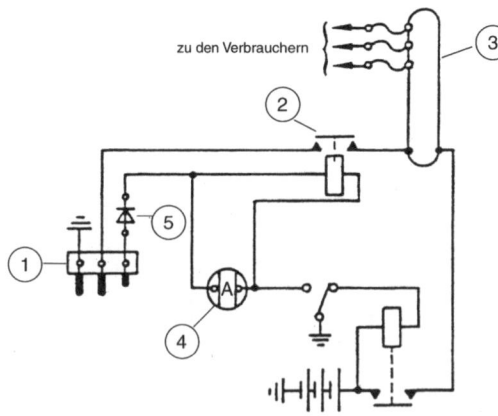

Bild 14.1.10
Prinzipschaltung der externen DC-Spannungsversorgung eines Flugzeuges
1 Außenbordsteckdose
2 Bodenanschlussrelais
3 DC-BUS
4 Cockpitanzeige der Verfügbarkeit der externen Spannungsversorgung (external power available)
5 Diode zum Schutz vor verpolten Anschlüssen des Bodendienstgerätes

(mechanischer Verpolungsschutz). Bei der Verbindung und Trennung einer Spannungsquelle mit einem Verbraucher kann es zur Funkenbildung kommen. Beim Stecken und Ziehen des Steckers wäre solche Funkenbildung an den Hauptpolen theoretisch möglich. Um diese Funkenbildung in der Steckdose in jedem Fall zu verhindern, ist bei allen Flugzeugen ein Bodenanschlussrelais zwischen den Hauptkontakt der Steckdose und das Bordnetz geschaltet (*Bild 14.1.10*). Dieses Relais lässt sich nur einschalten, wenn der kurze Steckkontakt mit dem Bodendienstgerät verbunden ist. Zu diesem Zeitpunkt sind die Hauptkontakte schon etwa zur Hälfte in den dafür vorgesehenen Buchsen. Die Spannung wird über das Relais auch schon abgeschaltet, wenn die Hauptkontakte noch zur Hälfte in der Steckdose stecken.

Das Relais bietet den weiteren Vorzug, dass das Bodendienstgerät nicht bei Verbindung sofort in das Bordnetz einspeist, sondern bei Verbindung zunächst nur verfügbar ist. Diese Verfügbarkeit wird durch eine Kontrollleuchte im Cockpit anzeigt, aber erst über einen Kontrollschalter im Cockpit kann die externe Spannung gezielt ein- und ausgeschaltet werden. Ein zusätzlicher einfacher elektrischer Verpolungsschutz wird durch eine Diode in der Zuleitung zum Relais sichergestellt, dadurch lässt sich die Zuschaltung eines verkehrt gepolten Bodendienstgerätes verhindern (*Bild 14.1.10*). Neben diesen Schutzvorrichtungen, die es in allen Flugzeugen mit Außenbordsteckdose gibt, finden sich in einer Vielzahl der Flugzeuge umfassendere Kontroll- und Schutzeinrichtungen, die auch die Qualität der externen Spannung erfassen und im Fehlerfall diese Spannung über das Bodenanschlussrelais abschalten.

Spannungsregelung und Überwachung im Gleichspannungsbordnetz
Die für die Einspeisung benutzten Spannungsquellen müssen bei unterschiedlicher Belastung (Verbraucher werden zu- oder abgeschaltet) und auch bei Änderung der Drehzahl die Ausgangsspannung konstant halten. Der Strom im Erregerfeld wird dazu durch die Generator-Überwachungseinheit (*generator control unit*, GCU) angepasst. Der Spannungsregler ist deshalb mit der Erregerwicklung stets verbunden (*Bild 14.1.11*). Heutige Regler sind als integrierte Schaltungen ausgeführt, entweder als analoge Festspannungsregler aus Transistorschaltungen oder digital von einem Mikroprozessor gesteuert. Das Funktionsprinzip der Regelung ist dabei letztlich die Pulsbreitenmodulation (*pulse width modulation*) der Generatorerregung. Man ändert dabei durch Veränderung des Tastgrades (*Bild 14.1.12*) eines elektronischen Schal-

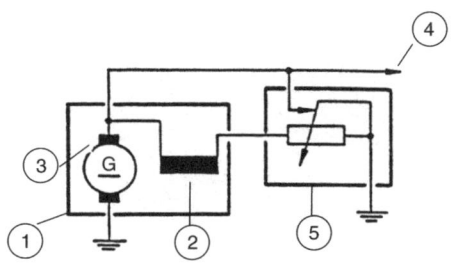

Bild 14.1.11
Prinzipschaltung der Spannungsregelung im DC-Bordnetz
1 DC-Generator
2 Erregerwicklung des Generators
3 Ankerwicklung des Generators
4 geglättete Ausgangsgleichspannung und Spannungsregelungspunkt (point of regulation, POR)
5 Spannungsregler: wird von der geglätteten Spannung des Bordnetzes gespeist, regelt den Strom in der Erregerwicklung des Generators

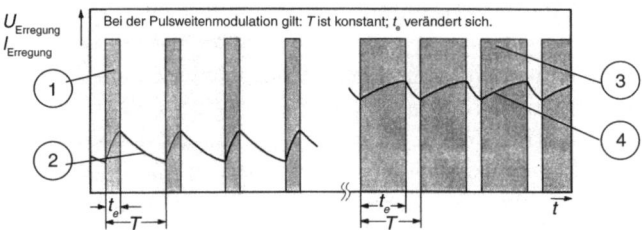

Bild 14.1.12 Prinzip der Pulsweitenmodulation bei der Spannungsregelung
1 Tastgrad g: $g = \dfrac{t_e}{T}$ hier kurze Einschaltzeit t_e
2 niedrige Regelspannung an der Erregerspule des Generators
3 Tastgrad g: $g = \dfrac{t_e}{T}$ hier lange Einschaltzeit t_e
4 höhere Regelspannung an der Erregerspule des Generators

ters (Leistungstransistor) das arithmetische Mittel der Spannung und des Stromes im Erregerkreis des Generators. Die durch das Ein- und Ausschalten des Transistors entstehende Rechteckspannung wird nach der Tastung durch ein elektronisches Filter wieder in Gleichspannung umgewandelt und dann als Erregerspannung verwendet.

In kleineren Flugzeugen speisen die Generatoren unabhängig voneinander in unterschiedliche Stränge des Bordnetzes ein (*split operation*). Jeder Generator wird dabei durch seine eigene GCU gesteuert. Erst bei Ausfall eines Generators wird der nun nicht mehr versorgte Strang als zusätzliche Belastung auf den verbliebenen Generator geschaltet.

Die Generatoren der Flugzeuge sind deshalb so ausgelegt, dass jeder allein das gesamte Bordnetz versorgen kann. In mehrmotorigen Flugzeugen werden die Generatoren bereits im Normalbetrieb parallelgeschaltet und versorgen das gesamte Netz gemeinsam. In diesem Fall muss auch zwischen den Generatoren eine Regelung erfolgen. Bei der Parallelschaltung zweier oder mehrerer Alternatoren wird eine GCU zur Regeleinrichtung für beide Generatoren. Die zweite GCU wird als Reservespannungsregler verwendet (*Bild 14.1.13*).

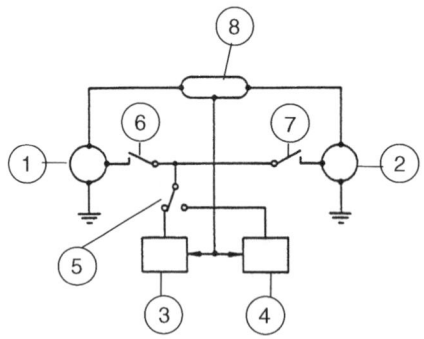

Bild 14.1.13
Prinzip der Spannungsregelung beim Parallelbetrieb zweier Generatoren im Gleichspannungsbordnetz
1 Generator 1
2 Generator 2
3 Regler des einen Generators als Hauptspannungsregler
4 Regler des zweiten Generators als Reservespannungsregler
5 Wahlschalter
6 Feldsteuerung Generator 1
7 Feldsteuerung Generator 2
8 DC-BUS

In Flugzeugen mit Startergeneratoren ist eine Aufgabe der GCU die Rückstromverhinderung bei fehlerhaftem Generator. Damit die Bordbatterien bei Unterspannung des Generators nicht in den defekten Generator einspeisen, schaltet ein Rückstromrelais den Generator von der Verteilung. Da die Dioden bei einem Alternator den Rückstrom verhindern, benötigen Bordnetze mit diesen Generatoren keine Rückstromrelais.

Heutige GCU übernehmen neben der Spannungsregelung auch noch folgende Kontrollfunktionen: Zustand des Generatorschutzschalters, Überwachung der Generatorerregung, Überspannungs- und Unterspannungsüberwachung, Lastverteilung, Drehrichtungskontrolle, Schutzabschaltung im Fehlerfall, Diodenkontrolle. Alle erfassten Größen der GCU sind im Cockpit abrufbar. Entweder werden gemessene Zustände durch Kontrollleuchten angezeigt oder auf analogen Anzeigegeräten (Drehspulinstrumente). In den meisten Flugzeugen werden die Messwerte digitalisiert und auf Multifunktionsanzeigen dargestellt.

Wechselspannung im Gleichspannungsbordnetz
In den meisten Flugzeugen mit primärem Gleichspannungsbordnetz werden für Navigationssysteme und einige Verbraucher, aber auch für Passagiersteckdosen Wechselspannungen konstanter Frequenz (115 V 400 Hz, 28 V 400 Hz, 110 V 60 Hz, 230 V 50 Hz) benötigt. Diese werden aus der Gleichspannung durch Wechselrichter (*static inverter*) erzeugt. Die durch Inverter erzeugte Wechselspannung kann dabei einphasig oder dreiphasig sein. Ziel beim Wechselrichten ist es, aus der nur positiven Batteriespannung meist durch eine gesteuerte Brückenschaltung auch eine negative Spannung zu erzeugen. Denn Wechselspannung ist dadurch gekennzeichnet, dass die Spannung aus gleichen positiven und negativen Anteilen besteht. In einfachen Wechselrichtern werden elektronische Schalter (Transistoren oder Thyristoren) durch einen Taktgeber so gesteuert, dass diese abwechselnd ein- und ausgeschaltet werden (*Bild 14.1.14*),

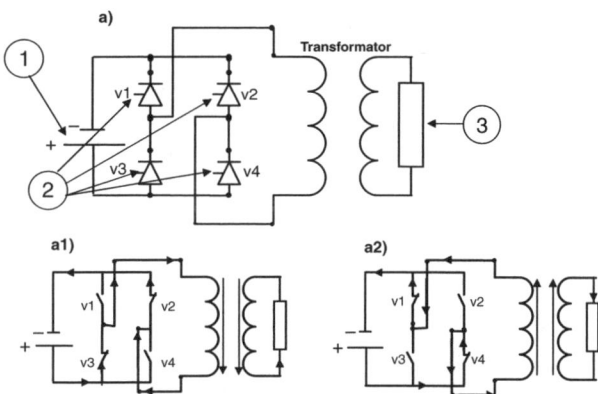

Bild 14.1.14 Prinzipschaltung eines einphasigen static inverters in gesteuerter Brückenschaltung
1 Bordbatterie; 2 elektronische Schalter, die von einem Steuergerät ein- und ausgeschaltet werden können; 3 Verbraucherwiderstand; (a1) Stromfluss in der Schaltung für geschlossene Schalter V2 und V3; (a2) Stromfluss in der Schaltung für geschlossenen Schalter V1 und V4; es ist zu erkennen, dass sich der Stromfluss auf der Sekundärseite des Transformators und damit auch im Verbraucherwiderstand ändert (Wechselstrom)

853

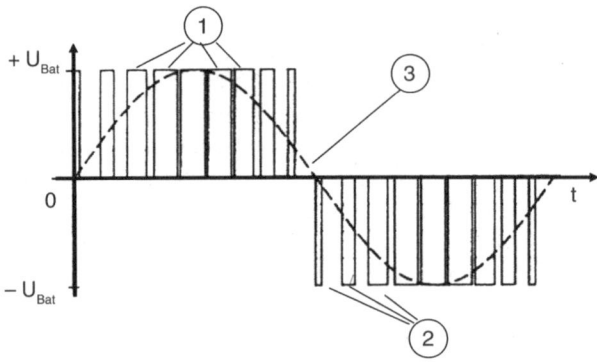

Bild 14.1.15 Vereinfachtes Liniendiagramm einer pulsweitenmodulierten Ausgangsspannung des static inverters
1 positive Rechteckimpulse unterschiedlicher Einschaltdauer (unterschiedliche Pulsweite)
2 negative Rechteckimpulse unterschiedlicher Einschaltdauer (unterschiedliche Pulsweite)
3 durch Oberwellenfilterung entstehende sinusförmige Ausgangsspannung

so dass eine symmetrische Rechteckspannung mit negativen Anteilen entsteht. In aufwendigeren Wechselrichtern werden die Schaltzeitpunkte für die einzelnen Schalter als Steuerprogramm im Speicher eines Mikroprozessors bereitgestellt und die Schalter dann so gesteuert, dass eine Sinus-bewertete pulsweitenmodulierte Rechteckspannung erzeugt wird. In jedem Fall wird die erzeugte Wechselspannung anschließend mit einem Transformator von der Batteriespannung auf die gewünschten Effektivwerte der Wechselspannungen transformiert, die im Flugzeug benötigt werden. Die jeweilige Rechteckspannung wird durch Filter so verändert, dass der gewünschte sinusförmige Spannungsverlauf in das AC-Bordnetz eingespeist werden kann (*Bild 14.1.15*).

Zusätzlich zu dem AC-Netz konstanter Frequenz gibt es einige Flugzeugtypen, die durch Wechselspannungsgeneratoren direkt eine dreiphasige Wechselspannung erzeugen. Bei Flugzeugen mit primärer Gleichspannung wird dabei mitunter auf eine Frequenzstabilisierung verzichtet. Flugzeugtypen wie Bombardier Dash 8 und ATR (42, 72-200, 72-210) sowie Saab 340 sind Beispiele für Flugzeuge, die sowohl ein AC-Netz konstanter Frequenz als auch ein AC-Netz variabler Frequenz (AC *wild frequency*) eingerüstet haben.

✍ Übung

1. Welche Funktion hat die Flugzeugstruktur für das Bordnetz?
2. Welche Aufqabe hat ein Dynastarter?
3. Erklären Sie die Begriffe: a) Fremderregung; b) Selbsterregung; c) Eigenerregung.
4. Welche Aufgaben haben Generatorüberwachungseinheiten GCU?
5. Welche Aufgabe haben Static inverter im Gleichspannungsbordnetz?
6. Welche Aufgabe hat ein Rückstromrelais?

14.1.2 Spannungsversorgung in Bordnetzen mit primärer Wechselspannungsversorgung

Grundsätzlicher Netzaufbau der Wechselspannungsnetze (AC Power)
In den meisten Verkehrsflugzeugen sind wegen des Bedarfs an elektrischer Energie dreiphasige Wechselspannungsbordnetze, so genannte Drehstrombordnetze (*alternating current*, AC), installiert. Generatoren eines Airbus A 320 haben eine Leistung von 90 kVA, für den A 380 werden allein für die Passagierversorgung (Küchen und Unterhaltung während des Fluges) mehr als 300 kVA kalkuliert. Die Mehrzahl der mit Drehstromnetzen ausgestatteten Flugzeugtypen haben zur Energieversorgung an jedem Triebwerk einen über Gleichdrehzahlgetriebe (*constant speed drive*, CSD) angetriebenen Generator angeschlossen. Die mechanischen Gleichdrehzahlgetriebe sorgen dafür, dass die integrierten Generatoren (*integrated drive generator*, IDG) stets unabhängig von Drehzahlschwankungen der Triebwerke mit konstanter Drehzahl angetrieben werden, um eine konstante Frequenz im Bordnetz zu gewährleisten. Flugzeugtypen mit IDG sind zum Beispiel: Airbus A 320, Boeing 747, McDonell Douglas MD 11.

Zur Gewichtseinsparung und um Anfälligkeiten des Gleichdrehzahlgetriebes auszuschließen, werden in einer anderen Technologie Generatoren mit variabler Drehzahl und integriertem elektronischen Umrichter als Bordspannungsquellen eingesetzt. Diese Generator-Umrichter erzeugen aus einer Gleichspannung eine Wechselspannung fester Frequenz. Variable-Drehzahl-Generatoren mit konstanter Frequenz (*variable speed constant frequency*, VSCF) sind zum Beispiel in einigen Flugzeugen der Typen Boeing (B 737), McDonell Douglas (MD-90) und IPTN (N-250) eingebaut.

Neueste Entwicklungsrichtung in Wechselspannungsbordnetzen sind Drehstromnetze variabler Frequenz. Flugzeugtypen, bei denen diese Netze eingebaut werden, sind beispielsweise der Airbus A 380 und Bombardier (global express business jet).

Auf Flugzeuge mit Drehstrombordnetz (*Bild 14.1.16*) lassen sich die folgenden Ausführungen übertragen.

Das Drehstrombordnetz kann bei den Flugzeugen auch durch den Generator der APU gespeist werden. Dieser Generator wird dabei durch die APU über ein Getriebe grundsätzlich mit konstanter Drehzahl angetrieben und erzeugt daher stets eine dreiphasige Ausgangsspannung konstanter Frequenz. APU-Generatoren und IDG erzeugen in Flugzeugen oft die gleiche elektrische Leistung. Jeder der Generatoren kann dabei grundsätzlich das gesamte Bordnetz mit Spannung versorgen, allerdings ohne die größten Verbraucher (Bordküchen). Jeder Drehstromgenerator ist im Stern geschaltet. Die drei Phasen eines Generators werden an drei Hauptverteiler (MAIN AC BUS 1, 2, 3) angeschlossen. Der Neutralleiter (Sternpunkt) wird mit der Flugzeughülle verbunden. Die Flugzeugstruktur dient als Rückleiter, in nicht leitenden Strukturen wird ein extra Rückleiter verlegt. Verbraucher werden an eine, zwei oder drei Verteilerschienen direkt oder über weitere Verteilerschienen angeschlossen. Jeder Verbraucher wird dabei über Selbstschalter oder Schmelzsicherungen mit den Verteilern verbunden. Bei Flugzeugen mit variabler Frequenz werden primäre Leistungsverteiler (*primary power distribution assemblys*, PDA) an die Hauptverteiler angeschlossen; diese enthalten Selbstschalter, Schutzrelais und Lastverteilungsregelung. Außerdem werden sekundäre

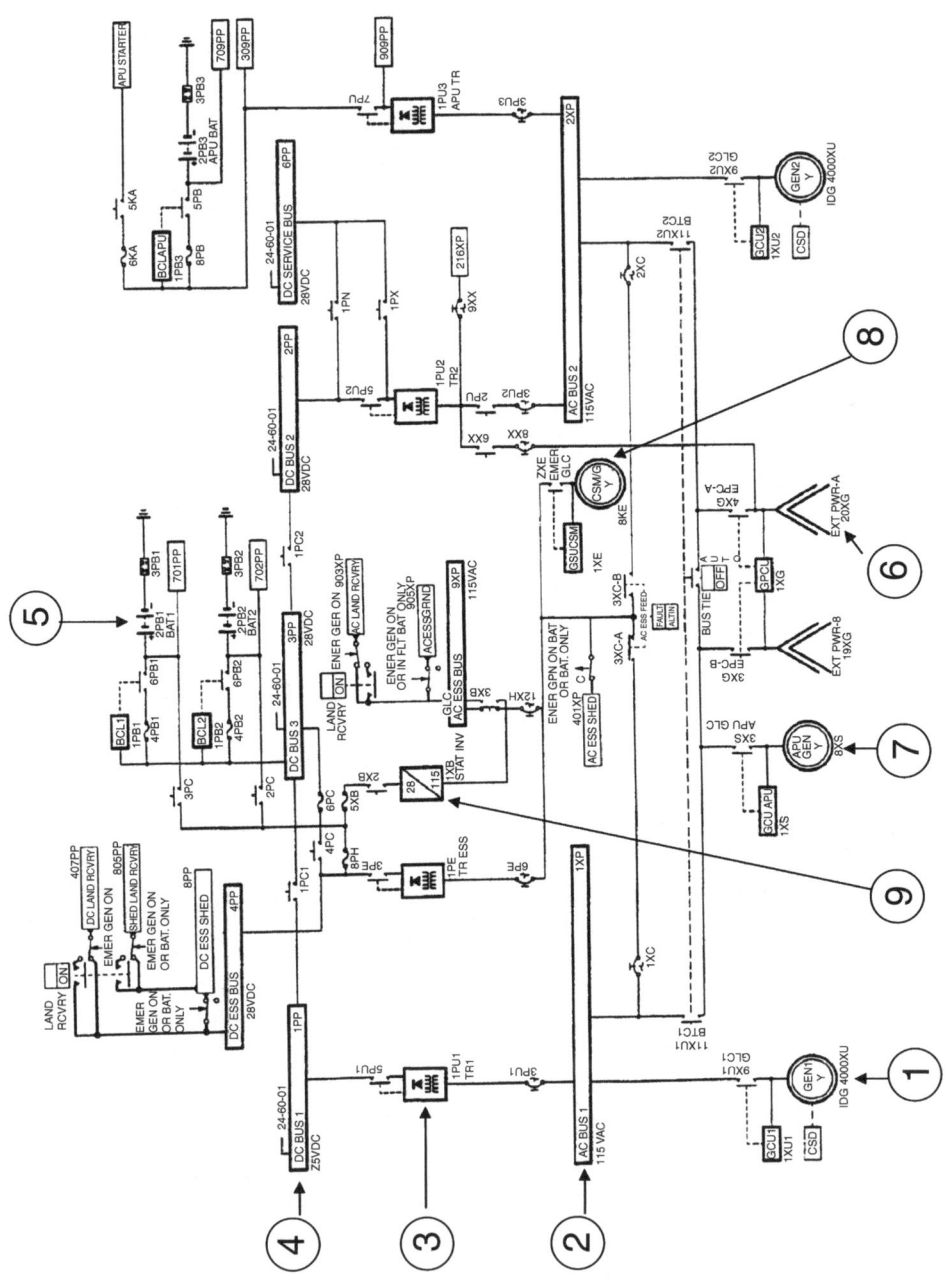

Bild 14.1.16 Beispiel eines Bordnetzes mit primärer Wechselspannungsversorgung
1 Drehstromgenerator; 2 AC-BUS 1; 3 Transformator-Gleichrichter-Baugruppe; 4 DC-BUS 1;
5 Bordbatterie; 6 Steckdose für externe Spannungsversorgung; 7 Generator der Hilfsturbine;
8 luftgetriebener oder hydraulisch getriebener Notgenerator; 9 Wechselrichter (static inverter)

Leistungsverteiler an die Hauptverteiler angeschlossen. Die sekundären Leistungsverteiler werden durch Mikroprozessor gesteuert und enthalten elektronische Schalter (Leistungstransistoren), die als Selbstschalter und als Schutz dienen. Außerdem enthalten sie Regelkreise zur Lastverteilung.

Die Spannung im Drehstrombordnetz beträgt zwischen jeder Phase und der Struktur 115 V AC und zwischen je zwei Phasen 200 V AC. Die Frequenz der Spannungen ist konstant 400 Hz. Bei den Flugzeugtypen mit variabler Frequenz schwankt diese zwischen 300 Hz und 800 Hz. Die IDG speisen das Bordnetz je nach Flugzeugtyp einzeln (bei zwei Triebwerken) oder parallel (oft ab drei Triebwerken). Weitere Komponenten des Bordnetzes sind mindestens zwei Bordbatterien, mindestens drei Transformator-Gleichrichterbaugruppen (*transformer rectifier units*, TRU), Wechselrichter, eine oder mehrere Bodenanschlusssteckdosen, Verteilungen und Verbindungsleitungen, schließlich Regelungs- und Schutzeinrichtungen.

Drehstromgeneratoren

Damit im Bordnetz die Spannungen von 115 V / 200 V verfügbar sind, haben die Generatoren eine Nennspannung von 120 V / 208 V. Die Drehstromgeneratoren sind wie der Alternator (siehe Abschnitt «brushless alternator») aufgebaut – entweder zweistufig oder dreistufig. Der Unterschied zu den Gleichspannungsnetzen besteht lediglich darin, dass die Spannung des Nutzgenerators nur zur Gewinnung der Gleichspannung für die Speisung des Spannungsreglers, der den Strom der Erregerfeldspule des Hilfsgenerators steuert, gleichgerichtet wird. Das Bordnetz wird durch die im Nutzgenerator erzeugte Wechselspannung versorgt. Die IDG sind am Hilfsgerätegetriebe der Triebwerke mit einem hydraulischen Konstantdrehzahlgetriebe (CSD) fest angebaut.

Variable-Drehzahl-Generatoren mit konstanter Frequenz (VSCF)

VSCF steht für *variable speed constant frequency*. Diese Generatoren erzeugen ebenso wie IDG die im Bordnetz benötigten Spannungen. Im VSCF befinden sich sieben Baugruppen. Die erste Baugruppe ist ein Getriebe, das die Drehzahl für den als zweite Baugruppe folgenden dreistufigen Alternator auf Drehzahlen zwischen 13 000 und 26 000 min^{-1} heraufsetzt. Der Alternator erzeugt eine Gleichspannung. Dritte Baugruppe im VSCF ist ein Gleichspannungsfilter, das eine konstante Gleichspannung erzeugt. Die so erzeugte Gleichspannung wird in der vierten Baugruppe einem Wechselrichter (siehe «Wechselspannungserzeugung im Gleichspannungsnetz») in eine dreiphasige Wechselspannung umgewandelt (*Bild 14.1.17*). Fünfte Baugruppe ist die Filterbaugruppe, die aus der Ausgangsspannung des Wechselrichters die exakte Sinusform der Bordspannung erzeugt. In der sechsten Baugruppe werden durch die Umrichtung entstehende Oberwellen gesiebt, und es wird die Stromstärke erfasst. Die Generatorüberwachungseinrichtung (GCU) als siebte Baugruppe befindet sich ebenfalls innerhalb des VSCF.

Drehstrom-Außenbordstromversorgung (external power AC)

Kleine Flugzeuge haben eine, größere Flugzeuge zwei oder mehr Bodenanschlusssteckdosen (*external power receptacle*), über die das Bordnetz des Flugzeuges von einem oder entsprechend mehreren Bodendienstgeräten mit Spannung versorgt werden kann.

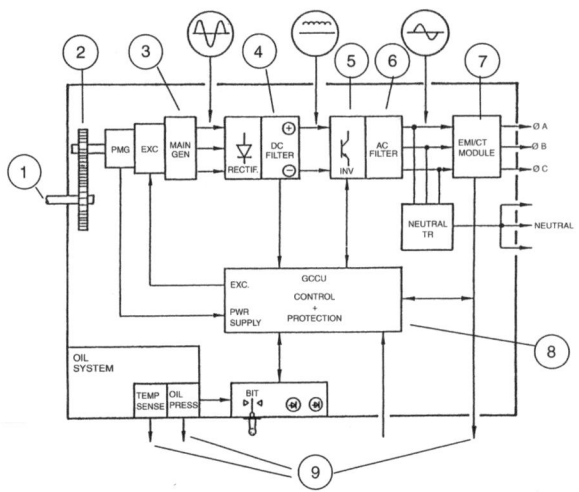

Bild 14.1.17 Blockschaltbild eines variable speed constant frequency generator (VSCF)
1 variable Drehzahl; 2 Getriebe für die Drehzahlerhöhung; 3 Gleichspannungsgenerator mit variabler Drehzahl angetrieben, speist Gleichrichterschaltung; 4 DC-Filter zur Glättung; 5 dreiphasige Wechselrichterschaltung; 6 AC-Filterschaltung zur Erzeugung eines sinusförmigen Spannungsverlaufs; 7 Oberwellenfilter und Strommessung; 8 Generatorregelung; 9 Ausgangssignale, die im Cockpit angezeigt werden

Eine Steckdose hat sechs Kontaktstifte; davon sind zwei kürzer und haben einen kleineren Querschnitt als die vier anderen gleich langen Kontakte (*Bild 14.1.18*). Am Bodendienstgerät befindet sich ein Stecker, der aus vier langen Buchsen und zwei kurzen Buchsen mit entsprechend kleinerem Durchmesser besteht. So kann der Stecker des Bodendienstgerätes nur auf eine Weise in die Steckdose gesteckt werden (mechanischer Verpolungsschutz). Wird die Steckdose über die vier langen Kontakte mit drei Phasen und Masse verbunden, dann leuchtet im Cockpit und an der Steckdose jeweils eine Kontrolllampe (*Bild 14.1.19*). Die Spannung für die Lampen ist eine durch Gleichrichtung erzeugte Gleichspannung. Diese Gleichspannung wird auch über die beiden kurzen Kontakte der Steckdose geführt. Im Stecker des Bodendienstgerätes sind die

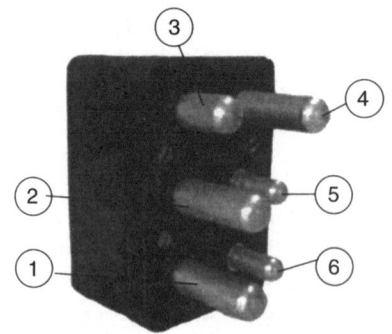

Bild 14.1.18
Bild eines sechspoligen Außenbordsteckkontaktes
1 Sternpunktanschluss
2 Anschluss Phase C
3 Anschluss Phase B
4 Anschluss Phase A
5 Anschluss E
6 Anschluss F

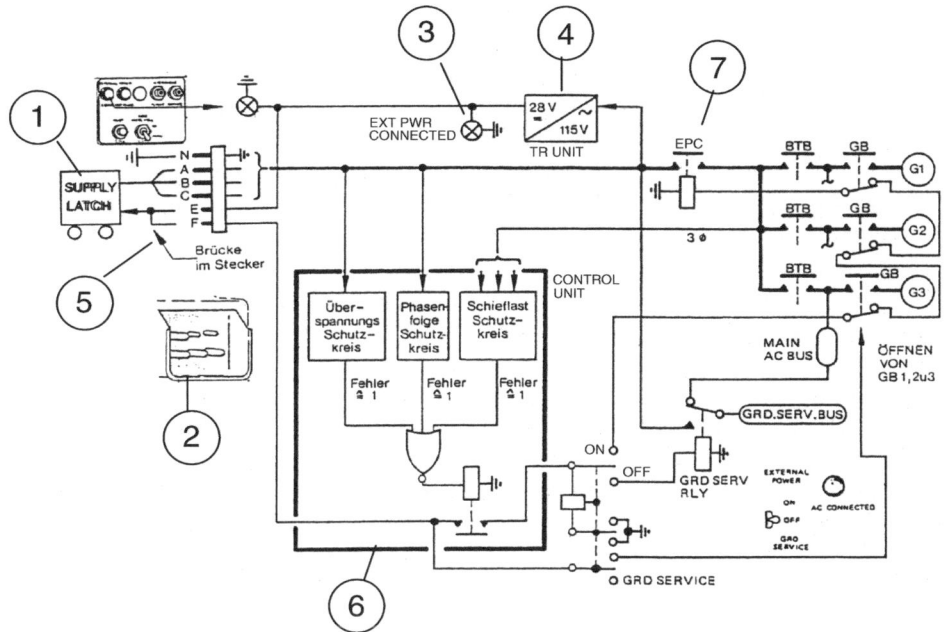

Bild 14.1.19 Prinzipschaltung der externen AC-Spannungsversorgung eines Flugzeuges
1 Bodenversorgungsgerät; 2 Außenbordsteckdose; 3 Kontrollleuchte im Cockpit und an der Bedientafel für external power, dass externe Spannung angeschlossen ist; 4 Transformator-Gleichrichterschaltung, die die externe Wechselspannung in eine Gleichspannung umwandelt; 5 Brücke im Stecker, die geschlossen wird, wenn die kurzen Kontakte E und F der Steckdose verbunden sind; 6 Kontrollbaugruppe mit Kontrollschaltungen für die Spannungshöhe, die Phasenfolge und die Symmetrie der externen Spannung; 7 external power relais, das nur eingeschaltet werden kann, wenn zuvor alle bordeigenen Spannungsquellen von der Hauptverteilung getrennt wurden und externe Spannung keinen Fehler in einer der Kontrollschaltungen hervorgerufen hat

kurzen Buchsen miteinander verbunden. Diese Brücke gibt somit erst den Kontakt frei, wenn die kurzen Kontakte eingesteckt sind, und dann sind die AC-Kontakte bereits mehr als zur Hälfte in den Buchsen. Außerdem versorgt die Gleichspannung den Haltekreis im Bodendienstgerät. Über die Brücke im Stecker liegt die Spannung nun auch an einer Überwachungseinheit (*control unit*). In dieser Schaltung wird die externe Spannung in dreierlei Weise überprüft: erstens die Spannungshöhe, zweitens die Phasenfolge und drittens gleichmäßige Lastverteilung. Erfüllen alle überprüften Größen die Sollwerte, dann wird der Kontakt zum Einschalten der externen Spannungsversorgung freigegeben. Wird die externe Spannung eingeschaltet, werden aber zunächst alle Generatoren des Flugzeuges von der dreiphasigen Hauptverteilung getrennt, erst danach wird die externe Spannung mit Hauptverteilung verbunden.

Wird im Flugzeug der Bodenserviceschalter (*ground service*) gedrückt, dann wird nicht die Hauptverteilung, sondern nur die Bodenserviceverteilung (*ground service bus*) mit Spannung versorgt.

Hilfsturbinengenerator (APU-Generator)

Durch die APU wird ein über ein Getriebe ein Drehstromgenerator angetrieben, der den gleichen Aufbau hat wie die IDG, zumeist auch die gleiche Leistung. Der Generator kann in die Hauptverteilung einspeisen, solange keine andere Spannungsquelle diese Busse versorgt. Eine elektronische Schaltung prüft, ob die Schalter für die Verbindung aller Triebwerksgeneratoren und der Schalter für die externe Spannungsversorgung geöffnet sind. Eine weitere Schaltung kontrolliert, ob die APU ihre Nenndrehzahl erreicht hat. Sind die Bedingungen erfüllt, kann durch den APU-Gene-rator-Steuerschalter der Generator mit der Hauptverteilung verbunden werden. Wird eine der sonst möglichen Spannungsversorgungen des Flugzeuges eingeschaltet oder gerät die Drehzahl der APU aus der Toleranz, wird der APU-Generator automatisch von der Hauptverteilung getrennt.

Bei den Passagierflugzeugen kann der APU-Generator auch im Fluge betrieben werden. Der Generator kann aber meist nicht mit den übrigen Generatoren synchronisiert werden; somit dient der Generator als Ersatz bei Ausfall eines anderen Generators. In den Flugzeugen ist dazu die Möglichkeit geschaffen, dass der APU-Generator durch Schalter die Hauptverteilung jedes anderen Generators versorgen kann.

Gleichspannung im Wechselspannungsbordnetz

Flugzeuge mit primärer Wechselspannungsversorgung benötigen für einige Verbraucher, auch zum Laden der Bordbatterien, insbesondere aber für den Betrieb der Relais

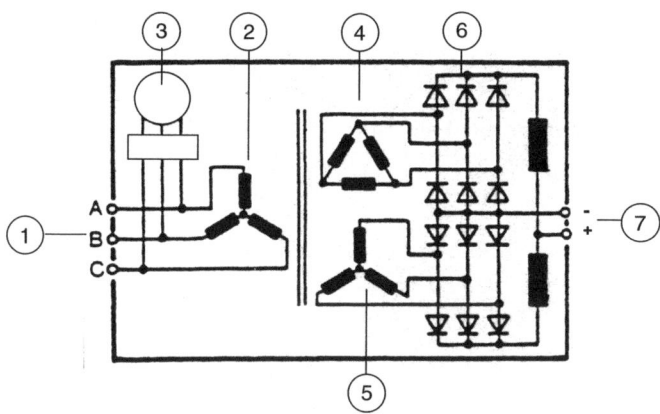

Bild 14.1.20 Prinzipschaltung einer Transformator-Gleichrichter-Baugruppe (TRU)
1 dreiphasige Eingangsspannung; 2 Primärseite eines dreiphasigen Transformators in Sternschaltung; 3 Kontrollschaltung für Strom, Spannung und Temperatur der TRU; 4 Sekundärseite: erster Anteil des dreiphasigen Transformators mit einer Dreieckschaltung; 5 Sekundärseite: zweiter Anteil des dreiphasigen Transformators mit einer Sternschaltung; 6 zwei parallelgeschaltete B6-Schaltungen zur Gleichrichtung der sekundärseitigen Wechselspannungen; 7 geglättete Ausgangsgleichspannung. Glättung durch Drosselspulen in den Ausgangskreisen der zwölfpulsigen Gleichrichterschaltung

auch ein Gleichspannungsnetz. Die Gleichspannung wird durch Transformator-Gleichrichterbaugruppen (*transformer rectifier*, TR) erzeugt. Jeder Triebwerksgenerator versorgt eine Wechselspannungshauptverteilung. An jede dieser Verteilungen ist ein TR angeschlossen. Die dreiphasige Spannung wird zunächst mit einem Transformator, dessen Sekundärseite aus einer Dreieck- und einer Sternschaltung besteht (*Bild 14.1.20*), auf den Effektivwert der Gleichspannung heruntertransformiert. Die transformierte Spannung wird durch eine zwölfpulsige Schaltung gleichgerichtet. Die Restwelligkeit hat damit eine Frequenz von 4800 Hz, die durch Filter geglättet werden kann.

Ein dritter TR versorgt im Notfall, gespeist durch einen Notgenerator, die Notfall-Gleichspannungsverteilung.

In Flugzeugen mit variabler Frequenz sind die TR in die primären Leistungsverteiler integriert. Diese Schaltungen sind entweder wie zuvor beschrieben aufgebaut oder nach neuerem Stand der Technik. Bei der neueren Schaltungsvariante wird die Spannung variabler Frequenz zunächst gleichgerichtet und geglättet. Die hohe Gleichspannung kann durch die aus den Grundlagen der Leistungselektronik bekannte Schaltung eines Tiefsetzstellers herabgesetzt werden. Bei diesen Schaltungen wird ein elektronischer Schalter mit hoher Frequenz getaktet. Durch die hohen Taktfrequenzen sind kleinere Transformatoren verwendbar, was zu einer Gewichts- und Herstellungskostenersparnis führt.

Spannungs-, Frequenz-, Lastregelung und Überwachung im Drehstrombordnetz
In Drehstrombordnetzen sind mindestens vier Regelkreise gefordert. Als Erstes ist die Spannung zu regeln. Der Spannungswert wird wie im Abschnitt «brushless alternator» beschrieben über den Generatorerregerstrom geregelt. Zweite Regelgröße ist die Frequenz der Wechselspannung. Die Frequenzregelung geschieht bei IDG über das Gleichdrehzahlgetriebe. Es ist eine elektromechanische Regelung, die den Fliehkraftregler des Gleichdrehzahlgetriebes beeinflusst. Bei VSCF-Generatoren wird die Frequenz durch die Steuerschaltung für die Schalter des Static inverters kontrolliert. Die Steuerschaltung ist dabei in Flugzeugen redundant vorhanden, so dass im Fehlerfall eine Reserveschaltung die Steuerung übernimmt. In Drehstrombordnetzen ist als dritte Größe die Wirklast zu regeln und zwischen den Generatoren symmetrisch aufzuteilen. Die Regelung der Wirklast erfolgt bei IDG über das Drehmoment des Gleichdrehzahlgetriebes, in dem wieder der Fliehkraftregler beeinflusst wird. Bei VSCF-Generatoren erfolgt die Wirklastregelung über die Veränderung der Einschaltdauer der elektronischen Schalter.

Die vierte Regelgröße ist die Blindlast. Die Blindlast wird über den Erregerfeldstrom mitgeregelt. Alle Regelkreise sind in den Generator-Überwachungsbaugruppen (GCU) integriert. Diese GCU sind meistens separate Baugruppen, manchmal – z.B. beim VSCF-Generator – aber auch im Generator eingebaut. Beim Parallelbetrieb von Wechselspannungsgeneratoren ist zu beachten, dass die Zusammenschaltung erst erfolgen darf, wenn Spannungswert, Frequenz und Phasenlage übereinstimmen. Die Überprüfung der drei Parallelschaltbedingungen erfolgt auch in der Generator-Überwachungsbaugruppe. Neben den vier Regelgrößen werden noch weitere Betriebsdaten der Generatoren erfasst. Dazu gehören beispielsweise die Betriebstemperatur, die Kurzschlusserfassung, die Über- oder Unterspannungsfeststellung, die Erfassung der

Spannungsstabilität, die Drehzahl, die Öltemperatur und der Öldruck im Getriebe. Wird ein Fehler erfasst, dann wird die Verbindung des Generators mit der Hauptverteilung durch die Generator-Überwachungsbaugruppe unterbrochen.

✍ Übung

1. Welche Spannungswerte gibt es im Drehstrombordnetz eines Flugzeuges?
2. Aus welchen sieben Baugruppen besteht ein VSCF-Generator?
3. Wie ist sichergestellt, dass bei Anschluss eines verpolten (2 Phasen vertauscht) Bodendienstgeräts an die Außenbordsteckdose keine Einspeisung in das Bordnetz erfolgen kann?
4. Wie wird im Drehstrombordnetz die Gleichspannung erzeugt?
5. Welche der vier Regelgrößen ist in Flugzeugen der neuesten Generation nicht mehr konstant?

14.1.3 Notstromversorgung in DC- und AC-Bordnetzen

Grundsätzliche Notstromversorgung
Die Notstromversorgung in Flugzeugen versorgt die für eine Flugfortsetzung und Landung des Flugzeuges erforderlichen elektrischen Systeme mit Spannung, wenn die primäre Bordnetzversorgung ausgefallen ist.

Auch im Notbetrieb sind Wechsel- und Gleichspannung erforderlich. Bei Flugzeugen mit einem luftgetriebenen Generator (*air driven generator*, ADG) treibt eine Luftschraube, die im Notfall aus dem Rumpf des Flugzeuges ausgeklappt wird und sich durch den Fahrtwind dreht, einen Wechselspannungsgenerator an. Mit der Wechselspannung des Generators werden einerseits die Wechselspannungsverbraucher versorgt, andererseits eine Transformator-Gleichrichterbaugruppe gespeist, die die Gleichspannungsnotverteilung speist. Die Leistung der Notgeneratoren beträgt etwa 5 kVA bis 20 kVA, die erzeugte Spannung ist dreiphasig (115 V). Die Spannung ist konstant und ebenso die Frequenz. Anstelle des luftgetriebenen Generators werden in größeren Flugzeugen hydraulisch angetriebene Generatoren eingesetzt. Auch bei diesen Flugzeugen wird eine Luftschraube aus dem Rumpf geklappt; diese treibt dann aber eine Hydraulikpumpe an. Das mit Druck versorgte Hydrauliksystem treibt den Generator an. Auch in diesem Fall wird die Gleichspannung durch eine Transformator-Gleichrichterbaugruppe erzeugt.

Flugzeuge ohne luft- oder hydraulisch getriebene Generatoren oder mit ausgefallenen Notgeneratoren werden durch die Bordbatterien in der so genannten Batterie-Konfiguration (*battery only configuration*) für etwa 30 Minuten mit elektrischer Energie versorgt. Eine der Bordbatterien speist unmittelbar Gleichspannung in die Batterieverteilung. Die zweite Bordbatterie speist einen Wechselrichter (*static inverter*). Der Wechselrichter erzeugt eine Wechselspannung von 115 V, die aber nur einphasig ist.

Bordbatterien

Flugzeuge haben eine oder mehrere Bordbatterien. Eine dieser Batterien wird verwendet, um ohne Außenbordstromanschluss die Hilfsturbine oder ein Triebwerk zu starten. Außerdem stellen die Batterien die Energie für die Notversorgung bei Ausfall aller Generatoren bereit. Bordbatterien sind Akkumulatoren oder Sekundärelemente. Das heißt, sie lassen sich nach einer Entladung wieder aufladen. Die Bordbatterien bestehen aus 19 bis 20 Einzelzellen mit einer Spannung von 1,2 bis 1,3 V. Die Einzelzellen sind in Reihe geschaltet und ergeben damit die Gesamtspannung (*Bild 14.1.21*). Die Kapazität der Batterie ist so gewählt, dass die für Notkonfigurationen geforderten 30-minütige Energieversorgung des Flugzeuges aufrechtgehalten wird. Heutige Bordbatterien haben Kapazitäten zwischen 12 und 53 Amperestunden. Die Einzelzellen sind in einem Edelstahl- oder Kunststoffbehälter eingebaut. Die Einzelzellen bestehen aus Nickelhydroxid als positiver Elektrode und Cadmiumhydroxid als negativer Elektrode (Ni-Cd). Elektrolyt zwischen den Elektroden ist Kalilauge. Der Elektrolytpegel steigt bei der Aufladung an. Außerdem besteht bei der Aufladung auch Erwärmung, deshalb wird die Temperatur der Batterie überwacht. Nickel-Cadmium Batterien halten die Spannung bis zur vollständigen Entladung nahezu konstant. Neuere Bordbatterien sind durch Verwendung von Spezialelektrolyten wartungsarm im Hinblick auf das Nachfüllen von Elektrolyt. Bei der Aufladung entsteht Gas, dies kann durch spezielle Lüftungsvorkehrungen bei einem bestimmten Druck in der Zelle entweichen (*Bild 14.1.22*). Ein Auslaufen des Elektrolyts aus den Zellen ist dennoch selbst bei extremen Fluglagen nicht möglich.

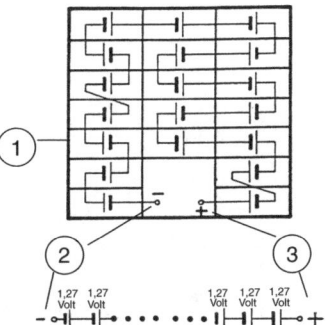

Bild 14.1.21
Schaltung einer Bordbatterie in einem Batteriegehäuse
1 Gehäuse mit Zellen in Reihenschaltung
2 erste Batteriezelle der Reihenschaltung
3 letzte Batteriezelle der Reihenschaltung
Zwischen dem Pluspol der letzten Batteriezelle und dem Minuspols der ersten Batteriezelle ergibt sich die Gesamtspannung der Bordbatterie.

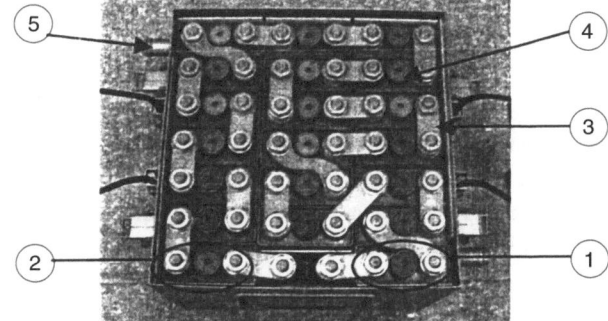

Bild 14.1.22
Innenansicht einer Bordbatterie
1 Batteriezelle 1
2 Batteriezelle 20
3 Zellbrücken (leitende Verbindung)
4 Zellstopfen
5 Entlüftungsanschluss der Bordbatterie

Damit die Bordbatterien im Notfall die Spannungsversorgung übernehmen können, müssen diese ständig voll aufgeladen sein. Die Ladung erfolgt nicht direkt von der Gleichspannungshauptverteilung, sondern je Batterie über ein Batterieladesteuergerät (*battery charge limiter*, BCL). Das Batterieladesteuergerät ist in der Lage, die Batterie in kürzester Zeit aufzuladen. Es wird dabei über den Ladestrom kontrolliert, welchen Ladezustand die Batterie hat. Sinkt der Strom bei der Aufladung unter einen nach Herstellerangaben einzustellenden Wert, wird die Batterie durch das Steuergerät nur noch pulsierend geladen (*Bild 14.1.23*). Ist die Batterie voll aufgeladen, wird auf eine Ladung umgeschaltet, die nur das selbstständige Entladen der Batterie verhindern soll. In diesem Ladezustand fließt nur noch ein Strom, dessen Stromstärke 2 A und weniger beträgt. Nach einer voreingestellten Zeit wird die Verbindung zwischen Batterie und Gleichspannungsnetz getrennt.

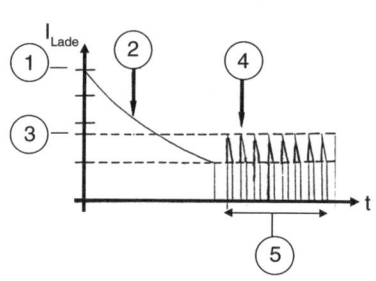

Bild 14.1.23
Idealisiertes Liniendiagramm einer Batterieladung im Bordnetz
1 maximaler Ladestrom bei teilweise entladener Batterie
2 nichtlineare Abnahme der Ladestromstärke bei Batterieladung (Zeitachse ohne Maßstab)
3 maximale Ladestromstärke bei pulsierender Ladung nach Herstellerangabe
4 Verlauf der pulsierenden Ladung vor Trennung der geladenen Batterie vom Gleichspannungsnetz
5 Dauer der pulsierende Ladephase ca. 2 Minuten

✎ Übung

1. Zwischen welchen Werten kann die Spannung einer Bordbatterie mit 20 Ni-Cd Zellen schwanken?
2. Wie lange kann die elektrische Energieversorgung bei Ausfall aller Generatoren sichergestellt werden?
3. Durch welche Baugruppe wird bei Notstromversorgungskonfiguration die Spannungsversorgung der Wechselspannungsverbraucher ermöglicht?

14.2 Elektrische Energieverteilung

Dieser Abschnitt befasst sich mit allen Betriebsmitteln, die für den Transport elektrischer Energie vom Erzeuger zum Verbraucher notwendig sind. Hier werden Leitungen und Kabel der elektrischen Energieversorgung hinsichtlich Anforderungen, Kennzeichnung, Aufbau und Betriebsbereich dargestellt.

14.2.1 Struktur des Netzes

Bevor detailliert auf die Leitungen und Kabel eingegangen wird, soll zunächst die Architektur des Verteilungsnetzes exemplarisch am Beispiel eines Airbus-A320-Netzes beschrieben werden.

Die an Bord befindlichen elektrischen Verbraucher unterscheiden sich hinsichtlich der elektrischen Energieversorgung grundsätzlich in Gleich- und Wechselstromverbraucher. Dies erfordert zwei getrennte Netze: das Gleichstromnetz, in der Flugzeugtechnik als DC-Bus bezeichnet, und das Wechselstromnetz mit der Bezeichnung AC-Bus. Die Bezeichnung Bus weist hierbei darauf hin, dass alle Verbraucher, die an einen Bus angeschlossen sind, aus einem gemeinsamen Netz gespeist werden. Der Bus ist somit nicht als ein Bauteil oder Betriebsmittel wie z.B. eine Sammelschiene zu verstehen.

Bild 14.2.1 zeigt den Aufbau des Verteilungsnetzes, wie es in einem Flugzeug der A320-Reihe zu finden ist. Dieser Darstellung ist zu entnehmen, dass Airbus bei diesem Flugzeugmodell im Normalbetrieb mit jeweils zwei galvanisch voneinander getrennten Gleich- und Wechselstromnetzen arbeitet, die wiederum jeweils von einem Generator gespeist werden. Durch diese galvanische Trennung umgeht man hier das Problem der Synchronisierung im Wechselstromnetz (siehe «Energieerzeugung»). Darüber hinaus werden Verbraucher hinsichtlich ihrer Bedeutung für den Flugbetrieb unterschiedlichen Bussen mit bestimmter Priorität zugeordnet, da bei Ausfall von Erzeugern nicht alle Verbraucher elektrisch versorgt werden können.

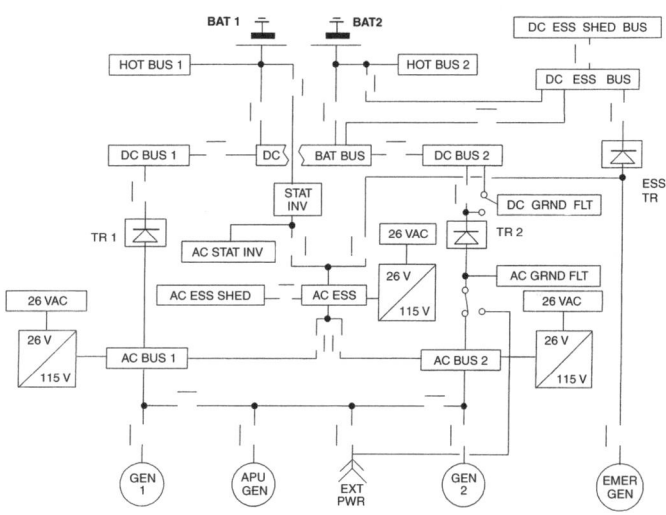

Bild 14.2.1 Das Bild zeigt den schematischen Aufbau des elektrischen Bordnetzes eines Flugzeuges vom Typ Airbus A 320. Am unteren Bildrand ist die Wechselstromeinspeisung zu sehen, sie besteht aus zwei Triebwerksgeneratoren (GEN 1 / GEN 2), dem Generator des Hilfstriebwerkes (APU GEN), der Bodenstromversorgung (EXT PWR) sowie dem Notgenerator (EMER GEN). Darüber sind die im Text genannten Busse sowie die Transformatoren-Gleichrichter (TR 1 / TR 2) und der Umrichter (STAT INV) zu sehen. Am oberen Bildrand findet man die beiden Bordbatterien (BAT 1 / BAT 2). Das System ist im stromlosen Zustand dargestellt, alle Kontakte sind geöffnet.

Insgesamt unterscheidet Airbus folgende Busse:
AC BUS 1
AC BUS 2
AC ESS / AC SHED ESS BUS
AC GRND / FLT BUS
DC BUS 1
DC BUS 2
DC BATT BUS
DC ESS / DC SHED ESS BUS
DC GRND / FLT BUS
HOT BUS 1
HOT BUS 2

In *Tabelle 14.1* wird die elektrische Energieversorgung der unterschiedlichen Busse, deren Betriebsbedingungen und Beispiele für Verbraucher, die aus dem jeweiligen Bus gespeist werden, beschrieben.

Tabelle 14.1   Beschreibung des elektrischen Bordnetzes am Beispiel Airbus A 320

Bus	Erläuterung
AC 1 / AC 2	Jeder Wechselspannungsbus (AC 1/2) wird im Normalbetrieb von jeweils einem der Triebwerksgeneratoren gespeist. Aus den AC-1/2-Bussen werden alle weiteren Busse gespeist, d.h., die AC-Busse versorgen grundsätzlich alle Verbraucher – die Wechselstromverbraucher sowie die Gleichstromverbraucher, diese über die Transformer Rectifier (TR, Transformator-Gleichrichter). Dies umfasst in der Folge auch die Stromversorgung der Batterien im Ladebetrieb. Die Wechselspannungsbusse führen eine Spannung von 115 V bei einer Frequenz von 400 Hz. Unmittelbar an einen der AC-Busse angeschlossene Wechselspannungsverbraucher sind z.B. Küchen, Cockpitscheibenheizung, Lüfter, Passagier-Leselampen, Hydraulik-Mengenanzeige, Angel-of-Attack-Sensor (AOA), die Air Data Inertial Reference Unit (ADIRU), Multipurpose Control and Display Unit 3 (MCDU), Flight Augmentation Computer 2 (FAC), Triebwerk-Zündsystem B, Klimaanlagen-Zonen-Temperaturkontrolle, Aircraft Communication and Reporting System (ACARS) Managementeinheit, Radio Magnetic Indicator (RMI) des Automatic Direction Finders (ADF), Vereisungsschutz des Total Air Temperature-Sensors (TAT), Traffic Identification and Collision Avoidance System (TCAS) usw. Im Notbetrieb werden Verbraucher, die unmittelbar an einem der AC-1/2-Busse angeschlossen sind, abgeschaltet. Die an diese Busse angeschlossenen ESS-Busse (vorrangige Busse) werden weiter versorgt.
AC ESS / AC SHED ESS BUS	Der AC ESS BUS (vorrangiger Wechselspannungsbus) wird im Normalbetrieb aus dem AC 1 BUS gespeist. Bei Störungen versorgt der AC 2 BUS den AC ESS BUS. Der AC ESS BUS versorgt alle für den sicheren Flugbetrieb unbedingt erforderlichen Verbraucher mit elektrischer Energie; dies gilt sowohl für Wechsel- als auch für Gleichspannungsverbraucher (dies über den ESS TR), dies sind z.B. Vereisungsschutz des Pitotrohres 1, Zündsystem A für Triebwerk 1 und 2, Instrument Landing System 1(ILS), Very High Frequency Omnidirectional Range 1 (VOR), Distance Measuring Equipment (DME), RMI usw. Der AC SHED ESS BUS wird aus dem AC ESS BUS versorgt. Der AC SHED ESS BUS versorgt wiederum Verbraucher die im Allgemeinen für den sicheren Flugbetrieb von Bedeutung sind, die jedoch in einem absoluten Notfall abgeschaltet werden. Verbraucher des AC SHED ESS BUS sind z.B. Air Traffic Control 1 (ATC), MCDU 1, DME 1, ADF 1, Cockpit-Voice Recorder-Versorgung (CVR), Capt. Navigation Display (ND) usw.

AC GRND / FLT BUS	Der AC GRND / FLT BUS (Wechselspannungsbus für den Service am Boden) wird aus dem AC 2 BUS gespeist. Der AC GRND / FLT BUS versorgt alle für den Service am Boden wichtigen Verbraucher, wie z.B. die Kabinenbeleuchtung, den Vereisungsschutz für das Wassersystem, die Heißwasseraufbereitung für die Toiletten, die Staubsaugeranschlussdosen in der Kabine und im Gepäckraum, das Vakuumsystem für die Toiletten usw.
DC 1 / 2 BUS	Die Gleichspannungsbusse DC 1/2 werden über die Transformator/Gleichrichter TR 1/2 aus den Wechselspannungsnetzen AC 1/2 versorgt. Sie geben eine Gleichspannung von 28 V an z.B. folgende Verbraucher: RMP 3, Klimaanlagen-Temperatur-Zonenkontrolle, RMP 2/3 (Radio Management Panel), Anzeige und Spannungsversorgung für das hydraulische Brems- und Lenksystem, VHF 2/3, Ground Proximity Warning System (GPWS), Licht für Sektion 19 und Auxiliary Power Unit (APU), Flight Control Data Computer 2 (FCDC), Teile der Cockpitbeleuchtung usw. Im Notbetrieb werden die Verbraucher, die direkt aus dem DC 1/2 BUS gespeist werden, abgeschaltet.
DC BAT BUS	Der Gleichstrom-Batterie-Bus DC BAT BUS wird aus einem der DC-Busse (im Normalbetrieb von DC 1) gespeist. Der DC BAT BUS versorgt die beiden Bordbatterien mit elektrischer Energie, wenn diese sich im Ladebetrieb befinden. Darüber hinaus liegen z.B. folgende Verbraucher am DC BAT BUS: APU Electronic Control Box, APU Feuerwarnschleife, APU Niederdruck-Kraftstoffpumpe, künstlicher Ruderdruck für das Auto Flight System, Triebwerk 1 Full Authority Digital Engine Control (FADEC B) usw.
DC ESS / DC SHED ESS BUS	Die vorrangigen Gleichspannungsverbraucher werden aus dem DC ESS BUS bzw. dem DC SHED ESS BUS gespeist. Diese beiden Busse werden im Normalbetrieb aus dem DC 1 BUS gespeist. Der DC SHED ESS BUS versorgt Verbraucher, die im Allgemeinen für einen sicheren Flugbetrieb gebraucht werden, wie z.B. Notbeleuchtung in der Kabine, Sauerstoffsystemüberwachung für die Passagiere, Standby-Höhenmesser, FAC 1, FMGC 1 (Flight Augmentation and Guidance Computer), Kraftstofftransferpumpen für linken und rechten Flügeltank, Tragflächenvereisungskontrolle usw. Ist es aufgrund mangelnder Energieversorgung durch die Generatoren erforderlich, weitere Verbraucher abzuschalten, so werden die Verbraucher des DC SHED ESS BUS vom Netz getrennt. In dieser Situation werden nur noch die Gleichstromverbraucher weiterversorgt, die an den DC ESS BUS angeschlossen sind, wie z.B. VHF 1, RMP 1, Standby Horizont, Uhr, Capt. Lautsprecher, ECAM Controlpanel, Klimaanlagen-Staudruck-Einlass, Landing Gear Control Interface Unit System (LGCIU), Elevator Aileron Computer 1 (ELAC) und Trimmable Horizontal Stabilizer Actuatormotor 2 (THS), Flight Control Unit (FCU), FADEC A sowie Feuerwarnschleife A und B für Triebwerk 1 und 2 usw.
DC GRND / FLT BUS	Der DC GRND / FLT BUS wird über den TR 2 aus dem AC 2 BUS versorgt. Er dient wie der AC GRND / FLT BUS zur Versorgung aller für den Bodenservice wichtigen Verbraucher – in diesem Fall jedoch die Gleichstromverbraucher, wie z.B. Cabin Intercommunication Data System Decoder Encoder Unit A (CIDS DEU) und B, CIDS Programming and Test Panel, Überwachung der Küchenelektrik, Deckenlicht im Cockpit, Avionik-Kompartmentbeleuchtung usw.
HOT BUS 1 / 2	Die beiden HOT-BUSSE 1 und 2 werden ständig von den Batterien versorgt. Steht kein Generator zur Verfügung, so versorgt HOT BUS 1 den AC ESS BUS und HOT BUS 2 den DC ESS BUS. Dies ist z.B. dann der Fall, wenn die Generatoren 1 und 2 ausgefallen sind und der APU-Generator bzw. der Notgenerator etwa 10 s zum Anlaufen brauchen. Nach dieser Anlaufzeit übernehmen der APU-Generator bzw. der Notgenerator die Versorgung der AC- und DC ESS BUSSE. An HOT BUS 1/2 sind z.B. folgende Verbraucher direkt angeschlossen: CIDS-DEU-A und B-Batterien, ADIRU 2, Slat und Flap System 2, Batterien der CIDS Directors 1 und 2 usw.

14.2.2 Leitungen und Kabel

Das Herzstück der elektrischen Energieverteilung sind die Leitungen und Kabel. Unter Leitungen versteht man einen einadrigen, isolierten Draht. Dieser ist aus mehreren verdrillten und verzinnten, vernickelten oder versilberten Litzen aufgebaut. Sind mehrere Leitungen innerhalb einer Isolation oder Abschirmung zusammengefasst, so spricht man von einem Kabel. Grundsätzlich werden die Verbraucher in einem Flugzeug aus Gründen der Gewichtseinsparung nur mit einer Hinleitung versorgt. Die Rückleitung geschieht über die Flugzeugstruktur.

Anforderungen an Leitungen
An Leitungen werden unterschiedliche Anforderungen gestellt:

- gute Identifizierbarkeit der Leitungen für unterschiedliche Stromkreise,
- geringer elektrischer Widerstand,
- geringes Gewicht,
- hohe Flexibilität,
- hohe Temperaturbeständigkeit,
- hohe Spannungsfestigkeit,
- Resistenz gegen Wasser und andere relevante Flüssigkeiten,
- hohe Festigkeit bei mechanischer Beanspruchung.

Leitungskennzeichnung
Bevor wir uns dem Aufbau einer Leitung im Detail zuwenden, soll zunächst auf die gute Identifizierbarkeit jeder Leitung am Beispiel des Herstellers Airbus eingegangen werden, da die Identifizierbarkeit eine hohe Relevanz bei der Wartung und Instandsetzung hat.

Bei der Kennzeichnung unterscheidet man grundsätzlich zwischen Herstellerkennzeichnung des Flugzeugherstellers und System-/Stromkreiskennzeichnung.

Die **Herstellerkennzeichnung** ist eine Kennzeichnung des jeweiligen Flugzeugherstellers; sie umfasst codierte Informationen zum Leitungstyp, zum Hersteller der Leitung, zum Land des Leitungsherstellers, zum Jahr der Herstellung und zur Leitungsgröße (siehe «Leitungsaufbau», Tabelle 14.8). Im Folgenden ist eine Herstellerbezeichnung exemplarisch dargestellt.

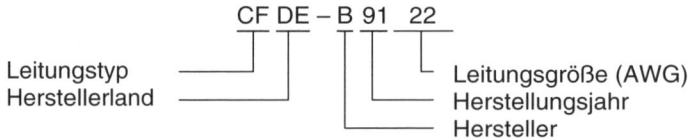

Der Buchstabencode des Leitungstyps wird vom Kabelhersteller vergeben. Anhand dieses Codes kann man aus einer Tabelle Informationen über die Art der Bedruckung der Leitung, die Spannungs- und Temperaturfestigkeit, den Aufbau der Isolation, die Spezifikationen, denen die Leitung entspricht, sowie die Standard-Teilenummer erfahren. In den *Tabellen 14.2* bis *14.6* sind Ausschnitte solcher Tabellen exemplarisch dargestellt.

Tabelle 14.2 Wire Type Code (Leistungstyp)

Wire Type Code	Type	Insulator	Specification	Standard P/N
AD	Aluminium (UV laser marking) 180 °C (356 °F)	PI / PTFE		ABS 0949
AKA	600 V – 200 °C (392 °F)	KAPTON / PTFE	ex AK	NSA 935012
CF	600 V – 200 °C (392 °F) (Ink Jet or hot stamp marking)	KAPTON / FEP		E 0261 or EN 2266-003A
...				

Auf den Aufbau der genannten Leitungen sowie die Isolation wird im Weiteren noch eingegangen. Die Abkürzungen hinsichtlich der Standards bedeuten: ABS = Airbus Standard, NSA = Norme Sud Aviation, EN = Euro-Norm.

Tabelle 14.3 Abkürzungen der Herstellerländer

Abkürzg / Herstellerland	Herstellerland
D oder DE	Deutschland
F oder FR	Frankreich
G oder GB	Großbritannien
US	Vereinigte Staaten

Tabelle 14.4 Abkürzungen der Herstellerfirmen

Hersteller	alter Code	Code bis 1986	Code ab 1987
AXON	–	–	X
B.I.C.C	G	B	B
CHAMPLAIN	–	–	C
DEUTSCH (Connectors)	–	–	L
FILECA	F	A	A
FILOTEX	F	F	F
GORE	–	–	G
KABELMETAL	D	K	K
RAYCHEM	–	–	S
REINSHAGEN	D	R	R

Die Herstellerkennzeichnung ist in grüner Farbe in Abständen von 150 bis 300 mm auf den Leitungen aufgetragen. Bei mehradrigen oder geschirmten Leitungen ist nur die rote Leitung gekennzeichnet.

Bei der **System- und Stromkreiskennzeichnung** arbeitet Airbus mit zwei vierstelligen Zahlencodes. Beim ersten vierstelligen Zahlencode entsprechen die ersten beiden Ziffern dem ATA-Kapitel, dem das System, das mit dieser Leitung versorgt wird, zugehört. Die Ziffern drei und vier ermöglichen die Identifizierung des Untersystems innerhalb des vorbezeichneten ATA-Kapitels. Der zweite vierstellige Zahlencode ist die laufende Kabelnummer im betreffenden System. Diese Nummer wird immer vierstellig angegeben und für jedes System nur einmalig vergeben.

Bei mehradrigen Kabeln wird der Zahlencode auf jeder Leitung um einen Buchstaben ergänzt. Sensible Leitungen wie z.B. Leitungen der Flugsteuerung werden mit einem «S» gekennzeichnet.

Beispiel einer Leitungskennzeichnung:

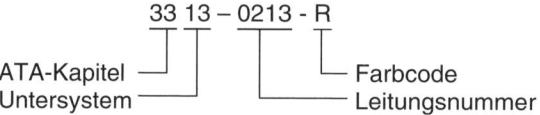

Tabelle 14.5   Farbzuordnungen

Anzahl der Leitungen innerhalb des Kabels	Farbzuordnung der jeweiligen Leitung
1	White
2	Red, Blue
3	Red, Blue, Yellow
4	Red, Blue, Yellow, Green

Farbcode	
Farbe	Farbcode
White	D
Red	R
Blue	B
Yellow	Y
Green	G

Tabelle 14.6
Farbcode

Bei Geschäftsreise- und Kleinflugzeugen, deren Leitungen nach DIN 29 571 gekennzeichnet sind, setzt sich die Kennzeichnung wie folgt zusammen: Der erste Buchstabe bezeichnet das System, zu dem die jeweilige Leitung gehört. Die erste Zahl ist eine fortlaufende Leitungsnummer. Jeder Leitungsabschnitt hat eine eigene Leitungsnummer, dabei wird Leitungsabschnitt als der Teil einer Leitung definiert, der zwischen Klemmpunkten liegt, zwischen denen keine Potenzialdifferenz besteht. Führt die Leitung über einen Schalter oder Verbraucher, so erhält sie hinter diesem Betriebsmittel eine neue Leitungsnummer (*Bild 14.2.2*), da das Potenzial vor und hinter dem Betriebsmittel unterschiedlich ist. Der zweite Buchstabe der Leitungskennzeichnung steht für die Bezeichnung einer Leitungssektion oder bei Wechselspannungsversorgung für die jeweilige Phase (A, B oder C). Die zweite Zahl der Leitungskennzeichnung gibt den Leitungsquerschnitt nach AWG (siehe «Aufbau des Leiters») wieder. Ein N wird an die Leitungsbezeichnung angefügt, wenn die entsprechende Leitung auf einer Seite mt der Flugzeugmasse verbunden ist.

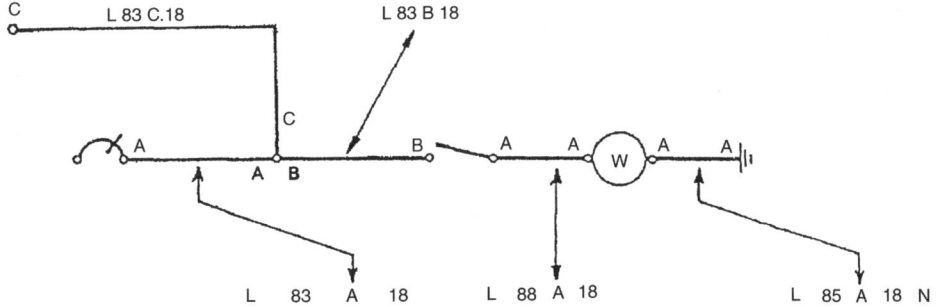

Bild 14.2.2   Leitungskennzeichnung bei Geschäftsreise- und Kleinflugzeugen nach DIN 29 571

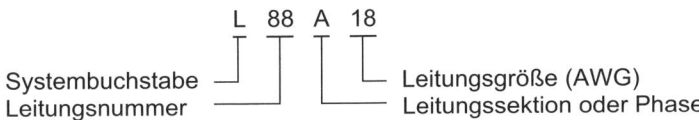

Aufbau einer Leitung
Eine Leitung besteht grundsätzlich aus dem eigentlichen Leiter sowie der isolierenden und den Leiter schützenden Hülle.

Der Leiter
Von den eingangs erwähnten Anforderungen an Leitungen und Kabel entfallen auf den Leiter der geringe elektrische Widerstand, d.h. eine gute elektrische Leitfähigkeit bei niedrigem Gewicht, sowie eine gute plastische Verformbarkeit ohne Gefahr der Beschädigung durch Riss oder Bruch der Litzen.

Hinsichtlich des Leitermaterials hat sich vor allem Kupfer, aber auch Aluminium durchgesetzt.

Hochreines Kupfer hat eine elektrische Leitfähigkeit von bis zu 60 m/Ω mm^2, d.h., ein Kupferdraht mit einem Querschnitt von 1 mm^2 hat bei einer Länge von 60 m einen elektrischen Widerstand von 1 Ω. Die elektrische Leitfähigkeit wird jedoch durch Verunreinigungen und Legierung mit anderen Elementen herabgesetzt, so dass sich bei den für elektrische Leitungen verwendeten Kupferlegierungen, die einen Mindestgehalt von 99,90% Kupfer aufweisen, eine elektrische Leitfähigkeit von 58 m/Ω mm^2 ergibt. Aluminium hat im Vergleich eine elektrische Leitfähigkeit von 38 m/Ω mm^2, Eisen von 10 m/Ω mm^2. Lediglich Silber verfügt mit einem Wert von 63 m/Ω mm^2 über eine höhere elektrische Leitfähigkeit als Kupfer. In *Tabelle 14.7* ist ein Vergleich technisch reiner Metalle hinsichtlich ihrer Leitfähigkeit und Dichte dargestellt.

Legierungsbestandteile für Kupferleitungen sind vor allem Silber, Cadmium, Chrom, Tellur und Zirkon. Der Zusatz von Silber erhöht die Zeitstandfestigkeit erheblich, Cadmium und Chrom erhöhen die mechanische sowie die Verschleißfestigkeit, Tellur beeinflusst die spanabhebende Bearbeitbarkeit; Zirkon erhöht die Warmfestigkeit und setzt die Kerbempfindlichkeit herab.

Tabelle 14.7   Leitfähigkeit und Dichte unterschiedlicher Metalle

Metall	Elektrische Leitfähigkeit m / Ω mm²	Dichte kg / dm³
Kupfer	60	8,9
Aluminium	37	2,7
Silber	63	10,5
Gold	43	19,3
Nickel	15	8,9
Eisen	10	7,3
Zinn	9	7,3

Aluminium hat gegenüber Kupfer zwar eine geringere elektrische Leitfähigkeit, dafür ist die Dichte von Aluminium erheblich geringer, so dass Aluminiumleitungen bei gleichem elektrischen Widerstand zwar einen größeren Querschnitt, aber dennoch ein geringeres Gewicht als Kupferleitungen haben. Dies lässt sich durch folgende Berechnung nachweisen:

Als Randbedingungen sind eine gleiche Leitungslänge l sowie ein gleicher Leitungswiderstand R von Kupfer- und Aluminiumleitung festgelegt.

$$l_{Cu} = l_{Al}$$
$$R_{Cu} = R_{Al}$$

Die Gleichung zur Berechnung des Leitungswiderstandes lautet:

$$R = \frac{l}{\kappa \cdot A}$$

Hierbei ist κ die elektrische Leitfähigkeit und A die Querschnittsfläche der Leitung. Die Masse m einer Leitung lässt sich wie folgt ermitteln:

$$m = \rho \cdot A \cdot l$$

ρ Dichte des Werkstoffes
Die Gleichung für die Berechnung der Masse einer Leitung kann wie folgt umgestellt werden:

$$A = \frac{m}{\rho \cdot l}$$

Setzt man diese Gleichung in die Gleichung zur Berechnung des Leitungswiderstandes ein, so erhält man folgende Gleichung:

$$R = \frac{l \cdot \rho \cdot l}{\kappa \cdot m}$$

$$R = \frac{\rho \cdot l^2}{\kappa \cdot m}$$

Diese Gleichung stellt man zum einen für die Kupferleitung und zum anderen für die Aluminiumleitung auf. Diese beiden Gleichungen können nun gleichgesetzt werden, da der Leitungswiderstand beider Leitungen gleich groß sein soll. Darüber hinaus kann auf beiden Seiten der Gleichung die Kabellänge herausgekürzt werden, da auch diese bei beiden Leitungen gleich groß sein soll.

$$R_{Cu} = \frac{\rho_{Cu} \cdot l^2}{\kappa_{Cu} \cdot m_{Cu}}$$

$$R_{Al} = \frac{\rho_{Al} \cdot l^2}{\kappa_{Al} \cdot m_{Al}}$$

$$R_{Cu} = R_{Al}$$

$$\frac{\rho_{Cu} \cdot l^2}{\kappa_{Cu} \cdot m_{Cu}} = \frac{\rho_{Al} \cdot l^2}{\kappa_{Al} \cdot m_{Al}}$$

$$\frac{\rho_{Cu}}{\kappa_{Cu} \cdot m_{Cu}} = \frac{\rho_{Al}}{\kappa_{Al} \cdot m_{Al}}$$

Die nun gewonnene Gleichung wird so umgestellt, dass man mit ihrer Hilfe das Verhältnis der Massen beider Leitungen berechnen kann.

$$\frac{m_{Al}}{m_{Cu}} = \frac{\rho_{Al} \cdot \kappa_{Cu}}{\rho_{Cu} \cdot \kappa_{Al}}$$

Nun können die Zahlenwerte eingesetzt werden.

$$\frac{m_{Al}}{m_{Cu}} = \frac{2,7 \text{ kg} \cdot \text{dm}^3 \cdot 58 \text{ m} \cdot \Omega \cdot \text{mm}^2}{8,94 \text{ kg} \cdot \text{dm}^3 \cdot 36 \text{ m} \cdot \Omega \cdot \text{mm}^2}$$

$$\frac{m_{Al}}{m_{Cu}} = 0,487$$

Die Berechnung ergibt, dass eine Aluminiumleitung etwa halb so schwer ist wie eine Kupferleitung. Im Flugzeugbau werden keine Leitungen verwendet, die ausschließlich aus Aluminium bestehen (s. Bild 14.2.5 C).

Eine sowohl für die Herstellung als auch für die Verlegung von Leitungen sehr günstige mechanische Eigenschaft des Kupfers ist seine Duktilität, d.h. Kupfer ist sehr gut kalt verformbar. Darüber hinaus ist die Zeitstandfestigkeit aufgrund der gegen null gehenden Kriechgeschwindigkeit von Kupfer zu erwähnen. Bei Belastung über große Zeiträume kriechen Kupferwerkstoffe deutlich weniger als Aluminiumwerkstoffe. Dies hat vor allem bei Schraub- und Quetschverbindungen eine Bedeutung, die sich in Folge von Kriechvorgängen lockern. Ein Vergleich des Kriechverhaltens von Kupfer und Aluminium ist in *Bild 14.2.3* dargestellt.

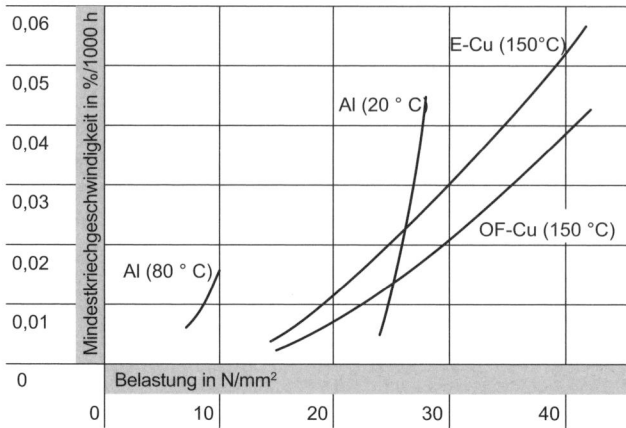

Bild 14.2.3
Kriechverhalten von Kupfer und Aluminium bei unterschiedlichen Temperaturen

Aufbau des Leiters
Der Leiter ist aus einer Vielzahl von Litzen aufgebaut; dies macht den Leiter flexibler, d.h., er setzt einer plastischen Verformung einen geringeren mechanischen Widerstand entgegen.

Die für eine Leitung auszuwählende Leiterquerschnittsfläche richtet sich nach der Strombelastung, die sich aus der Leistungsaufnahme des angeschlossenen Verbrauchers ergibt ($I = P / U$). Die normale und maximale Strombelastbarkeit der jeweiligen Leitung kann mit Hilfe der **American-Wire-Gauge(AWG)-Tabelle** ermittelt werden. Mit Hilfe der Strombelastbarkeit und der Querschnittsfläche lässt sich darüber hinaus die jeweilige Stromdichte als Quotient aus Strom und Querschnittsfläche ($J = I / A$) errechnen.

Aus *Tabelle 14.8* ist ersichtlich, dass die Querschnittsfläche des Leiters bei gleicher Kabelgröße (AWG) – abhängig davon, ob es sich um einen europäischen (AWG/M) oder einen amerikanischen Hersteller (AWG/US) handelt – leicht variiert. Die Differenzen liegen hinsichtlich der Strombelastbarkeit im zulässigen Toleranzbereich, sie sind jedoch bei der Auswahl der Werkzeuge zur Abisolierung zu berücksichtigen. Zu erwähnen ist, dass es sich bei der Querschnittsfläche ausschließlich um die Fläche des Leiters und nicht die der Leitung handelt!

Physikalische Grundlage dieser Tabelle ist die mit zunehmender Stromdichte ebenfalls zunehmende Temperatur des Leiters. Die Erwärmung des Leiters hat im Wesentlichen zwei zu berücksichtigende Folgen. Zum einen nimmt mit zunehmender Temperatur die Leitfähigkeit des Leiters ab (*Bild 14.2.4*). D.h., der Widerstand der Leitung steigt und damit steigt der Spannungsfall auf der Leitung, so dass dem Verbraucher nur noch eine verminderte Spannung zur Verfügung gestellt wird. Zum anderen stellen hohe Temperaturen eine erhöhte Anforderung an die Temperaturbeständigkeit der Leiterhülle, d.h. an das Isoliermaterial.

Tabelle 14.8   American-Wire-Gauge(AWG)-Liste

Leitungsgröße/ Wire Size	Querschnittsfläche des Leiters AWG/M	Querschnittsfläche des Leiters AWG/US	Nennstrom	Max. zulässiger Strom
AWG	mm²	mm²	A	A
24	0,21	0,24	4	6
22	0,33	0,38	5	8
20	0,59	0,61	7,5	12
18	0,93	0,97	10	16
16	1,34	1,22	13	18
14	1,81	1,94	17	24
12	2,97	3,08	23	32
10	4,65	5,29	33	42
8		8,55	46	58
6		13,6	60	78
4		21,6	80	101
2		33,9	100	145
1		41,5	125	170
1/0		52,8	150	195
2/0		67,7	175	230
3/0		77,7	200	270
4/0		90,8	225	320

Bild 14.2.4
Einfluss der Temperatur auf die elektrische Leitfähigkeit zweier Kupferlegierungen

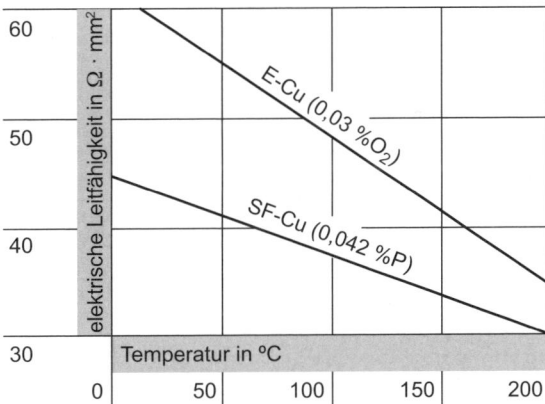

Werden bei unsachgemäßem Umgang mit Leitungen einzelne Litze durchtrennt bzw. bei Krimpungen nicht kontaktiert, so führt dies zur Reduzierung des Leiterquerschnittes mit den o.g. Folgen.

Die Isolierung
Die Isolierung hat, wie es der Name sagt, vornehmlich die Aufgabe, die einzelnen Leiter elektrisch sowohl gegen Berührung untereinander als auch gegen Berührung mit Masse zu schützen. D.h., die Isolierung verhindert jeglichen Stromfluss. Die Dicke der Isolierung hängt von den isolierenden Eigenschaften des Isoliermaterials – dem spezifischen Durchgangswiderstand – und der auf der stromführenden Leitung anliegenden Spannung ab. Je größer der spezifischen Durchgangswiderstand und je kleiner die anliegende Spannung, umso dünner kann die Isolierschicht gewählt werden. Flugzeugleitungen werden für Betriebsspannungen von 600 V und Temperaturbereiche von bis zu –65° bis +250 °C je nach Leitungs-/Kabeltyp ausgelegt (*Tabelle 14.9*). *Bild 14.2.5* zeigt den Aufbau der jeweiligen in der Tabelle genannten Leitung/Kabel.

Über die isolierende Wirkung hinaus schützt die Isolierung den Leiter vor mechanischen Beschädigungen und dient als Träger der Leitungsbeschriftung (*Tabelle 14.10*).

Im zivilen Flugzeugbau haben sich seit mehr als zwanzig Jahren Leitungen mit einer Isolierung aus aromatischen Polyimiden (**Aromatic Polyimid, AP**) durchgesetzt. Sie haben gegenüber anderen Isolierungen den Vorteil, dass man mit einer um ca. $^1/_3$ dünneren und 30 bis 35 % leichteren Isolierschicht auskommt.

Die Unversehrtheit der Isolation ist für einen sichern Betrieb von größter Bedeutung. Kommt es in Folge von Isolationsbeschädigungen zu Kurzschlüssen, so neigen AP-Leitungen unter bestimmten Umständen zum Abbrennen von Isolationsbereichen – man spricht hier vom Carbon Arc-Tracking oder Insulation Flashover. Diese Gefahr wird durch das Vorhandensein von Feuchtigkeit verstärkt.

Tabelle 14.9   Beispiele für häufig verwendete Leitungen

	Leitung Standard	Betriebsspannung	Temperaturbereich
A	MIL-W-5086	600 V	–55 °C bis +105 °C
	MIL-W-7139	600 V	–60 °C bis +250 °C
B	NSA 935 012 (Typ AKA oder AKB metr.)	600 V	–55 °C bis +200 °C
C	Aluminium Leitung MIL-W-7072 oder LN 29900	600 V	–55 °C bis +105 °C
	Aluminium Leitung Typ AD ABS 0949	600 V	bis 180 °C
	Kabel Standard		
D	Abgeschirmt nach MIL-W-7078	600 V	–65 °C bis +250 °C
E	Mehradrig verdrillt nach MIL-W-7078	600 V	–65 °C bis +250 °C

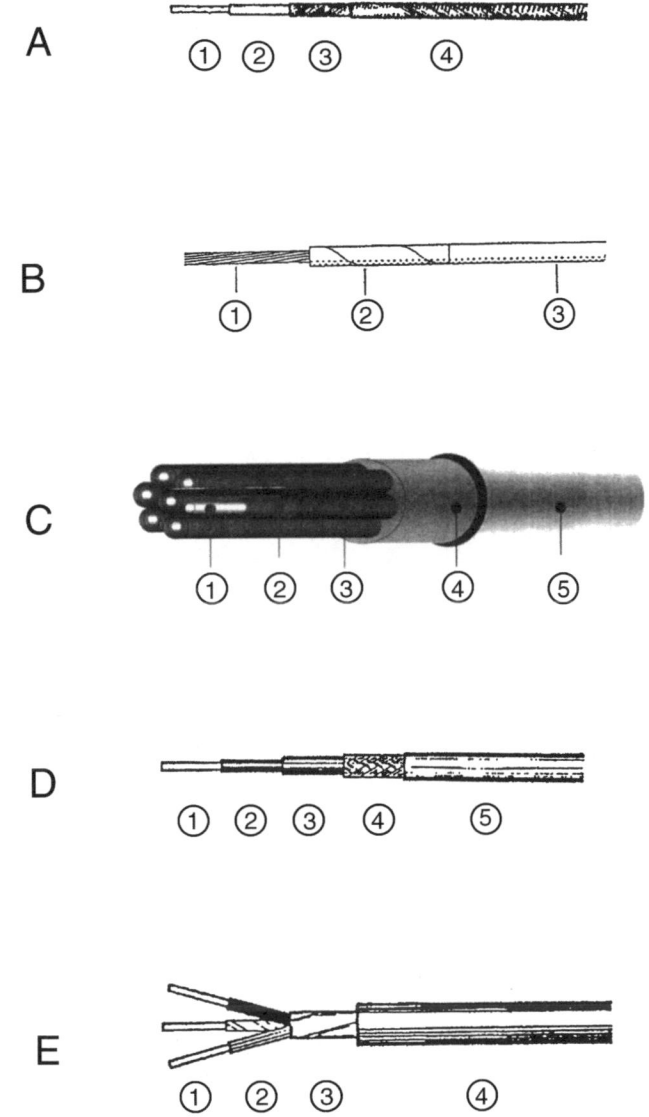

Bild 14.2.5 Aufbau unterschiedlicher Flugzeugleitungen/-kabel. Zum Aufbau der Leitungen:
A: 1 nickelbeschichteter Kupferleiter; 2 PVC;3 Fiber Glass; 4 PA, PVC oder PTFE
B: 1 nickelbeschichteter Kupferleiter; 2 AP-Isolierung, Topcoat (weiße, bedruckbare Außenbeschichtung)
C: 1 mehrdrähtiger Leiter aus Aluminiumlegierung; 2 Kupferplattierung, 3 Nickelbeschichtung; 4 PA; 5 PTFE-Schicht (grau, bedruckbar)
D: 1 nickelbeschichteter Kupferleiter; 2 PVC; 3 PA; 4 Schirmung; 5 PTFE oder AP (KAPTON)
E: 1 nickelbeschichteter Kupferleiter; 2 PVC; 3 PA; 4 AP (KAPTON) oder PTFE

Tabelle 14.10 Eigenschaften von Isolierstoffen

Bezeichnung	Isolierstoff	Dichte/ g/cm³	Spez. Durchgangswiderstand/ W · cm²/cm	Durchschlagfestigkeit/ kV/mm	Temperaturfestigkeit
PI (KAPTON)	Polyimid	1,4...1,6	1016	28	−60 °C...+220 °C
PTFE	Polytetrafluorethylene	2,1...2,3	1018	48	−200 °C... +260 °C
FEP	Fluorethylenpropylen	2,12...2,17	2 · 1012	25	−65 °C...+205 °C
ETFE	Ethylentetrafluorethylen	1,7	1016	36	−200 °C bis +150 °C
PVC	Polyvinylchloride	1,25 - 1,4	1011	30	−30 °C bis +105 °C
PETP	Polyethylenterephthalat	1,39	>1015	22	−20 °C bis +115 °C
PA	Polyamide	1,18	>1014	25	−50 °C bis +150 °C

✍ Übung

1. Aus welchem Grund ist es sinnvoll, die Versorgung eines elektrischen Wechselstromnetzes aus nicht mehr als einem Generator zu realisieren?
2. Welche Arten von Leitungskennzeichnungen unterscheidet man grundsätzlich?
3. Welche Informationen enthält die Leitungsbezeichnung nach DIN 29 571?
4. Welche technische Information verbirgt sich hinter dem AWG-Code?
5. Warum sind Flugzeugleitungen aus einer Vielzahl von Litzen aufgebaut?
6. Welche Vor- und Nachteile ergeben sich durch den Einsatz von Aluminium gegenüber Kupfer als Leitermaterial einer Flugzeugleitung?
7. Welche Anforderungen werden an den Isolierwerkstoff von Flugzeugleitungen gestellt?

14.3 Elektrische Verbraucher

Der Airbus A 320 bietet nicht zuletzt aufgrund des erwähnten «Fly-by-wire»-Konzepts eine Fülle verschiedener Verbraucher und Systeme in moderner Ausstattung und Konfiguration auf vergleichsweise kompaktem Raum. Aus diesem Grund soll er zur Analyse der elektrischen Verbraucher an Bord eines Flugzeuges herangezogen werden.

Mit Hilfe einer detaillierten Energiebilanz (*electrical load analysis*, ELA) in tabellarischer Form lässt sich das Bordnetz mitsamt der Energieerzeuger auslegen und dimensionieren. Dabei müssen die verschiedenen Flugphasen und die Flugbedingungen berücksichtigt werden.

In *Tabelle 14.11* werden exemplarisch sieben ausgewählte Verbraucher mit Nennlast und in verschiedenen Flugphasen unter Normalbedingungen gegenübergestellt. Sie stehen beispielhaft für sämtliche Verbraucher an Bord eines Flugzeuges, deren komplette E-Bilanz im Fall des A 320 allerdings einige hundert Seiten füllt. Die Leistungen sind in VA (Volt mal Ampere) bei induktiven und W (Watt) bei Ohm'schen Verbrauchern angegeben.

Tabelle 14.11 Elektrische Leistung ausgewählter Verbraucher an Bord des A 320 in verschiedenen Flugphasen

	Flügeltankpumpe 1 links	Avionikraumlüfter	Frontscheibenheizung	Landescheinwerfer links	Passagier-Leselampen	Cockpit-sitzverstellung	Staubsaugersteckdose
Nennlast (maximale Last)	2932 VA	6212 VA	5940 W	699 W	2630 W	189* VA	980 W
Bodenbetrieb	2932 VA	4845 VA	0 W	0 W	76 W	–	490 W
Start	2932 VA	4845 VA	2079 W	0 W	76 W	–	0 W
Rollphase	2932 VA	4845 VA	2079 W	0 W	76 W	–	0 W
Take off	2932 VA	4845 VA	5940 W	699 W	1315 W	–	0 W
Steigflug	2932 VA	4845 VA	5940 W	0 W	1315 W	–	0 W
Reiseflug	2932 VA	4845 VA	5940 W	0 W	1315 W	–	0 W
Sinkflug	2932 VA	4845 VA	5940 W	0 W	1315 W	–	0 W
Landung	2932 VA	4845 VA	2097 W	699 W	1315 W	–	0 W
Rollen (Taxi)	2932 VA	4845 VA	2097 W	0 W	76 W	–	0 W
bei Abschaltung unwichtiger Verbraucher **	2932 VA	4845 VA	2097 W	699 W	0 W	–	0 W

* Die Cockpit-Sitzverstellung schlägt als kurzfristiger Verbraucher zu Buche, der das Netz einmalig, aber nicht ständig belastet. Viele Stromkreise an Bord, insbesondere zahlreiche Steuerstromkreise, werden in der Energiebilanz lediglich mit einer solchen Einzelangabe aufgelistet.
** Verbraucher, die zur sicheren Fortsetzung bzw. Beendigung des Fluges nicht wichtig sind, sondern zumeist nur dem Passagierkomfort dienen, sind als unwichtige Verbraucher bei Bedarf abschaltbar (*shedable*).

In den folgenden Betrachtungen werden Verbraucher immer mit ihrer höchstmöglichen Last veranschlagt. Im normalen Flugbetrieb ist mit solchen Lasten kaum zu rechnen.

14.3.1 Beleuchtung

Das einfachste Prinzip der Umwandlung von elektrischer Energie in Lichtenergie findet in der **Glühlampe** Anwendung. Eine Glühwendel aus dünnem hitzebeständigen Wolframdraht wird vom Strom durchflossen. Aufgrund der hohen Stromdichte erwärmt sich der Draht stark und fängt an zu leuchten. Da der Draht von einem mit reaktionsträgen Gas (Stickstoff und Edelgase) gefüllten Glaskolben umgeben ist, kann er nicht verbrennen. In erster Linie werden Glühlampen allerdings in Bereichen geringer Spannung (5 V bis 28 V) eingesetzt. Der Grund hierfür liegt in der hohen Lichtausbeute. Niedervoltlampen benötigen nämlich bei gleicher Leistung einen höheren Strom und müssen daher eine dickere und somit stabilere Glühwendel als Lampen höherer Spannung haben.

Die Glaskolben von **Halogenlampen** enthalten Jod- oder Brom-Moleküle. Diese Halogene können sich mit dem aus der Glühwendel verdampften Wolfram verbinden und sich anschließend wieder auf der Wendel ablagern. Dadurch setzen sie einen Kreislauf in Gang, der dafür sorgt, dass einerseits der Wolframdraht ständig wieder repariert und andererseits der Glaskolben nicht durch Ablagerungen geschwärzt wird. Daraus resultieren höhere Belastbarkeit, eine etwa doppelt so hohe Lebensdauer und eine bis zu 50% höhere Lichtausbeute gegenüber der herkömmlichen Glühlampe.

Leuchtstofflampen haben keinen durchgehenden Glühdraht. Das Gas in ihrem Glaskolben wird durch elektrische Energie zum Leuchten angeregt. Zur Ionisierung dieses Gases («Zünden» der Leuchtstofflampe) sind hohe Spannungen (ca. 1000 V) erforderlich. Diese hohen Spannungen werden in Vorschaltgeräten erzeugt. Leuchtstofflampen haben einen vergleichsweise hohen Wirkungsgrad und eine lange Lebensdauer, sind aber aufgrund ihrer vergleichsweise aufwendigen Beschaltung, ihres Lichtkomforts, ihrer mechanischen Empfindlichkeit und ihrer Umweltunverträglichkeit allgemein nicht so beliebt wie Glühlampen oder LEDs. Leuchtstofflampen werden unter anderem noch zur allgemeinen Kabinenbeleuchtung eingesetzt.

Ebenfalls nach dem Prinzip der Gasentladung funktionieren die in der Außenbeleuchtung eingesetzten **Blitzlampen**. Zur Erzeugung der hohen Zündspannungen und Steuerung der Blitzabfolge benötigen auch sie Vorschaltgeräte und Transformatoren. Blitzlampen haben eine extrem hohe Lichtintensität.

Leuchtdioden (LEDs)

Die Entwicklung der LED(light emitting diodes)-Technologie revolutioniert die Beleuchtungstechnik auch im Flugzeugbetrieb in einem seit Erfindung der Glühlampe nicht mehr gekannten Ausmaß. Die Vorteile und Einsatzmöglichkeiten der LED-Beleuchtung gegenüber herkömmlichen (noch «konventionellen») Leuchtmitteln sind in der Tat so umfassend, dass es trotz aller Umrüstungsformalien und der vergleichsweise aufwendigen Herstellung (mit den damit verbundenen Kosten) nur noch eine Frage der Zeit sein dürfte, dass sämtliche herkömmlichen Leuchtmittel nicht nur im Flugzeug der Vergangenheit angehören dürften.

Die Leuchtwirkung einer LED entsteht bei der Rekombination von Elektronen und Elektronenlöchern an der unter elektrischer Spannung stehenden pn-Schicht des Halbleiterbauelementes. Dabei wird Energie in Form von Lichtquanten frei (der umgekehrte Effekt wird bei der Photovoltaik, Spannungserzeugung durch Lichtenergie mit Hilfe von Halbleiterelementen, angewendet).

Vorteile der LED-Technologie gegenüber konventionellen Leuchtmitteln sind unter anderem:

❏ geringer Energieverbrauch,
❏ geringes Gewicht,

- hohe mechanische Beanspruchbarkeit,
- hoher Beleuchtungswirkungsgrad, damit verbunden minimale Wärmeentwicklung,
- lange Lebensdauer,
- langsames Nachlassen der Lichtintensität bei Alterung, d.h. kein plötzlicher Totalausfall,
- geringe Wartungskosten,
- geringe Umweltbelastung,
- keine Implosionsgefahr,
- keine (UV-) Strahlungen,
- verzögerungsfreie Schaltbarkeit,
- (mittlerweile) Erzeugung jeder Lichtfarbe durch entsprechende Dotierung des Halbleiterbauteils.

Die bisherigen Nachteile der LED, die die Leuchtdioden noch vor wenigen Jahren in den Einsatzbereich der punktförmigen Lichtquellen zu Anzeige- und Dekorationszwecken verbannte, wurden mittlerweile durch fortgeschrittene Technologien nahezu aufgehoben.

- Durch Kombination verschiedener Farbspektren wird weißes Licht erzeugt.
- Durch Bündelung werden hohe Lichtintensitäten erreicht.
- Durch Rasteranordnung vieler einzelner LEDs wird die Wirkung einer großen Lichtquelle erzielt (z.B. bei Scheinwerfern).
- Durch die Kombination mit der Glasfasertechnik können auch homogen beleuchtete Röhren nachgebildet werden (z.B. für die Kabinenbeleuchtung).

Beim Einsatz von LEDs darf nicht vergessen werden, dass es sich um elektronische Bauelemente und nicht um rein ohmsche Verbraucher handelt. Es ist daher für den Betrieb einer Leuchtdiode unbedingt notwendig, einen Strombegrenzer (im einfachsten Fall einen ohmschen Widerstand) zu verwenden.

Ein Beispiel für eine LED-Beleuchtung gibt Bild 14.3.1.

Bild 14.3.1
Beispiel für eine Beleuchtung auf LED-Basis

Außenbeleuchtung

Die Außenbeleuchtung eines Flugzeuges soll unter anderem Position und Flugrichtung anzeigen, die Gefahr einer Kollision verringern und die Übersicht über Flug- und Fahrweg beim Rollen, beim Start und bei der Landung auch bei Dunkelheit ermöglichen.

Bild 14.3.2 gibt einen Überblick über die Außenbeleuchtung und ihre Ansteuerung von der Deckentafel (*overhead panel*) des Cockpits aus.

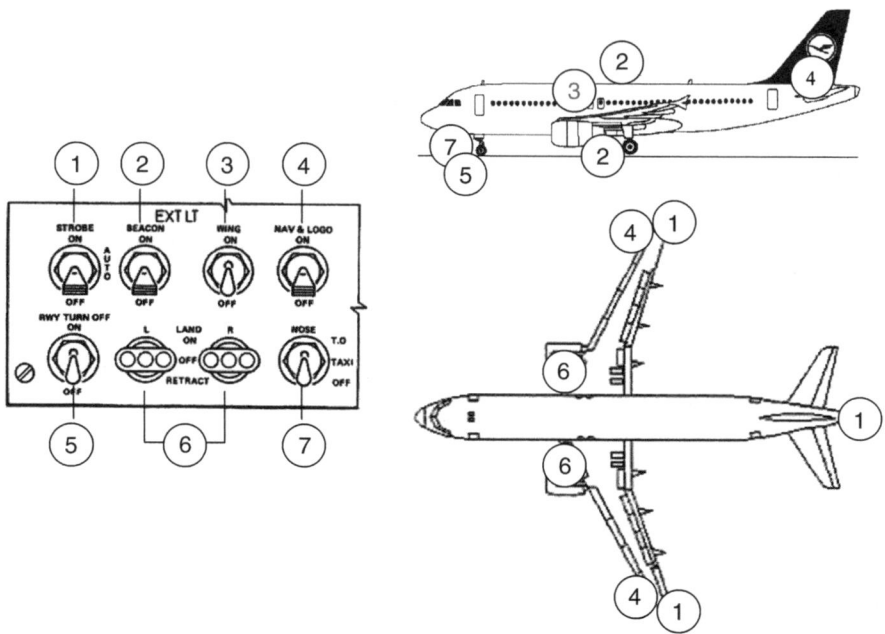

Bild 14.3.2 Überblick über die Außenbeleuchtung und ihre Ansteuerung von der Cockpit-Deckentafel
1 strobe lights; 2 beacon lights / anti collision lights; 3 wing and engine nacelles lights; 4 navigation lights / logo lights; 5 runway turnoff lights; 6 landing lights; 7 taxi / take-off lights

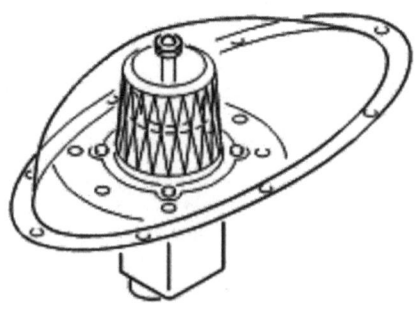

Bild 14.3.3
Anti-Kollisions-Blitzlampe

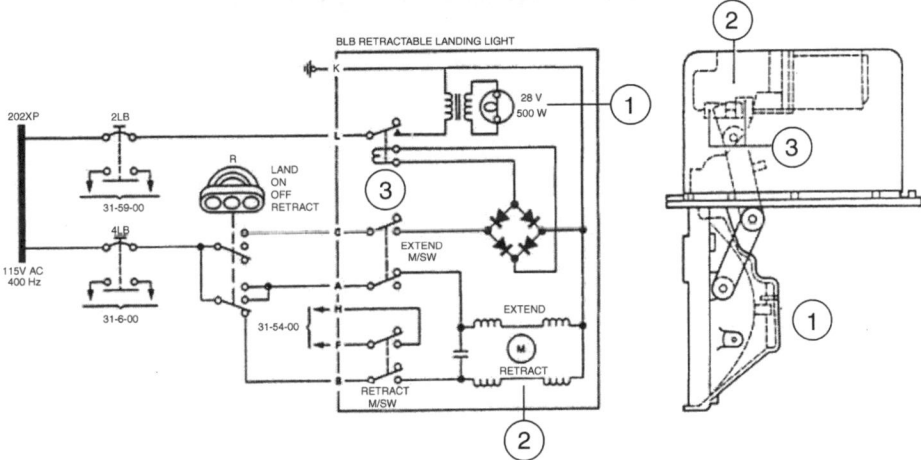

Bild 14.3.4   Landescheinwerfer und seine Ansteuerung mit Lampe (1), Ausfahrmotor (2) und Endschaltern (3)

1) Weiße Blitzlampen (*strobe lights*) an den Flügelspitzen und am APU-Auslass lassen von oben und unten Gestalt und Ausmaße des Flugzeuges erkennen. Sie werden vom AC-Netz mit dreiphasigem Wechselstrom versorgt.
2) Rote Blitzlampen (*beacon lights / anti collision lights*) in der Mitte des Rumpfes oberhalb und unterhalb sollen das Flugzeug weithin sichtbar machen und damit die Kollisionsgefahr verringern (*Bild 14.3.3*). Beide Blitzlampen blitzen unabhängig voneinander auf. Auch die Anti-Kollisionslampen werden mit dreiphasigem Wechselstrom versorgt.
3) Die Flügel- und Triebwerksbeleuchtungen (*wing and engine nacelles lights*) sind beidseitig seitwärts oberhalb der Flügel angebracht und können bei Bedarf die vorderen Bereiche der Tragflächen und der Triebwerkseinlässe beleuchten.
4) Die Positionslampen (*navigation lights*) geben Aufschluss über die Position und die Flugrichtung des Flugzeuges: An der rechten Flügelspitze befindet sich die

grüne Lampe, an der linken Flügelspitze die rote, unter dem APU-Auslass strahlt eine weiße Lampe nach hinten (*tail light*). Die Logo-Lampen (*logo lights*) beleuchten das Logo des Seitenleitwerks.

5) Zur Beleuchtung der Rollbahn-Seitenbereiche gibt es eine spezielle Beleuchtung, die fest an das vordere Fahrwerk montiert ist (*runway turnoff lights*). Sie kann nur betrieben werden, wenn das Fahrwerk ausgefahren ist.

6) Die sehr leistungsstarken Landescheinwerfer (*landing lights*) beleuchten die Landebahn vor und bei der Landung. Sie werden vor der Landung eingeschaltet und sollten nach der Landung, spätestens wenn die Kühlung durch den Fahrtwind ausfällt, abgeschaltet werden. Jeder der Scheinwerfer lässt sich selbstständig aus- und einfahren. Dafür ist je ein einphasiger Wechselstrom-Kondensatormotor zuständig. *Bild 14.3.4* zeigt die Ansteuerung eines Landescheinwerfers.

7) Während der Roll-, Start- oder Taxiphase können spezielle Lampen (*taxi / take-off lights*) den Rollweg beleuchten. Auch sie sind fest an das vordere Fahrwerk montiert und können nur bei ausgefahrenem Fahrwerk betrieben werden.

Cockpitbeleuchtung

Die Beleuchtung des Cockpits ist besonders wichtig, müssen doch Instrumente, Anzeigen und die notwendigen Unterlagen zur Navigation jederzeit, bei jedem Wetter und jeder Tageszeit, auch bei Unwetter oder starker Sonneneinstrahlung, lesbar sein. So umfasst die Cockpitbeleuchtung nicht nur Lampen und Strahler, sondern auch in die Bedientafeln integrierte Beleuchtungen, beleuchtete Anzeigen und Schalter. Während die direkte Beleuchtung vom 28-V-DC-Netz gespeist wird, werden die integrierten Beleuchtungen und Anzeigelampen mit 5 V AC versorgt, die aus 115 V AC durch vorgeschaltete Transformatoren erzeugt werden.

- Die **Cockpitdeckenbeleuchtung** besteht aus zwei Lampen; jede enthält vier Halogenlampen langer Lebensdauer, die in Stufen dimmbar sind. Ebenso können alle **Konsolen** und **Seitenablagen** beleuchtet werden. An der Seite und an der Decke befinden sich **Leselampen**. Je zwei **Kartentischlampen** sind zwischen Frontscheibe und Seitenfenster angebracht.
- In der Fronttafel (*Glareshield*) sind drei Strahler angebracht, die die **Hauptinstrumente** beleuchten. Die Geräte der Mittelkonsole werden von einem Strahler im Overhead-Panel beleuchtet. In der Mittelkonsole befinden sich zwei weitere verstellbare Strahler.
- **Integrierte Beleuchtungen** für Hauptinstrumententafel, Deckentafel, Glareshield, Seiten- und Mittelkonsolen ermöglichen ein Ablesen auch bei Nachtflügen oder schlechten Wetterbedingungen. Sie enthalten 5-V-Miniaturlampen mit hoher Leuchtstärke und sind stufenlos dimmbar. Zur integrierten Beleuchtung gehört auch die 28-V-DC-Notbeleuchtung für den Standby-Kompass.
- Die **Warn- und Anzeigelampen** werden über 115/5-V-AC-Transformatoren gespeist, sind in den Stufen 0 – 3 – 5 V AC dimmbar und können über ein 28-V-DC-Testpanel kontrolliert werden.

Kabinenbeleuchtung
Die Kabinenbeleuchtung umfasst verschiedene Beleuchtungssysteme:

- Die **allgemeine Kabinenbeleuchtung** (ca. 2,5 kW) besteht aus vier Bändern von Leuchtstofflampen an Fenstern und Decke. Sie kann von der vorderen Bedientafel aus gesteuert werden und ist stufenweise auf 50% oder 10% dimmbar.
- Ebenso sind **Flugbegleiter-Arbeitsplatz, Eingangsbereich** und **Waschräume** mit Leuchtstofflampen beleuchtet. Die Eingangsbereich-Beleuchtung ist wie die allgemeine Beleuchtung stufenweise dimmbar. Die Waschraum-Beleuchtung ist abgedimmt und wird erst bei Verriegelung des Waschraumes von innen auf volle Leistung geschaltet.
- **Passagier-Leselampen** (je 20 W) ermöglichen eine individuell einstellbare Beleuchtung am Platz.
- Die «Besetzt»-Anzeigen der Waschräume werden übrigens von 28-V-DC-Netz gespeist.

Die gesamte Kabinenbeleuchtung einschließlich der Passagier-Leselampen, die das Bordnetz im Extremfall insgesamt mit 5,6 kW belasten könnte, kann als unwichtiger Verbraucher im Notfall abgeschaltet werden.

Kabinen-Notbeleuchtung
Fällt die Kabinenbeleuchtung aus, so sorgt die **Notbeleuchtung** für eine angemessene und ggf. die Gefahr einer Panik vermindernde Ausleuchtung der Kabine. Die Kabinen-Notbeleuchtung wird über die Bord-Gleichstromversorgung von einem Wandler mit 6 V DC versorgt. Sollte auch diese Versorgung ausfallen, übernehmen separate Batterie-Packs die Versorgung der einzelnen Lampen. Diese Packs werden im Normalbetrieb vom Bordnetz geladen. Die Notbeleuchtung ist auf Höhe der Ablagefächer montiert und beleuchtet von dort aus den Gang. Für den Evakuierungsfall leuchten die EXIT-Leuchten, und ein beleuchteter Pfad weist die Richtung zu den beleuchteten Notausgangsbereichen. Auch die Notrutschen und die betretbaren Bereiche oberhalb der Tragflächen sind im Notfall beleuchtet.

Weitere Beleuchtungen
Fahrwerkschacht, Klimaanlage, Avionikraum, APU sowie – als unwichtige Verbraucher – vordere und hintere Frachträume können ebenfalls beleuchtet werden.

14.3.2 Wärmeerzeuger

Das Prinzip der Umwandlung von elektrischer Energie in Wärmeenergie unterscheidet sich vom Prinzip der Glühlampe nur darin, dass die Wärmeentwicklung in der Heizleitung beabsichtigt ist und die entstehende Strahlung eher im Infrarotbereich liegt. Der Widerstand einer Heizwicklung ist entsprechend ausgelegt.
Beispiel: Eine Staurohrheizung mit einem Widerstand von 5 Ω, die mit 28 V DC betrieben wird, liefert eine Heizleistung von

$$P = U \cdot I = U \cdot \frac{U}{R} = \frac{U^2}{R} = \frac{(28\,\text{V})^2}{5\,\Omega} = 156,8\,\text{W}$$

Wärmeerzeuger belasten elektrische Systeme unverhältnismäßig und sind, wenn davon ausgegangen wird, dass zur Bereitstellung ja bereits Wärme erzeugende Maschinen herangezogen wurden, äußerst unwirtschaftlich. Aus diesem Grund ist ihr Betrieb nur dann empfehlenswert, wenn Alternativen (z.B. durch direkte Verbrennung vor Ort) nicht möglich bzw. zu gefährlich wären.

Heizelemente und Heizungen
Zu den wichtigen Heizelementen an Bord eines Flugzeuges gehören zweifelsohne die Kleinheizungen zur Eisvermeidung bzw. Enteisung:

- Die **Staurohrheizung** wurde bereits erwähnt. Jedes der drei Staurohre hat eine 28-V-DC-Heizung mit einer Heizleistung von je 150 W. Auch die drei Pitotrohre (*Bild 14.3.5*), die zwei Temperatursensoren und die drei Winkelmesser werden beheizt. Gesteuert werden diese Heizungen durch drei Computer (*probe heat computer*, PHC).
- Auch die **Scheiben im Cockpit** können zum Schutz gegen Eis und Feuchtigkeit elektrisch beheizt werden. Dabei liefern die beiden Frontscheibenheizungen, die über drei Phasen AC gespeist werden, je eine Leistung von knapp 6 kW, die Seitenfensterheizungen an je 115 V AC (einphasig) heizen nur mit etwa 1 kW. Auch die Scheibenheizungen werden durch zwei entsprechende Computer (*window heat computer*, WHC) gesteuert.

Folgende Heizungen sind für den Vereisungsschutz vorgesehen, zählen aber zu den unwichtigen Verbrauchern, die im Bedarfsfall abgeschaltet werden können:

- Die **Schmutzwasser-Auslässe** (Bild 14.3.5) der Waschräume und Küchen (vorne/hinten) werden durch Heizelemente mit einer Leistung von ca. 600 W bis auf ca. 75 °C gewärmt.
- Die **Trink- und Schmutzwasserleitungen** können durch an die Rohre montierte Heizschlangen gewärmt werden, wenn die Temperaturen unter die Vereisungsgrenze fallen.
- Um zu vermeiden, dass bei niedrigen Temperaturen die Einfüll- und Überlaufstutzen vereisen und dadurch im Versorgungsbetrieb die Zufuhr blockieren, können auch die **Trinkwasser-Einfüllstationen** beheizt werden.

Nicht zu den unwichtigen Verbrauchern gehören hingegen:

- elektrische **Fußwärmer für die Piloten**, je zweimal zwei, geschaltet über die Licht-Lautsprecherpanele,

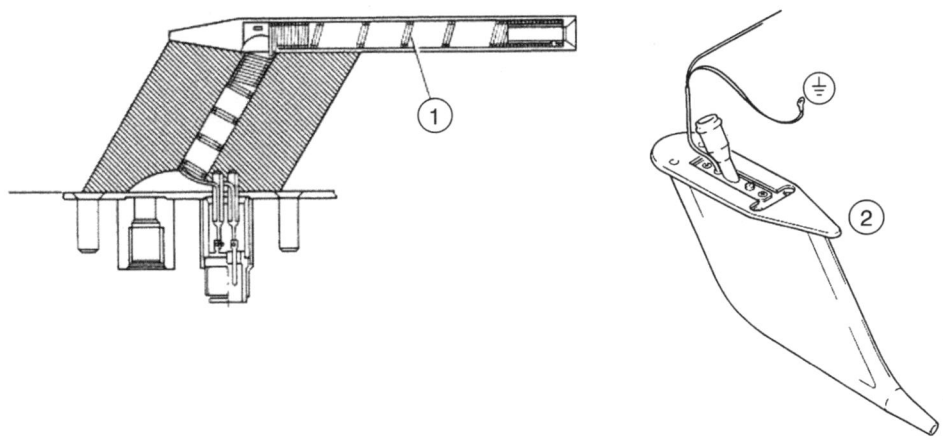

Bild 14.3.5 Pitotrohrheizung (1) und beheizter Schmutzwasserauslass (2)

- die **Fußbodenheizung für die Notausgangsbereiche** – Heizfolien, die für Bodentemperaturen zwischen 29 und 32 °C sorgen.

Durchlauferhitzer und Küchen
Folgende Verbraucher sind für den Flugbetrieb äußerst unwichtig und dienen ausschließlich dem Passagierkomfort. Dazu gehören die Heißwasser-Erzeuger in den Waschräumen sowie die Küchen (vorne und hinten) als Großverbraucher schlechthin.

- Die Heißwassererzeuger in den Waschräumen, **Durchlauferhitzer**, die unter den Waschbassins installiert sind, sorgen für Wassertemperaturen zwischen 45 °C und 48 °C.
  Die Heißwassererzeuger werden mit 115 V AC betrieben. Mit insgesamt 1,3 kW fällt ihre Leistung vergleichsweise gering aus.
- Die Küchen enthalten
  - Öfen zur Erwärmung von Speisen (als Hauptverbraucher),
  - Wasserkocher,
  - Heizschalen zur Erwärmung und zum Kochen von Getränken,
  - Kaffeemaschinen zum Aufbrühen und Warmhalten von Kaffee.
  Die vordere Küche kann eine maximale Leistung von 10 kW aufnehmen, die hintere Küche kann das Netz mit dem Dreifachen belasten! Um solche Leistungen zu transportieren, bedarf es eines Anschlusses an das Drehstromnetz und mehrerer gesonderter Zuleitungen, zwei für die vordere und drei für die hintere Küche.

14.3.3 Elektrische Maschinen

An Bord eines Flugzeuges gibt es generell zwei Arten von elektrisch erzeugter Bewegung:

❑ **lineare Bewegung** zum Antrieb von
  – Magnetventilen z.B. in hydraulischen Systemen,
  – stromgesteuerten Schaltkontakten z.B. in Relais;
❑ **umlaufende Bewegung,** erzeugt durch umlaufende Maschinen, zum Antrieb von
  – Pumpen und Kompressoren,
  – Lüftern,
  – Stellmotoren,
  – Verschlussklappen.

Beide Arten der Bewegung werden elektromagnetisch erzeugt. Dazu wird eine Spule vom elektrischen Strom durchflossen, baut dabei ein Magnetfeld auf und beeinflusst dadurch ein weiteres magnetisches Bauteil, das die gewünschte Aktion auslöst. *Bild 14.3.6* zeigt sowohl den einfachen Aufbau eines magnetischen Stellgliedes als auch seinen legitimen Platz als vergleichsweise kleinem «Türöffner» im Aufbau einer hydraulischen Aileron-Ansteuerung.

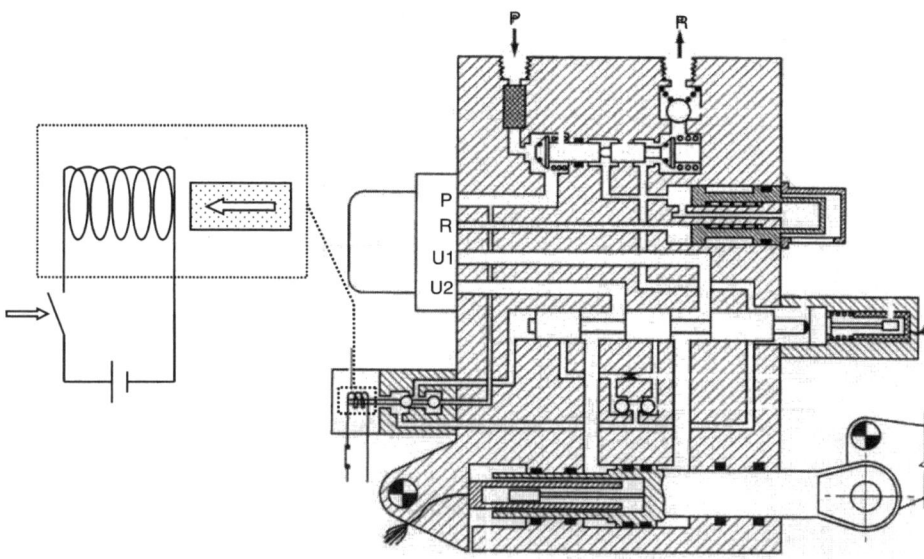

Bild 14.3.6 Funktionsschema eines magnetischen Antriebs und Anwendung als kleines, aber wichtiges Stellglied im Aufbau eines größeren Aktors (hydraulische Aileron-Steuerung)

Die Funktion einer umlaufenden elektrischen Maschine lässt sich folgendermaßen erklären (*Bild 14.3.7*):

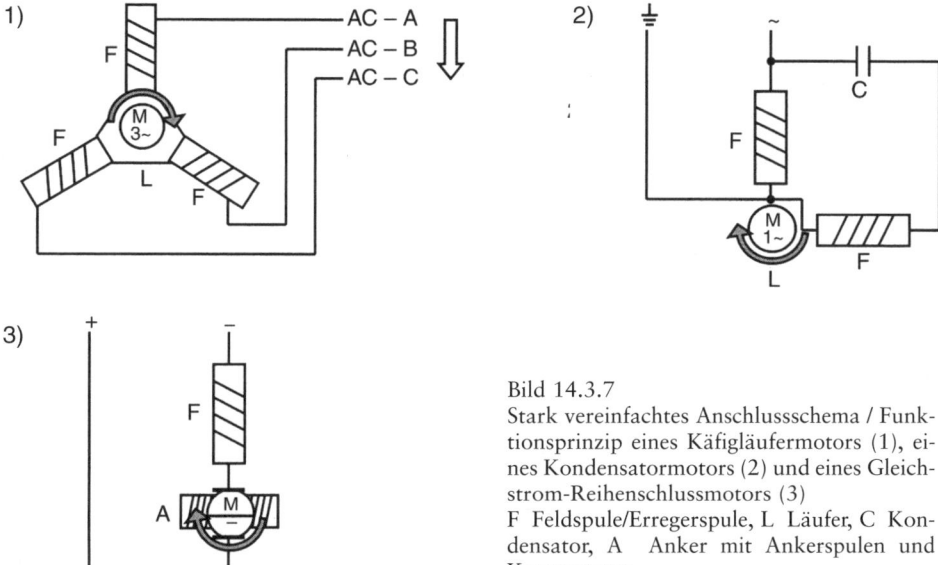

Bild 14.3.7
Stark vereinfachtes Anschlussschema / Funktionsprinzip eines Käfigläufermotors (1), eines Kondensatormotors (2) und eines Gleichstrom-Reihenschlussmotors (3)
F Feldspule/Erregerspule, L Läufer, C Kondensator, A Anker mit Ankerspulen und Kommutator

Das einfachste Prinzip ist das des **Käfigläufermotors**, dessen bewegliches Bauteil (Läufer) durch ein an mindestens drei Spulen angelegtes elektrisches Drehfeld aus den drei Phasen des Netzes zum Rotieren gebracht wird. Käfigläufermotoren sind wirtschaftlich, robust und leistungsstark, können aber weder mit einphasigem Wechselstrom noch mit Gleichstrom betrieben werden. Im Flugzeug treiben sie Pumpen, Kompressoren, Lüfter und die Frachtladeeinrichtung an (*Bild 14.3.8*).

Ist nur eine Phase vorhanden, so muss zur Erzeugung eines Drehfeldes mindestens eine zweite generiert werden. Dies wird mit Hilfe eines Kondensators geleistet, der an Wechselstrom eine zeitliche Phasenverschiebung hervorrufen kann. **Kondensatormotoren** sind universell einsetzbar, sind jedoch bei großen Leistungen und im Dauerbetrieb unwirtschaftlich. Im Flugzeug werden kleinere Verbraucher wie z.B. die Ausfahreinrichtung der Landescheinwerfer von Kondensatormotoren angetrieben.

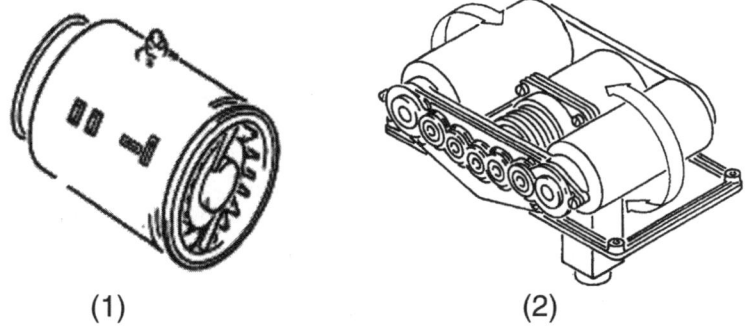

Bild 14.3.8   Käfigläufermotor als Lüfterantrieb (1) oder im Frachtladesystem (2)

889

Gleichstrommotoren müssen ihr umlaufendes Magnetfeld quasi selbst erzeugen. Das geschieht über einen an der drehend gelagerten Spule (Anker) angebrachten Umschalter (Stromwender, Kommutator). Im Reihenschlussbetrieb, bei dem die Ankerspule mit der Feldspule (Erregerspule) in Reihe geschaltet ist, haben Gleichstrommotoren ein sehr hohes Anlaufdrehmoment. Während die Drehzahl der betrachteten Wechselstrommotoren frequenzabhängig ist und sich daher nur mit entsprechendem Aufwand verändern lässt, ist die Drehzahl von Gleichstrommotoren durch Veränderung der Ankerspannung sehr leicht steuerbar. Ein Gleichstrom-Reihenschlussmotor treibt den APU-Starter an. Auch die Scheibenwischermotoren sind Gleichstrommotoren.

Leistung elektrischer Maschinen

Bei der Berechnung der Leistung einer elektrischen Maschine an Wechselstrom muss – wie bei allen induktiven Verbrauchern – zwischen der vom Netz aufgenommenen und der abgegebenen Leistung unterschieden werden. Die aufgenommene Scheinleistung, angegeben in VA, muss mit einem Leistungsfaktor (cos φ, ca. 0,8...0,9) multipliziert werden, damit sich die Wirkleistung (in Watt) ergibt. So hat beispielsweise ein mit Drehstrom betriebener Lüfter, der das Netz mit 3000 VA belastet, eine Wirkleistung von nur

$$P = 3000 \text{ VA} \cdot \cos \varphi \cdot \eta = 3000 \text{ VA} \cdot 0{,}9 \cdot 0{,}8 = 2160 \text{ W}$$

wenn man den Leistungsfaktor mit 0,9 (90%) und den Wirkungsgrad mit 0,8 (80%) ansetzt.

Pumpen

Hydraulikpumpen
- Das «blaue Hydrauliksystem» wird von der im vorderen Fahrwerkschacht eingebauten elektrischen Hydraulikpumpe betrieben. Bei einer Leistung von 17 kVA kann diese mit einem Druck von 206 bar 25 Liter pro Minute fördern. Das ist nicht viel im Vergleich zu der RAT (70 l/min) oder den Hydraulikpumpen der Triebwerke (140 l/min), reicht aber für den Betrieb der angeschlossenen Systeme zur Flugsteuerung aus.
- Die Hydraulikpumpe für das «gelbe System» (*Bild 14.3.9*) hat eine ähnliche Dimensionierung, kann aber zusätzlich das hydraulische Bremssystem, die Schubumkehr, die Frachtraumtüren und – über eine Kraftübertragungseinheit – auch das «grüne System» antreiben. Allerdings dient sie eher als Hilfsmaschine zur Unterstützung des Triebwerks 2, das vornehmlich für das «gelbe System» zuständig ist.

Kraftstoffpumpen
- Sechs identische Pumpen mit Drehstromantrieb und einer Leistung von ca. 2900 VA können mit einem Druck von 2 bar 4989 kg Treibstoff pro Stunde zu den Triebwerken fördern. Je zwei Pumpen befinden sich in den Tragflächentanks, zwei weitere in den Centertanks.
- Die Treibstoffpumpe für die APU (Bild *14.3.9*) ist eine Zentrifugalpumpe mit einem dreiphasigen Motor, der durch eine 115-V-AC-Phase versorgt wird.

Bild 14.3.9
Hydraulikpumpe für das «gelbe System» (oben) und Kraftstoffpumpe für die APU (unten)

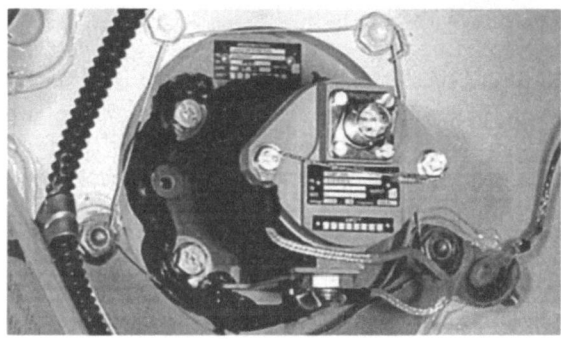

Lüfter
Klimaanlage
❑ Zwei Umlüfter (je ca. 3 kVA) sorgen für die Umwälzung der Kabinenluft. Zur Vermeidung von Geruchsbelästigungen werden Küche und Waschräume gesondert entlüftet.
❑ Die beiden Avionikraumlüfter (je 6 kVA) sorgen nicht nur für die Be- und Entlüftung des Avionikraumes, sondern auch für die Belüftung und Kühlung der Cockpitinstrumente. Je nach Flugphase sind verschiedene Betriebskonfigurationen möglich.
❑ Auch die Frachträume können belüftet und entlüftet werden.

Reifen-Bremslüfter
❑ Die Reifen des Hauptfahrwerks können durch Lüftung gekühlt werden. Die zwei Bremslüfter-Motoren in jeder Doppelradachse haben eine gemeinsame dreiphasige Spannungsversorgung. Insgesamt erfordert die Bremslüftung eine Leistung von 3,5 kVA.

Weitere Elektromotoren
❑ Der Startermotor der APU wurde bereits erwähnt. Er wird vom 28-V-DC-System gespeist und liefert eine Leistung von ca. 3,5 kW bei einem Anlaufstrom von etwa 600 Ampere. Aufgrund seines Reihenschlussverhaltens hat er ein sehr hohes Anzugsmoment.

- Die Scheibenwischerantriebe bestehen aus zwei unabhängigen von Gleichstrommotoren angetriebenen Systemen. Ihre Geschwindigkeit ist einstellbar in den Stufen «Schnell» (*«fast»*, ca. 140 Wischvorgänge pro Minute) und «Langsam» (*«slow»*, ca. 95 Wischvorgänge pro Minute). In der «Stopp»(*«off»*)-Stellung werden die Wischer außerhalb des Sichtfeldes gestoppt.
- Beide Cockpitsitze sind elektrisch verstellbar. Mit einem Stellhebel «auf–ab» (*«up–down»*) und «vorne–hinten» (*«forward–rear»*) wird ein Dreiphasen-Wechselstrommotor angesteuert. Die elektrische Cockpitsitzverstellung zählt nicht zu den unwichtigen Verbrauchern, obwohl die Sitze zur Not auch mechanisch verstellbar sind.

Folgende Motoren dienen dem Passagierkomfort und sind als unwichtige Verbraucher im Notfall abschaltbar:

- Das relativ aufwendige Vakuumtoilettensystem sorgt für den nötigen Unterdruck zur Toilettenspülung und wird von einem Dreiphasen-Wechselstrommotor angetrieben.
- Der Luftdruck-Hilfskompressor druckbeaufschlagt den Trinkwassertank, wenn der Luftdruck aus den Pneumatiksystemen nicht ausreichen sollte.
- Das halbautomatische Frachtladesystem besteht aus drei Käfigläufermotoren (Bild 14.3.8) für die Frachtbewegung und einem Stellmotor für die Türverriegelung.

13.3.4 Elektronische Systeme und weitere Verbraucher

Der zahlenmäßig größte Teil der elektrischen Verbraucher an Bord umfasst die Vielzahl der elektrischen und elektronischen Systeme zur Navigation, Information, Kommunikation und Dokumentation. Im Vergleich etwa zu den Wärmeerzeugern ist ihre aufgenommene Leistung jedoch eher gering. Auch ist die große Redundanz (etwa bei der mehrfachen Auslegung von Computersystemen für den Notfall) zu bedenken, die im Normalfall nur einen Bruchteil der Gesamtleistung erfordert. Einige Beispiele sollen in *Tabelle 14.12* exemplarisch aufgelistet werden:

Tabelle 14.12 Auswahl elektronischer Systeme zur Kommunikation, Navigation, Steuerung und Überwachung

Verbraucher	Spannung (V)	Leistung (W)
VHF 1 (Sprechfunk)	28 DC	220
Radiopanel 1	28 DC	17
ELAC (Flugsteuerungscomputer für Elevator/Ailerons)	28 DC	116
ILS (instrument landing system)	115 AC	40
PFD (Display wichtiger Navigationsintrumente)	115 AC	115
Nothorizont	28 DC	10
ECAM (Systemanzeigen)	115 AC	88
FADEC A1 (automatische Triebwerksteuerung)	28 DC	175
Zone Controller (Bereichssteuerung Klimaanlage)	115 AC	25

Steuerkreise

Nahezu jedes System, jeder Verbraucher und jede Steuerung an Bord verfügt über mindestens einen elektrischen Steuer-, Sicherungs- oder Rückmeldekreis. Diese Kreise sind in der Regel 28-V-DC-Stromkreise geringer oder stoßweise benötigter Leistung. Zu erwähnen sind unter anderem die Systeme zur

- Flugsteuerung und -überwachung,
- Triebwerksteuerung und -überwachung,
- Triebwerkzündung (115 V AC, transformiert auf 15 bis 20 kV vor Ort),
- Fahrwerksteuerung und -überwachung,
- Klimaanlagensteuerung und -überwachung,
- Steuerung und Überwachung der elektrischen Anlage,
- Feuermeldung und Brandbekämpfung,
- Not-Sauerstoffversorgung.

Steckdosen

Für den Einsatz mobiler Verbraucher sind folgende Steckdosen an Bord des A 320 vorhanden:

- Zwei Cockpit-Steckdosen liefern Gleichstrom (28 V DC) und Wechselstrom (115 V AC).
- Je zwei 115-V-Staubsaugersteckdosen befinden sich in der Kabine und im Frachtraum; sie sind mit je 10 A an getrennten Stromkreisen abgesichert.
- Die Waschraumsteckdosen sind mit einem Static Inverter zur Umwandlung von 115 V 400 Hz auf 110 V 60 Hz gekoppelt, der beim Einstecken eines Elektrogerätes in eine der Steckdosen eingeschaltet wird. Sämtliche dieser «Rasiersteckdosen» werden von einem Stromkreis versorgt.
- Für den Sonderfall steht eine Steckdose für medizinisches Equipment (*medical outlet*) in der Kabine zur Verfügung.

✎ Übung

1. Nennen Sie Vor- und Nachteile der LED-Technologie gegenüber der Beleuchtung mit konventionellen Leuchtmitteln.
2. Welche Wärmeerzeuger an Bord gehören zu den wichtigen, welche hingegen zu den unwichtigen Verbrauchern?
3. Eine Seitenfensterheizung im A 320 hat einen Widerstand von 13 Ω. Wie groß ist die Heizleistung?
4. Wie groß ist die Nenn-Wirkleistung der Flügeltankpumpe 1 (links) im A 320, wenn der Wirkungsgrad η 85 % und der Leistungsfaktor $\cos \phi$ 0,8 beträgt?
5. Warum ist die Leistungsaufnahme elektrischer Steuerkreise insgesamt sehr viel geringer als die der Wärmeerzeuger?

14.4 Überwachung und Steuerung von Bordnetzen

Im Cockpit wird der Zustand des Bordnetzes eines Flugzeuges angezeigt. Dort befinden sich auch die Schalter für die Bordnetzkomponenten.

Kleinflugzeuge mit primärer Gleichstromversorgung haben entweder eine Kontrolllampe, ein Strommessgerät oder zusätzlich ein Spannungsmessgerät im Cockpit fest eingebaut.

Die Kontrolllampe leuchtet, wenn die Generatorspannung kleiner als die Batteriespannung ist. Beim Laden der Batterie zeigt das Strommessgerät einen positiven Strom und beim Entladen einen negativen Strom an. Das Spannungsmessgerät zeigt die Spannungshöhe am DC-Bus an.

Der Pilot eines Kleinflugzeuges mit primärer Gleichstromversorgung kann während des Fluges die Verbraucher, den Generator oder die Batterie zu- oder abschalten, um Einfluss auf das elektrische Betriebsverhalten seines Flugzeuges im Normal- oder Fehlerfall zu nehmen. *Bild 14.4.1* zeigt das Bordnetz einer Cessna 172 mit Dieselmotor.

Bei Flugzeugen mit primärer Drehstromversorgung sind die Anzeige-, die Überwachungs- und die Bedienmöglichkeiten aufgrund des komplexeren Bordnetzes deutlich umfangreicher. *Bild 14.4.2* zeigt eine allgemeine Übersicht des Bordnetzes der A320-Familie.

Jeder Triebwerksgenerator GEN 1 oder GEN 2 und der APU-Generator APU GEN haben die gleiche Steuereinheit (*generator control unit*, GCU). Diese Steuereinheiten steuern die Spannungsregelung, schalten die jeweiligen Leistungsschalter (*generator line contactor*, GLC), um die Energie an die jeweiligen AC-Busse zu- bzw. abzuschalten, schützen die Generatoren vor abnormalen Betriebszuständen, speichern die Fehlerzustände und steuern die Fehleranzeige in den jeweiligen Schaltern und Displays.

Die Steuerung CSMG Control Unit des Notgenerators (*constant speed motor generator*, CSM/G), der über das blaue Hydrauliksystem angetrieben wird, hat die gleichen Aufgaben wie die anderen Steuereinheiten für die jeweiligen Generatoren. Die Steuereinheit muss aber zusätzlich noch das Magnetventil für die Hydraulikversorgung des Notgenerators schließen oder öffnen, damit der Notgenerator auch angetrieben werden kann.

Die externe Spannungsversorgungssteuereinheit (*ground power control unit*, GPCU) steuert die jeweiligen Leistungsschalter (*external power contactor*, EPC) für die Zuführung von elektrischer Energie von außen über einen Stecker (*external power receptacle*), schützt vor abnormalen Betriebszuständen, speichert Fehlerinformationen und bringt diese Fehler zur Anzeige. Zusätzlich dient es noch zur Speicherung und Übermittlung von Fehleranzeigen der drei anderen Generatoranlagen an das zentralisierte Fehlermeldungs- und Anzeigesystem (*centralized fault display system*, CFDS).

Das CFDS dient Piloten und Wartungstechnikern, um an Informationen von Systemen oder Untersystemen zu gelangen und Tests bzw. Resets durchzuführen. Über eine Tastatur bzw. Anzeige im Cockpit (*Bild 14.4.3*) (*multipurpose control display unit*, MCDU) kann der Pilot oder Techniker auf das CFDS zugreifen.

Mit dem CFDS sind alle drei Generatorsteuereinheiten (GCU), die beiden Batterieladebegrenzer (*battery charge limiter*, BCL), die Notgeneratorsteuereinheit (CSMG

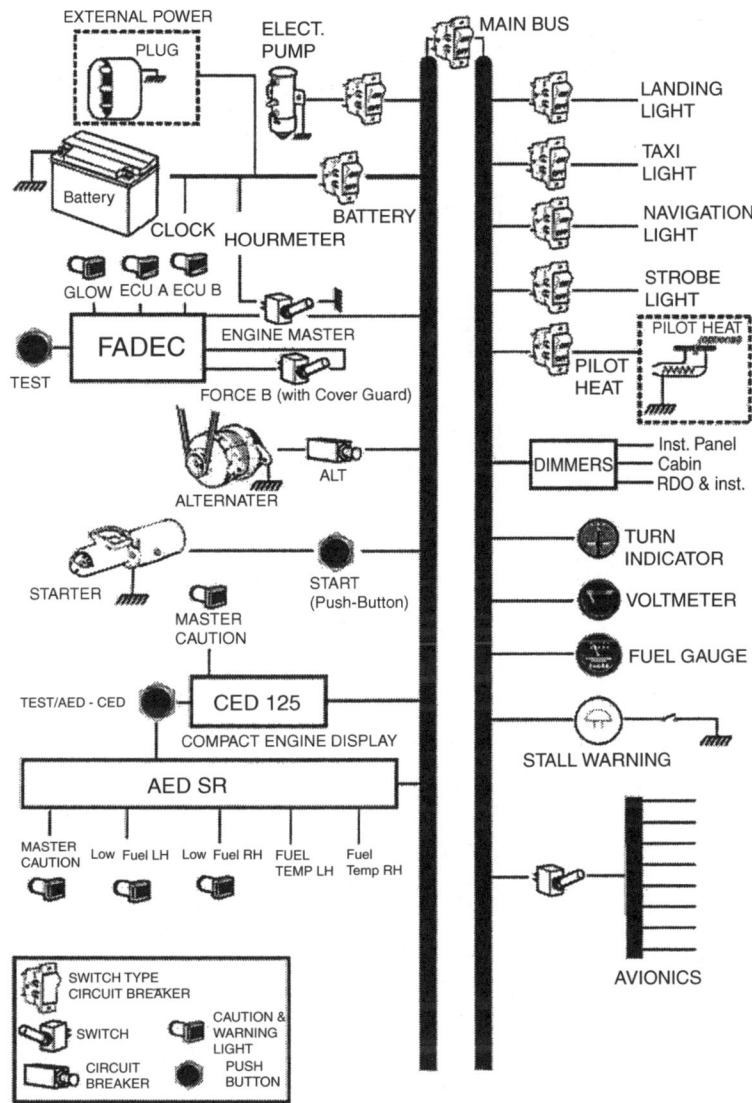

Bild 14.4.1 Bordnetzübersicht Cessna mit Dieselmotor

control unit) und die drei Transformator-Gleichrichter-Einheiten (*transformer rectifier*, TR) verbunden. Dies geschieht entweder über unterschiedliche serielle Datenbussysteme (z.B. ARINC 429) oder einzelne analoge oder digitale Signalleitungen. Die jeweilige Bezeichnung der Bussysteme und ihre Funktion wurde bereits in Abschnitt 14.2 besprochen.

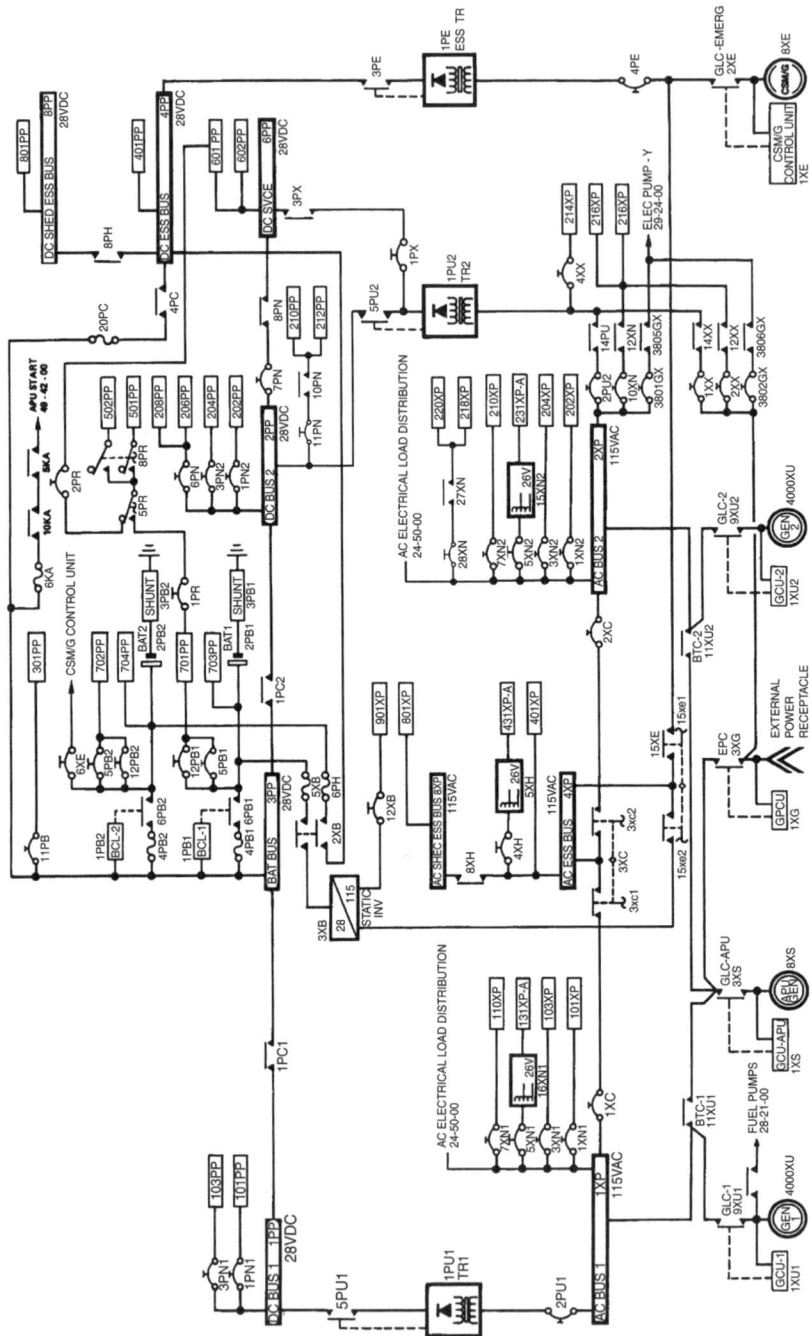

Bild 14.4.2   Bordnetzübersicht A320-Familie

Bild 14.4.3
Bediengerät MCDU für das
CFDS im Airbus-Cockpit

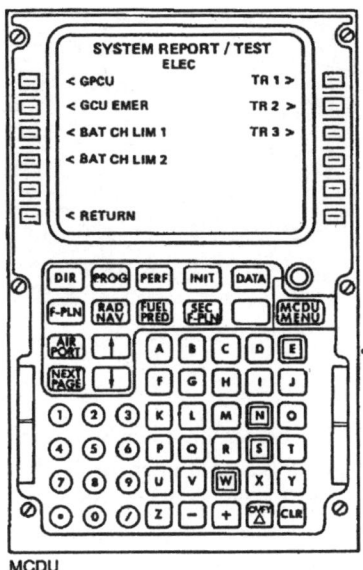

14.4.1 Anzeige- und Bedienelemente im Cockpit A 320

Zwei Bedientafeln (electrical control panel / emergency electrical control panel) befinden sich in der Deckenschalttafel (overhead panel). Hier erfolgen die Bedienung und die Steuerung des Bordnetzes (*Bild 14.4.4*). Im Regelfall wird das Bordnetz vollautomatisch gesteuert, wenn die meisten Bedienknöpfe einmal vom Piloten eingedrückt worden sind. Die Anzeigen in den Bedienknöpfen bleiben unter Normalbedingungen bis auf die Anzeigen der Batteriespannungen alle ausgeschaltet. Diese Art der Anzeige, bei der nur im Fehlerfall ein Licht aufleuchtet, wird **Dark-Cockpit-Philosophie** genannt.

Die im folgenden Abschnitt fett gedruckten Wörter beziehen sich auf die Anzeige- und Bedienelemente des Electrical Control Panel (*Bild 14.4.5*).

Bild 14.4.4
Schalttafeln und Bediengeräte für das
Bordnetz im A320-Cockpit
1 Electrical Control Panel
2 Emergency Electrical Control Panel
3 oberes ECAM E/WD
4 unteres ECAM SD
5 MCDU

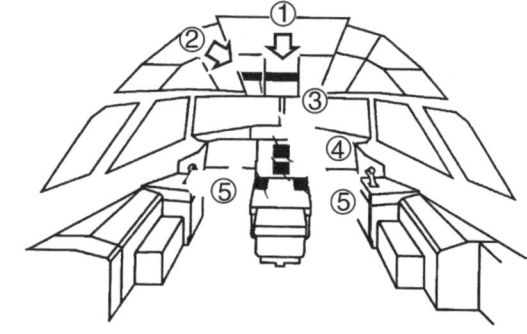

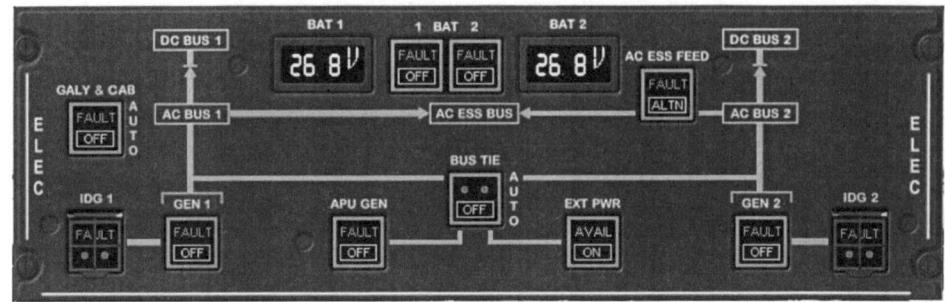

Bild 14.4.5   Electrical Control Panel in der A320-Deckenschalttafel

Die beiden **digitalen Spannungsanzeigen** dienen zur Überwachung der Batteriespannung und sind immer im Betrieb, solange die Batterien im Flugzeug eingebaut sind.

Die beiden Bedienknöpfe (**Bat 1** und **Bat 2**) zwischen den Spannungsanzeigen dienen der automatischen Steuerung und Ladeüberwachung der jeweiligen Batterie durch den Batterieladebegrenzer (*battery charge limiter*, BCL). Der Batterieladebegrenzer steuert automatisch das Ab- und Zuschalten der Batterien durch Steuerung des Leistungsschalters (*battery line contactor*, PB). Wenn die Ladespannungen der Batterien unter 26,5 V fallen, werden die Batterien an den DC-Bat-Bus zugeschaltet und aufgeladen. Der Ladevorgang wird beendet, sobald der Ladestrom unter 4 A sinkt.

Die Batterien werden am Boden an den DC-Bat-Bus bzw. DC-ESS-Bus geschaltet, wenn diese die einzige Spannungsquellen im Bordnetz darstellen oder wenn die Drehzahl der APU unter 95% sinkt. Eine Tiefentladungsschutzschaltung (weniger als 22 V Batteriespannung) sorgt beim Parken am Boden für das selbstständige Abschalten der Batterien vom Bordnetz. Durch eine Betätigung der Bedienknöpfe kann die Batterie wieder an das Bordnetz geschaltet werden.

Während des größten Teils des Fluges sind die Batterien nicht mit dem Bordnetz verbunden. Fallen während eines Fluges alle Energiequellen aus, so werden die Batterien an den DC-ESS-Bus geschaltet.

Werden die Bat-1- oder Bat-2-Bedienknöpfe gedrückt, so trennt der Leistungsschalter die Batterien vom Bordnetz, und der Batterieladebegrenzer ist ausgeschaltet. In den Bedienknöpfen leuchtet nun die Anzeige *off* in weiß auf. Übersteigt der Batterieladestrom einen zulässigen Wert oder es liegt ein Fehler im Batterieladebegrenzer vor, schaltet der Leistungsschalter die Batterien vom Bordnetz ab, und in den Bedienknöpfen leuchtet die Anzeige *fault* bernsteinfarben auf.

Normalerweise wird der AC-ESS-Bus vom AC-Bus 1 mit Spannung versorgt. Dies geschieht, wenn der **AC-ESS-FEED-Schalter** eingedrückt worden ist. Wird der AC-ESS-Bus nicht mehr über den AC-Bus 1 versorgt, leuchtet im Schalter bernsteinfarben die Meldung *fault* auf. Wird nun der AC-ESS-FEED-Schalter herausgedrückt, wird der AC-ESS-Bus über den AC-Bus 2 ersatzweise versorgt. Jetzt leuchtet im Schalter die Anzeige *altn* (*alternate*) weiß auf.

Der **BUS-TIE**-Bedienknopf steuert im eingedrückten Zustand vollautomatisch zwei

Leistungsschalter (*bus tie contactors*, BTC). Die Leistungsschalter verbinden die AC-Busse mit dem jeweiligen Triebwerksgenerator, dem APU-Generator oder der Bodenenergieversorgung. Arbeiten beide Triebwerksgeneratoren einwandfrei, versorgt jeweils ein Triebwerksgenerator über die Leistungsschalter alleine einen der beiden Drehstrombusse AC 1 und AC 2. Erst wenn ein Triebwerksgenerator ausfällt, werden nun beide AC-Busse von dem verbleibenden Triebwerksgenerator über den Leistungsschalter elektrisch versorgt. Läuft die APU oder ist die Bodenenergieversorgung angeschlossen, werden diese über die Leistungsschalter an den jeweiligen AC-Bus automatisch zugeschaltet. Wird der Bus-Tie-Bedienknopf zur Fehlerbehebung oder Testzwecken betätigt und springt heraus, so sind beide Leistungsschalter geöffnet, und die Anzeige *off* leuchtet im Bedienknopf weiß auf.

Der **APU-GEN**-Schalter dient der Überwachung und Steuerung der APU-Generatoranlage. Im eingedrückten Zustand wird das Generatorfeld zugeschaltet, und der Leistungsschalter (APU-Generator Line Contactor, GLC) schließt automatisch, wenn keine externe Spannungsversorgung anliegt und alle elektrischen Parameter von der APU beim Hochfahren korrekt erreicht worden sind.

Bei Betätigung des Schalters werden das Generatorfeld und der Leistungsschalter geöffnet. Die Anzeige *off* leuchtet im Schalter weiß auf.

Die Anzeige *fault* leuchtet bernsteinfarben auf, wenn die APU-Drehzahl über 95 % ist und der Leistungsschalter durch einen Fehler im Steuerkreis geöffnet worden ist. Nach der Fehlerbehebung wird durch die Betätigung des Schalters die Steuerung und Überwachung zurückgesetzt, und die bernsteinfarbene Fehleranzeige erlischt.

Die Zu- und Abschaltung der externen Spannungsversorgung am Flugzeug wird durch den **EXT-PWR**-Bedienknopf überwacht und gesteuert. Die Anzeige *avail* leuchtet grün auf, wenn die externe Spannungsversorgungseinheit, an das Flugzeug angeschlossen, eine einwandfreie Spannung liefert und das Relais die externe Spannungsversorgung noch nicht auf das Bordnetz des Flugzeuges schalten durfte. Erst wenn der Bedienknopf vom Piloten gedrückt wird, schaltet sich die externe Spannungsversorgung automatisch zu. Sobald das Relais schließt, leuchtet die Anzeige *on* blau im Bedienknopf auf. Wird die externe Spannungsversorgung nicht mehr benötigt, wird der Bedienknopf erneut betätigt, und das Relais für die externe Spannungsversorgung schaltet die externe Spannung ab. Im Bedienknopf erlischt die blaue *on*-Anzeige, und das grüne *avail* erscheint wieder.

Die beiden Generatorschalter **GEN 1** oder **GEN 2** dienen der Überwachung und Steuerung der jeweiligen Triebwerksgeneratoranlagen. Sind die beiden Schalter jeweils in der Deckenschalttafel eingedrückt, werden die Generatorfelder zugeschaltet. Die Leistungsschalter zwischen Generator und dem AC-Bus werden automatisch geschlossen, wenn alle elektrischen Parameter vorher ihren korrekten Wert haben. Sollte die Generatorüberwachungseinheit einen Fehler erkannt haben, so leuchtet im Schalter ein bernsteinfarbenes *fault* auf, und die Generatoranlage wird automatisch abgeschaltet. Der Leistungsschalter zwischen Generator und AC-Bus trennt daraufhin die Energieversorgung. Zusätzlich erscheint im ECAM eine Warnmeldung. Wird der Schalter in der Deckenschalttafel erneut betätigt, öffnet sich der Leistungsschalter zwischen Generator und dem AC-Bus, und es erscheint die weiße Anzeige *off*. Dabei werden alle vorher möglichen aktivierten Schutzkreise zurückgesetzt, und ein mögliches bernsteinfarbiges *fault* erlischt. Bei bestimmten Fehlerarten kann jetzt durch Betätigung des Generatorschalters die Anlage noch bis zu zweimal zurückgesetzt werden.

Einer der größten elektrischen Verbraucher im Bordnetz sind die Küchen. Im Notfall ist es deshalb wichtig, diese großen elektrischen Verbraucher unter Umständen möglichst schnell abzuschalten, um das Bordnetz zu entlasten, weil diese elektrische Energie für andere Zwecke dringender benötigt wird. Der Küchenschalter **GALY&CAB** dient zur Steuerung und Überwachung der elektrischen Küchenspannungsversorgung. Ist der Schalter eingedrückt, ist unter Normalbedingungen sowohl die Haupt- als auch die sekundäre elektrische Küchenspannungsversorgung vorhanden. Es erscheint dann keine Anzeige im Schalter. Die elektrische Hauptküchenversorgung fällt automatisch ab, wenn im Fluge oder am Boden nur ein Generator die elektrische Energie erzeugt. Sollte am Boden der APU-Generator überlastet werden, wird die gesamte Küchenspannungsversorgung automatisch abgeschaltet. Soll die gesamte Küchenspannungsversorgung von Hand abgeschaltet werden, wird der Schalter gedrückt. Es leuchtet dann die Anzeige *off* im Schalter auf. Übersteigt die Last eines Generators 100%, leuchtet *fault* bernsteinfarben im Schalter auf. Gleichzeitig wird auch eine Warnung im ECAM angezeigt.

Die durch rote Kappen geschützten zwei Schalter **IDG1** und **IDG2** steuern das Auskuppeln der jeweiligen Generatoren vom Triebwerk. Werden diese Schalter betätigt, wird der jeweilige Generator von der Antriebswelle getrennt. Dabei sollten diese Schalter nicht länger als 3 s betätigt werden, um die Magnetspulen nicht zu zerstören. Ein einmal ausgekuppelter Generator kann nur am Boden wieder eingekuppelt werden. Steigt die Ölauslasstemperatur des Generators über 185 °C oder der Öldruck fällt ab, so leuchtet *fault* bernsteinfarben im Schalter auf.

Die im folgenden Abschnitt fett gedruckten Wörter beziehen sich auf die Anzeige- und Bedienelemente des Emergency Electrical Control Panel (*Bild 14.4.6*).

Der durch eine schwarze Schutzkappe geschützte Schalter **EMER-GEN-TEST**-Schalter dient zu Testzwecken des Notgenerators am Boden, ohne dass dabei der Notpropeller (*ram air turbine*, RAT) ausgefahren wird. Dieser Notgenerator (*constant speed motor generator*, CSM/G) wird während des Fluges im Notfall vom Notpropeller über das blaue Hydrauliksystem angetrieben und versorgt damit den Wechselrichter (*static inverter*) elektrisch. Der Wechselrichter erzeugt aus einer Gleichspannung 28 V eine einphasige Wechselspannung von 115 V mit 400 Hz. Sind die AC-Busse normal versorgt und das blaue Hydrauliksystem vorher eingeschaltet worden, kann der Schalter betätigt werden. Wird dieser Schalter gedrückt gehalten, wird der Not-

Bild 14.4.6
Emergency Electrical Control Panel in der A320-Deckenschalttafel

generator (*constant speed motor generator*, CSM/G) hydraulisch versorgt. Der Notgenerator versorgt nun den AC-ESS-Bus und die notwendigste Transformator-Gleichrichter-Einheit (*essential transformer rectifier*, ESS TR). Diese notwendigste Transformator-Gleichrichter-Einheit versorgt daraufhin den DC-ESS-Bus. Die beiden DC- und AC-SHED-Busse werden nun nicht mehr versorgt. Automatisch wird im ECAM nun das Energieversorgungssystem angezeigt.

Soll nur der Wechselrichter (*static inverter*) am Boden getestet werden, muss vorher das Bordnetz so konfiguriert werden, dass es nur von den Batterien versorgt wird. Wird nun der oben genannte Schalter gedrückt, wird der AC-ESS-BUS vom Wechselrichter versorgt. Dieser Zustand wird nun automatisch im ECAM-Display auf der ELEC-Page angezeigt.

Die Warnung *smoke* leuchtet bernsteinfarbig im Schalter **GEN 1 LINE** auf, wenn Rauch in der Bordelektronik erkannt worden ist. Kommt es während des Fluges zu einer Rauchentwicklung in der Bordelektronik, müssen die entsprechenden Bussysteme von der Energieversorgung mit Hilfe der Leistungsschalter abgeschaltet werden. Ein Abschalten der Bussysteme hätte auch zur Folge, dass die elektrischen Kraftstoffpumpen in den Tanks ebenfalls abgeschaltet werden. Um dies zu verhindern, werden die Kraftstoffpumpen von der indirekten elektrischen Versorgung über den Leistungsschalter des Triebwerksgenerators 1 getrennt. Wird der **GEN-1-LINE**-Schalter gedrückt, werden jetzt die Kraftstoffpumpen direkt vom Triebwerksgenerator 1 versorgt. Der entsprechende Leistungsschalter wird geöffnet, und die Anzeige *off* leuchtet weiß im Schalter.

Ist der durch eine rote Schutzkappe geschützte **RAT&EMER-GEN**-Schalter in der Automatik-Stellung, kann der Notpropeller (*ram air turbine*, RAT) ausgefahren werden. Dies kann nur passieren, wenn beide AC-Busse ausgefallen sind, das Flugzeug schneller als 100 Knoten fliegt und das Bug-Fahrwerk nicht ausgefahren ist. Sollte die Automatik versagen, kann durch Betätigung des Schalters **MAN ON** oder auch zu Testzwecken der Notpropeller manuell ausgefahren werden. Das Ausfahren des Notpropellers wird elektrisch von der Batterie 2 versorgt. Der Notpropeller treibt wie unter EMER GEN TEST beschrieben den Notgenerator an. Im RAT&EMER-GEN-Schalter leuchtet die Anzeige *fault* bernsteinfarbig auf, solange die beiden AC-Busse und die zusätzliche Transformator-Gleichrichter-Einheit beim eingefahrenen Fahrwerk nicht versorgt sind. Es gibt auch einen Schalter RAT MAN ON auf dem Hydraulik-Panel in der Deckenschalttafel. Wird dieser betätigt, wird der Notpropeller ausgefahren, aber nicht der Notgenerator aktiviert.

Das elektronische Informations- und Überwachungssystem (*electronic centralized aircraft monitor*, ECAM) liefert dem Piloten Daten und Zustände über alle Systeme im Flugzeug. Das ECAM befindet sich in der Mitte des Cockpits und umfasst zwei Monitore, die übereinander angeordnet sind. Der obere Bildschirm wird Triebwerks- und Warnbildschirm (*engine and warning display*, E/WD) genannt, und der untere Bildschirm zeigt den Zustand der verschiedenen Flugzeugsysteme (*system display*, SD) an.

Über das ECAM-Bediengerät (ECAM *control panel*), das unterhalb des unteren ECAM-Monitors angeordnet ist, können die jeweiligen Systemseiten von Hand aufgerufen werden (*Bild 14.4.7*). Durch das Drücken des *Elec*-Knopfes wird das elektrische Bordnetz angezeigt. Das Bordnetz wird automatisch angezeigt, wenn ein Fehler

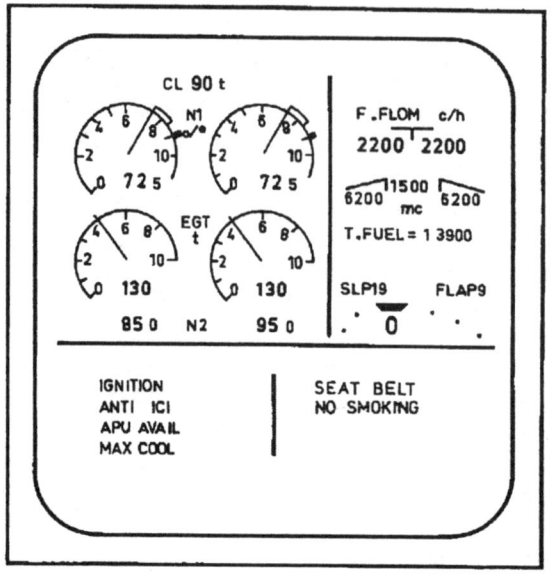

Bild 14.4.7
ECAM-Beispieldarstellung vom oberen Monitor E/WD

im Bordnetz aufgetreten ist. Ein Gong mit der entsprechenden Warnung oder Achtung ertönt, und gleichzeitig werden Vorschläge zur Fehlerbehebung im E/WD angezeigt. In *Bild 14.4.8* wird das Bordnetz unter Normalbedingungen im Fluge als Blockschaltbild dargestellt.

Die Batterien **BAT1** und **BAT2** zeigen ihre Strom- und Spannungswerte in grüner Farbe an, wenn alle Werte im zulässigen Bereich sind. Wird eine Batterie abgeschaltet, erscheint ein weißes *off* im Batterieblockschaltzeichen. Steigt die Spannung über 31 V oder fällt unter 25 V oder die Batterie wird mit mehr als 5 A entladen, so werden die jeweiligen Strom- und Spannungswerte bernsteinfarbig dargestellt. Die Richtung der Pfeile zwischen Batterie und **DC-Bat-Bus** gibt an, ob die Batterie geladen oder entladen wird. Fällt die Spannung am DC-Bat-Bus unter 25 V, wird das Bussymbol statt in grüner Farbe nun in Bernsteinfarben angezeigt.

Die drei Generatoranzeigen **GEN1**, **GEN2** und **APU GEN** werden weiß angezeigt, wenn sie elektrisch erregt sind und normal arbeiten. Werden die Generatoren nicht erregt oder das Triebwerk oder die APU steht, so erscheint ein bernsteinfarbiges *off* im Symbol. Unterhalb der Kennung der Generatoren im Blockschaltbild werden die elektrische Last in Prozent, die produzierte Spannung in Volt und erzeugte Frequenz in Hertz angezeigt. Die jeweiligen Anzeigen wechseln in das Bernsteinfarbene, wenn die Last über 110% steigt, die Spannung größer 120 V ist oder unter 110 V sinkt, die Frequenz über 410 Hz oder unter 390 Hz ist.

Die gleichen Anzeigewerte wie für die Generatoren gelten auch für die externe Spannungsversorgung **EXT PWR** (*external power*). Ist die elektrische Bodenenergieversorgung nicht verfügbar, so wird das dazugehörige Schaltsymbol auf dem Bildschirm ausgeblendet.

Bild 14.4.8 ECAM-Beispieldarstellung Bordnetz in der Normalkonfiguration vom unteren Monitor

Unterhalb der Generatoranzeigen wird der Zustand des integrierten Drehzahlreglers mit dem dazugehörigen Generator (*integrated drive generator*, IDG) angezeigt. Die **IDG 1** und **IDG 2** werden über einen Ölkreislauf gekühlt. Die Ölauslasstemperatur wird in Grad Celsius angezeigt. Die Anzeige blinkt bei Überschreitung der Ölauslasstemperatur von 147 °C und wechselt ins Bernsteinfarbene ab 180 °C. Sinkt der Öldruck unter einen bestimmten Wert, wird *LO PR* (*low pressure*) angezeigt. Wird der IDG vom Triebwerk ausgekuppelt, wird *DISC* (*disconnect*) in Bernsteinfarben angezeigt.

Die jeweiligen Bussysteme **AC1**, **AC2**, **AC ESS**, **DC1**, **DC2** und **DC ESS** werden in grüner Farbe angezeigt, wenn diese elektrisch versorgt werden. Eine grüne Verbindungslinie gibt an, woher die jeweilige Energie stammt und dass der jeweilige Leistungsschalter geschlossen ist. Die Bussysteme werden bernsteinfarben dargestellt, wenn das jeweilige Bussystem nicht elektrisch versorgt wird.

Werden die Küchen als die größten elektrischen Verbraucher vom Bordnetz getrennt, erscheint rechts neben dem GEN1-Symbol die Anzeige **GALLEY SHED** in Weiß.

Um aus 115-V/400-Hz-Drehstrom eine 28-V-Gleichspannung zu erzeugen, werden Transformatoren mit Gleichrichtern (*transformer rectifier*, TR) verwendet. Die produzierten Spannungs- und Stromwerte von **TR1** und **TR2** werden unter Normalbedingungen in grüner Farbe angezeigt. Steigt die Spannung über 31 V oder sinkt unter 25 V oder der Strom sinkt unter 5 A, so erscheinen die jeweiligen Werte in Bernsteinfarben.

Wird in Notfällen der Notgenerator aktiviert, so erscheint eine Verbindung zwischen EMER GEN und dem AC-ESS-Bus. Im Blockschaltbild **EMER GEN** werden nun zusätzlich die erzeugte Spannung und die Frequenz angezeigt.

Der zusätzliche dritte Transformator-Gleichrichter-Einheit **ESS TR** versorgt den DC-ESS-Bus über den AC-ESS-Bus, wenn eine Transformator-Gleichrichter-Einheit ausgefallen ist. Hier werden nun die Strom- und Spannungswerte vom ESS TR angezeigt. Der AC-ESS-Bus kann auch vom Notgenerator versorgt werden.

14.4.2 Komponenten zur Steuerung des Bordnetzes

Circuit Breaker

Jeder Stromkreis an Bord eines Flugzeuges wird durch einen Schalter, den sog. Circuit Breaker, geschlossen oder unterbrochen. Geschlossen wird der Stromkreis immer manuell. Das Unterbrechen des Stromkreises kann sowohl manuell als auch automatisch geschehen, so dass der Circuit Breaker die Funktionen eines Schalters und einer Sicherung vereint. Grund für die automatische Auslösung ist eine Überlastung des Stromkreises. Dies ist der Fall, wenn der Nennstrom des Circuit Breakers überschritten wird, denn der Nennstrom des Circuit Breakers wird in Abhängigkeit der Strombelastbarkeit der jeweiligen Leitung ausgewählt (*Tabelle 14.13*). Der Nennstrom des

Tabelle 14.13

Leitungsgröße / Wire Size	Circuit Breaker Stromstärke
AWG	A
24	4
22	5
20	7,5
18	10
16	15
14	20
12	30
10	40
8	50
6	80
4	100
2	125
1	–
1/0	–
2/0	–
3/0	–
4/0	–

Circuit Breakers ist auf dem Betätigungsknopf aufgedruckt. Werden im Rahmen der Wartung oder Instandsetzung Arbeiten an elektrischen Systemen durchgeführt oder werden elektrische Systeme aus- bzw. eingebaut, so müssen nach Arbeitsanweisung Stromkreise durch manuelles Ziehen eines Circuit Breakers unterbrochen werden. In den Arbeitsanweisungen werden die entsprechenden Circuit Breaker genau benannt. Zu beachten ist, dass die betreffenden Circuit Breaker nicht unbedacht wieder betätigt, d.h. die Stromkreise wieder geschlossen werden. Zu diesem Zweck gibt es spezielle rote Klammern, die so am gezogenen Circuit Breaker befestigt werden, dass eine Betätigung des Circuit Breakers verhindert wird. Eine solche Klammer darf niemals ohne vorherige Absprache entfernt werden.

Circuit Breaker gibt es als ein-, zwei-, und dreiphasige Ausführung. Außer dem auf den Betätigungsknopf aufgedruckten Nennstrom unterscheiden sich Circuit Breaker durch unterschiedliche Farben und zusätzlich angebrachten farbigen Kappen (*Bild 14.4.9*). Der Standard Circuit Breaker ist schwarz. Wird ein Circuit Breaker über das SDAC (*system data acquisition concentrator*) überwacht, so ist sein Betätigungsknopf in grüner Farbe ausgeführt. Wird ein solcher Circuit Breaker gezogen bzw. löst er automatisch aus, wird dies nach einer zeitlichen Verzögerung auf dem Engine and Warning Display angezeigt. Circuit Braker mit einer gelben Kappe müssen in dem seltenen Fall, dass die elektrischen Systeme des Flugzeuges während des Fluges aus-

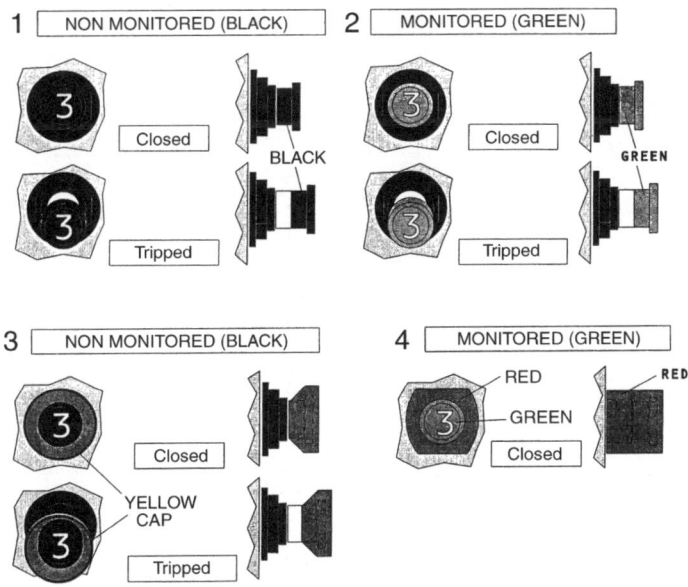

Bild 14.4.9   Standard und spezielle Circuit Breaker
1 Standard Circuit Braker (schwarz); 2 vom SDAC überwachter Circuit Breaker (grün); 3 Circuit Breaker für Stromkreise, die bei ausschließlicher Batteriespeisung gezogen werden müssen (gelb); 4 Circuit Breaker, die nicht manuell ausgelöst werden können und vom SDAC überwacht werden (grün mit rotem Sockel)

schließlich aus den Batterien gespeist werden, gezogen werden. Circuit Breaker, die nicht manuell ausgelöst werden können, haben einen roten Sockel. Da sie über das SDAC überwacht werden, ist ihr Betätigungsknopf grün.

Funktion eines Circuit Breakers
Der Stromkreis wird durch Drücken des Druckknopfes auf dem Circuit Breaker geschlossen. Diese Betätigung bewirkt, dass eine federbelastete Bimetallplatte gegen die Kontakte des Circuit Breakers gedrückt wird. Die Bimetallplatte stellt somit eine leitende Verbindung zwischen den beiden Kontakten her, der Stromkreis ist geschlossen. Ein Sperrmechanismus verhindert, dass der Stromkreis nach Loslassen des Betätigungsknopfes wieder geöffnet wird. Der Sperrmechanismus besteht aus zwei mit dem Betätigungsknopf verbundenen Kugeln, die durch eine mit der Bimetallplatte verbundenen Verriegelung bei der Betätigung so zwischen Verriegelung und Gehäuse in Position gebracht werden, dass ein Zurückschnellen des Betätigungsknopfes verhindert wird (*Bild 14.4.10*). Wird der Nennstrom des Circuit Breakers überschritten, so verformt sich der Bimetallstreifen infolge der Erwärmung und gibt die Verriegelung frei. Der Betätigungsknopf schnellt heraus. Durch die auf die Bimetallplatte wirkende Feder wird diese von den Kontakten abgehoben und unterbricht den Stromkreis. Solange der Bimetallstreifen aufgrund der Erwärmung verformt ist, ist die Verriegelung unwirksam. Wird der Circuit Breaker in diesem Zustand wieder betätigt, so ist der Druckknopf wirkungslos, der Stromkreis wird nicht wieder geschlossen. Diese Funktion nennt man «freiauslösend» (*trip free*).

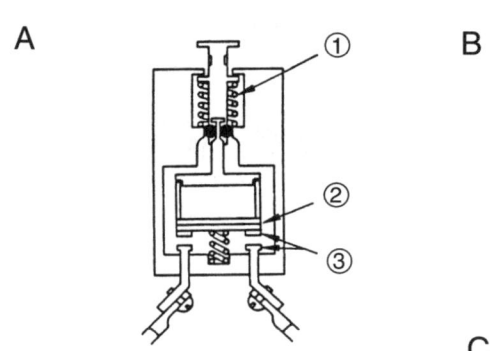

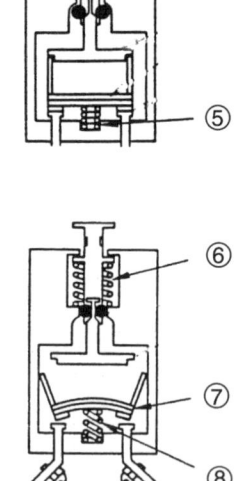

Bild 14.4.10
Schnittdarstellung eines Circuit Breakers in unterschiedlichen Betriebszuständen
A gezogen, Stromkreis ist offen; B betätigt, Stromkreis ist geschlossen; C automatisch ausgelöst, Stromkreis ist geöffnet und kann durch Betätigung nicht geschlossen werden
1 Feder hält Circuit Breaker geöffnet; 2 Bimetallplatte (Normalstellung) 3 Kontakte; 4 Feder (gespannt); 5 Feder (gespannt); 6 Feder hat Circuit Breaker geöffnet; 7 Bimetall (durch Erwärmung durchgebogen); 8 Feder (hebt Kontakt ab); 9 Anschlüsse

Fernbediente Selbstschalter (Remote Control Circuit Breaker)
Die meisten Circuit Breaker befinden sich im Cockpit. Das hat zur Folge, dass fast alle Stromkreise, die vom Cockpit aus geschützt oder geschaltet werden sollen, auch bis zum Cockpit verlegt werden müssen. Es werden viele zusätzliche Meter Leitungen bis zum Cockpit und wieder zurück benötigt. Gerade bei Leitungen mit großen Querschnitten bedeutet dies ein Zusätzliches an Gewicht und Raumbedarf – unabhängig davon, wo sich diese Leitung eigentlich im Flugzeug befindet. Um Gewicht einzusparen, werden in großen Flugzeugen fernbediente Selbstschalter (*Bild 14.4.11*) verwendet, die irgendwo im Flugzeug eingebaut sind. Diese lösen bei einer zu hohen Stromstärke selbstständig vor Ort aus. Der eingebaute thermische Auslöser öffnet den Stromkreis bei Überlast und verriegelt sich magnetisch. Über einen kleinen zusätzlichen Circuit Breaker im Cockpit wird der fernbediente Selbstschalter wieder geschlossen bzw. kann auch von Hand geöffnet werden. Eine Steuerlogikschaltung sorgt für das Auslösen des kleinen Selbstschalters im Cockpit im Fehlerfall. Die fernbedienten Selbstschalter gibt es für 28 V und 115 V.

Leistungsschalter
Die elektrische Verbindung zwischen den Generatoren bzw. der externen Bordnetzversorgung übernehmen die so genannten Leistungsschalter. Diese werden, wie in den vorherigen Seiten beschrieben, meistens automatisch durch die entsprechenden Steuereinheiten und selten über die Bedienknöpfe im Cockpit geschlossen oder geöffnet. Dabei werden zwei unterschiedliche Arten von Leistungsschaltern unterschieden:

❑ Contactor und
❑ Breaker.

Der **Contactor** (*Bild 14.4.12*) ist ein Leistungsschalter, der bei Spannungsausfall auf jeden Fall abschalten muss, ohne dass dabei ein Steuerstrom erforderlich ist. Um die Haupt- und Hilfskontakte des Contactors geschlossen halten zu können, fließt ständig ein Strom durch die Spule, um ein Magnetfeld zu erzeugen. Zum Schließen der Kontakte ist ein größerer Strom erforderlich als zum Halten der geschlossenen Kontakte. Wie aus dem Schaltbild zu erkennen ist, wird ein Widerstand über einen Hilfskontakt in Reihe zur Spule geschaltet, um den Haltestrom des Contactors deutlich zu reduzieren.

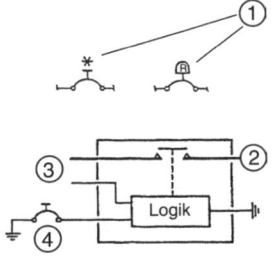

Bild 14.4.11
Fernbediente Selbstschalter (Remote Control Circuit Breaker)
1 Schaltsymbole
2 Lastkreis
3 Versorgungsspannung
4 Steuer Circuit Breaker im Cockpit

907

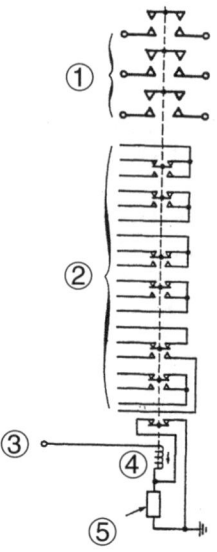

Bild 14.4.12
Contacter-Schaltbild
1 Hauptkontakte
2 Hilfskontakte
3 Steuerspannung
4 Spule
5 Widerstand zur Reduzierung des Stromes nach dem Schließen der Kontakte

Um den **Breaker** zu schalten, wird nur zur Umschaltung ein kurzer Stromstoß benötigt (*Bild 14.4.13*). Dabei wird der Breaker nach dem Einschalten mit einem Stromimpuls in seiner Einschaltposition entweder mechanisch oder magnetisch verriegelt. Die Abschaltposition wird nach der Auslösung durch einen Stromimpuls mit Hilfe einer Feder erreicht. Der Bedientaster für den jeweiligen Breaker im Cockpit hat zwei Schaltmöglichkeiten: entweder Öffnen (*trip*) oder Schließen (*close*). Der augenblickliche Schaltzustand des Breakers ist aber nicht über die Position des Bedientasters zu erkennen. Hierzu muss der Pilot bei älteren Flugzeugen auf eine Kontrolllampe schauen, die bei geöffnetem Breaker über einen Hilfskontakt zum Leuchten gebracht wird, oder es wird im entsprechenden EICAS-Display (*engine indicating and crew alerting display*) angezeigt. Auf dem unten dargestellten Schaltbild eines mechanisch verriegelten Breakers sind zwei Spulen zum Schalten der Kontakte zu erkennen. Wird

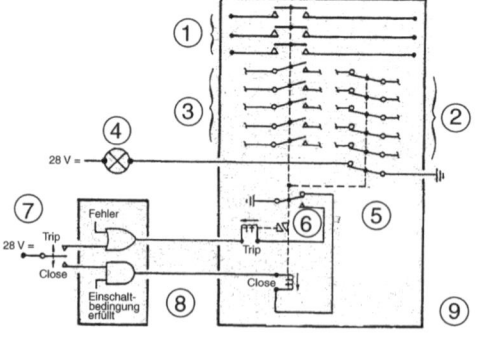

Bild 14.4.13
Breaker-Schaltbild mit mechanischer Verriegelung
1 Hauptkontakte
2 Hilfskontakte (ohne Betätigung geschlossen)
3 Hilfskontakte (ohne Betätigung geöffnet)
4 Lampe im Cockpit leuchtet, wenn der Breaker nicht aktiviert worden ist
6 Feder
7 Steuerschalter im Cockpit
8 Generatorsteuereinheit
9 Breaker

durch die Betätigung eines Tasters im Cockpit oder automatisch von einem System die Spule mit der Bezeichnung *close* elektrisch erregt, so bewegt sich der Anker nach unten, spannt eine Feder, und die mechanische Verriegelung rastet ein. Über einen Hilfskontakt wird gleichzeitig die Masse von der Close-Spule auf die Trip-Spule umgeschaltet. Wird die Trip-Spule durch den Schalter im Cockpit erregt, wird der Verriegelungsnocken weggezogen. Die Spannung der Feder schaltet nun den Breaker ab.

Bei der magnetischen Verriegelung werden nur eine Spule und ein Dauermagnet verwendet. Beim Einschalten verstärkt die Spule das Magnetfeld des Dauermagneten, und beim Ausschalten schwächt die umgekehrt gepolte Spule den Dauermagneten. Um die Kontakte geschlossen halten zu können, reicht die Haltekraft des Dauermagneten aus.

Schmelzsicherungen (Fuse)
Diese Sicherungen haben die Aufgabe, Leitungen oder Geräte zu schützen. Fließt ein zu hoher Strom, hervorgerufen durch eine Überlast oder Kurzschluss, müssen die Leitungen oder Geräte vor zu starker Erwärmung geschützt werden. In einem Kurzschlussfall würden die Leitungen sogar schlagartig anfangen zu brennen. Schmelzsicherungen (*Bild 14.4.14*) enthalten einen Schmelzdraht, der sich bei einer gefährdenden Stromstärke bis zum Schmelzen erwärmt und dadurch den Stromkreis unterbricht. Die Schmelzdrähte können auch für große Stromstärken als Band geformt sein und sind an einem Keramikkörper oder Metallkappen befestigt. Umgeben von einem Glasfenster kann von außen beurteilt werden, ob die Sicherung ausgelöst hat oder nicht. Fehlt der Draht im Glaskörper oder es liegt eine farbliche Veränderung vor, so kann davon ausgegangen werden, dass die Sicherung ausgelöst hat. Letztendlich bringt immer eine Durchgangsprüfung Gewissheit, ob eine Schmelzsicherung ausgelöst hat oder nicht.

Schmelzsicherungen werden mit unterschiedlichem Auslöseverhalten bei gleicher Nennstromstärke verwendet. Je nach Anwendungsfall toleriert eine so genannte träge Schmelzsicherung für eine kurze Zeit ein Vielfaches der Nennstromstärke. Dadurch wird zum Beispiel gewährleistet, dass der kurzzeitige hohe Anlaufstrom eines Motors nicht die Sicherung zum Auslösen bringt. Werden so genannte flinke Schmelzsicherungen verwendet, ist ein wesentlich schnelleres Auslöseverhalten bei geringeren Vielfachen des Nennstromes gewünscht, um z.B. empfindliche elektronische Geräte vor Kurzschluss oder Überlast zu schützen.

Bild 14.4.15 zeigt die Verwendung der Schmelzsicherungen (*fuses*) zwischen dem DC-ESS-Bus und den Bordbatterien.

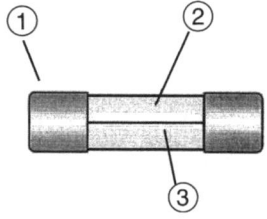

Bild 14.4.14
Schmelzsicherung für kleine Ströme
1 Metallkappen
2 Glaskörper
3 Schmelzdraht

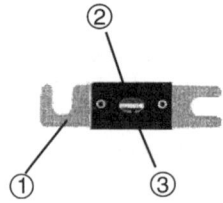

Bild 14.4.15
Schmelzsicherung für große Ströme
1 Anschlusshalter
2 Keramikkörper
3 Schmelzdraht im Sichtfenster

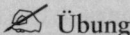 Übung

1. Nennen Sie das System im Airbus, das die Fehlermeldungen und abnormale Zustände des Bordnetzes speichert.
2. Wie können Piloten und Techniker diese Fehlermeldungen über das Bordnetz abrufen?
3. Wo befinden sich die Anzeige- und Bedienelemente des Bordnetzes im A320-Cockpit und wie werden diese bezeichnet?
4. Wodurch kann die Unterbrechung eines Stromkreises durch einen Circuit Breaker ausgelöst werden?
5. Was ist unbedingt zu beachten, bevor ein Circuit Breaker mit roter Klammer wieder eingeschaltet wird?
6. Welche Funktionsunterschiede gibt es zwischen Contacter und Breaker?
7. Wie kann festgestellt werden, ob eine Schmelzsicherung ausgelöst hat?

Quellenverzeichnis

Bildquellen zu Bildern, die nicht von den Autoren selbst erstellt wurden bzw. von Airbus Deutschland GmbH oder von Lufthansa Technical Training zur Verfügung gestellt wurden:
Aluminium-Zentrale: 4.8.1, 4.8.2
Cloos Schweißtechnik: 5.2.9, 5.2.11, 5.2.12, 5.2.13, 5.2.14, 5.2.15
DLR, Institut für Aerodynamik und Strömungstechnik: 8.1.4 a, 8.1.4b
Eckold Vorrichtungs- und Gerätebau: 4.2.1, 4.2.2
Erichsen GmbH: 2.3.18
General Electric: 9.4.14, 9.4.17, 9.4.26, 9.4.52, 9.4.62, 9.4.63, 9.4.68
Helling KG: 2.4.3
Linde AG: 5.2.16
MTU Motoren- und Turbinen-Union: 9.4.13, 9.4.26, 9.4.34, 9.4.38, 9.4.39, 9.4.42, 9.4.60, 9.4.65
Porsche: 9.2.26, 9.2.27
Pratt & Whitney: 9.4.39
Rolls-Royce: 9.4.2, 9.4.35, 9.4.36, 9.4.61
Thielert Aircraft Engines 13.4.1
Wolpert-Werke: 2.3.6

Textquellen
[8.1] F. W. RIEGELS: *Aerodynamische Profile*. München, 1958.
[8.2] D. ALTHAUS: *Stuttgarter Profilkatalog*. Stuttgart, 1972.
[8.3] B. ECK: *Technische Strömungslehre*, Bd. 1. Berlin: Springer Verlag, 1966.

Stichwortverzeichnis

1 Mischkristall 86
3"-Anschluss 733

A

Abkühlungskurven 87, 89
Abblasventile 587
Abbohrlöcher 181
Abgasturbine 528
Abgasturbolader 528
Abkühlungskurve 87
Ablenkung 71
Abluftventile 746
Abrüsten 679
Abschrecken 134, 148
absolute Geschwindigkeit 574
Abwicklungslänge 180
AC-Bus 865
Accountable Manager 44
Acetylen 237
Acrylglas 165
actio = reactio 490
adaptiver Tragflügel 447
Adhäsion 195, 249
aerodynamische Güte 415
aerodynamische Verwindung 436
AFK 98, 150
AFRP Composites 100
Aft-Fan 550
Airbus A 320 22
Airbus A 380 22
Aircraft Maintenance Licence 41, 42
Air-Cycle-Anlage, ACM 733
Air Cycle Machine, ACM 738
Air Driven Generator, ADG 862

AIS 24
Akkumulatoren 863
aktive Spaltkontrolle 592, 621
Aktoren 842
Alcoa-Nummer 108
allowable damage 377
Alternator 847
Alterung 142
Aluminium-Elektrolyse 129
Aluminiumleitung 873
Aluminiumoxid 131
American Iran and Steel Institute 104
American-Wire-Gauge(AWG) 874
amorph 84
Anfahrwirbel 407
Anisotropie 101
Ankerspule 890
Anlassen 632
Annex 16 684
Anodizing 173
Anstellwinkelgeber 827
Anthropotechnik 53
Anti-Eis-Anlagen 733
Anti Ice Air 739
Antiskidsystem 347
Antriebsleistung des Verdichters 579
Apenol-Verfahren 125
APU-Generator 860
APU-Generator Line Contactor, GLC 899
APU-Starter 890
ARALL 101
Aramid 96
Arbeitsdiagramm eines Viertakt-Otto-Motors 510

Arbeitszylinder 722
Argus-Schmidt-Rohr 546
Assembly 679
Asymmetrie der Blattanströmung 765
ATA 377
Aufmerksamkeit 72
Auftriebsbeiwert 409
Auftriebserhöhung 415
Auftriebskräfte 405
Auftriebsverteilung 435
Ausbildungsbetrieb 39
Ausbrenngrade 596
Ausgleichswert 181
Aushärten 133 f., 148
Auslagern 134, 148
Ausscheidungen 135
Außenbeleuchtung 882
Autogenschweißen 236
Autoklav 91, 130
Autorotation 779
Auxiliary Power Units 559
Axialverdichter 570
Axialverdichterstufe 573

B
B 787 (Dreamliner) 733
Bahnsteuerung 279
Base Maintenance 42
Batterie-Konfiguration 862
Batterieladesteuergerät 864
Batterie-Packs 885
Battery Charge Limiter, BCL 864, 898
Bauxit 159
Bayer-Verfahren 129
BCL 898
Bedürfnispyramide 69
Behandlungszustand 105
Beleuchtung 64, 879
Bell X-1 21
Beplankung 298, 364, 367
Bernoulligesetz 387
Beschleunigungsflug 466
Be- und Entlüftungsleitungen 307
Bezeichnung der Stahlsorten 104

BFU 32
Biegebereich 181
Biegefestigkeit 113
Biegeradius 181, 183
Bladdertanks 301
Blade 572
Blattspitzenantrieb 755
Blattverstellhebel 759
Bleed Valve 733
Blériot XI 19
Blindniet 199, 227, 230, 232
Blisks 572
Blitzlampen 880
BMVBS 29
Bodenaggregat 726
Bodenanschlusssteckdose 850
Boeing 707 21
Boeing 747 22
Böenlast-Minderungssystem 486
Bogie 318
Bolzen 254
Bordbatterien 863
Bördelverschraubung 718
Bordnetz 842
Boyle-Mariotte 341
Breaker 908
Bremsausgleich 353
Bremsen 351
Bremsklappen 452
Bremsnachstellung 352
Bremsregelventil 347
Bremsscheiben 352
Brennkammerkühlung 596
Brinell, A. 115
Bruchdehnung 113, 115
Bugfahrwerke 326
Bugradlenkung 330
Bürstendichtungen 651
Bypass-Ventil 742

C
CAA-Verfahren 173
Cabin Pressure Controller, CPC 746
CAD 287

CAM 287
Cam Seal 720
CAP 287
CAQ 287
Carbon Arc-Tracking 876
Carbonbremse 351
CAS 287
CAT A 42
CAT B1 42
CAT B2 42
CAT B3 42
CAT C 43
CCC-Verfahren 176
C-Check 42
CDP 557
Centertank 302
Centralized Fault Display System, CFDS 894
Cermets 103
Certificate of Release to Service 43
CFK 98, 150
CFRP Composites 100
Chapter 377
Check 751
Chemical Conversion Coating 176
chemische Korrosion 162
chemische Generatoren 749
Chromschicht 173
CIAM-Forming 192
CIM 287
Circuit Breaker 904
CIT 557
Civil Aviation Authority 40
Clips 368
Coatings 615
Cockpitbeleuchtung 884
Cockpitdeckenbeleuchtung 884
Common-Rail-Einspritzung 538
Condenser 738
Constant Speed Motor Generator, CSMG 900, 901
Contactor 907
Continuing Airworthiness 41
Coolest Demand 741

Core Engine 557
CRES-Stähle 142
CSMG Control Unit 894

D
Damage Location 377
Dämpfungs- und Federkraft 344
Dauerfestigkeit 110, 119, 193
DC-Bus 865
Dehngrenze 114
Dehngrenzenverhältnis 110, 113, 118, 149, 179
Dekompression 748
Denkfilter 62
Denkmuster 61
DFS 34
Diagonalreifen 350
Dichtnieten 233
Dickenrücklage 413
Dieselmotor 535
Diffusion 135
Diffusionsschweißen 191
Diffusor 385
direkte Betriebskosten 48
direkte Nietung 207
Disassembly 679
Disk 572
Dispenser 304
Doppelbindung 91
doppelt wirkende Federbeine 342
Döpper 209
Dornier Do X 20
Douglas DC-3 20
Drehflügelflugzeuge 17
Drehflügler 17, 753
Drehimpuls 768
Drehmoment 505
Drehmomentenausgleich 788
Drehstrombordnetze 855, 896
Dreipunkt-Fahrwerk 316
D-Ring-Dichtung 719
Druckausgleich 431
Druckbetankung 304
Druckenttankung 309

Druckfestigkeit 113
Druckfilter 720
Druckluftnietung 209
Druckmessdosen (Aneroiddosen) 796
Druckminderer 714
Druckminderventil 238
Druckölsystem 645
Druckregelventil 717
Druckregulierventil 743
Druckrückgewinnungsfaktor 564
Druckschott 296
Druckspant 296
Druckvergaser 519
Druckverhältnis 565
Druckverteilung 409
DS-Schaufel 88
Duktilität 112
Dural 161
Duralumin 133
Durchlauferhitzer 887
Durchsetzungsfähigkeit 70
Duromere 93
Duroplaste 93
Düse 384
Düsenkräfte 630
Dye-Check 125
dynamische Betriebszustände 661
dynamische Flugstabilität 472
dynamische Dichtung 718
Dynastarter 846

E
EASA 27
EB-Verfahren 246
ECAC 25
ECAM 795
ECAM control panel 901
effektiv empfundener Schallpegel LEPN 683
effektive Leistung P_e 513
EFIS 829
EGT-Margin 640
Eiffelkanal 385
Einbautoleranzen 263

Einfahrverriegelung 325
Einkristallschaufel 88, 615
Einsetzen 145
Einspritzanlagen 525
Einstellwinkel 763
Einweg-Drossel 712
Einzelbrennkammer 594
Einziehfahrwerke 322
Eisbergtheorie 52
Eisencarbid 142, 144
Eisenmetalle 83
Ejektordüsen 628
elastische Nachwirkung 798
Elastizität 110, 111
Elastizitätsmodul 115
Elastomere 93
Electrical Control Panel 897
Electronic Centralized Aircraft Monitor, ECAM 901
Elektrik-/Elektronik-Compartment 743
elektrische Energieversorgung 841
elektrische Energieverteilung 864
elektrische Leitfähigkeit 871
elektrische Verbraucher 878
elektronische Systeme 892
elektronisch gesteuerte Einspritzanlagen 526
Elementarzellen 85
Eloxieren 173
Emergency Electrical Control Panel 897, 900
E-Modul 112, 151
Energiebilanz 878
Energieformen 841
Engine And Warning Display, E/WD 901
Engine Maintenance Systems 677
Engine Trend Monitoring 640
Entenflügel 478
Entspannungstechniken 76
Entwicklungsphasen 44
Epoxidharz 95
Ergonomie 52
Erichsen 122
—Tiefung 123

Ermüdung 73
Ermüdungsversuch 374
Erregerspule 890
Essential Transformer Rectifier, ESS TR 901
ETFE 878
Ethylen 91
Eurocontrol 26
Europäische Kommission 39
europäische Verordnung 40
European Aviation Safety Agency 39
Eutektikum 87
External Basic Primer 175
External Paint System 175
External Power Contactor, EPC 894
externer Mode 751

F
Fachwerkbauweise 362
FADEC 667
Fahrtmesser 389, 795
Fahrwerkbetätigungszylinder 321
Fahrwerksauflagerkräfte 323
Fahrwerkskinematik 328
Fail-Safe-Methode 371
Fan Air Valve 733
Farbeindringverfahren 125
Faserverbundwerkstoffe 98
Fatigue 745
Federbein 321
Feed Manifold 309
Fehlerkette 52
Feldlinien 821
Feldspule 890
Felge 345
FEP 878
fernbediente Selbstschalter 907
Ferrit 144
Festigkeit 110
FFCC 828
Fieseler «Storch» Fi 156 21
Filiform-Korrosion 162
Flächenbelastung 460
Flammfrontgeschwindigkeit 595

Flat-Rate 637
Flight Protection Envelope 484
Flügelkasten 300
Flügel- und Triebwerksbeleuchtungen 883
Flügelzellenpumpe 709
Flugfläche 798
Fluggeschwindigkeit 460
Fluglage 795
Flugschrauber 17, 753
Flugstabilität 471
Flugzeug 17
–hochachse 360
–längsachse 360
–leben 374
–polare 451
–querachse 360
–schwerpunkt 317
Flugzustand 795
FlUUG 33, 36
Fly-by-wire 483, 842
Focke-Wulf F-19 20
Foot-Seal 720
Formschluss 195
–prinzip 489
Formungsgrad 179, 190
Fortschrittsgrad 455
Fowlerklappe 443
Frachtladesystem 892
Frame 360
freigabeberechtigtes Personal 39
Freigabebescheinigungen 42
Freigabedokument 44
Freiheitsgrade 284
Freiwinkel α 273
Full Face Mask 748
Füllungsgrad eines Viertakt-Otto-Motors 511
Fußbodenheizung 887
Fußwärmer 886

G
galvanische Spannungsreihe 161
Gasentladung 880

Gasflaschen 749
Gas-Öl-Stoßdämpfer 341
Gefüge 84
gegliederter Rotorkopf 783
Generator Control Unit, GCU 894
Generator Line Contactor, GLC 894
geometrische Verwindung 436
gerader Verdichtungsstoß 562
gerichtet erstarrt 615
Gesenk 193
Gewindeausführungen 257
GFK 98, 150, 171
GFRP Composites 100
Gieren 470
GLARE® 101, 155, 171
—Kennzeichnung 104
Gleichdruckturbine 608
Gleichdruckverbrennung 598
Gleichstrommotoren 890
Gleichstromnetz 865
Gleitebene 112, 190
Gleiten 463
Gleitflug 462
Gleitwinkel 451, 463
Gleitzahl 451
Glühen 148
Glühlampe 879
Grenzschicht 400
–ablösung 403
Ground Mode 485
Ground Power Control Unit, GPCU 894
Gummifedern 314
Gummipressen 188
Gurtbauweise 362
Gürtelreifen 350
Gusseisen 83
Gütewert 118

H
Halbschalenbauweise 362
Halogenlampen 880
Haltebereich 87
Haltepunkt 87
Härte 110, 115

Härten 142
Härter 251
Hartmetalle 104
Harz 93
Hauptfahrwerke 318
Hauptzonen 361
Heavy Maintenance 678
Heckrotor 789
Heinkel He-176 21
Heinkel He-178 21
Helikopter 753
HEPA-Filter 740
hexagonal (hex) 85
High-Bypass-Triebwerke 498
Hilfsmittel 71
Hilfsturbinengenerator 860
Hi-Lite 221
Hi-Lok 215
HIP 617
HMS-Rohrverschraubung 717
Hobe-Block 98
Hochachse 470
Hochdruckturbine 607
Hochdruckwasserabscheidung 738
Hochofen 140
Hochspannungszündanlagen 530
Höhenflosse 478
Höhenleitwerk 312
Höhenmesser 795
Höhenruder 312, 478
Höhensteuerung 312
Hohlrad 791
Holm 298, 362
Horizontalflug 459
Horizontkreisel 795
Hot-Starts 636
HSI 678
Hubschrauber 17, 753
Human Factors 50
Hung-Start 636
Hybridverbundwerkstoffe 101
Hydraulikakkumulatoren 723
Hydraulikanlagen 699
Hydraulikflüssigkeit 704

Hydraulikmotoren 711
Hydraulikpumpen 890
Hydrauliksysteme 699
Hydrauliktanks 706
hydraulische Bodenaggregate 725
Hydrodynamik 699
hydromechanischer Regler 668
Hydrostatik 699
Hysterese 798

I
IATA 23
ICAO 24, 684, 694
ICAO Annex 16 684
ICAO-Codes 24
ICAO-Normatmosphäre 390
Identification 377
Impfen 88, 131
Inboard Mode 743
Incoloy 901 122
Inconel 600 122
Inconel 625 122
Inconel 718 122
Indikatordiagramme 541
indirekte Nietung 208
indizierte Leistung P_i 513
Industrieroboter 284, 286
induzierter Widerstand 436
ineinanderkämmende Rotoren 758
Informationsaufnahme 54
Informationsspeicherung 60
Informationsverarbeitung 58
Injektorprinzip 238
Instandhaltung 42
Instandhaltungsbetrieb 39
Instrumenten-Landesystem 825
Insulation Flashover 876
Integraltanks 300
Interferenzstreifen 835
Interferenzwiderstand 449
interkristalline Korrosion 166
intermetallische Phasen 103
intermetallische Verbindungen 131
Internal Paint System 175

Interner Mode oder Proportional Mode 750
Ionenbindung 96
Irisdüse 628
Isolationsbeschädigungen 876
Isolierung 876

J
Jettison Or Dumping Systems 310
Jo-Bolt 227
Jockey-Fahrwerk 320
Junkers F-13 20
Junkers Ju 52/3 20

K
Kabel 865, 868
Kabinenbeleuchtung 885
Kabinen-Differenzdruck 294
Kabinenhöhe 745
Kabinen-Notbeleuchtung 885
Kadmieren 173
Kadmium 173
Käfigläufermotor 889
Kaltaushärten 135
Kaltauslagerung 134
Kaltverfestigung 113, 133
Kantbiegemaschine 182
Kantpresse 185
Kapillarbohrungen 808
Kapillarwirkung 167
KAPTON 878
Kartentischlampen 884
Keilstoßdiffusoren 564
Keilwinkel β 273
Keramiken 90, 96
keramische Kacheln 598
keramische Schutzschichten 597
Kerbempfindlichkeit 871
Kerbschlagbiegeversuch 116
Kernmaterial 165
Kerosin 169
Kevlar 96
kinematische Zähigkeit 397
Kipprotoren 755

Klappen 442
Klappenrückschlagventil 711
Klebeprimer 254
Klebstoffe 249
Klemmlänge 201, 219
Klima 65
–anlage 891
klopfende Verbrennung 508
Knickstrebe 325
Koaxialrotor 757
Kohäsion 195, 249
Kohlendioxid 693
Kohlenmonoxid 693
Kohlenwasserstoffverbindungen 169
Kohleringdichtungen 650
Kolbenkraft 505
Kolbenpumpe 657, 709
Kolbenventil 715 f.
Kombinationsflugschrauber 753
Kombinationstriebwerke 552
Kommunikationsprobleme 76
Kompressibilität 802
Kondensatormotoren 889
Konfliktbewältigung 78
Konstruktions-Hauptgruppen 293
Kontaktkorrosion 165
Kontinuitätsgesetz 384
Koordinatensystem 359
– an Werkzeugmaschinen 277
Koordinatensysteme 284
Körner 84
Korngrenzen 84
Korrosion 159
Korrosionsarten 162
Korrosionsentfernung 170
kovalente Bindung 96
Kraftschluss 195
–prinzip 489
Kraftstoffdüsen 657
Kraftstoffpumpen 890
Kraftstoffregelung 658
Kraftstofftransfer 309
Kraftstoffvorratsmessung 310
Kriechen 113

Kriechgeschwindigkeit von Kupfer 873
Krimpungen 876
Kristallgemisch 86, 89
kristalline Anordnung 84
Kristallite 84, 88
kritische Re-Zahl 401
kritischer Querschnitt 626
Kroll-Prozess 147
Krügerklappe 445
Kryolith 131
Kryowindkanäle 398
kubisch flächenzentriert (kfz) 85
kubisch raumzentriert (krz) 85
Kühlmethoden 618
Kühlturbine 737
Kükenventil 715
Kunststoffe 90, 91
Kupferleitung 873
Kursbestimmung 837
Kurvenflug 467
Kurzstart- und Langsamflugzeug 21
Kurzzeichen der Nichteisenmetalle 104

L
Labyrinthdichtungen 649
Lagerdichtluftsystem 645
laminare Grenzschicht 401
Laminarprofile 417
Laminate 99
Laminieren 153
Landeklappen 299, 313, 444
Landescheinwerfer 884
Längsachse 470
Längsstabilität 473
Lärm 63
Laser 247, 834
–kreisel 834, 836
Lastvielfache 484
Lastwechsel 373
Lavaldüse 626
LBA 30
LD-Verfahren 140
LED 880
Legierungssystem 87

Leichtmetalle 83
Leistung 505
leistungsbeeinflussende Faktoren 63
Leistungsfähigkeit 67
Leistungsfaktor 890
Leistungsschalter 907
Leiter 874
−querschnittsfläche 874
Leitkursanzeiger 827, 832
Leitungen 865, 868
Leitungskennzeichnung 868
Lenkung 329
Lenkzylinder 332
Leuchtdiode 880
Leuchtstofflampen 880
Libelle 818
Lichtbogen 240
Lichtenergie 879
Light Maintenance 678
Lilienthals Gleitflugzeug 19
lineare Bewegung 888
Line Maintenance 678
Liquiduslinie 87, 89
Lochfraß 167
Lockbolt 198
Lock-in-Effekt 836
Lorin, René 544
Löslichkeit 133
Lösungsglühen 134, 148
LTA 30
LuftBO 36
Luftdurchsatz 566
Lüfter 891
−zentrifuge 651
Luftfahrtbehörden der Bundesländer 38
Luftfahrt-Bundesamt 40
Luftfahrtwerkstoffe 105
Luftfahrzeug 17
−-Kennung 35
Luftführung 594
LuftGerPO 36
Luftkraftresultierende 406
LuftPersV 36
Luftsauerstoff 159

Luftschraube 454
LuftSiG 36
Lufttüchtigkeit 41
Luftüberschusszahl 602
LuftVG 36
LuftVO 36
LuftVZO 36

M
Machmeter 806
Mach'scher Kegel 425
Machzahl 419, 421
Magnetkompass 821
Magnetpulverprüfung 126
Magnetzündanlagen 530
Magnuseffekt 407
Main Heat Exchanger 737
Makromoleküle 91
Martensit 145
Maschinennullpunkt (M) 280
Massebegriffe 358
Matrix 99
Matrize 185
mechanische Einspritzanlagen 525
mechanischer Lader 528
mechanischer Wirkungsgrad 514
mechanisches Backup 485
Medical Outlet 893
Mehrwellen-Bauart 589
Membrandose 808
Messerschmitt Me 163 21
Messerschmitt Me 262 21
Metall-Aktiv-Gas-Schweißen 242
Metallbindung 85, 96
Metalle 83 f.
Metall-Inert-Gas-Schweißen 242
Metallionen 165
metallisch dichtender Geräteanschluss 718
Mikroben 308
Mikroben(Bakterien)-Korrosion 169
mikroprozessorgesteuerte Zündanlagen 531
Mindestgeschwindigkeit 461
Minimum Equipment List, MEL 735

Mischhebelgetriebe 787
Mischkristalle 89
Mitarbeiterführung 74
mittlere Kolbengeschwindigkeit v_m 512
Mixing Unit 740
Monocoque-Bauweise 366
Monomere 91
Motivation 68
Motorsegler 17
MS-Rohrverschraubung 717
Multipurpose Control Display Unit, MCDU 894
Murphys Gesetz 50

N
NACA-Einläufe 742
Nachlässigkeit 70
Nachlauf 333
Nachrichten für Luftfahrer Teil I und Teil II 29
Nasenklappen 313
Nasenradius 413
Navigationsdisplay 829, 831
Nebenschlussgenerator 845
Nebenstromverhältnis 497, 565
Neigungsfehler 824
Nennlast 878
neutrale Flamme 239
neutrale Faser 180
Neutralpunkt 482
Newton, Isaac 490
Newton'sche Axiom 490
Nichteisen(NE)-Metalle 83
Nichtmetalle 83, 90
Nickbewegung 813
Nicken 470
Niederspannungszündanlagen 530
Niedervoltlampen 880
Nietautomaten 210
Nietfehler 212
Nietteilung 205
Nimonic 90 122
Normalatmosphäre 799
Normal Law 485

Normen 73
Notabstieg 748
Notar-Projekt 756
Notstromversorgung 862
Nutzlast 414

O
Oberflächenschutz 171
Oberflächen-Wärmetauscher 744
Ölverbrauch 644
O-Ring 719
Osmose 164
Outboard Mode 743
Oxidation 159
Oxidschicht 159
Ozonkonverter 736

P
PA 878
Pack Controller 741
Packs 735
Pack Valve oder Flow Control Valve 736
Page Blocks 378
Parameterverlauf 576
Part-21 40
Part 21/G 40
Part-66 39, 41
Part-147 41, 44
Part-M 42
Passagier-Leselampen 885
Perlit 144
Permanent Magnetic Generator (PMG) 849
PETP 878
PFD 829
Phasenverschiebung 775
Phenolharz 95
Pickling-Prozess 253
Pitotrohr 389
Planetengetriebe 791
Plastizität 110, 112
Platine 190
Plattierungen 98
Plenum Chamber 740
Polardiagramm 411

Polare 410
Polyaddition 91
Polyamid 96
Polyethylen 91
Polykondensation 91
Polymerisation 91
Pop-Niet 232
Positionslampen 883
Prandtl-Staurohr 802
Präzession 810
Prepregs 153
Prepreg-Verfahren 153
Prepressurization 750
primäre Leistungsverteiler 855
Primärflugdisplay 830
Primärluft 595
Primärstruktur 298
Primary Heat Exchanger 737
Primer 173
Profilaufmaße 413
Profilform 412
Profilpolare 451
Profilsehne 413
Profilstreckung 422
Profiltiefe 430
Profilwölbung 413
Propeller 454
Propeller-Turbinen-Luftstrahltriebwerke (PTL) 552
Propfan 499
PTFE 878
Pulso-Strahltriebwerke 545
Pulvermetallurgie 102
Pumpen 586
Pumpgrenze 586
Punktsteuerung 279
PVC 878

Q
Qualifikation 39
Querachse 470
Querruder 299, 477
Querstabilität 473
Quersteuerung 312

R
Radialverdichter 566 f.
Radikale 91
radiusabhängiger Reaktionsgrad 612
Raketenantrieb 491
Raketentriebwerke 543
Ram Air Turbine, RAT 486, 900 f.
Randabstände 205
Ratings 637
Rauchkanal 392
Rauchmelder 744
Reaktionskleber 249
Referenzpunkt (R) 280
Refueling Manifold 306
Regelkreis 282
Reheater 738
Reibkorrosion 168
Reibungswiderstand 403
Reichweitenformel 414
Reifen 349
—Bremslüfter 891
Reinaluminium 90
Reißlänge 118
relative Geschwindigkeit 574
Remote Control Circuit Breaker 907
Reparatur 377
Reservetanks 302
Reynolds'sche Zahl 396
Rezirkulation 740
RFI-Verfahren 153
Richtungsstabilität 474
Ringbrennkammer 601
Rippen 298
Rockwell 115
Roheisen 140
Rohrbrennkammer 599
Rohr-Ringbrennkammer 601
Rollbewegung 813
Rollen 470
Roll-Gier-Kopplung 484
Rollstabilität 316
Ronde 190
Rotationskolbenmotor 533
rotierende Ablösung 584

rotierender Strömungsabriss 585
Rotor 753
–ebene 763
–konus 764
Rotorkopf 784
RTM-Verfahren 153
Rücklauffilter 720
Rückölsystem 645
Rückschlagventil 711
Rückstoßprinzip 490
Rückstromrelais 853
Rückverlagerung des Schwerpunktes 301
Rumpf 294
Ruß 693, 697
Rutschkurve 820

S
SAFA 26
Safe-Life-Methode 371
Sammelschiene 865
Sandwichbauteile 97
Sankey-Diagramm 501
Sauerstoff 749
Sauerstoff-Aufblasverfahren 140
Sauerstoff-Druckwelle 749
Sauerstoffmasken 748
Saugenttankung 309
schädlicher Widerstand 448
Schälbruchgefahr 252
Schalenbauweise 362
Schallquellen 686
Schaufelbefestigungen 572
Schaufelgitter 576
Scheibenläufer 571
Scheibenwischerantriebe 892
Scheinleistung 890
Scheinlot 812
Scherfestigkeit 113
Schichtarbeit 66
Schichtkorrosion 169
Schiebekurve 820
Schieberventil 716
Schlagbewegung 765

Schließkopf 201
Schlupf 348, 454
Schmelzsicherungen (Fuse) 909
Schmieden 193
Schmieröle 652
Schneidengeometrie 273
Schneidkeramik 104
schräger Verdichtungsstoß 564
Schrauben 254
Schraubniet 199, 227
Schub 490
Schubbleche 368
Schubdüse 624
Schubgleichung 492
schubspezifischer Brennstoffdurchsatz 495
Schubumkehrer 642
Schubvektordüsen 630
Schwarzlicht 164
Schwefeldioxid 693
Schweißbrenner 238
Schwenkbewegung 767
Schwermetalle 83
Schwerpunkt 460
Schwimmervergaser 519
Schwingungen 64
Sealing Compound 175
Segelflugzeuge 17
Seitenflosse 480
Seitenleitwerk 312
Seitenruder 312, 479
Seitensteuerpedale 759
Seitensteuerung 312
sekundäres Kraftstoffsystem 655
Sekundärelemente 863
Sekundärluft 595
Sekundärstruktur 298
Semimonocoque-Bauweise 366
Senkniet 197
Senkrechtstarter 21
Setzkopf 201
Shore-Härteprüfung 115
Sicherungsstrebe 325
Sidesticks 484, 487

Sinkgeschwindigkeit 463
Sinn Hören 57
Sinn Sehen 55
Sintern 102
Sinterwerkstoffe 102
SLOATL 642
Society of Automotive Engineers 104
Soft varnish 175
Soliduslinie 87, 89
Sonnenrad 791
Sortennummer 105
Spaltklappe 444
Spaltkorrosion 167
Spannungs-Dehnungs-Diagramm 114
Spannungspotential 165
Spannungsrisskorrosion 164
Spannweite 430
Spant 360
Spanwinkel γ 273
spezifische Dehngrenze 118
spezifische Zugfestigkeit 110, 118, 147
Split Operation 852
Spornrad 317
Spreizklappe 443
SRM (structural repair manual) 376
Stabilizertank 300
Stahl 83, 140
Standschub 493
Starrflügelflugzeuge 17
Startergenerator 846
Start- und Landezyklus (LTO-Cycle) 694
Static Inverter 853, 893, 900 f.
Stationen 556
Stationspläne 359
statische Flugstabilität 472
statische Aufladung 307
statische Dichtung 718
Staurohr 390
–heizung 885
Staustrahltriebwerke 545
Steckdosen 893
Steg 363
Steifigkeit 151
Steigflug 464

Steiggeschwindigkeit 465
Steigzahl 466
Stellite 31 122
Steuerdiagramm eines Viertakt-Otto-Motors 510
Steuerkette 282
Steuerknüppel 759
Steuerkreise 893
Steuerorgane 759
Steuerungscomputer 484
Steuerwerk 475
Stickoxid 693
Stickstoff 341
Stoffschluss 195
STOL = short take-off and landing 21
Störklappen 299, 313, 452
Stößelventil 716
Strahlenprüfung 126
Strahllärm 687
Strak 189
Streckensteuerung 279
Streckgrenze 106, 115
Streckung 430
Streckziehen 189
Streckziehpresse 189
Stress 73
–abbau 75
Stringer 296, 367
Stromdichte 874
Strömungsbilder 392, 397
Struktur 293
Stufenaushärten 137
Stufenauslagerung 134
Stufendruckverhältnis 569
Stützung 812
Styrolprodukte 165
Superlegierungen 120 f.
superplastisches Formen 101
Superplastizität 113, 191
supersonische Profile 428
Support Staff 44
System der American Aluminium Association 104
System Display, SD 901

System- und Stromkreiskennzeichnung 869

T
Tandemfahrwerk 321
Tandemrotoren 757
Tankpumpen 309
T-Anordnung 796
Taper-Lok 224
Taumelscheibe 775, 786
Teamfähigkeit 74
Teleskopstrebe 339
Textur 123
The Flyer 19
thermischer Wirkungsgrad 515
Thermoplaste 93
Tiefungsversuch 190
Tiefziehen 190
Tiefziehfähigkeit 110, 122
Tiefziehverhältnis 191
Titanschwamm 147
Top Coat 174
Traganteil 225
Tragbild 225
Tragflügel 298
–endgestaltung 441
–geometrie 430
–pfeilung 422, 432
–polare 438, 451
–profile 416
–streckung 431
Tragschrauber 17, 753
Transformator-Gleichrichterbaugruppen 861
Transformer Rectifier, TR 861, 903
transsonische Profile 419, 423
transsonische Verdichterstufe 577
Triebwerkshersteller 675
Triebwerksüberwachung 638
Trimmluft 742
–ventile 742
Trimmruder 480
Trimmung 311, 313
T-Ring-Dichtung 719

Trommelläufer 571
Tungsten-Inert-Gas 241
Tupolew Tu-144 22
Turbineneintrittstemperatur 565
Turbinen-Luftstrahltriebwerke (TL) 546
Turbinenschaufeln 615
Turbinenwerkstoffe 614
Turbomotoren 554, 566
turbulente Grenzschicht 401, 404
Turco 3002 170

U
Überdruckturbine 609 f.
Überdruckventil 713
Überlauftank 302
Überschalleinlauf 562
Überzenterung 335
Ultraschallverfahren 125
Umkehrbrennkammer 567, 602
umlaufende Bewegung 888
Umlaufwinkel 775
Umschaltventil 712
Unglücksursachen 51
Universalniet 197
Unterschalleinlauf 559
unverbrannte Kohlenwasserstoffe 693
U-Ring-Dichtung 720

V
Vakuumtoilettensystem 892
van der Waals'sche Kräfte 249
Vapor-Cycle-Anlage (VCM) 733
Variable-Drehzahl-Generatoren 855
Variable Speed Constant Frequency, VSCF 855
Variometer 795
veränderliche Drossel 712
Verbrennungsprozess 594
Verbundstoffe 97
Verchromen 173
Verdichterinstabilitäten 582
Verdichterkennlinien 585
Verdichterlärm 688
Verdichtungsverhältnis 512

Vergüten 146
Verkehrspolitik 39
Verriegelung 335
Verriegelungshaken 338
Verschleißfestigkeit 871
Versilbern 173
Versorgungstanks 304
verstellbare Leitschaufeln 588
Verteilungsnetz 865
Vertical Take-Off And Landing 21
Verwandlungsflugzeug 753
Vickers 115
Viertakt-Otto-Prozess 506
Viskosität 653
Vogelflug 446
vollkardanisch 814
Vollniete 201
Volumenstrom 704
Volumenstrombegrenzer 713
Vorflügel 299, 313, 442
Vorimprägnate 99
Vorrangventil 714
VTOL 21

W
Waben 98
Wahrnehmungsverzerrungen 61
Warmaushärten 136
Warmauslagerung 134
Wärmeenergie 885
Warmfestigkeit 110, 120, 871
Warmklebung 251
Warn- und Anzeigelampen 884
Wartung von Triebwerken 674
Wartungsfehler 52
Warzen 213
Wash Primer 173
Waspaloy 122
Wasserdampf 693
Water Separator 738
Wechselrichter 853, 900 f.
Wechselstromnetz 865
Wechselstromverfahren 243
Wegeventil 715

Weichglühen 133, 137
Weichmachereigenschaften 705
Wellenantrieb 756
Wellenwiderstand 425
Wendezeiger 795
Werkstattproben 125
Werkstoffeigenschaften 110
Werkstoffhauptgruppe 105
Werkstoffnormung 104
Werkstoffnummern 104
Werkstücknullpunkt (W) 280
Wet-Start 635
Wide-Chord-Fanschaufeln 572
Widerstandsbeiwerte 402, 449
Widerstandskräfte 392, 401
Widerstandsminimierung 415
Widerstandswirbel 402
Windkanal 385
Wing Center Box 296
Winglets 439
Wirbelerzeuger 433
Wirbelstromverfahren 126
Wirbelzopf 431
Wire Mash 154
Wirkleistung 890
Wirkungsgrad 581, 890
Wirkungsgrad des Propellers 456
Wissen 72
Wöhlerkurve 119
Wölbklappe 442, 447
Wölbungsrücklage 413
Wolframdraht 879

X
X-Ring 720
—-Dichtung 719

Z
Zähflüssigkeit (Viskosität) 704
Zähigkeit 110, 116
Zahnradpumpe 656, 708
Zapfluft 733
Zeit-Druck 70
Zeitfestigkeit 119

Zeitstandfestigkeit 871
Zementit 144
Zentrierung 334
Zentrifugalkraft 468
Zentripetalkraft 468
Zerstörungsgeschwindigkeit 165
Zinkchromat-Zwischenprimer 173
Zirkulation 408
Zirkulationswirbel 407
Zonen 361
Zoning-System 359

Zugfestigkeit 113 f.
Zugscherfestigkeit 252
Zugversuch 114
Zündanlagen 530
Zündbox 673
Zündkerzen 673
Zustandsschaubild 86, 89
Zweistrom-Turbinen-Luftstrahltriebwerke (ZTL) 549
Zweiweg-Drossel 711
Zwischenzonen 361